图书在版编目(CIP)数据

天气气候变化及其动力学研究：李崇银院士从事大气科学六十周年纪念文集 / 大气科学和地球流体力学数值模拟国家重点实验室，国防科技大学气象海洋学院编 . — 北京：气象出版社，2019.6

ISBN 978-7-5029-6969-1

Ⅰ.①天… Ⅱ.①大… ②国… Ⅲ.①天气气候学-空气动力学-文集 Ⅳ.①P466-53

中国版本图书馆 CIP 数据核字(2019)第 091200 号

Tianqi Qihou Bianhua Jiqi Donglixue Yanjiu——Li Chongyin Yuanshi Congshi Daqi Kexue Liushi Zhounian Jinian Wenji

天气气候变化及其动力学研究——李崇银院士从事大气科学六十周年纪念文集

出版发行：气象出版社
地　　址：北京市海淀区中关村南大街 46 号　　**邮政编码**：100081
电　　话：010-68407112(总编室)　010-68408042(发行部)
网　　址：http://www.qxcbs.com　　**E-mail**：qxcbs@cma.gov.cn
责任编辑：王萃萃　李太宇　　**终　　审**：吴晓鹏
责任校对：王丽梅　　**责任技编**：赵相宁
封面设计：楠竹文化
印　　刷：北京地大彩印有限公司
开　　本：880 mm×1230 mm　1/16　　**印　　张**：26.25
字　　数：840 千字
版　　次：2019 年 6 月第 1 版　　**印　　次**：2019 年 6 月第 1 次印刷
定　　价：200.00 元

天气气候变化及其动力学研究

——李崇银院士从事大气科学六十周年纪念文集

大气科学和地球流体力学数值模拟国家重点实验室
国防科技大学气象海洋学院

前　言

李崇银先生 1940 年 4 月 15 日生于四川省达县(现达州市通川区)。1963 年毕业于中国科学技术大学应用地球物理系,之后分配到中国科学院地球物理所(大气物理研究所前身)。李崇银先生一直从事大气科学研究工作,1985 年晋升为副研究员,1987 年破格晋升为研究员,1993 年被国务院学位委员会批准为博士研究生导师,2001 年被增选为中国科学院院士。其间,1980—1981 年在美国伊利诺伊大学大气科学系进行合作研究,1991—1992 年在澳大利亚联邦科学和工业研究组织大气研究所(ARD/CSIRO)访问。因工作需要,2004 年底被特招入伍,成为解放军理工大学气象学院(现国防科技大学气象海洋学院)教授,同时,仍在中国科学院大气物理研究所进行科研工作。他先后担任中国科学院大气物理研究所香河综合观测站业务负责人(1976—1978 年),大气环流和地球流体力学研究室主任(1984—1995 年)、大气科学和地球流体力学数值模拟国家重点实验室(LASG)副主任(1985—1993 年),中国科学院大气物理研究所学术委员会副主任(1988—2012 年)。同时,还担任了中国气象学会动力气象学委员会主任(1987—2006年),中国气候研究委员会(WCRP中国委员会)秘书长(1998—2004年),中国气候研究委员会主席(2004—2012年),中国气象学会副理事长(2006—2010年),国家气候变化专家委员会委员(2010—2016年)、国家"全球变化与海气相互作用"重大科技专项专家委员会副主任等国家大气科学学科和学术机构的职务。

李崇银院士主持承担过多项国家科研项目,是国家攀登计划项目"南海季风试验研究"首席科学家。他在科学研究中取得了丰硕的成果,在国内外主要学术刊物上已经发表科学论文450多篇,并有21部专著面世。其科研成果多次获得国家和中国科学院自然科学奖,以及其他部门的奖励和表彰。鉴于他对科学研究的贡献,李崇银院士在2002年获得了何梁何利基金科学与技术进步奖。李崇银院士在大气科学研究中的成就和突出贡献也得到了国际同行的重视。他先后被推选担任国际动力气象学委员会(ICDM)委员(1991—2003年),国际"气候变化及可预报性研究计划(CLIVAR)"科学指导组成员(1996—1999年),国际亚澳季风专家委员会委员(1995—2002年),国际气候委员会(ICCL)委员(2003—2015年)。

李崇银院士十分注重对年轻科技工作者的培养,他是LASG的博士生导师,国防科技大学气象海洋学院教授,同时也是中国科学技术大学、中国海洋大学、南京大学等的兼职教授,以及香港城市大学荣誉教授。李崇银院士诲人不倦,桃李天下,为大气科学研究和业务部门培养了各方面的骨干人才。

李崇银院士是LASG的主要创建者,几十年来为LASG的发展进步做出了重要贡献。在他从事大气科学六十周年之际,我们特编辑出版这本文集,以祝贺他六十年辛勤耕耘的丰硕成果,学习他为国为民的奉献精神。

大气科学和地球流体力学数值模拟

国家重点实验室(LASG)

2019年5月

1995年冬，在江苏参加学术会议时与陶诗言院士(中)合影

2002年，与叶笃正院士在敦煌月牙泉

2004年，主持WCRP中国委员会会议

1986 年夏，LASG 第一次国际研讨会部分学者合影

（前排右三为曾庆存院士，右四为中国科学院院长卢嘉锡，右六为美国科学院 Lindzen 院士，右七为冯康院士，右九为杨大升教授，右十为李崇银；后排右六为陶诗言院士，右九为谢义炳院士）

1989 年，与 LASG 研究生讨论问题（左）及主持学术年会（右）

2004 年，参加第四届中国气候研究委员会成立大会（一排左起分别是孙照渤、曾庆存、丑纪范、巢纪平、李崇银、陶诗言、叶笃正、刘燕华、许小峰、黄荣辉、吴国雄、林海）

2005 年 12 月，参加青岛召开的海洋科学与技术国家实验室“十一五”科技规划咨询会（前排右三为袁业立院士、右四为李崇银院士、右五为文圣常院士、右八为秦蕴珊院士、右十一为管华诗院士）

2006 年，参加顾震潮先生纪念会(前排左起分别是仇永炎教授、叶笃正院士、顾震潮夫人周桂棣女士、陶诗言院士、朱岗昆先生、曾庆存院士、李崇银院士、曲钦岳院士)

2006 年 7 月，参加年代际气候变化研讨会
(前排左三谢尚平、左四张人禾、左五黄建平、左六丁一汇、左七李崇银、左八管华诗、左九王会军、左十张智北、左十一黄瑞新)

2009 年 6 月，参加“院士天山行”考察、咨询活动，部分院士在考察途中留影

2011 年，参加“大气科学与全球气候变化重大科学问题研讨会”
（一排右起：丁一汇院士、吴国雄院士、丑纪范院士、李崇银院士、黄荣辉院士、吕达仁院士、中国气象局副局长王守荣）

2013 年 12 月 27 日，与曾庆存院士一起到韶山毛主席塑像前敬献花圈

2014 年 9 月，在新疆麦盖提种植的胡杨树前留影

2017 年 6 月，为“海南国际高新博览会”开幕剪彩

李崇银院士主要学术贡献和成就

李崇银院士多年来不仅研究大气环流和天气气候变化的新现象、新事实，而且利用近代数学、物理方法把这些现象上升为理论，并应用数值模拟来证明所提出的理论。他在热带气象学、大气低频振荡及其动力学，以及ENSO循环动力学等大气科学和气候动力学前沿领域取得了一系列创新性研究成果，为中国和国际动力气象和气候动力学的发展做出了突出贡献。在卫星红外遥测大气湿度、台风动力学及亚洲季风等科学领域，他也做出了一系列有影响的重要研究成果。从1966年到2018年，他单独及与他人合作已出版《动力气象学》《大气低频振荡》《气候动力学引论》(一、二、三版)、《平流层气候》《我国重大高影响天气气候灾害及对策研究》《高等动力气象学》《21st Century Maritime Silk Road: Construction of Remote Islands and Reefs》等论著21部；在中外重要科学杂志上发表论文450余篇；多次获得国家自然科学奖和中国科学院自然科学奖，还获得何梁何利基金科学与技术进步奖、中国气象学会大气科学基础研究成果奖一等奖等奖励。

李崇银院士根据国家需求，在天气气候分析、天气气候动力学、数值模拟和预报、卫星遥感、臭氧和平流层，以及边界层大气扩散等学科领域都工作过；同时在大气与海洋、大气与空间科学等交叉领域也作了不少研究。他不仅能勇敢面对各种挑战，还在各个不同的领域有出色的研究成果。"对已有的结果和权威人士的论点要敢于说不，对现有的研究和结论要敢于提出问题、提出创新见解"是他研究工作的重要指导思想。李崇银无论是对自己还是对待学生，都以"踏踏实实研究、老老实实做人"要求，反对"吹牛"浮夸、弄虚作假，反对溜嘘拍马。他时常告诫学生，大气科学是从人类的生产和生活实践中发展起来的，它又要为人类的生产和生活服务。因此，他特别强调大气科学研究要理论联系实际。李崇银院士科研工作涉及面广，针对性强，在以下学术领域取得了突出贡献和成就。

1 大气低频振荡及其动力学

大气低频振荡，尤其是季节内振荡是近代大气环流和短期气候变化机理中的关键问题之一。李崇银自20世纪80年代初起就从资料分析、动力学理论和数值模拟方面系统地研究了热带及中高纬度大气季节内振荡(ISO)的形成和传播机理、低频遥响应理论等一系列重要问题，在国际大气科学前沿取得了突出成就。

(1)提出热带大气季节内振荡的Wave-CISK理论

李崇银在国际上最先提出对流加热反馈(CISK)对激发产生热带大气ISO(赤道大气中被称为MJO)的重要作用(1985)，并进一步认为CISK-Kelvin波和CISK-Rossby波是热带大气ISO(MJO)的主要驱动机制。他还通过动力学研究指出，单纯的蒸发—风反馈(美国学者提出)不可能激发热带大气季节内振荡；提出只有在同时存在对流加热反馈和蒸发—风反馈情况下，可产生同实际热带大气情况更为相符的季节内振荡CISK波，从而解决了国际上在这方面的争论。

(2)中高纬度大气低频振荡及动力学机理

通过一系列研究指出，中高纬度大气ISO的激发机制与热带有所不同，证明大气对外源强迫的低频响应、基本气流的不稳定、非线性相互作用是中高纬度大气季节内振荡的主要动力学机制。还研究指出了中高纬与热带大气ISO在活动、结构和动力学机制方面的差异。

(3)提出大气低频遥响应及其机理

李崇银通过数值模拟首先在国际上指出大气对赤道东太平洋海温异常(SSTA)等外强迫的响应主要

是低频(30～90 d)遥响应;并从理论上指出了这种低频遥响应的产生机制,以及南北半球 ISO 的相互作用及其途径。

(4)积云对流参数化,特别是对流加热廓线对模拟和预报 MJO 的重要作用

世界上几乎所有数值模式都对热带大气 MJO 的模拟和预报能力都表现很差,但却未能找到真正原因。基于过去的理论研究成果,李崇银与研究生一起通过一系列的数值模拟试验,指出模式中积云对流参数化方案,特别是加热廓线对热带大气 MJO 的模拟预报起着重要作用;只有当模式中对流加热的极大值出现在对流层中低层时,模式才能模拟和预报好热带大气 MJO 的结构及传播特征。

(5)MJO 与 ENSO 的相互作用

通过资料分析和数值模拟试验,李崇银最早在国内外指出 MJO 和 ENSO 存在着相互作用关系。赤道西太平洋地区的 MJO 的活动异常(增强)对 El Niño 事件的发生有重要激发作用;而 El Niño 事件的发生对 MJO 的强度(削弱)、结构(趋于准正压)和移动都有显著影响。

2　热带大气动力学和亚洲季风活动

(1)热带大气和台风动力学

李崇银 1981 年从美国访问回国后就开始热带大气动力学的研究工作。他最先通过尺度分析指出,热带大气的运动并不都是非地转的,热带大气行星尺度系统仍然存在准地转过程,尤其是其纬向运动。他在国际上最早指出积云对流加热廓线在热带大气系统的发生发展中起重要作用,对流加热廓线不仅与被激发产生的不稳定波的增长率有直接关系,而且还将决定不稳定波的性质和结构;当最大对流加热在对流层中低层时,会有利于激发产生振荡型不稳定波。

李崇银的研究还进一步发展和丰富了第二类条件不稳定(CISK)理论。他分别研究了基本气流的水平切变和垂直切变对第二类条件不稳定机制的影响,其结果对环境场影响台风发生发展的问题、强对流系统发生发展中的一些重要现象给出了很好的动力学解释。同时,他还从理论和数值模拟研究指出,积云动量垂直输送或积云动量混合(CMM)过程可以像边界层摩擦一样能激发出第二类条件不稳定,从而提出了 CMM-CISK 机制的理论概念。

李崇银最早研究提出 ENSO 及热带大气 ISO(MJO)对西太平洋台风活动的影响,及其物理机制,指出 El Niño(La Niña)当年及次年西太平洋台风的发生数偏少(偏多),其机理是 ENSO 影响导致热带西太平洋大气环境的热力和动力学条件改变所致。对应 MJO 的不同位相,西太平洋台风的发生频数有显著差异;而热带西太平洋大气低频(30～60 d)流场特征(特别是低层最强低频正涡度线)对西太平洋台风的移动路径也有重要影响。

(2)亚洲夏季风活动及变化

李崇银自 20 世纪 80 年代中期起就投入亚洲季风的研究,并在 1997 年作为首席科学家参与了国家"攀登 A"项目"南海季风试验研究"的组织领导工作。他的研究指出,亚洲夏季风最先是在南海西南部及马来半岛一带爆发,并与印度洋赤道西风的加强有直接关系。他研究揭示了亚洲夏季风的爆发与东印度洋大气低频涡对的出现,以及大气 ISO 在南海附近地区的活动有重要关系;还指出,已知的东亚急流的北跳实际是它的第二次北跳,东亚急流的第一次北跳发生在 4 月底 5 月初,急流的第一次北跳与南海夏季风的爆发有直接关系。他还最先研究指出,南海夏季风的异常可以通过 EPA(东亚－太平洋－北美)波列,不仅影响东亚地区,也会影响美国的天气气候;还指出大气 ISO(MJO)的活动将对东亚夏季风及降水的异常有着重要影响。

(3)东亚冬季季风活动及其影响

李崇银还同时研究了东亚冬季风的活动特征及规律,指出了它对我国及东南亚地区的重要影响,尤其是最早指出了东亚冬季风活动异常与 ENSO 的相互作用,还研究了亚洲季风区的 TBO(对流层准两年振荡),指出东亚冬季风与 ENSO 的相互作用,以及冬季风异常和夏季风异常间的演变,是 TBO 形成的重要机制。其研究还发现,冬季亚太地区海平面气压场的异常存在经向型振荡(MI 模)及纬向型异常振荡(ZO

模)两种模态,它们对应着两类东亚冬季风活动异常;经向型模与我国冬季东部的降水异常和气温异常关系密切,而纬向型模仅对东北地区的降水异常有明显影响。

3 世界各大洋海温异常主要模态及其影响

(1)ENSO循环的机理

ENSO循环(厄尔尼诺和南方涛动),是20世纪80年代以来国际上的重要研究领域,尤其是ENSO的动力学机制。李崇银瞄准国际前沿科学问题,通过大量的资料分析指出,厄尔尼诺事件发生的前期征兆是在赤道西太平洋地区,并在深入研究东亚冬季风活动及异常的基础上在国内外首先指出异常强的东亚冬季风对厄尔尼诺事件起着重要激发作用(1987年);其后的进一步研究又提出了东亚冬季风与ENSO的相互作用及其物理过程。李崇银近年来的研究又对ENSO循环理论提出了新的见解,认为ENSO循环的本质是"赤道西太平洋异常西风驱动的热带太平洋次表层海温异常的循环,而赤道西太平洋的西风异常主要是由强异常东亚冬季风所激发的"。李崇银通过资料分析、理论研究和数值模拟还最先在国际上提出了热带大气MJO与厄尔尼诺的相互作用及其机理。

(2)印度洋海温主要模态及影响研究

李崇银深入研究了印度洋海温变化的多模态特征,特别是赤道印度洋海温偶极子(IOD)的形成和演变特征,以及对天气气候的影响;还研究指出,南印度洋也存在一种近于南北向的海温偶极子(SIOD)模态,它主要表现为年代际的变化特征,它对亚洲包括中国天气气候都有一定影响。

(3)提出"太平洋-印度洋海温联合模"概念

李崇银还特别研究指出IOD与太平洋ENSO的显著关系,进而最先提出太平洋-印度洋海温联合模(PIOAM)的存在(无论是海表温度(SST),还是次表层海温(SOT));研究指出了它与单纯的ENSO模的不同特征和影响(包括对亚洲、澳洲和南北美洲的影响);特别指出在研究和预报亚洲和中国的气候变化时因该特别注意太平洋-印度洋海温联合模的作用。

(4)北太平洋中纬度海气相互作用

李崇银通过资料分析和模式数值模拟系统研究了东海黑潮及黑潮延伸体(特别是海洋锋)和北太平洋风暴轴的变化特征,以及它们间的相互作用。用模糊C均值聚类分析的方法,将风暴轴分为平均型、偏北型和偏南型风暴轴,并给出了三类风暴轴的空间结构。资料和数值模拟都表明,热带中东太平洋、中纬度北太平洋两个区域的SSTA对风暴轴的空间形态及变化都由显著影响。研究还指出,东海黑潮不仅有年际和年代际变化,还存在季节内的50~70 d变化和90~140 d的超季节变化特征。前者主要源于黑潮自身的不稳定所激发的中尺度过程影响;而后者主要受东边移来的中尺度涡的影响。研究还发现,黑潮在冬春季节还存在一种暖舌的活动,黑潮暖舌和东海黑潮异常对东亚地区的天气气候都有一定的影响。

(5)揭示南太平洋海温变化的主要模态

李崇银研究揭示了南太平洋海温变化的主要模态,特别是那里存在的南太平洋年代际振荡模态(SPDO)的结构和时间变化特征;并进一步指出了SPDO与ENSO和北太平洋PDO的联系,及其对东亚气候的影响。

(6)揭示北大西洋海温三极子模态及其气候影响

李崇银研究指出,北大西洋海温主要存在一种三极子模态特征,尤其是在冬季特别显著;其时间变化包括年际和年代际特征,但以年代际变化最显著;还进一步研究了冬季北大西洋海温三极子模态对中国夏季的梅雨的明显影响,以及影响的物理过程。

4 一些海洋物理特性及其应用研究

(1)揭示大洋波浪(特别是涌浪)的活动特征

李崇银指导博士生研究海浪的一些基本特征,特别是印度洋涌浪的活动规律。综合利用超前滞后相关、交叉小波分析等方法，精准计算了印度洋和太平洋涌浪能的传播速度和路径。研究表明，海浪中最强能量的涌浪在南印度洋狂风带生成后，会向北传播，其主要路径在大约 6 d 左右到达孟加拉湾一带。在南太平洋，涌浪能也有向北偏东传播的特征，一般可以从狂风带向北大约经过 6～8 d 传播到赤道附近一带海域；在 12 月—次年 2 月北传距离相对较短。

(2)提出波浪能资源利用的系统性方案

李崇银紧贴“21 世纪海上丝绸之路”建设对能源、环境的迫切需求，聚焦南海、印度洋等关键区的波浪能、风能开发的关键科学技术问题，指导学生研究解决其资源的气候特征、等级区划、资源短期预报、长期预测、新能源大数据建设等科学技术难题；对有效保障海浪发电、海上风电、海水淡化等新能源工程的选址、业务化运行、中长期规划有重要科技支撑；有利于缓解资源危机、保护海洋生态、增强战略支点生存能力、提高海岛居民生活质量、促进深远海开发等；为保障“海上丝路”建设的安全、高效展开，以及深入开展海洋开发、防灾减灾需求下的海洋灾害风险评估，提供了有效途径和方法。

(3)揭示全球海洋热含量的变化特征

李崇银指导学生通过资料对比分析研究，指出全球及各大洋的热含量(OHC)都存在随时间有明显增高的趋势，但三大洋的 OHC 的分布形态及其变化却有自己的特征，各大洋 OHC 的估算还存在一定的问题，需要认真对待和深入研究。

5　气候变化及其机理研究

(1)中国气候的年代际变化及原因

李崇银自 20 世纪 90 年代中期起就在中国倡导和进行年代际气候变化这个国际新领域的研究，他的研究指出，不仅北太平洋海温的年代际变化，而且印度洋海温的年代际变化都对中国气候变化有明显影响。研究还指出，ENSO 与印度降水的相关关系、印度洋海温异常与印度降水的相关关系都存在年代际变化，而且中国的夏季降水与 ENSO 及与印度洋海温异常的相关关系也都有年代际变化；大气运动的重要模态 NAO(AO)，NPO 以及南亚高压也都存在明显的年代际变化，而且它们与中国气候变化的相关关系也存在年代际变化。

(2)研究指出了年代际气候变化的可能机制

李崇银研究认为，全球海温异常模的强迫、气候系统间相互关系的年代际变异、太阳活动和火山爆发影响，以及大气准定常系统(如 AO 等)的年代际转变，可能是年代际气候变化的重要机制。

(3)推动应对全球气候变化的国家政策研究

自担任 WCRP(世界气候研究计划)中国委员会秘书长和主席以来，李崇银积极参与推动中国的全球变化研究。他在许多地方和会议上都宣传要正视全球变化的挑战，特别强调既要重视人类活动对全球增暖的重要影响，支持节能减排；同时也要重视研究其他自然因素(太阳活动及火山爆发等)对全球变化的作用。作为国家气候变化专家委员会成员，他既为推动中国的全球变化研究做出贡献，又为维护中国在应对全球变化中的正确地位和权益起到一定作用。

(4)研究指出极端天气气候事件的重要发生机理

李崇银通过一系列研究指出，极端天气候器事件的发生机理，主要是大气环流的组合性异常所造成的。多个大气环流系统同时出现异常、它们还存在一定的组合，从而导致小概率的极端天气气候事件的发生。

(5)积极推动太阳活动与地球气候变化关系研究

太阳是地球流体运动和变化的基础能量来源，因此，李崇银一直支持和推动太阳活动与地球气候变化关系的研究；还进一步研究提出了太阳活动通过直接和间接方式影响地球气候变化的几种可能途经。

6 卫星遥感及其他

（1）卫星红外遥测大气湿度问题

气象卫星是20世纪60年代在国际上发展起来的新技术，根据周恩来总理的指示，中国在20世纪70年代初也开始气象卫星的设计和研制工作。李崇银不仅参加了中国气象卫星的遥测通道的选择等总体规划工作，还从理论上研究了卫星红外遥测大气湿度的原理，从“最佳信息层”原理出发，指出用红外方法将无法准确测量出大气湿度的垂直分布，尤其是对流层低层的湿度分布，纠正了国外当时在这一领域的研究和试验中存在的问题。他还提出了卫星遥测和反演大气水汽总量的方法。

（2）红外地平仪的遥感通道问题

根据20世纪70年代中国侦察卫星（尖兵1号）试验中出现的姿态控制问题，通过研究和理论计算，指出当时所用红外地平仪遥感通道存在的问题，认为所用通道根本起不了稳定卫星姿态的作用，并提出了改进设备的办法。有关部门根据李崇银等的研究结果，重新研制了红外地平仪，从而保证了卫星的正常工作，在中国卫星事业的发展中也作出了一定的贡献。

（3）平流层的环流和气候变化

以平流层为重要内容之一的邻近空间在21世纪引起了国际社会的极大关注，李崇银不仅迅速给有关部门提出重视邻近空间环境保障研究的建议，还很快投入精力研究平流层环流特征、过程和变化，以及平流层气候。依据45年的大气环流资料分析计算并给出了平流层环流各要素及臭氧的空间分布和时间（月际、季节和年际）变化特征，填补了空白；进一步研究了平流层南亚高压的结构和演变特征，指出了这个热力高压在平流层发展的局限性准正压特性；研究了平流层极涡与对流层北极涛动（AO）的联系，指出平流层极涡变化及其与对流层AO的联系是平流层影响对流层的重要途径；分析研究了ENSO对平流层环流，特别是对平流层的准两年振荡（QBO）和南亚高压的影响及其机理；研究平流层爆发性增温对大气环流和天气气候的影响，指出与爆发性增温相联系的极涡崩溃早晚会出现不同的影响。

7 为军队建设提出一系列重要建议

作为军队的重要科技人员之一，李崇银牢记使命，为军队建设和科技强军向中央和总部相继提出过10多项建议。其中一项曾得到时任中央军委主席胡锦涛的批示，其他绝大部分建议已被总部相关部门所采纳，在军队现代化建设中发挥了应有的重要作用。

目　录

前言

李崇银院士主要学术贡献和成就

一、综　述

ENSO机理及其预测研究 …… (3)
热带太平洋—印度洋海温联合模及其气候影响 …… (25)
关于年代际气候变化可能机制的研究 …… (45)
中国热带大气季节内振荡研究进展 …… (66)

二、极端天气气候事件

Extreme Precipitation: Theory, Trends and Monitoring …… (87)
中部型El Niño的变化及其对气候的影响 …… (101)
基于WRF模式的卫星遥感资料对台风路径模拟的影响 …… (114)
夏季MJO年际变化对西北太平洋热带气旋活动的影响 …… (125)

三、海气相互作用及气候影响

大气对东海黑潮海洋锋的响应特征及机制研究 …… (139)
冬季黑潮延伸体区域中尺度海温对北太平洋风暴轴经向异常的影响 …… (153)
IAP-AGCM4.1模式对冬季北太平洋风暴轴的模拟研究 …… (164)
北太平洋冬季500 hPa两类天气尺度涡旋的机制分析 …… (175)
北太平洋冬季天气尺度涡旋的特征及高空定常气流的作用 …… (183)

四、外强迫与气候系统内部变率

Dynamics of the Life Cycle of the Pacific-Japan Pattern …… (193)
冬季北太平洋上空大气的低频变化特征 …… (213)
太阳活动变化影响地球气候的途径 …… (223)
基于COSMIC掩星探测资料的热带海洋地区大气折射率的日变化和季节变化 …… (235)
热带太平洋—印度洋海温联合模年际循环特征及其机理分析 …… (244)

五、天气气候的预测预报

基于降水追踪的MJO识别方法及其应用 …… (265)
MJO对我国冬季气候异常的影响 …… (282)

2010 年 10 月上旬冷暖空气对峙下的海南岛持续性暴雨过程的诊断分析 …………………………… (292)
冬季与北大西洋涛动相关的 Rossby 波列传播特征及其与海温的关系 …………………………… (303)
湿涡度和湿散度对复杂地形下四川暴雨落区的诊断分析……………………………………………… (315)
一种新型对流可分辨尺度集合预报的扰动特征分析…………………………………………………… (324)

六、应用气象与海上资源充分利用

Design and Development of a Community Benchmarking System for Land Surface Models ……… (337)
CHAMP 卫星 2003 年的 TLE 轨道误差特性分析 ………………………………………………… (357)
基于闪烁功率谱反演电离层不规则体漂移速度……………………………………………………… (364)
"21 世纪海上丝绸之路"关键节点的海上风能评价体系构建 ……………………………………… (371)

附录　李崇银院士正式发表的主要著作和论文……………………………………………………… (382)

一、综　述

ENSO 机理及其预测研究

李崇银 穆穆 周广庆 杨辉

（中国科学院大气物理研究所大气科学和地球流体力学数值模拟国家重点实验室，北京 100029）

摘 要：资料分析研究表明，ENSO 实际上是热带太平洋次表层海温距平的循环，而次表层海温距平的循环是赤道西太平洋异常纬向风所驱动的，赤道西太平洋的异常纬向风又主要由异常东亚冬季风所激发。因此，可以将 ENSO 的机理视为主要是由东亚季风异常造成的赤道西太平洋异常纬向风所驱动的热带太平洋次表层海温距平的循环。同时，分析还表明，热带西太平洋大气季节内振荡（ISO）的明显年际变化，作为一种外部强迫，对 ENSO 循环起着十分重要的作用；El Niño 的发生同大气 ISO 的明显系统性东传有关。资料分析也表明，El Niño 持续时间的长短与大气环流异常有密切关系。

用非线性最优化方法研究 El Niño -南方涛动（ENSO）事件的可预报性问题，揭示了最容易发展成 ENSO 事件的初始距平模态，即条件非线性最优扰动（CNOP）型初始距平；找出能够导致显著春季可预报性障碍（SPB），且对 ENSO 预报结果有最大影响的一类初始误差——CNOP 型初始误差，进而探讨耦合过程的非线性在 SPB 研究中的重要作用，提出了关于 ENSO 事件发生 SPB 的一种可能机制；用 CNOP 方法揭示了 ENSO 强度的不对称现象，探讨 ENSO 不对称性的年代际变化问题，提出 ENSO 不对称性年代际变化的一种机制；建立了关于 ENSO 可预报性的最大可预报时间下界、最大预报误差上界和最大允许初始误差下界的三类可预报性问题，分别从三个方面揭示 ENSO 事件的春季可预报性障碍现象，比较有效地量化了模式 ENSO 事件的可预报性。

利用中国科学院大气物理研究所地球流体力学数值模拟国家重点实验室的 ENSO 预测系统，研究了海洋资料同化在 ENSO 预测中的应用，该系统可以同时对温、盐剖面资料和卫星高度计资料进行同化。并且，在模式中采用次表层上卷海温的非局地参数化方法，可有效地改进 ENSO 模拟水平。采用集合卡曼滤波（Ensemble Kalman Filter，EnKF）同化方法以及在集合资料同化中“平衡的”多变量模式误差扰动方法为集合预报提供更加精确和协调的初始场，ENSO 预报技巧得到提高。

关键词：ENSO，机理，可预报性，预测

1 引言

El Niño（La Niña）被认为是年际气候变化的最强信号，它的发生往往给全球不少地方造成严重洪涝、干旱及其他灾害，从而受到全世界的普遍关注[1~3]。为了搞清 El Niño 发生的原因，国外科学家相继提出了关于 El Niño 产生机制的所谓信风张驰理论[4]、不稳定海洋波动理论[5,6]和延迟振子理论[7,8]。上述研究虽然各自都能部分地解释 El Niño（La Niña）的发生和演变特征，但 El Niño 发生的确切原因仍未真正搞清楚，对 El Niño 的预测也就还处于试验阶段。从物理本质而论，波和振荡是同一范畴，波可视为振荡的传播。就 Niño3 区海表温度异常（SSTA）的年际变化来看，ENSO（或 El Niño-La Niña-El Niño-……）循环确实可以认为是一种振荡现象。解释 ENSO 发生机制的延迟振子理论却认为 ENSO 循环本质是海洋对前期风强迫的滞后响应，而其循环的时间尺度要取决于局地海气相互作用的正反馈过程和赤道波在西边界被反射的时滞负反馈过程。但这里提到的一个重要过程，即西边界反射，却被不少研究所否

本文发表于《大气科学》，2008，32(4)：761-781。

定[9~11]。同时，延迟振子理论还假定在赤道西太平洋的海-气相互作用比较弱，也与实际观测不相符。充电式振子模型虽是延迟振子理论的进一步发展[12]，它包括有 SST 的变化，也有风应力的异常和温跃层厚度的振荡，但仍然只反映了 ENSO 的一个侧面，因为它强调先有 SST 的异常，再导致赤道西风的爆发，与观测并不一致。因此，进一步研究 El Niño(La Niña)或 ENSO 的形成机制是十分必要的。

根据“El Niño 是热带太平洋海-气相互作用的产物”的观点[13]，我们一直强调大气环流异常在激发 El Niño 中的重要作用。已指出持续的强(弱)东亚冬季风将导致赤道西太平洋地区的持续西(东)风异常和强(弱)大气季节内振荡，通过海-气相互作用，它们是激发 El Niño(La Niña)的重要因子[14~16]；用 GCM 所作的数值模拟试验也证明了上述资料分析结果是正确的[17]。近几年我们的分析研究发现，西太平洋暖池的次表层海温异常(SOTA)及其向东传播与 El Niño 及 La Niña 的发生有直接关系，而 SOTA 的东传与赤道西太平洋异常纬向风有关[18]。其后，巢纪平等[19]从研究海温距平最大变化曲面，得到了类似的结果；周广庆和李崇银[20]用一个海-气偶合模式所作的数值模拟也得到了完全一样的结果。

在 ENSO 可预报性研究上，Mu 等[21]提出的条件非线性最优扰动(CNOP)方法，与国际上许多研究采用线性奇异向量(LSV)法不同，条件非线性最优扰动(CNOP)方法更利于揭示非线性系统的特征。使用 CNOP 方法揭示了最容易发展成 ENSO 事件的前期征兆(最优前期征兆)：即赤道东太平洋负(正)的海表温度距平和正(负)的斜温层深度距平最容易发展成 El Niño (La Niña)事件[22]。该理论结果解释了斜温层变化领先于海表温度变化的观测事实，从物理上阐明 ENSO 最优前期征兆形成及其发展成 ENSO 事件的机制。使用 CNOP 方法还揭示了 ENSO 事件的“春季可预报性障碍”现象[23,24]；对于所用模式，找出了最容易导致春季可预报性障碍的初始误差模态，弄清了耦合过程的非线性在 ENSO 春季可预报性障碍研究中的重要作用，提出关于春季可预报性障碍的一种可能机制，即：(1)季节循环在春季具有强的海气耦合不稳定性；(2)El Niño 在春季具有强的动力学不稳定性和最弱的持续性；(3)El Niño 初始误差的发展与 El Niño 事件本身在春季具有相同的增长机制。从而拓展了 Webster 和 Yang[25]关于春季可预报性障碍机制的解释。Duan 等[26]进一步研究 ENSO 可预报性的量化问题，建立了关于 ENSO 事件第一类可预报性问题的三类子问题，在一定程度上量化研究 ENSO 数值模式的可预报性，较有效地估计了模式中 ENSO 事件的最大可预报时间下界、最大预报误差上界和最大允许初始误差下界，分析非线性在 ENSO 事件最大预报误差下界估计中的重要作用。

ENSO 预测一直是国内外都十分重视的问题，中国科学院大气物理研究所(以下简称“大气所”)也进行了多年的研究试验。本文后一部分是介绍 ENSO 预测系统的研究和试验情况，包括海洋资料同化系统发展、次表层上卷海温的非局地参数化方法，以及 ENSO 的跨季度集合预测系统的改进等。

2 ENSO 循环的本质

1997 年初夏爆发了 20 世纪最强的一次 El Niño 事件，而观测资料表明，在这次 El Niño 发生之前西太平洋暖池的次表层海温异常(SOTA)早已明显存在，且其正距平可追溯到 1996 年秋天。暖池区的正 SOTA 沿温跃层东传到赤道东太平洋并向海洋表层的扩展是 1997 年 El Niño 事件发生的直接原因。当 El Niño 事件发生之后，暖池区的 SOTA 又出现负距平，其后暖池区负 SOTA 的向东传播和在赤道东太平洋向海表的扩展便又直接激发产生了 1998 年的 La Niña。分析历史上的每一次 El Niño 事件，都可以发现暖池区的 SOTA 正(负)距平与 El Niño(La Niña)都有密切联系。在 El Niño(La Niña)发生之前，暖池的次表层都有正(负)SOTA 存在；El Niño(La Niña)爆发后，暖池的次表层又都变成为负(正)SOTA 控制。由于温跃层从赤道西太平洋到赤道东太平洋是逐渐升高的，当暖池区的正(负)SOTA 向东传到赤道东太平洋时，赤道东太平洋海表水温(SST)也将出现正(负)异常，暖池次表层正(负)SOTA 的东传也就直接与 El Niño (La Niña)的爆发有关。换句话说，暖池区的正(负)SOTA 和它东传到赤道东太平洋，可以视为 El Niño(La Niña)发生的重要原因。

为了进一步揭露暖池区 SOTA 对 ENSO 爆发的重要作用，我们分析了用一个海-气耦合模式所进行的多年积分资料。模式模拟的 Niño 3 区 SSTA 和暖池区 SOTA 的时间变化表明，在暖事件之前暖池区都有正 SOTA 出现，而在暖事件爆发之后暖池区的 SOTA 又变为负值；相反，冷事件却总是与暖池区先期的负 SOTA 相对应，而在冷事件爆发之后暖池区的 SOTA 又变为正值(图略)。数值模拟结果与观测十分一致，充分说明了暖池区次表层海温异常对 ENSO 的发生有重要作用。

2.1 SOTA 的循环与 El Niño(La Niña)

进一步的分析我们还可以清楚看到，在暖池区正 SOTA 沿赤道温跃层向东传播的同时，在 10°N 和 10°S 纬度带有负 SOTA 的向西传播，并逐渐在西太平洋扩展到赤道暖池区，在暖池区形成负 SOTA；而在暖池区负 SOTA 沿赤道温跃层东传的时候，在 10°N 和 10°S 纬度带又有正 SOTA 的向西传播，并逐渐在西太平洋扩展到赤道暖池区，又形成暖池区的正 SOTA。换句话说，El Niño-La Niña(或 ENSO)实际上可以认为是热带太平洋次表层的海温距平沿赤道及沿 10°N 和 10°S 纬度带的一种循环。

为了更清楚地看到热带太平洋次表层海温异常的循环特征，在图 1 中给出了 1979—1993 年间沿赤道(图 1C)和沿 10°N 纬带(图 1A)的 SOTA 的时间-经度剖面，以及西太平洋 SOTA 的时间-纬度剖面(图 1B)。为了方便，我们从图 1C 1981 年开始看，一个明显的 SOTA 正距平由暖池地区(140°—180°E)东传并于 1982 年夏在赤道东太平洋形成强正距平，SSTA 也出现强正距平；然后正距平沿 10°N 纬带西传(图 1A)于 1984 年到达西太平洋，再南传(图 1B)到赤道西太平洋；其后，在赤道西太平洋暖池区的 SOTA 正距平从 1985 年开始又东传(图 1C)，1986 年夏在赤道东太平洋形成 SOTA 正距平，并导致 1986 年的 El Niño。同样，SOTA 负距平也有完全一样的循环过程，并形成 1984 年和 1988 年的 La Niña(冷事件)。

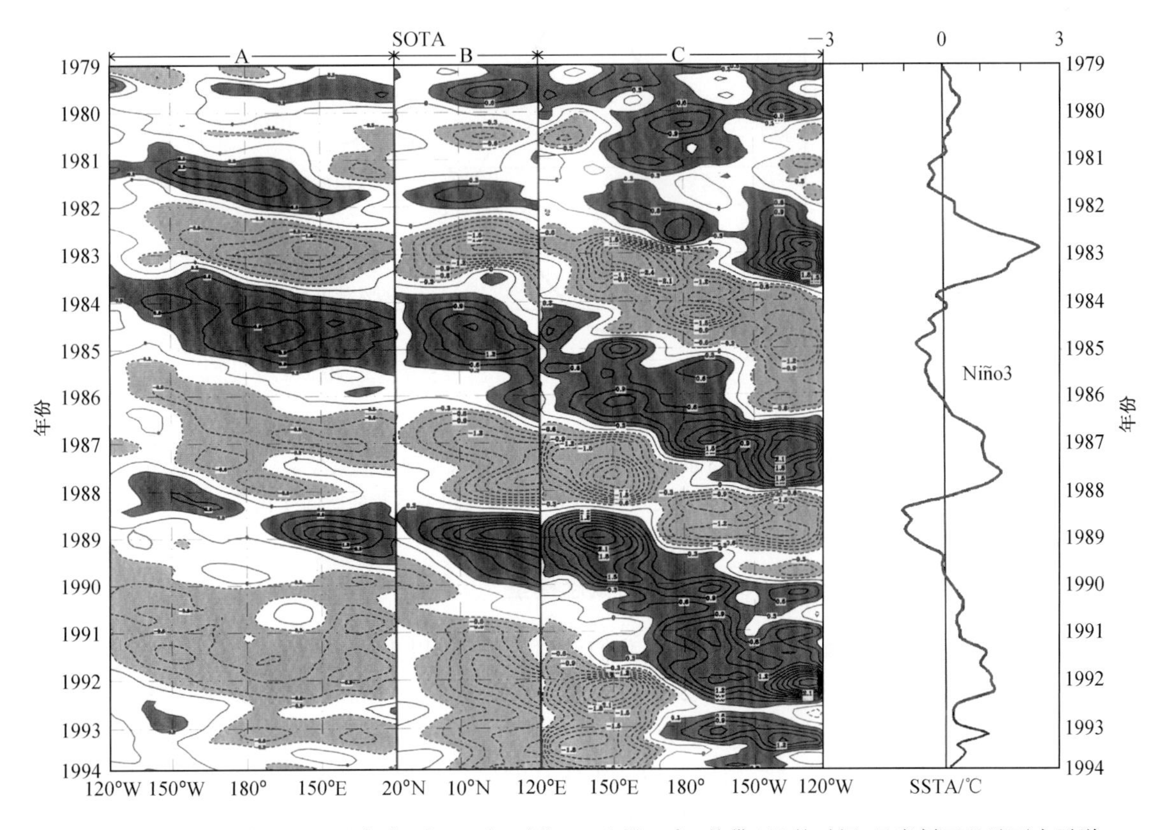

图 1 左图：太平洋 SOTA 沿赤道(6°N—6°S 平均，C)和沿 10°N 纬带(A)的时间-经度剖面以及西太平洋(120°—160°E 平均)SOTA 的时间-纬度剖面(B)；右图：Niño3 区 SSTA 的时间变化

同样，如果用 10°S 纬度的资料，也可以有与图 1 十分相似的结果。从图 1 我们可以清楚地看到，El Niño(La Niña)实际上是热带太平洋次表层海温异常沿赤道及 10°N 和 10°S 纬带作年际循环在赤道东太平洋的反映。热带太平洋次表层海温异常最强的海区是西太平洋暖池区，但那里温跃层比较深(150～200 m)，与之相对应的 SSTA 在该区域并不大；然而赤道东太平洋温跃层比较浅薄(30～50 m)，次表层海

温异常(SOTA)在那里与SSTA近乎一样,SSTA在赤道东太平洋反而显得更大。就SSTA而论,用赤道东太平洋海表温度异常来定义El Niño(La Niña)循环也是自然的。但也应该知道,如果就热带太平洋SOTA而论,El Niño(La Niña)或ENSO的真正源应是在西太平洋暖池的次表层。

ENSO的发生直接与暖池次表层海温异常的东传有关,那么是什么因素导致暖池次表层海温异常的东传?通过一些分析我们发现,赤道西太平洋地区的纬向风(信风)异常是暖池次表层海温异常向东传播的重要原因。赤道西太平洋的西风异常将驱动暖池次表层的正SOTA东传,并引发El Niño;赤道西太平洋的东风异常将驱动暖池次表层的负SOTA东传,并引发La Niña。在过去的研究中我们已指出,赤道西太平洋地区的纬向风异常主要是东亚冬季风的异常所激发产生的[14,27]。赤道西太平洋地区的西(东)风异常会导致暖池区已存在的正(负)SOTA东传,当正(负)SOTA东传到赤道东太平洋并向上扩展到海表,便引起正(负)SSTA,El Niño(La Niña)也即爆发;而东亚/西北太平洋地区的经向风异常(东亚冬季风异常)比赤道西太平洋地区的纬向风异常要出现得更早一些[28]。图2给出的是暖池区的SOTA东传到赤道东太平洋海区(5°S—5°N,170°—130°W)与赤道西太平洋地区的纬向风异常及与东亚/西北太平洋地区(25°—35°N,120°—140°E)经向风异常间的相关系数的时间变化。对于暖池区的SOTA东传到赤道东太平洋海区(ENSO即将发生),赤道西太平洋地区的纬向风异常有超前(2～3个月)的正相关,而东亚/西北太平洋地区的经向风异常有超前(4～5个月)的负相关。因此,主要由异常东亚冬季风所引起的赤道西太平洋地区的纬向风异常是导致暖池区SOTA东传的重要机制。

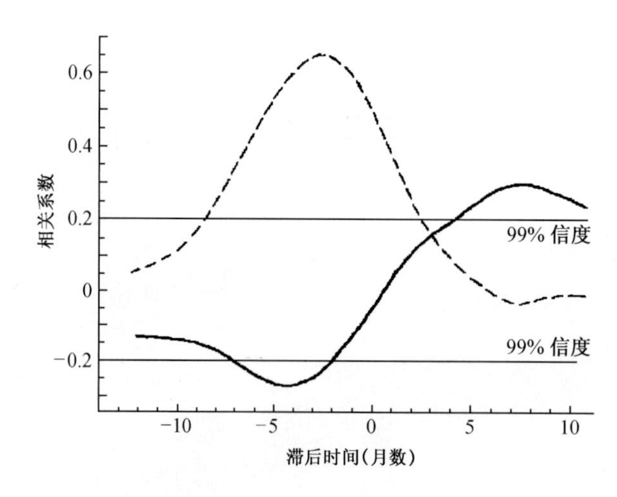

图2 暖池区SOTA东传到赤道东太平洋海区与赤道西太平洋纬向风异常(虚线)以及与东亚/西北太平洋地区经向风异常(实线)间的相关系数的时间变化

2.2 赤道西太平洋纬向风异常驱动SOTA循环的概念模型

在上面个例研究及时间剖面分析的基础上,我们针对1950年以来所发生的全部El Niño和La Niña分别进行了合成分析,ENSO的循环特征以及热带太平洋SOTA的循环和赤道西太平洋纬向风、东亚/西太平洋经向风的演变特征都有与上述个例十分类似的形势。因为篇幅的关系,这里无法给出合成分析的各个结果(El Niño/La Niña的前一年、当年及后一年各月的形势),但根据那些结果可以简要给出几张示意图,它完全反映了在异常东亚冬季风所引起的赤道西太平洋异常纬向风驱动下热带太平洋SOTA的循环特征,也可认为是ENSO循环的特征(图3)。

图3中仅给出了最为典型和重要的4个形态,图3a表明暖池区有正SOTA,而赤道东太平洋有负SOTA,对应着El Niño前期或由La Niña向El Niño的转变期(一般为冬春季),如果这时有异常的强东亚冬季风(持续北风异常),赤道西太平洋西部开始产生西风异常,暖池正SOTA开始向东扩展。随着异常强东亚冬季风的影响,赤道西太平洋整个出现西风异常,在其驱动下,正SOTA整个东传到赤道东太平洋,并导致正SSTA和El Niño事件的发生(图3b);与正SOTA由暖池区东传到赤道东太平洋的同时,负

SOTA 会沿 10°N 和 10°S 纬度带逐渐西传到赤道西太平洋,并在那里形成主要的负 SOTA 中心;图 3b 对应 El Niño 发展和成熟期(一般为夏秋季)。图 3c 表示由 El Niño 向 La Niña 的转变期(一般也为冬春季),西太平洋暖池区有负 SOTA,而赤道东太平洋为正 SOTA 控制。如果这时东亚冬季风持续偏弱(异常偏南风),将引起赤道西太平洋异常东风出现在其西部,暖池区负 SOTA 开始向东扩展。在持续的弱东亚冬季风影响下,赤道西太平洋整个出现东风异常,负 SOTA 沿赤道整个东传到赤道东太平洋,并导致负 SSTA 和 La Niña 的发生(图 3d);与负 SOTA 由暖池东传的同时,正 SOTA 由赤道东太平洋沿10°N和10°S 纬度带西传到西太平洋,并在那里形成正 SOTA 中心,图 3d 对应 La Niña 的发展及成熟期(一般也为夏秋季)。

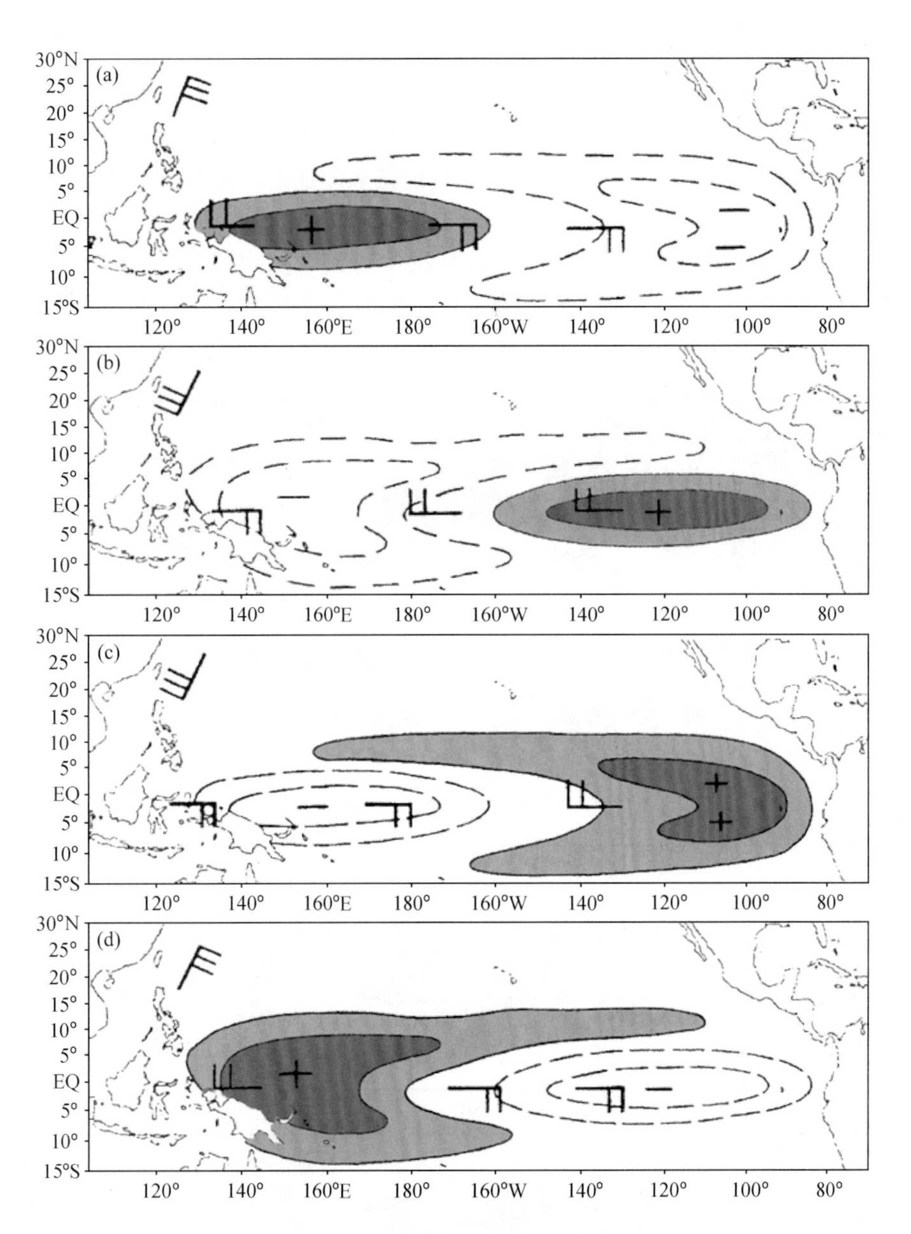

图 3 异常东亚冬季风(风标)及赤道西太平洋纬向风异常(风标)所驱动的热带太平洋 SOTA(阴影:正距平;虚线:负距平)循环的概念模型

3 ENSO与热带大气季节内振荡异常

虽然ENSO循环和热带大气季节内(30～60 d)振荡在时间尺度上具有很大的差异，前者为年际时间尺度的变化，后者则属于季节内时间尺度的范围，但是一些研究表明，在El Niño发生之前热带大气的季节内振荡(ISO)异常活跃，而在El Niño期间，ISO则相对偏弱[29]。强的热带大气ISO可导致热带太平洋地区的西风爆发，进而激发出异常海洋的Kelvin波和El Niño事件；同时，热带大气ISO的明显年际变化，作为一种外部强迫，可能是ENSO循环的非周期性的重要原因[30]。

3.1 热带大气ISO的年际异常与ENSO的关系

在这里我们将首先从动能角度研究热带大气ISO的年际变化及其与ENSO循环之间的关系。在低频动能的气候平均图上，热带印度洋为一纬向带状大值中心，从冬到夏由南印度洋向北印度洋移动，且其位置与气候的纬向偏西风的位置相一致(图略)。但是，热带大气的低频动能的年际变化最强的区域却主要集中在热带太平洋地区。图4给出了热带大气标准化低频动能的方差(近似代表热带大气低频动能的年际变化)分布，其中影阴部分代表标准方差大于0.9的区域，从图中可以看出，尽管在印度洋地区有零星的大于0.9的区域，但整片大于0.9的区域却位于赤道中西太平洋，这与热带大气的低频动能的气候分布有着明显的不同。因此，热带中西太平洋地区可能在热带大气低频振荡的年际变化中起着十分重要的作用。

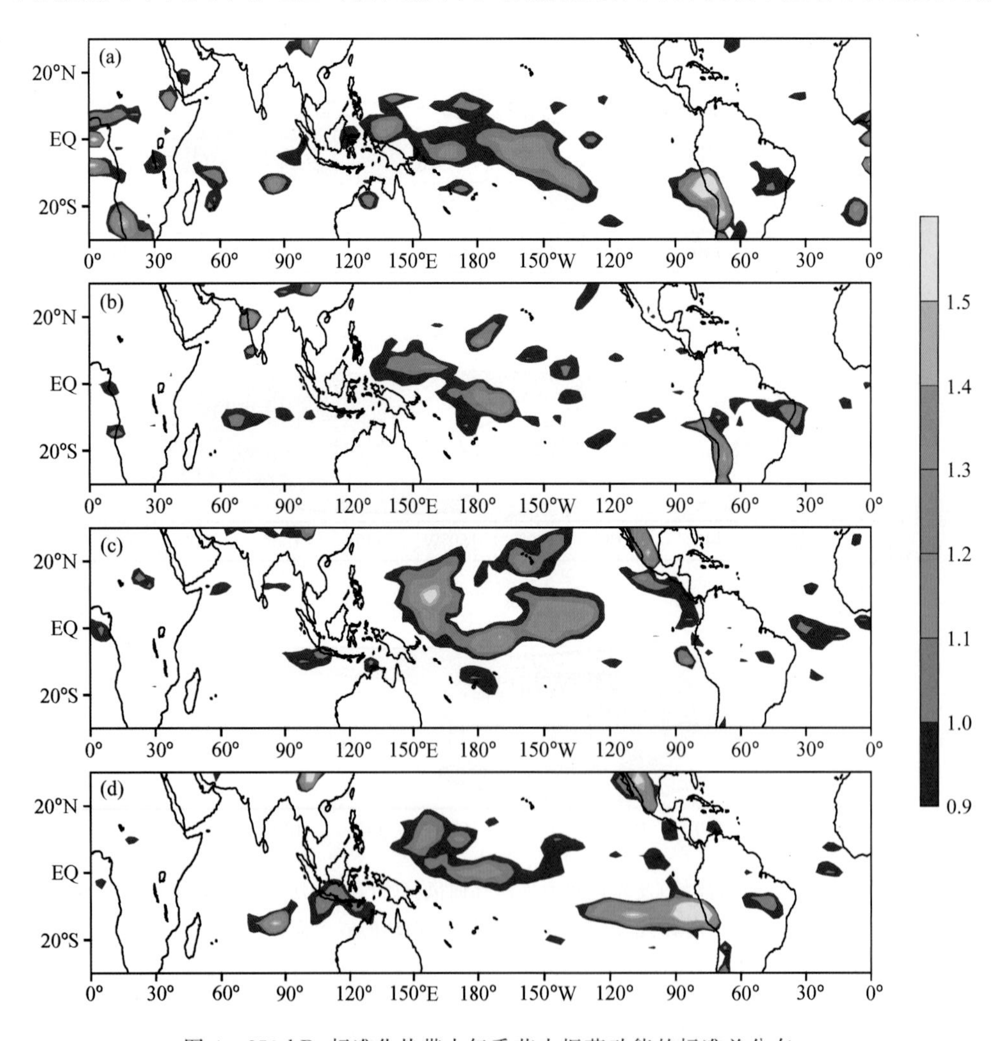

图4 850 hPa标准化热带大气季节内振荡动能的标准差分布

(a)12月至次年2月平均；(b)3—5月平均；(c)6—8月平均；(d)9—11月平均。阴影：标准方差大于0.9

由于 Niño3.4 区域的 SSTA 常用来描述 ENSO 循环，而 ENSO 的成熟时间在 11 月左右，因此，我们先计算 10—12 月平均的 Niño 3.4 区域的SSTA，可得到 40 年 SSTA 的时间序列，然后以此时间序列与全球低频动能计算其相关。从相关系数的分布(图略)可以看出，在 El Niño 成熟之年的前冬，低频动能与 SSTA 的相关显著性较差，而在 El Niño 成熟之前的春、夏季两者的相关较为明显，且相关区随着低频动能的正距平中心一起逐渐东移，当 El Niño 成熟之后，其相关又明显减弱。这些结果表明，春、夏季热带西太平洋大气 30～60 d 低频振荡的异常可能在 El Niño 的形成中起着重要作用。

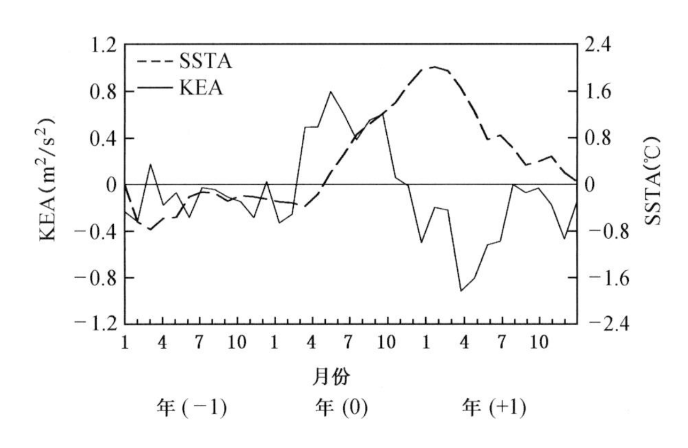

图 5 合成的 Niño 3.4 区平均 SSTA 及赤道西太平洋大气 ISO 动能距平(KEA)的时间演变

为了更进一步说明赤道西太平洋大气 30～60 d 低频动能与 El Niño 的关系，我们选择 1965—1966 年、1972—1973 年、1982—1983 年、1986—1987 年、1997—1998 年五个强 El Niño 事件，对低频动能进行合成分析。图 5 给出 Niño3.4 区域平均 SSTA 与赤道西太平洋(10°S—10°N，130°E—180°)大气 30～60 d 低频动能距平的合成演变图，其中横坐标的(−1)、(0)和(+1)表示 El Niño 爆发的前一年、当年和后一年，虚线所示的 Niño 3.4 区域 SSTA，清楚反映了 El Niño 的演变形势；而 Niño 3.4 区 SSTA 与实线所示的赤道西太平洋大气 ISO 动能的演变相比较可以清楚看出，在 El Niño 成熟之前的春、夏季，赤道中西太平洋地区的大气低频动能出现明显正异常，当 El Niño 成熟以后，低频动能明显减弱。这里的结果与我们利用欧洲中心资料分析的 20 世纪 80 年代 El Niño 与热带大气 ISO 之间的关系的结论相一致[31]。因此可以认为，热带大气 30～60 d 低频振荡的年际变化与 ENSO 循环之间确实存在着明显的相互作用关系。

需要特别指出的是，积云对流(湿过程)与热带大气 30～60 d 低频振荡是相互作用的。如果积云对流偏强，热带大气 30～60 d 低频振荡也将偏强；而这种异常的 30～60 d 低频振荡对周围的大气环流有正反馈作用，从而导致积云对流的进一步加强，强的积云对流又会引起赤道西风异常，并导致 Walker 环流的异常，有利于 El Niño 的形成。分析 850 hPa 纬向风异常与 ISO 动能距平的合成(图略)，我们将可以看到，较大的 ISO 动能正距平在冬季首先出现在热带西太平洋地区，随后逐渐加强并缓慢沿赤道东移；与赤道西太平洋 ISO 动能距平中心相对应，在赤道西太平洋地区有西风异常、以及异常西风的加强和向东扩展。因此可以认为，热带大气 30～60 d 低频振荡的年际变化作为一种外强迫，可能在 El Niño 的形成过程中起着十分重要的作用；热带大气 30～60 d 低频振荡与周围环境的相互作用使赤道西太平洋地区的西风异常得以维持、加强并向东扩展，从而对 El Niño 的形成有重要作用。

3.2 热带大气 ISO 纬向移动与 ENSO 的关系

就其纬向移动来讲，热带大气 ISO 在赤道附近主要表现为东传特征，但不时也可以看到大气 ISO 西传的情况。而且一般情况下赤道大气 ISO 的纬向移动有明显的年变化特征，在冬半年大气 ISO 的东传十分明显，但在夏季 ISO 的移动性不明显。一些个例的分析又表明，赤道大气 ISO 的显著系统性东传与 El Niño事件的发生有一定关系。对 1955 年以来在 El Niño 年和 La Niña 年赤道大气 ISO 的主要纬向移动特征的进一步系统分析表明，ENSO 与赤道大气 ISO 的纬向移动有明显关系。因篇幅关系，这里将只分别给出 4 个 El Niño 年和 4 个 La Niña 年的典型形势的分析结果，各年虽有一些不同，但大体有相近的特征。

图 6 是 4 个 El Niño 年(1965、1982、1987 和 1997 年)200 hPa 上赤道大气 ISO 的 u 分量的时间-经度剖面。850 hPa 有类似情况,但 200 hPa 振幅大一些,移动特征更显著,故用了 200 hPa u 分量进行分析。从图 6 可以看到,赤道大气 ISO 在 El Niño 年不仅在冬半年东传十分显著,而且在夏季也表现出明显的东移。与一般情况相比较,大气 ISO 明显的系统性东传的确同 El Niño 的发生有关。

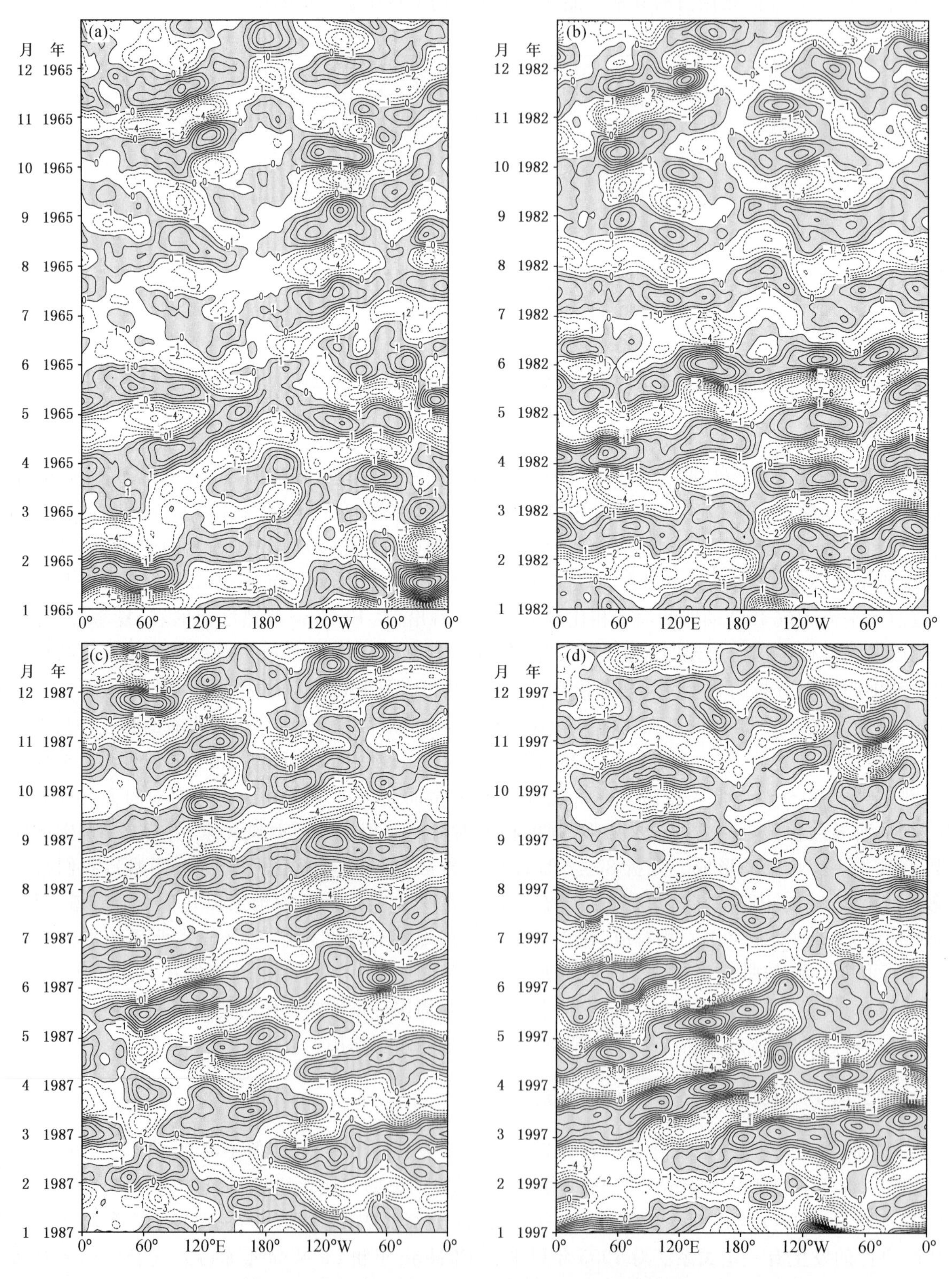

图 6　El Niño 年 200 hPa 大气 ISO(10°S～10°N 平均)的 u 分量的时间-经度剖面
(a)1965 年;(b)1982 年;(c)1987 年;(d)1997 年。等值线间隔:1 m/s

图7给出了4个La Niña年(1967、1970、1988和1998年)200 hPa上赤道大气ISO的 u 分量的时间-经度剖面。与图6相比较,除了秋冬季大气ISO的东移不如El Niño年之外,最为突出的是夏季大气ISO的纬向移动是以西传为主,尽管系统性没有东传那么清楚。也就是说,赤道大气ISO在夏季的西传同La Niña的发生有一定关系。

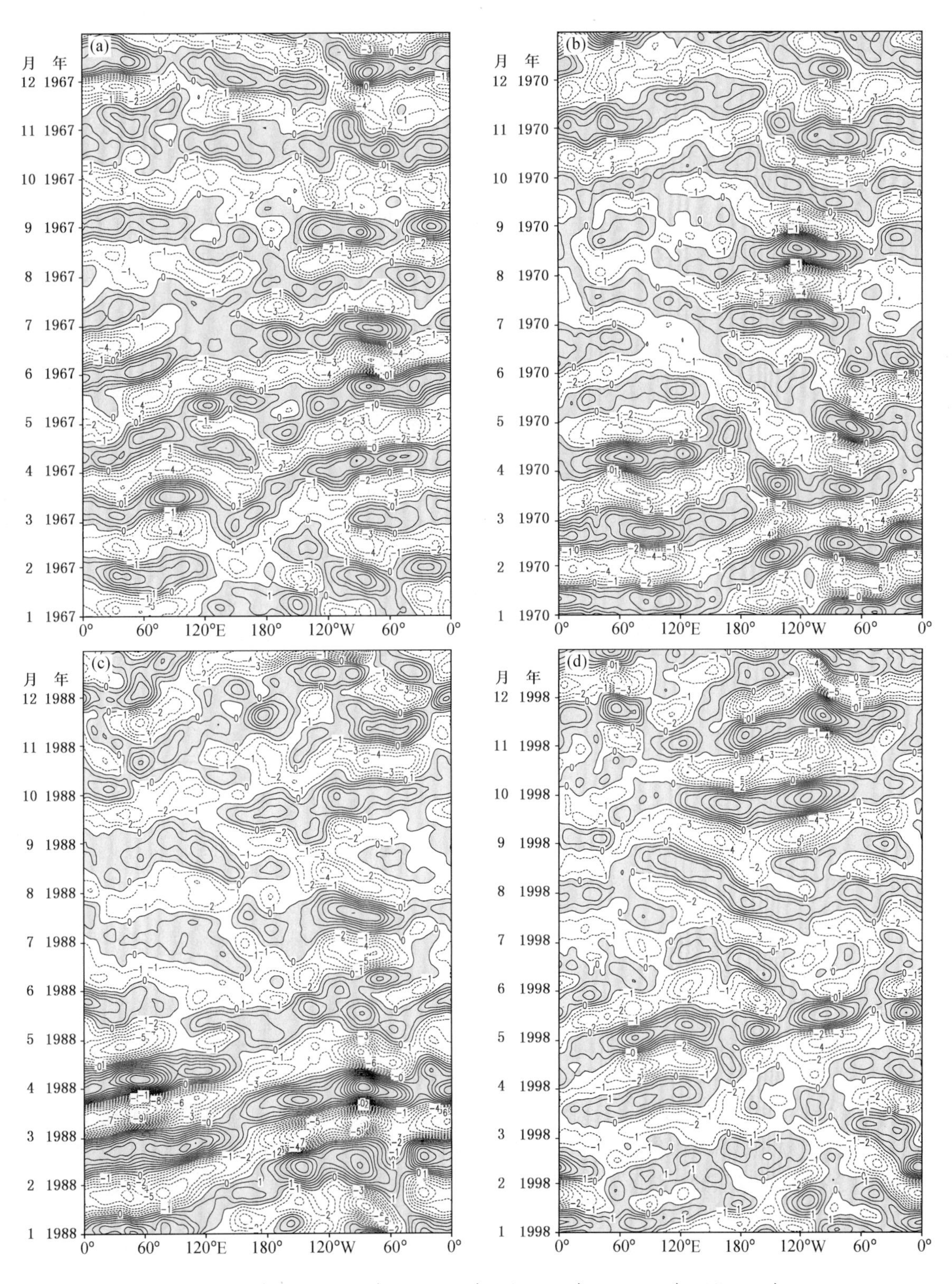

图7 同图6,但为La Niña年:(a)1967年;(b)1970年;(c)1988年;(d)1998年

4　El Niño 持续时间与大气环流异常

大家知道，El Niño 具有不同的生命长度，大部分 El Niño 事件在春季爆发后会持续一年时间，在第二年春季结束；然而也有一部分 El Niño 事件可持续较长时间，在第三年春季才结束。为什么有的 El Niño 能维持更长的时间（2 年），而相当多的 El Niño 却只维持一年时间，它们各自依赖于什么样的大气状态和条件，或者说什么样的大尺度环流背景与 El Niño 事件的维持时间有关，是需要我们回答的问题。

利用 NCEP/NCAR 再分析资料和英国 Hadley 中心月平均海温资料，对 1955—2000 年期间较强 El Niño事件为研究对象，根据 Niño 3 区海温距平（图略）大于或接近 0.5℃ 的持续时间大（等）于 16 个月定义长持续时间 El Niño，取 1968、1982 和 1986 年作为长持续时间 El Niño 事件，而取 1957、1965、1972、1991 和 1997 年作为短持续时间 El Niño。对不同持续时间 El Niño 过程进行的大气环流合成分析，可揭示它们各自对应的大气环流演变特征，以及大气环流异常特征与 El Niño 持续时间的关系。其主要结果可归纳如下几点。

（1）两种 El Niño 事件开始时间比较接近，但结束时间相差半年左右（图 8）。长持续时间 El Niño 的强度一般比短持续时间的 El Niño 的强度偏弱，而所对应的东亚/西北太平洋地区的北风异常偏强和赤道西太平洋的西风距平维持时间偏长。因此，西太平洋赤道西风异常的发生和维持是 El Niño 发生和维持的重要条件，而西太平洋赤道东风异常的发生是 El Niño 消亡的重要条件。

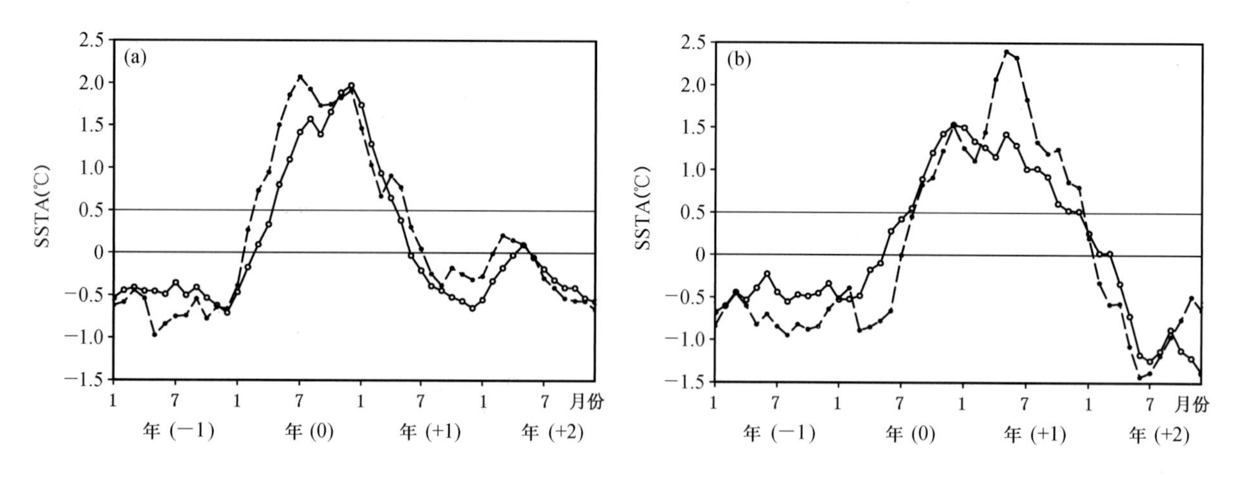

图 8　短持续时间（a）和长持续时间（b）El Niño 事件合成的海温距平在 Niño3 区（实线）和 Niño1＋2 区（虚线）的时间演变（单位：℃）。−1 年：El Niño 爆发前一年；0 年：爆发年；＋1 年，爆发后 1 年；＋2 年：爆发后 2 年

（2）对应不同持续时间的 El Niño 的发生发展和消亡过程，对流层低层风场距平有极显著的演变差异。850 hPa 上东北太平洋和西北太平洋异常气旋性环流的发展和活动对 El Niño 事件的发生起着重要作用。而东北太平洋上异常气旋性环流的减弱和西北太平洋上异常反气旋性环流的增强，从而导致赤道西太平洋东风异常发展，对 El Niño 的消亡起着重要作用。在持续时间较长的 El Niño 事件中，东北太平洋上异常气旋性环流减弱和西北太平洋上异常反气旋性环流距平涡旋增强都比较慢，此外，在 El Niño 衰减期，澳洲冬季风加强，夏季风偏弱，从而赤道西太平洋西风异常维持的时间较长，有利于 El Niño 的维持。图 9 与图 10 分别给出了两种 El Niño 事件所对应的当年冬季、第二年春季和夏季合成的 850 hPa 流场的演变，上述特征可以从图 9 与图 10 的比较中清楚地看到。

对应短持续时间 El Niño 事件，其冬季大气环流状况表现为北太平洋上空的异常气旋性环流加强东移，与此相伴在热带中、东太平洋的西风异常增强；随着西北太平洋的异常反气旋性环流进一步加强、范围扩大，受其影响在该异常反气旋性环流南部的赤道西太平洋地区出现东风异常，并在东亚/西北太平洋出现较强的南风异常，表示冬季风减弱。El Niño 爆发后一年的春季，东亚仍为南风异常，东北太平洋上异常气旋性环流减弱，其南面的赤道西风异常减弱。到 El Niño 爆发后一年的夏季，西北太平洋异常反气

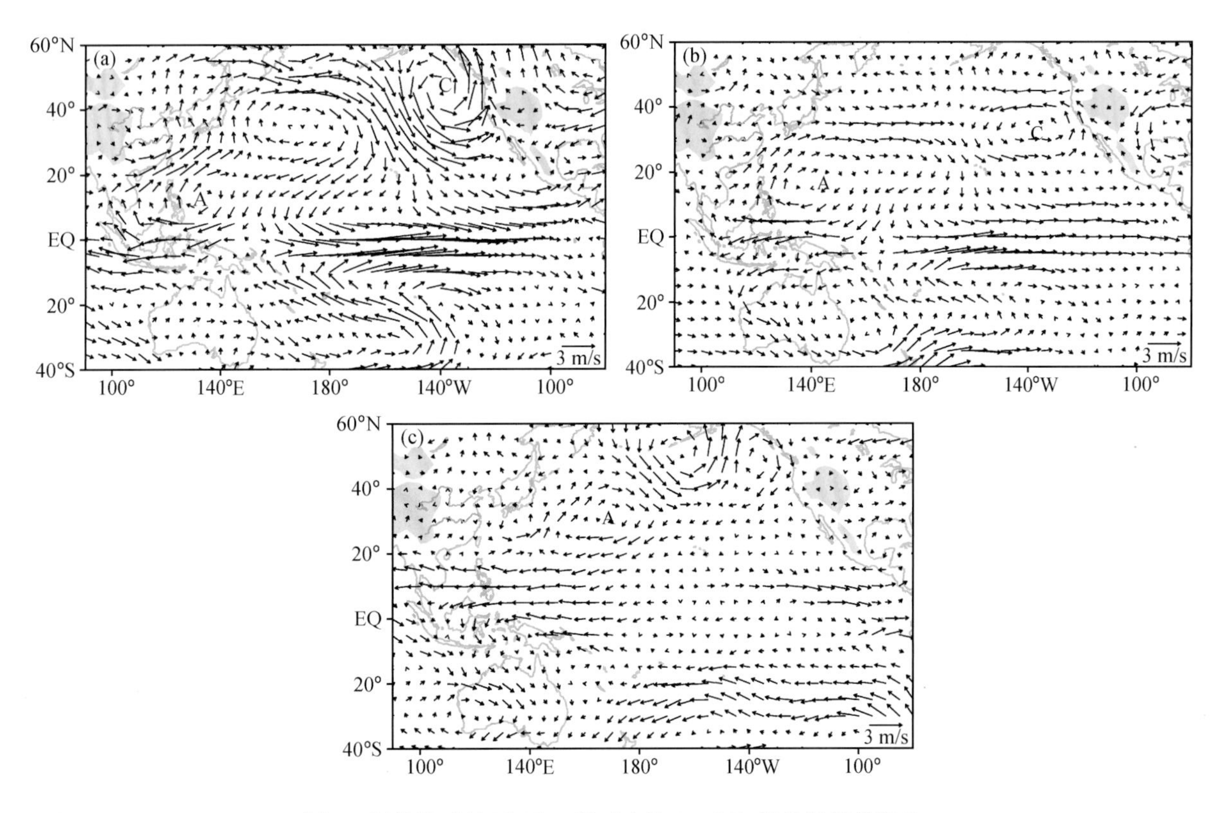

图 9 短持续时间 El Niño 所对应的 850 hPa 异常风场的演变

(a)爆发年冬季;(b)后一年春季;(c)后一年夏季。A:反气旋环流;C: 气旋性环流

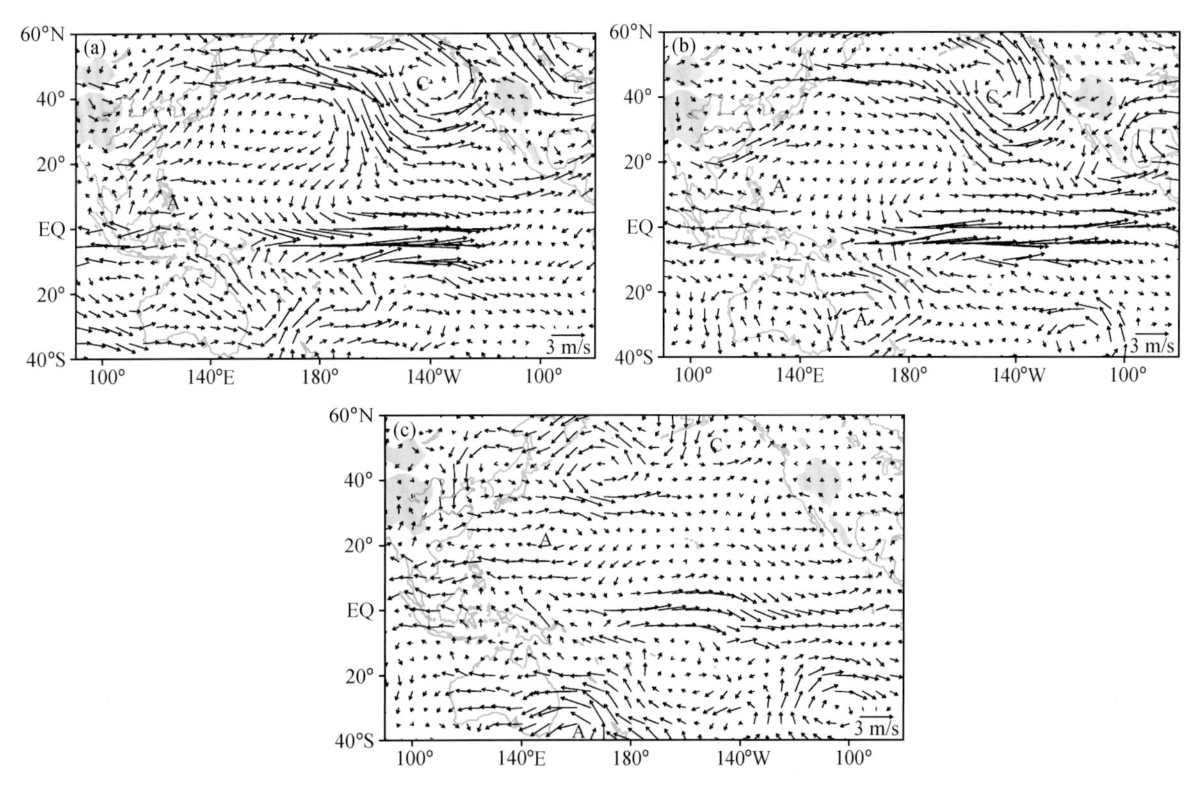

图 10 同图 9,但为长持续时间

旋性环流进一步增强，范围向东扩展，致使该异常反气旋性环流南面的赤道东风异常东移到赤道东太平洋上，并对应着 El Niño 的结束。因此，东北太平洋上异常气旋性环流衰弱，以及西北太平洋异常反气旋性环流和西太平洋上东风异常的增强东移是 El Niño 结束的重要条件。

对于长持续时间 El Niño 事件，El Niño 爆发后的冬季，风场距平特征和短持续时间 El Niño 事件的距平分布非常相似，但赤道西风异常强度稍弱，这可能是持续时间长的 El Niño 其强度不如持续时间短的 El Niño 强的原因。与短持续时间 El Niño 比较，东北太平洋上空的异常气旋性环流要强，而西北太平洋的异常反气旋性环流要弱。在 El Niño 爆发后一年的春季，东亚也为南风异常，但东北太平洋上空的异常气旋性环流仍然较强，这可能是 El Niño 维持时间较长的原因之一。在 El Niño 爆发后一年的夏季，东北太平洋上异常气旋性环流仍然较强，但西北太平洋的异常反气旋性环流较弱，因而其南侧的东风异常不能南移到赤道洋面；此外，澳洲冬季风偏强，受其影响赤道太平洋的西风异常仍然比较强。

(3) 东亚地区 200 hPa 速度势正距平南下对 El Niño 事件的发生起着重要作用，西太平洋上速度势正距平东移对 El Niño 的消亡起重要作用。对应持续时间较短的 El Niño 事件，在西太平洋 200 hPa 上的速度势正距平迅速东移对 El Niño 的迅速消亡起重要作用；对持续时间较长的 El Niño 事件，中太平洋速度势负距平的发展和维持以及南半球西太平洋速度势正距平的维持对 El Niño 的持续起重要作用，因为这种速度势距平分布极其有利于维持同 El Niño 相伴随的 Walker 环流形势。

5 ENSO 可预报性研究

5.1 ENSO 事件“最优前期征兆”问题的研究

ENSO 事件的“最优前期征兆”是最容易发展成 ENSO 事件的初始信号。如果用统计学信噪比度量可预报性，该信号发展成的 ENSO 事件具有最强的可预报性。国际上许多研究用线性奇异向量（LSV）研究该问题，但海气系统的非线性限制了线性奇异向量的适用性。Duan 等[22] 使用 Mu 等[21] 提出的条件非线性最优扰动(CNOP)方法，揭示了最容易发展成 ENSO 事件的前期征兆(最优前期征兆)：即赤道东太平洋负(正)的海表温度距平和正(负)斜温层深度距平最容易发展成 El Niño (La Niña)事件。该理论结果解释了斜温层变化领先于海表温度变化的观测事实，在一定程度上支持了 Li 和 Mu[32] 关于 El Niño 前期信号的资料分析结果，从物理上阐明 ENSO 最优前期征兆形成及其发展成 ENSO 事件的机制。通过与线性奇异向量结果的比较，克服了 LSV 的局限性，揭示了非线性的影响，即非线性温度平流过程促进 El Niño 而抑制 La Niña 的发展，造成了 ENSO 事件在强度上的不对称性。该结论为 ENSO 的非线性理论提供了一个有力证据。

5.2 ENSO 事件“春季可预报性障碍”问题的研究

ENSO 事件的“春季可预报性障碍”(SPB)问题是 ENSO 可预报性研究的一个重要内容。国际上许多研究探讨了 ENSO 事件的 SPB 问题，但 SPB 产生的机制至今仍扑朔迷离，具有很大争议。

Mu 等[23, 24] 使用 CNOP 方法揭示了 ENSO 事件的“春季可预报性障碍”现象；对于所用理论模式，找出了最容易导致春季可预报性障碍的初始误差模态，弄清耦合过程的非线性在 ENSO 春季可预报性障碍研究中的重要作用，提出了关于春季可预报性障碍的一种可能机制，从而拓展 Webster 和 Yang[25] 关于春季可预报性障碍机制的解释。

关于“春季可预报性障碍”的机制：所用模式之所以发生春季可预报性障碍，依赖三方面的综合作用：(1)季节循环在春季具有强的海气耦合不稳定性；(2)El Niño 在春季具有强的动力学不稳定性和最弱的持续性；(3)El Niño 初始误差的发展与 El Niño 事件本身在春季具有相同的增长机制。

考虑到上述所用模式的简单性，Mu 等[33] 进一步用 Zebiak-Cane 模式研究 ENSO 暖事件误差增长的季节依赖性。所得结果支持 Mu 等[24] 的结果，强调了初始误差模态结构的重要性，即 CNOP 型误差导致显著的春季可预报性障碍现象(图 11)，同时存在一些非 CNOP 型初始误差(图 12)，它们既没有明显的季节依赖性发展，又对 El Niño 预报结果影响不大。另外，CNOP 方法揭示了 El Niño CNOP 型初始误差具有局地性的空间结构。该结果实际上反映了该地区观测资料的精度在 ENSO 预测中的重要性。

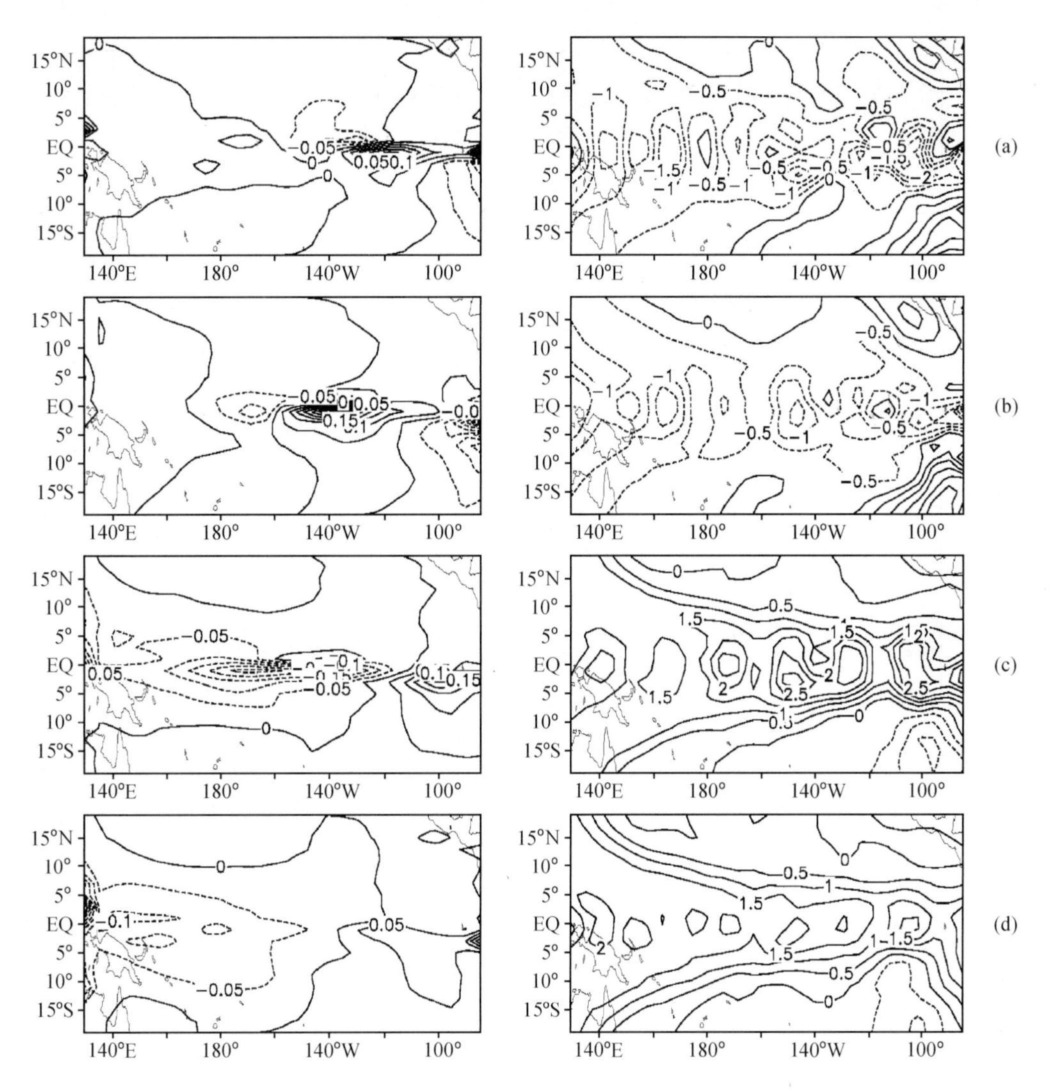

图 11　CNOP 型初始误差：SSTA 分量（左列）和斜温层深度距平分量（右列）。初始时间：(a) 1 月；(b) 4 月；(c) 7 月；(d)10 月

上述无论理论模式还是中等复杂程度模式，它们的结果都强调了 CNOP 型初始误差在 ENSO 事件春季可预报性障碍研究中的重要性，即，如果初始误差不是 CNOP 类型，ENSO 预测可能具有相对较高的可预报性。这些结论解释了为什么一些作者认为 ENSO 预测发生春季可预报性障碍，而 Chen 等[34, 35]则指出春季可预报性障碍能够通过改善模式初始场而减弱，甚至被消除。可见，CNOP 型初始误差的模态结构对于 ENSO 预测的不确定性有重要的影响，如果用一种资料同化方法可以滤掉该类误差，那么 ENSO 预报技巧应该会提高。基于这一点，可以把上述理论结果作为用资料同化方法进行 ENSO 预测的理论基础。另外，CNOP 型初始误差的局地性也激励我们用 CNOP 方法确定导致 ENSO 预测不确定性的最敏感区域，这方面的研究属于“target observation”的研究。

5.3　ENSO 可预报性的量化研究

采用非线性优化方法，建立关于 ENSO 事件的最大可预报时间下界、最大预报误差和最大允许初始误差上界的非线性优化问题[26]。首先，对于给定的初始观测误差界和最大允许预报误差（预报精度），可以得到 El Niño 和 La Niña 事件的最大可预报时间的下界。进一步比较 El Niño 和 La Niña 事件的可预

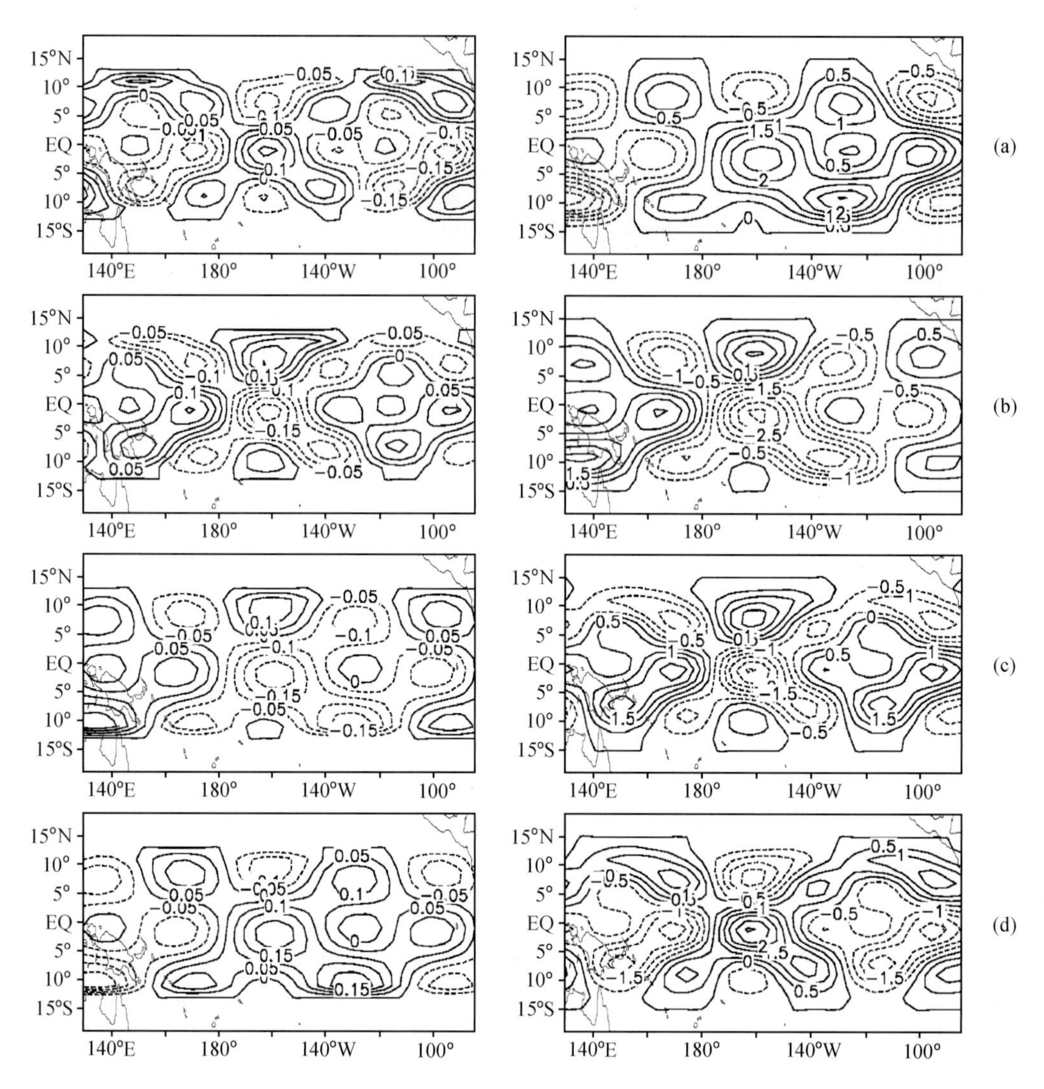

图 12　同图 11，但为非 CNOP 型初始误差：(a) 误差 1；(b) 误差 2；(c) 误差 3；(d) 误差 4。初始时间为 1 月

报性表明：El Niño 事件在初始观测误差界充分小的情况下，随着最大允许预报误差范围的逐渐变大，模式可以跨过春季在允许的误差范围内对 El Niño 作较长时间的预测；对于较大的初始观测误差界，模式无法跨过春季在允许的预报误差范围内预测 El Niño 事件，其最大预报时效总是停滞在 4－6 月间。对于 La Niña 事件，在所允许的预报误差范围内，它可以跨过春季作长时间的预测，不发生春季可预报性障碍的现象。其次，计算 El Niño 和 La Niña 事件在预报时刻的最大预报误差，其结果表明：对于给定的最大允许预报误差，当海表温度距平初始观测误差界小于一个确定的门槛值时，模式可以跨过春季预测 El Niño 的发展；当初始观测误差界超出此定值范围时，模式则不能跨春季预测 El Niño 事件。但用切线性模式估计误差的信息却高于非线性估计，也就是说，当初始海表温度距平误差界超出该定值一定范围时，模式仍然可以跨春季预测 El Niño 事件。所以，在假定非线性模式反映真实 ENSO 事件的情况下，切线性模式是对非线性模式的近似，其估计误差的结果只能近似刻画 ENSO 的预报误差，不能定量反映非线性模式的误差发展。对于 La Niña 事件，当其与 El Niño 事件具有相同初始观察误差界时，模式能够从不同时刻，在上述允许的预报精度范围内跨春季预测 La Niña 事件。第三，讨论了模式能够跨春季预测 ENSO 时，初始条件最大允许初始观察误差界应该满足的条件，从另一个角度刻画了 El Niño 事件的春季可预报性障碍现象。

5.4 El Niño 事件和 La Niña 事件强度不对称性问题的研究

ENSO 不对称性问题是一个公开未解决的问题。Duan 等[36]用中等复杂程度 Zebiak-Cane(1987)模式，考察了不同非线性过程，即非线性温度平流、次表层温度参数化以及风应力，对 ENSO 强度不对称性的影响。结果表明，非线性温度平流过程显著促进 El Niño，而微弱影响 La Niña 强度，造成 El Niño 强、La Niña 弱的 ENSO 不对称性；次表层温度参数化的非线性则倾向于较小地抑制 El Niño，而较大地抑制 La Niña，也造成一种 El Niño 强、La Niña 弱的不对称性，但这种不对称性较弱；风应力的非线性易导致另外一种不对称性，即 El Niño 弱，La Niña 强，该不对称性也比较弱，并且可以被由次表层温度参数化导致的不对称性抵消；这样，ZC 模式的三种非线性过程中，非线性温度平流在 ENSO 不对称性中起着决定性的作用。

6 ENSO 预测试验研究

6.1 海洋资料同化系统

周广庆等[37, 38]利用大气所热带太平洋和全球大气耦合环流模式，设计了“气候异常”初始化方案并进行十几年的系统性后报检验，建立了 IAP ENSO 预测系统。但该预测系统的初值仍是通过海表界面的强迫场产生，因此，海洋次表层异常信息是通过模式响应产生的并在模式中被低估，其所导致的预测结果表现为在预测开始的头几个月，模式预测技巧比持续性技巧还低。解决这一问题的方法就是发展海洋同化系统，利用资料同化方法把海洋温盐剖面观测信息直接融合到预测模式中。为此，周广庆和李旭[39]发展了一个三维变分海洋资料同化系统，但该系统只包含对温度剖面资料的同化。考虑到海表高度计卫星资料可提供很高的时空覆盖率以及盐度信息对 ENSO 预测的作用，Zhu 等[40]和 Yan 等[41]提出温盐非线性约束关系，将卫星高度计资料分解到温盐垂直剖面。在此基础上，朱江等[42]发展了一个通用的海洋变分资料同化系统 IAP OVALS，该系统可以同时对温、盐剖面资料和卫星高度计资料进行同化。利用 IAP ENSO 预测系统和海洋资料同化系统(OVALS)，研究了海洋资料同化在 ENSO 预测中的应用。通过三组试验，比较了同化完整观测资料和同化观测距平资料对 ENSO 预测的作用，连续 18 年(1982—1999 年)后报试验表明三组试验都能较好地预测出这段时期主要的强事件，尤其是在预测开始的头几个月，预测技巧可提高 0.1，并均高于持续性技巧，但预测的强度普遍不够(图 13)。距平同化相对其他两种方案预测效果略好，预测的强度也加强，尤其是对 20 世纪 80 年代的 ENSO 预测明显偏好，但在对 1991—1995 阶段的预测水平仍较低，这与国外的结果类似。

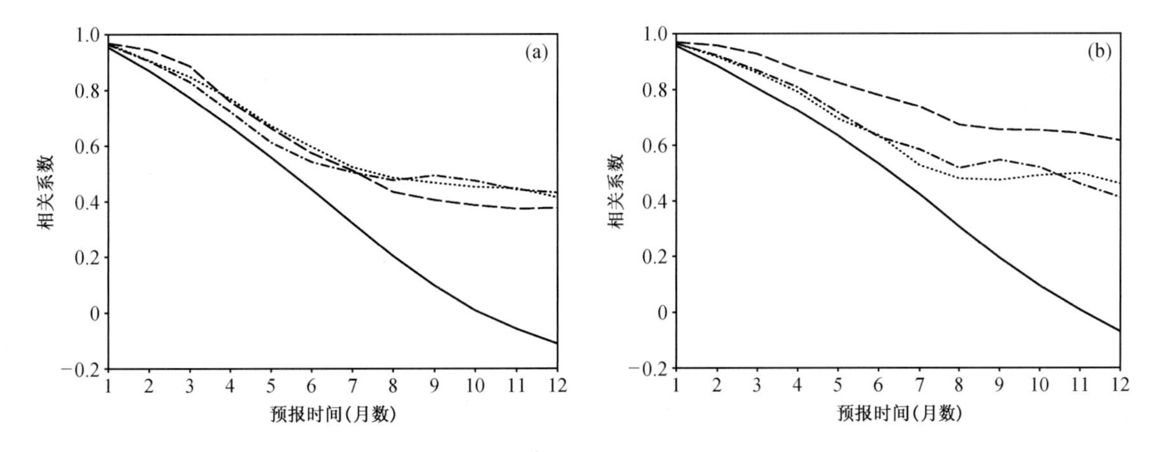

图 13 不同的同化方案预报 Niño 3 区相关技巧：(a) 1982—1999 年平均；(b) 1982—1990 年平均。点线、点虚线：同化温度剖面资料(但所采用的风应力不同)；虚线：同化温度剖面距平资料；实线：持续性结果

6.2 次表层上卷海温参数化方法

Latif 等[43]、AchutaRao 等[44]和 Davey 等[45]在总结国际上几十个海气耦合模式时发现，目前还没有一个海气耦合模式能够把 ENSO 的所有特征都模拟出来，其中突出的问题表现为模式对赤道东太平洋靠近美洲沿岸温度异常的模拟普遍偏低，耦合模式模拟的年际变律以准两年周期为主。一些研究表明，海洋中夹卷过程(entrainment)及垂直扩散过程存在较严重偏差[46~48]，并导致在赤道东太平洋地区温跃层变化对混合层温度影响不够，从而使 OGCM 模拟的东太平洋 SSTA 振幅偏弱，相应的耦合模式中振荡周期偏短。Zhang 等[49]提出一种描述次表层上卷海温的非局地参数化方法，有效地改进了中等复杂程度耦合模式的 ENSO 模拟水平。朱杰顺等[50]将这一方案引进到大气所的热带太平洋环流模式，通过在 OGCM 中嵌入海表距平模式并利用经验方法将海洋上混合层底部海温变化与海表面起伏联系起来，从而可以方便地利用模式模拟的海表起伏描述温跃层的变化情况及其对混合层海温变化的影响。三组数值试验表明通过上述方法显著改善了 SST 年际变化的模拟，在赤道东太平洋及南美沿岸，距平相关系数由原来的 0.7 左右提高到 0.8 以上，均方根误差在赤道东太平洋由原来 0.8℃降到 0.6℃，在南美沿岸由 1.3℃以上降为 0.9℃。在此基础上，通过与一个统计大气模式耦合建立了一个混合型热带太平洋海气耦合模式，通过对比采用该参数化方案前后模拟的年际变化，发现其周期由准两年振荡变为准 4 年周期，在赤道东太平洋海温距平振幅显著增大，分布形式与观测更为接近，而且还能模拟出观测中 ENSO 振荡的季节依赖性特征。进一步，利用这个改进的混合型海气耦合模式进行 21 年(1982—2002 年)的 ENSO 后报试验，结果显示改进后的模式的预报水平整体上明显高于改进前，距平相关系数提高了 0.1～0.2；在改进前预报时效与持续性预报相当，只有大约 5～6 个月，而改进后预报时效能提高到 9 个月，延长了3～4个月。在空间分布上，与改进前的模式偏差相一致，其预报较高技巧区仅集中在赤道两侧很窄的一个带状区域内，并在赤道东太平洋到美洲沿岸急剧下降；而使用了次表层上卷海温(T_e)参数化方案后，模式预报在这方面的问题也有了显著改进(图 14)。

6.3 ENSO 跨季度集合预测

集合预测是气候预测的发展方向。目前关于 ENSO 的跨季度集合预测，开展的相对比较少，很多原理和方法都借鉴大气中所用到的集合方法。Zheng 等[51]结合一个太平洋区域中等复杂程度海气耦合模式(Intermediate Coupled Model，ICM)，发展了一个 ENSO 的跨季度集合预测系统。该系统采用集合卡曼滤波(Ensemble Kalman Filter，EnKF)同化方法为集合预报系统提供初始的集合样本场，试验比较表明该同化方法能够为集合预报系统提供比较精确的并与模式相匹配的初值，同时集合样本的标准差空间分布特征与观测误差的空间分布比较一致，表明可以保证每个样本的初始场都有同样的可能性代表海气的实际状态(图 15)。针对模式物理过程的不确定性，该集合预报系统采用一个一阶线性马尔可夫随机模式来模拟模式模拟过程中所存在的不确定性，共 100 个集合预报成员。通过一系列确定性和概率检验方法[52]，该 ENSO 集合预报系统比原有的确定性预报模式的模拟结果有一定的改善，同时概率预报也是对确定性预报的一个完善和补充。但是通过分析也发现，该集合预报系统对热带东太平洋区域预报技巧相对稍差一些。为此，进一步提出了一种“平衡的”多变量模式误差扰动方法，使海表温度异常(SSTA)资料和卫星高度计 T/P/J 观测在集合资料同化中能够协调的同化入模式。13 年后报试验的统计检验结果表明，“新的”(同时同化 SSTA 和高度计资料)预报样本均值要比“原始的”(只同化 SSTA 观测资料)预报样本均值在相关系数和均方根误差两个方面都有了很明显的改进(图 16)。在所有的预报月，“新的”样本均值预报很明显地优于“原始的”样本均值预报，并且，“新的”样本均值预报在 Niño 3 区的改善幅度要更大一些[53]。这些预报性能的改进主要归因于通过“平衡的”多变量模式误差扰动利用集合 Kalman 滤波同化方法将 SLA (sea level anomalies) 资料引入到模式中，为集合预报提供了更加精确和协调的初始场。同时样本均值可以平滑掉一些不可预报的信息来提高预报技巧。

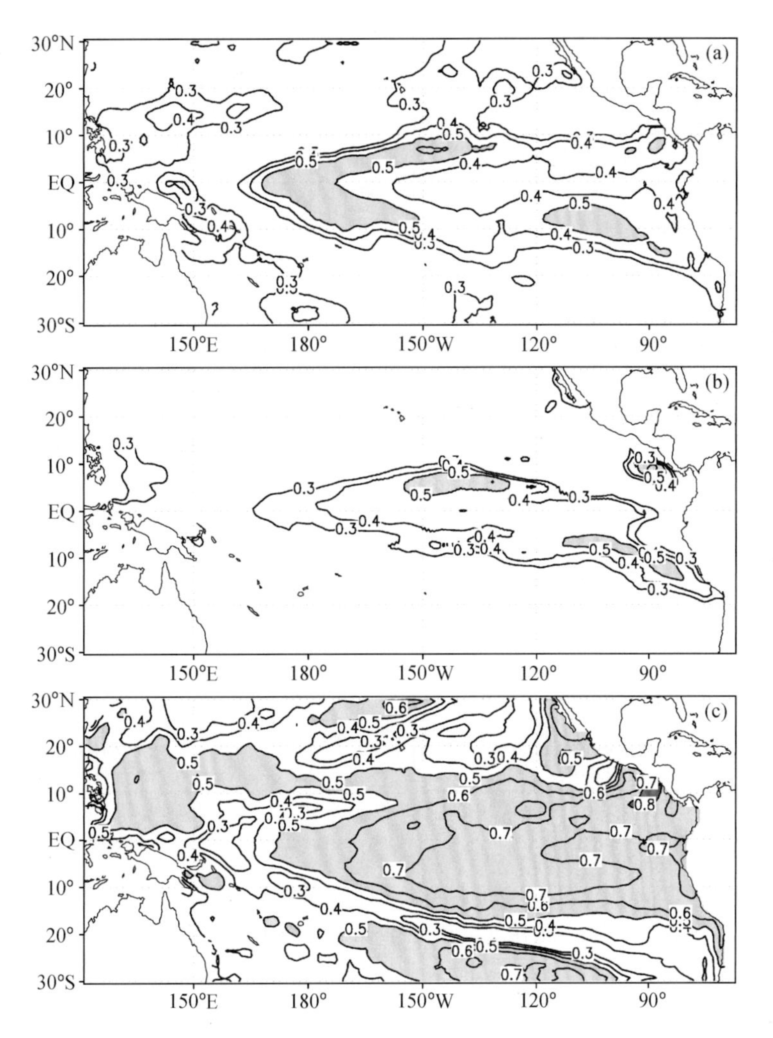

图 14　模式改进前后提前 6 个月预报的海温距平相关系数分布：(a) 持续性相关；(b) 模式改进前的预测相关；(c) 在模式中嵌入考虑次表层上卷海温作用的 SSTA 模式的预测相关

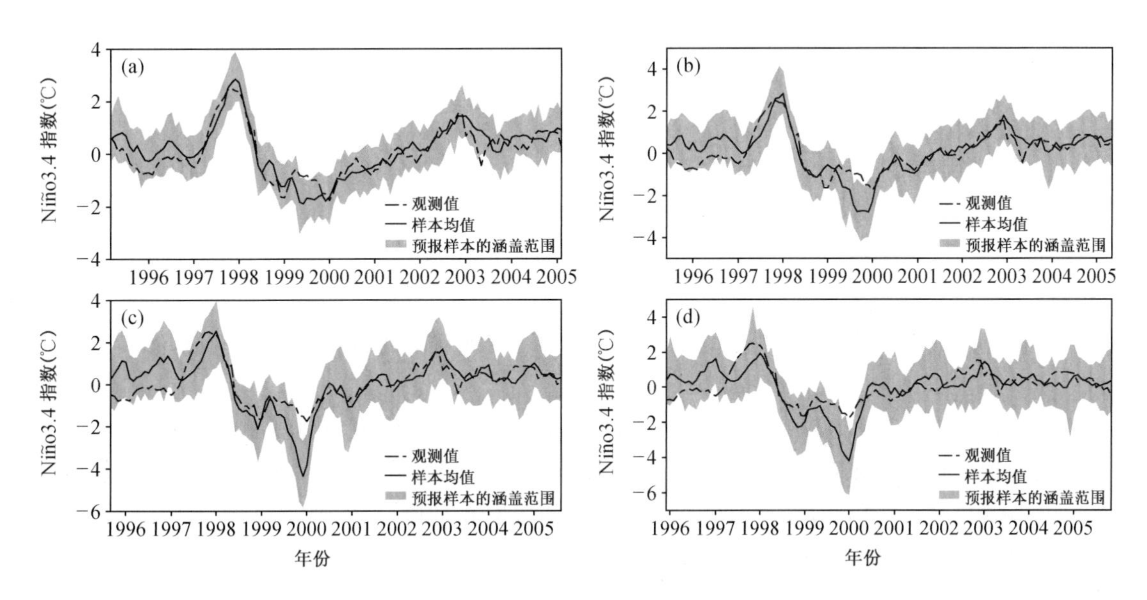

图 15　利用集合方法预报的 Niño 3.4 指数的时间序列图：预报 (a) 第 3、(b) 第 6、(c) 第 9、(d) 第 12 个月。虚线：观测；实线：样本均值；阴影：预报样本的涵盖范围

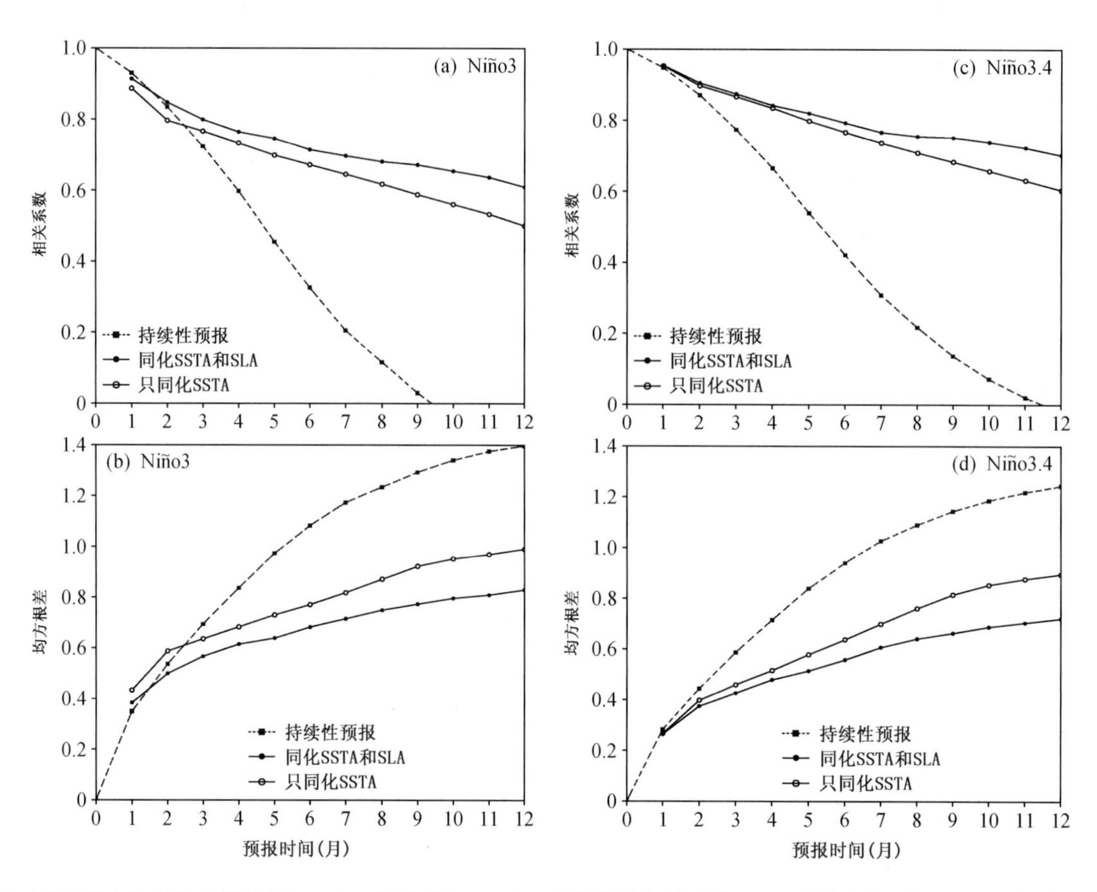

图 16　预报样本均值与观测的 Niño 3(a、b)和 Niño3. 4(c、d)指数的相关系数(a、c)和均方根误差(b、d)随预报时间的变化。实心圆:"同化 SSTA 和 SLA"的预报样本均值; 空心圆:"只同化 SSTA"的预报样本均值; 虚线: 持续性预报

7　结语

本文就有关 ENSO 机理和预测的研究进行了综合介绍,其中将有关 SOTA 循环特征的分析结果与过去的研究结果相结合,提出关于 El Niño(La Niña)机制的新看法,即 ENSO 主要是由东亚冬季风异常造成的赤道西太平洋异常纬向风所驱动的热带太平洋次表层海温距平的循环。ENSO 循环本质上是次表层海温(SOTA)的循环,即在 El Niño(La Niña)发生之前,暖池的次表层都有正(负)SOTA 存在,并沿温跃层逐渐从赤道西太平洋向赤道东太平洋传播,当暖池区的正(负)SOTA 向东传到赤道东太平洋时,赤道东太平洋海表水温(SST)也将出现正(负)异常,直接导致 El Niño(La Niña)的爆发; 在正(负)SOTA 沿赤道东传的同时,有负(正)SOTA 沿 10°N 和 10°S 分别向西传播,在 El Niño(La Niña)爆发后,暖池的次表层又都变成为负(正)SOTA 控制。换句话说,El Niño(La Niña)或者 ENSO 实际上是热带太平洋次表层海温距平的循环。分析还表明,次表层海温循环是赤道西太平洋异常纬向风所驱动的,而赤道西太平洋的异常纬向风主要由东亚冬季风异常所激发。

热带西太平洋大气 ISO 有明显的年际变化,且与 ENSO 有关,它作为一种外部强迫,对 ENSO 循环起着十分重要的作用。强(弱)东亚冬季风导致热带太平洋积云对流加强(减弱),将引起热带西太平洋大气 ISO 振荡加强(减弱),进而可导致赤道西风(东风)异常的爆发和东传,导致 ENSO 的发生。同时,El Niño 的发生同大气 ISO 的明显系统性东传有密切关系。

El Niño 持续时间的长短与也大气环流异常有密切关系,对于持续时间较长的 El Niño 事件,东北太平洋上 850 hPa 异常气旋性环流减弱和西北太平洋上异常反气旋性环流增强较慢,因此,赤道太平洋异常西风维持的时间也较长,而与澳大利亚冬季风加强相关联的南半球西太平洋的速度势正距平的维持对

El Niño 的持续也起一定作用；对应持续时间较短的 El Niño 事件，西太平洋上 200 hPa 速度势正距平的迅速东移，对其迅速消亡起重要作用。

关于 ENSO 可预报性研究，与国际上许多研究采用线性奇异向量（LSV）法不同，条件非线性最优扰动（CNOP）方法更利于揭示非线性系统的特征。使用 CNOP 方法揭示了最容易发展成 ENSO 事件的前期征兆（最优前期征兆）：即赤道东太平洋负（正）的海表温度距平和正（负）的斜温层深度距平最容易发展成 El Niño （La Niña）事件。这个理论结果解释了斜温层变化领先于海表温度变化的观测事实，从物理上进一步阐明了 ENSO 最优前期征兆形成及其发展成 ENSO 事件的机制。使用 CNOP 方法还揭示了ENSO事件的“春季可预报性障碍”现象；对于所用模式，找出了最容易导致春季可预报性障碍的初始误差模态，弄清了耦合过程的非线性在 ENSO 春季可预报性障碍研究中的重要作用，提出了关于春季可预报性障碍的一种可能机制。进一步还研究了 ENSO 可预报性的量化问题，建立了关于 ENSO 事件第一类可预报性问题的三类子问题，在一定程度上量化研究了 ENSO 数值模式的可预报性，较有效地估计模式中 ENSO 事件的最大可预报时间下界、最大预报误差上界和最大允许初始误差下界；分析了非线性在 ENSO事件最大预报误差下界估计中的重要作用。

ENSO 预测一直是国内外都十分重视的问题，大气所也进行了多年的研究试验。本文后一部分是介绍 ENSO 预测系统的研究和试验情况，包括海洋资料同化系统发展、次表层上卷海温的非局地参数化方法，以及 ENSO 的跨季度集合预测系统的改进等。

利用大气所的 ENSO 预测系统和海洋资料同化系统（OVALS），研究了海洋资料同化在 ENSO 预测中的应用。连续 18 年（1982－1999 年）后报试验表明，三组试验都能较好地预测出这段时期主要的强 El Niño 事件，尤其是在预测开始的头几个月，预测技巧可提高 0.1，并均高于持续性技巧，但预测的强度还普遍不够。通过参数化次表层上卷海温有效地改进了 ENSO 模拟水平。这种参数化方案通过经验方法将海洋上混合层底部海温变化与海表面起伏联系起来，从而可以方便地利用模式模拟的海表起伏描述温跃层的变化及对混合层海温变化的影响。

为提高预测水平，我们特别对海洋初始场进行了研究，采用了集合卡曼滤波（Ensemble Kalman Filter，EnKF）同化方法为集合预报系统提供初始的集合样本场；并且提出了一种“平衡的”多变量模式误差扰动方法，使海表温度异常（SSTA）资料和卫星高度计 T/P/J 观测在集合资料同化中能够协调地同化进模式。通过“平衡的”多变量模式误差扰动和利用集合 Kalman 滤波同化方法将 SLA 资料引入到模式中，为集合预报提供了更加精确和协调的初始场。同时，样本均值可以平滑掉一些不可预报的信息来提高 ENSO 预报技巧。

参考文献

[1] 陈烈庭．东太平洋赤道地区海水温度异常对热带大气环流及我国汛期降水的影响[J]．大气科学，1997，1：1-12.

[2] Rasmusson E M，Wallace J M. Meteorological aspects of El Niño/Southern Oscillation[J]. Science，1983，222：1195-1202.

[3] 臧恒范，王绍武．赤道东太平洋水温对低纬大气环流的影响[J]．海洋学报，1984，6：16-24.

[4] Wyrtki K. El Niño-the dynamic response of equatorial Pacific Ocean to atmospheric forcing[J]. J Phys Oceanogr，1975，5：572-583.

[5] Philander S G，Yamagata T，Pacanowski R C. Unstable air-sea interactions in the tropics[J]. J Atmos Sci，1984，41：604-613.

[6] Hirst A C. Unstable and damped equatorial modes in simple coupled ocean-atmosphere model[J]. J Atmos Sci，1986，43：606-630.

[7] Suarez M J，Schopf P. A delayed action oscillator for ENSO[J]. J Atmos Sci，1988，45：3283-3287.

[8] Neelin J D. The slow sea surface temperature mode and the fast-wave limit：Analytic theory for tropical interannual oscillations and experiments in a hybrid coupled model[J]. J Atmos Sci，1991，48：584-606.

[9] Mantua N J，Battisti D S. A periodic variability in the Zebiak-Cane coupled ocean-atmosphere model：Air-sea interac-

tion in the equatorial Pacific[J]. J Climate, 1995, 8: 2897-2927.

[10] Goddard L, Graham N E. El Niño in the 1990s[J]. J Geophys Res, 1997, 102: 10423-10436.

[11] McPhaden M J. The child prodigy of 1997-1998[J]. Nature, 1999, 398: 559-562.

[12] Jin F F. An equatorial ocean recharge paradigm for ENSO. Part I: Conceptual model[J]. J Atmos Sci, 1997, 54: 811-829.

[13] Bjerknes J. Atmospheric teleconnections from the equatorial Pacific[J]. Mon Wea Rev, 1969, 97: 163-172.

[14] 李崇银. 频繁强东亚大槽活动与 El Niño 的发生[J]. 中国科学(B), 1988, 18: 667-674.

[15] Li Chongyin. Interaction between anomalous winter monsoon in East Asia and El Niño events[J]. Adv Atmos Sci, 1990, 7: 36-46.

[16] Li Chongyin, Mu Mingquan. ENSO cycle and anomalies of winter monsoon in East Asia[M]//Chang C P, Chan J C L and Wang J T. East Asia and Western Pacific Meteorology and Climate. Word Scientific, 1998: 60-73.

[17] 李崇银, 穆明权. 异常东亚冬季风激发 ENSO 的数值模拟研究[J]. 大气科学, 1998, 22: 481-490.

[18] 李崇银, 穆明权. ENSO 发生与赤道西太平洋暖池次表层海温异常[J]. 大气科学, 1999, 23: 513-521.

[19] 巢纪平, 袁绍宇, 巢清尘, 等. 热带西太平洋暖池次表层暖水的起源——对 1997/1998 年 ENSO 事件的分析[J]. 大气科学, 2003, 27: 145-151.

[20] 周广庆, 李崇银. 西太平洋暖池次表层海温异常与 ENSO 关系的 GCM 模拟结果[J]. 气候与环境研究, 1999, 4: 346-352.

[21] Mu Mu, Duan Wansuo, Wang Bin. Conditional nonlinear optimal perturbation and its applications[J]. Nonlinear Processes in Geophysics, 2003, 10: 493-501.

[22] Duan Wansuo, Mu Mu, Wang Bin. Conditional nonlinear optimal perturbation as the optimal precursors for El Niño-Southern Oscillation events[J]. J Geophy Res, 2004, 109: D23105. Doi:10.1029/2004JD004756.

[23] Mu Mu, Duan Wansuo. A new approach to studying ENSO predictability: Conditional nonlinear optimal perturbation [J]. Chin Sci Bull, 2003, 48: 1045-1047.

[24] Mu Mu, Duan Wansuo, Wang Bin. Season-dependent dynamics of nonlinear optimal error growth and ENSO predictability in a theoretical model[J]. Journal of Geophysical Research, 2007, 112: D10113. Doi:10.1029/2005JD006981.

[25] Webster P J, Yang S. Monsoon and ENSO: Selectively interactive systems[J]. Quart J Roy Meteor Soc, 1992, 118: 877-926.

[26] Duan Wansuo, Mu Mu. Applications of nonlinear optimization method to the numerical studies of atmospheric and oceanic sciences[J]. Appl Math Mech, 2005, 26: 636-646.

[27] Li Chongyin. Westerly anomalies over the equatorial western Pacific and Asian winter monsoon[C]. Proceeding of International Scientific Conference on the TOGA Programme, WCRP-91-WMO/TP, No. 717, 1995: 557-561.

[28] 李崇银, 穆明权. 东亚冬季风-暖池状况-ENSO 循环的关系[J]. 科学通报, 2000, 45: 678-685.

[29] 李崇银, 李桂龙. 同 El Niño 发生相联系的热带大气动能的变化[J]. 科学通报, 1995, 40: 1866-1869.

[30] Li Chongyin, Liao Qinghai. The exciting mechanism of tropical intraseasonal oscillation to El Niño event[J]. J Tropical Meteor, 1998, 4: 113-121.

[31] 李崇银, 周亚萍. 热带大气季节内振荡和 ENSO 的相互关系[J]. 地球物理学报, 1994, 37: 17-26.

[32] Li C Y, Mu M Q. A further study of the essence of ENSO[J]. Chinese J Atmos Sci, 2002, 26: 309-328.

[33] Mu Mu, Xu Hui, Duan Wansuo. A kind of initial errors related to"spring predictability barrier"for El Niño event in Zebiak-Cane model[J]. Geophys Res Lett, 2007, 34: L03709. Doi:10.1029/2006GL027412.

[34] Chen D, Zebiak S E, Busalacchi A J, et al. An improved procedure for El Niño forecasting[J]. Science, 1995, 269: 1699-1702.

[35] Chen D, Cane M A, Kaplan A, et al. Predictability of El Niño over the past 148 years[J]. Nature, 2004, 428: 733-736.

[36] Duan Wansuo, Xu Hui, Mu Mu. The decisive role of nonlinear temperature advection in El Niño and La Niña amplitude asymmetry[J]. J Geophys Res, 2008, 113, C01014. Doi:10.1029/2006JC003974.

[37] Zhou G Q, Zeng Q C. Predictions of ENSO with a coupled GCM[J]. Adv Atmos Sci, 2001, 18: 587-603.

[38] 周广庆, 李旭, 曾庆存. 一个可供 ENSO 预测的海气耦合环流模式及 1997/1998 ENSO 的预测[J]. 气候与环境研究, 1998, 3: 349-357.

[39] 周广庆，李旭. 一个基于大洋环流模式的全球海洋资料同化系统//短期气候预测业务动力模式的研制[M]. 北京：气象出版社，2000：393-400.

[40] Zhu Jiang, Yan Changxiang. Nonlinear balance constraints in 3DVAR[J]. Science in China (D), 2006, 49: 331-336.

[41] Yan Changxiang, Zhu Jiang, Li Rongfeng, et al. Roles of vertical correlation of the background covariance and T-S relation in estimation temperature and salinity profiles from surface dynamic height[J]. J Geophys Res, 2004, 109: C08010. Doi:10.1029/2003JC002224.

[42] Zhu Jiang, Zhou Guangqing, Yan Changxiang, et al. A three-dimensional variational ocean data assimilation system: Scheme and preliminary results[J]. Science in China (D), 2006, 49 (12): 1212-1222.

[43] Latif M, Sperber K, Arblaster J, et al. ENSIP: The El Niño simulation intercomparison project[J]. Climate Dyn, 2001, 18: 255-276.

[44] AchutaRao K, Sperber K R. Simulation of the El Niño Southern Oscillation: Results from the coupled model intercomparison project[J]. Climate Dyn, 2002, 19: 191-209.

[45] Davey M K, et al. STOIC: A study of coupled model climatology and variability in tropical ocean regions[J]. Climate Dyn, 2002, 18: 403-420.

[46] Syu H H, Neelin J D. ENSO in an hybrid coupled model. Part Ⅰ: Sensitivity to physical parameterization[J]. Climate Dyn, 2000, 16: 19-35.

[47] Meehl G A, Gent P R, Arblaster J M, et al. Factors that affect the amplitude of El Niño in global coupled climate models[J]. Climate Dyn, 2001, 17: 515-526.

[48] Zhang R H, Zebiak S E. An embedding method for improving interannual variability simulation in a hybrid coupled model of the tropical Pacific ocean-atmosphere system[J]. J Climate, 2004, 17: 2794-2812.

[49] Zhang R H, Kleeman R, Zebiak S E, et al. An empirical parameterization of subsurface entrainment temperature for improved SST anomaly simulation in an intermediate ocean model[J]. J Climate, 2005, 18: 350-371.

[50] 朱杰顺，周广庆，Zhang Rong-Hua，等. 参数化次表层上卷海温改进 ENSO 模拟[J]. 大气科学，2006，30 (5)：939-951.

[51] Zheng F, Zhu J, Zhang R-H, et al. Ensemble hindcasts of SST anomalies in the tropical Pacific using an intermediate coupled model[J]. Geophys Res Lett, 2006, 33: L19604. Doi:10.1029/2006GL026994.

[52] 郑飞，朱江，王慧. ENSO 集合预报系统的检验评价[J]. 气候与环境研究，2007，12 (5)：587-594.

[53] Zheng F, Zhu J, Zhang R. The impact of altimetry data on ENSO ensemble initializations and predictions[J]. Geophys Res Lett, 2007, 34: 13611. Doi:10.1029/2007GL030451.

Mechanism and Prediction Studies of the ENSO

LI Chongyin, MU Mu, ZHOU Guangqing, and YANG Hui

(State Key Laboratory of Numerical Modeling for Atmospheric Sciences and Geophysical Fluid Dynamics, Institute of Atmospheric Physics, Chinese Academy of Sciences, Beijing 100029)

Abstract: A new theory on the ENSO cycle is advanced in this study: the ENSO is an interannual cycle of SOTA in the tropical Pacific driven by zonal wind anomaly over the equatorial western Pacific which is caused mainly by anomalous East Asian winter monsoon. El Niño(La Niña)or ENSO is really the subsurface ocean temperature anomalies (SOTA) in the tropical Pacific. The interannual cycle of SOTA in the tropical Pacific is driven by zonal wind anomaly over the equatorial western Pacific which is caused mainly by anomalous East Asian winter monsoon. The strongest signal of interannual variations of the tropical atmospheric ISO(intraseasonal oscillation)lies in the western Pacific. As an external forcing, the interannual variations of the ISO play an important role in the ENSO cycle. The occurrence of El Niño(La Niña)is related to the eastward (westward) propagation of ISO. The circulation anomalies are strongly related to the lasting time of El Niño events.

Nonlinear optimization method is used to explore the predictability problems for ENSO events. Significant results are obtained. Conditional nonlinear optimal perturbation (CNOP) acts as the initial anomaly pattern that evolves into the ENSO event most probably. And the CNOP-type error superimposed on the ENSO event causes a significant"spring predictability barrier"(SPB) and has the largest negative effect on the prediction. A possible mechanism for SPB is provided to explain SPB, which suggests the role of nonlinearity in SPB. Besides, by using the CNOP approach, the ENSO amplitude asymmetry is addressed by nonlinearity. The decadal change of ENSO asymmetry is also revealed and an explanation is given to address the mechanism. Finally, the lower bound of the maximum predicable time, the upper bound of maximum prediction error, and the lower bound of maximum allowable initial error for ENSO events are established with three different nonlinear optimization problems, which reveal the SPB for ENSO events from three different perspectives.

Furthermore, an ENSO prediction system is developed. In that system, a three-dimensional variational ocean data assimilation system is used. This is capable of assimilating in situ sea water temperature and salinity observations and satellite altimetry data. An empirical parameterization of subsurface entrainment temperature in the coupled model may effectively improve ENSO simulation. An ensemble Kalman filter data assimilation system is implemented to provide the initial ensemble. And balanced multivariate model error is used in the ensemble Kalman filter data assimilation. ENSO prediction is improved well by those ensemble forecasts.

Key words: ENSO, mechanism, predictability, prediction

热带太平洋—印度洋海温联合模及其气候影响

李崇银[1,2] 黎鑫[1,2] 杨辉[1] 潘静[1] 李刚[3]

(1 中国科学院大气物理研究所大气科学和地球流体力学数值模拟国家重点实验室,北京 100029;
2 国防科技大学气象海洋学院,南京 211101;3 中国西昌卫星发射中心,西昌 615000)

摘　要:本文基于观测资料和 LICOM2.0 模拟结果的分析研究,简要介绍讨论了太平洋—印度洋海温(异常)联合模(PIOAM)的存在、特征、演变及其影响等问题。热带太平洋—印度洋区域乃至全球范围的海表温度异常(SSTA)资料进行 EOF 分解,都清楚表明其第一分量在热带太平洋—印度洋的空间形态与太平洋—印度洋海温(异常)联合模(PIOAM)非常相似,说明 PIOAM 是热带太平洋—印度洋实实在在存在的一种海温异常模态。对应 PIOAM 的正、负位相,热带印度洋和西太平洋地区的夏季(JJA)850 hPa 距平风场有近乎相反的异常流场形势;对流层低层的 Walker 环流支和亚洲夏季风都出现了不同特征的(近乎相反)异常;在 PIOAM 正(负)位相将使得 100 hPa 的南亚高压位置偏东(西)。对热带太平洋和印度洋温跃层曲面上的海温异常(为了方便将其称为 SOTA)进行 EOF 分解,发现其第一模态也是一个三极子模态,即当赤道中西印度洋大部分海域与赤道中东太平洋大部分海域偏暖(偏冷)时,赤道东印度洋和赤道西太平洋大部分海域则偏冷(偏暖);它与太平洋—印度洋表层的 PIOAM 十分类似,也表明 PIOAM 在海洋次表层也是存在的。高分辨海洋环流模式 LICOM2.0 的模拟结果,无论是对太平洋—印度洋表层还是次表层的 PIOAM 的特征和演变都刻画得很好,这从另一个角度进一步说明 PIOAM 是热带太平洋—印度洋实际存在的一种海温变化模态。PIOAM 正、负位相不仅对亚洲及西太平洋地区的天气气候有非常不一样的影响(不少地方有反向的特征),还会对南北美洲和非洲一些地区产生不同影响;而且其影响与单独的厄尔尼诺(El Niño)及印度洋偶极子(IOD)都不尽相同。

关键词:太平洋—印度洋海温(异常),联合模(PIOAM),EOF 分解,高分辨海洋环流模式,LICOM2.0,海洋次表层,气候影响

1 引言

热带太平洋和印度洋是全球海温年际变率最为显著的区域,该区域还有世界上范围最大、海表温度最高的大"暖池",亦是全球热带对流最强、水汽含量最多的区域,海气相互作用极为强烈。因此,热带太平洋和印度洋热状况及其变化对全球及区域气候,尤其是我国的天气气候有着重要影响,一直是大家十分关注的对象。

太平洋的 ENSO 是全球年际气候变化的最强信号,已有大量学者对其进行了广泛研究,包括它的发生发展机理(Wyrtki, 1975;Philander et al., 1984; Suarez et al., 1988; Jin, 1997; 李崇银等, 1999; Li et al., 2000, 2002),活动演变特征以及对全球范围的天气气候影响等(Bjerknes,1966; Rasmusson et al., 1983; 臧恒范等, 1984; Ropelewski et al., 1987; Li, 1990; Webster et al., 1992; 黄荣辉等, 1996; 陈烈庭等, 2000; Zhou et al., 2001; Mu et al., 2003; Mu et al., 2007; Zheng et al., 2007)。1999 年,Saji 等(1999)和 Websteret 等(1999)发现赤道印度洋的海温也存在东西梯度的振荡模态,并把它称之为印度洋偶极子(IOD)。随后,赤道印度洋的海温变化也得到学者们的广泛关注,大量的文献探讨了 IOD 的成因、机理,以及它的天气气候影响等(Li et al.,2001;肖子牛等,2002;Li et al., 2003; Saji et al.,

本文发表于《大气科学》,2018,42(3):525-523。

2003；Cai et al.，2005；Rao et al.，2007；Zheng et al.，2013；Wang et al.，2014）。

开始的研究认为，IOD只是赤道印度洋的独立海气相互作用所激发产生的。但有研究认为，1997/1998年热带印度洋海表温度异常（Sea Surface temperature anomaly，SSTA）是由于太平洋ENSO事件通过赤道上空的反Walker环流影响了印度洋海表风场，进而引发了印度洋的海温异常（Yu et al.，1999）；也有研究认为1997/1998年印度洋的SSTA东西非对称异常可能包含ENSO的触发过程（Ueda et al.，2000）。李崇银等（2001）通过统计分析表明赤道印度洋SSTA偶极子事件与太平洋偶极子（类似ENSO模）有很好的负相关（图1）；晏红明等（2001）分析了ENSO循环的两个不同位相期印度洋海表温度异常的特征，表明印度洋地区的海温变化与赤道东太平洋地区的海温异常有较好的相关关系，ENSO事件中印度洋地区海温有明显的偶极子振荡现象。Huang等（2002）的研究也指出印度洋IOD与太平洋ENSO有明显关系。

地球流体（大气和海洋）的运动及变化都有着一定的联系，热带海表温度的变化也不应该是一个孤立的现象。印度洋偶极子（IOD）与太平洋ENSO是两大洋海温变化的显著信号，应该存在紧密联系和相互影响。赤道太平洋的海温异常所导致的上空Walker环流异常，将引起印度洋上空的Walker环流异常，在低层异常风应力的驱动下，可以激发印度洋IOD的发生发展。另一方面，印度尼西亚贯穿流也对ENSO与IOD的联系起着一定作用，因为太平洋暖池区的海温偏冷（El Niño情况）或偏暖（La Niña情况），通过印度尼西亚贯穿流将使得赤道东印度洋的海温变冷或变暖，从而有利于IOD正位相或负位相的建立。在自然科学重点课题的支持下，李崇银等2003年便开始了对热带太平洋—印度洋整体热力状况及其影响的研究①。通过分析研究发现，印度洋中西部和赤道中东太平洋大海区的海表温度变化与赤道西太平洋和赤道东印度洋海表温度变化有相反的特征，表明赤道太平洋和赤道印度洋的海温变化存在着一种联合模态，太平洋印度洋海温异常联合（综合）模的概念就此产生，并定义了该模态的指数（琚建华等，2004；杨辉等，2005）。武术等（2005）的研究也表明了这种联合模的存在。杨辉和李崇银（2005）以及杨辉等（2006）通过资料分析进一步指出，太平洋—印度洋海温联合模能更好地反映热带海表温度异常的东西差异，以及它们对亚洲大气环流和天气气候的影响。

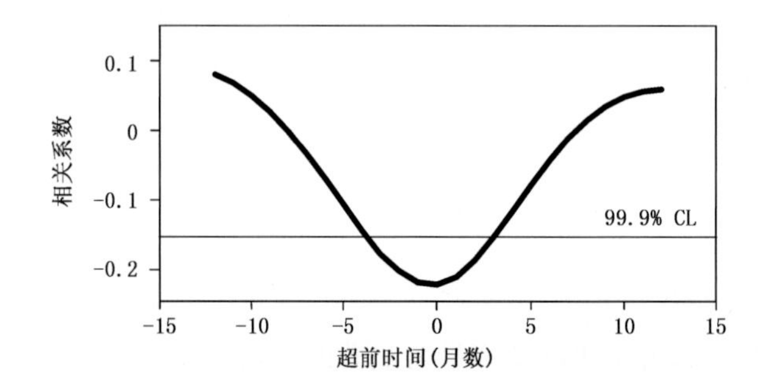

图1 印度洋IOD与太平洋“偶极子”（El Niño）的超前滞后相关系数

近几年来，我们从全球海温变化的模态分析、赤道太平洋—印度洋次表层海温异常特征及其演变、高分辨全球海洋模式的模拟结果进一步研究了太平洋—印度洋海温联合模的存在、演变特征，及其对天气气候的影响（黎鑫等，2013；黎鑫，2015；Li et al.，2017）。本文将就一些主要研究结果，给予简要综合介绍。

本文分析研究中所用资料包括NCEP再分析资料、ERA-40海表通量资料、SODA海温再分析资料，英国气象局Hadley中心的HadISST和NOAA的ERSST资料，以及AVISO卫星遥感海面高度资料和NOAA的全球陆地—海洋降水重构数据PREC（Chen et al.，2002）等。

① 李崇银. 2003－2005. 太平洋－印度洋ENSO模同亚洲季风的相互作用及其机理研究（国家自然科学基金重点课题，No. 40233033）

2 太平洋—印度洋海温联合模的模态特征及其指数

前面已经指出，人们先后对太平洋的 ENSO 和印度洋的 IOD 分别进行了不少研究，后来又发现这两个异常系统之间有着相当密切的联系，进而提出了太平洋—印度洋海温联合模(PIOAM)概念。这里将就 PIOAM 的模态特征及其指数给予讨论。

用印度洋海盆的海表温度异常(SSTA)资料作 EOF 分解，其第一分量(EOF-1)是海盆一致型模态，第二分量(EOF-2)是 IOD 模态。要说明 PIOAM 的存在，我们首先用热带太平洋和印度洋的 SSTA 资料进行 EOF 分解，其第一分量 EOF-1(54.4%)恰好反映了 PIOAM 的特征(图 2)。从图 2 可以清楚看到，赤道中东太平洋和赤道西印度洋为相同符号，其与赤道西太平洋和赤道东印度洋符号相反，呈现出东西向三极子(+－+或 －+－)的空间分布特征；其时间变化既有年际变化、也存在年代际变化特征。因此，可以认为 PIOAM 在热带太平洋—印度洋海域是实际存在的一种海表温度变化重要模态。如果仅用秋季的 SSTA 资料进行 EOF 分解，那么所得到的 EOF-1 在大暖池区的负值更显著。

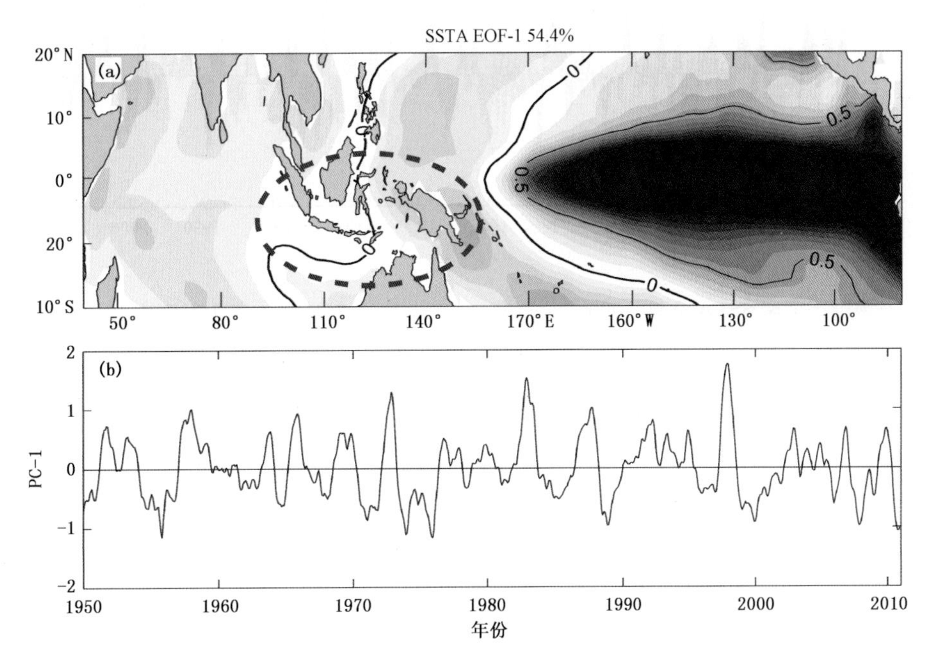

图 2 热带太平洋—印度洋 SSTA 的 EOF-1 分量的(a)空间分布和(b)时间系数

为进一步说明 PIOAM 的存在，我们用全球的 SSTA 资料进行旋转 EOF 分解(REOF)，所得到的第一分量(REOF-1)在赤道太平洋—印度洋也是类似图 2 的三极子模态(图 3)，即赤道中东太平洋和赤道西印度洋为相同符号，其与赤道西太平洋和赤道东印度洋符号相反。可见无论用全球资料还是用热带太平洋—印度洋 SSTA 资料，分析结果都清楚表明，PIOAM 是一种实际存在的热带太平洋—印度洋海温变化的重要模态。

为了描写太平洋—印度洋海温联合模，我们依据其模态特征，定义了一个 PIOAM 指数，其表达式如下：

PIOAM-I＝std (IOI)＋std (POI)； (1)

IOI＝SSTA (5°S—10°N, 50°—65°E)－SSTA(10°S—5°N, 85°—100°E)； (2)

POI＝SSTA (5°S—5°N, 130°—80°W)－SSTA (5°S—10°N, 140°—160°E) (3)

其中，IOI 为印度洋指数，为赤道印度洋西部区域平均 SSTA 与东部区域平均 SSTA 之差；POI 为太平洋指数，为赤道太平洋东部区域平均 SSTA 与西部区域平均 SSTA 之差。符号 std 表示这里已对太平洋指数和印度洋指数分别进行了标准化处理。

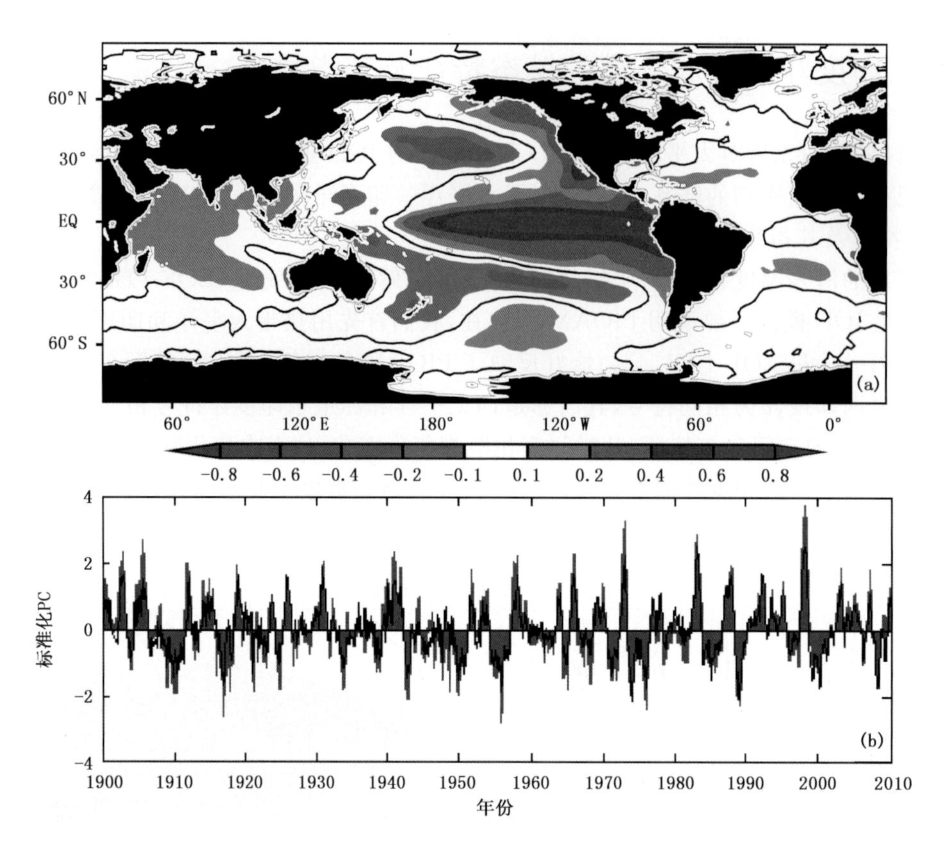

图 3　全球 SSTA 资料(1900—2009 年)的旋转 EOF 分解第一分量(REOF-1)的(a)空间分布和(b)时间系数

将 PIOAM 指数与描写 ENSO 的 Niño3.4 指数相比较,两者在时间变化上大体一致,但也存在明显差异。正是存在差异,后面的分析中给出它们气候影响的不一样也就比较好理解了。

图 4 是合成分析得到的 PIOAM 强度时间变化特征,其实线表示 PIOAM 正位相的情况,虚线表示 PIOAM 负位相的情况。可以看到 PIOAM 的成熟时间(尤其是正位相)要比 ENSO 的成熟时间(一般在 11 月)要略为早一些。

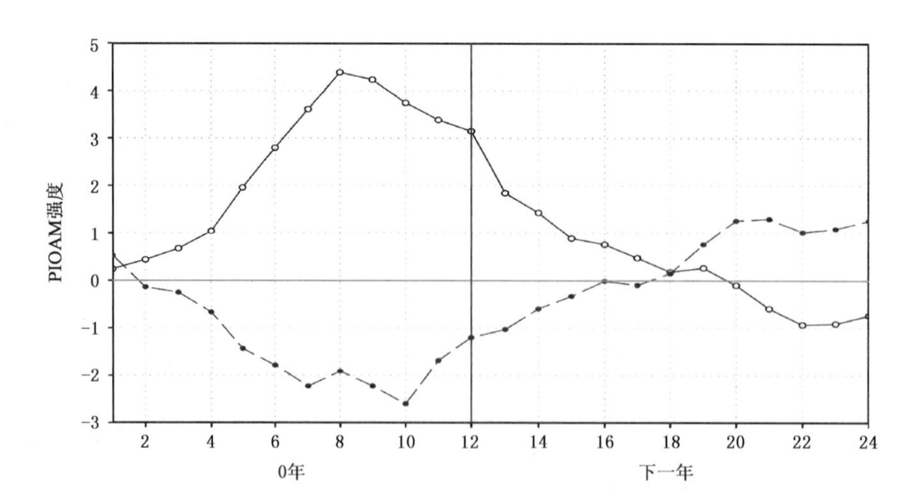

图 4　合成 PIOAM 强度的时间变化特征(实、虚线分别表示其正、负位相情况)

3 太平洋—印度洋海温联合模在次表层的型态演变特征

在关于ENSO循环机制的研究中，我们已经指出，次表层海温异常（Subsurface Ocean Temperature Anomalies, SOTA）的演变起着非常重要的作用。虽然ENSO定义使用的是海表温度异常（SSTA），但ENSO循环实际可认为是太平赤道风应力异常所驱动的次表层海温异常（SOTA）的循环（李崇银等，1999，2002；Li et al.，2002），SSTA异常只是一种表征。那么，对于PIOAM来讲，热带太平洋—印度洋的次表层海温异常是否也存在类似的联合模态呢？这里就次表层海温资料的分析结果进行讨论。

近来很多研究都倾向于用垂向最大海温异常曲面来作为温跃层曲面，并发现与温跃层深度吻合得比较好（Qian et al.，2003；巢纪平等，2005；Qian et al.，2005；陈永利等，2010）。本文采用垂直梯度法（国家技术监督局，1992）计算海洋温跃层深度，并在逐月的温跃层曲面上展开分析。我们对热带太平洋和印度洋温跃层曲面上的海温异常（为了方便也将其称为SOTA）进行EOF分解，发现其第一模态也是一个三极子模态（图5），即当赤道中西印度洋大部分海域与赤道中东太平洋大部分海域偏暖（偏冷）时，赤道东印度洋和赤道西太平洋大部分海域则偏冷（偏暖）。可认为它是太平洋—印度洋温跃层海温异常联合模（Pacific-Indian Ocean Thermocline Temperature Anomaly Mode，记为PITOAM）。与图2相比较可以看到两者主要特征相一致，在太平洋的形态也与El Niño十分相似，而在印度洋则表现出IOD的形态，只是在大暖池区的负值更为突出。为了讨论方便，我们仍将这种太平洋—印度洋温跃层海温异常联合模，称其为PIOAM在海洋次表层的型态。

如果利用卫星观测的逐周海面高度异常资料进行EOF分解，其第一模态也表现出与图5同样的形式（图略），说明太平洋—印度洋海温联合模在温跃层也确实是一个重要模态，它能很好反映出热带太平洋—印度洋次表层的海温变化特征。

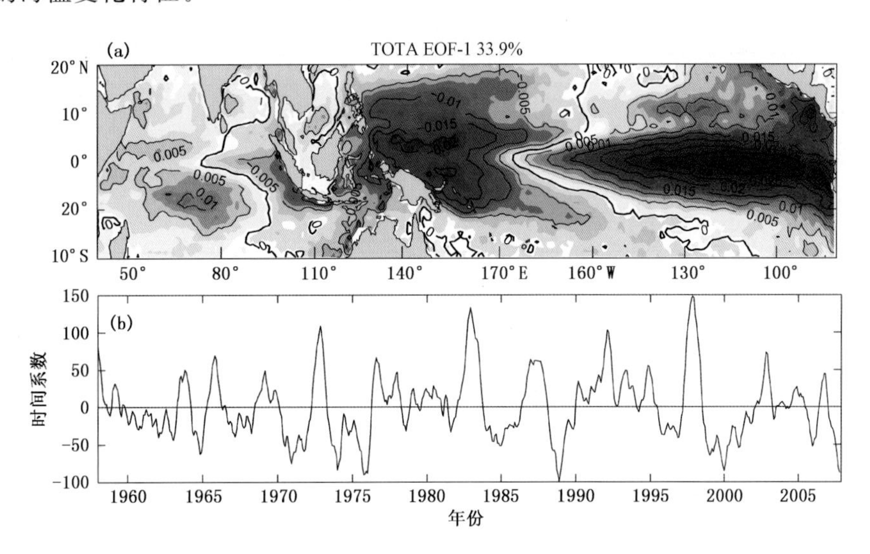

图5 热带太平洋—印度洋温跃层海温异常的EOF分解第一模态(a)空间分布及其(b)时间系数

对PIOAM在海洋次表层型态的正指数事件的前一年11月，当年2、5、8、11月以及后一年2、5、8月的SOTA进行合成分析，其水平模态的演变如图6所示。图6可以清楚地显示联合模演变过程中温跃层曲面上SOTA变化与传播的一般规律。在前一年秋季，SOTA还表现为弱的负指数形态（图6a）；到正指数爆发当年2月，西太平洋正的SOTA加强，并开始沿赤道向东传播，而此时印度洋中也有正的SOTA从东印度洋沿赤道外海域向西传播（图6b）。在正指数爆发当年春末夏初，太平洋的正SOTA已传到中东太平洋且强度继续增加，在10°N附近有负SOTA西传现象；而印度洋正的SOTA明显减弱，东印度洋开始出现负的SOTA，此时联合模指数恰好处于迅速上升阶段（图6c）。随后（当年夏秋季节），西太平洋开始出现负的SOTA，中东太平洋正的SOTA则进一步加强东传，而在10°N和10°S附近都有负SOTA明显西传；与此同时，东印度洋负的 SOTA 变得更加明显，而赤道中南印度洋正的 SOTA 也开始加强（图 6d）。到当年 11 月份，赤道东印度洋和西太平洋的负 SOTA、赤道西印度洋和东太平洋的正 SOTA 都达到最强，并且东太平洋正 SOTA 已向北传播到 10°N 附近，此时联合模指数达到最大（图 6e）。随后，太平洋的正 SOTA 开始沿赤道外海域（8°—14°N 和 6°—10°S 附近）向西传播，西太平洋的负 SOTA 开始沿赤道向东传播；而赤道中南印度洋的正 SOTA 则沿 8°—12°S 附近继续向西传播（图 6f）。到了后一年春末夏初，正的 SOTA 已有部分沿 10°N 附近到达西太平洋，负的 SOTA 则沿赤道到达了中东太平洋，这个阶段印度洋的正负 SOTA 持续减弱（图 6g）；其后，更多的正 SOTA 到达西太平洋而负 SOTA 继续沿赤道向东太平洋扩展（图 6h）。到后一年秋末冬初，两大洋 SOTA 再次形成负指数模态（图略）。很显然，这里存在着一种 SOTA 的循环演变过程，特别是在热带太平洋；而且这里的演变过程和图像都与李崇银和穆明权（1999，2002）所指出的 ENSO 过程中次表层海温异常（SOTA）的循环非常一致。对于负指数情况的前一年、当年、后一年 SOTA 进行合成分析，其变化和传播与上述情况十分类似，只是 SOTA 符号相反，所合成的幅度和传播信号明显比正指数时要弱一些。

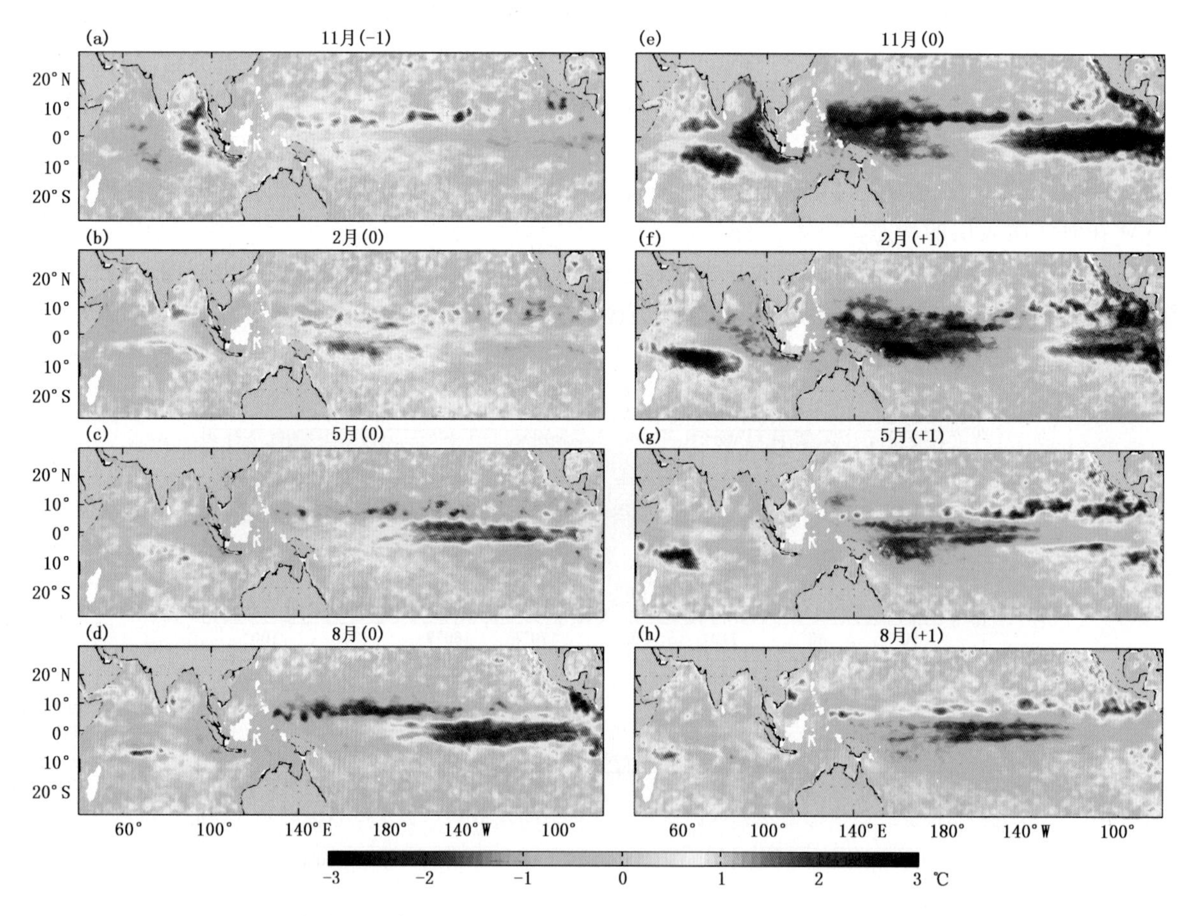

图 6 正指数情况所合成 SOTA（单位：℃）的水平分布及演变：(a)为前一年 11 月；(b)～(e)依次为当年 2、5、8、11 月；(f)～(h)依次为后一年 2、5、8 月

上述分析进一步确定了太平洋—印度洋 SOTA 信号的传播特征，一是南太平洋赤道外海域也有 SOTA信号的向西传播通道，只是强度要比北太平洋弱一些，在太平洋 SOTA 信号传播通道的位置主要在（6°—10°S，8°—14°N），表现出一定的南北不对称性。二是在赤道印度洋也有东传的 SOTA 信号，它只是局限在一个较窄的范围（1.25°S—1.25°N）；这与 Webster 等（1999）和 Rao 等（2007）的观点较为接近，而不同于 Qian 等（2003）的研究结论。对于 SOTA 信号在印度洋沿赤道外通道的传播，我们的分析结果清晰地表明 SOTA 信号主要沿 8°—12°S 向西传播，而与 Webster 等（1999）和 Qian 等（2003）的分析较为一致，而与其他一些观点有所不同。

在上面的讨论中，我们提到联合模在次表层的演变过程中，热带太平洋—印度洋的 SOTA 存在一种正负相位交替变化的传播现象。对正指数和负指数情况分别进行合成，其 SOTA 沿赤道的经度—时间剖面如图 7 所示，我们可以更清楚地看到 SOTA 的正负转化过程。前者（正指数合成情况）是正 SOTA 沿赤道从西太平洋向东太平洋传播和加强，同时正 SOTA 沿近赤道南印度洋由东向西传播和加强，最后形成 PIOAM 的正位相；在 PIOAM 正位相成熟后，西太平洋和东印度洋的负 SOTA 分别沿上述路径向东太平洋和西印度洋传播加强，从而向 PIOAM 负位相转化（图 7a）。后者（负指数合成情况）则几乎相反（图 7b）。从图 7 我们还可以看到，赤道西太平洋的正（负）SOTA 似乎与赤道东印度洋的正（负）SOTA 相衔接，这进一步说明研究太平洋—印度洋联合模的温跃层海温异常的意义和重要性。

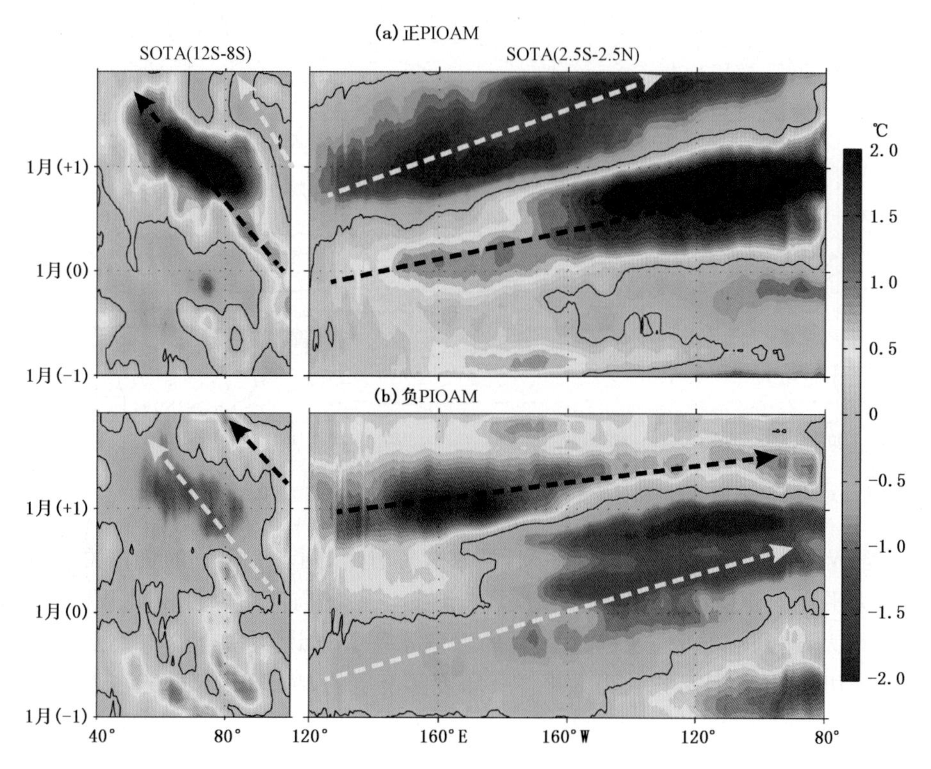

图 7 (a)正指数合成和(b)负指数合成的 SOTA(单位:°C)沿近赤道(8°—12°S)南印度洋和赤道(2.5°S—2.5°N)太平洋的经度—时间剖面

4 太平洋—印度洋海温联合模对应的大气环流形势

已有研究都表明，一定的海温模态都对应有一定的大气环流形势。这可以认为是大气环流对海温异常（外强迫）的一种响应，也可以视为是海温异常对大气环流的影响。这一节就讨论对应 PIOAM 不同位相，一些大气环流场的不同特征。

图 8 给出的是对应 PIOAM 的正、负位相时，分别合成的夏季（JJA）850 hPa 距平风场。可以看到在热带印度洋和西太平洋地区有近乎相反的异常流场形势，对应 PIOAM 的正（负）位相：赤道西太平洋和海洋性大陆地区为异常西风（东风），中西印度洋 10°N 附件为异常东风（西风），我国东部地区为东北风（西南风）异常。显然，对应 PIOAM 不同位相，对流层低层的 Walker 环流支和亚洲夏季风都出现了不同特征的（近乎相反）异常。

由图 8 我们自然会想到 Walker 环流问题，当然 Walker 环流包括太平洋上的 Walker 环流（简称东 Walker 环流单元）和印度洋上的纬向垂直环流（简称西 Walker 环流单元）。但已有研究尚未给出比较好的 Walker 环流指数，这里我们用海平面气压异常（SLPA）来定义 Walker 环流指数（WCI）：

$$\mathrm{WCI}=(1/3)\,\mathrm{SLPA}\,(5°\mathrm{S}—5°\mathrm{N},\,40°—60°\mathrm{E})+(2/3)\,\mathrm{SLPA}(5°\mathrm{S}—5°\mathrm{N},\,160°—80°\mathrm{W})-\mathrm{SLPA}\,(5°\mathrm{S}—5°\mathrm{N},\,80°—160°\mathrm{E}) \tag{4}$$

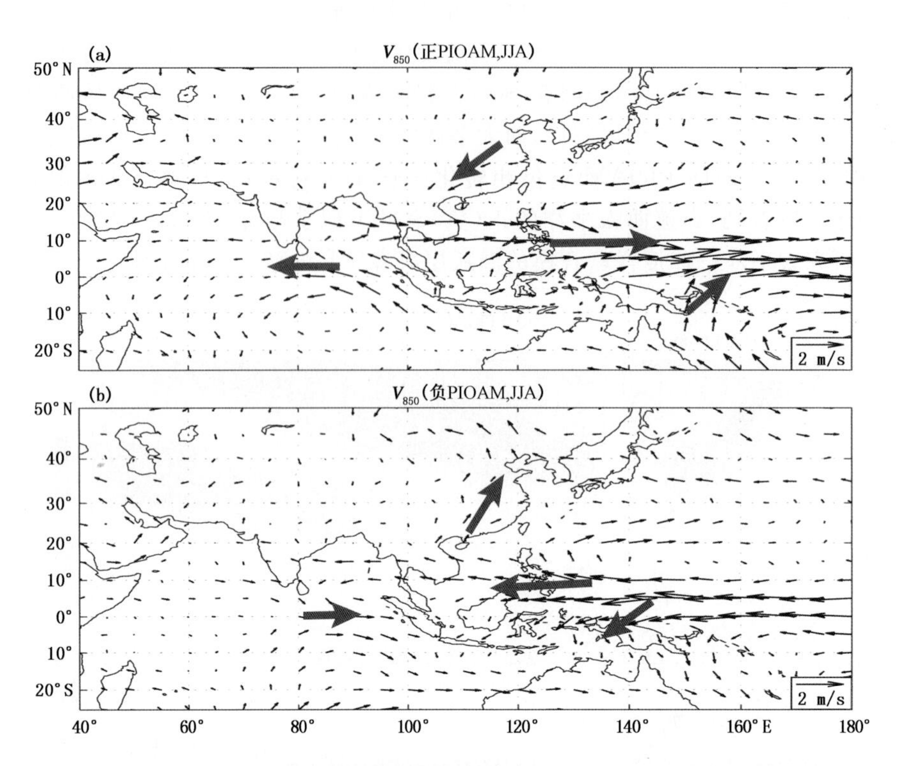

图 8　对应 PIOAM(a)正和(b)负位相所合成的夏季(JJA)850 hPa 异常风场(单位:m/s)

图 9 给出的是 WCI 与 PIOAMI 的时间序列,可以清楚看出,两者有很好的负相关。即当正(负)PIOAM 增强时,赤道太平洋—印度洋 Walker 环流减弱(增强)。而超前滞后分析表明 WCI 超前 PITMI 一个月时,相关系数为最大,达到−0.83,远超过 99%的置信水平。这说明联合模与太平洋—印度洋上空的 Walker 环流变化密切相关,而且可以认为太平洋—印度洋上空的 Walker 环流变化、异常是 PIOAM 建立和维持的重要机制。

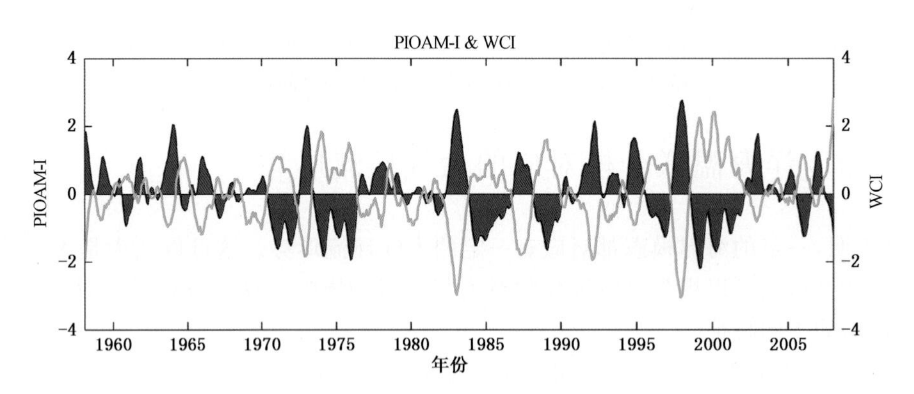

图 9　联合模指数 PIOAM-I 与太平洋—印度洋 Walker 环流指数 WCI 的时间序列
(填充部分为 PIOAM-I 的变化情况,实线为 WCI 的变化曲线)

进一步对 PIOAM 正、负位相年的赤道太平洋—印度洋的纬向垂直环流进行合成分析,结果表明:在 PIOAM 正位相年夏季,太平洋上的 Walker 环流出现明显负异常,印度洋上的 Walker 环流也出现明显的负异常,两大洋上的异常 Walker 环流呈现出反向型环流圈特征(图略)。而在 PIOAM 负相位年,Walker 环流主要表现为正异常特征,并在冬季达到最强(图略);但无论其异常强度还是环流圈范围都明显比正位相年要小,呈现出显著的正、负位相的不对称特征。

对 PIOAM 正、负位相年冬季和夏季的 850 hPa 水平风场进行合成分析并与单独的 ENSO 和 IOD 进行对比分析,我们发现 PIOAM 对对流层低层环流的影响与单独 ENSO 和 IOD 都有很大区别。因篇幅关系,这里仅给出冬季的情况(图 10)。在 PIAOM 正位相年冬季,赤道印度洋和印度尼西亚海域为大范围东风异常,赤道西太平洋上空有明显西风异常,菲律宾反气旋明显偏强,而东亚冬季风则表现为明显的负异常(图 10a)。单独 El Niño 年冬季,赤道印度洋区域和印度尼西亚区域的纬向风异常明显弱于 PIOAM 正位相年冬季,而赤道西太平洋的西风异常则有所西扩,东亚冬季风负异常也明显更弱(图 10c)。单独正 IOD 年冬季,赤道南印度洋为西风异常,而赤道西太平洋则表现为东风异常,东亚冬季风有弱的正异常(图 10e)。PIOAM 负位相年冬季的情况则基本与上述情况相反(图 10b、d、f)。

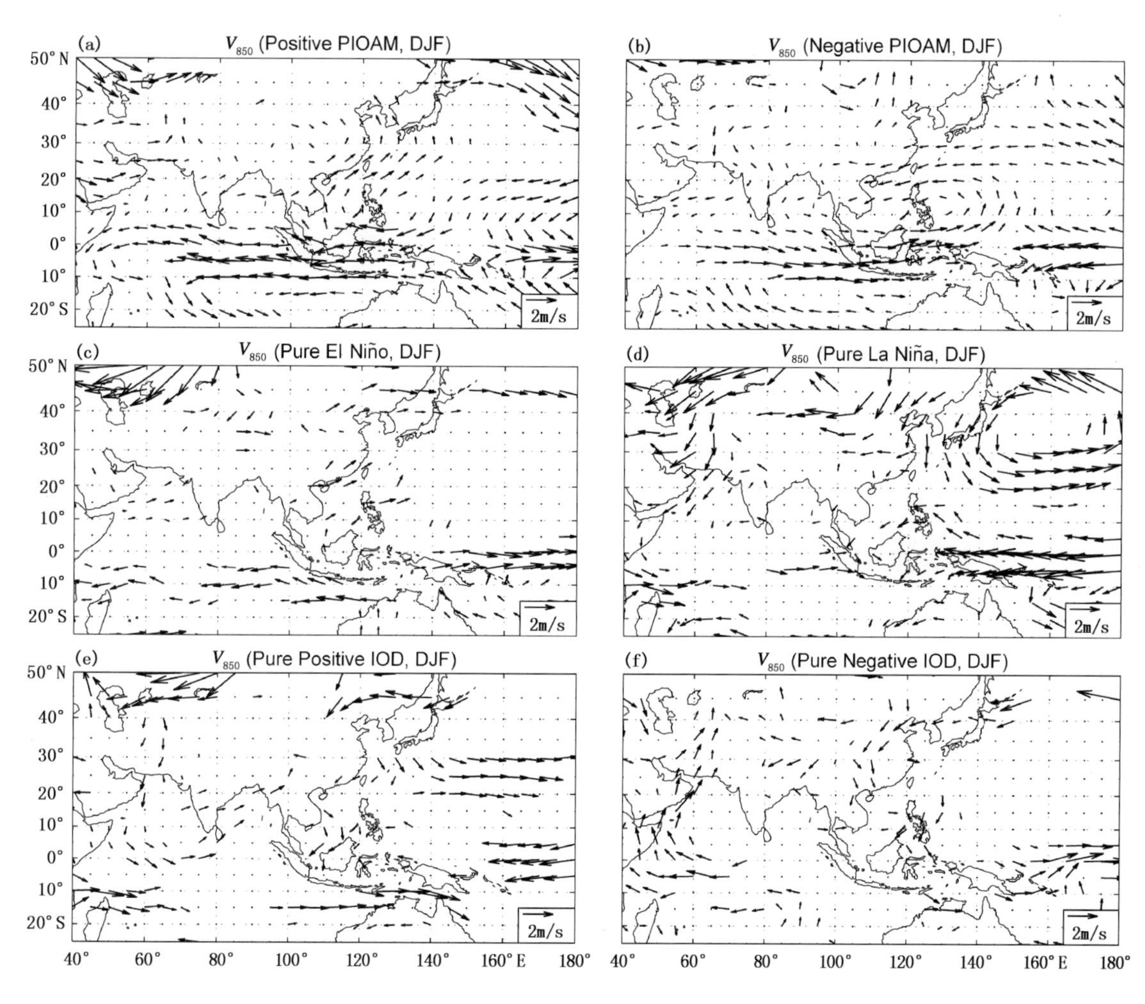

图 10 (a)PIOAM 正(负)位相年、(b)El Niño(La Niña)年,以及(c)正(负)IOD 年冬季合成的 850 hPa 距平风场(矢量为通过 90%信度检验的风场)

对 PIOAM 正、负位相年夏季 100 hPa 的高度场进行合成分析并与单独的 ENSO 和 IOD 进行对比分析,我们发现 PIOAM 对对流层高层环流尤其是南亚的影响与单独 ENSO 和 IOD 也有很大区别:在 PIOAM 正位相年夏季,南亚高压中心偏东,强度偏强(图 11a);而单独 El Niño 年夏季,南亚高压强度偏弱范围偏小(图 11c);单独的正 IOD 年夏季,南亚高压却比 PIOAM 正位相年的强度要强和范围要大(图 11e)。在 PIOAM 负位相年夏季,南亚高压中心偏西,并且出现东西两个中心(图 11b),与单独 ENSO 夏季(图 11d)和 IOD 夏季(图 11f)的情况也有明显差异。在其次年的夏季,对应 PIOAM、单独 ENSO 和单独 IOD,南亚高压环流也有明显的不同特征(图略)。

图 12 分别给出了对应 PIOAM 正、负位相所合成的夏季(JJA)大气垂直积分热源异常的分布特征。可以看到在热带印度洋和西太平洋地区有近乎相反的异常形势,对应 PIOAM 的正(负)位相:

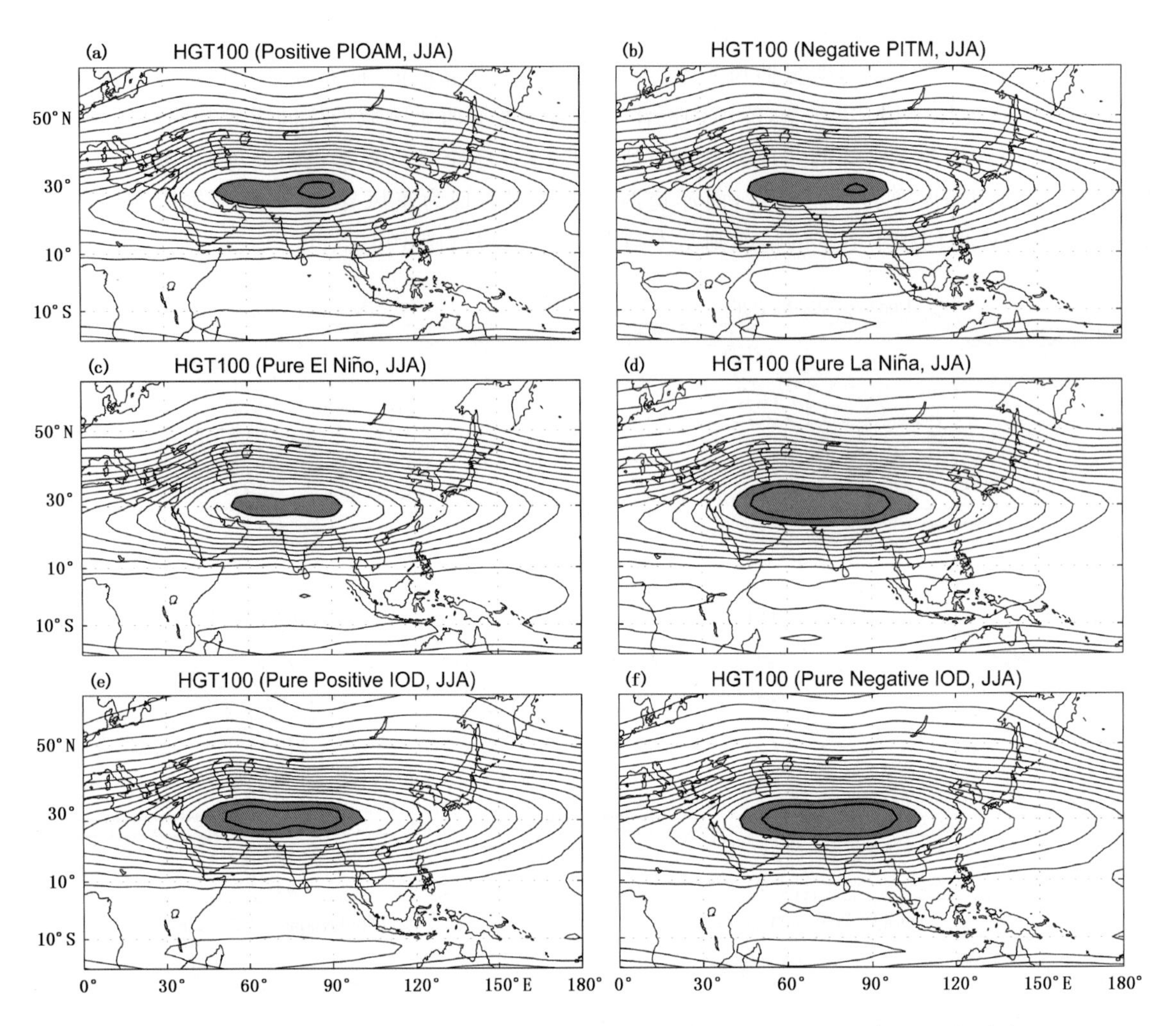

图 11　(a)PIOAM 正(负)位相年、(b)El Niño(La Niña)年、以及(c)正(负)IOD 年夏季合成的 100 hPa 高度场(阴影区为位势高度大于 16800 gpm 的区域,等值线间隔 20 gpm)

在赤道印度洋—西太平洋为西正(负)—东负(正)的偶极子异常特征,中国南海北部到赤道中太平洋有一条正(负)距平带,印度半岛到青藏高原地区主要为负(正)距平控制。这样的异常大气加热场的出现,必然对亚洲乃至其他地区的天气气候产生不同的影响。

对应不同位相的 PIOAM,为何能够导致南亚高压出现不同的异常呢?除了图 12 所给出的高原上的加热场异常可以给出一定的解释外,我们也分析了对应 PIOAM 正、负位相所合成的夏季沿 25°—35°N 纬带垂直速度(ω,单位:10^{-5} hPa/s)的高度—经度剖面(图 13)。可以看到,对应前者在高原顶偏西有下沉运动,而对应后者在那里是上升运动,这样的垂直运动就有利于在 PIOAM 正(负)位相使 100 hPa 的南亚高压的位置偏东(西)。

其实,上面给出的对应 PIOAM 正、负位相时大气垂直积分热源异常的分布,以及沿 25°—35°N 纬带垂直速度(ω)的高度—经度剖面,一方面可以反映 PIOAM 对大气环流场的广泛影响,另一方面还可以为下面分析中所提到的降水异常分布特征(特别是在亚洲及西太平洋地区)给出一定的理论解释。

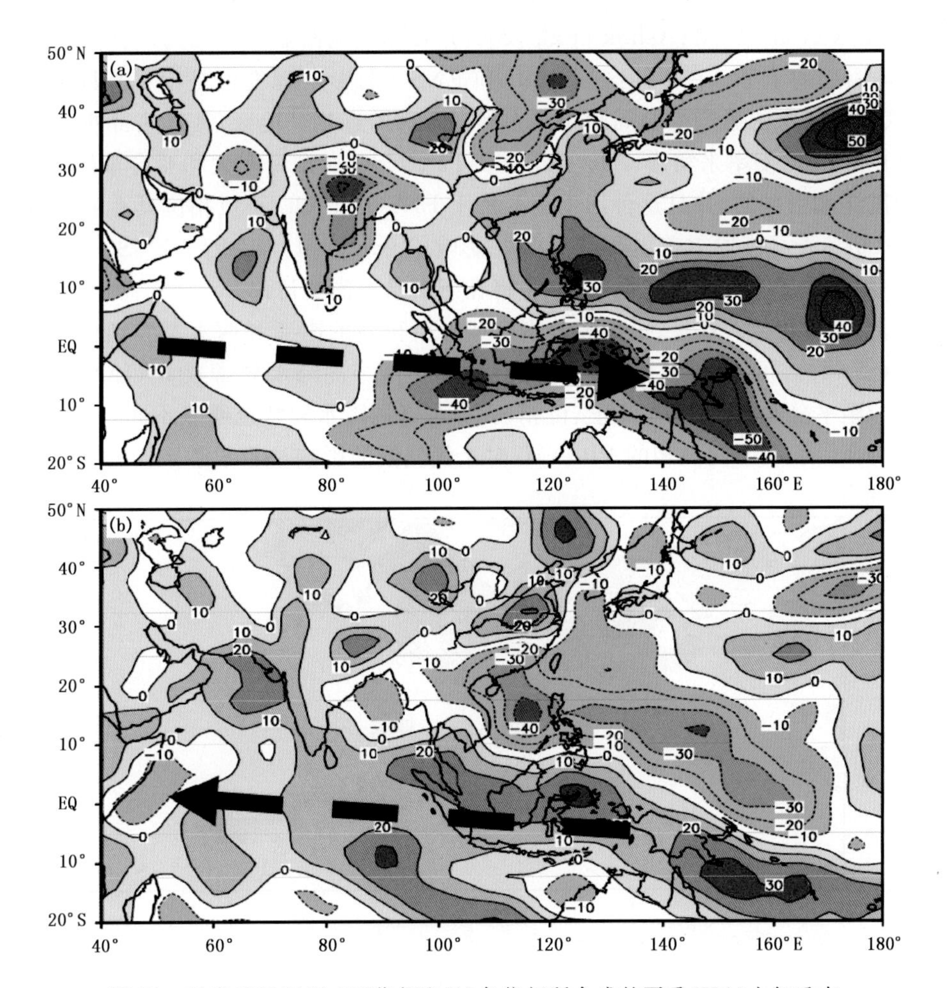

图 12　对应 PIOAM(a)正位相和(b)负位相所合成的夏季(JJA)大气垂直积分热源异常(单位:W/m²)的分布

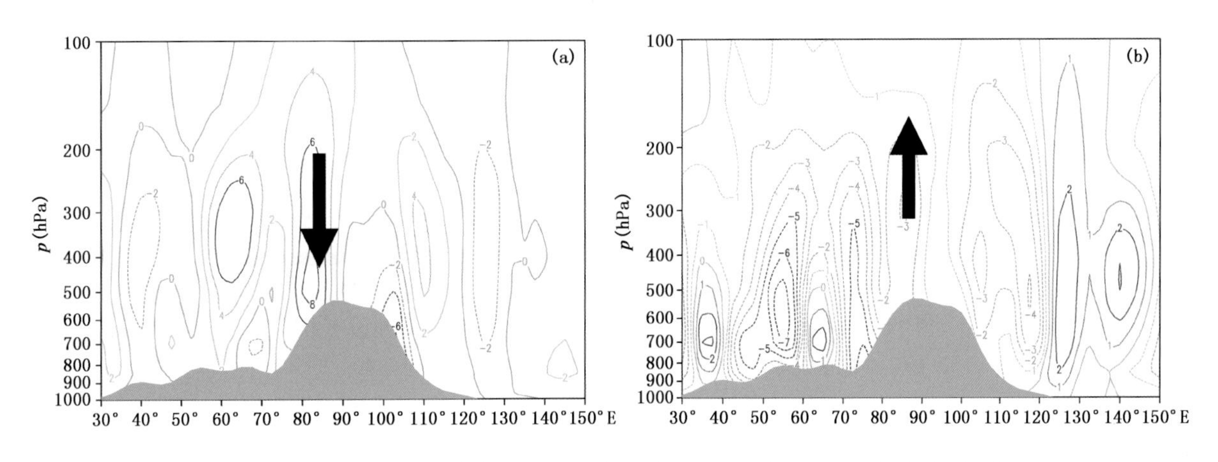

图 13　对应 PIOAM(a)正位相和(b)负位相所合成的夏季(JJA)沿 25°—35°N 纬带的垂直速度(ω,单位:10^{-5} hPa/s)高度—经度剖面

5　太平洋—印度洋海温联合模的气候影响

关于热带温异常的气候影响,前面我们已经指出,不少学者从太平洋的 ENSO 或印度洋的 IOD 事件作了不少研究。而且发现在印度季风区,两者对降水的影响是反向的,正的 IOD 会显著减少由 El Niño 引

起的降水影响(Ashok et al.,2004;Ashok et al.,2007);在印度尼西亚,两者的影响则是同向的,正的IOD会加剧由El Niño引起的干旱。在不同区域,IOD和ENSO的影响程度也是不尽相同的,例如在澳大利亚,ENSO对澳大利亚降水的影响主要局限于澳大利亚东部的近热带地区,其对热带外澳大利亚降水的影响主要通过与IOD的共同变率来实现(Cai et al.,2011);ENSO对东南澳大利亚春季(9—11月)的气候影响是通过热带印度洋来引导的,并且这种影响途径关于ENSO和IOD正负相位具有强烈的对称性(Cai et al.,2012)。此外,初冬青藏高原雪盖主要受IOD的影响(Yuan et al.,2009)。ENSO和IOD对气候的共同作用是何情况,特别是PIOAM对气候的影响,将在下面给予简要讨论。

首先,我们讨论对应PIOAM正、负位相分别合成分析得到的南亚和西太平洋地区夏季(JJA)降水量异常的分别特征(图14)。可以看到,海洋性大陆地区和印度半岛降水异常在PIOAM正(负)位相,存在极其明显的负(正)距平分布;在PIOAM正、位相,我国东部的降水异常也明显不同,特别是华北和华南地区有相反的异常特征。表明不同位相的PIOAM,对天气气候的影响是非常不一样的。

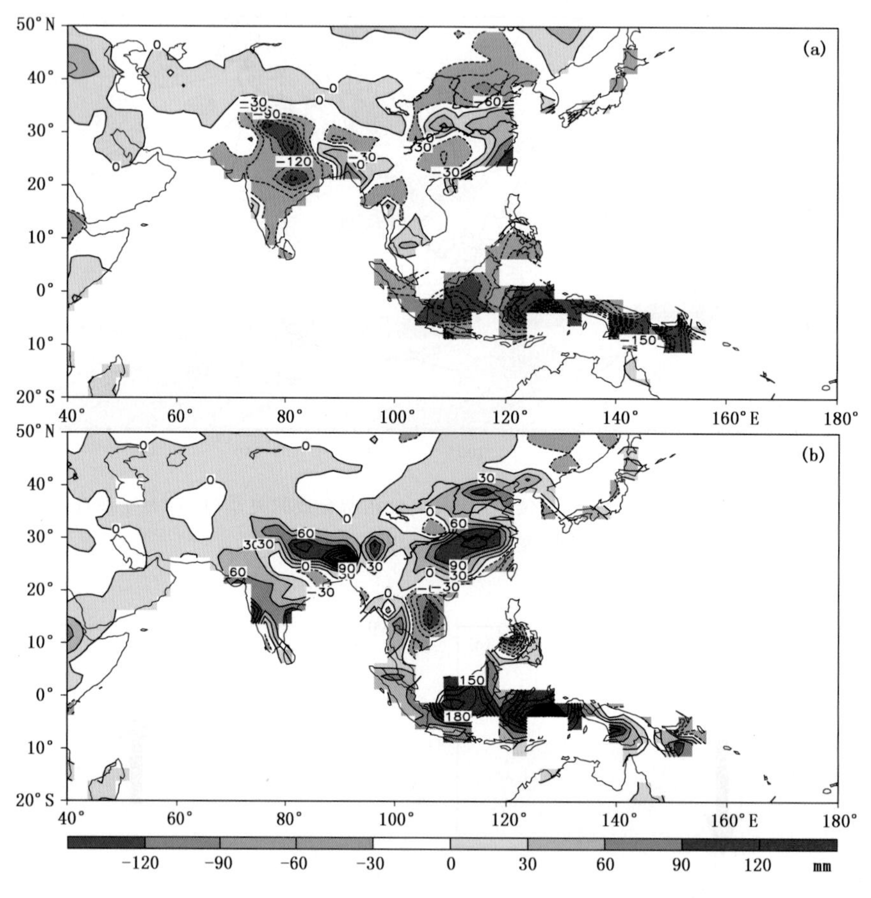

图14　对应PIOAM(a)正、(b)负位相分别合成的南亚和西太平洋地区夏季(JJA)陆面降水量异常(单位:mm)的分布

下面我们比较一下单纯El Niño和PIOAM正位相时,分别合成的全球夏季(JJA)陆面降水量异常的分布(图15)。由图可以看到,不仅在东南亚和亚洲东部地区对应两种模态有降水量异常的差异:印度半岛对应PIOAM正位相,其降水负异常的面积和强度都比对应El Niño时要大;中国东北在单纯El Niño时的正异常区(已被许多中国学者的研究所肯定),对应PIOAM正位相却向北移到了俄罗斯远东地区;对应PIOAM正位相,中国江淮地区的降水正异常更为显著。同时,对应PIOAM正位相,在美国中部和南美洲中部出现了在单纯El Niño时所没有的降水正距平区;而在非洲15°S附近出现了在单纯El Niño时所没有的降水负距平带。

分析中国地区的夏季降水量异常情况,对应单纯El Niño主要是东北地区多雨,而江南地区少雨;对应PIOAM正位相,东北地区少雨,而东南沿海地区和长江中下游多雨(图略)。中国的夏季温度异常也有

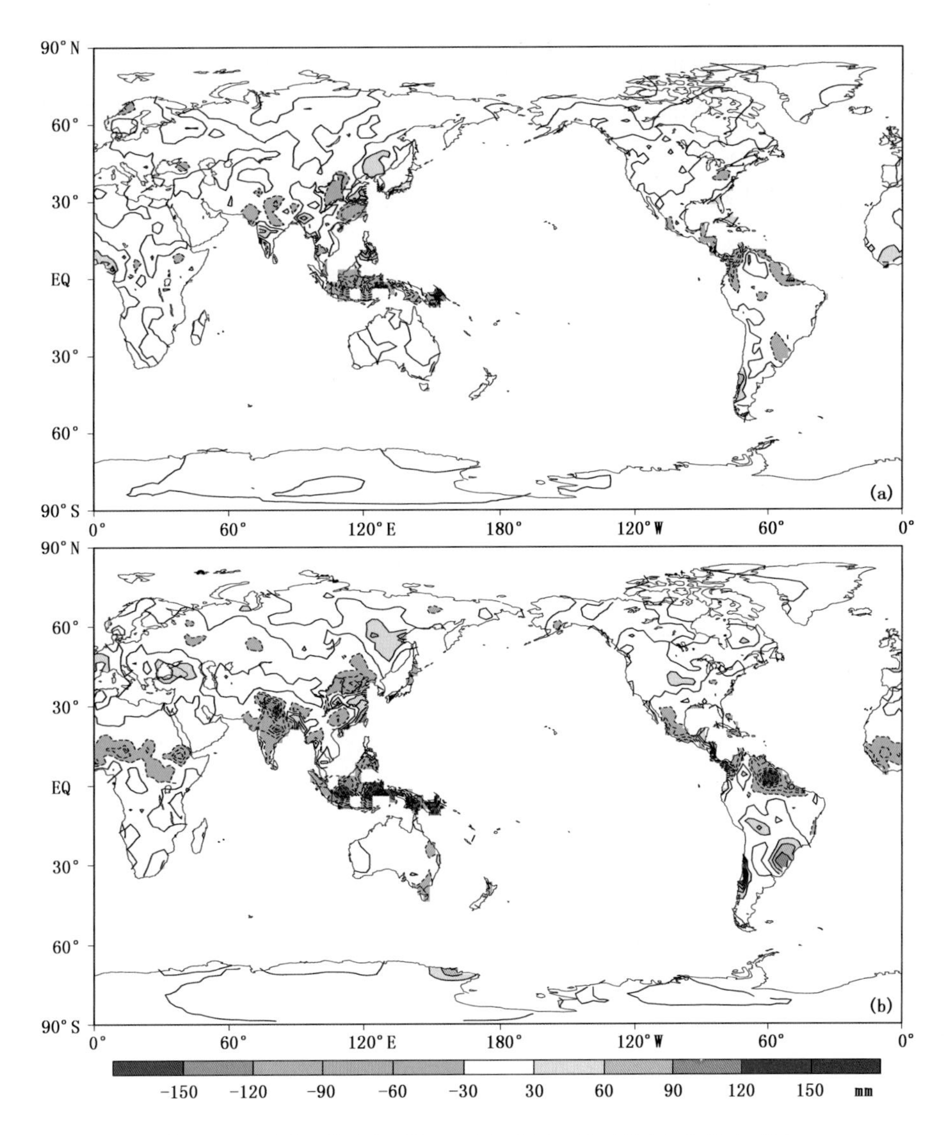

图 15 对应(a)单纯 El Niño 和(b)PIOAM 正位相，分别合成的全球夏季(JJA)陆面降水量异常(单位：mm)的分布

不同分布特征(图 16)，对应单纯 El Niño 主要是东北和华北东部有温度负距平；对应 PIOAM 正位相，东北和华北地区出现温度正距平，长江中下游地区温度为负距平。

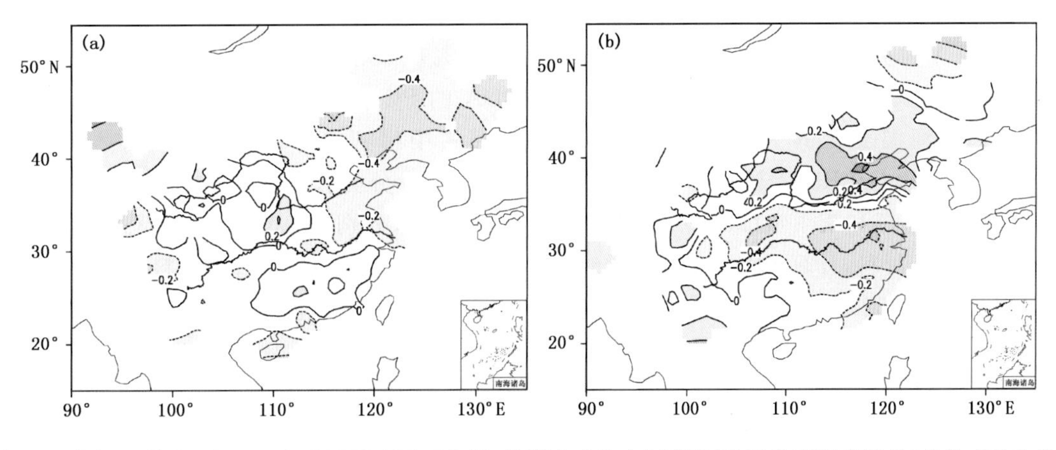

图 16 对应(a)单纯 El Niño 和(b)PIOAM 正位相，分别合成的中国夏季(JJA)陆面温度异常(单位：°C)的分布

虽然上面的资料分析只是合成分析结果，加之个例有限，所得具体结果还有待进一步研究确定。但是对应单纯 El Niño 和 PIOAM 正位相，它们有不同的天气气候影响还是可以肯定的。在研究以及在实际预报时，我们不仅要考虑单纯 El Niño 及 IOD 的存在和影响，也要考虑 PIOAM 的存在和影响。

6　LICOM2.0 模拟的太平洋—印度洋海温联合模

高分辨率海洋环流模式已成为研究海洋状况及过程的重要手段，PIOAM 是否能够在模式模拟结果中很好再现出来呢？我们在 LICOM2.0 标准版本(Liu et al.，2012)的基础上，参考 Yu 等(2012)的方案进行了一些改进，以便于计算模拟。其中包括：将垂直分辨率提到 55 层，其中第一层的深度为 2.5 m，300 m 深以上分为非均匀的 36 层，平均厚度小于 10 m；将模式的水平范围调整到 66°N—79°S；在温盐方程去掉 Gent 等(1990)的中尺度涡参数化；对正、斜压分解算法也做了改进。使用 WOA05 的温度和盐度、没有海流作为初始情况，重复 Large 和 Yeager 的逐日修正 NYF 资料作为强迫条件，积分 500 年，使得深对流达到准平衡状态。在此基础上，根据 Liu 等(2014a,2014b)的参数化方案，采用表 1 中的强迫场加入模式中，强迫模式积分 60 年，截取 1958 年 1 月至 2007 年 12 月的 50 年的模拟结果作为模式资料。

表 1　LICOM2.0 强迫场资料

变量	数据集	时段	分辨率	时间间隔
2 m 气温	COREs v2	1948—2007 年	T62	逐日
2 m 相对湿度	COREs v2	1948—2007 年	T62	逐日
海表气压	COREs v2	1948—2007 年	T62	逐日
10 m 风	COREs v2	1948—2007 年	T62	逐日
向下短波辐射	COREs v2	1948—2007 年	T62	逐日
向下长波辐射	COREs v2	1948—2007 年	T62	逐日
降水量	COREs v2	1948—2007 年	T62	逐日
径流	COREs v2	1948—2007 年	1°	年平均
海冰密度	NSIDC	1979—2006 年	1°	逐月
海表温度和盐度	WOA05	2005 年以前	1°	逐月

这样，我们就用 LICOM2.0 的模拟资料进行分析，并与 SODA 资料进行比较，重点考察该模式资料所给出的表层(SSTA)联合模和次表层(SOTA)联合模的空间分布和时间变化特征。

对 LICOM2.0 模式得到的海表温度异常进行 EOF 分析并与 SODA 再分析资料进行对比，结果表明：LICOM2.0 模式中热带印度洋—太平洋 SSTA 第一空间模态与 SODA 资料分解结果非常一致，都表现为三极子型态，即当赤道印度洋的大部分区域和赤道中东太平洋 SSTA 为正异常时，赤道东南印度洋和赤道西太平洋 SSTA 为负异常。二者的方差贡献分别达 50.4%和 49.8%，说明两种资料都显著存在 PIOAM。从时间系数上看，LICOM2.0 模式的 PC1 与 SODA 的 PC1 非常一致，相关系数达 0.94，这表明 PIOAM 作为海表海温变化的主要模态在 LICOM2.0 模式中得到很好再现(图 17)。同时，对比 LICOM2.0 模式的 PC1 与 ERSST 资料的 PC1 相比较，它们也有十分类似的模态特征及时间系数。

进一步按照吴海燕和李崇银(2009)计算表层联合模的方法，分别用 LICOM2.0 模式资料、SODA 再分析资料和 ERSST 资料，计算 PIOAM 指数的时间序列(图 18)。可以看到三种资料计算得到的指数也非常一致，相关系数达到 0.8 以上(超过 99%的显著性水平)。这进一步说明 LICOM2.0 的模拟结果，很好再现了 PIOAM 及其时间变化的主要特征。

下面，我们分析 LICOM2.0 模拟资料所表现的次表层海温联合模的情况。由于 LICOM2.0 模拟资料中温跃层深度及其标准差与 SODA 再分析资料间存在一定的差异，如果直接分析二者温跃层深度上的温度变化，会导致二者的参考标准不一样。因而，这里我们用海洋上层 300 m 的热含量来进行对比分析。图 19 是 LICOM2.0 模拟的上层 300 m 热含量(HCA300)EOF-1(图 19a)与 SODA 再分析资料 EOF-1(图

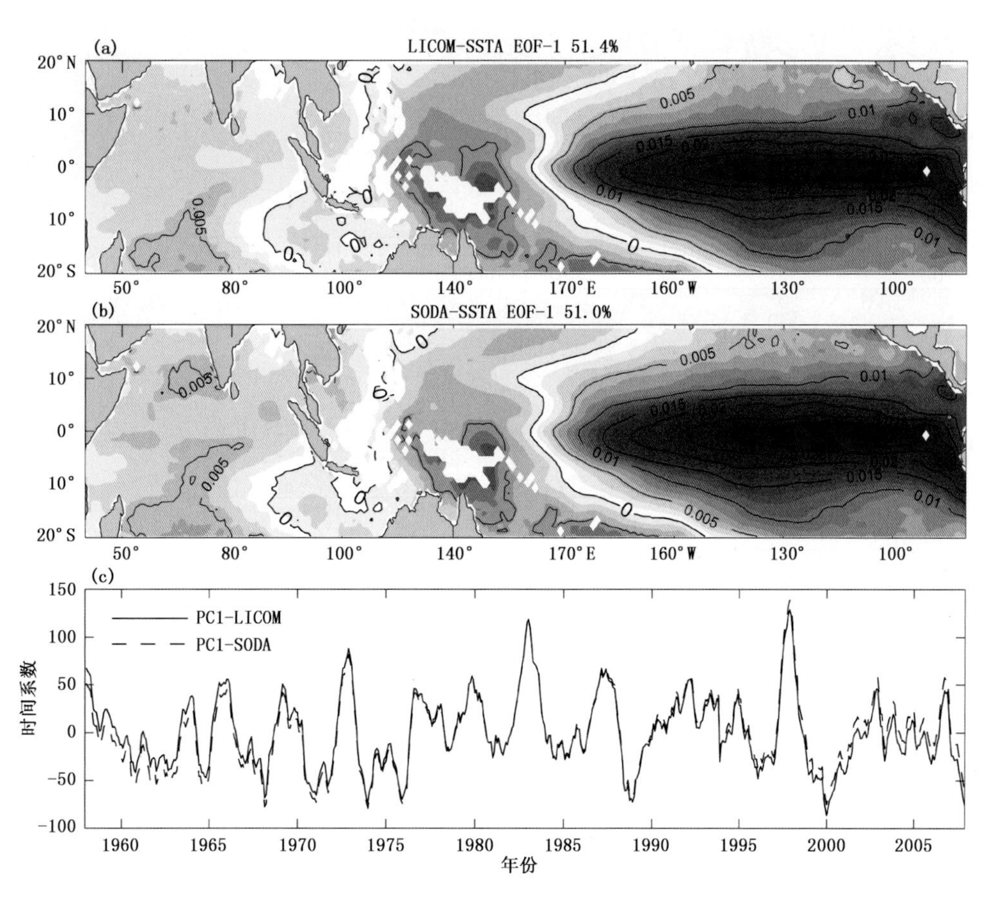

图 17 (a)LICOM2.0 模拟结果和(b)SODA 资料在热带太平洋—印度洋 SSTA 的 EOF-1 空间分布及其(c)二者的时间系数

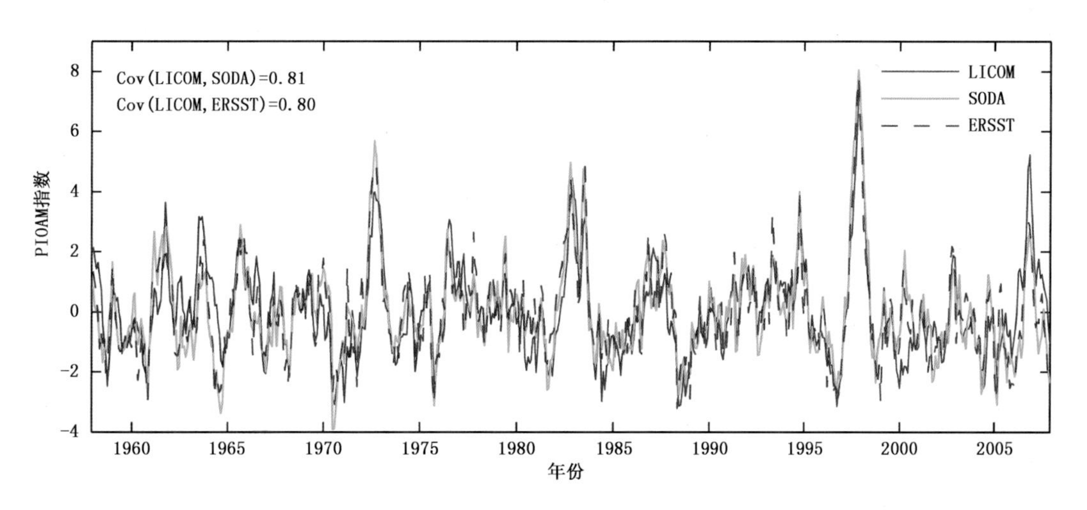

图 18 由 LICOM 模式资料(红实线)、SODA 再分析资料(黑实线)和 ERSST 海温资料(蓝点线)分别计算的 PIOAM 指数的时间变化

19b)的比较。可以看到,不仅它们模态非常一致,而且在赤道印度洋和赤道太平洋都表现为偶极子型态,赤道西印度洋和赤道东太平洋的 HCA300 与赤道东印度洋和赤道西太平洋的 HCA300 呈反向变化,从而构成了太平洋—印度洋热含量异常的三极子模态。这种热含量模态与上面讨论过的温跃层海温异常联合模也非常一致。从图 19c 还可以看到,二者对应的时间系数也高度吻合,相关系数达 0.95,充分说明赤道太平洋—印度洋次表层海温(或上层海洋热含量)的主要模态也能在 LICOM2.0 模式中很好再现。

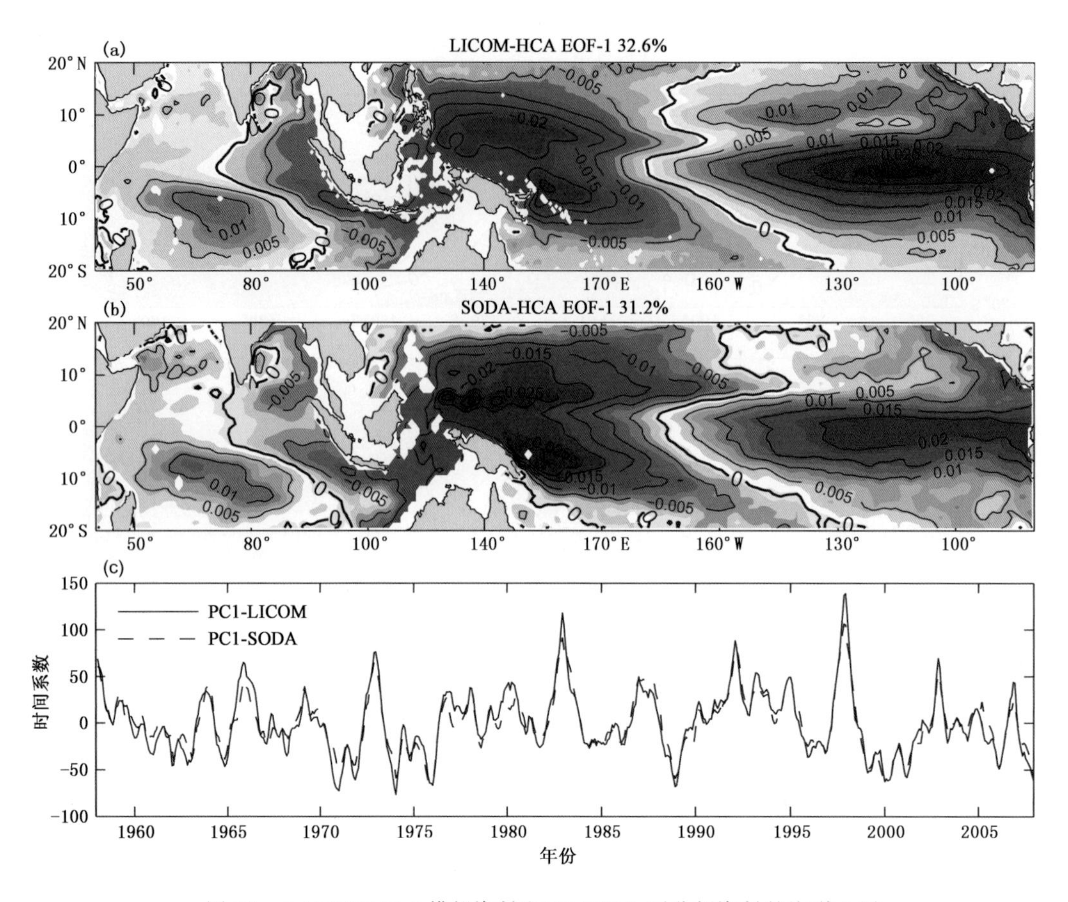

图 19 (a)LICOM2.0 模拟资料和(b)SODA 再分析资料的海洋上层 300 m 热含量(HCA300)EOF-1 的模态及其(c)时间系数的比较

类似定义 PIOAM(海表)指数的办法,我们分别用 LICOM2.0 模拟资料和 SODA 再分析资料计算次表层 PIOAM 指数,就其时间变化进行对比,结果表明它们的相关系数高达 0.89(图略),再次表明 LICOM2.0 的模拟结果能很好地刻画出太平洋—印度洋次表层海温联合模的变化特征,同时也可以说明 PIOAM 是热带太平洋—印度洋实际存在的一种海温变化模态。

我们可以把联合模从最初的弱负(正)指数模态向正(负)指数模态发展,再由正(负)指数模态回复到弱负(正)指数模态的过程称之为联合模的循环。这种联合模的循环与两大洋 SOTA 的变化和传播有密切联系。这里 SOTA 的传播及循环,实际上与海洋 Kelvin 波和 Rossby 波的传播密切相关联,LICOM2.0 的模拟结果也清楚显示了联合模循环的大体特征(图略):(1)在太平洋,SOTA 从西太平洋沿赤道向东传播,到达太平洋东岸以后折向北,然后沿 8°—14°N 西传,到达西太平洋后加强并向赤道扩展,形成一条闭合回路;南太平洋也存在类似的回路,位置在 6°—10°S 左右,但强度较弱。(2)在印度洋,SOTA 则主要沿 8°—12°S 向西传播,到达西岸后折向北,然后迅速沿赤道(1.25°S—1.25°N)向传播,形成一条闭合回路;北印度洋的这种传播信号则非常微弱,这可能是由于北印度洋宽度较小,海陆地形复杂,从而导致的系统比较凌乱,传播路径不清晰。

7 结语

海温异常是大气环流和天气气候变化的重要强迫因子之一,而海温异常存在着不同的模态形势,各个海温异常模态及其变化和影响是一个大家都极为关注的问题。本文基于观测资料和 LICOM2.0 模拟结果的分析研究,简要介绍讨论了太平洋—印度洋海温(异常)联合模(PIOAM)的存在、特征、演变及其影响等问题。主要的结论可归结如下。

(1)用热带太平洋—印度洋区域的 SSTA 资料进行 EOF 分解,以及用全球范围的 SSTA 资料进行 EOF 分解,都清楚表明其第一分量在热带太平洋—印度洋的空间形态都与太平洋—印度洋海温(异常)联合模(PIOAM)非常相似。说明 PIOAM 是热带太平洋—印度洋实实在在存在的一种海温异常模态,这个模态虽然与太平洋 El Niño (La Niña) 在赤道太平洋有一定类似特征,与印度洋 IOD 在赤道印度洋也有一定类似特征,但它有其自己的时空特征和演变规律。

(2)对应 PIOAM 的正、负位相,热带印度洋和西太平洋地区的夏季(JJA)850 hPa 距平风场有近乎相反的异常形势。对应 PIOAM 的正(负)位相,赤道西太平洋和海洋性大陆地区为异常西风(东风),中西印度洋 10°N 附近为异常东风(西风),我国东部地区为东北风(西南风)异常。显然,对应 PIOAM 不同位相,对流层低层的 Walker 环流支和亚洲夏季风都出现了不同特征的(近乎相反)异常。同时,对应 PIOAM 正(负)位相,100 hPa 的南亚高压位置偏东(西)。

(3)对热带太平洋和印度洋温跃层曲面上的海温异常(为了方便也将其称为 SOTA)进行 EOF 分解,发现其第一模态也是一个三极子模态,即当赤道中西印度洋大部分海域与赤道中东太平洋大部分海域偏暖(偏冷)时,赤道东印度洋和赤道西太平洋大部分海域则偏冷(偏暖)。其实这是太平洋—印度洋温跃层海温异常联合模,也可称为海洋次表层的 PIOAM。它与 SSTA 的模态十分接近,而且有密切联系。利用卫星观测的逐周海面高度异常资料来进行 EOF 分解,其第一模态也表现出与 PIOAM 同样的模态形式。

(4)高分辨海洋环流模式 LICOM2.0 的模拟结果,无论是对太平洋—印度洋表层还是次表层的海温联合模(PIOAM)的特征和演变都刻画得很好。这从另一个角度说明,PIOAM 是热带太平洋—印度洋实际存在的一种海温变化模态。

(5)PIOAM 正、负位相不仅对亚洲及西太平洋地区的天气气候有非常不一样的影响(不少地方有反向的特征),而且还会对南北美洲和非洲一些地区有不一样的影响。正位相 PIOAM 的天气气候影响与单纯 El Niño 和单纯 IOD 的影响也有明显的差异,例如对于印度夏季降水来说,单独 El Niño 的影响与综合模正位相时的影响也是很不一样的,太平洋—印度洋海温综合模正位相时的影响将加大印度的干旱。尽管因篇幅关系文中未对单纯 IOD 的影响给予对比讨论,但有研究已经指出它们的差异。

参考文献

巢纪平,巢清尘,刘琳,2005. 热带太平洋 ENSO 事件和印度洋的 DIPOLE 事件 [J]. 气象学报,2005,63 (5):594-602.

陈烈庭,吴仁广,2000. ENSO 循环与亚、澳季风和南、北方涛动的关系 [J]. 气象学报,58 (2):168-178.

陈永利,李琦,赵永平,等,2010. 太平洋次表层海温异常年际变率的信号通道与 ENSO 循环 [J]. 海洋与湖沼,41 (5):657-666.

黄荣辉,傅云飞,臧晓云,1996. 亚洲季风与 ENSO 循环的相互作用 [J]. 气候与环境研究,1 (1):38-54.

琚建华,陈琳玲,李崇银,2004. 太平洋—印度洋海温异常模态及其指数定义的初步研究 [J]. 热带气象学报,20 (6):617-624.

黎鑫,2015. 热带太平洋—印度洋次表层海温联合演变特征及其气候影响 [D]. 南京:中国人民解放军理工大学.

黎鑫,李崇银,谭言科,等,2013. 热带太平洋—印度洋温跃层海温异常联合模及其演变 [J]. 地球物理学报,56 (10):3270-3284.

李崇银,穆明权,1999. 厄尔尼诺的发生与赤道西太平洋暖池次表层海温异常 [J]. 大气科学,23 (5):513-521.

李崇银,穆明权,2002. ENSO—7 赤道西太平洋异常纬向风所驱动的热带太平洋次表层海温距平的循环 [J]. 地球科学进展,17 (5):631-638.

李崇银,穆明权,潘静,2001. 印度洋海温偶极子和太平洋海温异常 [J]. 科学通报,46 (20):1747-1751.

吴海燕,李崇银,2009. 赤道太平洋—印度洋海温异常综合模与次表层海温异常 [J]. 海洋学报,31 (2):24-33.

武术,刘秦玉,胡瑞金,2005. 热带太平洋—南海—印度洋海面风与海面温度年际变化整体耦合的主模态 [J]. 中国海洋大学学报,35 (4):521-526.

肖子牛,晏红明,李崇银,2002. 印度洋地区异常海温的偶极振荡与中国降水及温度的关系 [J]. 热带气象学报,18 (4):335-344.

晏红明,严华生,谢应齐,2001. 中国汛期降水的印度洋 SSTA 信号特征分析 [J]. 热带气象学报,17 (2):109-116.

杨辉，贾小龙，李崇银，2006. 热带太平洋—印度洋海温异常综合模及其影响 [J]. 科学通报，51 (17)：2085-2090.

杨辉，李崇银，2005. 热带太平洋—印度洋海温异常综合模对南亚高压的影响 [J]. 大气科学，29 (1)：99-110.

臧恒范，王绍武，1984. 赤道东太平洋水温对低纬大气环流的影响 [J]. 海洋学报，6 (1)：16-24.

Ashok K, Guan Z Y, Saji N H, et al, 2004. Individual and combined influences of ENSO and the Indian Ocean dipole on the Indian summer monsoon [J]. J Climate, 17 (16): 3141-3155. Doi:10.1175/1520-0442 (2004)017<3141:IACIOE>2.0.CO;2.

Ashok K, Saji N H, 2007. On the impacts of ENSO and Indian Ocean dipole events on sub-regional Indian summer monsoon rainfall [J]. Nat Hazards, 42: 273-285. Doi:10.1007/s11069-006-9091-0.

Bjerknes J, 1966. A possible response of the atmospheric Hadley circulation to equatorial anomalies of ocean temperature [J]. Tellus, 18 (4): 820-829. Doi:10.1111/j.2153-3490.1966.tb00303.x.

Cai W J, Hendon H H, Meyers G, 2005. Indian Ocean dipolelike variability in the CSIRO Mark 3 coupled climate model [J]. J Climate, 18(10): 1449-1468. Doi:10.1175/JCLI3332.1.

Cai W J, Van Rensch P, Cowan T, 2011. Teleconnection pathways of ENSO and the IOD and the mechanisms for impacts on Australian rainfall [J]. J Climate, 24(15): 3910-3923. Doi:10.1175/2011JCLI4129.1.

Cai W J, Van Rensch P, Cowan T, 2012. An asymmetry in the IOD and ENSO teleconnection pathway and its impact on Australian climate [J]. J Climate, 25(18): 6318-6329. Doi:10.1175/JCLI-D-11-00501.1.

Chen M Y, Xie P P, Janowiak J E, et al, 2002. Global land precipitation: A 50-yr monthly analysis based on gauge observations [J]. Journal of Hydrometeorology, 3 (3): 249-266. Doi:10.1175/1525-7541(2002)003< 0249:GLPAYM>2.0.CO;2.

Gent P R, McWilliams J C, 1990. Isopycnal mixing in ocean circulation models [J]. J Phys Oceanogr, 20 (1): 150-155. Doi:10.1175/1520-0485 (1990)020<0150:IMIOCM>2.0.CO;2.

Huang B H, Kinter III J L, 2002. Interannual variability in the tropical Indian Ocean [J]. J Geophys Res, 107 (C11): 3199. Doi:10.1029/ 2001JC001278.

Jin F F, 1997. An equatorial ocean recharge paradigm for ENSO. Part I: Conceptual model [J]. J Atmos Sci, 54 (7): 811-829. Doi:10.1175/1520-0469(1997)054<0811:AEORPF>2.0.CO;2.

Li C Y, 1990. Interaction between anomalous winter monsoon in East Asia and El Niño events [J]. Adv Atmos Sci, 7(1): 36-46. Doi:10.1007/ BF02919166.

Li C Y, Mu M Q, 2000. Relationship between East Asian winter monsoon, warm pool situation and ENSO cycle [J]. Chin Sci Bull, 45(16): 1448-1455. Doi:10.1007/BF02898885.

Li C Y, Mu M Q, 2001. The influence of the Indian Ocean dipole on atmospheric circulation and climate[J]. Advances in Atmospheric Sciences, 18: 831-843.

Li C Y, Mu M Q, 2002. A further study of the essence of ENSO [J]. Chinese J Atmos Sci, 26: 309-328.

Li T, Wang B, 2003. A theory for the Indian Ocean dipole—zonal mode [J]. J Atmos Sci, 60 (17): 2119-2135. Doi:10.1175/1520-0469(2003)060< 2119:ATFTIO>2.0.CO;2.

Li X, Li C Y, 2017. The tropical Pacific-Indian Ocean associated mode simulated by LICOM2.0 [J]. Adv Atmos Sci, 34 (12): 1426-1436. Doi:10.1007/s00376-017-6176-5.

Liu H L, Lin P F, Yu Y Q, et al, 2012. The baseline evaluation of LASG/IAP Climate system Ocean Model (LICOM) version 2 [J]. Acta Meteor Sin, 26 (3): 318-329. Doi:10.1007/s13351-012-0305-y.

Liu H L, Lin P F, Yu Y Q, et al, 2014a. LASG/IAP climate system ocean model version 2: LICOM2 [M]//Zhou Tianjun, Yu Yongqiang, Liu Yimin, et al. Flexible Global Ocean-Atmosphere-Land System Model. Berlin, Heidelberg: Springer—Verlag. Doi:10.1007/978-3-642-41801-3_3.

Liu H L, Yu Y Q, Lin P F, et al, 2014b. High—Resolution LICOM [M]//Zhou Tianjun, Yu Yongqiang, Liu Yimin, et al. Flexible Global Ocean- Atmosphere-Land System Model. Berlin, Heidelberg: Springer—Verlag. Doi:10.1007/978-3-642-41801-3_38.

Mu M, Duan W S, 2003. A new approach to studying ENSO predictability: Conditional nonlinear optimal perturbation [J]. Chin Sci Bull, 48(10): 1045-1047. Doi:10.1007/BF03184224.

Mu M, Duan W S, Wang B, 2007. Season-dependent dynamics of nonlinear optimal error growth and El Niño-Southern Oscillation predictability in a theoretical model [J]. J Geophys Res, 112 (D10): D10113. Doi:10.1029/ 2005JD006981.

Philander S G H, Yamagata T, Pacanowski R C, 1984. Unstable air-sea interactions in the tropics [J]. J Atmos Sci, 41 (4): 604-613. Doi:10. 1175/1520-0469(1984)041<0604:UASIIT>2. 0. CO;2.

Qian W H, Hu H R, 2005. Signal propagations and linkages of subsurface temperature anomalies in the tropical Pacific and Indian Ocean [J]. Prog Nat Sci, 15 (9): 804-809. Doi:10. 1080/10020070512331342950.

Qian W H, Hu H R, Zhu Y F, 2003. Thermocline oscillation and warming event in the tropical Indian Ocean [J]. Atmosphere-Ocean, 41 (3): 241-258. Doi:10. 3137/ao. 410305.

Rao S A, Masson S, Luo J J, et al, 2007. Termination of Indian Ocean dipole events in a coupled general circulation model [J]. J Climate, 20 (13): 3018-3035. Doi:10. 1175/JCLI4164. 1.

Rasmusson E M, Wallace J M, 1983. Meteorological aspects of the El Niño/Southern Oscillation [J]. Science, 222 (4629): 1195-1202. Doi:10. 1126/science. 222. 4629. 1195.

Ropelewski C F, Halpert M S, 1987. Global and regional scale precipitation patterns associated with the El Niño/southern Oscillation [J]. Mon Wea Rev, 115 (8): 1606-1626. Doi: 10. 1175/1520－0493(1987)115<1606: GARSPP>2. 0. CO;2.

Saji N H, Goswami B N, Vinayachandran P N, et al, 1999. A dipole mode in the tropical Indian Ocean [J]. Nature, 401 (6751):360-3.

Saji N H, Yamagata T, 2003. Possible impacts of Indian Ocean dipole mode events on global climate [J]. Climate Research, 25 (2): 151-169. Doi:10. 3354/cr025151.

Suarez M J, Schopf P S, 1988. A delayed action oscillator for ENSO [J]. J Atmos Sci, 45 (21): 3283-3287. Doi:10. 1175/1520-0469(1988)045<3283:ADAOFE>2. 0. CO;2.

Udea H, Matsumoto J, 2000. A possible triggering process of East-West asymmetric anomalies over the Indian Ocean in relation to 1997/98 El Niño [J]. J Meteor Soc Japan, 78 (6): 803-818. Doi:10. 2151/jmsj1965. 78. 6_803.

Wang X, Wang C Z, 2014. Different impacts of various El Niño events on the Indian Ocean Dipole [J]. Climate Dyn, 42 (3-4): 991-1005. Doi:10. 1007/s00382-013-1711-2.

Webster P J, Moore A M, Loschnigg J P, et al, 1999. Coupled ocean- atmosphere dynamics in the Indian Ocean during 1997-98 [J]. Nature, 401 (6751): 356-360. Doi:10. 1038/43848.

Webster P J, Yang S, 1992. Monsoon and ENSO: Selectively interactive systems [J]. Quart J Roy Meteor Soc, 118 (507): 877-926. Doi:10. 1002/qj. 49711850705.

Wyrtki K, 1975. El Niño—The dynamic response of equatorial Pacific [J]. J Phys Oceanogr,5 (4), 572-584.

Yu L S, Rienecker M M, 1999. Mechanisms for the Indian Ocean warming during the 1997-98 El Niño [J]. Geophys Res Lett, 26 (6): 735-738. Doi:10. 1029/1999GL900072.

Yu Y Q, Liu H L, Lin P F, 2012. A quasi-global 1/10° eddy-resolving ocean general circulation model and its preliminary results [J]. Chin Sci Bull, 2012, 57 (30): 3908-3916. Doi:10. 1007/s11434-012-5234-8.

Yuan C X, Tozuka T, Miyasaka T, et al, 2009. Respective influences of IOD and ENSO on the Tibetan snow cover in early winter [J]. Climate Dyn, 33(4): 509-520. Doi:10. 1007/s00382-008-0495-2.

Zheng F, Zhu J, Zhang R H, 2007. The impact of altimetry data on ENSO ensemble initializations and predictions [J]. Geophys Res Lett, 34 (13): L13611. Doi:10. 1029/2007GL030451.

Zheng X T, Xie S P, Du Y, et al, 2013. Indian Ocean dipole response to global warming in the CMIP5 multimodel ensemble [J]. J Climate, 26 (16): 6067-6080. Doi:10. 1175/JCLI-D-12-00638. 1.

Zhou G Q, Zeng Q C, 2001. Predictions of ENSO with a coupled atmosphere-ocean general circulation model [J]. Adv Atmos Sci, 18(4): 587-603. Doi:10. 1007/s00376-001-0047-8.

Tropical Pacific-Indian Ocean Associated Mode and Its Climatic Impacts

LI Chongyin[1,2], LI Xin[1,2], YANG Hui[1], PAN Jing[1], and LI Gang[3]

(1 State Key Laboratory of Numerical Modeling for Atmospheric Sciences and Geophysical Fluid Dynamics(LASG), Institute of Atmospheric Physics, Chinese Academy of Sciences, Beijing 100029; 2 Institute of Meteorology & Oceanography, National University of Defense Technology, Nanjing 211101; 3 Xichang Satellite Center, Xichang, Sichuan 615000)

Abstract: Based on observational data and simulation results by LICOM2.0 model, a synthetic introduction with regard to the existence, feature, evolution and impacts of the Pacific-Indian Ocean associated mode (PIOAM) are given in this paper. EOF analyses of SSTA both in the tropical Pacific-Indian Ocean and in the global ocean show that the EOF—1 pattern in the tropical Pacific-Indian Ocean is perfectly similar to the PIOAM, which indicates that the PIOAM is a very real mode of oceanic temperature anomalies in the tropical Pacific-Indian Ocean. Corresponding to positive and negative phases of the PIOAM, the wind field anomalies at 850 hPa over the tropical Pacific-Indian Ocean in the summer (JJA) are almost opposite, the Walker circulation at the lower troposphere and the Asian summer monsoon display different anomalous (close to opposite) features. In positive (negative) phase of the PIOAM, the South Asia high is located to the east (west) of its normal position. EOF analyses of subsurface oceanic temperature anomalies (SOTA) at the thermocline camber in the tropical Pacific-Indian Ocean reveals that the EOF-1 is a triple mode similar to the PIOAM at the sea surface. This result suggests that the PIOAM also occurs in the oceanic subsurface. The numerical simulation by the high resolution oceanic circulation model LICOM2.0 shows that when the tropical central-western Indian Ocean and central-eastern Pacific are abnormally warmer/colder, the tropical eastern Indian Ocean and western Pacific are correspondingly colder/warmer. This result further confirms that the tropical PIOAM is an important mode that is significant in both sea surface temperature anomaly (SSTA) field and subsurface ocean temperature anomaly (SOTA) field. The positive and negative phases of the PIOAM not only affect the weather / climate in Asian and west Pacific regions, but also have impacts in south-north American and Africa regions. The influences of the PIOAM are different from that of ENSO and Indian Ocean Dipole (IOD).

Key words: Topical Pacific-Indian Ocean Associated Mode (PIOAM), feature and evolution, simulation with high resolution oceanic general circulation model (LICOM2.0), EOF analyses, oceanic subsurface, climate Impacts

关于年代际气候变化可能机制的研究

李崇银[1,2]

（1 国防科技大学气象海洋学院，南京 211101；
2 中国科学院大气物理研究所大气科学和地球流体力学数值模拟国家重点实验室，北京 100029）

摘 要：年代际气候变化作为年际和月季气候变化的重要背景，往往影响着年际和月季时间尺度的气候及特征。随着科学的发展进步和社会需求的提高，年代际气候变化已成为人们关注的重要问题。作为气候动力学和气候预测研究的重要内容之一，年代际气候变化及其动力学机制的研究在国内外都在蓬勃开展，并取得了不少的成果。本文除简要介绍了中国气候的年代际变化特征，将着重就年代际气候变化的可能机制作一个系统的综合性讨论，内容主要包括全球主要海温变化模态的影响、气候系统相互关系年代际变化的影响、大气行星尺度系统年代际变化的影响，以及太阳活动及火山爆发的影响等。大家知道，年代际气候变化研究十分重要，但也可以看到年代际气候变化的动力学机制却十分复杂，不少问题还没有搞的十分清楚，需要加大力量进行深入研究；我们相信，深入的研究结果必将对年代际气候变化的预测提供可靠的科学依据，进而推动年代际气候变化的业务预测及其能力的提高。

关键词：年代际气候变化，可能机制，主要海温模态，气候系统相互关系，太阳活动及火山爆发

1 引言

科学发展、社会经济进步和人类生产活动的需求已使 10 年及年代际时间尺度的气候变化成为人们关注的重要问题之一。20 世纪 80 年代，一些研究结果使人们逐渐开始认识到年际变化特征突出的赤道中东太平洋 ENSO 的活动在 1976—1978 年出现了突变现象（Quinn et al.，1984），进而指出除年际变化外 ENSO 循环还存在年代际变化特征（Nitta et al.，1989；Wang，1995；钱维宏等，1998）。20 世纪 90 年代中期的一些研究明确提出了年代际气候变化问题（Trenberth，1990；Tanimoto et al.，1993；Kushnir，1994；Trenberth et al.，1994），并在国际 CLIVER（气候变化及可预报性研究）计划中明确将年代际气候变化作为重要研究内容之一（WCPR，CLIVAR，1995）。其后，年代际气候变化便在国内外广泛开展起来，并取得一系列有意义的成果（Latif et al.，1996；Zhang et al.，1997；Li et al.，2000；穆明权等，2000；李崇银等，2002；Li et al.，2004；Weng et al.，2004；Zhou et al.，2006；顾薇等，2007；马音等，2012），包括海面温度（SST）的年代际变化特征，大气温度及降水的年代际变化，以及年代际海温异常与年代际气候变化（特别是降水）的联系及可能影响等；其中也包括对于年代际气候变化研究的一些综合性讨论和评述。

年代际气候变化是气候在 10 年至几十年时间尺度的一种变化，这种时间尺度的气候变化又往往显示出突变的特征，因此也就有了年代际突变的提法及研究。年代际突变虽然存在不同的形式，主要包括均值突变、趋势突变和变化频率（变率）突变等（李崇银，2000）。但无论是那种形式的突变，都将是从一种气候状态特征转变到另外一种气候状态特征，而两种气候状态存在着相当大的差异。因此，为了认识气候变化、进而预测气候变化，人们都十分重视对年代际气候突变的研究。除了上面提到的 ENSO 活动在 20 世

本文发表于《气象与环境研究》，2019，24（1）：1-21。

纪70年代末的年代际突变以及相关的大气环流和气候要素在同时期存在的年代际突变之外，有关大气环流和气候年代际变化及其与海温异常关系的研究也已有不少（李崇银等，1996；张琼等，2000；顾薇等，2005；Gu et al.，2009）。而Diaz(1986)的研究表明，北半球大陆温度在20世纪60年代也出现过一次气候突变现象，整个北半球对流层下部的平均温度在1963—1964年突然由持续的正距平转为持续的负距平；中国学者（Yan et al.，1990；严中伟，1992；叶笃正等，1993）的一些研究指出北半球夏季气候在20世纪60年代发生过突变。其后李崇银等的研究也表明（Li et al.，1999），NAO（北大西洋涛动）、NPO（北太平洋涛动）及中国气候确实在20世纪60年代发生过一次突变。后面我们的讨论也将表明，东亚夏季风系统及其影响下的气候在20世纪90年代也出现过一次明显的突变现象，尽管其具体突变时间尚有一些分歧。

有关年代际气候变化研究的深入，年代际气候变化机制的研究也在国内外相继开展，但因其复杂性，要很好揭示它还是相当困难的事情，有待进一步深入研究。这里，我们除了进一步讨论中国气候的年代际变化外，将就年代际气候变化的可能机制作一个综合性讨论，目的是在让大家看到年代际气候变化动力学机制的复杂性的同时，能更加投入力量进行深入研究，从而推动年代际气候变化的业务预测及其能力的提高。

2 中国气候的年代际变化

已有的研究清楚表明，无论是降水还是温度，中国气候的变化也都还存在着明显年代际的特征（王绍武等，1998；张庆云，1999；Li et al.，2000；王绍武等，2002；Li et al.，2004）。例如，20世纪后半期的4—9月降水量的年代际变化就比较强烈，20世纪50年代中国东部多雨，华北尤甚；20世纪60年代淮河以北到华北降水略多，但长江及其以南以少雨为主；20世纪70年代淮河少雨，华北北部及江南降水略多，但20世纪60—70年代对全国来讲是较为干旱的年代；20世纪80年代的特点是长江流域多雨、华北及华南干旱；20世纪90年代长江及江南降水有所增加，华北干旱持续（Li et al.，2004；顾薇等，2005）。图1给出的是华北地区夏季降水距平的情况，明显存在主要周期为11年左右的年代际变化特征。图2是中国东部夏季降水的EOF分析第一模态（江淮多雨，华南少雨）的时间变化谱和小波分析结果，也可以看到年代际变化相当显著，主要周期为8～12年和20～30年。

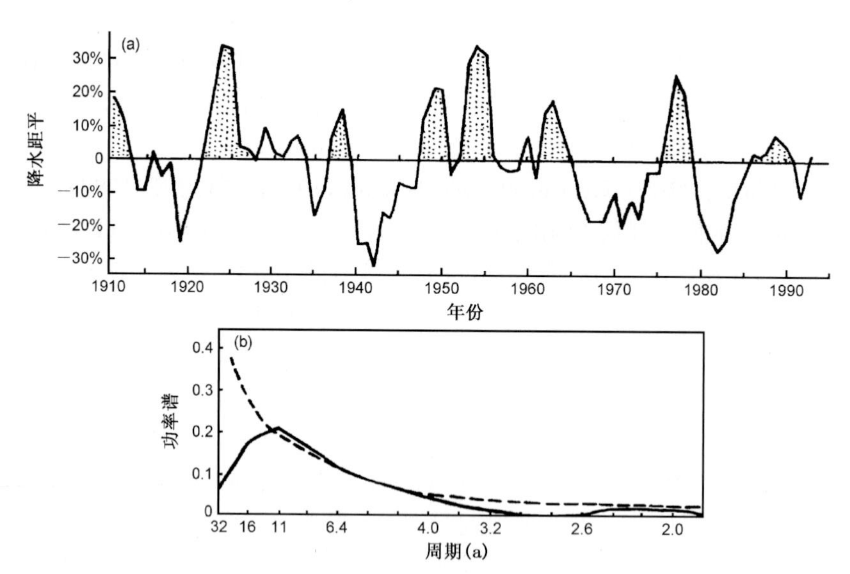

图1 中国华北地区（北京、天津和保定）夏季(a)降水量距平的时间变化及(b)其功率谱特征（李崇银，2000）

中国气温的年代际变化也十分清楚，气温不仅平均值在20世纪70年代末、20世纪80年代初有突变（增温）现象，而且气温的分布型态也有突变；夏季的平均最低和最高气温的距平场由20世纪50年代的南高（正距平）北低（负距平）转变成20世纪80—90年代的南低北高（王绍武等，1998）。图3是中国东部地区冬季温度异常（距平）的时间变化及其功率谱特征，很显然，除年际变化外年代际变化也很明显，主要周期为 16 年左右。

中国气候与东亚季风活动有密切关系，特别是东亚夏季风的变化与中国旱涝发生联系密切。因此有关东亚夏季风的年代际变化也是大家关注的重要问题。最近的研究表明，东亚夏季风活动在 20 世纪 90 年代出现过一次年代际变化，但具体时间却有大同小异的研究结果。有研究认为是在 20 世纪 90 年代初发生了东亚夏季风，特别是夏季风降水的年代际转变(Ding et al.，2008；Wu et al.，2010；Liu et al.，2011)；也有研究认为东亚夏季风的这次年代际变化发生在 20 世纪 90 年代中期(Kwon et al.，2007)；还有研究认为东亚夏季风的这次年代际变化发生在 20 世纪 90 年代末期(Huang et al.，2012)。

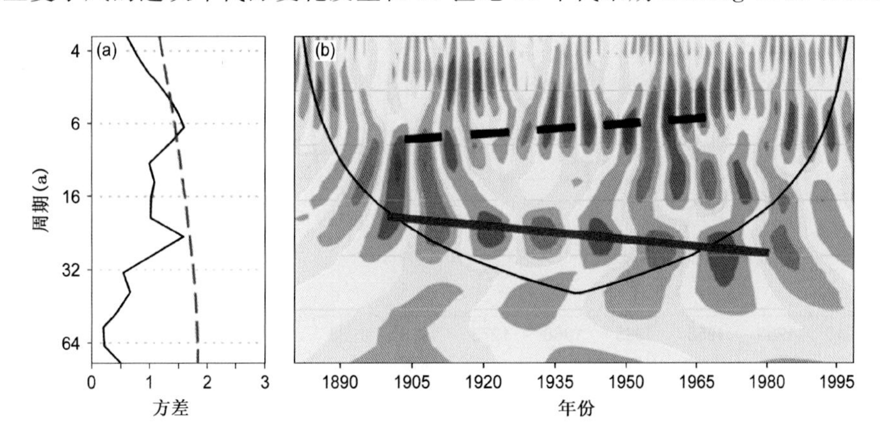

图 2　中国东部夏季降水量 EOF 第一主分量 PC1 的(a)方差谱和(b)小波分析结果

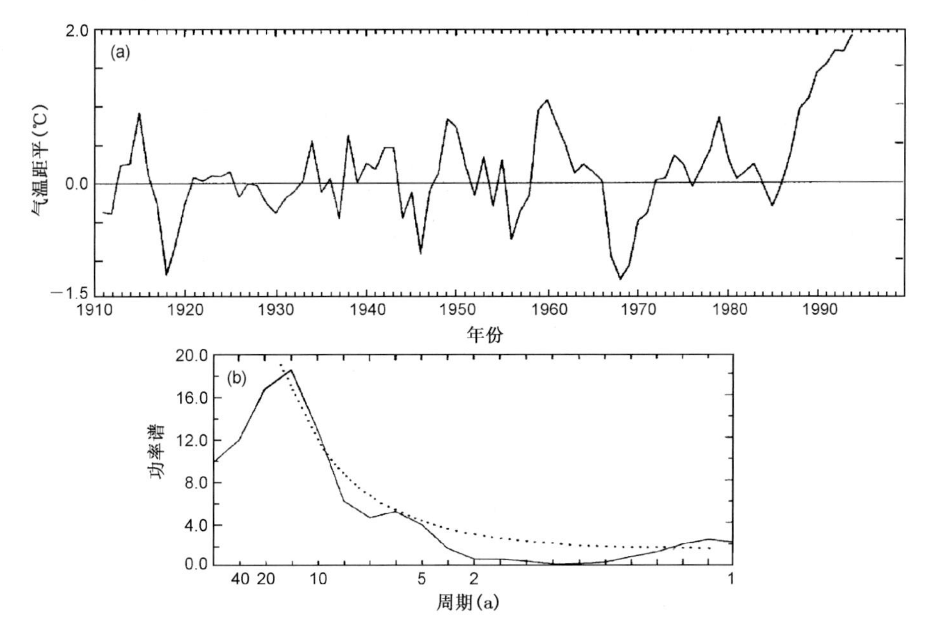

图 3　中国东部冬季气温异常的(a)时间变化及其(b)功率谱特征

东亚夏季风的活动一般用夏季风指数来描写，而已有的夏季风指数有好多种，我们参照郭其蕴(1983)的定义，用经度带气压差表示的夏季风指数来描写夏季风活动。图 4 给出的是所得到的东亚夏季风指数的时间变化特征，由图不难发现从 1948 年到 2010 年，东亚夏季风指数存在着 4 个不同的阶段，其中 20 世纪 60 年代中期到 20 世纪 70 年代末期是东亚夏季风最强的时期，20 世纪 70 年代末期到 20 世纪 90 年代中期是东亚夏季风较强的时期，而 20 世纪 60 年代中期之前和 20 世纪 90 年代中期之后是东亚夏季风最弱的时期。依据东亚夏季风指数的时间变化，过去已有研究指出的年代际突变特征(20 世纪 60 年代中期和 20 世纪 70 年代末期)在这里也有明显反映，而且 20 世纪 90 年代中期也可以认为出现了年代际突变的特征。对其指数进行的 Mann-Kendall(M-K)检验结果也表明两条曲线在 1994/1995 年有明显的交叉(图略)，意味着东亚夏季风活动在1994/1995年左右确实有年代际突变发生。

降水量是夏季风及其变化的突出体现，中国夏季降水量变化可以在一定程度上反映夏季风的变化情况。图5给出的是110°—120°E经度带平均的夏季降水量的时间—纬度剖面，可以看到，在22°N附近(可表示华南地区)，20世纪70年代后期到20世纪90年代中期的降水量相对偏少，而在1995年及其后的降水量明显偏多；同样，在24°—28°N纬度带(可表示江南地区)，20世纪70年代后期到20世纪90年代中期的降水量明显偏少，而在1995年及其后的降水量相对偏多。因此，从中国东部30°N以南夏季降水量的角度也可以认为东亚夏季风在20世纪90年代中期(1994/1995年)出现了一次年代际变化。

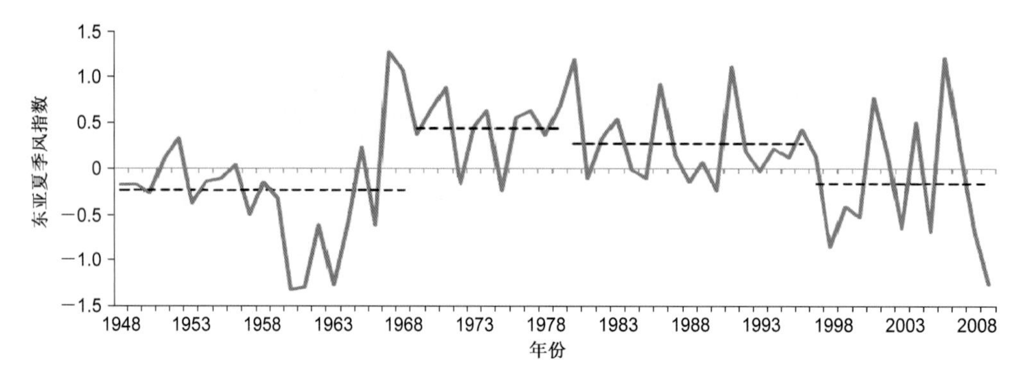

图4　1948—2010年东亚夏季风指数的时间变化特征

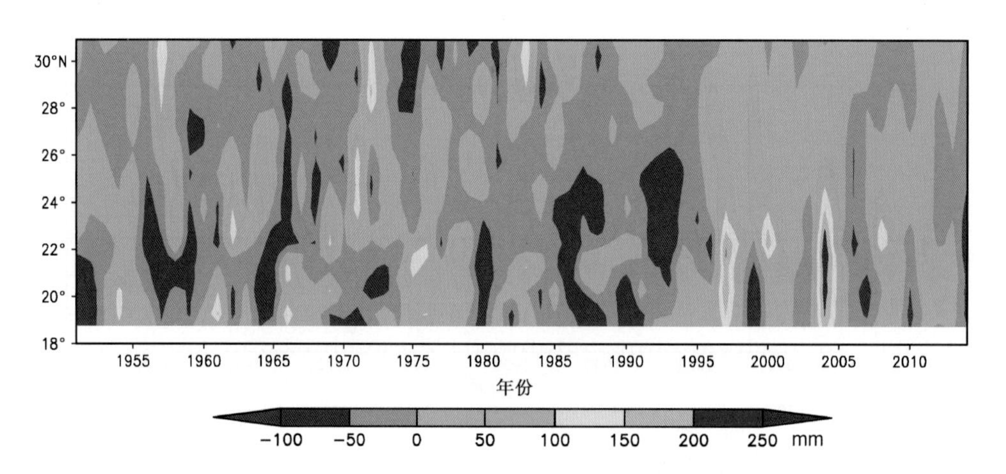

图5　1951—2014年110°—120°E平均30°N以南夏季降量水距平的纬度—时间剖面

3　海温变化主要模态的影响

由于海洋过程相对比较缓慢，尤其是大尺度海洋系统变化的时间尺度都较长，因此人们在考虑年代际气候变化的时候往往都会想到海洋的变化及影响。而且提出年代际气候变化概念，也最先是从与海洋有关系的NAO和NPO的研究结果揭示出的(Trenberth，1990；Kawamura，1994；Latif et al.，1994；Trenberth et al.，1994；Hurrell，1995)。其后，国内外的一些学者也都从海洋特别是海温的变化来研究年代际气候变化问题(李崇银等，1996；Zhang et al.，1997；Li，1998；Bond et al.，2000；吕俊梅等，2005；Li et al.，2006)，这里我们也先来讨论全球海温的主要模态，以及它们与年代际气候变化的联系。

3.1　北太平洋PDO模及其影响

基于经验正交函数分解(EOF)方法，一些学者将北太平洋SST的年代际变化型称之为"类ENSO模"(Zhang et al.，1997)，其后又将这一主分量叫做太平洋年代际涛动(Pacific Decadal Oscillation，PDO)。

利用近100年Hadley中心的SST资料，其功率谱分析表明北太平洋SST的变化主要有两个年代际谱峰，分别是25～35年准周期模和7～10年准周期模(李崇银等，2003)。图6给出了两个北太平洋SST年代际模的形势，很显然，这两个年代际模都不同于ENSO模，而有其自己的特有形态；两者又有其十分相似的特征。进一步分析两个年代际模的时间演变可以发现其正负异常中心有沿北太平洋海盆作瞬时针施转的特征(图略)。因此北太平洋海温年代际模难于仅仅视为一种涛动，实际上它具有涛动和旋转双重特性。

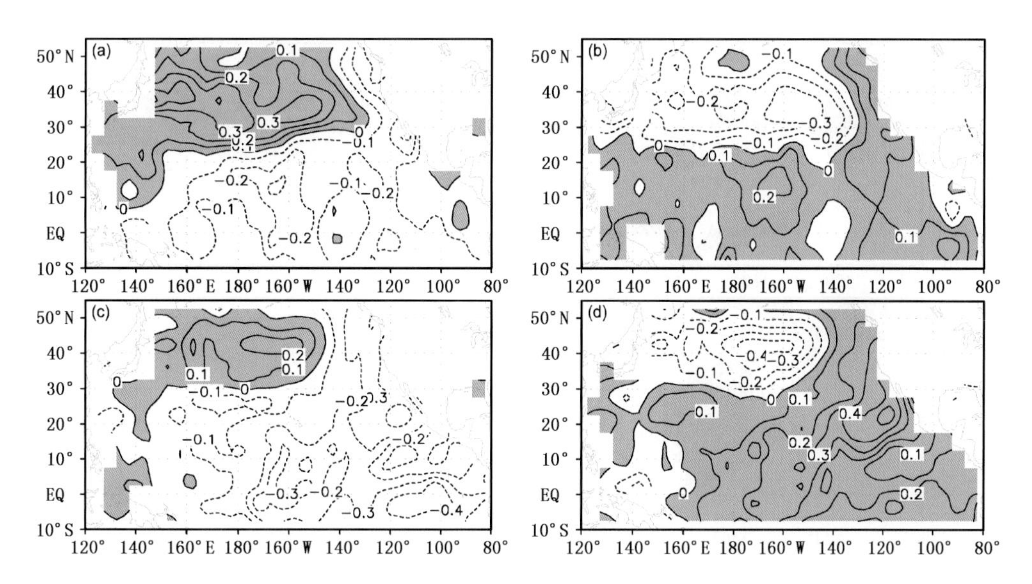

图6　北太平洋SST年代际变化的(a)、(b)25～35年模和(c)、(d)7～10年模的正位相及负位相模态形势：(a)、(c)正位相；(b)、(d)负位相(Li et al.，2003)

利用NCEP再分析资料，研究表明北太平洋年代际模对气候的影响很明显，其结果又是十分类似的。无论对应于7～10年模还是25～35年模，在其正位相或负位相，全球海平面气压场，500 hPa高度场和1000 hPa风场均有相当类似的响应形势；但对应正位相的形势却与对应负位相的形势有近乎相反的特征。以500 hPa高度场为例，对应北太平洋海温年代际模的正(负)位相，冬季北太平洋和欧亚大陆的北部、格陵兰以及南极地区为500 hPa高度负(正)距平(图略)。介于篇幅关系，我们这里仅给出对应北太平洋海温年代际模的正(负)位相，全球主要地区降水量异常的不同分布特征(图7)。由图7我们可以清楚地看到，在北太平洋海温年代际模的正(负)位相期，东亚沿海地区为多(少)雨；美洲东南部地区将少(多)雨；澳大利亚东部地区会多(少)雨，而西部地区会少(多)雨。上述这些结果充分说明，北太平洋海温年代际异常模态对全球气候都有着重要的影响，实际工作中需要很好考虑。

3.2　南太平洋的SPDO模及其影响

由于资料的原因，过去大家对南太平洋海温变化的研究很少。最近我们(李刚等，2012；Li et al.，2012)将南太平洋59年(1951年1月至2009年12月，共708个月)的海表温度距平进行EOF分解，其分解的第1分量的空间模态和小波谱如图8所示。因为其时间变化和小波谱都清楚表明主要为年代际变化特征，因此将它定义为南太平洋年代际振荡(SPDO)模态。从图中可看出，正异常区域主要位于南太平洋东北部副热带海域以及40°S以南的南太平洋高纬海域，正异常中心位于(50°—60°S，155°—120°W)海域，中心值超过0.3 ℃；负异常区域主要位于南太平洋中纬海域，从澳大利亚—新西兰附近海域向东延伸，呈“舌状”结构，负异常中心有两个，分别位于(30°S，135°—120°W)海域和新西兰附近海域，前者的强度略大于后者。很显然，它主要反映了南美西部副热带太平洋、南太平洋高纬海域与南太平洋中纬海域的反相变化特征，可以认为它主要是一个经向型模态。其与Shakun等(2009)的结果存在一定的相似性，但他们的结果表明位于新西兰附近海域的负异常中心强度大于位于(30°S，135°—120°W)海域的强度，这可能是由于所用资料以及时间长度的差异造成的。

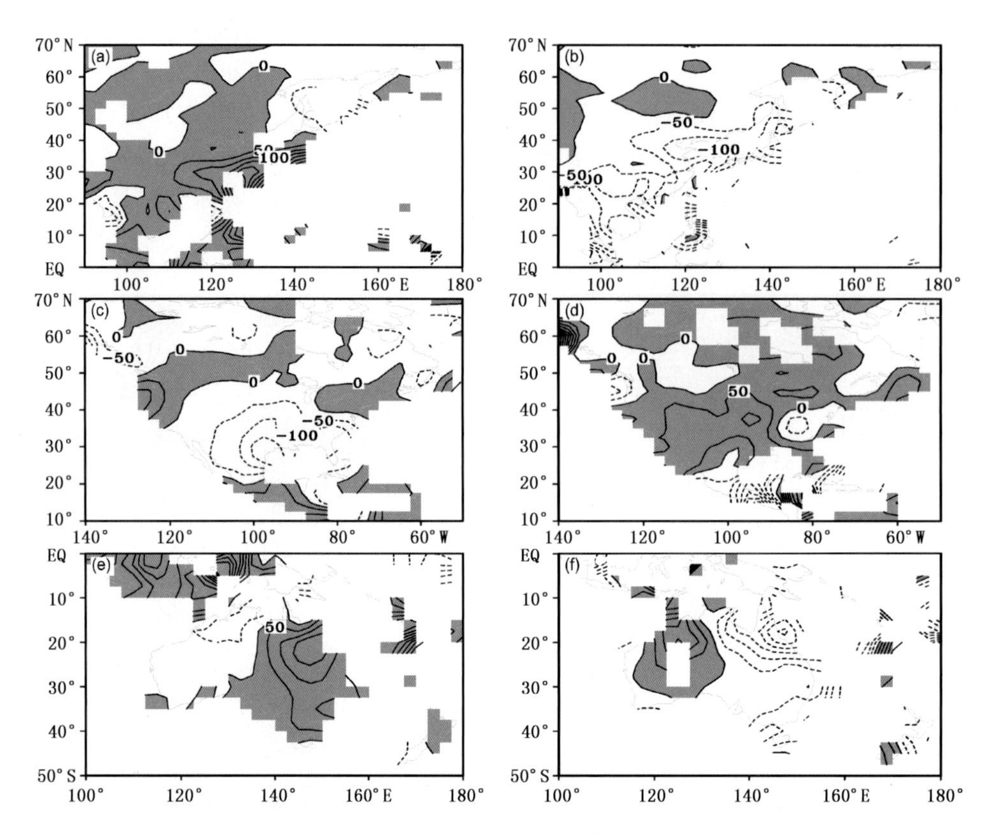

图 7 对应北太平洋海温 25～35 年模的正位相(左列)和负位相(右列)形势时(a)、(b)东亚、(c)、(d)北美和(e)、(f)澳大利亚地区的年降水量异常(单位:mm,阴影区域为正距平)分布(Li et al.,2003)

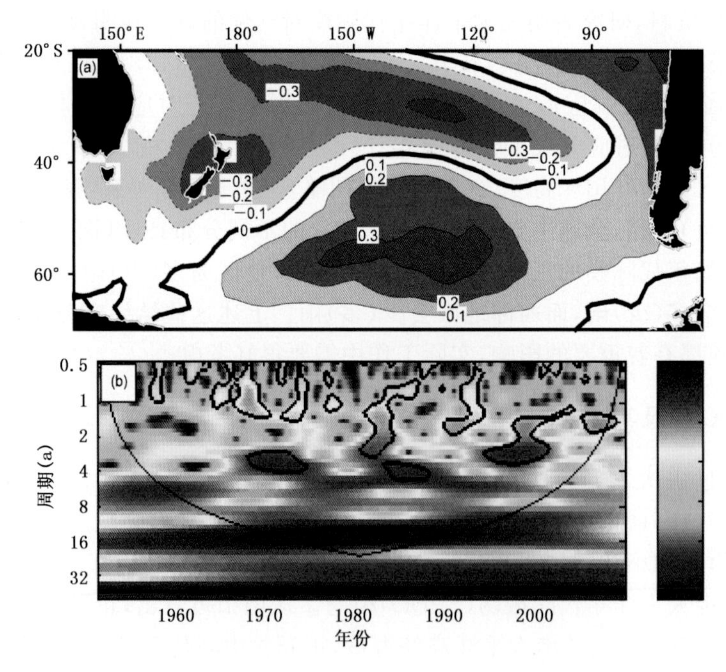

图 8 南太平洋月平均海表温度距平(a)EOF 第 1 模态的空间模态特征(单位:℃)及(b)小波局地功率谱的分布(李刚等,2012)

表 1 给出的是 SPDO(South Pacific Decadal Oscillation)和 PDO 指数以及去除 ENSO 影响后的指数($SPDO_{re}$和 PDO_{re})间的相关系数。从表中可看出,SPDO 指数与 $SPDO_{re}$指数的相关系数为 0.62,明显小于 PDO 和 PDO_{re}的相关系数(0.8),表明 ENSO 对 SPDO 的影响要大于对 PDO 的影响。这可能是由于

与 ENSO 有关的赤道中东太平洋海温分布的非对称性造成的,因为位于南太平洋与 ENSO 有关的海温分布范围要大于位于北太平洋的海温(Shakun et al.,2009),所以南太平洋海温与 ENSO 的关系可能更加紧密。此外,还可发现,$SPDO_{re}$和 PDO_{re}的相关系数(0.2)明显小于 SPDO 和 PDO 的相关系数(0.46),表明 ENSO 对 SPDO 和 PDO 的关系具有十分重要的作用,它似乎是连接两者的“纽带”。SPDO 和 PDO 可能是太平洋年代变化(Pacific Decadal Variability,PDV)分别在南、北太平洋的体现(Shakun et al.,2009),已有的研究认为太平洋年代变化是一种太平洋海盆尺度的现象,它基本沿赤道南北对称;而且它的空间模态可用 ENSO 循环过程中的发展期、成熟期和衰退期的空间模态来表示(Chen et al.,2008),于是认为太平洋年代变化(PDV)表示的可能仅仅是长期 ENSO 循环的平均状态。由此可知,ENSO 与太平洋年代变化存在密切的联系,去除 ENSO 信号后,太平洋年代变化可能会发生一定程度的变化,而这些变化可能是导致 SPDO 和 PDO 关系发生改变的原因。

表 1 SPDO 和 PDO 指数以及去除 ENSO 信号后的 SPDO 和 PDO 指数($SPDO_{re}$和 PDO_{re})之间的相关系数

	NPDO 指数	$NPDO_{re}$指数	SPDO 指数	$SPDO_{re}$指数
NPDO 指数	1	—	—	
$NPDO_{re}$指数	0.88●	1	—	—
SPDO 指数	0.46●	0.22■	1	—
$SPDO_{re}$指数	0.16▲	0.20■	0.62●	1

注:●、■和▲上标的分别表示通过 0.001、0.05 和 0.1 置信度检验。

资料分析表明 SPDO 在年代际尺度上不仅与华南地区降水异常存在显著的负相关关系,而且还与东北及华北地区降水异常存在显著的正相关关系(图 9)。当 SPDO 处于正位相时,东北及华北地区降水异

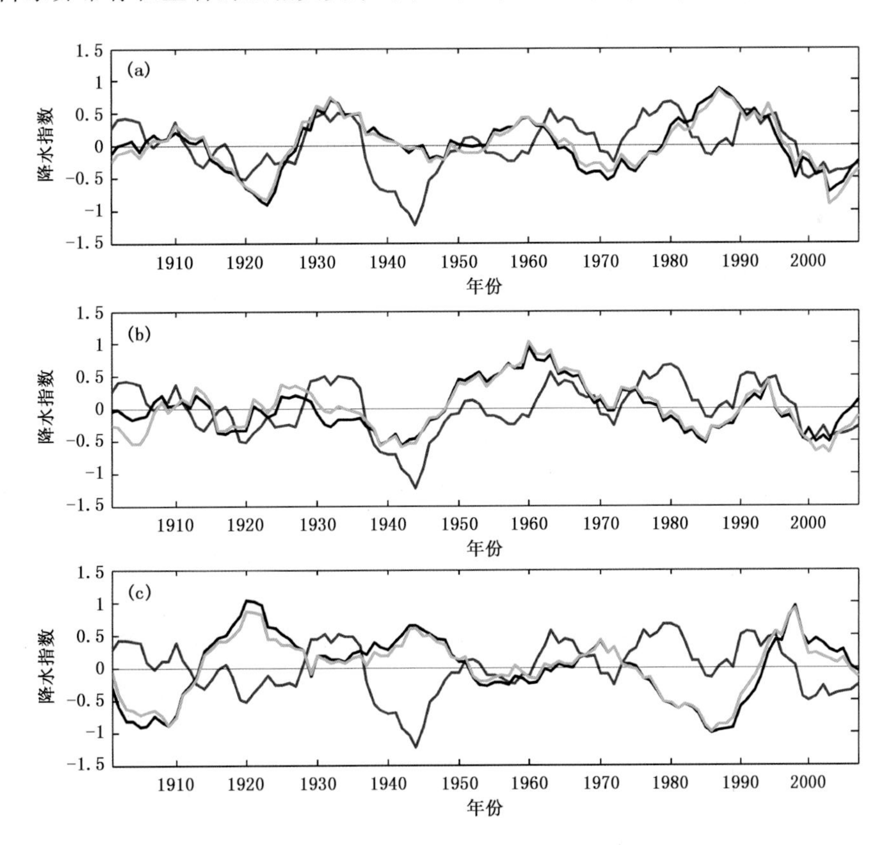

图 9 SPDO 指数和我国(a)东北、(b)华北及(c)华南区域降水指数的年代际变化。
红线表示去除 NPDO 影响后的 9 年滑动平均 SPDO 指数,黑线和绿线为降水指数 9 年滑动平均结果,
黑线为 CRU(Climatic Research Unit)3.10.01 降水资料,
绿线为 GPCC(Global Precipitation Climatology Centre)V6 降水资料

常偏多，而华南地区降水异常偏少，可能形成"北涝南旱"的降水分布形势，反之则形成"北旱南涝"的降水分布形势。此外，值得注意的是，与滑动平均之前相比，SPDO与江淮地区的降水异常在年代际尺度上的关系偏弱，这可能表明SPDO对江淮地区降水的影响主要体现在年际尺度上。另外，SPDO与华北地区降水的负相关关系并不稳定，例如在20世纪30年代中后期至20世纪70年代中和80年代中以后，SPDO与华北降水呈明显的正相关关系，在SPDO正位相时华北降水以偏多为主，而在SPDO为负位相时华北降水又转为偏少为主；但在20世纪30年代中之前和20世纪70年代中至20世纪80年代，SPDO与华北降水呈反相关关系，SPDO为正位相时华北降水偏少，而SPDO转为负位相时华北降水又偏多，这可能是导致SPDO在年际时间尺度上与华北地区降水关系不显著的主要原因。当然，上述影响与海温异常所导致的大气环流异常有着密切的关系。

3.3 南印度洋洋的SIOD模及其影响

资料分析表明南印度洋各月的SST均方差都明显大于北印度洋，而且均方差大值区的位置各月都比较固定，大值中心基本稳定于(30°—40°S，60°—80°E)范围内；同时，在印度洋东部10°—20°S附近的地区，大部分月份还都存在另外一个方差闭合中心。那么两个方差大值中心区SST的变化是否有反相变化的特征呢？进一步分析两海区(25°—40°S，65°—80°E)和(10°—20°S，95°—105°E)平均的标准化SSTA的年际变化曲线(图略)，可以发现两个海区的SSTA呈明显的反相变化特征，两者的相关系数为−0.3，超过99%的信度水平。因此可以认为，西南印度洋SSTA和南印度洋东部SSTA的确存在相反的变化趋势，可以将其称作南印度洋偶极型振荡(SIOD)。图10给出的是以(25°—40°S，65°—80°E)区域平均SST为基础(点)，分别所求得的与印度洋9月、10月、11月和12月SST的相关系数分布特征。从中可以清楚地看到，在南印度洋存在一个较为稳定的东北—西南向的偶极子型模态，它就是SIOD模态。

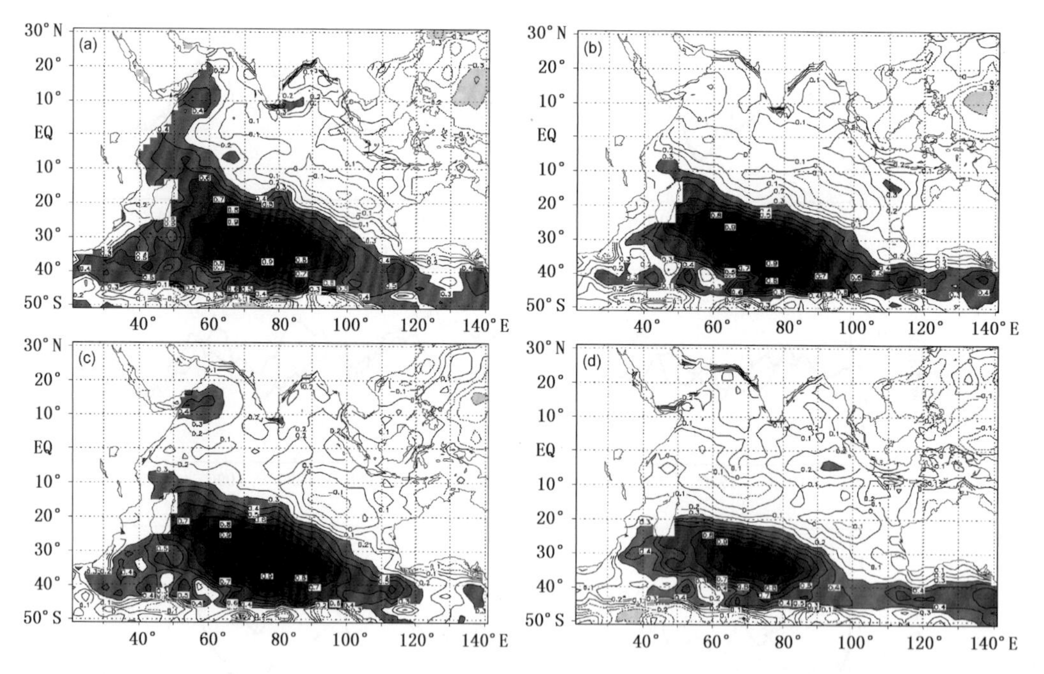

图10 印度洋(a)9月、(b)10月、(c)11月和(d)12月SST与(25°—40°S，65°—80°E)区域平均SST的相关系数分布特征

通过大量的相关分析，我们发现夏、秋季(南半球冬、春季)的南印度洋偶极子指数与同期及后期，尤其是后期热带地区的大气环流异常有密切的关系(图略)。分别对7—10月南印度洋偶极子正、负位相年次年夏季的100 hPa高度场进行合成，其结果表明，整个亚洲季风区均在100 hPa高度场的强大南亚高压控制之下。但正位相年次年夏季南亚高压16800 gpm线已经越过了105°E，表明南亚高压位置明显偏东；而对应SIOD的负位相，南亚高压位置偏西(图11)。过去已有的研究结果表明，如果南亚高压的位置偏东，强度偏强，将有利于长江流域夏季降水的增加(陶诗言等，1964；Zhang et al.，2002)；而中国华南地区因受

南亚高压控制，易于旱少雨。用7—10月平均的南印度洋偶极子指数与次年中国夏季（6—8月）降水进行相关分析，其结果确实表明南印度洋偶极子指数与次年长江流域夏季降水呈显著的正相关，而与华南和东北、山东半岛的夏季降水成负相关（图略）。上述这些结果清楚说明，SIOD对于东亚的大气环流和天气气候有着相当重要的影响，在实际业务工作中需要给予足够的重视。

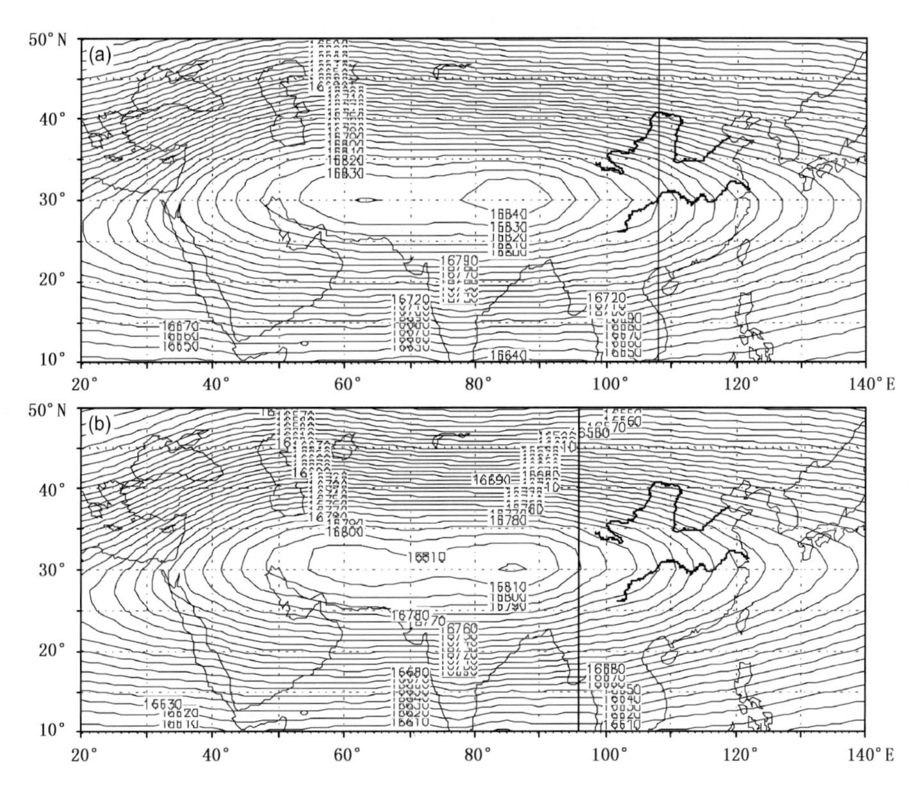

图11 南印度洋海温偶极子(a)正、(b)负位相相对应的次年夏季(6—8月)的100 hPa高度场(单位:gpm)(贾小龙和李崇银,2005)

3.4 北大西洋的三极子模及其影响

资料的合成分析或者回归分析都清楚地表明，冬季北大西洋海温存在着一个三极子模态，图12给出了北大西洋冬季海温三极子模态的基本特征及其指数的功率谱，很显然这个模态具有12年左右周期的年代际变化特征。进一步分析表明上诉三极子模态与中国次年的夏季梅雨雨量及梅雨持续时间都有很好的关系。

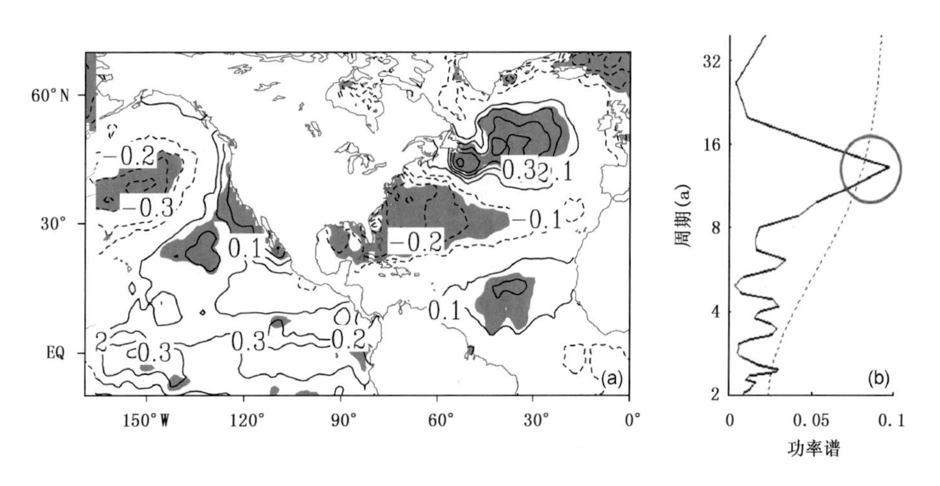

图12 北大西洋冬季(a)SSTA的三极子模态及其(b)指数的功率谱特征(Gu et al.,2009)

图 13 分别给出了经过 9～16 年带通滤波的梅雨雨量、梅雨持续时间和北大西洋海温三极子模态指数的时间变化，可以看到，无论是梅雨雨量还是梅雨所持续的时间都与北大西洋三极子模态指数有很好的正相关关系。这些结果清楚表明，在年代际时间尺度上冬季北大西洋海温的三极子模态与中国的梅雨有十分显著的关系。至于冬季北大西洋海温三极子模态如何影响次年夏季中国梅雨的过程和机理，在相关的文章中已经有一些讨论（包括欧亚大陆的积雪、行星波列的作用等），这里就不去再费笔墨。

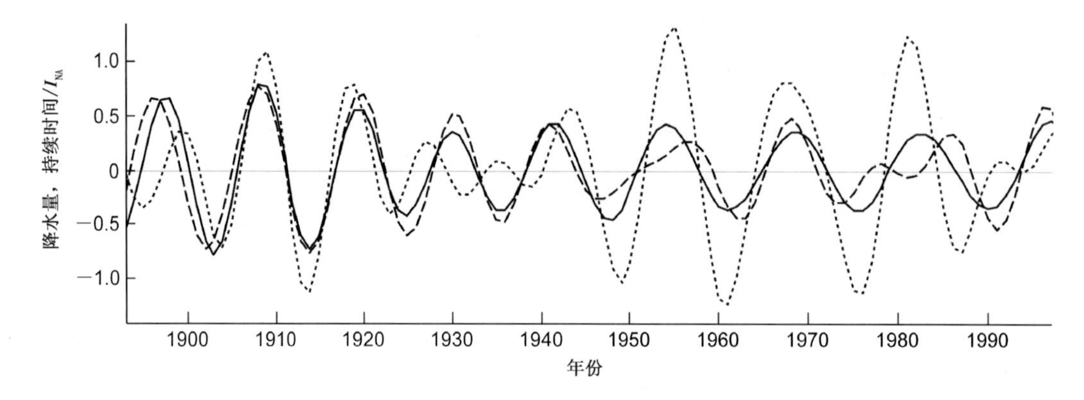

图 13　经过 9～16 年带通滤波的梅雨雨量（实线）、梅雨持续时间（虚线）和北大西洋海温三极子模态指数（I_{NA}，点线）的时间变化（Gu et al.，2009）

4　气候系统相互关系年代际变化的影响

大家知道，印度夏季风降水与 El Niño 有很好的负相关关系，在 El Niño 年印度夏季降水量较少，稻谷的产量也就减少；而在 La Niña 年印度夏季降水量增加，稻谷产量也就增加。但是 Kumar 等（1999）的研究指出，自 20 世纪 80 年代之后以来，ENSO 与印度夏季风的相关关系非常显著的减弱；Chang 等（2001）的分析也得到同样的结果，并认为大西洋的环流异常可能起了重要作用。由于印度夏季的降水除了与 ENSO 有关系之外，也与阿拉伯海的海温、赤道印度洋偶极子等有关系。因此我们对印度夏季降水与 Niño3 指数、阿拉伯海海温（AOT）指数、赤道印度洋偶极子（IOD）指数和南印度洋偶极子（SIOD）指数分别进行 21 年滑动相关的分析，它们的相关系数的时间变化如图 14 所示。从中可以清楚地看到，不仅印度夏季降水与 ENSO 的关系存在年代际变化，其他影响因子，包括阿拉伯海海温指数、赤道印度洋偶极子指

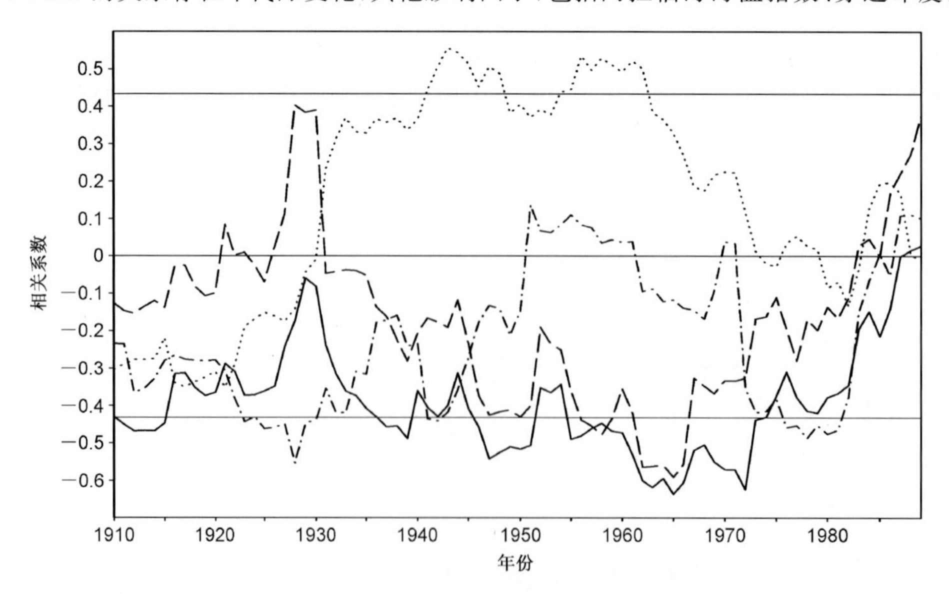

图 14　Ninno3 指数（实线）、阿拉伯海海温指数（虚线）、南印度洋偶极子指数（点线）、赤道印度洋偶极子指数（点虚线）与全印度降水的 21 年滑动相关系数的时间变化。两条横线是 0.05 置信度的相关系数检验线（Wang et al.，2006）

数和南印度洋偶极子指数，与印度夏季降水的关系也都有年代际变化特征。换句话说，气候系统相互关系的年代际变化，必然对气候变化产生影响，从而成为年代际气候变化的一个重要物理机制。

我们的一系列研究表明，东亚冬季风的活动与 ENSO 存在明显的相互作用关系，强的频繁东亚冬季风活动通过赤道西太平洋地区西风的加强和强对流的激发对 El Niño 的发生有一定的触发作用；而 El Niño 发生后又将对东亚冬季风活动起削弱作用（李崇银，1988），一般在 El Niño 年冬季东亚冬季风偏弱、东亚地区气温偏高；在 La Niña 年冬季东亚冬季风偏强、东亚地区气温偏低（李崇银，1989；Li，1990）。但是，后来也有研究指出，ENSO 与东亚冬季风的关系并不是完全稳定的，在在 20 世纪 70 年代中期之后有一定的削弱（王会军等，2012）；有人进一步研究认为 ENSO 与东亚冬季风的关系，有可能会受到北太平洋 PDO 的调制（Wang et al.，2008）。也就是说，ENSO 与东亚冬季风的关系也存在着年代际变化，进而也就会引起气候的年代际变化。

需要特别指出，各个气候系统间的关系及其变化是十分复杂的，既有外源强迫的作用，也有系统内部及系统间的动力过程的影响。这些方面都还需要深入研究，进而全面认识气候变化，尤其是年代际气候变化的本质，为提高气候预测提供可靠的科学依据。

5 大气行星尺度系统年代际变化的影响

有关年代际气候变化的系统研究最先是从海表水温的变化开始的，这是因为海洋过程相对比较缓慢，年代际变化信号较为显著。但是大气环流系统的年代际变化特征也是十分清楚的，而且这种大气环流系统的年代际变化同气候要素（降水和温度）的年代际变化有十分紧密的联系和匹配关系。同月季和年际气候变化相类似，年代际气候异常也与一定的年代际大气环流型相对应。

国内外都有研究表明 NAO（北大西洋涛动）和 NPO（北太平洋涛动）都是南北向的大尺度跷跷板式大气质量场的振荡现象。20 世纪 90 年代的研究表明，NAO 存在明显的年代际变化；而北太平洋的大气和海洋状况也有年代际变化特征（Trenberth et al.，1994）。中国的气候变化不仅同 NPO 有关，也受到 NAO 的明显影响，有关 NAO 和 NPO 的年代际变化研究也得到了重视。对 NAO 和 NPO 指数所进行的分析研究表明，不仅近期以来 NAO 和 NPO 指数都有明显的增幅特征，而且它们在 20 世纪 60 年代初都有极为明显的突变特征（图 15）。同时，NAO 和 NPO 的这种突变同全球气候在 20 世纪 60 年代的突变也十分一致（Li et al.，1999）。因此可以认为，NPO 和 NAO 的年代际变化对中国乃至全球气候在 20 世纪 60 年代的突变有着重要的影响。也有研究表明，东亚冬季风的年际和年代际变化同北大西洋涛动（NAO）有着密切的关系。因为东亚冬季风偏强（弱）的表现之一是西伯利亚地面冷高压的偏强（弱）；而强（弱）西伯利亚地面冷高压又与 NAO 指数呈负相关。冬季的 NAO 异常对中国夏季气候也有明显影响，强 NAO 一般对应强东亚夏季风的形势（武炳义等，1999）。

近一段时期，人们都比较关注 AO（北极涛动）的变化及其对东亚和其它地区天气气候的影响。实际上 AO 除了年际变化之外，年代际变化也是十分显著的。图 16 给出了北极涛动指数的时间变化特征，可以明显看到它的年代际变化的存在，1957—1970 年期间，AO 指数表现为较小的正值，1976—1987 年，AO 指数基本为正，而其后到 2000 年左右，AO 指数基本为负值。

大家知道南亚高压是亚洲夏季风系统的重要组成部分，也是夏季最为重要的大气环流系统，它的变化及异常与东亚夏季风的活动及气候异常有明显的关系（张琼等，2000；Zhang et al.，2002）。图 17 给出的是经过低通滤波的夏季 20°—32.5°N 纬带平均 200 hPa 位势高度距平的经度—时间剖面，它在一定程度上可以反映南亚高压强度的变化特征。由图可以看到在 20 世纪 50 年代到 60 年代初，整体处于较弱的负距平期；20 世纪 60 年代初到 70 年代末，整体处于较强的负距平期；20 世纪 80 年代末到 90 年代初，整体处于较强的正距平期；而 20 世纪 90 年代初到 2004 年左右，又处于明显负距平期。从这些 200 hPa 高度距平的演变特征，不仅表明了亚洲夏季风系统分别在 20 世纪 60 年代初、70 年代末生的年代际突变，也清楚表明 20 世纪 90 年代中期发生的夏季风系统突变。用南亚高压的强度指数也可以清楚表现出南亚高压强度的年代际变化特征（图略），而且对 20 世纪 60 年代中期、20 世纪 70 年代末期和 20 世纪 90 年代中期的几次气候突变也揭示的十分清楚。

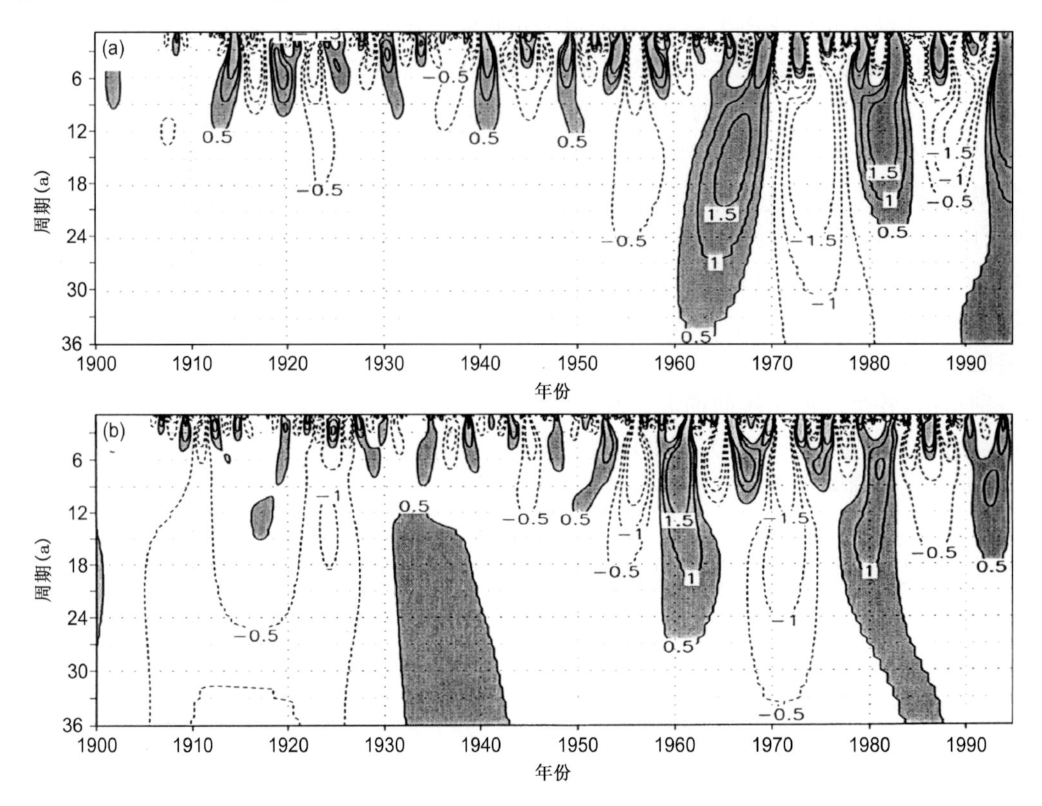

图 15 (a)NAO 指数和(b)NPO 指数的小波功率谱特征(Li et al.,2000)

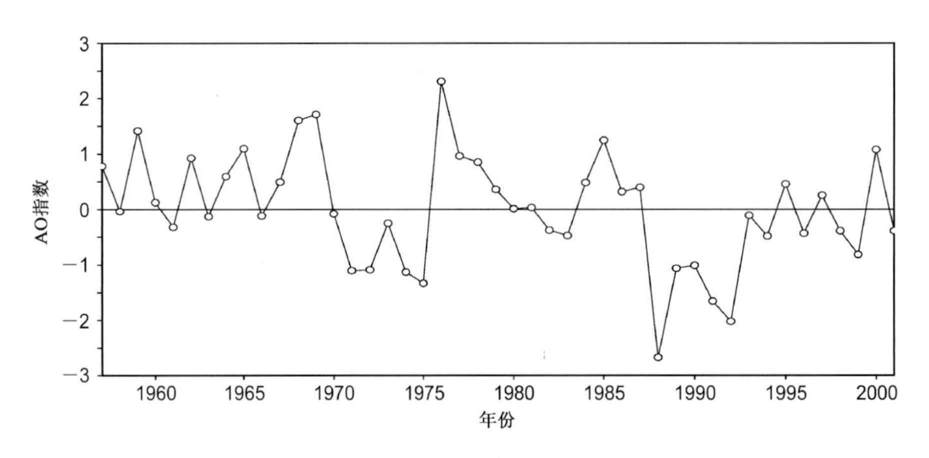

图 16 AO 指数的时间变化

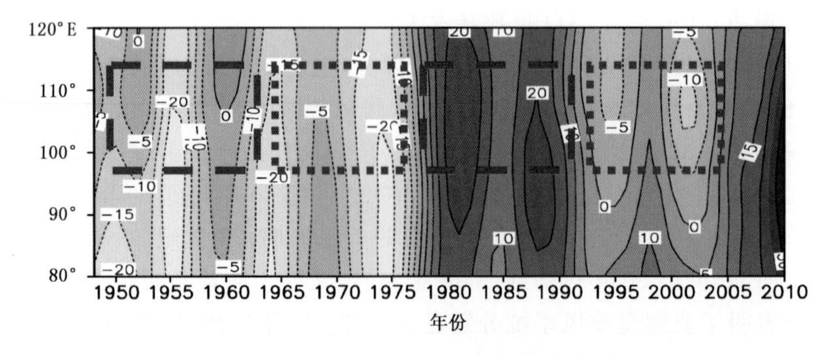

图 17 20°—32.5°N 平均夏季低通滤波的 200 hPa 位势高度距平(单位:gpm)的经度—时间剖面

6 太阳活动及火山爆发的影响

作为大气和海洋运动能量基本来源的太阳，无疑在大气等系统的运动和变化中同样起着重要的作用，太阳活动与地球气候的关系及其影响也一直为科学界所关注(Friis-Christensen et al.，1991；National Research Council，1994；Friis-Christensen，2000；Haigh，2003)。太阳活动包含着许多物理过程，最为熟知和典型的因子是所谓太阳辐照度(irradiance)和太阳黑子(sunspot)数的变化。科学家们也早就注意到太阳活动与地球上的天气气候变化有一定的关系，例如有研究指出，英国的大气闪电次数与太阳黑子数的时间变化之间存在正相关关系，在太阳黑子多的年份，英国大气闪电也多(Stringfellow，1974)。而太阳黑子的全影和半影比率 R_s 与北半球地面气温之间也存在着一定的关系，它们在长时间的变化趋势上有正相关，R_s 值大时，北半球气温偏高(Hoyt，1979)。对南半球天气气候的分析研究也表明其与太阳活动有一定的关系，例如太阳黑子循环与澳大利亚东部副热带高压脊线的纬度位置的变化间存在一定关系。也有研究表明，通过一定的动力学过程太阳活动将影响印度季风的变化(Kodera，2004)。对于大家都十分关注的全球变化问题，当然人类活动所导致的温室气体含量的急剧增加是重要原因；但也有学者认为也要注意太阳活动对气候变化带来的影响(李崇银等，2003；Lean et al.，2005)。

中国东部的夏季降水尤其是“梅雨”，对中国的经济和人民生活都有着重要影响。太阳黑子数的变化有非常显著的 11 年周期(年代际)特征，那么太阳活动的这种准十年时间尺度变化是否也会影响“梅雨”的长期变化呢？利用较长时间的梅雨资料，我们分析了梅雨量年际变化与太阳活动的联系，其结果表明它们之间确实存在着一定的关系。图 18 分别给出的是太阳黑子数和江淮梅雨量变化的小波分析结果，图中非

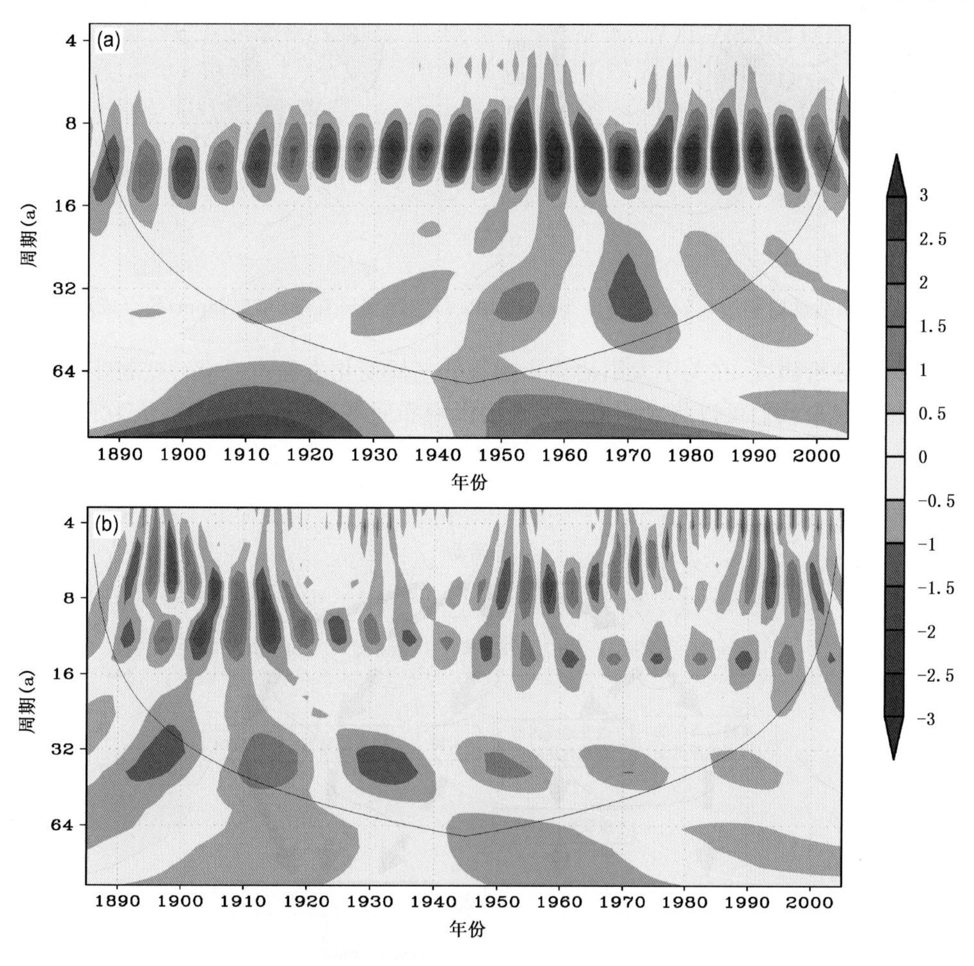

图 18 (a)太阳黑子数和(b)江淮梅雨量变化的小波分析结果(潘静等，2010)

常清楚地表明，它们都有两个极其相近的最显著的主要周期，即 11 年左右和 30～40 年周期。太阳活动与梅雨量的小波交叉谱分析结果表明太阳活动与中国夏季降水，尤其是与梅雨量存在着既显著又复杂的相关关系，而且它们间的相关关系还随时间有明显的年代际变化特征（图略）。对于 11 年周期谱段，在 1900—1940 年期间梅雨降水有滞后太阳黑子约 3～4 年的正相关，且滞后时间存在逐渐增长的趋势；在 1940—1970 年期间梅雨降水有滞后太阳黑子约 1～4 年的负相关，且滞后时间也存在逐渐增长的趋势；在 1970 年之后其相关性有由正相关向负相关的转变特征。

对应强太阳活动年和弱太阳活动年，北半球平流层冬季环流会有明显的差异，图 19 表示 10 hPa 冬季北半球位势高度异常场的合成结果。可以明显看到，在强、弱不同的太阳活动期对应着截然不同的北半球冬季位势高度异常场。在强太阳活动年，平流层 10 hPa 在北半球区域基本上分布着位势高度的正异常，正异常中心位于极区偏北美大陆的位置；两个呈对称状的负异常中心分别位于太平洋西北部和大西洋东北部地区。而在弱太阳活动年，北极区虽也出现正异常，中心位置也与强年比较一致，但强度绝对值要弱于强年；而且对应强年出现负位势高度异常中心的地方却为两个正异常中心，太平洋西北部的正异常中心更强一些。这里的合成结果说明，在强、弱太阳活动年，平流层的高度异常分布是相当不同的，甚至是相反的（对应的极值中心均通过了 95%的信度检验）。从合成图还可以发现，当太阳活动比较强烈的时候，对应的北半球冬季平流层的极涡是比较弱的；而对应弱太阳活动年则相反。

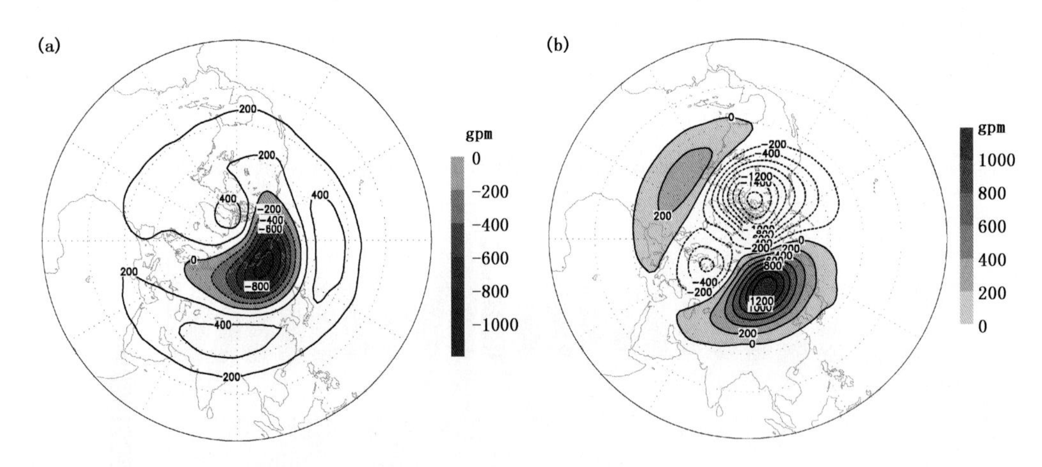

图 19 (a)强、(b)弱太阳活动时期所对应的冬季北半球 10 hPa 位势高度异常场（单位：gpm）的合成形势（潘静等，2010）

多年来的观测和分析研究，在关于太阳活动影响天气气候变化方面也已有一些初步看法，尽管尚未形成完整的理论。归纳起来我们可以将它们概况为直接影响和间接影响，具体也可认为有如下几种可能途径，并可给出一个示意图（图 20）。为了认识具体物理过程，下面我们再做一些文字讨论，便于进一步了解。

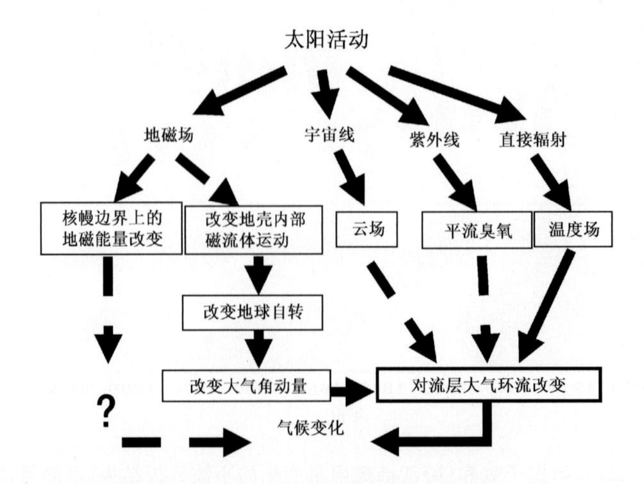

图 20 太阳活动影响气候变化的可能途径示意图（李崇银，2007）

(1)太阳活动→太阳辐射量→地表温度→大气环流→天气气候变化。这是最直接的影响方式(Reid,1991;卫捷等,1999),但太阳辐射量的改变比较小,如何通过非线性放大过程而发生作用,是一个须要深入研究的问题。

(2)太阳活动→地球大气电离程度→大气经圈环流→天气气候变化。一些观测研究已表明,在太阳黑子的高峰期,地球大气的电离程度比较强,尤其是在高纬度地区。这样,在电磁场的作用下,高纬度大气电离化的增强将导致高纬地区大气直接经圈环流的加强。经圈环流的加强,将使空气的南北交换加强,大气活动中心会明显增强,全球的降水量也可能增多(Svensmark,1998)。同时,大气电离程度的变化还必然引起高层大气中离子含量的改变,高离子含量的空气被带到对流层,可能影响到云和降水过程,一般也将有利于降水(Reid,1991)。

(3)太阳活动→紫外辐射→臭氧层→平流层热状况→天气气候。卫星的观测表明,平流层上层的臭氧混合比与太阳辐射加热有明显的正相关关系(Dickinson,1975;Hood,1987;Chandra,1991),太阳辐射加热强,在 2 hPa 高度处的臭氧混合比就高。这样,太阳活动(太阳黑子多)所引起的辐射量(尤其是紫外辐射)的增加将使得平流层的臭氧量及其分布发生变化,从而引起平流层热状况的变化。平流层热状况的变化必将引起平流层温度场的变化,平流层大气环流亦将发生变化,进而通过行星波的异常影响对流层大气环流的改变,最终引起天气气候的变化(Baldwin et al.,2005;李崇银等,2008)。

(4)太阳活动→地球磁场→地球自转速度(或地磁能量)→大气和海洋环流→天气气候变化。太阳活动引起地球磁场的变化,地磁场变化将引起地壳内部磁流体(溶浆)运动的改变。即地球磁场的变化将引起地球外核流动的改变,而外核流动的改变通过核幔耦合作用,包括电磁耦合、粘性耦合、热力耦合和地形耦合等过程,又将对地幔产生影响(Rochester,1962;Hide,1969;Song et al.,1996),然后可引起地球自转(日长)的变化(Jault et al.,1991;Voorhies,1991)。地球自转速度的变化,通过地球与大气和海洋的角动量交换将引起大气环流和海洋环流的变化,最终影响天气气候。同时,地磁场的变化也将引起核幔边界上的地磁能量改变(傅容珊等,1999;Zhong et al.,1999),这种能量通过一定的方式传到地面也可以影响气候变化。已有研究表明,地磁场的变化与地球气候异常之间也确实存在一定的关系,通过地球核—幔间的焦耳能释放可能是一种联系方式(高晓清等,2002)。

关于地磁场异常与天气气候变化的关系,已不是一个新的问题。国内外学者已注意到地磁场改变对气候变化的影响,并有一些研究结果表明地磁场的异常与某些灾害性天气的发生有关(Gribbin,1981;曾小苹等,1992)。这里不想多去作介绍,我们仅就最近的国家“973”计划(中国气象局,2012)中一个子课题的一些研究结果给予讨论介绍。图 21 给出的分别是 1961—2011 年地磁场指数与 10 m 高度上风速间的相关系数(0.40 超过 99.9%信度),以及 1961—2015 年地磁场指数与 AO 指数间的相关系数(0.35 超过 99.9%信度)。可以清楚看到,地磁场指数的变化与地表风速以及 AO 指数的变化有着很好的相关性,说明它们的变化之间存在一定的关系。这也可以间接说明,太阳活动通过影响地磁场的变化,将会对气候变化起着间接的影响。

火山爆发带来的大量火山灰将改变大气的成分和辐射特征,也会导致气候的变化。而火山的强烈或大量爆发又存在一定的年代际变化特征,它对年代际气候变化也就有一定的影响。图 22 给出了 1880—1980 年地球火山爆发情况与北半球温度异常的情况,很显然,地球火山的爆发存在一定的年代际变化特征;而北半球温度的异常与火山爆发有明显的关系,火山爆发多或强(少或弱)对应着温度偏低(高)。

基于 GEWEX 全球气溶胶气候计划的资料所进行的分析 Mishchenko 等(2007)曾指出,过年去 10～20 年地球大气的增暖趋势可能与到达地面的向下太阳辐射量的增加有关,而这种辐射量的增加可能是这期间火山爆发减少所导致的对流层气溶胶减少的贡献(图略)。

7 结语

中国气候的变化与全球各地一样,存在着明显的年代际变化特征。这不仅在涉及年代际气候变化时需要考虑,在有关年际乃至月季气候变化的研究和业务预报预测时也需要注意。

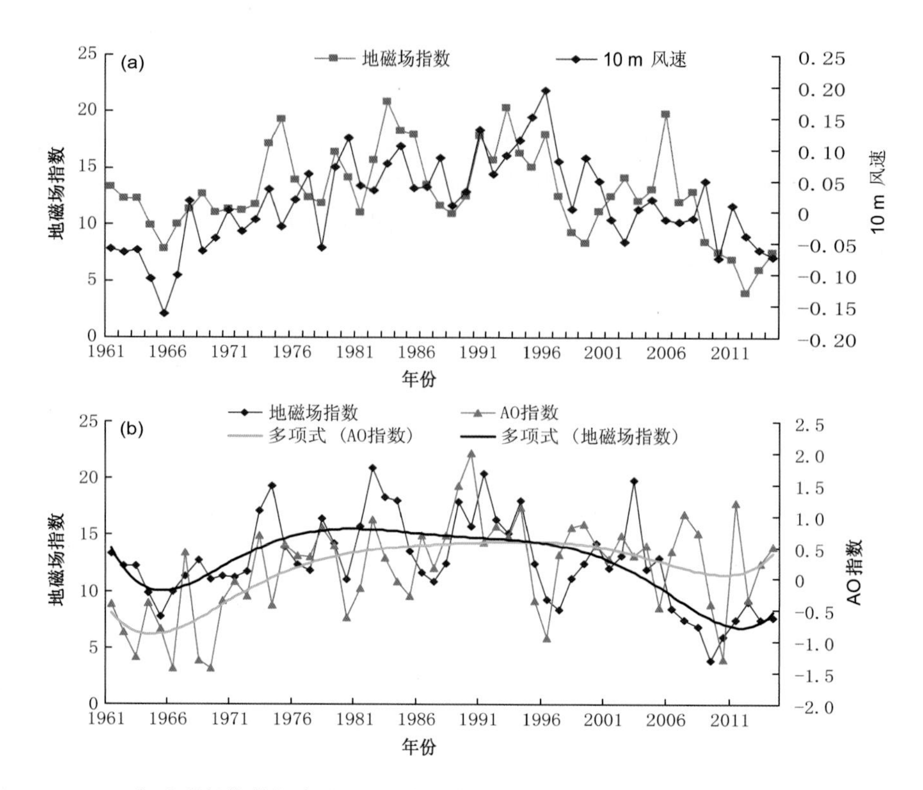

图 21　(a)1961—2011 年地磁场指数与离地 10 m 处风速的时间变化(相关系数为 0.40,超过 99.9%信度),以及(b)1961—2015 年地磁场指数与 AO 指数的时间变化(相关系数为 0.347,超过 99.9%信度)(金巍等,2017)

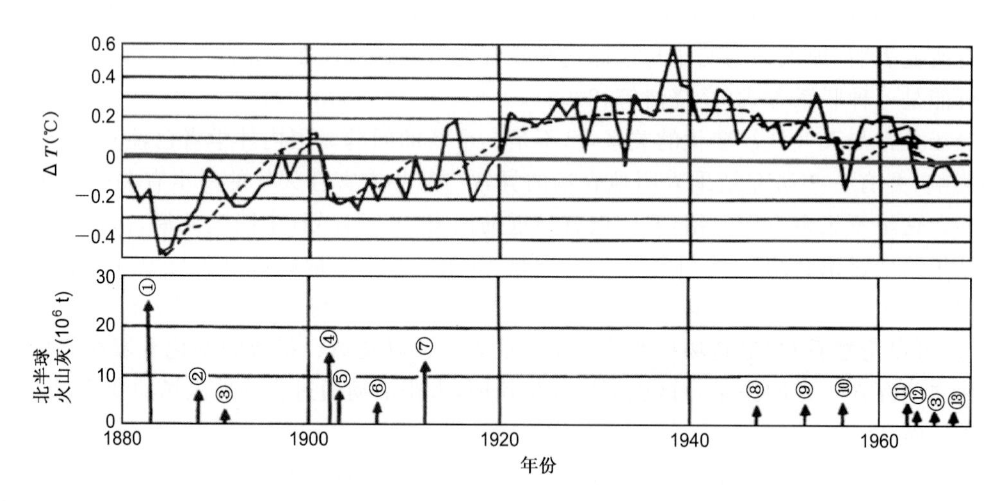

图 22　1880—1980 年北半球温度异常与火山爆发。图中虚线是计算的地面温度响应(Kondratyev,1988)

年代际气候变化的物理过程和动力学机制十分复杂,目前还没有完全搞的非常清楚,需要进一步深入研究。不过现在我们可以将年代际气候变化的可能机制综合归纳为:全球海洋温度异常的主要年代际模态的影响,气候系统间相互关系的年代际变化影响,太阳活动和火山爆发的影响,以及大气行星尺度系统年代际变化的影响等。过去大家对海洋热状态异常的影响关注比较多,上面后三种影响也需要引起我们更多注意。

还要指出一点,观测资料的分析和数值模拟都十分清楚地表明,地球大气的几个主要行星尺度环流系统,如 NAO、NPO、东亚大槽、西太平洋副热带高压和亚洲季风系统等都存在明显的年代际变化特征;它们的年代际变化必然引起某些地区气候的年代际变化。虽然大气环流的年代际变化必然受到外界强迫影响,但大气内部动力过程也有不可忽视的作用(李崇银,2000;张庆云等,2007)。因此,年代际气候变化的机理既有海洋变化等外强迫的重要作用，也要考虑大气内部动力过程，同时也要研究外强迫和内部动力过程的相互作用。

参考文献

傅容珊，李力刚，郑大伟，等，1999. 核幔边界动力学——地球自转十年尺度波动［J］. 地球科学进展，19(4)：541-548.

高晓清，柳艳香，董文杰，等，2002. 地磁场与气候变化关系的新探索［J］. 高原气象，21(4)：395-401.

顾薇，李崇银，潘静，2007. 太平洋—印度洋海温与我国东部旱涝型年代际变化的关系［J］. 气候与环境研究，12(2)：113-123.

顾薇，李崇银，杨辉，2005. 中国东部夏季主要降水型的年代际变化及趋势分析［J］. 气象学报，63(5)：728-739.

郭其蕴，1983. 东亚夏季风强度指数及其变化的分析［J］. 地理学报，38(3)：207-217.

贾小龙，李崇银，2005. 南印度洋海温偶极子型振荡及其气候影响［J］. 地球物理学报，48(6)：1238-1249.

金巍，张效信，宋燕，等，2017. 地磁活动对气候要素影响的研究进展［J］. 地球物理学报，60(4)：1276-1283.

李崇银，1988. 频繁的强东亚大槽活动与 El Niño 发生［J］. 中国科学(B)(6)：667-674.

李崇银，1989. 中国东部地区的暖冬与厄尼诺［J］. 科学通报(4)：283-286.

李崇银，2000. 气候动力学引论：2 版［M］. 北京：气象出版社，503pp.

李崇银，2005. 太阳活动如何影响天气气候变化［M］//李喜先. 21 世纪 100 个交叉科学难题. 北京：科学出版社，97-102.

李崇银，廖清海，1996. 东亚和西北太平洋地区气候的准 10 年尺度振荡及其可能机制［J］. 气候与环境研究，1(2)：124-133.

李崇银，咸鹏，2003. 北太平洋海温年代际变化与大气环流和气候的异常［J］. 气候与环境研究，8(3)：258-273.

李崇银，潘静，顾薇，2008. 冬季平流层北极涛动(AO)及其变化［M］//平流层气候. 北京：气象出版社，402pp.

李崇银，翁衡毅，高晓清，等，2003. 全球增暖的另一可能原因初探［J］. 大气科学，27(5)：789-797.

李崇银，朱锦红，孙照勃，2002. 年代际气候变化研究［J］. 气候与环境研究，7(2)：209-219.

李刚，李崇银，谭言科，等，2012. 北半球冬季南太平洋海表温度异常的主要模态及其与 ENSO 的关系［J］. 海洋学报，34(2)：48-56.

吕俊梅，琚建华，张庆云，等，2005. 太平洋海温场两种不同时间尺度气候模态的分析［J］. 海洋学报，27(5)：30-37.

马音，陈文，冯瑞权，等，2012. 我国东部梅雨期降水的年际和年代际变化特征及其与大气环流和海温的关系［J］. 大气科学，36(2)：397-410.

穆明权，李崇银，2000. 大气环流的年代际变化 I. 观测资料的分析［J］. 气候与环境研究，5(3)：233-241.

潘静，李崇银，顾薇，2010. 太阳活动对中国东部夏季降水异常的可能影响. 气象科学，30(5)：574-581.

钱维宏，朱亚芬，叶谦，1998. 赤道东太平洋海温异常的年际和年代际变率［J］. 科学通报，43(10)：1098-1102.

陶诗言，朱福康，1964. 夏季亚洲南部 100 毫巴流型的变化及其与西太平洋副热带高压进退的关系［J］. 气象学报，34(4)：385-396.

王会军，贺圣平，2012. ENSO 和东亚冬季风之关系在 20 世纪 70 年代中期之后的减弱［J］. 科学通报，57(19)：1713-1718.

王绍武，蔡静宁，朱锦红，等，2002. 19 世纪 80 年代到 20 世纪 90 年代中国年降水量的年代际变化［J］. 气象学报，60(5)：637-639.

王绍武，叶谨琳，龚道溢，等，1998. 近百年中国年气温序列的建立［J］. 应用气象学报，9(4)：392-401.

卫捷，汤懋苍，冯松，等，1999. 亚洲季风年代际振荡及与天文因子的相关［J］. 高原气象，18(2)：179-184.

武炳义，黄荣辉，1999. 冬季北大西洋涛动极端异常变化与东亚冬季风［J］. 大气科学，23(6)：641-651.

严中伟，1992. 60 年代北半球夏季气候跃变过程的初步分析［J］. 大气科学，16(1)：111-119.

叶笃正，严仲伟. 1993. 历史上的气候突变［M］//气候变化. 北京：气象出版社：3-14.

曾小苹，林云芳，续善荣，1992. 地球磁场大面积短暂异常与灾害性天气相关性初探［J］. 自然灾害学报，1(2)：59-65.

张庆云，1999. 1880 年以来华北降水及水资源的变化［J］. 高原气象，18(4)：486-495.

张庆云，吕俊梅，杨莲梅，等，2007. 夏季中国降水型的年代际变化与大气内部动力学过程及外强迫因子关系［J］. 大气科学，31(6)：1290- 1300.

张琼，钱永甫，张学洪，2000. 南亚高压的年际和年代际变化［J］. 大气科学，24(1)：67-78.

中国气象局，2012. 天文与地球运动因子对气候变化的影响研究 2012 年—2016 年［R］. No. 2012CB957800.

Baldwin M P，Dunkerton T J，2005. The solar cycle and stratosphere-troposphere dynamical coupling[J]. Journal of Atmospheric and Solar-Terrestrial Physics,67(1-2):71-82. Doi:10. 1016/j. jastp. 2004. 07. 018.

Bond N A,Harrison D E,2000. The Pacific decadal oscillation,air-sea interaction and central North Pacific winter atmospheric regimes[J]. Geophys Res Lett,27(5): 731-724. Doi:10. 1029/1999GL010847.

Chandra S,1991. The solar UV related changes in total ozone from a solar rotation to a solar cycle[J]. Geophys Res Lett,18(5): 837-840. Doi:10. 1029/91GL00850.

Chang C P,Harr P,Ju J H,2001. Possible roles of Atlantic circulations on the weakening Indian Monsoon rainfall-ENSO relationship [J]. J Climate,14(11):2376-2380. Doi:10. 1175/1520-0442(2001)014<2376:PROACO> 2. 0. CO;2.

Chen J Y,Del Genio A D,Carlson B E,et al,2008. The spatiotemporal structure of twentieth-century climate variations in observations and reanalyses. Part II: Pacific pan-decadal Variability [J]. J Climate,21(11): 2634-2650. Doi:10. 1175/2007JCLI2012. 1.

Diaz H F,1986. An analysis of twentieth century climate fluctuations in northern North America[J]. J Climate Appl Meteor,25(11): 1625-1657. Doi:10. 1175/1520-0450(1986)025<1625:AAOTCC>2. 0. CO;2.

Dickinson R E,1975. Solar variability and the lower atmosphere [J]. Bull Amer Meteor Soc,56(12): 1240-1248. Doi:10. 1175/1520-0477(1975) 056<1240:SVATLA>2. 0. CO;2.

Ding Y Y,Wang Z Y,Sun Y,2008. Inter-decadal variation of the summer precipitation in East China and its association with decreasing Asian summer monsoon. Part I: Observed evidences [J]. International Journal of Climatology,28(9): 1139-1161. Doi:10. 1002/joc. 1615.

Friis-Christensen E,2000. Solar variability and climate—A summary [J]. Space Science Reviews,94(1-2): 411-421. Doi:10. 1023/A:1026776902940.

Friis-Christensen E,Lassen K,1991. Length of the solar cycle: An indicator of solar activity closely associated with climate [J]. Science,245(5032): 698-700. Doi:10. 1126/science. 254. 5032. 698.

Gribbin J,1981. Geomagnetism and climate [J]. New Science,89(1239): 350-353.

Gu W,Li C Y,Wang X,et al,2009. Linkage between Mei-yu precipitation and North Atlantic SST on the decadal timescale [J]. Advances in Atmospheric Sciences,26(1): 101-108. Doi:10. 1007/s00376-009-0101-5.

Haigh J D,2003. The effects of solar variability on the Earth's climate [J]. Philosophical Transactions: Mathematical,Physical and Engineering Sciences,361(1802): 95-111. Doi:10. 1098/rsta. 2002. 1111.

Hide R,1969. Interaction between the Earth's liquid core and solid mantle[J]. Nature,222(5198): 1055-1056. Doi:10. 1038/2221055a0.

Hood L L,1987. Solar ultraviolet radiation induced variations in the stratosphere and mesosphere [J]. J Geophys Res,92(D1): 876-888. Doi:10. 1029/JD092iD01p00876.

Hoyt D V,1979. Variations in sunspot structure and climate[J]. Climate Change,2(1): 79-92. Doi:10. 1007/BF00138229.

Huang R H,Chen J L,Wang L,et al,2012. Characteristics,processes,and causes of the spatio—temporal variabilities of the East Asian monsoon system [J]. Advances in Atmospheric Sciences,29(5): 910-942. Doi:10. 1007/s00376-012-2015-x.

Hurrell J W,1995. Decadal trends in the North Atlantic Oscillation: Regional temperatures and precipitation [J]. Science,269(5224): 676-679. Doi:10. 1126/science. 269. 5224. 676.

Jault D,Le Mouël J L,1991. Exchange of angular momentum between the core and the mantle [J]. Journal of Geomagnetism and Geoelectricity,43(2): 111-129.

Kawamura R,1994. A rotated EOF analysis of global sea surface temperature variability with interannual and interdecadal scales [J]. J Phys Oceanogr,24(3):707-715. Doi:10. 1175/1520-0485(1994)024<0707:AREAOG>2. 0. CO;2.

Kodera K,2004. Solar influence on the Indian Ocean monsoon through dynamical processes [J]. Geophys Res Lett,31(24): L24209. Doi:10. 1029/2004GL020928.

Kondratyev K Y,1988. Climate Shocks: Natural and Anthropogenic [M]. New York: John Wiley & Sons,576pp.

Kumar K K,Rajagopalan B,Cane M A,1999. On the weakening relationship between the Indian monsoon and ENSO [J]. Science,284(5423): 2156-2159. Doi:10. 1126/science. 284. 5423. 2156.

Kushnir Y,1994. Interdecadal variations in North Atlantic sea surface temperature and associated atmospheric conditions [J]. J Climate,7(1): 141-157. Doi:10. 1175/1520-0442(1994)007<0141:IVINAS>2. 0. CO;2.

Kwon M,Jhun J G,Ha K J,2007. Decadal change in east Asian summer monsoon circulation in the mid-1990s [J]. Geophys Res Lett,34(21): L21706. Doi:10. 1029/2007GL031977.

Latif M, Barnett T P, 1994. Causes of decadal climate variability over the North Pacific and North America [J]. Science, 266 (5185): 634-637. Doi: 10.1126/science.266.5185.634.

Latif M, Barnett T P, 1996. Decadal climate variability over the North Pacific and North America: Dynamics and predictability [J]. J Climate, 9(10): 2407-2423. Doi: 10.1175/1520-0442(1996)009<2407:DCVOTN>2.0.CO;2.

Lean J, Rottman G, Harder J, et al, 2005. SORCE contributions to new understanding of global change and solar variability [J]. Solar Physics, 230(1-2): 27-53. Doi: 10.1007/s11207-005-1527-2.

Li C Y, 1990. Interaction between anomalous winter monsoon in East Asia and El Niño events [J]. Advances in Atmospheric Sciences, 7(1): 36-46. Doi: 10.1007/BF02919166.

Li C Y, 1998. The quasi-decadal oscillation of air-sea system in the Northwestern Pacific region [J]. Advances in Atmospheric Sciences, 15(1): 31-40. Doi: 10.1007/s00376-998-0015-7.

Li C Y, Li G L, 1999. Variation of the NAO and NPO associated with climate jump in the 1960s [J]. Chinese Science Bulletin, 44(21): 1983-1987. Doi: 10.1007/BF02887124.

Li C Y, Li G L, 2000. The NPO/ NAO and interdecadal climate variation in China [J]. Advances in Atmospheric Sciences, 17(4): 555-561. Doi: 10.1007/s00376-000-0018-5.

Li C Y, Xian P, 2003. Atmospheric anomalies related to interdecadal variability of SST in the North Pacific [J]. Advances in Atmospheric Sciences, 20(6): 859-874. Doi: 10.1007/BF02915510.

Li C Y, He J H, Zhu J H, 2004. A review of decadal/interdecadal climate variation studies in China [J]. Advances in Atmospheric Sciences, 21(3): 425-436. Doi: 10.1007/BF02915569.

Li C Y, Zhou W, Jia X L, et al, 2006. Decadal/interdecadal variations of the ocean temperature and its impacts on climate [J]. Advances in Atmospheric Sciences, 23(6): 964-981. Doi: 10.1007/s00376-006-0964-7.

Li G, Li C Y, Tan Y K, et al, 2012. Seasonal evolution of dominant modes in South Pacific SST and relationship with ENSO [J]. Advances in Atmospheric Sciences, 29(6): 1238-1248. Doi: 10.1007/s00376-012- 1191-z.

Li G, Li C Y, Tan Y K, et al, 2014. Observed relationship of boreal winter South Pacific tripole SSTA with eastern China rainfall during the following boreal spring [J]. J Climate, 27(21): 8094-8106. Doi: 10. 1175/JCLI-D-14-00074.1.

Liu Y, Huang G, Huang R H, 2011. Inter-decadal variability of summer rainfall in eastern China detected by the Lepage test [J]. Theor Appl Climatol, 106(3-4): 481-488. Doi: 10.1007/s00704-011-0442-8.

Mishchenko M I, Geogdzhayer I V, 2007. GACP data show potential climate impact of aerosols [R]. GEWEX News.

National Research Council, 1994. Solar Influences on Global Change [M]. Washington, DC: National Academy Press, 163pp. Doi: 10.17226/4778.

Nitta T, Yamada S, 1989. Recent warming of tropical sea surface temperature and its relationship to the Northern Hemisphere circulation [J]. J Meteor Soc Japan, 67(3): 375-383. Doi: 10.2151/jmsj1965.67.3_375.

Quinn W H, Neal V T, 1984. Recent climate change and the 1982-1983 El Niño[C]//Proceedings of the Eighth Annual Climate Diagnostic Workshop. U. S. Dep. Commer, NOAA: 148-154.

Reid G C, 1991. Solar total irradiance variations and the global sea surface temperature record [J]. J Geophys Res, 96(D2): 2835-2844. Doi: 10. 1029/90JD02274.

Rochester M G, 1962. Geomagnetic core-mantle coupling [J]. J Geophys Res, 67 (12): 4833-4836. Doi: 10. 1029/JZ067i012p04833.

Shakun J D, Shaman J, 2009. Tropical origins of North and South Pacific decadal variability [J]. Geophys Res Lett, 36(19): L19711. Doi: 10.1029/ 2009GL040313.

Song X D, Richards P G, 1996. Seismological evidence for differential rotation of the Earth's inner core [J]. Nature, 382 (6588): 221-224. Doi: 10.1038/382221a0.

Stringfellow M F, 1974. Lightning incidence in Britain and the solar cycle [J]. Nature, 249 (5455): 332-336. Doi: 10. 1038/249332a0.

Svensmark H, 1998. Influence of cosmic rays on Earth's climate [J]. Physical Review Letters, 81(22): 5027-5029. Doi: 10. 1103/PhysRevLett.81.5027.

Tanimoto Y, Hanawa K, Toba Y, et al, 1993. Characteristic variations of sea surface temperature with multiple time scales in the North Pacific [J]. J Climate, 6(6): 1153-1160. Doi: 10.1175/1520-0442(1993)006<1153: CVOSST>2.0.CO;2.

Trenberth K E, 1990. Recent Observed Interdecadal Climate Changes in the Northern Hemisphere [J]. Bull Amer Meteor

Soc,71(7): 988-993. Doi:10.1175/1520-0477(1990)071<0988:ROICCI>2.0.CO;2.

Trenberth K E, Hurrell J W, 1994. Decadal atmosphere-ocean variations in the Pacific [J]. Climate Dyn, 9(6): 303-319. Doi:10.1007/BF00204745.

Voorhies C V, 1991. Coupling an inviscid core to an electrically insulating mantle [J]. Journal of Geomagnetism and Geoelectricity, 43(2): 131-156. Doi:10.5636/jgg.43.131.

Wang B, 1995. Interdecadal changes in El Niño onset in the last four decades [J]. J Climate, 8(2): 267-285. Doi:10.1175/1520-0442(1995)008<0267:ICIENO>2.0.CO;2.

Wang L, Chen W, Huang R H, 2008. Interdecadal modulation of PDO on the impact of ENSO on the East Asian winter monsoon [J]. Geophys Res Lett, 35(20): L20702. Doi:10.1029/2008GL035287.

Wang X, Li C Y, Zhou W, 2006. Interdecadal variation of the relationship between Indian rainfall and SSTA modes in the Indian Ocean [J]. Int. J. Climatol., 26: 595-606. Doi: 10.1002/joc.1283.

WCRP, CLIVAR, 1995. A Study on climate variability and predictability [R]. Science Plan. WCRP No. 89, WMO/TD No. 690, Geneva, 172pp.

Weng H Y, Sumi A, Takayabu Y N, et al, 2004. Interannual-Interdecadal variation in large-scale atmospheric circulation and extremely wet and dry summers in China/Japan during 1951-2000 Part II: Dominant timescales [J]. J Meteor Soc Japan, 82(2): 789-804. Doi:10.2151/jmsj.2004.789.

Wu R G, Wen Z P, Song Y, et al, 2010. An interdecadal change in southern China summer rainfall around 1992/93 [J]. J Climate, 23(9): 2389-2403. Doi:10.1175/2009JCLI3336.1.

Yan Z W, Ji J J, Ye D Z, 1990. Northern hemispheric summer climatic jump in the 1960s(I)-Rainfall and temperature [J]. Science in China Series B, 33(9): 1092-1101.

Zhang Q, Wu G X, 2002. The Bimodality of the 100 hPa South Asia High and its relationship to the climate anomaly over East Asia in summer [J]. J Meteor Soc Japan, 80(4): 733-744. Doi:10.2151/jmsj.80.733.

Zhang Y, Wallace J M, Battisti D S, 1997. ENSO-like interdecadal variability: 1900-93 [J]. J Climate, 10(5): 1004-1020. Doi:10.1175/1520-0442(1997)010<1004:ELIV>2.0.CO;2.

Zhong M, Naito I, Kitoh A, 2003. Atmospheric, Hydrological, and ocean current contributions to Earth's annual wobble and length-of-day signals based on output from a climate model [J]. J Geophys Res, 108(B1): 2057. Doi: 10.1029/2001JB000457.

Zhou W, Li C, Chan J C L, 2006. The interdecadal variations of the summer monsoon rainfall over South China [J]. Meter Atoms Phys, 93(3-4): 165-175. Doi:10.1007/s00703-006-0184-9.

On Possible Mechanisms of Interdecadal Climate Variability

LI Chongyin[1,2]

(1 Institute of Meteorology and Oceanography, National University of Defense Technology, Nanjing 211101;
2 State Key Laboratory of Numerical Modelling for Atmospheric Sciences and Geophysical Fluid Dynamics, Institute of Atmospheric Physics, Chinese Academy of Sciences, Beijing 100029)

Abstract: As an important background of month-seasonal and interannual climate variations, interdecadal climate variation often affects climate features with interannual and month-seasonal time scales. Along with the development and progress of science and the rise of social requirement, interdecadal climate variability has become an important issue that has attracted more attentions. As one of important contents on climate dynamics and climate foreshadow, research has been launched vigorously in the world. Some research achievements have been published. In this paper, we will focus on systematic and comprehensive discussion on possible mechanisms of interdecadal climate variability. The major contents include: Influences of main patterns of ocean temperature in the global; influences of interdecadal variation of climate system relationship; influences of interdecadal variation of the atmospheric system on the planetary scale; and impacts of solar activities and volcano eruptions. As we know, studies on interdecadal climate variability are important, but the dynamic mechanism of interdecadal climate variability is so complicated. There are more problems that still remain unsolved and need further in-depth study. We believe that further in-depth research achievements will be able to provide reliable scientific basis for the foreshadow of interdecadal climate variation, promote professional work of interdecadal climate variation forecast and improve the forecasting capability.

Key words: interdecadal climate variability, possible mechanism, major patterns of the ocean temperature, climate system relationship, solar activity and volcano eruption

中国热带大气季节内振荡研究进展

李崇银[1,2] 凌健[1] 宋洁[1] 潘静[1] 田华[1] 陈雄[2]

(1 中国科学院大气物理研究所大气科学和地球流体力学数值模拟国家重点实验室,北京 100029;
2 解放军理工大学气象海洋学院,南京 211101)

摘 要:热带大气季节内振荡(包括 MJO)是大气环流的重要系统,它的活动及异常既对其他系统有一定的作用,也对长期天气和短期气候有明显影响。因此,热带大气季节内振荡一直是大气科学的前沿研究课题之一。文中对近 5~10 年中国学者的有关研究工作及其进展做了简要回顾和综合,主要包括:(1)热带大气季节内振荡特别是 MJO 的动力学机制;(2)热带大气季节内振荡以及 MJO 的数值模拟问题,特别是大气非绝热加热廓线对模式模拟 MJO 的重要作用;(3)热带大气季节内振荡和 MJO,特别是在赤道西太平洋地区,与 ENSO 的相互作用关系;(4)热带大气季节内振荡(包括 MJO)及其流场形势对西太平洋台风活动的重要影响,即 MJO 对西北太平洋台风生成数的调制作用,以及热带大气季节内低频气旋性(LFC)和反气旋性(LFAC)流场对西太平洋台风路径的影响;(5)热带大气季节内振荡(包括 MJO)的活动及异常对东亚和南亚夏季风建立、活动异常的影响,以及它们与中国降水异常的密切关系。

关键词:热带大气季节内振荡,MJO,动力学机制,数值模拟,ENSO

1 引言

早在 20 世纪 70 年代初,美国学者 Madden 等(1971, 1972)就发现赤道附近的大气中存在着一种40 d 左右的准周期振荡现象。其后的研究表明,整个热带大气乃至全球大气都存在着 30~60 d 的准周期振荡,并将其视为重要的大气环流系统之一,称之为大气季节内振荡(ISO),后来人们一般又将赤道附近东传的大气季节内振荡称之为 MJO(Madden-Julian Oscillation)。从 20 世纪 80 年代开始对大气季节内振荡特别是热带大气季节内振荡的研究得到蓬勃开展,有关热带大气季节内振荡尤其是 MJO 的结构特征和基本活动规律研究较多,它们也被揭示得较为清楚(Krishinamurti et al., 1982; Murakami et al., 1984; Lau et al., 1985; 李崇银, 1991; Madden et al., 1994; Zhang, 2005)。

研究表明大气季节内振荡活动(包括 MJO 的活动)将影响亚洲季风的爆发及异常(穆明权等,2000;Li et al., 2001;林爱兰等,2005),以及中国夏季的旱涝(Yang et al., 2003;贺懿华等,2006; Zhang et al., 2009)。国际上一些研究也表明,MJO 通过对流异常的热力强迫和遥相关的方式可以影响很多地区的降水,例如东亚(Jeong et al., 2008)、西南亚(Barlow et al., 2005)、澳洲(Wheeler et al., 2008)以及北美洲(Jones,2000;Bond et al., 2003)等。在西北太平洋、北印度洋和澳大利亚附近地区,针对 MJO 在调节热带气旋生成方面的作用的研究结论具有很好的一致性,都认为热带气旋易于在 MJO 的湿(活跃)位相中生成(Sobel et al., 2000; Hall et al., 2001)。有结果认为当 MJO 在西太平洋处于活跃位相时,该地区台风生成频率会增加(Maloney et al., 2000a; 2000b);但也有人指出 MJO 对热带气旋的生成具有一定的影响作用,却不是关键因子(Liebmann et al.,1994)。但是,具体到 MJO 如何调制台风生成,目前还不是很

本文发表于《气象学报》,2014,72(5):817-834。

清楚。

热带大气季节内振荡与 ENSO 在时间尺度上虽然有很大的差异，但一些研究已表明它们之间存在明显的相互作用。研究很早就指出东亚冬季风活动的异常，会通过引起赤道西太平洋地区 MJO 的西风异常进而对厄尔尼诺事件的产生起激发作用(Li,1989)。其后的一些研究既证明赤道西太平洋大气季节内振荡(包括 MJO)与 ENSO 有相互作用，还进一步指出 MJO 通过年际强度异常的强迫激发来影响 ENSO (Li, 1990;Li et al., 1994, 1998;Zhang et al., 2002)。

大气季节内振荡及 MJO 的数值模拟研究近些年更是引起广泛重视，因为一些数值天气预报结果清楚地表明，模式对于 MJO 的预报误差对整个预报效果起重要作用(Hendon et al., 2000)，而预报的主要误差来自模式中的 MJO 信号比较弱以及过快的东传速度(Jones et al.,2000)。Slingo 等 (1996)对大气环流模式比较计划(AMIP)中 15 个模式对大气季节内振荡的模拟能力进行分析和比较，结果表明：虽然大多数模式能够反映出大气季节内时间尺度的振荡信号，但没有一个模式能够模拟出观测 MJO 的主要特征，例如，大约 5～9 m/s 的东传速度及其季节循环。虽然研究者用不同的数值模式进行了一些数值模拟，也分析比较了所模拟的大气季节内振荡及 MJO 的特征(Slingo et al., 1991; Maloney et al., 2001; Sperber, 2004;Kim et al., 2009)，直到现在也没有找出模式模拟不好 MJO(或大气季节内振荡)的真正原因。

近些年来，中国学者对热带大气季节内振荡及 MJO 又做了一系列的研究工作，取得十分有意义的成果。在 MJO 对中国天气气候的影响方面，不仅研究了 MJO 的活动对中国不同季节和不同地区降水的明显影响及其机理(Zhang et al., 2009;吴俊杰等,2009;贾小龙等, 2011;Jia et al., 2011;白旭旭等,2011;章丽娜等;2011;吕俊梅等,2012;林爱兰等, 2013)；还研究了大气季节内振荡或 MJO 活动对西北太平洋热带气旋和台风活动的影响及重要调制作用(祝从文等,2004;陈光华等,2009;孙长等,2009;潘静等,2010;田华等,2010a,2010b;祝丽娟等,2013)。同时，近年来针对 15～30 天长期天气预报的困难，已开始将大气季节内振荡(包括热带大气 MJO)的研究结果用来进行延伸期天气过程的预报试验，并已取得一定的可喜结果(梁萍等,2012;孙国武等,2013)。在 MJO 的数值模拟方面的一系列研究，不仅指出模式对 MJO 的模拟能力直接关系到对整个大气环流和气候的模拟，而且指出模式对 MJO 的模拟能力主要依赖于模式所采用的对流参数化方案；并揭示出热带地区对流层中低层的大气非绝热加热在 MJO 模拟中的重要作用(Li et al., 2007, 2009; 董敏等,2007;贾小龙等,2007a,2007b, 2009;Jia et al., 2008, 2010; Ling et al., 2009;Yang et al., 2012)。同时，对 MJO 与 ENSO 关系的研究也取得了进一步的进展。下面将就近 10 年来有关热带大气季节内振荡研究的主要进展，给予概括性的介绍和论述。但因时间关系，虽经努力，仍不可避免地会出现不够完整和不够全面的问题。

2 热带大气季节内振荡的动力学机制

在研究热带大气季节内振荡活动的同时，人们自然会考虑它的形成机制，但到目前为止，国际上对热带大气季节内振荡特别是 MJO 的动力学机制还没有一个统一的理论。早期有些研究认为热带大气季节内振荡与大气内重力波有关(Chang,1977)，也有其他研究认为赤道附近地区的大气对称和非对称不稳定可能激发热带大气季节内振荡(Dunkerton,1983)，但是这些理论都难以解释热带大气季节内振荡的结构及其传播特征。李崇银(1985)最先在热带大气季节内振荡的动力学研究中引入积云对流加热反馈机制，认为积云对流加热的反馈(CISK)是激发产生热带大气季节内振荡的重要动力学机制。随后 Lau 等(1987)在波动积云对流加热反馈理论的基础上发展出了“可移动性”波动 CISK 理论，并较好地解释了热带大气季节内振荡的缓慢东传。Wang(1988)进一步提出了(摩擦)波动 CISK 理论，认为低层的水汽辐合引发的深积云对流凝结潜热释放强迫出不稳定的东传模具有和热带大气季节内振荡类似的东传速度。后来 Li(1993)的进一步研究发现在积云对流加热反馈作用下，热带大气可以产生一种既可以向西也可以向东传播的并具有能量频散特性的 CISK-罗斯贝波，并指出这种 CISK-罗斯贝波可能是赤道以外大气 30～60 d 振荡的重要激发和驱动机制。热带大气季节内振荡的 CISK 波动理论也就得以完善。Neelin 等

(1987)还提出了热带大气季节内振荡的蒸发-风反馈机制，但是随后的研究表明，仅有蒸发-风反馈机制并不利于激发产生大气季节内振荡，但蒸发-风反馈作用可激发波的不稳定，它同CISK机制一起可以更好解释热带大气季节内振荡的特征和活动规律(李崇银，1996)。Li等(2002)利用一个包含积云对流加热反馈和蒸发-风反馈机制的海-气耦合理论模式对热带大气季节内振荡的动力学机制进行了研究，表明积云对流加热反馈机制是热带大气季节内振荡最为关键的动力因素，并且海-气耦合作用有利于降低激发波的频率，因此其也可能成为热带大气季节内振荡的动力学机制。关于对流层中低层有最大加热有利于热带大气季节内振荡激发生成的理论结果已为数值模拟所证实(见后面的讨论)。最近也有研究(查晶等，2011)表明，层云加热(主要在对流层中低层)对热带大气季节内振荡有重要的影响。因此，在进一步研究热带大气季节内振荡的动力机制时，需要更重视对流层中低层加热过程。

近期，Zhang等(2012)从位涡的角度分析了热带大气季节内振荡的结构及其演变特征，发现MJO的位涡结构存在着明显的四极子形态，并且气旋性和反气旋性位涡在水平方向上都向西和极地倾斜。这种四极子的位涡结构和MJO降水场正负距平的燕尾型分布有密切的关系。进一步分析发现，有两个过程在MJO位涡的生成过程中占据主导地位：(1)由MJO的大气非绝热廓线主导的线性过程，(2)在MJO的大尺度对流活动中心内部由天气尺度的大气非绝热加热和相对涡度共同主导的非线性过程。该结果清楚地表明了MJO具有自持性(线性)和多尺度相互作用(非线性)的特征。燕尾型的降水场和相对应空间分布形态的位涡在MJO的生成过程中起重要作用。Ling等(2014a)通过分析2006—2007年冬季的MJO个例发现了一些有利于MJO生成的大尺度位涡和降水的信号，例如：覆盖整个印度洋地区的燕尾型分布的降水场，持续的垂直偶极子类型的位涡生成，气旋性位涡位于低层而反气旋型位涡位于高层。Ling等(2013a)分析了热带印度洋地区MJO生成前的一些特有的大尺度信号，发现在MJO对流信号生成之前，印度洋上存在着低层的东风从西向东移动，并且海平面气压场存在纬向一波的结构特征，并且负的海平面气压距平在赤道地区由非洲一直延伸到海洋性大陆。在对流层中层存在着负温度距平从印度洋开始向东传播。以上的信号都在MJO对流信号生成之前的20 d已经存在，并且缓慢以接近MJO东传的速度向东传播。这些大尺度的信号对于预测MJO的生成有重要帮助。

3 热带大气季节内振荡的数值模拟

热带大气季节内振荡的数值模拟研究一直以来都是人们研究的热点，但目前的大多数模式都不能很好模拟出热带大气季节内振荡的一些显著特征，特别是缓慢东传的速度(Slingo et al.，1996；Kim et al.，2009)。数值天气预报的结果也清楚表明，多数业务预报模式的季节内尺度的预报误差来自于预报模式中的热带大气季节内振荡的强度较弱，东传速度过快，并且很难从印度洋传播到西太平洋地区。所以对热带大气季节内振荡的数值模拟研究有着重要意义。

众多研究表明有很多的因素可以影响模式模拟热带大气季节内振荡的能力，包括模式分辨率的影响，但关于模式分辨率对热带大气季节内振荡模拟的作用一直以来都没有统一的结果，一些研究(Hayashi et al.，1986)认为提高模式的水平分辨率有利于模拟热带大气季节内振荡，而另外一些研究(Duffy et al.，2003)却没有得到同样的结果。也有研究认为考虑海-气相互作用对热带大气季节内振荡的模拟要好于单独的大气模式(李薇等，2001)，但也有研究认为作用不明显。不少的研究结果表明，模式对大气季节内振荡模拟的能力主要取决于模式中的对流参数化过程(Slingo et al.，1996；Wang et al.，1999；Maloney et al.，2001)。Jia等(2010)用中国科学院大气物理研究所SAMIL模式模拟结果也清楚表明，其模拟能力很大程度上依赖于所使用的积云对流参数化方案，当积云对流参数化方案改变时，模式模拟热带大气季节内振荡的能力也发生明显变化。

3.1 大气垂直加热廓线的重要影响

李崇银(1983)提出了对流凝结加热的垂直廓线对所激发大气扰动的结构和性质都有重要影响。在此理论基础上，为了揭示垂直加热廓线对热带大气季节内振荡模拟的重要影响，Li等(2009)使用中国科学院大气物理研究所大气科学和地球流体力学数值模拟国家重点实验室的大气环流模式 SMAIL-R42L9，研究了大气垂直加热廓线对 MJO 模拟能力的影响。该模式有 3 个可选的积云对流参数化方案，分别为 Tiedtke 参数化方案（Tiedtke，1989），湿对流调整（MCA）方案（Manabe et al.，1964）和 ZM 方案（Zhang et al.，1995）。图 1 给出了分别使用 MCA 和 Tidtke 积云对流参数化方案的 SAMIL-R42L9 模拟的 MJO 传播特征。可以看到使用 MCA 方案可以模拟出 MJO 的东传信号，而 Tiedtke 方案却不能。分析这两个模式计算得到的热带大气非绝热加热廓线的垂直分布发现，使用 MCA 方案的大气非绝热加热廓线的最大加热位于对流层中下层，而使用 Tiedtke 方案的大气加热廓线的最大加热并不出现在对流层中低层（图

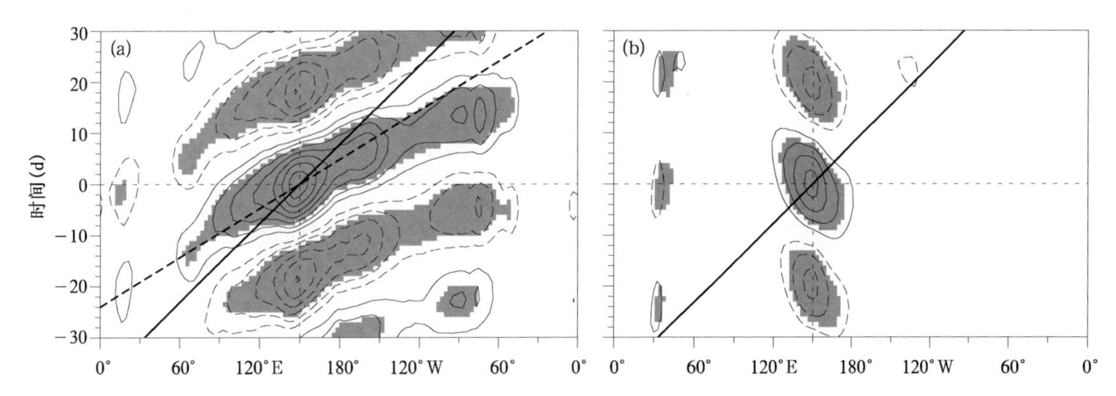

图 1 分别使用 MCA 方案（a）和 Tiedtke 方案（b）以 150°E 为参考点回归的热带平均（15°S—15°N）SAMIL 模式的季节内 850 hPa 纬向风（等值线间距为 0.2 m/s）的传播特征（实线表示数值大于 0，虚线表示数值小于 0；阴影区表示通过 90%信度检验的区域；黑直线表示 5 m/s 的传播速度；Ling et al.，2013b）

略）。该结果表明模式对热带大气季节内振荡模拟的能力与大气垂直加热廓线有很大关系。为进一步说明垂直加热廓线的重要性，对使用 MCA 方案的模式设计了两个敏感性试验和一个对照试验（CT）来进行模拟对比研究。一个敏感性试验（TH 试验）是将热带地区（20°S—20°N）大气非绝热加热廓线改成最大加热位于对流层上层，另一个敏感性试验（BH 试验）是使大气非绝热加热最大值位于对流层中低层（约 500～600 hPa）。在对大气非绝热加热廓线进行修改的时候，保证大气非绝热加热总量守恒，但是修改后的大气非绝热加热会在不同试验的后继时间上产生不同的作用，从而造成不同试验中大气非绝热加热总量的差异。经过人为修改的两个敏感性试验中的大气非绝热加热的垂直分布达到了预期结果，即在 BH 试验中，大气非绝热加热集中在对流层低层，而在 TH 试验中，大气非绝热加热集中在对流层上层。

从 3 个试验模拟的热带（10°S—10°N）平均大气非绝热加热和纬向-垂直风场的演变特征（图 2）可见，在对照试验中，大气非绝热加热以及与之相关的纬向-垂直风场都有明显的东传特征，传播速度约为 5.5 m/s，周期约为 40 d。大气环流场在最强加热地区表现为典型的深对流特征其最大高度可达 150 hPa，与之相关的纬向风场表现为上下反相的斜压结构特征。TH 试验中，MJO 的纬向一波上下反相的斜压结构没有很好地模拟出来，加热区和冷却区以及与之相关的环流场的空间尺度都远小于对照试验。此外在 TH 试验中大气非绝热加热场以及与之相关的纬向-垂直风场没有明显的东传特征，故可以认为 TH 试验不能模拟出 MJO 的大尺度结构以及东传特征。BH 试验对 MJO 的模拟结果与对照试验相似，虽然 BH 试验的大气非绝热加热被限制在更低并且更狭窄的范围内，深对流所引起的上升运动仍可以达到对流层上层。此外，特别需要指出，BH 试验中 MJO 的东传速度比对照试验慢，且更接近于实际。

该模拟试验的结果与理论具有很强的一致性，当模式中热带大气非绝热加热廓线的最大加热高度位于对流层低层时，有利于模式模拟出 MJO 的东传特征，因为低层加热可以在对流层低层产生很强的上升运动和水汽辐合，有利于深对流的产生和维持，从而使模式可以模拟出 MJO 的东传特征。此外，最大加热高度越低，模式中 MJO 的纬向传播速度越慢。而模式中大气非绝热加热的最大加热高度位于对流层上层时，模式中没有 MJO 的传播信号。因为位于上层的加热在模式中很难产生强的上升运动，从而不利于对流层低层的水汽辐合，也就不利于深对流的发展和维持。

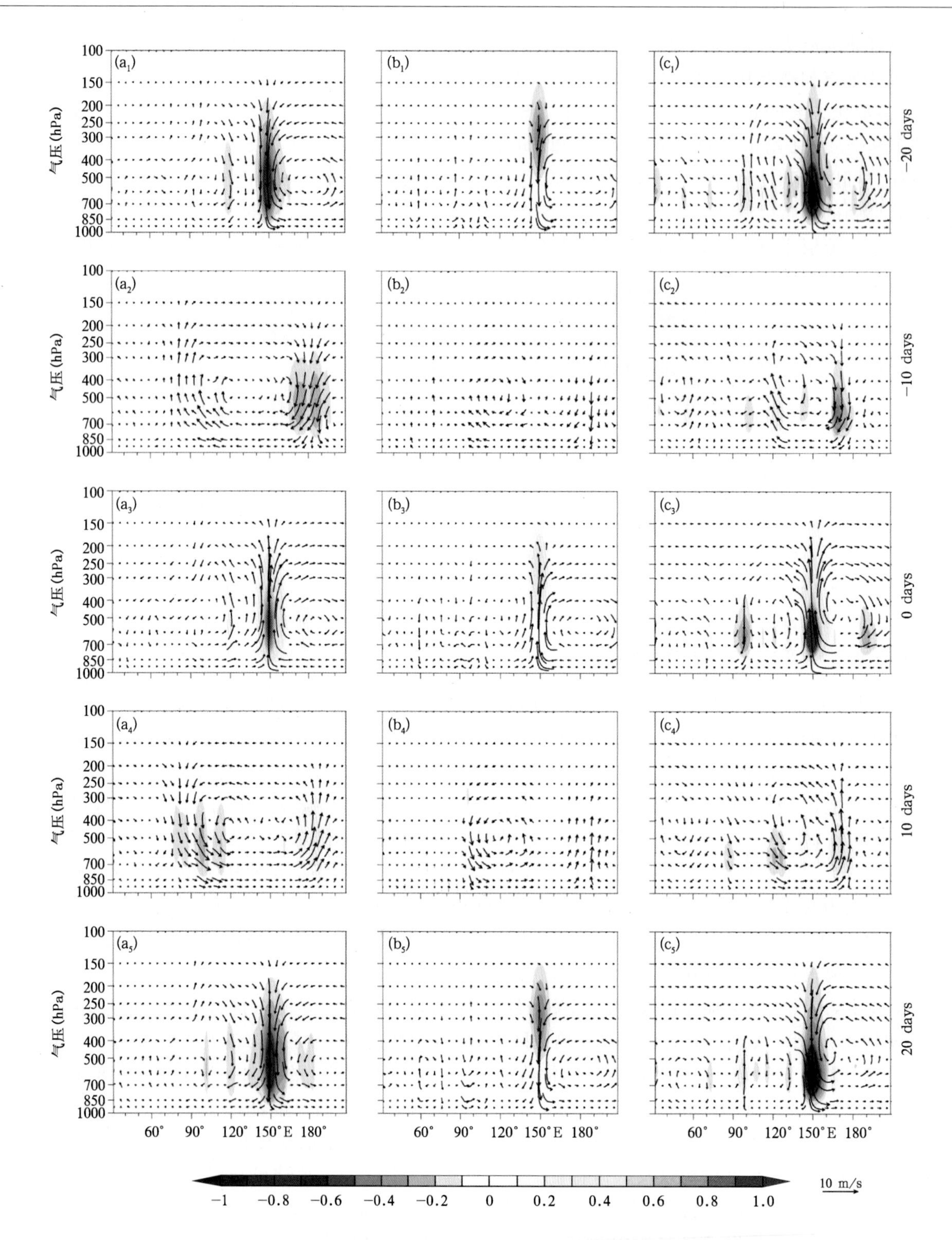

图 2 使用 150°E 带通滤波的大气非绝热加热的垂直积分总量作为指数回归得到的大气非绝热加热(阴影,K/d)和纬向-垂直风场(箭矢)
(a)对照试验;(b) TH 试验;(c) BH 试验(Li et al., 2009)

3.2 边界层非绝热加热廓线的影响

图 1 已清楚地表明 SAMIL-R42L9 模式在使用 Tiedtke 方案时不能模拟出 MJO 的传播特征,其主要原因是积云对流参数化自身。Ling 等(2013b)分析了 SAMIL 模式使用 MCA 和 Tiedtke 方案在热带地区的大气非绝热加热廓线,发现他们在边界层上层的垂直分布很类似,明显的差别位于边界层内部。

SAMIL 模式使用 Tiedtke 方案的大气非绝热加热廓线在边界层有一个峰值，其他一些不能模拟出热带大气季节内振荡东传特征的模式(例如 CAM3 和赤道带状 WRF)在边界层内也存在着类似的峰值。在最新的一些再分析资料中(CFSR(Saha et al.，2010)和 MERRA (Bosilovich et al.，2006))，大气非绝热加热廓线也有类似的边界层峰值出现(Ling et al.，2011)，并且这两个再分析资料的大气同化模式自身都不能模拟出热带大气季节内振荡的东传信号(Kim et al.，2009)。所以该边界层的大气非绝热加热的峰值可能是 SAMIL 模式使用 Tiedtke 方案不能模拟出热带大气季节内振荡东传信号的原因。为了使该积云对流参数化方案在垂直方向上有更好的描述能力，尝试增加垂直方向上的分辨率使用 SAMIL-R42L26 模式进行一些敏感性试验。

Tiedtke 积云对流方案是一种总体型质量通量积云对流参数化方案(Tiedtke，1989；Nordeng，1994)。该方案将网格内所有积云看成一个总的积云单体。Tiedtke 方案中的云类型共分为 3 种，即浅对流、深对流和中层对流，并且浅对流和深对流的云底都是位于对流层低层。所以在此设计 2 种敏感性试验：(1)将模式中所有浅对流产生的大气非绝热加热全部忽略(命名为 NSLH 试验)；(2)将浅对流产生的大气非绝热加热进行加倍(命名为 DSLH 试验)。由于模式中大气潜热加热廓线的改变，会使模式中的降水和大气潜热加热廓线不一致，所以定义了一个变量叫做等效降水(EPR)，也就是垂直积分的大气潜热加热廓线。从 3 个模拟试验得到的热带(15°S—15°N)平均的850 hPa纬向风等效降水的纬向传播特征(图 3)可以明显看出，对照试验和 DSLH 试验中的纬向风和等效降水都没有东传的特征，相反还有微弱的西传特征；在 NSLH 试验中，纬向风和等效降水都有明显的东传特征。这说明当移除 SAMIL 模式中 Tiedtke 参数化中的浅对流加热的时候，模式能够很好地模拟出热带大气季节内振荡的东传特征。

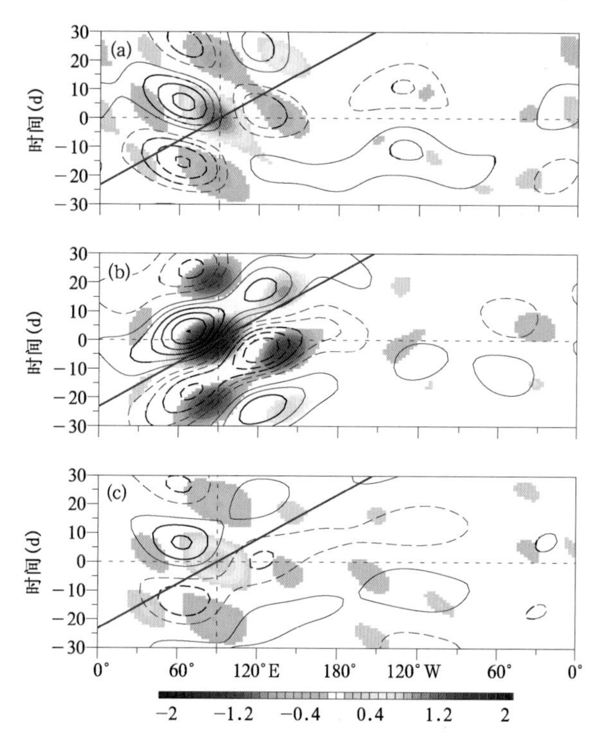

图 3　以 90°E 为参考点回归的热带(15°S—15°N)平均的 850 hPa 纬向风(等值线，间隔 0.2 m/s)和等效降水(填色，mm/d)
(a) 对照试验，(b) NSLH 试验，(c) DSLH 试验；实线表示数值大于 0，虚线表示数值小于 0；
粗等值线表示通过 90%的信度检验；蓝实线表示 5 m/s 的传播速度(Ling et al.，2013b)

从对照试验和 NSLH 试验的大气潜热加热廓线、大尺度环流以及大尺度水汽辐合的垂直结构(图 4)可见，在对照试验中，自由大气低层的水汽辐合强度比 NSLH 试验相对较弱，其水平和垂直尺度都明显小于 NSLH 试验。在 NSLH 试验中，低层水汽辐合位于潜热加热最大值的东部，并且可以达到 500 hPa 高度，这给位于对流活动中心东部的对流生成和发展提供了足够水汽。这与 Wang(1988)提出关于热带大气季节内振荡东传原因的边界层水汽辐合理论一致。在对照试验和 NSLH 试验中。对流层低层的水汽差异主要是由 Tiedtke 参数化中浅对流引起的边界层内部的潜热加热峰值造成的。该峰值会限制边界层水汽向上输送，从而阻止深对流的生成和发展，所以对照试验不能模拟出热带大气季节内振荡的东传特征。

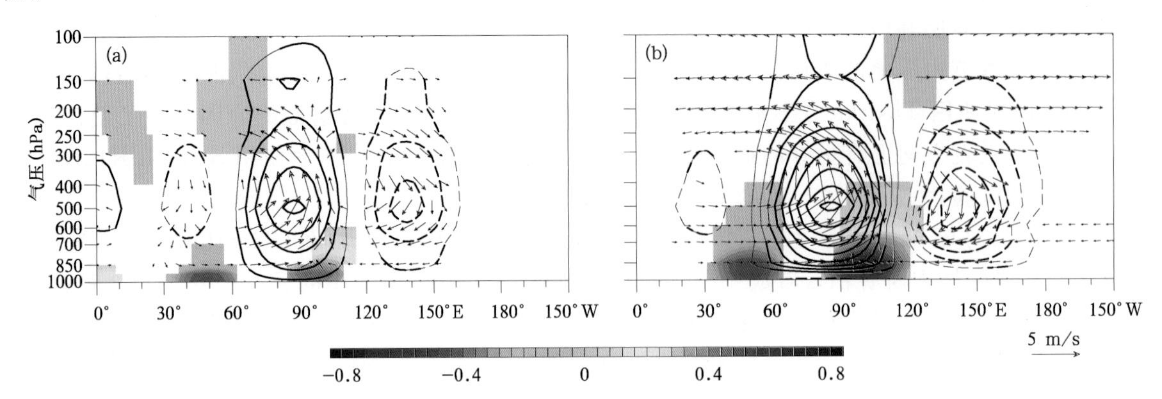

图 4 以 90°E 为参考点回归的热带(15°S—15°N)平均的大气非绝热加热
(等值线，间隔 0.1 K/d)、垂直-纬向风和水汽辐合(填色，10^{-5}g/(kg · s))
(a) 对照试验，(b) NSLH 试验；实线表示数值大于 0，虚线表示数值小于 0；
粗等值线表示通过 90%的信度检验(Ling et al.，2013b)

3.3 垂直动量输送的作用

在热带大气中，积云对流除了通过凝结潜热释放，还可通过对水平动量的垂直输送来影响大气环流。李崇银(1984)的研究已指出积云对流的动量垂直输送可以类似埃克曼抽吸，对台风的形成和维持过程起到重要作用，而且也对热带辐合带的形成有利。后来的一些研究表明，积云动量垂直输送可以提高模式对平均环流场的模拟能力(Zhang et al.，1995；Gregory et al.，1997；Inness et al.，1997；Wu et al.，2007)，抑制热带地区深对流的发展(Tung et al.，2002)，并减弱热带地区降水(Wu et al.，2007)。但是关于积云动量垂直输送是否也对热带大气季节内振荡的模拟有影响的研究很少。Ling 等(2009)使用 CAM2 以及 Tiedtke 参数化方案(Tiedtke，1989)通过敏感性试验发现引入积云动量垂直输送，虽然模式的平均环流场得到明显改善，但却降低了对热带大气季节内振荡的模拟能力。

由于在上面提到的对照试验和 NSLH 试验对模拟热带大气季节内振荡的能力不同，Ling 等(2014b)研究了在这两个试验中分别引入动量的垂直输送后，模式对热带大气季节内振荡模拟能力的变化及其原因。所以在没有引入垂直动量输送的对照试验和 NSLH 试验的基础上，分别引入垂直动量输送，定义为 CTCMT 和 NSCMT 试验。

从上述 4 个试验所模拟的 MJO 的传播特征看，在对照试验中引入动量垂直输送后只是减弱了它们季节内振荡的强度。但是在 NSLH 试验中引入动量垂直输送后(NSCMT 试验)减弱了低层纬向风场在印度洋地区的传播特征，并且纬向风场和降水场在太平洋地区的传播特征则基本消失。通过对比这 4 个试验中的大气非绝热加热廓线可以发现，在对照试验中引入垂直动量输送后对模式中的大气非绝热加热的影响不太明显，但是在 NSLH 试验中引入动量垂直输送则会大大改变模式中的大气非绝热加热廓线。这主要是由于对照试验对深对流的模拟本身就不太好，以至于动量垂直输送对深对流的抑制作用得不到很好的体现；而在 NSLH 试验中深对流的强度明显比对照试验强，抑制作用体现得较为明显。该结论在热带地区的平均降水场上得到了很好的体现，NSLH 试验中动量垂直输送对于热带地区平均降水场的影响比对照试验显著(图略)。

以上研究结果表明，在模拟热带大气季节内振荡较好的模式中引入垂直动量输送会对大气非绝热加热产生明显影响，但是在模拟不好的模式中引入垂直动量输送则对大气非绝热加热的影响不明显。这表明模式中引入动量垂直输送对模式模拟热带大气季节内振荡的能力存在一定程度的影响，并且这种影响的强弱取决于原始模式模拟热带大气季节内振荡传播特征的能力。

4 MJO与ENSO循环的关系

MJO和ENSO可以说是不同时间尺度的气候系统,它们之间是否有关系是大家比较关注的问题。Li(1989)研究指出,东亚冬季风活动的强异常通过引起赤道西太平洋地区MJO的强异常会对厄尔尼诺事件的激发生成产生重要影响;此后的一系列研究不仅表明赤道西太平洋地区MJO与ENSO有相互作用(Li, 1990;Li et al., 1994;Long et al., 2002),而且指出MJO年际异常对热带海-气耦合系统的激发作用是MJO影响ENSO的主要途径(Li et al., 1998; 李崇银等,2003)。

关于赤道西太平洋MJO强度异常与厄尔尼诺爆发的关系问题,一些研究已表明,在厄尔尼诺爆发之前赤道西太平洋的MJO异常活跃,而在厄尔尼诺爆发后MJO活动显著减弱;强MJO可导致热带太平洋地区的西风爆发,进而激发出异常海洋开尔文波和厄尔尼诺事件。热带大气低频(30~60 d)动能的标准差的分布表明,整片的大于0.9的区域却主要位于赤道西太平洋(图略),表明热带西太平洋地区可能在热带大气低频振荡的年际变化中起着十分重要的作用。图5给出了对5个强厄尔尼诺事件所作的Niño3.4区域海表温度距平与赤道西太平洋(10°S—10°N,130°E—180°)大气30~60 d低频动能(可反映MJO强度)距平的合成演变情况。虚线所示的Niño3.4区域海温距平清楚反映了厄尔尼诺的演变过程;赤道西太平洋大气MJO动能(实线)的演变清楚表明,在厄尔尼诺成熟前的春、夏季,赤道西太平洋地区MJO动能出现明显正异常,到厄尔尼诺成熟期及其以后,低频动能明显减弱并成负异常。因此,可以认为,热带大气尤其是西太平洋MJO的年际变化与ENSO循环确实存在着明显的相互作用关系。那里前期的MJO强异常对厄尔尼诺起到一定激发作用;而厄尔尼诺的发生又对西太平洋MJO的强度有抑制作用。

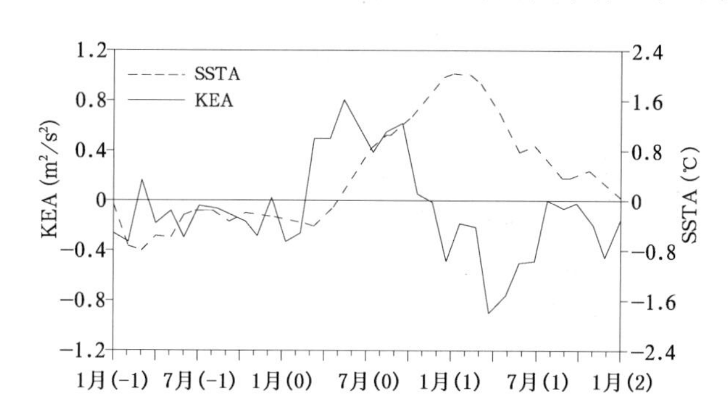

图5 对5个厄尔尼诺事件合成的Niño3.4区平均海温距平(SSTA)及赤道西太平洋大气季节内振荡动能异常(KEA)的时间演变特征
(0表示厄尔尼诺的爆发年;李崇银等,2008)

进入21世纪以来,国际上对MJO与ENSO的关系已有较多研究,其研究结果也清楚地表明MJO的变化与ENSO存在明显关系(Roundy et al., 2009; Gushchina et al., 2012),这与李崇银等(2008)的结果类似,春季西太平洋MJO的异常增强对厄尔尼诺的发展十分有利(Hendon et al., 2007; Marshall et al., 2009)。一些研究还认为MJO与ENSO的关系是海洋对MJO活动的响应(Zavala-Garay et al., 2004, 2008; Seiki et al., 2009),而且存在非线性关系(Tang et al., 2008);也有研究(Richard et al., 2008)基于ENSO的所谓延迟振子的考虑讨论MJO对流对ENSO的影响;还有研究(Kapur et al., 2011)从观测和模式结果的分析认为,MJO对ENSO的影响是一种随机强迫作用。

中国科学家近些年在MJO与ENSO关系方面也有进一步研究。刘秦玉等(2008)用一个热带太平洋中等海-气耦合模式,对不同强度的MJO对ENSO的作用进行了模拟。其对照试验能较好模拟出ENSO的主要特征:Niño3区(90°—150°W,5°S—5°N)海表温度异常时间序列表现出明显的4年周期振荡,ENSO事件基本发生在9—12月,两次ENSO事件发生的间隔为2~7年。在用纬向风异常代表MJO对应的振幅而引入模式后,其模拟结果表明,“弱的”MJO异常会增强ENSO的振幅,“非常强的”MJO异常会使ENSO的振幅减弱;但MJO异常对ENSO的主周期没有什么影响。尽管是用的纬向风异常代表MJO

的强迫,其结果还是可以部分地反映 MJO 异常对 ENSO 的强迫和影响。Peng 等(2011)从 ENSO 可预报性角度的研究表明,MJO 作为一种随机强迫,对 ENSO 的可预报性有明显影响。这在一定程度上也表明,MJO 的活动及其异常对 ENSO 的生成和演变有一定的作用。Rong 等(2011)研究了高频风场对 ENSO 的跨尺度反馈问题,而在热带太平洋,高频风场扰动多与 MJO 对流的活动有关。这里的跨尺度反馈问题,实际上也就反应了 MJO 活动对 ENSO 的一定作用。

最近的研究(袁媛等,2012)将厄尔尼诺分为东部型、中部型和混合型 3 类,比较分析了不同类型厄尔尼诺的演变与西太平洋 MJO 动能间的关系。从 3 类厄尔尼诺期间西太平洋(120°—160°E)平均的 850 hPa MJO 动能及其距平(阴影)时间-纬度的演变(图 6)可以看到,对于东部型厄尔尼诺(图 6a),在厄尔尼诺爆发之前不仅在北半球有着较强的 MJO 活动,南半球热带地区从 6 月到 10 月也有较强的 MJO 活动,强的 MJO 活动从前一年冬季一直持续到厄尔尼诺爆发;而在爆发之后 MJO 的活动显著减弱,特别是在北半球地区,较强的负距平可以持续到第 2 年冬季。对于中部型厄尔尼诺(图 6b),在爆发之前 MJO 异常主要表现为有规律的随季节南北移动,冬季在南半球、春夏季在北半球都具有较强的 MJO 动能正距平;而在厄尔尼诺爆发之后北半球 10°N 附近 MJO 动能变为负距平,但南半球 MJO 的活动相对加强。对于混合型厄尔尼诺(图 6c),MJO 的活动异常在 5—8 月南北半球均先后有所加强;而爆发后在 10°S 附近略有加强,赤道以北 MJO 活动主要表现为减弱。显然,无论是那种厄尔尼诺类型,其爆发前西太平洋的 MJO 都出现明显的增强,尽管出现的地域有一些差异。

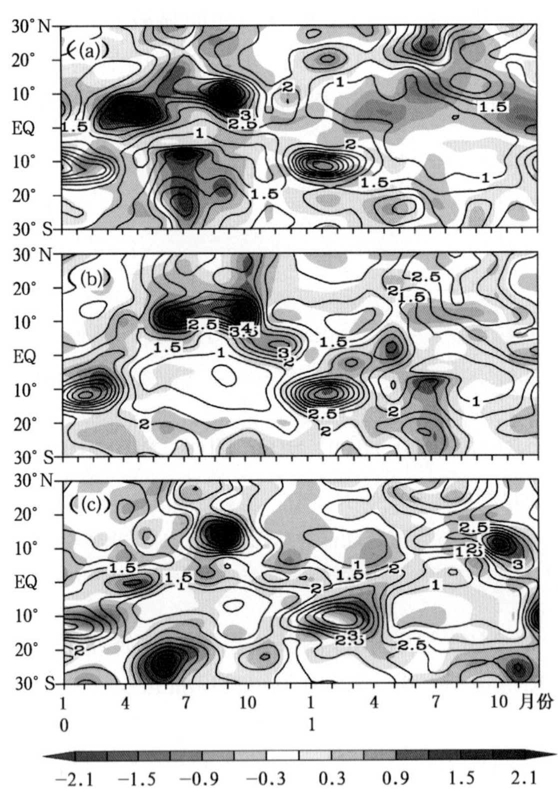

图 6　3 类厄尔尼诺期间西太平洋(120°—160°E)平均 850 hPa MJO 动能(等值线, m^2/s^2)及其距平(阴影, m^2/s^2)时间-纬度的演变

(a) 东部型,(b) 中部型,(c) 混合型;0 表示厄尔尼诺爆发当年,1 表示爆发后一年

众所周知,强对流活动与 MJO 活动及异常有紧密联系,因此,常常用射出长波辐射(OLR)来描写 MJO 的活动。对 3 类厄尔尼诺过程所对应的10°S—10°N 纬度带平均射出长波辐射距平的时间-经度剖面进行对比分析发现,厄尔尼诺的发展和成熟期在赤道太平洋都会出现偶极型正、负距平中心(图略)。但对应东部型厄尔尼诺,其偶极型异常最强、范围最大、持续时间最长(将近一年),正、负中心偏东,分别位于 130°E 和 160°W。而对应中部型厄尔尼诺,其偶极型异常最弱、范围最小、持续时间最短(将近半年),正、

负中心偏西，分别位于 110°E 和 180°。混合型厄尔尼诺所对应的射出长波辐射异常型介于东部型和中部型厄尔尼诺之间。因此，对应 3 类厄尔尼诺过程，射出长波辐射距平的演变既有一致性的特征也存在明显的差异，表明大气 MJO 的活动与厄尔尼诺的发生、发展有密切的关系，不同类型的厄尔尼诺过程还对应着 MJO 活动的不同特征。

5 热带大气季节内振荡活动对天气气候的影响

5.1 热带大气季节内振荡活动与西太平洋台风生成

5.1.1 MJO 不同位相对西北太平洋台风生成的影响

MJO 活动的 8 个不同位相，对应对流活动中心各有不同的位置，其对西太平洋台风生成也有明显的影响。根据 1979—2004 年 3 种台风资料（联合台风警报中心（JTWC）、中国上海台风研究所、日本气象厅），统计得到的在台风季（6—10 月）对应 MJO 不同位相所生成的西太平洋台风数，可以发现，就台风季节的台风生成总数而言 3 种资料的统计结果比较一致，发生在强 MJO 事件中的台风数和发生在弱/非 MJO 事件中的台风数之比约为 2:1；说明台风多发生在较强 MJO 活动期间。而对于 MJO 的活跃期，在其第 2、3 位相（MJO 对流中心在赤道东印度），西太平洋生成的台风数偏少，而在第 5、6 位相（MJO 对流中心在赤道西太平洋），西太平洋地区台风生成数偏多。以上结果可以明显看出，MJO 对西太平洋达到台风级别的热带风暴有很明显的调制作用，西太平洋台风的出现频数随着 MJO 的强对流中心位置的不同而改变。

分别对 MJO 处于第 2、3 和第 5、6 位相时大气环流等气象要素进行合成分析表明，当 MJO 处于第 2、3 位相时，西北太平洋地区的海平面气压异常偏高，不利于台风生成和发展，台风生成的地点主要位于反气旋异常环流区的外围；而在第 5、6 位相时，西太平洋地区海平面气压偏低，负异常中心位于菲律宾群岛以东地区，有利于热带气旋在此生成并加强成台风，台风生成的位置多分布于气旋型环流异常的中心区（图略）。西太平洋的赤道辐合带为台风的产生发展提供了有利的低层辐合环境和对流加热能量源，资料对比分析所揭示的高、中、低空环流配置表明，在 MJO 的 2、3 位相和 5、6 位相所对应的环流异常场有很大区别（图略）；5、6 位相对应着低层气旋型异常，高空辐散反气旋型异常，这种环流配置有利于对流的发生、发展和维持，对台风的发生、发展有利。对流层风垂直切变的大小，决定热带扰动系统所释放的凝结潜热能否集中加热气柱及热带风暴的发展；资料对比分析表明，在 MJO 的第 2、3(5、6)位相，在台风经常生成的西太平洋区域，对流层风垂直切变的数值较大（小），也不利于（利于）台风的生成和发展。因此大气环流形势对比分析表明，对应 MJO 的不同位相大尺度大气环境场有很明显的不同，特别在垂直运动场上表现明显，5、6 位相从动力上会促使台风生成和发展，而 2、3 位相则将抑制台风生成与发展。

考虑到 MJO 的本质是积云对流异常的东传，而对流与台风能量来源有密切关系，因此比较整层热源异常的垂直积分在 MJO 不同位相时的分布可以发现（图略）：在 2、3 位相时异常热源主要位于印度半岛南部，以及海洋性大陆地区；西太平洋地区整层大气凝结潜热释放较少；在 MJO 第 5、6 位相，大气加热中心东传北跳至西太平洋地区，潜热中心大值区略微呈西北—东南倾向分布于西太平洋大部分地区。可见在 MJO 向东传播的两个时期，热力状况变化剧烈，当 MJO 东传至西太平洋地区时，整层大气的凝结潜热释放相当强劲，能够释放出大量的能量，加热大尺度环境空气，降低地面气压，有利于热带扰动的加强及台风的生成。

5.1.2 热带大气季节内振荡活动对西北太平洋台风生成的影响

为了揭示大气季节内振荡活动对台风生成的影响，对多台风年与少台风年 850 hPa 30～60 d 的低频动能距平进行合成分析表明：在多台风年（图略），最显著的低频动能正异常位于菲律宾以东 15°N 以南的西北太平洋地区，此区域正好为季风槽所在的位置，说明台风多与该区域的强低频活动和季风槽加强有密切关系；而少台风年的情况则相反（图略），最强的低频动能中心位于印度半岛和中国南海南部，而菲律宾以东的西北太平洋上与季风槽所对应的区域为低频动能的负距平区。

为了进一步证实多台风年和少台风年大气季节内振荡强度分布的差异，选取 30～60 d 滤波后的 850 hPa 低频纬向风作为描述大气季节内振荡强度的指数进行分析，结果表明多台风年和少台风年低频纬向风的方差贡献距平分布差异较大。在多台风年，菲律宾以东的西北太平洋是低频风场方差贡献的正异常区。而在少台风年，则正好相反；射出长波辐射的方差贡献距平的分布也有同样的结论（图略）。可以看出，在多台风年和少台风年热带大气季节内振荡的活动具有不同的形势。在多（少）台风年，西北太平洋对应于季风槽位置的较强（较弱）30～60 d 的低频活动，有利（不利）于台风的生成。

6—10 月平均的 850 hPa 低频流场的合成（图略）也表明，在多台风年热带西太平洋有一个较强的低频气旋性环流一直延伸到 160°E 附近，刚好与多台风年里季风槽的范围一致，说明菲律宾以东西北太平洋上对流层低层的大气低频气旋性环流的加强是造成季风槽加强并向东延伸的重要原因；同时，在多台风年 200 hPa 的低频速度势在菲律宾以东的西北太平洋上都表现为辐散，从而有利于台风的生成。但在少台风年低频环流形势都不利于台风的生成。

5.2 热带大气季节内振荡活动与西太平洋台风路径

为了研究大气季节内振荡对西北太平洋台风路径的影响，首先对台风路径进行划分，传统的方法是将台风路径分为 3 种：西移路径、西北移路径和转向路径。为了更好描写转向台风的特征，将其按照转向后的移动方向做进一步划分：日本以西型（转向后向朝鲜半岛移动）、日本登陆型和日本以东型（转向后向日本以东的太平洋移动）。对各类台风路径的统计结果表明，在整个台风季西移型路径的台风最多，其次为日本登陆型和日本以东型。另外，台风移动路径随月份有所不同，西移路径在 7 月最多；西北移型、日本以西型和日本登陆型的台风都多发生在 8 月，其中西北移动型的台风有半数以上生成在 8 月，并且 6 月和 10 月都没有此类型路径的台风；日本以东型的台风主要多生成在 10 月，占本类型总台风个数的 47.4%。下面将对不同路径台风分别进行合成分析，以揭示其对应的低频环流的普遍特征。

对应不同路径的台风，按其生成日期进行大气环流的合成分析，可以研究不同台风路径所对应的低频环流形势。在合成图上，与西移型台风对应的 850 hPa 低频环流形势（图 7a）主要表现为，在中国南海及菲律宾海上空为一个异常的低频气旋性环流，而它的北侧为一个异常的低频反气旋。在西北移型台风合成的低频流场上（图 7b），在台湾岛及东海附近为一个低频气旋性环流并向东一直延伸到 160°E 附近，季风槽受这种低频环流形势的影响加强西伸，异常的低频反气旋位于低频气旋性环流的东北侧。西移路径中，中国南海到菲律宾海的低频气旋性环流呈东西走向，而在西北移型路径中低频气旋性环流则成西北—东南走向，台风生成后容易沿着这条西北—东南向的低频正涡度带移动。对于日本以西型台风，生成时中国东海和黄海地区存在着低频气旋性环流，另外在 30°N 附近 130°—160°E 地区有较强的低频反气旋（图 7c）。在这样的低频环流形势下，台风向北沿着 130°E 以西的正的涡度区移动，其活动范围多在日本以西地区，大部分会在朝鲜半岛登陆。对日本登陆型台风，其生成时的 850 hPa 低频流场（图 7d）在日本及其南侧（10°—35°N，120°—145°E）大范围内为一个南北走向的低频气旋性环流，它控制了从菲律宾海向北到日本的广大地区，因此，台风生成后向北沿着正的低频涡度区移动，最终在日本登陆。日本以东移动型台风生成时（图 7e）在日本东南侧的海上存在着东北—西南走向的低频气旋性环流，其东侧沿 20°N 附近 150°—165°E 存在一个低频反气旋。台风生成转向后易于沿这个东北—西南走向的低频正涡度区移动，形成日本以东移动型的台风路径。

不管哪类台风，其生成时赤道附近从印度洋到 150°E 附近的对流层低层都为低频的西风异常，因此热带大气季节内振荡的西风位相有利于台风的生成；同时，大气季节内振荡将以低频气旋性环流（低频反气旋）的形式影响台风的移动路径，尤其低频气旋性环流的正涡度是影响台风活动的重要因素，台风生成后会沿着这个低频正涡度区移动，低频气旋性涡度极值线对台风路径有很好的指示意义。

同样的，200 hPa 的低频反气旋南侧或西侧的强气流对台风路径有相当好的引导作用，从而200 hPa 的低频环流形势对台风路径也有很好的指示作用（图略）。对于不同路径的台风，200 hPa 上都能看到一个显著的低频反气旋，而低频反气旋的位置、形态的差别会使其南侧和西侧气流的方向以及影响范围有所不同，从而对台风生成后的移动路径有不同的引导作用。

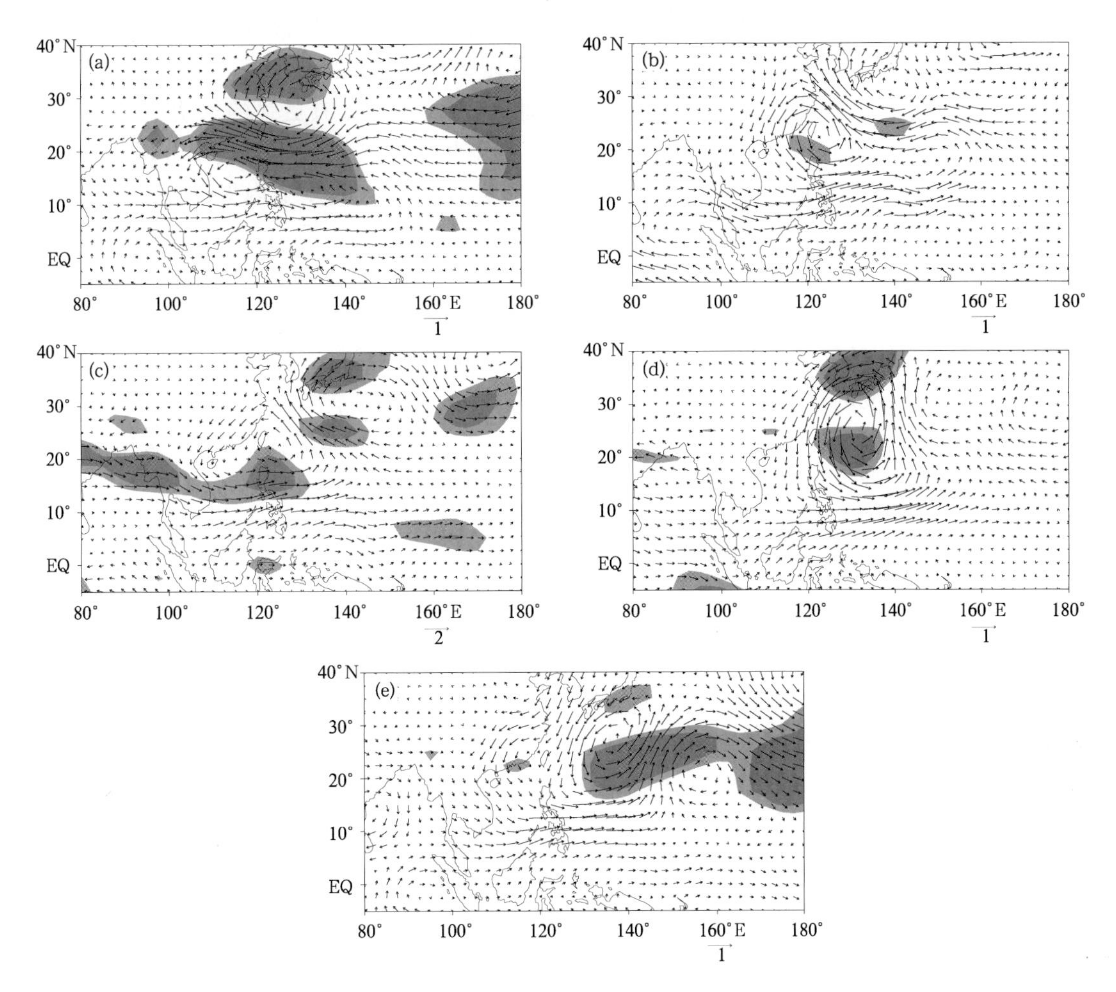

图 7　各种路径台风生成时 850 hPa 低频流场(m/s)的合成

(a) 西移路径，(b) 西北移路径，(c) 日本以西型，(d) 日本登陆型，(e) 日本以东型；浅、深阴影区分别代表通过 95%和 99%信度检验的区域(田华等，2010a)

5.3　热带大气季节内振荡对亚洲季风的影响

5.3.1　亚洲夏季风的建立和大气季节内振荡

观测资料的分析研究表明，南海夏季风爆发与该地区的大气季节内振荡有密切关系(Zhou et al.，2005)，其主要表现为中国南海地区(5°—20°N，105°—120°E)850 hPa 纬向风以及 30～60 d 低频纬向风和低频动能的时间演变与南海夏季风爆发有明显关系。同时，从低频纬向风的演变可以看到，中国南海地区低频西风的增强主要是由于东边低频西风向西的扩展以及局地激发所造成(图略)。

另外，对南海夏季风爆发的合成分析表明，在南海夏季风爆发前，热带印度洋 850 hPa 流场存在关于赤道对称的气旋对的活动。对南海夏季风爆发期间 850 hPa 低频流场的分析进一步表明，原来所指出的气旋对主要是以 30～60 d 低频波的形式活动。也就是说，南海(也可以说亚洲)夏季风的爆发与热带印度洋低频涡旋对的出现有明显关系，而且后者要超前 5～10 d。因此，热带印度洋低频涡旋对的出现可以作为南海(亚洲)夏季风爆发的一个指示因子。

5.3.2　大气季节内振荡活动对东亚夏季风异常的影响

东亚夏季风的异常直接影响亚洲地区的天气和气候，尤其是中国东部的夏季洪涝和干旱都与夏季风的异常活动有关。根据已有研究，可以用 1981、1984、1985、1986、1990、1992 和 1997 年作为强南海(东亚)夏季风年的代表，而以 1980、1983、1987、1989、1991、1993 和 1998 年作为弱南海夏季风年的代表。对上述强、弱南海夏季风年分别进行合成分析表明，其大气环流形势存在明显的异常特征(图略)。对于强、弱夏季风年在夏季 850 hPa 流场上有基本一致的形势，但也有显著的差异。强夏季风年在 5°—20°N 纬带有更强的西风，而在 5°—20°S 有更强的东风；在南海东北部地区，强夏季风年有更强的气旋性环流存在。就大气季节内振荡的活动而论(图略)，对应强南海夏季风年，850 hPa 上有较强的大气季节内振荡的活动，最强动能中心位于中国南海中部到菲律宾一带；对应弱南海夏季风年，大气季节内振荡比较弱(差异可以达到 1 倍)，而且强动能中心位于(20°N，140°E)的西北太平洋。因此可以认为，对于强南海夏季风重要特征之一的强气旋性环流的形成，大气强季节内振荡的活动及低频气旋性环流有重要贡献。或者说，南海及附近地区的大气季节内振荡的活动对于强东亚夏季风的爆发起着重要的作用。

由于强大的青藏高原反气旋的存在，亚洲夏季风系统在对流层上层(200 hPa)存在着一些典型特征。比较强、弱南海夏季风合成的对流层上层流场(图略)发现，在强南海夏季风情况下，青藏高原反气旋不仅偏强而且中心位置偏西、偏北。同样的是，200 hPa上大气季节内振荡的流场在南海强、弱夏季风时也存在着显著差异，并且最大差异位于青藏高原上空(图略)；在强南海夏季风时，青藏高原上空季节内振荡性反气旋流场形势明显偏强。所以，大气季节内振荡，尤其是青藏高原上空的低频反气旋环流对强东亚夏季风形势的建立和维持起着重要作用。

5.3.3 南亚大气季节内振荡与印度夏季风及对中国云南夏季降水的影响

作为亚洲夏季风系统重要组成部分的印度(南亚)夏季风，不仅对南亚地区也对中国的夏季天气气候有重要影响。研究表明南亚夏季风的建立及其变化也与大气季节内振荡活动有密切关系。印度夏季风期间一个最显著的环流特征是对流层低层盛行西风，而西风的演变在较大程度上取决于大气季节内振荡对它的非线性影响(齐艳军等，2008)。季节内时间尺度扰动的非线性动量输送对 6 月初印度季风区季节平均西风建立的贡献可达 40%左右，并且对 7 月中旬以后西风的减弱也有较大的贡献。在印度夏季风爆发前后，赤道西印度洋的 MJO 对流分别表现出明显的东移和北移特征，这种变化主要受表面风场的辐合以及海-气相互作用的影响(Qi et al.，2008)。

印度夏季风异常与大气季节内振荡在年际时间尺度上具有反相变化的特征。大气季节内振荡强时印度次大陆上空对流层低层为反气旋性环流异常，印度夏季风偏弱；而大气季节内振荡弱时印度次大陆上空为气旋性异常环流控制，印度夏季风偏强(齐艳军等，2008)。进一步的研究还表明，强印度夏季风会抑制东赤道印度洋的对流，引起北传的 MJO 变弱，进而减弱印度季风区的大气季节内振荡(Qi et al.，2008)。这一定程度上说明，赤道大气 MJO 与印度季风区的大气季节内振荡存在相互作用。

研究也表明热带中东印度洋大气 MJO 指数的持续异常对中国云南夏季降水有明显影响，当 MJO 指数持续为正时，孟加拉湾对流受抑制，云南夏季容易出现全省性干旱；相反，当 MJO 指数持续为负时，孟加拉湾对流活动较强，除了云南中部以东和云南西北的部分地区外，云南夏季大部分地区降水偏多(图略)。印度洋大气 MJO 影响夏季(实际包括部分秋季)云南降水的物理过程主要在于中东印度洋 MJO 指数的持续正异常会使得孟加拉湾地区的对流活动受抑制，并且在 70°—110°E 的热带印度洋地区激发出异常的下沉气流，使南亚地区的季风垂直环流异常减弱，从而使热带印度洋向云南地区的水汽输送减弱，导致云南的降水持续偏少、形成干旱。

5.4 MJO 与中国降水异常

近年来 MJO 的活动对中国不同季节和不同地区降水的影响已有不少研究，都表明对应 MJO 活动的不同位相，中国不少地区的降水会出现明显的异常，但异常的形势又存在一些不同的特征(Zhang et al.，2009；吴俊杰等，2009；贾小龙等，2011；Jia et al.，2011；白旭旭等，2011；章丽娜等；2011；吕俊梅等，2012；林爱兰等，2013)。

由于 MJO 的活动实际就是强对流沿赤道的东传，这种异常对流加热不仅可以在赤道附近激发产生大气的罗斯贝波和开尔文波型响应，而且还会在大气中激发产生从热带到中高纬度的罗斯贝波列遥响应。但是，由于异常对流加热发生的地区不同(不同季节的大气基本态也不同)，大气遥响应场的形势也会十分不同，它所导致的影响也就不一样。MJO 活动所对应的对流异常及其位置也就会在中国(特别是东部)的不同季节和地区激发产生有利及不利于降水的环流形势，出现一定的有差异的降水分布异常特征。

6 总结和结语

热带大气季节内振荡（包括 MJO）是大气中的重要系统，有其自己的结构及活动特征，也有与其他系统不一样的动力学机制。热带大气季节内振荡（包括 MJO）的活动及异常既对其他系统有一定的作用，也对长期天气和短期气候有明显影响。因此，近 30 年来关于热带大气季节内振荡（包括 MJO）的研究一直是大气科学的前沿课题之一。本文主要针对近 5～10 年中国学者的有关研究工作及其进展，在力所能及的情况下作了简要回顾和综合，可归纳为如下要点：

（1）热带大气季节内振荡特别是 MJO 的动力学机制是一个十分重要的问题，过去的研究从整体乃至全球的观点出发，认为热带大气的积云对流加热反馈是 MJO 的最主要机制。而近些年的数值模拟也证明了这一点，而且进一步指出加热的垂直廓线起重要作用。近几年进一步关注 MJO 对流的生成问题，并进行了外场观测试验（DYNAMO，2011—2012 年），但从 MJO 对流来讲，它的生成机制到目前尚无一致的结论，有待进一步研究。

（2）热带大气季节内振荡和 MJO 的数值模拟有着重要意义，但目前世界上绝大多数模式还不能模拟出观测到的基本特征。在影响模式模拟热带大气季节内振荡能力的众多因素之中，模式的对流参数化方案起着最为关键的作用。而在对流参数化方案中，能否描写出对流加热廓线在对流层中低层有最大加热最为关键。只有当模式中热带大气非绝热加热廓线的最大加热高度位于对流层中低层时，低层的加热可以在对流层低层产生很强的上升运动以及很强的水汽辐合，有利于深对流的产生和维持，才能使模式可以模拟出 MJO 的基本特征。

（3）热带大气季节内振荡和 MJO，特别是在赤道西太平洋地区，与 ENSO 有着明显的相互作用。在厄尔尼诺成熟之前，特别是春季赤道西太平洋 MJO 的强异常，一方面作为热带海-气耦合系统的年际外强迫，一方面直接导致赤道西风异常，进而激发海洋开尔文波，都将有利于厄尔尼诺的形成。在厄尔尼诺成熟及其之后，厄尔尼诺又将对 MJO 起抑制作用，使其减弱。不同类型厄尔尼诺与 MJO 的关系存在一定差异，还需要进一步深入研究。

（4）热带大气季节内振荡（包括 MJO）及其流场形势对西太平洋台风的活动有重要的影响。MJO 活跃期与非活跃期西北太平洋台风生成数的比例为 2∶1；而在 MJO 活跃期的第 2、3 位相与第 5、6 位相，其台风生成数的比例也为 2∶1。西北太平洋台风的生成地也与大气 MJO 的活动有一定关系，在 2、3 位相时，台风基本上生成在西太平洋 20°N 以南地区，而在 5、6 位相时，西太平洋在 30°N 以南地区都可以有台风生成。从台风生成的动力角度看，在 MJO 的不同位相，西太平洋地区大气动力因子的分布形势有很明显不同，在第 2、3 位相，各种因子均呈现出抑制西太平洋地区对流及台风发展的态势；而在第 5、6 位相则明显有促进对流发生、发展和台风生成的有利大尺度环流场；在 MJO 不同位相，热源分布也明显不同，再与水汽的辐合、辐散配合，就从台风获得的能量角度显示了大气 MJO 调节台风生成和发展的作用。

（5）大气季节内振荡在对流层低层以低频气旋或低频反气旋的形式影响台风活动，西太平洋台风的 5 种典型路径都分别与台风生成时的 850 hPa 低频流型存在密切关系，特别是气旋性涡度的极值线对台风路径有很好的指示意义。同时，对于不同路径的台风，200 hPa 上都能看到一个显著的低频反气旋，而低频反气旋南侧或西侧的气流对台风路径起着一定的引导作用。而低频反气旋的位置及形态的差别会使其南侧和西侧气流的方向以及影响范围有所不同，从而对台风生成后的移动路径有不同的引导作用。

（6）热带大气季节内振荡（包括 MJO）的活动及异常对东亚和南亚夏季风的建立、活动异常都有明显影响。南海夏季风和印度夏季风的建立都与热带大气季节内振荡（包括 MJO）的活动加强有关系。南海夏季风和印度夏季风的强度异常却与热带大气季节内振荡存在不同关系，大气季节内振荡在中国南海及附近地区的活动对于强东亚夏季风形势的建立起重要作用；而大气季节内振荡强时印度夏季风偏弱，大气季节内振荡弱时印度夏季风偏强。中国的降水异常与热带大气季节内振荡，特别是 MJO 的活动有密切关系，无论是夏季、冬季或春季，热带大气季节内振荡或 MJO 的活动都与中国某些地区的降水异常有一定关系。

热带大气季节内振荡(包括MJO)仍是目前国际上关注的科学问题,还在继续深入研究之中。简单归纳可以认为,主要研究的焦点问题集中在:(1)热带大气季节内振荡(包括MJO)的数值模拟及预测;(2)热带大气季节内振荡(包括MJO)对天气气候的影响,特别是它们的活动在15～30 d延伸预报中能起到什么样的作用?(3)热带大气季节内振荡(包括MJO)与ENSO的相互关系及相互作用;(4)MJO对流在赤道西印度洋的生成过程和机理,以及MJO对流与热带大气季节内振荡(包括MJO)的关系。

最后,需要指出的是:(1)热带大气季节内振荡是热带大气低频振荡的最重要组成部分,热带大气准双周(10～20 d)振荡也是热带大气低频振荡的一部分。但无论是其结构特征、活动规律或是动力学机制,热带大气季节内振荡与热带大气准双周振荡都存在显著不同,不能将热带大气准双周振荡也视为热带大气季节内振荡,也不宜将热带大气季节内振荡与热带大气低频振荡画等号。(2)MJO是热带大气季节内振荡的重要部分,从最早Madden和Julian的研究以及MJO的结构和特征,MJO均是指赤道附近大气的季节内振荡。赤道附近以外(如纬度15°以外)的热带大气仍存在季节内振荡,但其活动(特别是纬向传播)与MJO有明显差异。因此,不宜将MJO与热带大气季节内振荡完全等同起来,或者用MJO完全代替热带大气季节内振荡。(3)目前大家都很关注MJO对流,它一般在赤道西印度洋生成,然后东传至日界线东部不远消失。的确MJO对流能很好反映MJO在印度洋和西太平洋区域的活动,但从最早Madden和Julian的研究以及MJO的结构及活动看,MJO是全球性的,空间尺度很大,MJO对流不等同于MJO,如果只是仅仅研究MJO对流,还是不要笼统地提在研究MJO。

参考文献

白旭旭,李崇银,谭言科,等,2011. MJO对我国东部春季降水影响的分析[J]. 热带气象学报,27(6):814-822.

查晶,罗德海,2011. 层云加热对热带大气季节内振荡的影响[J]. 大气科学,35(4):657-666.

陈光华,黄荣辉,2009. 西北太平洋低频振荡对热带气旋生成的动力作用及其物理机制[J]. 大气科学,33(2):205-214.

董敏,李崇银,2007. 热带季节内振荡模拟研究的若干进展[J]. 大气科学,31(6):1113-1122.

贺懿华,王晓玲,金琪,2006. 南海热带对流季节内振荡对江淮流域旱涝影响的初步分析[J]. 热带气象学报,22(3):259-264.

贾小龙,李崇银,2007a. 热带大气季节内振荡的季节性特征及其在SAMIL-R42L9中的表现[J]. 热带气象学报,23(3):217-228.

贾小龙,李崇银,2007b. 热带大气季节内振荡数值模拟对积云对流参数化方案的敏感性[J]. 气象学报,65(6):837-854.

贾小龙,李崇银,凌健,2009. 积云参数化和分辨率对MJO数值模拟的影响[J]. 热带气象学报,25(1):1-12.

贾小龙,梁潇云,2011. 热带MJO对2009年11月我国东部大范围雨雪天气的可能影响[J]. 热带气象学报,27(5):639-648

李崇银,1983. 对流凝结加热与不稳定波[J]. 大气科学,7(3):260-268.

李崇银,1984. 积云摩擦作用对热带辐合带生成和维持的影响[J]. 热带海洋学报,3(2):22-31.

李崇银,1985. 南亚夏季风槽脊和热带气旋活动与移动性CISK波[J]. 中国科学(B辑),28(7):668-675.

李崇银,1991. 大气低频振荡[M]. 北京:气象出版社,310pp.

李崇银,1996. 蒸发-风反馈机制的进一步研究[J]. 热带气象学报,12(3):193-199.

李崇银,龙振夏,穆明权,2003. 大气季节内振荡及其重要作用[J]. 大气科学,27(4):518-535.

李崇银,穆穆,周广庆,等,2008. ENSO机理及其预测研究[J]. 大气科学,32(4):761-781.

李薇,俞永强,2001. 大气季节内振荡的耦合模式数值模拟[J]. 大气科学,25(1):118-131.

梁萍,丁一汇,2012. 基于季节内振荡的延伸预报试验[J]. 大气科学,36(1):102-116.

林爱兰,李春晖,谷德军,等,2013. 热带季节内振荡对广东6月降水的影响[J]. 热带气象学报,29(3):353-363.

林爱兰,梁建茵,李春晖,2005. 南海夏季风对流季节内振荡的频谱变化特征[J]. 热带气象学报,21(5):542-548.

刘秦玉,刘衍韫,黄菲,2008. 厄尔尼诺/南方涛动现象对热带西太平洋大气外强迫的响应[J]. 中国海洋大学学报,38(3):345-351.

吕俊梅,琚建华,任菊章,等,2012. 热带大气MJO活动异常对2009—2010年云南极端干旱的影响[J]. 中国科学(D辑),42(4):599-613.

穆明权，李崇银，2000. 1998年南海夏季风的爆发与大气季节内振荡的活动[J]. 气候与环境研究，5(4)：375-387.

潘静，李崇银，宋洁，2010. 热带大气季节内振荡对西北太平洋台风的调制作用[J]. 大气科学，34(6)：1059-1070.

齐艳军，张人禾，Li T，等，2008. 大气季节内振荡在印度夏季风建立和年际变化中的作用[J]. 科学通报，53(23)：2972-2975.

孙长，毛江玉，吴国雄，2009. 大气季节内振荡对夏季西北太平洋热带气旋群发性的影响[J]. 大气科学，33(5)：950-958.

孙国武，李震坤，信飞，等，2013. 延伸期天气过程预报的一种新方法：低频天气图[J]. 大气科学，37(4)：945-954.

田华，李崇银，杨辉，2010a. 大气季节内振荡对西北太平洋台风路径的影响研究[J]. 大气科学，34(3)：559-580.

田华，李崇银，杨辉，2010b. 热带大气季节内振荡与对西北太平洋台风生成数的影响研究[J]. 热带气象学报，26(3)：283-292.

吴俊杰，袁卓建，钱钰坤，等，2009. 热带季节内振荡对2008年初南方持续性冰冻雨雪天气的影响[J]. 热带气象学报(增刊)：103-111.

袁媛，杨辉，李崇银，2012. 不同分布型厄尔尼诺事件对中国次年夏季降水的可能影响[J]. 气象学报，70(3)：467-478.

章丽娜，林鹏飞，熊喆，等，2011. 热带大气季节内振荡对华南前汛期降水的影响[J]. 大气科学，35(3)：560-570

祝从文，Nakazawa T，李建平，2004. 大气季节内振荡对印度洋-西太平洋地区热带低压/气旋生成的影响[J]. 气象学报，62(1)：42-50.

祝丽娟，王亚非，尹志聪，2013. 热带季节内振荡与南海热带气旋活动的关系[J]. 热带气象学报，29(5)：737-748.

Barlow M, Wheeler M, Luyon B, et al, 2005. Modulation of daily precipitation over southwest Asia by the Madden-Julian oscillation[J]. Mon Wea Rev, 133(12): 3579-3594.

Bond N A, Vecchi G A, 2003. The influence of the Madden-Julian oscillation on precipitation in Oregon and Washington [J]. Wea Forecasting, 18(4): 600-613.

Bosilovich M, Schubert S, Kim G, et al, 2006. NASA's Modern Era Retrospective-Analysis for Research and Applications (MERRA)[M]. U. S. CLIVAR Variations, No. 4, International CLIVAR Project Office, Southampton, United Kingdom, 5-8.

Chang C P, 1977. Viscous internal gravity wave and low-frequency oscillation in the tropics[J]. J Atmos Sci, 34(6): 901-910.

Duffy P B, Govindasamy B, Iorio J P, et al, 2003. High-resolution simulations of global climate, Part 1: Present climate [J]. Climate Dyn, 21(5-6): 371-390.

Dunkerton T T, 1983. A nonsymmetrical equatorial inertial in stability[J]. J Atmos Sci, 40(3): 807-813.

Gregory D, Rowntree P R, 1997. Parametrization of momentum transport by convection. II: Tests in single-column and general circulation models[J]. Quart J Roy Meteor Soc, 123(541): 1153-1183.

Gushchina D, Dewitte B, 2012. Intraseasonal tropical atmospheric variability associated with the two flavors of El Niño[J]. Mon Wea Rev, 2012, 140(11): 3669-3681

Hall J D, Matthews A J, Karoly D J, 2001. The modulation of tropical cyclone activity in Australian region by the Madden-Julian Oscillation[J]. Mon Wea Rev, 129(12): 2970-2982.

Hayashi Y, Golder D G, 1986. Tropical intraseasonal oscillation appearing in a GFDL general circulation model and FGGE data. Part 1: Phase propagation[J]. J Atmos Sci, 43(21): 3058-3067.

Hendon H H, Liebmann B, Newman M E, et al, 2000. Medium range forecasts errors associated with active episodes of the Madden-Julian oscillation[J]. Mon Wea Rev, 128(1): 69-86.

Hendon H H, Wheeler M, Zhang C D, 2007. Seasonal dependence of the MJO-ENSO relationship[J]. J Climate, 20(3): 531-543.

Inness P M, Gregory D, 1997. Aspects of the intraseasonal oscillation simulated by the Hadley Centre Atmosphere Model [J]. Climate Dyn, 13(6): 441-458.

Jeong J H, Kim B M, Ho C H, et al, 2008. Systematic variation in winter-time precipitation in East Asia by MJO-induced extratropical vertical motion[J]. J Climate, 21(4): 788-801.

Jia X L, Li C Y, Ling J, et al, 2008. Impacts of a GCM's resolution on MJO simulation[J]. Adv Atmos Sci, 25(1): 139-156.

Jia X L, Li C Y, Zhou N F, et al, 2010. The MJO in an AGCM with three different cumulus parameterization schemes[J]. Dyn Atmos Oceans, 49(2-3): 141-163.

Jia X L, Chen L J, Ren F M, et al, 2011. Impacts of the MJO on winter rainfall and circulation in China[J]. Adv Atmos Sci, 28(3): 521-533.

Jones C, 2000. Occurrence of extreme precipitation events in California and relationships with the Madden-Julian oscillation [J]. J Climate, 13(20): 3576-3587.

Jones C, Waliser D E, Schemm J K, et al, 2000. Prediction skill of the Madden and Julian Oscillation in dynamical extended range forecasts[J]. Climate Dyn, 16(4): 273-289.

Kapur A, Zhang C, Zavala-Garay J, et al, 2011. Role of stochastic forcing in ENSO in observations and a coupled GCM[J]. Climate Dyn, 38(1-2): 87-107.

Kim D, Sperber K, Stern W, et al, 2009. Application of MJO simulation diagnostics to climate models[J]. J Climate, 22 (23): 6413-6436.

Krishinamurti T N, Subrahmanyam D, 1982. The 30—50 day mode at 850 mb during MONEX[J]. J Atmos Sci, 39(9): 2088-2095.

Lau K M, Chan P H, 1985. Aspects of the 40—50 day oscillation during the northern winter as inferred from outgoing longwave radiation[J]. Mon Wea Rev, 113(11): 1354-1367.

Lau K M, Peng L, 1987. Origin of Low-frequency (intraseasonal) oscillations in the tropical atmosphere. I: Basic theory [J]. J Atmos Sci, 44(6): 950-972.

Li C Y, 1989. Frequent activities of stronger aerotroughs in East Asia in wintertime and the occurrence of the El Niño event [J]. Science China (B), 32(8): 976-985.

Li C Y, 1990. Interaction between anomalous winter monsoon in East Asia and El Niño events[J]. Adv Atmos Sci, 7(1): 36-46.

Li C Y, 1993. A further inquiry on the mechanism of 30—60 day oscillation in the tropical atmosphere[J]. Adv Atmos Sci, 10(1): 41-53.

Li C Y, Liao Q, 1998. The exciting mechanism of tropical intraseasonal oscillation to El Niño event[J]. J Tropical Meteor, 4(2): 113-121.

Li C Y, Long Z X, Zhang Q Y, 2001. Strong/weak summer monsoon activity over the South China Sea and atmospheric intraseasonal oscillation[J]. Adv Atmos Sci, 18(6): 1146-1160.

Li C Y, Cho H R, Wang J T, 2002. CISK Kelvin wave with evaporation-wind feedback and air-sea interaction: A further study of tropical intraseasonal oscillation mechanism[J]. Adv Atmos Sci, 19(3): 379-390.

Li C Y, Ling J, Jia X L, et al, 2007. Numerical simulation and comparison study of the atmospheric intraseasonal oscillation [J]. Acta Meteor Sinica, 21(1): 1-8.

Li C Y, Jia X L, Ling J, et al, 2009. Sensitivity of MJO simulations to diabatic heating profiles[J]. Climate Dyn, 32(2): 167-187.

Li C Y, Zhou Y P, 1994. Relationship between intraseasonal oscillation in the tropical atmosphere and ENSO[J]. Chin J Geophys, 37(1): 213-223.

Liebmann B, Hendon H H, Glick J D, 1994. The relationship between the tropical cylones of the western Pacific and Indian Oceans and the Madden-Julian oscillation[J]. J Meteor Soc Japan, 72(3): 4012-411.

Ling J, Li C, 2014b. Impact of convective momentum transport by deep convection on simulation of tropical intraseasonal oscillation[J]. J Ocean Univ China, 13:717-727.

Ling J, Li C Y, Jia X L, 2009. Impacts of cumulus momentum transport on MJO simulation[J]. Adv Atmos Sci, 26(5): 864-876.

Ling J, Zhang C D, 2011. Structure evolution in heating profiles of the MJO in global reanalyses and TRMM retrievals[J]. J Climate, 24(3): 825-842.

Ling J, Zhang C D, Bechtold P, 2013a. Large-scale distinctions between MJO and non-MJO convective initiation over the tropical Indian Ocean[J]. J Atmos Sci, 70(9): 2696-2712.

Ling J, Li C Y, Zhou W, et al, 2013b. Effect of boundary layer latent heating on MJO simulations[J]. Adv Atmos Sci, 30 (1): 101-115.

Ling J, Li C Y, Zhou W, et al, 2014a. To begin, or not to begin? —A case study on MJO initiation problem[J]. Theor Appl Climatol, 115(1-2): 231-241.

Long Z X, Li C Y, 2002. Interannual variation of tropical atmospheric 30-60 day low-frequency oscillation and ENSO cycle [J]. Chin J Atmos Sci, 26(1): 51-62.

Madden R A, Julian P R, 1971. Detection of a 40—50 day oscillation in the zonal wind in the tropical Pacific[J]. J Atmos Sci, 28(5): 702-708.

Madden R A, Julian P R, 1972. Description of global scale circulation cells in the tropics with 40-50 day period[J]. J Atmos Sci, 29(6): 1109-1123.

Madden R A, Julian P R, 1994. Observations of the 40—50-day tropical oscillation: A review[J]. Mon Wea Rev, 122(5): 814-837.

Maloney E D, Hartmann D L, 2000a. Modulation of hurricane activity in the Gulf of Mexico by the Madden-Julian Oscillation[J]. Science, 287(5460): 2002-2004.

Maloney E D, Hartmann D L, 2000b. Modulation of eastern North Pacific hurricanes by the Madden-Julian Oscillation[J]. J Climate, 13(9): 1451-1465.

Maloney E D, Hartmann D L, 2001. The sensitive of intraseasonal variability in the NCAR CCM3 to changes in convection parameterization[J]. J Climate, 14(9): 2015-2034.

Manabe S, Strickler R F, 1964. Thermal equilibrium of the atmosphere with a convective adjustment[J]. J Atmos Sci, 21 (4): 361-385.

Marshall A G, Alves O, Hendon H H, 2009. A coupled GCM analysis of MJO activity at the onset of El Niño[J]. J Atmos Sci, 66(4): 966-983.

Murakami T, Nakazawa T, He J, et al, 1984. On the 40—50 day oscillations during the 1979 northern hemisphere summer, Part 1: Phase propagation[J]. J Meteor Soc Japan, 62: 440-468.

Neelin J D, David J, Isaac M, et al, 1987. Evaporation-wind feedback and low-frequency variability in the tropical atmosphere[J]. J Atmos Sci, 44(16): 2341-2348.

Nordeng T E, 1994. Extended Versions of the Convective Parametrization Scheme at ECMWF and Their Impact on the Mean and Transient Activity of the Model in the Tropics[M]. ECMWF Research Department, Technic Memo 206, October 1994. European Center for Medium Range Weather Forecasts, Reading, UK, 41.

Peng Y H, Duan W S, Xiang J, 2011. Effect of stochastic MJO forcing on ENSO predictability[J]. Adv Atmos Sci, 28(6): 1279-1290.

Qi Y, Zhang R, Li T, et al, 2008. Interactions between the summer mean monsoon and the intraseasonal oscillation in the Indian monsoon region[J]. Geophys Res Lett, 35(17): L17704, doi:10.1029/2008GL034517.

Richard B N, Richter J H, Jochum M, 2008. The impact of convection on ENSO: From a delayed oscillator to a series of events[J]. J Climate, 21(22): 5904-5924.

Rong X Y, Zhang R H, Li T, et al, 2011. Upscale feedback of high-frequency winds to ENSO[J]. Quart J Roy Meteor Soc, 137(657): 894-907.

Roundy P E, Kravitz J R, 2009. The association of the evolution of intraseasonal oscillations to ENSO phase[J]. J Climate, 22(2): 381-395.

Saha S, et al, 2010. The NCEP climate forecast system reanalysis[J]. Bull Amer Meteor Soc, 91:1015-1057.

Seiki A, Takayabu Y N, Yoneyama K, et al, 2009. The oceanic response to the Madden-Julian Oscillation and ENSO[J]. Sci Online Lett Atmos, 5: 93-96.

Slingo J M, Madden R A, 1991. Characterictics of the tropical intraseasonal oscillation in the NCAR community climate model[J]. Quart J Roy Meteor Soc, 117(502): 1129-1169.

Slingo J M, Sperber K R, Boyle J S, et al, 1996. Intraseasonal oscillations in 15 atmospheric general circulation models: Results from an AMIP diagnostic subproject[J]. Climate Dyn, 12(5): 325-357.

Sobel A H, Maloney E D, 2000. Effect of ENSO and the MJO on Western North Pacific tropical cyclones[J]. Geophys Res Lett, 27(12): 1739-1742.

Sperber K R, 2004. Madden-Julian variability in NCAR CAM 2.0 and CCSM2.0[J]. Climate Dyn, 23(3-4): 259-278.

Tang Y M, Yu B, 2008. An analysis of nonlinear relationship between the MJO and ENSO[J]. J Meteor Soc Japan, 86(6): 867-881.

Tiedtke M, 1989. A comprehensive mass flux scheme for cumulus parameterization in large-scale models[J]. Mon Wea

Rev, 117(8): 1779-1800.

Tung W W, Yanai M, 2002. Convective momentum transport observed during the TOGA COARE IOP. Part II: Case studies[J]. J Atmos Sci, 59(17): 2535-2549.

Wang B, 1988. Dynamics of tropical low-frequency waves: An analysis of the moist Kelvin wave[J]. J Atmos Sci, 45(14): 2051-2065.

Wang W Q, Schlesinger M E, 1999. The dependence on convection parameterization of the tropical intraseasonal oscillation simulated by the UIUC 11-layer atmospheric GCM[J]. J Climate, 12(5): 1423-1457.

Wheeler M C, Hendon H H, Cleland S, et al, 2008. Impacts of the Madden-Julian Oscillation on Australian rainfall and circulation[J]. J Climate, 22(6): 1482-1498.

Wu X Q, Deng L P, Song X L, et al, 2007. Coupling of convective momentum transport with convective heating in global climate simulations[J]. J Atmos Sci, 64(4): 1334-1349.

Yang H, Li C Y, 2003. The Relation between atmospheric intraseasonal oscillation and summer severe flood and drought in the Jianghuai River Basin[J]. Adv Atoms Sci, 20(4): 540-553.

Yang J, Bao Q, Wang X C, et al, 2012. The tropical intraseasonal oscillation in SAMIL coupled and uncoupled general circulation models[J]. Adv Atmos Sci, 29(3): 529-543.

Zavala-Garay J, Zhang C, 2004. The linear response of ENSO to the Madden-Julian Oscillation[J]. J Climate, 17(12): 2441-2459.

Zavala-Garay J, Zhang C, Moore A M, et al, 2008. Sensitivity of hybrid ENSO models to unresolved atmospheric variability [J]. J Climate, 21(15): 3704-3721.

Zhang C D, 2005. Madden-Julian oscillation[J]. Rev Geophys, 43(2): G2003, doi: 10.1029/2004RG000158.

Zhang C D, Gottschalck J, 2002. SST anomalies of ENSO and the Madden-Julian Oscillation in the equatorial Pacific[J]. J Climate, 15(17): 2429-2445.

Zhang C D, Ling J, 2012. Potential vorticity of the Madden-Julian Oscillation[J]. J Atmos Sci, 69, 65-78.

Zhang G J, McFarlane N A, 1995. Sensitivity of climate simulations to the parameterization of cumulus convection in the Canadian Climate Centre General Circulation Model[J]. Atmos Ocean, 33(3): 407-446.

Zhang L N, Wang B Z, Zeng Q C, 2009. Impact of the Madden-Julian oscillation on summer rainfall in Southeast China[J]. J Climate, 22: 201-216.

Zhou W, Chan J C L, 2005. Intraseasonal oscillations and the South China Sea summer monsoon onset[J]. Int J Climatol, 25:1585-1609.

Research Progress in China on the Tropical Atmospheric Intraseasonal Oscillation

LI Chongyin[1,2], LING Jian[1], SONG Jie[1], PAN Jing[1], TIAN Hua[1], CHEN Xiong[2]

(1 LASG, Institute of Atmospheric Physics, Chinese Academy of Sciences, Beijing 100029;
2 Institute of Meteorology and Oceanography, PLA University of Science and Technology, Nanjing 211101)

Abstract: Tropical intraseasonal oscillation (including the Madden-Julian Oscillation) is an important element of the atmospheric circulation system. The activities and anomalies of tropical intraseasonal oscillations affect weather and climate both inside and outside the tropical region. The study of these phenomena therefore represents one of the frontiers of atmospheric science. This review aims to synthesize and summarize studies of intraseasonal oscillation (ISO) by Chinese scientists within the last 5—10 years. We focus particularly on ISO's mechanisms, its numerical simulations (especially the impacts of diabatic heating profiles), relationships and interactions with ENSO (especially over the western Pacific), impacts on tropical cyclone genesis and tracks over the northwestern Pacific, and influences on the onset and activity of the South and East Asian monsoons (especially rainfall over China). Among these, focuses of ongoing research and unsolved issues related to ISO are also discussed.

Key words: Tropical intraseasonal oscillation, Madden-Julian Oscillation, Mechanism, Numerical simulation, ENSO

二、极端天气气候事件

Extreme Precipitation: Theory, Trends and Monitoring

ZHOU Yaping[1,2]

(1 Climate and Radiation Laboratory, NASA—Goddard Space Flight Center, Greenbelt, MD;
2 Goddard Earth Sciences Technology and Research, Morgan State University, Baltimore, MD)

Abstract: Extreme precipitation events are one of the leading causes of natural hazards to human lives and society, as they can lead to major flooding, soil erosion and landslides. Both observations and the models have shown a robust increase in extreme precipitation events in current and future climate, and the increase is generally attributed with increased moisture content in the atmosphere. However, the frequency and intensity of extreme precipitation does not follow a linear relationship with the Clausius-Clapeyon (CC) rate, nor does the mean precipitation. The nonlinearities are generally considered due to different controlling mechanisms of the mean and extreme precipitation. While the global radiative convective balance provides a plausible explanation to the trend of mean precipitation and manifest as regional redistribution, the scaling for extreme precipitation is much more complex. Among the review articles, I highlighted some of our recent work that helps understand the relationship between the trends of mean and extreme precipitation. In addition, an extreme precipitation monitoring system is introduced using near-real-time high resolution TRMM and GPM merged satellite precipitation estimates for hazard management.

Key words: extreme event, precipitation, moisture content

1 Introduction

Precipitation is one of the major components of the Earth's water and energy cycle. Life on Earth depends on precipitation. Extreme precipitation, however, could cause major flooding, soil erosion and landslides, making it one of the leading causes of natural hazards to human lives and society. There are overwhelming evidence that extreme precipitation has been increasing globally, from historical long-term ground based measurements (Groisman et al., 2005; Alexander et al., 2006; Westra et al., 2013; Donat et al., 2013; Fischer et al., 2014; Asadieh et al., 2015), recent satellite records (Allan et al., 2008; Allan et al., 2010; Liu et al., 2012) to global model simulations (Kharin et al., 2007; 2013 and many others). This increase is largely attributed to increased moisture content in a warmer climate as predicted by the Clausius-Clayperion (CC) relations (Trenberth et al., 2003; Held et al., 2006; Pall et al., 2007; Allan et al., 2008; O'Gorman et al., 2009; Allan et al., 2014; O'Gorman, 2015), which can be further associated with increasing greenhouse gases (Min et al., 2011; Zhang et al., 2013). The actual extreme precipitation, which occur during severe weather events such as mesoscale convective complexes (Liu et al., 2015), monsoon depressions (Jun et al., 2015), atmosphere rivers (Dettinger, 2011; Lavers et al., 2011; Guan et al., 2015), and mid-latitude and tropical cyclones (Lau et al., 2008; Pfahl et al., 2012), are often a result of several coincident meteorological conditions (Maddox et al., 1979; Schumacher et al., 2005) and possibly orographic effect (Kirshbaum et al., 2008); thus, they are heavily dependent on both the large-scale circulation and local storm dynamics. Microphysics and precipitation efficiency could also impact the precipitation intensity (Singh et al., 2014; O'Gorman, 2015). All these factors will affect extreme precipitation in a particular storm and at a particular location as the climate warms.

On the other hand, no consistent positive trend has been found in global mean precipitation as indicated by mixed signals of long-term trends from different data sets (IPCC,2013). A weak increasing trend of 2%～6% C^{-1} is found in recent decades from satellite-measured global precipitation products (Wentz et al.,2007; Gu et al.,2007; Adler et al.,2008; Adler et al.,2017), but the rate of change is rather small compared to the CC scaling for the atmospheric moisture (O'Gorman et al.,2009; O'Gorman et al.,2010; Wang et al.,2016). The small positive trend of global mean precipitation shows a slow shift of the radiative-convective balance of the earth's climate system towards a warmer climate (Allen et al.,2002; Held et al.,2006; Pendergrass et al.,2014a).

In this paper, I will review some recent works on the trends of mean and extreme precipitation, their different controlling mechanisms especially the complex CC scaling with regard to extreme precipitation, their relationship in regional aggregated manner. I will introduce a real-time extreme precipitation monitoring system using precipitation estimates from an international constellation of satellites from Tropical Rainfall Measuring Mission (TRMM) and Global Precipitation Measurement (GPM) (Hou et al.,2014; Skofronick-Jackson et al.,2017) missions.

2 Global Mean Precipitation and Its Constraints

Global mean precipitation is determined by the radiative-convective balance of the earth system (Manabe et al.,1967). Although uncertainties exist regarding exact quantities of different energy terms (Trenberth et al.,2009; Stephens et al.,2012; Rodell et al.,2015; L'Ecuyer et al.,2015), the Earth as a whole maintains a delicate balance of radiative energy by reflecting approximately one-third of the incoming solar radiation and emitting the remaining two-thirds that are absorbed as infrared radiation back to space. Between the surface and atmosphere, this energy balance could not be achieved without the critical involvement of the water cycle. Based on Trenberth et al. (2009), the surface absorbs more solar radiation (79 W/m^2) than is lost by net emission of infrared radiation (184 W/m^2). The net imbalance of 105 W/m^2 is transferred to the atmosphere mainly through latent heat (85 W/m^2, equivalent of 2.9 mm/d of precipitation) and to a lesser degree through sensible heat (20 W/m^2). The latent heat effectively "sweats off" excessive radiative heat from the surface into the atmosphere, where it is radiated off by infrared radiation. Meanwhile, clouds, as the predecessor of precipitation, reflects solar radiation and reduces outgoing longwave radiation with the net radiative forcing depending on its optical thickness and height (Oreopoulos et al.,2017). Thus, latent heat, primarily through change of water phases and atmospheric transport, redistributes water and energy from surface to atmosphere, from ocean to land, and from tropics to poles. It is not difficult to see that precipitation and the water cycle not only act as a "buffer", but also an active modulator of a direct radiative planet (Dessler,2010; Bony et al.,2015). An increase in atmospheric greenhouse gases will perturb the radiative heat balance and result in chain reactions in latent heat, thus the precipitation and water cycle until a new radiative-convective equilibrium can be reached (Ramanathan,1981; Boer,1993).

Current estimates for a 1 K increase in surface temperature due to increasing CO_2 will produce approximately a net increase of 0.7 W/m^2 and 0.3 W/m^2 in surface longwave and short wave radiation, respectively (Held et al.,2006). This net increase of surface radiative energy could be balanced by a slight decrease in surface SH (1 W/m^2) and an increase of LH (2 W/m^2, equivalent to 0.6 mm/d or 2%/K of precipitation increase), consistent with a small increase in global mean precipitation in recent satellite records (Liu et al.,2012; Adler et al.,2017), global reconstructed precipitation dataset (Ren et al.,

2013) and coupled model simulations (Sun et al. ,2007).

Although the trend in global mean precipitation is small, significant trends in mean precipitation on a regional scale have been observed in many parts of the world (Fig. 1), including a likely increase in precipitation in Northern Hemisphere mid-latitude regions (IPCC,2013). In general, wet areas are getting wetter and dry areas are getting drier, consistent with an overall intensification of the hydrological cycle in response to global warming (Allan et al. ,2010; Zhou et al. ,2011; Liu et al. ,2013; Chou et al. , 2012; Polson et al. ,2013). The spatial redistribution of precipitation is directly related to the changes in large-scale circulation (Allan,2014). For example, the observed drier subtropics and wetter mid-high latitudes are attributed to the expansion of Hadley circulation (Fig. 2) that led to the migration of tropical zones and northward shift of storm tracks (Allan et al. ,2010; Zhang et al. ,2007; Zhou et al. ,2011; Chou et al. ,2012; Marvel et al. ,2013; Lau et al. ,2013;; Feng et al. ,2018). However, regional changes in precipitation largely cancels out due to a slow transition of global energy balance.

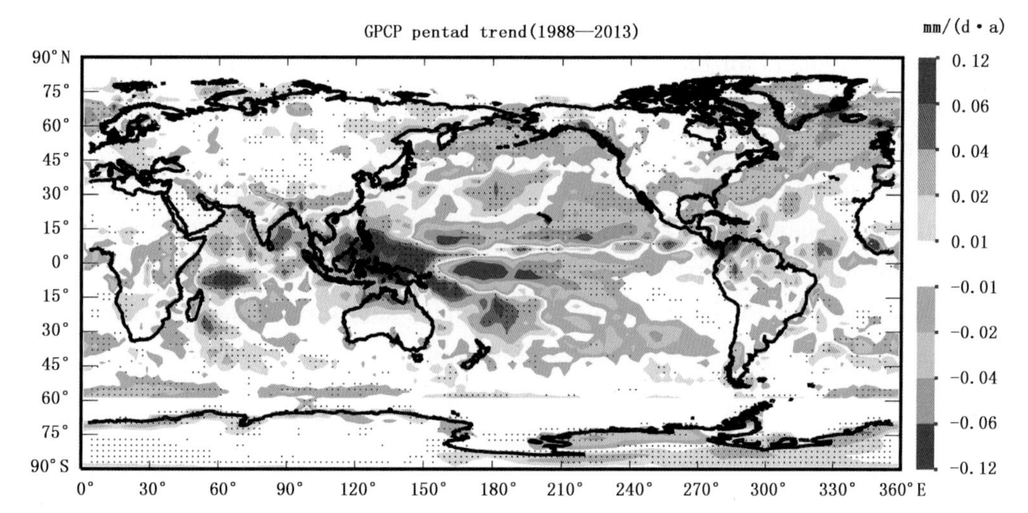

Fig. 1 Linear trends of GPCP precipitation trend from 1988-2013. Hatch area is significant based on bootstrap tests. Positive trends are shown in climatologically wet regions, i. e. warm pool, ITCZ, SPCZ, Indian Ocean, and the negative trends appear at both sides of ITCZ and dry subtropics (Figure from Zhou et al. ,2017)

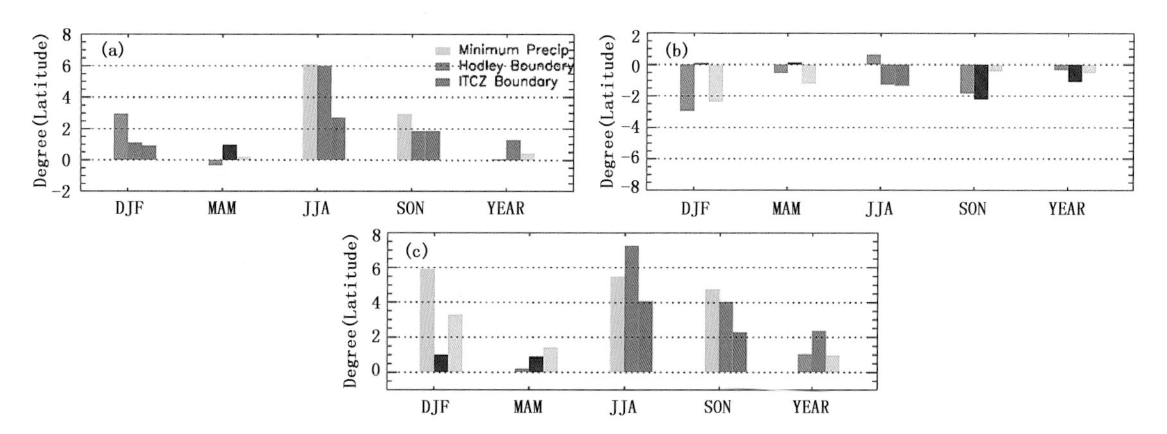

Fig. 2 Linear trends of the latitude of minimum precipitation, ITCZ, and Hadley cell boundaries inferred from GPCP for each season and the year marked on the horizontal axis for (a) the Northern Hemisphere, (b) the Southern Hemisphere and (c) total expansion of the tropics. Leftmost, middle, and rightmost bars in each group are for minimum precipitation, Hadley cell, and ITCZ boundary, respectively. For quantities significant at the 90% level, bars are shaded green, blue, and orange, respectively (Figure from Zhou et al. ,2011)

3 Extreme Precipitation and Its Constraints

An individual precipitation event is controlled by its local environment such as temperature, humidity, moisture stability, etc. The moisture budget of a single precipitation event can be written as Eq (1) assuming the liquid and ice water amounts from cloud advection are negligible (Rasmusson, 1968, 1971; Yanai et al., 1973):

$$< P >=< \frac{1}{g}\int_s^t \nabla \cdot Vq\mathrm{d}p >+< \frac{\partial}{\partial t}\frac{1}{g}\int_s^t q\mathrm{d}p >+< E > \quad (1)$$

Here, P, E, V, q, g and p are precipitation, evaporation, wind, specific humidity, acceleration of gravity, and pressure, respectively; angle brackets represent time average; s and t refer to the lower (surface) and upper (tropopause) bounds, respectively, $\frac{1}{g}\int_s^t \mathrm{d}p$ is vertical integration. The first term on the right-hand side accounts for the horizontal moisture convergence, and the second term represents a change of column water vapor in the atmosphere. The third term represents local moisture supply from ocean or land surface.

An illustration of moisture budget is shown as a function of time window for two of the extreme precipitation events in a relatively wet and dry region in southwest US in May 2010 (Fig. 3). The moisture budget was simulated with a nested NASA-Unified WRF model (Peters-Lidard et al., 2015) with resolved cloud microphysics in the inner domain and a coupled land surface model to account for the feed-

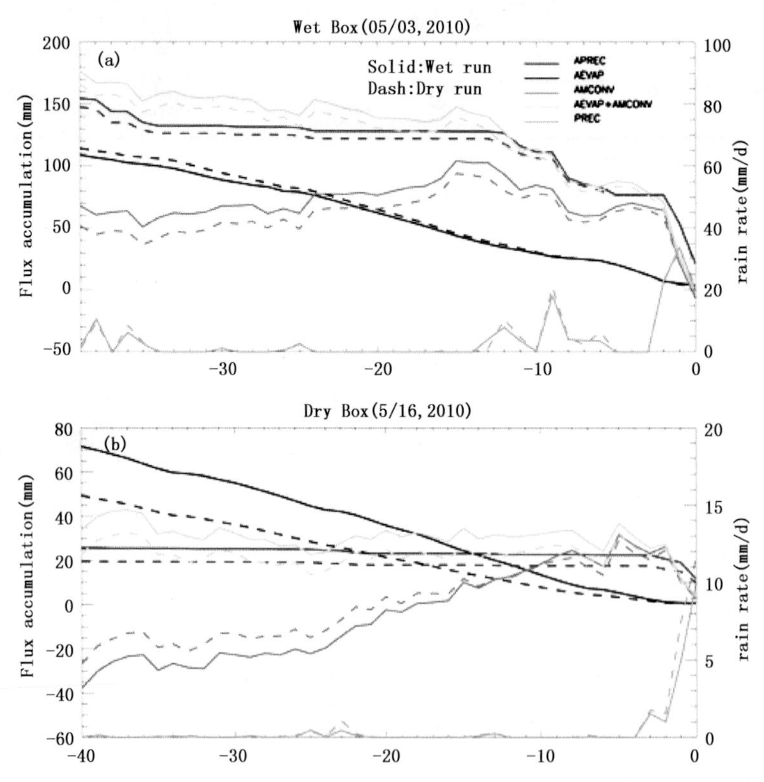

Fig. 3 (a) Moisture fluxes (APREC, AEVAP, AMCONV, and AEVAP + AMCONV) contributing to the precipitation event on 3 May 2010 (day 0) as a function of leading time in the wet region (scaled with left y axis) along with daily precipitation rate (PREC) (scaled in the right y axis). (b) As in (a), but for the event on 16 May 2010 in the dry region. Both events are heaviest in the respective region during the simulation period. The solid (dashed) lines are run with the wet (2010) and dry (2011) soil moisture, respectively (Figure from Zhou et al., 2015)

back between precipitation and surface evaporation. Even though the main purpose of the study was not CC scaling under global warming, several relevant observations can be made from this study:

1) The moisture source for an extreme precipitation comes from both local and large areas, and the relative importance differs in dry and wet regions;

2) Both the dynamic (V) and thermodynamic (q) factors are important in controlling the moisture convergence and upward motion;

3) Sample resolution is important because it not only affects the mean precipitation intensity within the time window, but also the relative contributions from moisture convergence and local moisture source;

4) Precipitation will induce local dynamic feedback.

The Clausius-Clapeyron (CC) relation (Eq. 2) provides a convenient theory to relate the moisture (q) and then extreme precipitation (P) with the temperature. The theory predicts a 7%/K increase in atmosphere water vapor due to saturation vapor pressure increase with temperature at constant relative humidity (e. g. , Allen et al. ,2002; Trenberth et al. ,2003; Held et al. ,2006; Pall et al. ,2007). Given that most of the precipitation water comes from moisture already in the atmosphere, Trenberth (1999,2003) suggests precipitation intensity should increase in proportion to moisture in the atmosphere at approximately 7%/K.

$$\frac{\mathrm{d}\ln e_s}{\mathrm{d}T} = \frac{L}{RT^2} = \alpha(T) \approx 0.07\ \mathrm{K}^{-1} \tag{2}$$

The CC scaling has been found in many observational studies as well as reanalysis and GCM simulations (Min et al. ,2011; Kharin,2007; 2013; Pall et al. ,2007). Some recent studies of extreme precipitation scaling for different climatic regions, however, found more diverging results ranging from decreasing precipitation intensity with temperature (negative CC scaling, Maeda et al. ,2012) to an intensity increase of up to 2 times CC (2CC) over the Netherlands, Europe and Hong Kong (Lenderink et al. , 2008, 2010; Lenderink et al. ,2011). Berg et al. (2013) observes scaling exceeding the CC relation (super-CC scaling) followed by leveling off at 15°C for convective precipitation , while other studies (Hardwick-Jones et al. ,2010; Utsumi et al. ,2011) show CC increase for temperatures up to approximately 25°C, after which scaling becomes negative. Results from climate change simulations in general circulation models also give widely divergent changes in precipitation extremes in the tropics (Emori et al. ,2005; O'Gorman et al. ,2009; Sugiyama et al. ,2010).

These varied results are partly due to different resolutions and degree of extremes considered (Kao et al. ,2011; Lenderink et al. ,2008; Wehner et al. ,2010; Haerter et al. ,2010; Liu et al. ,2012; Lau et al. ,2013; Feng et al. ,2018). Extreme analysis based on daily precipitation is more likely to show a CC scaling, while analysis based on hourly precipitation is more likely to show a super CC or double CC relation (Lenderink et al. ,2008; Lenderink et al. ,2011). The reasons for not following CC scaling could vary depending on the locations. For example, in regions with deprived moisture source, a temperature increase will not lead to increased water vapor in the atmosphere so that CC scale will not apply. Many extreme precipitations such as those associated with atmospheric rivers have moisture convergence/influx from a large or remote area not related to the local temperature and column water vapor. In other cases, precipitation could induce local cooling because of surface evaporation, resulting in negative CC scaling. One remedy adopted by some researchers (Lenderink et al. ,2011; Lenderink et al. , 2010) is to use surface dew point temperature instead of surface temperature because the former can better represent the amount of water vapor in the atmosphere, thus providing a more uniform CC scaling over a large-range of temperature.

As mentioned above, another major factor in determining extreme precipitation is the dynamic factor. Vertical velocity is closely connected with moisture convergence and the amount of uprising water vapor available for precipitation (Eq. 2). Emori et al. (2005) explicitly computed the thermodynamic (water vapor increase) and dynamic contributions (ω) to the extreme precipitation in the GCM simulations. O'Gorman et al. (2009) attributed the large sensitivity of tropical extreme precipitation scaling compared to mid-latitude regions to the more widely varying changes in upward velocity (O'Gorman et al., 2009; Sugiyama et al., 2010). A more quantitative estimation of extreme precipitation was proposed that takes into consideration the actual cloud condensation during the precipitation process (O' Gorman et al., 2009; O'Gorman, 2012)

$$p \sim \varepsilon \int \omega(p) \frac{dq_s}{dp} \mid \theta_e^* \, dp \tag{3}$$

where ε is a precipitation efficiency, ω is the vertical velocity in pressure coordinates (negative for upward motion), q_s is the saturation specific humidity, and θ_e is the saturation potential temperature. The equation implies that the moisture condensation due to atmospheric ascent follows the pseudo-adiabatic lapse rate. Using pre-assumed precipitation efficiency, this scaling predicts well the rate of change of precipitation extremes with temperature in the climate models (O'Gorman et al., 2009; O'Gorman, 2012; O'Gorman, 2015).

Yet precipitation efficiency is a poorly resolved parameter in GCMs, and is responsible for large discrepancies between models (O'Gorman et al., 2009; Kooperman et al., 2014) because of the models' parameterized cloud microphysics. Numerical simulations with cloud resolving models (CRM) with increased CO_2 confirms the importance of cloud microphysics in affecting the precipitation efficiency and intensity in convective extreme precipitation (Ban et al., 2014; Kendon et al., 2014; Muller, 2013; Romp, 2011; Singh et al., 2014). These studies found that many properties of convection, i. e., the effective water-vapor gradient, cloud pressure depth, and cloud velocity can change as the atmosphere warms, which in turn could lead to deviations from the CC scaling. All these point to storm and region specific CC scaling as we consider extreme precipitation in a global scale.

4 Relationship Between The Trends of Mean and Extreme Precipitation

It is clear that the response of precipitation to global warming comes as a complex regional redistribution and a shift in the probability distribution function (PDF) of intensity, rather than a uniform increase or decrease. The PDF of precipitation is often examined for its change in shape and shifting (Watterson et al., 2003; Pendergrass et al., 2014a). Atmospheric mean circulation or moisture content, which controls the bulk of the precipitation events (and therefore mean precipitation), also affects the extreme events. To what degree do extreme and mean covariate that provides useful detectability in different climate regimes giving the inherent differences in signal to noise ratio? To quantify the relationship between the trends of the mean vs. trends in the extremes, e. g. a translational shift of the entire distribution vs. changes of the tails of the distribution, Zhou et al. (2017) examined the mean trends and extreme trends in two observed precipitation data sets: the Climate Prediction Center Unified daily precipitation data set from 1948 to 2016 (Higgins et al., 2000) and the Global Precipitation Climatology Program (GPCP) pentad data set in post-SSMI period (1988—2013) (Xie et al., 2003).

The relationship between the trends of mean and extreme is examined in a regional aggregated manner. The trends in mean precipitation are computed with simple linear regression, while the trends of extreme precipitation are computed for extremes defined at different percentiles (or extremeness). Each grid is classified as one of nine categories based on the sign and uncertainties of the two trends. A matched trend is defined as when the mean and extreme trends have the same sign and are both significant. Globally, there are 15.5% and 13.2% of areas experience significant positive and negative trends in mean precipitation, respectively, while 71.3% of the grid boxes do not have significant trends (Fig. 4a). An Area Aggregated Match Ratio (AAMR) is defined as the ratio of total area where both means and extremes exhibit trends in the same direction and are significant, to the total area where only the trend of the means is significant.

$$AAMR = \frac{\sum A_i(\text{Both Mean and Extreme Trands are significant})}{\sum A_j(\text{Mean trend is significant})} \quad (4)$$

Thus, AAMR represents how much the extreme trend follows the mean trend in a spatially aggregated manner. Fig. 4b shows more (less) extreme events are likely to occur in regions with a positive (negative) mean trend. The match between the mean and extreme trends deteriorates for increasingly heavy precipitation events. The AAMR is higher in regions with negative mean trends than in regions with positive mean trends, and is also higher in tropics and oceans than in the extratropics and land regions.

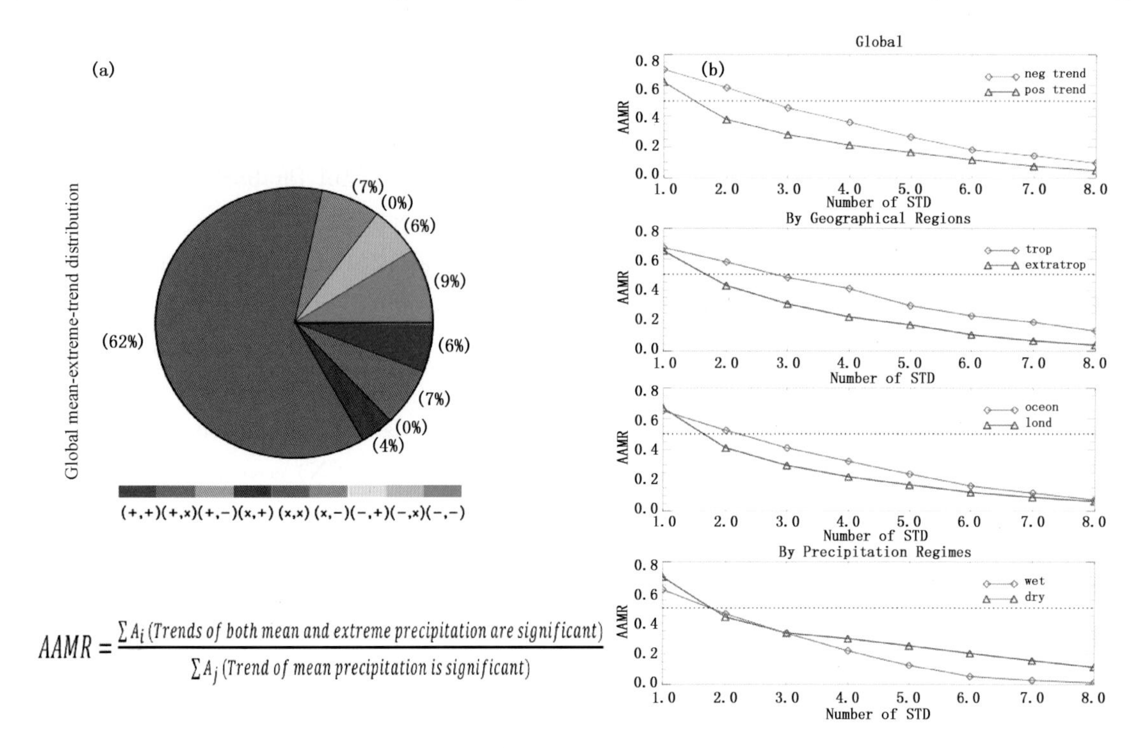

Fig. 4 The left panel shows the percentage of areas of each mean/extreme matching categories in the entire global for the 2-STD extremes in the GPCP data. The "+", "x" and "−" in the first and second sign and significance of the mean and extreme trends as shown in the color bar of the left panel. The right panel shows AAMR decreases with the degree of extremeness, which indicates less predictability for the more extreme events. The relative magnitude of AAMR for the positive/negative trends, in the tropics/extratropics, land/oceans and wet/dry regions provide insight to whether dynamics or thermodynamics dominates the mean and extreme precipitation in different regions(Figure redrawn from Zhou et al., 2017)

Whether the trends of mean and extreme precipitation for a given region are in the same or opposite direction depends on whether dynamic or thermodynamics play the major role in the region. If thermodynamic response dominates, the mean and extreme will change in the same direction and a translational shift of the PDF will occur. On the other hand, the change in the shape of rainfall PDF is likely to be non-translational, especially for the long-tail events. Extreme events that are driven by synoptic scale dynamics and convergence feedback rather than the thermodynamics, will result in little relationship between the trends of mean and extreme. The geographical dependence of AAMR, i. e. higher in tropics and oceans than the extratropics and land regions, reflects a higher degree of randomness and a stronger dynamical, rather than thermodynamical contribution driving extreme events in the latter regions. There is no doubt that a better understanding of the relationship between the trends of mean and extreme precipitation has broad implications on predictability and water resources management.

5 Extreme Precipitation Monitoring

Floods and landslides are two of the major catastrophic results of heavy rainfall. Floods are the most widespread and frequent natural disasters caused by extreme rainfall and are responsible for significant loss of lives and property (Smith et al. ,1998; Ashley et al. ,2008; Adhikari et al. ,2010). Heavy precipitation also has the potential to trigger landslides in mountainous areas with the right combination of topographic slope, soil type and vegetation. Landslides can be devastating when they occur in populated areas. Recent deadly landslides include North India Flood mudslides, Kedarnath, India in June 2013 (5,700 deaths), South Leyte landslide, Philippine in February 2006 (1126 deaths), and Typhoon triggered landslide in Xiaolin, Southern Taiwan, in August 2009 (death toll over 500). Landslides occur in nearly every country in the world with a high association with extreme precipitation (Kirschbaum et al. ,2015).

Tracking and monitoring extreme precipitation globally are important for both climate research as well as hazard management. The extreme precipitation indices designed by Expert Team for Climate Change Detection Monitoring and Indices (ETCCDMI, Donat et al. ,2013)are useful for monitoring the long-term trends in a region, but inadequate if not useless in providing real-time monitoring of extreme events. Recent improvements in satellite-based precipitation retrieval algorithms have made global precipitation measurement and real-time flood and landslide monitoring systems possible. The TRMM Multi-satellite Precipitation Analysis (TMPA) is one of the popular satellite-based precipitation estimates with 3-hourly, $0.25° \times 0.25°$ resolution and quasi-global (50°S—50°N) coverage (Huffman et al. , 2010). The real-time version of TMPA (3B42RT) and its successor, the Integrated Multi-satellitE Retrievals for GPM (IMERG) at a 0.1×0.1-degree, 30-min resolution (Huffman et al. ,2013), have been used in the global flood and landslide monitoring and regional hydrological predictions in many parts of the world because of their fine resolution and near-real-time availability (Hossain et al. ,2006; Hong et al. ,2007, 2010; Li et al. ,2009; Yilmaz et al. ,2010; Wang et al. ,2011; Su,2011; Wu et al. ,2012).

For the extreme precipitation monitoring purpose, the severity of precipitation events are often translated into meaningful terms that can be understood easily by the public and decision makers. "Return period" or "Average Recurrence Interval" (ARI) has been used in hydrological community to depict the rarity of flood events for decades (Bonnin et al. ,2011). An event with an ARI of 20-year means the probability of occurrence in any given year is 1 in 20 or 5%. Near-real-time and prediction maps in ARI are being produced for the continental US (CONUS) from radar and gauge precipitation estimates together with historical ARI statistics(http://metstat. com) (Parzybok et al. ,2011). Zhou et al. (2015) developed an online TRMM Extreme Precipitation Monitoring System (ExPreS) from the TRMM TMPA near-real-time precipitation product (Fig. 5). The system utilizes estimated equivalent Averaged Recurrence Interval (ARI) or Return-Year for up-to-date precipitation accumulations from the past 1~10 days to locate locally severe events. Based on generalized extreme value distribution (GEV) theory (Hosking et al. ,1997; Katz,2002; Wilks,2011), the annual maximum precipitations are used to fit the GEV functions, which in return are used for mapping the real-time extreme precipitation into ARI.

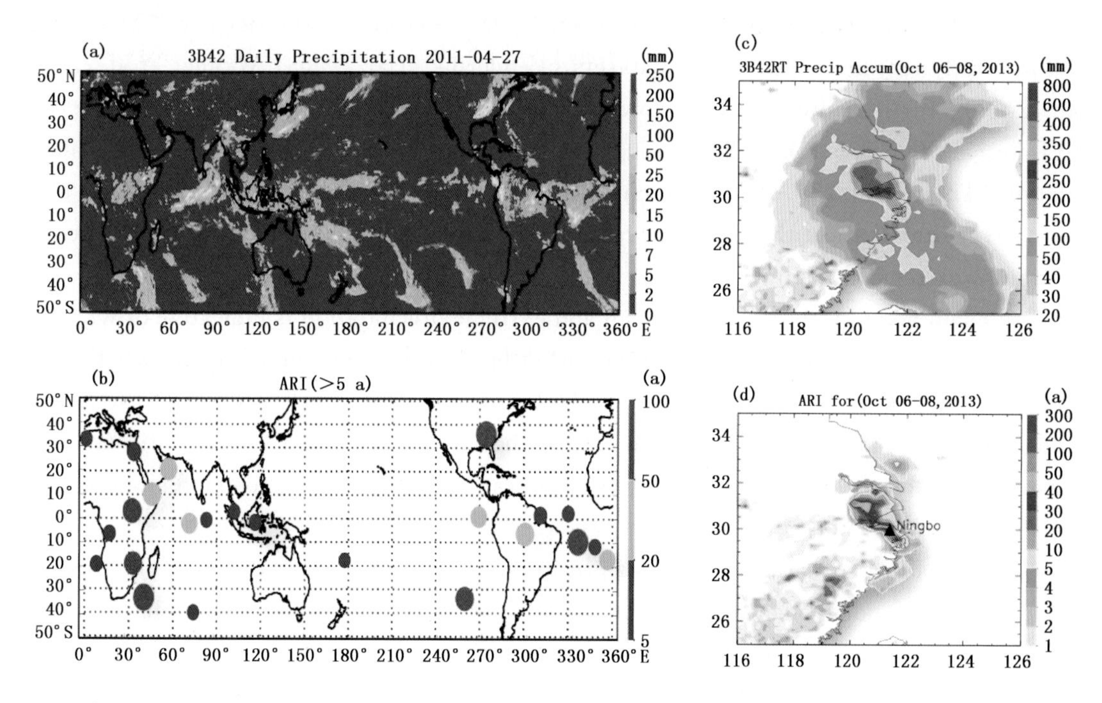

Fig. 5 The TRMM Extreme Precipitation Monitoring System shows precipitation accumulation (a and c) and corresponding Average Recurrence Interval (ARI) or Return-Year (b and d) for the past 1～10 d computed from near-real-time TRMM Multi-satellite Precipitation Analysis (TMPA). The system is intended to raise the awareness of potential hazards for the community and disaster management (Figure from Zhou et al. ,2015)

Several improvements of statistical modeling have been adopted in a recent work by Demirdjian et al. (2018) that include a regional clustering, modeling with "peak-over-threshold" method to improve the sample size and a time-varying location parameter. The new statistical modeling has alleviated the uncertainties due to the short satellite data record in Zhou et al. (2015). The system will be transported into the new IMERG data when retrospective IMERG from the entire TRMM-GPM erra becomes available in the coming spring. This type of global real-time extreme precipitation monitoring is only made possible with international collaboration and sharing of satellite measurements (Hou et al. ,2014; Skofronick-Jackson et al. ,2017).

6 Summary

Both short-term global satellite measurements and century long ground-based precipitation measurements indicate a significant increase in frequency and intensity of extreme precipitations (Alexander et al. ,2006; Westra et al. ,2013; Donat et al. ,2013; Allan et al. ,2008; Allen et al. ,2010; Liu et al. , 2012) while global mean precipitation has small if nozero increase (Sun et al. ,2007; Ren et al. ,2013; Adler,2017). The reason for this difference is due to different controlling mechanisms for global mean precipitation and individual precipitation events. The global mean precipitation is controlled by planetary radiative-convective balance where cloud feedback plays an important role (Manabe et al. ,1967; Held et al. ,2008; Bony et al. ,2015). A response in hydrological cycle to the warming manifests itself through regional precipitation redistribution and change in precipitation PDF (Allan et al. ,2010; Zhang et al. , 2007; Zhou et al. ,2011;Zhou et al. ,2011; Adler et al. ,2017; Feng et al. ,2018).

The scaling of extreme precipitation with respect to surface temperature (CC) varies significantly with the time resolution (daily versus hourly), extreme percentiles, and climate regimes (Kao et al. ,

2011; Liu et al. ,2012; Lau et al. ,2013; Feng et al. ,2018). Super CC and negative CC scalings have been found in hourly extreme precipitation datasets (Lenderink et al. ,2008; Wehner et al. ,2010; Haerter et al. , 2010); furthermore, studies show that other factors, such as large-scale (Emori et al. , 2005) and fine-scale dynamics (Diffenbaugh,2005), orography (Gebregiorgis,2013), meso-scale convective circulation (Trapp et al. ,2007), and precipitation efficiency (Haerter et al. ,2009; Ban et al. ,2014; Singh et al. ,2014) can all affect the local CC scaling. All these studies point to the great challenge in future projection of extreme precipitation.

The relationship between the trends of mean and extreme precipitation is indicative of whether mean atmospheric circulation and moisture distribution impact both in the same direction and whether dynamic or thermodynamic dominates the contributions to the extreme events. While in most of the regions, extreme trends shows the same sign as the mean trend, the Area Aggregated Match Ratio (AAMR) decreases with the degree of extremeness and shows significant differences between land and ocean, tropics and mid-latitude regions (Zhou et al. ,2017).

Because of the hazardous nature of extreme precipitation, it is important that society are not only aware of its global and regional changing patterns but also are prepared when it occurs in the form of severe weather events. An extreme precipitation monitoring system is introduced that provides the location and severity (presented as a "return year") of extreme precipitation quasi-globally in near-real-time (Zhou et al. ,2015; Demirdjian et al. ,2018). The system makes use of near-real-time precipitation estimates from an international constellation of satellites from the TRMM and GPM missions (Hou et al. , 2014; Skofronick-Jackson et al. ,2017).

References

Adler R F, Gu G J, Wang J J, et al,2008. Relationships between global precipitation and surface temperature on interannual and longer timescales (1979—2006) [J]. J. Geophys. Res. , 113(D22104) . DOI: 10.1029/2008JD010536.

Adler R, Gu G J, Matthew Sapiano, Huffman, et al,2017. Global Precipitation: Means, Variations and Trends During the Satellite Era (1979—2014) [J]. Surveys in Geophysics, 38(4):679.

Allan R P,2014. Dichotomy of drought and deluge[J]. Nature Geosciences, 7:700-701. DOI:10. 1038/ngeo2243

Allan R P, Liu C, Zahn M, et al,2014. Physically consistent responses of the global atmospheric hydrological cycle in models and observations[J]. Surv. Geophys. , 35:533-552. DOI:10. 1007/s10712-012-9213-z .

Allan R P, Soden B J,2008. Atmospheric warming and the amplification of precipitation extremes[J]. Science, 321, 1481-1484. DOI:10. 1126/science. 1160787.

Allan R P, Soden B J, John V O, et al,2010. Current changes in tropical precipitation[J]. Environ. Res. Lett. , 5, 025205. DOI:10. 1088/1748-9326/5/2/025205.

Alexander L V, Zhang X, Peterson T C, et al,2006. Global observed changes in daily climate extremes of temperature and precipitation[J]. J Geophys Res Atmos,111:D05109.

Allen M R, Ingram W J, 2002. Constraints on future changes in climate and the hydrologic cycle[J]. Nature, 419:224-232.

Asadieh B, Krakauer N Y, 2015. Global trends in extreme precipitation: Climate models vs. observations[J]. Hydrol Earth Syst Sci,19:877-91.

Ashley S T, Ashley W S, 2008. Flood fatalities in the United States[J]. J Appl Meteor Climatol, 47:806-818.

Ban N, Schmidli J, Schär C,2014. Evaluation of the convection-resolving regional climate modeling approach in decade-long simulations[J]. J Geophys Res Atmos,119:7889-907.

Berg P,et al, 2009. Seasonal characteristics of the relationship between daily precipitation intensity and surface temperature [J]. J Geophys Res, 114:D18102.

Boer G, 1993. Climate change and the regulation of the surface moisture and energy budgets[J]. Climate Dyn, 8:225-239.

Brakenridge, 2010. A digitized global flood inventory (1998-2008): Compilation and preliminary results[J]. Natural Hazards, 55 (2), 405-422. DOI: 10. 1007/s11069-010-9537-2.

Chou C, Chen C A, Tan P H, et al, 2012. Mechanisms for global warming impacts on precipitation frequency and intensity [J]. J Climate,25:3291-3306. DOI:10. 1175/JCLI-D-11-00239. 1.

Demirdjian L, Zhou Y, Human G J, 2018. Statistical Modeling of Extreme Precipitation with TRMM Data[J]. J Appl Meteor Climatol,57:15-30. DOI:10. 1175/JAMC-D-17-0023. 1.

Dessler A E, 2010. A determination of the cloud feedback from climate variations over the past decade[J]. Science, 330: 1523-1527. DOI: 10. 1126/science. 1192546.

Dettinger M,2011. Climate change, atmospheric rivers, and floods in California—A multimodel analysis of storm frequency and magnitude changes[J]. J Am Water Resour Assoc,47:514-23.

Diffenbaugh N S, Pal J S, Trapp R J, et al, 2005. Fine—scale processes regulate the response of extreme events to global climate change[J]. Proc Natl Acad Sci, 102:15,774-8.

Donat M G, Alexander L V, Yang H, et al, 2013. Updated analyses of temperature and precipitation extreme indices since the beginning of the twentieth century: The HadEX2 dataset[J]. J Geophys Res Atmos,118:2098-118.

Emori S, Brown S J, 2005. Dynamic and thermodynamic changes in mean and extreme precipitation under changed climate [J]. Geophys Res Lett, 32, L17706.

Feng et al,2018. QJRMS: High resolution (16km) simulations depict increases in heavy and light precipitation at the expense of moderate precipitation although precise response varies by region.

Fischer E M, Knutti R, 2014. Detection of spatially aggregated changes in temperature and precipitation extremes[J]. Geophys Res Lett,41:547-54.

Gebregiorgis A S,Hossain F,2013. Understanding the dependence of satellite rainfall uncertainty on topography and climate for hydrologic model simulation[J]. IEEE Trans Geosci Remote Sens, 51:704-718.

Groisman P Y, Knight R W, Easterling D R, et al, 2005. Trends in intense precipitation in the climate record[J]. J Clim, 18:1326-50.

Gu G J, Adler R F, Huffman G J, et al, 2007. Tropical rainfall variability on interannual-to-interdecadal and longer time scales derived from the GPCP monthly product[J]. J Clim, 20: 4033-4046. DOI:10. 1175/JCLI4227. 1.

Guan B, Waliser D E,2015. Detection of atmospheric rivers: Evaluation and application of an algorithm for global studies [J]. J Geophys Res Atmos, 120:12514-12535. DOI: 10. 1002/2015JD024257.

Haerter J O, Berg P, 2009. Unexpected rise in extreme precipitation caused by a shift in rain type? [J]. Nat Geosci,2:372-3.

Hardwick Jones R, Westra S, Sharma A,2010. Observed relationships between extreme sub—daily precipitation, surface temperature, and relative humidity[J]. Geophys Res Lett,37:L22805.

Hegerl G C, Min S K, 2013. Attributing intensification of precipitation extremes to human influence[J]. Geophys Res Lett, 40:5252-7.

Held I M, Soden B J. 2006. Robust responses of the hydrological cycle to global warming[J]. J Clim, 19:5686-5699. DOI: 10. 1175/JCLI3990. 1.

Higgins R W, et al, 2000. Improved US Precipitation Quality Control System and Analysis. NCEP/Climate.

Hong Y, Adler R F,Huffman G J, et al, 2010. Applications of TRMM-Based Multi-Satellite Precipitation Estimation for Global Runoff Prediction: Prototyping a Global Flood Modeling System[J]. Satellite Rainfall Applications for Surface Hydrology:245-265.

Hong Y, Adler R F, Negri A, et al, 2007. Flood and landslide applications of near real-time satellite rainfall estimation[J]. Journal of Natural Hazards, 43 (2):285-294. DOI: 10. 1007/s11069-006-9106-x.

Hosking J R M, Wallis J R, 1997. Regional frequency analysis, an approach based on L-moments[M]. Cambridge University Press.

Hossain F, Lettenmaier D P, 2006. Flood Prediction in the Future: Recognizing Hydrologic Issues in anticipation of the Global Precipitation Measurement Mission-Opinion Paper [J]. Water Resources Research, 44. DOI: 10. 1029/2006WR005202.

Hou A Y, Kakar R K, Neeck S, et al, 2014. The Global Precipitation Measurement Mission[J]. Bull Amer Meteor Soc, 95:701-722. DOI: http://dx. doi. org/10. 1175/BAMS-D-13-00164. 1.

Huffman G J,Adler R F,Bolvin D T, et al, 2010. The TRMM Multi-satellite Precipitation Analysis (TMPA) [C]. In Hossain F, Gebremichael M. Satellite Precipitation Applications for Surface Hydrology: 3-22. Springer Verlag. ISBN: 978-90-481-2914-0.

Huffman G J, Bolvin D T, Braithwaite D, et al, 2013. NASA Global Precipitation Measurement Integrated Multi-satellitE Retrievals for GPM (IMERG), NASA Algorithm theoretical basis document (ATBD) version 4. 1[Z].

Jun T, Munasinghe L, Rind D H, 2015. A New Metric for Indian Monsoon Rainfall Extremes[J]. J Climate, 28:2842-2855. https://doi. org/10. 1175/JCLI-D-13-00764. 1.

Kao S C, Ganguly A R,2011. Intensity, duratiofn, and frequency of precipitation extremes under 21st-century warming scenarios[J]. J Geophys Res,116: D16,119.

Katz R W, Parlange M B, Naveau P,2002. Statistics of extremes in hydrology[J]. Adv Water Resour, 25:1287-1304.

Kendon E J, Roberts N M, Fowler H J, et al, 2014. Heavier summer downpours with climate change revealed by weather forecast resolution model[J]. Nat Clim Chang,4:570-6.

Kharin V V, Zwiers F W, Zhang X, et al, 2007. Changes in temperature and precipitation extremes in the IPCC ensemble global coupled model simulations[J]. J Climate, 20:1419-1444.

Kharin V V, Zwiers F W, Zhang X, et al, 2013. Changes in temperature and precipitation extremes in the CMIP5 ensemble [J]. Clim Chang,119:345-57.

Kirschbaum D, Stanley T, Zhou Y, 2015. Spatial and temporal analysis of a global landslide catalog[J]. Geomorphology. https://doi. org/10. 1016/j. geomorph. 2015. 03. 016,. Crossref, Google Scholar

Kirshbaum D J, Smith R B, 2008. Temperature and moist-stability effects on midlatitude orographic precipitation[J]. Q J Roy Meteorol Soc,134:1183-99.

Kooperman G J, Pritchard M S, Somerville R C,2014. The response of US summer rainfall to quadrupled CO_2 climate change in conventional and superparameterized versions of the NCAR community atmosphere model[J]. J Adv Model Earth Syst,6:859-82.

Lau K M, Wu H T, Kim K M, 2013. A canonical response of precipitation characteristics to global warming from CMIP5 models[J]. Geophys Res Lett, 40:3163-3169. DOI:10. 1002/grl. 50420.

Lau W K, Zhou Y, Wu H T, 2008. Have tropical cyclones been feeding more extreme rainfall? [J]. J Geophys Res, 113 (D23):D23113 [10. 1029/2008JD009963].

Lavers D A, Allan R P, Wood E F, et al, 2011. Winter floods in Britain are connected to atmospheric rivers[J]. Geophys Res Lett,38.

L'Ecuyer T, Beaudoing H, Rodell M, et al,2015. The observed state of the energy budget in the early twenty-first century [J]. J Clim,28:8319-8346. DOI: 10. 1175/JCLI-D-14-00556.

Lenderink G, Mok H Y, Lee T C,et al,2011. Scaling and trends of hourly precipitation extremes in two different climate zones-Hong Kong and the Netherlands[J]. Hydrol Earth Syst Sci,8:4701-4719.

Lenderink G, van Meijgaard E,2008. Increase in hourly precipitation extremes beyond expectations from temperature changes[J]. Nat Geosci, 1:511-514.

Lenderink G, van Meijgaard E, 2010. Linking increases in hourly precipitation extremes to atmospheric temperature and moisture changes[J]. Environ Res Lett, 5.

Li L, Hong Y, Wang J, et al, 2009. Evaluation of the real-time TRMM-based multi-satellite precipitation analysis for an operational Flood Prediction System in Nzoia Basin, Lake Victoria, Africa[J]. Journal of Natural Hazards, 50 (1):109-123. DOI: 10. 1007/s11069-008-9324-5.

Liu C, 2011. Precipitation contributions from precipitation systems with different sizes, convective intensities, and durations over the tropics and subtropics[J]. Journal of Hydrometeorology,12 (3), 394-412.

Liu C, Allan R P,2012. Multisatellite observed responses of precipitation and its extremes to interannual climate variability [J]. J Geophys Res,117:D03101.

Liu C, Allan R P, 2013. Observed and simulated precipitation responses in wet and dry regions 1850-2100[J]. Environmental Research Letters, 8:034002. DOI:10. 1088/1748-9326/8/3/034002.

Liu C, Zipser E J, 2015. The global distribution of largest, deepest, and most intense precipitation systems[J]. Geophysical Research Letters,42 (9):3591-3595.

Maddox R A, Chappell C F, Hoxit L R, 1979. Synoptic and mesoscale aspects of flash flood events[J]. Bull Am Meteorol Soc, 60:115-123.

Maeda E E, Utsumi N, Oki T,2012. Decreasing precipitation extremes at higher temperatures in tropical regions[J]. Nat. Hazards,64:935-41.

Manabe S, Wetherald R T,1967. Thermal equilibrium of the atmosphere with a given distribution of relative humidity[J]. J Atmos Sci, 24:241-259.

Marvel K, Bonfils C, 2013. Identifying external influences on global precipitation[J]. PNAS. DOI: 10. 1073/pnas. 1314382110. 23803.

Min S K, Zhang X, Zwiers F W, et al, 2011. Human contribution to more—intense precipitation extremes[J]. Nature, 470:378-381. DOI:10. 1038/nature09763.

Muller C, 2013. Impact of convective organization on the response of tropical precipitation extremes to warming[J]. J Climate, 26:5028-5043. https://doi. org/10. 1175/JCLI-D-12-00655. 1.

O'Gorman P A,2012. Sensitivity of tropical precipitation extremes to climate change[J]. Nat Geosci,5: 697-700.

O'Gorman P A, 2015. Precipitation Extremes Under Climate Change[J]. Curr Clim Change Rep. DOI:10. 1007/s40641-015-0009-3.

O'Gorman P A, Muller C J, 2010. How closely do changes in surface and column water vapor follow Clausius-Clapeyron scaling in climate-change simulations? [J]. Environ Res Lett,5:025,207.

O'Gorman P A,Schneider T, 2009. The physical basis for increases in precipitation extremes in simulations of 21st-century climate change [J]. Proceedings of the National Academy of Sciences, 106: 14773-14777. DOI: 10. 1073/pnas. 0907610106.

Pall P, Allen M R, Stone D A,2007. Testing the Clausius-Clapeyron constraint on changes in extreme precipitation under CO_2 warming[J]. Clim Dyn,28:351-63.

Parzybok T, Clarke B, Hultstrand D M, 2011. Average recurrence interval of extreme rainfall in real-time[J]. Earthzine, April 11.

Pendergrass A G, Hartmann D L,2014. Two modes of change of the distribution of rain[J]. J Clim,27:8357-71.

Peters-Lidard C D, Coauthors, 2015. Integrated modeling of aerosol, cloud, precipitation and land processes at satellite-resolved scales[J]. Environ Modell Software, 67:149-159. DOI:https://doi. org/10. 1016/j. envsoft. 2015. 01. 007.

Pfahl S, Wernli H, 2012. Quantifying the Relevance of Cyclones for Precipitation Extremes[J]. J Climate, 25:6770-6780. https://doi. org/10. 1175/JCLI-D-11-00705. 1.

Polson D, Hegerl G C, Allan R P, et al,2013. Have greenhouse gases intensified the contrast between wet and dry regions? [J]. Geophys Res Lett, 40:4783-4787.

Ramanathan V, 1981. The role of ocean-atmosphere interactions in the CO_2 climate problem[J]. J Atmos Sci, 38:918-930.

Rasmusson E M, 1971. A study of the hydrology of eastern North America using atmospheric vapor flux data[J]. Mon Wea Rev, 99:119-135. DOI:https://doi. org/10. 1175/1520-0493(1971)099<0119:ASOTHO>2. 3. CO;2.

Rodell M, Beaudoing H K, L'Ecuyer T, et al,2015. The observed state of the water cycle in the early 21st century[J]. J Clim, 28:8289-8318. DOI: 10. 1175/JCLI-D-14-00555. 1.

Romps D M,2011. Response of tropical precipitation to global warming[J]. J Atmos Sci,68:123-38.

Schumacher R S, Johnson R H, 2005. Organization and environmental properties of extreme-rain-producing mesoscale convective systems[J]. Mon Weather Rev, 133:961-976. DOI:10. 1175/MWR2899. 1.

Singh M S, O'Gorman P A,2014. Influence of microphysics on the scaling of precipitation extremes with temperature[J]. Geophys Res Lett,41:6037-44.

Skofronick-Jackson G, Petersen W A, Berg W,et al, 2017. The Global Precipitation Measurement (GPM) Mission for Science and Society[J]. Bulletin of the American Meteorological Society, 98 (8): 1679-1695 [10. 1175/bams-d-15-—00306. 1].

Smith K, Ward R, 1998. Floods: physical processes and human impacts[M]. Wiley, New York

Stephens G L, Li J L, Wild M, et al,2012. An update on Earth's energy balance in light of the latest global observations [J]. Nat Geosci,5:691-696.

Su F G, Gao H, Huffman G J, et al, 2011. Potential utility of the real-time TMPA-RT precipitation estimates in streamflow prediction[J]. J Hydrometeor, 12: 444-455.

Sugiyama M, Shiogama H, Emori S, 2010. Precipitation extreme changes exceeding moisture content increases in MIROC and IPCC climate models[J]. Proceedings of the National Academy of Sciences, 107 (2):571-575. DOI:10.1073/pnas.0903186107.

Sun Y, Solomon S, Dai A, et al, 2007. How often will it rain? [J]. J Clim, 20:4801-4818. DOI: 10.1175/JCLI4263.1.

Trapp R J, et al, 2007. Changes in severe thunderstorm environment frequency during the 21st century caused by anthropogenically enhanced global radiative forcing[J]. Proc. Natl Acad Sci, 104:19719-19723.

Trenberth K E, 1999. Conceptual framework for changes of extremes of the hydrological cycle with climate change[J]. Climatic Change, 42:327-339.

Trenberth K E, Dai A, Rasmussen R M, et al, 2003. The changing character of precipitation[J]. Bull Am Meteorol Soc, 84:1205-1217. DOI:10.1175/BAMS-84-9-1205.

Trenberth K E, Fasullo J T, Kiehl J, 2009. Earth's global energy budget[J]. Bull Am Meteorol Soc, 90:311-323. DOI: 10.1175/2008BAMS2634.1.

Utsumi N, Seto S, Kanae S, et al, 2011. Does higher surface temperature intensify extreme precipitation? [J]. Geophys Res Lett, 38:L16708. DOI:10.1029/2011GL048426.

Wang J, Dai A, Mears C, 2016. Global water vapor trend from 1988 to 2011 and its diurnal asymmetry based on GPS, radiosonde, and microwave satellite measurements[J]. J Clim, 29:5205-5222.

Wang J, Yang H, Li L, et al, 2011. The coupled routing and excess storage (CREST) distributed hydrological model[J]. Hydrol Sci J, 56(1):84-98.

Watterson I G, Dix M R, 2003. Simulated changes due to global warming in daily precipitation means and extremes and their interpretation using the gamma distribution[J]. J Geophys Res, 108:4379. DOI:10.1029/2002JD002928, D13.

Wehner M F, Smith R L, Bala G, et al, 2010. The effect of horizontal resolution on simulation of very extreme US precipitation events in a global atmosphere model[J]. Clim Dyn, 34:241-7.

Wentz F J, Ricciardulli L, Hilburn K, et al, 2007. How much more rain will global warming bring? [J]. Science, 317: 233-235.

Westra S, Alexander L V, Zwiers F W, 2013. Global increasing trends in annual maximum daily precipitation[J]. J Clim, 26:3904-18.

Wilks D S, 2011. Statistical Methods in the Atmospheric Sciences: 3rd Edition[M]. Academic Press: 704.

Wu H, Adler R F, Hong Y, et al, 2012. Evaluation of global flood detection using satellite-based rainfall and a hydrologic model[J]. J. Hydrometeor, 13:1268-1284. DOI: http://dx.doi.org/10.1175/JHM-D-11-087.

Xie P, Janowiak J E, Arkin P A, et al, 2003. GPCP pentad precipitation analyses: An experimental dataset based on gauge observations and satellite estimates[J]. J Clim, 16:2197-2214. DOI:10.1175/2769.1.

Yanai M, Esbensen S, Chu J H, 1973. Determination of average bulk properties of tropical cloud clusters from large-scale heat and moisture budgets[J]. J Atmos Sci, 30:611-627. DOI:https://doi.org/10.1175/1520-0469(1973)030<0611:DOBPOT>2.0.CO;2.

Yilmaz K K, Adler R F, Tian Y, et al, 2010. Evaluation of a satellite-based global flood monitoring system[J]. International Journal of Remote Sensing, 31 (14):3763-3782. DOI: 10.1080/01431161.2010.483489.

Zhang Xuebin, et al, 2007. Detection of human influence on twentieth-century precipitation trends[J]. Nature, 448: 461-465.

Zhang X, Wan H, Zwiers F W, et al, 2013. Attributing intensification of precipitation extremes to human influence[J]. Geophys Res Lett, 40:5252-7.

Zhou Y, Lau W K, 2017. The Relationships Between the Trends of Mean and Extreme Precipitation[J]. Int J of Climatol, 10.1002/joc.4962.

Zhou Y, Lau W K M, Human G J, 2015. Mapping TRMM TMPA into average recurrence interval for monitoring extreme precipitation events[J]. J Appl Meteor Climatol, 54 (5):979-995. DOI:10.1175/JAMC-D-14-0269.1.

Zhou Y, Xu K M, Sud Y C, et al, 2011. Recent trends of the tropical hydrological cycle inferred from Global Precipitation Climatology Project and International Satellite Cloud Climatology Project data[J]. J Geophys Res, 116. D09101. DOI: 10.1029/2010JD015197.

中部型 El Niño 的变化及其对气候的影响

王鑫[1,2] 谭伟[2,3] 陈梦燕[1,4] 管承扬[1,4] 童波[1,4]

(1 中国科学院南海海洋研究所,热带海洋环境国家重点实验室,广州 510301;2 青岛海洋科学与技术试点国家实验室,区域海洋动力学与数值模拟功能实验室,青岛 266237;3 山东科技大学海洋科学与工程学院,青岛 266590;4 中国科学院大学,北京 100049)

摘　要:本文回顾总结了作者及其合作者近年来在 El Niño 多样性方面开展的一系列研究工作。根据其对华南秋季降水异常的不同影响,作者提出将中部型 El Niño(Central Pacific El Niño)分为两类 CP-I El Niño 和 CP-II El Niño;根据其发生时海气耦合特征的不同,建立了 CP-II El Niño 指数,可以客观诊断 CP-II El Niño 事件。并且更进一步指出 CP-I El Niño、CP-II El Niño 的形成机制明显不同;CP-I El Niño 主要是通过热带海气耦合过程维持其发展;而对于 CP-II El Niño,北半球副热带风应力异常引起的海洋环流异常是其形成的重要原因之一。CP El Niño 对东亚和热带印度洋的气候变化具有显著的影响,本文分析比较了 CP-I El Niño 和 CP-II El Niño 对台风登陆、印度洋偶极子、南海海温以及北赤道流分叉点影响的差异及其机理。这些研究结果,有助于进一步加深对 ENSO 动力学的认识,完善 ENSO 理论框架,尤其是对于副热带一热带间相互作用在 ENSO 多样性中的作用,并且为提高我国的气候预测水平提供了科学依据。

关键词:中部型 El Niño,副热带北太平洋,气候影响

1 引言

厄尔尼诺一南方涛动(El Niño—Southern Oscillation, ENSO),为年际变率最强的信号,它强烈的影响着全球的气候变化。近些年越来越多的研究发现,热带太平洋存在两种不同类型并且相对独立的海温增暖事件:一类是传统的赤道东太平洋增温型(Eastern Pacific El Niño,EP El Niño);另一类的增暖中心向西偏移,位于日界线附近的赤道中太平洋海域,并且增暖强度偏弱。后者被称为"Dateline El Niño"(Larkin et al., 2005),"El Niño Modoki"(Ashok et al.,2007),"Central Pacific (CP) El Niño"(Yu et al., 2007)或"Warm Pool (WP) El Niño"(Kug et al.,2009),尽管被冠以各种不同的名称,但是这些名称几乎都表达出赤道中太平洋增暖的特征,为了表述方便,本文统一采用 CP El Niño 这种命名。近些年来,随着 CP El Nino 类型的发现,El Nino 的多样性与复杂性的研究逐渐成为海气相互作用和全球变化领域的热点问题之一(Yu et al.,2017; Timmermann et al.,2018)。

对于 CP El Niño 的形成原因,至今尚无定论。国内外学者们相继提出了诸多可能的机制。一种观点认为与热带西太平洋的西风异常有关(Ashok et al.,2007; Chen et al.,2015;Lai et al.,2015)。Ashok 等(2007)认为赤道太平洋西部的西风异常引起东传下沉的 Kelvin 波,而赤道太平洋东部的东风异常引起西传下沉 Rossby 波,两种波动共同使得热带太平洋中部的温跃层加深,从而使 SSTA 升高。Chen 等(2015)认为赤道太平洋暖水体积(WWV)和西风爆发(WWB)的共同作用是产生 El Niño 事件多样性的原因之一。此外,Kug 等(2009)提出纬向平流反馈过程在 CP El Niño 事件的发展中起到了重要的作用。还有一些学者提出热带 SST 异常和中纬度大气变化之间存在着重要联系(Vimont et al.,2003a, 2003b;Di Lorenzo et al., 2010;Yu et al., 2010;2011;2012;Furtado et al.,2012;Anderson et al.,2013;Park et al.,2013;Ding et al.,2015;Yeh et al.,2015)。Yu 等(2010)认为 CP El Niño 通过表面风强迫、海气热通量(主要是潜热通量)和表层海洋平流的作用与副热带东北太平洋相联系。

由于增暖位置和强度的不同,两类 El Niño 引起的大气环流异常及其对热带及热带外气候的影响存在显著差异(Weng et al.,2007; Kao et al., 2009; Hong et al.,2011; Kim et al.,2012)。自 20 世纪 90 年代以来,EP El Niño 的发生频率明显降低。而 CP El Niño 事件的发生频率及强度则越来越高(Yeh et al.,2009; Lee et al., 2010),这种年代际变化与北太平洋振荡(North Pacific Oscillation, NPO)(Rogers, 1981;Linkin et al.,2008),即阿留申低压和副热带太平洋高压之间的异相位的波动有关(Yu et al., 2011;Yu et al, 2012;Furtado et al., 2012;Yeh et al., 2015)。1990 年以后 NPO 对热带太平洋具有的更强的影响可能会导致中部型 El Niño 频率的增加(Yu et al., 2012;Yeh et al., 2015)。不过也有研究认为 CP El Niño 频率的增加是由全球增暖使得赤道太平洋地区温跃层的变浅而导致的(Yeh et al., 2009)。

本文主要介绍了近年来作者在 El Niño 多样性方面开展的工作,其安排如下,在第 2 部分主要介绍了 CP El Niño 多样性的诊断,第 3 部分介绍了 CP El Niño 形成机制,在第 4 部分给出了 CP El Niño 对气候变化影响机制,第 5 部分是总结。谨以此文祝贺尊敬的李崇银老师八十华诞。

2 CP-I 和 CP-II El Niño 的提出与诊断

根据对华南地区秋季降水的不同影响,我们将 CP El Niño 进一步划分为两类,称之为 El Niño Modoki I 和 El Niño Modoki II(Wang et al., 2013);为行文简便,本文称之为 CP-I El Niño 和 CP-II El Niño。将华南秋季降水高于(低于)+0.5 (−0.5)倍标准差的 CP El Niño 事件定义为 CP-I(CP-II)El Niño,它们在热带太平洋表现出不同的增暖模态(图 1)。传统 El Niño 的暖 SST 异常最早出现在北半球春季,起源于赤道东太平洋的南美沿岸,随后逐渐加强并向西发展,最终在冬季达到最大(成熟位相)(Rasmusson et al., 1982)。而对于 CP-I El Niño 和 CP-II El Niño,尽管暖 SST 异常都在北半球冬季的赤道中太平洋达到峰值,但是它们的发源地和时空演变却并不相同。CP-I El Niño 的暖 SST 异常直接起源于赤道中太平洋,然后在局地发展并达到最大。然而,对于 CP-II El Niño,暖海温异常首先出现在副热带东北太平洋,接着向西南方向发展,最终在赤道中太平洋达到最大,表现为从副热带东北太平洋到赤道中太平洋的类平行四边形的异常增暖模态(Wang et al., 2013)。由此可见,热带太平洋的海温异常分布在 CP-I El Niño 和 CP-II El Niño 的成熟位相(北半球冬季)差别不大,暖异常中心均位于赤道中太平洋,它们的最大差异出现在北半球秋季。在 CP-I El Niño 的秋季,暖 SST 异常关于赤道南北对称,而对于 CP-II El Niño,暖 SST 异常几乎全部位于赤道以北,并且赤道中太平洋的暖海温异常相较 CP-I El Niño 有所西移,偏西将近 10°。进一步的比较分析发现,传统 El Niño 和 CP-I El Niño 的暖 SST 异常表现为关于赤道南北对称的空间分布模态,而对于 CP-II El Niño,绝大部分暖 SST 异常位于赤道以北(Wang et al., 2013)。这种不同的增暖型态使得海洋对大气的加热位置不同,引起大气环流不同的 Rossby 波响应,进而导致它们对华南秋季降水、西北太平洋台风路径以及印度洋偶极子(Indian Ocean Dipole;IOD)等的气候影响存在显著差异(Wang et al., 2013; 2014)。

传统 El Niño 和 CP-I El Niño 的暖 SST 异常最早分别出现在赤道东、中部太平洋,而当 CP-II El Niño 发生时,暖 SST 异常则是从副热带东北太平洋向西南方向延伸到赤道中太平洋。这种暖 SST 异常的分布差异导致其上空产生不同的大气响应(图 2)。在传统 El Niño 和 CP-I El Niño 的秋季(Sept-Oct-Nov, SON),菲律宾海域附近出现异常的反气旋式环流,相应地在其上空产生负的异常风涡度(图 2a, b),而在 CP-II El Niño 的秋季则相反,菲律宾海上空出现异常的气旋性环流,此时风涡度异常为正(图 2c)(Wang et al., 2013)。由此可见,CP-II El Niño 一方面具有与 CP-I El Niño 部分相似的海洋特征(暖海温异常在赤道中太平洋),同时又存在着与之区别明显的大气特征(热带西太平洋低层大气正涡度异常)。

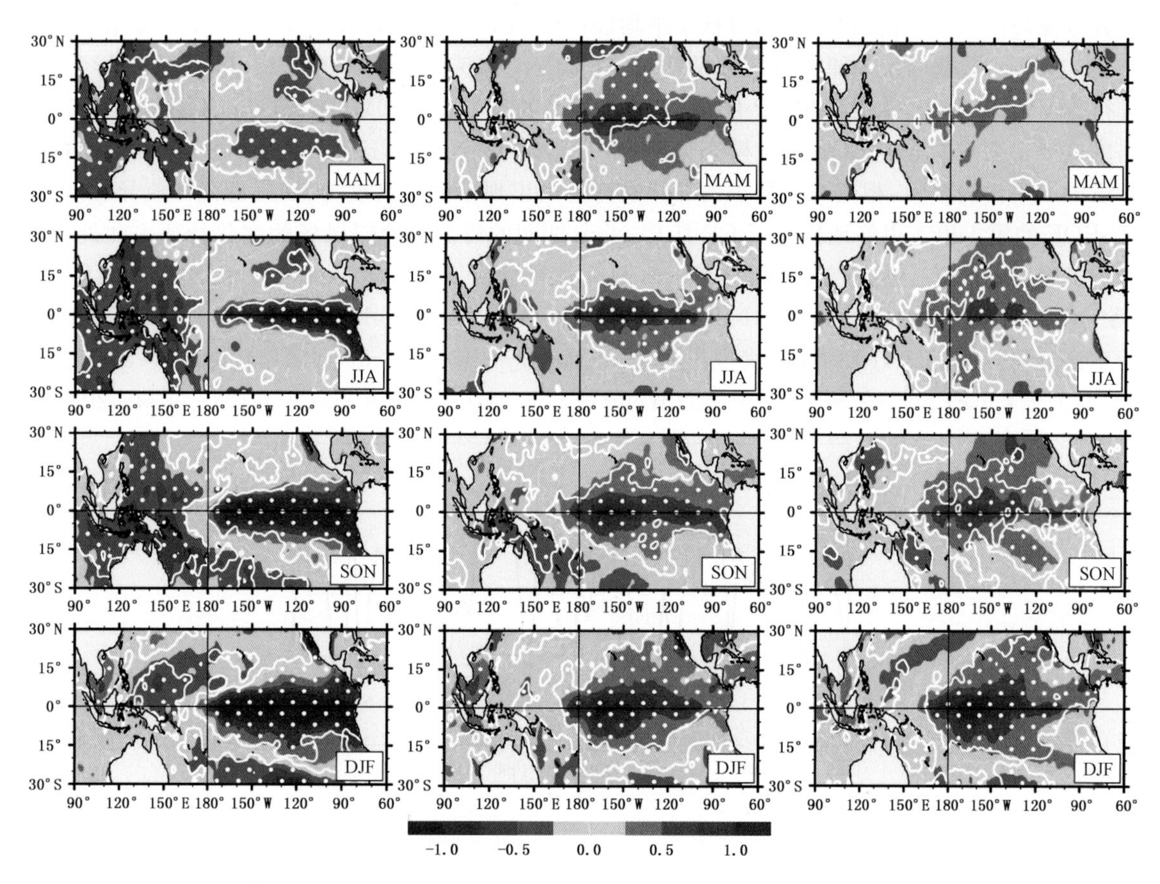

图 1　热带太平洋在传统 El Niño(第一列)，CP-I El Niño(第二列)和 CP-I El Niño(第三列)期间合成的 SST 异常(°C)，白色等值线包围的区域表示合成 SST 异常超过 90%的显著性检验(引自 Wang et al.，2013)

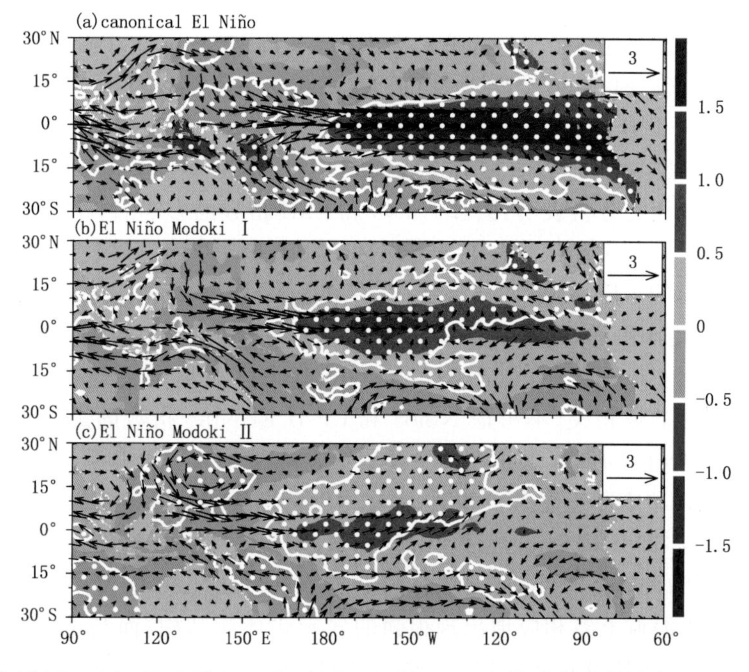

图 2　传统 El Niño(a)，CP-I El Niño(b)和 CP-II El Niño(c)秋季合成的异常 SST(阴影；°C)和 850 hPa 的异常风场分布(矢量；m/s)。白色等值线包围的区域表示合成的 SST 异常通过 90% 显著性检验的区域

综合考虑海洋与大气的耦合特征，对秋季平均(SON)的 El Niño Modoki Index (EMI)指数(Ashok et al.，2007)、Niño 4 指数以及菲律宾海区域平均(10°—25°N，115°—145°E)的 850 hPa 风涡度异常这三个变量进行 MV-EOF 分析，以提取出 CP-II El Niño 的典型特征。上述 EMI 指数、Niño4 指数和 850 hPa 异常风涡度这 3 个变量的 MV-EOF 第 1 模态分别为 0.67，0.60 和 0.43，这意味着在 CP El Niño 事件中，伴随着赤道中太平洋的增暖，相应地在秋季的菲律宾海上空出现正的风涡度异常(气旋式环流异常)，由此可见，MV-EOF 的第 1 模态很好地描述了 CP-II El Niño 期间的海温和低层风场的变化特征。此外，第 1 模态还能够解释高达 67.7%的方差，并通过 North 显著性检验(North et al.，1982)，因此将标准化的 MV-EOF 第 1 模态的时间系数定义为 CP-II El Niño 指数(图 3)(Wang et al.，2018)。对 CP-II El Niño 指数进行功率谱分析，发现 CP-II El Niño 表现出显著的年际(2～3 年和 4～5 年)和年代际(10～20 年)变化特征，与前人关于 CP El Niño 的周期描述一致(Weng et al.，2007；Kao et al.，2009；Xu et al.，2012)。

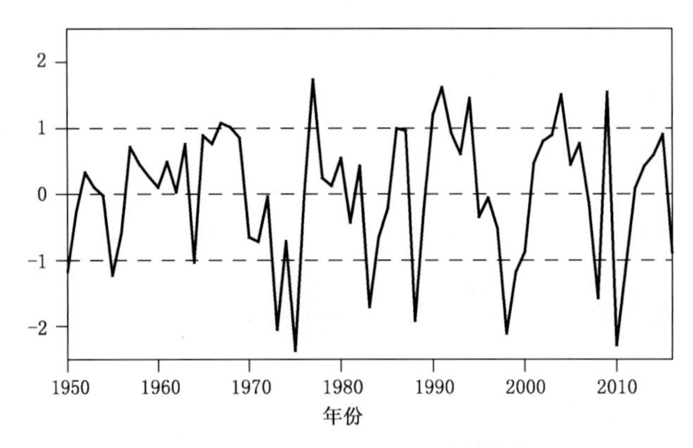

图 3 CP-II El Niño 指数的标准化时间序列

将 CP-II El Niño 指数大于 1 个标准差的年份定义为 CP-II El Niño 事件，在 1950—2016 年中一共可以挑选出 8 个个例(1967，1968，1977，1990，1991，1994，2004，2009)。与通过 EMI 指数挑选出来的总的 CP El Niño 事件(1963，1968，1977，1979，1987，1990，1991，1992，1994，2002，2004，2009，包括 CP-I El Niño 和 CP-II El Niño)相比，上述 8 个个例中有 7 个属于 CP El Niño 事件，因此将这 7 个个例定义为 CP-II El Niño 事件，而剩下的 CP El Niño 个例即为 CP-I El Niño 事件(表略)。对挑选出来的 CP-I El Niño 和 CP-II El Niño 期间的 SST 异常进行合成分析(图略)，发现与图 1 的时空分布类似。

利用 CP-II El Niño 指数，我们能够更加清晰地比较 CP-I El Niño 和 CP-II El Niño 的区别。CP-II El Niño 指数与 SST 异常的偏相关分析表明，去掉 Niño3 和 EMI 指数的影响后，相关性在整个热带太平洋都不显著，但是在副热带东北太平洋却依然保持显著正相关(图 4a)，而该海域在 CP-II El Niño 期间的暖 SST 异常恰好是其区别于 CP-I El Niño 的显著特征(Wang et al.，2013)；显著负相关出现在南海及副热带西北太平洋。在热带东南印度洋，尤其是爪哇—苏门答腊沿岸出现显著的正相关，而在热带中西部印度洋则为负相关，进一步证实 CP-II El Niño 对 IOD 负位相的发生发展起促进作用(Wang et al.，2014)。EMI 指数与秋季 SST 异常的偏相关(不考虑 Niño3 和 CP-II El Niño 指数的影响)则更多地体现了 CP-I El Niño 期间异常 SST 的分布特征，显著正相关主要集中在热带中太平洋地区，而在东、西太平洋则为负相关(图 4b)；此时热带东南印度洋为显著负相关，而在中西部印度洋为正相关，表现出 IOD 正位相的海温分布(Wang et al.，2014)。CP-II El Niño 指数(EMI 指数)与低层大气场的偏相关分析也表现出 CP-II El Niño (CP-I El Niño)期间的大气分布特征：异常的 SLP 与 CP-II El Niño 指数在西太平洋菲律宾海附近表现为显著的负相关关系，该海域上空相应地出现很强的气旋式环流结构；而与 EMI 指数则表现为相对较弱的正相关以及弱的反气旋式环流异常(图略)。除此之外，中国华南地区(30°N 以南)的秋季异常降水与 CP-II El Niño 指数表现出显著的负相关关系(不考虑 Niño3 和 EMI 指数的影响)，而与 EMI 指数则为正相关(不考虑 Niño3 和 CP-II El Niño 指数的影响)，这与 Wang 等(2013)合成的降水结果一致，即在 CP-II El Niño 的秋季中国南方降水减少，而在 CP-I El Niño 的秋季降水增加。上述的偏相关分析表明，CP-II El Niño 指数能够很好地刻画出 CP-II El Niño 期间(尤其是北半球秋季)的大尺度海洋和大气环流特征。

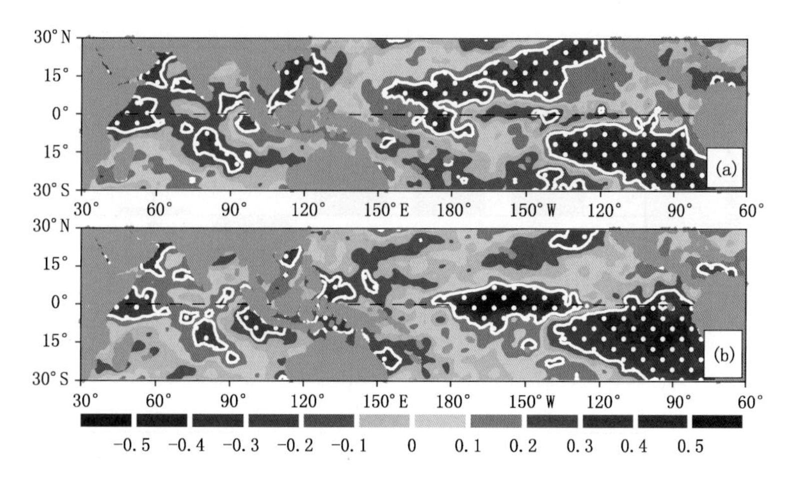

图 4 CP-II El Niño 指数与秋季 SST 异常的偏相关系数(消除 Niño3 指数和 EMI 指数的影响)(a);EMI 指数与秋季 SST 异常的偏相关系数(消除 Niño3 指数和 CP-II El Niño 指数的影响)(b)。白色等值线包围的区域表示通过 90%的显著性检验

3 CP El Niño 形成机制

这里对 CP El Niño 的机理讨论,主要是针对 CP-II El Niño,揭示了北半球副热带风应力异常通过引起上层海洋环流变异,造成热带中太平洋增暖,产生了 CP-II El Niño。

热带海气相互耦合过程在 ENSO 过程中起着非常重要的作用。在 CP-I El Niño 的春季,在热带西太平洋地区出现明显的西风异常,随后在热带中太平洋出现了暖海温异常(图 5a)。而在 CP-II El Niño 春季到秋季,热带西太平洋上并没有西风异常,但热带中太平洋也会有暖海温异常出现(图 5b)。CP-I El Niño 和 CP-II El Niño 的差异图上(图 5c)更加明显地看到,前者在春季热带西太平洋有强烈的西风异常。这就引起了一个问题,在热带西太平洋西风较弱的情况下,CP-II El Niño 时热带中太平洋的暖海温异常是如何形成的呢?

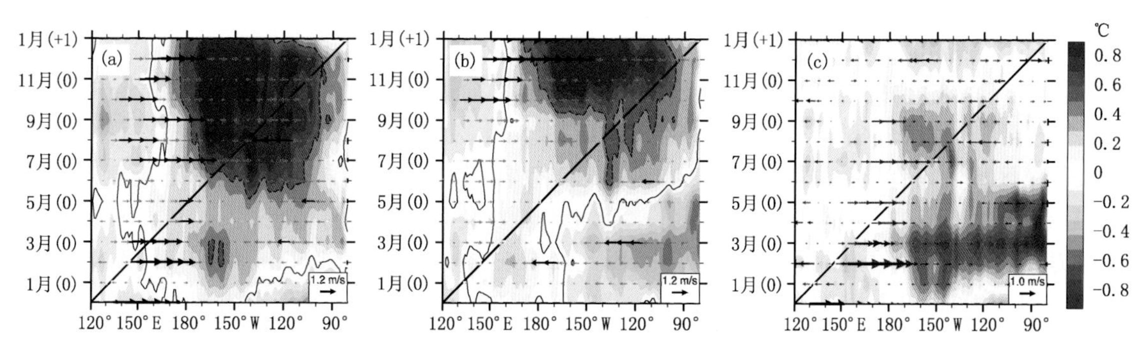

图 5 纬向平均(5°S—5°N)的 10 m 风场(m/s)和 SST 异常(°C)在 CP-I El Niño(a)和 CP-II El Niño(b)时的合成演变,以及二者的差异(c)。Y 轴的(0)和(+1)分别代表 CP El Niño 的发展期和盛期。黑色矢量表示西风(东风)异常超过 1.0 m/s(0.7 m/s). 实线和虚线分别表示 0℃ 、0.5℃海温异常等温线

为揭示两类 CP El Niño 事件 SSTA 变化特征,对两类 CP El Niño 事件春一夏季(Feb-Mar-Apr-May-Jun, FMAMJ)期间 Niño4 区域开展了混合层热收支分析(Wang et al.,2018)。对于 CP-I El Niño,纬向平流异常项是 Niño4 区域海水增暖的主要贡献项(图 6a)。这与前人关于纬向平流异常作为 CP El Niño 增暖的主要原因的研究一致(Kug et al.,2009,2010;Yu et al.,2010;Capotondi et al.,2015)。而对于 CPII El Niño,垂向平流异常项是 Niño4 区域海水增暖的主要贡献项(图 6b),该项主要源自 Ekman 反馈,非线性项的贡献次之,温跃层反馈的贡献为负值不利于 CP-II El Niño 事件的发展。综上所述,与 CP-I El

Niño 不同，上层海洋垂直动力过程在 CP-II El Niño 事件爆发过程中起到了关键性的作用。

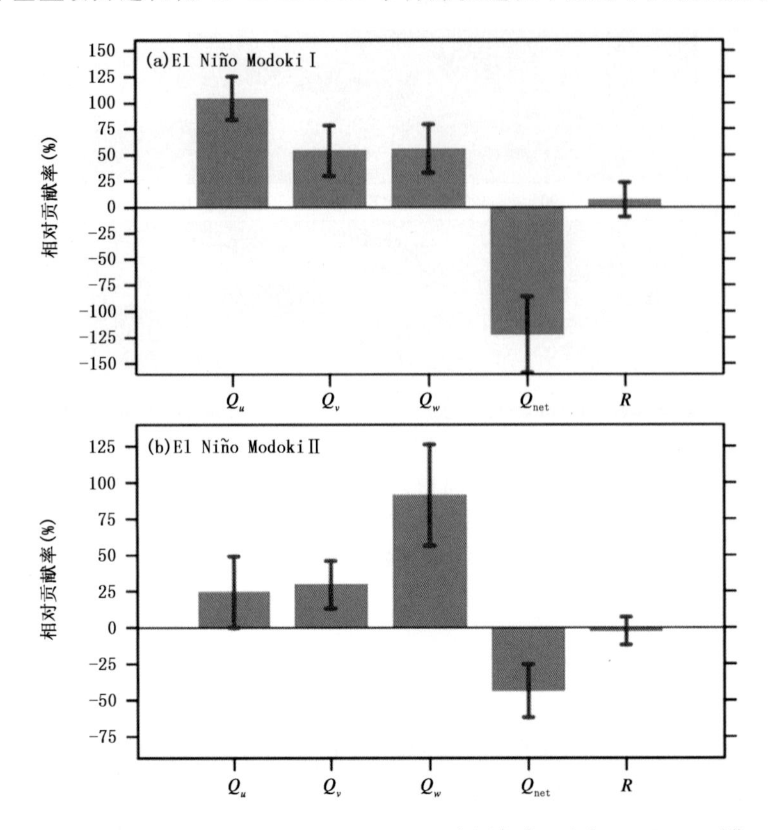

图 6　不同过程对 CP-I El Niño (a)和 CP-II El Niño (b)发展年春、夏季(FMAMJ)时期 Niño4 区域混合层温度变化的相对贡献率 Q_u，Q_v 和 Q_w 分别代表纬向平流异常项，经向平流异常项和垂向平流异常项。Q_{net} 代表海表净热通量，R 代表余项。红线表示各项的统计误差

在气候平均的情况下，赤道中太平洋的上层在信风和地转效应的作用下产生向极输运，从而引起下层海水的上升运动(图 7a)。图 7b 显示了热带中、东太平洋(180°E—140°W)的上层海洋海流及其辐合气候态分布。在 CP-II El Niño 发展年的春、夏季(FMAMJ)，赤道地区下沉异常(图 7c)减弱了气候态的上升运动(图 7a)，这与图 6b 的结果相吻合。此外向下的流速异常区域在赤道深及 150 m，与温跃层的深度相当。图 7c 中向下的速度异常伴随着北半球上层海水的异常向赤道流动，这意味着副热带经圈环流的减弱。图 7d 显示了赤道区域(5°S—5°N 平均)在 CP-II El Niño 发展年春—夏季(FMAMJ)的散度异常，大部分中太平洋区域为辐合异常，异常最大值出现在 160°W 附近。上层海洋异常的向赤道流导致的辐合异常，会引起赤道中太平洋区域上升运动的减弱，冷水上升减少使得海表容易增暖。

风应力显著的影响着上层海洋环流的变化，因此接下来比较了 CP-I El Niño 和 CP-II El Niño 发展年春—夏季(FMAMJ)风应力异常。CP-I El Niño 发展年春夏季，热带中、西太平洋出现显著的西风应力异常，同时，热带东太平洋出现显著的东风应力异常(图 8a)。不同于 CP-I El Niño，赤道上的西风应力异常在 CP-II El Niño 发展年春夏季并不显著，而是在副热带北太平洋(170°—130°W，10°—20°N，图 8b 蓝色方框)出现强西风应力异常。另外，在热带中、东太平洋(160°—130°W)出现显著的东风应力异常(图 8b 绿色方框)，位置较 CP-I El Niño 中的东风应力异常偏西，更靠近中太平洋。

为了检验图 8b 中副热带北太平洋的西风应力异常和热带东太平洋的东风应力异常能否引起上层海洋环流的辐散减弱，使用一个 2.5 层海洋模式进行了一系列试验。模式范围为太平洋区域(40°S—40°N，120°E—103°W)，试验包括一个控制试验和三个敏感性试验。在控制试验中，模式由气候态纬向平均的纬向风应力驱动 50 年以达到准定常状态。三个敏感性试验均由此准定常状态开始启动，在气候态风应力上叠加不同的风应力异常再驱动三个月。三个敏感性试验根据施加的风应力异常不同，分别命名为副热带强迫(SF)试验、热带强迫(TF)试验和副热带与热带强迫(STF)试验。

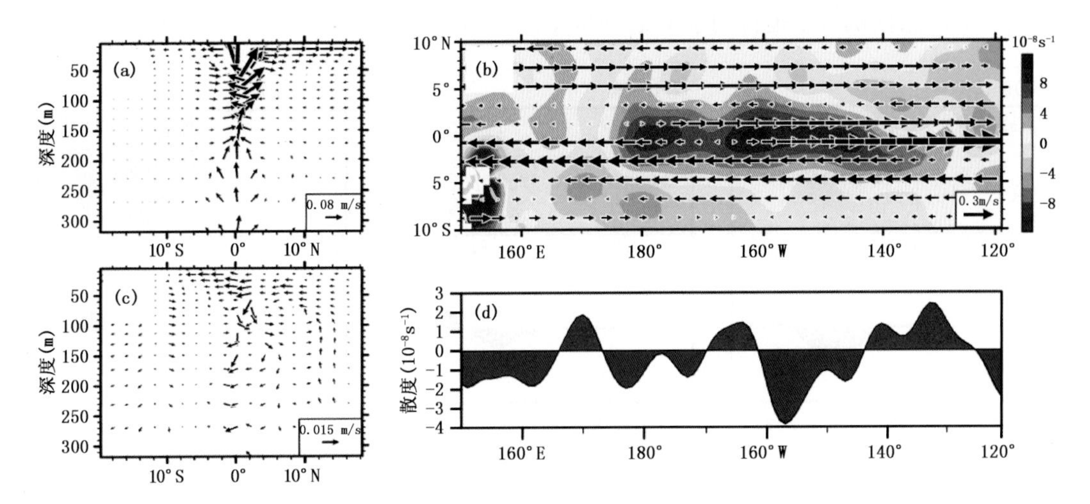

图 7 春、夏季(FMAMJ)160°E—150°W 平均的经向和垂向速度的气候态(a)和 CP-II El Niño 发展年的异常合成(c);(b)春、夏季(FMAMJ)垂向平均(温跃层以上)的水平流速(箭头)及其散度(填色)的气候态;(d)热带(5°S—5°N 平均)温跃层以上海水在 CP-II El Niño 发展年春、夏季(FMAMJ)的散度异常合成。(a)和(c)中的垂向速度扩大 10^4 倍

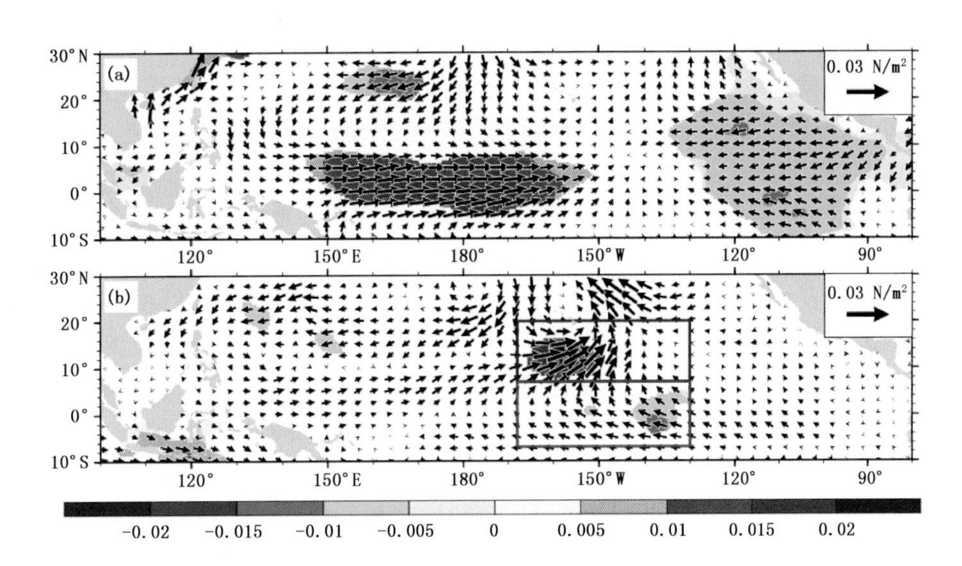

图 8 CP-I El Niño(a)和 CP-II El Niño(b)发展年春、夏季(FMAMJ)风应力异常(箭头)的合成。填色区域表示纬向风应力异常超过 90% 的显著水平。蓝色和绿色方框中的风应力异常用于 2.5 层海洋模式的敏感性试验

在控制试验达到准定常状态时,受信风的作用,海水向海盆西部堆积,导致温跃层西深东浅。温跃层深度在西边界达到 160 m,而在东边界还不足 60 m,这与长期平均的观测现象一致。另外,南北半球的副热带环流和赤道逆流都能够被模拟出来,说明模式能够模拟太平洋风应力与上层海洋环流的关系。图 9 给出了三个敏感试验与控制试验的差异。在 SF 试验中,副热带北太平洋风应力异常引起海洋环流在 150°W 附近向赤道运动,减弱了 subtropical cell(STC),从而在副热带北太平洋产生异常辐散,而在热带中太平洋产生异常辐聚(图 9a),这与再分析数据(图 7c)的结果一致。在热带中太平洋上层的异常辐聚(图 9d),减弱了辐散的气候平均值,从而抑制冷海水的上升运动。对于 TF 试验,在热带中—东太平洋的东风应力异常强迫下,也造成了热带中太平洋的异常辐合(图 9b 和 9e),但强度偏弱明显。STF 试验的结果基本为 SF 试验和 TF 试验的线性叠加。2.5 层模式试验的结果证明,副热带北太平洋和热带中—东太平洋的异常风应力异常能够引起热带中太平洋海水的异常辐聚;而热带中太平洋上层的辐合抑制了上升运动,利于海表面温度的增暖,从而形成 CP-II El Niño。这一结论,在海气耦合模式(Community Earth

System Model)的敏感性试验中也得到了验证(Wang et al.,2018)。

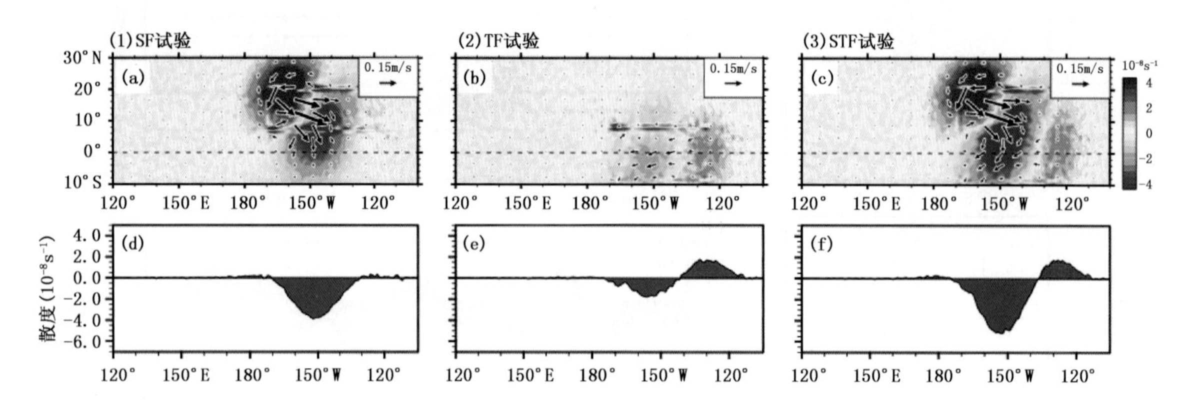

图 9　左、中、右列分别为副热带强迫(SF)试验、热带强迫(TF)试验和副热带与热带强迫(STF)试验与控制试验的差异。上图(a、b 和 c)为海洋环流(箭头)及其散度差异(填色);下图(d、e 和 f)为经向平均(5°S—5°N)散度异常的差异

4　不同类型 El Niño 对气候影响的差异和原因

两类 El Niño 在热带太平洋不同的异常海温分布模态能够产生不同的大气响应,因此,EP El Niño 和 CP El Niño 对全球的气候影响有明显的差异。EP El Niño 发生时,赤道东太平洋异常增暖,在其上空产生异常的上升气流,对流活动加强;而赤道西太平洋的变冷在局地产生异常下沉气流,对流活动减弱,因而在整个热带太平洋上空形成一个异常的 Walker 环流圈,使 Walker 环流减弱(Bjerknes,1969)。大气对流中心的东移使得赤道东太平洋和南美沿岸的国家降水增加,而在西太地区则降水减少,海洋性大陆、澳大利亚东部地区及周边国家发生干旱。通过大气遥相关,El Niño 进一步将热带太平洋地区的海气异常信号传递给热带其他地区及中高纬地区,从而对全球气候产生不同程度的影响(Alexander et al.,2002; Hoerling et al.,2002; Larkin et al.,2005)。而当 CP El Niño 发生时,由于增暖位置发生在赤道中太平洋,相比 EP El Niño,对流活跃区移至中太平洋,因而在赤道太平洋上空形成了两个异常的 Walker 环流圈,即在赤道中太平洋异常上升,而在两侧的赤道东、西太平洋异常下降,这种不同的大气响应会导致 CP El Niño 对南美、北美、中国、韩国、日本及澳大利亚等地的气候产生与 EP El Niño 不同的影响(Weng et al.,2007, 2009; Taschetto et al.,2009; Feng et al.,2010, 2011; Feng et al.,2011;Kim et al.,2012)。

CP El Niño 发生时,由于海温升高,赤道中太平洋相对潮湿,在西北太平洋的对流层中层激发出正位相的 PJ(Pacific-Japan)波列,导致西北太平洋夏季风加强,东亚夏季风减弱。与之相反,在 EP El Niño 年,西北太平洋夏季风减弱,而东亚夏季风则加强(Weng et al.,2007)。EP 和 CP El Niño 对东南亚地区的冬季降水也会产生不同影响:EP El Niño 的冬季,华南地区降水增多,而菲律宾、加里曼丹岛及苏拉威西岛等地则较为干旱;而在 CP El Niño 的冬季,菲律宾附近的降水负异常变弱,并且位于更偏北的位置(Feng et al.,2010)。此外,在太平洋一北美上空,它们激发出不同的波列,影响美国的气温和旱涝(Weng et al.,2009;Yu et al.,2012 ;Zou et al.,2014);两类 El Niño 事件对美国气候的不同影响是导致美国气候预测不确定性的原因之一(Mo,2010)。两类 El Niño 不同的大气环流响应还会对热带气旋的活动产生不同影响。EP El Niño(CP El Niño)期间,西北太平洋上空出现异常的反气旋式(气旋式)环流,抑制(加强)局地的对流活动,使得西北太平洋和南海热带气旋活动(Chen et al.,2010;Hong et al.,2011; Wang et al.,2014)。在北大西洋,与 EP El Niño 不同,热带气旋在 CP El Niño 期间的生成频次增加,登陆墨西哥湾沿岸以及中美洲的概率也会相应增加(Kim et al.,2009)。

当进一步将 CP El Niño 分为两类后,发现 CP-I El Niño 和 CP-II El Niño 在秋季的气候效应也有显著的差异。由于菲律宾海地区大气环流响应的不同,造成不同的气候影响。CP-I El Niño(CP-II El Niño)时,菲律宾海域出现的异常反气旋(气旋)环流,一方面利于(不利于)西太平洋地区的水汽向华南地区的输送，从而引起华南降水的异常偏多(偏少)；另一方面引起西太平洋副热带高压的西伸(东撤)，从而使得登陆我国的台风增加(减少)(Wang et al.，2013)。除了大气响应存在明显差别以外，CP-I El Niño 和 CP-II El Niño 还对热带印度洋(Wang et al.，2014)、南海海表面温度(Tan et al.，2016)以及北赤道流分叉点的位置的影响也有显著的区别。EP El Niño 和 CP-I El Niño 有利于热带印度洋偶极子(Indian Ocean Dipole，IOD)暖位相的发生，而 CP-II El Niño 则对 IOD 冷位相的发生发展起促进作用(图 4)；这是由于它们造成不同的热带印度洋一西太平洋间的 Walker 环流异常，导致在 EP El Niño 和 CP-I El Niño(CP-II El Niño)时，热带东南印度洋出现 Walker 环流的异常下沉(上升)支，引起了异常东南风(西风)异常，加强(抑制)了爪哇海的上升流，从而导致热带东南印度洋出现冷(暖)异常，利于印度洋偶极子的正(负)位相的出现(Wang et al.，2014)。

前人的研究已指出南海 SST 的年际变化与 El Niño 事件有紧密的联系(Wang et al.，2006)，EP El Niño 造成南海暖海温异常(Wang et al.，2002；Tan et al.，2016)。与 EP El Niño 类似，CP-I El Niño 的秋季南海 SST 异常增暖；但在 CP-II El Niño 秋季则出现冷异常(图 4)。对南海上混合层进行热收支分析表明，海表净热通量是导致南海 SST 发生变化的主要原因，而海洋过程(Ekman 平流、地转平流以及垂向夹卷过程)的贡献较小(图 10)。在 CP-I El Niño 的秋季，菲律宾海附近出现反气旋环流异常，使得南海地区受异常偏南风影响，减弱了秋季的东北季风，削弱的东北季风减少了潜热释放，使南海 SST 异常增暖(图 4 b)。而在 CP-II El Niño 的秋季，异常反气旋向西移至南海的西部，使南海上空出现偏北风异常，加强的东北季风增加了潜热释放，使南海 SST 变冷(图 4a)。上述大气环流过程不仅可以引起潜热通量的变化，还能够影响南海地区的短波辐射。由于南海在这三类 El Niño 的秋季都受异常反气旋环流的影响，使得南海上空的对流活动受到抑制，导致云量减少，短波辐射增强。短波辐射和潜热通量的增加共同导致了 EP El Niño 和 CP-I El Niño 秋季的南海增暖；而对于 CP-II El Niño，短波辐射的增加要小于潜热通量的损失，因而此时南海 SST 的冷异常主要是由潜热通量异常导致的。

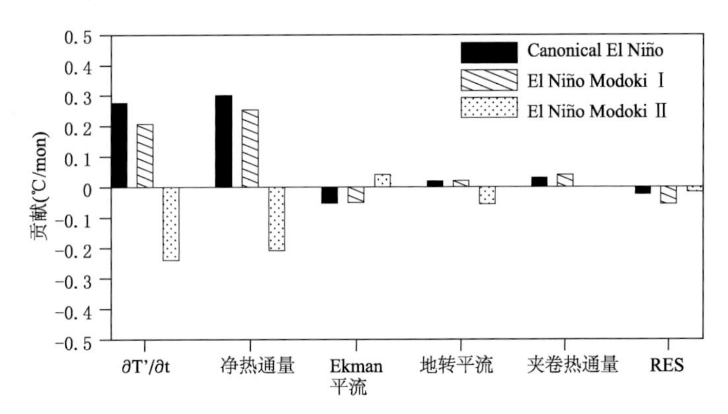

图 10　南海区域平均的各物理过程对秋季海温变化趋势的贡献(°C/mon)。海表热通量数据来自 JRA-55，正的海表热通量表示海洋从大气中得到热量

不同类型的 El Niño 不仅显著影响热带印度洋和南海海表温度变化，而且对海洋上层环流的影响也有显著的差异，如对北赤道流分叉点(North Equatorial Current Bifurcation；NECB)的影响。北赤道流分叉点是衡量太平洋黑潮和棉兰老流相对强弱的重要指标(Qiu et al.，1996)，其南北位置变化对中低纬度海洋环流有着重要影响。研究发现(12°—15°N，127°—130°E)海域平均的海表面高度(Sea Surface Height，SSH)异常与 NECB 的纬度变化有着显著的负相关关系，即当该区域平均的 SSH 出现负异常时，NECB 北移；反之相反。NECB 的年际变化与 ENSO 紧密相关(Wang et al.，2006)；但其在不同类型 El Niño 时有显著不同的变化：在 EP El Niño 和 CP-II El Niño 的发展年秋季，NECB 有明显的偏北异常(异常值超过 99%显著性水平)；而在 CP-I El Niño 的发展年秋季，NECB 位置几乎没有发生变化(图 11)。另外在其他时期，NECB 的变化并不显著。

NECB 位置的变化主要受局地风应力强迫以及风应力遥强迫的影响；后者通过引起西传斜压罗斯贝波，影响 SSH 的变化，从而改变 NECB 的位置。不同类型 El Niño 年热带中、西太平洋风应力旋度的变化造成了NECB的变化。在EP El Niño和CP-II El Niño时，NECB的变化主要受前期风应力遥强迫的影响；而CP-I El Niño时，局地风应力旋度以及前期遥强迫风应力旋度引起的SSH的变化相互抵消，造成NECB变化不明显。值得指出的是，EP El Niño与两类CP El Niño时，遥强迫的风应力旋度的位置并不相同，这是不同类型El Niño暖海温异常引起的大气环流变异有关。我们利用不同类型El Niño合成的局地和遥强迫的风应力旋度，强迫海洋一层半约化重力模式，得到的结果与观测结果类似，这进一步验证了EP El Niño以及CP-II El Niño发展年秋季NECB北移主要是受到了遥强迫风应力旋度的影响，而CP-I El Niño发展年秋季由于局地强迫和遥强迫风应力旋度引起的SSH的影响相互抵消，从而造成NECB位置变化微弱。

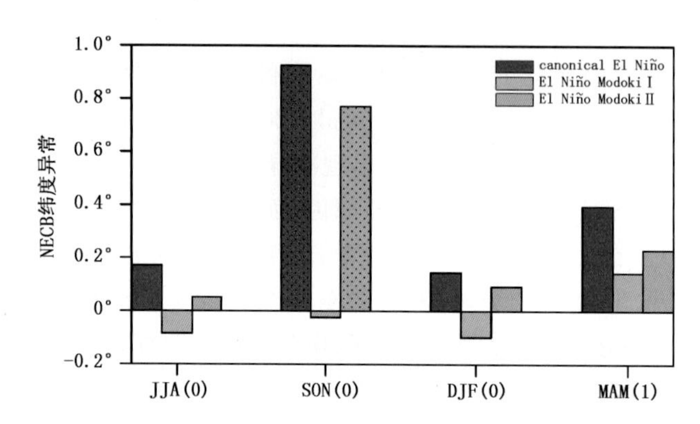

图11　三类El Niño事件期间上层200 m平均NECB位置异常的合成变化。红色、绿色和蓝色柱表示NECB纬度在EP El Niño、CP-I El Niño和CP-II El Niño时的变化。(0)和(+1)分别代表El Niño发展年以及次年。黑色打点表示NECB异常超过99%显著性水平

5　总结

本文总结了作者等人近年来在ENSO多样性方面的工作，主要包括发现了CP-I El Niño和CP-II El Niño；并根据其海气耦合特征的不同，建立了CP-II El Niño指数，用以客观诊断这两类CP El Niño。这两类CP El Niño的气候效应有显著的区别，它们对我国秋季华南降水、台风登陆、印度洋偶极子、南海海温以及北赤道流分叉点等的影响有明显的差异。此外，这两类CP El Niño的形成机制也存在区别。CP-I El Niño主要是通过热带海气耦合过程维持发展；而对CP-II El Niño，北半球副热带风应力异常引起的海洋环流异常是引起其形成的原因之一。这两类CP El Niño的提出，一方面有助于提高我国的气候预测水平，另一方面也有助于进一步加深对ENSO动力学的认识，尤其是对于副热带一热带间相互作用在ENSO多样性中的作用的认识。

参考文献

Alexander M A, Bladé I, Newman M, et al, 2002. The atmospheric bridge: The influence of ENSO teleconnections on air-sea interaction over the global oceans [J]. Journal of Climate, 15(16): 2205-2231.

Anderson B T, Furtado J C, Cobb K M, et al, 2013. Extratropical forcing of El Niño-Southern Oscillation asymmetry[J]. Geophys Res Lett, 40:4916-4921.

Ashok K, Behera S K, Rao S A, et al, 2007. El Niño Modoki and its possible teleconnection [J]. Journal of Geophysical Research, 112(C11):C11007.

Ashok K, Yamagata T, 2009. Climate change: The El Niño with a difference [J]. Nature, 461(7263): 481.

Bjerknes J, 1969. Atmospheric teleconnections from the equatorial Pacific [J]. Monthly Weather Review, 97:163-172.

Capotondi A, Wittenberg A T, Newman M, et al, 2015. Understanding ENSO diversity[J]. Bull Am Meteorol Soc, 96:921-938.

Chen D, Lian T, Fu C, et al,2015. Strong influence of westerly wind bursts on El Niño diversity[J]. Nat Geosci,8:339-345. DOI: 10.1038/ngeo2399.

Chen G, Tam C Y, 2010. Different impacts of two kinds of Pacific Ocean warming on tropical cyclone frequency over the western North Pacific[J]. Geophysical Research Letters, 37(1), L01803.

Di Lorenzo E, Cobb K M, Furtado J C, et al,2010. Central Pacific El Niño and decadal climate change in the North Pacific Ocean[J]. Nat Geosci,3:762-765.

Ding R Q, Li J P, Tseng Y H, et al,2015. The Victoria mode in the North Pacific linking extratropical sea level pressure variations to ENSO[J]. J Geophys Res Atmos,120:27-45. DOI:10.1002/2014JD022221.

Feng J, Chen W, Tam C Y, et al, 2011. Different impacts of El Niño and El Niño Modoki on China rainfall in the decaying phases [J]. International Journal of Climatology, 31(14):2091-2101.

Feng J, Li J, 2011. Influence of El Niño Modoki on spring rainfall over south China [J]. Journal of Geophysical Research Atmospheres, 116(116).

Feng J, Wang L, Chen W, et al, 2010. Different impacts of two types of Pacific Ocean warming on Southeast Asian rainfall during boreal winter[J]. Journal of Geophysical Research: Atmospheres, 115(D24).

Furtado J C, Di Lorenzo E, Anderson B T, et al,2012. Linkages between the North Pacific Oscillation and central tropical Pacific SSTs at low frequencies[J]. Clim Dyn,39:2833-2846.

Hoerling M P, Kumar A, 2002. Atmospheric response patterns associated with tropical forcing [J]. Journal of Climate, 15(16):2184-2203.

Hong C C, Li Y H, Li T, et al, 2011. Impacts of central Pacific and eastern Pacific El Niños on tropical cyclone tracks over the western North Pacific [J]. Geophysical Research Letters, 38(16), L16712.

Kao H Y, Yu J Y, 2009. Contrasting Eastern-Pacific and Central-Pacific types of ENSO [J]. Journal of Climate, 22(3): 615-632.

Kim H M, Webster P J, Curry J A, 2009. Impact of shifting patterns of Pacific Ocean warming on North Atlantic tropical cyclones [J]. Science, 325(5936):77-80.

Kim J S, Zhou W, Wang X, 2012. El Niño Modoki and the Summer Precipitation Variability over South Korea: A Diagnostic Study [J]. Journal of the Meteorological Society of Japan, 90(5):673-684.

Kug J S, Choi J, An S Il, et al,2010. Warm pool and cold tongue El Niño events as simulated by the GFDL 2.1 coupled GCM[J]. J Clim,23:1226-1239. DOI: 10.1175/2009JCLI3293.1.

Kug J S, Jin F F, An S I, 2009. Two Types of El Niño Events: Cold Tongue El Niño and Warm Pool El Niño [J]. Journal of Climate, 22(22):1499-1515.

Lai A W C, Herzog M, Graf H F,2015. Two key parameters for the El Niño continuum: zonal wind anomalies and Western Pacific subsurface potential temperature[J]. Clim Dyn,45:3461-3480. DOI: 10.1007/s00382-015-2550-0.

Larkin N K, Harrison D E, 2005. Global seasonal temperature and precipitation anomalies during El Niño autumn and winter [J]. Geophysical Research Letters, 32(16), L16705.

Lee T, McPhaden M J, 2010. Increasing intensity of El Niño in the central-equatorial Pacific[J]. Geophysical Research Letters, 37(14).

Linkin M E, Nigam S, 2008. The North Pacific Oscillation-West Pacific teleconnection pattern: Mature-phase structure and winter impacts[J]. Journal of Climate, 21:1979-1997. DOI:10.1175/2007JCLI2048.1.

Mo K C, 2010. Interdecadal Modulation of the Impact of ENSO on Precipitation and Temperature over the United States [J]. Journal of Climate, 23(23):3639-3656.

North G R, Bell T L, Cahalan R F, et al, 1982. Sampling errors in the estimation of empirical orthogonal functions [J]. Monthly Weather Review, 110(7):699-706.

Park J Y, Yeh S W, Kug J S, et al,2013. Favorable connections between seasonal footprinting mechanism and El Niño[J]. Clim Dyn,40:1169-1181.

Qiu B, Lukas R, 1996. Seasonal and interannual variability of the North Equatorial Current, the Mindanao Current and the Kuroshio along the Pacific western boundary[J]. J Geophys Res, 101:12315-12330. DOI:10.1029/95JC03204.

Rasmusson E M, Carpenter T H, 1982. Variations in tropical sea surface temperature and surface wind fields associated with the Southern Oscillation/El Niño [J]. Monthly Weather Review, 110(5):354-384.

Ren H L, Jin F F, 2011. Niño indices for two types of ENSO [J]. Geophysical Research Letters, 38(4), L04704.

Rogers J C, 1981. The North Pacific Oscillation[J]. Int J Climatol, 1:39-57. DOI:10. 1002/joc. 3370010106.

Tan W, Wang X, Wang W, et al, 2016. Different responses of sea surface temperature in the South China Sea to various El Niño events during boreal autumn[J]. J Climate, 29:1127-1142. DOI: 10. 1175/JCLI-D-15-0338. 1.

Taschetto A S, England M H, 2009. El Niño Modoki Impacts on Australian Rainfall [J]. Journal of Climate, 22(11):3167-3174.

Timmermann A, An S I, Kug J S, et al, 2018. El Nino-Southern Oscillation complexity[J]. Nature, 559:535-545.

Vimont D J, Battisti D S, Hirst A C,2001. Footprinting: A seasonal connection between the tropics and mid-latitudes[J]. Geophys Res Lett,28:3923-3926. DOI:10. 1029/2001GL013435.

Vimont D J, Battisti D S, Hirst A C,2003b. The seasonal footprinting mechanism in the CSIRO general circulation models [J]. J Clim,16:2653-2667.

Vimont D J, Wallace J M, Battisti D S,2003a. The seasonal footprinting mechanism in the Pacific: Implications for ENSO [J]. J Clim,16:2668-2675.

Wang C, Wang X, 2013. Classifying El Niño Modoki I and II by different impacts on rainfall in Southern China and typhoon tracks [J]. Journal of Climate, 26(3):455-466.

Wang C, Wang W, Wang D, et al, 2006. Interannual variability of the South China Sea associated with El Niño [J]. Journal of Geophysical Research Oceans, 111(C3):829-846.

Wang D, Xie Q, Du Y, et al, 2002. The 1997-1998 warm event in the South China Sea[J]. Chin Sci Bull, 47:1221-1227. 10. 1007/BF02907614.

Wang Q, Hu D, 2006. Bifurcation of the North Equatorial Current derived from altimetry in the Pacific Ocean[J]. J Hydrodyn, 18B:620- 626.

Wang X, Wang C, 2013. Different impacts of various El Niño events on the Indian Ocean Dipole [J]. Climate Dynamics, 42 (3-4):991-1005.

Wang X, Chen M Y, Wang C Z, et al, 2018. Evaluation of performance of CMIP5 models in simulating the North Pacifc Oscillation and El Niño Modoki[J]. Climate Dynamics, 52(3-4): 1383-1394.

Wang X, Guan C, Huang R X, et al, 2018. The roles of tropical and subtropical wind stress anomalies in the El Niño Modoki onset[J]. Climate Dynamics, 52(11): 6585-6597.

Wang X, Tan W, Wang C, 2018. A new index for identifying different types of El Niño Modoki events[J]. Clim Dyn, 50 (7):2753-2765. DOI: 10. 1007/s00382-017-3769-8.

Wang X, Zhou W, Li C, et al, 2014. Comparison of the impact of two types of El Niño on tropical cyclone genesis over the South China Sea[J]. Int J Climatol, 34:2651-2660. DOI: 10. 1002/joc. 3865.

Weng H, Ashok K, Behera S K, et al, 2007. Impacts of recent El Niño Modoki on dry/wet conditions in the Pacific rim during boreal summer [J]. Climate Dynamics, 29(2-3):113-129.

Weng H, Behera S K, Yamagata T, 2009. Anomalous winter climate conditions in the Pacific rim during recent El Niño Modoki and El Niño events [J]. Climate Dynamics, 32(5): 663-674.

Xu K, Zhu C W, He J H, 2012. Linkage between the dominant modes in Pacific subsurface ocean temperature and the two type ENSO events [J]. Chinese Science Bulletin, 57(26): 3491-3496.

Yeh S W, Kug J S, Dewitte B, et al, 2009. El Niño in a changing climate[J]. Nature, 461:511-514. DOI:10. 1038/nature08316.

Yeh S W, Wang X, Wang C Z, et al,2015. On the relationship between the North Pacific climate variability and the Central Pacific El Niño[J]. J Clim,28: 663-677. DOI: 10. 1175/JCLI-D-14-00137. 1.

Yu J Y, Kao H Y, 2007. Decadal changes of ENSO persistence barrier in SST and ocean heat content indices: 1958—2001 [J]. Journal of Geophysical Research Atmospheres, 112(D13):125-138.

Yu J Y, Kao H Y, Lee T, 2010. Subtropical-related interannual sea surface temperature variability in the central equatorial Pacific[J]. J Clim,23:2869-2884. DOI:10. 1175/2010JCLI3171. 1.

Yu J Y, Kao H Y, Tong L, et al, 2011. Subsurface ocean temperature indices for Central-Pacific and Eastern-Pacific types of El Niño and La Niña events [J]. Theoretical and Applied Climatology, 103(3):337-344.

Yu J Y, Kim S T,2011. Identification of Central-Pacific and Eastern-Pacific types of ENSO in CMIP3 models[J]. Geophys

Res Lett,37(15): L15705.

Yu J Y, Lu M M, Kim S T,2012. A change in the relationship between tropical central Pacific SST variability and the extratropical atmosphere around 1990[J]. Environ Res Lett,7:034025. DOI:10.1088/1748-9326/7/3/034025.

Yu J Y, Wang X, Yang S,et al, 2017. Changing El Nino-Southern Oscillation and Associated Climate Extremes[M]. In Wang S Y, Jin-Ho Yoon, Chris Funk, et al. Climate Extremes: Patterns and Mechanisms. AGU Geophysical Monograph Series, 226:3-38.

Yu J Y, Zou Y, Kim S T, et al, 2012. The changing impact of El Niño on US winter temperatures [J]. Geophysical Research Letters, 39(15), L15702.

Zou Y, Yu J Y, Tong L, et al, 2014. CMIP5 Model Simulations of the Impacts of the Two Types of El Niño on US Winter Temperature [J]. Journal of Geophysical Research Atmospheres, 119(6):3076-3092.

Changes of Central-Pacific El Niño and Its Climate Impact

WANG Xin[1,2], TAN Wei[2,3], CHEN Mengyan[1,4], GUAN Chengyang[1,4], TONG Bo[1,4]

(1 State Key Laboratory of Tropical Oceanography, South China Sea Institute of Oceanology, Chinese Academy of Sciences, Guangzhou 510301;2 Laboratory for Regional Oceanography and Numerical Modeling, Qingdao National Laboratory for Marine Science and Technology, Qingdao 266237;
3 Ocean Science and Engineering College, Shandong University of Science and Technology, Qingdao 266590;
4 University of Chinese Academy of Sciences, Beijing 100049)

Abstract: This study summarizes several researches conducted by authors and their collaborators on the diversity of El Niño studies in recent years. According to the different impacts on the autumn precipitation anomalies over the South China, the authors proposed to divide the central Pacific (CP) El Niño into two subtypes: CP-I El Niño and CP-II El Niño. Based on their different air-sea coupling characteristics during developing phase, the CP-II El Niño index was conducted to objectively diagnose CP-II El Niño events. Moreover, the mechanism of CP-II El Niño is distinct from that of CP-I El Niño. CP-I El Niño maintains its development via the topical air-sea coupling, while the upper-layer ocean circulation anomalies caused by the wind stress anomalies in the subtropical North Pacific play the important roles on CP-II El Niño formation. CP El Niño events exert prominent impacts on the climate change in East Asia and tropical Indian Ocean. The climate impacts and associated mechanisms of CP-I El Niño and CP-II El Niño on typhoon landing, Indian Ocean dipole mode, sea surface temperature of South China Sea and the bifurcation of North equatorial current are compared. These findings are helpful to deepen the understanding of ENSO dynamics and improve the ENSO theoretical framework. Especially, these studies reveal the roles the subtropical-tropical interactions on the ENSO diversity, and provide scientific evidences to the improvements of climate prediction.

Key words: CP El Niño,Subtropical North Pacific, climate impact

基于WRF模式的卫星遥感资料对台风路径模拟的影响①

黄勇[1]　王颖[2]

(1 中国科学院大气物理研究所,北京　100029;2 中国人民解放军61741部队,北京　100094)

摘　要:本文利用WRF模式及其3DVar同化系统,基于极轨卫星的AMSU-A资料和MHS资料,考察了不同类型的微波遥感资料同化对台风路径模拟的影响,结果表明:同化不同资料对于台风路径的模拟有着不同的影响,同化AMSU-A资料的改进作用大于MHS资料;组合同化AMSU-A和MHS这两类微波遥感资料并没有进一步提高台风路径模拟结果,同化的资料量越大也不一定能够对台风路径的模拟带来进一步的提高;考虑3DVar的观测误差不相关假定和尽可能同化更多资料量,微波遥感资料可能存在一最佳稀疏网格使得同化效果最好;同化不同类型的微波遥感资料对于模式物理场的调整有着明显的不同,这与其对台风路径模拟的调整有着较好的对应。

关键词:台风路径,资料同化,稀疏化,增量场

1　引言

台风是西北太平洋地区突出的自然灾害,对其作出准确预报对于防灾减灾至关重要,但目前我国西北太平洋地区台风的路径和强度预报准确率还存在严重问题[1],究其原因主要包括[2]:一是模式还未合理地再现台风演变的物理过程,二是模式初始场还不能很好地描述台风的初始结构[3]。卫星遥感资料具有覆盖面积大、时空分辨率高的特点[4],可以对台风的发生发展进行更为全面的探测,有效地克服常规资料在海洋上缺乏的不足,随着各国气象卫星的不断增多,可以获取的卫星观测资料量大大增加,其在数值预报的业务应用中发挥了重要的作用[5-11]。微波遥感观测可以部分穿透云雨区,能够对其中的天气系统的发生发展更为细致的观测,其对于数值预报的精确性提高更大[5,12]。

以往针对台风天气系统的微波资料同化研究中[13-17],主要是同化某类或者所有的微波遥感资料,着重考察同化后对台风路径预报的影响,那么不同类型的微波遥感资料同化后对于台风路径预报的影响有何不同?不同微波遥感探测由于目的不同,观测资料间具有一定的互补性[7~11,18~19],那么组合同化不同类型的微波遥感资料是否能够进一步改善台风路径的预报效果?针对以上问题,本文基于NOAA系列的微波遥感资料对上述问题进行探究,考察不同类型的微波遥感资料同化、组合同化及其稀疏化与台风路径模拟的关系,目的是为业务应用提供一定的借鉴。其次,在对台风路预报的评估中,以前的工作主要是采用预报点和观测点的距离误差来衡量,即预报点和观测点的地球大圆距离来表征,这种方法计算简单,但是较为粗糙和不全面,基于此,本文考虑了方向误差这个因素,采用多因子误差方法[20]对台风路径预报误差进行更为综合客观的刻画。

---

①　基金项目:国家重点基础研究发展计划(973计划)项目2012CB955604,国家自然科学基金(41375105、41425019、91337105),中国博士后科学基金(2015M571093)。

2 个例及资料

2015 年第 13 号超强台风"苏迪罗"于 7 月 30 日 20 时在西北太平洋洋面上生成,8 月 10 日 17 时停止编号。由于台风"苏迪罗"给中国东部造成严重灾害和经济损失,2016 年的第 48 届台风委员会议上,"苏迪罗"被除名,替代名称将于 2017 年的第 49 届台风委员会会议上公布。本文以该台风作为研究对象。

NOAA 极轨卫星的 ATOVS 由 3 个相互独立的仪器组成:高分辨率红外探测器 3 型(HIRS-3),先进的微波探测器 A 型(AMSU-A)和 B 型(AMSU-B),其中 AMSU-A 是一种交叉、逐线扫描式辐射计,仪器由 15 个通道组成,半功率点的瞬时视场角为 3.3°,星下点分辨率约为 45 km。AMSU-A 搭载在 NOAA15、NOAA16、NOAA17、NOAA18 和 NOAA19 上,由于 NOAA17 存在仪器故障,NOAA16 在模拟区域没有过境资料,因而本文使用的为微波遥感资料为 NOAA15、NOAA18 和 NOAA19 的 AMSU-A 资料以及 NOAA18 和 NOAA19 的 MHS 资料。试验中的初始场和边界条件由 NCEP 1°×1°的再分析资料提供。

3 数值模式设置及试验方案

本文采用的数值模式为中尺度模式 WRF(3.8.1 版本),采用的同化系统为 WRF－3DVar,WRF 模式的背景场和边界条件由 NCEP1°×1°资料提供,模拟区域的中心点为(25°N,130°E),水平方向为 200×125 个格点,格距为 30 km,垂直方向为 35 层。模式物理过程采用 Kain-Fritsch 积云参数化方案,WSM6 微物理参数化方案,RRTM 长波辐射方案,Dudhia 短波辐射方案,YSU 边界层方案。

模拟时间从 2015 年 8 月 6 日 06 时到 2015 年 8 月 9 日 00 时(60 h),同化分析时刻为 2015 年 8 月 6 日 06 时,同化时间窗为分析时刻前后 3 h,考虑到模式的"spin-up"问题[3],试验中将 2015 年 8 月 6 日 00 时的 NCEP1°×1°资料积分 6 h 的预报场作为背景场。本文的所有的同化试验均采用 WRF-3DVar 同化系统。

为了考察不同类型的微波遥感资料同化对于台风路径模拟的不同影响,本文设计了表 1 所示的 6 个试验。试验 CTRL 作为控制试验,用来对比试验 2～6 的微波遥感资料同化效果,试验 2～4 和试验 5～6 两组试验用来对比 AMUS-A 和 MHS 这两类不同微波遥感资料的同化效果,同时试验 3 和试验 5、试验 4 和试验 6 对同一颗卫星不同类型微波遥感资料的同化效果进行对比。

表 1 不同类型微波遥感资料同化方案

序号	试验名称	试验方案
1	CTRL	不同化任何资料
2	DA-15A	同化 NOAA15 的 AMSU-A 资料
3	DA-18A	同化 NOAA18 的 AMSU-A 资料
4	DA-19A	同化 NOAA19 的 AMSU-A 资料
5	DA-18M	同化 NOAA18 的 MHS 资料
6	DA-19M	同化 NOAA19 的 MHS 资料

AMSU-A 和 MHS 微波遥感资料分别主要对大气的温度和湿度进行垂直探测,两种资料具有一定的互补性,那么是否组合同化 AMSU-A 和 MHS 资料能够进一步提高台风路径的模拟效果呢? 为了考察组合同化不同类型的微波遥感资料对于台风路径模拟的影响,本文设计了表 2 所示的试验。在组合同化试验中,为了更好地组合两类资料,首先对两种资料选取的卫星组合分别考察,设计了表 3 的试验 1 和试验 2,其中试验 1 为组合同化 NOAA15 和 18 的 AMSU-A 资料,王业桂等[21]采用同样的试验个例和设置,结果表明 AMSU-A 资料的这种组合方式同化效果最好,因此试验 DA-58A 被作为 AMSU-A 资料同化效果的代表,试验 2 与表 1 的试验 5、6 为 MHS 资料的同化试验,目的是探究 MHS 资料的最佳卫星组合同化。

试验 3 和试验 4 是 AMSU-A 资料和 MHS 资料的不同组合同化形式，目的是考察组合同化两类资料对于台风路径模拟是否能够进一步提高。

表 2　不同微波遥感资料组合同化方案

序号	试验名称	试验方案
1	DA-58A	同化 NOAA15 和 18 的 AMSU-A 资料
2	DA-89M	同化 NOAA18 和 19 的 MHS 资料
3	DA-589AM	同化 NOAA15 和 18 的 AMSU-A 资料、NOAA18 和 19 的 MHS 资料
4	DA-58A9M	同化 NOAA15 和 18 的 AMSU-A 资料和 NOAA19 的 MHS 资料

为了合理有效地同化微波遥感资料，同化前需对资料进行稀疏处理。张斌等[3]在暴雨天气中已经探究过 AMSU-A 和 AMSU-B 两种微波遥感资料的同化与稀疏网格的关系，本文针对台风天气，以 NOAA19 的 MHS 资料为代表，设计表 3 的试验，考察分析微波遥感资料在台风天气中的同化与稀疏网格的关系。本文采用的稀疏化方法同张斌等的方法[3]，这种方法稀疏网格的分辨率越高则可以同化的资料数量越大，对应表 3 的试验，试验 DA-19M9 同化的资料量最多，试验 DA-19M 次之，试验 DA-19M15 最少。

表 3　MHS 资料稀疏化同化试验

序号	试验名称	试验方案
1	DA-19M9	同化 NOAA19 的 MHS 资料，稀疏网格为 90 km
2	DA-19M	同化 NOAA19 的 MHS 资料，稀疏网格为 120 km
3	DA-18M15	同化 NOAA19 的 MHS 资料，稀疏网格为 150 km

4　台风路径的预报误差评估方法介绍

对于台风路径的预报误差，传统的评估方法多采用预报点与观测点之间的距离来表示，这里将其称为距离误差方法。距离误差方法具有明确的物理意义，计算也较为简单，在以往的研究中得到了广泛应用[23~25]。然而台风的路径是具有方向性的，其路径预报误差应该包括距离误差和方向误差两个方面[20]，因此距离误差方法对台风的预报路径误差的衡量是比较粗糙并且不全面的，安成等[20]的研究也表明了距离误差方法的这一局限性，基于此，他们提出了一种新的台风路径预报误差评估方法一多因子误差方法。多因子误差方法包含了距离误差和方向误差两部分，能够更为全面客观的衡量台风的路径预报误差，下面对这种方法作简要的介绍。

假设 $\overrightarrow{AB}$ 是观测台风路径，$\overrightarrow{CD}$ 是预报台风路径，A 点和 C 点是起始位置，B 点和 D 点是一段时间后的终点位置，本文试验每 6 h 对台风位置作一次预报，则 B 点和 D 点就是 6 小时后的台风位置。下面将多因子误差记为 AL，计算方式如下：

$$AL = (|AC|S_{\Delta ABC} + |BD|S_{\Delta ABD}) \cdot \frac{||AB| - |CD|| + AVErr}{|AB| + AVErr} \tag{1}$$

式中，$|AC|$ 和 $|BD|$ 分别表示起始位置和终点位置的距离误差，可以体现距离误差法的衡量，$||AB|-|CD||$ 表示观测路径与实际路径的长度之差，反映了平均移动速度的误差，$S_{\Delta ABC}$ 和 $S_{\Delta ABD}$ 分别为点 ABC 和点 ABD 构成的三角形面积，其反映了预报路径的方向误差，即观测路径和预报路径的偏离程度，面积越小表示偏离越小。$AVErr$ 为整个预报时间内的平均距离误差，其值越大，则 AL 越大，$AVErr$ 反映了台风路径整体预报水平对多因子误差的影响。由于 AL 的值一般比较大，为了便于应用，AL 进行了如下的归一化处理：

$$NAL = (AL - AL_{\min})/(AL_{\max} - AL_{\min}) \tag{2}$$

式中，$NAL \in [0,1]$，表示归一化的多因子误差，$AL_{\max}$ 和 $AL_{\min}$ 表示按照式(1)计算的最大和最小的多因子误差值，*NAL* 值越小，表示台风路径预报效果越好。下文在评估台风路径误差时，将采用距离误差法和多因子误差法两种方法，考察多因子误差法在实际中是否能够更为合理的反映台风路径误差。

5 试验结果分析

台风路径预报中，同化卫星各类微波遥感资料的目的就是要改善台风路径的预报，因此本节对各数值试验的模拟台风路径进行考察分析。

5.1 不同微波遥感资料的同化效果

图 1 为表 1 中各试验模拟的逐 6 h 台风路径，相对于试验 CTRL，除了个别同化试验，大部分同化试验均提高了台风路径的模拟结果，更为接近观测路径，这说明了同化微波遥感资料改善台风预报路径的有效性。

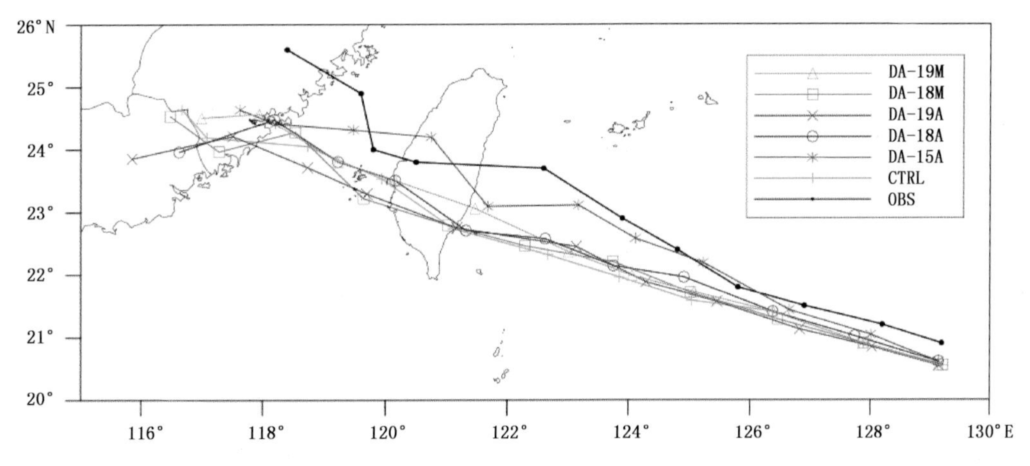

图 1 表 1 中各试验模拟的逐 6 h 台风路径，OBS 表示观测路径

为了更为客观地比较各试验的模拟效果，下面利用距离误差评估方法和多因子误差方法对台风路径的模拟结果进行评估，同时对两种评估方法进行对比。图 2 为表 1 中各试验的路径误差 60 h 内的逐 6 h 计算结果。从距离误差的结果(图 2a)可以看出，相对于试验 CTRL，大部分同化试验的路径误差整体上都减小，只有试验 DA-18M 的同化模拟结果有所增大。将图 2a 的评估结果与图 1 对照，可以看到距离误差法大致能够反映各同化试验的模拟结果情况。图 2a 的结果表明试验 DA-15A 的同化模拟效果最好，试验 DA-18M 最差。试验 DA-18M 和 DA-19M 与试验 DA-15A、DA-18A 和 DA-19A 相比，整体上后三个试验的同化效果相对较好，这表明相对于 MHS 资料，同化 AMSU-A 资料对于台风路径的改进作用更大；其次试验 DA-18A 和试验 DA-18M、试验 DA-19A 和试验 DA-19M 的同化效果存在着明显的区别，这表明对于同一颗卫星，不同类型的微波遥感资料的同化效果有着明显的差异，本文个例中 NOAA18 的 AMSU-A 资料同化效果要好于 MHS 资料，而 NOAA19 的 AMSU-A 资料同化效果则要差于 MHS 资料。

图 2b 为多因子误差方法的评估结果，与图 2a 不同的是图 2b 是从第 6 小时开始评估，这是因为多因子误差计算是需要起点和终点信息的，因此，误差统计是从第一个预报时刻开始的，而不是初始时刻。图 2b中各试验的路径误差随时间变化的整体趋势与图 2a 相似，两种方法都在 36 h 存在一个峰值，48 h 出现一个低估值；图 2a 和 2b 对各同化试验的对比结果也相似，两者都反映了试验 DA-15A 的同化效果最好，试验 DA-18M 的同化效果最差，以上结果表明多因子误差方法和距离误差方法的评估整体上具有较好的一致性。虽然图 2a 和 2b 的整体评估结果类似，但是两者仍有着明显的差别，图 2a 中的 60 h 平均距离误差表明试验 DA-18A 和 DA-19A 的台风路径整体模拟效果要好于试验 CTRL，而图 2b 中的平均多因子误差则相反。为此，结合图 1 的模拟路径结果进行分析，从图 1 中可以看到相对于试验 CTRL，试验

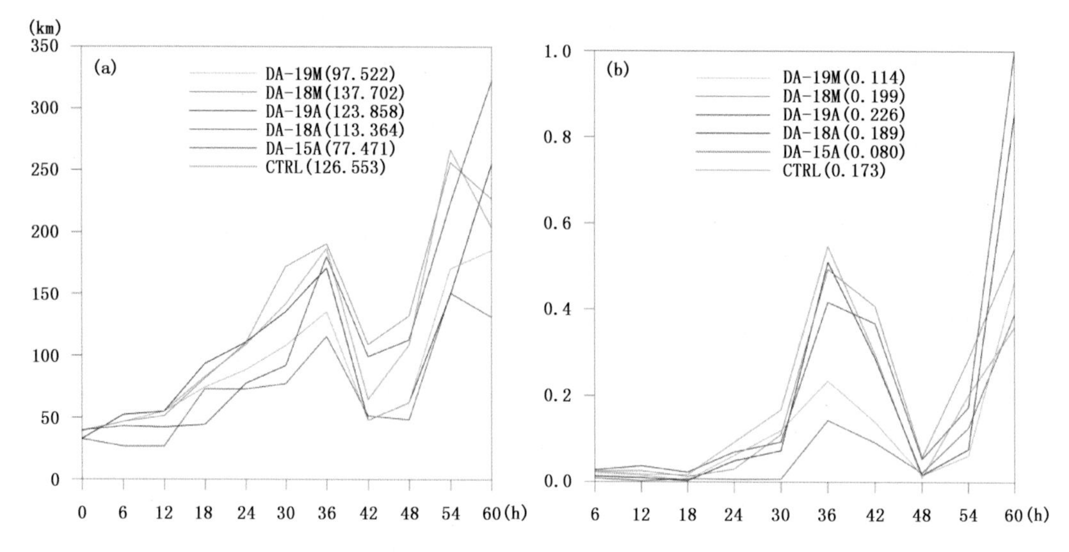

图 2 表 1 中各试验的模拟台风的路径误差逐 6 h 变化。(a)路径距离误差，括号内的数字为路径误差的 60 h 平均(单位:km);(b)多因子误差，括号内的数字为 *NAL* 的 60 h 平均

DA-18A 和 DA-19A 在 36 h 之前模拟的台风路径有略微北抬，一定程度上改善了模拟，然而 36 h 后的模拟路径均大幅度的南移，路径走向与观测的差距越来越大，模拟效果明显变差，综合 60 h 的模拟时间，多因子误差方法的评估更符合模拟结果情况。进一步对试验 DA-18A 和 DA-19A 在前 30 h 的路径误差分析，图 2a 表明试验 DA-19A 的路径模拟情况要好于试验 DA-18A，然而图 2b 则相反。为此仍结合图 1 的模拟情况进行分析，从图 1 可以看到，前 30 h 试验 DA-18A 相对于上试验 DA-19A 向西移动更快，但是整体的模拟路径更为偏北，与观测更为接近，方向性更好，因而模拟效果更好，这进一步表明了多因子误差方法的评估更具有客观性。其次，图 2a 中的平均距离误差表明试验 DA-18M 的模拟效果最差，而图 2b 的平均多因子误差表明试验 DA-19A 的模拟效果最差，为此同样对图 1 的模拟结果分析，可以看到试验 DA-19A 相对于试验 DA-18M 的模拟路径整体最为偏南，与观测路径相差最大，特别是在模拟的后期，这再次说明了多因子误差方法的评估更为合理，距离误差方法仅考虑了距离上的误差，而没有考虑方向误差等信息，因而对于台风路径的整体评估具有一定的局限性。

本节的试验表明不同类型的微波遥感资料对于台风路径的调整情况有着明显的不同，总的来说，同化 AMSU-A 资料对台风路径模拟的改进作用要大于 MHS 资料；其次，对于同一颗卫星，不同类型资料的微波遥感资料的同化效果有着明显的不同；最后，距离误差方法和多因子误差方法对台风路径的模拟结果评估整体上具有较好的一致性，然而相对于距离误差方法，多因子误差方法考虑了方向误差等信息，能够更为全面合理的反映台风路径的模拟结果。基于此，下文均采用多因子误差方法对台风模拟路径进行评估。

5.2 不同微波遥感资料组合同化效果

AMSU-A 资料和 MHS 资料对大气状态的探测具有一定的互补性，那么是否组合同化这两类微波遥感资料可以进一步提高同化效果呢？图 3 和图 4 是表 2 的组合同化试验结果。参照王业桂等[21]的试验，试验 DA-58A 是组合同化多颗卫星的 AMSU-A 资料的最好结果，因而其被作为 AMSU-A 资料的同化效果，参与对比和 MHS 资料的组合同化试验。对于 MHS 资料，将图 2 的 DA-18M、DA-19M 和图 3 的试验 DA-89M 对比，可以看到试验 DA-19M 的模拟效果最好，这说明并不是同化的卫星数越多，同化效果越好，基于此，试验 DA-19M 被作为 MHS 资料的同化效果，参与对比和 AMSU-A 资料的组合同化试验。基于 DA-58A 和 DA-19M 试验结果，试验 DA-589AM 和 DA-58A9M 用来考察组合同化不同类型微波遥感资料的同化效果。试验 DA-589AM 同化了三颗卫星的 AMSU-A 和 MHS 资料，从图 3 和图 4 的模拟结果和评估结果可以看出，其相对于试验 DA-89M 提高了模拟结果，然而却不如试验 DA-58A 的模拟结果，这表明组合同化不同类型的卫星微波遥感资料并不一定能进一步提高同化效果。基于试验 DA-

589AM 的结果，试验 DA-58A9M 剔除了同化效果较差的 NOAA19 的 AMSU-A 资料和 NOAA18 的 MHS 资料，从图 3 和图 4 可以看到试验 DA-58A9M 的模拟结果好于试验 DA-589AM，这说明并不是同化的不同类型的微波遥感资料越多，同化效果就会越好。但是与试验 DA-58A 相比，试验 DA-58A9M 并没有进一步提高模拟结果，这再次说明组合同化不同类型的微波遥感资料并不一定能进一步提高同化效果，这可能也与不同类型资料间的相容性有关。其次值得注意的是，从图 4 可以看到，试验 DA-58A 前期的台风路径整体模拟结果较好，后期的多因子误差维持较低值持续的时间较长，而试验 DA-89M 由于前期整体模拟结果较差，后期的多因子误差值也较大，这个对比结果说明多因子误差方法考虑了预报过程中前一时刻预报结果对后面时刻的影响，因而更具有综合性和客观性。

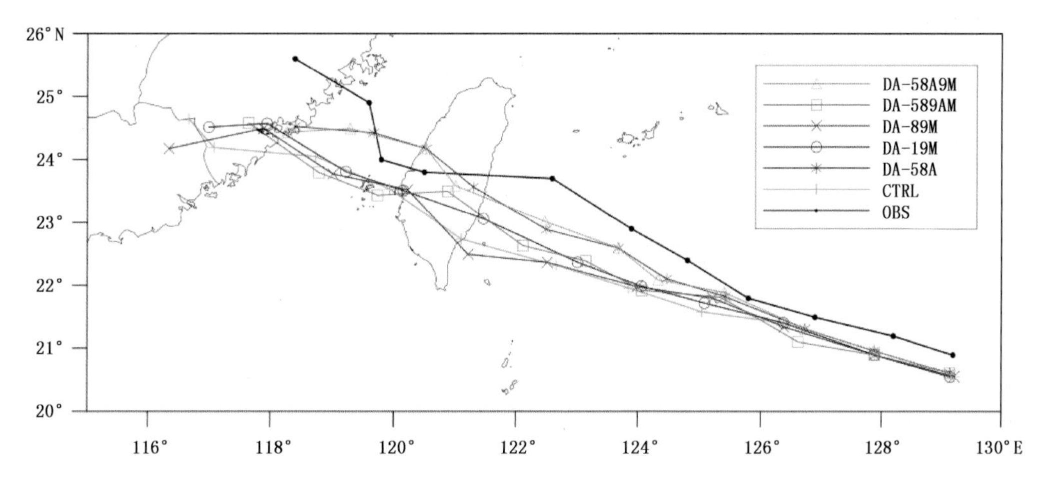

图 3　表 2 中各试验模拟的逐 6 h 台风路径，OBS 表示观测路径

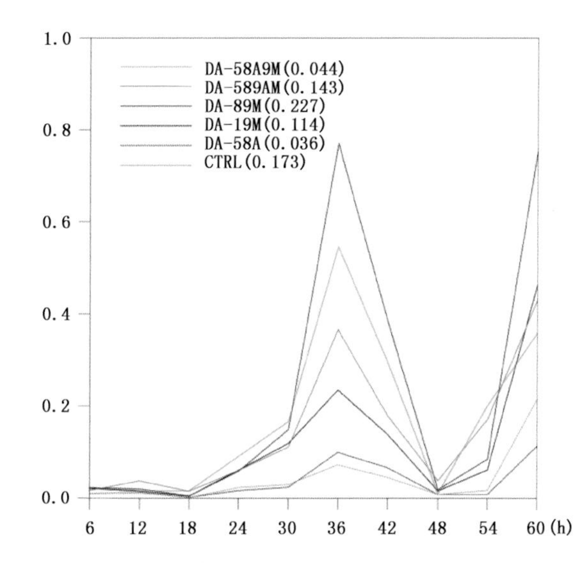

图 4　表 2 中各试验的模拟台风路径 *NAL* 值逐 6 h 变化，括号内的数字为 *NAL* 的 60 h 平均值

本节的试验结果表明并不是同化的卫星微波遥感资料量越多，同化效果越好，其次组合同化不同类型的微波遥感资料并不一定能够进一步提高同化效果。

5.3　资料稀疏化对同化效果的影响

图 5 是表 3 中稀疏化试验的模拟路径结果，相对于试验 CTRL，试验 DA-19M9 和 DA-19M15 仅在模拟前期对台风路径略有提高，而在中后期基本没有提高，甚至为负作用，而试验 DA-19M 则对台风路径的模拟有着明显的改进，尤其在模拟时段的中期，其相对于试验 DA-19M9 和 DA-19M15 具有明显的优势。

图 6 中的多因子误差评估结果可以更为清楚地反映稀疏化试验的结果，评估结果显示试验 DA-19M9 和 DA-19M15 整体上对于台风路径模拟的改善为负作用，而试验 DA-19M 则明显改善了模拟结果，尤其是 36 h 左右的模拟中期。

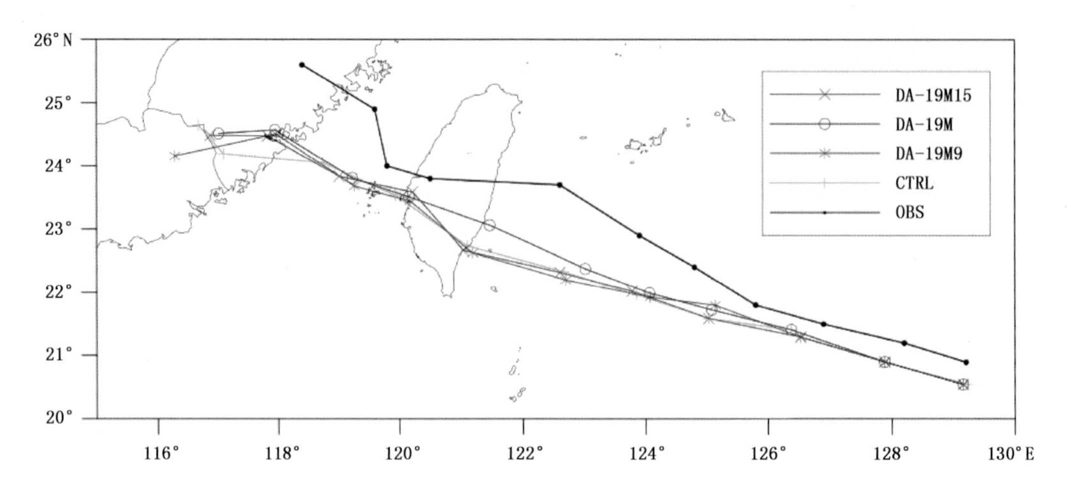

图 5　表 3 中各试验模拟的逐 6 h 台风路径，OBS 表示观测路径

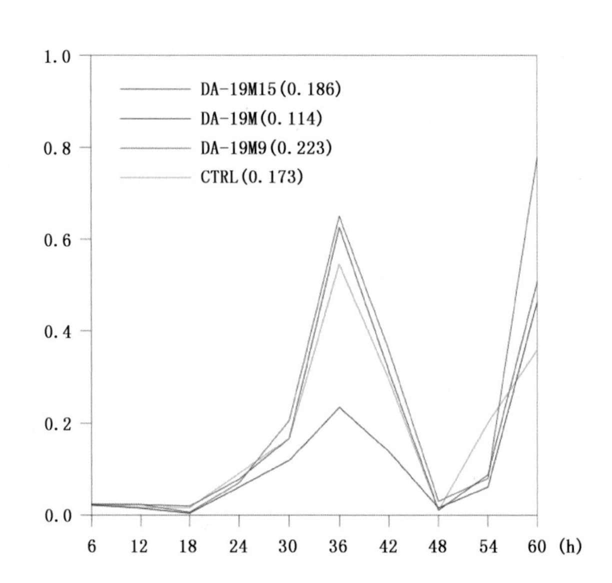

图 6　表 3 中各试验的模拟台风路径 *NAL* 值逐 6 h 变化，
括号内的数字为 *NAL* 的 60 h 平均

试验 DA-19M9、DA-19M 和 DA-19M15 分别是将 MHS 资料的稀疏化网格设置为 90 km、120 km 和 150 km 进行同化，稀疏网格越大同化的资料量越少。试验 DA-19M9、DA-19M 和 DA-19M15 的同化效果差异说明微波遥感资料的同化结果对于稀疏网格具有较大的敏感性，稀疏网格太大或者太小，即同化的资料太稀疏或者太密集均不能取得较好的同化效果，甚至会产生负效果，而合适的稀疏网格同化则能够提高模拟的结果，这与张斌等[3] 对微波遥感资料 AMSU-A 和 AMSU-B 的稀疏化同化试验结果相一致。3DVar 中假定观测误差不相关，因而高密度的卫星资料同化前需要进行稀疏化处理，削弱资料间的相关性，更好地符合同化系统的假定。然而稀疏网格越大，虽然降低了资料的相关性，同化的资料量也大大减少，因而不易取得较好的同化效果；稀疏网格越小，虽然同化的资料量较多，但资料间仍然具有较大的相关性，不能较好地符合 3DVar 的理论假定，因而也不易取得较好的同化效果，综合平衡资料间的相关性和同化资料量，可能存在某一最佳稀疏网格使得同化效果最好。

6 同化试验增量场分析

同化卫星遥感资料是通过调整数值模式中的初始场，进而影响模式积分过程中的物理场，达到调整台风路径的模拟结果，因而不同类型的微波遥感资料的同化模拟结果均源于对于模式物理场的改变，为了探究不同类型的卫星遥感资料对于模式物理场的调整，下文对各类 AMSU-A 资料和 MHS 资料同化试验的增量场进行具体分析。

初始场增量是直接影响同化试验结果的源头，随着初始场增量在模式积分过程中的发展演变，从而影响各个时刻的台风路径模拟，从上述数值试验的结果可以看出，各同化试验在 36 h 左右的模拟中期对台风路径的调整有着明显的差异。基于此，本节为了考察 AMSU-A 资料和 MHS 资料对于模式物理场的调整差异，针对同化试验 DA-15A、DA-18A、DA-19A、DA-18M 和 DA-19M，分析其相对于试验 CTRL 在初始时刻和 36 h 增量场分布。分析增量场时，具体对位势高度场和速度场进行分析。

图 6 为各同化试验在初始时刻穿过台风中心的纬向风 U 和高度场增量的经向垂直分布。整体来看，与图 6c 和 6e 相比，图 6a、6b 和 6d 的高度场和纬向风的增量都要大很多，即同化 AMSU-A 资料的初始增量场强度要明显大于 MHS 资料，这首先说明同化 AMSU-A 资料对初始场的影响更大；其次，从图 6c 和 6e 可以看到同化 MHS 资料后的增量场主要分布在中高层，而低层的增量场很小，这说明同化 MHS 资料主要是对大气的中高层调整，而图 6a、6b 和 6d 中同化 AMSU-A 资料后对大气的各层均有较为明显的调整，特别是图 6a 和图 6d，以上结果说明同化两种微波遥感资料在垂直方向上对大气的调整范围有着明显的不同。

进一步，结合各试验的模拟台风路径对初始增量场进行分析，此时台风观测在经向位于 20.9°N，而试验 CTRL 模拟的台风位于 20.55°N，相对偏南。试验 DA-15A 的高度场增量(图 7a)在 28.5°N 以南的中低层存在一拱形正值区，拱形中心线位于 19°N 左右；拱形区以上为强度较大的负值区，并且形成闭合的中心，这有利于气流辐合下沉，进而增大低层的拱形区高度场增量，即增大了拱形区的气压；负值区以北存在一漏斗状的正值区，这能够抑制负值区的向北移动，同时一定程度上有利于其向南发展，进而能够对低层拱形正值区的结构维持和发展；拱形正值区以北的整层大气基本均为负值，伴随的气压也会降低，这样低层南部的拱形正值区和北部的负值区形成向北的气压梯度力，有利于台风位置向北侧的观测发展，改善台风路径的模拟。对于纬向风增量来说，试验 DA-15A 在 600 hPa 以下的低层，19°N 以南的区域为负值，19°N 以北和 33°N 以南的区域为正值，33°N 以北的区域为负值，这种结构有利于增强南部反气旋性发展和北部的气旋性发展，有利于台风的向北发展，接近观测；600 hPa 以上的高层纬向风增量结构与 600 hPa 以下相反，纬向风增量从低纬度到高纬度呈现“正负正”的结构，这有利于低层纬向风增量“负正负”结构的维持和增强，从而持续改善台风模拟路径。同时，低层纬向风的“负正负”结构和高度场的南部低层拱形正值结构、北部的负值结构能够互相促进维持和发展，具有较好的动力一致性，从而更加有利于改善台风的模拟，这与试验 DA-15A 初期的模拟结果有着很好的对应。与试验 DA-15A 相比，试验 DA-18A(图 7b)的高度场增量主要集中在中高层，28.5°N 以南的高层出现了负值区，负值区以北的整层大气基本为正值，这能够抑制负值区的向北发展，促进其维持和发展，一定程度上有助于低层高压的发展，但低层仅出现了很小的负值，因此对台风初期的总体影响强度要小；对于纬向风增量而言，台风观测处的 800 hPa 以下为负值区，其南北分别为正值区，这种结构并不利于台风的向北发展；台风观测的中层(800～400 hPa)出现了正值区，其以北为负值区，这种气旋式的切变结构虽然有利于台风向北发展，但是强度远小于图 7a，总的来说，试验 DA-18A 的增量场对于台风路径改善的潜力要小于试验 DA-15A，这与其对台风路径模拟效果的较小改善相对应。图 7c 为试验 DA-18M 的增量场，其主要是对高度场的调整，对于纬向风的调整很小，因此仅对高度场分析，图 7c 的高度场结构与图 7a 类似，然而相对于图 7a，图 7c 高度场的调整幅度要小很多，这与其前期对台风调整幅度较小相对应。相比于试验 DA-15A，试验 DA-19A(图 7d)的高度场在台风附近的低层也出现了拱形的正值区，但是拱形区的北部也都为正值区，这对于台风向北的移动影响相对小很多；其次，纬向风增量在低层的结构为“负正”结构，有利于南部(19°N 附近)反气旋性发展，但是相

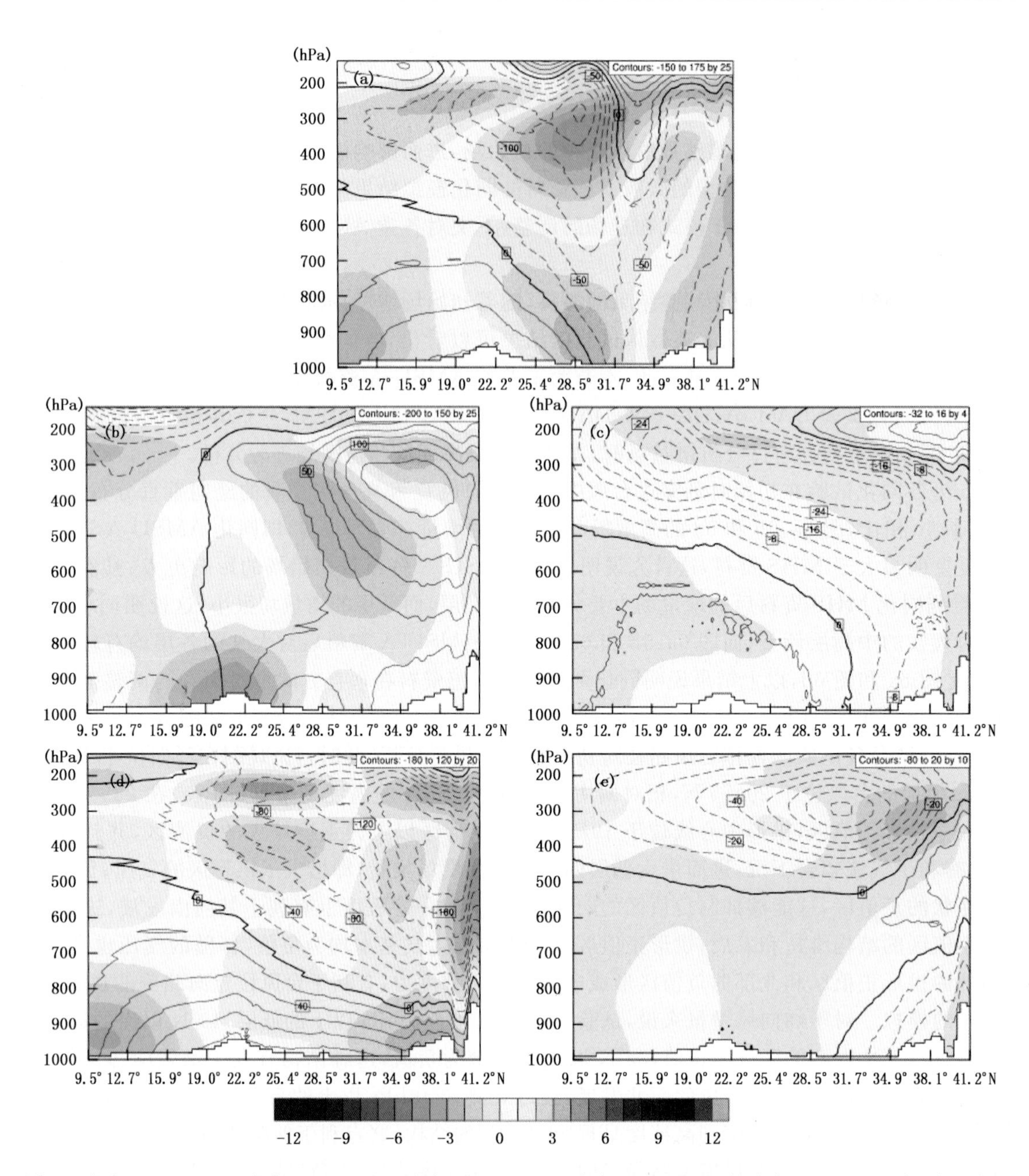

图 7　试验 DA-15A(a)、试验 DA-18A(b)、试验 DA-18M(c)、试验 DA-19A(d)和试验 DA-19M(e)相对于试验 CTRL 在初始时刻穿过台风中心的纬向风 U(阴影，单位：m/s)和高度场(等值线，单位：gpm)增量的经向垂直分布

对于试验 DA-15A 对于台风向北的移动影响要小，尽管高层纬向风的“负正负”结构一定程度上能够增强中层的“正负正”结构，但是纬向风增量在中层的“正负正”结构本身要弱很多，因而试验 DA-19A 对于台风路径的向北移动相对于试验 DA-15A 影响要小很多。图 7e 为试验 DA-19M 的增量场，类似于试验 DA-18M，主要是对高度场的调整，而对于纬向风的调整很小，试验 DA-19M 的高度场增量场主要位于高层，低层仅在北部有增量，但是试验 DA-19M 的高度场增量强度要大于试验 DA-18M，这与其对台风路径模拟的改善幅度大于试验 DA-18M 相对应。

综合来说，无论是对于初始场的影响范围还是强度，同化 AMSU-A 资料都要明显大于 MHS 资料的同化，同化 AMSU-A 资料对于整层大气均有调整，而同化 MHS 资料主要是对高层大气的调整；其次，相比于同化 MHS 资料，同化 AMSU-A 资料对初始场的调整整体上更有利于台风前期模拟的改善，其中 NOAA15 的 AMSU-A 资料最为明显，高度场和纬向风场增量具有较好的动力一致性，这与其对台风路径的调整幅度较大有着较好的对应关系。

7 总结

本文针对 2015 年第 13 号超强台风“苏迪罗”，利用 WRF 模式及其 3DVar 同化系统，基于 NOAA 系列卫星的 AMSU-A 资料和 MHS 资料同化，考察同化不同类型的微波遥感资料、组合同化不同类型的微波遥感资料对于台风路径模拟的调整；其次基于 MHS 资料的同化，考察了稀疏化网格与同化效果的关系；同时在台风路径误差评估方法中，对比了距离误差方法和多因子误差方法；最后，对不同类型微波遥感资料同化后的初始场和 36 h 的增量场进行了分析，主要结论如下。

(1)不同类型的微波遥感资料对于台风路径的模拟调整具有不同的影响。总的来说，同化 AMSU-A 资料对台风路径模拟的改进作用要大于 MHS 资料；同一颗卫星不同类型微波遥感资料的同化效果也有着明显的不同；相对于距离误差方法，多因子误差方法考虑了方向误差，能够更为全面合理地反映台风路径的模拟结果。

(2)组合同化不同类型的微波遥感资料并不一定能够进一步提高台风路径模拟结果，同化的资料量越大也不一定能够进一步提高台风路径的模拟结果。本文对于 NOAA15、18 和 19 三颗卫星的 AMSU-A 和 MHS 资料全部同化，并没有进一步提高同化模拟结果，反而有所下降；同时将三颗卫星中同化效果较好的微波遥感资料组合同化，也没有取得最好的同化效果。

(3)微波遥感资料可能存在一最佳稀疏网格使得同化效果最好。鉴于 3DVar 中假定的观测误差协方差不相关，同时考虑到计算量，高密度的微波遥感资料同化前要进行稀疏化，本文的 MHS 资料稀疏化试验表明，稀疏化网格太大，虽然更好地满足了假定和减少了计算量，但是较少资料量同化也减弱了调整作用，因而平衡观测误差协方差不相关的假定和同化的资料量，可能存在一最佳稀疏网格。

(4)同化不同类型的微波遥感资料对于模式物理场的调整有着明显的不同，这与其对台风路径模拟的调整有着较好的对应。高度场和纬向风的初始场增量场表明，同化 AMSU-A 资料对于大气的影响强度和范围均要大于同化 MHS 资料，同化 AMSU-A 资料在初始时刻基本上能够对整层大气进行调整，而同化 MHS 资料主要调整的是中高层大气高度场，这与同化 AMSU-A 资料对台风前期的较大调整相对应。

参考文献

[1] 张晓慧，张立凤，熊春晖，等. 基于混合变分混合同化方法的双台风数值模拟[J]. 热带气象学报，2015，31(4)：405-515.

[2] 刘松涛，严卫，王举. 利用 AMSR-E 对台风“泰利”的初步分析[J]. 热带海洋学报，2006，25(5)：26-30.

[3] 张斌，张立凤，熊春晖. ATOVS 资料同化方案对暴雨模拟效果的影响[J]. 大气科学，2014，38(5)：1017-1026.

[4] 刘贝，卢绍宗，钱钰坤，等. ATOVS 亮温资料同化在台风数值模拟中的应用[J]. 热带海洋学报，2014，33(1)：44-53.

[5] 董佩明，薛纪善，黄兵，等. 数值天气预报中卫星资料同化应用现状和发展[J]. 气象科技，2008，36(1)：1-7.

[6] 薛纪善. 气象卫星资料同化的科学问题与前景[J]. 气象学报，2009，67(6)：903-911.

[7] English S J，Renshaw R J，Dibben P C，et al. A comparison of the impact of TOVS arid ATOVS satellite sounding data on the accuracy of numerical weather forecasts[J]. Quart J Roy Meteor Soc，2000，126 (569)：2911-2931.

[8] English S J. Issues in the assimilation of cloud and precipitation affected radiances and prospects for future instruments [C]//Proceeding of ECMWF Seminar on Recent Developments in of Satellite Observations in Numerical Weather Prediction. ECMWF Publication，Reading UK，2007：59-74.

[9] Okamoto K，Kazumori M，Owada H. The assimilation of ATOVS radiances in the JMA global analysis system [J]. J Meteor Soc Japan，2005，83(2)：201-217.

[10] Eyre J R. Progress achieved on assimilation of satellite data in numerical weather prediction over the last 30 years [C]//ECMWF Seminar Proceedings：Recent Developments in use of satellite observations in numerical weather predic-

tion,1964：1-27.

[11] Zhu G F, Xue J S, Zhang H, et al. Direct assimilation of satellite radiance data in GRAPES variational assimilation system[J]. Chinese Science Bulletin, 2008, 53(22)：3465-3469.

[12] 希爽，马刚，张鹏. ATOVS微波观测对2008年台风预报影响的初步评估[J]. 热带气象学报,2014, 30(4):700-706.

[13] Zhang H, Xue J, Zhu G, et al. Application of direct assimilation of ATOVS microwave radiances to typhoon track prediction[J]. Advances in Atmospheric Sciences, 2004, 21(2)：283-290.

[14] Zhao Y, Wang B, Ji Z, et al. Improved track forecasting of a typhoon reaching landfall from four-dimensional variational data assimilation of AMSU-A retrieved data[J]. Journal of Geophysical Research: Atmospheres, 2005, 110 (D14).

[15] 魏应植,许健民,周学鸣. 台风"杜鹃"的AMSU卫星微波探测资料分析[J]. 热带气象学报, 2005, 21(4)：359-367.

[16] 杨引明,杜明斌,张洁. FY-3A 微波资料在"莫拉克"台风预报中的同化试验[J]. 热带气象学报, 2012, 28(1)：23-30.

[17] 杨春,闵锦忠,刘志权. AMSR2辐射率资料同化对台风"山神"分析和预报的影响研究[J]. 大气科学, 2017, 41(2)：372-384.

[18] 齐琳琳,孙建华,张小玲,等. ATOVS资料在长江流域一次暴雨过程模拟中的应用[J]. 大气科学,2005, 29 (5)：780-789.

[19] 闵爱荣,廖移山,王晓芳, 等. ATOVS资料的变分同化对一次暴雨过程预报的影响分析[J]. 热带气象报,2009,25(3)：314-320.

[20] 安成,王云峰,袁金南,等. 一种分析台风路径预报误差的新方法[J]. 海洋学报,2014,36(5)：46-53.

[21] 王业桂,张斌,蔡其发,等. 同化不同卫星的微波遥感资料对台风路径模拟的影响[J]. 大气科学, 待发表.

[22] 吴俞,麻素红,肖天贵,等. T213L31 模式热带气旋路径数值预报误差分析[J]. 应用气象学报, 2011, 22(2)：182-193.

[23] 汤杰. 西北太平洋台风路径业务预报误差初步分析[J]. 大气科学研究与应用, 2009, 17(2)：21-31.

[24] 马雷鸣,李佳,黄伟,等. 2007年国内台风模式路径预报效果评估[J]. 气象,2008, 34(10)：74-80.

[25] Goerss J S, Sampson C R, Gross J M. A history of western North Pacific tropical cyclone track forecast skill[J]. Weather and Forecasting, 2004, 19(3)：633-638.

Effects of Satellite Remote Sensing Data Based on the WRF Model on the Simulation of Typhoon Track

HUANG Yong[1] ,WANG Ying[2]

(1 LASG,Institute of Atmospheric Physics,Chinese Academy of Sciences,Beijing 100029;
2 61741 Troops of PLA, Beijing 100094)

Abstract: Based on the WRF model and 3DVar assimilation method, the AMSU-A data for atmospheric temperature detection and MHS data for atmospheric temperature humidity of NOAA satellites were assimilated, which aims to investigate the effects of assimilating different remote sensing data on typhoon track's simulation. The results demonstrated, the improvement of typhoon track simulation accuracy after assimilating AMSU-A data is larger than that after assimilating MHS data. The effectiveness of assimilating a combined data set include AMSU-A and MHS data on the improvement of the typhoon track was not better than that of assimilating separate data. Considering the assumption that the observation errors of 3DVar are irrelevant and that more data can be assimilated as much as possible, there may be an optimal sparse grid for the microwave remote sensing data to make the assimilation effect the best. The adjustment of the physical field by assimilating microwave remote sensing data well correspond to the adjustment on the typhoon track's simulation.

Key words: Typhoon track, data assimilation, sparsification, incremental field

夏季 MJO 年际变化对西北太平洋热带气旋活动的影响

陈雄[1] 刘明洋[1] 黎鑫[1] 王鑫[2,3]

(1 国防科技大学气象海洋学院,南京 211101;2 中国科学院南海海洋研究所,热带海洋环境国家重点实验室,广州 510301;3 青岛海洋科学与技术试点国家实验室,区域海洋动力学与数值模拟功能实验室,青岛 266237)

摘 要:基于再分析资料,本文从夏季西太平洋 Madden Julian Oscillation(MJO)活动年际变化的角度研究了其对西北太平洋热带气旋(Tropical Cyclone,TC)活动的影响,结果表明:夏季西太平洋 MJO 活动的年际变化对西北太平洋 TC 的生成、路径、发展和强度都有显著的调节作用。在西太平洋 MJO 活动较强的夏季:南海北部地区,140°E 以东的西北太平洋地区的热带气旋生成数目显著增加,而在菲律宾东北地区热带气旋生成数目有所减少;西北太平洋地区 TC 路径频数和累积强度都显著增强。和不同强度等级 TC 活动密切相关的 MJO 异常区域也是不一样的。同时,在 MJO 活动较强的夏季,TC 发生变性的可能性也更高。MJO 活动的年际变化主要通过影响 850 hPa 上涡度和 500 hPa 上垂直速度,进而调节热带气旋的活动;而对流层中层(700 hPa)相对湿度和对流层垂直风切变的作用相对较弱。在 MJO 活动较强的夏季,西太平洋 10°—25°N,120°—160°E 区域对流层低层(850 hPa)有较强的涡度正异常、而在 500 hPa 上有显著的异常上升运动,从而为 TC 的活动提供了有力的背景场环流条件。大气非绝热加热以及正压能量的转换是 TC 活动的主要能量来源,在 MJO 活动较强的夏季,大于 90 d 季节尺度的低频动能以及 MJO 动能向天气尺度动能的转换都显著加强,从而使得 TC 活动强度加强、持续时间增长。正压能量转换的加强主要是由于大于 90 d 低频纬向风和 MJO 纬向风的纬向和经向切变造成的。

关键词:Madden-Julian Oscillation(MJO),热带气旋,年际变化,能量转换

1 引言

Madden-Julian oscillation(MJO)是热带大气季节内时间尺度上最为重要的系统(Madden et al.,1971; 1972)。MJO 是对流和环流相耦合的系统,具有纬向 1 波沿赤道东传的行星尺度结构,在对流层上下层具有反位相的"斜压"结构特征,主要活跃于印度洋到西太平洋地区(李崇银,1991; 李崇银等,2003)。MJO 的活动存在显著的季节变化和年际变化,在北半球夏季西太平洋地区主要活动中心位于北半球(Madden et al.,1971; 1972; Hendon et al.,1999; Teng et al.,2003)。夏季西北太平洋上热带气旋(Tropical Cyclone,TC)的活动也非常活跃,对沿海地区的居民社会生活都有着重要影响。许多学者对 MJO 和 TC 活动的关系进行了深入的研究,结果表明 MJO 对 TC 的生成、路径、强度、登陆等都有着显著的影响(Nakazawa,1988; Bessafi et al.,2006; Frank et al.,2006; Camargo et al.,2009; 田华等,2010a; 2010b;Li et al.,2013a; 2013b;何洁琳等,2013)。MJO 主要通过调节大尺度环流的垂直风切变、对流层低层涡度、垂直运动等,对全球 TC 的活动产生加强或抑制作用(Frank et al.,2006)。总的来说,通常在 MJO 活跃位相时,TC 的生成频数增加,活动增强;在 MJO 非活跃位相时,TC 的活动受到抑制。

Nakazawa(1988)研究 1979 年全球 TC 活动时指出,TC 更容易出现在 OLR 场 30～60 d 振荡的活跃位相。当 MJO 活跃于印度洋地区时,赤道东印度洋地区有较强的西风异常,导致其北面产生异常的气旋式环流,从而使得北印度洋 TC 的出现频率明显偏高,并且 81.5%的 TC 都生成于 MJO 活动较强的时期(Krishnamohan et al.,2012)。东太平洋地区在 MJO 西风位相时,TC 生成个数是东风位相的 2 倍多,并且达到台风以上级别的是东风位相的 4 倍(Maloney et al.,2000a)。墨西哥湾和加勒比海西部 TC 的生成

数目在 MJO 活跃位相也是非活跃位相的 4 倍(Maloney et al.,2000b)。西北太平洋地区 TC 的生成在 MJO 活跃位相明显增多(Liebmann et al.,1994;陈光华等,2009;潘静等,2010; Li et al.,2013a;何洁琳等,2013),其生成个数几乎是 MJO 非活跃位相的两倍(潘静等,2010),并且夏季 MJO 在西太平洋季风区的北传也会导致 TC 生成源地的向北移动(Li et al.,2013a),这主要是因为 MJO 的活动改变了大气环流的温度、水汽和海平面气压等环境场的分布,从而影响台风的生成和发展(潘静等,2010; Li et al.,2013a)。MJO 活动对夏季 TC 的年代际变化也具有调节作用,1994 年以后南海地区 TC 年代际增加很大程度上是因为这些地区 MJO 对流活动的加强(Ha et al.,2014)。1998—2010 西北太平洋 TC 年代际减少的一个重要原因就是西北太平洋地区 MJO 活动周期的缩短、活跃持续日数减少、对流活跃范围收缩(赵威等,2015)。Zhu 等(2003)研究 MJO 对印度洋和西太平洋地区双热带气旋的影响时指出,MJO 的西风异常和深厚的对流云体是其影响双热带气旋的两个重要因子。Camargo 等(2009)指出,MJO 对 TC 的调节作用主要是它对对流层中层相对湿度的影响,其次是对对流层低层绝对涡度的调节;而对垂直风切变的影响相对较弱。对 2006 年台风"蟾蜍"的个例研究表明,正是 MJO 的东传,为"蟾蜍"的生成提供了对流层低层的辐合和正涡度异常等必要的基本条件(Hogsett et al.,2010)。

MJO 的活动不仅对 TC 的生成有着显著的影响,对 TC 的活动路径及登陆也有着明显的调节作用。当 MJO 活跃于西太平洋地区时,西北太平洋 TC 西行和西北行路径明显增加,而当西太平洋地区 MJO 的活动受到抑制时,转向型路径的 TC 出现频率更高,从而导致日本东南部地区 TC 出现的频率增加(Kim et al.,2008;Li et al.,2013b)。MJO 对 TC 路径的影响主要通过改变大尺度引导气流来起作用的,研究表明台风易于沿着低频气旋的正涡度带移动,台风生成时 850 hPa 低频气旋的正涡度带对台风未来的走向有很好的预示作用(田华,2010a)。Huang 等(2011)比较分析了不同季节 MJO 和西北太平洋 TC 的关系,并指出不同季节 MJO 对 TC 的调节作用是不一样的:在 5—6 月,MJO 的调节作用较为明显,而在 7—12 月 MJO 对 TC 的影响不显著。田华等(2010b)从西北太平洋地区台风频数的年际变化的角度研究了在西太平洋多台风年和少台风年 MJO 的活动特征及其对台风的调节机制。结果表明,在多台风年,120°E以东 MJO 活动较强,以西 MJO 活动较弱;120°E 以东较强的 MJO 活动加强了这些地区低频环流的辐合和上升运动,从而有利于台风的生成。

以往研究 MJO 对西北太平洋 TC 的影响作用时,主要有两种思路,一是从 MJO 不同位相时合成的 TC 的活动情况出发;二是从 TC 活动异常年 MJO 的活动特征角度去研究;而很少有研究从 MJO 活动的年际变化上去研究其对西太平洋地区 TC 活动的影响,因此,本文主要在这方面做进一步的研究。

2 资料与方法

本文所用的资料主要有:a) 中国气象局上海台风所提供的逐 6 h 的西北太平洋热带气旋最佳路径数据集(http://www.typhoon.gov.cn)。数据集中根据 TC 的强度将其分为热带低压(tropical depression (TD),最大平均风速在 10.8~17.1 m/s,下同)、热带风暴(tropical storm(TS),17.2~24.4 m/s)、强热带风暴(severe tropical storm(STS),24.5~32.6 m/s)、台风(typhoon(TY),32.7~41.4 m/s)、强台风(severe typhoon(STY),41.5~50.9 m/s)和超强台风(super typhoon(Super TY),≥51 m/s)6 个等级,同时对变性台风(Extratropical Cyclone(ET))也做了标明;b) NCEP/NCAR Reanalysis Ⅰ 逐日再分析资料,主要包括水平风场、垂直速度场、温度、相对湿度以及海平面气压等,该资料水平分辨率为 2.5°×2.5° (Kalany et al.,1996);c) NOAA 逐日向外长波辐射(Outgoing Longwave Radiation,OLR)资料 (Liebmann et al.,1996)。

本文主要使用相关分析和合成分析,物理变量的 MJO 信号通过 30~90 d Lanczos 带通滤波得到(Duchon,1979)。文章研究时段为 1978—2014 年夏季 (6—8 月;OLR 资料时段为 1979—2013 夏季)。

3 MJO 年际变化和西北太平洋 TC 的关系

图 1 给出了夏季西太平洋 MJO 指数和热带气旋生成频数、路径频数、累积强度和平均强度的相关系数。MJO 指数定义为 5°—20°N,120°—160°E 区域 850 hPa 上 MJO 纬向风振幅距平的平均。将热带气旋最佳路径数据集中热带气旋开始记录时刻的位置插值到 5°×5°经纬网格最近的格点上,记为该点热带气旋生成频数。将每 6 h 热带气旋位置插值到最近网格点上,记为该点热带气旋路径频数。将每 6 h 热带气旋最大风速插值到最近网格点上,记为该点热带气旋强度。热带气旋累计强度和路径频数之比为热带气旋平均强度。从图 1a 中可以看到,在西太平洋 MJO 活动较强的夏季,南海北部地区,140°E 以东的西北太平洋地区的热带气旋生成数目显著增加,而在菲律宾东北地区热带气旋生成有所减少。热带气旋的路径频数在 25°N 以南的热带西太平洋显著增加,在 135°E 以西的副热带西太平洋也有一定的加强,这可能表明西北行和西行的热带气旋数目的增加。同时,在西北太平洋地区的热带气旋累计强度也明显增强,呈现西北一东南的轴向,从赤道附近中太平洋向西北延伸到日本南部。从热带气旋平均强度上可以看到,135°E 以西累计强度的增加可能和较高的路径频数有关,而 135°E 以东热带气旋强度的增加主要因为每次较强的热带气旋的活动造成的。

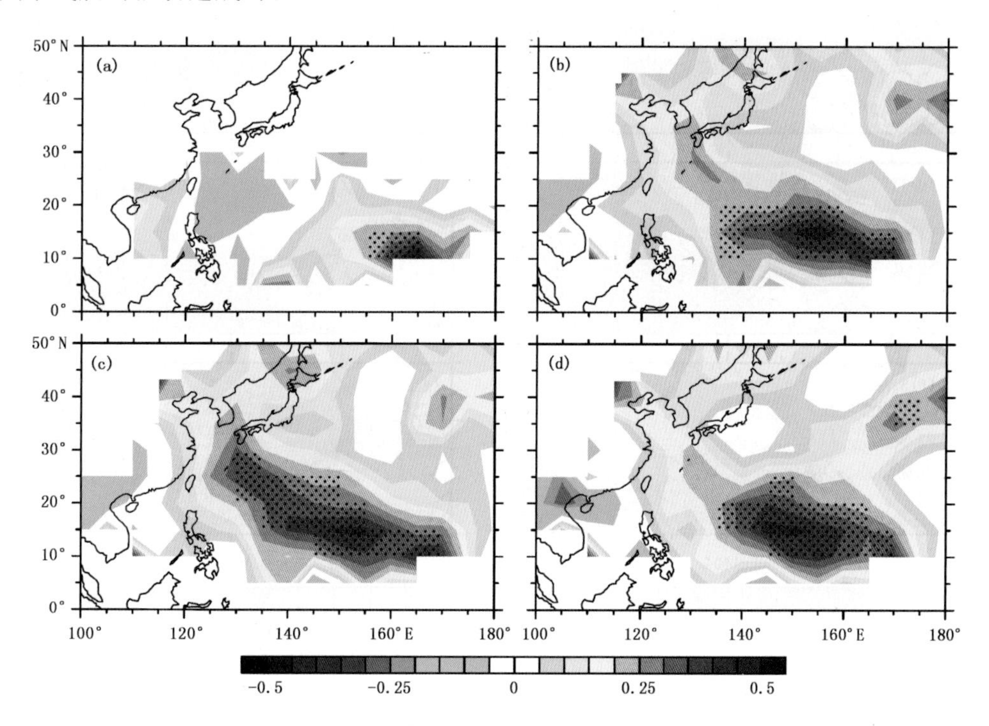

图 1 夏季西太平洋 MJO 强度指数与(a)TC 生成频数、(b)路径频数、(c)累计强度和(d)平均强度的相关系数,点状域表示通过 80%显著性检验的区域

为进一步研究 MJO 对热带气旋的影响,根据 MJO 指数是否超过 0.75 个标准差,选取 MJO 活动强弱年,结果如表 1。合成分析表明:在西太平洋 MJO 活动强(弱)年夏季,达到台风强度以上的热带气旋的平均最大风速和中心最小气压分别为 48.23 m/s (32.3 m/s)和 942.40 hPa(972.85hPa),这进一步表明了 MJO 活动对热带气旋的影响。在西太平洋 MJO 活动较强的夏季,有 39.96%的热带气旋都能达到台风的强度,并且生命史超过 7 d 以上的长生命史热带气旋能达到 51.75%,而这些比例在西太平洋 MJO 活动弱年,只有 23.77%和 37.88%。

表 1 夏季 MJO 活动强弱年

强 年	1976,1979,1981,1986,2000,2002,2004,2015
弱 年	1975,1978,1983,1988,1990,1993,1995,1998,2007,2008,2010,2013

和不同强度等级热带气旋活动密切相关的 MJO 活动区域也是不一样的。图 2 给出了夏季不同强度等级热带气旋数目和 MJO 振幅的相关系数。可以看到和 TD,TS,STS 密切相关的 MJO 活动区域主要位于 10°—20°N,120°—160°E;和 TY,STY 密切相关的 MJO 活动区域主要位于 15°N 以南、130°E 以东地区。MJO 强度和 STY 等级的热带气旋数目的相关性最为密切。超强台风的活动和 150°E 以西 MJO 的活动关系并不显著,它主要和 150°E 以东、15°N 以南的 MJO 活动密切相关。变性台风的数目和 MJO 的活动也有着密切的关系,从相关系数图(图 2g)上可以看到,正相关主要位于 5°—15°N,130°—160°E,负相关主要位于 20°—25°N,130°—150°E,这也就是当 MJO 活动在菲律宾东南西太平洋加强,台湾以东地区减弱时,有利于变性热带气旋的出现。

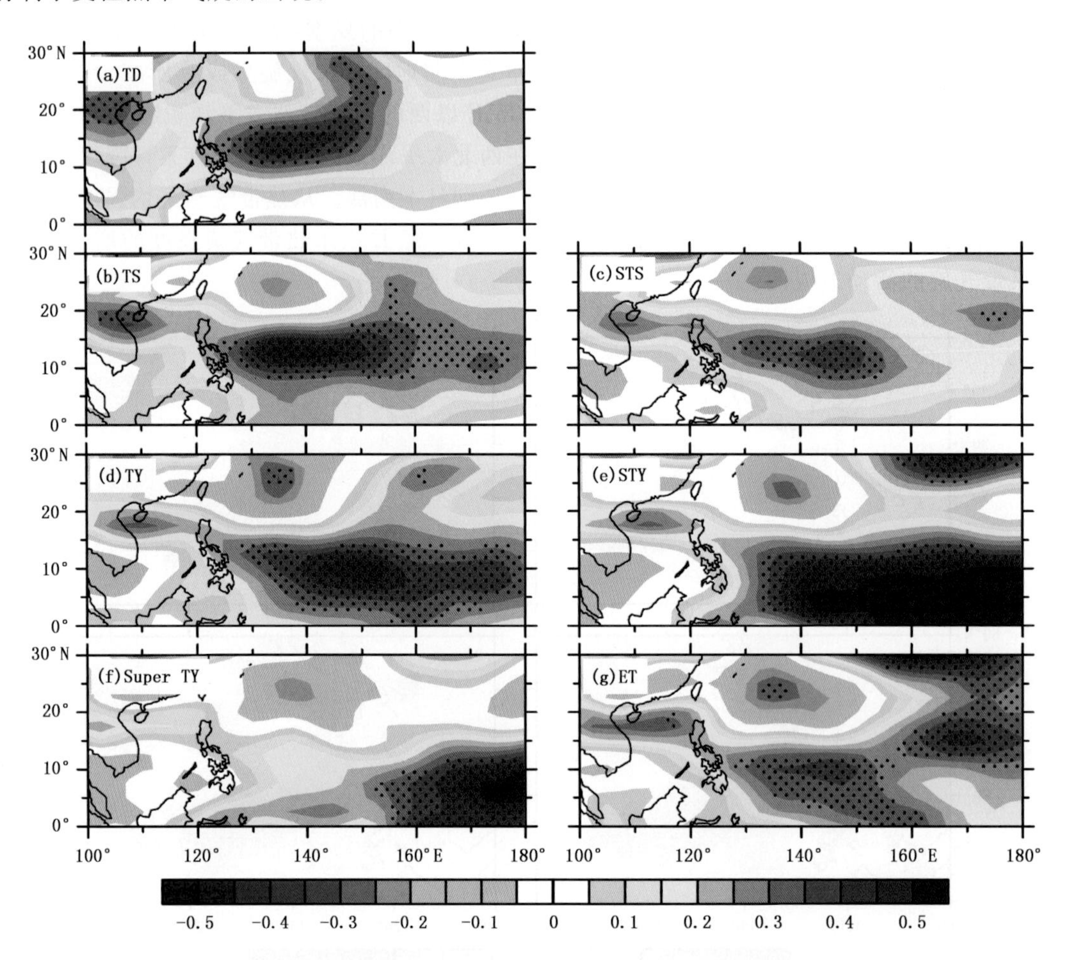

图 2　夏季不同强度等级热带气旋数目和 850 hPa 上 MJO 纬向风振幅的相关系数
(点状区域表示通过 90% 显著性检验的区域)

4　MJO 影响 TC 活动的原因

4.1　大尺度环流分析

上述分析表明 MJO 的年际变化对热带气旋的活动有着显著的影响,那么,MJO 是如何影响热带气旋的活动的呢,具体的物理过程又是怎样的呢?图 3a 和图 3b 分别给出了夏季西太平洋 MJO 指数回归的对流层低层和高层的风场及其相对涡度场。可以看到在 MJO 活动强年,对流层低层,热带西太平洋地区有异常的气旋式环流,在 15°N 以南地区存在较强的西风异常。在异常气旋式环流以北,日本东南方向有一异常反气旋式环流。和异常气旋和反气旋环流相对应,在热带西太平洋地区存在正涡度异常,而在日本东南存在负涡度异常。在中国大陆地区存在显著的北风异常和负涡度异常,这表明东亚夏季风活动的减弱,而具体关系还有待进一步深入研究。在对流层上层,有一异常的反气旋式环流从热带地区一直向北伸展到日本以东地区。和异常反气旋式环流相对应,从热带到日本以东也存在显著的负涡度异常;而在日本南部存在显著的正涡度异常。可以看到,在对流层上层,并不存在偶极型的异常环流。

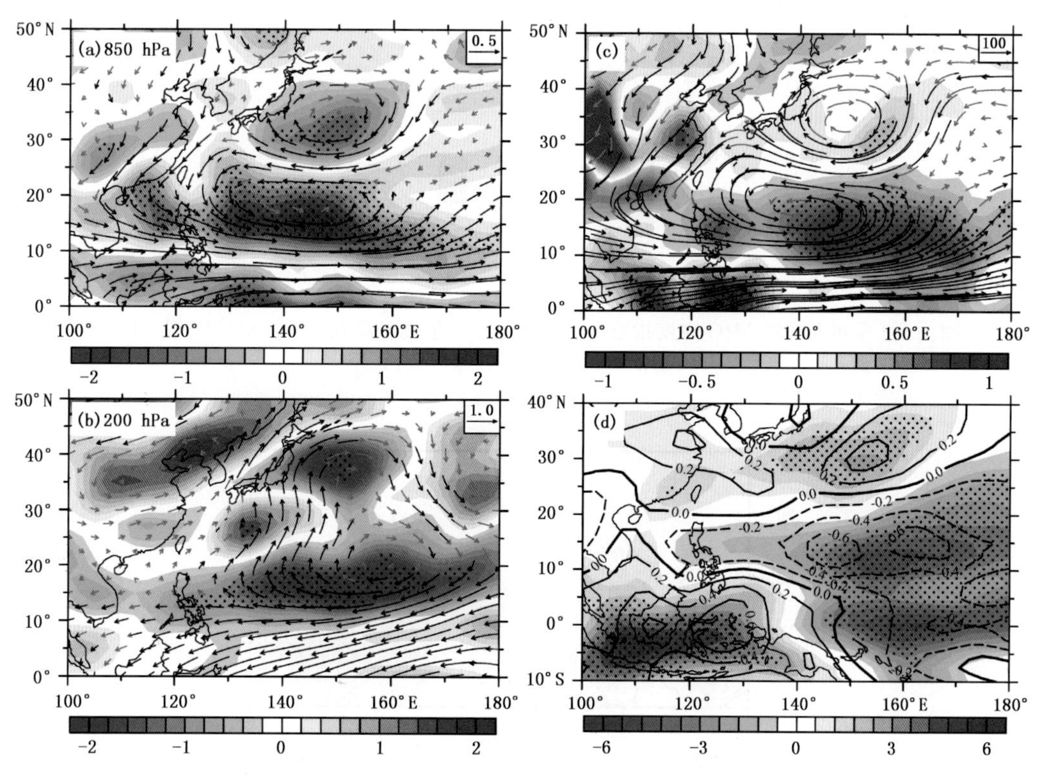

图3 夏季西太平洋MJO强度指数回归的(a) 850 hPa上和(b) 200 hPa上异常的环流(矢量,m/s)和涡度(彩色,$10^{-6}s^{-1}$),(c)整层积分的水汽通量(矢量,g/(kg·s)及其散度(彩色,10^{-4}g/(kg·s·m)),(d) OLR异常(彩色,W/m^2)和500 hPa上垂直速度异常(等值线间隔0.2×10^{-2}Pa/s,虚线为负)

异常的水平环流能引起异常的水汽输送及其散度。从回归的水汽通量图(图3c)上可以看到,在西太平洋MJO活动强年,15°N以南的热带地区存在较强的水汽的纬向输送,在西太平洋地区(5°—25°N,120°—170°E)存在较强的水汽的辐合,而在日本及其东部地区存在显著的水汽辐散。等压面上水汽通量散度可以写作如下形势(g省略):

$$\frac{\partial qu}{\partial x}+\frac{\partial qv}{\partial y}=q\frac{\partial u}{\partial x}+u\frac{\partial q}{\partial x}+q\frac{\partial v}{\partial y}+v\frac{\partial q}{\partial y} \tag{1}$$

式中,q是比湿,u和v分别表示纬向和经向风速。回归的水汽通量散度各项(等式(1)右端各项)在10°—20°N,135°—170°E的平均如图4所示。可以清楚地看到异常的水汽辐合主要是由纬向风和经向风的辐合造成的,尤其是纬向风的辐合;而水汽的输送项作用较小。这也就是说,异常环流的辐合导致了异常的水汽辐合。异常水汽的辐合必将导致异常的上升运动和对流活动。从夏季西太平洋MJO强度指数回归的500 hPa上异常垂直运动和OLR距平图(图3d)上可以看到,在MJO活动强年,25°N以南地区的西北太平洋上有异常的上升运动,尤其是140°E以东地区。异常的上升运动加强了这些地区的对流活动,在MJO活动强年,西太平洋地区的对流活动明显加强。对流的加强必然导致大量凝结潜热的释放,从而影响大气的非绝热加热过程。大气非绝热加热时TC活动的重要能量来源之一(潘静等,2010)。大气非绝热加热可以写作如下形式(Yanai et al.,1973):

$$Q_1=c_p\left[\frac{\partial T}{\partial t}+u\frac{\partial\theta}{\partial x}+v\frac{\partial\theta}{\partial y}+\left(\frac{p}{p_0}\right)^{\frac{R}{c_p}}\cdot\omega\cdot\frac{\partial\theta}{\partial p}\right] \tag{2}$$

式中,T是大气温度,θ是大气位温,u,v和ω表示三维的风矢量,P是气压,P_0表示表层气压(文中取1000 hPa),R干空气比气体常数,c_p干空气定压比热容。

图 5 给出了夏季西太平洋 MJO 指数回归的 Q_1。可以看到在 MJO 活动强年,10°—20°N,120°—170°E 地区的非绝热加热明显增强,从而有利于 TC 的活动。进一步分析表明,Q_1 主要来源于位温的垂直平流项(右边第四项),这表明在 MJO 活动强年,上升运动导致大量凝结潜热的释放加热了大气、降低了气压梯度,从而有利于 TC 的活动(潘静等,2010)。

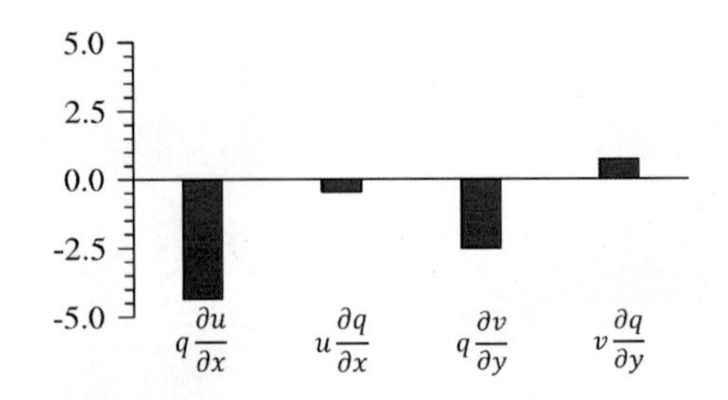

图 4 夏季西太平洋 MJO 强度指数回归的水汽通量散度各项在 10°－20°N,135°－170°E 区域的平均,单位:10^{-4} g/(kg · s)

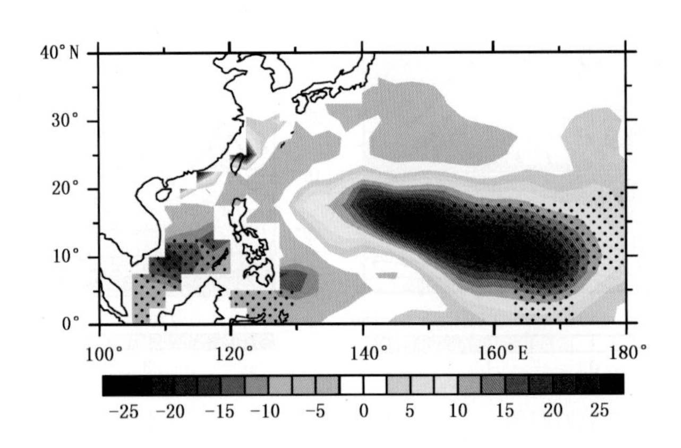

图 5 夏季西太平洋 MJO 强度指数回归整层积分的非绝热加热 Q_1,单位:J/(kg · s)

4.2 GPI 指数分析

为了评估环境场对 TC 生成的影响作用,Emanuel 等(2004)定义了一个 TC 生成指数(Genesis Potential Index,GPI)用以评估环境场对 TC 生成的作用。TC 的生成数目在 GPI 正异常区域显著加强,而在 GPI 的负异常区域显著减少(Tsuboi et al.,2014)。这里使用 Murakami 等(2011)定义的 GPI 指数分析在 MJO 活动强弱年异常环流场对 TC 生成的作用,其定义如下

$$GPI = |10^5 \eta|^{\frac{3}{2}} (\frac{RH}{50})^3 (\frac{PI}{70})^3 (1 + 0.1V_s)^{-2} (\frac{-\omega + 0.1}{0.1}) \tag{3}$$

式中,H 是 850 hPa 相对涡度,RH 是 700 hPa 相对湿度,PI 是最大潜在指数,其计算参照 Emanuel 等(2004,Fortran 程序代码来源于 ftp://texmex. mit. edu /pub/emanuel/TCMAX/pcmin_revised. f),V_s 垂直风切变($V_s = \sqrt{(u_{200} - u_{850})^2 + (v_{200} - v_{850})^2}$),$\omega$ 是 500 hPa 上的垂直速度(Pa/s)。

从西太平洋 MJO 指数回归的 GPI 图(图 6a)上可以看到,在 MJO 活动强年 10°－20°N,140°E－180°地区的 GPI 出现显著的正异常,而这些地区正是 TC 生成加强的区域(图 1a)。为进一步分析 GPI 指数中各个物理量的作用,图 6b～6d 进一步给出了西太平洋 MJO 指数回归的 700 hPa 相对湿度场,PI 场和垂直风切变。结合图 3 可以看到:在 MJO 活动强年,GPI 的增强主要是因为相对涡度和垂直速度,其次是相对湿度,而 PI 和垂直风切变对 GPI 的增长没有密切关系。也就是说,在 MJO 强年,MJO 主要通过相对涡度和垂直速度影响 TC 的活动,这和 Wang 等(2017)的结论较为一致。

4.3 动能转换分析

对流层低层正压能量转换过程是 TC 活动的重要能量来源之一(Maloney et al.,2001;Ha et al.,

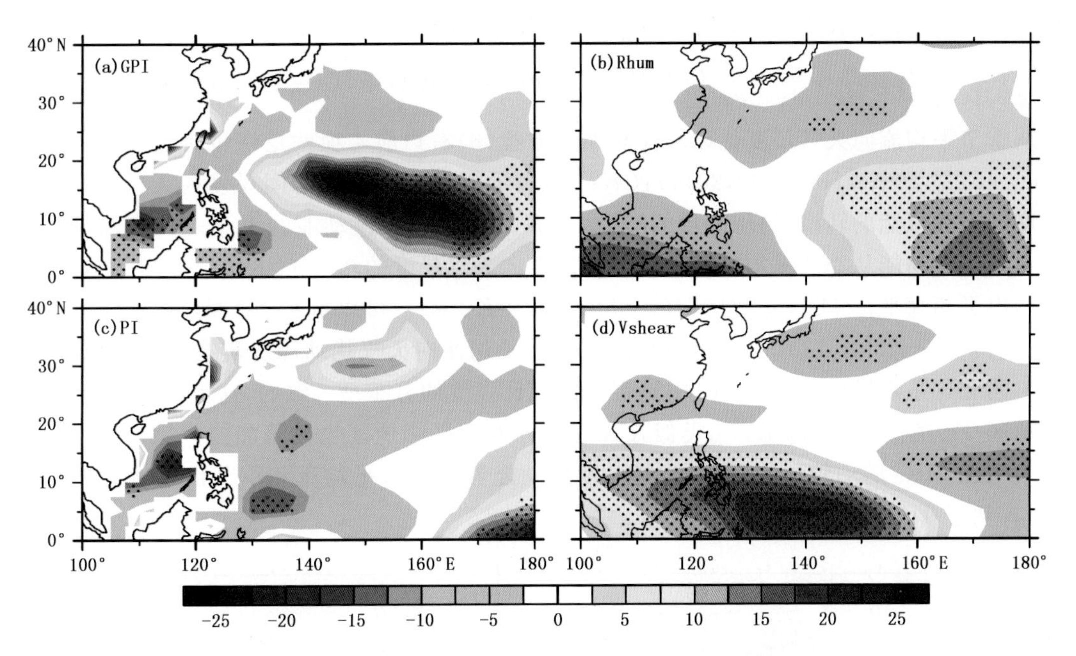

图 6　夏季西太平洋 MJO 强度指数回归的(a)GPI,(b)700 hPa 上相对湿度(c)PI 和(d)垂直风切变。点状区域表示通过 90%显著性检验的区域

2014)。季节内尺度的能量可以向天气尺度转换能量(Hsu et al.,2011;Tsou et al.,2014),从而促进 TC 的增长(Yang et al.,2016;Hsu et al.,2017)。根据 Hsu 等(2011,2017)和 Tsou 等(2014)的工作,一个变量可以根据其时间尺度分为 3 部分,季节平均(大于 90 d)、季节内变化(10～90 d),天气尺度变化(小于 10 d):

$$A = \overline{A} + A' + A^* \tag{4}$$

"—""′""*"分别表示季节平均、季节内、天气尺度部分。需要说明的是,考虑到 TC 的活动周期大多小于 10 d,故而这里季节内的时间尺度取为 10～90 d。但这并不影响我们的结果,因为季节内的活动最主要部分仍然在 30～90 d,如果使用 30～90 d 也会得到一样的结论。大气运动水平方程为:

$$\frac{\partial u}{\partial t} = -u\frac{\partial u}{\partial x} - v\frac{\partial u}{\partial y} - \omega\frac{\partial u}{\partial p} + fv - \frac{\partial \varphi}{\partial x} \tag{5}$$

$$\frac{\partial v}{\partial t} = -u\frac{\partial v}{\partial x} - v\frac{\partial v}{\partial y} - \omega\frac{\partial v}{\partial p} - fu - \frac{\partial \varphi}{\partial y} \tag{6}$$

对方程两边同时乘以 u^* 和 v^*,然后取季节平均。可以得到扰动动能变化方程:

$$\overline{\frac{\partial K^*}{\partial t}} = -\overline{V^*\cdot[(V^*)_3\cdot\nabla_3]\overline{V}} - \overline{V^*\cdot[(V'+V^*)_3\cdot\nabla_3]V'} - \frac{R}{p}\overline{\omega^* T^*} - \overline{V_3\cdot\nabla_3 K^*} - \overline{\nabla\cdot(V^*\varphi^*)} + D \tag{7}$$

$$CK_{\text{S-SM}} = -\overline{V^*[(V^*)_3\cdot\nabla_3]\overline{V}} = -\overline{u^{*2}\frac{\partial \overline{u}}{\partial x}} - \overline{u^*v^*\frac{\partial \overline{u}}{\partial y}} - \overline{u^*v^*\frac{\partial \overline{v}}{\partial x}} - \overline{v^{*2}\frac{\partial \overline{v}}{\partial y}} - \overline{u^*\omega^*\frac{\partial \overline{u}}{\partial p}} - \overline{v^*\omega^*\frac{\partial \overline{v}}{\partial p}} \tag{8}$$

$$CK_{\text{S-MJO}} = -\overline{V^*[(V'+V^*)_3\cdot\nabla_3]V'} = -\overline{u^{*2}\frac{\partial u'}{\partial x}} - \overline{u^*v^*\frac{\partial u'}{\partial y}} - \overline{u^*v^*\frac{\partial v'}{\partial x}} - \overline{v^{*2}\frac{\partial v'}{\partial y}} - \overline{u^*\omega^*\frac{\partial u'}{\partial p}} - \overline{v^*\omega^*\frac{\partial v'}{\partial p}} - \overline{u^*u'\frac{\partial u'}{\partial x}} - \overline{u^*v'\frac{\partial u'}{\partial y}} - \overline{u'v^*\frac{\partial v'}{\partial x}} - \overline{v^*v'\frac{\partial v'}{\partial y}} - \overline{u^*\omega'\frac{\partial u'}{\partial p}} - \overline{v^*\omega'\frac{\partial v'}{\partial p}} \tag{9}$$

$$\begin{aligned} CE &= -\frac{R}{P}\overline{T^*\omega^*} \\ AK &= -\overline{\mathbf{V}_3\cdot\nabla_3 K^*} \\ BG &= -\overline{\nabla_3\cdot(\mathbf{V}^*\varphi^*)} \end{aligned} \tag{10}$$

$K^*=(u^{*2}+v^{*2})/2$ 表示天气尺度扰动动能，t 表示时间，$\boldsymbol{V}$ 表示水平矢量风场，下标“3”表示 3 维风矢量。$\nabla=\frac{\partial}{\partial x}+\frac{\partial}{\partial y}$ 和 $\nabla_3=\frac{\partial}{\partial x}+\frac{\partial}{\partial y}+\frac{\partial}{\partial p}$ 分别表示二维和三维梯度算子，D 表示耗散和次网格过程。CK_{S-SM} 表示动能从季节平均流向天气尺度扰动动能转换。方程(8)右边前 4 项就是许多研究使用的正压能量转换(Maloney et al.，2001；Ha et al.，2014)；CK_{S-MJO} 表示能量从季节内时间尺度向天气尺度的转换；CE 是天气尺度动能和位能的转换(斜压能量的转换)；AK 表示天气尺度动能的平流；BG 表示气压梯度的作用。这里主要关注动能从季节平均尺度和季节内尺度向天气尺度的转换（CK_{S-SM} 和 CK_{S-MJO}）。

图 7 给出了西太平洋 MJO 指数回归的 CK_{S-SM} 和 CK_{S-MJO}。可以看到，在 MJO 活动强年，西北太平洋地区，尤其是 10°—20°N，130°—160°E 地区，从季节平均流向天气扰动动能转换显著加强，异常的动能转换呈现出西北—东南轴向，这与图 1c 中热带气旋累计强度的分布是一致的，这也就是说，动能的转换加强了这些地区 TC 的活动。和 CK_{S-SM} 类似，CK_{S-MJO} 在西太平洋地区也显著加强，尽管其强度较 CK_{S-SM} 偏弱。这表明在 MJO 活动较强的夏季，天气尺度扰动能够从季节平均流和季节内尺度流中获取更多的动能，从而有利于 TC 的活动和加强。

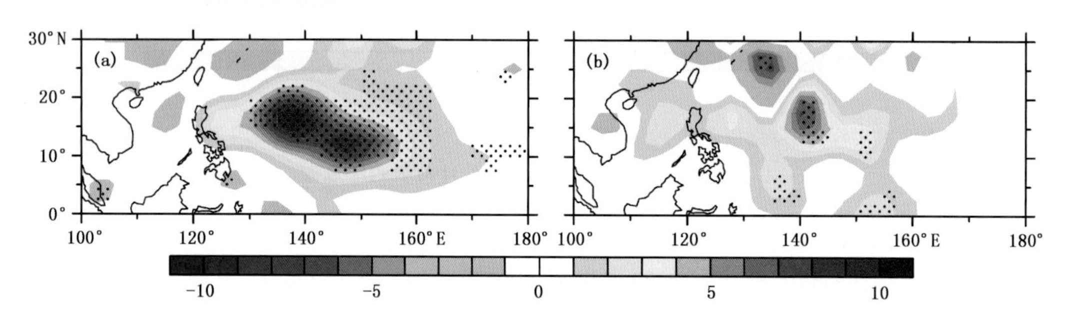

图 7　夏季西太平洋 MJO 强度指数回归的 850 hPa 上动能的转换(a) CK_{S-SM} 和 (b) CK_{S-MJO}，单位：$10^{-6}\ \mathrm{m^2/s^3}$

为进一步研究式(8)和式(9)右侧各项的相对重要性，图 8 和图 9 分别给出了夏季西太平洋 MJO 强度指数回归的式(8)和式(9)右侧各项在 10°—20°N，135°—170°E 的平均。可以看到，季节平均流向天气尺度扰动动能的转换主要是 $-\overline{u^*v^*\frac{\partial \bar{u}}{\partial y}}$。$-\overline{u^{*2}\frac{\partial \bar{u}}{\partial x}}$ 对动能的转换也起着重要作用。经向流的纬向和经向梯度项($-\overline{u^*v^*\frac{\partial \bar{v}}{\partial x}}$ 和 $-\overline{v^{*2}\frac{\partial \bar{v}}{\partial y}}$) 对正压能量的转换是负贡献，这也就是说，经向流的纬向和经向梯度项阻碍了动能从季节平均流向天气尺度扰动的转换。图 9 的结果表明，季节内动能向天气尺度动能的转换主要是季节内纬向流的经向梯度和纬向梯度项（$-\overline{u^*v^*\frac{\partial u'}{\partial y}}$ 和 $-\overline{u^{*2}\frac{\partial u'}{\partial x}}$），而季节内经向流的纬向和经向梯度项对动能的转换起着阻碍作用，其他项对动能转换的作用并不明显。从 MJO 强年夏季的异常环流中可以看到(图 3)，西太平洋地区有较强的异常气旋式环流的活动，从而导致了纬向风的较强的纬向和经向切变，从而有利于动能的转换。在式(8)和式(9)中的垂直输送项的贡献非常小，这也就是说，动能的

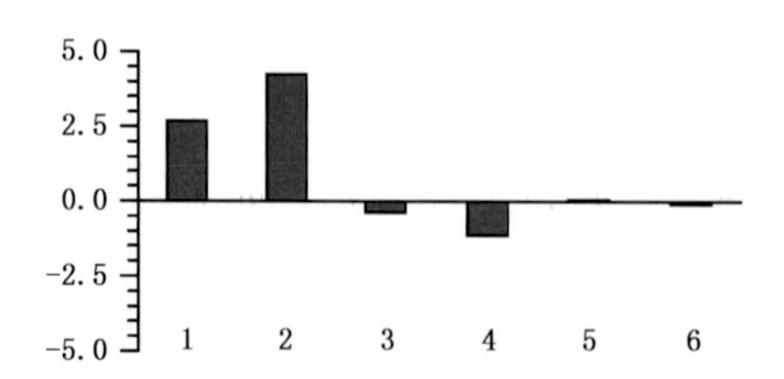

图 8　夏季西太平洋 MJO 强度指数回归方程(8)右端各项在 10°—20°N，130°—160°E 区域的平均，“1”到“6”分别表示 $-\overline{u^{*2}\frac{\partial \bar{u}}{\partial x}}$，$-\overline{u^*v^*\frac{\partial \bar{u}}{\partial y}}$，$-\overline{u^*v^*\frac{\partial \bar{v}}{\partial x}}$，$-\overline{v^{*2}\frac{\partial \bar{v}}{\partial y}}$，$-\overline{u^*\omega^*\frac{\partial \bar{u}}{\partial p}}$，$-\overline{v^*\omega^*\frac{\partial \bar{v}}{\partial p}}$，单位：$10^{-6}\ \mathrm{m^2/s^3}$

转换主要是正压过程，这可能就是为什么其他很多文章都分析正压能量的转换。

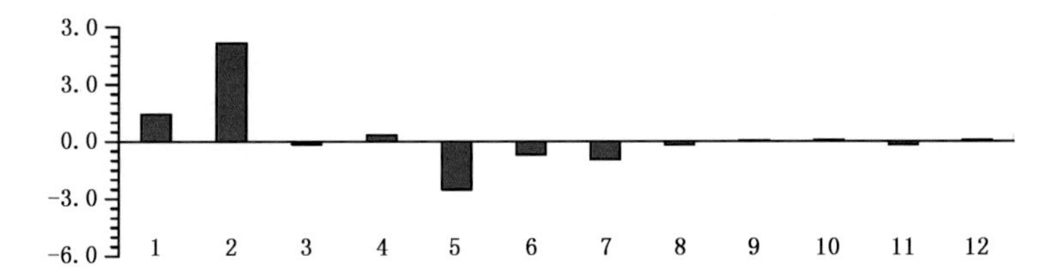

图9 夏季西太平洋MJO强度指数回归方程(9)右端各项在10°－20°N，130°－160°E区域的平均，"1"到"12"分别表示 $-\overline{u^{*2}\frac{\partial u'}{\partial x}}$，$-\overline{u^{*}v^{*}\frac{\partial u'}{\partial y}}$，$-\overline{u^{*}u'\frac{\partial u'}{\partial x}}$，$-\overline{u^{*}v'\frac{\partial u'}{\partial y}}$，$-\overline{u^{*}v^{*}\frac{\partial v'}{\partial x}}$，$-\overline{v^{*2}\frac{\partial v'}{\partial y}}$，$-\overline{u'v^{*}\frac{\partial v'}{\partial x}}$，$-\overline{v^{*}v'\frac{\partial v'}{\partial y}}$，$-\overline{u^{*}\omega^{*}\frac{\partial u'}{\partial p}}$，$-\overline{v^{*}\omega^{*}\frac{\partial v'}{\partial p}}$，$-\overline{u^{*}\omega'\frac{\partial u'}{\partial p}}$，$-\overline{v^{*}\omega'\frac{\partial v'}{\partial p}}$，单位：$10^{-6}\,m^2/s^3$

5 小结与讨论

本文从夏季西太平洋MJO活动年际变化的角度研究了其和西北太平洋热带气旋活动的关系，主要结论如下。

MJO的年际变化对TC活动的强度、生成、路径都有着重要的影响，尤其是140°E以东和20°N以南地区。在西太平洋MJO活动较强的夏季：南海北部地区，140°E以东的西北太平洋地区的热带气旋生成数目显著增加，而在菲律宾东北地区热带气旋生成数目有所减少；西太太平洋TC路径频数和强度都显著加强。强度达到台风强度的TC数目增加，长生命史TC的百分比也显著增加。和不同等级TC活动密切相关的MJO区域也有着差异。MJO的活动和强台风的活动密切相关，但是和超强台风的活动关系并不显著，尤其是150°E以西地区。当MJO在菲律宾以东南活动加强而在台湾以东减弱的时候，出现变性热带气旋的概率明显增强。

在MJO活动异常年，主要是通过相对涡度和垂直运动来影响TC的生成的，而相对湿度和垂直风切变的作用相对较弱。在MJO活动强年，西太平洋地区10°—25°N，120°—160°E有正的涡度异常和异常的上升运动。这些异常的背景场环流为TC的生成和发展提供了有利的背景场条件。在MJO活动强年，较强的水汽的纬向输送，导致了这些地区较强的水汽的辐合和上升运动。从而，西北太平洋地区的非绝热加热显著增强，它为TC的活动提供了重要的能量来源。对流层低层气旋式环流的异常，加强了西北太平洋地区纬向风场的经向和纬向梯度，从而使得更多的动能从平均流和MJO流向天气尺度扰动转换。

本文的结论对使用的数据和方法并不敏感。我们使用美国海军联合台风预警中心(JTWC)日本气象局区域气候中心的热带气旋最佳路径集(JMA)也得到一致的结论。使用Xue等（2002)定义的逐候的MJO指数求取其和热带气旋的相关性发现，西北太平洋热带气旋数据和CPC逐候MJO的第3,4,5指数(7,8,9指数)存在显著的正相关(负相关)，这因为3、4、5(7、8、9)指数反映了MJO在西太平洋地区处于活跃(抑制)位相。使用Wheeler等(2004)定义的MJO指数求取其和热带气旋数目的相关性发现，热带气旋和RMM2的显著相关，而和RMM1的关系并不显著，这主要因为RMM2反映了在西太平洋地区MJO的活动，而RMM1指数反映了西太平洋以西(主要是海洋大陆地区)地区的MJO的活动，故而和热带气旋数目的相关性较低。同时，RMM指数对夏季西太平洋地区MJO的活动，尤其是北传的MJO的活动，反映能力还有明显的不足(Kikuchi et al.，2012)。

参考文献

陈光华，黄荣辉，2009. 西北太平洋低频振荡对热带气旋生成的动力作用及其物理机制[J]. 大气科学，33(2)：205-214.

何洁琳，段安民，覃卫坚，2013. 热带大气季节内振荡与西北太平洋热带气旋活动的季节预测：统计事实研究[J]. 气候与环境研究，18(1)：101-110.

李崇银,1991. 30—60天大气振荡的全球特征[J]. 大气科学,15(3):66-76.

李崇银,龙振夏,2003. 大气季节内振荡及其重要作用[J]. 大气科学,27(4):518- 535.

潘静,李崇银,宋洁,2010. MJO活动对西北太平洋台风的调制作用[J]. 大气科学,34(6):1059-1070.

田华,李崇银,杨辉,2010a. 大气季节内振荡对西北太平洋台风路径的影响研究[J]. 大气科学,34(3):559-579.

田华,李崇银,杨辉,2010b. 热带大气季节内振荡对西北太平洋台风生成数的影响研究[J]. 热带气象学报,26(3):283-292.

赵威,赵海坤,韦志刚,等,2015. MJO与西北太平洋热带气旋活动的关系及其年代际变化[J]. 热带气象学报,31(2):237-246.

Bessafi M,Wheeler M C,2006. Modulation of south Indian Ocean tropical cyclones by the Madden-Julian Oscillation and convectively coupled equatorial waves[J]. Mon Wea Rev,134: 638-656.

Camargo S J,Wheeler M C,Sobel A H,2009. Diagnosis of the MJO modulation of tropical cyclogenesis using an empirical index[J]. J Atmos Sci,66: 3061-3074.

Duchon C E,1979. Lanczos filtering in one and two dimensions[J]. Journal of Applied Meteorology,18:1016-1022.

Emanuel K A,Nolan D S,2004. Tropical cyclone activity and global climate system[C]. Preprints,26th Conference on Hurricanes and Tropical Meteorology,Miami,Florida,Amer Meteor Soc,CD-ROM,10A. 2.

Frank W M,Roundy P E,2006. The role of tropical waves in tropical cyclogenesis[J]. Mon Wea Rev,134:2397-2417.

Ha Y,Zhong Z,Sun Y,et al,2014. Decadal change of South China Sea tropical cyclone activity in mid-1990s and its possible linkage with intraseasonal variability[J]. J Geophys Res Atmos,119:5331-5344.

Hendon H H,Zhang C,Glick J D,1999. Interannual variation of the Madden-Julian Oscillation during Austral Summer[J]. Journal of Climate,12(8):2538-2550.

Hogsett W,Zhang D L,2010. Genesis of typhoon Chanchu (2006) from a westerly wind burst associated with the MJO. Part I: Evolution of a vertically tilted precursor vortex[J]. Journal of the Atmospheric Sciences,67:3774-3792.

Hsu P C,Lee T H,Tsou C H,et al,2017. Role of scale interactions in the abrupt change of tropical cyclones in autumn over the western North Pacific[J]. Climate Dyn,On line. DOI:10. 1007/s00382-016-3504-x.

Hsu P C,Li T,Tsou C H,2011. Interaction between boreal summer intraseasonal oscillations and synoptic-scale disturbances over the western North Pacific. Part Ⅰ: Energetic diagnosis[J]. J Climate,24:927-941.

Huang P,Chou C,Huang R H,2011. Seasonal modulation of tropical intraseasonal oscillations on tropical cyclone geneses in the western North Pacific[J]. Journal of Climate,24:6339-6352.

Kalnay E,Kanamitsu M,Kistler R,et al,1996. The NCEP/NCAR 40-year reanalysis project[J]. Bull Am Met Soc,77: 437-471.

Kikuchi K,Wang B,Kajikawa Y,2012. Bimodal representation of the tropical intraseasonal oscillation[J]. Climate Dyn,38: 1989-2000.

Kim J,Ho C,Kim H,et al,2008. Systematic variation of summertime tropical cyclone activity in the western North Pacific in relation to the Madden-Julian oscillation[J]. J Clim,21:1171-1191.

Krishnamohan K S,Mohanakumar K,Joseph P V,2012. The influence of Madden-Julian Oscillation in the genesis of North Indian Ocean tropical cyclones[J]. Theor Appl Climatol,109:271-282.

Li R C Y,Zhou W,2013a. Modulation of Western North Pacific tropical cyclone activity by the ISO. Part I: genesis and intensity[J]. J Clim,26:2904-2918.

Li R C Y,Zhou W,2013b. Modulation of Western North Pacific tropical cyclone activity by the ISO. Part II: tracks and landfalls[J]. J Clim,26:2919-2930.

Liebmann B,Hendon H H,Glick J D,1994. The relationship between tropical cyclones of the western Pacific and Indian Oceans and the Madden-Julian oscillation[J]. J Meteorol Soc Jpn,72:401-412.

Liebmann B,Smith C A,1996. Description of a complete (interpolated) outgoing longwave radiation dataset[J]. Bull Am Met Soc,77:1275-1277.

Madden R A,Julian P R,1971. Detection of a 40-50 day oscillation in the zonal wind in the tropical Pacific[J]. J Atmos Sci,28:702-708.

Madden R A,Julian P R,1972. Description of global-scale circulation cells in the tropics with a 40-50 day period[J]. J Atmos Sci,29:1109-1123.

Maloney E D,Hartmann D L,2000a. Modulation of eastern North Pacific hurricane by the Madden-Julian oscillation[J]. J

Climate,13(9):1451-1460.

Maloney E D,Hartmann D L,2000b. Modulation of hurricane activity in the Gulf of Mexico by the Madden-Julian oscillation [J]. Science,287:2002-2004.

Maloney E D,Hartmann D L,2001. The Madden-Julian Oscillation,barotropic dynamics,and North Pacific tropical cyclone formation. Part I: observations[J]. J Atmos Sci,58:2545-2558.

Murakami H,Wang B,Kitoh A,2011. Future change of Western North Pacific typhoons: projections by a 20－km－mesh global atmospheric model[J]. J Climate,24:1154-1169.

Nakazawa T,1988. Tropical super clusters within intraseasonal variations over the western Pacific[J]. J Meteorol Soc Japan,66:823-839.

Teng H,Wang B,2003. Interannual variations of the boreal summer intraseasonal oscillation in the Asian-Pacific region[J]. Journal of climate,16(22):3572-3584.

Tsou C H,Hsu H H,Hsu P C,2014. The role of multiscale interaction in synoptic-scale eddy kinetic energy over the western North Pacific in Autumn[J]. J Climate,27:3750-3766.

Tsuboi A,Takemi T,2014. The interannual relationship between MJO activity and tropical cyclone genesis in the Indian Ocean[J]. Geoscience Letters,1:9.

Wang B,Moon J Y,2017. An anomalous genesis potential index for MJO modulation of tropical cyclones[J]. J Climate,30:4021-4035.

Wheeler M C,Hendon H H,2004. An all-season real-time multivariate MJO index: Development of an index for monitoring and prediction[J]. Mon Wea Rev,132:1917-1932.

Xue Y,Higgins W,Kousky V,2002. Influence of the Madden Julian Oscillation on temperature and precipitation in North America during ENSO-Neutral and weak ENSO winters[Z]. A workshop on prospects for improved forecasts of weather and short-term climate variability on subseasonal (2 week to 2 month) time scale. NASA/Goddard Space Flight Center, April 16-18.

Yanai M,Esbensen S,Chu J H,1973. Determination of bulk properties of tropical clusters from large-scale heat and moisture budgets[J]. J Atmos Sci,30:611-627.

Zhu C W,Nakazawa T,Li J P,2003. Modulation of twin tropical cyclogenesis by the MJO westerly wind burst during the onset period of 1997/98 ENSO[J]. Advance in Atmospheric Sciences,20(6):882-898.

Interannual Relationship between the Boreal Summer Madden Julian Oscillation and Tropical Cyclone over the Western North Pacific

CHEN Xiong[1], LIU Mingyang[1], LI Xin[1], WANG Xin[2,3]

(1 College of Meteorology and Oceanography, National University of Defense Technology, Nanjing 211101;
2 State Key Laboratory of Tropical Oceanography, South China Sea Institute of Oceanology, Chinese Academy of Sciences, Guangzhou 510301;3 Laboratory for Regional Oceanography and Numerical Modeling, Qingdao National Laboratory for Marine Science and Technology, Qingdao 266237)

Abstract: Based on the reanalysis data,this paper investigates the interannual relationship between the boreal summer Madden-Julian oscillation (MJO) and tropical cyclone (TC) over the western North Pacific in the perspective of MJO interannual variations. Results showed that the interannual variations of MJO have robust and significant impacts on the genesis,intensity and tracks of TC. During strong MJO summer,the TC genesis increases over the western North Pacific to the east of 140°E and south of 20°N,and the occurrence frequency and intensity of TC are also enhanced. The locations of MJO related with TC numbers vary with the intensity of TC. The most important factors that influence the TC genesis during anomalous MJO activity summer are the vorticity at 850 hPa and the vertical motion at 500 hPa,while the roles of relative humidity at mid-level (700 hPa) and vertical wind shear are weak. During strong MJO summer,the positive vorticity anomalies at 850 hPa and enhanced ascending motion at 500hPa are over 10°—25°N,120°—160°E,which provides favorable large-scale background fields to the TC genesis. The enhanced diabatic heating and kinetic energy conversion provide sufficient energy to the TC developments. The kinetic energy conversion from seasonal mean flow and MJO to the synoptic-scale eddies is enhanced during the strong MJO summer. The enhanced kinetic energy conversion is mainly attributed to the zonal and meridional gradients of the seasonal mean and MJO zonal flows.

Key words: Madden-Julian Oscillation (MJO), tropical cyclone, interannual variations, energy conversion

三、海气相互作用及气候影响

大气对东海黑潮海洋锋的响应特征及机制研究

蒙蒙

(温州市气象局,温州 325000)

摘　要:本文利用2000—2014年的AVHRR海温观测资料和ERA-interim再分析资料,以及逐日HYCOM模式海温资料,结合动力学理论讨论了在不同时间尺度上东海黑潮海洋锋本身存在的变化以及风场、气压场与海洋锋的匹配关系,并揭示了可能的物理机制。结果表明:海洋锋及其冷暖侧海温存在季节性变化,锋强冬春季强、夏季弱。在锋区上空有跨越锋区的次级环流被激发出,冷区的垂直运动比暖区更强,锋的加强有助于跨越锋区环流的维持;在锋区,海洋对大气的强迫起主导作用,气压场对锋的响应比风场更敏感,二者在锋的两侧的变化率是不对称的,且在月平均时间尺度上,海平面气压调整机制起主要作用。北风的增强对锋强度的增强有促进作用。月平均尺度上标量风速的大值带位于锋区,而天气尺度上标量风速大值带位于锋的暖区;天气尺度涡旋在水平方向上引起的动量输送会使得向北的动量在锋区和冷区增加,这对其上空盛行的冬季北风有削弱作用;其向南的输送使整个区域内的北风都加强,对锋区动量分布起更重要的作用;扰动气压梯度力做功对于暖区上空风速动能的增强有重要作用,其与标量风速在时间与空间分布上有较高相似性。

关键词:东海黑潮,海表温度锋,风压场,多时间尺度,海气相互作用

引言

东海黑潮海洋锋(ESKF)(简称"海洋锋")是黑潮在与陆架水相接的区域产生了海温剧烈变化的过渡带。其主要范围在122—128°E、26.5—31.5°N区域内,由于锋面宽度一般较窄,常将其看做一条锋线。海洋锋上空大气随着海洋锋的季节变化发生相应变化[1,2]。对于大气响应海洋锋的机制研究,目前有两种广泛流传的解释,一种是海平面气压调整机制[3,4](SLP机制),一种是动量垂直混合机制。最新的研究表明[5],不可用单一机制来概括所有尺度上大气对海洋的响应过程,上述二种机制在不同时间、空间尺度上起作用。徐海明[7,9]等将海表盛行风分为垂直于锋方向的风和平行于锋方向的风,分别分析了这两种情况下海-气的配置情况及相互作用机制。

目前对该区域大气响应海洋锋的机制的讨论还没有形成定论,其可能的影响因素包括锋强度、大尺度环流背景场等。本文的主要研究目的一是探究海洋锋本身在不同时间尺度上的变化,以及风场、气压场随海洋锋强度的改变而发生的特征变化及其原因;二是探究在不同时间尺度上两种机制的作用大小。

1　资料和方法

本文主要采用2000—2014年共15年的AVHRR(Advanced Very High Resolution Radiometer)海温观测资料,空间分辨率为0.25°×0.25°,时间分辨率为每日一次。欧洲中心的全球大气再分析资料ERA-interim再分析资料中的气压、气温、位势高度、风场以及海气热通量等资料,水平分辨率为0.25°×0.25°,时间间隔为每6 h一次,范围为110°—140°E,20°—40°N。HYCOM模式的海温资料,其水平分辨率为0.08°×0.08°,时间间隔为每日一次。使用方法有:小波分析、合成分析及t检验[71]相关分析、Butterworth

带通滤波。

按照刘敬武[27]的定义，月平均风矢量大小和标量风速分别使用如下计算公式：

$$V_{\text{vector}} = |\,\boldsymbol{i}\bar{u} + \boldsymbol{j}\bar{v}\,| = \sqrt[2]{(\frac{1}{N}\sum_{i=1}^{N}u_i)^2 + (\frac{1}{N}\sum_{i=1}^{N}v_i)^2}$$

$$V_{\text{scalar}} = \frac{1}{N}\sum_{i=1}^{N}\sqrt[2]{(u_i)^2 + (v_i)^2}$$

其中，V_{vector} 为矢量风的大小，V_{scalar} 为标量风速，月平均纬向风 $\bar{u} = \frac{1}{N}\sum_{i=1}^{N}u_i$，月平均经向风 $\bar{v} = \frac{1}{N}\sum_{i=1}^{N}v_i$，$u_i$ 和 v_i 分别为第 i 次观测的纬向和经向风速，N 表示总共观测次数。它们具有不同的物理含义。矢量风的大小仅仅反映了平均风场的动能项，它包含在风场动能 KE 之中，而标量风中不仅包含了平均风场动能，还包括风场的扰动动能及动能的余项，刘敬武[27]认为，这代表了不同时间尺度的能量。

2 东海黑潮海洋锋在不同时间尺度的变化

海洋锋区域的海表温度梯度有明显的季节循环[5-7]，在 2—5 月锋强较强，4 月为极大值。而后逐渐减弱，秋季后逐渐回升，形成季节循环。春季 2 月至 5 月上旬温度梯度强度可达到锋强标准，认为出现海洋锋。除海洋的显著季节循环而外，在较短时间尺度上，锋强也存在较高频率的波动。

取 4 月海洋锋最强的区域，选取该区域内纬向锋强最强的点所连成的线为锋线，锋线的西侧标记为冷区，东侧标记为暖区。将 2000—2014 年的冬春季(2—5 月)锋区温度梯度进行功率谱分析，可得到图 2.1。可见，2007 年以前，周期并不很明显，2006 年后 7～13 d 内的周期较显著，在 2012 年左右该周期非常显著，13 d 以上的周期在 2006 年后也开始凸显。这说明锋强度在较短时间尺度上有明显的周期性变化。

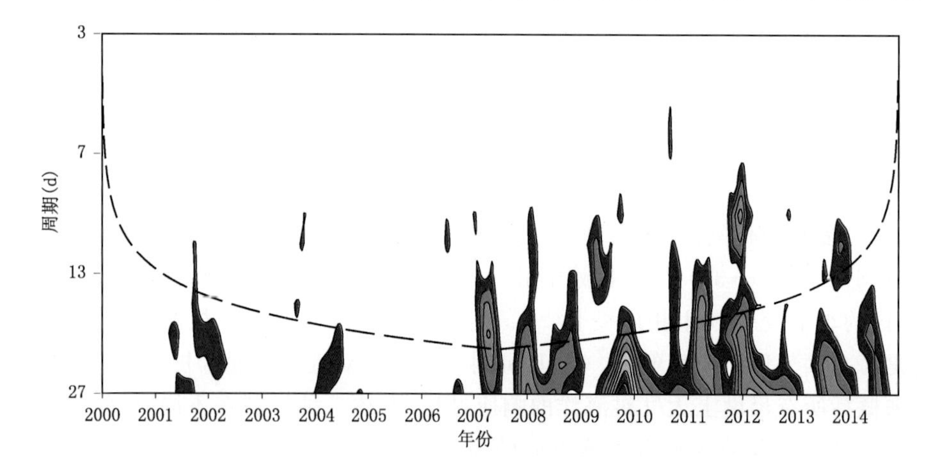

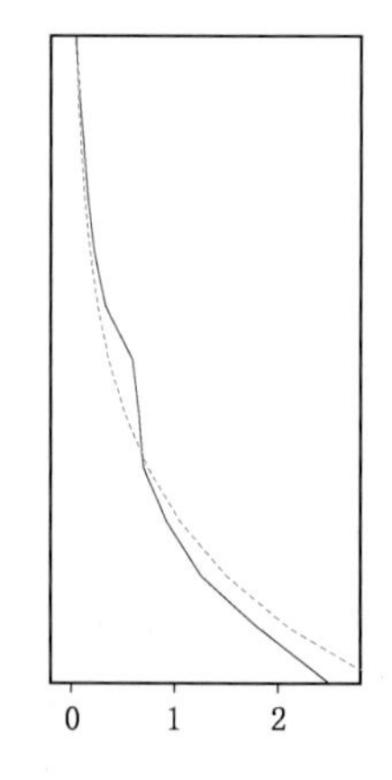

图 2.1　2000—2014 年冬春季锋强度的小波功率谱，左图黑色虚线为边界影响区域，右图绿线为信度 90%的检验线

图 2.2 为 2000—2014 年冬春季月平均锋强及冷暖侧海温变化。从图中可看出，海洋锋在 2006—2007 年内发生了一次显著的年代际增强。表 2.1 为 2000—2014 年冬春季锋强与冷暖侧海温的方差及其比值。可见，冷区海温的方差值为最大值，说明冷区海温波动幅度最大，而暖区海温的变化相对平缓。冷区海温的较大波动对应高方差，且对温差的方差贡献率高于暖区。这说明海洋锋的年际变化主要是受冷侧海温的影响，即陆架水温度的降低导致了海洋锋的年际增长。

表 2.1　冬春季黑潮海洋锋强与冷暖区海温的方差

	锋强冷暖区温差	暖区海温	冷区海温
方差	0.438184	0.25426	0.47299
与冷暖区温差的方差之比(%)	—	0.580	1.079

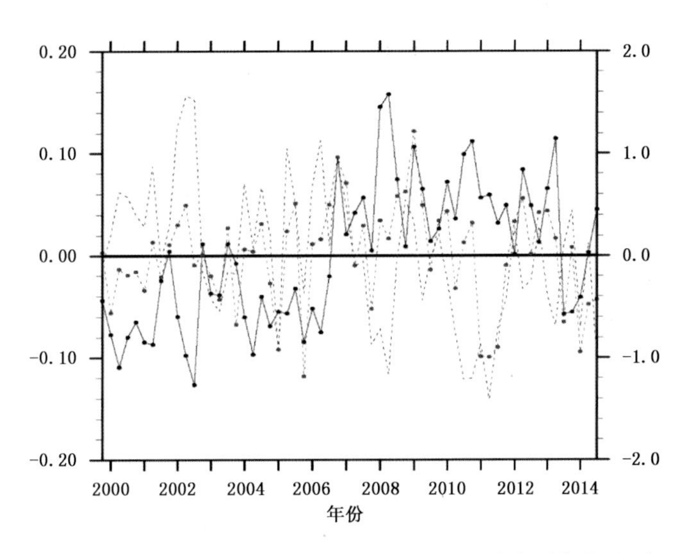

图 2.2 2000—2014 年冬春季(2—5 月)海表温度锋强度距平,红、蓝线分别代表暖、冷区海温距平(单位:℃),对应右侧坐标;黑线为海洋锋强度(单位:10^{-4} ℃/m),对应左侧坐标

为讨论海洋锋发生季节循环的主要原因,我们给出了海洋混合层的[11]热平衡方程(2.1)。

$$\frac{\partial SST}{\partial t}=\frac{Q}{C_p\rho_0 h}-\boldsymbol{U}_g\cdot\nabla T-\boldsymbol{U}_e\cdot\nabla T-\frac{W_e(SST-T_d)}{h} \tag{2.1}$$

式中,SST 代表海表温度,Q 代表海表面的净热通量,C_p 为海水比热容,ρ_0 为海洋参考密度,h 代表混合层深度;U_g、U_e 分别代表海表地转速度和 Ekman 速度,W_e、T_d 分别为夹卷速度和混合层底层的温度。

由方程(2.1)可知,净海表热通量 Q 的异常与海表温度的倾向 $\frac{\partial SST}{\partial t}$ 相联系,向下的 Q 热通量增多,海表温度呈变暖趋势,这本质上反映的是大气对海洋的强迫作用。结合潜热通量(Q_s)与感热通量(Q_L)的公式可知,感热通量正比于海气温差,且在边界层气温不变的情况下,海表温度和感热通量之间有负反馈作用:海表温度升高时,海洋对大气的感热通量增加,对海洋产生降温作用,反之亦然。如果 SST 异常和向上的感热($-Q_s$)、潜热($-Q_L$)异常呈显著正相关,则其实质是反映了海洋对大气的强迫。据此可以判断海气相互作用的主导因素。

如图 2.3a 给出冬春季 SST 与海表净热通量的相关系数。从图可见,在黑潮海域,除靠近我国东部沿岸的区域,SST 与海表净热通量的相关性较好,而冷区较弱。在图 2.3b 中,冬春季海表温度倾向与海表净热通量的相关性并不显著。进一步证实了在锋区,海洋对大气的强迫起主导作用,并且在海温越高的区域,海气热通量受海温影响的变化趋势比冷区更显著,而冷区的海气净热通量始终较小,对应的相关系数

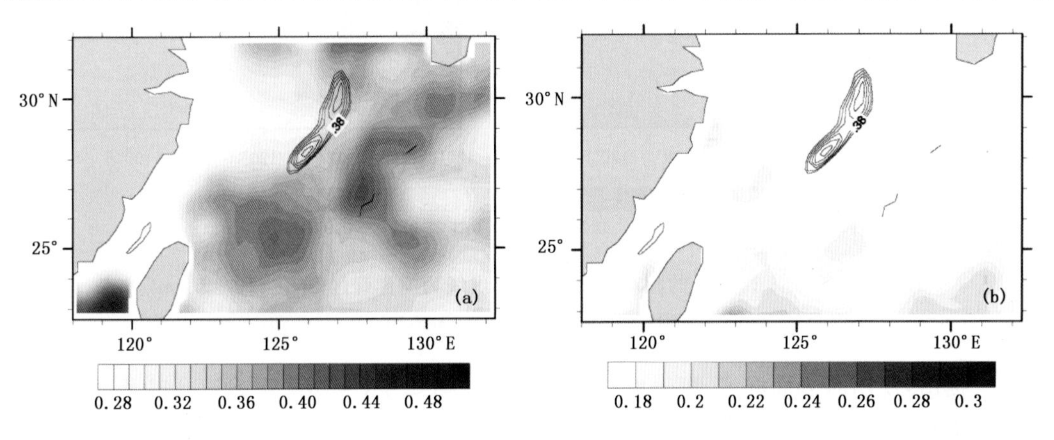

图 2.3 (a)2000—2014 年冬春季 SST 与海表净热通量的相关系数,(b)2000—2014 年冬春季 $\frac{\partial SST}{\partial t}$ 与海表热通量的相关系数,黑色等值线为达到锋强标准的区域,阴影为通过信度 90%的检验区域

较弱，对大气的强迫作用不如暖区强烈。

3　海洋锋区附近风压场关系的物理机制

海-气之间常年发生着热量、动量和物质的交换，二者通过一定的物理过程相互作用，发生在从微尺度至气候尺度的整个时空尺度谱上，是一个比较复杂的耦合系统。自 20 世纪 80 年代开始，气压调整机制(SLP 机制)就已被提出，Linzen[3]等认为 SLP 机制是海洋的加热改变气压场，风场为适应气压场而发生调整的过程。此后陆续有研究者对这一机制进行了完善。本节将对黑潮海洋锋上空大气对锋的响应特征进行分析，并对其响应机制进行探讨。

图 3.1 和图 3.2 分别为相对涡度场和散度场的分布。由图 3.1 可见，锋区涡度场锋区的位置和走向有很好的对应关系，具体表现为在锋的暖侧涡度最大，可出现正涡度值中心，锋的冷区涡度较小，且整个走向均呈东北一西南向，随着时间有减弱的趋势。这表明锋的存在对海表风的旋转有显著作用，在冷区风有反气旋性的偏转，越过锋区后发生气旋性偏转。对比 2—5 月的散度分布情况，如图 3.2，可以看到，锋的暖区为辐合区，辐合区与锋区走向一致，锋的冷区有显著的正散度大值区，该辐散区在 3 月达到最强，其与涡度的负值区也是相对应的。散度的分布与风的铅直运动分布相匹配，即在锋的暖区存在风辐合，风向发生气旋性偏转，并产生超越边界层的垂直上升运动；风的冷区存在风辐散，风向发生反气旋性偏转，产生比暖区更强的下沉运动，从而在海洋锋的上空激发出跨越锋区的次级环流。

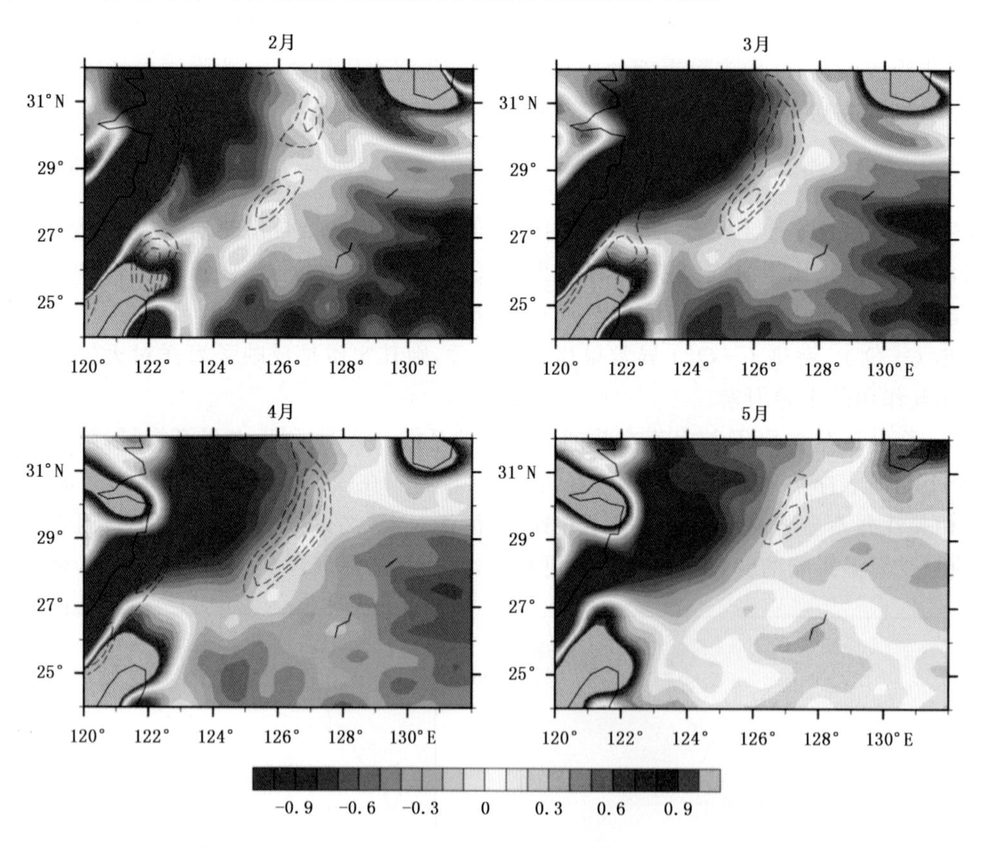

图 3.1　冬春季 2—5 月的相对涡度场分布，虚线为海洋锋区(单位：10^{-4}℃/m)，阴影为涡度(单位：10^{-5} m/s^2)

Minobe[4]提出，使用海表面温度、海表面气压的拉普拉斯算子($\nabla^2 P$、$\nabla^2 SST$)以及散度三者的配置关系来衡量 SLP 机制是否起作用，其中拉普拉斯算子起到了空间滤波的作用，滤去了大尺度环流背景场，仅保留了海洋锋的作用。该方法被很多学者所采用。图 3.3 和图 3.4 分别给出了海平面气压和海表温度的分布。可见锋两侧的极值中心与锋强的大值有较好的对应，且在锋区 $\nabla^2 P$、$\nabla^2 SST$ 的空间分布有很好

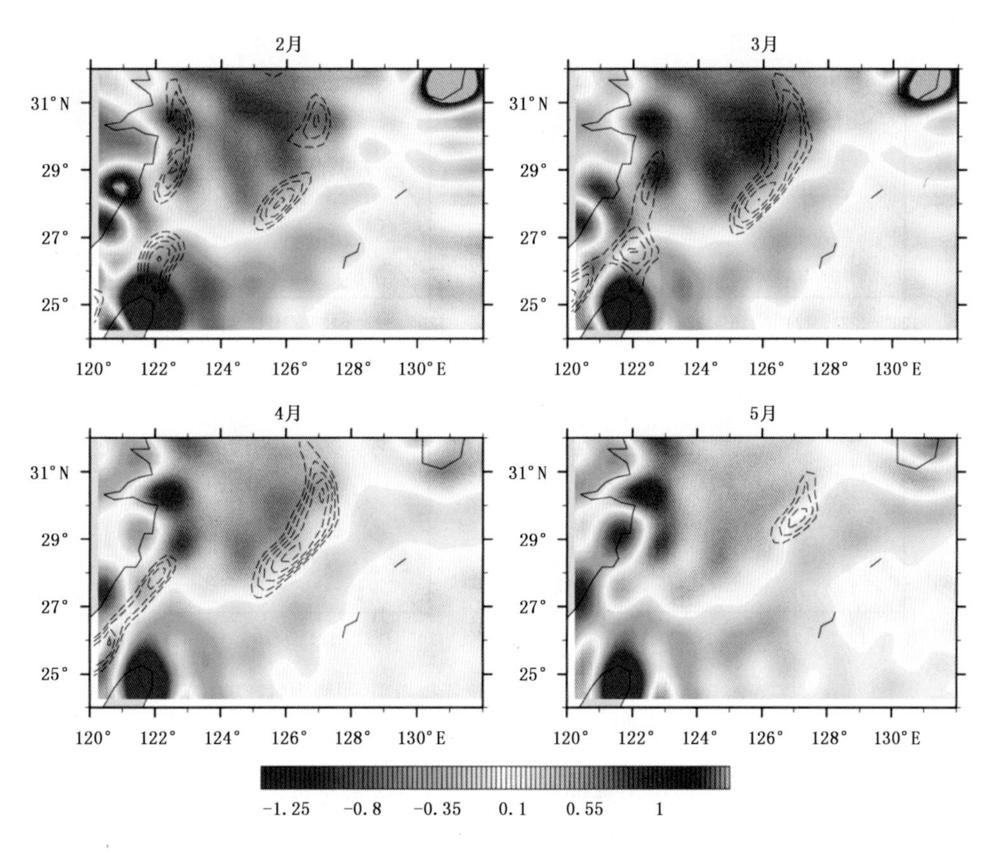

图 3.2 冬春季 2—5 月的散度场分布，虚线为海洋锋区(单位：10^{-4}℃/m)，阴影为散度(单位：10^{-5} m/s^2)

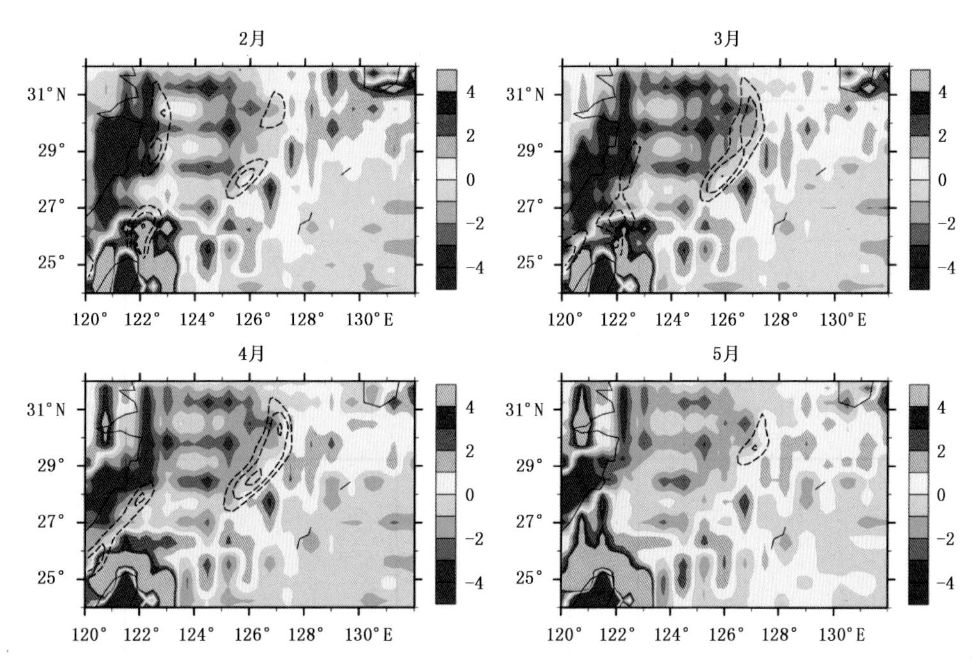

图 3.3 冬春季 2—5 月的海表面气压的拉普拉斯项，阴影为气压的拉普拉斯项(单位：10^{-11} hPa/m^2)，等值线为海洋锋区(单位：10^{-4}℃/m)

的对应关系：锋的冷(暖)侧为异常的高(低)压，对应正(负)的 $\nabla^2 SST$，并有海表面风的辐散(辐合)，三者的对应关系较好。可知 SLP 机制在月平均的时间尺度上起作用。

图 3.5 给出了沿着跨越锋区的直线上的相对涡度、散度和海表面气压的拉普拉斯项。可见，在锋的暖侧，涡度大值的位置要更靠近锋区，而散度的小值中心更远离锋区，从图 3.1 以及图 3.2 也可看出，在垂直

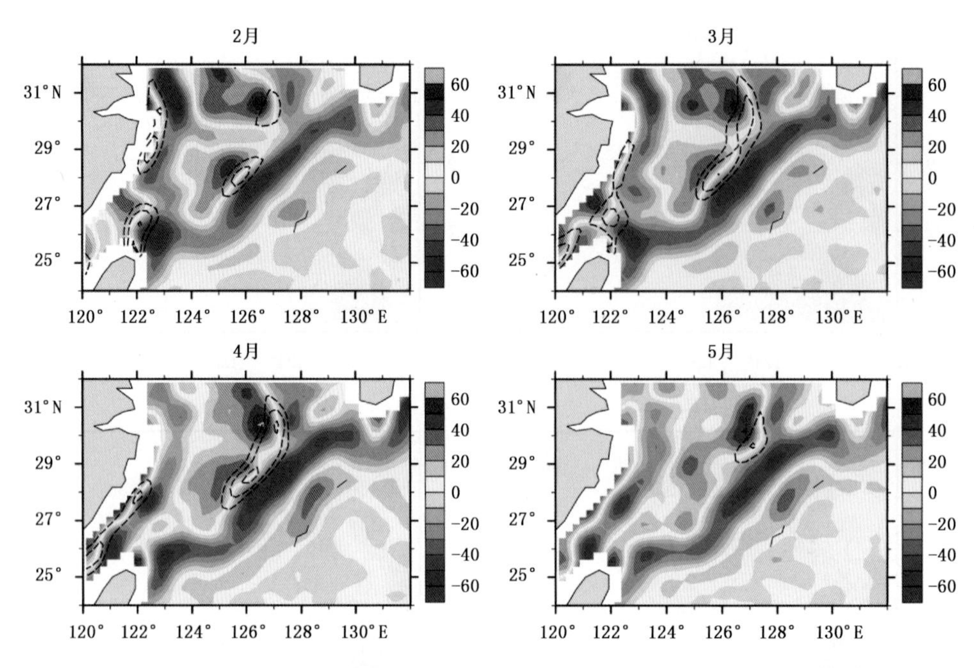

图 3.4　冬春季 2—5 月的海表面温度的拉普拉斯项，阴影为气压的拉普拉斯项（单位：10^{-11} hPa/m^2），等值线为海洋锋区（单位：10^{-4} ℃/m）

于锋区的方向上，相对涡度、散度的极值出现的顺序从西北至东南依次为：负涡度—正散度—正涡度—负散度。前两者出现在冷区，后两在暖区。这表明涡度与散度场在跨越锋区的方向上有较明显的相位差，这种锋区附近的相对涡度、散度的交替变化表明，大气受海洋加热使气压场和风场发生改变，而两个场变化相位的差异激发了大气重力惯性波的产生。

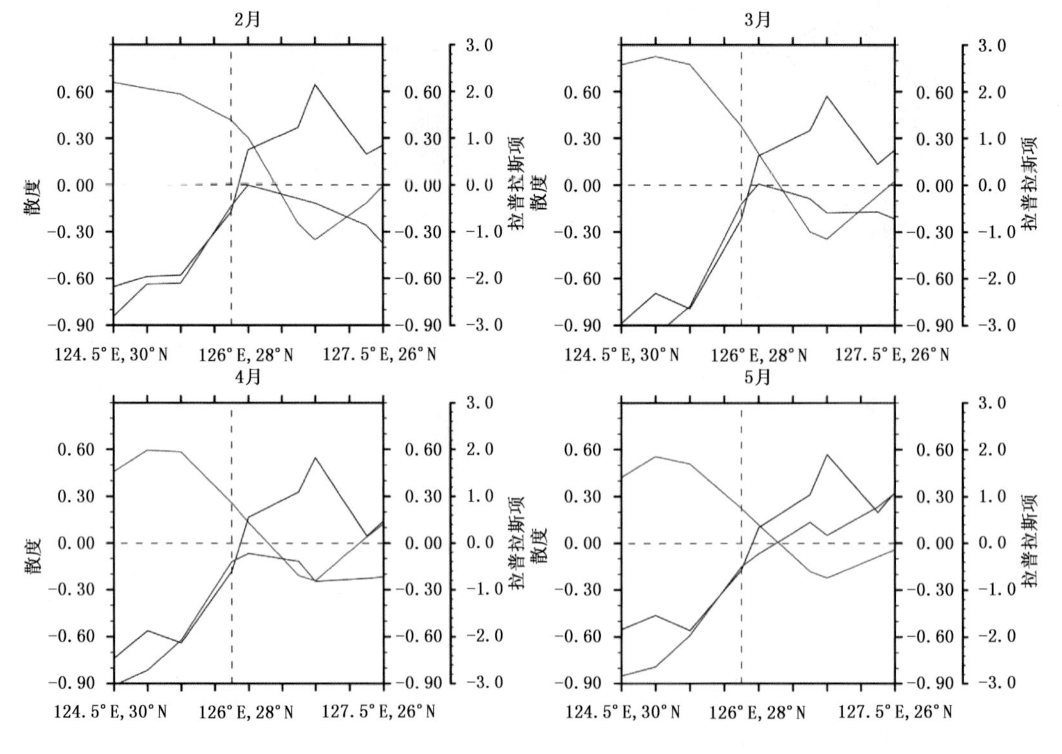

图 3.5　冬春季 2—5 月跨越锋区的相对涡度、散度和海表面气压的拉普拉斯项，红线为散度（单位：10^{-5} m/s^2），对应左侧坐标；蓝线为相对涡度（单位：10^{-5} m/s^2），对应右侧坐标；黑线为海表面气压的拉普拉斯项（单位：10^{-11} hPa/m^2），对应最右侧坐标，黑色虚线为海洋锋区所在位置

那么,对于海洋锋区附近,究竟是气压响应快还是风场响应快呢?图 3.6 为沿着跨越锋区的直线上的海表涡度和地转涡度随时间的变化。从图中可看出,$\left|\frac{\partial \xi_g}{\partial t}\right|$ 始终要大于 $\left|\frac{\partial \xi}{\partial t}\right|$,$\left|\frac{\partial \xi}{\partial t}\right|$ 实际上代表了风场的变化速率,$\left|\frac{\partial \xi_g}{\partial t}\right|$ 代表了气压场的变化速率。这表明,在风场和气压场对海温强迫的响应过程中,风场的变化是一个慢过程,而气压场的改变是一个快过程,也就是说,在月平均的时间尺度上,对于海洋锋的热力强迫,气压场的响应先于风场。$\left|\frac{\partial \xi_g}{\partial t}\right|$ 在锋区两侧的差异要比 $\left|\frac{\partial \xi}{\partial t}\right|$ 大,且暖区要大于冷区,表明气压场的变化在暖区更剧烈,而 $\left|\frac{\partial \xi}{\partial t}\right|$ 则相反,其在冷区的变化更剧烈,跨越锋区后减小。这表明,气压场和风场在锋的两侧的变化率是不对称的,气压场在暖区变化得更快,而风场在冷区变化得更快。

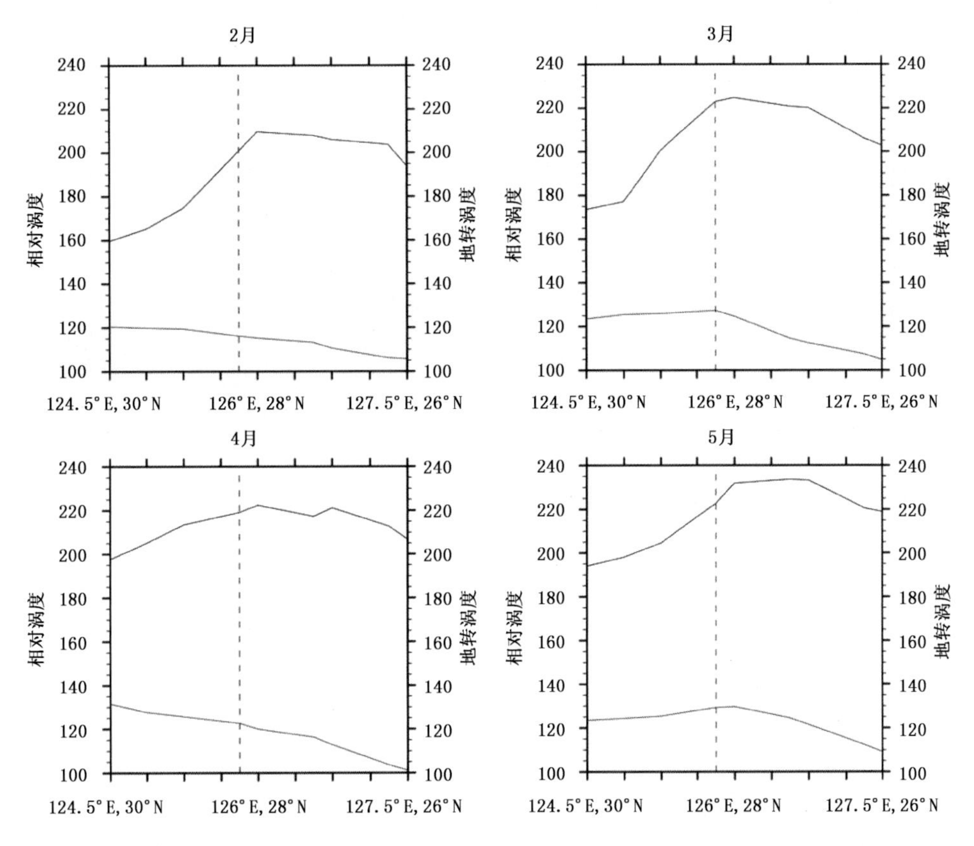

图 3.6 沿 AB 剖面相对涡度和地转涡度随时间的变化(单位:0.46×10^{-9} m/s^3)
(红线代表相对涡度,蓝线代表地转涡度)

最后来分析标量风的分布特征。将风速进行如下分解:

$$\boldsymbol{V}_k = u_k\boldsymbol{i} + v_k\boldsymbol{j}$$

那么标量风速可以写为:

$$V_{sk} = \sqrt{(u_k^2 + v_k^2)}$$

而动能 KE 为

$$KE_k = \frac{1}{2}(u_k^2 + v_k^2) = \frac{1}{2}V_{sk}^2$$

可见,标量风实际代表了风场动能的分布。而根据动能方程可知,动能的产生项决定于水平气压梯度力所做的功 $-\boldsymbol{V}\cdot\nabla\varphi$,其分布见图 3.7。从图可见,其分布与锋区的位置有较好的对应,大值区在锋区上空,两侧均减小,在冬季风盛行的情况下,锋区上空大值带的范围较大,数值较高,其并没有随锋的加强而加强。对比标量风速图 3.8,可见二者在空间和时间上均有较好的对应关系,这表明在月平均的时间尺度上水平气压梯度力做功是动能的主要产生项，说明 SLP 机制在起作用。但其与锋强在时间上的变化有相位差，$-\mathbf{V}\cdot\nabla\varphi$ 在 2 月是最强的，随时间持续减弱，5 月在锋区的大值带已不可见，这表明气压梯度力做功并不完全取决于锋的强弱，冬季北风的情况下，气压梯度力做功强，且穿越等压线的风速越强，做功越大，北风随时间减弱，锋区气压梯度力做功也相应减弱，这表明 SLP 机制起作用的程度受到大尺度背景风场的影响。

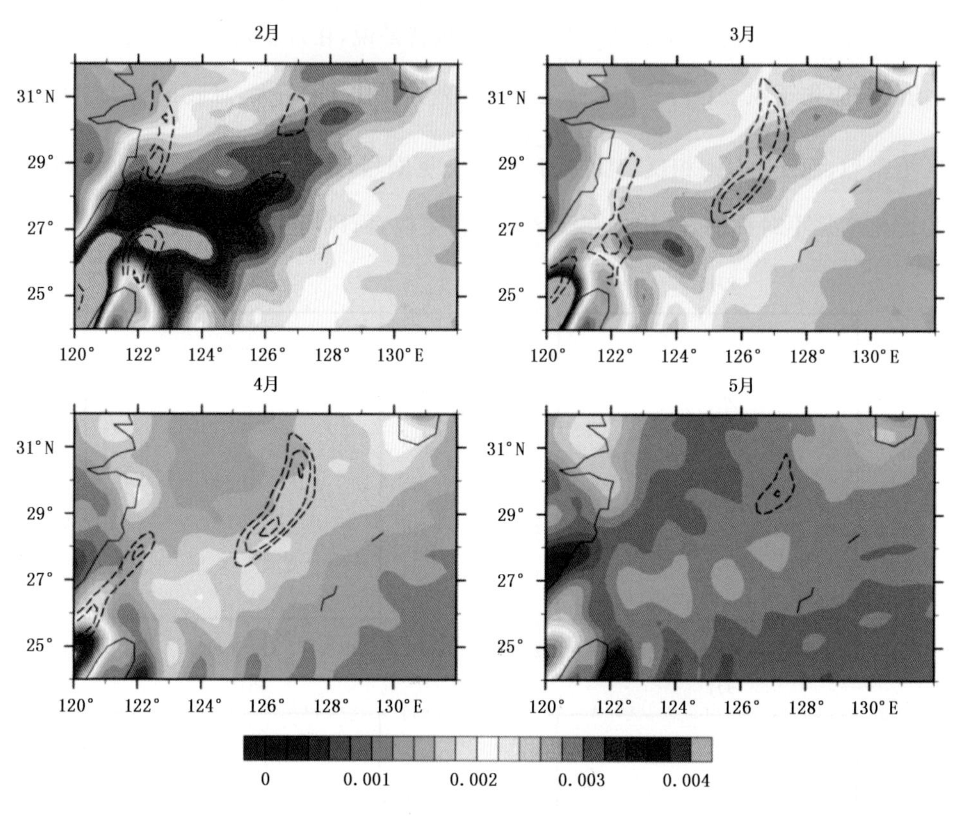

图 3.7　2—5 月的$-\mathbf{V}\cdot\nabla\varphi$(单位：$m^3\cdot s^{-3}$)

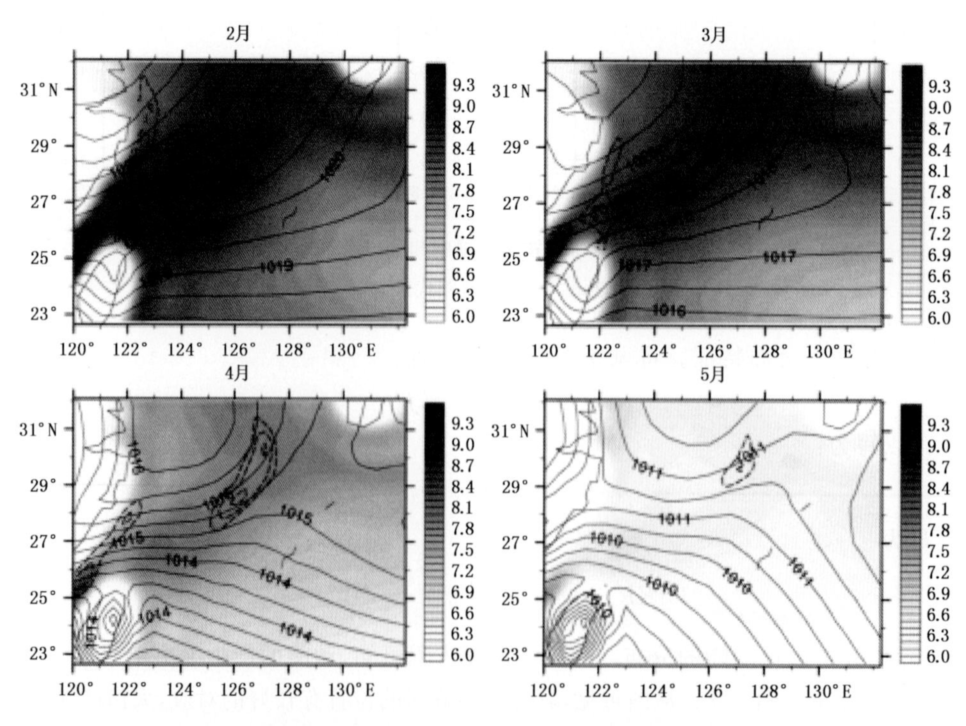

图 3.8　冬春季 2—5 月的海表面气压、海洋锋区和标量风速，黑色实线代表气压(单位：hPa)，阴影为标量风速(单位：m/s)，虚线为海洋锋区(单位：℃/m)

根据以上的分析，可知在锋区附近风与气压场的调整过程如下：北风在从冷区穿越锋区时，由于气压场的响应快于风场，因此在气压梯度力作用下经历了一个加速过程，西北高东南低的压强分布使加速作用更强，最终使风速在锋区达到最强，在暖区减弱。在暖区和锋区的风速差使风在冷区上空堆积，产生辐散，伴有反气旋切变涡度，而锋区与暖区的风速差使暖区上空出现风的辐合，伴有气旋性切变涡度。冷区的辐散引发铅直方向的下沉运动，暖区辐合引发上升运动，最终形成跨越锋区的铅直环流。从动力学角度看，远离海洋锋的冷区为海气相互作用后的地转模，而锋区附近非地转运动强，为重力惯性模。

4 海洋锋附近天气尺度涡旋的作用

为探究天气尺度涡旋的作用，我们对锋区附近上空的风场、气压场进行 2.5～6 d 的滤波，并将 u,v,ω,h,p 均写为 $A=\overline{A}+A'$ 形式，利用连续方程，可得 p 坐标系下的平均动量方程：

$$\frac{\mathrm{d}_m\overline{u}}{\mathrm{d}t}=-g\frac{\partial\overline{h}}{\partial x}+f\overline{v}+\left[\frac{\partial T_{xx}}{\partial x}+\frac{\partial T_{yx}}{\partial y}+\frac{\partial T_{zx}}{\partial p}\right] \tag{4.1}$$

$$\frac{\mathrm{d}_m\overline{v}}{\mathrm{d}t}=-g\frac{\partial\overline{h}}{\partial y}-f\overline{u}+\left[\frac{\partial T_{xy}}{\partial x}+\frac{\partial T_{yy}}{\partial y}+\frac{\partial T_{zy}}{\partial p}\right] \tag{4.2}$$

式中，$\frac{\mathrm{d}_m}{\mathrm{d}t}=\frac{\partial}{\partial t}+\overline{u}\frac{\partial}{\partial x}+\overline{v}\frac{\partial}{\partial y}+\overline{\omega}\frac{\partial}{\partial p}$，且 $T_{xx}\equiv-\overline{u'u'}$，$T_{yy}\equiv-\overline{v'v'}T_{yx}=T_{xy}\equiv-\overline{u'v'}$，$T_{zx}\equiv-\overline{\omega'u'}$，$T_{zy}\equiv-\overline{\omega'v'}$，上述 T 项也被称为涡旋应力，式(4.1)和式(4.2)为平均动量方程的水平变化项，方括号中的六项代表涡旋混合作用对动量输送的结果。

对于 T 项中的涡旋应力，令 A 代表单位质量空气所含有的某种物理属性，如动量场(u,v,w)，那么 x，y，z 方向上的天气尺度涡旋通量密度用 Q 表示，并定义为

$$\begin{cases}Q_x=-\overline{\rho u'A'}\\Q_y=-\overline{\rho v'A'}\\Q_z=-\overline{\rho w'A'}\end{cases}$$

其中，Q_x，Q_y 为 A 的涡旋水平通量密度，其物理意义分别为天气尺度的水平扰动对在单位时间内通过单位面积对属性 A 的水平输送，Q_z 为 A 的涡旋铅直通量密度，其物理意义与涡旋水平动量通量密度类似。

平均后的天气尺度扰动的标量风速见图 4.1。从图可见，天气尺度的标量风速大值带位于锋的暖区，与海表温度的大值区的分布相吻合。这与月平均尺度的标量风速分布不同。在月平均尺度上标量风速的大值带位于锋区，在冷暖区较为均匀地减弱，相比扰动风速其值更大。这表明海洋锋对于不同时间尺度上的风场影响作用是不相同的，其作用机制可能是不相同的。

动量随时间的变化受扰动涡旋应力的散度影响，见式(4.1)、式(4.2)。分别计算涡动应力散度在水平和铅直方向对扰动动量的输送，可得图 4.2 和图 4.3。从图 4.2 可见，在海洋锋的暖区，以及整个黑潮流域上空都出现明显的扰动动量输送小值带，其分布与黑潮暖舌的位置相一致。而在海洋锋区及其冷侧，有比较明显的向北的输送，其大值中心出现在海洋锋的东北部和西南部，而向南输送的大值带位于黑潮暖舌以东。在 2—3 月黑潮流轴以北，均以向北的输送为主，黑潮以南均为向南的输送，两侧的输送值均在 3 月达到最大。这表明，天气尺度涡旋在水平方向上引起的动量输送会使得向北的动量在锋区和冷区增加，这与其上空盛行的冬季北风方向相反，对北风有削弱作用，在锋的暖区几乎没有影响，而在暖舌的东侧向南的动量输送较大，表明天气尺度涡旋在该区域引起北风较强的增强。

图 4.3 为天气尺度涡旋在铅直方向上引起的扰动动量输送，从图可见，铅直方向上的动量输送在锋区和冷区均为向南输送，其值相对于暖区及暖区以东的太平洋海域要显著偏大，向南输送的大值中心位于黑潮的出口区。越过海洋锋后，动量输送的方向发生偏转，由北向转为东北向，且输送值有所减弱。冷区输送随着时间推移不断加强，在 3—4 月达到最大，5 月后迅速衰减，输送方向在 4 月有向西南的偏转。其在空间和时间上的变化与海洋锋上空的风场变化非常一致，与图 4.2 相比较，在锋区和冷区较大的北向输送表明天气尺

度涡旋在铅直方向上的扰动动量输送不仅大于其水平方向的输送，且方向与水平输送相反，对北风的增强起促进作用，跨越锋区后其东北向输送与风向相一致，也起到增大风速的作用。同时，涡旋在铅直方向上的动量输送代表了动量垂直混合机制，这表明天气尺度下的该机制对整个锋区的风场有加强的作用。

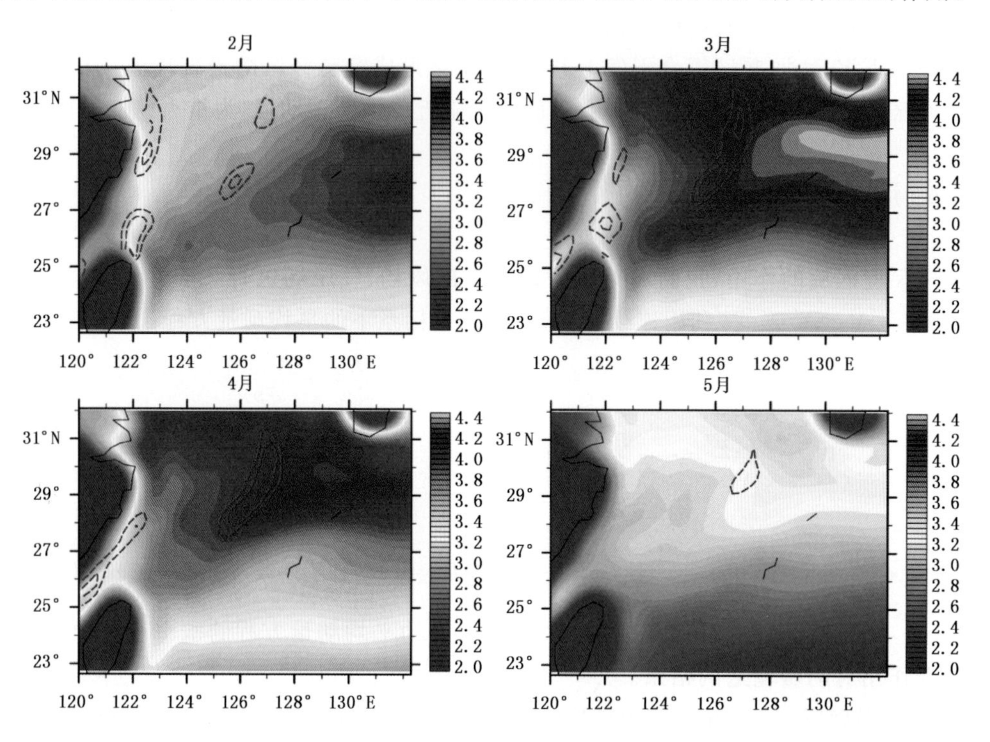

图 4.1 2—5 月平均的天气尺度扰动的标量风速场，阴影为标量风速（单位：m/s），等值线为海洋锋（单位：10^{-4}℃/m）

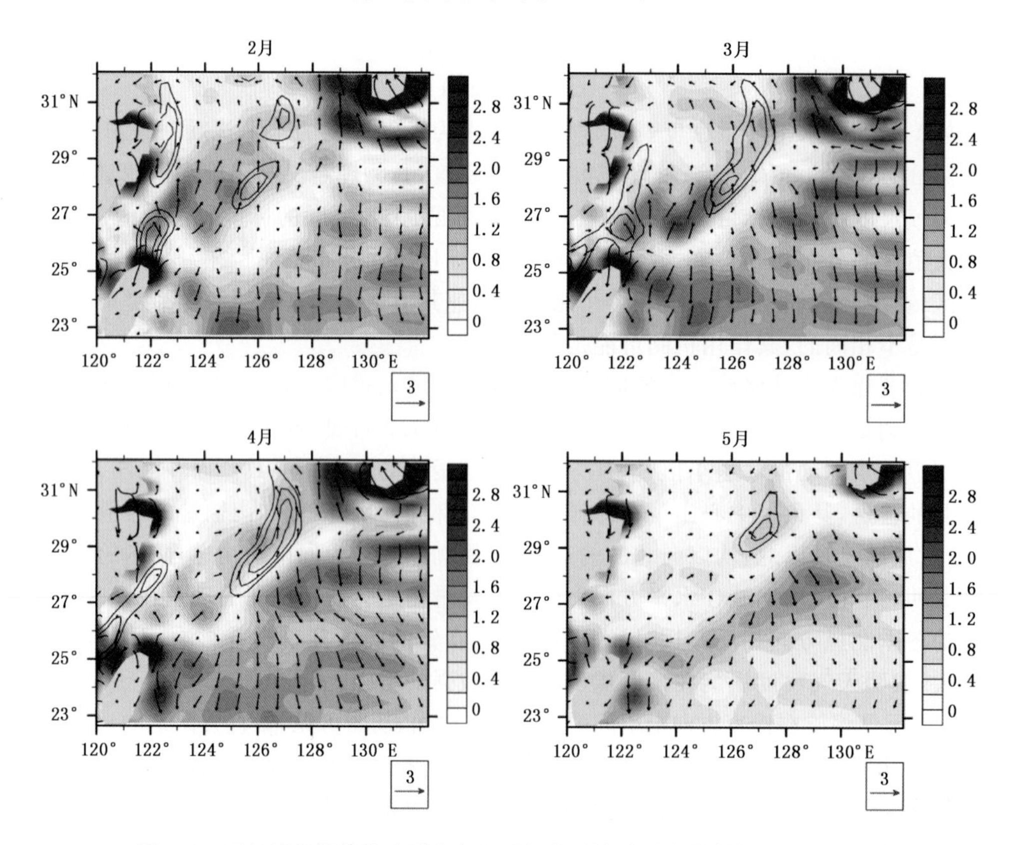

图 4.2 天气尺度涡旋在水平方向上引起的平均动量变化，阴影为平均动量改变值的大小（单位：10^{-5} m^2/s^2），矢量场为其方向

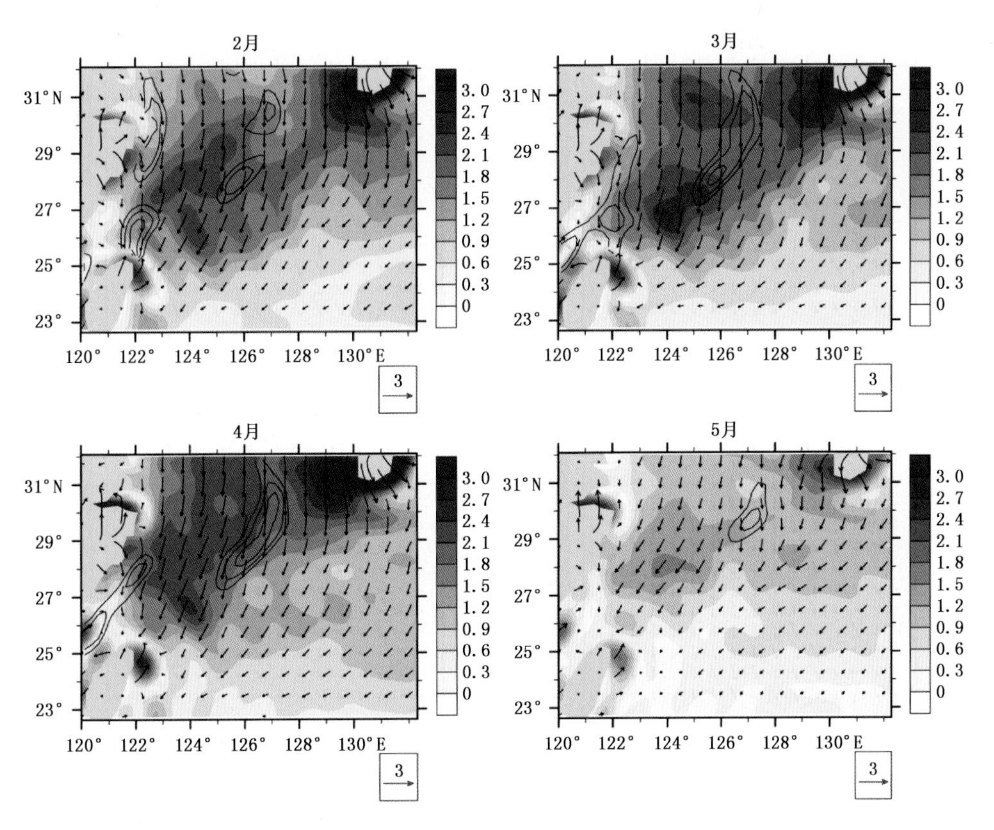

图 4.3 天气尺度涡旋在铅直方向上引起的平均动量变化，阴影为平均动量改变值的大小(单位：10^{-5} m^2/s^2)，矢量场为其方向

图 4.4 整合了垂直方向和水平方向上的扰动动量输送对平均动量的作用。可见，在图中的整个区域内基本盛行偏南的动量输送，且在海洋锋的暖区其输送值较冷区有明显的偏大，在锋区的输送最小。与垂直方向输送大值出现在锋区和冷区不同，整合后的大值区位于暖区及暖区东侧的太平洋海域。与水平方向上冷区向北的输送不同，整合后的冷区为向南输送。这表明在锋的两侧，天气尺度涡旋均引起向南的动量输送，对整个区域的北风有加强作用，其对暖区的作用要明显大于冷区，在锋区上作用最小。与图 4.2、图 4.3 对比可知，涡旋引起的铅直方向的动量输送在锋的两侧均起主要作用，其中和了水平方向上冷区向北的动量输送和暖区几近于 0 的极小值区。而在暖区东侧的太平洋海域，则是水平方向上的动量输送起主要作用，其中和了铅直方向上的向西输送的分量，使整片区域呈向南的输送形式。

图 4.5 给出了在天气尺度上扰动气压梯度力做功的分布，从图可见，与涡旋对动能输送无明显规律所不同，气压梯度力做功的分布与标量风速的分布有较好的一致性，大值均出现在海洋锋的暖区，其带状分布与锋的走向和位置有较好的对应关系，在台湾东侧和黑潮出海口两处均出现做功的大值中心，在台湾北侧的近大陆浅水区出现最小值。在 3 月，暖区的气压梯度力做功达到最大，而后逐渐减弱，5 月大幅衰减。可见，气压梯度力做功对于暖区上空风速动能的增强有较强作用，其与标量风速在时间与空间分布上较高相似性表明，在天气尺度上气压梯度力做功对动能的变化起重要作用。

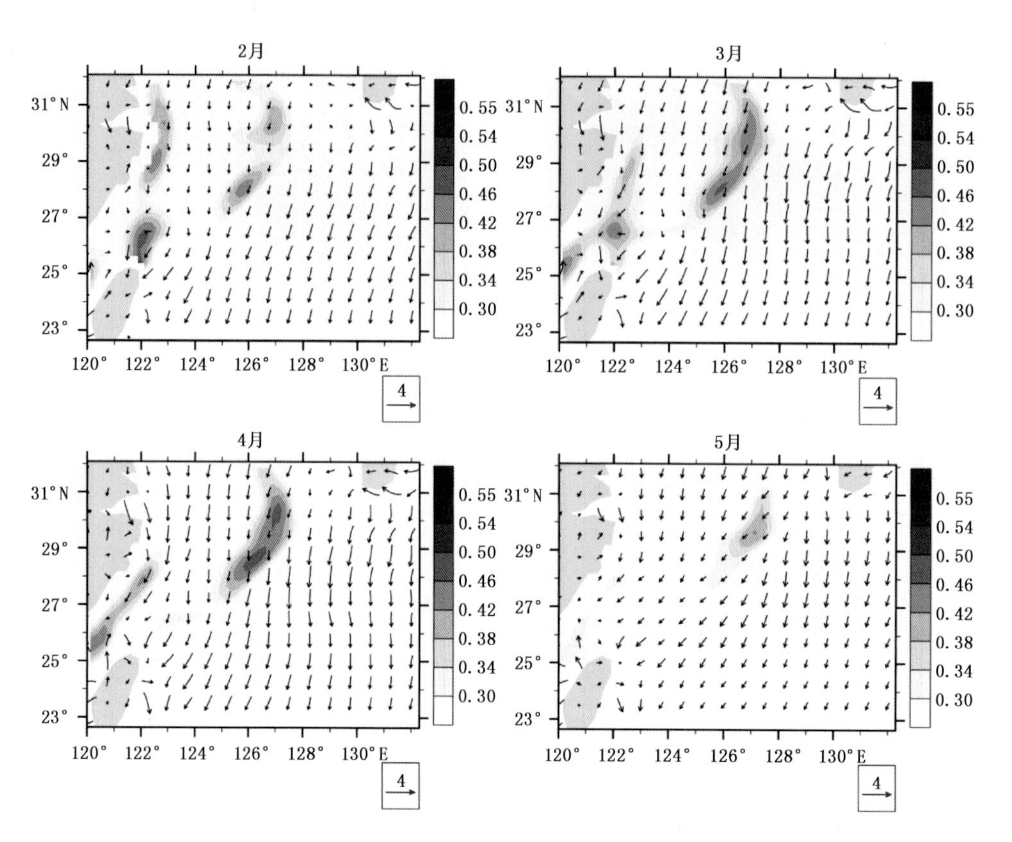

图 4.4 天气尺度涡旋引起的平均动量变化总和，阴影为海洋锋，矢量场代表平均动量变化的方向和大小（单位：$10^{-5}\ m^2/s^2$）

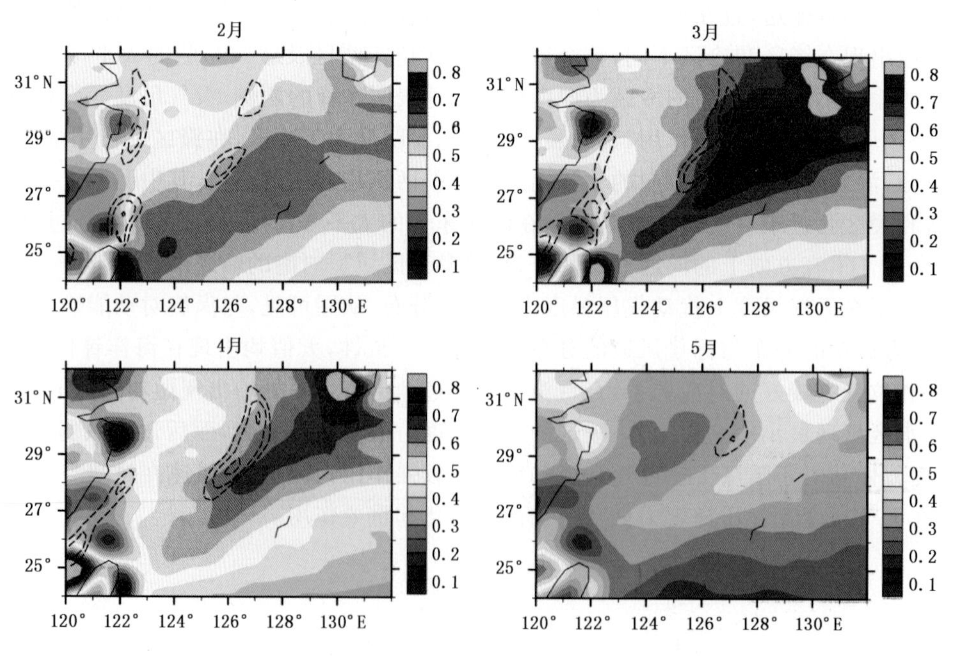

图 4.5 2—5 月的天气尺度上扰动气压梯度力做功 $-\mathbf{V}'\cdot\nabla\varphi'$（单位：$m^2/s^3$）

5 总结与讨论

本文探究了风场、气压场随海洋锋强度的改变而发生的变化，以及SLP机制和动量垂直混合机制是如何在不同时间尺度上发挥作用的。所得主要结论如下。

(1)海洋锋强度存在季节性变化，在较短时间尺度上，锋强也存在较高频率波动。海洋锋在2006—2007年发生了一次显著的年代际增强，陆架水温度的降低是导致海洋锋年际增长的主要因素。

(2)相对涡度、散度的分布与风的铅直运动分布相匹配，可知SLP机制在月平均的时间尺度上起作用。

(3)对于海洋锋的强迫，气压场的响应比风场更敏感，气压场的变化始终要快于风场，二者在锋的两侧的变化率是不对称的。

(4)天气尺度的纬向风和经向风对于水平扰动动量的输送与标量风速在空间和时间上的分布均有较好的一致性；其时空分布特征一方面受到海洋锋的影响，另一方面与大尺度环流背景场相联系。

(5)天气尺度涡旋在水平方向上引起的动量输送会使得向北的动量在锋区和冷区增加，这对其上空盛行的冬季北风有削弱作用，但在暖区产生的影响极微弱；而在铅直方向上的扰动动量输送大于其在水平方向的输送，对锋区动量分布起更重要的作用；同时其向南的输送使整个区域内的北风都加强；扰动气压梯度力做功对于暖区上空风速动能的增强有较强作用，其与标量风速在时间与空间分布上有较高相似性，对动能的输送起重要作用。

参考文献

[1] 高菲. 我国东部黑潮海域海表风速和海表温度变化特征[J]. 安徽农业科学，2016(2):216-218.

[2] 王闪闪. 黑潮、厄尔尼诺—南方涛动和太平洋年代际涛动的相互联系及对气候影响的研究[D]. 兰州:兰州大学，2015.

[3] Lindzen R S, Nigam S. On the role of sea surface temperature gradients in forcing low-level winds and convergence in the Tropics[J]. Journal of the Atmospheric Sciences, 1987, 44(17):2418-2436.

[4] Minobe S, Kuwano-Yoshida A, Komori N, et al. Influence of the Gulf Stream on the troposphere[J]. Nature, 2008, 452(7184):206-209.

[5] 刘敬武. 冬春季东海黑潮锋和湾流锋对海表面风和低云的影响[D]. 青岛:中国海洋大学，2014.

[6] Wallace J M, Mitchell T P, Deser C J. The influence of sea-surface temperature on surface wind in the Eastern Equatorial Pacific: Seasonal and interannual variability[J]. Journal of Climate, 1989, 2(12):1492-1499.

[7] 徐蜜蜜，徐海明，朱素行. 春季我国东部海洋温度锋区对大气的强迫作用及其机制研究[J]. 大气科学，2010, 34(6):1071-1087.

[8] 刘敬武. 东海黑潮区海洋锋的区域气候学效应[D]. 青岛:中国海洋大学，2010.

[9] 徐蜜蜜，徐海明，朱素行，等. 我国东部海洋温度锋区对大气的强迫作用——季节变化[J]. 大气科学，2012, 36(3):590-606.

[10] 施能. 气象科研与预报中的多元分析方法[M]. 北京:气象出版社，2002.

[11] 冯士筰，李凤岐，李少箐. 海洋科学导论[M]. 北京:高等教育出版社，1999.

[12] 吕美仲. 动力气象学教程[M]. 北京:气象出版社，1990.

Characteristics and Mechanism of Atmospheric Response to the Ocean Front of Kuroshio in the East China Sea

MENG Meng

(Wenzhou Prefectural Meteorological Bureau of Zhejiang Province, Wenzhou 325000)

Abstract: AVHRR SST observation data, ERA-interim reanalysis data and HYCOM model data from 2000－2014 are used in this paper in combination with dynamic theory to discuss the variation of Kuroshio oceanic front in different time scales and the matching relationship as well as the possible physical mechanisms between wind field, pressure field and the oceanic front. The results show that the intensity of the oceanic front and SST of both the cold and warm sides will change seasonally, the front strengthen in spring and weaken in summer. A secondary circulation will be stimulated over the front region and strengthened by the front at the same time. The vertical movement is stronger over the warm side than the cold side. The ocean plays a dominant roll in forcing the atmosphere over the oceanic front region. The response of the pressure field to the front is more sensitive than that of the wind field and the changing rate in both sides is asymmetric. The sea surface pressure adjustment mechanism(SLP) plays a major role on monthly time scale. The increase of the north wind can promote the intensity of the oceanic front. Scalar wind speed peaks over the front on monthly time scale while it peaks over the warm side of the front on synoptic time scale. Horizontal momentum transportation caused by synoptic-scale vortex can increase the northward momentum over the frontal and warm region, which will weaken the prevailing winter monsoon. The southward momentum transportation can strengthen the north wind in whole region and plays a more important roll in momentum distribution in oceanic front area. The distribution in time and space is highly similar between the work done by disturbed pressure gradient-force and scalar wind speed, and the former is very important to the kinetic increasing of the wind over the warm region.

Key words: East China Sea Kuroshio, SST front, wind pressure field, multi-time scale, ocean-atmosphere interaction

冬季黑潮延伸体区域中尺度海温对北太平洋风暴轴经向异常的影响

张潮[1] 刘海龙[2,3] 林鹏飞[2,3]

(1 国防科技大学气象海洋学院,南京 211101;2 中国科学院大气物理研究所 LASG 国家重点实验室,北京 100029;3 中国科学院大学地球科学学院,北京 100049)

摘 要:利用美国国家海洋和大气管理局(NOAA)的高分辨率逐日海温资料,通过空间滤波得到了中尺度海温,并建立了反映中尺度海温变化的指数。根据中尺度海温指数,采用合成分析等方法对中尺度海温与北太平洋风暴轴的联系以及中尺度海温影响北太平洋风暴轴的物理机制进行了研究。结果表明,当中尺度海温较强(弱)时,北太平洋风暴轴向南(北)移动。中尺度海温影响北太平洋风暴轴经向移动的机制可以概括为,中尺度海温异常可以通过影响表面热通量,影响大气低层斜压性,从而通过斜压能量转换过程影响风暴轴的经向异常。

关键词:中尺度海温,风暴轴,海气相互作用,斜压能量转换

1 引言

近年来西边界流区域海气相互作用受到越来越多的关注。在锋面及中尺度涡旋处的海气耦合关系与大尺度完全不同,海温(SST)、表面风速及向上的热通量之间有明显的正相关,表明在中小尺度上海洋强迫大气(Small et al.,2008; Kirtman et al.,2012;Bishop et al.,2017)。

在北太平洋,黑潮及亲潮延伸体区域存在强烈的海洋锋区,同时也是海洋中尺度涡旋最活跃的区域之一(Itoh et al.,2010)。海洋锋及中尺度涡旋对大气的影响已经有很多研究。Nakamura 等(2004,2008)的研究表明,穿越海洋锋两侧热量通量的不对称会显著改变大气低层斜压性,从而对风暴轴形成锚定作用,并影响风暴轴的强度。Small 等(2014)采用高分辨率的气候模式,通过对海温梯度平滑进行敏感性实验,结果表明表层风暴轴受到海洋锋的强烈影响,并且这种影响能够扩展到自由大气。

在近表层中小尺度的海气相互作用的研究中,海温异常及与其相联系的热通量过程对对流层中的风场及降水型有显著影响(Minobe et al.,2008;Nonaka et al.,2003;Chelton et al.,2004)。边界层中海气相互作用主要有两种机制,一种是气压调整机制,另一种是垂直混合机制(Lindzen et al.,1987;Wallace et al.,1989;Song et al.,2006;Sampe et al.,2007)。表层风场的变化反映了表层风暴轴的异常,增强的边界层不稳定性有利于对风暴的活动形成一个正的反馈作用(Booth et al.,2010)。Wang 等(2015)分析了锋面尺度上,大气对黑潮延伸体变化的响应。结果表明,在锋面尺度上,海温异常和气压异常、大气温度异常是同位相的有相似的空间分布,由海温产生的大气响应是受气压调整机制的作用,在暖海温上方,存在风速的辐合,而冷海温上方,存在辐散,进一步产生垂直的大气运动和降水的响应。Ma 等(2015a)分析了不同性质的涡旋下大气的响应,他们指出,在冷涡漩上方,表面风速、感热潜热通量、云液态水含量、水汽含量以及降水率都减小,但暖涡旋下情况相反。另外,他们也指出大气对涡旋的响应并不仅仅局限在边界层,通过垂直混合作用,暖涡旋会对自由大气产生影响。Ma 等(2015b,2017)通过高分辨率的模式研究,表明去除了 KE 区域中尺度海温异常后,不仅会降低局地涡旋发生频率,使得局地降水减少,也会对下游东太平洋地区产生影响。

前人的研究主要集中在对黑潮及亲潮延伸体区域的中尺度涡旋对近表层大气的影响以及海洋锋对风暴轴的影响，较少地提及中尺度海温对风暴轴的影响。那么中尺度海温与北太平洋风暴轴之间有什么联系呢？本文通过定义表征中尺度海温强弱的指数，利用合成分析的方法，分析中尺度海温与北太平洋风暴轴异常间的联系，并对中尺度海温影响风暴轴异常的物理机制做了探讨。

2 资料和方法

2.1 资料

本文所用逐日海温资料来自美国国家海洋和大气管理局（NOAA）提供的 OISST（Optimum Interpolation Sea Surface Temperature），资料水平分辨率为 0.25°×0.25°（Reynolds et al.，2007）。由于该资料融合了卫星观测及浮标观测数据，提供了较高的分辨率，因此能够识别中尺度涡旋。

大气的逐日以及逐月再分析资料来自美国环境预报中心和美国大气研究中心（NCEP/NCAR；Kalnay et al.，1996），其水平分辨率为 2.5°×2.5°。所选用的主要物理量有海平面气压、10 m 高度水平风速以及各气压层的位势高度、温度、水平风速、垂直速度等。

逐日海表热通量资料来自美国 Woods Hole 海洋研究所提供的 Objectively Analyzed Air－Sea Fluxes（OAFlux）数据集，包括感热通量和潜热通量等，水平分辨率为 1°×1°，该数据集通过客观分析和最优插值融合了多种观测及同化资料，对系统误差和随机误差进行了有效地控制。

文中研究的时间范围为 1985 年 1 月至 2005 年 12 月。为了考虑到晚秋时期海洋对大气的影响，文中所指的冬季为当年的 10 月至次年的 2 月。

2.2 中尺度海温指数

为了得到中尺度海温信号，本文采用了一个 5°×5°的空间 Boxcar 滤波器，去除了空间尺度大于 5°的大尺度海温信号。Itoh 等（2010），Putrasahan 等（2013）指出绝大部分中尺度涡旋的半径小于 5°。采用该滤波器能够较好地识别出中尺度海温信号。此外，Ma 等（2017）采用了 Loess 空间滤波器去除了波长大于 15°×5°的海温信号得到了中尺度海温，经过比较两种方法得到的中尺度海温场差别不大。图 1 给出了未滤波、低通以及高通滤波后的气候平均的海温距平场。可以看出，中尺度海温主要出现在日本以西（33°—45°N，142°—175°E）的区域内（记作区域 R），该区域也是中尺度海温方差最大的区域，在该区域内

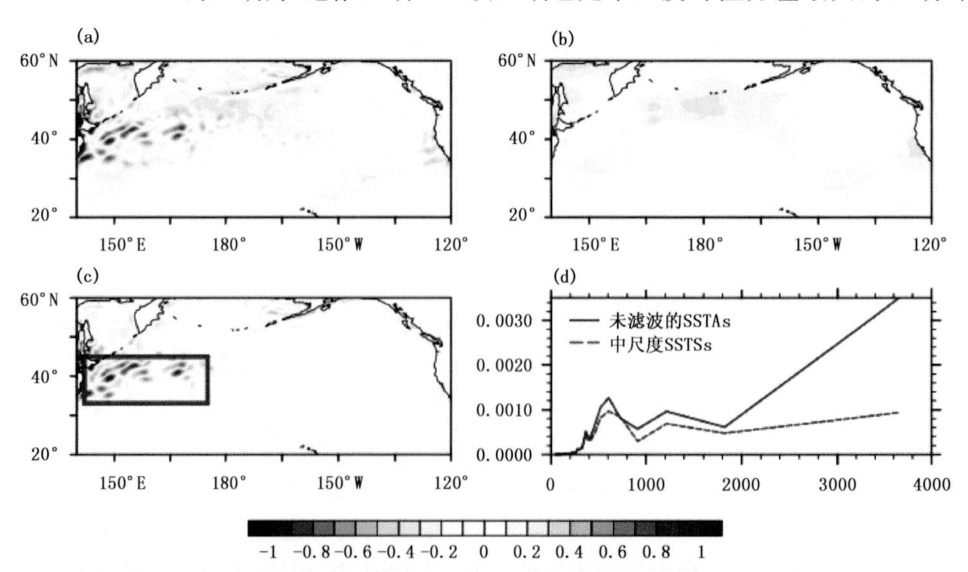

图 1 1985－2004 年冬季平均的海温距平场（a）、大尺度海温场（b）、中尺度海温场（c）（单位：℃）以及未滤波和滤波后的中尺度海温场的空间波谱（d）

中尺度海温的方差占总方差的49%。Smirnov 等(2015)指出黑潮延伸体区域海温距平的变化主要是由海洋内部过程引起,而并非由大气强迫造成。空间波谱分析的结果(图 1d)也显示,中尺度海温信号主要波长大约为 500 km,大于 1000 km 的海温信号通过滤波也能够被有效地去除。

为了定量分析黑潮延伸体区域中尺度海温(以下简称"中尺度海温")的变化特征,本文定义了一个中尺度海温指数,记作 I_m。首先计算逐日中尺度海温方差,并做区域平均,之后再计算月平均的中尺度海温方差值并对其标准化得到表征冬季逐月中尺度海温变化序列,如图 2 所示。

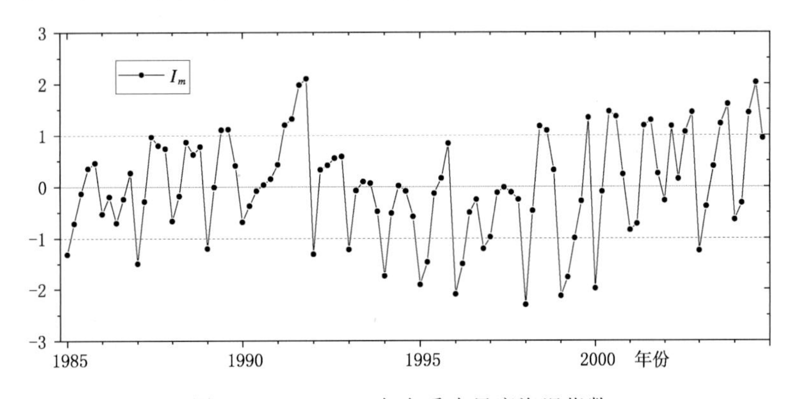

图 2 1985—2004 年冬季中尺度海温指数

将 I_m 大于 1 倍标准差,作为中尺度海温较强的时期,共有 20 个月,将 I_m 小于 −1,作为中尺度海温较弱的时期,共有 17 个月,分别作为中尺度海温的正、负位相,对各物理量进行合成分析。图 3a、3b 分别为中尺度海温正、负位相时合成的中尺度海温异常场。从图中可以看出,正位相时,区域 R 内的有更大的海温极值。另外从图 3c 中尺度海温强、弱时的海温概率密度分布图中也可以发现,当中尺度海温偏强时,海温更多的分布在两侧的大值区域。图 3d 为 142°—175°E 之间纬向平均的中尺度海温方差。正位相时,海温方差呈双峰分布,峰值分别位于 36°N 以及 41°N 附近。该结构可能同该区域的海洋锋有关。Masunaga

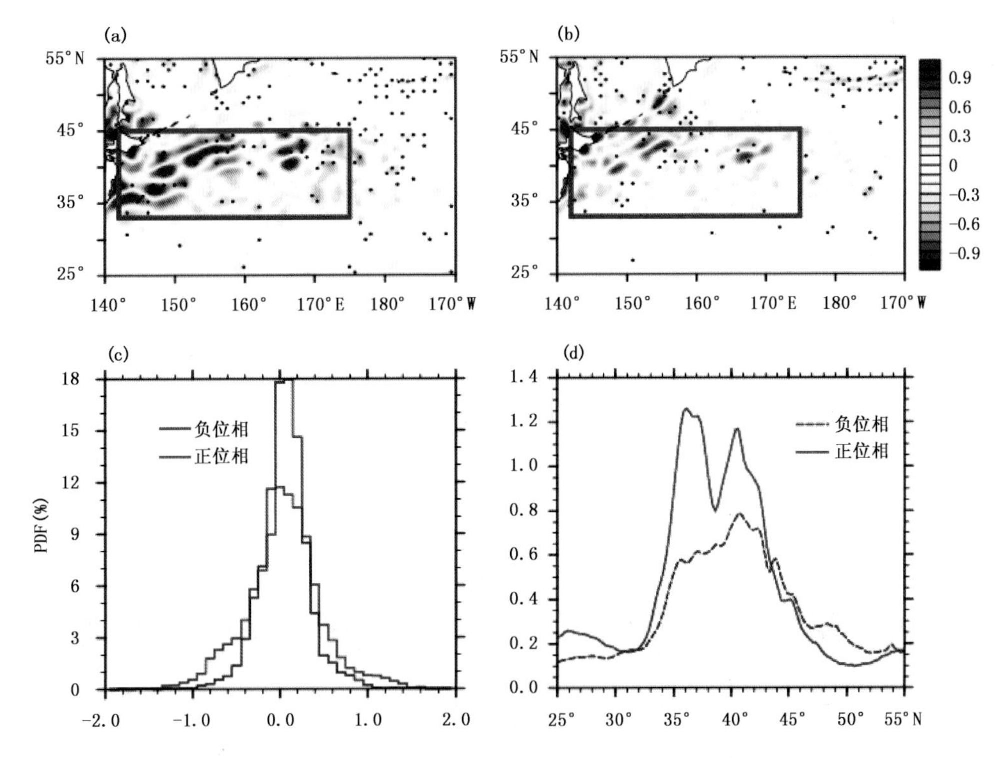

图 3 (a)和(b)为中尺度海温异常正、负位相时的合成图(打点区域表示通过 90%的信度检验;单位:℃);(c)为中尺度海温在区域 R 内海温的概率密度分布图;(d)为 142°—175°E 之间纬向平均的中尺度海温方差(红色线表示正位相,蓝色线表示负位相)

等(2015)指出海温梯度同样呈现双峰结构,中心位于 36°N 和 40°N 附近。在负位相期间,海温距平的方差表现为单一的极值,位于 40°N 附近。然而,在 45°N 以北,其方差值要比正位相期间更大,这也表明负位相期间中尺度海温方差向极移动。

此外,以上结果也表明了中尺度海温距平部分了反映海洋锋的影响。如果以区域 R 内经向海温梯度的平均值作为海洋锋的强度指数(KEFI;苑俐等,2017),可以计算两者的相关系数为 0.57(表 1)。这种现象也容易理解,因为除了海洋中尺度涡旋,海洋锋本身也是海洋中尺度结构的一种表现,但由于本文考虑的是中尺度海温,对于海洋锋和海洋涡旋并没有进行严格的区分。事实上,海洋锋和海洋涡旋的影响也很难区分开。

表 1　中尺度海温指数和其他指数的相关系数表

	KEFI	PC1	PC2
I_m	0.57**	−0.52**	0.26**

注:** 表示通过 95%信度检验。

2.3　风暴轴的表征

表征风暴轴有多种方法,最常见的是采用欧拉观点,用 2~8 d 带通滤波的天气尺度扰动方差或者协方差表示(Chang,1993;Hoskins et al.,2002;Blackmon et al.,1977)。本文主要采用 850 hPa 的天气尺度扰动经向热量输送来表征大气低层的风暴轴。另外,500 hPa 扰动位势高度标准差场可以用来表征风暴轴在对流层的整体强度和位置。

大量的研究表明,冬季北太平洋风暴轴主要存在两个主要模态,第一模态反映了风暴轴平均位置上强度的变化,第二个模态则反映风暴轴在南北方向的位置变化(Lau,1988;Chang et al.,2002;任雪娟等,2007;朱伟军等,2010)。本文利用 Lancoz 带通滤波器,对逐日 500 hPa 位势高度场原始资料进行滤波后得到 2~8 d 的天气尺度扰动信号,并计算了逐月的标准差场,然后对冬季(ONDJF)北太平洋区域(30°—65°N,120°—240°E)逐月扰动位势高度标准差场做经验正交函数分解(EOF)得到表征风暴轴强度、位置异常的两个主要模态,如图 4 所示。从图中可以看出,第一模态(图 4a)呈现出南北偶极型分布,正、负异常中心分别位于(35°N,160°E)和(55°N,160°E)附近,该模态反映了风暴轴经向位置异常;第二模态(图 4c)则表现为中纬度地区一条自西向东的带状分布,最大值出现在日本以东 40°N 处。这个结果同之前的研究不同,主要是因为本文所选取的冬季与通常定义的冬季不同,时间跨度较大,包含了晚秋的 10 月和 11 月。

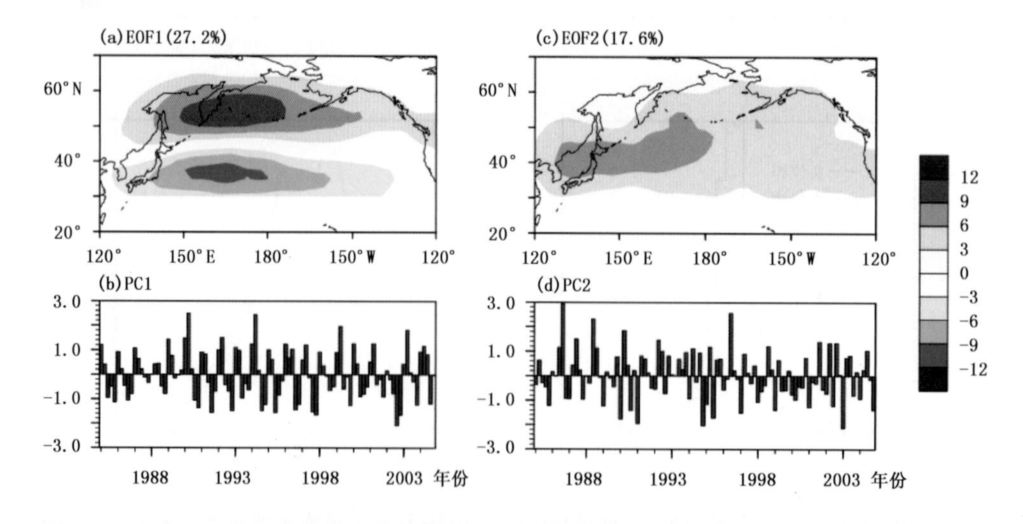

图 4　1985—2004 年冬季北太平洋风暴轴 EOF 分解的前两个模态(单位:gpm²)及其时间系数
(a)、(b)表示第一模态的空间型及时间系数 PC1;(c)、(d)表示第二模态的空间型及时间系数 PC2

3 中尺度海温与北太平洋风暴轴的联系

利用上一节定义的中尺度海温指数 I_m，对其正、负位相期间风暴轴做了合成分析，如图 5 所示。正位相时（图 5a），风暴轴在其平均位置的南侧有显著正异常，在北侧则表现为显著负异常。而负位相时（图 5b），情况相反。同样，对 500 hPa 风暴轴以及 300 hPa 风暴轴的做合成也可以得到一致的结论（图略）。表明当中尺度海温较强时，风暴轴向南移动，而风暴轴在中尺度海温较弱时表现为向极移动。此外，中尺度海温指数和 500 hPa 风暴轴前两个模态的时间系数的相关系数分别为－0.52 和 0.26，且都通过信度 95%的显著性检验（表 1）。对比图 4a 无论是中尺度海温偏强还是偏弱，风暴轴的异常中心与风暴轴第一模态所表现的经向移动的异常中心非常接近。以上结果也说明中尺度海温与风暴轴的经向移动相关性更强。因此本文主要关注中尺度海温如何影响风暴轴的经向异常。

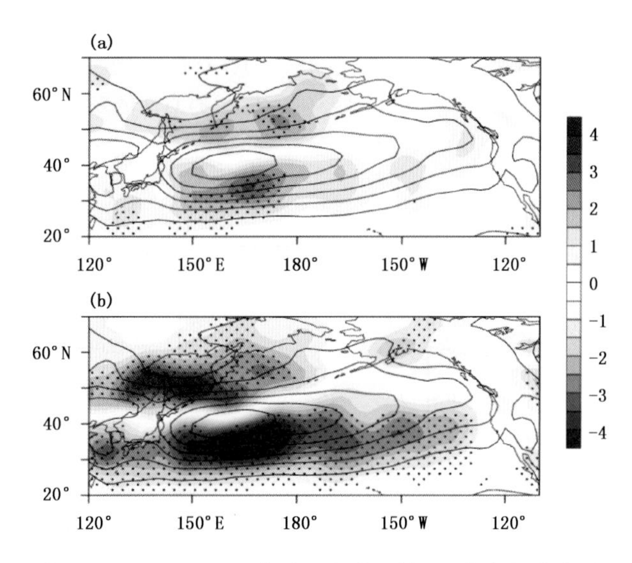

图 5　中尺度海温偏强（a）和偏弱（b）时 850 hPa 上扰动经向热量输送（$v'T'$）的合成图（阴影为合成的扰动经向热量输送与冬季平均值的差值，等值线表示冬季平均的扰动经向热量输送，打点区域表示通过 90%信度检验）

4 中尺度海温强、弱时的大尺度环流背景

为了进一步探讨中尺度海温影响风暴轴的机制，图 6 给出了中尺度海温正、负位相时期的大尺度环流背景场。如图 6a 所示，正位相时，海平面气压表现海盆尺度的显著负异常，其负异常中心位于（45°N，175°W）附近，表明阿留申低压增强，而在中尺度海温较弱时，则出现显著的正异常，异常中心位于（50°N，180°E）附近（图 6b），对应于阿留申低压的减弱。与海平面气压的异常对应，当中尺度海温较强时，10 m 高度纬向风在海平面气压异常的南、北两侧表现为南正北负偶极型分布；当中尺度海温较弱时，情况相反。

如果以 160°E 做垂直剖面，可以看到正位相时，位势高度场在 30°—60°N 上方出现整层一致的显著负异常，最强中心位于 40°N 对流层上层 250 hPa 附近（图 7a）。与之相对应，300 hPa 以下温度场出现负的温度异常，但其中心位置较低位于 500 hPa 附近（图 7c）；纬向风场呈现于 10 m 高度相似的南北偶极型分布，在 200 hPa 左右有最强正、负异常中心，分别位于 30°N、40°N 上方（图 7e）。纬向风场的异常结构也表明了在中尺度海温较强时，伴随着急流会向南移动。当中尺度海温较弱时，位势高度场（图 7b）、温度场（图 7d）和纬向风场（图 7f）出现相似的相当正压的异常分布特征，但情况相反。在中尺度海温不同位相阶段，大气大尺度环流的这种异常分布特征，也有利于风暴轴的经向移动。接下来重点分析海洋表面中尺度海温的变化是如何影响风暴轴的经向移动。

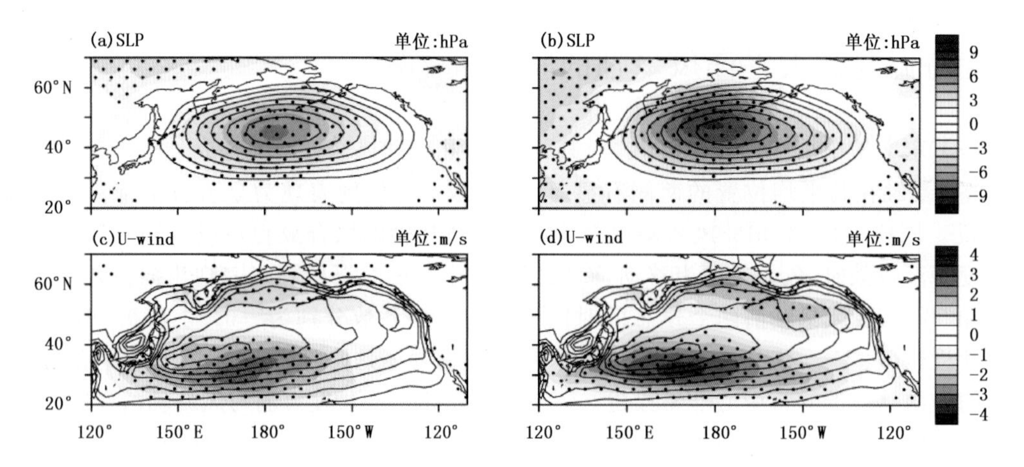

图 6　中尺度海温偏强(a、c)、偏弱(b、d)时海平面气压及 10 m 高度纬向风的合成图(阴影为合成的海平面气压、纬向风与其冬季平均值的差值;(a)、(b)与(c)、(d)中等值线分别表示海平面气压 EOF 分解的第一模态以及气候平均的 10 m 高度扰动经向风方差;打点区域表示通过 90%信度检验;海平面气压和纬向风(U)单位分别为:hPa 和 m/s)

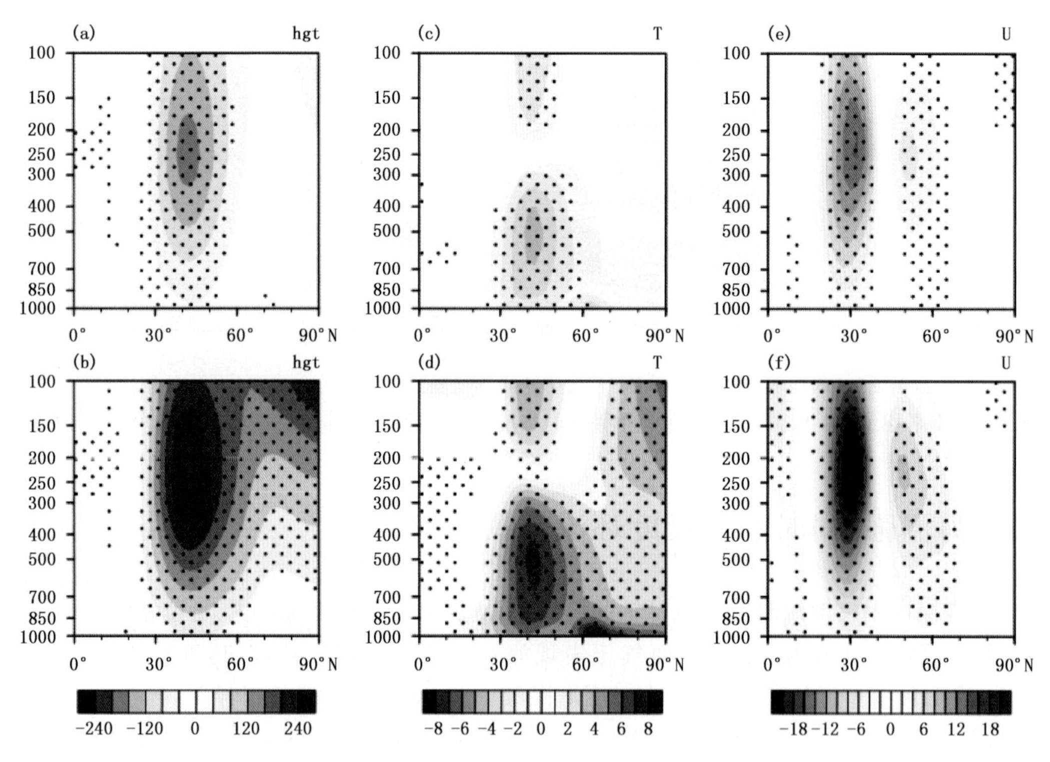

图 7　中尺度海温偏强(a、b、c)、偏弱(d、e、f)时位势高度场、温度场以及纬向风场沿 160°E 的经向高度剖面合成图(阴影为各变量与其冬季平均值的差值;打点区域表示通过 90%信度检验;单位分别为:gpm、K 和 m/s)

5　中尺度海温影响北太平洋风暴轴的可能机制

5.1　大气斜压性的响应

为了研究中尺度海温异常对风暴轴经向移动的影响,首先考察了大气斜压性。大气斜压性通常可以由最大涡旋增长率(Eady Growth Rate, EGR;Eady,1949; Lindzen et al.,1980;朱伟军等,2010)来表征,在风暴轴动力学的研究中被广泛使用(Nakamura et al.,2009;Kuwano-Yoshida et al.,2017;Yao et al.,

2018)。EGR 可以由式(1)计算：

$$\sigma_{BI} = 0.31\frac{gf}{N}\frac{\partial u}{\partial z} \tag{1}$$

其中，N 为 Brunt-Väisälä 频率，f 为科氏力参数。

图 8 给出了 1000～700 hPa 垂直积分的 ERG。从图中可以看出，当中尺度海温较强时，在风暴轴平均位置的南侧大气低层 EGR 显著增大，表明大气斜压性增强有利于风暴轴在该位置上增强，而当中尺度海温较弱时，情况相反，大气低层斜压性在风暴轴平均位置以南较弱，不利于风暴轴的发展。这也与图 5 中风暴轴在中尺度海温较强时向南移动(图 5a)，以及中尺度海温较弱时风暴轴在南侧显著减弱(图 5b)一致，说明大气斜压性对风暴轴在 40°N 以南的异常起到了重要作用。

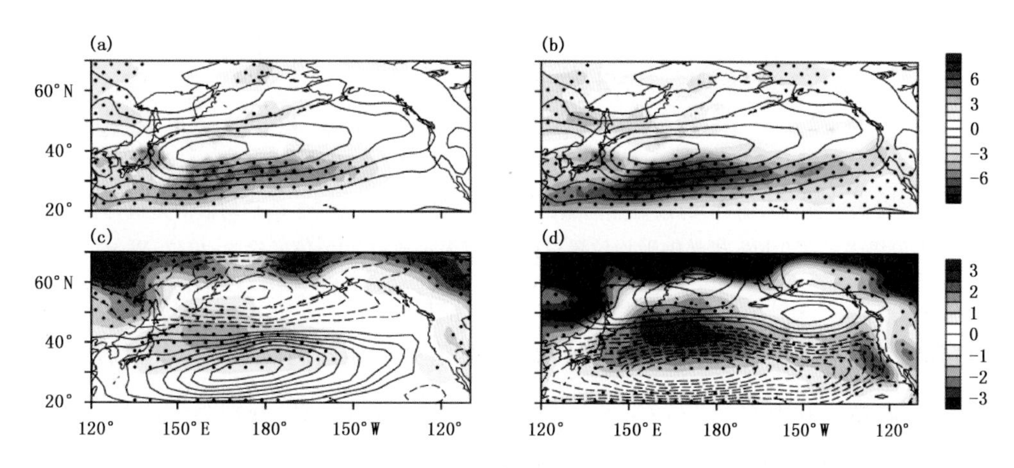

图 8 中尺度海温强(a、c)、弱(b、d)时 1000～700 hPa 最大涡旋增长率的垂直积分及静力稳定度异常的合成图(阴影表示与其冬季平均值的差值；(a)、(b)及(c)、(d)中等值线分别表示 850 hPa 风暴轴平均位置以及 850 hPa 纬向风场)。打点区域表示通过 90%信度检验

根据式(1)可以知道，EGR 主要由垂直风切变和静力稳定度决定，且两者对于大气斜压性的贡献相反。当中尺度海温较强时，风暴轴平均位置南侧大尺度环流场表现为正的纬向风异常，其北侧为负的纬向风异常(图 6、图 7)，即垂直风切变在风暴轴南侧增强、北侧减弱，有利于大气斜压性在 40°N 以南位置增强。与此同时，静力稳定度在中尺度海温偏强时，在北太平洋西部表现为一致的负异常。在 40°N 以南，和增强的纬向风的作用一致，减弱的静力稳定度有利于增强大气斜压性，但在 40°N 以北地区，静力稳定度和纬向风两者作用相反，使得大气斜压性表现为弱的负异常。当中尺度海温较弱时，在静力稳定度和纬向风的共同作用下，大气斜压性表现为 40°N 呈现显著的负异常，而在其北侧表现为弱的正异常。

Kuwano-Yoshida 等(2017)指出，静力稳定度异常主要由湍流热通量异常引起。冬季海气之间存在显著的温度差异，海气边界层中热通量的交换最为明显。图 9 给出了中尺度海温强、弱期间湍流热通量的合成。湍流热通量为感热通量与潜热通量之和。当中尺度海温较强(弱)时，北太平洋西部湍流热通量表现为一个显著的正(负)异常，其分布同图 8c 和图 9d 中静力稳定度异常的分布位置一致，但符号相反。上述结果表明，当中尺度海温偏强(弱)时，正(负)的热通量异常会减小(增强)大气静力稳定度，从而增强(减弱)大气斜压性。

5.2 中尺度海温对涡旋能量转换过程的影响

风暴轴的异常与能量转换过程密切联系(Yao et al.,2017, Ma et al.,2018)。为了进一步解释中尺度海温对风暴轴经向移动的影响，这一节对正压、斜压能量转换过程进行了研究。

对于涡旋能量转换过程可以由以下式子给出(Cai et al.,2007)：

$$BT = C_0\left\{\frac{1}{2}(\overline{v'^2}-\overline{u'^2})+(\overline{-u'v'})\left(\frac{\partial\bar{v}}{\partial x}+\frac{\partial\bar{u}}{\partial y}\right)\right\} \tag{2}$$

$$BC1 = -C_1\left(\frac{P_0}{p}\right)^{R/C_p}\left(\frac{\mathrm{d}\theta}{\mathrm{d}p}\right)^{-1}\left(\overline{u'T'}\frac{\partial\overline{T}}{\partial x}+\overline{v'T'}\frac{\partial\overline{T}}{\partial y}\right) \tag{3}$$

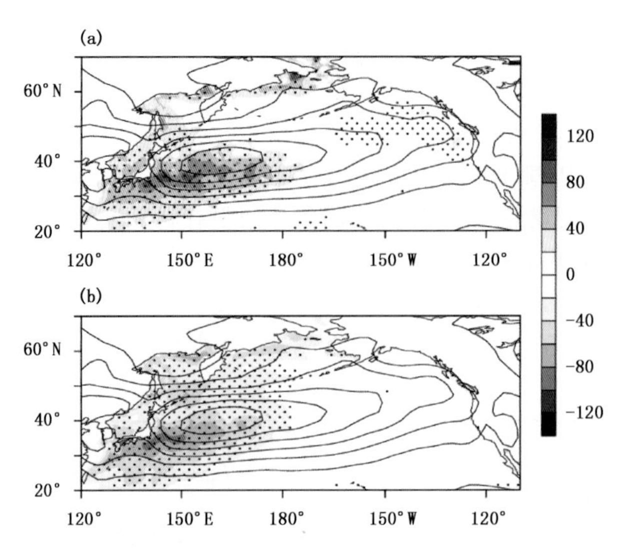

图 9 中尺度海温强(a)、弱(b)时湍流热通量的合成图(阴影表示与其冬季平均值的差值,向上为正;等值线表示 850 hPa 风暴轴平均位置;打点区域表示通过 90%信度检验;单位:W/m^2)

$$BC2 = -C_1(\overline{\omega' T'}) \tag{4}$$

公式(2)～(4)分别表示平均动能向涡旋动能的转换,平均有效位能向涡旋有效位能的转换以及涡旋有效位能向涡旋动能的转换。其中 $C_0 = \frac{P_0}{g}$,$C_1 = -\left(\frac{P_0}{p}\right)^{C_p/C_v}$,$R$、$\omega$、$\theta$、$C_p$、$C_v$ 分别为干空气气体常数、垂直速度、位温以及干空气定压比热容和定容比热容。

由于正压能量转换项(BT)的量级较斜压能量转换项($BC1$ 和 $BC2$)量级小(图略),因此,本文主要对斜压能量转换过程进行分析。图 10 给出了中尺度海温强(图 10a、图 10c)、弱(图 10b、图 10d)时期平均有效位能向涡旋有效位能的转换以及涡旋有效位能向涡旋动能的转换合成图。图 10a 和图 10c 表明,正位相时,由于大气斜压性的增强,平均有效位能向涡旋有效位能的转换在风暴轴平均位置的南侧显著增强,并进一步转换为涡旋动能,从而有利于风暴轴在 40°N 以南增强(图 5a)。而负位相期间,大气斜压性减弱,平均有效位能向涡旋有效位能的转换项在风暴轴平均位能的南侧显著较少(图 10b),涡旋通过有效位能的转换获取的动能显著减少(图 10d),从而使得风暴轴在其平均位置的南侧显著减弱(图 5b)。

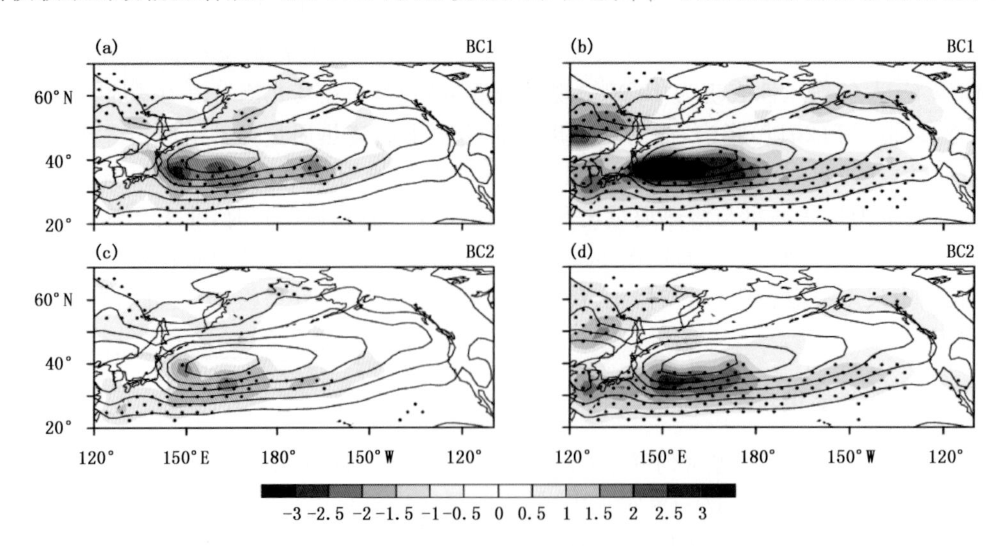

图 10 中尺度海温强(a)、弱(b)时平均有效位能向涡旋有效位能转换项的合成图以及涡旋有效位能向涡旋动能转换项的合成图(阴影表示与其冬季平均值的差值;等值线表示 850 hPa 风暴轴平均位置;打点区域表示通过 90%信度检验;单位:W/m^2)

6 总结与讨论

本文利用高分辨率的海温资料，通过空间滤波器得到了中尺度海温，并由此建立了反映中尺度海温变化的指数，并通过合成分析研究了中尺度海温异常与冬季北太平洋风暴轴的经向移动的联系，探讨了其物理机制。主要结论如下。

(1)正位相时，中尺度海温偏强，极值较大，其方差呈双峰结构分布，而负位相期间中尺度海温偏弱，海温异常值较小。

(2)大尺度环流场与中尺度海温有明显的联系。正位相期间，位势高度场和温度场在对流层中表现为正压结构，对应的纬向风则表现为南正北负偶极型分布。负位相期间，位势高度、温度及纬向风异常的符号相反。纬向风的经向异常也有利于风暴轴的移动。

(3)中尺度海温影响风暴轴的机制可以概括为：在正位相时，40°N 以南区域海洋通过感热和潜热通量向大气释放更多的热量，从而引起大气低层斜压性的改变，通过斜压能量转换过程，更多的平均有效位能向涡旋有效位能转换，并进一步转换为涡旋动能，使得风暴轴在该区域显著增强，表现为向南移动。而负位相期间，40°N 以南地区海洋向大气释放热量显著减少，大气斜压性显著减弱，平均有效位能向涡旋有效位能的转换和涡旋有效位能向涡旋动能的转换都显著减少，不利于风暴轴在 40°N 的发展。

由于本文中未对海洋的中尺度涡旋和海洋锋这两种中尺度结构加以区分，因此，中尺度涡旋和海洋锋分别在海气耦合过程中扮演了什么样的角色仍然需要进一步讨论。

参考文献

任雪娟，张耀存，2007. 冬季 200hPa 西太平洋急流异常与海表加热和大气瞬变扰动的关系探讨[J]. 气象学报，65：550-560.

苑俐，肖子牛，2017. 冬季黑潮延伸体海区海洋锋强度变化及其与北太平洋风暴轴的关系[J]. 大气科学，41：1141-1155.

朱伟军，李莹，2010. 冬季北太平洋风暴轴的年代际变化特征及其可能影响机制[J]. 气象学报，68：477-486.

Bishop S P, Small J R, Bryan F O, et al, 2017. Scale Dependence of Midlatitude Air-Sea Interaction [J]. Journal of Climate.

Blackmon M L, Wallace J M, Lau N-C, 1977. An observation study of the Northern Hemisphere wintertime circulation[J]. Journal of the Atmospheric Sciences, 34: 1040-1053.

Booth J F, Thompson L A, Patoux J, et al, 2010. The signature of the midlatitude tropospheric storm tracks in the surface winds[J]. Journal of Climate, 23: 1160-1174.

Cai M, Yang S, Dool H M V D, et al, 2007. Dynamical implications of the orientation of atmospheric eddies: A local energetics perspective[J]. Tellus A, 59: 127-140.

Chang E K M, 1993. Downstream development of baroclinic waves as inferred from regression analysis[J]. Journal of the Atmospheric Sciences, 50: 2038-2053.

Chang E K M, Fu Y, 2002. Interdecadal variations in Northern Hemisphere winter storm track intensity[J]. Journal of Climate, 15: 642-658.

Chelton D B, Schlax M G, Freilich M H, et al, 2004. Satellite Measurements Reveal Persistent Small-Scale Features in Ocean Winds[J]. Science, 303: 978-983.

Eady E T, 1949. Long Waves and Cyclone Waves[J]. Tellus, 1: 33-52.

Hoskins B J, Hodges K I, 2002. New perspectives on the Northern Hemisphere winter storm tracks[J]. Journal of the Atmospheric Sciences, 59: 1041-1061.

Itoh S, Yasuda I, 2010. Characteristics of Mesoscale Eddies in the Kuroshio-Oyashio Extension Region Detected from the Distribution of the Sea Surface Height Anomaly[J]. Journal of Physical Oceanography, 40: 1018-1034.

Kalnay E, Kanamitsu M, Kistler R, et al, 1996. The NCEP/NCAR 40-year reanalysis project[J]. Bulletin of the American Meteorological Society, 77: 437-472.

Kirtman B P, Bitz C, Bryan F, et al, 2012. Impact of ocean model resolution on CCSM climate simulations[J]. Climate Dynamics, 39: 1303-1328.

Kuwano-Yoshida A, Minobe S,2017. Storm-track response to SST fronts in the Northwestern Pacific Region in an AGCM [J]. Journal of Climate, 30.

Lau N C,1988. Variability of the observed midlatitude storm tracks in relation to low-frequency changes in the circulation pattern[J]. Journal of the Atmospheric Sciences, 45: 2718-2743.

Lindzen R S, Farrell B,1980. A simple approximate result for the maximum growth rate of baroclinic instabilities[J]. Journal of the Atmospheric Sciences, 37: 1648-1654.

Lindzen R S, Nigam S,1987. On the role of sea surface temperature gradients in forcing low-level winds and convergence in the tropics[J]. Journal of the Atmospheric Sciences,44: 2418-2436.

Ma J, Xu H, Dong C, et al,2015a. Atmospheric responses to oceanic eddies in the Kuroshio Extension region[J]. Journal of Geophysical Research: Atmospheres, 120: 6313-6330.

Ma X,Chang P,Saravanan R, et al,2017. Importance of resolving Kuroshio front and eddy influence in simulating the North Pacific storm Track[J]. Journal of Climate, 30: 1861-1880.

Ma X,Ping C,Saravanan R, et al,2015b. Distant influence of Kuroshio eddies on North Pacific weather patterns? [J]. Scientific Reports, 5: 17785.

Ma X, Zhang Y,2018. Interannual variability of the North Pacific winter storm track and its relationship with extratropical atmospheric circulation[J]. Climate Dynamics.

Masunaga R,Nakamura H,Miyasaka T,et al, 2015. Separation of climatological imprints of the Kuroshio extension and Oyashio fronts on the wintertime atmospheric boundary layer: Their sensitivity to SST resolution prescribed for atmospheric reanalysis[J]. Journal of Climate, 28: 1764-1787.

Minobe S,Kuwano-Yoshida A,Komori N,et al, 2008. Influence of the Gulf Stream on the troposphere[J]. Nature, 452: 206.

Nakamura H,Sampe T,Goto A,2008. On the importance of midlatitude oceanic frontal zones for the mean state and dominant variability in the tropospheric circulation[J]. Geophysical Research Letters, 35: L15709.

Nakamura H,Sampe T,Tanimoto Y,2004. Observed associations among storm tracks,jet streams and midlatitude oceanic fronts[M]// Wang C,Xie S P, Carton J A. Earth's Climate:The Ocean-Atmosphere Interaction. Geophys; America: 329-346.

Nakamura M, Yamane S,2009. Dominant anomaly patterns in the near-surface baroclinicity and accompanying anomalies in the atmosphere and oceans. Part I: North Atlantic Basin[J]. Journal of Climate, 22: 6445-6467.

Nonaka M, Xie S-P, 2003. Covariations of sea surface temperature and wind over the Kuroshio and its extension: Evidence for ocean-to-atmosphere feedback[J]. Journal of Climate,16: 1404-1413.

Putrasahan D A, Miller A J, Seo H,2013. Isolating mesoscale coupled ocean-atmosphere interactions in the Kuroshio Extension region[J]. Dynamics of Atmospheres and Oceans, 63: 60-78.

Reynolds R W,Smith T M,Liu C, et al,2007. Daily high-resolution-blended analyses for sea surface temperature[J]. Journal of Climate, 20: 5473-5496.

Sampe T, Xie S,2007. Mapping high sea winds from space: A global climatology[J]. Bulletin of the American Meteorological Society, 88: 1965-1978.

Small R J,Deszoeke S P,Xie S, et al,2008. Air-sea interaction over ocean fronts and eddies[J]. Dynamics of Atmospheres and Oceans, 45: 274-319.

Small R J,Tomas R A,Bryan F O,2014. Storm track response to ocean fronts in a global high-resolution climate model[J]. Climate Dynamics, 43: 805-828.

Smirnov D,Newman M,Alexander M A, et al,2015. Investigating the local atmospheric response to a realistic shift in the Oyashio sea surface temperature front[J]. Journal of Climate,28: 1126-1147.

Song Q, Cornillon P, Hara T, 2006. Surface wind response to oceanic fronts[J]. Journal of Geophysical Research: Oceans, 111.

Wallace J M,Mitchell T P,Deser C,1989. The influence of sea-surface temperature on surface wind in the Eastern Equatorial Pacific: Seasonal and interannual variability[J]. Journal of Climate, 2: 1492-1499.

Wang Y-H,Liu W T, 2015. Observational evidence of frontal-scale atmospheric responses to Kuroshio extension variability [J]. Journal of Climate, 28: 9459-9472.

Yao Y, Zhong Z, Xiu-Qun Y, 2018. Impacts of the subarctic frontal zone on the North Pacific storm track in the cold season: An observational study[J]. International Journal of Climatology, 38: 2554-2564.

Yao Y, Zhong Z, Xiu-Qun Y, et al, 2017. An observational study of the North Pacific storm-track impact on the midlatitude oceanic front[J]. Journal of Geophysical Research: Atmospheres, 122: 6962-6975.

Influence of Wintertime Mesoscale Kuroshio Extension Sea Surface Temperature on the Shift of North Pacific Storm Track

ZHANG Chao[1], LIU Hailong[2,3], LIN Pengfei[2,3]

(1 College of Meteorology and Oceanography, National University of Defense Technology, Nanjing 211101; 2 State Key Laboratory of Numerical Modeling for Atmospheric Sciences and Geophysical Fluid Dynamics, Institute of Atmospheric Physics, Chinese Academy of Sciences, Beijing 100029; 3 College of Earth and Planetary Sciences, University of Chinese Academy of Sciences, Beijing 100049)

Abstract: Using the National Oceanic and Atmospheric Administration Optimal Interpolation (NOAA-OI) daily-mean interpolated sea surface temperature (SST), with the resolution at 0.25°×0.25°, we proposed an index to quantify the variability of mesoscale SST within Kuroshio Extension region. Based on this index, composite analysis is conducted to investigate the influence of mesoscale SST on the North Pacific storm track, as well as the mechanism behind. The results show that the storm track shifts southward (northward) during the positive (negative) phase of the index, in consistent with the changes in baroclinicity through the enhanced turbulent heat flux and zonal wind south of climatology of storm track. The baroclinic energy conversion is also in good agreement with the anomalies of baroclinicity, modulating the anomaly of the storm track along the southern side of its climatological peak.

Key words: mesoscale sea surface temperature anomaly, North Pacific storm track, air-sea interaction, baroclinic energy conversion

IAP-AGCM4.1模式对冬季北太平洋风暴轴的模拟研究

钱景[1]　张曦[2]

(1 中国卫星海上测控部,江阴　211101;2 武警第一机动总队直升机支队,太原　030000)

摘　要:本文基于中国科学院大气物理研究所全球大气环流模式 IAP AGCM4.1(下简称 IAP4.1)1979—2004年的数值模拟结果和 NCEP/NCAR 再分析资料,研究分析和评估了该模式对冬季(12月至翌年2月)北太平洋风暴轴的模拟,讨论了模式模拟偏差的可能原因。结果表明:对于大气要素气候态的模拟,IAP4.1模式能够准确地再现大气主要活动中心,但与再分析资料相比,模拟得到的阿留申低压和冰岛低压偏弱。对于850 hPa上热量经向输送,模拟的北太平洋风暴轴西侧偏弱、东侧偏强,而北大西洋风暴轴强度整体偏弱;对于300 hPa涡动动能,模式模拟的冬季北半球风暴轴气候态都存在范围较小、强度较弱的偏差,尤其是北大西洋风暴轴偏差更显著。对冬季北太平洋风暴轴的热量经向输送和涡动动能分别进行经验正交函数分解(Empirical Orthogonal Function,EOF),结果表明 IAP4.1模式基本可以模拟出再分析资料中北太平洋风暴轴前三个空间模态,但解释方差和中心位置有一定偏差。IAP4.1模式也基本可以再现冬季北太平洋风暴轴在 ENSO 期间主要变化特征及大气环流形势:在 El Niño 年,北太平洋风暴轴位置南移并在下游地区加强,并且500 hPa位势高度异常为太平洋—北美遥相关型(Pacific-North American,PNA)分布,但西风急流正异常范围西伸且强度比再分析资料强。关于模式模拟偏差的可能原因,研究表明主要是对流层低层静力稳定度较再分析资料相对偏强,进而影响大气低层斜压性偏弱,最终导致高层瞬变 EKE 的模拟效果偏弱。对此进行必要的模式改进,将有利于进一步提高模式的整体水平。

关键词:大气环流模式,数值模拟,风暴轴,EOF,效果评估

1　引言

天气尺度瞬变涡旋的热量和动量的经向输送对大气环流维持起到十分重要的作用,而风暴轴是中纬度天气尺度瞬变涡动活动最强烈的区域,其变化反映了天气尺度瞬变涡动本身的一些特征,并且与发展中的斜压波具有密切相关的联系[1-4],风暴轴作为海洋大气之间水汽、热能、动能输送的纽带,在热带和中高纬能量的转换中起着重要的作用,并且同大尺度环流相互调节从而在月、季、年、年代、年代际等不同尺度上有不同的时空变化特征和影响[2,3,5-12]。因此,研究风暴轴的异常变化及其机制具有十分重要的科学意义和应用价值。

随着气候系统模式的迅速发展,利用模式研究以及预测风暴轴对气候异常的影响已经成为非常重要的方法[13,14]。Chang[15]通过一个非线性干模式有效地模拟出了冬季北太平洋风暴轴的年际变化,并发现风暴轴的结构是完全依赖于时间平均流,对强迫的变化并不敏感。Yao[16]利用 WRFV3.4 证明了"海洋斜压调整机制"[17,18],即黑潮/亲潮延伸体(KOE)海洋锋两侧不同的海气热量输送,与向极热量输送相抵消从而维持低层大气斜压性,使得风暴轴不断发展。Chang[19]利用 CMIP5(耦合模式比较计划)的结果评估了23种模式对风暴轴的模拟效果,并且和 CMIP3 的17种模式结果进行了对比[20],发现:CMIP5大部分模式模拟得到的北半球风暴轴气候态比 CMIP3 更弱且位置仍向赤道偏移。在全球变暖的背景下,模式模拟的北半球风暴轴气候态越弱,其预测得到的21世纪中期(2041—2060年)结果也越不稳定。因此,评估

一个模式对风暴轴的模拟能力及模拟偏差的分析对改善模式本身以及研究、预测风暴轴都具有重要科学的意义。

近年来，中国科学院大气物理研究所发展了第四代全球大气环流模式 IAP AGCM4.1(IAP4.1)。IAP4.1 模式的动力框架采用格点离散，并基于第二代[21;22]和第三代的 IAP AGCM3[23]的基础上进一步改进和完善。对上一代的 IAP-AGCM4.0(IAP4.0)进行 17 年的气候态积分试验表明[24]，模式对全球气候的基本特征有很好的模拟能力，其总体模拟性能与 CAM3.1 相当。已有的模式性能评估指出 IAP4.0 模式对全球观测气候态和东亚季风的基本特征有较好的模拟能力[25-29]，也可以在一定程度上模拟出东亚夏季风季节内振荡[30]，林朝辉等[31]在此基础上更全面地评估了对 Madden-Julian Oscillation (MJO)[32]的模拟能力，并指出积云对流参数化方案中关键参数的选取可能是模拟偏差的原因。但发展后的 IAP4.1 是否能较好地模拟出北半球中纬度的海气相互作用，尤其是北半球两个风暴轴的变化特征，还尚未有研究。本文将利用模式 26 年数值模拟结果与 NCEP/NCAR 再分析资料进行对比，考察模式对北半球大气要素场和风暴轴模拟的合理程度，通过分析和理解模拟得到的误差，以寻求导致误差的原因，以此评估 IAP-AGCM4.1 对北太平洋风暴轴的模拟能力。

本文其余内容安排如下：第二部分是模式、资料和方法；第三部分分析模式对冬季北半球大气要素场气候态的模拟效果；第四部分评估模式对冬季北太平洋风暴轴的模拟，包括气候态、主要空间分布和年际变化等；第五部分为总结和讨论。

2 模式、资料和方法

本研究中采用的 IAP AGCM4.1 大气环流模式的水平分辨率约为 1.4°×1.4°，动力框架采用的是均匀经纬格点的有限差分数值方法，其垂直方向为 30 层，采用 σ 坐标，模式顶为 2.2 hPa。动力框架沿用了前几代模式的各项有特色的技术[24]，如：允许替代、高纬度灵活性跳点、时间分解等方法以及半拉格朗日水汽输送方案等；物理过程大部分采用美国国家大气研究中心(NCAR)发展的 CAM5.1 的物理参数化方法。采用 HadISST 海温[33]驱动模式进行 AMIP 积分，其水平分辨率为 1°×1°。本文所用再分析资料主要是 NCEP/NCAR 逐日再分析资料，包括纬向风、经向风、位势高度、温度等，空间水平分辨率为 2.5°×2.5°。基于上述两种资料，选取 1979—2004 年总共 26 年的结果进行对比分析。

本文采用对流层低层 850 hPa 涡动热量经向输送$\overline{v'T'}$(v 为经向风速，T 为大气温度)及对流层高层 300hPa 天气尺度的经向和纬向风定义的涡动运动能(Eddy Kinetic Energy，EKE)来表征风暴轴。这里带“$'$”的物理量表示采用 Lanczos 滤波方法，得到的 2～8 d 天气尺度瞬变扰动量。其中，EKE 的定义如下：

$$EKE = \frac{u'^2 + v'^2}{2}$$

4.3 节中根据 NCEP 提供的月平均 Niño3.4 区海温距平指数数据，当指数偏差大(小)于或等于 0.5(−0.5)且持续 5 个月以上时，则判断发生一次 El Niño(La Niña)事件(http://www.cpc.ncep.noaa.gov/products/analysis_monitoring/ensostuff/ensoyears.shtml)。

3 冬季北半球大气气候态的模拟

冬季北半球风暴轴的变化与中纬度大气要素场密切相关，图 1 分别给出了 NCEP 资料和模式模拟的冬季海平面气压(Sea Surface Pressure，SLP)、200 hPa 纬向风场和 300 hPa 流函数气候态的空间分布，以此分析 IAP4.1 模式对冬季北半球大气要素场气候态的模拟能力。

由图 1b、a 给出的模式结果和再分析资料的 SLP 分布比较可知，再分析资料(图 1a)中冬季对流层底部主要的大气活动中心有：北半球阿留申低压、冰岛低压、蒙古高压、北美高压、格陵兰高压，夏威夷高压、亚速尔高压。对比图 1b 我们可以看出，主要大气活动中心在模式中都得到了相对准确的再现，中心位置分布也基本一致；但与再分析资料相比，模式中的阿留申低压和冰岛低压强度都略为偏弱，位于蒙古及西

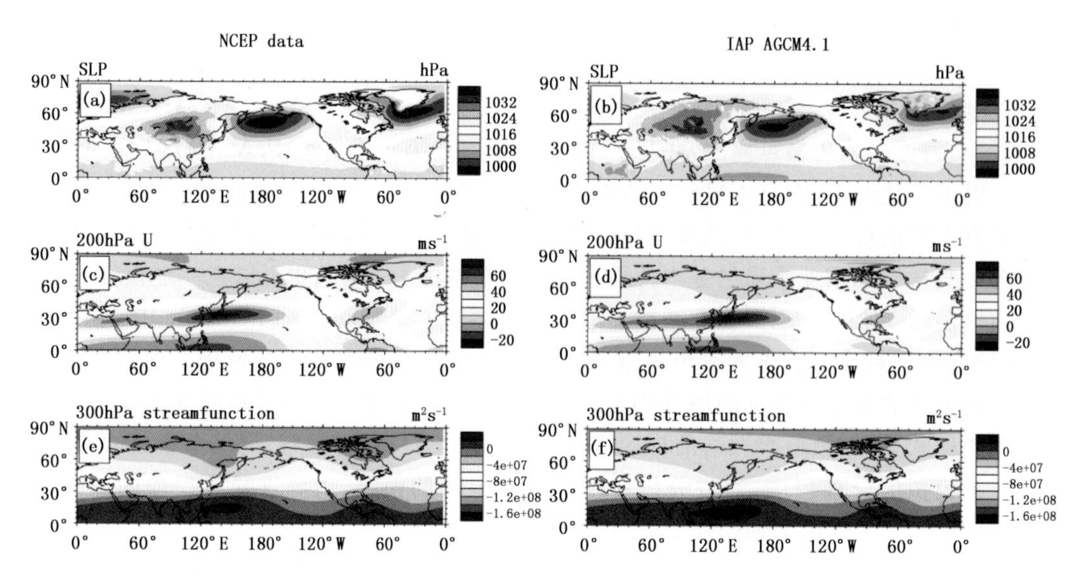

图 1　1979/80—2003/04 年冬季北半球气候态分布 (a,b) 海平面气压,(c,d) 200 hPa 纬向风,(e,f) 300 hPa 流函数。a,c,e 为 NCEP 数据;b,d,f 为模式模拟结果

伯利亚南部的蒙古高压范围偏大并且整体向北延伸,北美高压和亚速尔高压分布的范围明显偏小。图 1c、d 分别给出了模式结果和再分析资料的 200 hPa 纬向风场,再分析资料中(图 1c)冬季东亚高空副热带西风急流轴位于 30°N 左右,急流中心位于 27°—32°N,130°—160°E,风速最大达到 74.20 m/s;对比观测结果,模拟得到的西风急流大值区域范围略大,相对于再分析资料结果,所模拟的急流强度和位置基本一致。图 1e、f 分别给出了模式结果和再分析资料的 300 hPa 流函数分布,模拟可以较好地模拟出流函数的基本型态,只是在东亚北部以及加拿大北部的涡度偏小,热带菲律宾地区正值范围偏大。

综上所述,IAP4.1 可以较好地模拟出冬季大气环流平均流场的主要特征,包括 SLP,东亚高空副热带急流和 300 hPa 流函数,基本把握住了冬季北半球主要大气活动中心的范围和强度,但低压系统模拟相对偏弱,这可能是由于大气模式副热带洋面的高压中心附近低云偏多的原有误差造成的[26]。

4　冬季北太平洋风暴轴的模拟

4.1　北半球风暴轴的气候态

风暴轴有多种定义的方法,包括:经向风速方差、涡动动能、涡动热量经向输送等[3,34],本文利用涡动热量经向输送及涡动动能两种表征方法来评估 IAP4.1 对冬季北半球风暴轴气候态的模拟效果。图 2 给出了再分析资料和模式资料 850 hPa 热量经向输送和 300 hPa 涡动运动能的气候态分布及两种数据结果的差值场(再分析资料减去模式值,下同)。由观测结果可知(图 2a)冬季北半球天气尺度瞬变涡旋最活跃的两个区域,分别位于北太平洋和北大西洋。北太平洋风暴轴横跨北太平洋东西两端,涡动热量经向输送最大值位于日本东部,强度为 13.3 km/s;北大西洋风暴轴从美国东海岸经北大西洋一直延伸到欧洲西海岸,强度明显强于北太平洋风暴轴且最大中心出现在美国东部,最大值达到 20.5 km/s。和观测结果对比(图 2c),模式模拟的北太平洋风暴轴在入口处强度偏弱,在阿拉斯加上空扰动偏强;模拟得到的北大西洋风暴轴在北美中部、纽芬兰岛南部及格陵兰岛模拟效果偏弱,而冬季北美上空瞬变扰动偏弱是现阶段大多数气候模式共同存在的问题[19]。

当用对流层高层的涡动运动能(EKE)来表征风暴轴时,北太平洋风暴轴涡动动能集中在北太平洋中部及东部,北大西洋风暴轴由美国东部跨至北大西洋。由图 2e 可知 IAP4.1 模拟出的北太平洋及北大西洋风暴轴位置与观测有较好的一致性,但是模拟得到的中纬度地区(图 2f)涡动动能普遍偏弱,风暴轴主体强度均小于再分析资料,尤其是北大西洋风暴轴的强度远低于再分析资料,最大差值达到了 46 m^2/s^2。

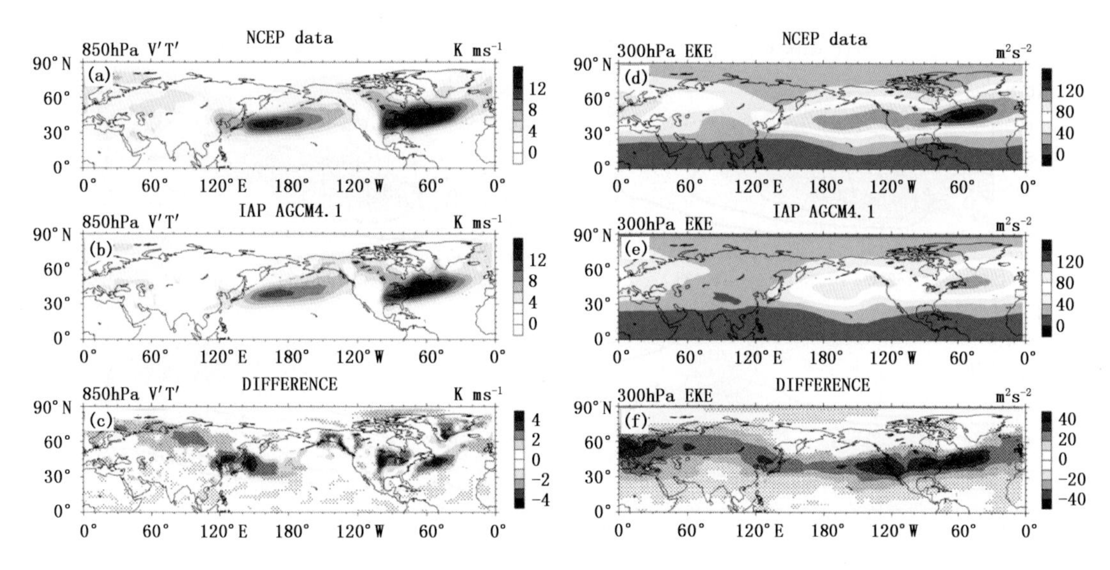

图 2 1979/80—2003/04 年冬季热量经向输送、涡动动能气候态分布。
(a、b)NCEP 数据，(d、e)模式模拟结果，(c、f)差值

这与阿留申低压系统偏弱，冰岛低压显著偏弱，有较好的对应。

我们进一步计算 EKE 的经向平均(30°—60°N)。由图 3 可知，IAP4.1 模拟的变化趋势与观测有较强的一致性，且都在北太平洋和北大西洋海区上空出现极大值。在北太平洋 180°以西即风暴轴入口处，模式结果强于再分析资料，180°以东则较弱；在北大西洋地区，模拟结果整体偏弱。而 EKE 的模拟结果在整个中纬度地区都偏弱，与再分析资料差异最大达到 28.8 m^2/s^2，这与图 2 的分析结果有较好的一致性。

从以上分析可以看出，分别采用 EKE 来表征风暴轴时，IAP4.1 模式都可以模拟出冬季北半球风暴轴的气候态位置，但强度有一定的偏差。主要表现在北太平洋风暴轴入口处及北美中部、纽芬兰岛南部及格陵兰岛模拟效果偏弱，而在阿拉斯加上空偏强；EKE 在整个中纬度地区模拟结果都弱于再分析资料，尤其是北大西洋地区明显偏弱。

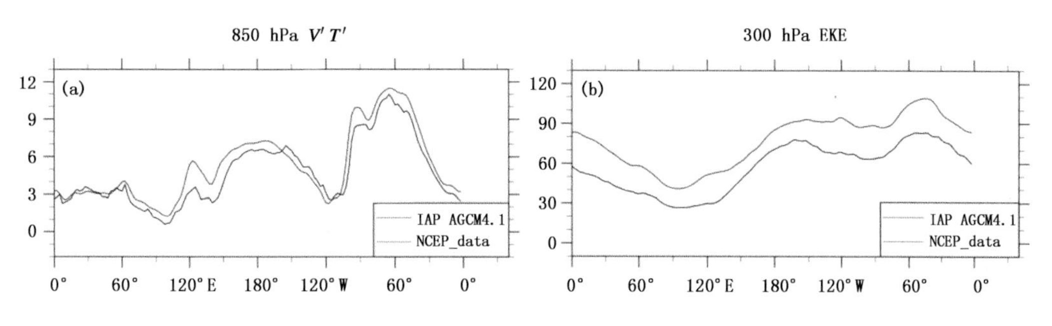

图 3 1979/1980—2003/2004 年冬季热量经向输送、涡动动能 30°—60°N 经向平均

4.2 北太平洋风暴轴的空间变化特征

为了探究模式是否可以再现冬季北太平洋风暴轴的主要空间分布，我们分别采用$\overline{v'T'}$和 EKE 来表征风暴轴，并对其进行 EOF 分解。

首先对 850 hPa 热量经向输送的再分析资料及模式结果进行 EOF 分解(20°—70°N，120°E—120°W)得到(图 4)，再分析资料(模式)的前三模态方差贡献分别为 33.5%(27.8%)，14.5%(14.5%)和 6.9%(11.5%)。再分析资料与模式的第一模态空间分布特征表现为风暴轴在气候平均位置一致增强或减弱，并且特征向量的正异常中心即气候态的中心。再分析资料第二模态的空间分布(图 4b)表现为在风暴轴气候态的东北部存在一个正异常中心，西南部为负异常，模式中第三模态(图 4f)呈现出风暴轴气候态北部的东西反向变化，两者都表现为风暴轴在东西方向上的位置变化；再分析资料的第三模态(图 4c)以

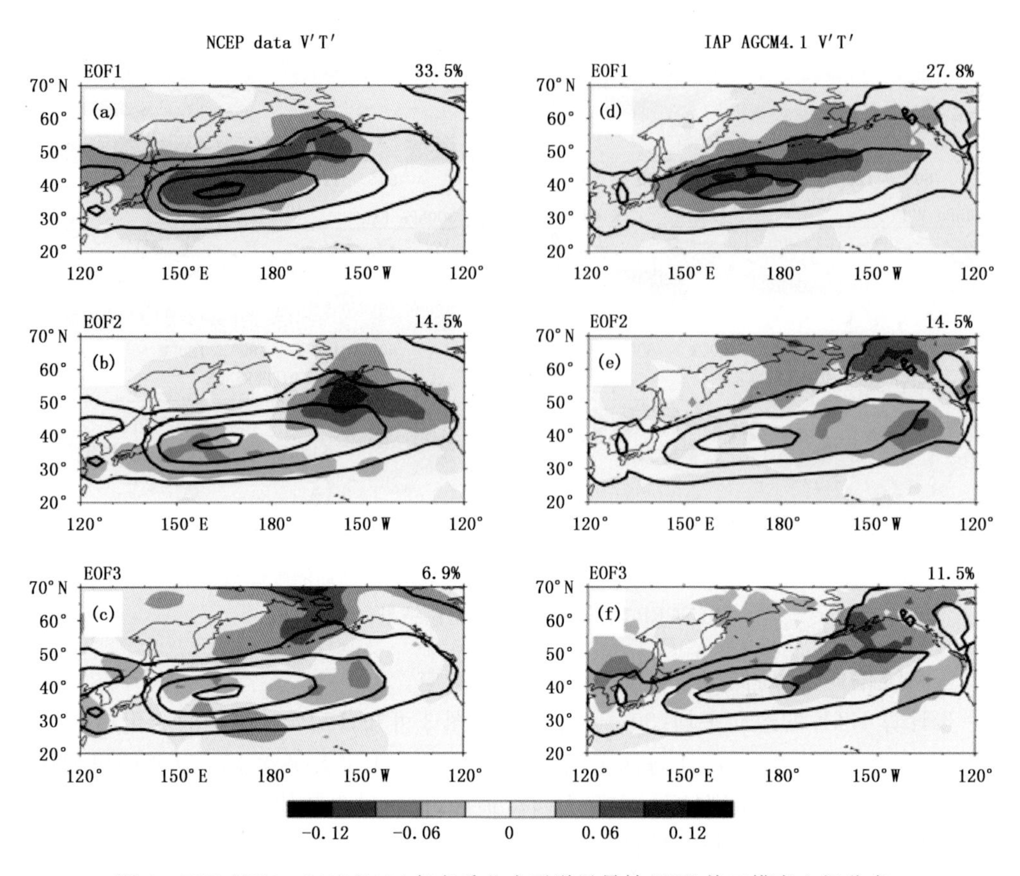

图 4 1979/1980－2003/2004 年冬季北太平洋风暴轴 EOF 前三模态空间分布。
(a),(b),(c)为 NCEP 数据,(d),(e),(f)为模式模拟结果。等值线间隔 3 km/s

50°N为界,在风暴轴气候态东部以北为正异常,以南为负异常,和模式资料得到的第二模态(图 4e)空间分布相似,都表现为东部位置的南北变化。对 EKE 再分析资料及模式结果进行 EOF 分解(20°—70°N,130°E—90°W)(图 5),得到的再分析资料(模式)前三模态方差贡献分别为 33.2%(27.0%),15.2%(16.2%)和 7.1%(12.4%)。再分析资料和模式资料的第一模态(图 5a,d)都表现为在 300 hPa EKE 气候态区域整体一致的变化;第二模态(图 5b,e)都表现为 EKE 南北位置的变化,且模式中西南部正异常较弱;第三模态(图 5c,f)都表现为东西位置的变化,图 5c 中东部正异常中心位于 120°W,图 5f 中位于 150°W,较再分析资料偏西北。由以上分析可知,IAP4.1 可以较好地模拟出北太平洋风暴轴的主要空间变化型,但解释方差和异常中心的位置存在一定偏差。

4.3 ENSO 期间的北太平洋风暴轴异常

在年际尺度上,北半球风暴轴的变化与热带年际变化主模态——厄尔尼诺－南方涛动(ENSO)密切相关。本文选取了 8 个 El Niño 年(1979/1980、1982/1983、1986/1987、1987/1988、1991/1992、1994/1995、1997/1998、2002/2003)和 6 个 La Niña 年(1984/1985、1988/1989、1995/1996、1998/1999、1999/2000、2000/2001),分别利用 NCEP－NCAR 再分析资料和模式结果合成了 El Niño 年与 La Niña 年 300 hPa 风暴轴,500 hPa 位势高度和 200 hPa 纬向风差值场(如图 6)。

由图 6a 可知,在 El Niño 年,北太平洋风暴轴位置向 30°N 以南移动并在下游地区加强,阿拉斯加湾至北美北部 EKE 减弱,La Niña 年相反;并且 500 hPa 位势高度分布(图 6c)呈现类似 PNA 的分布,这和已有研究结论一致[12,35]。与再分析资料结果比较可知,在 El Niño 年,模式中北太平洋风暴轴南部增强范围更大,正异常中心位于 150°W 以西;图 6c 中位势高度差值场也呈现为 PNA 波列的分布,在 El Niño 年,阿留申群岛附近的负异常西伸至日本海,中心强度有所减弱,加拿大西部沿海位势高度出现正异常且中心强度增强,比再分析资料偏西,横跨墨西哥至大西洋西部也存在更强的负异常;由图 6e 可知,在 El Niño

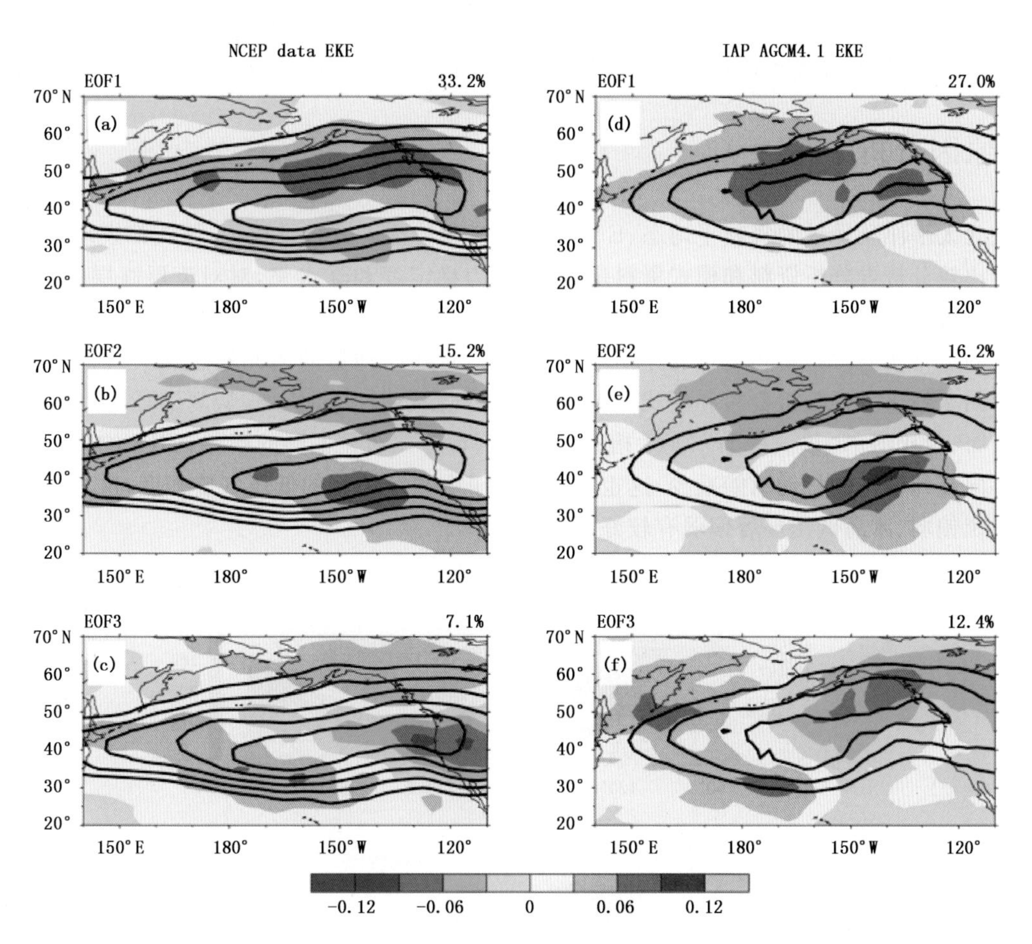

图 5　1979/1980—2003/2004 年冬季北太平洋风暴轴 EKE EOF 前三模态空间分布。
(a),(b),(c)为 NCEP 数据,(d),(e),(f)为模式模拟结果。等值线间隔 12 m^2/s^2

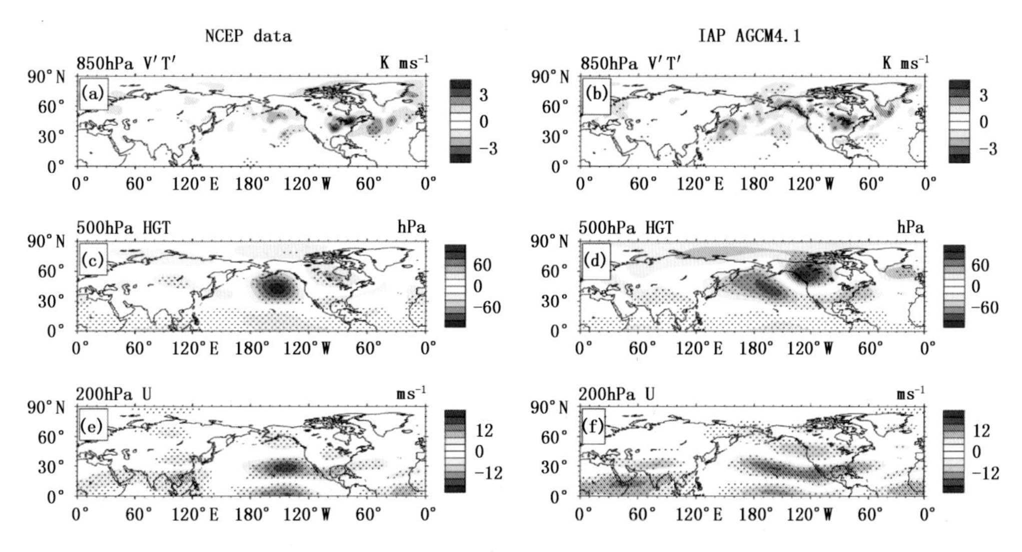

图 6　El Niño 和 La Niña 年冬季(a,b)850 hPa 风暴轴,(c,d)500 hPa 位势高度,(e,f) 200 hPa 纬向风差值场分布。
(a),(c),(e)为 NCEP 数据,(b),(d),(f)为模式模拟结果打点区域表示通过 90%显著性检验

年,副热带东太平洋存在一条强劲的西风急流,跨墨西哥和佛罗里达至大西洋西部,阿留申群岛及北美中部的纬向西风分布为负异常。图 6f 中的西风急流横跨副热带东太平洋至大西洋西部,与图 6e 对比,正异常范围存在西伸的情况,整体强度比再分析资料强。

对比各图可见，IAP4.1 基本可以抓住北太平洋风暴轴在 ENSO 期间主要变化特征及大气环流形势，无论是北太平洋风暴轴、高度场还是纬向风都较准确地模拟出了它们的区域和强度特征。

5　误差原因分析

上文对北太平洋风暴轴的气候平均态、ENSO 期间变化特征等进行了模拟，模式都表现了较好的模拟能力。我们比较分析再分析资料和模式资料定常波、静力稳定度和降水率，对对流层高层 EKE 的模拟偏弱这一误差的可能原因进行了初步讨论。

大气中的定常波通常是指物理量的纬向不对称部分，对纬向动量的南北输送和大气环流的维持起到重要作用。图 7 给出了再分析资料和模式资料定常波的气候态及其差值场，从观测场可以明显看出北半球的槽脊分布；对比图 7c，模式中的东亚大槽和北美大槽都存在明显偏弱的误差，EKE 的模拟不足即瞬变扰动由低纬向高纬输送的扰动动能减少，这也直接影响了中高纬地区的低压气旋强度，这与上文得到的阿留申低压系统偏弱、冰岛低压显著偏弱有较好的对应。

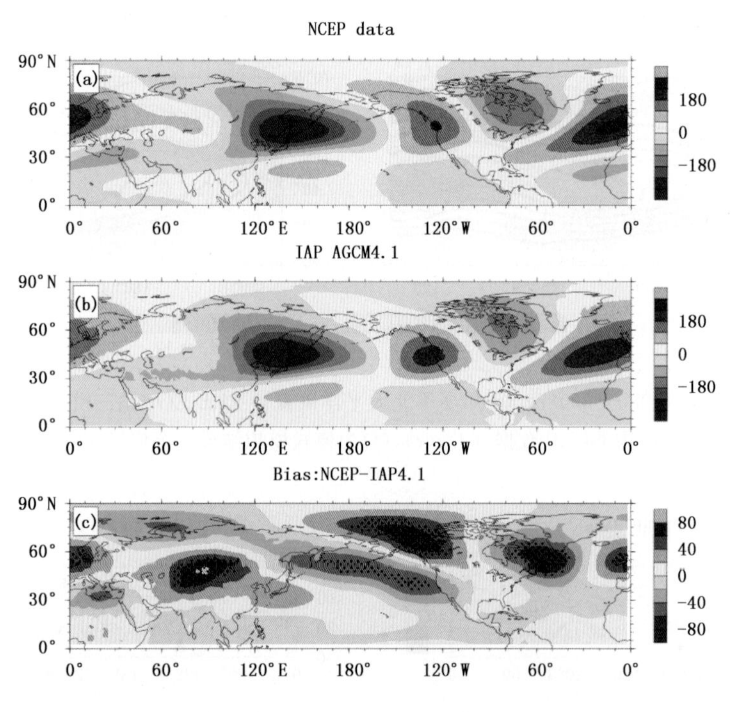

图 7　1979/1980—2003/2004 年冬季定常波气候态分布及其差值场

我们进一步对中纬度地区(30°—60°N)的静力稳定度($\partial\theta/\partial p$)做经向平均得到图 8。由图 8c 可知，模式中低层大气的静力稳定度在北半球两个风暴轴区域数值偏小，说明 EKE 的变弱伴随着低层大气稳定度的增强，低层的稳定度增强引起低层大气斜压性减弱导致高层瞬变 EKE 的变化。从 CMIP5 的多模式集合平均结果来看，低层稳定度的变化可以解释 70%左右的高层瞬变 EKE 的变化[36]。

从降水率差值场(图 9c)可知，模式降水率在北半球两个风暴轴区域均偏大，降水率的偏多有利于低层的非绝热加热，从而导致上空风暴轴的增强；而模式中的 EKE 强度明显小于再分析资料，这一事实与模式中降水率偏多的结果在机制上并不相符。考虑到模式的复杂性，尤其是积云对流参数的选取、摩擦耗散系数的改变都直接影响了风暴轴 EKE 的强度，因此，对于模式误差原因的分析本文只做以上简单的讨论。

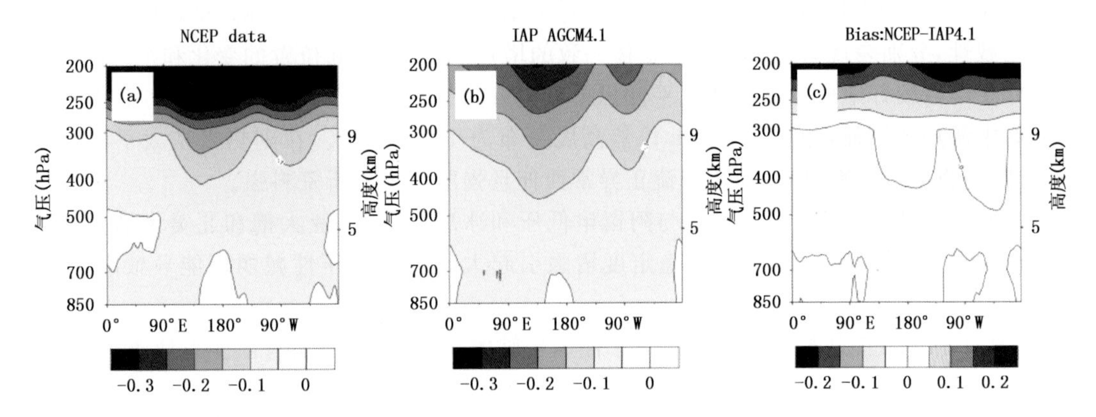

图8 1979/1980—2003/2004年冬季静力稳定度30°—60°N经向平均及其差值场

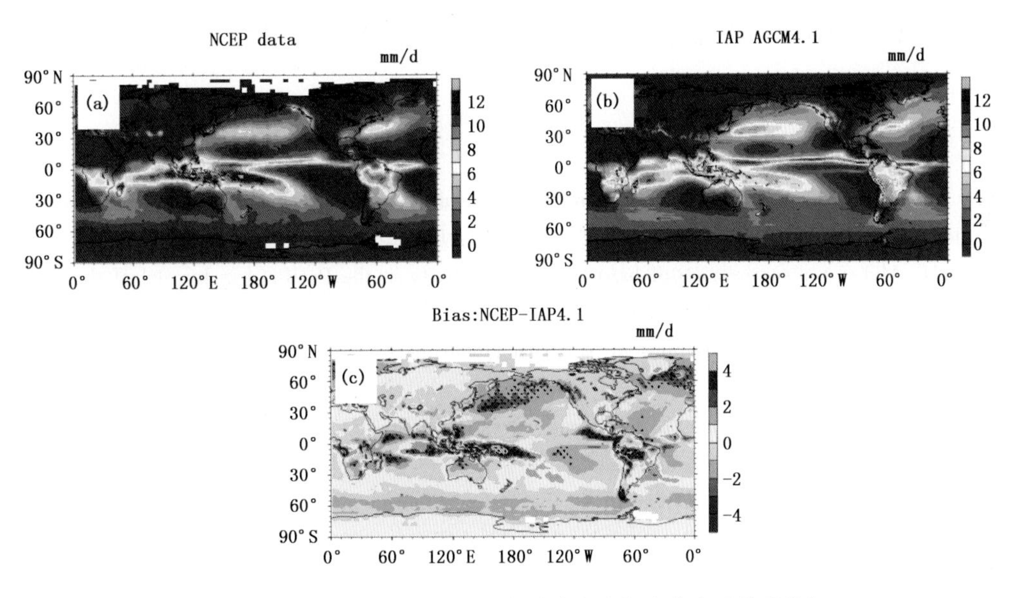

图9 1979/1980—2003/2004年冬季降水率候态分布及其差值场

6 总结与讨论

本文基于中国科学院大气物理研究所模式IAP AGCM4.1 1979—2004年的数值模拟试验结果，并结合NCEP/NCAR再分析资料进行对比分析研究，系统评估了模式对冬季北半球大气要素的气候态分布及北太平洋风暴轴的模拟效果，得到以下主要结论。

(1)IAP4.1模拟出了冬季北半球主要大气变量的气候态分布，主要大气活动中心均在模式中得到了相对准确的再现，中心位置分布都比较一致，但存在一定偏差：阿留申低压、冰岛低压强度显著偏弱；东亚高空副热带急流的西风急流大值区域范围扩大；东亚北部涡度及加拿大北部的涡度偏小。

(2)IAP4.1可以准确地模拟出冬季北太平洋和北大西洋风暴轴气候态：当采用850 hPa热量经向输送来表征风暴轴时，北太平洋入口处扰动偏弱，阿拉斯加上空偏强；北大西洋风暴轴在北美中部、纽芬兰岛南部偏弱。采用300 hPa涡动动能来表征时，模式模拟的北太平洋和北大西洋风暴轴气候态强度都偏弱，北大西洋风暴轴模拟偏差更大。

(3)IAP4.1可以有效模拟出北半球风暴轴EOF前三个模态的空间分布，但解释方差及异常中心位置有一定偏差。对冬季北太平洋风暴轴850 hPa热量经向输送的再分析资料及模式结果分布进行EOF分解，结果表明：再分析资料与模式的第一模态空间都表现为风暴轴在气候平均位置一致增强或减弱，第二模态表现为风暴轴位置的东西向变化，第三模态表现为东部位置的南北变化，和模式资料得到的第三、二模态空间分布相似。对EKE观测场及模式结果进行EOF分解得到的观测和模式资料的前三模态空间分布有较好的一致性,分别表现为气候态区域整体一致的增强或减弱,南北位置的变化和东西的纬向变化。

(4)IAP4.1可以较好地模拟冬季北太平洋风暴轴的年际变化情况。在El Niño年,北太平洋风暴轴位置南移并在下游地区加强,并且500 hPa位势高度分布为PNA分布。在副热带东太平洋存在一条强劲的西风急流,与再分析资料对比,西风急流正异常西伸且强度比再分析资料强。

(5)模式中300 hPa EKE的模拟偏弱与阿留申低压和冰岛低压、东亚大槽和北美大槽模拟效果偏弱有很好的对应关系,同时对流层低层静力稳定度增强引起大气低层斜压性减弱可能导致高层瞬变EKE的变化。

尽管IAP4.1总体上能较好地模拟出北太平洋风暴轴的基本特征,但还有诸多有待改进和提高之处,这里我们分析的仅是大气环流模式的结果,未能充分考虑海气相互作用的影响。此外,由于全球气候模式水平分辨率较低,在研究尺度较小的系统时,还有一定的局限性。造成风暴轴模拟误差的原因有很多,究竟是什么因素造成了误差,这也是我们下一步工作的重点。

致谢:感谢中国科学院大气物理研究所张贺博士提供大气IAP AGCM4.1。

参考文献

[1] Blackmon M L,Wallace J M,Lau N C,et al. An observational study of the Northern Hemisphere wintertime circulation[J]. Journal of the Atmospheric Sciences, 1977, 34(7): 1040-1053.

[2] Nakamura H. Midwinter suppression of baroclinic wave activity in the Pacific[J]. Journal of the Atmospheric Sciences, 1992, 49(17): 1629-1642.

[3] Chang E K,Fu Y. Interdecadal variations in Northern Hemisphere winter storm track intensity[J]. Journal of Climate, 2002, 15(6): 642-658.

[4] Chang E K. Downstream development of baroclinic waves as inferred from regression analysis[J]. Journal of the atmospheric sciences, 1993, 50(13): 2038-2053.

[5] Chang E K. Assessing the increasing trend in Northern Hemisphere winter storm track activity using surface ship observations and a statistical storm track model[J]. Journal of Climate, 2007, 20(22): 5607-5628.

[6] Deng Y,Jiang T. Intraseasonal modulation of the North Pacific storm track by tropical convection in boreal winter[J]. Journal of Climate, 2011, 24(4): 1122-1137.

[7] Lee Y-Y,Lim G-H. Dependency of the North Pacific winter storm tracks on the zonal distribution of MJO convection [J]. Journal of Geophysical Research: Atmospheres, 2012, 117(D14).

[8] Lee Y Y,Lim G H,Kug J S. Influence of the East Asian winter monsoon on the storm track activity over the North Pacific[J]. Journal of Geophysical Research: Atmospheres, 2010, 115(D9).

[9] Lee Y Y,Kug J S,Lim G H,et al. Eastward shift of the Pacific/North American pattern on an interdecadal time scale and an associated synoptic eddy feedback[J]. International Journal of Climatology,2012,32(7): 1128-1134.

[10] Nakamura H,Izumi T,Sampe T. Interannual and decadal modulations recently observed in the Pacific storm track activity and East Asian winter monsoon[J]. Journal of Climate, 2002, 15(14): 1855-1874.

[11] Straus D M,Shukla J. Variations of midlatitude transient dynamics associated with ENSO[J]. Journal of the atmospheric sciences, 1997, 54(7): 777-790.

[12] Trenberth K E,Hurrell J W. Decadal atmosphere-ocean variations in the Pacific[J]. Climate Dynamics, 1994, 9(6): 303-319.

[13] Yin J H. A consistent poleward shift of the storm tracks in simulations of 21st century climate[J]. Geophysical Research Letters, 2005, 32(18).

[14] Ulbrich U,Pinto J G,Kupfer H,et al. Changing Northern Hemisphere storm tracks in an ensemble of IPCC climate change simulations[J]. Journal of climate, 2008, 21(8): 1669-1679.

[15] Chang E K. An idealized nonlinear model of the Northern Hemisphere winter storm tracks[J]. Journal of the Atmospheric Sciences, 2006, 63(7): 1818-1839.

[16] Yao Y,Zhong Z,Yang X-Q. Numerical experiments of the storm track sensitivity to oceanic frontal strength within the

Kuroshio/Oyashio Extensions[J]. Journal of Geophysical Research: Atmospheres, 2016, 121(6): 2888-2900.

[17] Nakamura H, Sampe T, Tanimoto Y, et al. Observed associations among storm tracks, jet streams and midlatitude oceanic fronts[J]. Earth's Climate, 2004: 329-345.

[18] Nakamura H, Sampe T, Goto A, et al. On the importance of midlatitude oceanic frontal zones for the mean state and dominant variability in the tropospheric circulation[J]. Geophysical Research Letters, 2008, 35(15).

[19] Chang E K M, Guo Y, Xia X. CMIP5 multimodel ensemble projection of storm track change under global warming [J]. Journal of Geophysical Research: Atmospheres, 2012, 117(D23): n/a-n/a.

[20] Chang E K, Guo Y, Xia X, et al. Storm-track activity in IPCC AR4/CMIP3 model simulations[J]. Journal of Climate, 2013, 26(1): 246-260.

[21] 毕训强. IAP 九层大气环流模式及气候数值模拟[D]. 博士学位论文, 1993.

[22] Xinzhong L. Description of a nine-level grid point atmospheric general circulation model[J]. Advances in Atmospheric Sciences, 1996, 13(3): 269-298.

[23] 左瑞亭, 张铭, 张东凌, 等. 21 层大气环流模式 IAP AGCM-Ⅲ的设计及气候数值模拟Ⅰ. 动力框架[J]. 大气科学, 2004, 28(5): 659-674.

[24] 张贺, 林朝晖, 曾庆存. 大气环流模式中动力框架与物理过程的相互响应[J]. 气候与环境研究, 2011, 16(1): 15-30.

[25] 张贺, 林朝晖, 曾庆存. IAP AGCM-4 动力框架的积分方案及模式检验[J]. 大气科学, 2009, 33(6): 1267-1285.

[26] 孙泓川, 周广庆, 曾庆存. IAP 第四代大气环流模式的气候系统模式模拟性能评估[J]. 大气科学, 2012, 36(2): 215-233.

[27] Zhang C. Madden-Julian Oscillation: Bridging weather and climate[J]. Bulletin of the American Meteorological Society, 2013, 94(12): 1849-1870.

[28] Zheng-Bin Y, Zhao-Hui L, He Z. The relationship between the East Asian subtropical westerly jet and summer precipitation over East Asia as simulated by the IAP AGCM4.0[J]. Atmospheric and Oceanic Science Letters, 2014, 7(6): 487-492.

[29] 晏正滨, 林朝晖, 张贺. 大气环流模式 IAP AGCM4.0 对东亚高空副热带西风急流的模拟及偏差原因分析[J]. 气候与环境研究, 2015, 20(4): 393-410.

[30] Su T, Xue F, Zhang H. Simulating the intraseasonal variation of the East Asian summer monsoon by IAP AGCM4.0 [J]. Advances in Atmospheric Sciences, 2014, 31(3): 570.

[31] 林朝晖, 王坤, 肖子牛, 等. IAP AGCM4.0 模式对热带大气季节内振荡的模拟评估[J]. 气候与环境研究, 2017, 22(2): 115-133.

[32] Zhang C. Madden-Julian Oscillation[J]. Reviews of Geophysics, 2005, 43(2).

[33] Hurrell J W, Hack J J, Shea D, et al. A new sea surface temperature and sea ice boundary dataset for the Community Atmosphere Model[J]. Journal of Climate, 2008, 21(19): 5145-5153.

[34] Lau N-C. On the three-dimensional structure of the observed transient eddy statistics of the Northern Hemisphere wintertime circulation[J]. Journal of the Atmospheric Sciences, 1978, 35(10): 1900-1923.

[35] Wallace J M, Gutzler D S. Teleconnections in the geopotential height field during the Northern Hemisphere winter [J]. Monthly Weather Review, 1981, 109(4): 784-812.

[36] 肖楚良. 冬季东亚温带急流和副热带急流的协同变化规律研究[D]. 南京: 南京大学, 2013.

Assessments of IAP AGCM4. 1 in Simulating the North Pacific Storm Track in the Wintertime

QIAN Jing[1], ZHANG Xi[2]

(1 College of Meteorology and Oceanography, National University of Defense Technology, Nanjing 211101;
2 The 1st tactical unit of People's Armed Police, Taiyuan 030000)

Abstract: The performance of IAP Atmospheric General Circulation Model Version 4. 1 (IAP AGCM4. 1) in reproducing the North Pacific Storm Track in the wintertime is examined by analyzing the differences between model simulations and NCEP/NCAR reanalysis data during 1979-2004, the possible reasons for the bias in model performance are analyzed, The results show that the model can reproduce the climatological characteristics of the atmosphere well with weaker Aleutian low and Icelandic low when compared with observations. For storm track firstly depicted by meridional heat transport in 850 hPa, the simulated North Pacific storm track is weaker magnitude on the west side and stronger on the east side, while the strength of the North Atlantic storm axis is generally weak. However, the model also shows deficiencies in simulating the intensity and location of the EASWJ, with weaker magnitude in both wintertime and summertime, and the model simulated position of the EASWJ is located southward during wintertime and northward during summertime. For the eddy kinetic energy in 300 hPa, the climatological characteristics of the northern hemisphere storm tracks have a smaller range and weaker intensity deviation in wintertime, especially the North Atlantic storm track. Based on Empirical Orthogonal Function (EOF) decomposition of two methods respectively, the results show that IAP4. 1 can reproduce well the first three space of north Pacific storm track, but explain variance and center position have certain deviation. IAP4. 1 also can reproduce the main characteristics of North Pacific storm track and the atmospheric circulation situation during ENSO . In El Niño, the North Pacific storm track moves southward and strengthens in the downstream area. The 500 hPa geopotential height distribution shows the Pacific North American teleconnection (Pacific-North American PNA) and the western wind jet extends westward and is stronger than the analysis data. In addition, the static stability of the lower troposphere of the model is relatively stronger than the reanalysis data, and then affects the lower layer baroclinic properties of the atmosphere, resulting in the weak of EKE.

Key words: atmospheric general circulation model, storm track, EOF

北太平洋冬季500 hPa两类天气尺度涡旋的机制分析

刘丽[1] 夏淋淋[2] 谭言科[3] 郭文华[4]

(1 中国人民解放军65022部队,沈阳 110151;2 军事科学院,北京 100091;3 复旦大学大气科学与海洋科学系/大气科学研究院,上海 200438;4 中国人民解放军95666部队,成都 610041)

摘 要: 利用NCEP/NCAR逐日再分析资料,研究了1948—2010年62个冬季500 hPa天气尺度涡旋的时空演变,并用EOF分析的方法将天气尺度涡旋分为东部发展型和西部发展型,探讨了这两类天气尺度涡旋对应的大气环流及物理机制。结果表明:(1)西部发展型和东部发展型天气尺度涡旋发展区域分别位于西、东太平洋,其空间分布和传播路径各异,是北太平洋上最重要的两类天气尺度涡旋,同时也是风暴轴在东、西太平洋上存在两个中心的主要原因。(2)西部发展型天气尺度涡旋发生时,大气呈正PNA型遥相关,阿留申低压偏强,涡旋区域纬向西风偏强,斜压性偏强,东北太平洋存在偏南风异常,有利于涡旋自西向东传播;东部发展型天气尺度涡旋发生时,对应负PNA型遥相关,阿留申低压偏弱,中纬度太平洋地区纬向西风偏弱,斜压性偏弱,东北太平洋—北美西北部地区斜压性偏强,存在偏北风异常,有利于涡旋自西北向东南的传播。

关键词: 天气尺度涡旋,风暴轴,物理机制

1 引言

风暴轴自被发现以来就逐渐成为三维瞬变波动力学研究中的一个重要科学问题,多年的研究已逐步揭示了它的很多气候特征。风暴轴本身是天气尺度涡旋活动的统计状态,在大多数时候,实际大气中的天气尺度涡旋是以斜压波包的形式出现。研究表明,在中纬度北太平洋上空大气强斜压区,天气尺度涡旋(斜压波包)的传播存在两支波导[1,2],与近年来发现的对流层低层的双风暴轴[3,4]相对应,与大气低频变化存在共生关系[5],彰显了北太平洋地区大气环流异常的独特性。

在中高纬某些特定地区,天气尺度涡旋的持续时间经常超过其本身的时间尺度,形成在低频时间尺度上显著的周期性环流型,如北大西洋涛动(NAO)和太平洋—北美型遥相关(PNA)[6]。近些年来的研究[7]表明,通过非线性过程,天气尺度涡旋与低频气流之间的相互作用是中纬度低频变化产生的重要原因之一,低频波可以从天气尺度的高频扰动中得到能量并发展[8]。Cai等[5]指出,行星尺度的低频流和天气尺度的涡旋是互相依赖的,这种依赖被认为是这两种不同类型气流的共生关系,它们之间的相互作用在低频变化主要模态的形成中起着极为重要作用。

前人的研究注意到北太平洋风暴轴东部的变化特征非常复杂。Huang等[9]发现风暴轴东部的异常可以引起阿留申低压的异常,任雪娟等[10]研究发现冬季北太平洋风暴轴中东部的北抬南压是太平洋风暴轴变化的最主要特征[11]。孙照渤[12]通过对冬季北太平洋风暴轴能量演变的个例分析,发现太平洋东、西部扰动发展所需能量的来源不同。朱伟军[13]通过分析北太平洋东部风暴轴的时空演变特征,将风暴轴按最大值中心的纬向位置差别将其分为西部型、中部型和东部型,并指出东部型风暴轴与其他两类风暴轴在形成机理和结构特征上有显著差异。

风暴轴空间形态的差异不仅会对天气气候变化产生不同影响,还可能对应不同的物理机制和变化特征[13]。鉴于风暴轴和天气尺度涡旋的内在关系,通过研究天气尺度涡旋来揭示风暴轴的空间分布特征及机制显得非常重要,但目前该类工作开展较少,其主要原因可能是两个研究对象在时间尺度上相差太大。

本文通过对1948—2010年冬季500 hPa逐日天气尺度涡旋进行EOF分解，提取出西部发展型天气尺度涡旋和东部发展型天气尺度涡旋，然后根据两类天气尺度涡旋的分类，分析研究其对应的大气环流，进而揭示两类天气尺度涡旋的物理机制及其对风暴轴空间形态的贡献。也为从大气科学的角度揭示北太平洋风暴轴活动与海温异常的关系打下一定基础。

2 资料与方法

本文所用再分析资料主要包括：美国气象环境预报中心和美国国家大气研究中心(NCEP/NCAR)的逐日和逐月再分析资料[14]，该资料时间长度为1948年1月1日至2011年12月31日，水平分辨率为2.5°×2.5°。本文所用变量包括海平面气压场、温度场、位势高度场以及水平纬向风和经向风场。

本文所用方法主要有：31点对称数字滤波器[15]、经验正交函数(EOF)分解、合成分析。本文所用诊断分析方法均为常用的统计学方法，因而在本文中将不再赘述。

对于各变量，本文用逐日资料减去月均值得到大气瞬变资料，再使用31点滤波器从中滤出2.5～6 d的天气尺度瞬变扰动分量，以供后续分析研究使用。此外还需说明的是，本文中冬季取为当年12月至次年2月，2月只选取前28 d。本文用计算600 hPa和400 hPa之间的大气斜压性指数(Eddy growth rate maximum)[16]来代表500 hPa的大气斜压性，其公式为：$\sigma_{BI}=0.31\dfrac{f}{N}\left|\dfrac{\partial V}{\partial z}\right|$，其中$f$是科氏参数，$V$是水平风速，$N$是Brunt-Vaisala频率；$\sigma_{BI}$大值区表示该区域有大的平均有效位能向扰动动能转化的可能性。

3 北太平洋天气尺度涡旋的分类

风暴轴可以看作是天气尺度涡旋在一个较长时间尺度上的统计结果，从1948—2010年北太平洋冬季500 hPa风暴轴的平均图(图1)上可以看出位势高度扰动方差大值区在西太平洋和东太平洋各有一个极值中心，其中西太平洋的极值中心偏强，位于42°N附近，且大值中心呈纬向带状分布，东太平洋的扰动方差极值中心偏弱，位于50°N附近。扰动动能的水平分布和位势高度扰动方差的情况相似，大值区也分为两段，西太平洋的大值中心呈纬向分布与位势高度扰动方差大值区相对应，且在同一纬度，而东太平洋的大值中心比位势高度扰动方差的大值中心略偏南。前人的研究[13]指出东、西太平洋上风暴轴的空间分布不一致，其机制也是不一样的，而从图1可以看出，位势高度扰动方差和扰动动能在太平洋上也呈现出两个中心。因此，可以认为东西太平洋上天气尺度涡旋的发展机制可能也是不一样的。

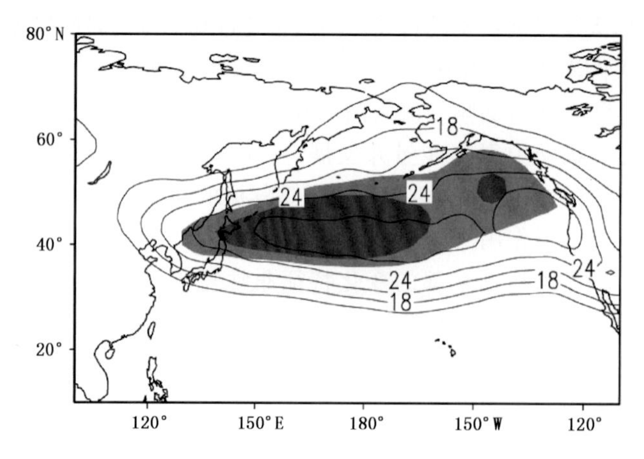

图1 1948—2010年北太平洋冬季平均500 hPa位势高度天气尺度扰动方差和扰动动能的水平分布(阴影为位势高度扰动方差大于18 dagpm² 的区域，间隔3 dagpm²，等值线为扰动动能，下同，单位：dagpm²和m²/s²)

为了研究中高纬度东西太平洋上天气尺度涡旋的差异，选取1948—2010年冬季共5670 d的天气尺度涡旋进行EOF分解，得到其前四个模态的空间分布如图2所示。前两个模态(PC1和PC2)的方差贡献分别为 10.7%和 10.4%，第三、四模态(PC3 和 PC4)的方差贡献分别为 5.8%和 5.4%。图 2 分别给出了天气尺度位势高度扰动 EOF 分解的前 4 个模态的空间型，其中图 2a 和图 2b 中的涡旋中心分布特征类似，沿着 42°N 呈带状分布，涡旋的最强中心都位于日界线以西的区域，天气尺度涡旋的这两个模态在空间上是正交的，即相差 1/4 个位相。图 2c 和图 2d 中的涡旋也相差 1/4 个位相，涡旋最强中心位于日界线以东 55°N 附近。将 EOF 分解结果前四个模态对应的时间系数两两做超前滞后相关(图略)发现第一模态的时间系数在超前第二模态的时间系数 1 d 时，相关系数达最大负相关，而滞后 1 d 时达最大正相关，相关系数绝对值都达到 0.8 以上。这说明，EOF 分解得到的前两个模态是同一发展型波动的不同位相，该波动的平均周期约 4 d，涡旋沿 42°N 向东传播，在日本以东到日界线附近得到发展，越过日界线以后减弱。

PC3 和 PC4 的超前滞后相关也与 PC1 和 PC2 有类似的结果，结合 PC3 和 PC4 的空间型(图 2c 和 2d)进行分析，可以认为这类天气尺度涡旋有呈现两条路径的传播特征，一条为涡旋在西太平洋上空西北一东南向传播，但其波动较弱，影响可以忽略；另一条为在北美西海岸上空沿西北一东南向传播，其波动较强，沿该条路径传播的波动在日界线以东达到最强，移动到北美大陆之后减弱。

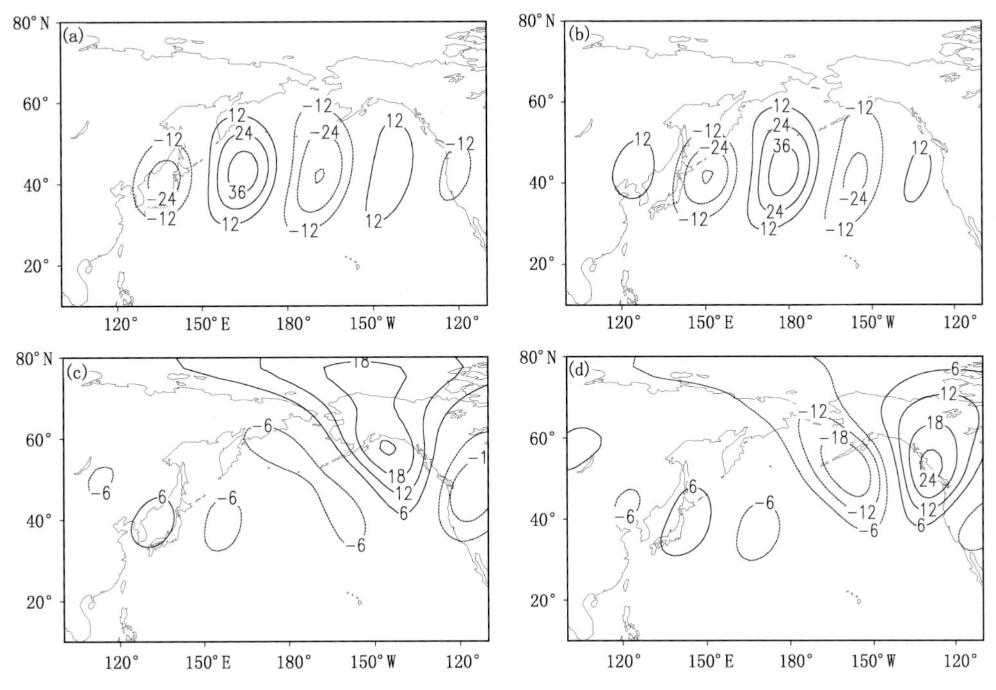

图 2　1948—2010 年冬季 5670 d 500 hPa 天气尺度位势高度扰动 EOF 分解的前 4 个模态空间型((a),(b),(c),(d)依次对应前四个模态)

EOF 分解前四个模态的分析结果表明，北太平洋冬季 500 hPa 位势高度瞬变场存在两个显著传播型的天气尺度波动。从纬向上看，两支发展型波动(涡旋)的波长近似，一个完整涡旋约占 40 个经度左右；从经向上看，两支发展型的天气尺度涡旋所占纬度空间范围都集中在 20°—70°N 之间。从周期上看，两支发展型天气尺度瞬变涡旋存在 2.5～6 d 的周期，其中以 4 d 左右的周期为主。值得注意的是，这两支波动出现的地域存在显著的差别，前者主要在日界线以西发展，后者主要在日界线以东发展，为简单起见，后文称由第一模态、第二模态所揭示的波动为西部发展型(简称西部型)，而把第三模态和第四模态所揭示的波动称为东部发展型(简称东部型)。

表 1　天气尺度涡旋的分类依据和样本数

	西部型	东部型	偏弱型	混合型
条件	$\|PC1\|\geq1$ 或 $\|PC2\|\geq1$ $\|PC3\|<1$ 且 $\|PC4\|<1$	$\|PC3\|\geq1$ 或 $\|PC4\|\geq1$ $\|PC1\|<1$ 且 $\|PC2\|<1$	$\|PC1\|<1$ 且 $\|PC2\|<1$ $\|PC3\|<1$ 且 $\|PC4\|<1$	$\|PC1\|\geq1$ 或 $\|PC2\|\geq1$ $\|PC3\|\geq1$ 或 $\|PC4\|\geq1$
样本数	1470	1334	1346	1520

为了得到两类发展型天气尺度瞬变涡旋的发展演变规律，依据 EOF 前四个模态的标准化时间系数(表 1)，我们将上述所有的样本分为西部型、东部型、偏弱型、混合型四类。其中，前两类分别表示西部发展型和东部发展型天气尺度涡旋，偏弱型表示东、西两类天气尺度涡旋都比较弱，而混合型则表示东、西两类天气尺度涡旋都比较强。

由风暴轴的物理意义可知天气尺度涡旋与风暴轴的关系密切，因此，在图 3 中将四类样本对应的 500 hPa 平均扰动动能以及天气尺度扰动方差分别给出。图 3a 表明，西部型天气尺度涡旋对应的扰动方差和扰动动能大值中心区域都在西太平洋，扰动方差大于 18 $dagpm^2$ 的区域自 130°E 向东延伸至 140°W 附近，且经向上大值中心处于 42°N 附近，与西部发展型天气尺度涡旋的中心一致。东部发展型天气尺度涡旋对应的扰动方差和扰动动能大值中心区域位于日界线以东(图 3b)，扰动方差大值中心处于 55°N 附近，且大于 18 $dagpm^2$ 的区域范围较小，纬向范围为 160°－120°W，这与东部型天气尺度涡旋中心相一致，而扰动动能的大值中心较扰动方差大值中心偏南。对于西部发展型和东部发展型天气尺度涡旋都比较弱时，扰动动能和扰动方差的数值都显著偏小(图 3c)，并且扰动方差没有大于 18 $dagpm^2$ 的区域。对于两类发展型天气尺度涡旋都比较强时(图 3d)，其扰动方差和扰动动能的整体分布形势与气候平均态(图 1)类似，但强度都比平均态偏强，在西太平洋上的空间分布主要表现为类似西部型(图 3a)的对应特征，而在东太平洋上以类似东部型(图 3b)的对应特征为主。

上面的分析表明，天气尺度涡旋变化的多样性导致风暴轴呈现多中心的特点，而西部发展型和东部发展型天气尺度涡旋是造成在中高纬度的东、西太平洋上风暴轴有不一致的最主要因素。在两类天气尺度涡旋都比较弱的时候，扰动方差和扰动动能很小，对月(季)尺度风暴轴的方差贡献较小，而两类天气尺度涡旋的相对强弱又对月(季)尺度风暴轴的空间分布有重要影响。因此，为了研究风暴轴的变化机理，进一步研究两类天气尺度涡旋的形成机制非常重要。

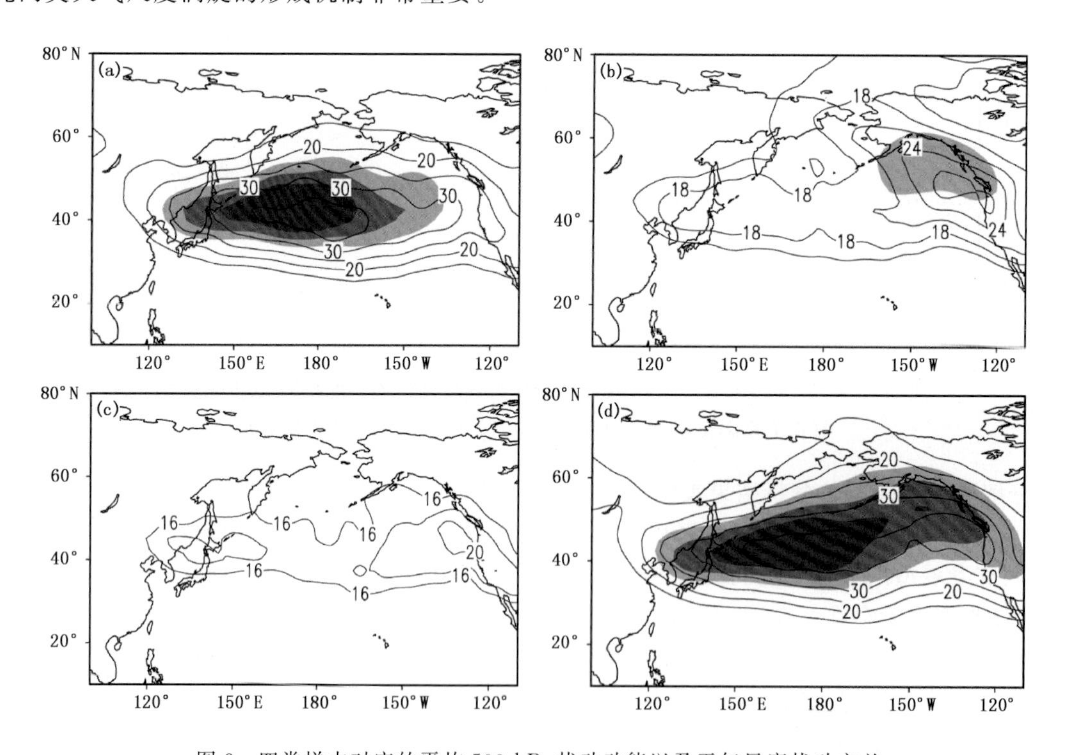

图 3　四类样本对应的平均 500 hPa 扰动动能以及天气尺度扰动方差

(a)西部型，(b)东部型，(c)偏弱型，(d)混合型(阴影为大于 18 $dagpm^2$，间隔 6 $dagpm^2$ 单位：$dagpm^2$ 和 m^2/s^2)

4 两类天气尺度涡旋发生发展条件

大气斜压性是天气尺度涡旋发展的主要原因，这里就进一步计算分析两类天气尺度涡旋的500 hPa斜压性指数距平，图5分别给出了它们的计算结果。由图5可以看出，西部型天气尺度涡旋所对应的扰动方差大值区域存在一个斜压性指数偏大的纬向拉长区域，东北太平洋到阿拉斯加的广大区域斜压性指数偏小。斜压性指数距平场的这种配置关系无疑有利于西部型天气尺度涡旋沿纬向发展。而东部型天气尺度涡旋对应的斜压性指数距平的分布显示，在东北太平洋到阿拉斯加的广大区域斜压性指数偏强，从而有利于东部发展型天气尺度涡旋在该区域发展。

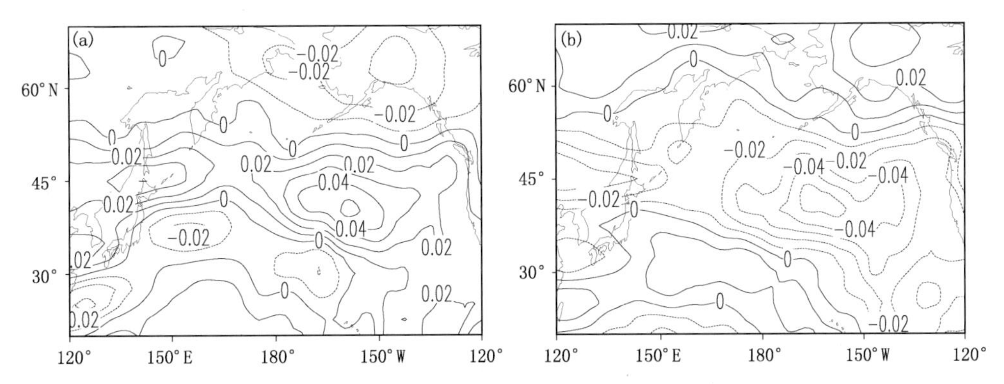

图4 西部发展型和东部发展型天气尺度涡旋的500 hPa平均斜压性指数距平及天气尺度扰动方差(a:西部型，b:东部型，单位:d^{-1})

天气尺度涡旋与大气的低频变化存在共生关系，早在1981年Wallace等的研究就指出，PNA和WP等对流层上的遥相关具有低频变化的特征。图6为西部型和东部型天气尺度涡旋所对应的平均位势高度距平场，从图6中可以看出西部发展型天气尺度涡旋对应在北太平洋有位势高度负距平区，在副热带太平洋中部和北美大陆东岸为位势高度正距平区，即存在着类似正太平洋—北美遥相关型(PNA)特征；而东部发展型天气尺度涡旋对应的形势则相反，有类似负PNA遥相关型波列。从对比分析西部型和东部型天气尺度涡旋对应的500 hPa平均位势高度场(图6)，可以发现，西部型天气尺度涡旋对应着东亚大槽偏强的特征，而东部型对应着北美大脊偏强的特征。分析两类天气尺度涡旋对应的各不同等压面上位相位势高度场形势(图略)也可以看出，西部发展型天气尺度涡旋主要对应东亚大槽的天气尺度变化，而东部发展型天气尺度涡旋主要对应北美大脊的变化更显著。

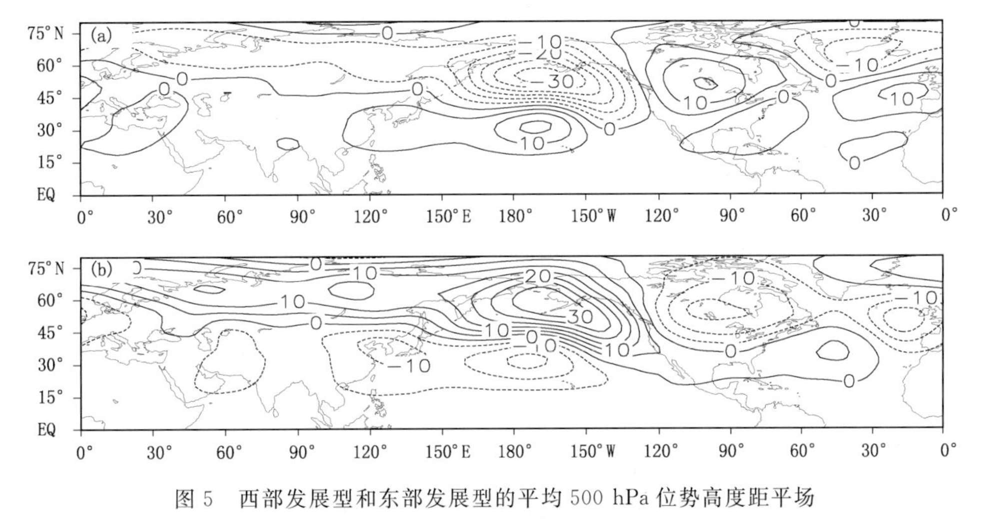

图5 西部发展型和东部发展型的平均500 hPa位势高度距平场
(a)西部型，(b)东部型(单位:gpm)

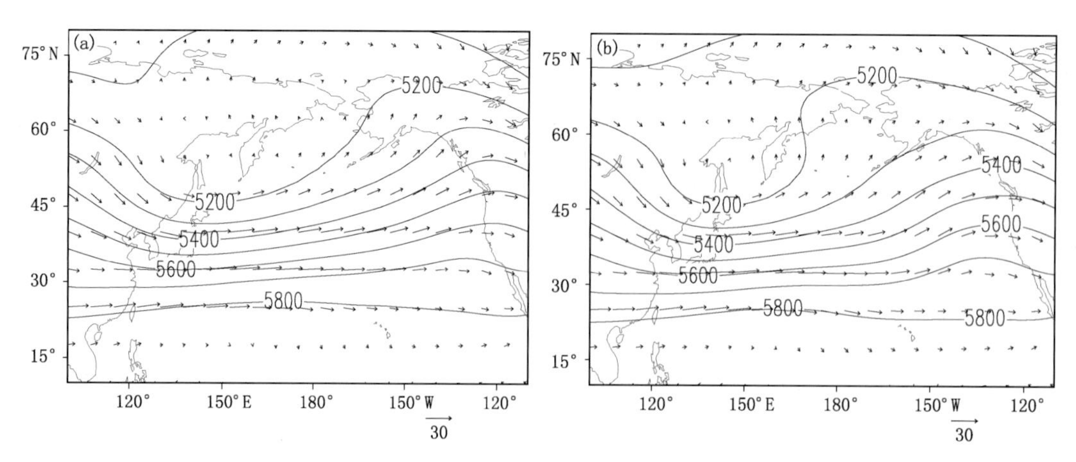

图 6　西部发展型和东部发展型的平均 500 hPa 位势高度场和水平风场距平
(a)西部型，(b)东部型(单位：gpm 和 m/s)

由于中纬度天气尺度波本质上是 Rossby 波，有明显自西向东传播的特征，因此，西部型和东部型天气尺度涡旋所对应的水平风场也存在显著差异，西部发展型天气尺度涡旋传播路径上有强的西风异常，东北太平洋和北美西海岸以偏南风异常为主，这种风场的异常分布有利于天气尺度涡旋沿着强的西风气流自西北太平洋一直传播到东太平洋；东部发展型天气尺度涡旋在中纬度太平洋以西风负异常为主，在东北太平洋和北美西海岸以偏北风异常为主，这有利于天气尺度涡旋在 55°N 附近东北太平洋发展到最强之后，沿着平均气流向东南方向传播。

5　结论与讨论

用 62 年的 NCEP/NCAR 再分析资料，对影响北太平洋风暴轴空间分布的天气尺度涡旋进行了研究，从分析逐日天气尺度涡旋出发研究了西部型和东部型天气尺度涡旋的空间特征和物理机制，得到如下主要结论。

(1)多年平均北太平洋风暴轴在中高纬东、西太平洋上各有一个中心，其中西北太平洋的中心强度较强。与之对应，在北太平洋上存在西部型和东部型两类重要的天气尺度涡旋，它们是风暴轴在西北和东北太平洋上存在两个中心的重要原因。

(2)西部型天气尺度涡旋中心沿 42°N 自太平洋西岸向东传播，主要对应东亚大槽的高频变化，在日界线以西达到最强，之后逐渐减弱；它的活动在北太平洋上形成两个完整的波列，其对应波包范围覆盖整个北太平洋地区。东部型天气尺度涡旋中心在东北太平洋—北美西北部自西北向东南移动，主要对应北美大脊的高频变化，在日界线以东达到最强，向东南移动的过程中逐渐减弱；它的活动在东北太平洋上形成一个完整的波列，其对应波包范围较小，仅覆盖东北太平洋地区。

(3)当大气低频信号呈正 PNA 遥相关型，且阿留申低压偏强，涡旋区域纬向西风偏强，斜压性也偏强，东北太平洋存在偏南风异常，有利于西部型天气尺度涡旋的发生发展；当大气低频信号呈负 PNA 遥相关型，且阿留申低压偏弱，中纬度太平洋地区纬向西风偏弱，斜压性偏弱，东北太平洋—北美西北部地区斜压性偏强，存在偏北风异常，有利于东部型天气尺度涡旋发生发展。

本文通过对两类天气尺度涡旋的分析，对风暴轴的空间差异原因和两类天气尺度涡旋的传播有了进一步的认识，探索提出了两类天气尺度涡旋发生发展的物理机制。但两类天气尺度涡旋与 PNA 波列和阿留申低压相互作用的具体物理过程还不清楚，两类天气尺度涡旋在发生、发展、消亡的过程中有没有相互作用？500 hPa 和对流层低层乃至地面天气尺度涡旋的变化有什么异同？两类天气尺度涡旋活动与北太平洋海温异常有无关系？目前这些问题也还没有完整的答案，而两类天气尺度涡旋对风暴轴的空间分布具有重要作用，弄清楚这些问题有利于建立大气低频变化和高频涡旋之间作用的具体物理过程，具有重要的理论和应用价值。

参考文献

[1] Hoskins B J, Hodges K I. New perspectives on the Northern Hemisphere winter Storm tracks[J]. J Atmos Sci, 2002,59: 1041-1051.

[2] Nakamura H, Sampe T. Trapping of synoptic scale disturbances into the North-Pacific subtropical jet core in midwinter [J]. Geophys Res Let, 2002,29:1761, doi: 10.1029 /2002GL015535.

[3] 傅刚,毕玮,郭敬天.北太平洋风暴轴的三维空间结构[J].气象学报, 2009,67(2): 189-200.

[4] Booth J F, Thompson L. The signature of the midlatitude tropospheric storm tracks in the surface winds[J]. J Climate, 2010,23: 1160-1174.

[5] Cai M, Mak M. Symbiotic relation between planetary and synoptic scale waves [J]. J Atmos Sci, 1990, 47: 2953-2968.

[6] Wallace J M, Gutzler D S. Teleconnections in the geopotential height field during the Northern Hemisphere winter [J]. Mon Wea Rev, 1981,109: 784-812.

[7] Lu R Y, Huang R H. Influence of the stationary disturbance in the westerlies on the blocking highs over the North eastern Asia in summer [J]. Chin J Atmos Sci, 1999,23:533-542.

[8] Wu G X, Liu H, Chen F, et al. Transient eddy transfer and formation of blacking high-on the persistently abnormal weather in the summer of 1980 [J]. Acta Meteo Sin, 1994,52:308-320.

[9] Huang F, Zhou F X, Qian X D. Interannual and decadal variability of the North Pacific blocking and its relationship to SST, teleconnection and storm tracks [J]. Adv Atmos Sci, 2002,19 (5): 807-820.

[10] 任雪娟,杨修群,韩博,等. 北太平洋风暴轴的变异特征及其与中纬度海气耦合关系分析[J].地球物理学报, 2007,50 (1): 92-100.

[11] 任雪娟, 杨修群, 韩博,等.北太平洋冬季海-气耦合的主模态及其与瞬变扰动异常的关系[J].气象学报, 2007,65 (1):52-62.

[12] 孙照渤, 朱伟军.冬季北半球风暴轴能量演变的个例分析[J].南京气象学院学报,2000,23(2):147-155.

[13] 朱伟军,袁凯,陈懿妮.北太平洋东部风暴轴的时空演变特征[J].大气科学, 2013,37(1): 65-80.

[14] Kalnay E, et al. NCEP/NCAR 40-year reanalysis project [J]. Bull Amer Meteor Soc, 1996,77: 437-471.

[15] 韦晋, 朱伟军.天气尺度瞬变波滤波方案比较分析[J].南京气象学院学报,2006,29(4): 549-554.

[16] Lindzen R S,Farrell B. A simple approximate results for the maximum growth rate of baroclinic instability [J]. J Atmos Sci, 1980,37: 1648-1654.

The Physical Mechanism of Two Types Synoptic-scale Eddies at 500hPa over the North Pacific in Winter Season

LIU Li[1], XIA LinLin[2], TAN Yanke[3], GUO Wenhua[4]

(1 65022 of PLA China,Shenyang 110151;2 Academy of Military Sciences PLA China,Beijing 100091;

3 Department of Atmospheric and Oceanic Sciences & Institute of Atmospheric Sciences,

Fudan University,Shanghai 200438;4 95666 of PLA China,Chengdu 610041)

Abstract: The spatial-temporal evolution of the synoptic eddies over the North Pacific in winter at 500 hPa are investigated by using NCEP/NCAR reanalysis data from 1948 to 2010. The synoptic-scale eddies are divided into the eastern development pattern (ESE) and the western development pattern (WSE) by the method of EOF analysis. The atmospheric circulation and physical mechanism of the two types of synoptic-scale eddies are discussed in this paper. The results show: (1) The max value center of the ESE locates in the east of the North Pacific, while the max value center of the WSE locates in the west of the North Pacific. The spatial distribution and propagation path of them are different. The WSE and the ESE are the most important modes of the synoptic-scale eddies over the North Pacific at 500hPa, which corresponds that the storm track has

two max value centers in the east and west of the North Pacific. (2) When the WSE occurs, the atmosphere is positive PNA teleconnection, the Aleutian Low would be strong, which would strengthen the zonal wind and the baroclinicity. Then the southerly anomaly exists in the northeast Pacific Ocean which is conductive to the eddy spread from west to east. When the ESE occurs, the atmosphere is negatively PNA teleconnection, the Aleutian Low is weak, which lead to the zonal wind of the mid-latitude Pacific and the baroclinicity is weak. But the baroclinicity of the northeast Pacific Ocean-the northwest of North American is strong and it exists northerly anomaly, that is conductive to the eddy spread from northwest to southeast.
Key words: synoptic-scale eddies, storm track, physical mechanism

北太平洋冬季天气尺度涡旋的特征及高空定常气流的作用

谭言科[1] 郭文华[2] 刘丽[3] 夏淋淋[4]

(1 复旦大学大气科学与海洋科学系/大气科学研究院,上海 200438;2 中国人民解放军 95666 部队,成都 610041;3 中国人民解放军 65022 部队,沈阳 110151;4 军事科学院,北京 100091)

摘 要:利用 NCEP/NCAR 逐日再分析资料研究了北太平洋冬季 2.5～6 d 天气尺度瞬变涡旋的特征以及月平均气流对涡旋的作用。结果表明,海平面气压(SLP)瞬变扰动经验正交函数(EOF)分解得到的前 2 个模态给出的是一移动性天气尺度涡旋,其平均周期约 4 d,空间水平尺度约 20 个纬度。该涡旋从贝加尔湖经黄海、日本、阿留申群岛向阿拉斯加传播,在日界线以西逐渐加强,越过日界线以后,强度减弱。合成和单点相关分析的结果进一步证实了该波列的存在。与此天气尺度涡旋相对应,北太平洋 300 hPa 上空也存在一自西向东传播的扰动涡旋,但传播路径与低层存在明显差别。在对流层高层,正涡度区的东半部(负涡度区的西半部)为辐散区,正涡度区的西半部(负涡度区的东半部)为辐合区。高空定常气流对扰动涡旋的平流作用对涡旋的移动路径是至关重要的,扰动涡旋对定常涡度的平流使涡旋轴向东北一西南向发展,扰动涡旋的辐合/辐散使涡旋向西发展,而定常气流的辐合(辐散)使扰动涡旋增强(减弱)。在北太平洋西部,涡旋的发展可由中纬度斜压波理论解释,在北太平洋中东部,由于扰动能量被定常气流吸收,涡旋在东移过程中不断衰减。

关键词:瞬变涡旋,高空定常气流,传播路径

1 引言

从每日天气图上系统或流型的逐日演变可以清楚地看到,数千千米尺度的移动性气旋/反气旋的频繁活动是中纬度天气的主要特征之一,是那些可以伸展到平流层低层的斜压波在地面的体现,并参与大气热量、动量和水汽的大尺度输送。早在 20 世纪 70 年代,Blackmon[1] 注意到北半球天气尺度瞬变扰动方差集中在中纬度北太平洋和北大西洋上空两个纬向拉长的大值区域,与地面气旋活动带相一致,并将其定义为风暴轴。它既指 2.5～6 d 天气尺度瞬变扰动最强烈的区域,同时又代表天气尺度瞬变扰动本身。

风暴轴自被发现以来就已逐渐成为三维瞬变波动力学研究中的一个重要科学问题。多年来,大量的研究逐步揭示了风暴轴的许多气候特征[2-4]。傅刚等[5]绘制了北太平洋风暴轴的三维结构示意图,指出冬季北太平洋风暴轴的强度较强,自日本以东洋面起沿中纬度呈纬向拉伸的带状分布,随高度的增加略向北倾斜,但从 500 hPa 开始转而向南倾斜。

风暴轴与西风急流相伴而存[6]。东亚一太平洋上空急流核和风暴轴中心位置相互配合且南北摆动具有一致性,两者通过局地动力正反馈过程产生高相关性和共存性[7];与此同时,东亚大陆上空瞬变扰动异常,通过斜压发展和下游发展机制影响洋面上空的瞬变扰动活动,进而造成洋面上空西风急流异常[8]。在亚洲大陆上空,存在南北两条瞬变扰动带[9],它们在东亚沿海至日本岛北部上空汇合后不断加强并向东一直延伸到北美西海岸,其大值区正好位于洋面上空急流带的东北侧[10]。从斜压性的分布来看,风暴轴东、西两端存在明显差异,其西端为强斜压结构,到东端逐渐转变为相当正压结构[11]。

风暴轴作为海洋大气间水汽、动能和热能输送的接力棒,在热带和中高纬相互作用间起着重要的纽带

作用[12]，其变化也是气候变率的一个重要组成部分。曾庆存[13]、Hoskins[14]、Lau[15]、丁一汇[16]、龚道溢[17]以及Jin[18]等都对瞬变扰动活动及其与大尺度时间平均气流间的相互关系作了研究。耿全震和黄荣辉[19]研究指出，若不考虑中纬度北太平洋地区瞬变的涡度通量辐合的异常，就得不到正确的北太平洋环流异常型。

风暴轴的年际变化和热带海温变化（如ENSO与风暴轴[20]）关系密切，与其引起的热带、副热带温度梯度异常所导致的斜压性变化有关[21]，不仅是局地波流相互作用的结果，还要考虑远距离的涡旋强迫作用[22]。最近的研究表明风暴轴强度的年代际变化非常显著[23-26]，它不仅受到海气相互作用的影响，并且其异常变化对海气系统也存在反馈作用[27]，与环流的低频变率（如PDO、AO）存在一定程度的联系[28]。与年际变化一样，年代际变化不仅是局地波流相互作用的结果，还应考虑上游涡旋活动和海温热力强迫的作用[29]。

值得注意的是，风暴轴既是天气尺度瞬变扰动方差的大值区域，又是天气尺度瞬变扰动本身。从瞬变扰动方差出发，风暴轴的研究取得了瞩目的成果，加深了人们对风暴轴及其变化的认识，但对瞬变扰动本身，有必要进行深入研究。本文试图从瞬变扰动出发，研究北太平洋冬季天气尺度涡旋的特征及其与定常气流的相互作用，所用资料为1948年1月—2011年12月NCEP/NCAR逐日再分析资料，经纬网格为2.5°×2.5°，冬季取为当年12月至次年2月，采用31点对称数字滤波器[30]滤出2.5～6 d的天气尺度瞬变扰动分量。

2　海平面气压场上天气尺度瞬变扰动的特征

对北太平洋地区（0—70°N，100°E—120°W）天气尺度的海平面气压（SLP）扰动场进行经验正交函数（EOF）分解，图1给出了EOF分解得到的前两个模态的空间分布，对应的方差贡献分别为12.4%和11.9%。从图1可知，天气尺度瞬变扰动主要集中在中纬度地区，强涡旋中心位于40°—50°N附近。从强度上来说，洋面上的扰动明显强于陆地上，活动最强区域位于日界线附近以西的洋面上；从涡旋中心连线看，日本以西呈西北—东南向，以东则呈西南—东北向。从图1还可以看出，前两个模态的结构非常相似，但在空间上存在位相差。这与Xia等[31]利用850 hPa位势高度场分析的结果相一致。对前两个模态的时间系数（PC1和PC2）进行超前和滞后相关分析，结果表明，当PC2超前PC1 1 d时，相关系数达到正的最大值0.82；当PC1超前PC2 1 d时，相关系数达到负的最大值−0.84（图略）。由此可以推知，图1的前两个模态给出的是一个自西向东传播的波列，波列的振幅在日界线以西逐渐增大，在日界线附近达到最强，在日界线以东逐渐减弱；在日本以西自西北向东南方向传播，在日本以东自西南向东北传播；平均周期约4 d。从图1可以看到，扰动在北太平洋的水平尺度约20个纬度，还可以估算出扰动传播的平均速度约10 m/s。

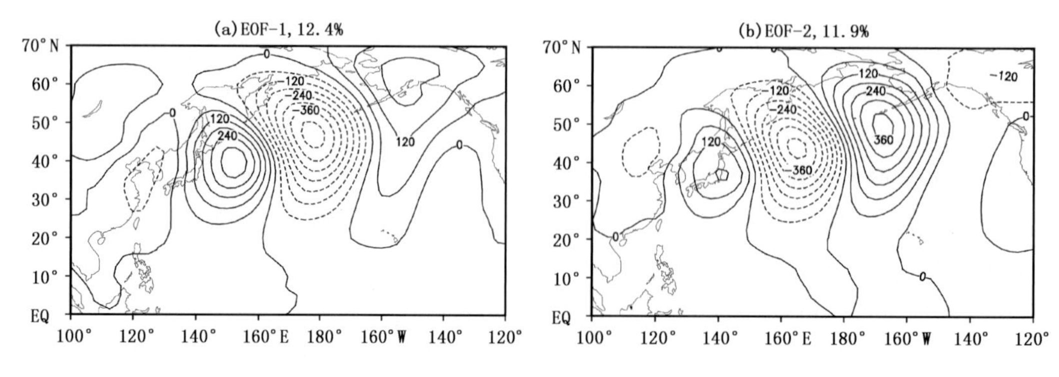

图1　北太平洋冬季天气尺度的海平面气压扰动场EOF分解得到的前2个模态

（a和b分别为第一模态与第二模态，等值线间隔为60 Pa）

上面的分析表明，对于带通滤波后的2.5～6 d的天气尺度瞬变扰动，前2个呈对出现的EOF模态给出的是一个传播型波动。类似的结果也出现在对热带大气低频振荡的研究中[32-36]。

为了进一步说明天气尺度扰动场在北太平洋存在一传播型波动，根据PC1，我们选择了36次强扰动事件进行合成分析。合成时，以PC1达到极大值时为第0天，并由此向前进行2 d、向后进行1 d的合成。合成的结果(图略)表明，从贝加尔湖经黄海、日本、阿留申群岛到阿拉斯加，SLP扰动呈正负相间的波列结构。扰动从贝加尔湖向东南方向传播到黄海，强度减弱，然后向东北方向传播，强度加强，在北太平洋日界线附近达到最强，范围最大，东西向达40个经度，此后传播到阿拉斯加，强度减弱。扰动的平均周期为4 d，沿着这条路径，扰动从贝加尔湖传播到阿拉斯加需要8 d。这些和前面EOF分析的结果是一致的。

以图1a中北太平洋中部日界线附近负的极大值中心为参考点，分别计算了该点与SLP扰动场的超前/滞后相关系数(图略)。与前面的结果相似，相关系数呈正负相间的波状结构，并且随着时间的推移，相关系数的极值中心是移动的，移动的路径和前面是一致的。

需要注意的是，相关系数和EOF分析给出的是线性变化结果，随着与参考点的距离的增加，相关系数的衰减很快；与相关系数相比，EOF分析能给出传播过程中强度的变化；除此以外，合成分析的结果还能体现非线性变化。

总之，以上的分析从不同角度揭示了冬季北太平洋天气尺度扰动变化在近地面的特征，即扰动为移动性涡旋，从贝加尔湖经黄海传播到阿拉斯加，在北太平洋中部扰动的强度达到极大。由于该特征可由EOF分析的前2个模态给出，因此它应是北太平洋天气尺度扰动的最强信号。

3 对流层高层天气尺度瞬变扰动的特征

上面揭示的移动性天气尺度涡旋在对流层高层又是怎样的呢？

首先将300 hPa天气尺度瞬变扰动风场对SLP扰动场EOF分解的PC1、PC2进行回归，得到扰动风场的回归系数，然后在PC1、PC2构成的相空间平面上分8个位相求出PC1、PC2的平均值，最后利用扰动风场的回归系数和PC1、PC2的平均值重建8个位相的扰动风场，从而得到扰动涡度和散度。

图2给出了这8个位相扰动涡度场的分布。很明显，在每一个位相，扰动涡度在北太平洋呈正负相间的波状结构，并且基本上在同一纬度带内。从贝加尔湖向东到日界线附近，扰动涡旋的强度是增加的，日界线往东到北美西海岸，涡旋的强度是减弱的。从位相1到位相8，可以清楚地看到扰动涡旋从贝加尔湖向东传播到北美西海岸的过程。在这个过程中，不但涡旋的强度发生了变化，而且涡旋在水平面上的形状也在变化。在日本海上空，涡旋基本上是轴对称的，东移时，涡旋在南北向逐渐拉长，中心以北轴线呈西北一东南向，中心以南轴线呈东北一西南向。这个变化说明，涡旋东移过程中逐渐向曳式槽发展。

结合SLP和300 hPa瞬变涡度，可以绘制出瞬变涡旋在不同高度上的移动路径(图略)。瞬变扰动涡旋基本上是自西向东传播的，在北太平洋西部(160°E以西)，随着高度的增加，涡旋轴线是向西向北倾斜的；在北太平洋中部和东部，对流层低层和高层的移动路径发生了很大的变化，低层涡旋向东北方向移动，而高层涡旋向东移动。

图3给出了第1位相时的散度分布，纬向波状结构依然显著。和第1位相时的涡度进行比较，可以发现，在正涡度(负涡度)的西部散度为负值(正值)，在正涡度(负涡度)的东部散度为正值(负值)，即气旋(反气旋)的后部扰动气流辐合(辐散)、气旋(反气旋)的前部扰动气流辐散(辐合)。这种动力结构和发展的中纬度斜压波是一致的。

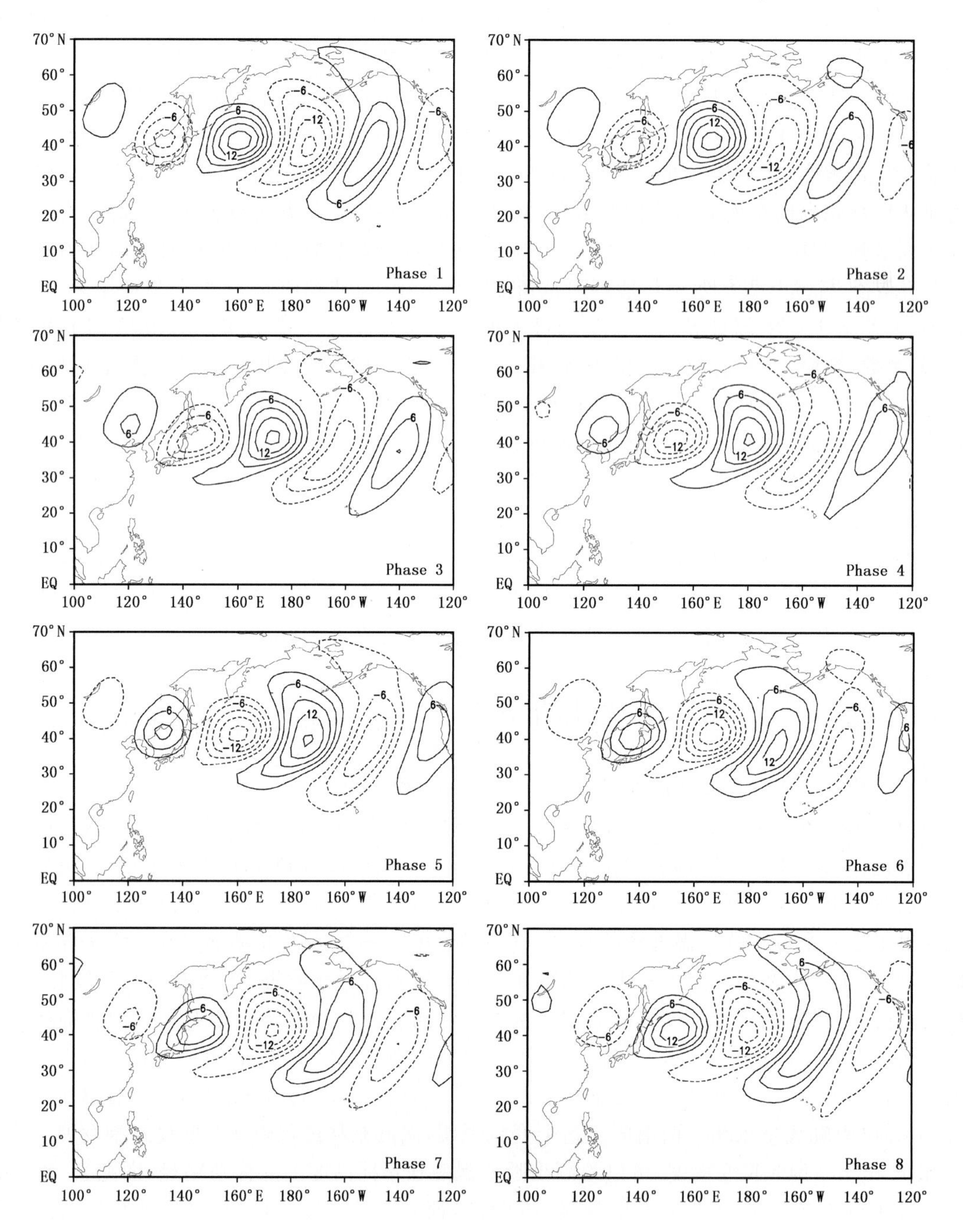

图 2　300 hPa 天气尺度瞬变扰动涡度在一个周期内的平均分布(图中未给出零等值线,等值线间隔为 $3\times10^{-6}\,s^{-1}$)

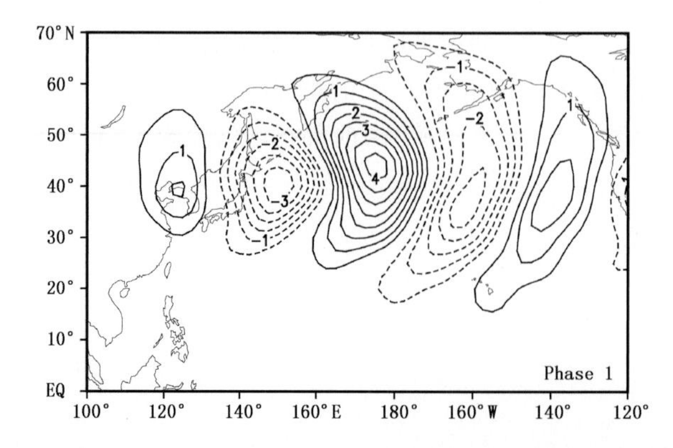

图 3　第 1 位相时的 300 hPa 天气尺度瞬变扰动散度(图中未给出零等值线,等值线间隔为 $5\times10^{-7}\,s^{-1}$)

4 瞬变涡旋和高空定常气流相互作用对瞬变涡旋的影响

简化的 P 坐标系下的涡度方程为

$$\frac{\partial \zeta}{\partial t} + \mathbf{V} \cdot \nabla \zeta + \beta v + (f + \zeta) D = 0$$

将气流分解为定常和瞬变扰动涡旋两部分，即 $u = u_S(x,y) + u_E(x,y,t)$，$v = v_S(x,y) + v_E(x,y,t)$，则 $\zeta = \zeta_S(x,y) + \zeta_E(x,y,t)$，$D = D_S(x,y) + D_E(x,y,t)$。代入涡度方程，整理后可得瞬变扰动涡度方程为

$$\frac{\partial \zeta_E}{\partial t} = - \mathbf{V}_E \cdot \nabla \zeta_E + \beta v_E + (f + \zeta_E) D_E] - \mathbf{V}_S \cdot \nabla \zeta_S + \beta v_S + (f + \zeta_S) D_S] -$$
$$\mathbf{V}_S \cdot \nabla \zeta_E + \mathbf{V}_E \cdot \nabla \zeta_S + \zeta_S D_E + \zeta_E D_S]$$

其中前 3 项为表征涡旋运动的涡度方程，中间 3 项代表定常气流的涡度方程，最后 4 项代表定常气流与涡旋的相互作用。

考虑定常气流与涡旋的相互作用对瞬变涡旋活动的影响，因此定义如下涡度方程

$$\frac{\partial \zeta_E^S}{\partial t} = - \mathbf{V}_S \cdot \nabla \zeta_E - \mathbf{V}_E \cdot \nabla \zeta_S - \zeta_S D_E - \zeta_E D_S$$

上式右端各项从左到右依次代表定常气流对扰动涡度的平流作用、扰动气流对定常涡度的平流作用以及扰动涡旋散度和定常气流散度的作用。由于定常气流的涡度梯度与定常气流的水平切变有关，所以第 2 项也可视为正压不稳定对扰动涡旋的作用。

第 1 位相时这 4 项对瞬变涡旋的作用由图 4 给出。由图 4a 可以看出，由于瞬变涡旋位于高空西风急流的北侧，因此定常气流的平流作用总是在气旋（反气旋）的下游有正（负）涡度发展，在气旋（反气旋）的上游有负（正）涡度发展，即定常西风气流的平流作用使瞬变涡旋向东发展。正压不稳定对瞬变涡旋的作用（图 4b）表现为，在气旋的东北部和西南部（西北部和东南部）有正（负）涡度发展，反气旋的东北部和西南部（西北部和东南部）有负（正）涡度发展，即正压不稳定的作用使得涡旋的轴线呈东北一西南向倾斜。图 4c 为瞬变涡旋散度项的作用，可以看出在气旋（反气旋）的西部有正（负）涡度发展，因此，该项的作用使得瞬变涡旋向上游发展，这和 β 项的作用相同。定常气流散度项的作用很弱，辐合（辐散）使扰动涡旋增强（减弱）（图 4d）。图 4 还表明，涡旋的强度越大，这 4 项的作用越明显。这 4 项中，平流作用是最强的，这从图 4a 和图 4e 的对比中可以清楚地看出来，说明它对高空瞬变涡旋的移动是至关重要的。正压不稳定和涡旋散度项的作用是由定常气流和瞬变涡旋的动力结构决定的。在北太平洋西部，瞬变涡旋位于高空急流北侧的强斜压区，瞬变涡旋的发展可由经典的中纬度斜压波的准地转理论解释，在东移过程中，瞬变涡旋的轴线向曳式槽脊发展，由波流相互作用理论可知，由于扰动能量被定常气流吸收，这种结构的涡旋在东移过程中将不断衰减[37]。

瞬变涡旋在东移过程中其他位相可作类似分析。

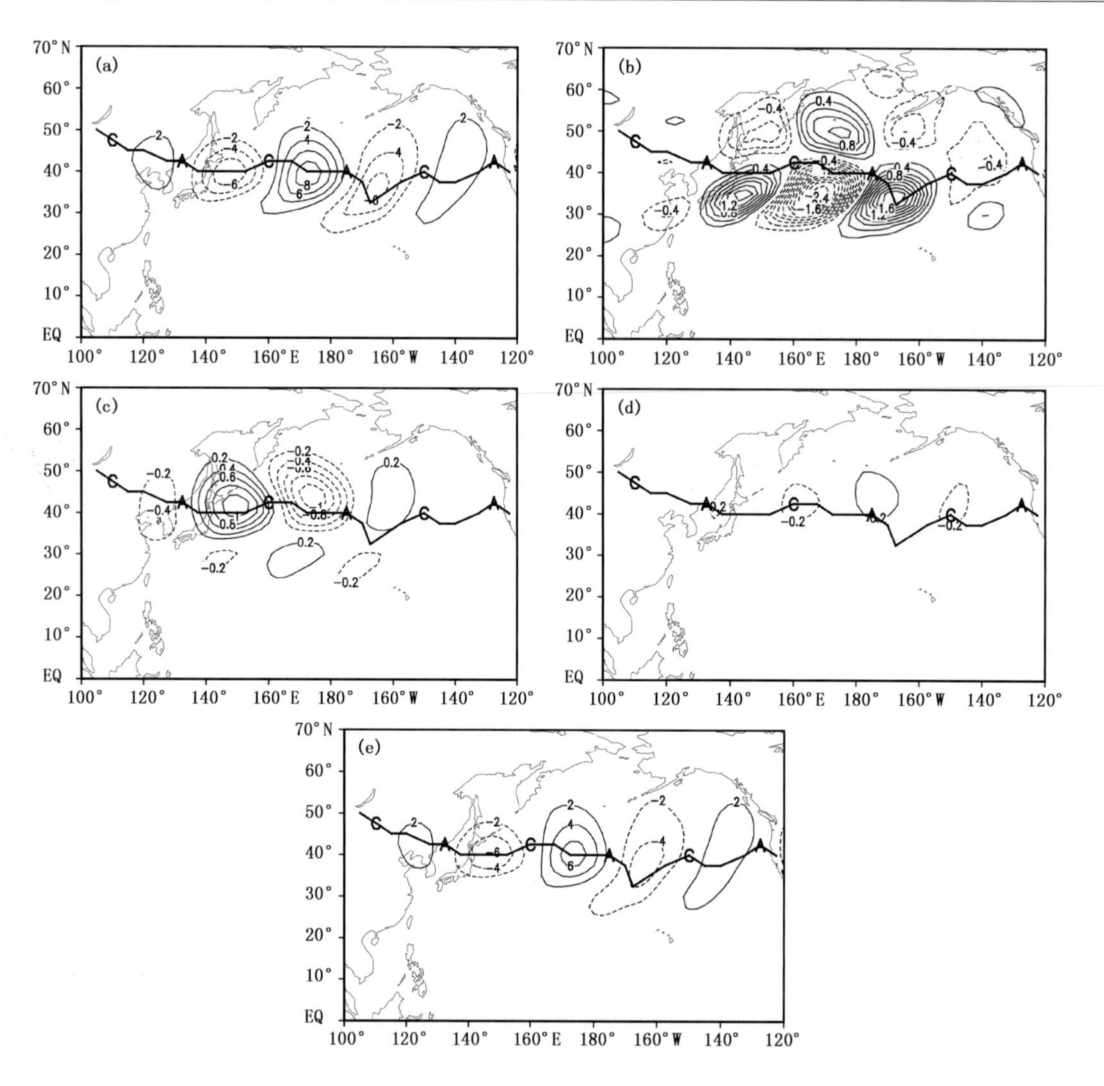

图 4　第一位相时定常气流与扰动场的相互作用对天气尺度瞬变涡旋发展的贡献(a、b、c、d 和 e 分别代表定常气流对扰动涡旋的平流、正压不稳定、扰动涡旋散度项和定常气流散度项的作用以及这四项作用之和,其中 C、A 分别代表气旋和反气旋中心,折线表示涡旋路径,图中未给出零等值线,单位:$10^{-10}\,s^{-2}$)

5　总结与讨论

利用 NCEP/NCAR 逐日再分析资料,对北太平洋冬季 2.5～6 d 天气尺度瞬变涡旋的活动及其与月平均定常气流的相互作用进行了研究。SLP 瞬变扰动 EOF 分解的结果表明,前 2 个模态成对出现,表征了天气尺度 SLP 扰动变化最主要的特征是一自西向东移动的传播型波动,其平均周期约 4 d,空间水平尺度约 20 个纬度。该涡旋从贝加尔湖经黄海、日本、阿留申群岛到阿拉斯加,在日界线以西逐渐加强,越过日界线以后,强度减弱。SLP 瞬变扰动的合成结果和单点相关分析进一步证实了该波列的存在。

与此天气尺度涡旋相对应,北太平洋北部对流层高层 300 hPa 也存在一自西向东传播的扰动涡旋,呈水平波列结构,在正涡度区的东半部(负涡度区的西半部)为辐散区,在正涡度区的西半部(负涡度区的东半部)为辐合区,在东移过程中南北向逐渐拉伸。

对涡度方程的进一步分析表明,高空定常气流对扰动涡旋的平流作用对涡旋的东移是至关重要的,扰动涡旋对定常涡度的平流使涡旋轴向东北一西南向发展,扰动涡旋的散度使涡旋向西发展,而定常气流的辐合(辐散)使扰动涡旋增强(减弱)。在北太平洋西部,涡旋的发展可由中纬度斜压波的准地转理论解释,在北太平洋中东部,由于扰动能量被定常气流吸收,涡旋在东移过程中不断衰减。

天气尺度瞬变扰动自西向东移动的路径随高度的变化,在北太平洋西部和中东部有明显的不同,这个特征和风暴轴随高度的变化是一致的,意味着本文揭示的天气尺度瞬变涡旋的活动和风暴轴存在内在的密切联系。在对流层高层,瞬变涡旋的移动路径主要由定常气流的平流作用决定,但在低层,定常气流较弱,涡旋的移动路径很有可能受到阿留申低压的影响。

参考文献

[1] Blackmon M L. A climatological spectral study of the 500mb geopotential height of the Northern Hemisphere[J]. J Atoms Sci, 1976, 33(33):1607-1623.

[2] Blackmon M L, Wallace J M, Lau N C, et al. An observational study of the Northern Hemisphere wintertime circulation[J]. J Atmos Sci, 1977, 36(6):982-995.

[3] Lau N C. The structure and energetics of transient disturbance in the Northern Hemisphere wintertime circulation[J]. J Atmos Sci, 1979, 36(6):982-995.

[4] 朱伟军,孙照渤. 风暴轴的研究[J]. 大气科学学报, 1999(1):121-127.

[5] 傅刚,毕玮,郭敬天. 北太平洋风暴轴的三维空间结构[J]. 气象学报,2009, 67(2):189-200.

[6] 吴伟杰,何金海,Hyo-Sang CHUNG,等. 夏季东亚高空急流与天气尺度波动的气候特征之间的联系[J]. 气候与环境研究, 2006, 11(4):87-96.

[7] Carillo A, Ruti P M, Navarra A. Storm tracks and zonal mean flow variability: a comparison between observed and simulated data[J]. Climate Dynamics, 2000, 16(2-3):219-228.

[8] Orlanski I. A New Look at the Pacific Storm Track Variability: Sensitivity to Tropical SSTs and to Upstream Seeding. [J]. Journal of the Atmospheric Sciences, 2005, 62(62):1367-1390.

[9] 陶祖钰,胡爱学. 北半球冬季非定常扰动的气候分析[J]. 大气科学, 1994, 18(3):320-330.

[10] 任雪娟,张耀存. 冬季 200hPa 西太平洋急流异常与海表加热和大气瞬变扰动的关系探讨[J]. 气象学报, 2007, 65(4):550-560.

[11] Hoskins B J, Valdes P J. On the Existence of Storm-Tracks. [J]. Journal of the Atmospheric Sciences, 1990, 47(15):1854-1864.

[12] Chang E K M, Lee S, Swanson K L. Storm Track Dynamics. [J]. Journal of Climate, 2001, 15(15):2163-2183.

[13] Zeng Qingcun. On the evolution and interaction of disturbance and zonal flow in rotating barotropic atmosphere[J]. J Meteor Soc Japan, 1982, 60(1):24-30.

[14] Hoskins B J. The shape, propagation and mean-flow interaction of large-scale weather systems[J]. Journal of the Atmospheric Sciences, 1983, 40(7):1595-1612.

[15] Lau N C, Nath M J. Variability of the Baroclinic and Barotropic Transient Eddy Forcing Associated with Monthly Changes in the Midlatitude Storm Tracks. [J]. Journal of the Atmospheric Sciences, 1991, 48(24):2589-2613.

[16] 丁一汇. 高等天气学:第 2 版[M]. 北京:气象出版社, 2005.

[17] Gong D, Drange H. A Preliminary Study on the Relationship Between Arctic Oscillation and Daily SLP Variance in the Northern Hemisphere During Wintertime[J]. Advances in Atmospheric Sciences, 2005, 22(3):313-327.

[18] Jin F. Eddy-induced Instability for Low-frequency Variability[J]. Journal of the Atmospheric Sciences, 2009, 67(6):1947-1964.

[19] 耿全震,黄荣辉. 辐散风和瞬变的涡度通量的异常对定常波年际异常的强迫作用[J]. 气象学报,1996, 54(2):132-141.

[20] Trenberth K E, Hurrell J W. Decadal atmosphere-ocean variations in the Pacific[J]. Climate Dyn, 1994, 9: 303-319.

[21] 朱伟军,孙照渤. 冬季北太平洋风暴轴的年际变化及其与 500hPa 高度以及热带和北太平洋海温的联系[J]. 气象学报,2000,58(3):309-320.

[22] Chang E K M, Guo Y. Dynamics of the Stationary Anomalies Associated with the Interannual Variability of the Midwinter Pacific Storm Track—The Roles of Tropical Heating and Remote Eddy Forcing[J]. Journal of the Atmospheric Sciences, 2007, 64(7):2442-2461.

[23] Nakamura H, Izumi T, Sampe T. Interannual and Decadal Modulations Recently Observed in the Pacific Storm Track Activity and East Asian Winter Monsoon. [J]. Journal of Climate,2002, 15(14):1855-1874.

[24] Harnik N, Chang E K M. Storm Track Variations As Seen in Radiosonde Observations and Reanalysis Data. [J].

Journal of Climate, 2003, 16(16):480-495.

[25] 丁叶风,任雪娟,韩博.北太平洋风暴轴的气候特征及其变化的初步研究[J].气象科学,2006, 26(3):237-243.

[26] 张颖娴,丁一汇,李巧萍.北半球温带气旋活动和风暴路径的年代际变化[J].大气科学,2012,36(5):912-928.

[27] Tanimoto Y, Nakamura H, Kagimoto T, et al. An active role of extratropical sea surface temperature anomalies in determining anomalous turbulent heat flux[J]. Journal of Geophysical Research, 2003, 108(10):763-765.

[28] Chang E K M, Fu Y. Using Mean Flow Change as a Proxy to Infer Interdecadal Storm Track Variability. [J]. Journal of Climate, 2003, 16(13):2178-2196.

[29] 朱伟军,李莹.冬季北太平洋风暴轴的年代际变化特征及其可能影响机制[J].气象学报,2010,68(4):477-486.

[30] 孙照渤.热带外地区大气中 40~60 天振荡的统计特征[M].北京:海洋出版社, 1992, 29-35.

[31] Xia L, Tan Y, Li C, et al. The Classification of Synoptic-Scale Eddies at 850hPa over the North Pacific in Wintertime [J]. Advances in Meteorology, 2016(1):1-8.

[32] Maloney E D. Frictional Moisture Convergence in a Composite Life Cycle of the Madden-Julian Oscillation[J]. Journal of Climate, 1998, 11(9):2387-2403.

[33] Slingo J M, Rowell D P, Sperber K R, et al. On the predictability of the interannual behaviour of the Madden-Julian oscillation and its relationship with El Niño[J]. Quarterly Journal of the Royal Meteorological Society, 2010, 125 (554):583-609.

[34] Matthews A J. Propagation mechanisms for the Madden-Julian Oscillation[J]. Quarterly Journal of the Royal Meteorological Society, 2000, 126(569):2637-2651.

[35] Kessler W S. EOF Representations of the Madden-Julian Oscillation and Its Connection with ENSO[J]. Journal of Climate, 2001, 14(14):3055-3061.

[36] Wheeler M C, Hendon H H. An All-Season Real-Time Multivariate MJO Index: Development of an Index for Monitoring and Prediction[J]. Mon Wea Rev, 2004, 132(8):1917-1932.

[37] 吕美仲,侯志明,周毅.动力气象学[M].北京:气象出版社, 2004.

The Characteristics of Synoptic-scale Eddies in the North Pacific in Winter and the Effect of the Upper-level Stationary Flow

TAN Yanke[1], GUO Wenhua[2], LIU Li[2], XIA Linlin[2]

(1 Department of Atmospheric and Oceanic Sciences & Institute of Atmospheric Sciences, Fudan University, Shanghai 200438; 2 95666 of PLA China, Chengdu 610041; 3 65022 of PLA China, Shenyang 110151; 4 Academy of Military Sciences PLA China, Beijing 100091)

Abstract: The characteristics of 2.5-6d Synoptic-scale transient eddies and the effect of month-mean flow in the North Pacific in winter are carried out by using NCEP/NCAR daily reanalysis data. The results show that the first two leading modes obtained by the Empirical Orthogonal Function (EOF) of transient eddy field of sea level pressure give a shifting synoptic-scale eddy, the average period is about 4 days, and the spatial horizontal scale is approximate 20 latitudes. The eddy propagates from Lake Baikal and cross Yellow sea, Japan, Aleutian islands to the Alaska. It strengthened gradually at the west of dateline, and weakened after across the dateline. Results of the composite and single-point correlation analysis further confirm the existence of the wave train. Corresponding to this synoptic-scale eddy, there also exists a transient eddy traveling eastward at 300hPa in the North Pacific, but its propagation path is significantly different from lower atmosphere. In the upper troposphere, the eastern part of positive vorticity area (the western part of negative vorticity area) is divergence field, and the western part of positive vorticity area (the eastern part of negative vorticity area) is convergence field. The advection of upper-level stationary flow to the transient eddy has major effect on eddy propagation path, and the advection of transient eddy to the stationary vorticity makes the axis of eddy developing from southwest to northeast, the convergence/ divergence of transient eddy causes eddy developing to the west, while the convergence/ divergence of stationary flow enables eddy strengthened (weakened). In the west of the North Pacific, the development of eddy can be interpreted by the theory of mid-latitude baroclinic waves, while in the central and east of the North Pacific, due to disturbance energy is absorbed by stationary flow, the eddy decreases constantly in the course of moving to the east.

Key words: transient eddies, upper-level stationary flow, propagation path

四、外强迫与气候系统内部变率

Dynamics of the Life Cycle of the Pacific-Japan Pattern

SONG Jie

(LASG, Institute of Atmospheric Physics (IAP), Chinese Academy of Sciences, Beijing 100029)

Abstract: This study investigates the dynamics of the growth and decay of the Pacific—Japan (PJ) events in sub-seasonal time scales (i. e. the life cycle of the PJ pattern) by using daily reanalysis data and a vorticity equation that includes explicit contributions of thermodynamic elements in isobaric coordinates. Composite vorticity anomalies and vorticity tendency budget diagnostic results indicate that the PJ events have a typical life cycle within approximately two weeks and significant diabatic heating anomalies over the tropical western North Pacific are closely evolved in. In the lower troposphere, characterized by an evident northwestward displacement, the cyclonic south lobe of the PJ pattern is primarily driven by the tropical anomalous diabatic heating and the anomalous meridional advection of vorticity. The anticyclonic north lobe of the PJ pattern in the lower troposphere is induced by the subtropical anomalous diabatic cooling. In the upper troposphere, however, the south lobe of the PJ pattern is caused by the anomalous static stability due to the anomalous vertical motion. The north lobe of the PJ pattern is generated mainly by the anomalous nonlinear meridional advection of vorticity. Both the anomalous static stability due to the anomalous vertical motion and nonlinear meridional advection of vorticity are, at least partly, related to preexisting extratropical vorticity anomalies in the upper troposphere prior the emergence of the PJ pattern, indicating that the PJ pattern is not, as a traditional thought, merely a tropical original phenomenon.

Key words: the Pacific-Japan pattern, vorticity equation, diabatic heating

1 Introduction

The Pacific-Japan (PJ) pattern is a zonally (east-west orientation) elongated meridional teleconnection wavetrain which emanates from the tropical western North Pacific (WNP, 10°—25°N, 100°—150°E) and extends to extratropical regions along the East Asian coast in boreal summers (June-August, JJA). Studies considered that it closely relates to the anomalous convection activities over tropical WNP and primarily represents a remote out-of-phase relationship between the tropical WNP and middle latitudes of East Asia (e. g. Nitta, 1987). In the vorticity field of lower troposphere, enhanced convective activities over the tropical WNP tend to correspond to a meridional dipole mode anomaly, that is, an anomalous cyclonic cell over tropical WNP and an anomalous anticyclonic cell over the middle latitudes around Japan. In the upper troposphere, the vorticity anomalies map shows a similar dipole structure but with an evident northward displacement (about a quarter of wavelength). From interannual to intraseasonal time scales, the PJ pattern is the *dominant mode* that significantly impacts the variability of summer climate in East Asia (e. g. Nitta et al., 1996; Wakabayashi et al., 2004; Ogasawara et al., 2007; Wu et al., 2009 and many others). In this study, the south (north) action center of the meridional dipole mode of the PJ pattern is referred as the south (north) lobe of the PJ pattern for clarify①.

According to the knowledge of the author, the atmospheric community first noticed the PJ pattern, or the seesaw relationship between the tropical WNP and middle latitudes of East Asia since 1980s. In a Northern Hemisphere summer teleconnection study of Gambo et al. ,(1983), one-point correlation maps show that there is a north-south oscillation of geopotential height between subtropics and the middle latitudes of western Pacific. Nitta(1986) found that the variations of satellite-observed monthly mean high-cloud amount in the middle latitudes near Japan Islands are negative correlated with those in the tropical WNP near 20°N. This north-south cloud oscillation pattern is zonally elongated and mostly active during JJA. It is referred as the South Japan (SJ) pattern in Nitta(1986). In a following study, Nitta et al. (1986) found that, when the cloud amount in the western Pacific subtropics near 20°N is larger than normal, a cyclonic cell is found around the heat source center (around 25°N) and an anticyclonic cell appears north of the cyclonic cell (around 40°N) at lower (upper) levels. This north-south dipolar anomalous circulation is the most outstanding large-scale atmospheric circulation characteristic of the PJ pattern. In addition, Nitta et al. (1986) first used an abbreviation "the PJ pattern" to name the north-south cloud oscillation②. In 1987, Nitta (1987) and Kurihara and Tsuyuki (1987) explicitly pointed out the existence of the PJ pattern by indicating that there is a wavetrain (i. e. the PJ pattern) emanating from the tropical WNP and propagating to North Pacific, through East China and Japan Islands. It should be pointed out that, independently, Chinese scientists also realized the existence of the PJ-like pattern at almost the same time (Huang 1987; Huang and Li 1988). In some Chinese scientists' papers, the PJ pattern is referred as the East Asia-Pacific (EAP) pattern (e. g. Huang,1992).

Since it was discovered, the mechanisms responsible for the formation of the PJ pattern had acquired lots of attention of atmospheric scientists. In the beginning, the mechanisms of PJ pattern are studied under the barotropic framework. The PJ pattern is considered as a northward propagating quasi-stationary barotropic Rossby wavetrain excited by the anomalous convection activities over the tropical WNP (Nitta,1987;Kurihara et al. ,1987; Huang et al. ,1988; Huang,1992; Huang et al. ,1992). Tsuyuki et al. , (1989) found that one of the major unstable normal modes for August resembles the wavetrain of the PJ pattern over the North Pacific, suggesting that the barotropic instability might also play a role in the formation of the PJ pattern.

However, it is noted that that only for the barotropic components (external-mode) of the tropical Rossby waves can penetrate into the extratropics, since the baroclinic components (internal-mode) of the tropical Rossby waves tend to decay away in the extratropics (especially for small-scale disturbances), i. e. they are trapped in the tropics (e. g. Kasahara et al. ,1986). It has been proven that without the factors such as a vertical shear of the basic flow, different damping and surface boundary layer, the internal heating primarily produces the internal mode and rather small external mode responses can be directly excited by the internal heating (e. g. Lim et al. ,1983, 1986; Kasahara,1984; Kasahara et al. ,1986; Kato et al. ,1992; Wang et al. ,1996). Therefore, speaking strictly, the barotropic framework is not suitable to study the formation of the PJ pattern since it contains no physical processes to generate the external-mode from heating anomalies associated the tropical WNP convection. Besides that, we should also notice that the upper troposphere background zonal wind over tropical WNP is easterly which can not

① Of course, the south lobe of the PJ pattern represents a (an) cyclone (anticyclone), while the north lobe denotes an (a) anticyclone (cyclone) for a situation that the convection activities over the tropical WNP are enhanced (suppressed). However, for sake of conciseness, this study only focus on the PJ pattern with enhanced convection activities over the tropical WNP.

② However, it must notice that, in that paper (Nitta et al. ,1986), the full name of the PJ pattern is not "the Pacific-Japan pattern" but "the western Pacific-Japan pattern".

support the existence of the quasi-stationary Rossby wave. Wang et al. (2005) proposed that a background "southerly conveyor" may transfer Rossby wave sources northward, thus, a tropical heating embedded in easterly regions can still produce a Rossby wave response in the extratropical regions. However, this mechanism does not work in the tropical WNP because the background meridional flow at the upper levels over there is northerly. Sardeshmukh et al. (1988) suggested that the vorticity advection by the divergent flow might induce an effective Rossby wave source in the subtropical westerlies. Therefore, a tropical heating embedded in easterly regions still can excites a Rossby wave response over extratropical regions. Whether this mechanism is applicable in explaining the PJ pattern as a quasi-stationary Rossby wave response is undetermined.

Kosaka et al. (2006) diagnosed the vorticity budget of the PJ pattern by using a linearized vorticity equation with monthly data. Their composite results showed that the vorticity balance of the PJ pattern is primarily determined by the wave source (largely arises from the stretching effect) and meridional advection terms (see their Fig. 6). Therefore, their results underscored an important role played by the background meridional wind over the East Asian monsoon regions in the formation of the meridional teleconnection of the PJ pattern. Kosaka et al. (2010) also argued that a PJ-like pattern can be acquired when a linear quasi-geostrophic model with a East Asian summer monsoon background flows characteristic is forced by a tropical diabatic heating. Therefore, their results suggested that the PJ pattern could be regarded as an internal dynamic mode of the atmosphere embedded in the summer monsoon background circulation in East Asia, which can be most efficiently excited by tropical WNP convection. Moreover, Lu et al. (2009) underscored that the subtropical precipitation anomalies associated with the PJ pattern also play a role in forming the PJ pattern. This viewpoint is partly supported by Liu et al. (2013). In their intermediate model, a tropical WNP heating can not excited a PJ-like pattern in the lower troposphere unless an additional subtropical cooling is also included as the forcing.

Lu et al. (2006) indicated that the meridional teleconnections over East Asia are largely explained by internal atmospheric variabilities. It should point out that, in the idealized model of Kosaka et al. (2010) and Liu et al. (2013), the PJ-like pattern is not modeled satisfactorily, especially in the upper troposphere [See Fig. 6b of Kosaka et al. (2010) and Fig. 10a of Liu et al. (2013)]. Even in the coupled general circulation models (CGCM), the seasonal predictability of the north lobe of the PJ pattern is low although the CGCMs have an ability to predicate the south lobe of the PJ pattern in a certain degree (Kosaka et al., 2012). These aforementioned results suggest that the PJ pattern has a complicate nature, and the physical mechanisms responsible for the PJ pattern are still beyond well understood.

The PJ pattern is essentially a subseasonal phenomenon exhibiting remarkable submonthly evolutions. Nitta (1987) considered that interannual variations of the PJ pattern are the results of the different behaviors/occurrence frequencies of the subseasonal events of the PJ pattern. Thus, we might say that the fundamental dynamic processes of the PJ pattern lie in subseasonal time scales. Therefore, to deepen our understanding about the dynamics of the PJ pattern, attention should be paid to the subseasonal evolution (growth and decay) of the PJ events, namely, the life cycle of the PJ pattern. Motivated by above discussions, this study focuses on a basic question: "*What physical processes drive the growth and decay of the PJ events?*". To answer that question, firstly the typical life cycle of the PJ pattern is constructed, then, vorticity tendency budget in the life cycle is diagnosed by using a vertical vorticity equation (VE) in isobaric coordinates. The rest of this paper is organized as follows: Section 2 describes the datasets and analysis methods used in this study. Section 3 illustrates and discusses the typical life cycle of the PJ pattern in terms of composite anomalous vorticity. The details of vorticity tendency diagnostic results of the lower and upper troposphere for the life cycle are examined and discussed in Sections

4. In the last section, a summary about this study is presented.

2 Data and methods

2.1 Data

This study uses the National Centers for Environmental Prediction/National Center for Atmospheric Research (NCEP/NCAR) reanalysis-1 monthly and daily data (Kalnay et al. ,1996). The NCEP/NCAR reanalysis-1 data have 12 levels in the vertical direction from the surface (1000 hPa) extending to the tropopause (100 hPa) and its horizontal resolution is 2. 5°×2. 5°. Time period for this study is the 32 boreal summers (JJA) from 1979 to 2010, which yield 96 months/2944 days of data. In this study, seasonal cycle is defined as the long-term mean of each month (calendar day) in those 32 summers, monthly (daily) anomalies are defined as the deviation from the seasonal cycle.

2.2 Analysis methods

(1) Definition of the PJ pattern

There are many ways to define the PJ pattern/index, such as using cloud amount differences between tropical and subtropical regions (Nitta,1987), the intensity of the convection activities over the tropical WNP (e. g. Kosaka et al. ,2006) and the differences in 850 hPa geopotential height anomalies between two specific grids (e. g. Wakabayashi et al. ,2004; Li et al. ,2014). In this study, following Kosaka et al. (2012), the PJ pattern is defined as the first eigenvector by applying empirical orthogonal function (EOF) analysis to JJA monthly 850 hPa vorticity anomalies over a box region (10°—55°N, 100°—160°E). The explained variance of the EOF1 is 14. 76%. Before the EOF analysis, the monthly vorticity anomalies were weighted by the square root of the cosine of latitude to account for the decrease in grid area toward the pole. The space distribution of the EOF1 is shown in Fig. 1. Clearly, it has the meridional dipole characteristic reflecting the out—of—phase relationship between the tropical WNP and middle latitudes of East Asia. Therefore, the leading EOF represents the PJ pattern well. The daily PJ index is acquired by projecting the daily 850 hPa vorticity anomalies in the EOF domain onto the PJ pattern. To demonstrate the subseasonal nature of the PJ pattern, Fig. 2 shows the averaged power spectrum of the daily PJ index in the 32 boreal summers from 1979 to 2010. The spectrum distribution that exceeds the 95% confidence curve is centered on 10—35-day range with two significant spectral peaks one at 15 days and the other one at 30 days. This indicates that the PJ pattern exhibits salient subseasonal variations. It should notice that, the power spectrum result shown here is very similar to the result of Li et al. (2014, see their Fig. 1b) although the definitions of the PJ index are very different, indicating that the PJ pattern indeed exhibits evident subseasonal variations.

(2)Detection of the PJ events

The subseasonal PJ events are identified by using a procedure similar to Feldstein (2003). If the spatial correlation between daily 850 hPa vorticity anomalies in the EOF domain and the PJ pattern remains above the 99% confidence level for at least 3 consecutive days, then a PJ event is considered that has taken place. The day with the highest spatial correlation is defined as the peak or mature day (0 day) of a PJ event. A period of time from lag − 7 to 7 day (15 days in all) is defined as a life cycle of the PJ pattern since the power spectrum shows that the variations of the PJ pattern have a distinct quasi-biweekly feature. To ensure that the identified PJ events are independent from each other, the peak day of each PJ event must be separated by at least 10 days. Using this approach, 74 PJ events are extracted

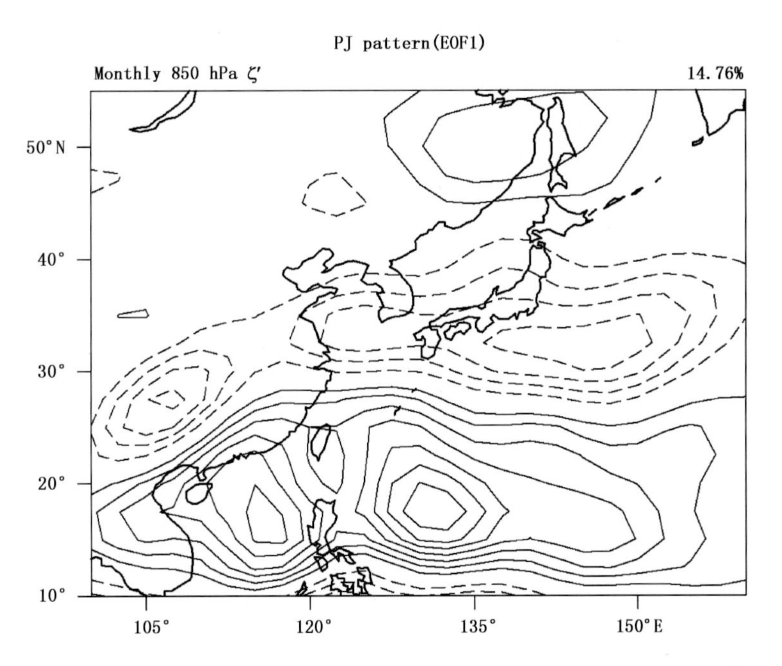

Fig. 1 The first EOF of monthly 850 hPa vorticity anomalies over (10°—55°N, 100°—160°E) in boreal summer (JJA) from 1979—2010, which denotes the PJ pattern. Solid (dashed) contours represent positive (negative) values and the zero contours are omitted (the contour interval is arbitrary)

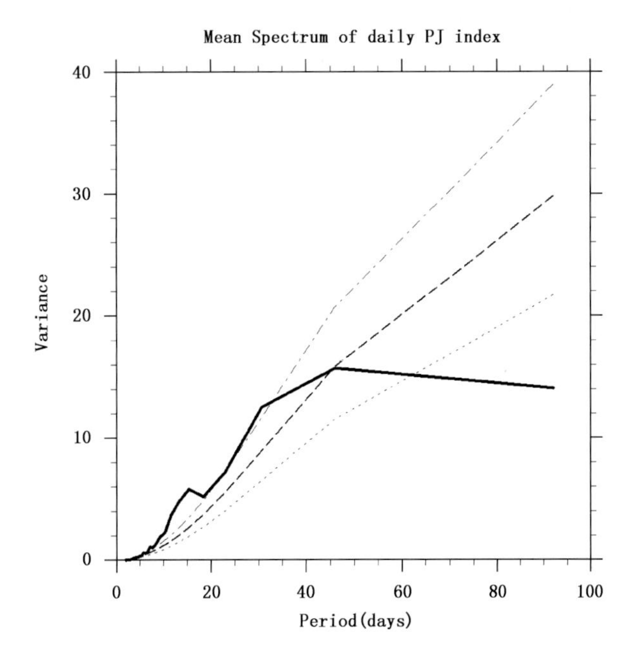

Fig. 2 The averaged power spectrum of the daily PJ index for the 32 boreal summers from 1979—2010. The long-dashed line denotes the Markov red noise spectrum and the dot-dashed (short-dashed) line represents the 95% (5%) confidence levels

during the analyzed period. The typical life cycle of the PJ pattern is acquired by performing a composite approach based on the 74 selected PJ events.

(3) The VE

To understand the dynamics and physical processes responsible for the growth and decay of the PJ events, the vorticity tendency budget diagnose is performed by using a VE including explicit contributions of thermodynamic elements in isobaric coordinates (see also Song and Li, 2014):

$$\frac{\partial \zeta}{\partial t}=\underbrace{\left(-u\frac{\partial \zeta}{\partial x}\right)}_{ZA}+\underbrace{\left(-v\frac{\partial(\zeta+f)}{\partial y}\right)}_{MA}+\underbrace{\left(-\omega\frac{\partial \zeta}{\partial p}\right)}_{VA}+\underbrace{\left(\frac{1}{\partial\theta/\partial p}(\zeta+f)\frac{\partial Q}{\partial p}\right)}_{DH\_P}+\underbrace{\left(\frac{1}{\partial\theta/\partial p}\frac{-\partial v}{\partial p}\frac{\partial Q}{\partial x}\right)}_{DH\_X}+$$
$$\underbrace{\left(\frac{1}{\partial\theta/\partial p}\frac{-\partial u}{\partial p}\frac{\partial Q}{\partial y}\right)}_{DH\_Y}+\underbrace{\left(-(\zeta+f)\frac{1}{\partial\theta/\partial p}\frac{\mathrm{D}}{\mathrm{D}t}(\frac{\partial\theta}{\partial p})\right)}_{Theta\_p}+\underbrace{\left(-\frac{1}{\partial\theta/\partial p}\frac{\mathrm{D}}{\mathrm{D}t}(\frac{-\partial v}{\partial p}\frac{-\partial\theta}{\partial x})\right)}_{Theta\_X}+$$
$$\underbrace{\left(-\frac{1}{\partial\theta/\partial p}\frac{\mathrm{D}}{\mathrm{D}t}(\frac{-\partial u}{\partial p}\frac{-\partial\theta}{\partial y})\right)}_{Theta\_Y}+Residual \tag{1}$$

ζ is the vertical vorticity in isobaric coordinates. $Q=\frac{\mathrm{D}\theta}{\mathrm{D}t}$ denotes the diabatic heating which is estimated as a residual of the thermodynamic equation using the scheme of Yanai et al. (1973). The meanings of the other symbols are standard. The first, second and third terms on the right hand side (r. h. s) of (1) are referred as *ZA*, *MA* and *VA* terms, respectively. They denote vorticity tendency due to the zonal, meridional and vertical advections of vorticity. The fourth, fifth and sixth terms on the r. h. s of (1) representing the vorticity tendency relate to diabatic heating are referred as *DH_P*, *DH_X* and *DH_Y* terms, respectively. The seventh, eighth and ninth terms on the r. h. s of (1) are the contributions of vorticity tendency associated with changes of the atmospheric stability and slants of the isentropic levels, subsequently referred to as *Theta_P*, *Theta_X* and *Theta_Y* terms. The *Residual* term denotes errors and physical processes that this VE does not include such as friction and viscous dissipations. Clearly, this VE is not a prediction equation since it contains time derivative terms on the r. h. s. It is still useful as diagnostic equation for the vorticity tendency.

3 Life cycle of the PJ pattern

In this section, the typical life cycle of the PJ pattern is illustrated in terms of composite vorticity anomalies from the lower troposphere to the tropopause. Figure 3 shows the temporal evolutions of the composite unfiltered vorticity anomalies at 850, 500, 200 and 100 hPa for the 74 identified PJ events, as well as the composite diabatic heating Q anomalies at 400 hPa representing the anomalous convection activities from lag −6 to 6 day (with 2 days interval). The 850, 500, 200 and 100 hPa levels represent the lower, middle, upper troposphere and the tropopause, respectively. At lag 0 day, a pair of evident cyclonic and anticyclonic cells with a zonally elongated characteristic is observed from the tropical WNP to the south-east of Japan in the lower and middle troposphere (see Figs. 3d1 and d2). A similar cyclone-anticyclone dipole structure is also found in the upper troposphere but with a notable northward displacement (see Fig. 3d3). Clearly, these results are well consistent with the typical three-dimensional structure of the PJ pattern as shown in Kosaka et al. (2006, see their Fig. 4), suggesting that the identified PJ events are reasonable.

(1) The lower troposphere, the tropopause and the diabatic heating

Let's first discuss the details of the life cycle of the PJ pattern in terms of vorticity anomalies in the lower troposphere and at the tropopause, as well as the anomalous diabatic heating. At six days before the mature of the PJ events (lag −6 day), in the anomalous diabatic heating map, there are weak but significant diabatic heating anomalies over the tropical western Pacific (5°−15°N, 120°−160°E). Meanwhile, weak but significant diabatic cooling anomalies are also found in a small domain around the adjacent of Taiwan Island (15°−30°N, 120°−130°E, see Fig. 3a5). In the lower troposphere, there are a weak but significant cyclone over the tropical western Pacific and a very small anticyclone around the adjacent of Taiwan Island (see Fig. 3a1). While, at the tropopause, similar circulation anomalies but with

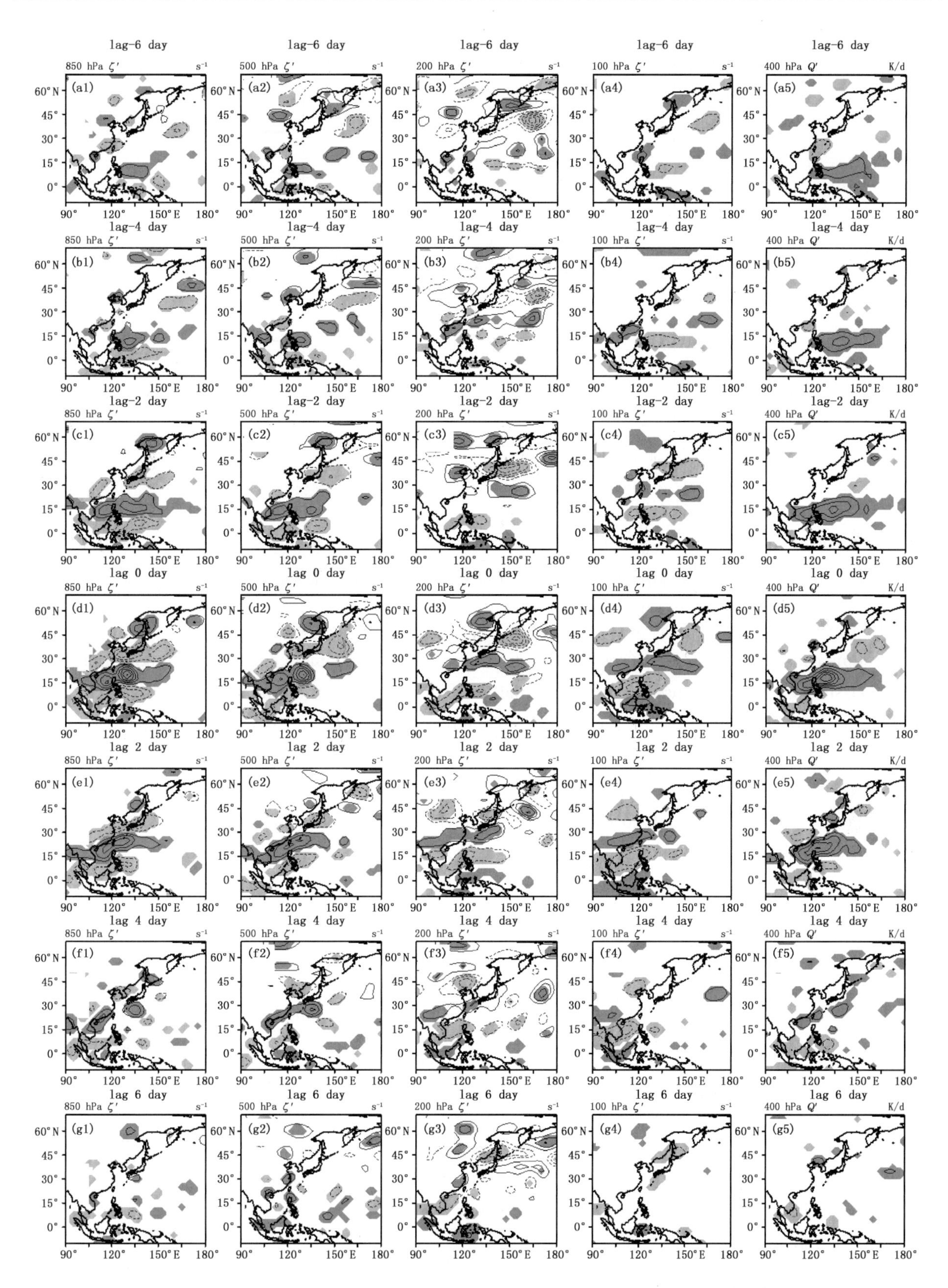

Fig. 3 Composites of 850, 500, 200 and 100 hPa vorticity anomalies (the interval is 4×10^{-6} s^{-1}) as well as 400 hPa diabatic heating Q anomalies (the interval is 1 K/d) for the 74 identified PJ events from lag -6 to 6 day. Solid (dashed) contours represent positive (negative) values and the zero contours are omitted. The composite results at the 95% confidence level are shaded

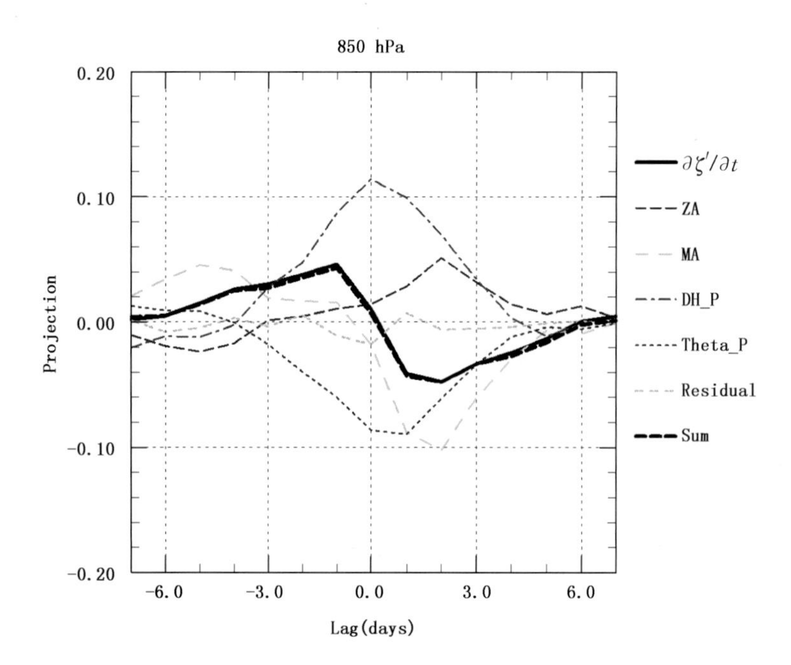

Fig. 4　The projection curves of $\frac{\partial \zeta'}{\partial t}$ (the tendency of the composite anomalous vorticity) and the five terms on the r. h. s of the VE (the *ZA*, *MA*, *DH_P*, *Theta_P* and *Residual* terms) at 850 hPa from lag −7 to 7 day. Black dashed curve denotes the sum of the five terms

reverse signs can be also observed (see Fig. 3a4). These vorticity anomalies mentioned above are considered as classical baroclinic responses to the anomalous diabatic heating/cooling shown in Fig. 3a5. Probably, the anomalous diabatic cooling around the adjacent of Taiwan Island is a spontaneous accompanier with the anomalous diabatic heating over the tropical western Pacific, because the anomalous cyclonic circulations associated by the tropical anomalous diabatic heating tend to reduce moisture transportation to the adjacent of the Taiwan Island resulting in weak convection activities and thus the anomalous diabatic cooling over there.

In the following days (from lag −4 to 0 day), the tropical anomalous diabatic heating strengthens and expands northwestward gradually. At the same time, weak but significant diabatic cooling anomalies are also found to the southeast of Japan (see Figs. 3b5, c5 and d5). Due to the northwestward expansion of the tropical anomalous diabatic heating, the anomalous diabatic cooling around the Taiwan Island fade away at lag −2 day (see Fig. 3c5). The tropical anomalous diabatic heating arrives at the tropical WNP and reaches its intensity peak at lag 0 day. Consistent well to the evolutions of the tropical anomalous diabatic heating, the tropical anomalous cyclone in the lower troposphere develops and shifts northwestward continuously and finally forming the south lobe of the PJ pattern at the lag 0 day (see Figs. 3b1, c1 and d1). Meanwhile, at the tropopause, the tropical anomalous anticyclone also develops but shifts southwestward slightly relative to the position of the tropical anomalous diabatic heating. To the north of this anomalous anticyclone, an anomalous cyclone, serving as the south lobe of the PJ pattern at the tropopause, gradually appears from lag −4 to 0 day (see Figs. 3b4, c4 and d4). However, unlike the south lobes of the PJ pattern, the north lobes of the PJ pattern (the anomalous anticyclone at the southeast of Japan) do not show up until at lag −2 day both in the lower troposphere and at the tropopause (see Figs. 3 c1 and c4).

In the following stage (from lag 2 to 6 day), the PJ pattern and the anomalous diabatic heating become to decay. It is surprise to note that the recession of the PJ pattern and the anomalous diabatic heating is rather sudden from lag 2 to 4 day, suggesting that there are some physical processes push the decay. At lag 6 day, the signals of the PJ pattern dissipate completely.

(2)The middle and upper troposphere

Contrast to the very weak tropical vorticity anomalies in the lower troposphere prior to the occurrence of the PJ pattern at lag −6 day, however, a remarkable and significant anomalous anticyclonic cell accompanying with a anomalous cyclonic cell to its north side already exist to the northeast of Japan in the upper troposphere (35°—55°N, 140°—170°E, see Fig. 3a3). These extratropical vorticity anomalies (especially for the anomalous anticyclonic cell) extend from the lower troposphere to the tropopause with an equivalent-barotropic structure (see Figs. 3a1—a4). At lag −4 day, there are zonally elongated cyclonic and anticyclonic vorticity anomalies with a northeast-southwest tilt emerging in the upper troposphere from southeast China to the adjacent regions of dateline (see Fig. 3b3). From lag −2 to 0 day, the intensities of the zonally elongated cyclonic and anticyclonic vorticity anomalies increase gradually but with a slight shrink in the zonal direction forming the south and north lobes of the PJ pattern. At lag 2 day, the south and north lobes of the PJ pattern shift westward and begin to decay (see Fig. 3 e3). At the following days (from lag 4 to 6day), the PJ pattern in the upper troposphere disappears gradually (see Figs. 3 f3 and g3). In addition, we should notice that, from lag −2 to 6 day in the upper troposphere, an anomalous anticyclonic cell begins to show up, grow and decay in the deep down of the tropics (see Figs. 3 c3 to g3). This anomalous anticyclonic cell is seemly related to the anomalous diabatic heating induced anticyclonic vorticity anomalies in the deep down tropics at the tropopause (see also Figs. 3 c4 to g4) but with a southward displacement.

The evolutions of the vorticity anomalies of the PJ events in the middle troposphere are similar to that in the lower troposphere. However, it seems that the anomalous anticyclonic cell to the southeast of Japan, namely, the north lobe of the PJ pattern in the middle troposphere is gradually evolved from the noticeable extratropical anticyclonic vorticity anomalies at lag −6 day (see Figs. 3 a2 to d2).

From the results show in Fig. 3 we should underscore that: 1. It is evident that the anomalous diabatic heating/cooling, especially for the anomalous diabatic heating over the tropical WNP, involves in the life cycle of the PJ events closely, which is seemingly consistent with the viewpoint that the PJ pattern is a response excited by the anomalous diabatic heating over the tropical WNP. 2. However, far before the emergence of the PJ pattern (at lag −6 day), there are significant equivalent-barotropic vorticity anomalies to the northeast of Japan in the middle and upper troposphere. The vorticity tendency budget diagnostic results shown in the next section indicate that these preexisting vorticity anomalies are also important for the formation of the PJ pattern, at least, in the upper troposphere. Besides the above-mentioned circulation anomalies about the life cycle of the PJ pattern, there are many other details we should also notice, such as at lag −4 day, the anomalous cyclone in the lower troposphere is situated at the west of the maximum of the diabatic heating (see Fig. 3 b1). At the growth stage, the vorticity anomalies in the upper troposphere over the tropical WNP (south of 20°N) are very weak. In fact, these fine circulation anomalies contain profound physical implications for the complicate nature of the PJ pattern, which will be delineated in the next section.

4 Vorticity tendency budget diagnoses

To unveil what physical processes drive the growth and decay of the PJ pattern, composite anomalies of each term in the VE are calculated based on the 74 identified PJ events from lag −7 to 7 day. Similar to Feldstein (2003), the contributions of each term on the r. h. s of the VE are quantitatively evaluated by projecting composite anomalies of each term on the r. h. s of the VE equation onto the composite anomalous vorticity patterns at the mature day (lag 0 day). The projection domain is same as the EOF domain. In this section, to save the space, the anomalous vorticity tendency budget diagnostic results only for the lower troposphere (850 hPa) and the upper troposphere (200 hPa) are demonstrated and discussed in detail.

(1) The lower troposphere

Figure 4 shows the projection curves of the *ZA*, *MA*, *DH_P*, *Theta_P* and the *Residual* terms in the lower troposphere (850 hPa), as well as the curve of their sum from lag −7 to 7 day. To prescribe the anomalous vorticity evolution of the PJ pattern in the lower troposphere, the projection curve of $\frac{\partial \zeta'}{\partial t}$ (the tendency of the composite anomalous vorticity) at 850 hPa is also shown in Fig. 4. As can be seen, the projection curve of $\frac{\partial \zeta'}{\partial t}$ well describes the growth stage of the PJ pattern from lag −7 to 0 day and the decay stage from lag 0 to 7 day. It is also clear that the sum curve is almost identical to the projection curve of $\frac{\partial \zeta'}{\partial t}$, indicating that the *ZA*, *MA*, *DH_P*, *Theta_P* and the *Residual* terms well capture main physical processes responsible for the life cycle of the PJ pattern in the lower troposphere. As shown in Fig. 4, the *MA* term drives not only the growth of the PJ pattern but also its decay. The contributions of the *DH_P* term are not favor the formation of the PJ pattern until lag −4 day and try to retain the PJ pattern from lag 0 to 4 day. The behaviors of the *Theta_P* term are always opposed to that of the *DH_P* term. Meanwhile, the *ZA* acts almost like a damper during the whole life cycle of the PJ pattern. It resists the emergence of the PJ pattern from lag −7 to −3 day and then hinders the PJ pattern from decaying from lag 0 to 7 day. The contributions of the *Residual* term are trivial relative to the other four terms and generally against to the formation of the PJ pattern.

In order to gain essential information about the physical processes and dynamics responsible for the life cycle of the PJ events in the lower troposphere, the spatial structures of the composite anomalous *ZA*, *MA*, *DH_P*, *Theta_P* and *Residual* terms from lag −6 to 6 day (with 2 days interval) are examined in Fig. 5. From lag −6 to −4 day, due to the anomalous diabatic heating/cooling shown in Fig. 3a5, the *DH_P* term produces positive and negative vorticity tendency over the tropical WNP and the adjacent regions of Taiwan Island respectively, generating an anomalous cyclone and anticyclone over there as observed in Figs. 3a1 and b1. Therefore, anomalous southerlies and northerlies are aroused at the eastern side and western side of the anomalous cyclone over the tropical WNP (not shown). As a result, primarily due to the advection of background vorticity by these meridional wind anomalies, the *MA* term induces anomalous negative and positive vorticity tendency to the east and west of the anomalous cyclone over the tropical WNP, leading to the anomalous cyclone shifts westward. Consequently, this anomalous tropical WNP cyclone is observed at the west of the maximum of the diabatic heating as shown in Fig. 3b1.

At lag −2 to 0 day, as the *DH_P* term enhances the cyclone over the tropical WNP constantly, the advection of anomalous vorticity by the background prevailing southerlies and the nonlinear meridional advection effect become also significant. These effects produce anomalous positive and negative vorticity tendency to the north and south flanks of the anomalous cyclone balancing the anomalous vorticity tendency associated with the *DH_P* term (referred to Figs. 3c2 and d2). Therefore, due to the *MA* term, the anomalous cyclone over the tropical WNP has a northwestward movement and there also is an anomalous anticyclone at its south side as observed in Fig. 3c1. It is well known that the anomalous cyclone in the lower troposphere tends to arouse anomalous ascending motion and near-surface moisture convergence through the Ekman pumping effect. Consequently, a northwestward moving anomalous cyclone in the lower troposphere would guide the anomalous convection/diabatic heating having a northwestward shifting as well (see also Hsu and Weng, 2001; Tsou et al., 2005).

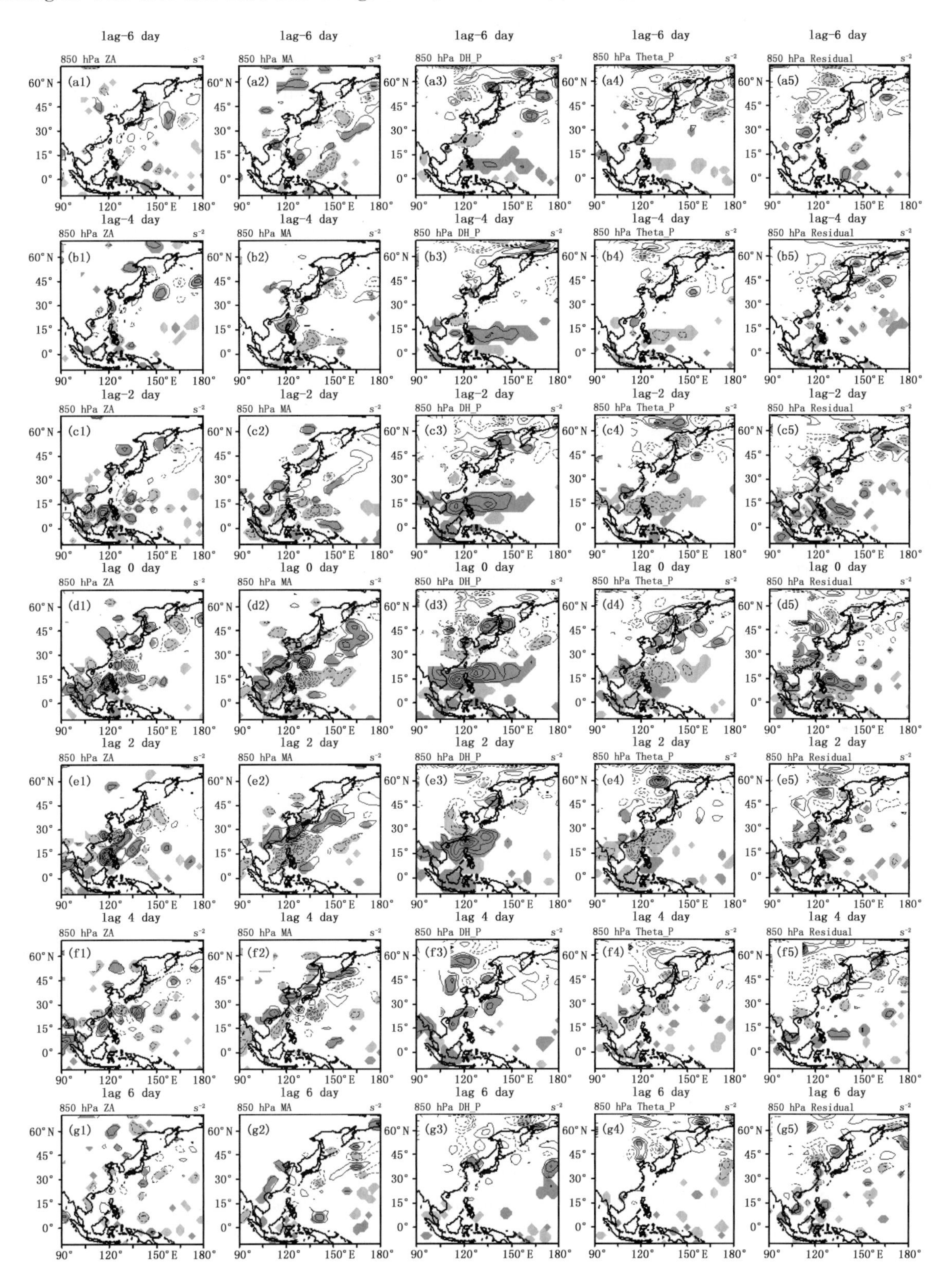

Fig. 5 Composites of the five terms on the r. h. s of the VE (the *ZA*, *MA*, *DH_P*, *Theta_P* and *Residual* terms) anomalies at 850 hPa for the 74 identified PJ events from lag −6 to 6 day. Solid (dashed) contours represent positive (negative) values and the zero contours are omitted. The composite results at the 95% confidence level are shaded. The contour interval is 4×10^{-11} s^{-2}

Due to the Ekman effect, the anomalous cyclone is favor for the strengthening of the convection/diabatic heating when the moisture supply is sufficient. In turn, an increasing convection/diabatic heating would also reinforce the anomalous cyclone in the lower troposphere through the *DH_P* term. Thus, there is a positive feedback between the anomalous cyclone and the diabatic heating. That would give an explanation for the continuously growing northwestward shifting anomalous diabatic heating observed in Figs. 3 a5—d5. Thus, it is argued that the anomalous diabatic heating over the tropical WNP should not be simply considered as an external and independent forcing to the PJ pattern. The circulation anomalies associated with the PJ pattern in the lower troposphere also shape the anomalous convection/diabatic heating. Therefore, the anomalous convection/diabatic heating and the circulation of the PJ pattern in the lower troposphere are coupled together and they are two sides of the same coin.

In addition to the anomalous positive vorticity tendency over the tropical WNP, the *DH_P* term also produces a weak but significant anomalous negative vorticity tendency to the south of Japan and a remarkable anomalous positive vorticity tendency over the Sakhalin Island at lag −2 to 0 day (see Figs. 5c3 and d3), which can explain the emergence of the anticyclonic north lobe of the PJ pattern in the lower troposphere and the anomalous cyclone over the Sakhalin Island (see Figs. 3c1 and d1). At lag 0 day, the *MA* term also produces anomalous negative vorticity tendency around Japan which probably contributes to the formation of the north lobe of the PJ pattern too (see Fig. 5d2).

From lag −2 to 0 day, the contributions of the *ZA*, *Theta_P* and *Residual* terms become significant. The *ZA* term tends to offset the anomalous vorticity tendency aroused by the *MA* term by producing alternating anomalous positive and negative vorticity tendency (like a small-scale wavetrain) in the tropical regions and anomalous negative vorticity tendency at the east of Taiwan Island. It is found that the *Theta_P* term in the lower troposphere is dominated by $-(\zeta+f)\frac{1}{\partial\theta/\partial p}\omega\frac{\partial}{\partial p}(\frac{\partial\theta}{\partial p})$ (referred as the *Theta_P4* term). This is because the horizontal distribution of the stability $\frac{\partial\theta}{\partial p}$ is fairly homogenous in the tropics resulting in a rather weak horizontal advection effect. Also because the anomalous $\frac{\partial}{\partial p}(\frac{\partial\theta}{\partial p})$ is much less than the background $\frac{\partial}{\partial p}(\frac{\partial\theta}{\partial p})$. So that the changes of the $\frac{\partial\theta}{\partial p}$ due to the anomalous diabatic heating/cooling are primarily due to the vertical advection of background $\frac{\partial}{\partial p}(\frac{\partial\theta}{\partial p})$ by the anomalous vertical motions. Therefore, the *Theta_P* term (i. e. the effect of static stability), especially in the tropics, always tends to cancel the effect of the *DH_P* term due to the anomalous ascending motions (anomalous $\omega<0$, note that the climatological , $-(\zeta+f)<0$, $\partial\theta/\partial p<0$, $\frac{\partial}{\partial p}(\frac{\partial\theta}{\partial p})>0$). While, the spatial distribution of the *Residual* term is somewhat noisy and difficult to explain straightly.

At lag 2 day, the *MA* term produces anomalous positive vorticity tendency to the south of Japan and anomalous negative vorticity tendency over the tropical WNP, forcing the decay of the PJ pattern. On the contrary, the *DH_P* term, which is largely compensated by the *Theta_P* term, and the *ZA* term are struggling to retain the PJ pattern vorticity anomalies. Due to the sudden decay of the anomalous vorticity of the PJ pattern, the vorticity tendency anomalies at lag 4 day fade away and almost disappear at lag 6 day.

(2) The upper troposphere

Similar analyses are performed on the evolution of the PJ events in the upper troposphere (200 hPa). The projection curves of the *ZA*, *MA*, *VA*, *DH_P*, *Theta_P*, *Residual* terms and their sum curve, as well as the $\frac{\partial \zeta}{\partial t}$ at 200 hPa are shown in Fig. 6. Revealed by the projection curves, it is the *MA* and *Theta_P* terms drive the growth and decay of the PJ pattern in the upper troposphere primarily. Again, clearly, the *ZA* term almost always go against with the *MA* term, like the situation in the lower troposphere. The *ZA* and *Residual* terms, generally speaking, tend to damp the growth and decay of the PJ pattern. It must notice that the contributions of the *DH_P* term on the PJ pattern in the upper troposphere are very limited, which is contrast to that in the lower troposphere. The *VA* term also plays a minor role in the formation of the PJ pattern in the upper troposphere.

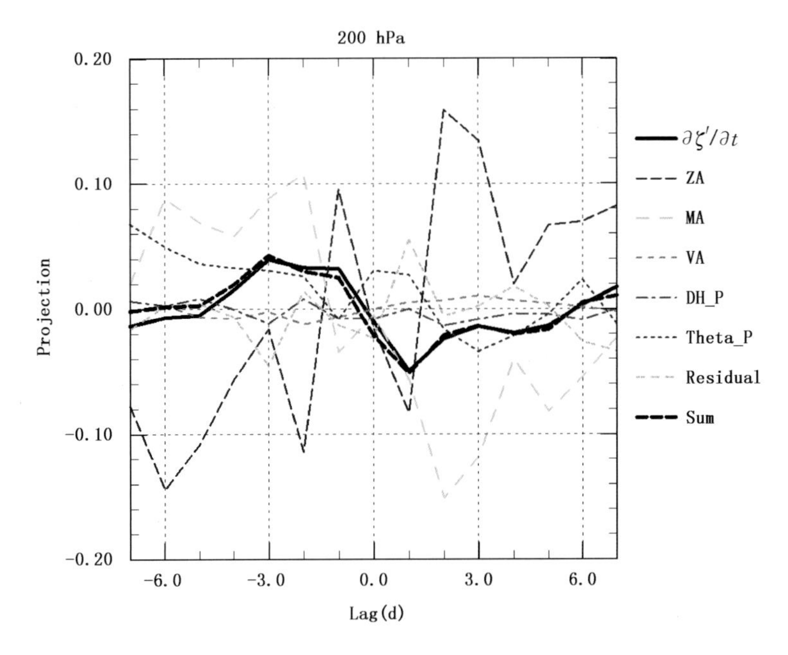

Fig. 6 As in Fig. 4 but for 200 hPa. Six terms on the r. h. s of the VE (the *ZA*, *MA*, *VA*, *DH_P*, *Theta_P* and *Residual* terms) are shown here

Figure 7 exhibits the spatial structures of the composite anomalous key terms from lag −6 to 6 day. Special attention should be paid to the anomalous vorticity tendency produced by the *MA* term. At the growth stage of the PJ pattern (from lag −6 to 0 day), a remarkable anomalous negative vorticity tendency is generated by the *MA* term around the Japan, which drives the formation of the anticyclonic north lobe of the PJ pattern in the upper troposphere. Thus, the north lobe of the PJ pattern in the upper troposphere is dynamics induced, which is very different with the thermal induced north lobe of the PJ pattern in the lower troposphere. At the decay stage (from lag 2 to 6 day), generally speaking, the *MA* term produces anomalous positive vorticity tendency around the Japan, which tends to eliminate the north lobe of the PJ pattern. Obviously, the anomalous vorticity tendency associated with the *MA* term is canceled greatly by the *ZA* term. These results are consistent well with the projection curves shown in Fig. 6.

It also notes that, in the whole life cycle, the contributions of the *DH_P* term to the evolutions of the PJ events in the upper troposphere are relatively weak and less systematic. Only when the anomalous diabatic heating reaches its peak (at lag 0 day), the *DH_P* term produces a weak but systematic and significant anomalous negative vorticity tendency over the tropical WNP (see Fig. 7d4). While the *Theta_P* term produces a significant anomalous positive vorticity tendency to the southwest of Japan and an anomalous negative vorticity tendency over the tropical WNP since lag −6 day (see Fig. 7a5). From lag −4 to 0 day, the anomalous vorticity tendency associated with the *Theta_P* forms a zonal elongated 'north

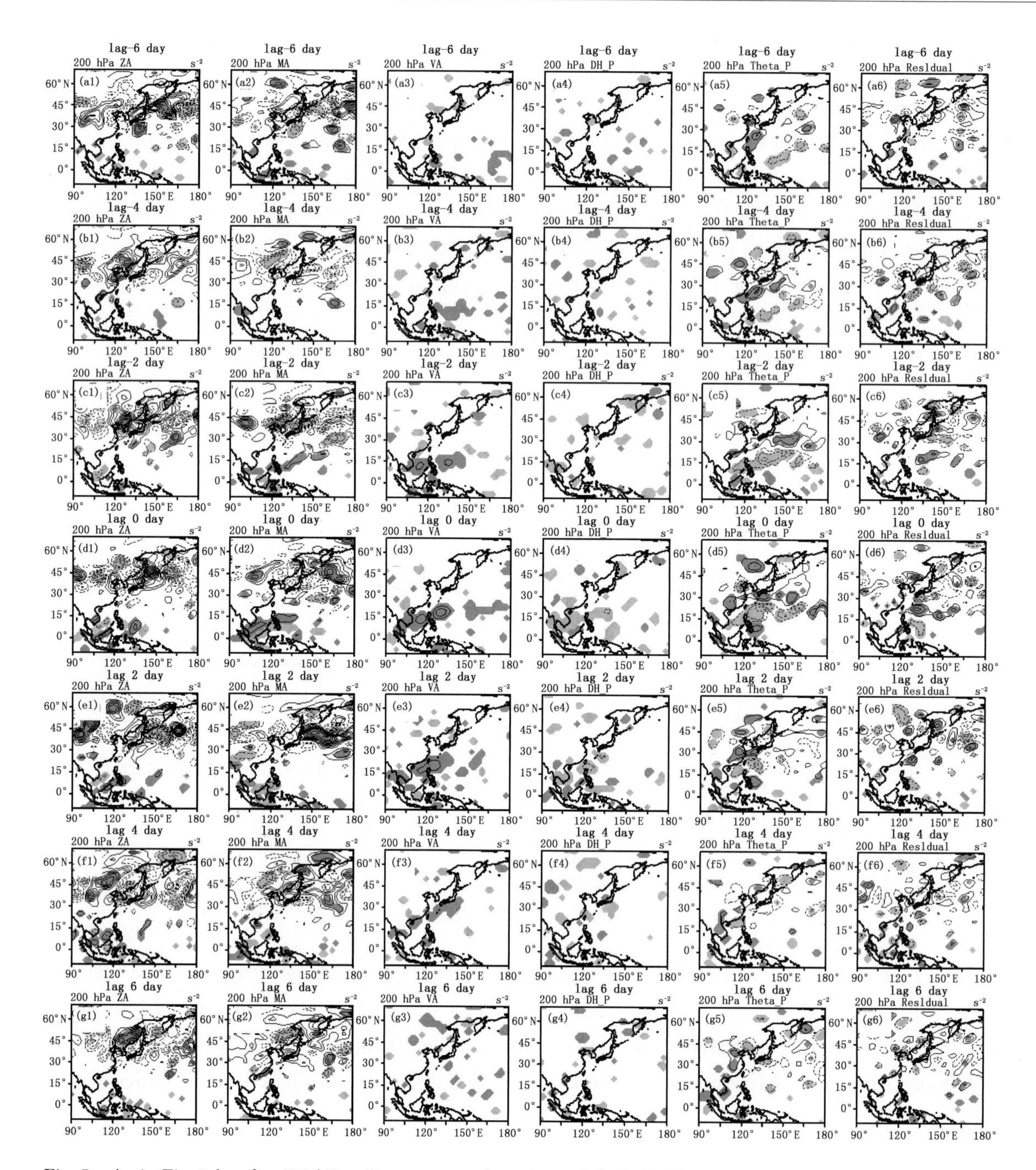

Fig. 7 As in Fig. 5 but for 200 hPa. Six terms on the r. h. s of the VE (the *ZA*, *MA*, *VA*, *DH_P*, *Theta_P* and *Residual* terms) are shown here. The contour interval is 8×10^{-11} s^{-2}

positive-south negative' dipole structure along the 15°—35°N zonal band (see Figs. 7b5—d5). It is clear that the positive anomalous vorticity tendency to the south of Japan induced by the *Theta_P* term drives the formation of the cyclonic south lobe of the PJ pattern in the upper troposphere (referred to Figs. 3 b3—d3). However, from lag −4 to 0 day, the *VA* and *MA* terms produces significant anomalous positive vorticity tendencies over the tropical WNP (see Figs. 7b3—d3, c2—d2), which offset the anomalous negative vorticity tendency associated with the *Theta_P* and *DH_P* terms over there. That would explain why the classical baroclinic responses associated with the internal anomalous diabatic heating in the upper troposphere, that is, the negative vorticity anomalies over the tropical WNP are weak (see Fig. 3d3). Also because, in the upper troposphere, there are positive vorticity anomalies to the south of Japan (via the *Theta_P* term), thus, as we observed from the lower to upper troposphere, the cyclonic south lobes of the PJ pattern have a northward displacement.

We notice that the *MA* terms also produce a weak but significant anomalous negative vorticity tendency with a zonally elongated characteristic over the tropical WNP at lag 0 day (see Fig. 7d2), which can explain the emergence of the anomalous anticyclone over the deep down tropics shown in Fig. 3d3, since they coincide with each other. In the ensuing days (lag 2 to 6 day), the anomalous vorticity tendency associated with the each term (except for the *ZA* and *MA* terms) become to evacuate.

In order to clarify the dynamics for the PJ pattern in the upper troposphere in a further step, a detailed analysis about the relationship between the *Theta_P* term, anomalous vertical speed (omega) and the preexisting extratropical vorticity anomalies prior to the emergence of the PJ pattern are conducted. It is argued that the preexisting extratropical vorticity anomalies also play a role in the formation of the south lobe of the PJ pattern in the upper troposphere by modifying the *Theta_P* term through an adjustment of the anomalous omega.

Figure 8 shows the spatial structures of the composite anomalous *Theta_P*, *Theta_P4*, omega and the rotational thermal wind advection of vorticity [$\frac{\partial \mathbf{V}_\psi}{\partial p} \cdot \nabla(\zeta+f)$ referred as the *TW_VorA*] at 200 hPa from lag −6 to −2 day. The *TW_VorA* is calculated based on a simplified version of the omega equation (Trenberth,1978; Holton,2004), which qualitatively represents the anomalous omega associated with the extratropical vorticity anomalies[①]. That is anomalous positive (negative) vorticity advections by the thermal wind correspond to anomalous negative (positive) omega, namely ascending (descending) motions. As can be seen from this figure, indeed the *Theta_P* term is dominated by the omega related *Theta_P4* term. It is also notice that the positive (negative) values of the *Theta_P*/*Theta_P4* anomalies are almost collocated with regions with the anomalous positive (negative) omega, indicating that the spatial structures of the anomalous *Theta_P*/*Theta_P4* term are mainly controlled by distributions of the anomalous omega. At lag −6 day, the positive/negative omega anomalies over the WNP are obviously thermal driven since they are coincided with the anomalous diabatic cooling/heating over there. However, from lag −4 to −2 day, the positive omega anomalies to the south of Japan are considered as, at least partly, dynamic driven by the preexisting extratropical anomalous vorticity. This is because: 1) There are not evident anomalous diabatic cooling to the south of Japan (see Figs. 3b5 and c5). 2) From the right most column of Figure 8, it is noted that the positive omega anomalies to the south of Japan well correspond to the negative anomalous *TW_VorA*, which is consistent with the dynamic meaning of the omega equation. Thus, through modifying the anomalous omega and consequently, the anomalous *Theta_P*/*Theta_P4* term, the preexisting extratropical vorticity anomalies also play a role in the formation of south lobe of the PJ pattern in the upper troposphere.

(3) Influences of nonlinear on the life cycle of the PJ pattern

Kosaka et al. (2006, 2010) investigated the dynamics of the PJ pattern under a linear framework, which naturally excludes the nonlinear effects. Here the nonlinear effects on the life cycle of the PJ events are briefly addressed. Clearly, a limited space of paper does not allow concerning the nonlinear effects in all the terms on the r. h. s of the VE. Here, only the nonlinear part in the *MA* term is discussed since this term plays an important role in the evolution of the PJ events whether in the lower or upper troposphere and the calculation of the nonlinear part in this term is simple enough.

---

① It should be pointed out that, the omega equation is derived under the quasi-geostrophic framework. Therefore, strictly speaking, the geostrophic thermal wind and geostrophic relative vorticity should be used for the calculation. However, this study substitutes the relative vorticity and rotational thermal wind for the geostrophic relative vorticity and geostrophic thermal wind to simplify the calculation.

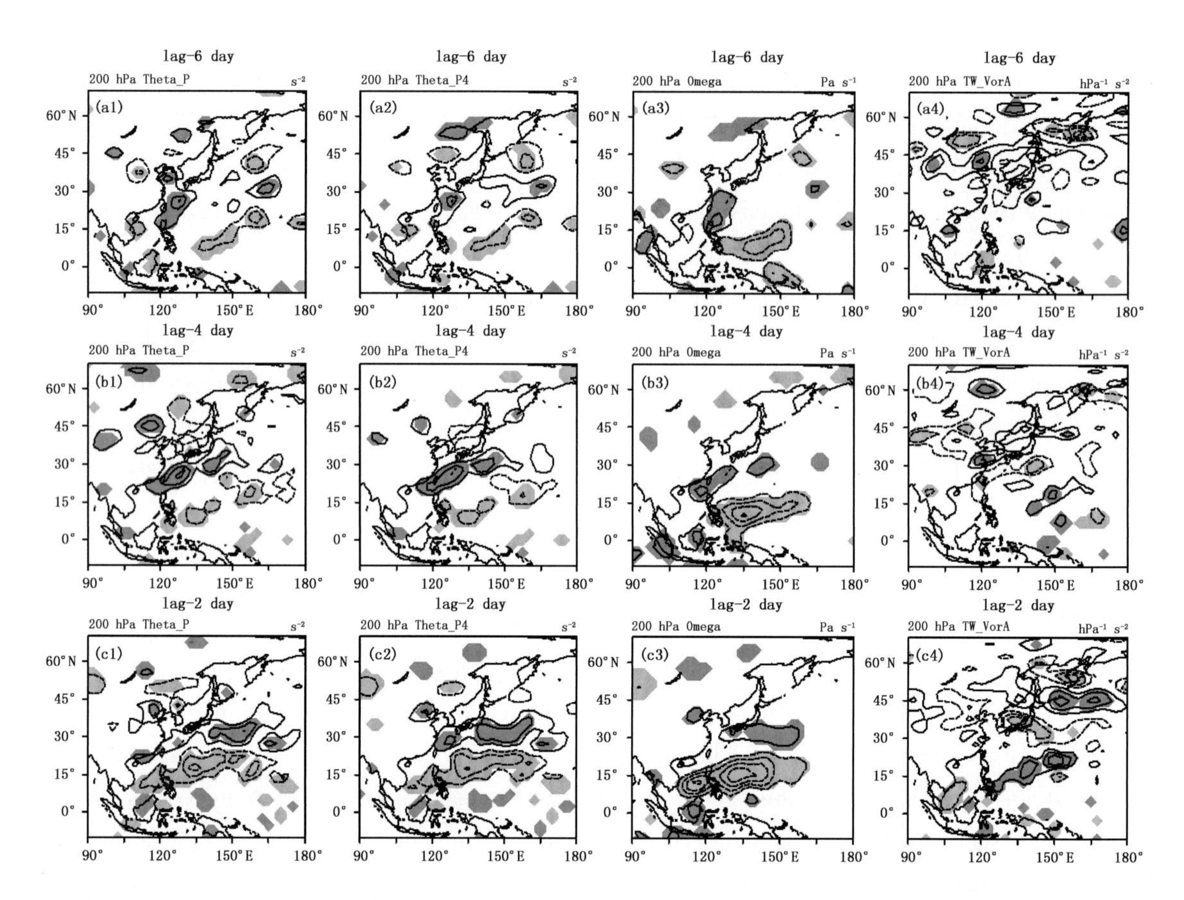

Fig. 8　Composites of the *Theta_P*, *Theta_P4* terms, the vertical speed (omega) and the rotational thermal wind advection of vorticity anomalies (TW_VorA) at 200 hPa for the 74 identified PJ events from lag −6 to −2 day. Solid (dashed) contours represent positive (negative) values and the zero contours are omitted. The composite results at the 95% confidence level are shaded. The contour interval for the *Theta_P* and *Theta_P4* is 8×10^{-11} s^{-2}, for the omega is 1×10^{-2} Pa/s, for the TW_VorA is 5×10^{-15} hPa/s^2

The composite vorticity tendency anomalies due to the nonlinear part of the *MA* term (referred as the *NMA* term) in the lower and upper troposphere from lag −6 to 6 day are shown in Fig. 9. To gain a direct perception about how much role does the *NMA* term play, the composite vorticity tendency anomalies associated with the *MA* term are also redrawn in Fig. 9. It is apparent that, from lag −2 to 4 day, the contributions of the *NMA* term are principal for the negative anomalous vorticity tendency in the lower troposphere over the tropical WNP, which force the decay of the PJ pattern. This indicates that the nonlinear effects would force the PJ pattern to decay when the intensity of the circulations anomalies associated with the PJ pattern reach a certain degree, which, of course, is the one of physical reasons responsible for the subseasonal nature of the PJ pattern. While, in the upper troposphere, the *NMA* term provides a large part of anomalous negative vorticity tendency around the Japan from lag −6 to 0 day, that is important for the formation of the north lobe of the PJ pattern in the upper troposphere. Based on these results, it is argued that the nonlinear effect is an important part of the dynamics of the PJ pattern, particularly for the upper troposphere. That is probable a reason that why in the idealized model the PJ—like pattern is not modeled satisfactorily, especially in the upper troposphere (Kosaka et al., 2010; Liu et al., 2013) and why in the CGCMs the seasonal predictability of the north lobe of the PJ pattern is relatively low (Kosaka et al., 2012).

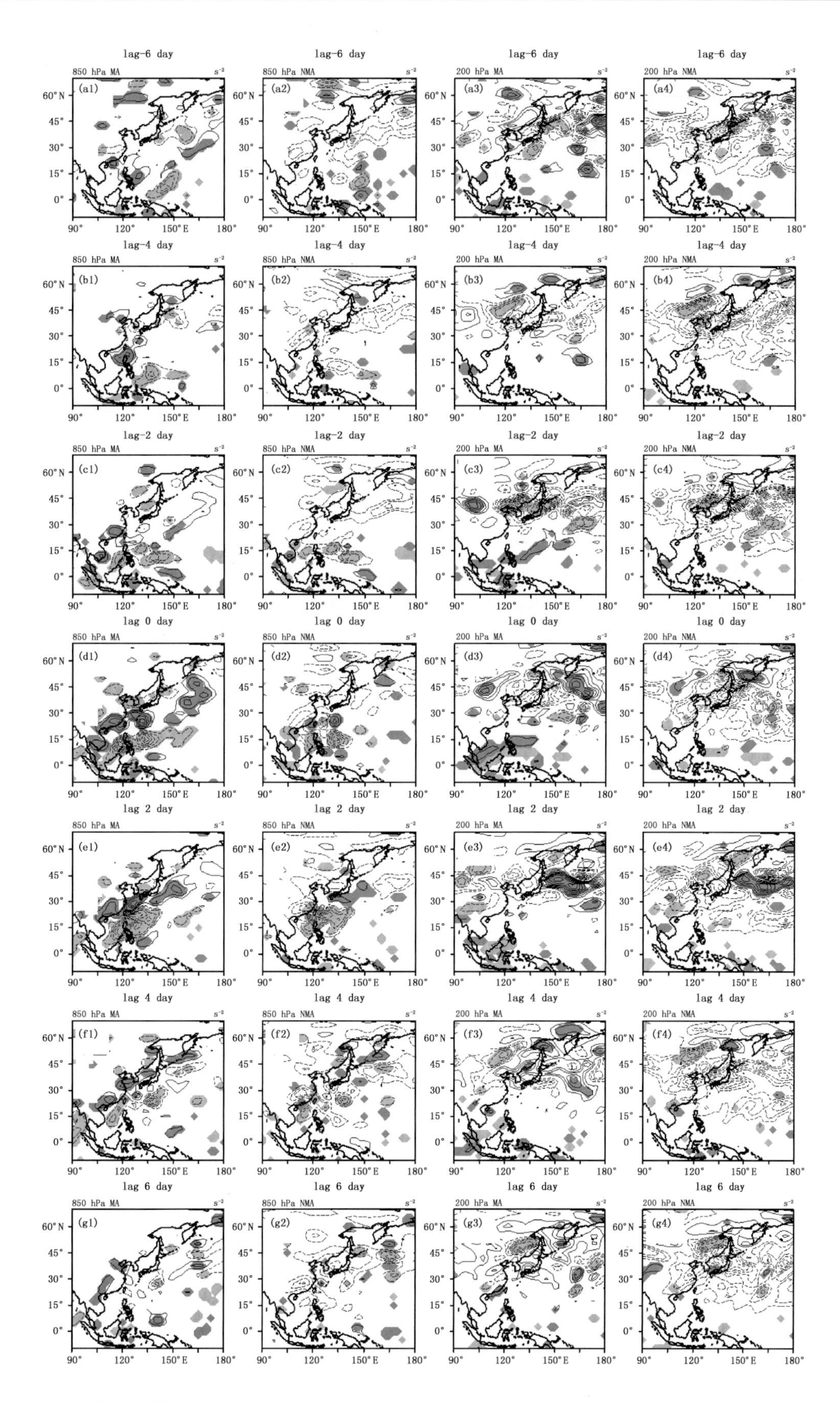

Fig. 9 Composites of the *MA* and *NMA* terms at 850 and 200 hPa for the 74 identified PJ events from lag −6 to 6 day. Solid (dashed) contours represent positive (negative) values and the zero contours are omitted. The composite results at the 95% confidence level are shaded. The contour interval for the results at 850 (200) hPa is 4×10^{-11} s^{-2} (8×10^{-11} s^{-2})

5 Summary

In this study, the dynamical processes that drive of the growth and decay of the PJ events in subseasonal time scales, i. e. the life cycle of the PJ pattern, are investigated by using daily reanalysis data. Based on the 74 identified PJ events, composite analyses are performed on the anomalous voriticity fields from the lower troposphere to the tropopause and anomalous diabatic heating at 400 hPa from lag −7 to 7 d. Results show that the PJ events have a typical life cycle within approximately two weeks and significant diabatic heating anomalies over the tropical WNP are closely evolved in. In the lower troposphere (850 hPa), served as the south lobe of the PJ pattern, a growing anomalous cyclone with an evident northwestward displacement dominates the growth of the PJ pattern. In the upper troposphere (200 hPa), the growth of the PJ pattern is characterized by the temporal evolution of the preexisting equivalent-barotropic extratropical vorticity anomalies. Both in the lower and upper troposphere, the decays of the PJ pattern are rather sudden.

To investigate the dynamics of the life cycle of the PJ events, a vorticity tendency budget diagnose is performed by using the VE that includes the explicit contributions of thermodynamic elements in isobaric coordinates. Based on the projection curves of the key terms on the r. h. s of the VE and their spatial distributions of the composite anomalies, the primary physical processes responsible for the life cycle of the PJ pattern can be summarized as follow.

In the lower troposphere:

(1) At lag −7 to −6 day, anomalous weak cyclone over the tropical WNP is aroused by the anomalous weak diabatic heating through the *DH_P* term.

(2) At lag −6 to −4 day, the advection of background vorticity by the anomalous meridional wind fields associated with the anomalous cyclone produces anomalous positive and negative vorticity tendency to the west and east sides of the anomalous cyclone, leading to the anomalous cyclone has a westward displacement. Meanwhile, due to the Ekman effect and the *DH_P* term, the anomalous diabatic heating and cyclone reinforce each other and move westward.

(3) At lag −4 to 0 day, accompanying with the growing anomalous cyclone over the tropical WNP, the advection of anomalies vorticity by the background prevailing southerlies and the nonlinear meridional advection become significant. These effects produce anomalous positive (negative) vorticity tendency to the north (south) flanks of the anomalous cyclone inducing its northward movement and forming the cyclonic south lobe of the PJ pattern. During this period, the *MA* and *DH_P* terms are offset by the *ZA* and *Theta_P* term, respectively.

(4) From lag −2 to 0 day, the *DH_P* term generates anomalous negative vorticity tendency to the south of Japan, which drives the formation of the anticyclonic north lobe of the PJ pattern.

(5) From lag 2 to 4 day, the PJ pattern is forced to decay quickly primarily due to the nonlinear part of the *MA* term.

In the upper troposphere:

(1) From lag −6 to 0 day, the *MA* term (primary the nonlinear part) produces anomalous negative vorticity tendency around the Japan (which is counteracted by the *ZA* term greatly), leading to the formation of the anticyclonic north lobe of the PJ pattern.

(2) From lag −4 to 0 day, the *Theta_P* term induces anomalous vorticity tendencies with a zonal elongated 'north positive-south negative' dipole structure along the 15°−35°N zonal band. The positive anomalous vorticity tendency to the south/southeast of Japan, which is, at least partly, resulted from

the dynamically produce the anomalous descending motion associated with the preexisting extratropical vorticity anomalies, drives the formation of the cyclonic south lobe of the PJ pattern.

(3)From lag −2 to 2 d, the *VA* and the *DH_P* terms produce anomalous positive vorticity tendencies around the tropical WNP balancing the anomalous negative vorticity tendencies associated with the *Theta_P* term over there. These cause the vorticity anomalies associated with the PJ pattern over the tropical WNP in the upper troposphere are barely observed.

From the composite life cycle of the PJ events, it is clear that there are extratropical vorticity anomalies in the upper/middle troposphere preceding the onset of the PJ pattern. These preexisting extratropical vorticity anomalies are consistent with the results of Lu et al. (2007) who found that before the convection peak over the tropical WNP, there is a wave train appearing and propagating westward in the upper troposphere over the midlatitude North Pacific.

This study indicates that, besides the anomalous tropical diabatic heating, these preexisting extratropical vorticity anomalies are also important for the formation of the PJ pattern in the upper troposphere. Moreover, they might also suppress the convection activities and thus resulting in diabatic cooling anomalies to the south/southeast of Japan, since they tend to induce anomalous descending motion dynamically over there. Probably, they play a role in the formation of the north lobe of the PJ pattern in the *lower troposphere* through the *DH_P* term as well. Therefore, the dynamics of the life cycle of the PJ pattern suggest that the PJ pattern should not be merely considered as a tropical-origin teleconnection.

Acknowledgments: This work is sponsored by the National Nature Science Foundation of China (Grant No. 41275086). JS is also supported by the the 973 program (Grant No. 2010CB950401).

References

Feldstein S B, 2003. The dynamics of NAO teleconnection pattern growth and decay[J]. Q J R Meteorol Soc, 129:901-924.

Gambo K, Kudo K, 1983. Teleconnections in the Zonally Asymmetric Height Field During the Northern Hemisphere Summer[J]. J Meteor Soc Japan, 61:829-838.

Holton J R, 2004. An Introduction to Dynamic Meteorology. Fourth edition[M]. Elsevier Academic Press.

Hsu H H, Weng C H, 2001. Northwestward Propagation of the Intraseasonal Oscillation in the Western North Pacific during the Boreal Summer: Structure and Mechanism[J]. J Climate, 14:3834-3850.

Huang R H, 1987. Influence of the heat source anomaly over the western tropical Pacific on the subtropical high over East Asia[C]. Proceedings in International Conference on the General Circulation of East Asia, April 10-15, Chengdu, China.

Huang R H, Li W J, 1988. Influence of heat source anomaly over the western tropical Pacific on the subtropical high over East Asia and its physical mechanism[J]. Chinese Journal of Atmospheric Sciences, 12, (special issue):107-116(in Chinese).

Huang R H, 1992. The East Asia/Pacific Pattern Teleconnection of Summer circulation and Climate Anomaly in East Asia [J]. Acta Meteorological Sinica, 6:25-37.

Huang R H, Sun F Y, 1992. Impacts of the tropical western Pacific on the East Asia summer monsoon[J]. J Meteor Soc Japan, 70:243-256.

Kalnay E, et al, 1996. The NCEP/NCAR 40-year reanalysis project[J]. Bull Amer Meteor Soc, 77:437-470.

Kasahara Akira, 1984. The Linear Response of a Stratified Global Atmosphere to Tropical Thermal Forcing[J]. J Atmos Sci, 41:2217-2237.

Kasahara A, da Silva Dias P L, 1986. Response of Planetary Waves to Stationary Tropical Heating in a Global Atmosphere with Meridional and Vertical Shear[J]. J Atmos Sci, 43:1893-1912.

Kato T, Matsuda Y, 1992. External Mode Induced by Tropical Heating in the Basic Flow with Vertical Shear and its Propagation[J]. J Meteor Soc Japan, 70:1057-1070.

Kosaka Y, Nakamura H, 2006. Structure and dynamics of the summertime Pacific-Japan teleconnection pattern[J]. Q J R Meteorol Soc, 132:2009-2030.

Kosaka Y, Nakamura H, 2010. Mechanisms of Meridional Teleconnection Observed between a Summer Monsoon System and a Subtropical Anticyclone. Part I: The Pacific-Japan Pattern[J]. J Climate, 23:5085-5108.

Kosaka Y, et al,2012. Limitations of Seasonal Predictability for Summer Climate over East Asia and the Northwestern Pacific[J]. J Climate, 25:7574-7589.

Kurihara K, Tsuyuki T, 1987. Development of the barotropic high around Japan and its association with Rossby wave-like propagation over the North Pacific:Analysis of August 1984[J]. J Meteor Soc Japan, 65:237-246.

Li R C Y, Zhou W, Li T, 2014. Influences of the Pacific-Japan Teleconnection Pattern on Synoptic-Scale Variability in the Western North Pacific[J]. J Climate, 27:140-154.

Lim H, Chang C P, 1983. Dynamics of teleconnections and Walker circulations forced by equatorial heating[J]. J Atmos Sci, 40:1897-1915.

Lim H, Chang C P, 1986. Generation of internal and external-model motions from internal heating: Effects of vertical shear and damping[J]. J Atmos Sci, 43:948-957.

Liu F, Wang B, 2013. Mechanisms of Global Teleconnections Associated with the Asian Summer Monsoon: An Intermediate Model Analysis. J. Climate, 26, 1791-1806.

Lu R, et al, 2007. Midlatitude westward propagating disturbances preceding intraseasonal oscillations of convection over the subtropical western North Pacific during summer[J]. Geophys Res Lett, 34:L21702. DOI:10. 1029/2007GL031277.

Lu R, Li Y, Dong B, 2006. External and Internal Summer Atmospheric Variability in the Western North Pacific and East Asia[J]. J Meteor Soc Japan, 84:447-462.

Lu R, Lin Z D, 2009. Role of Subtropical Precipitation Anomalies in Maintaining the Summertime Meridional Teleconnection over the Western North Pacific and East Asia[J]. J Climate, 22:2058-2072.

Nitta T, 1986. Long-Term Variations of Cloud Amount in the Western Pacific Region[J]. J Meteor Soc Japan, 64:373-390.

Nitta T, 1987. Convective Activities in the Tropical Western Pacific and Their Impact on the Northern Hemisphere Summer Circulation[J]. J Meteor Soc Japan, 65:373-390.

Nitta T, Hu Z Z, 1996. Summer climate variability in China and its association with 500hPa height and tropical convection [J]. J Meteor Soc Japan, 74:425-445.

Nitta T, Maruyama T, Motoki T, 1986. Long-Term Variations of Troposphere Circulations in the Western Pacific Regions as Derived from GMS Cloud Winds[J]. J Meteor Soc Japan, 64:895-911.

Ogasawara T, Kawamura R, 2007. Combined effects of teleconnection patterns on anomalous summer weather in Japan[J]. J Meteor Soc Japan, 85:11-24.

Sardeshmukh P D, Hoskins B, 1988. The Generation of Global Rotational Flow by Steady Idealized Tropical Divergence[J]. J Atmos Sci, 45:1228-1251.

Song J, Li C Y, 2014. Contrasting Relationship between Tropical Western North Pacific Convection and Rainfall over East Asia during Indian Ocean Warm and Cold Summers[J]. J Climate, 27:2562-2576.

Trenberth K E, 1978. On the Interpretation of the Diagnostic Quasi-Geostrophic Omega Equation[J]. Mon Wea Rev, 106: 131-137.

Tsou C H, et al,2005. Northward and Northwestward Propagation of 30 -60 Day Oscillation in the Tropical and Extratropical Western North Pacific[J]. J Meteor Soc Japan, 83:711-726.

Tsuyuki T, Kurihara K, 1989. Impact of convective activity in the western tropical Pacific on the East Asian summer circulation[J]. J Meteor Soc Japan, 67:231-247.

Wakabayashi S, Kawamura R, 2004. Extraction of Major Teleconnection Patterns Possibly Associated with the Anomalous Summer Climate in Japan[J]. J Meteor Soc Japan, 82:1577-1588.

Wang B, Xie X S, 1996. Low-Frequency Equatorial Waves in Vertically Sheared Zonal Flow. Part I: Stable Waves[J]. J Atmos Sci, 53:449-467.

Wang Z, et al, 2005. Teleconnections fromTropics to Northern Extratropics through a Southerly Conveyor[J]. J Atmos Sci, 62:4057-4070.

Wu B, T J Zhou, Li T, 2009. Seasonally evolving dominant interannual variability modes of East Asian climate[J]. J Climate, 22:2992-3005.

Yanai M, Esbensen S, Chu J H, 1973. Determination of bulk properties of tropical cloud clusters from large-scale heat and moisture budgets[J]. J Atmos Sci, 30:611-627.

冬季北太平洋上空大气的低频变化特征

平巳川[1]　谭言科[2]

（1 国防科技大学气象海洋学院，南京　211101；2 复旦大学大气科学研究院，上海　200438）

摘　要：利用1948—2016年的NCEP/NCAR逐日大气再分析资料，本文研究了北太平洋冬季大气的低频变化，揭示了低频变化的主要模态及其移动性演变特征，同时分析了低频变化的垂直结构，并进一步探讨了低频变化与中高纬度大气环流系统之间的联系。结果表明，北太平洋冬季大气的低频变化表现为周期约24 d的传播型振荡，低频扰动起源于副热带中东太平洋上空，其后迅速向东北方向传播并发展加强，在阿拉斯加湾上空达到最强后向西移动，最终在欧亚大陆东北部消亡。该低频振荡的传播能够对中高纬度地区的AL、NPO、PNA以及WP型遥相关产生影响。

关键词：北太平洋，位势高度，低频变化，遥相关

1　引言

大气的低频变化主要包括准双周振荡和季节内振荡（李丽平等，2012）。Madden和Julian（1971，1972）于1971年在热带地区首先发现大气存在40～50 d的周期性振荡，由此有关大气季节内振荡的研究在热带地区展开。其后的研究表明（Anderson et al.，1987；张可苏，1987；李崇银，1990；何金海等，1992；智协飞等，1996），大气的低频变化并非是热带地区独有的现象，在中高纬度同样存在。在三维结构、传播特征、激发机制等方面，中高纬度地区与热带地区的低频变化存在显著差异。

研究表明，不仅与热带地区的季节内振荡存在本质不同，中高纬度地区的低频变化亦存在区域性特征，不同地区的低频变化具有自身特点和变化原因。杨双艳等（2014）对冬季中高纬度欧亚大陆地区的低频振荡进行研究并指出，冬季欧亚大陆的低频振荡以10～30 d周期为主，传播方向为东南向传播。在年际尺度上，该低频振荡强度的变化与欧亚型遥相关存在密切联系。孔晓宇等（2017）的研究进一步指出，受位于欧亚大陆上空的东南向传播的低频波列的影响，华南地区的降水呈准双周低频振荡特征。韩荣青等（2010）的研究则指出在北半球副热带区域低频振荡向西传播的能量强于向东传播的能量。朱乾根等（1994）的研究通过计算低频动能通量散度表明，北半球冬季对流层大气低频振荡动能的大值区域主要位于中东太平洋，在中高纬度地区，低频动能的源和汇呈现向西的纬向传播特征和向北的经向传播特征。

大气的低频变化同天气、气候变化存在密切联系。苗青等（2016）通过研究北半球中高纬度欧亚大陆上空的低频变化指出，低频波列的传播导致了东北地区的极端低温事件；马晓青等（2008）在对冬季强寒潮事件的研究中指出，寒潮的爆发与大气低频波动存在密切联系；朱毓颖等（2013）进一步指出中国冬季持续性低温事件是中、低纬度大气低频振荡共同作用的结果；杨严和徐海明（2015）通过分析青藏高原春季500 hPa纬向风低频振荡的演变特征及其与我国南方降水之间的关系发现，青藏高原上空经向自北向南和纬向自西向东传播的纬向风低频振荡通过影响中纬度大尺度环流异常对我国南方降水产生影响；陈丹萍等（2016）对2007年夏季江淮地区的降水过程进行研究时指出，低频振荡从高纬度地区沿着西北—东南方向传播并不断向江淮流域输送能量，为该地区强降水的产生提供有利条件。

北太平洋地区的大气变化具有多时间尺度的特征，既有频繁的天气尺度涡旋活动，也有显著的10～90 d的低频尺度变化。本文采用长时间再分析资料，以1000 hPa位势高度场为代表，对北太平洋冬季大

气的低频变化进行诊断分析，以期对低频变化的主要模态及其时空演变特征进行研究。

2 资料和方法

本文所用资料为美国国家环境预报中心/国家大气研究中心（NCEP/NCAR）提供的北半球大气逐日的再分析资料，时间范围为1948—2016年，共69年的冬季（冬季指当年的12月至次年的2月）；水平分辨率为2.5°×2.5°；铅直方向共17层（1000 hPa、925 hPa、850 hPa、700 hPa、600 hPa、500 hPa、400 hPa、300 hPa、250 hPa、200 hPa、150 hPa、100 hPa、70 hPa、50 hPa、30 hPa、20 hPa、10 hPa）。

为了得到位势高度场的低频变化采用Butterworth滤波方法，采用EOF分解方法得到低频变化的主要模态。

为了分析位势高度场低频变化的移动性演变特征，参考Matthews的位相合成法（Matthews，2010），分别以EOF分解所得第一模态对应的时间系数为横轴，以第二模态对应的时间系数为纵轴，分12个位相进行分类。在t时刻（1948年至2016年冬季中的某一天），低频模态表示为二维空间矢量$PC(t)$：

$$PC(t)=[PC_1(t),PC_2(t)] \tag{1}$$

式中，PC_1和PC_2分别为第一模态和第二模态对应的时间系数。12个位相分别命名为phase1，phase2，…，phase12，相邻位相间的夹角为30°（π/6）。从phase1至phase12，位相角的取值范围分别为：[0°，30°）、[30°，60°）、…[330°，360°）。若以24 d为周期，则相邻位相间的时间间隔为：

$$\frac{\pi}{6}/2\pi\times 24\ \mathrm{d}=2\ \mathrm{d} \tag{2}$$

位相合成法的具体步骤如下：

（1）对位相phase N（N=1，2，…，12）中所有未标准化的时间系数求均值得到$\overline{PC_1}$（$\overline{PC_2}$）。

（2）将$\overline{PC_1}$与第一模态的特征向量相乘V_1，与$\overline{PC_2}$第二模态的特征向量V_2相乘，将两个乘积之和，即$\overline{PC_1}\times V_1+\overline{PC_2}\times V_2$，作为位相phase N的合成结果。

为进一步分析北太平洋冬季大气的低频变化与中高纬度典型大气环流系统之间的关系，计算了对流层低层系统的AL指数和NPO指数，以及对流层中高层系统的PNA指数和WP指数。AL指数的计算方法为（Trenberth，1990）：海平面气压场在（30°—65°N，160°E—140°W）的区域平均值。NPO指数的计算方法为（Furtado et al.，2012）：NPO北部中心（55°—72.5°N，180°—140°W）各格点上的海平面气压距平的区域平均值与NPO南部中心（15°—27.5°N，175°E—147.5°W）各格点上的海平面气压距平的区域平均值之差。PNA指数的计算方法为（李崇银，1995）：

$$I_{PNA}=\frac{1}{4}[Z^*(20°\mathrm{N},160°\mathrm{W})-Z^*(45°\mathrm{N},165°\mathrm{W})+Z^*(55°\mathrm{N},115°\mathrm{W})-Z^*(30°\mathrm{N},85°\mathrm{W})] \tag{3}$$

WP指数的计算方法为（李崇银，1995）：

$$I_{WP}=\frac{1}{2}[Z^*(60°\mathrm{N},155°\mathrm{E})-Z^*(30°\mathrm{N},155°\mathrm{E})] \tag{4}$$

式（3）、式（4）中Z^*表示经过标准化处理的500 hPa位势高度场。各指数均进行了标准化处理。其中，AL指数越小表示AL强度越强，反之亦然；NPO（WP）指数越小，表示NPO（WP）型遥相关的正位相越强，NPO（WP）指数越大，表示NPO（WP）型遥相关的负位相越强；PNA指数越小，表示PNA型遥相关的负位相越强，PNA指数越大，表示PNA型遥相关的正位相越强。

3 北太平洋冬季1000 hPa位势高度场低频变化的主要模态

首先使用Butterworth滤波方法对北半球冬季1000 hPa的位势高度场进行了10～90 d的滤波，得到其低频部分Z'。图1给出了EOF分解所得第一模态和第二模态的空间分布，分解区域为（120°E—

120°W，30°—70°N）。其中，第一模态空间型（图 1a）表现为以（55°N，155°W）为中心的大尺度的位势高度负异常，该系统占据了北太平洋中东部的海盆区域；第二模态空间型（图 1b）表现为以（60°N，170°E）为中心的位势高度负异常和以（55°N，140°W）为中心的位势高度正异常的共同配置。前两个模态对应的方差贡献分别为 28.7%和 18.7%。前两个模态标准化后的时间系数分别记为 PC_1 和 PC_2。为了说明前两个模态的时间演变特征，对其逐年的时间系数 PC_{1n} 和 PC_{2n}（n=1948，…，2016）做功率谱分析（图略）。结果表明，各年份的功率峰值主要集中在 10～40 d 左右，这一结果表明 EOF 分解所得前两个模态确实表现为显著的低频变化。

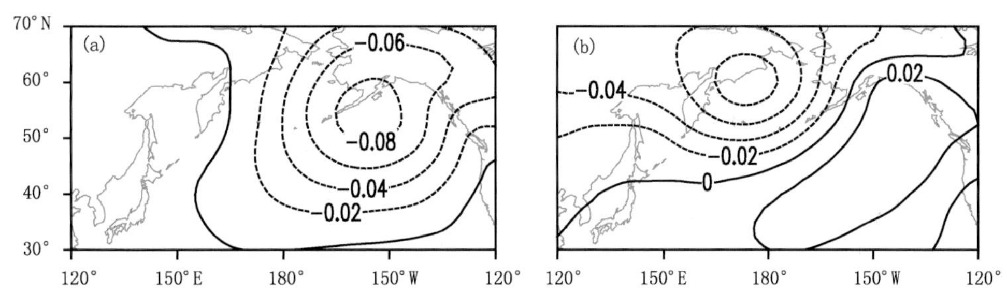

图 1　北太平洋冬季 1000 hPa 低频位势高度场 EOF 分解所得前两个模态的空间分布
（a）第一模态；（b）第二模态

为进一步研究这两个模态之间的关系，计算二者时间系数的超前—滞后相关，即对逐年的 PC_{1n} 和 PC_{2n}（n=1948，…，2016）求超前—滞后相关，并将所有年份的平均值作为最终结果（图略）。当第一模态时间系数超前第二模态时间系数 6 d 时，达到最大正相关；当第一模态时间系数滞后第二模态时间系数 5 d时，达到最大负相关，最大相关系数的绝对值均通过 95%的显著性 t 检验。因此，EOF 分解得到的前两个模态反映的是同一低频变化在循环周期中的不同位相，二者共同解释了北太平洋冬季大气低层位势高度场低频变化约 47%的方差贡献，描述了一个向西偏北方向移动的系统，其完整循环的平均周期约为 24 d。

4　北太平洋冬季 1000 hPa 位势高度场低频变化的移动特征

通过上文 EOF 分解结果以及对 PC_1 和 PC_2 的超前—滞后相关分析可知，北太平洋冬季 1000 hPa 位势高度场低频变化的主要模态存在传播特征，具体表现为向西偏北方向的移动。下文针对位相合成法所得低频变化的移动特征进行深入分析。

图 2 给出了 1000 hPa 位势高度场的低频模态在一个周期的 12 个位相的合成图。从图中可以看到，在 phase 1，北太平洋中东部存在海盆尺度的位势高度负异常，该闭合环流中心位于日界线以东，中心位置在 60°N 附近；在 phase 2，负异常扰动向西北方向移动；在 phase 3，负异常扰动强度减弱，扰动中心继续向西偏北方向移动，同时，在副热带东太平洋洋面有位势高度正异常扰动形成；在 phase 4，负异常扰动中心移动至日界线以西，正异常扰动迅速向东北方向扩展，扰动强度显著增强；在 phase 5，负异常扰动强度进一步减弱，正异常扰动增强，正、负异常扰动中心均向西移动；在 phase 6，负异常扰动移动至欧亚大陆上空，正异常扰动进一步增强，扰动中心持续西移；在 phase 7，负异常扰动消亡，正异常扰动成为占据北太平洋洋面的主导模态。其后，在 phase 8 至 12，正异常扰动逐步向西北方向移动，越过日界线后强度逐渐减弱，同时在 phase 9 中可以看到，有新的位势高度负异常扰动形成，负异常扰动形成后向东北方向扩张，强度不断增强，其后转向西北方向移动。

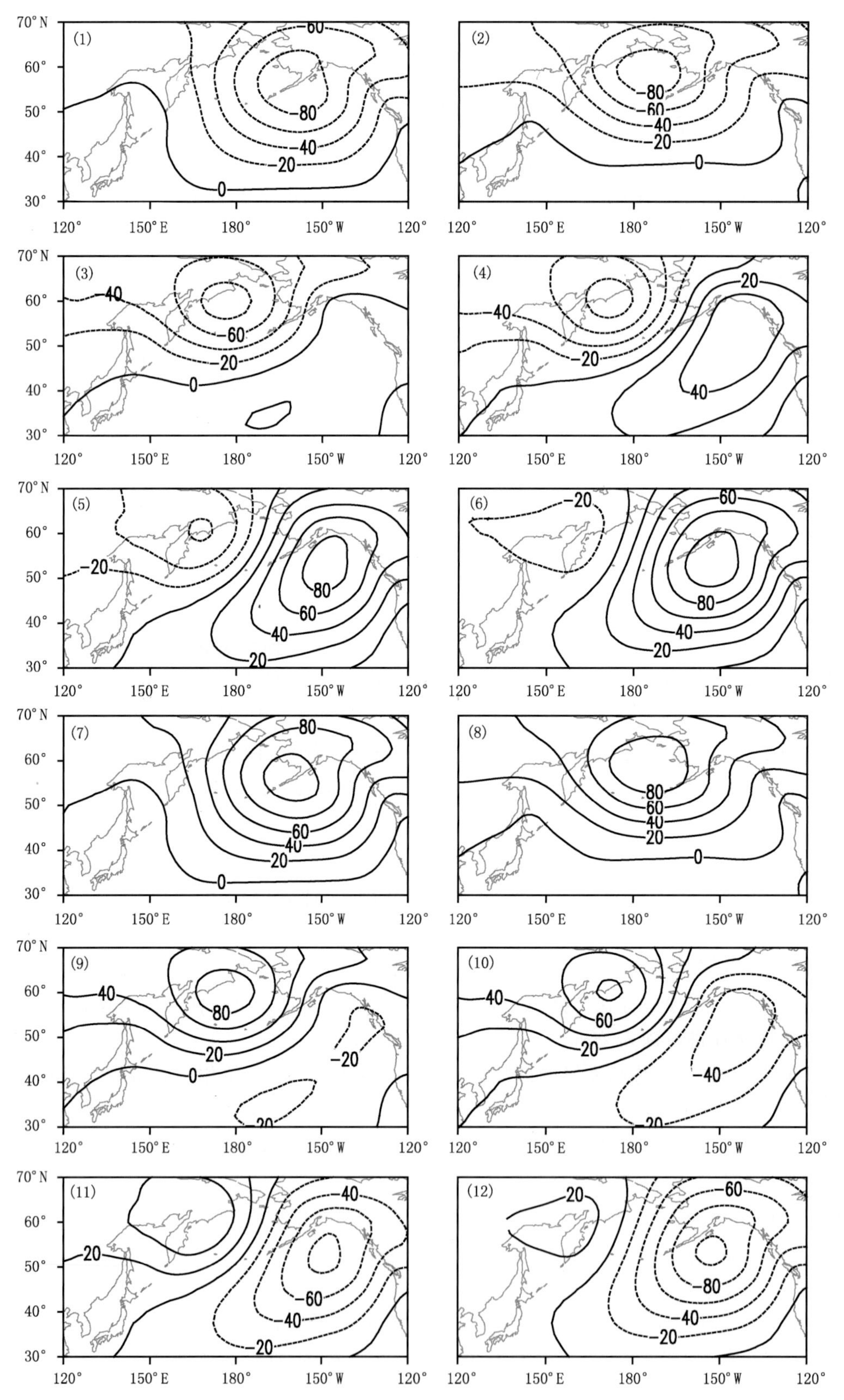

图 2　1000 hPa 位势高度场的低频模态随位相的演变

（等值线间隔 20 gpm，左上角标表示位相：phase N）

5 北太平洋冬季低频变化的垂直结构

上文对北太平洋冬季对流层低层低频变化的主要模态及其移动特征进行了分析。那么，在对流层中层和高层是否存在对应的低频模态？若存在，该低频模态在对流层整层中的垂直结构是怎样的？下文将针对这一问题进行研究。

图 3 分别给出了由时间系数超前—滞后回归得到的海平面气压场和对流层中层(500 hPa)位势高度场的演变。由于低频变化的第二模态与第一模态之间存在 6 d 的时滞关系，以下给出的回归场均为时间系数的回归结果与超前 6 d 的回归结果之和。

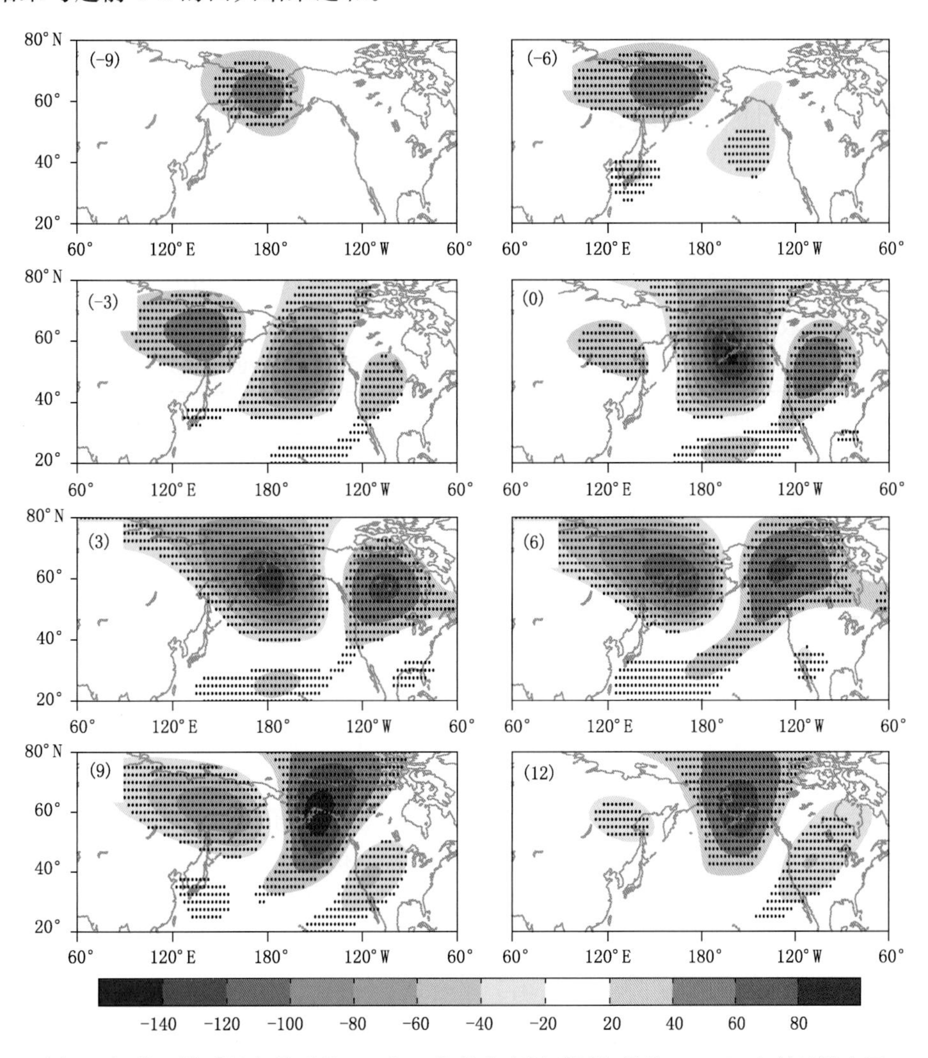

图 3 超前—滞后回归得到的 500 hPa 位势高度场(阴影，单位：gpm)，点刻区域表示通过 99% 显著性检验的区域，左上角标表示超前—滞后时间

在对流层中层(图 3)，位势高度场的低频变化仍然表现为正、负异常扰动的发展演变。从超前 9 d 开始，位于欧亚大陆东北角的位势高度正异常扰动不断向西移动，在欧亚大陆上空转向西偏南方向移动，同时强度不断减弱，至滞后 3 d 时，该正异常扰动已经消亡；从超前 6 d 开始，在东太平洋洋面有一个位势高度负异常扰动形成，扰动形成后强度显著增强，并向东北方向迅速扩展，在 0 d 时，扰动中心位于阿留申群岛地区，从滞后 3 d 开始，该负异常扰动转向西北方向移动，越过日界线后，在大陆上空负异常扰动强度逐渐减弱；在超前 3 d 和 0 d 时，在北美大陆上空和太平洋中部分别有一个位势正异常扰动形成，扰动形成后沿着逆时针轨迹移动，在滞后 6 d 时，二者合并为一个整体，合并后的正异常扰动增强，继续向西偏北方向移动；在滞后 6 d 时，一个位势高度负异常扰动在美国西海岸形成，扰动形成后呈东北—西南向伸展。从

以上演变过程来看，对流层中层位势高度场的低频变化以负异常扰动的形成、增强、减弱和衰退的过程为主，伴随有正异常扰动的减弱、衰退和再形成、增强。在对流层高层位势高度场的演变特征与对流层中层一致（图略），这里将不再赘述。

由对流层中层位势高度场的低频变化可以看出，正、负异常扰动均表现出移动型演变特征。其中，在0 d和滞后3 d时，太平洋40°N以北地区存在一个位势高度负异常扰动，在其南侧的副热带中东太平洋洋面上有一个位势高度正异常扰动，形成南正—北负的偶极子型分布，同时在北美西海岸存在一个位势高度正异常扰动，形成了副热带太平洋洋面和美国东南部上空位势高度场的同向变化，而北太平洋上空位势高度场与二者反向变化，这种环流形势有利于太平洋—北美型遥相关（PNA）的正位相（负位相）在低频尺度的增强（减弱）。在滞后6 d，位势高度负异常扰动越过日界线向西传播的过程，45°N以北地区位势高度场的降低有利于西太平洋型遥相关（WP）的正位相（负位相）在低频尺度的增强（减弱）。

6　低频变化与大气环流系统的关系

上文分析指出北太平洋冬季海平面气压场和500 hPa位势高度场的低频变化在一定程度上能够影响AL以及NPO、PNA、WP型遥相关在低频尺度上的发展演变。为进一步验证北太平洋冬季大气的低频变化与中纬度大气环流系统之间存在密切联系，计算了逐年冬季的时间系数PC_1、PC_2与各大气环流指数之间的超前—滞后相关系数。

表1　PC_1、PC_2与各种大气环流系统指数之间同期相关的相关系数

指数	PC_1	PC_2
AL	−0.734*	−0.110
NPO	−0.725*	−0.306*
PNA	0.573*	−0.077
WP	−0.047	−0.553*

注：带“*”号表示通过99%显著性检验。

表1给出了PC_1、PC_2与各大气环流指数同期相关系数的多年平均值。从中可以看出，PC_1与AL、NPO、PNA指数之间的相关系数通过了99%的显著性检验，PC_2与NPO存在一定的负相关关系，但与WP型遥相关之间的相关关系更显著。当北太平洋冬季1000 hPa低频位势高度场表现为位于北太平洋中东部地区，中心位置在(55°N,155°W)附近位置的海盆尺度的单极子型负异常扰动时，AL强度增强，同时有利于NPO正位相（负位相）的维持（减弱），对流层中高层位势高度场表现为正位相的PNA型遥相关。当低频位势高度场表现为以(60°N,170°W)和(50°N,140°W)为中心的负异常扰动和正异常扰动呈西北—东南向的偶极型分布时，NPO正位相强度略有增强，对流层中高层位势高度场对应显著的WP型遥相关的正位相。

图4和图5进一步给出了时间系数PC_1、PC_2与各大气环流指数超前—滞后相关关系的年际变化以及显著年份的平均结果，纵坐标负值表示时间系数超前大气环流指数。

在图4a～c中，每年冬季，PC_1超前6 d至滞后6 d，均与AL、NPO呈显著负相关，与PNA呈显著正相关，即：当大气低频变化的第一模态强度增强，有利于滞后时刻AL以及NPO、PNA的正位相强度增强；反之，当AL以及NPO、PNA正位相强度偏强，有利于滞后时刻第一模态的增强。上述相关关系存在年际变化，多年平均结果显示，第一模态与同期AL负相关最大，PC_1滞后1 d与NPO/PNA负相关/正相关最大。在图4d中，PC_1与WP同期相关不显著，在部分年份，PC_1超前WP存在正相关关系，PC_1滞后WP存在负相关关系，即：当大气低频变化的第一模态强度增强，有利于滞后时刻WP负位相强度增强；当WP正位相强度偏强，有利于滞后时刻第一模态的增强。多年平均结果显示，PC_1超前5 d与WP达到最大正相关，PC_1滞后5 d与WP达到最大负相关。

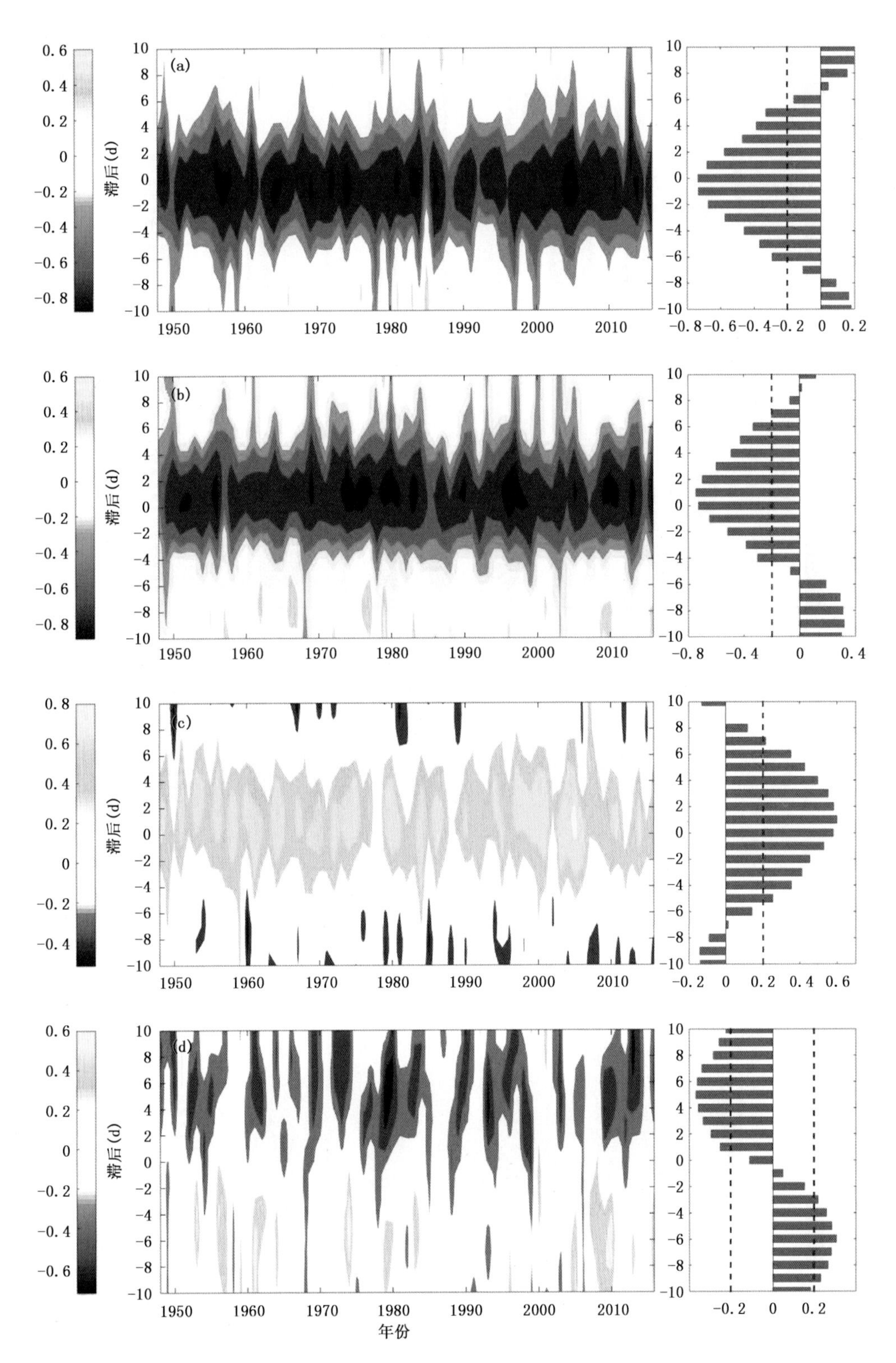

图4 逐年的 PC_1 与大气环流指数:AL(a)、NPO(b)、PNA(c)、WP(d)之间的超前—滞后相关系数(阴影区域表示通过95%显著性检验区域)及超前—滞后相关系数显著年的平均值(右侧蓝色条形图,红色虚线表示95%显著性检验线)

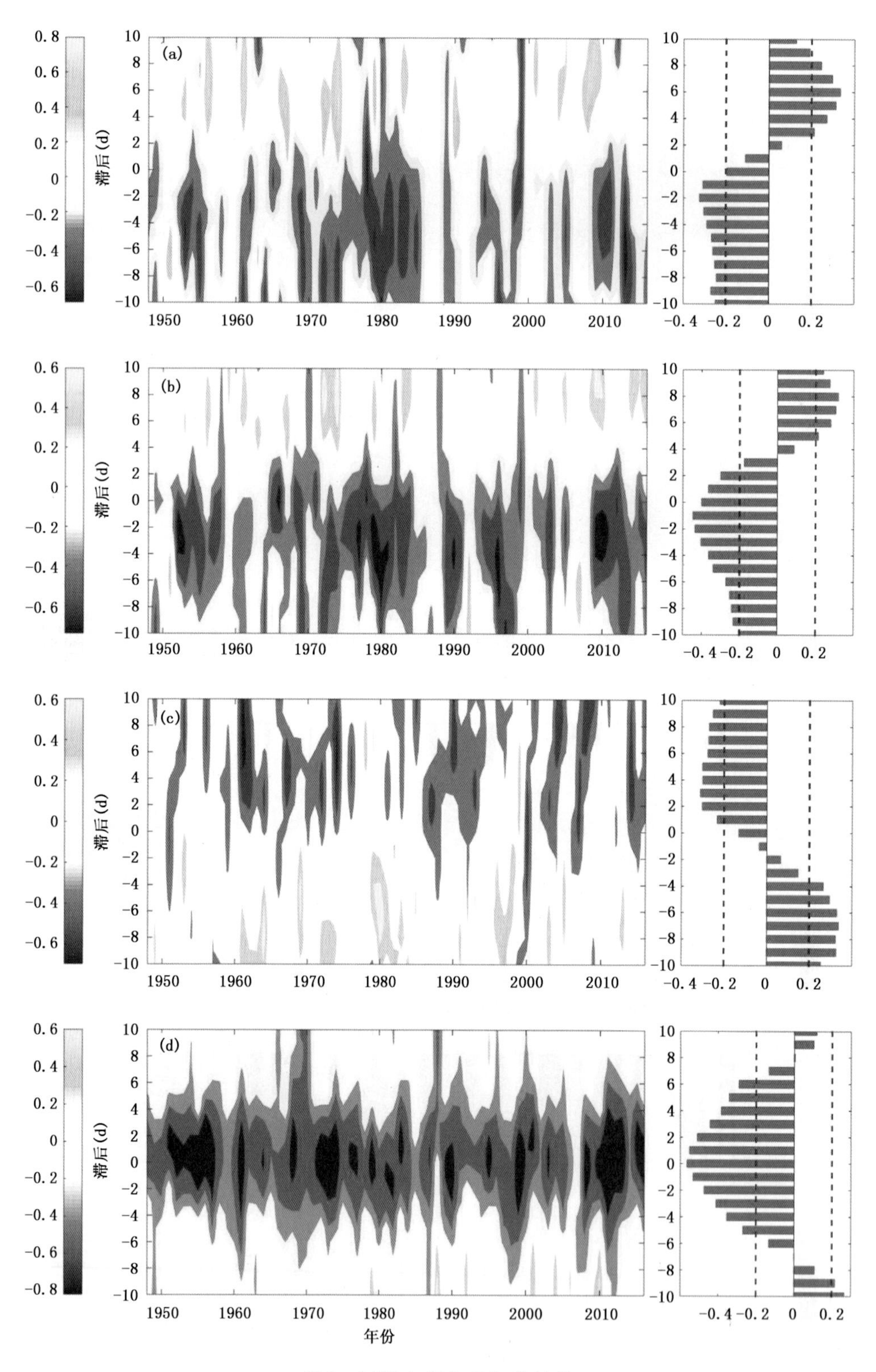

图 5　同图 4，但为 PC_2 的结果

在图 5a～c 中，部分年份，PC_2 超前变化时，与 AL、NPO 呈负相关，与 PNA 呈正相关，即：当大气低频变化的第二模态强度增强，有利于滞后时刻，AL 以及 NPO、PNA 的正位相强度增强。多年平均结果显示，PC_2 超前 2 d 与 NPO 存在显著的负相关关系。在图 5d 中，每年冬季，PC_2 超前 5 d 至滞后 4 d，均与 WP 呈显著负相关，即：当大气低频变化的第二模态强度增强，有利于滞后时刻，WP 正位相强度增强；反

之，当 WP 正位相强度偏强，有利于滞后时刻，第二模态的增强。这种相关关系存在年际变化，多年平均结果显示，PC_2 与同期 WP 负相关关系最显著。

上述相关分析表明，北太平洋冬季大气低频变化的主要模态确实与中高纬度地区主要的大气环流形势之间存在着相关关系，进一步证实了上文指出的低频模态演变过程中对大气环流形势的影响。低频变化的第一模态和第二模态与大气环流形势之间的相关关系存在差异的根本原因在于这两个模态所处地理位置和空间分布型的不同，是低频变化移动型演变特征的体现。

7 结论

本文利用 NCEP/NCAR 的北半球冬季逐日的位势高度场资料，从主要模态、移动特征、垂直结构及其与大气环流系统之间的联系等方面，对冬季北太平洋地区的低频变化进行系统的研究，得出的主要结论如下。

(1)北太平洋冬季 1000 hPa 位势高度场的低频变化存在两个主要模态。其中，第一模态是位于北太平洋中东部地区，中心在(55°N，155°W)附近位置的海盆尺度的单极子型位势高度负异常扰动；第二模态是分别以(60°N，170°W)和(50°N，140°W)为中心的负异常扰动和正异常扰动呈西北—东南向分布的偶极子型模态。两个模态之间在超前(滞后)5～6 d 时存在显著的相关关系。北太平洋冬季 1000 hPa 位势高度的低频变化表现为移动型波动。空间上，该波动占据了中高纬度北太平洋区域，时间上，以 24 d 左右为一个传播周期。

(2)北太平洋冬季对流层低层位势高度场的低频变化表现为一对负异常扰动和正异常扰动的移动型演变。负异常(正异常)扰动由中纬度东太平洋洋面生成，其后强度显著增强，并迅速向东北方向扩展，扰动中心移动至阿拉斯加湾附近区域后，转向西北方向移动，越过日界线后，继续西移，强度开始减弱，在欧亚大陆上空消亡。与此同时，负异常(正异常)扰动的衰退伴随着新的正异常(负异常)扰动的生成。正异常(负异常)扰动生成后持续北上，强度不断增强，随后逐渐向西移动，强度减弱。负异常扰动和正异常扰动保持一致的移动路径，形成循环，交替出现，成为北太平洋地区的主导模态。

(3)在垂直方向上，北太平洋冬季海平面气压场的低频变化影响了 AL 和 NPO 在低频尺度的演变，500 hPa 位势高度场的低频变化影响了对流层中高层 PNA 和 WP 型遥相关在低频尺度的演变。

(4)时间系数与中高纬度大气环流指数之间的相关分析表明，北太平洋冬季大气低频变化的第一模态与 AL、NPO 以及对流层中高层的 PNA 型遥相关存在显著的相关关系；低频变化的第二模态与 WP 型遥相关的相关关系更显著，以上相关关系均存在年际变化特征，气候平均结果表明，低频变化的第一模态与同期 AL 负相关最大，第一模态滞后 1 d 时与 NPO(PNA)负相关(正相关)最大；低频变化的第二模态与同期 WP 负相关最大。

参考文献

陈丹萍，管兆勇，侯俊，等，2016. 2007 年夏季江淮强降水过程中 10～30 d 低频变化及其与对流层上层波包活动的联系[J]. 大气科学学报，39(2)：177-188.

韩荣青，李维京，董敏，2010. Temporal and Spatial Characteristics of Intraseasonal Oscillations in the Meridional Wind Field over the Subtropical Northern Pacific [J]. Journal of Meteorological Research，24(3)：276-286.

何金海，杨松，1992. 东亚地区低频振荡的经向传播及中纬度的低频波动[J]. 气象学报，50(2)：190-198.

孔晓宇，毛江玉，吴国雄，2017. 2002 年夏季中高纬大气准双周振荡对华南降水的影响[J]. 大气科学，41(6)：1204-1220.

李崇银，1990. 大气中的季节内振荡[J]. 大气科学，14(1)：32-45.

李崇银，1995. 气候动力学引论[M]. 气象出版社.

李丽平，王盘兴，管兆勇，2002. 大气季节内振荡研究进展[J]. 大气科学学报，25(4)：565-572.

马晓青，丁一汇，徐海明，等，2008. 2004/2005 年冬季强寒潮事件与大气低频波动关系的研究[J]. 大气科学，32(2)：380-394.

苗青，巩远发，邓锐捷，等，2016. 北半球中高纬度低频振荡对 2012/2013 年冬季中国东北极端低温事件的影响[J]. 大气科学，40(4)：817-830.

杨双艳，武炳义，张人禾，等，2014. 冬季欧亚中高纬大气低频振荡的传播及其与欧亚遥相关型的关系[J]. 大气科学，38(1)：121-132.

杨严，徐海明，2015. 青藏高原春季 500hPa 纬向风季节内振荡特征及其与我国南方降水的关系[J]. 南京信息工程大学学报(1)：58-67.

张可苏，1987. 40-50 天的纬向基流低频振荡及其失稳效应[J]. 大气科学，11(3)：3-12.

智协飞，何金海，1996. 北半球中高纬度大气低频变化的若干基本特征[J]. 大气科学学报(1)：76-82.

朱乾根，智协飞，1994. 北半球冬季中高纬 30～60 天振荡动能源、汇的特征[J]. 大气科学学报(3)：284-290.

朱毓颖，江静，2013. 中国冬季持续性低温事件的低频特征以及中低纬大气低频振荡对其的影响[J]. 热带气象学报，29(4)：649-655.

Anderson J R, Rosen R D, 1983. The latitude-height structure of 40-50 day variations in atmospheric angular momentum [J]. J Atmos Sci, 40(6): 1584-1591.

Furtado J C, Lorenzo E D, Anderson B T, et al, 2012. Linkages between the North Pacific Oscillation and central tropical Pacific SSTs at low frequencies [J]. Climate Dynamics, 39(12): 2833-2846.

Madden R A, Julian P R, 1971. Detection of a 40-50 day oscillation in the zonal wind in the Tropical Pacific [J]. Journal of Atmospheric Sciences, 28(5): 702-708.

Madden R A, Julian P R, 1972. Description of global-scale circulation cells in the Tropics with a 40-50 day period [J]. Journal of Atmospheric Sciences, 29(6): 1109-1123.

Matthews A J, 2010. Propagation mechanisms for the Madden-Julian Oscillation [J]. Quarterly Journal of the Royal Meteorological Society, 126(569): 2637-2651.

Trenberth K E, 1990. Recent observed interdecadal climate changes in the Northern Hemisphere [J]. Bulletin of the American Meteorological Society, 71(7): 377-390.

The Low-frequency Variation Characteristics during the Wintertime over Northern Pacific Ocean

PING Yichuan[1], TAN Yanke[2]

(1 College of Meteorology and Oceanography, National University of Defense Technology, Nanjing 211101;
2 Institute of Atmospheric Sciences, Fudan University, Shanghai 200438)

Abstract: By using the NCEP/NCAR daily atmospheric reanalysis data from 1948 to 2016, this paper analyzes the low-frequency variation of the atmosphere over the North Pacific in boreal winter, reveals the typical mode and the propagation characteristics of the low-frequency variation, analyzes the vertical structure of low-frequency variation, and discusses the connection between the low-frequency variation and the atmospheric circulation system at medium and high latitudes. The results show that the atmospheric low-frequency variations in North Pacific winter are the traveling waves with a period of about 24 days. The low-frequency disturbances originate over the subtropical Middle East Pacific Ocean, and then spread rapidly to the northeast and developed. After reaching the maximum intensity over the Gulf of Alaska, they move westward and finally die out in the northeast of the Eurasian continent. The propagation of this low-frequency oscillation can affect the Aleutian low, NPO, PNA and WP teleconnection pattern in the middle and high latitudes.

Key words: North Pacific, geopotential height, atmospheric low-frequency variation, teleconnection

太阳活动变化影响地球气候的途径

肖子牛　霍文娟　李德琳

（中国科学院大气物理研究所大气科学和地球流体力学数值模拟国家重点实验室，北京　100029）

摘　要：太阳辐射是地球气候系统能量的重要来源，但由于太阳活动影响地球气候的过程极为复杂，地球气候系统对太阳外强迫的响应又具有非线性特征，造成了太阳活动变化对气候的影响存在很大的不确定性。气候系统对太阳活动信号是否具有放大作用？是最近引起关注的一个热点问题。本文基于最近我们课题组在该领域的研究进展，对太阳活动影响地球气候的作用途径进行了梳理和归纳总结。在年际和年代际尺度上探讨了太阳活动关键因子对地球气候的可能影响途径、气候系统对太阳活动响应的敏感地区，以及太阳活动信号在气候系统中传播的通道等问题。

关键词：太阳活动，地球气候，敏感区域，影响途径

引言

太阳是地球气候系统最主要的能量来源。太阳辐射变化对地球气候影响的研究由来已久，很多研究结果已经表明，太阳辐射的变化对地球气候在长时间尺度上有重要的影响。但由于太阳总辐射（TSI）在准 11 年周期内的变化量仅占总辐射量的 0.1%，一些学者认为其对近百年全球平均温度变化的贡献几乎可以忽略不计（Foukal et al.，2006）。但众所周知，到达地球大气层顶的太阳辐射是地球其他能量来源总和的 2500 倍，即使千分之一的变化，相对来说仍是不小的扰动。此外，由于气候系统内部非线性过程的复杂性，人们对太阳辐射如何影响气候的机制和过程并没有完全搞清楚。

不可否认，在年代际时间尺度上，由太阳总辐射 TSI 的变化引起的全球温度热响应相对于“温室效应”是一个小量，太阳活动的变化对全球平均的气候变量而言，并不是非常显著的强迫信号。但是，达到地表的太阳辐射受到地表云覆盖的影响，尤其是大气中云过程的影响，以及地球气候系统内部变率过程的叠加和参与，在地球表面的某些区域气候系统中能够检测到显著的太阳信号。云的变化是大气科学中具有最大不确定性的过程之一，云量的分布和变化会直接和间接改变太阳辐射对气候的影响。Meehl 等（2008）曾分析了热带和副热带太平洋晴空区的太阳辐射状况，发现部分区域的太阳辐射强迫比其他地区要大一个量级。Shaviv（2008）从能量收支的角度，将海洋作为一个热量计来测量与太阳活动有关的辐射强迫变化，结果发现海洋中存在很强的太阳信号，比太阳总辐射周期强迫引起的变化大 5～7 倍，这意味着可能存在一个尚未明确的机制作用，这个机制能够放大太阳辐射变化的较弱信号。例如，在太阳辐射变化中，紫外辐射的变化量占总辐射变化量的 32%，在一个太阳活动周期内，紫外波段的变化量约为 6%，其引起的赤道平流层顶温度的变化会达到 1～2 K（Crooks et al.，2005），而平流层顶的温度信号能够通过平对流层的耦合向极向下传播（Kodera et al.，2002；Matthes et al.，2006），进而可能影响到对流层的气候。

由上述可见，地球气候在某些敏感区对太阳活动变化具有特殊的响应，使得太阳活动的影响被放大并传播，进而在某种程度上影响着全球气候和气候变化。因此，探寻太阳活动变化影响地球气候系统的关键区域和关键环节，是我们进一步揭示太阳对地球气候影响的突破口。李崇银院士很早就开始关注太阳活动对地球气候的影响这一探索性科学问题。在李院士的指导下，我们承担了科技部的国家重大科学研究

计划项目《天文与地球运动因子对气候变化的影响研究》的科研任务，对太阳活动影响地球气候的关键因子及其可能的作用途径进行了较为系统的研究，揭示了太阳活动变化对地球气候的影响具有明显的时空选择性（肖子牛等，2016），即在某些区域存在对太阳信号的放大过程（Meehl et al.，2009；Lee et al.，2009）。结合前人的研究，我们初步证实了极地和亚极光带、热带太平洋地区和季风活动区域可能是太阳信号的敏感区和传播通道（黄静等，2013；Tung et al.，2010；Xiao et al.，2016；Zhao et al.，2016），并提出了太阳影响地球天气气候的一些新机制。尽管这一方向的研究目前仍是处于探索阶段，但这些研究结果表明，在不同时间尺度上，太阳活动变化对气候的影响均是不可忽视的。本文将总结梳理在这领域的研究成果，以期对该领域未来的工作开展提供借鉴和参考。

1 太阳活动影响地球气候的关键因子

万亿年以来，太阳持续不断地向地球和宇宙空间发送提供着巨大的光和热，人类对太阳的慷慨和恒久充满敬畏和崇拜，因为太阳的不朽和不变，称之为恒星。而事实上，太阳的恒定和宁静是相对的，太阳的剧烈的变化包含着多种时间尺度的"暴风骤雨"，如有色球网络、太阳风等遍布全日面的比较缓慢的活动，也有黑子、日珥（暗条）、耀斑、日冕物质抛射等太阳上局部区域内变化较快的活动。由于太阳的等离子体特征，磁活动是太阳活动的各种现象中最主要的特征。太阳大气经常出现的一些爆发活动，本质是磁大气活动。其中黑子数变化是最经典、人类认识时间最早的描述太阳磁活动的基本参量。此外，太阳总辐照、10.7 cm 射电流量、Mg-II 指数、开放太阳磁通量、宇宙线以及地磁活动指数等也是太阳周期的特性（图 1），它们与太阳黑子活动周期有很强的相关性（Gray et al.，2010）。

根据人们对太阳一地球气候的研究，我们可以将影响气候的关键因子分为两类。第一类是辐射效应因子，可以用太阳总辐射（TSI）、太阳 F10.7 cm 射电流量、紫外线和太阳黑子（SSN）表征，这一类因子的变化均具有准 11 年周期。第二类是高能粒子因子，可以用太阳风和宇宙射线表征。

随着太阳观测和空间探测技术的发展，人类对太阳活动的认识也在不断深化。在卫星观测技术出现之前，人们普遍认为太阳总辐射（TSI）是一个常量（约 1367 W/m^2），并称其为"太阳常数"（Francis，1954）。但随着卫星观测技术的发展，我们了解到 TSI 与太阳活动关系密切，而并非真正的常数。太阳总辐射随太阳黑子数有一个 11 年左右的周期振荡（Richard et al.，1991），其中太阳活动极大年（峰年）与太阳活动极小年（谷年）之间的 TSI 相差约 1 W/m^2。通常太阳准 11 年的周期是指太阳活动（太阳辐射和高能粒子等）和表象（黑子数、耀斑等）的平均 11 年左右（通常在 9～13.6 年之间）的周期变化，亦称太阳磁活动周或 Schwabe 辐射周期（Yu，2014）。

卫星探测技术的发展使人类能够更加精确地测量太阳辐射各谱段的变化，为解释日一地关系提供了依据。随着探测资料的不断丰富，高能粒子对气候的影响近年来引起了人们的高度重视。通过对观测资料的统计人们发现，高能粒子沉降和太阳风速度的变化与极地高纬度大气环流和海表温度有密切的联系（Xiao et al.，2016）。此外，受太阳活动调制的大气电场和宇宙高能粒子能够明显影响云的微物理过程（Tinsley et al.，2000；Zhou et al.，2007）。基于理论和统计研究，近年来人们提出了宇宙射线通过大气电场对云微物理过程产生作用的机制（Khain et al.，2004），Tinsley 等（2013，2014，2015）。他们的研究结果表明，宇宙射线能够显著的影响云电荷分布和云粒子生长。在理论研究的基础上，人们建立了描述静电云微物理过程的模型，并将该模型应用到云模式中开展了模拟试验研究。模式模拟结果表明，含高分辨率云滴谱的云模式能够准确模拟不同的太阳强度调控下云的微物理过程，并刻画出云的宏观物理过程的不同，以及其造成降水的明显差异（Marsh et al.，2003）。但这种影响机制还尚未在低分辨率模式或气候模式中得到证实，未来如何将在气候模式验证其气候效应，是今后需要进一步开展的研究工作。

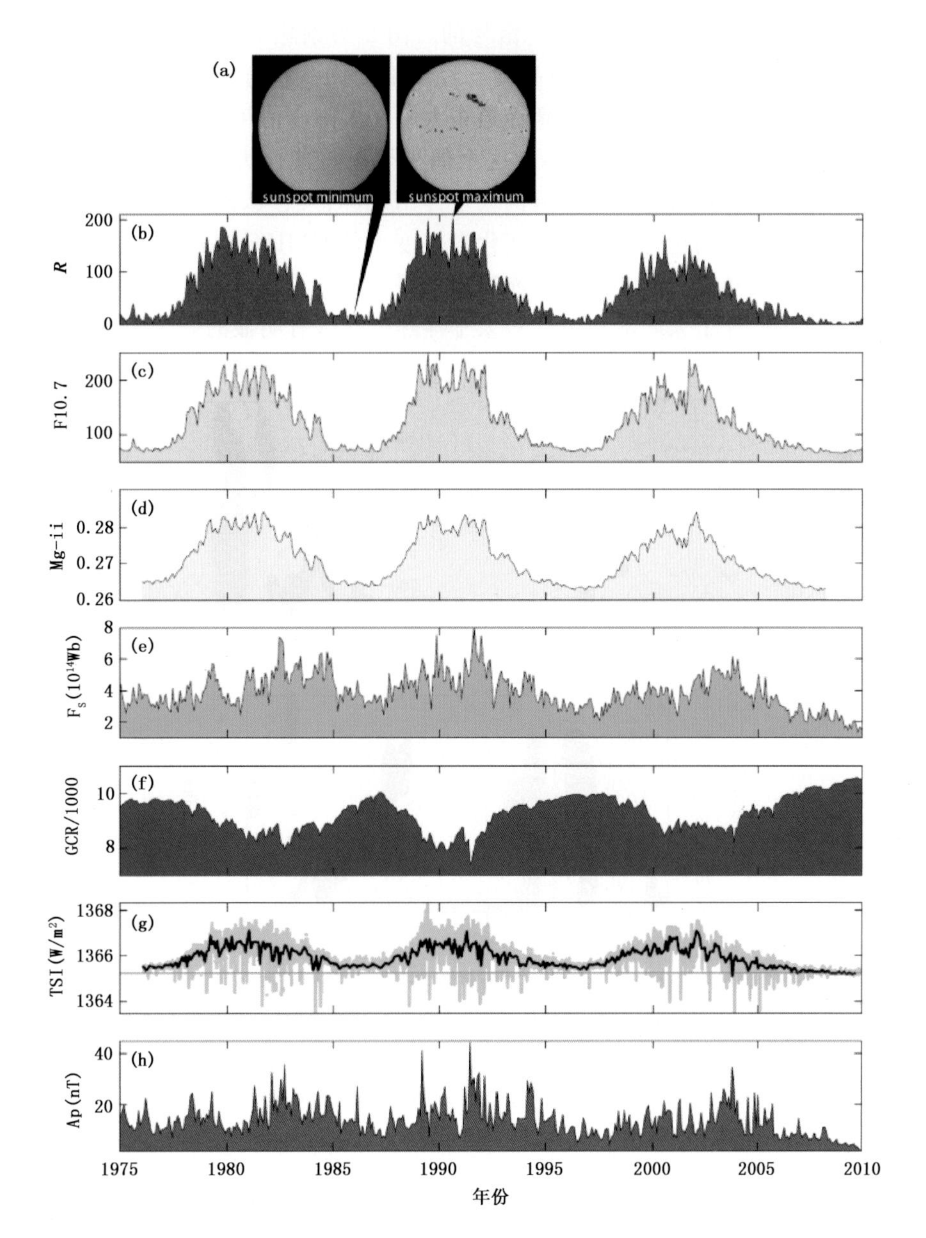

图 1　表征太阳活动的相关指数（来源：Gray et al.，2010）

2　太平洋热带赤道地区气候系统对太阳活动变化的响应

早在 1997 年，White 等（1997）就发现热带太平洋的温度变化与太阳总辐射变化具有锁相特征，但温度异常的暖位相往往滞后于太阳活动的峰值年 1～3 年。此后很多研究揭示了热带太平洋对太阳辐射强迫的响应模态类似于 ENSO-like（Van et al.，2008；Meehl et al.，2009），这种响应使得太阳活动高值年的海洋温度为正异常（Tung et al.，2010；Indrani，2014），并对该地区的区域气候模态存在调制作用（Haigh，1996；Ruzmaikin，1999）。Misios 等（2012）的研究工作进一步指出，赤道西太平洋的深对流区向东移动是独立于海气耦合作用的准 11 年周期活动。Gleisner 和 Thejll（2003）的研究也证实，在太阳活动高值年 Walker 环流位于赤道西太平洋的上升支和东太平洋的下沉支会增强。由此可见，热带太平洋海气系统是对太阳总辐射变化敏感的区域之一。

Xiao 等（2016）最近的研究分析了太平洋赤道热带地区对流活动与太阳活动变化的关系，结果表明，在太阳活动高值年（峰值年及之后两年）的北半球夏季，西太平洋对流活动会呈现一个偶极异常模态，而这个西太平洋的对流活动偶极模是独立于ENSO信号的。图2为剔除ENSO信号后，太阳活动高年(HS)与活动低年(LS)夏季垂直速度合成差值分布高度一经度剖面图。垂直速度用Omega表示，负值(正值)表示异常的上升(下沉)运动。从图中可以看到赤道东太平在太阳峰值年后有利于出现东部上升而西部下沉的异常垂直环流配置结构，为一个偶极模态。这个偶极模态将使西太平洋深对流区向东移动，Walker环流的上升支也随之异常东移，与此同时，赤道西太平洋出现异常西风，最终导致海表面温度异常的滞后响应。霍文娟(2017)进一步利用包含太阳周期变化自然变率的CMIP5模式气候模拟的集合结果对此进行了分析。发现在太阳峰值年滞后的2～3年，赤道西太平洋上空会形成一个东部上升、西部下沉的异常垂直环流结构。模式结果验证了太阳活动变化对太平洋热带地区有明显的影响。

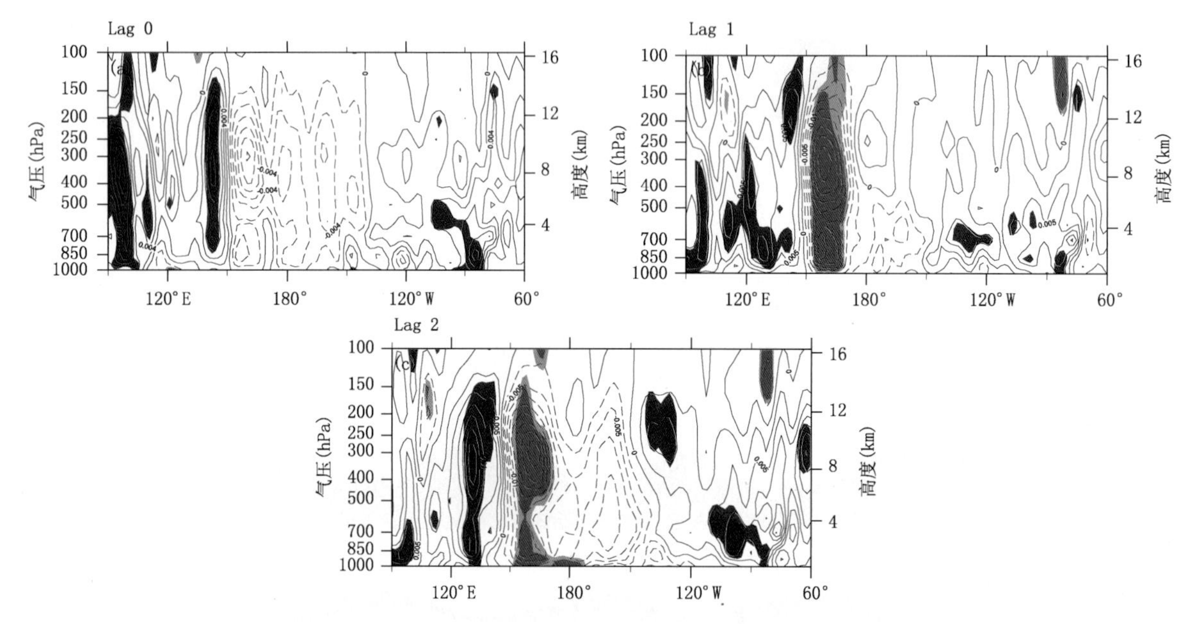

图2　剔除ENSO信号后，(a)太阳活动高年(HS)夏季垂直速度与LS年夏季垂直速度的合成差值分布高度一经度剖面图(5°S—5°N平均)；(b) HS+1年夏季垂直速度与LS+1年夏季垂直速度的合成差值分布高度一经度剖面图；(c)HS+2年夏季垂直速度与LS+2年夏季垂直速度的合成差值分布高度一经度剖面图。浅色填充区域通过了90%信度检验，深色填充区域通过了95%信度检验(来源：Xiao et al.，2016)

在此基础上，Huo等(2016)进一步研究揭示了热带太平洋地区海气系统存在明显的对太阳辐射强迫的滞后响应，并指出其空间模态有助于El Nino Modoki事件的发生。由于基本大气环流模态决定了云覆盖空间特征，在太阳活动高值年(峰值年及之后的1～3年)，异常强太阳辐射加热会造成热带东、西太平洋局地受热不同。而赤道中太平洋地区的增暖响应将在随后的海气相互作用过程中被放大，发展成为类似El Nino Modoki的响应模态。此外，太阳活动变化对平流层臭氧机制的化学过程，也会“自上而下”地影响到赤道热带地区对流层的大气环流，在太平洋热带地区这种影响是显著的，并受到对流层高层到平流层的准两年振荡(QBO)纬向风相位的影响(Balachandran et al.，1995)。

由于海洋系统具有较大的热容量，其对太阳辐射强迫会具有更长时间的滞后响应，人们需要在更长时间尺度上寻找海洋热含量中的太阳信号。Wang等(2015)在太平洋上层海洋热含量中检测到太阳信号，发现在热带中太平洋和热带西太平洋分别存在两个太阳信号的敏感响应区。周期谱分析显示，这两个区域海洋热含量异常存在明显的准十年变率，但是二者的位相是不同的。Huo等(2016)从太阳活动周期位相的角度，对太阳辐射增加的上升时段(正相位)和太阳辐射减少的下降时段(负相位)所对应的热带太平洋的海洋热含量进行了分析，发现海洋热含量对太阳活动的响应在热带中东太平洋和热带西太平洋存在显著的反相特征(图3)。在太阳辐射增加的上升相位，热带中东太平洋海洋热容量为负异常，热带西太平洋海洋热容量为正异常；与此相反，太阳辐射处于减少的下降相位时，热带中东太平洋海洋热容量为正异常而热带西太平洋为负异常。因此，热带太平洋地区热含量的异常与太阳活动位相具有锁相特征，其中热带中东太平洋与西太平洋的热含量异常呈反相位的相关关系。

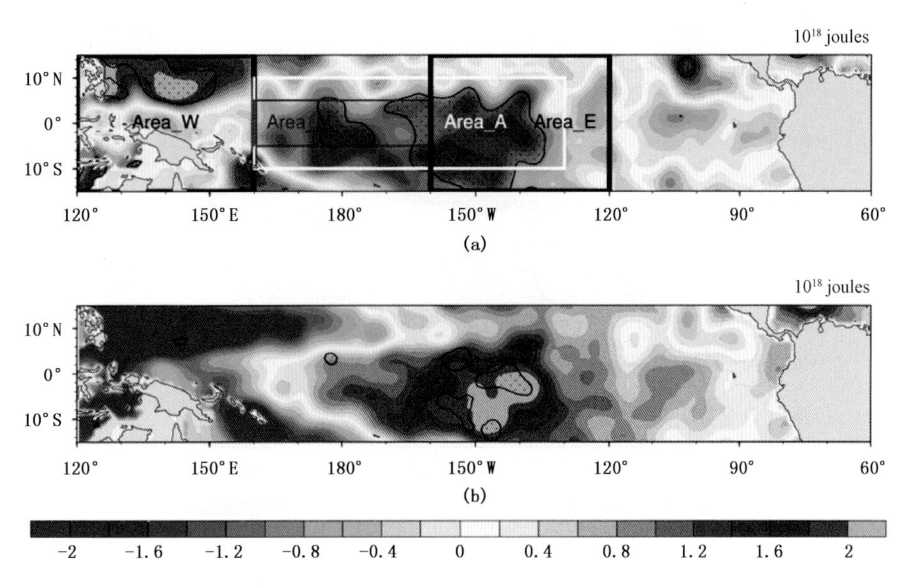

图 3　在太阳总辐射上升(a)和下降(b)周期两个不同阶段海洋热容量(OHC)异常的空间部分，打黑点的区域为超过 95% 显著性水平(学生检验)(来源：Huo et al. ,2016)

Li 等(2018)的研究也表明，太阳活动的变化会产生赤道地区上空臭氧的加热异常和西太平洋上空的对流活动异常，并通过该地区的 Hadley 局地环流影响太平洋副热带急流的强弱。可见，太阳辐射可以通过直接热辐射效应对热带太平洋海气系统产生影响。也可以通过从中高层大气异常下传的太阳信号调控中高纬度大气环流异常。但热带海气系统对太阳辐射强迫的响应机制尚未完全清楚，还需要开展进一步的研究工作。

3　太阳活动变化对极地和中高纬度地区的影响

人们很早就注意到，北极高纬度地区的大气环流与太阳活动变化有密切的联系。近来的研究表明，太阳风对平流层和对流层大气均有重要的影响，极地高纬地区(亚极光地区)是其影响气候的关键地区。受太阳风变化调控的太阳高能粒子沉降对中高层臭氧总含量有显著的影响，臭氧的异常加热通过改变中高层大气环流异常而影响高纬度地区气候。另一方面，太阳风在亚极光地区也能直接作用于对流层低层大气。基于不同的时间尺度和分辨率的观测资料分析，人们发现太阳风速度在天气、季节和年际尺度上均与北极涛动(AO)和北大西洋涛动(NAO)有密切的联系(黄静等，2013；Zhou et al. ,2014)，并能显著影响北大西洋的海温异常。Xiao 等(2016)研究揭示了北大西洋海温与太阳风速度的密切联系(图 4)，两者相关系数的空间分布与北大西洋三极型异常海温模态极为相似，太阳风可能是触发北大西洋三极型海温异常的重要机制。而进一步研究则指出，在这一地区太阳活动变化影响大气的两种可能途径。在天气尺度上，亚极光带的地面气压对太阳风有显著的响应，强太阳风变化直接作用于大气对流层，对冰岛低压有明显的加强作用；另外一种途径具有更长时间尺度的气候效应，太阳活动的变化首先作用于平流层，随太阳风速度变化的高能粒子沉降使极地平流层臭氧量减少，并通过臭氧加热机制改变平流层温度梯度，进而影响平流层大气环流的异常调整。最后通过平流层和对流层的耦合作用将太阳活动变化的影响信号下传至对流层。以上两种作用途径以及他们的共同作用，都有利于北大西洋对流层中高纬地区的西风加强，冰岛低压加深，亚速尔高压加强，最终影响北大西洋涛动，在北大西洋呈现三极型异常海温分布。

分析太阳活动异常信号在平流层到对流层的传播，我们可以注意到，太阳活动信号与纬向西风有较好的关系，尤其在纬向西风的大值区具有显著相关关系。通过对中高纬度大气系统的普查，Li 等(2018)发现，北太平洋副热带急流(200 hPa 纬向风)经验正交函数(EOF)的第一模态表现的空间结构与中东太平洋海温异常相联系，而其第二模态表征了强度的变化，并具有明显的准 11 年周期变化特征。有意思的是，

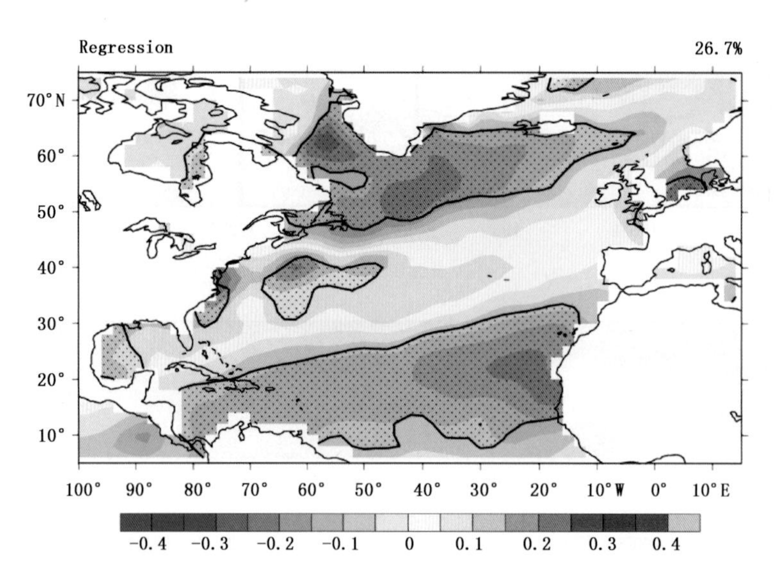

图 4　冬季标准化太阳风风速与回归海温场的相关系数。回归场在北大西洋区域(5°—75°N，100°W—15°E)能够解释总方差的 26.7%。黑点表示超过 95%显著性检验的区域

我们用 ERA-Interim (1980—2015)，NCEP/NCAR (1949—2015)和 ERA-20C (1901—2010)等不同资料冬季亚太副热带急流中心强度(实线)、冬季亚太 200 hPa 纬向风 EOF 分析的第二模态(虚线)和太阳黑子数(阴影)的时间序列演变进行分析，均表明两者显著的联系。在太阳活动强烈的冬季，北太平洋副热带急流较弱。反之较强。

进一步的研究表明，太阳活动变化影响亚太副热带急流的强度也存在两种路径，一种是热带路径，另一种是高纬度路径，其作用过程如图 5 所示。热带路径首先反映在平流层，受太阳活动增强的影响，热带平流层低层臭氧浓度明显增加，增强了这里的臭氧加热效应，使得热带对流层顶温度为正异常，从而抑制了热带对流层区域上升流并进而减弱局地 Hadley 环流，最终导致中纬度的亚太副热带急流减弱。高纬度路径则主要是通过太阳活动引起的平流层西风异常来实现的。异常增强的平流层西风带会反射对流层向上传播的行星波，随着冬季的推进，波和平均流相互作用会使得亚太副热带急流中心在冬季中期明显减弱。

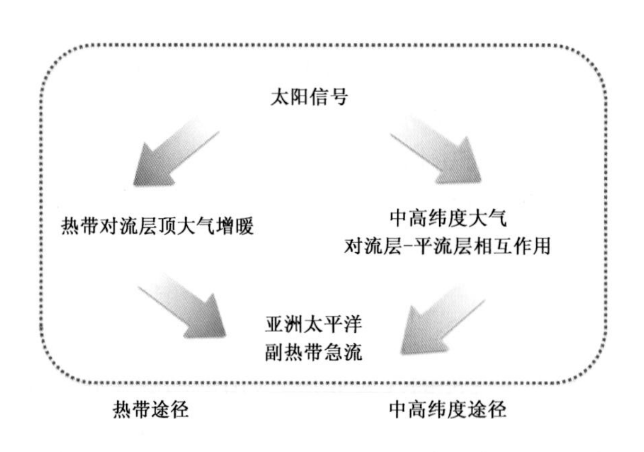

图 5　太阳活动变化影响亚洲太平洋地区副热带急流的两条途径

太阳活动对平流层的影响仍然是值得关注的重点。平流层大气对太阳辐射的热响应主要位于热带平流层上层，次级响应位于副热带地区的平流层中下层(Gray et al.，2004)。除了直接的辐射加热效应外，太阳辐射光谱中的强异常紫外辐射与臭氧之间的光化学反应将增加臭氧含量，形成正反馈机制，形成异常加热中层大气的热量来源。同时，太阳活动高值年的平流层温度梯度的变化影响着平流层上层纬向风异常，使平流层上层的副热带急流增强，异常西风向极、向下传播到对流层顶，太阳信号通过平对流层耦合向

极向下传播(Balachandran et al.,1995;Haigh et al.,2006;Kodera et al.,2016),最终“自上而下”调控极地和高纬度的大气环流异常,引起低层大气环流异常。如副热带急流和中纬度的 Ferrel 环流减弱并向极移动(Haigh et al.,2005)。同时,太阳活动对极区的影响受到平流层 QBO 的调控,在太阳活动高值年且是 QBO 西风位相时,北半球冬季极区趋于温度正异常(Gray et al.,2004;Labitzke et al.,2007)。

由于在极地存在明显的平对层和对流层的相互作用,太阳活动对极区和高纬度地区的影响更为显著。太阳活动高值年,北极涛动 AO 活动显著增强,在平流层顶具有明显的半球环状模结构(Shindell et al.,2001;Huth et al.,2007)。气压场中的北大西洋涛动(NAO)的信号在太阳活动低值年冬季,主要局限于北大西洋,而在太阳活动高值年的冬季则延伸到整个北半球,尤其是极区和欧亚大陆(Kodera, 2003),并对北大西洋温度异常和欧洲气候造成影响。太阳活动变化通过大气急流区平流层和对流层的密切关系,也可以调制全球气候的其他遥相关过程。同时,这种调制影响主要体现在太阳活动异常偏高的时期,也具有非对称性特征。Li 和 Xiao(2007)研究了太阳活动对 ENSO 和 PNA 的影响(图 6),他们的分析研究结果指出,在太阳活动偏强的时期,ENSO 与 PNA 的关系得到加强,强太阳活动能够放大暖 ENSO 事件对北太平洋副热带西风急流的影响效应。在 500 hPa 高度场上,异常响应主要出现在东北太平洋和美国东南部,出现显著增强的 PNA 波列,急流东移和增强,并促进 PNA-like 波列向北美的传播加强。与此不同,在太阳活动偏弱的时期,PNA 与 Nino3.4 海温的关系是减弱的。500 hPa 高度场正、负异常响应区域主要位于加拿大中部、北太平洋至美国南部一带,形势与 AO 负位相类似。从已有的研究分析来看,太阳活动变化对 NAO、AO 和 PNA 等大气遥相关型的影响尽管较弱,影响的过程呈现多时间尺度相互作用的非线性特征,但这是一个不容忽视的研究问题。近年来,气候增暖的背景并没有改变,但在中高纬度地区的冬季频繁发生极端寒冷事件。而在 23 太阳周以后,太阳活动趋于异常平静,太阳活动的变化对冬季大气环流的异常有什么样的影响,其影响的过程和机制如何?需要今后开展更加深入的研究。

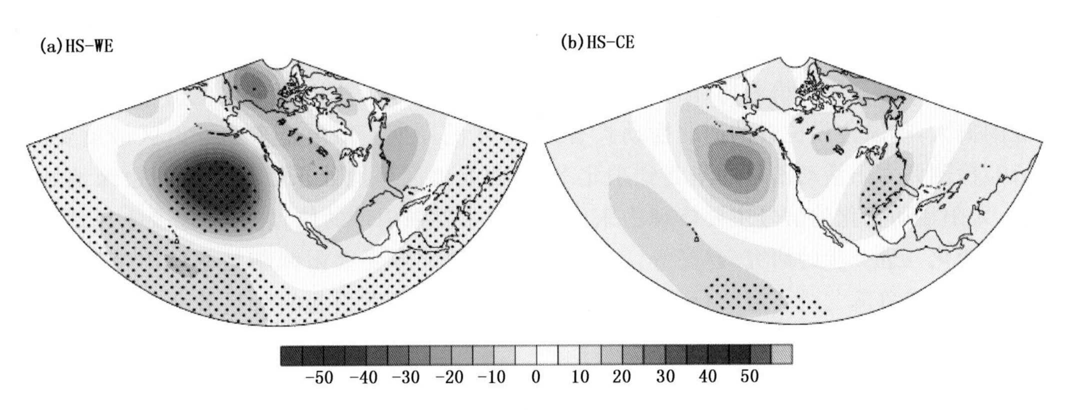

图 6 (a) 高太阳活动暖异常 ENSO 年;(b)高太阳活动冷异常 ENSO 年 500 hPa 位势高度异常场
(单位:gpm,黑点区域为超过 95%显著性检验水平)

4 太阳活动变化对季风活动的影响

除了在热带赤道地区、极地和急流区我们可以发现有较强的太阳活动信号以外,在东亚季风活动区我们也可以检测到显著的太阳信号。事实上,由于太阳活动信号在北半球冬季比较显著,我们在东亚冬季风中可以比较容易地发现太阳活动变化的信号。王瑞丽等(2015)利用东亚大槽的强度来表征东亚冬季风的强弱,分析了太阳活动变化与东亚冬季风强弱、地面气压场、温度和降水的关系。研究结果揭示了在东亚冬季风活动中存在明确的太阳活动信号。在太阳活动高值年,东亚大槽、西伯利亚高压等冬季风系统成员显著偏弱,东亚地区气温偏高,东亚冬季风偏弱(图 7a)。但分析研究同时显示,太阳辐射变化对东亚冬季风的影响具有很强的非对称性,在太阳辐射较弱的时期,如在太阳周的谷值年时期,太阳辐射的变化与东亚冬季风系统成员的相关关系都比较弱(图 7b)。因此,太阳活动对东亚冬季气候的影响主要受到准 11 年周期的调控,是年代际时间尺度的影响,并且主要体现为太阳活动高值年的作用。肖子牛和李德琳

(2016)最近的研究也发现,当QBO处于西风位相时,强太阳活动可以在冬季后期通过行星波的作用对北半球冬季平流层中下层气候产生影响。而在东风位相时,作用并不显著。因此,太阳活动的影响不仅具有非对称性,还同时会受到气候系统内部变率的调控。在太阳活动高值年和低值年,敏感区域的响应是不同的(王瑞丽等,2015),不同太阳活动位相产生的影响也存在差别(Maliniemi et al.,2014)。

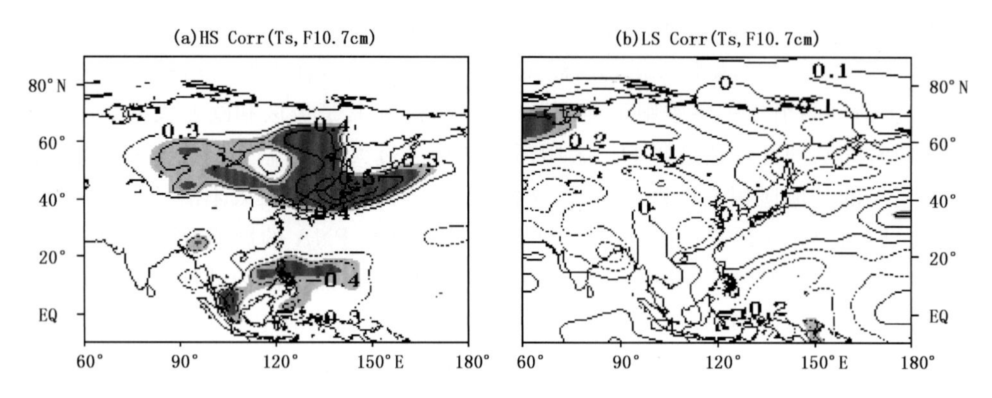

图7 冬季平均近地面气温场与F10.7 cm射电流量的相关系数空间分布:(a) 太阳辐射强年;(b) 太阳辐射弱年,图中实线表示正相关,虚线表示负相关,等值线间隔为0.1,并已略去绝对值小于0.3的等值线。浅色和深色阴影区域分别通过了90%、95%的信度检验

东亚夏季风受到多种因素的影响,太阳信号的影响比较弱。但我们仍然能在季风区一些特殊的地域和环节检测到太阳信号。潘静等(2010)的研究发现,中国东部北方夏季降水与太阳活动有明显的相关关系,在强(弱)太阳活动年,华北平原和东北南部地区少(多)雨,西北地区却多(少)雨。赵亮和王劲松的研究(Wang et al.,2012;Zhao et al.,2014)利用多种统计分析方法进行检测分析,发现东亚夏季风对太阳活动响应的敏感时期是东亚广义梅雨期(图8)。在太阳活动高年,东亚梅雨雨带比低值年偏北1.2个纬度,季风控制范围偏大,季风边界位置的南北摆动具有准11年的周期。梅雨是东亚季风区最重要的雨带,而潘静等(2010)检测到太阳活动信号的华北到东北南部、西北地区等地处东亚夏季风的边缘地域。因此我们可以看到,太阳活动变化的信号主要体现为东亚夏季风主要强雨带的位置变化,以及季风活动边缘地区位置和雨量的变化。进一步的研究(赵亮等,2016)表明,季风北界受太阳调制是季风雨带发生准11年振荡的重要原因。高空急流北跳引起的行星波下传和东亚夏季风爆发引起的行星波北传之间的协同作用,放大了季风雨带对太阳活动的响应程度。

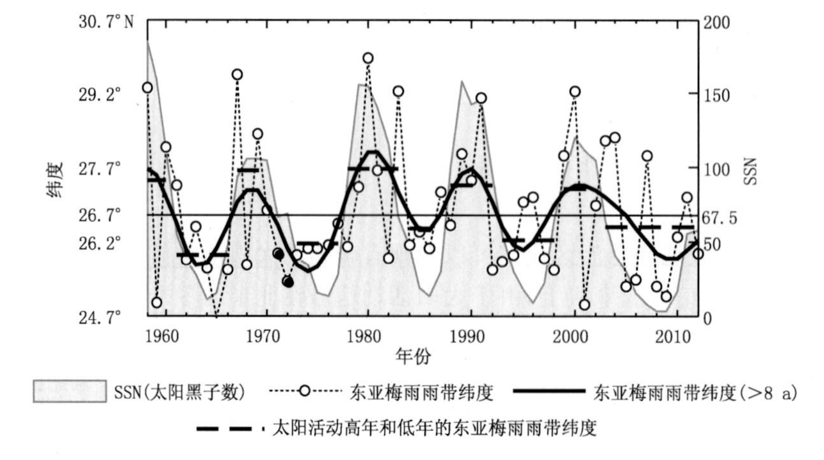

图8 太阳黑子数(阴影)、东亚梅雨雨带纬度(点线)和SI指数
(高低层跷跷板环流指数;粗实线)时间序列(来源:Zhao et al.,2014)

5 讨论和小结

自20世纪80年代以来，全球温度的急剧上升引起了科学界、政府和社会公众的广泛重视，全球气候变化成为人类最重要的科学议题之一。虽然我们已经确认，人类活动引起的温室气体浓度上升对是现代全球气温显著增温的主要原因，但太阳活动等自然因子对全球气候变化的贡献尚存在争议。21世纪初叶，全球增暖出现减缓。太阳活动等自然因子对气候的影响再度引起了科学家们的高度重视，国际上陆续启动和开展了一些新的研究工作。如美国2003年将太阳与气候的研究列为其六大科学研究计划之一，随后又发布了"2013—2022年日-地系统基础研究和应用研究战略方案"；国际日地物理委员会(SCOSTEP)于2004年建立了"日-地系统的气候天气"研究项目(CAWSES：Climate and Weather of the Sun-Earth System)；欧洲核能研究中心的粒子物理实验室CERN于2006年启动CLOUD (Cosmics Leaving Outdoor Droplets)计划，研究宇宙射线对地球云层和气候的可能影响；我国在2012年批准通过国家重大科学研究计划项目"天文与地球运动因子对气候变化的影响研究"。这些研究工作主要力求进一步全面认识太阳活动的变化对地球气候的影响机制，探究在地球气候系统是否存在对太阳活动关键因子的敏感区域和关键环节。本文初步总结梳理了目前太阳活动影响气候的部分最新研究进展，可以归纳为以下几个方面。

(1)尽管太阳活动变化的信号在全球来看非常微弱，但在极地、赤道热带地区以及中纬度的急流区，我们可以检测到显著的太阳活动信号。极地亚极光区、北大西洋、北太平洋和赤道热带太平洋是气候系统对太阳活动信号的敏感区域。

(2)在海气系统模态中存在准10年的周期，可能与太阳活动的周期变化有关。太阳活动变化对气候系统的影响具有一定的滞后效应，这可能是因为气候系统对太阳外强迫的响应有一个能量累积的过程。另外，由于海气系统内部相互作用的复杂性，太阳活动变化的信号更多体现为年代际尺度的背景影响。同时，太阳活动变化对气候系统的影响具有明显的不对称特征，太阳活动强年对气候系统的影响和调制作用更为显著。

(3)在季风活动的边缘和季风强雨带中普遍存在太阳的周期信号，因此，季风活动区可能是太阳活动影响全球气候的重要通道。太阳活动变化信号如何激发敏感区域的天气气候系统异常，进而通过关键海气相互作用过程放大其气候效应，并更广泛地影响到季风活动区乃至全球气候，是今后需要进一步研究的问题。

(4)太阳活动变化对天气气候的影响机制目前尚不完全清楚，从最近的研究进展可以看到，除了通过臭氧的化学过程、辐射直接加热过程外，太阳风高能粒子的作用和太阳活动通过大气电场对云微物理过程的影响，可能是太阳影响地球气候重要的新机制。但目前我们对这些机制还需要更多的验证和研究。另外，太阳风对地球磁场具有重要的调制作用，而地球磁场的变化、地幔运动焦耳加热很可能也对地球气候有重要的影响，但其影响和作用的物理过程尚不清楚，仍需要更多深入的分析研究。

综上所述，太阳活动影响气候的研究最近取得了一些新的进展，涉及太阳活动影响的关键影响因子、敏感区域、作用途径和气候系统的响应机制等方面。从中可以看到，虽然我们对太阳活动影响气候的作用机制和太阳活动对气候变化的定量贡献，仍不十分清楚，但这些新的研究进展，可以为将来的进一步深入研究提供思路和借鉴。探索太阳活动外强迫对地球气候的影响途径和作用机制，对于深入理解日地关系、提高未来气候预测和气候变化预估有着重要意义。

致谢：本文所述内容主要来自科技部重大科学研究项目"天文与地球运动因子对气候变化的影响研究"(2012CB957800)的最近研究成果，特此感谢。

参考文献

黄静,周立旻,肖子牛,等,2013. 天气尺度到气候尺度太阳风变速对中高纬大气环流的影响[J]. 空间科学学报, 33(6): 637-644.

霍文娟,2017. 太阳活动变化对热带太平洋海气系统的影响[D]. 北京:中国科学院大学.

潘静,李崇银,顾薇, 2010. 太阳活动对中国东部夏季降水异常的可能影响[J]. 气象科学,5:574-581.

王瑞丽,肖子牛,朱克云,等,2015. 太阳活动变化对东亚冬季气候的非对称影响及可能机制[J]. 大气科学, 39(4):815-826. Doi:10. 3878/j. issn. 1006-9895. 1410. 14211.

肖子牛,霍文娟, 2016. 太阳活动影响气候的放大过程之时空选择性[J]. 气象科技进展, 6(3): 141-147.

Balachandran N K, Rind D, 1995. Modeling the Effects of UV Variability and the QBO on the Troposphere-Stratosphere System Part I: The Middle Atmosphere[J]. Journal of Climate, 8:2058-2079. Doi: http://dx. doi. org/10. 1175/1520-0442(1995)008<2058:MTEOUV>2. 0. CO;2.

Crooks S A, Gray L J, 2005. Characterization of the 11-year solar signal using a multiple regression analysis of the ERA-40 dataset[J]. Journal of Climate, 18: 996-1015. Doi: 10. 1175/JCLI-3308. 1.

Foukal P,Frohlich C,Spruit H,et al, 2006. Variations in solar luminosity and their effect on the Earth's climate[J]. Nature, 443: 161-166. Doi:10. 1038/nature05072.

Francis S Johnson,1954. The Solar Constant[J]. Journal of Meteorology,11(6):431-439. Doi: http://dx. doi. org/10. 1175/1520-0469(1954)011<0431:TSC>2. 0. CO;2.

Gleisner H, Thejll P, 2003. Patterns of tropospheric response to solar variability[J]. Geophysical Research Letters, 30: 1711.

Gray L J, et al,2010. Solar influences on climate[J]. Reviews of Geophysics,48:RG4001. Doi: 10. 1029/2009RG000282.

Gray L J,et al,2004. Solar and QBO influences on the timing of stratospheric sudden warmings[J]. Journal of the Atmospheric Sciences,61: 2777-2796. Doi:10. 1175/JAS-3297. 1.

Haigh D J, Blackburn M,Day R,2005. The Response of Tropospheric Circulation to Perturbations in Lower-Stratospheric Temperature[J]. Journal of Climate,18: 3672-3685. Doi:10. 1175/JCLI3472. 1.

Haigh J D,1996. The impact of solar variability on climate[J]. Science,272:981-984.

Haigh J D,Blackburn M,2006. Solar influences on dynamical coupling between the stratosphere and troposphere[J]. Space Science Reviews,125:331-344. Doi:10. 1007/s11214-006-9067-0.

Huo Wenjuan, Xiao Ziniu,2016. The impact of solar activity on the 2015/16 El Nino event[J]. Atmospheric Oceanic Science Letters,9(6):1-8. Doi:http://dx. doi. org/10. 1080/16742834. 2016. 1231567.

Huo Wenjuan,Xiao Ziniu,2016. Anomalous pattern of ocean heat content during different phases of the solar cycle in the tropical Pacific[J]. Atmospheric and Oceanic Science Letters,10:1-8. Doi: http://dx. doi. org/10. 1080/16742834. 2017. 1247412.

Huth R,et al,2007. The 11-year solar cycle affects the intensity and annularity of the Arctic Oscillation[J]. Journal of Atmospheric and Solar-Terrestrial Physics, 69: 1095-1109. Doi: http://dx. doi. org/10. 1016/j. jastp. 2007. 03. 006.

Indrani Roy. The role of the sun in atmosphere-ocean coupling[J]. International Journal of Climate, 2014, 34: 655-677. Doi: 0. 1002/joc. 3713.

Khain A, Arkhipov M,Pinsky V, et al,2004. Rain Enhancement and Fog Elimination by Seeding with Charged Droplets. Part I: Theory and Numerical Simulations[J]. Journal of Applied Meteorology,43:1513-1529. Doi: http://dx. doi. org/10. 1175/JAM2131. 1.

Kodera K, Kuroda Y,2002. Dynamical response to the solar cycle: Winter stratopause and lower stratosphere[J]. Journal of Geophysical Research, 107 (D24):4749. Doi:10. 1029/2002JD002224.

Kodera K, Thiéblemont R, Yukimoto S et al,2016. How can we understand the global distribution of the solar cycle signal on the Earth's surface? [J]. Atmospheric Chemistry and Physics,16:12925-12944. Doi: 10. 5194/acp-16-12925-2016.

Kodera K,2003. Solar influence on the spatial structure of the NAO during the winter 1900-1999[J]. Geophysical Research Letters,30(4):1175. Doi:10. 1029/2002GL016584.

Labitzke K, Kunze M, Brönnimann S, et al,2007. Sunspots, the QBO, and the Stratosphere in the North Polar Region:An

Update. Climate Variability and Extremes during the Past 100 Years:347-357. Doi:10. 1007/978-1-4020-6766-2_24.

Lee J N, Shindell D T, Hameed S, 2009. The influence of solar forcing on tropical circulation[J]. Journal of Climate, 22: 5870-5885.

Li Delin, Xiao Ziniu, 2018. Can solar cycle modulate the ENSO effect on the Pacific/North American pattern? [J]. Journal of Atmospheric and Solar-Terrestrial Physics (167) :30-38

Li Delin, Xiao Ziniu, Zhao Liang, 2018. Preferred solar signal and its transfer in the Asian-Pacific subtropical jet region[J]. Climate Dynamics, doi:10. 1007/s00382-018-4443-5.

Maliniemi V, Asikainen T, Mursula K, 2014. Spatial distribution of Northern Hemisphere winter temperatures during different phases of the solar cycle[J]. Journal of Geophysical Research: Atmospheres, 119(16): 9752-9764. Doi: 10. 1002/2013JD021343.

Marsh N, Svensmark H, 2003. Galactic cosmic ray and El Niño-Southern Oscillation trends in International Satellite Cloud Climatology Project D2 low-cloud properties[J]. Journal of Geophysical Research: Atmospheres, 108(D6):4195. Doi: 10. 1029/2001JD001264.

Matthes K, et al, 2006, Transfer of the solar signal from the stratosphere to the troposphere: Northern winter[J]. Journal of Geophysical Research, 111:D06108. Doi:10. 1029/2005JD006283.

Meehl G A, et al, 2009. Amplifying the Pacific climate system response to a small 11 year solar cycle forcing[J]. Science, 325: 1114-1118. Doi:10. 1126/science. 1172872.

Meehl G A, Arblaster J M, 2009. A lagged warm event-like response to peaks in solar forcing in the Pacific region[J]. Journal of Climate, 22: 3647-3660. Doi:10. 1175/2009JCLI2619. 1.

Meehl G A, Arblaster J M, Branstator G, et al, 2008. A coupled air-sea response mechanism to solar forcing in the Pacific region[J]. Journal of Climate, 21: 2883-2897. Doi:10. 1175/2007JCLI1776. 1.

Richard C W, Hugh S H, 1991. The Sun's luminosity over a complete solar cycle[J]. Nature, 351(6321):42-44. Doi:10. 1038/351042a0.

Ruzmaikin A, 1999. Can El Nino amplify the solar forcing of climate? [J]. Geophysical Research Letters, 26(15), 2255-2258.

Shaviv N J, 2008. Using the oceans as a calorimeter to quantify the solar radiative forcing[J]. Journal of Geophysical Research, 113:A11101. Doi:10. 1029/2007JA012989.

Shindell D T, Schmidt G A, Miller R L, et al, 2001. Northern Hemisphere winter climate response to greenhouse gas, ozone, solar, and volcanic forcing[J]. Journal of Geophysical Research, 106:7193-7210. Doi:10. 1029/2000JD900547.

Stergios Misios, Hauke Schmidt, 2012. Mechanisms Involved in the Amplification of the 11-yr Solar Cycle Signal in the Tropical Pacific Ocean[J]. Journal of Climate, 25:5102-5118. Doi: http://dx. doi. org/10. 1175/JCLI-D-11-00261. 1.

Tinsley Brian, Zhou Limin, 2013. Changes in scavenging rate coefficients due to electric charge on droplets and particles[J]. AIP Conference Proceedings, 1527: 797-800. Doi:http://dx. doi. org/10. 1063/1. 4803392.

Tinsley Brian, Zhou Limin, 2015. Parameterization of aerosol scavenging due to atmospheric ionization[J]. Journal of Geophysical Research: Atmospheres, 120: 8389-8410. Doi:10. 1002/2014JD023016.

Tinsley Brian, Zhou Limin, 2014. Comments on "Effect of Electric Charge on Collisions between Cloud Droplets" [J]. Journal of Applied Meteorology and Climatology, 53(5):1317-1320. Doi: http://dx. doi. org/10. 1175/JAMC-D-13-0244. 1.

Tinsley B A, Rohrbaugh R P, Hei M, et al, 2000. Effects of image charges on the scavenging of aerosol particles by cloud droplets and on droplet charging and possible ice nucleation processes[J]. J. Atmospheric Sciences, 57:2118-2134.

Tung K K, Zhou J, 2010. The Pacific's response to surface heating in 130yr of SST: La Niña-like or El Niño-like? [J]. Journal of the Atmospheric Sciences, 67: 2649-2657. Doi:10. 1175/2010JAS3510. 1.

van Loon H, Meehl G A, 2008. The response in the Pacific to the Sun's decadal peaks and contrasts to cold events in the Southern Oscillation[J]. Journal of Atmospheric and Solar-terrestrial Physics, 70: 1046-1055. Doi: 10. 1016/j. jastp. 2008. 01. 009.

Wang Gang, Yan Shuangxi, Qiao Fangli, 2015. Decadal variability of upper ocean heat content in the Pacific: Responding to the 11-year solar cycle[J]. Journal of Atmospheric and Solar-Terrestrial Physics, 135:101-106.

Wang Jingsong, Zhao Liang, 2012. Statistical tests for a correlation between decadal variation in June precipitation in China and sunspot number [J]. Journal of Geophysical Research: Atmospheres, 117 (D23): D23117. Doi: 10.

1029/2012JD018074.

White W B, Lean J, Cayan D R, et al,1997. Response of global upper ocean temperature to changing solar irradiance[J]. Journal of Geophysical Research, 102: 3255-3266. Doi: 10. 1029/96JC03549.

Xiao Ziniu,Li Delin,2016. Solar wind: A possible factor driving the interannual sea surface temperature tripolar mode over North Atlantic[J]. Journal of Meteorological Research,30(3):312-327. Doi: 10. 1007/s13351-016-5087-1.

Xiao Ziniu, Liao Yunchen,Li Chongyin, 2016. Possible impact of solar activity on the convection dipole over the tropical pacific ocean[J]. Journal of Atmospheric and Solar-Terrestrial Physics,140:94-107. Doi: http://dx. doi. org/10. 1016/j. jastp. 2016. 02. 0087.

Yu A Nagovitsyn, 2014. Variations in the cyclic characteristics of solar magnetic activity on long time scales[J]. Geomagnetism and Aeronomy, 54(6):673-679. Doi: 10. 1134/S0016793214060139.

Zhou L, Tinsley B A, 2007. Production of space charge at the boundaries of layer clouds[J]. Journal of Geophysical Research: Atmospheres,112:D11203. Doi: 10. 1029/2006JD007998.

Zhao Liang, Wang Jingsong,2014. Robust response of the East Asian monsoon rainband to solar variability[J]. Journal of Climate, 27(8): 3043-3051. Doi: http://dx. doi. org/10. 1175/JCLI-D-13-00482. 1.

Zhao Liang, Wang Jingsong, Zhao Haijuan, 2012. Solar cycle signature in decadal variability of monsoon precipitation in China[J]. Journal of the Meteorological Society of Japan, 90(1): 1-9. DOI:10. 2151/jmsj. 2012-101.

Zhou Limin, Tinsley Brian, Huang Jing,2014. Effects on winter circulation of short and long term solar wind changes[J]. Advances in Space Research, 54: 2478-2490. Doi: http://dx. doi. org/10. 1016/j. asr. 2013. 09. 017.

Zhou Q, Chen W, Zhou W, 2013. Solar cycle modulation of the ENSO impact on the winter climate of East Asia[J]. Journal of Geophysical Research: Atmospheres, 118:5111-5119. Doi: 10. 1002/jgrd. 50453.

The Pathways through which Solar Activity Impact on the Earth Climate

Xiao Ziniu,HUO Wenjuan, LI Delin

(State Key Laboratory of Numerical Modeling for Atmospheric Sciences and Geophysical Fluid Dynamics, Institute of Atmospheric Physics, Chinese Academy of Sciences, Beijing 100029)

Abstract: Solar radiation is an important source of energy for the earth's climate system. However, because the process of solar activity affecting the earth's climate is extremely complex and the response of the earth's climate system to the extrasolar forcing is non-linear, there is great uncertainty about the impact of solar activity change on the climate. Does the climate system amplify solar activity signals? It is a hot topic that has aroused concern recently. Based on the recent research progress of our research group in this field, this paper sorts out and summarizes the ways in which solar activity affects the earth's climate. We analyzed the sensitive areas of the climate system in response to solar activity, and explored the possible paths of the key factors of solar activity on the earth's climate, as well as the channels through which solar activity signals propagation in the climate system.

Key words: solar activity, climate, sensitive areas, propagation channel

基于 COSMIC 掩星探测资料的热带海洋地区大气折射率的日变化和季节变化

廖前锋[1] 项杰[1,2]

(1 国防科技大学气象海洋学院,南京 211101;2 南京大学中尺度灾害性天气教育部重点实验室,南京 210093)

摘 要:GPS 无线电掩星探测技术(GPS RO)是一种新型的全球大气观测技术,能够提供全球范围内高精度和高垂直分辨率的大气和电离层观测数据,其中包括沙漠、海洋和山脉等常规观测数据稀疏的区域。GPS RO 技术能够探测到对流层下部,为大气边界层提供有用的信息,这对于天气和气候的研究十分重要。本文利用 COSMIC 掩星探测数据研究了三个热带海洋区域的折射率、大气温度和水汽压力的日变化和季节变化,这三个区域分别是:西太平洋暖池(130°—140°E, 10°—20°N)、东大西洋(20°—30°W, 10°—20°N)和墨西哥湾(85°—95°W, 20°—30°N)。使用的 COSMIC 掩星探测数据的时间范围为从 2006 年 8 月 1 日到 2009 年 7 月 31 日,共三年。结果表明:(1) 大气折射率、大气温度和水汽压均表现出明显的日变化和季节变化,这些日变化随着季节而变化;(2)大气折射率的日变化(2 km 以上)和季节变化主要依赖于水汽压的日变化和季节变化,两者具有几乎一致的垂直分布结构;(3)这三个地区温度的日变化具有不规则性。

关键词:GPS 无线电掩星探测技术(GPS RO),COSMIC,热带地区,折射率,日变化,季节变化

1 引言

GPS 无线电掩星探测技术(GPS RO)作为一种新型的全球大气观测手段,能提供全球范围内(包括沙漠、海洋和山脉等常规观测数据稀疏的区域)高精度和高垂直分辨率的中性大气和电离层廓线。一些已经实施的 GPS 无线电掩星探测项目,如 GPS/MET(美国,1995—1997)、CHAMP(德国,2000—2008)、SAC-C(美国和阿根廷,2000—2008)等,都显示了 GPS RO 技术在探测对流层、平流层和电离层方面的优势和潜力。

2006 年 4 月 14 日,由 6 颗小卫星组成的气象、电离层和气候观测系统(COSMIC)发射升空。COSMIC 仍然利用了 GPSRO 技术,并且有两个显著的特征。一是每天发生的掩星事件数量大,理论设计达到 2500 个,实际数量超过了 2000 多个,这些掩星事件均匀地分布在地球表面。二是 COSMIC 项目对于低对流层大气采用开环模式追踪(Anthes et al. ,2008),这使得反演的弯曲角和折射率廓线几乎达到了地表,因而提供了大气边界层的有效信息,这对于天气和气候的研究有着重要意义。COSMIC 掩星探测数据,如弯曲角、大气折射率和反演的大气温度、水汽压廓线等,已被广泛应用于数据同化、气候分析、湍流研究等(Kuo et al. ,2009;Cucurull et al. ,2006;Lewis,2009;Sokolovskiy et al. ,2006, 2007)。

弯曲角和大气折射率是所有 COSMIC 项目产品数据的基础。大气折射率是弯曲角通过 Abel 变换得到的,因此,从理论上来说,弯曲角应该比大气折射率更精确。然而 Smith-weintraub 方程表明,大气折射率 N 与大气压力 P(hPa)、温度 T(K)和水汽压 e(hPa)直接相关:

$$N = 77.6\,\frac{P}{T} + 3.73 \times 10^5\,\frac{e}{T^2}$$

因此,大气折射率具有更明确的物理意义。另一方面,大气参数的日变化和季节变化是气象学的基本变化规律,同时 COSMIC 数据产品的时间跨度至少为 5 年(COSMIC 探测系统的设计寿命为 2006—2011

年)。因此,计算折射率的日变化和季节变化既是有意义的工作,也是可行的。

本文的主要任务是研究热带海洋地区大气折射率的日变化和季节变化。我们选择了热带海洋地区的三个典型区域:西太平洋暖池、东大西洋和墨西哥湾。我们首先研究了这三个海洋区域的折射率的日变化和季节变化,然后研究了反演的大气温度和水汽压的日变化和季节变化,以及它们与折射率的日变化和季节变化的关系。本文的结构如下:第 2 节介绍了本文使用的研究数据和方法;第 3 节给出了大气折射率日变化和季节变化的结果;第 4 节计算了反演的大气温度和水汽压的日变化和季节变化,讨论了它们与大气折射率的日变化和季节变化的关系;第 5 节是结论与讨论。

2　数据与方法

研究选取的热带海域为:西太平洋暖池(130°－140°E, 10°－20°N)、东大西洋(20°－30°W, 10°－20°N)和墨西哥湾(85°－95°W, 20°－30°N)(图 1)。

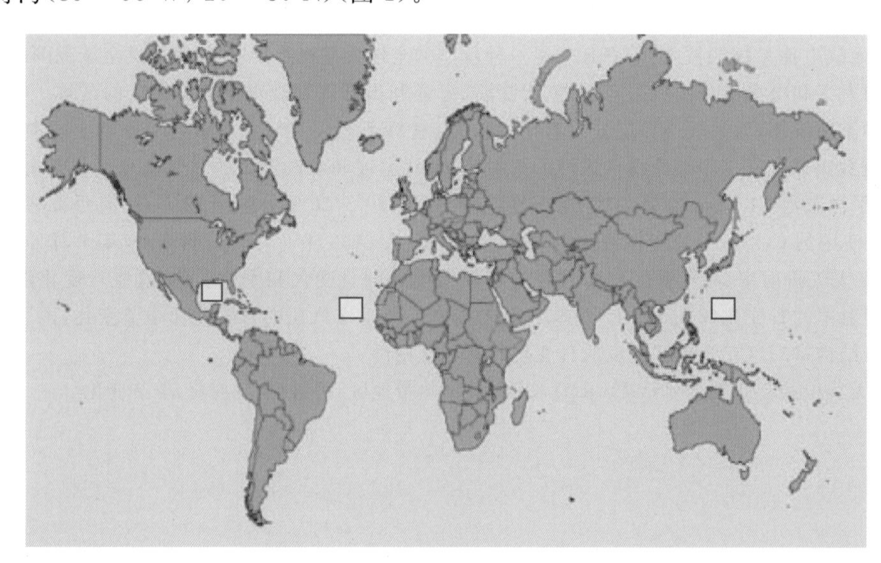

图 1　本文研究的三个热带海洋区域:西太平洋暖池、东大西洋和墨西哥湾(以方框表示)

所使用的数据包括 COSMIC 反演得到的大气折射率廓线、温度廓线和水汽压廓线。数据的时间范围为 2006 年 8 月 1 日至 2009 年 7 月 31 日,共 3 年。大气温度和水汽压廓线的垂直分辨率为 100 m,而大气折射率廓线的垂直分辨率从几米到数百米不等。为了便于比较,我们首先需要将折射率廓线插值到与温度廓线的高度坐标相同的位置,然后计算日变化和季节变化。日变化是分季节进行统计的:首先计算某个季节(3 个月)的所有数据的均值;然后根据当地时间将这个季节内所有廓线数据进行分类:00－03 时,03－06时,…,21－24 时;最后,计算每个子类中所有廓线数据(3 h 间隔内的所有数据)的均值,该均值与季节内所有廓线数据的均值之差,就是某个季节内的平均日变化。季节变化的计算方法类似:首先计算 3 年内所有廓线数据的均值;然后把 3 年内所有的廓线数据根据季节进行分类:12 月,1 月,2 月(DJF);3 月,4 月,5 月(MAM);6 月,7 月,8 月(JJA);9 月,10 月,11 月(SON);最后,计算每个季节内所有廓线数据的均值,该均值与 3 年内所有廓线数据的均值之差,就是平均的季节变化。以上计算方法可以用公式表示如下:

$$\Delta N = \overline{\overline{N}} - \overline{N}, \tag{1}$$

式中,$\overline{\overline{N}}$ 为廓线在 3 h(或 3 个月)内的均值,$\overline{N}$ 为廓线在 3 个月(或 3 年)内的均值。

3　大气折射率廓线的日变化和季节变化

首先,我们来分析大气折射率的日变化。图 2～4 分别为西太平洋暖池、东大西洋和墨西哥湾大气折射率的日变化廓线图。我们可以发现:(1)折射率廓线表现出明显的日变化,相对而言,夏季折射率的日变化没有冬季、春季和秋季显著;(2)折射率日变化随季节和地区的变化而变化,表现出不规则性和复杂性。例如:对于东大西洋,冬季每日的09—12时和12—15时的折射率廓线在2 km以上是最小的(这近似符合Smith-Weintraub方程,因为温度在09—12时和12—15时是最高的),但在春季,在同样的时间段内,折射率廓线在某些高度范围却是较大或最大,不能用Smith-Weintraub方程来解释,因为相比于温度,水汽压的信息是更加不确定的;又如,在冬季21—24时,折射率廓线在2 km以上较大,这与Smith-Weintraub方程一致(因为温度在21—24时可能是较低的),但是在秋季21—24时,折射率廓线的较大值(最大值)出现在2~6 km范围,而较小(最小)值出现在6 km以上,其中的原因较为复杂,需要进一步分析。西太平洋暖池和墨西哥湾也有类似的情况。

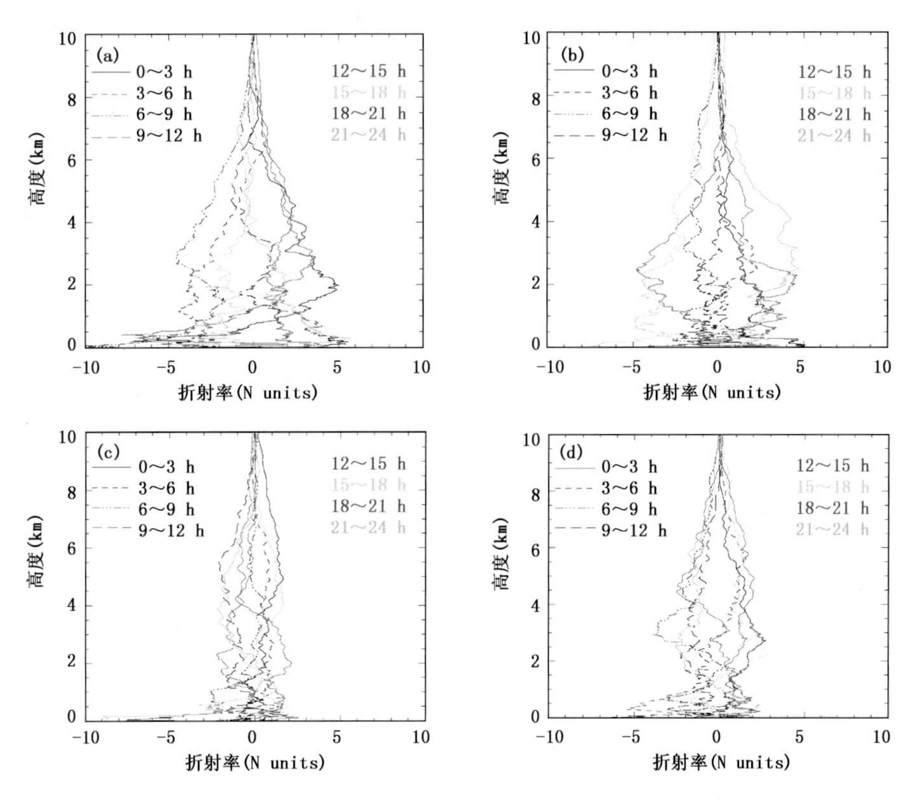

图2 西太平洋暖池的折射率廓线的日变化
(a)冬季,(b)春季,(c)夏季,(d)秋季

然后,我们讨论折射率的季节变化。图5~7分别为西太平洋暖池、东大西洋和墨西哥湾三个地区折射率廓线的季节变化。可以看出,西太平洋暖池和墨西哥湾的折射率具有相似的季节变化规律,并且夏季和秋季的折射率比冬季和春季的折射率大。对于东大西洋,其折射率的季节变化比西太平洋暖池和墨西哥湾的更复杂:在7 km以下,夏季和秋季的折射率比冬季和春季的大,同时,夏季和秋季的折射率廓线相交,春季和冬季的折射率廓线相交;在7 km以上,4个季节的折射率分布差异较小。

综上所述,三个热带海域的折射率日变化和季节变化是不规则而复杂的。根据Smith-Weintraub方程,我们自然会问这样的问题,那就是大气温度和水汽压哪一个导致了折射率的日变化和季节变化?所以我们需要计算反演的大气温度和水汽压的日变化和季节变化。

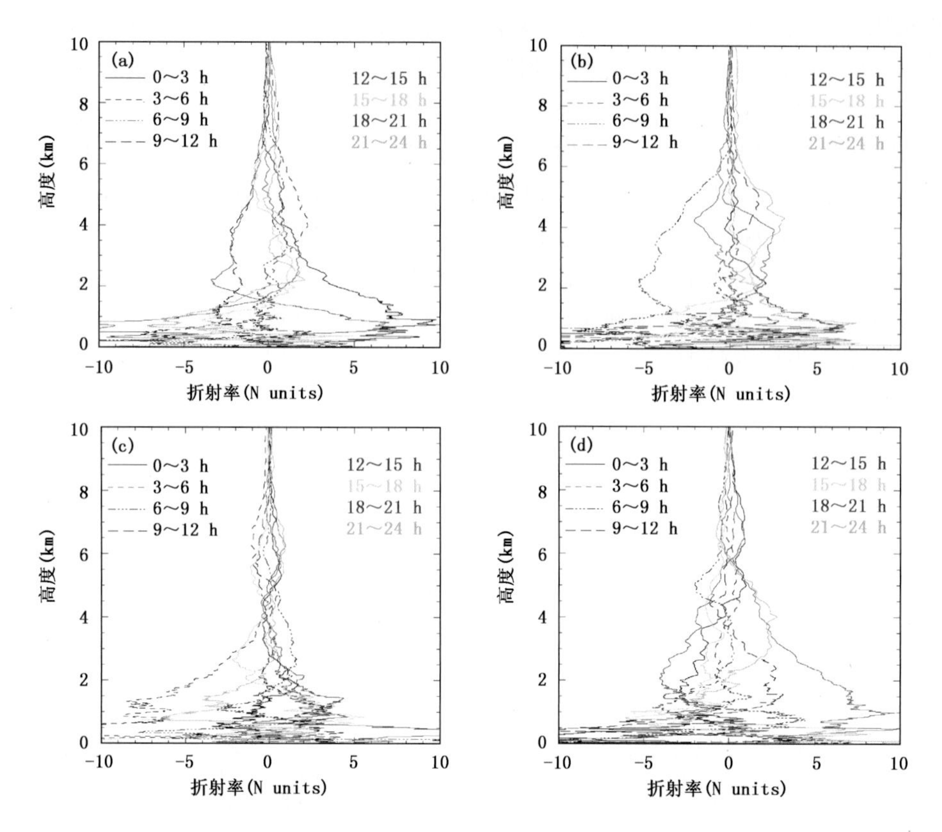

图 3　东大西洋海域折射率廓线的日变化

(a)冬季,(b)春季,(c)夏季,(d)秋季

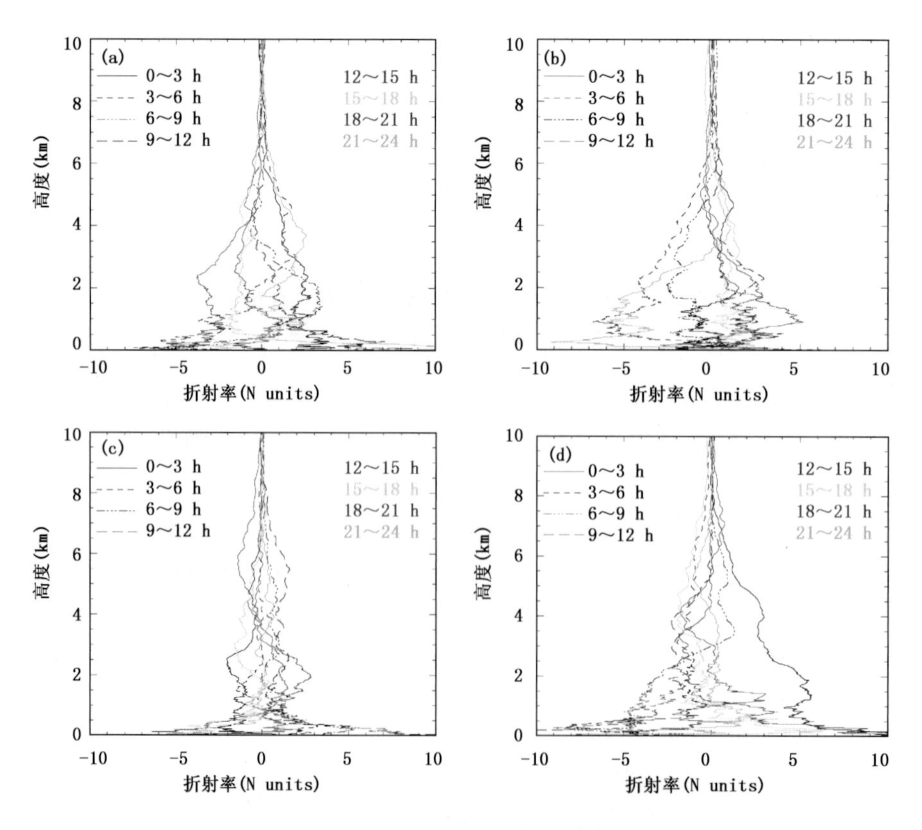

图 4　墨西哥湾海域折射率廓线的日变化

(a)冬季,(b)春季,(c)夏季,(d)秋季

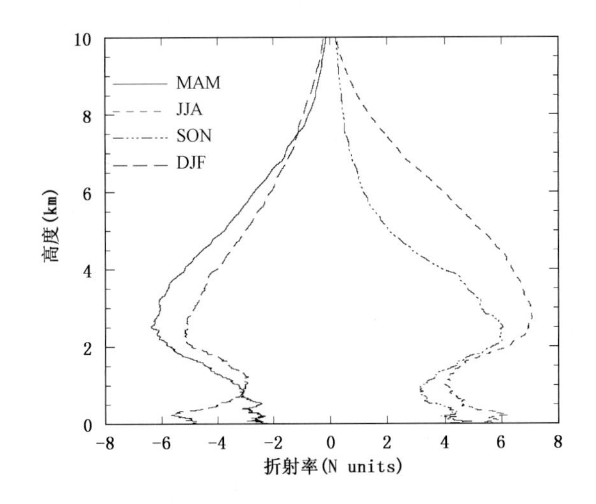

图5　西太平洋暖池折射率廓线的季节变化

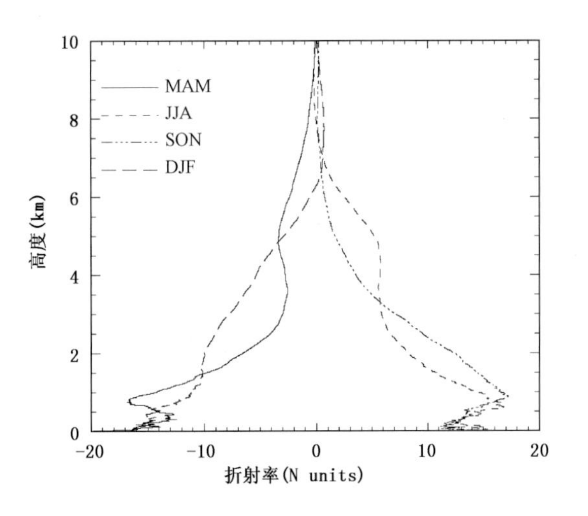

图6　东大西洋海域折射率廓线的季节变化

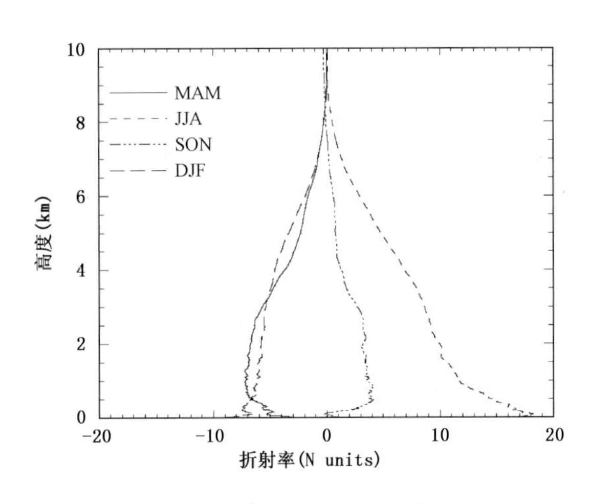

图7　墨西哥湾海域折射率廓线的季节变化

4　反演的大气温度廓线和水汽压廓线的日变化和季节变化

现在，我们转向反演的大气温度和水汽压，计算它们的日变化和季节变化。图8～10分别为西太平洋暖池、东大西洋和墨西哥湾的反演大气温度和水汽压力的日变化。从图8～10可以看出三点：一是，这三个海域的折射率的日变化与相应的反演水汽压的日变化十分相似；二是，夏季的大气温度日变化的幅度最小，冬季的大气温度日变化的幅度最大；三是，反演的大气温度的日变化十分不规则。例如西太平洋暖池的冬季(图8)，12－15时的温度最低，21－24时的温度最高。东大西洋(图9)和墨西哥湾(图10)也出现了类似的情况。

图11～13分别为三个海域反演的大气温度和水汽压的季节变化。可以看出，反演的大气温度的季节变化符合一般大气温度的气候趋势，三个海域的反演的水汽压的季节变化与其相应的折射率的季节变化也十分相似，就像日变化一样。

因此，我们可以基本上认为，三个热带海域的折射率的日变化和季节变化主要取决于反演的水汽压的相应的变化，即水汽压的变化对折射率的变化起主导作用。

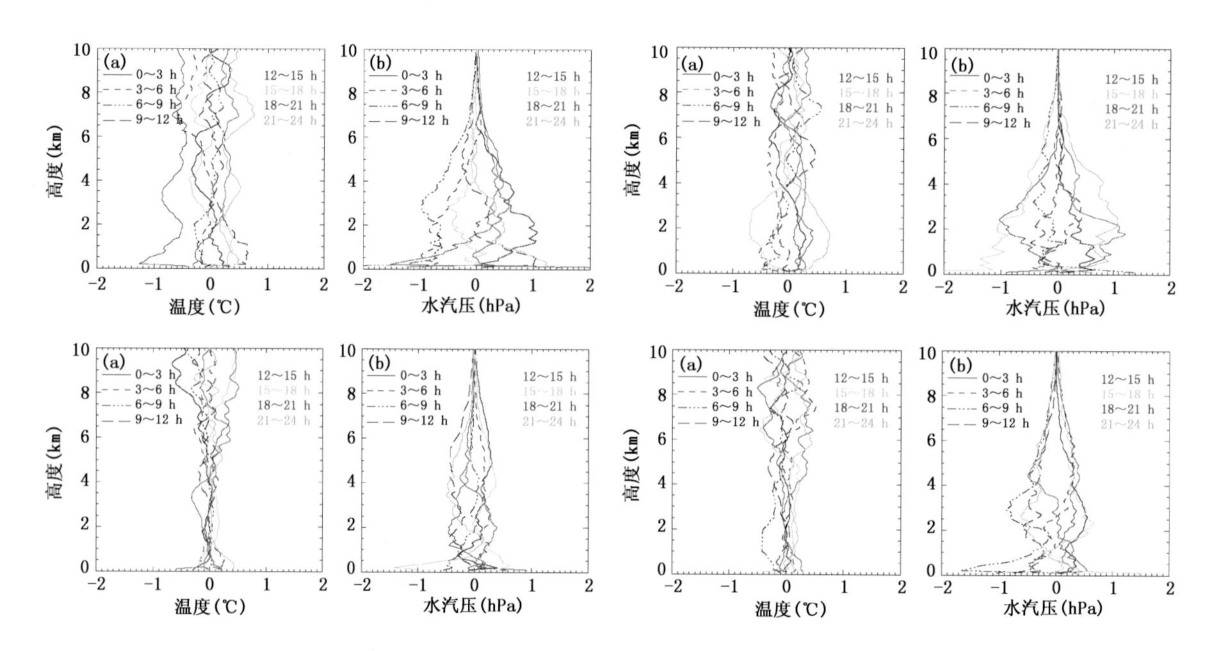

图 8　西太平洋暖池大气温度廓线和水汽压廓线的日变化。左上角的两个图形是冬季，右上角的两个图是春季，左下角的两个图是夏季，右下角的两个图是秋季

(a)表示大气温度，(b)表示水汽压

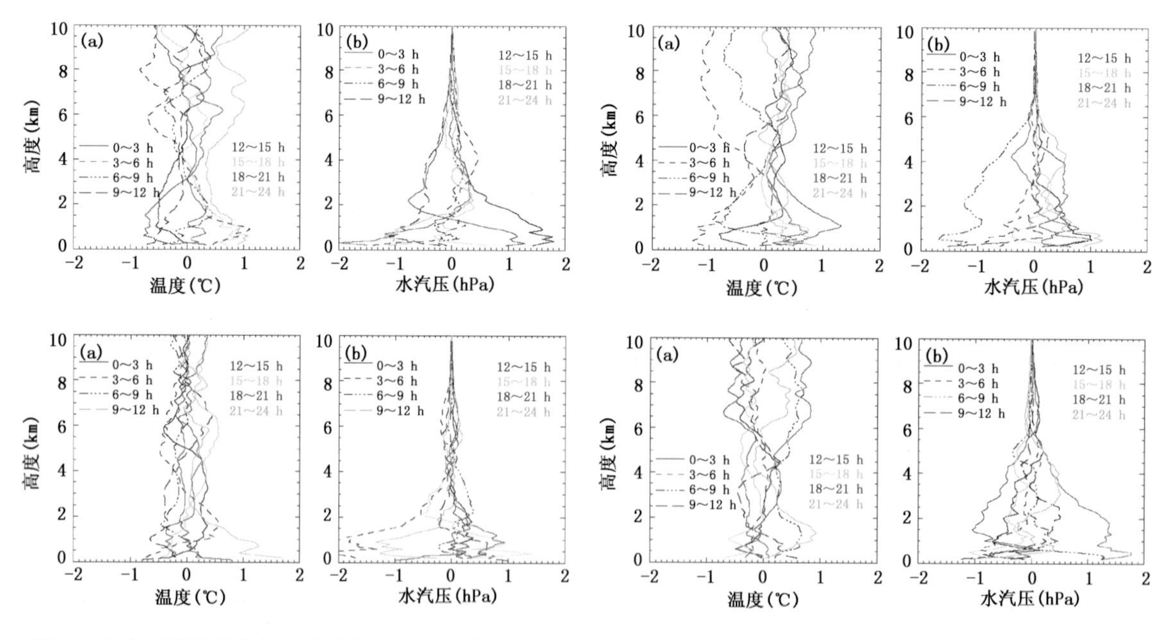

图 9　东大西洋海域大气温度廓线和水汽压廓线的日变化。左上角的两个图形是冬季，右上角的两个图是春季，左下角的两个图是夏季，右下角的两个图是秋季

(a)表示大气温度，(b)表示水汽压

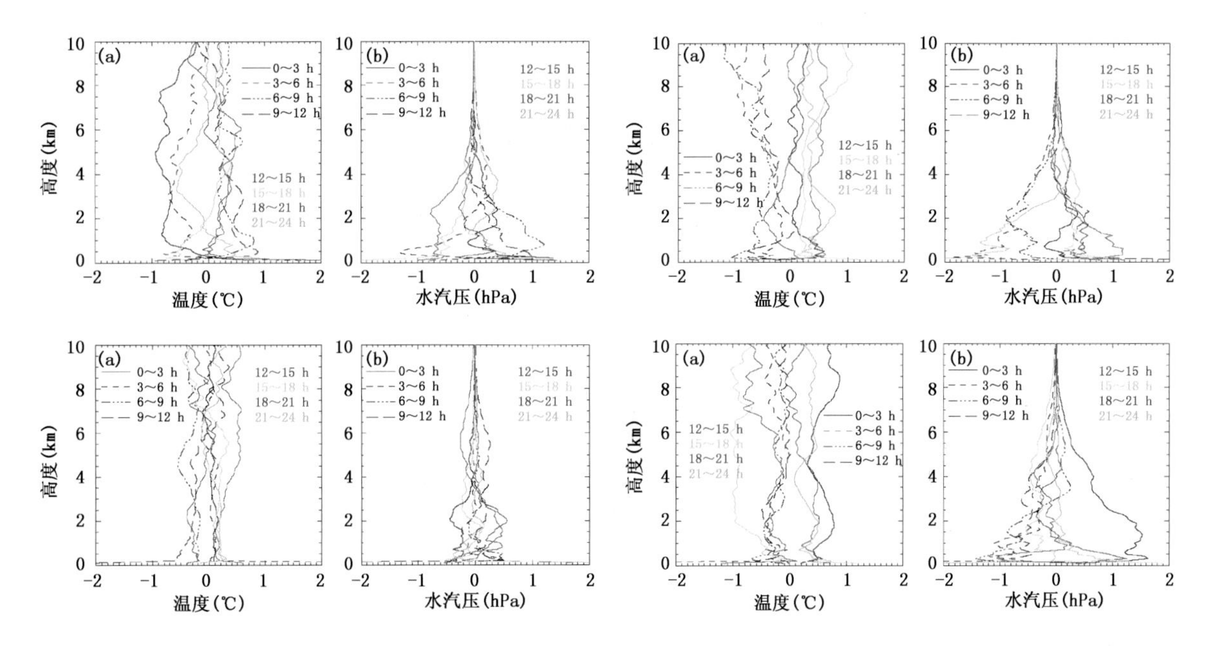

图10 墨西哥湾海域大气温度廓线和水汽压廓线的日变化。左上角的两个图形是冬季，右上角的两个图是春季，左下角的两个图是夏季，右下角的两个图是秋季

(a)表示大气温度，(b)表示水汽压

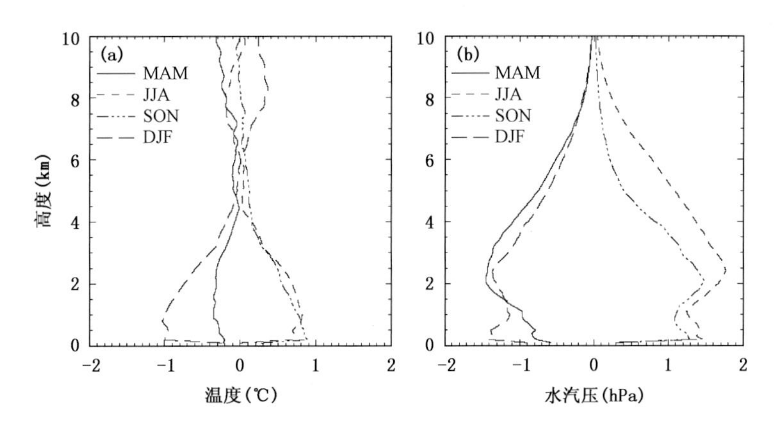

图11 西太平洋暖池大气温度廓线和水汽压廓线的季节变化

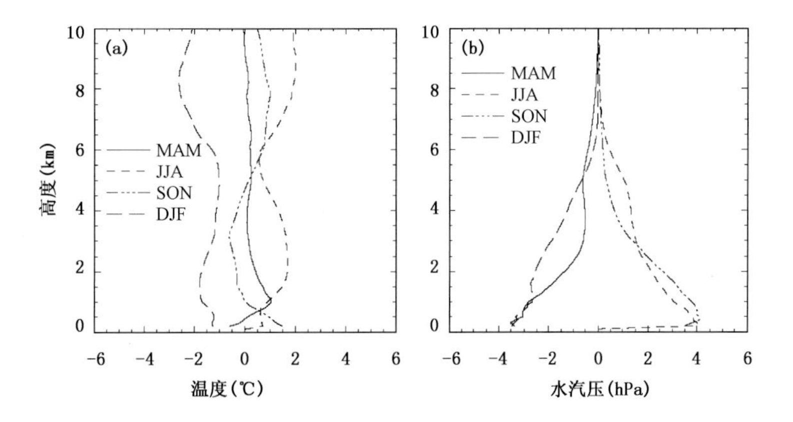

图12 东大西洋海域大气温度廓线和水汽压廓线的季节变化

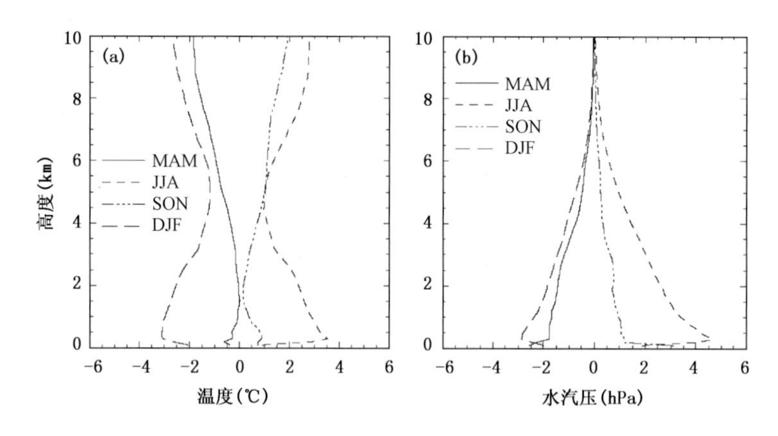

图 13　墨西哥湾海域大气温度廓线和水汽压廓线的季节变化

5　结论

本文对三个热带海域:西太平洋暖池(130°—140°E, 10°—20°N)、东大西洋(20°—30°W, 10°—20°N)和墨西哥湾(85°—95°W, 20°—30°N),利用三年的 COSMIC GPSRO 数据(2006 年 8 月 1 日至 2009 年 7 月 31 日),研究了它们的折射率廓线、反演的温度廓线和水汽压廓线的日变化和季节变化。结果表明:(1)折射率廓线、反演的温度廓线和水汽压廓线均呈现明显的日变化和季节变化,而且这些日变化随季节的不同而变化;(2)折射率廓线的日变化、季节变化与水汽压的日变化、季节变化具有相似的特征,即折射率的日变化、季节变化主要取决于水汽压的日变化和季节变化;(3)这三个热带海域大气温度的日变化具有不规则性。

致谢:感谢美国 UCAR COSMIC 项目组的郭英华博士对本研究工作的支持和帮助;本研究工作中用到的数据来源于 COSMIC 项目组;本研究工作得到国家自然科学基金项目(编号 41475021)的资助。

参考文献

Anthes R A, Coauthors, 2008. The COSMIC/FORMOSAT-3 mission: Early results[J]. Bulletin of the American Meteorological Society, 89:313-333.

Cucurull L, Kuo Y H, Barker D, et al, 2006. Assessing the Impact of Simulated COSMIC GPS Radio Occultation Data on Weather Analysis over the Antarctic: A Case Study[J]. Mon Wea Rev, 134: 3283-3296.

Kuo Y H, Liu H, Guo Y R, et al, 2009. Impact of FORMOSAT-3/COSMIC Data on Typhoon and Mei-yu Prediction[M]// Liou K N, Chou M D. Recent Progress in Atmospheric Sciences: Applications to the Asia-Pacific Region. World Scientific Publishing Co:458-483.

Lewis H, 2009. A robust method for tropopause altitude identification using GPS radio occultation data[J]. Geophys Res Lett, 36:L12808. Doi:10.1029/2009GL039231.

Sokolovskiy S, et al, 2006. Monitoring the atmospheric boundary layer by GPS radio occultation signals recorded in the open-loop mode[J]. Geophys Res Lett, 33:L12813. Doi:10.1029/2006GL025955.

Sokolovskiy S, et al, 2007. Observing the moist troposphere with radio occultation signals from COSMIC[J]. Geophys Res Lett, 34:L18802. Doi:10.1029/2007GL030458.

Diurnal and Seasonal Variations of Atmospheric Refractivity from COSMIC Radio Occultation Sounding in Tropical Ocean Areas

LIAO Qianfeng[1], XIANG Jie[1,2]

(1 Institute of Meteorology & Oceanography, National University of Defense Technology, Nanjing 211101;
2 Key Laboratory of Mesoscale Severe Weather (Nanjing University), Ministry of Education, Nanjing 210093)

Abstract: GPS radio occultation (GPSRO) technology has emerged as a prominent global observing system, providing high accuracy and high vertical resolution observations around the globe, including data sparse region in the world such as deserts, oceans and mountains. With the ability to penetrate deep into the lower troposphere, GPSRO technology provides useful information on the atmospheric boundary layers, which are important to weather and climate. In this paper, we examine the diurnal and seasonal variations of profiles of refractivity and atmospheric temperature and water vapor pressure from COSMIC GPSRO sounding over three tropical oceanic regions: Western Pacific warm pool (130°—140°E, 10°—20°N), East Atlantic Ocean (20°—30°W, 10°—20°N) and Gulf of Mexico (85°—95°W, 20°—30°N). Three years of data, from August 1, 2006 to July 31, 2009, are used. We found that, (1) refractivity, atmospheric temperature and water vapor pressure all exhibit remarkable diurnal and seasonal variations, and these diurnal variations vary with seasons; (2) the sum of the contributions of diurnal variations of atmospheric pressure, temperature and water vapor pressure can accurately approximate the diurnal variations of refractivity profiles above 2 km, and the contribution of diurnal variations of retrieved water vapor pressure can also approximate the diurnal variations of refractivity profiles above 2 km and both have very similar shapes, which is responsible for the fact that the diurnal variations of refractivity profiles have much similar patterns with those of retrieved water vapor pressure above 2 km, and that diurnal variations of refractivity profiles depend primarily on those of retrieved water vapor pressure; (3) diurnal variations of temperature in these three areas are characterized by irregularity.

Key words: GPS radio occultation (GPS RO), COSMIC, tropical region, refractivity, diurnal variations, seasonal variations

热带太平洋—印度洋海温联合模年际循环特征及其机理分析

黎鑫[1] 王鑫[2,3] 李力锋[1] 杨明浩[1]

(1 国防科技大学气象海洋学院,南京 211101;2 中国科学院南海海洋研究所,热带海洋环境国家重点实验室,广州 510301;3 青岛海洋科学与技术试点国家实验室,区域海洋动力学与数值模拟功能实验室,青岛 266237)

摘 要:利用 SODA 海温资料,通过小波分析和合成分析等方法研究了热带太平洋—印度洋海温联合模态的年际循环特征,指出联合模存在一种准两年周期以及 3~4 年周期的年际循环。进而,基于海面风应力、高空风速度势、海平面气压 SLP、太阳辐射、潜热通量以及水平和垂直热输送等因素,分析了联合模年际循环的动力、热力机理,结果表明:两大洋上空反向转动的一对 Walker 环流异常是导致联合模的形成的关键因素;而海洋中波动的传播、反射和海洋环流的水平和垂直热输送对联合模也起到了重要作用;此外,海面太阳辐射和海表潜热通量异常等海气相互作用因子还通过负反馈机制对联合模的年际循环产生调节作用。前期,与异常 Walker 环流相伴随的异常风场、气压场通过与海温、海洋波动及海洋环流之间的正反馈机制,对联合模的形成和发展起主要作用;而海洋长波在印度洋西边界和太平洋东边界的反射则进一步促进了联合模的增长;在联合模达到盛期之后,异常的海表潜热、太阳辐射以及海洋水平热输送通过与海洋热力分布异常的负反馈机制使得联合模迅速减弱,而印度洋中反射 Kelvin 波的东传和太平洋中反射 Rossby 波的西传又进一步削弱了联合模,使其消亡甚至发生相位反转。

关键词:太平洋—印度洋海温联合模,年际循环,动力机制,热力机制,Walker 环流

1 引言

大量研究已经表明太平洋和印度洋的海温及其海气系统都有着密切联系[1-10]。因此,在研究太平洋与印度洋海温异常对天气气候的影响时,应将太平洋与印度洋作为一个统一的整体来考虑。

李崇银等通过对海温场的 EOF 分解,发现其第一模态表现为印度洋中西部和赤道中东太平洋大范围地区的海表温度与赤道西太平洋和东印度洋地区有相反的特征,于是提出了太平洋－印度洋海温异常综合模的概念[11,12],并定义了该模态的指数。杨辉等[13]通过资料分析指出,综合模能更好地反映热带海表温度的东西差异;并且综合模和 ENSO 模对中国夏季降水和气候的影响很不一样;数值试验也表明考虑综合模得到的模拟结果与观测资料更为一致[13]。其他研究也表明了太平洋－印度洋海温异常综合模的存在[14]。吴海燕等[15]通过对 SODA 海温资料的分析,进一步研究了综合模的时空演变特征,并初步探讨了综合模演变过程中次表层海温的变化和传播规律。

上述关于太平洋－印度洋海温异常综合模及其指数的定义和研究主要是基于海表温度资料进行的。然而,大量研究[16-18]已经表明次表层尤其是温跃层上的海温异常信号比表层要强烈得多,一些重要的海洋现象(如 El Niño)都最先表现在温跃层上、并沿温跃层深度传播。因而,黎鑫等[19]用温跃层上的海温距平(thermocline ocean temperature anomalies,简称 TOTA)重新定义了热带太平洋－印度洋海温联合模指数,进而分析了联合模演变过程中次表层海温的传播规律,并初步讨论了联合模与 Walker 环流及 850hPa 纬向风之间的关系,但尚未对联合模的形成机制进行深入探讨。本文拟在分析联合模的年际变化特征基础上,重点讨论其年际循环的动力、热力机理,从而更好地掌握联合模变化的规律和实质。

2　资料和方法

本文用到的资料主要有：由美国马里兰大学提供的逐月 SODA 海温再分析资料，水平分辨率为 0.5°×0.5°，垂向分为 40 层，时间跨度为 1958 年 1 月到 2007 年 12 月。海平面气压（SLP）场、表面风场、高空风场以及表面射出长波辐射（OLR）资料均为美国国家环境预测中心和国家大气研究中心（NCEP/NCAR）提供的逐月再分析资料，水平分辨率为 2.5°×2.5°（时段选取与海温资料一致）。海表太阳净短波辐射资料来自欧洲中期数值预报中心（ECMWF），水平分辨率为 2.5°×2.5°，时间跨度从 1958 年 1 月到 2001 年 12 月。潜热通量和感热通量资料则采用美国伍兹霍尔海洋研究所客观分析海气通量项目提供的 OAFlux 资料，时段选取与海温资料一致。海平面高度资料来源于 AVISO 卫星高度计资料，时间分辨率为一周，空间分辨率为 0.25°×0.25°，本文选取 1993—2007 年的资料作分析。各个要素的异常值均是由原始值减去气候月平均值而得。

本文根据海洋学中对温跃层的定义[20]，采用垂直梯度法计算海洋温跃层深度，并在逐月的温跃层曲面上展开分析，以期最大程度与温跃层的真实变化相接近。利用风场求解速度势和散度风则是参考了黎爱兵[21]等所提供的方案。

3　热带印度洋海温联合模年际循环特征

3.1　热带太平洋—印度洋海温联合模及其指数定义

我们对热带太平洋和印度洋温跃层曲面上的海温异常进行 EOF 分解，发现其第一模态充分体现了热带印度洋和太平洋的共变特征（图 1）。即当中西印度洋大部分海域与中东太平洋大部分海域偏暖（偏冷）时，东印度洋和西太平洋大部分海域则偏冷（偏暖），形如一个三极模态，我们称之为太平洋—印度洋海温异常联合模（the tropical Pacific-Indian Ocean associated mode，简称 PIOAM）。进一步分析发现，PIOAM 在太平洋的形态与 El Niño 十分相似，而在印度洋则在一定程度上表现出 IOD 的形态。也就是说在两大洋分别有一对纬向偶极子（Dipole），并形成反向的组合；该联合模解释了约 33.9％的方差，说明此联合模较为显著。

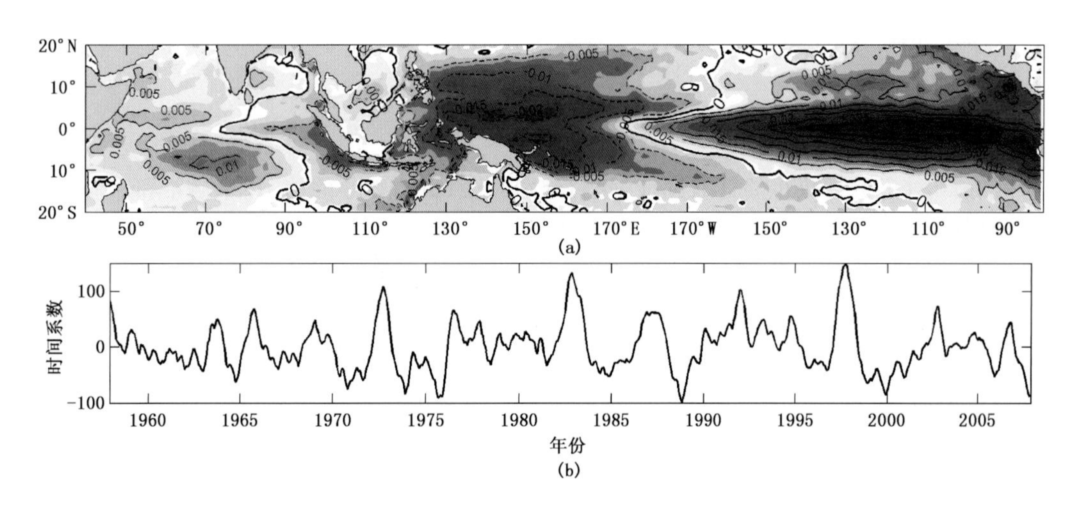

图 1　热带太平洋—印度洋温跃层海温异常的 EOF 分解第一模态（a）及其时间系数（b）

根据 EOF 分析结果（图 1）和温跃层海温异常标准差分布（图略），参考黎鑫等[19]所定义的热带太平洋—印度洋温跃层海温异常联合模指数，我们将热带太平洋—印度洋海温异常联合模指数（PIOAM-I）定义如下：

$$\begin{aligned}\text{PIOAM-I} = &[\text{TOTA}(10°-5°\text{S}, 60°-80°\text{E}) + \text{TOTA}(6°\text{S}-4°\text{N}, 140°-80°\text{W})] \\ &-[\text{TOTA}(5°\text{S}-0°, 95°-100°\text{E}; 10°-5°\text{S}, 100°-105°\text{E}) \\ &+\text{TOTA}(5°\text{S}-10°\text{N}, 135°-170°\text{E})]\end{aligned}$$

根据上述计算公式，得到1958－2007年逐月的TJMI时间序列（图2）。通过相关分析发现，PIOAM-I与Niño3.4指数具有很好的同时相关性，相关系数达0.87（远超过99％的置信水平）；同时PIOAM-I与IOD指数也具有很好的时滞相关性，当PIOAM-I落后IOD指数两个月左右时，相关系数可达0.58（远超过99％的置信水平）。说明PIOAM-I可以很好反映太平洋ENSO的活动，也在相当程度上可以反映印度洋IOD的活动。

3.2 热带太平洋—印度洋海温联合模年际循环

对PIOAM-I进行小波分析（图2b和图2c），可知联合模有年变化、年际变化以及年代际变化，但主要表现为准两年和3～4 a的年际变化周期。而通过分析赤道区域TOTA的经度-时间剖面（图3），进一步发现联合模表现为年际周期上的正负相位交替出现，于是认为PIOAM可能存在一种正负相位的循环。

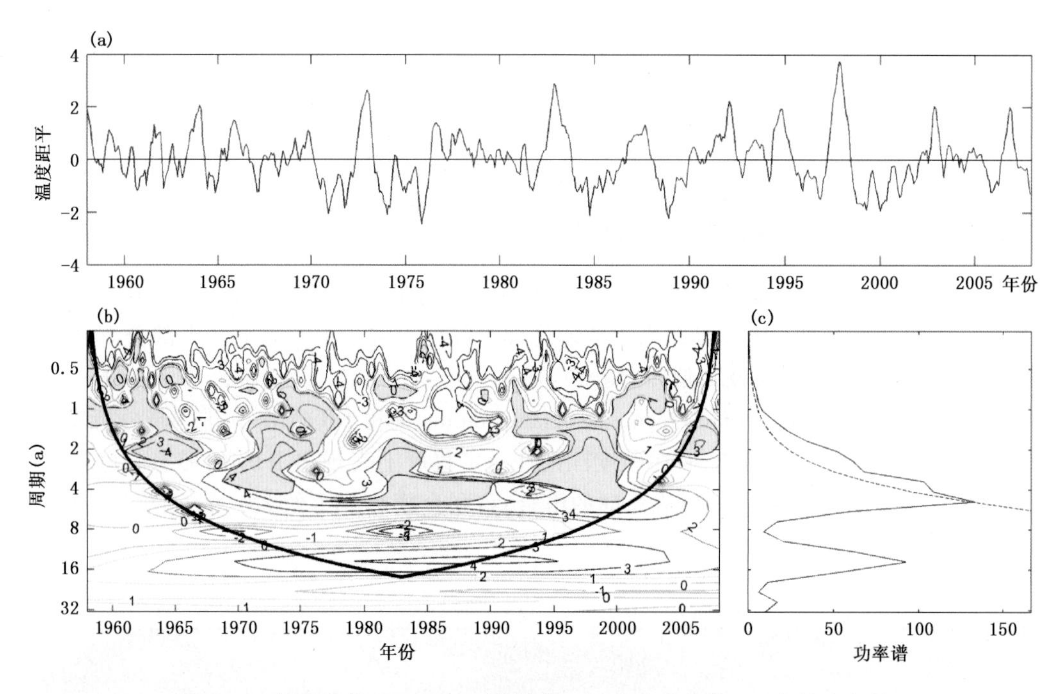

图2 （a）标准化的PIOAM-I时间序列，（b）小波功率谱，（c）全局功率谱

根据黎鑫等[19]对正负指数年的选取标准，我们分别对正、负指数年的前一年、当年和后一年的TOTA场进行合成分析（图略），发现：在联合模正（负）指数前一年，有弱的负（正）指数模态；到了当年春季，正（负）指数模态开始形成，并在当年秋季迅速发展，在秋末冬初联合模正（负）指数达到最强，第二年春季以后开始迅速减弱；并在该年秋末冬初再次呈现出弱的负（正）指数形态。借用ENSO循环的概念，我们把联合模正负相位的这种年际交替定义为联合模年际循环。完成一个循环一般需要2年左右或3～4年。联合模是如何形成的，而又是哪些因素导致了联合模的年际变化和循环？接下来我们将围绕这个问题展开相关研究和论述。

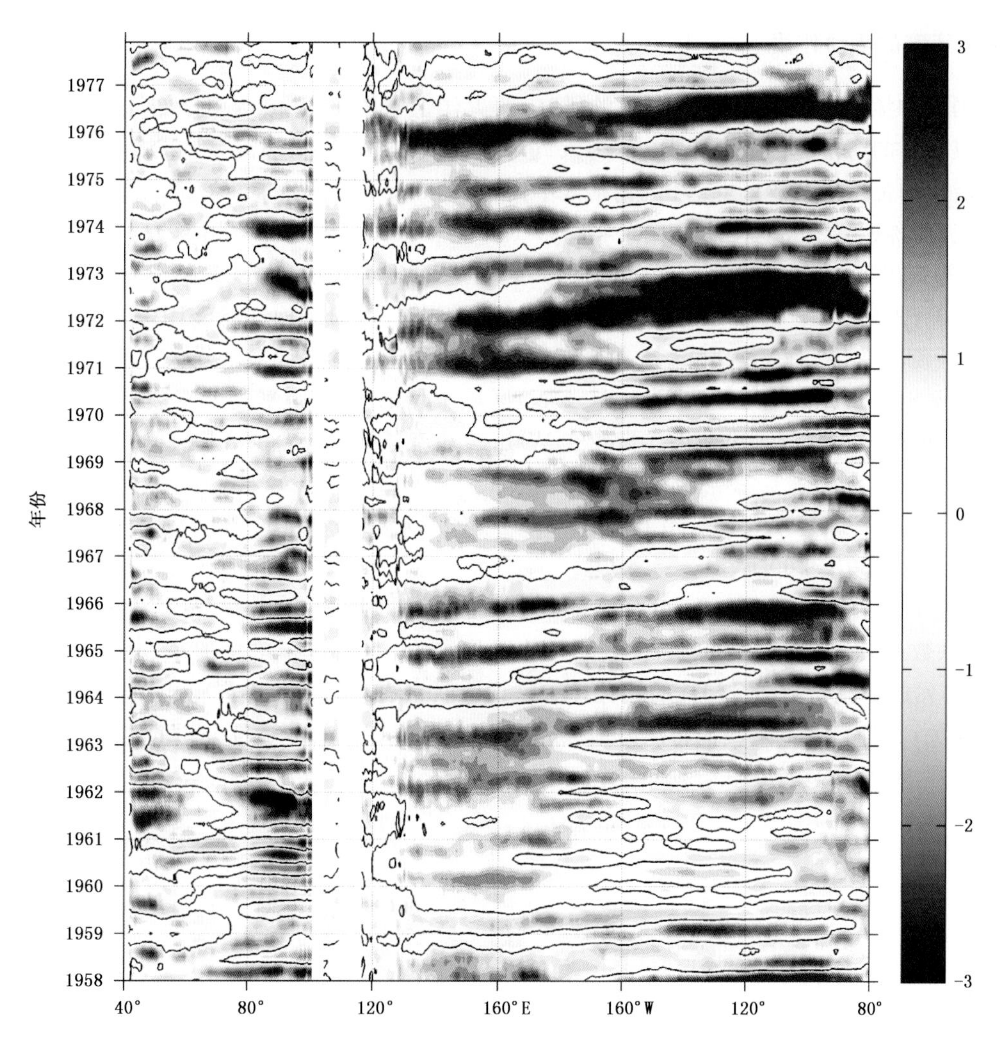

图 3 TOTA 沿赤道(1.25°S—1.25°N)的经度-时间剖面图

4 联合模年际循环的机理分析

关于太平洋和印度洋海温年际变化的动力机制,不同的学者给出了不同解释。归结起来,主要有以下几类:一是信风张弛理论,二是延迟振子理论,三是充放电模型,四是波动力学理论。而对于太平洋—印度洋海温异常之间的联系机制,也有学者作出了初步探讨。吴国雄和孟文[6]利用历史观测数据,证实赤道印度洋和东太平洋 SST 年际变化有显著的正相关,指出这种正相关是由于沿赤道印度洋上空纬向季风环流和太平洋上空 Walker 环流之间显著的耦合造成的,提出了两大洋海温相互关联的“GIP”机制。但其模型过于简单,没有说明大气和海洋是如何相互作用的,也没有考虑海洋动力及热力过程。巢纪平等[18]则进一步明确了热带印度洋 DIPOLE 事件和热带太平洋 ENSO 事件是通过两大洋上空距平 Walker 环流的耦合变化相联系的。然而,对这种海气相互作用的动力机制只是一笔带过,没有进行深入分析。更没有考虑大气和海洋之间的热力耦合以及海洋波动的反射等过程。

综合前人研究,结合资料分析结果和深入思考,我们认为热带太平洋—印度洋温跃层海温综合模的生消演变与大尺度大气环流(主要为热带印度洋和热带太平洋上空的 Walker 环流)异常、风应力异常对海洋的动力作用、海洋长波(包括赤道 Kelvin 波和热带 Rossby 波)的传播与反射、海洋平流热输送和垂直输送、蒸发、降水、短波辐射、长波辐射以及海洋混合和夹卷过程等因素有密切关联。我们将逐一分析上述因素在联合模年际循环中所起的作用。

4.1 Walker 环流的驱动作用

根据吴国雄和孟文[6]以及巢纪平等[18]的研究，两大洋上空距平 Walker 环流的齿轮式耦合变化是联系两大洋海温异常的纽带。因而，有理由认为大气环流尤其是 Walker 环流是联合模年际循环的主要驱动力。需要指出的是这里的 Walker 环流包括太平洋上 Walker 环流（简称东 Walker 环流单元）和印度洋纬向垂直环流（简称西 Walker 环流单元）。通常，太平洋 Walker 环流异常用南方涛动指数（SOI）来表示[22]；Meehl 等提出了西 Walker 环流单元的概念[23]，但没有定义环流指数，Tokinag 等[24]则提出用赤道印度洋西部（40°—60°E，2°S—2°N）和东部（85°—105°E，2°S—2°N）海平面气压（SLP）之差的变化来表征印度洋 Walker 环流的变化；而 Vecchi 等[25]在研究温室效应引起的对热带太平洋大气环流的影响时，用了（160°—80°W，5°S—5°N）和（80°—160°E，5°S—5°N）区域平均的 SLP 距平之差来表征热带太平洋—印度洋的气压梯度，但尚未很好刻画出两大洋齿轮式 Walker 环流异常。综合前人研究，本文中定义的 Walker 环流指数（WCI）定义为：

WCI ＝（1/3）×SLPA（40°—60°E，5°S—5°N）＋（2/3）×SLPA（160°—80°W，5°S—5°N）－SLPA（80°—160°E，5°S—5°N）

对 WCI 与 TMJI 的时间序列（图 4）进行分析可知，两者有很好的负相关，并且在 WCI 超前 TMJI 一个月时，相关系数最大，达到－0.83，远超过 99％的置信水平，明显强于单独的东 Walker 环流单元或西 Walker 环流单元的环流指数与 TMJI 的相关性。这说明联合模与印太上空齿轮式耦合的 Walker 环流变化的确密切相关。因而，接下来我们将从海面风、200 hPa 速度势以及赤道纬向垂直环流的分布形势等方面来进一步论述 Walker 环流在联合模年际循环中的具体作用。

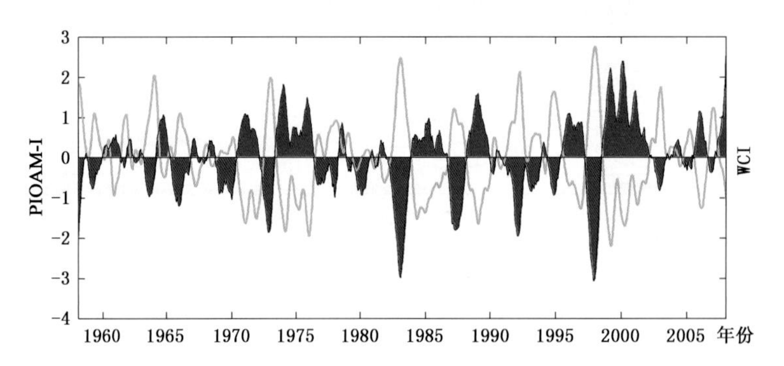

图 4　太平洋—印度洋海温异常联合模指数（PIOAM-I，填色）与 Walker 环流指数（WCI，绿色实线）的标准化时间序列

4.1.1　海面风场

对联合模正指数年前一年、当年以及后一年的海面风场进行合成分析，结果表明：在联合模正指数爆发前一年秋季，赤道印度洋上为西风距平，而赤道西太平洋和中太平洋有东风距平，此时，TOTA 表现出弱的负指数模态，正的 TOTA 分别在热带东印度洋和热带西太平洋积聚（图 5a）；到了当年春季（4 月），赤道西印度洋已为距平东风所控制，赤道西太平洋则受西风距平控制，导致正的 TOTA 开始向中西印度洋和中东太平洋传播（图 5b）；进入当年夏季（8 月），距平西风已扩展至中太平洋，中东太平洋的海温正距平开始迅速增加，联合模进入发展期（图 5c）；到了当年秋季，印度洋上的东风距平和太平洋上的西风距平达到最大，随后（11 月、12 月），赤道西印度洋和东太平洋的正 TOTA 以及大暖池区的负 TOTA 都达到最强，联合模进入强盛期（图 5d）。进入后一年春季（4 月），尽管 TOTA 仍表现为负指数模态，但赤道东印度洋和西太平洋已分别出现距平西风和距平东风，使得该区域的海温负异常减弱，同时西印度洋和东太平洋的正海温距平也迅速减弱，联合模开始迅速衰减（图 5e）。到后一年秋季，赤道印度洋和赤道太平洋大部分海域分别为西风距平和东风距平所控制，随后，联合模再次呈现出弱的负指数模态（图 5f），从而完成一个循环。可见，海面赤道纬向风异常引导了联合模发生、发展、成熟、消亡直至转换的整个循环过程。

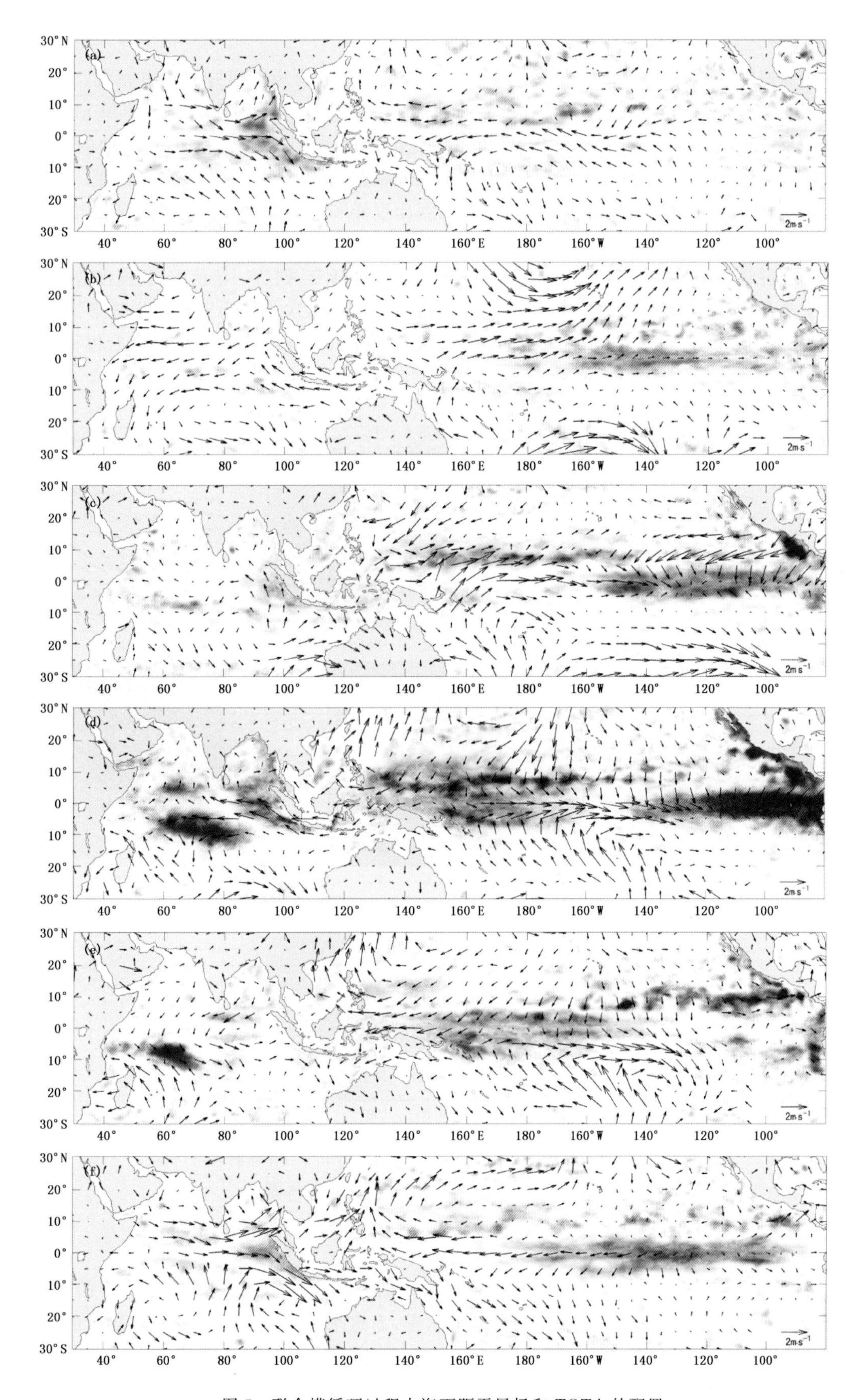

图 5 联合模循环过程中海面距平风场和 TOTA 的配置

(a)前一年 10 月,(b)当年 4 月,(c)当年 8 月,(d)当年 11 月,(e)后一年 4 月,(f)后一年 11 月

4.1.2　高空风场

对 200 hPa 速度势的合成分析，发现：200 hPa 速度势分布与联合模有很好的对应关系。在联合模正指数前一年秋季，东印度洋和西太平洋为辐散区，而西印度洋和东太平洋则为辐合区，850 hPa 的速度势分布则刚好相反，显然这个季节在太平洋有 Walker 环流正异常而在印度洋有逆时针转动的纬向环流异常；此时联合模表现为弱的负指数模态。此后，上述区域的辐合辐散形势开始向反方向转变。到了当年秋季，东印度洋和西太平洋已被很强的辐合气流控制，而西印度洋和东太平洋则为较强的辐散气流控制。于是，在这个季节太平洋上有 Walker 环流负异常，而印度洋上为顺时针转动的纬向环流异常；此时，联合模正相位迅速加强并进入强盛期；随后，环流形势又开始向反方向转变，到后一年秋季，其速度势的分布形态与前一年秋季类似，看上去像是完成了一个循环。此时，联合模也再次表现为弱的负指数形态，同样完成了一个循环。850 hPa 速度势和辐散风的分布（图略）则正好与 200 hPa 相反，说明在联合模循环过程中，高低空风场的异常辐合辐散，起到了重要作用。

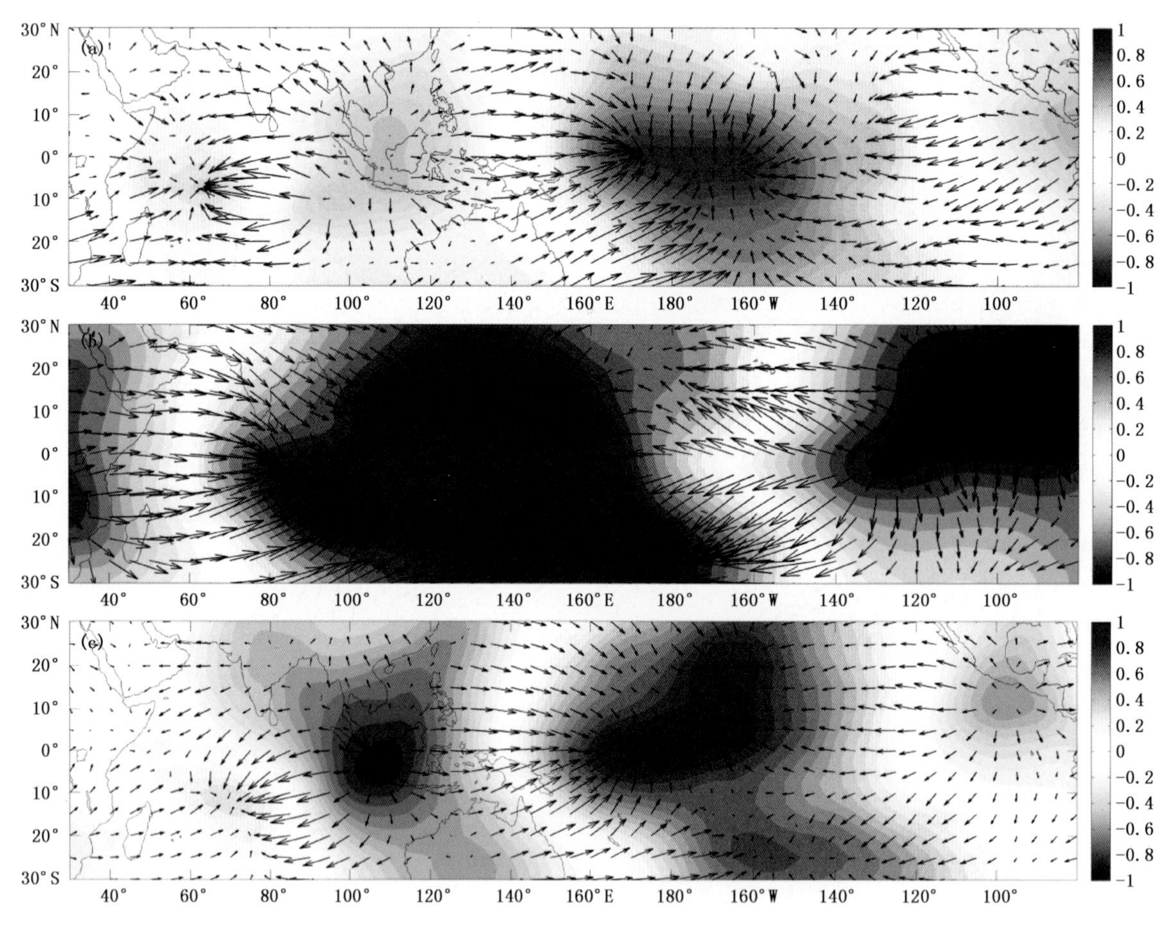

图 6　正指数合成的 200 hPa 速度势（单位：$10^6\ m^2/s$）和辐散风场

(a)前一年秋季，(b)当年秋季，(c)后一年秋季

4.1.3　赤道纬向垂直环流

为了更直观地分析异常 Walker 环流在联合模循环中的变化和作用，我们对赤道平均的异常纬向垂直环流进行合成。结果表明：在联合模正相位前一年秋季，赤道东印度洋和西太平洋有异常的上升运动，而西印度洋和中东太平洋则有异常下沉运动，说明东、西单元的 Walker 环流加强（图 7a），此时联合模表现为弱的负指数模态；此后，Walker 环流正异常减弱并逐渐转换为负异常；到了当年秋季，赤道西印度洋和中东太平洋上空有强烈的异常上升运动，而赤道东印度洋和西太平洋则有较强的异常下沉运动，Walker 环流负异常达到最大（图 7b），促使联合模进入强盛期；进入后一年春季，这种异常的上升、下沉运动迅

速减弱，并逐渐向反方向转变；到了后一年秋季，赤道印度洋再次为顺时针转动的异常 Walker 环流所控制，而赤道太平洋则为逆时针转动的异常 Walker 环流所控制(图 7c)，使得联合模再次呈现出弱的负指数模态。

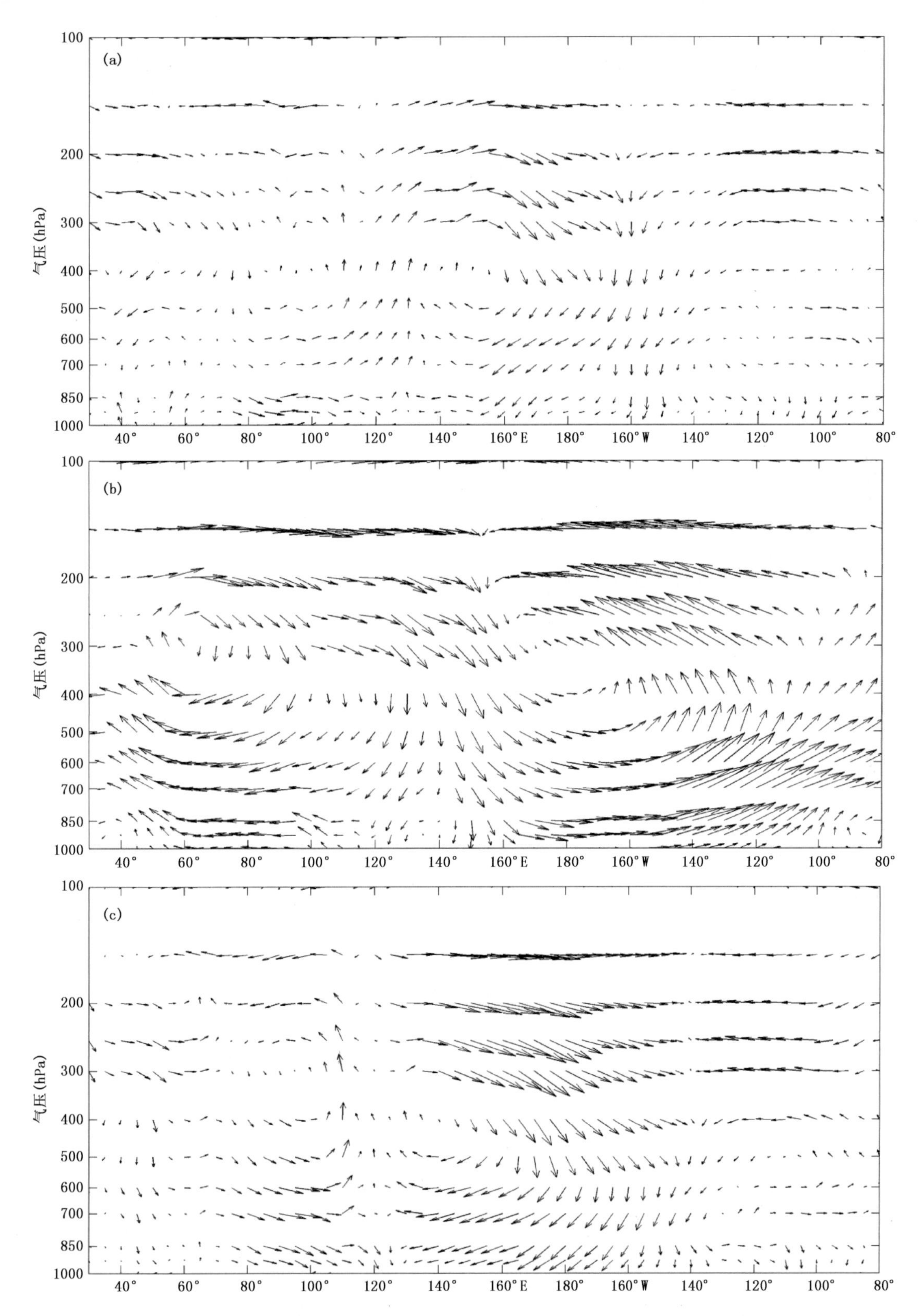

图 7 联合模正指数合成的赤道太平洋—印度洋纬向垂直环流

(a)前一年秋季，(b)当年秋季，(c)后一年秋季

4.2　海洋本身的动力过程——波动的传播与反射

许多研究指出，热带海温的年际变化与海洋中 Kelvin 波和 Rossby 波的传播与反射密切相关[26-30]。

Schopf 和 Harrison[26] 在资料分析的基础上认为，赤道 Kelvin 波对 El Niño 事件发生前期的 SST 正异常由西向东传播起关键作用。Gill 通过数值模拟指出：风场扰动激发赤道太平洋海域产生向东传播的 Kelvin 波，这种波动引起的平流输送，把西太平洋热带海域的暖热海水输送到赤道中、东太平洋海域，使那里的 SST 及海洋上层热含量产生正异常，从而导致 El Niño 事件发生[27]。袁叔尧和甘子钧[28] 研究认为在一定条件下，Kelvin 波可被大洋东岸反射为西进的 Rossby 波，Kelvin 波平流建立起的赤道海域 SST 和海洋上层热含量正异常经反射 Rossby 波的经向平流输送，致使 SST 和海洋上层热含量正异常范围向高纬度扩展，从而促使 El Niño 事件进入发展、成熟阶段。当 El Niño 事件期间的赤道西风风场衰退，赤道东风风场建立并加强。风场扰动可能首先在东太平洋激发西传的 Rossby 波，把堆积在中、东赤道太平洋的暖海水向西输送，导致东、西太平洋逐渐恢复至非 El Niño 事件期间的热力结构，从而促使 El Niño 事件进入衰减、消亡阶段。这些研究较好地说明了 ENSO 循环中海洋长波的作用。

近来，对于 Kelvin 波和 Rossby 波在印度洋海温年际异常中的作用，也有学者进行了研究。Le Blanc 和 Boulanger[29] 利用 1993－1998 年的 ERS 和 T/P 卫星资料及 Boulanger 和 Menker 的分解方法[30] 着重分析了 Kelvin 波和第一 Rossby 波在赤道印度洋中的传播及在东、西边界的反射，结果表明当两种波动都到达各自的反射边界，反射波增强了入射波的海平面信号，对印度洋海平面高度偶极子的形成起到了促进作用。而当波发生反射后，其纬向流信号与风驱动的纬向流信号相互抵消，可减弱甚至反转暖水的向西输送，从而导致印度洋年际异常的消失。

上述研究为说明联合模循环过程中海洋长波的作用机理奠定了基础。我们利用逐周的 AVISSO 卫星高度计资料分别对太平洋和印度洋海面高度异常的时间演变情况进行分析（图 8 和图 9），结果表明，在印度洋和太平洋都存在波动传播的回路。结合 TOTA 的演变（图 5）可知，当波动传播走完一个闭合回路，联合模也恰好完成一个循环。下面以 1996－1998 年的联合模循环为例进行说明。

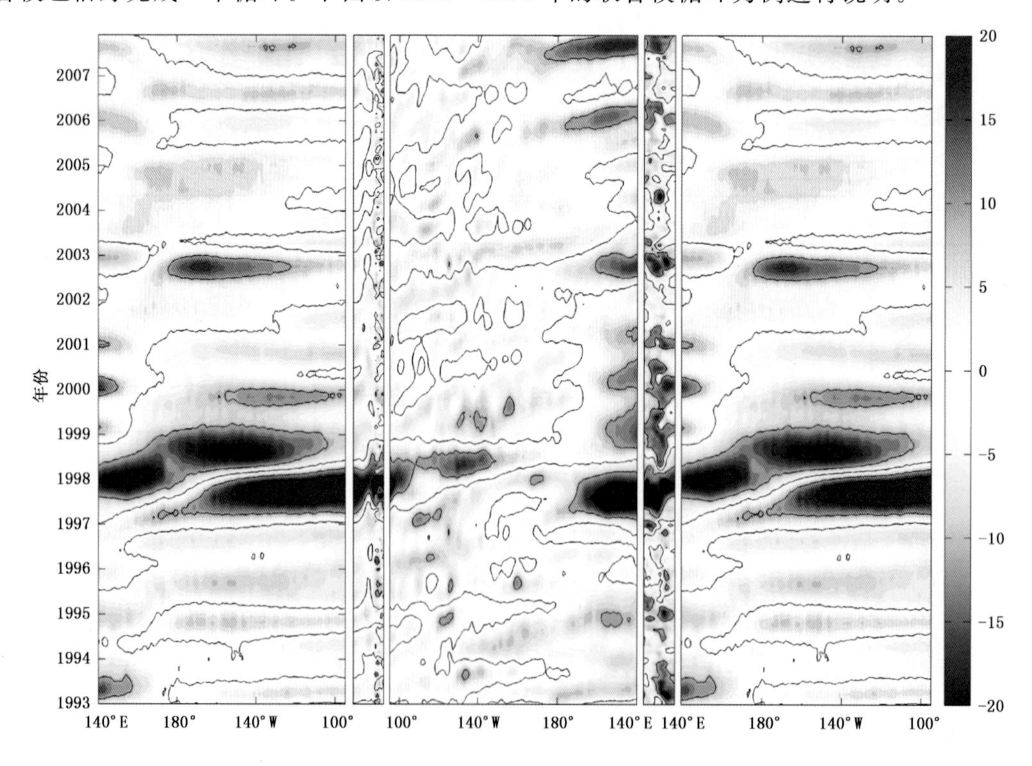

图 8　1993－2007 年太平洋 SSHA 演变。从左向右第一分格表示沿赤道附近从 140°E 向东到 95°W；第二分格沿 95°W 附近从赤道北上到 10°N 附近；第三分格表示沿 10°N 纬度带从 95°W 向西到 140°E；第四分格表示沿 140°E 附近从 10°N 回到赤道；第五分格与第一分格相同

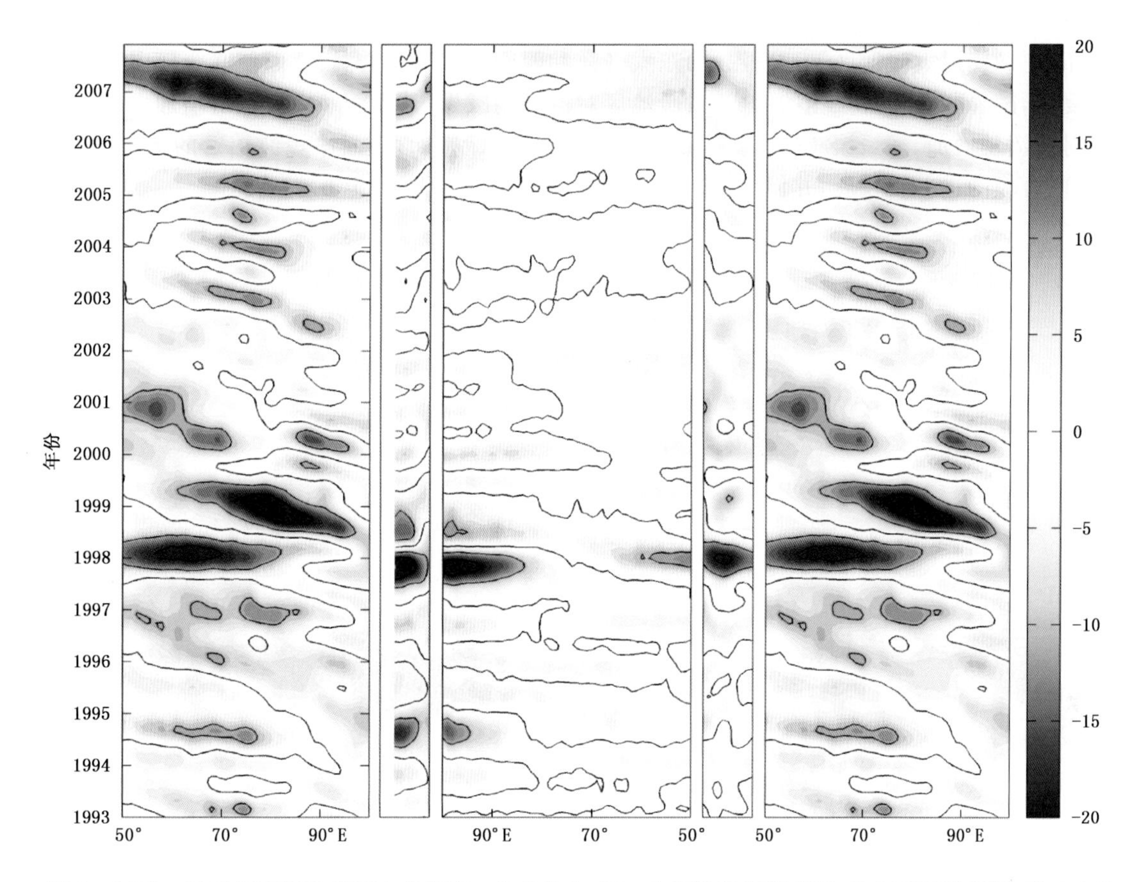

图 9 1993—2007 年印度洋 SSHA 的演变。从右往左，第一分格沿着 10°S 附近，从 100°E 到 50°E；第二分格沿 50°E 附近从 10°S 北上到赤道附近；第三分格沿赤道从 50°E 向东到 100°E；第四分格沿 100°E 附近从赤道回到 10°S 附近；第五分格同第一分格

联合模正指数前一年，西太平洋有一下沉 Kelvin 波沿赤道向东传播并发展，这种波动在到达东边界后产生反射，成为下沉 Rossby 波向西传；当年秋冬季节，入射波与发射波相遇时产生叠加效应，东太平洋海平面显著升高；Rossby 波沿 10°N 附近向西传播，于后一年秋季到达西太平洋，并在西边界发生反射，成为沿岸 Kelvin 波重新回到赤道附近，为下一次 SSH 正异常东传做准备，如此循环往复。在 SSHA 完成一个循环的同时，联合模也完成了一次年际循环。

与太平洋相反，在联合模正指数年前一年东印度洋有下沉 Rossby 沿着 10°S 附近向西传播并发展，到达印度洋西边界之后发生反射，成为下沉 Kelvin 波，当年秋季，入射波和反射波在西边界相遇并叠加，导致西印度洋海平面显著升高；随后，反射而得的下沉 Kelvin 波沿着赤道附近向东传播，于第二年夏秋季节回到东印度洋并向 10°S 附近聚集。为下一次循环作准备。

4.3 联合模指数的热力因素

前文我们主要分析了联合模循环的动力机理，发现异常 Walker 环流及其引起的异常纬向风为联合模循环的主要动力源，它通过激发海洋中不同性质的异常 Kelvin 波和 Rossby 波，产生异常的海温。而这两种波动在边界处的反射及波一波间的相互作用也是联合模循环的主要动力因素。然而，对于大气一海洋这个有机整体，仅仅考虑动力作用是比较片面的，还必须考虑热力因素。接下来，我们将从太阳辐射、潜热、感热以及水平和垂直热输送等方面逐一分析热力因子对联合模循环的作用。

4.3.1 太阳辐射加热作用

众所周知，短波辐射是海洋的主要热力来源。因而，有理由相信海面短波辐射的异常是联合模循环的主要热力因素。合成分析的结果表明：在正指数前一年夏季，印一太暖池区海表开始出现负的净短波辐射，并在这一年冬季达到最强(图 10a)，而在西印度洋和东太平洋，则有正的净短波辐射。短波辐射异常的这种分布形势，使得大暖池区迅速降温，而东太平洋和西印度洋迅速增温，从而使联合模向正相位发展。到了当年夏季，随着联合模正位相的形成，大暖池区对流活动减少，其表面净短波辐射增加，而东太平洋和西印度洋对流活动增加，净短波减少。当年秋末，联合模进入鼎盛期，表面净短波辐射的正负异常达到最大，阻止了联合模的进一步发展，并促使其迅速衰减并向负相位转化(图 10b)。

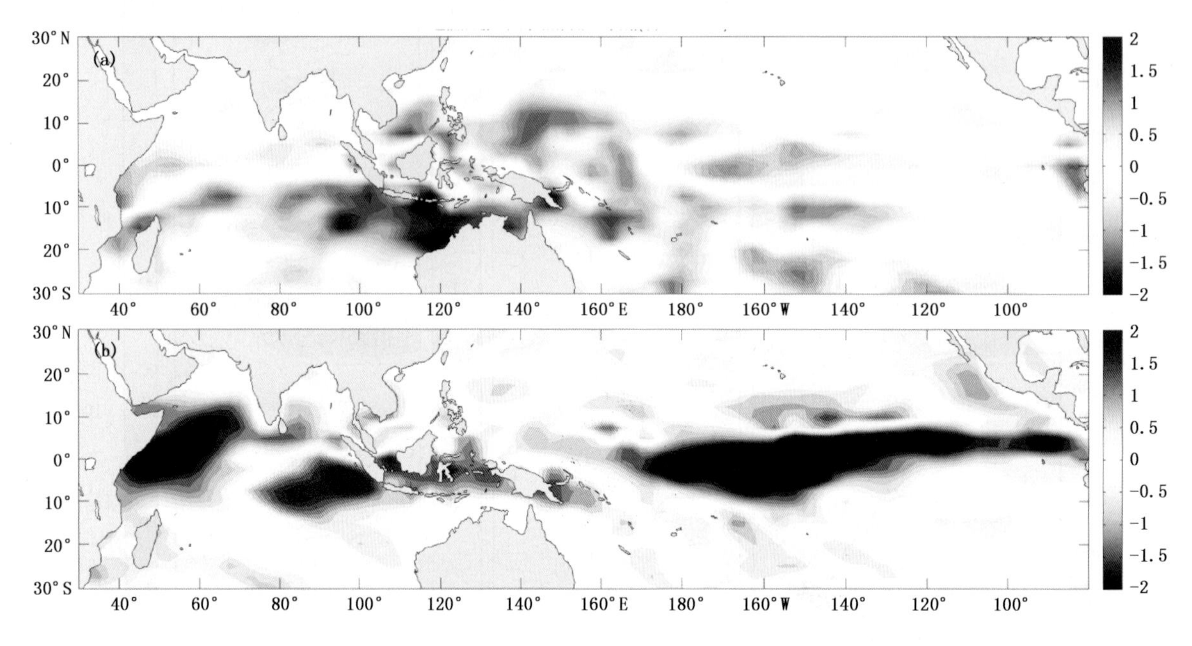

图 10　正指数合成的热带太平洋—印度洋海面太阳净辐射异常

(a)前一年冬季，(b)当年冬季(单位：10^5 W/m^2)

4.3.2　海表热通量的作用

海表热通量包括潜热通量、感热通量。通过对热带太平洋—印度洋海表感热通量异常与潜热通量异常的对比分析(图略)，发现研究海域的感热通量远小于潜热通量，因而我们主要考虑潜热通量的作用。

对正、负指数年的海表潜热通量进行合成分析，结果表明：潜热在联合模循环演变中起到了调节的作用，即主要通过海水蒸发过程使得联合模暖异常区域失热，抑制其进一步增长并促进其衰减。因而，潜热作用在联合模成熟期表现最为明显(图 11)。

4.3.3　水平热输送作用

纬向平流热输送在联合模循环中，起到了重要作用。以正指数合成为例：在正指数前一年冬季，赤道印度洋已为西向流控制，将热量向西输送，而赤道太平洋则为东向流所控制，将西太平洋的热量向中东太平洋输送，为联合模正相位的形成提供了热量基础(图 12a)。这种平流热输送一直持续到当年秋季并达到最强，对联合模正相位的形成、发展和成熟起到了引导和促进作用(图 12b)。到了当年冬天，这种平流热输送的强度大为减弱，在 5°—10°N 的西太平洋甚至出现了反向的平流输送(图 12c)。到了后一年春季，印度洋和太平洋的平流热输送都开始反向，即热量分别从西印度洋和中东太平洋向东印度洋和西太平洋输送，导致联合模正相位逐渐减弱(图 12d)。随着这种反向的平流热输送加强并持续，联合模正相位迅速减弱并在第二年秋季转变成弱的负相位模态(图略)。

4.3.4　垂直热输送作用

海水的升降流是导致海温局地变化的重要因子。经典的 El Niño 动力理论认为正是赤道太平洋东南信风减弱，导致秘鲁沿岸的上升流减弱，从而使东太平出现海温正距平，而 Saji 等[31]在对 IOD 机制进行探讨时，也认为是赤道东南印度洋的东南季风减弱使得苏门答腊岛沿岸上升流增强，从而导致东印度洋海温负距平形成并发展。对正负指数年的海洋纬向垂直环流进行合成分析，发现：前期，海洋环流的垂直热输送,促进了综合模的形成和发展(图 13a);当联合模进入成熟期之后,垂直热输送则开始削弱其强度,并逐渐使之向反方向转变(图 13b 和图 13c)。

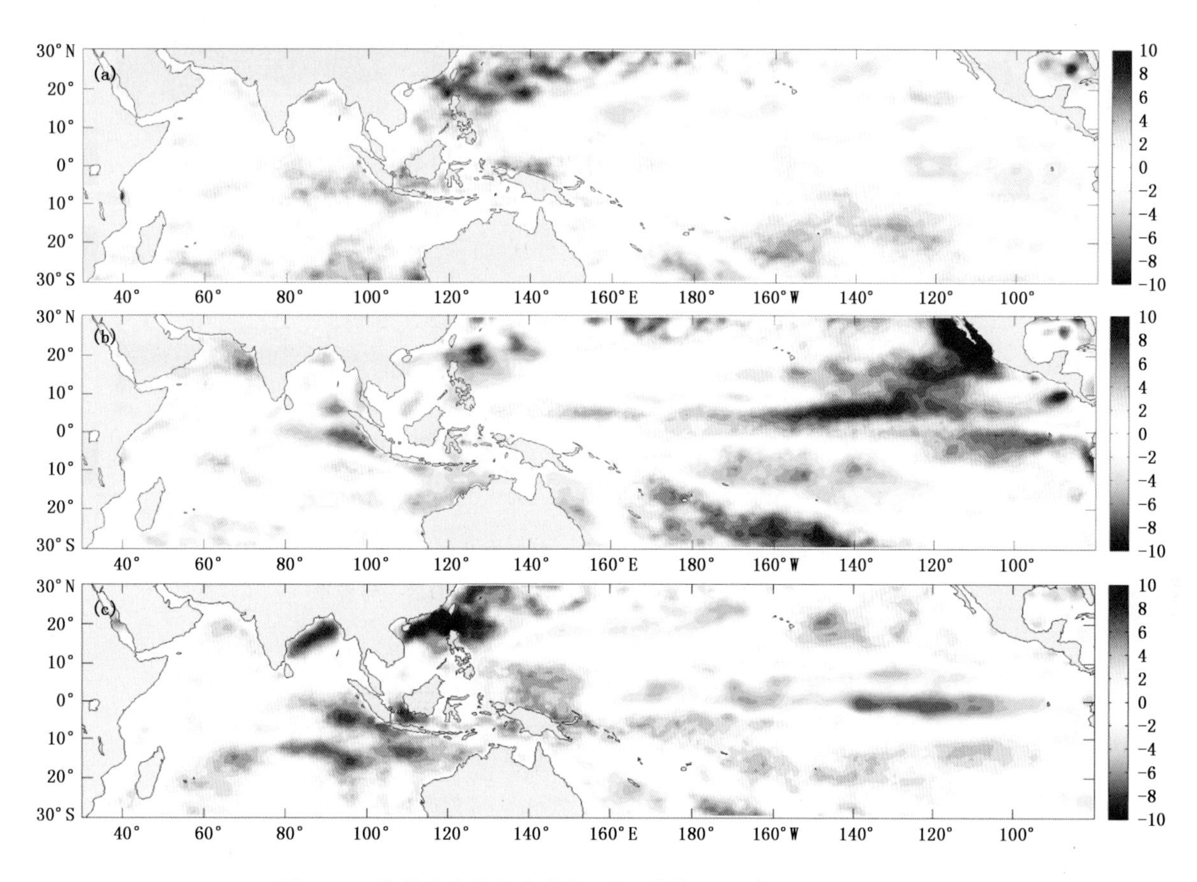

图 11 正指数合成的海表潜热通量(单位:W/m², 向上为正)距平
(a)前一年冬季,(b)当年冬季,(c)后一年冬季

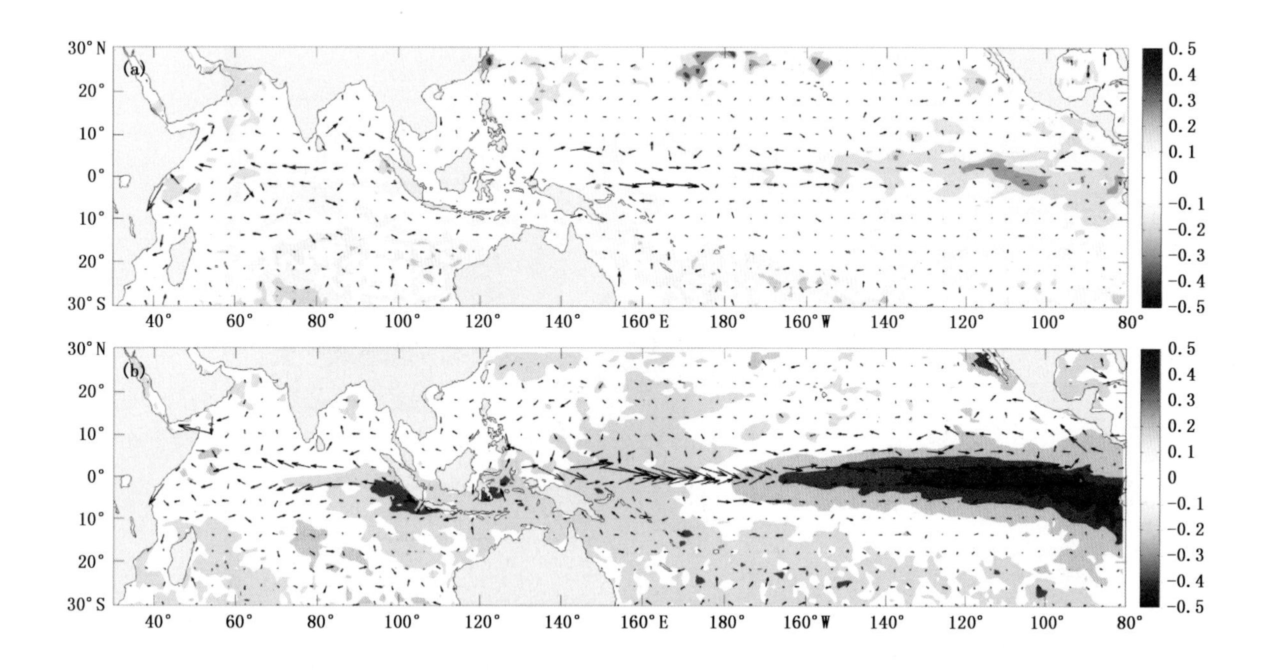

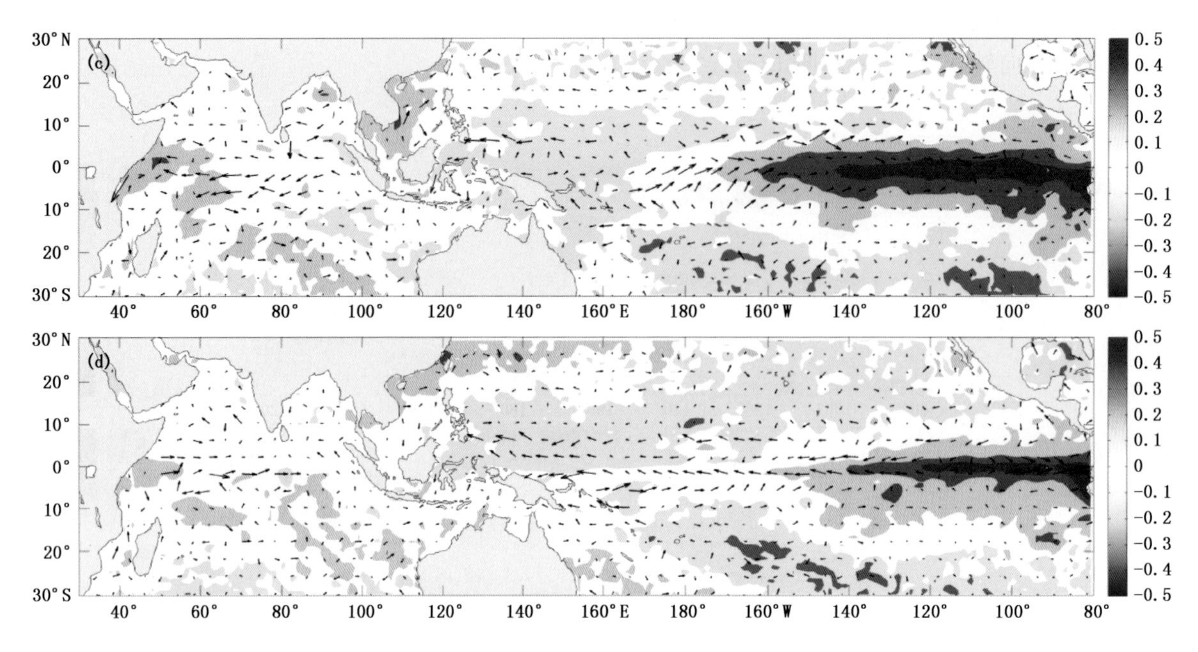

图 12　正指数合成的热带太平洋—印度洋表面流场及 SSTA
(a)前一年冬季,(b)当年秋季,(c)当年冬季,(d)后一年春季

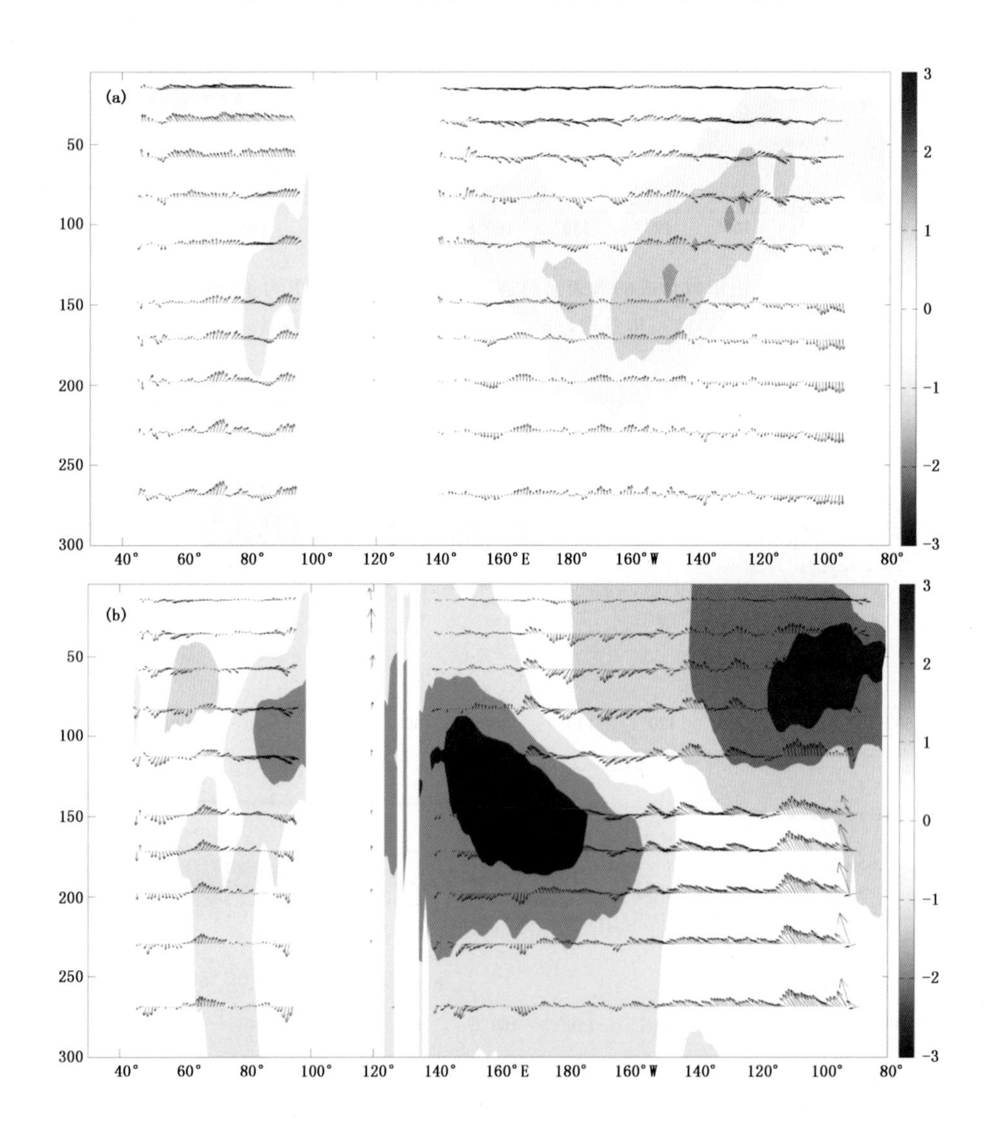

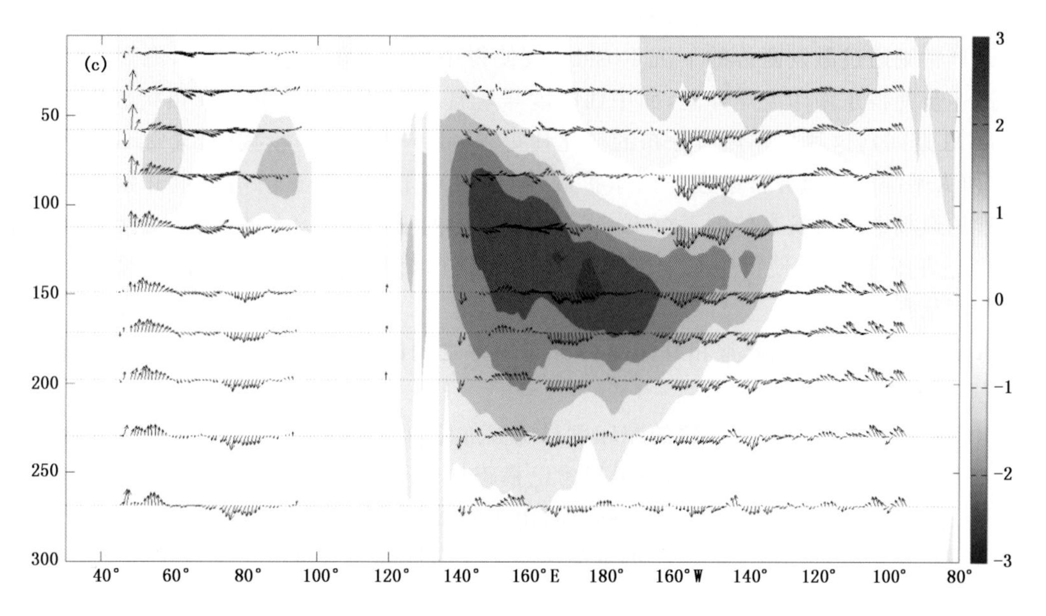

图 13　联合模正指数年合成的赤道纬向垂直环流及海温异常的时间—深度剖面
(a)当年 4 月,(b)当年 12 月,(c)后一年 2 月

5　综合分析

综合以上分析,我们构建出联合模演变机理的初步框架为:大气环流异常引起海面风应力以及海面高度异常异常,进而引起异常海流并激发异常海洋长波以及海洋升降流,通过海洋的一系列热力—动力过程,引起表层和次表层温度异常;而海洋热力状况的异常又会通过蒸发、降水、感热、潜热等过程引起大气环流及海洋热含量的改变,从而使系统恢复正常甚至反转。在这一系列过程中,两大洋上空的 Walker 环流起到了大气桥的作用,而蒸发、降水、短波辐射以及海洋中长波在东西边界的反射则对综合模循环起到了调节、反馈作用。因而,联合模年际循环可能的机制如下。

正常情况下,热带大洋上空 Walker 环流的配置如图 14 所示。可见,热带太平洋—印度洋上空的 Walker 环流如同一对反向转动的齿轮,吴国雄等把它称之为 GIP[6]。因而,这对 Walker 环流东西单元(西单元记为 WWC,东单元记为 EWC)中的任一单元环流出现异常,则会引起另一单元环流出现相反的异常,我们称之为异常 GIP。当 Walker 环流增强时,异常 GIP 正向转动,而当 Walker 环流减弱时,异常 GIP 反向转动。

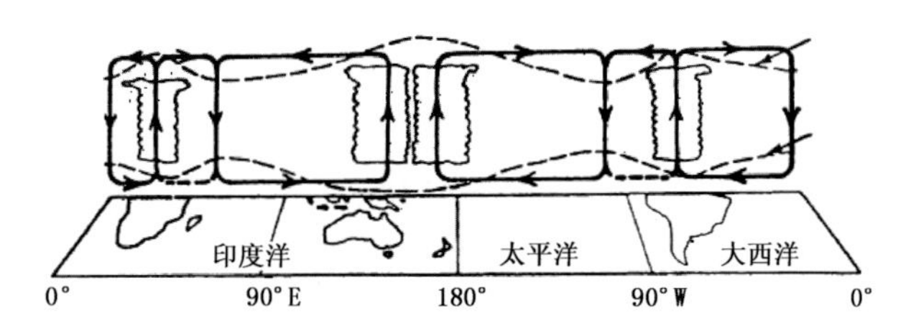

图 14　热带大洋上空 Walker 环流配置

在 PITM 正指数事件爆发前一年秋季(SON-1),GIP 正向转动并且齿合点位于印尼海域附近,海平面风场在太平洋为东风异常,在印度洋为西风异常,使得"大暖池"区温跃层增厚而西印度洋和中东太平洋温跃层抬升。于是,热带太平洋—印度洋海温表现为中间偏暖、东西偏冷的负指数模态。

进入冬季(DJF-1)后,东亚冬季风的异常增强,异常 GIP 由正向转动逐渐调整为反向转动。从而,赤道西太平洋地区开始出现西风异常,而赤道印度洋地区也有弱的东风异常。西风异常通过激发东传的下沉 Kelvin 波使得中东太平洋温跃层加深,海温逐渐升高;同时,赤道附近的异常东向流也将西太平洋的暖水向东输送，这种离岸的输送又导致西太平洋西部出现异常上升流，使得西太平洋海温逐渐降低。而赤道印度洋的东风异常则通过激发西传的下沉 Rossby 波使得中西印度洋温跃层加深，海温开始升高；同时，异常西向流进一步使得东南印度洋降温，而中西印度洋增温。在此过程中，PITM 负指数模态开始减弱。

随后（MAM 期间），这种海洋热力分布的变化使得 Walker 环流进一步减弱，异常 GIP 的反向转动加强，从而赤道西太平洋的西风异常增强并向东扩展，而赤道东印度洋的东南信风也开始增强并向下游扩展。这种异常的风场通过激发东传的下沉 Kelvin 波和西传的下沉 Rossby 波、增加大暖池区的蒸发潜热以及增强沿岸上升流等作用，使得中东太平洋和中西印度洋增温而大暖池区降温。于是，IPTJM 由负指数模态转化为正指数模态。

进入 JJA 后，上述大气环流异常和海洋热力分布异常之间的正反馈作用进一步加大，联合模正位相开始迅速增强。

到了 SON 期间，离岸风增强所导致的东印度洋降温加剧，而印度洋西部却由于东南信风导致的水汽和辐合增加使得对流增强，于是沿赤道的东风异常已横跨整个印度洋，西部增温东部降温的正反馈机制形成，使得东西向的海温偶极子迅速增强。另一方面，由于降水的增加，海水盐度降低，密度减小，夹卷受阻也使得西部海域迅速增温，加上 Rossby 波的反射增强了入射波的信号进一步加剧了西部增温，导致印度洋次表层海温偶极子达到最强。在此期间，赤道太平洋上的下沉 Kelvin 波向东传播并到达东岸，在东边界反射为 Rossby 波，其经向热量输送使得东太平的增温范围迅速扩大，并且反射波增强了入射波的信号而使得增温加剧。于是，IPTJM 正位相进入强盛期。

在 IPTJM 达到最强（当年 12 月）之后，由于印度季风的减弱，沿赤道和沿海岸的风减弱，使得苏门塔那岛沿岸上升流减弱。另一方面，热带东印度洋和西太平洋日晒的增加（该区域的晴空所致）和蒸发的减少（风速减小所致），大暖池区的海温负距平逐渐减小。相反，热带西印度洋和中东太平洋海表对外潜热释放增加并且吸收的太阳辐射减少。这种热力作用抑制了联合模的进一步增长，并使得 Walker 环流负异常迅速减弱。于是，印度洋上空低层的东风异常向西传播进入西太平洋，海水开始在太平洋西岸堆积，使那里的温跃层逐渐增厚。同时，在太平洋东边界由 Kelvin 波反射而成的 Rossby 波开始沿赤道外海域向西传播，而在印度洋西边界反射的 Rossby 波则被赤道陷获成为赤道 Kelvin 波向印度洋东岸传播。在此期间，赤道印度洋地区的东向流和赤道太平洋地区的西向流分别把西部和东部的暖海温距平向中部输送。在上述机制共同作用下，IPTJM 正指数模态开始减弱。

到了 MAM+1 期间，潜热和太阳辐射的负反馈机制使得 IPTJM 正指数模态继续减弱。另一方面，Walker 环流负异常的减弱导致印度洋的东风异常和太平洋的西风异常衰退，使得赤道印度洋西岸和太平洋东岸的下降流减弱。在此期间，反射 Kelvin 波已到达赤道东印度洋，而反射 Rossby 波也有一部分到达西太平洋，使大暖池区的负距平进一步削弱。于是，IPTJM 正指数模态迅速削弱。

进入 JJA+1 期间，东非夏季风的加强导致离岸 Ekman 输送和东非沿岸异常上升流，西印度洋温跃层变浅，开始迅速降温。此时，在太平洋中，反射 Rossby 波已传播回到西太平洋并向赤道汇聚，西太平洋温跃层加深，温度上升。海洋热力分布状况的改变迫使大气环流发生相应改变，于是西风异常开始在中西印度洋建立而东风异常则占据了中西太平洋。印度洋的西风异常激发东传的 Kelvin 波，使得中东印度洋进一步升温；而在中太平洋的东风异常则激发西传的下沉 Rossby 波和东传的上翻 Kelvin 波，使得西太平洋温跃层迅速加深而中东太平洋温跃层迅速抬升。在此过程中，IPTJM 由正指数模态向负指数模态转变。

此后（SON+1 期间），在热力－动力的正反馈机制作用下，PITM 重新回到负指数模态。如此，完成 IPTJM 的一个循环。

6　讨论和展望

本文通过大量的资料分析，研究了热带太平洋—印度洋海温异常联合模的年际循环特征，并初步揭示了这种年际循环可能的动力－热力机制。得到的主要结论如下。

（1）联合模存在一种准两年周期以及 3～4 年左右周期的类似于 ENSO 的年际循环。

(2)对于联合模起主要作用的主要动力因素有：与异常 Walker 环流相关的海面和高空的风场异常，赤道 Kelvin 波和 Rossby 波的传播与反射；主要的热力因素有太阳辐射、潜热通量以及水平和垂直热输送等。

(3)合成分析的结果表明：前期，与异常 Walker 环流相伴随的异常风场、气压场通过与海温、海洋波动及海洋环流之间的正反馈机制，对联合模的形成和发展起主要作用；而海洋长波在印度洋西边界和太平洋东边界的反射则进一步促进了联合模的增长；在联合模达到盛期之后，异常的海表潜热、太阳辐射以及海洋水平热输送通过与海洋热力分布异常的负反馈机制使得联合模迅速减弱，而印度洋中反射 Kelvin 波的东传和太平洋中反射 Rossby 波的西传又进一步削弱了联合模，使其消亡甚至发生相位反转。

本文较为合理地解释了热带太平洋—印度洋海温联合模年际循环可能的动力－热力机制，但关于两大洋异常海温变化的联系还只是考虑了大气桥的作用。近年来，一些研究已经指出，印尼贯穿流(ITF)是联系印度洋和太平洋的海洋通道，ENSO 信号可通过强迫 ITF 来对印度洋产生影响[32,33]，而印度洋的 IOD 信号也可通过 ITF 使太平洋海温发生变化[33-36]。这些研究直接或间接地说明了 ITF 是低纬度地区连接印度洋和太平洋的海洋通道，为 IOD 和 ENSO 建立了联系。吴海燕等[37]则通过数值试验，初步模拟了印尼贯穿流对热带太平洋－印度洋海温综合模影响，指出 ITF 对表层海温联合模作用较小，而对次表层海温联合模作用较大。然而，由于印尼通道复杂的海底地形和流系特征，在缺乏长期实测资料的情况下，难以准确分析其在联合模演变中所起到的作用。下一步，我们将综合应用 Argo 资料、INSTANT 数据 AVISO 海平面异常资料以及 SODA 再分析资料等对 ITF 在太平洋—印度洋海温联合模年际变化中所起的作用进行深入分析，并用高分辨率的 HYCOM 等海洋模式进行模拟。

参考文献

[1] Li C Y, Mu M Q, Pan J. Indian Ocean temperature dipole and SSTA in the equatorial Pacific Ocean[J]. Chinese Science Bulletin , 2002 , 47(3) : 236-239.

[2] Klein S A, Soden B J. Remote sea surface temperature variation during ENSO: evidence for a tropical atmospheric bridge[J]. J Clim,1999, 12(4): 917-932.

[3] 巢纪平，袁绍宇. 热带印度洋和太平洋海气相互用事件的协调发展[J]. 海洋科学进展，2002，22(3)：247-252.

[4] Huang A, Kinter J L. The interannual variability in the tropical Indian Ocean and its relations to El Niño-Southern Oscillation[J]. J Geophys Res, 2002, 107: 3199. Doi: 10. 1029/2001JL001278.

[5] Li T,Wang B. A theory for the Indian Ocean dipole-zonal mode[J]. J Atmos Sci, 2003, 60: 21 19-2134.

[6] 吴国雄，孟文. 赤道太平洋—印度洋地区海气系统的齿轮式耦合和 ENSO 事件 I. 资料分析[J]. 大气科学，1998，22(4)：470-480.

[7] 谭言科，张人禾，何金海，等. 热带印度洋海温的年际变化与 ENSO[J]. 气象学报，2004，62(6)：831-840.

[8] Kim M Cobb, Christopher D Charles, David E Hunter. A central tropical Pacific coral demonstrates Pacific, Indian, and Atlantic decadal climate connections[J]. J Geophys Res, 2001,28(11):2209-2212.

[9] Annamalai H, Xie S P , Mccreary J P, et al. Impact of Indian Ocean Sea Surface Temperature on Developing El Niño [J]. J Clim, 2005, 18(1):302-319.

[10] 蔡怡，李海，张人禾. 热带印度洋海温异常与 ENSO 关系的进一步研究[J]. 气象学报，2008，66(1)：120-124.

[11] 琚建华，陈琳玲，李崇银. 太平洋-印度洋海温异常模态及其指数定义的初步研究[J]. 热带气象学报，2004，20(6)：617-624.

[12] 杨辉，李崇银. 热带太平洋-印度洋海温异常综合模对南亚高压的影响[J]. 大气科学，2005，29(1)：99-110.

[13] Yang H, Jia X L, Li C Y. The tropical Pacific-Indian Ocean temperature anomaly mode and its effect[J]. Chinese Science Bulletin, 2006,51(23): 2878-2884.

[14] 武术，刘秦玉，胡瑞金. 热带太平洋-南海-印度洋海面风与海面温度年际变化整体耦合的主模态[J]. 中国海洋大学学报(自然科学版)，2005，35(4)：521 -526.

[15] 吴海燕，李崇银. 赤道太平洋-印度洋海温异常综合模与次表层海温异常[J]. 海洋学报，2009，31(2)：24-33.

[16] 李崇银，穆明权. 厄尔尼诺的发生与赤道西太平洋暖池次表层海温异常[J]. 大气科学，1999，23(5)：513 -521.

[17] Li Chongyin, Mu Mingquan. Relationship between East-Asian winter monsoon, warm pool situation and ENSO cycle [J]. Chinese Science Bulletin, 2000, 45(16): 1448-1455.

[18] 巢纪平,巢清尘,刘琳. 热带太平洋的 ENSO 事件和印度洋的 DIPOLE 事件[J]. 气象学报, 2005,63(5): 595-602.

[19] 黎鑫,李崇银,谭言科,等. 热带太平洋-印度洋温跃层海温异常联合模及其演变[J]. 地球物理学报,2013,56(10): 3270-3284.

[20] 国家技术监督局. 海洋调查规范海洋调查资料处理:GB 12763. 7-91[S]. 北京: 中国标准出版社, 1992: 67-70.

[21] 黎爱兵,王秋良,臧增亮,等. 有限区域求解流函数和速度势的迭代调整方法及其收敛性分析[J]. 应用数学和力学, 2012,33(6).

[22] Power S B, Smith I N. Weakening of the Walker Circulation and apparent dominance of El Niño both reach record levels, but has ENSO really changed? [J]. Geophysical Research Letters, 2007,34(18).

[23] Meehl Gerald A, Julie M Arblaster, Johannes Loschnigg. Coupled ocean-atmosphere dynamical processes in the Tropical Indian and Pacific Oceans and the TBO[J]. J Climate, 2003,16:2138-2158.

[24] Tokinaga H, Xie S P, et al. Slowdown of the Walker circulation driven by tropical Indo-Pacific warming[J]. Nature, 2012,491(7424): 439-443.

[25] Vecchi G A, Soden B J, et al. Weakening of tropical Pacific atmospheric circulation due to anthropogenic forcing[J]. Nature,2006,441(7089): 73-76.

[26] Schopf P S, Harrison D. On equatorial waves and El Niño. I: Influence of initial states on wave-induced currents and warming[J]. Journal of physical oceanography, 1983,13(6): 936-948.

[27] Gill A. Estimation of sea-level and surface-current anomalies during the 1972 El Niño and consequent thermal effects [J]. J Phys Oceanogr(United States), 1983,13(4).

[28] 袁叔尧,甘子钧. Rossby 波对太平洋海域 SST 的影响[J]. 热带海洋学报,1989, 4(2):22-29.

[29] Le Blanc J L, Boulanger J P. Propagation and reflection of long equatorial waves in the Indian Ocean from TOPEX/POSEIDON data during the 1993-1998 period[J]. Climate Dynamics,2001,17(7): 547-557.

[30] Boulanger J P, Menkes C. The Trident Pacific model. Part 2: Role of long equatorial wave reflection on sea surface temperature anomalies during the 1993-1998 TOPEX/POSEIDON period[J]. Climate Dynamics, 2001, 17(2-3): 175-186.

[31] Saji N H, Goswami B N, et al. A dipole mode in the tropical Indian Ocean[J]. Nature,1999,401(6751): 360-363.

[32] Yuan D L, et al. Long wave dynamics of the interannual variability in a numerical hindcast of the equatorial Pacific Ocean circulation during the 1990s [J]. Journal of Geophysical Research-Oceans, 2004, 109 (C5). Doi: 10. 1029/2003JC001936.

[33] Spall M A, Pedlosky J. Reflection and transmission of equatorial Rossby waves[J]. Journal o f Physical Oceanography, 2005,35(3):363-373.

[34] Yuan D L. Role of the Kelvin and Rossby waves in the seasonal cycle of the equatorial Pacific Ocean circulation[J]. Journal of Geophysical Research-Oceans , 2005,110(C4). Doi:10. 1029/2004JC002344.

[35] Yuan D L, Wang Jing, Zhou Hui,et al. Forcing of the Indian Ocean Dipole on the Interannual Variations of the tropical pacific ocean: Roles of the Indonesian Trough flow[J]. Journal of Climate,2010.

[36] 王晶. 印度洋偶极子事件影响太平洋气候年际变化的海洋通道机制[D]. 北京:中国科学院研究生院,2011.

[37] 吴海燕,李崇银,张铭. 印尼贯穿流对热带太平洋-印度洋海温异常综合模影响的初步模拟研究[J]. 热带气象学报, 2010,26(5):513-520.

The Interannual Cycle Features of the Tropical Pacific-Indian Ocean Associated Mode and Their Mechanisms

LI Xin[1], WANG Xin[2,3], LI Lifeng[1], YANG Minghao[1]

(1 Institute of Meteorology & Oceanography, National University of Defense Technology, Nanjing 211101; 2 State Key Laboratory of Tropical Oceanography, South China Sea Institute of Oceanology, Chinese Academy of Sciences, Guangzhou 510301; 3 Laboratory for Regional Oceanography and Numerical Modeling, Qingdao National Laboratory for Marine Science and Technology, Qingdao 266237)

Abstract: Based on the SODA ocean analysis data, the interannual circulation characteristics of the tropical Pacific-Indian Ocean associated mode (PIOAM) are studied by wavelet analysis and synthetic analysis. It is pointed out that the PIOAM has a quasi-biennial cycle and a 3-4 year cycle. Furthermore, the dynamic and thermal mechanisms of the PIOAM interannual cycle are analyzed, based on factors such as sea surface wind stress, high-altitude wind velocity, sea level pressure SLP, solar radiation, latent heat flux and horizontal and vertical heat transfer, etc. The results show that the anomaly of Walker circulation over the two oceans is the key factor which leads to the formation of PIOAM. The propagation and reflection of ocean waves and the horizontal and vertical heat transfer of ocean circulation also play an important role in the cycle of PIOAM. In addition, ocean-atmosphere interaction factors such as sea surface solar radiation and sea surface latent heat flux anomalies also regulate the interannual circulation of the PIOAM through a negative feedback mechanism. In the early stage, the abnormal wind field and pressure field accompanying the abnormal Walker circulation played a major role in the formation and development of the PIOAM through the positive feedback from sea temperature, ocean wave and ocean circulation, while the reflection of long ocean waves in the western boundary of the Indian Ocean and the eastern boundary of the Pacific Ocean further promotes the growth of the PIOAM. After the PIOAM reaches its peak, the abnormal sea surface latent heat, solar radiation and ocean horizontal heat transport make it weaken rapidly through the negative feedback with the ocean thermal distribution anomaly, while the eastern propagation of the reflected Kelvin wave in the Indian Ocean and the western propagation of the reflected Rossby wave in the Pacific Ocean further weaken the PIOAM and, causing its extinction or even phase reversal.

Key words: Pacific-Indian Ocean associated mode, interannual cycle, dynamic mechanism, thermal mechanism, Walker circulation

The Interannual Cycle Features of the Tropical Pacific-Indian Ocean Associated Mode and Their Mechanisms

五、天气气候的预测预报

基于降水追踪的 MJO 识别方法及其应用

凌健[1,2] 陈桂万[1,2] 张媛文[1,2]

(1 中国科学院大气物理研究所大气科学和地球流体力学数值模拟国家重点实验室,北京 100029;
2 中国科学院大学,北京 100049)

摘　要:MJO 作为热带大气在季节内时间尺度上的主要变率是次季节时间尺度可预报性的主要来源。目前使用最普遍的实时多变量 MJO 指数(RMM)主要体现了 MJO 纬向风场的特征,并不能用于描述 MJO 对流的特征。本文介绍了一种基于追踪 MJO 东传的降水来识别 MJO 事件的方法,该方法能够定量给出 MJO 事件的平均强度、平均传播速度、起止时间和位置等信息。同时,本文重点介绍了该方法在量化海洋性大陆地区 MJO 传播障碍、评估数值模式模拟 MJO 的能力以及模拟能力与模式背景场之间关系中的应用。

关键词:MJO,识别方法,海洋性大陆

1　引言

Madden-Julian Oscillation(MJO,Madden et al., 1971,1972)是热带大气季节内振荡的主要组成部分,也是热带地区乃至全球重要的大气环流系统之一。在 MJO 对流和环流系统东传过程中,它不仅会影响很多灾害性天气(如热带气旋、冷涌、热浪、闪电和洪水),还可以和一些气候模态相互作用(如 IOD、ENSO 和 NAO)。MJO 对全球不同地区天气和气候系统的影响与 MJO 对流中心所处的位置密切相关(Zhang,2013)。

目前存在很多不同的 MJO 识别方法,比如实时多变量 MJO 指数(real-time multivariate MJO,RMM),基于向外长波辐射(OLR)的 MJO 指数(OLR-based MJO index,OMI)等。当前使用最广泛的是 Wheeler 和 Hendon(2004)提出的 RMM 指数,常被用于评估业务模式中 MJO 的预报技巧(Lin et al.,2008; Gottschalck et al.,2010)。RMM 指数可以定量给出 MJO 在整个热带地区的振幅,描述 MJO 大尺度环流的演变和传播特征,但是 RMM 指数主要受 MJO 风场影响,并不能准确描述 MJO 对流的位置和强度以及它们的演变状况(Wheeler et al.,2004;Matsueda et al.,2011;Wang et al.,2013)。Kiladis 等(2014)建立了基于 OLR 的 MJO 指数(OMI),该方法可以部分解决 RMM 指数在识别 MJO 对流方面的缺陷,但是仍然无法定量给出 MJO 对流的相关信息。

Ling 等(2014)建立了一种新型 MJO 识别方法,该方法能够抓住 MJO 对流的特征。相比于传统的 RMM 指数,该方法能够定量描述 MJO 的传播特征,例如 MJO 的平均传播速度、开始及结束的时间和位置、纬向尺度等。该方法目前已经得到广泛应用,如评估 ECMWF 业务预报模式对 MJO 的模拟能力(Ling et al.,2014),计算模式中 MJO 的传播速度(Zhao et al.,2015,Benedict et al.,2015,Deng et al.,2015),量化海洋性大陆地区 MJO 的传播障碍(Zhang et al.,2017),评估模式模拟 MJO 能力(Ling et al.,2017)。

本文第 2 节将详细介绍 Ling 等(2014)建立及 Zhang 等(2017)改进的 MJO 识别方法,该识别方法在定量评估海洋性大陆地区 MJO 传播障碍中的应用将在第 3 节进行介绍,第 4 节将介绍使用该方法评估数值模式模拟 MJO 的能力。最后对该 MJO 识别方法的应用状况进行了总结并对未来应用方向进行了

讨论。

2　方法介绍

Ling 等(2014)最先提出该方法用来从局地的角度评估 ECMWF 模式在 DYNAMO 观测计划期间对 MJO 的预测技巧,之后 Zhang 和 Ling(2017)改进了这个方法并应用到海洋性大陆地区 MJO 传播障碍的研究中。这个方法最大的优点就是能提供 MJO 的详细特征,如起止的时间和经度、传播速度和范围、强度、持续时间及两个 MJO 事件的时间间隔、MJO 对流中心的位置等。这些都是基于 EOF 方法的 MJO 指数无法给出的(Wheeler et al.,2004; Kiladis et al.,2014;Liu et al.,2016)。

该 MJO 识别方法的基本思路是首先客观识别沿赤道东传的降水正异常事件,再根据典型的 MJO 特征确定识别标准挑选出 MJO 事件。下面将介绍这两个步骤。

2.1　降水东传事件的识别

使用快速二维傅里叶变换将降水异常场滤波,得到大尺度(纬向 1~10 波)东传的季节内尺度(20~100 d)信号(Gottschalck et al.,2013)。之后在赤道地区(15°S—15°N)平均得到滤波后降水异常 P',根据以下步骤识别东传的降水正异常事件:

(1)首先选取参考经度 x_0(如 90°E)及识别区域(如 40°—120°W);

(2)在给定时刻 t_0,画出一系列经过参考经度 x_0 处的不同斜率直线(图 1a 蓝色细实线),这些直线就是迹线,用以识别东传(或者西传)的降水正异常事件。不同斜率表征不同的传播速度。

(3)识别每条迹线上最长并满足 P'大于一倍标准差的降水波包(图 1a 黑色等值线)片段(图 1a 中最长的蓝色粗实线)。如果两个片段的间隔小于 10°E,则合并为一个片段。

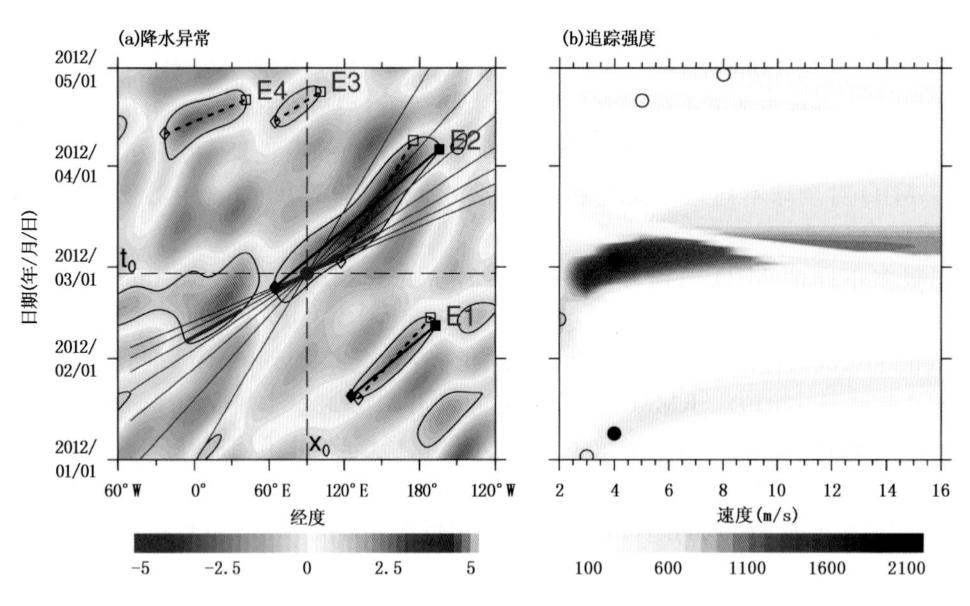

图 1　MJO 识别方法的示意图

(a)降水异常的时间—经度演变图。其中黑色等值线表示大于一倍标准差的降水波包;x_0 和 t_0 分别是参考经度和时间。蓝色细实线是不同速度的迹线。蓝色粗实线是迹线上大于一倍标准差波包的例子。黑色实线为淘汰的片段。白色虚线表征的片段为不被识别为 MJO 的片段。黑色粗实线则为最终识别的 MJO 事件。(b)振幅随传播速度和时间变化的函数分布。黑色粗点表示(a)中 E1 和 E2 事件根据它们最终的迹线计算得到的振幅 $A_m(t,s)$。圆圈表示未被挑选为 MJO 的局地极大振幅

(4)计算 t_0 时刻每条迹线上最长片段的累计降水异常 $A(t_0, s)$并记作振幅,其中 s 表示迹线的斜率(或者传播速度)。

(5)重复以上步骤,计算所有时间的振幅 $A(t, s)$,得到如图 1 b 所示的二维函数,可以直观看到不同传播速度和不同时间的振幅分布。

(6)识别东传降水正异常事件。首先计算 11 d 滑动窗口最大振幅 $A_m(t, s)$(图 1 b 圆点和圆圈)。如果在同一个东传降水波包有多个东传事件,则舍去振幅较小的片段(如图 1a 事件 E1 和 E2 白色虚线部分被舍去)。剩余部分则是东传降水事件。

2.2 MJO 事件的识别

识别出东传降水事件之后,我们便能获取它们的基本特征,如开始和结束时间、开始和结束经度、平均强度、传播范围、生命周期等等。显然,挑选出来的东传事件并不都是 MJO,我们需要使用额外的标准来挑选 MJO 事件。这些标准主要基于典型 MJO 事件的统计特征,显然这些标准不可能完全客观地决定,这取决于我们对 MJO 的认识及研究目的。本研究中挑选 MJO 事件的标准主要有以下三个。

1)传播距离大于 50°。以保证 MJO 事件的传播距离至少相当于热带印度洋的宽度。

2)传播速度在 3～7 m/s 之间。以剔除速度过快或者过慢的事件,大部分传播速度过快的东传事件都不是 MJO 事件。

3)两个 MJO 事件之间间隔大于 20 d 以保证 MJO 事件的季节内尺度。如果在 20 d 内有两个及以上事件,则保留强度最大的那个。

满足以上三条准则的东传降水事件都被认为是 MJO 事件。我们测试了这些标准的敏感性,通过微调这些标准,发现最终 MJO 的识别误差能控制在 5%以内。虽然该方法只追踪了 MJO 的纬向移动,但只要 MJO 事件被识别,它们的三维结构、演变特征及对应背景场都能够被重建。

2.3 MJO 的统计特性

Zhang 等(2017)将 MJO 追踪方法应用于高分辨率 TRMM 降水数据(1998—2015),挑选出 MJO 对流事件并获得了 MJO 生成和消亡的时间及位置等信息(图 2)。MJO 起始经度的分布表明 MJO 事件几乎可以在热带任何地方生成,这与 Matthews(2008)的研究结果类似,但大多数 MJO 对流都生成于印度洋(图 2a)。MJO 结束经度的分布有两个峰值:一个位于在海洋性大陆地区,另一个位于中太平洋,表明大部分 MJO 要么在海洋性大陆地区消亡,要么通过海洋性大陆后传播到西太平洋暖池以东海温偏冷的海域消亡。

总的来说,MJO 的平均强度和纬向尺度之间没有明显联系(图 2c),但是它们的纬向尺度与传播距离之间存在着明显关系:纬向尺度较大的 MJO 事件一般传播距离较远(图 2d)。传播距离的峰值很好地对应着结束经度的峰值:大多数传播距离较短的 MJO 在海洋性大陆消亡;大多数传播距离较长的 MJO 能够传播通过海洋性大陆并在中太平洋消亡。该结果在一定程度上表明了平均纬向尺度较大的 MJO 事件有较大的概率可以传播通过海洋性大陆,但是也存在一些尺度偏小的 MJO 事件(纬向尺度＜30 个经度)东传通过海洋性大陆并进入西太平洋。

3 海洋性大陆地区 MJO 的传播障碍

海洋性大陆是指由印度尼西亚、菲律宾群岛、新几内亚岛等众多岛屿、半岛和浅海组成的区域(Ramage,1968),是连接印度洋和太平洋的桥梁。MJO 的活动特征在海洋性大陆地区与在开阔的洋面存在着显著差异。当 MJO 传播至海洋性大陆时,其强度减弱甚至衰亡的现象被称为海洋性大陆地区 MJO 的传播障碍。一些研究表明该传播障碍在数值模式中会被明显夸大(Inness et al.,2003;Kim et al.,2009;Seo et al.,2009),导致预报模式中 MJO 更难传播通过海洋性大陆,造成了海洋性大陆地区 MJO 的"预报障碍"。

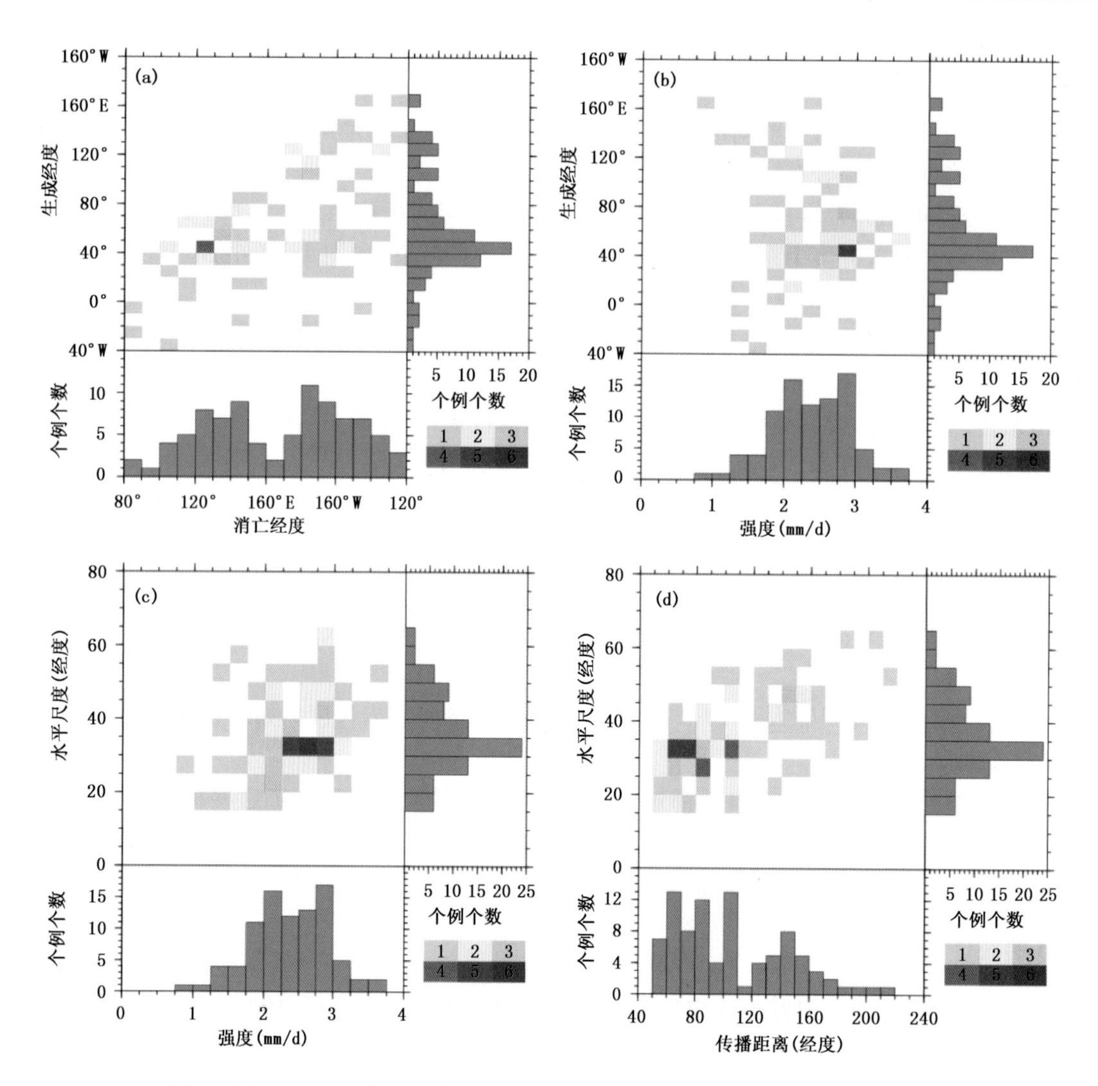

图 2　利用 TRMM 降水数据追踪 MJO 事件不同特征得到的单独与联合分布

(a)起始经度与终止经度,(b)起始经度与平均强度,(c)平均纬向尺度与平均强度,(d)平均纬向尺度与传播范围。联合分布中的颜色表示事件的数量

目前研究普遍将海洋性大陆地区 MJO 的传播障碍归因为两大类:一类是海洋性大陆地区复杂的地形,另一类是西太平洋地区大尺度环流的作用。Sobel 等(2008)认为来自海洋的热通量尤其是潜热通量对 MJO 的传播有着关键作用。但是由于海洋性大陆地区大量岛屿造成了该地区热通量明显减小,使得 MJO 在该地区强度减弱甚至消亡。Wang(1988,2005)认为对流层低层环流导致的水汽辐合对 MJO 的东传很重要,而海洋性大陆地区的地形会扰乱该地区的低层水汽辐合(Hsu et al.,2005;Inness et al.,2006;Wu et al.,2009)。还有研究认为云一辐射相互作用是 MJO 在季节内时间尺度上不稳定的主要来源(Hu et al.,1994,1995;Sobel et al.,2013;Adames et al.,2016),而海洋性大陆地区陆地上过强的日循环会扰乱云一辐射相互作用,减弱 MJO 的不稳定能量并造成该地区 MJO 的传播障碍(Neale et al.,2003;Hagos et al.,2016)。Kim 等(2014)的研究表明,海洋性大陆东侧及西太平洋存在的较强干异常会激发出西传罗斯贝波,从而在印度洋对流活跃区与西太平洋对流抑制区之间的对流层低层产生向极的经向风增湿对流层低层,有利于 MJO 东传通过海洋性大陆。而 Feng 等(2015)则指出中西太平洋西传的干罗斯贝波会阻碍 MJO 对流中心东侧新的对流生成,不利于 MJO 东传。这些解释并未客观、定量地描述 MJO 在海洋性大陆地区传播障碍并解释其物理机制。Zhang 等(2017)在探讨海洋性大陆地区 MJO 传播障碍机制时提出,如果要研究清楚海洋性大陆地区 MJO 的传播障碍应该回答以下两个问题:一个是为什么 MJO 的传播障碍只存在于海洋性大陆地区,另一个是为什么有些 MJO 可以传播通过海洋性大陆地区。

3.1 海洋性大陆地区 MJO 的传播障碍

海洋性大陆对 MJO 传播的阻碍作用主要表现在两个方面：一个是阻碍 MJO 的东传，另一个则是削弱海洋性大陆地区 MJO 的强度。阻碍作用在图 2a 和图 3a 中有清楚的体现，图中的两个峰值表明了 MJO 可以被分为成功传播通过海洋性大陆的 MJO(MJO-C，其结束经度在 150°E 以东)和未传播通过海洋性大陆的 MJO(MJO-B，其终点经度在海洋性大陆地区，100°—150°E)。图 4 则表明当 MJO 在经过海洋性大陆地区时其平均强度有所减弱。

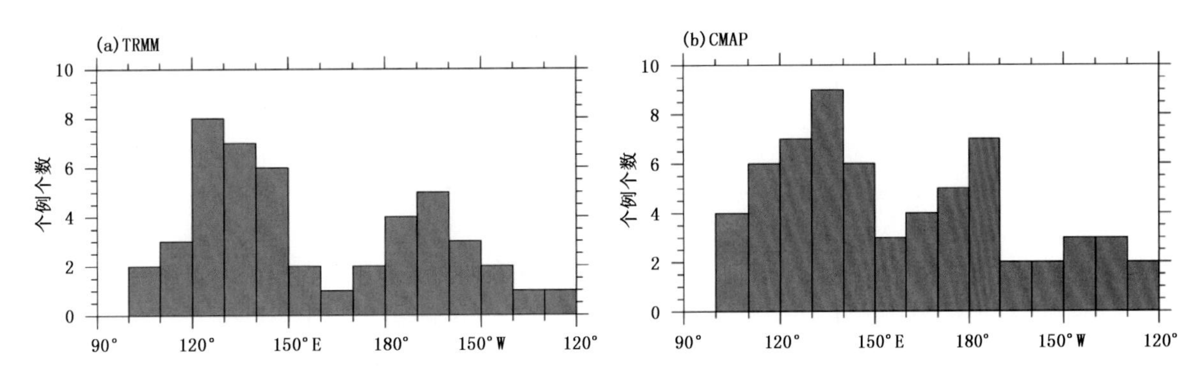

图 3 (a) TRMM，(b)CMAP 中印度洋生成的 MJO 事件的结束经度分布图

为了增加 MJO 事件的样本个数并验证 TRMM 数据获得结果的可靠性，Zhang 等(2017)将该 MJO 识别方法应用于时间更长但是时间和空间分辨率较低的 CMAP 数据(1979—2014 年)。这两种数据的时间和空间分辨率不同，两组数据中 MJO 事件结束经度的分布有一定差异，但这两组数据中 MJO 结束经度的两个峰值都分别位于海洋性大陆和中太平洋区域(图 3)。TRMM 数据中海洋性大陆地区 MJO 强度减弱的现象在 CMAP 数据中也能重现(图 4c，d)。

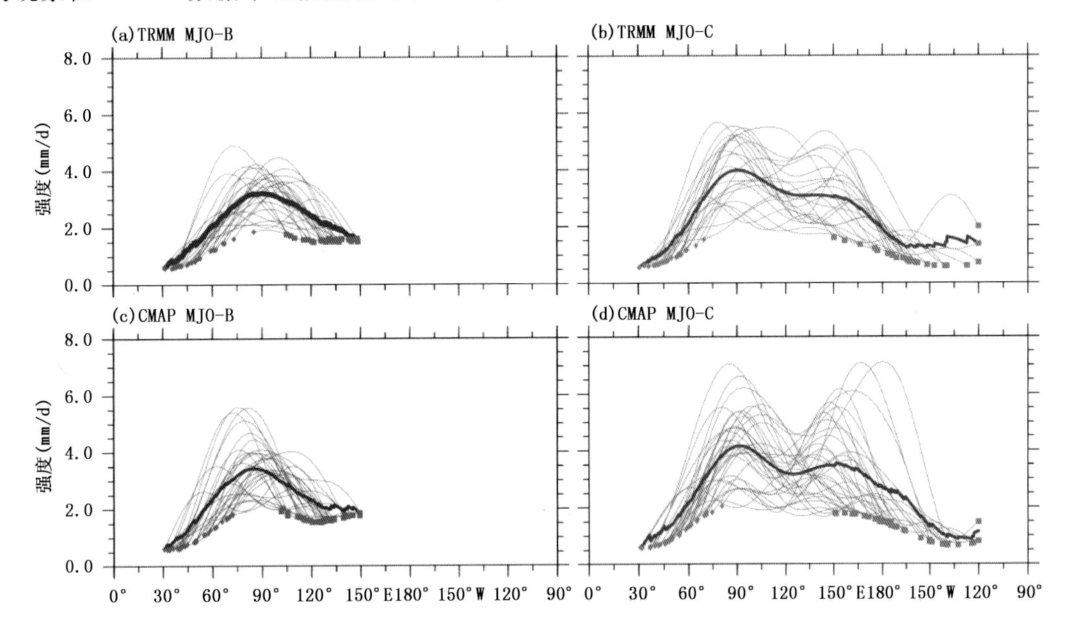

图 4 印度洋生成的每个 MJO 事件的强度(mm/d)作为沿轨迹经度的函数

(a) MJO-B 和(b) MJO-C 基于 TRMM 降水数据；(c) MJO-B 和(d) MJO-C 基于 CMAP 数据。

加粗线为各自的平均值。轨迹的起点用菱形标记，终点用正方形标记

基于 MJO 追踪方法识别的 MJO-B 事件所占比例远远大于基于 RMM 指数(Vitart et al.，2010)的结果。从图 5 可以看出 RMM 指数能够从一定程度上体现海洋性大陆地区 MJO 的传播障碍，但与基于 MJO 追踪方法所得到的结果相比存在一定的差异。RMM 指数结果表明 MJO-C 的强度在进入海洋性大

陆之前要比 MJO-B 大很多，此外，MJO-B 的平均强度较弱（振幅通常小于 1）。因为 RMM 指数中 MJO 的纬向风的权重占据了绝大部分，而 MJO 对流对 RMM 指数的贡献较小（Straub，2013）。从其合成结果看，MJO-C 比 MJO-B 具有更强的环流。许多 MJO-B 事件由于传播范围小，生命周期短，纬向风的全球响应不强，从而导致其无法被使用 RMM 指数的方法识别为 MJO。

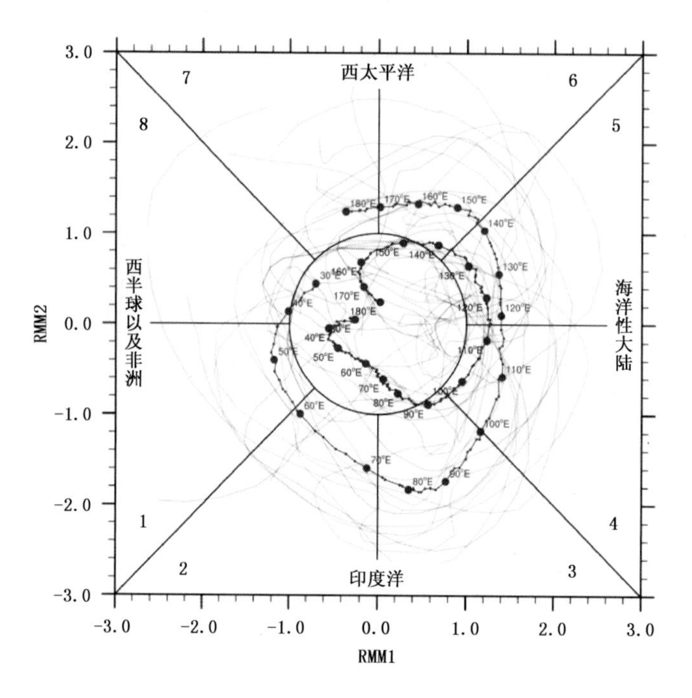

图 5 使用 CMAP 数据得到的 MJO-B（蓝色）和 MJO-C（红色）的 RMM 指数。
细线代表每个事件。粗线是每 1°经度上单个轨迹振幅的平均值

3.2 MJO-B 和 MJO-C 的对比

为了进一步比较 MJO-B 和 MJO-C 的不同之处并解释海洋性大陆地区 MJO 传播障碍的物理机制，Zhang 等（2017）从 MJO 大尺度降水、环流和海温等方面入手给出了解释。

合成结果表明，MJO-B 和 MJO-C 在从印度洋向海洋性大陆东传的过程中，两者降水正异常的平均传播速度（5 m/s）类似，平均振幅和空间尺度相当。当两者进入海洋性大陆（经过 100°E）后，其振幅会立即减弱。此后两者的活动表现出了明显的差异，MJO-B 振幅进一步减弱并迅速消亡，而 MJO-C 尽管降水振幅有所减弱，但继续东移传播通过海洋性大陆进入西太平洋。

当 MJO-B 和 MJO-C 的对流中心接近海洋性大陆时（传播通过 90°E），两者降水空间分布的演化存在一定的差异。MJO-C 在海洋性大陆上的降水量略强于 MJO-B，这一点在主要岛屿（婆罗洲、苏拉威西岛和新几内亚）上空的降水量上体现得更为明显。对于 MJO-B，强的降水正异常在婆罗洲两侧移动，当降水正异常在海洋性大陆东侧近赤道处重新出现时其振幅明显减小，此后降水不再东传，进一步削弱并消亡。与 MJO-C 相比，MJO-B 的降水正异常关于赤道更为对称。海洋性大陆地区 MJO-C 东传的降水正异常主要分布在赤道以南，爪哇海、班达海、帝汶海之上。此后，它的对流中心主要位于赤道以南并继续向东移至南太平洋辐合带区域。这两类 MJO 事件对流中心以西处都出现降水负异常。MJO-B 的降水负异常中心在西印度洋形成，随对流中心（降水正异常）一起缓慢向东移至东印度洋上空，降水正异常在海洋性大陆地区消亡。而 MJO-C 的降水负异常能够持续东传通过海洋性大陆。此外，当对流中心位于海洋性大陆时，MJO-B 主要的降水负异常主要位于印度洋上，而 MJO-C 的降水负异常则同时位于印度洋和太平洋上。

已有观测证据表明，MJO-C 的对流主要通过海洋性大陆地区海上的对流进行传递（Wu et al.，2009）。海洋性大陆地区岛屿上空的平均降水量远远高于陆地（Qian，2008；Rauniyar et al.，2011）。当 MJO 对流中心移至海洋性大陆地区时，海洋比陆地上有更多的中尺度对流发展（Suzuki，2009）。Zhang 与 Ling 的

研究结果证实了海洋性大陆地区 MJO-B 与 MJO-C 海陆降水对比存在明显差异。

MJO-C 和 MJO-B 在海洋性大陆上的海、陆降水的演变存在显著差异。当其通过苏门答腊(105°E)后，两者在海洋性大陆地区的降水量出现了差异，MJO-C 的降水增加幅度明显大于 MJO-B。所以，尽管两者的平均降水量在经过 130°E 后都会衰减，但 MJO-C 的平均降水量却显著高于 MJO-B。当 MJO 对流中心移至海洋性大陆上空时，该区域降水的增加主要发生在海上(图 6b)。MJO-C 在海洋性大陆地区海上降水的增加远多于 MJO-B。

MJO-B 和 MJO-C 在海洋性大陆地区陆地上的平均降水量(图 6b 虚线)最初都显著高于海上的平均降水量，当它们通过 110°E 后，MJO-C 海上的降水量明显大于陆地，而 MJO-B 海、陆降水差异不明显。从海洋和陆地的降水比(图 6c)来看，在对流中心进入海洋性大陆前，MJO-C 和 MJO-B 均为陆上降水占优势；对流中心进入海洋性大陆前进入海洋性大陆后，MJO-C 海洋上的降水占主导优势，而 MJO-B 海洋上的降水一直都没有占据主导地位。这表明海洋上对流发展的抑制可能是海洋性大陆阻碍效应的一个机制。

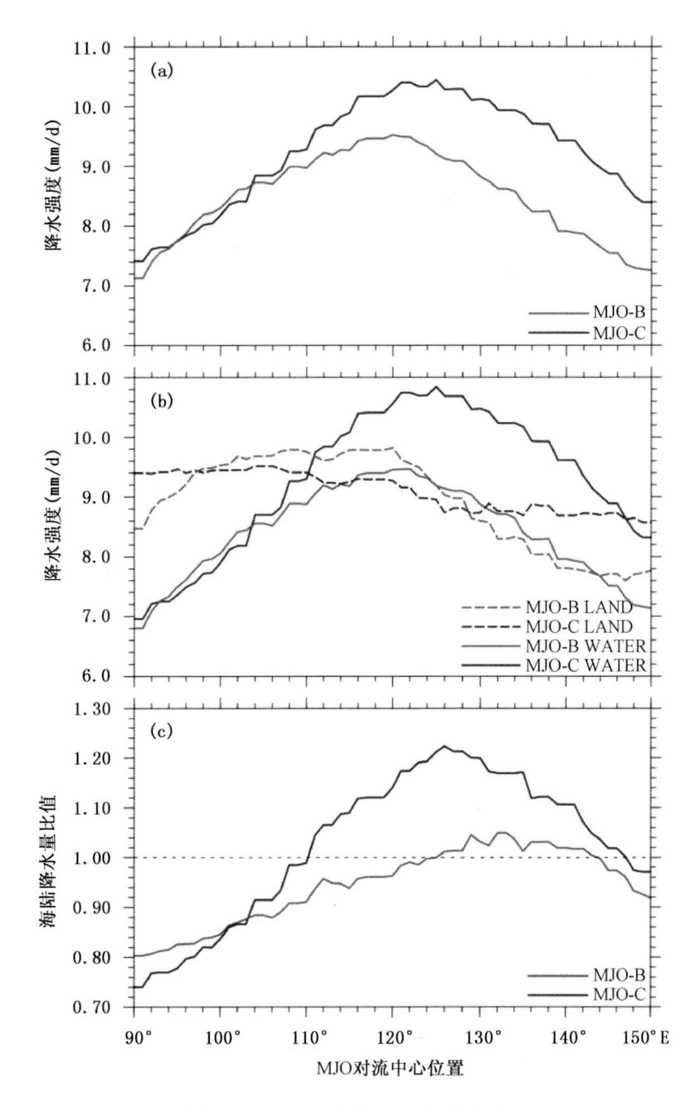

图 6 TRMM 降水随经度的变化

(a) 海洋性大陆区域 (15°S—15°N,100°—150°E) 平均,(b) 海洋性大陆的海洋(实线)和陆地(虚线)平均,(c)海陆平均降水比

观测和数值模型已经证实了海表面温度(SST)对 MJO 的传播可能产生一定影响(DeMott et al.，2015)。当 MJO 接近海洋性大陆时，海洋性大陆南部(爪哇以南的东印度洋、班达海和帝汶海)MJO-C 合

成的 SST 明显高于 MJO-B(图 7),而在太平洋暖池(150°—180°E)东侧,MJO-B 时赤道附近海温明显低于 MJO-C。MJO-C 中海洋性大陆南部偏高的海温并不能用海表通量来解释,可能需要考虑海洋过程(如潮汐混合和平流)来解释 MJO-C 和 MJO-B 之间的海温差异。

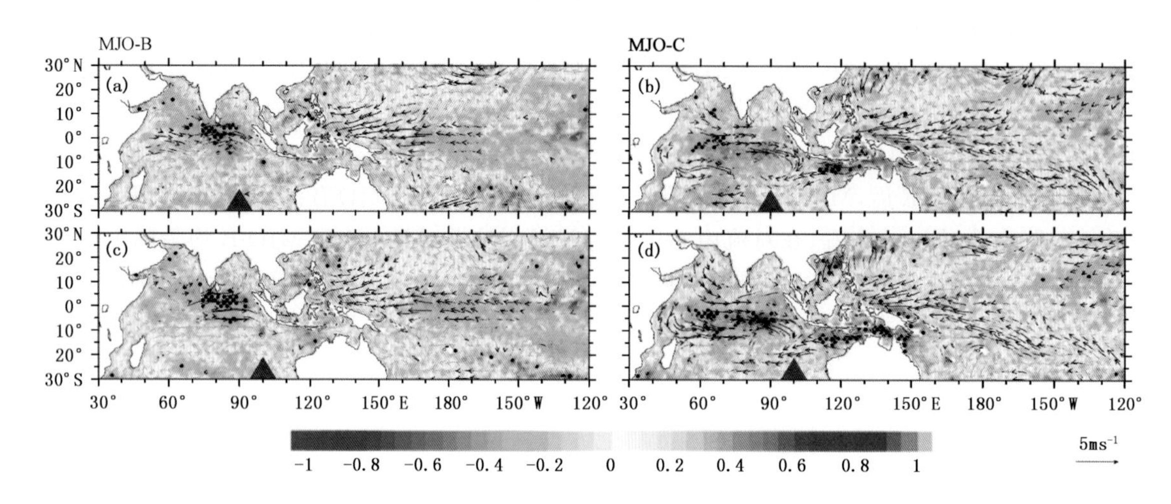

图 7 海表温度异常(阴影,°C)和 TMI 表面风场合成图

(a)、(c) 为 MJO-B,(b)、(d)为 MJO-C。TRMM 降水资料所得到的对流中心所在经度(a,b:90°E,c,d:80°E)用黑色三角形标记,打点的 SST 区域和黑色粗箭头标识的风场表示超过 95%置信水平

3.3 小结

以上研究利用 MJO 追踪方法定量评估了 MJO 在不同经度上的消亡频率,证实了海洋性大陆地区存在 MJO 传播障碍。结果表明,MJO 对流自身强度、水平尺度或者空间分布都不足以解释 MJO 在海洋性大陆区域遇到的传播阻碍作用。MJO-B 和 MJO-C 的一个显著区别在于它们在海洋性大陆地区的海陆降水比例存在差异,MJO-C 事件中海洋降水显著多于陆地降水,而在 MJO-B 事件中海洋降水一直没有处于主导地位。此外,海温也可能是决定 MJO 能否传播通过海洋性大陆的重要因素之一。

4 评估模式模拟 MJO 的能力

MJO 的数值模拟一直以来都是巨大的挑战,基于统计分析的数值模拟评估(如超前滞后回归分析、功率谱分析)结果表明,大部分模式都无法模拟 MJO 信号(Slingo et al.,1996;Lin et al.,2007;Hung et al.,2013;Jiang et al.,2015);表现为在降水的超前滞后回归场上为准静止甚至西传信号,在时间一空间频谱图上 MJO 谱值偏小,其对应西传部分谱值接近甚至强于东传谱值。Hung 等(2013)评估了 20 个 CMIP5 模式,发现仅有一个模式能模拟 MJO 东传。Jiang 等(2015)评估了参加 MJO 模式比较计划(MJO-TF)的 27 个模式(后文称 MJO-TF 模式),发现仅有约四分之一模式能模拟 MJO 的东传模态。

之前研究大多强调 MJO 的统计信号,很少有研究关注气候模式中单独 MJO 事件的特征。这种新的 MJO 识别方法可以提取 MJO 个例的详细特征,为评估模式的 MJO 模拟能力提供新的视角,下面简单介绍基于此方法评估 MJO-TF 模式及 CMIP5 模式模拟 MJO 能力得到的一些新成果。

4.1 MJO-TF 模式 MJO 评估

模式和观测中降水异常超前滞后回归场之间的模态相关系数(PCC)常用来客观定量地表征模式模拟 MJO 东传的能力(如 Jiang et al.,2015; Ling et al.,2017; Wang et al.,2018):若模式能模拟出与观测类似的降水东传统计信号,则该模式 PCC 较大;否则 PCC 较小。PCC 只能简单表征模式模拟 MJO 东传的整体能力,无法区别 MJO 东传的强度,并且就算模式无法模拟 MJO 东传信号,其 PCC 也较高(Wang et al.,2018)。我们使用该指数,将 27 个 MJO-TF 模式根据 PCC 从高到低客观地分为三类(图 8a),分别是模拟能力较好模式、中等模式和较差模式，并使用基于降水的MJO识别方法挑选了模式中所有的MJO事件，基于挑选的MJO事件评估了模式的MJO模拟能力(Ling et al.,2017)。基于降水的超前滞后回归场，我们发现较好模式能模拟出明显的东传信号(图9等值线)，而较差模式则无明显东传信号(图9等值线)，在统计意义上，较好模式是能模拟MJO信号的模式而较差模式则无法模拟出MJO信号。但是新方法则指出所有模式甚至包括较差模式，都能模拟MJO事件，较差模式中所有的MJO个例合成的时间一经度演变图表现为明显的东传特征(图9)，但与观测相比，模式在西太平洋的MJO信号要明显偏弱，说明这些模式可能明显夸大了海洋性大陆对MJO的阻碍作用。

图8b对比了三类模式及观测中MJO事件的生成经度分布，跟观测相比，所有模式都严重低估了在印度洋(90°E以西)生成的MJO频率，不及观测的一半。另外，较差模式模拟的MJO频率明显低于较好模式，模式的PCC值与MJO模拟频率存在明显正相关(0.68；通过95%显著性检验)。这也比较好理解，因为如果一个模式模拟MJO事件频率太低，那么基于降水超前滞后回归得到的东传模态也较弱，因此对应PCC较小。所以，模式MJO模拟能力的差异不是模式能否模拟MJO信号，而是它们模拟MJO事件频率的差异。

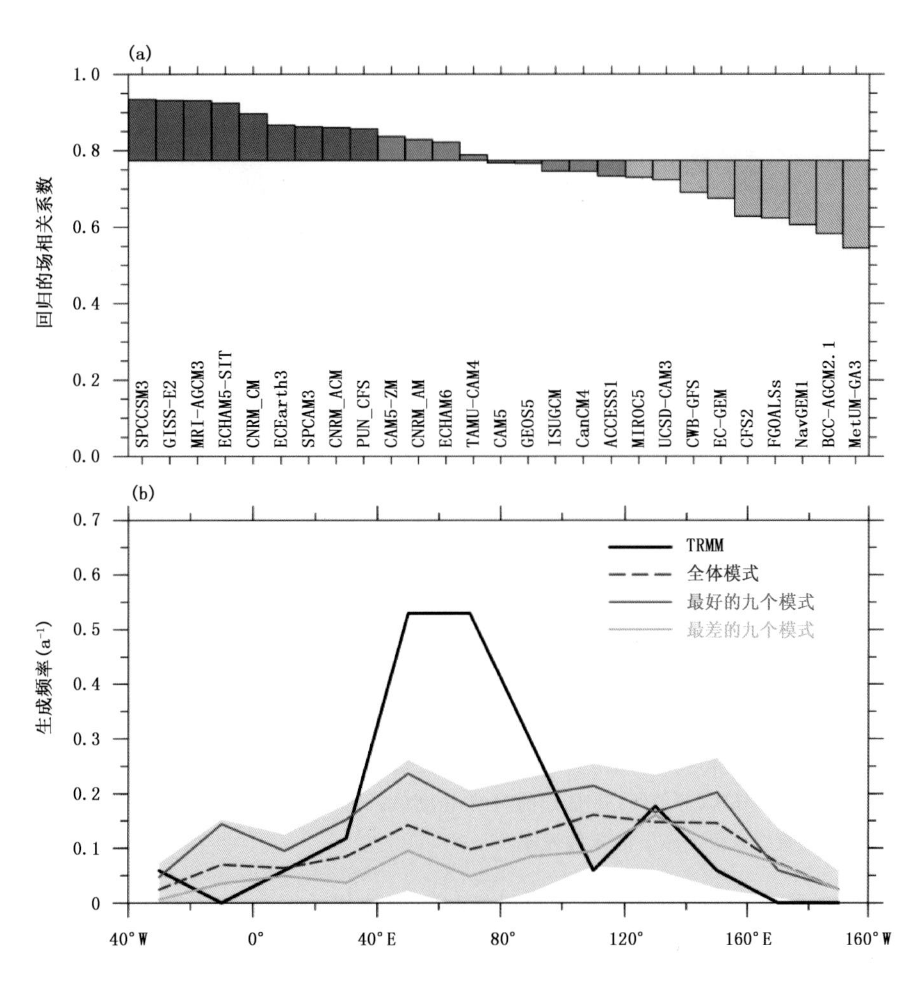

图8 (a)基于模式和观测的降水超前滞后回归场的相关系数得到的MJO模拟能力排序，其中蓝色、绿色和黄色分别表示评分较高的较好模式、评分接近平均值的中等模式及评分较低的较差模式；(b)TRMM(黑色实线)、所有模式(红色虚线)、九个较好模式(蓝色实线)及九个较差模式(橘黄色)中MJO事件生成频率(a^{-1})随经度的分布，其中蓝色阴影表示所有模式的一倍标准差

为什么不同模式模拟MJO的频率会有如此大的差异呢？我们猜测模式只能在特定的背景场下才能模拟MJO事件。如果一个模式时常处在有利于模拟MJO的背景场，那么这个模式模拟MJO的频率较高；相反，若一个模式时常处在不利于模拟MJO的背景场，那么这个模式模拟MJO的频率较低。基于这

个猜想，那么在同一个模式中，有 MJO 和没有 MJO 时的背景场应当显著不同。为了验证这个猜想，我们使用了冬季(10 月—次年 3 月)平均的降水场、850 hPa 纬向风场以及 925～700 hPa 平均的比湿场来表征背景场。如果该冬季没有 MJO 事件则定义为无 MJO 冬季，否则定义为有 MJO 冬季。为了衡量有无 MJO 冬季背景场的差异，我们使用了模式中每个季节对应背景场(60°E－180°；15°S—15°N)与观测多年平均的冬季背景场之间的模态相关系数、均方根误差(RMSE)以及平均偏差来比较有无 MJO 冬季背景场的差异。

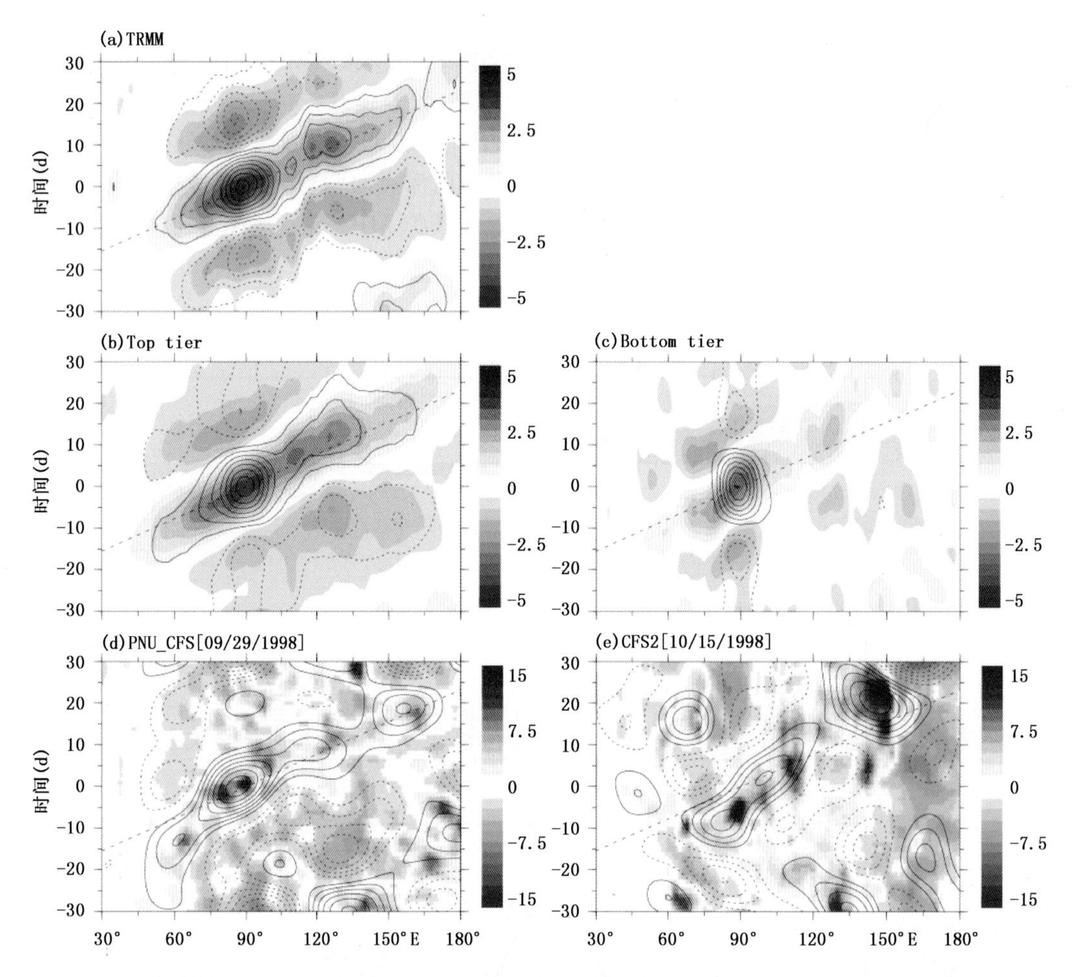

图 9　基于超前滞后回归(等值线；间隔 0.25)及识别的 MJO 事件合成的(填色)北半球冬季(10 月—次年 3 月)的(a)TRMM，(b)较好模式及(c)较差模式的降水时间-经度(15°S－15°N)演变图。(d)PNU_CFS 模式(第 0 天为 1998 年 9 月 29 日)及(e)CFS2 模式(第 0 天为 1998 年 10 月 15 日)降水异常(填色)及对应 5 d 平均的降水异常(等值线；间隔 1)的时间-经度(15°S－15°N)演变图。其中第 0 天为 MJO 经过 90°E 的时间，虚直线表征 5 m/s 的东传速度

由图 10a～c 可知，模式中有 MJO 冬季的背景场与观测的相关系数明显与无 MJO 季节不同，整体而言，模式中有 MJO 冬季的背景场与观测更为接近。相对于降水场和低层比湿场，有无 MJO 冬季平均的 850 hPa 纬向风场(图 10b，e，h)之间的差异更为显著。有 MJO 冬季低层风场的均方根误差比无 MJO 冬季更低，但有 MJO 冬季的低层风场偏差比无 MJO 冬季更大。表明模式中低层偏西风异常的背景场更有利于 MJO 的模拟(Inness et al.，2003)，这一点在之后将讨论的 CMIP5 模式中也有类似结果。

该结果也可以解释有的模式在气候模拟中能模拟出 MJO 信号但在气候预测中 MJO 预测能力较低或者在气候预测中表现较好而在气候模拟中表现较差的原因(Klingaman et al.，2015)。如果一个模式模拟 MJO 事件需要的背景场与观测较为接近，那么它预测 MJO 的技巧可能较高，但是在气候模拟中可能由于背景场随着时间的推移与观测差异变大而导致模式模拟 MJO 频率较低；相反，如果一个模式产生

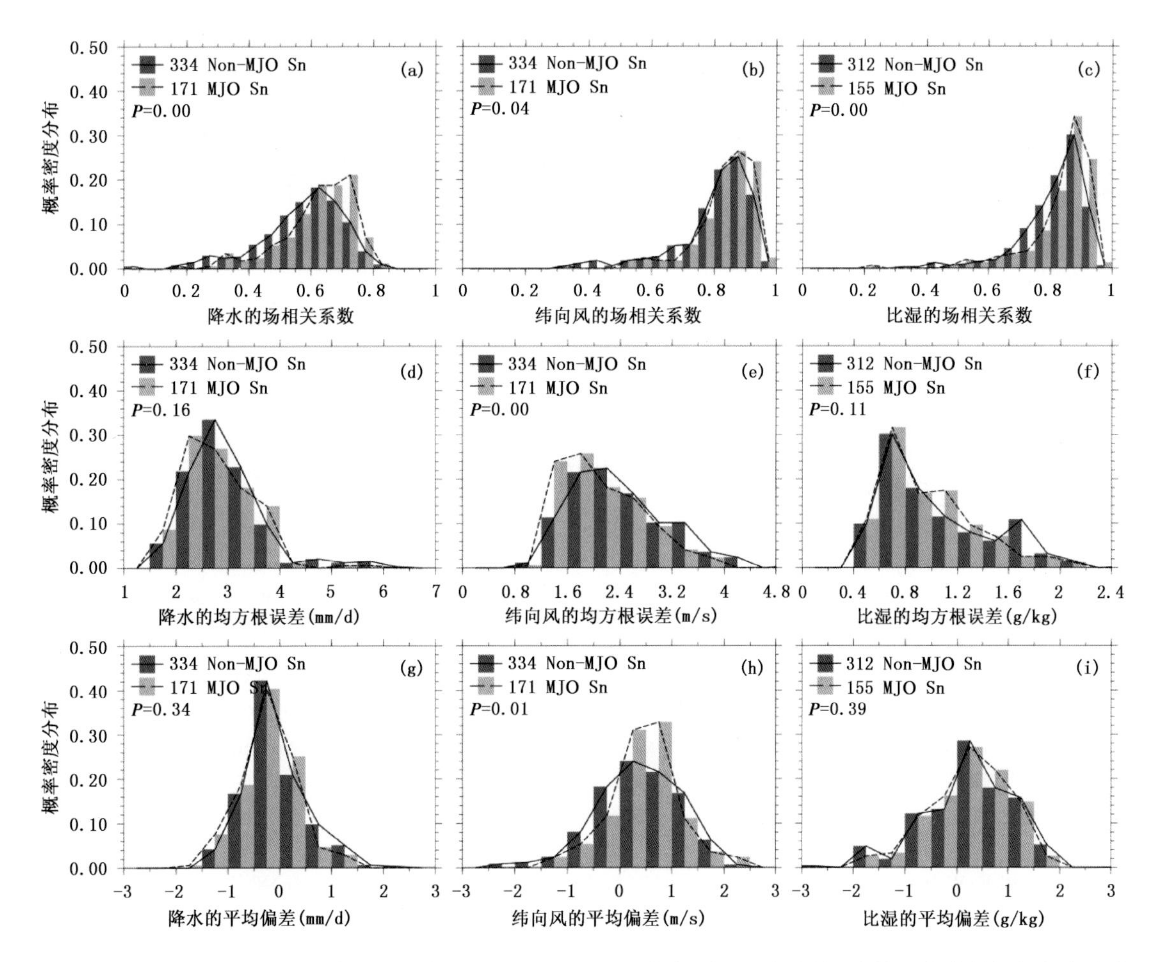

图 10　模式中有 MJO(橘黄色条形及黑色虚线)及无 MJO(蓝色条形及黑色实线)季节对应背景场的概率密度分布。其中,背景场定义为 10 月—次年 3 月平均的(a, d, g)降水场、(b, e, h)850 hPa 纬向风场及(c, f, i)925～700 hPa 平均的比湿场与观测的偏差,分别使用它们与 60°E—180°及 15°S—15°N 的观测气候态的模态相关(a～c)、均方根误差(d～f)及平均偏差(g～i)表征

MJO 需要的背景场与观测差异较大,那么它可能在气候模拟中表现较好而在气候预测中表现较差。大部分气候模式 MJO 模拟能力的提高都是以模式背景场与观测偏差变大为代价(Kim et al.,2011,2014),这说明模式模拟 MJO 的机制可能不一定正确,如何使模式能一定程度上模拟 MJO 的同时保证产生与观测接近的背景场是之后研究需要重点关注的问题。

4.2　CMIP5 模式 MJO 评估

27 个 MJO-TF 模式中,有 20 个纯大气模式,6 个耦合模式以及 1 个半耦合模式(Jiang et al.,2015),将纯大气模式和耦合模式一起研究较难排除海气相互作用的影响。同时,这些模式数据长度仅为 20 年,在 20 年的模拟中有的模式只有 1 个 MJO 个例,样本量太少。为了进一步研究模式背景场对 MJO 模拟的影响,我们评估了 24 个 CMIP5 模式中 MJO 模拟能力模式背景场的可能联系。CMIP5 模式结果有更长时间(56 年)的输出并且它们都是耦合模式,可为验证我们的猜想提供一定的证据。

为了客观地衡量模式模拟 MJO 东传的能力,我们基于时间一频率功率谱分析,使用 MJO 谱值(20～100 d;纬向东传 1～6 波)及其对应西传部分谱值之比(E/W 比值)将模式分为三类:较好模式、中等模式和较差模式(图 11)。E/W 比值能客观反映 MJO 东传的强度,较好模式为在统计上有明显东传信号的模式,即在超前滞后回归场上表现为明显东传;而较差模式则无明显东传信号(图略)。基于 E/W 比值的模式分类与基于 PCC 指数的分类结果相似,E/W 比值与 PCC 指数有较好相关(Jiang et al.,2015)。

我们使用基于降水的 MJO 个例识别方法挑选了 24 个 CMIP5 模式中的所有大尺度的东传降水事件。

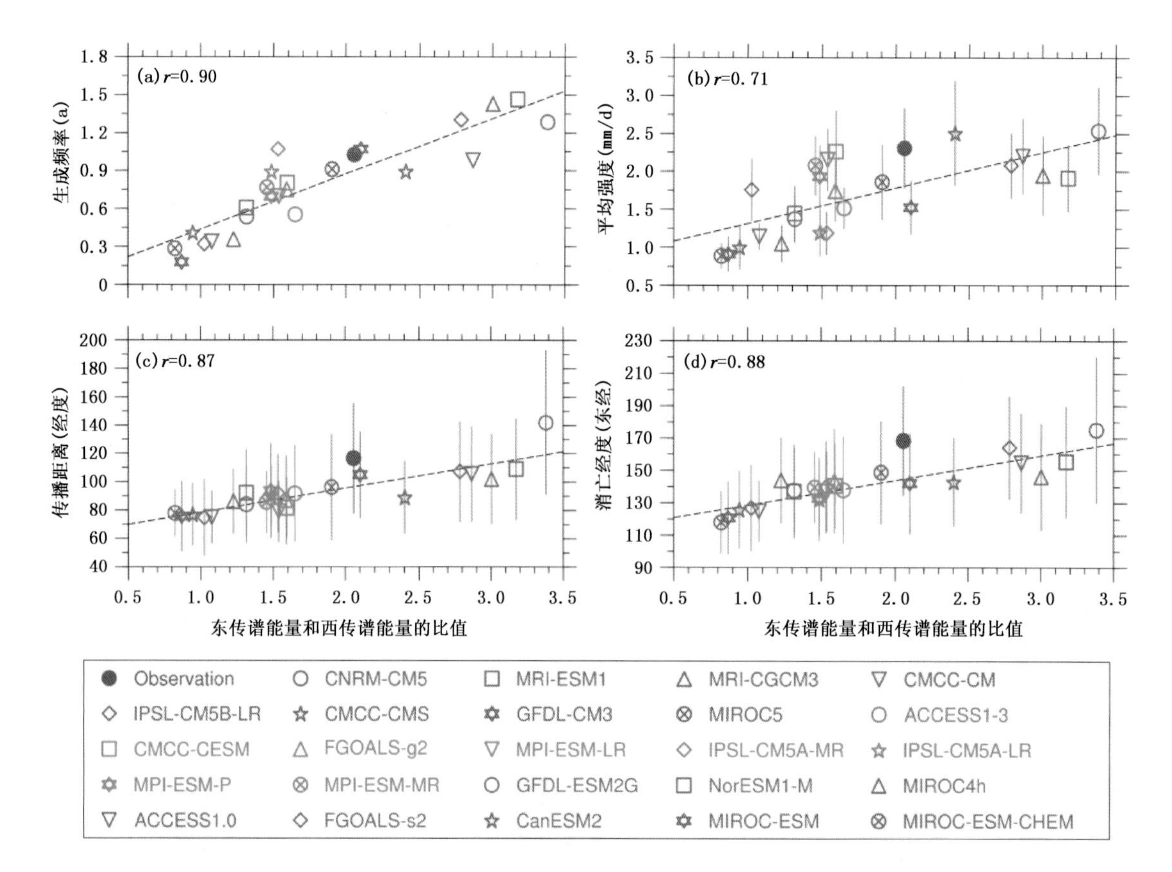

图 11　使用 E/W 比值表征的 MJO 模拟能力与识别的 MJO 事件的(a)频率(a^{-1})、(b)平均强度(mm/d)、(c)传播范围(°)及(d)结束经度(°)散点图。其中橘黄色、绿色和蓝色方块分别表示较好、中等和较差模式，粉红色五角星表示观测。(b)～(d)中竖直线表示相应物理量的一倍标准差

这些事件传播经过 90°E 时，它们有与观测非常相似的大尺度环流结构：在对流的东侧，低层(高层)有明显的东风(西风)异常；在对流的西侧，低层(高层)有明显的西风(东风)异常；在对流东侧均有明显的低层湿异常和降水正异常。因而，我们使用挑选的大尺度东传降水事件表征 MJO 事件。

图 11a～d 分别为 24 个 CMIP5 模式中所有 MJO 事件平均的频率、强度、传播距离及结束经度与模式 E/W 比值的关系，可以发现，它们都有非常高的相关系数。E/W 比值越大，MJO 出现频率越高，较好模式的 MJO 出现频率明显高于较差模式(图 11a)，这与 Ling 等(2017)的结果一致。同时较好模式 MJO 事件的平均强度也明显大于较差模式的 MJO 强度。需要注意的是，之前基于 MJO-TF 模式的结果并没有发现 MJO 强度与 MJO 模拟能力的相关性(Ling et al.，2017，图 3c)，这可能是由于 MJO-TF 模式中较差模式 MJO 个例较少，对结果有一定影响。与观测相比，大部分较好模式模拟的 MJO 频率更高，但是它们的强度普遍相对偏弱，东传距离也比观测短，说明尽管较好模式有比观测更强的 E/W 比值，但他们大部分 MJO 在海洋性大陆地区的传播障碍性还是比观测更强，可能与模式在海洋性大陆陆地降水偏强有一定联系(图略)。

为了进一步研究造成这三类模式 MJO 模拟能力差异的原因，我们首先比较了这三类模式 56 年冬季平均的(10 月—次年 3 月)海温和 850 hPa 风场与观测之间的偏差。由图 12 可知，较差模式在赤道中西太平洋区域有非常强的海温冷偏差、低层东风偏差，这也就是常说的冷舌过度西伸现象(Li et al.，2014)，而较好模式冷舌过度西伸则不明显。较好模式在赤道中西太平洋的海温和低层东风偏差更小并不意味着它们的背景场就与观测更接近，在东南太平洋，较好模式有非常强的暖海温偏差，同时相对于较差模式，它们在南赤道辐合带(SPCZ)有更强的降水。因此，该结果与 Kim 等(2011)及 Zhang 等(2006)的结果并不矛盾，此研究中，我们只关注赤道中西太平洋模式的背景场对 MJO 模拟的影响。前人结果也指出，赤道中西太平洋低层的东风异常偏差及冷海温偏差是影响模式模拟 MJO 的关键因素(Innes et al.，2003；Seo et al.,2007)。观测中,赤道中西太平洋暖的海温异常对应较强的印太暖池区域较大的海温梯度,有利于低层水汽的堆积,从而有利于MJO的生成(Suematsu et al.,2018)。

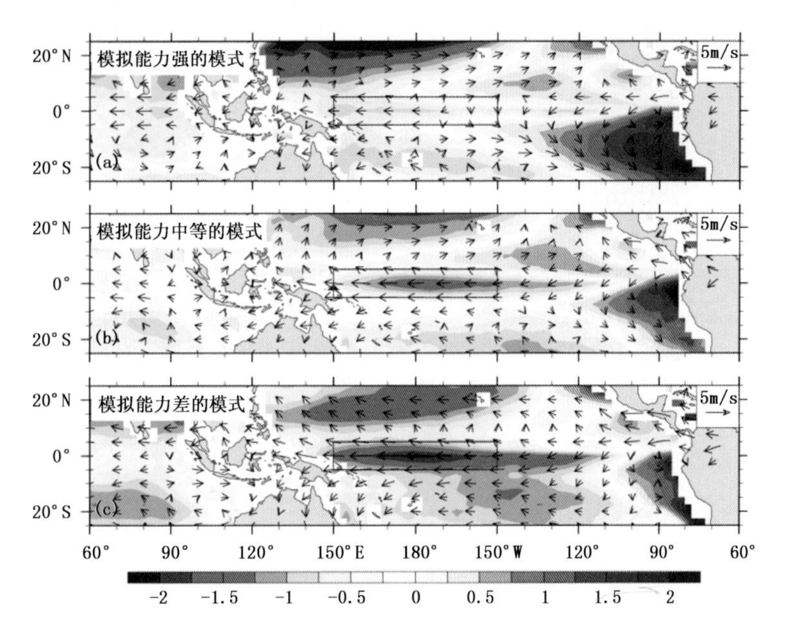

图12 (a)较好模式、(b)中等模式及(c)较差模式中北半球冬季(10月—次年3月)平均的海温(填色)及850 hPa水平风场气候态与观测的偏差。其中红色方框表示赤道中西太平洋(150°E—150°W, 5°S—5°N)

但是上面只是简单地比较了模式多年平均的冬季背景场,那么,模式中单独的MJO事件与其对应的冬季背景场有何联系呢?为了回答这个问题,我们使用赤道中西太平洋(5°S—5°N;150°E—150°W)冬季(10月—次年3月)平均的海温场和850 hPa纬向风场表征背景场。图13a(c)为所有模式中MJO事件的结束经度与其所在季节平均的海温(850 hPa纬向风)背景场与观测多年平均冬季背景场偏差的散点图,其中不同颜色表示不同模式,从暖色调到冷色调为MJO模拟能力从高到低的模式;图13b(d)分别为三类模式及所有模式有MJO的季节对应的冬季平均海温(850 hPa纬向风)偏差的概率密度分布图。由图13a~b可见,在海温冷偏差、850 hPa东风异常偏差的背景场下,模式模拟的MJO事件更难传播进入太平洋,可以一定程度上解释为什么大多数模式中海洋性大陆对MJO的障碍性更强。相对于较好模式,较差模式大部分MJO都是在更强的东风异常、冷海温异常的背景下产生的,这样的背景场可能是这些模式模拟MJO能力较差同时模拟的MJO事件传播距离较短的重要原因(Innes et al.,2003; Seo et al.,2007;Tamaki et al.,2018)。尽管如此,在背景场偏差较小时,仍有许多MJO个例无法东传进入西太平洋,说明有利于MJO的背景场并不能保证模式中MJO能传播进入西太平洋,MJO的传播还受到许多其他因素如海洋性大陆降水日循环(如Peatman et al.,2014;Hagos et al.,2016;Zhang et al.,2017)的影响。

5 总结与讨论

本文介绍了一种新型MJO识别方法,通过追踪MJO东传的降水来识别MJO对流事件,能够定量给出MJO事件的平均强度、平均传播速度、起止时间和位置等信息,而这些特征无法从基于EOF分析的方法中定量得到(Wheeler et al.,2004;Kiladis et al.,2014;Liu et al.,2016)。Zhang等(2017)用该识别方法定量证实了海洋性大陆地区MJO传播障碍。在该研究中,通过此方法将MJO分为穿越海洋性大陆传播的事件(MJO-C)与被海洋性大陆阻碍的事件(MJO-B),揭示了大多数强度较强的MJO事件生成于印度洋上(30°—100°E),而强度较弱的MJO事件大多生成于印度洋之外,纬向尺度较大的MJO事件倾向于传播更长距离。MJO结束经度的双峰分布(图3)清楚地表明,大约有一半生成于印度洋的MJO事件在

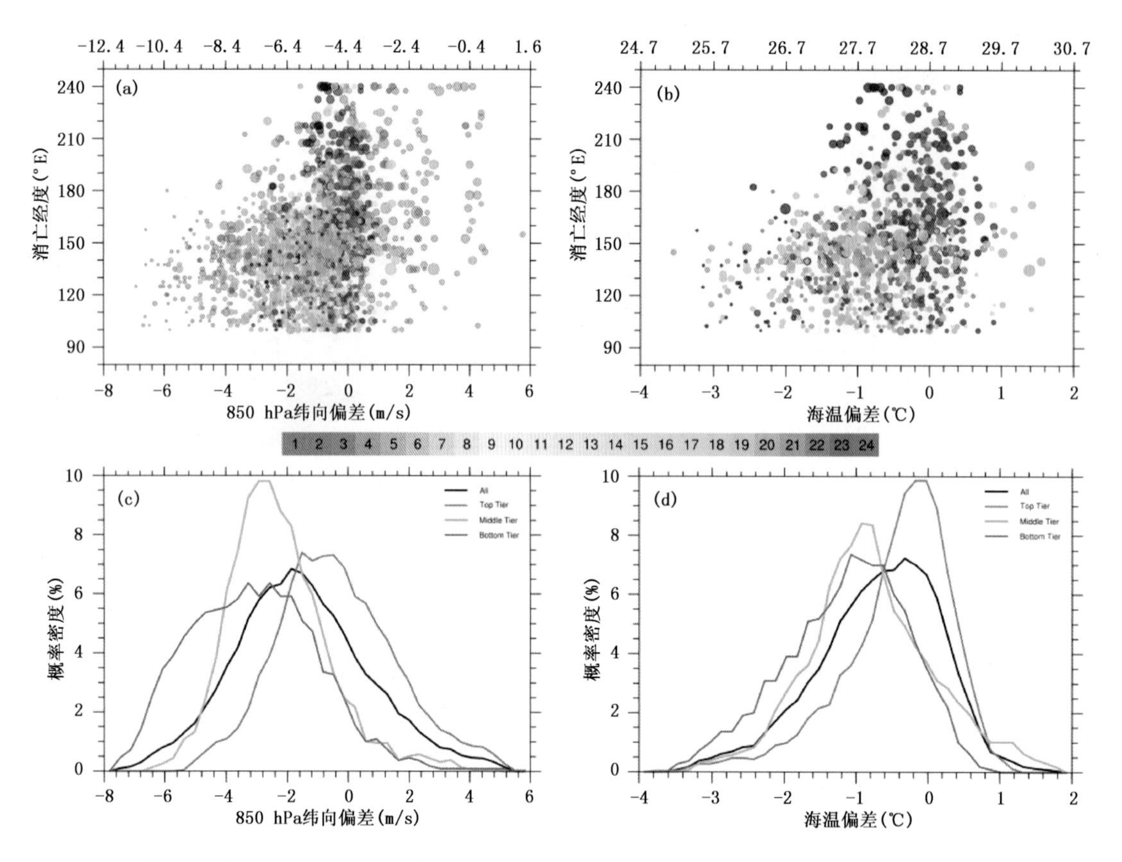

图 13 (a)模式中所有 MJO 事件的结束经度及其对应北半球冬季赤道中西太平洋(150°E—150°W，5°S—5°N)平均的 850 hPa 纬向风与观测的偏差。点的颜色从红到蓝表示 MJO 模拟能力从高到低的模式；(b)与(a)一致但为海温偏差；(c)三类模式及所有模式中所有 MJO 事件对应北半球冬季赤道中西太平洋平均的 850 hPa 纬向风与观测的偏差的概率密度分布；(d)与(c)一致但为海温偏差

海洋性大陆地区消亡；另一半能够传播通过海洋性大陆的 MJO 事件中，超过 75％在海洋性大陆地区减弱(图 4)。MJO-B 和 MJO-C 的一个显著区别在于它们在海洋性大陆地区的海陆降水比不同，MJO-C 事件中海洋降水显著多于陆地降水，而在 MJO-B 事件中海洋降水一直没有处于主导地位。这表明海洋上对流发展的抑制可能是海洋性大陆阻碍效应的一个机制。另外，海温也可能是决定 MJO 能否传播通过海洋性大陆的重要因素之一，当 MJO 接近海洋性大陆时，海洋性大陆南部(爪哇以南的东印度洋、班达海和帝汶海)MJO-C 合成的海温明显高于 MJO-B(图 7)。尽管目前对海洋性大陆地区 MJO 传播障碍的物理机制有一定的解释，但是相关研究有待于进一步深入。

我们同时使用该识别方法评估了 MJO-TF 模式和 CMIP5 模式的 MJO 模拟能力。我们发现即使那些在降水超前滞后回归场上没有东传信号的模式仍然能模拟大尺度东传降水事件(MJO 事件)，模式模拟 MJO 能力的差异不在它们是否能模拟出 MJO，而是它们模拟 MJO 频率的差别。MJO 模拟能力更强的模式，它们模拟 MJO 的频率更高，同时东传距离更远；相反，MJO 模拟能力较差的模式，它们模拟 MJO 的频率更低，东传距离也更短。模式中 MJO 东传的模拟与模式背景场有关：若模式经常处在有利于 MJO 产生的背景场下，则模拟 MJO 的频率较高；相反，若模式经常处在不利于 MJO 产生的背景场下，则模拟 MJO 的频率较低。MJO-TF 模式中，有无 MJO 季节的背景场存在一定差异，低层偏西风的纬向风场更有利于 MJO 事件的模拟；CMIP5 模式中，MJO 模拟较差的模式在赤道中西太平洋存在较强的冷海温和底层纬向东风背景场偏差，当 MJO 处在偏差较大的背景场下时，他们往往难以传播进入西太平洋。同时，模式普遍夸大了海洋性大陆地区 MJO 的传播障碍，模式中大部分 MJO 在海洋性大陆地区就消亡了，这可能与模式无法准确重现海洋性大陆地区复杂的地形和物理过程以及模式在赤道中西太平洋背景场模拟偏差较大有关。

这种新的MJO识别方法的优点在于可以提供MJO的定量特征，目前已经被成功用于的科学研究中，如评估数值模式对MJO的模拟能力，计算MJO传播速度，证实海洋性大陆地区MJO的传播障碍等方面。而这些方面的工作也被国际同行所认可，普遍认为相比于RMM指数该方法可以更加准确地识别MJO个例，并且为评估模式中的MJO模拟能力、提升MJO的预测能力提供了新思路。

参考文献

Adames A F, KimD, 2016. The MJO as a dispersive, convectively coupled moisture wave: Theory and observations[J]. J Atmos Sci, 73:913-941.

Benedict J J, Pritchard M S,William D Collins, 2015. Sensitivity of MJO propagation to a robust positive Indian Ocean dipole event in the superparameterized CAM[J]. Journal of Advances in Modeling Earth Systems,7:4,1901-1917.

Dee D P, Coauthors,2011. The ERA-Interim reanalysis: Configuration and performance of the data assimilation system[J]. Quart J Roy Meteor Soc, 137:553-597.

Deng Q, Khouider B, Majda A J, 2015. The MJO in a Coarse-Resolution GCM with a Stochastic Multicloud Parameterization[J]. J Atmos Sci, 72:55-74.

Feng J,Li T, Zhu W, 2015. Propagating and nonpropagating MJO events over Maritime Continent[J]. J Climate, 28:8430-8449.

Gaiser P W, Coauthors,2004. The WindSat spaceborne polarimetric microwave radiometer: Sensor description and early orbit performance[J]. IEEE Trans. Geo Sci Remote Sens, 42:2347-2361.

Gentemann C L, Meissner T, Wentz F J, 2010. Accuracy of satellite sea surface temperatures at 7 and 11 GHz[J]. IEEE Trans GeoSci Remote Sens. , 48:1009-1018.

Gottschalck J, Coauthors, 2010. A framework for assessing operational Madden-Julian oscillation forecasts: A CLIVAR MJO Working Group Project[J]. Bull Amer Meteor Soc, 91:1247-1258.

Gottschalck J, Roundy P E, Schreck C J,et al, 2013. Large-Scale Atmospheric and Oceanic Conditions during the 2011-12 DYNAMO Field Campaign[J]. Mon Wea Rev, 141:4173-4196.

Hagos S M,C Zhang, Feng Z,et al, 2016. The impact of the diurnal cycle on the propagation of Madden-Julian oscillation convection across the Maritime Continent[J]. J Adv Model Earth Syst, 8:1552-1564.

Hoffman R N, Leidner S M, 2005. An introduction to the near-real-time QuikSCAT data[J]. Wea Forecasting, 20:476-493.

Hsu H H, Lee M Y, 2005. Topographic effects on the eastward propagation and initiation of the Madden-Julian oscillation [J]. J Climate, 18:795-809.

Hu Q, Randall D A, 1994. Low-frequency oscillations in radiative-convective systems[J]. J Atmos. Sci, 51, 1089-1099.

Hu Q, Randall D A, 1995. Low-frequency oscillations in radiative-convective systems. Part II: An idealized model[J]. J Atmos Sci, 52:478-490.

Hung M P,Coauthors,2013. MJO and convectively coupled equatorial waves simulated by CMIP5 climate models[J]. J Climate, 26(17):6185-6214.

Inness P M, Slingo J M, 2003. Simulation of the Madden-Julian oscillation in a coupled general circulation model. Part I: Comparisons with observations and an atmosphere-only GCM[J]. J Climate, 16:345-364.

Inness P M, Slingo J M, 2006. The interaction of the Madden-Julian oscillation with the Maritime Continent in a GCM[J]. Quart J Roy Meteor Soc, 132:1645-1667.

Inness P M, Slingo J M, Guilyardi E,et al,2003. Simulation of the Madden-Julian oscillation in a coupled general circulation model. Part II: The role of the basic state[J]. J Climate,16(3):365-382.

Jiang X,Coauthors,2015. Vertical structure and physical processes of the Madden-Julian oscillation: Exploring key model physics in climate simulations[J]. J Geophys Res Atmos, 120(10):4718-4748.

Kiladis G N, Dias J, Straub K H, et al,2014. A Comparison of OLR and Circulation-Based Indices for Tracking the MJO [J]. Mon Wea Rev, 142:1697-1715.

Kim D,Coauthors, 2009. Application of MJO simulation diagnostics to climate models[J]. J Climate, 22:6413-6436.

Kim D,Coauthors, 2011. A systematic relationship between intraseasonal variability and mean state bias in AGCM simulations[J]. J Climate, 24(21):5506-5520.

Kim D,Coauthors, 2014. Process-oriented MJO simulation diagnostic: Moisture sensitivity of simulated convection[J]. J Climate, 27(14) [J]5379-5395.

Kim D, Kug J S, Sobel A H, 2014. Propagating versus nonpropagating Madden-Julian oscillation events[J]. J Climate, 27: 111-125.

Klingaman N P, Coauthors, 2015. Vertical structure and physical processes of the Madden-Julian oscillation: Synthesis and summary[J]. J Geophys Res Atmos, 120:4671-4689.

Li G, Xie S P, 2014. Tropical biases in CMIP5 multimodel ensemble: The excessive equatorial Pacific cold tongue and double ITCZ problems[J]. J Climate, 27(4):1765-1780.

Lin H, Brunet G, Derome J, 2008. Forecast skill of the Madden-Julian oscillation in two Canadian atmospheric models[J]. Mon Wea Rev, 136:4130-4149.

Lin J L,Coauthors, 2006. Tropical intraseasonal variability in 14 IPCC AR4 climate models. Part I: Convective signals[J]. J Climate. , 19(12):2665-2690.

Ling J, Bauer P, Bechtold P,et al,2014. Global versus Local MJO Forecast Skill of the ECMWF Model during DYNAMO [J]. Mon Wea Rev, 142:2228-2247.

Liu P, Zhang Q, Zhang C,et al,2016. A revised real-time multivariate MJO index[J]. Mon Wea Rev, 144(2):627-642.

Madden R A, Julian P R, 1971. Detection of a 40-50-da oscillation in zonal wind in tropical Pacific[J]. J Atmos Sci, 28:702-708.

Matsueda M, Endo H,2011. Verification of medium-range MJO forecasts with TIGGE[J]. Geophys Res Lett, 38:L11801.

Matthews A J,2008. Primary and successive events in the Madden-Julian oscillation[J]. Quart J Roy Meteor Soc, 134:439-453.

Neale R, Slingo J, 2003. The Maritime Continent and its role in the global climate: A GCM study[J]. J Climate, 16: 834-848.

Qian J H, 2008. Why precipitation is mostly concentrated over islands in the Maritime Continent[J]. J Atmos. Sci, 65: 1428-1441.

Ramage C S,1968. Role of a tropical "maritime continent" in the atmospheric circulation[J]. Monthly Weather Review: 365-370.

Rauniyar S P, Walsh K J E,2011. Scale interaction of the diurnal cycle of rainfall over the Maritime Continent and Australia: Influence of the MJO[J]. J Climate, 24:325-348.

Seo K H, Wang W, Gottschalck J,et al,2009: Evaluation of MJO forecast skill from several statistical and dynamical forecast models[J]. J Climate, 22:2372-2388.

Slingo J M, Coauthors, 1996. Intraseasonal oscillations in 15 atmospheric general circulation models: results from an AMIP diagnostic subproject[J]. Climate Dyn, 12:325-357.

Sobel A, Maloney E, 2013. Moisture modes and the eastward propagation of the MJO[J]. J Atmos Sci, 70:187-192.

Sobel A, Maloney E, Bellon G,et al,2008. The role of surface heat fluxes in tropical intraseasonal oscillations[J]. Nat Geo Sci, 1:653-657.

Spencer M W, Wu C, Long D G, 2000. Improved resolution backscatter measurements with the Sea Winds pencil-beam scatterometer[J]. IEEE Trans Geo Sci Remote Sens, 38:89-104.

Straub K H, 2013. MJO initiation in the real-time multivariate MJO index[J]. J Atmos Sci, 26:1130-1151.

Suematsu T,Miura H, 2018. Zonal SST Difference as a Potential Environmental Factor Supporting the Longevity of the Madden-Julian Oscillation[J]. J Climate, 31(18):7549-7564.

Suzuki T, 2009. Diurnal cycle of deep convection in super clusters embedded in the Madden-Julian oscillation[J]. J Geophys Res, 114:D22102.

Vitart F, Molteni F, 2010. Simulation of the Madden-Julian oscillation and its teleconnections in the ECMWF forecast system[J]. Quart J Roy Meteor Soc, 136:842-855.

Wang B, 1988. Dynamics of tropical low-frequency waves: An analysis of the moist Kelvin wave[J]. J Atmos Sci, 45:2051-2065.

Wang B, 2005. Theory[M]//Intraseasonal Variability in the Atmosphere- Ocean Climate System. Lau W K M, Waliser D

E. Springer:307-360.

Wang B, Coauthors, 2018. Dynamics-Oriented Diagnostics for the Madden-Julian Oscillation[J]. J Climate, 31(8): 3117-3135.

Wang W, Hung M P, Weaver S J, et al, 2014. MJO prediction in the NCEP Climate Forecast System version 2[J]. Climate Dynamics, 42(9):20-25.

Wheeler M C, Hendon H H, 2004. An all-season real-time multivariate MJO index: Development of an index for monitoring and prediction[J]. Mon Wea Rev, 132(8):1917-1932.

Wu C H, Hsu H H, 2009. Topographic influence on the MJO in the Maritime Continent[J]. J Climate, 22:5433-5448.

Xie P, Arkin P A, 1997. Global precipitation: A 17-year monthly analysis based on gauge observations, satellite estimates, and numerical model outputs[J]. Bull Amer Meteor Soc, 78:2539.

Zhang C, 2013. Madden-Julian oscillation: Bridging weather and climate[J]. Bull Amer Meteor Soc, 94:1849-1870.

Zhang C, Ling J, 2017. Barrier effect of the Indo-Pacific Maritime Continent on the MJO: Perspectives from tracking MJO precipitation[J]. J Climate, 30:3439-3459.

Zhao C, Ren H L, Song L, et al, 2015. Madden-Julian Oscillation simulated in BCC climate models[J]. Dynamics of Atmospheres and Oceans, 72:88-101.

Zhang C D, Coauthors, 2006. Simulations of the Madden-Julian oscillation in four pairs of coupled and uncoupled global models[J]. Climate Dyn, 27(6):573-592.

The MJO Tracking Method Based on Precipitation and its applications

LING Jian, CHEN Guiwang, ZHANG Yuanwen

(1 State Key Laboratory of Numerical Modeling for Atmospheric Sciences and Geophysical Fluid Dynamics (LASG), Institute of Atmospheric Physics (IAP), Chinese Academy of Sciences (CAS), Beijing 100029;
2 University of Chinese Academy of Sciences, Chinese Academy of Sciences (CAS), Beijing 100049)

Abstract: The Madden-Julian Oscillation (MJO) is the dominant component in the intraseasonal time scale in the tropics, and it serves as one of the major known sources of predictability on intraseasonal timescales. The commonly used real-time multivariate MJO (RMM) index can only depict the circulation pattern of the MJO but not the convective structure. A new MJO identification method was introduced in this study by tracking the eastward propagation pattern of MJO precipitation anomalies. The tracking method can provide starting and ending longitudes, propagation ranges in longitude, duration, and strength in terms of precipitation for identified MJO events, which are not available from other MJO indices. Moreover, the applications of this method on quantifying the barrier effect on MJO propagation by the Maritime Continent and evaluating the impact of mean state on MJO simulation ability in the general circulation models are provided.

Key words: MJO, tracking method, Maritime Continent

MJO对我国冬季气候异常的影响①

贾小龙[1,2]　肖子牛[3]　袁媛[1]　顾薇[1]　裴顺强[4]

(1 国家气候中心,中国气象局气候研究开放试验室,北京　100081;2 南京信息工程大学气象灾害预报预警与评估协同创新中心,南京　210044;3 中国科学院大气物理研究所 LASG,北京　100029;4 中国气象局公共气象服务中心,北京　100081)

摘　要:基于诊断分析和数值模拟的方法分析了 MJO 对我国冬季气候的调制作用,并初步探讨了 MJO 和 AO 不同位相配置对冬季气候和大气环流的影响。研究表明,伴随 MJO 从印度洋向西太平洋地区的传播,我国冬季降水和气温表现出了系统性变化特征,MJO 对流位于印度洋有利于我国东部地区降水偏多,气温偏低,MJO 对流位于西太平洋有利于东部地区降水偏少。MJO 通过对热带—副热带以及东亚冬季风系统的调制作用,来影响东亚冬季气候异常。在副热带地区,MJO 通过调制孟加拉湾南支槽和西太平洋副热带高压可以明显影响来自南海和孟加拉湾的水汽输送。对中高纬而言,MJO 的加热强迫可以在中高纬地区激发出向东传播的类似 Rossby 波的低频扰动,这些低频扰动伴随 MJO 的传播可以显著调制中高纬的大气环流,尤其是东亚冬季风。数值模拟的结果与观测分析也相一致,热带地区的 MJO 大尺度加热可以激发出热带和中纬度环流的异常,进而对东亚气候产生明显影响。在不同的 AO 和 MJO 位相组合下,其所造成的我国冬季温度异常的特征和环流的变化与只考虑单一的 AO 或者 MJO 的影响表现出很大的不同。

关键词:MJO,北极涛动,冬季气候,遥相关,数值模拟

1　引言

热带大气季节内振荡(Madden and Julian Oscillation,1971,1972,简称 MJO),作为热带大气环流最主要的季节内振荡模态对热带地区的天气/气候异常有重要的影响,这方面的研究已经有很多。比如 MJO 可以影响全球不同地区季风的爆发和中断(Higgins et al.,2001;Lawrence et al.,2002;Matthews,2004;Wheeler et al.,2005),MJO 还对热带气旋活动有明显的调制作用(祝从文和 Nakazawa et al.,2004)。不仅如此,MJO 对全球热带外地区的天气/气候异常也有重要的影响,比如对南美降水(Paegle et al.,2000),北美降水(Bond et al.,2003),西亚降水(Barlow et al., 2005),东亚冬季降水(Jeong et al.,2008),华南夏季降水(Zhang et al.,2009),北半球高纬地区的温度(Vecchi et al.,2004),东亚的寒潮活动(Jeong et al.,2007)等。大气季节内振荡在我国东部天气/气候演变中扮演了重要角色,国内的学者很早就做了非常多的研究工作,大部分是针对夏季(何金海等,1984;李崇银,1992;史学丽等,2000;琚建华等,2005;琚建华等,2005;张秀丽等,2002;夏芸等,2008;张庆云,2003)。近些年来,很多研究表明,MJO 对东亚冬季的天气—气候异常有显著的调制作用,在 MJO 从印度洋向西太平洋传播过程中,东亚东部地区的降水表现出明显的系统性变化特征。而极端的寒潮事件也易发生在 MJO 对流位于印度洋位相时(Jeong et al.,2007)。

同时 AO 作为在季节内时间尺度上具有显著信号的北半球热带外大气低频的主要模态,其对中国气

① 资助项目:(国家自然科学基金项目(41575090,41520104008,91637208);国家科技支撑计划项目(2015BAC03B04)。

候异常的影响，近十几年来受到大量的关注(Gong and Wang et al.，2001；Wu et al.，2002；杨辉等，2008；陈文等. 2006；琚建华等，2004；武炳义等，2004)，研究指出，AO 对中国冬季地表气温和降水有显著影响，其对中国地表气温的显著影响主要在北方地区，当 AO 处于正(负)位相时，中国北方气温显著偏高(低)。目前 AO 也是冬季气温预报业务中使用的一项非常重要的预测因子。一些研究指出，MJO 对热带外的 AO/NAO 可能存在重要影响。Zhou 和 Miller(2005)研究了北半球冬季 MJO 和 AO 在季节内时间尺度上的相互作用，发现当与 MJO 关联的热带印度洋对流活动偏强(弱)时，AO 正(负)位相发生的趋势在增加。与 MJO 相伴随的热带印度洋对流异常可以激发出北传的 Rossby 波列，波列传播至中纬度北太平洋时就可以对 AO 产生影响。Lin 等(2009)的研究也表明，当 MJO 对流到达热带印度洋和西太平洋区域之后的 5～15 d 内，NAO 的振幅明显增强。MJO 不但可以通过影响北太平洋区域对流层环流进而影响 AO，还可以直接影响 AO/NAO 在北大西洋区域的变化。

本文将通过统计分析和数值模拟的方法分析 MJO 对冬季我国气候异常的影响，并初步探讨 MJO 和 AO 不同位相配置对冬季气温变化的影响。

2 资料

本文使用的 MJO 指数是 Wheeler 和 Hendon (2004) 定义的一个实时多变量 MJO 指数。该指数是将逐日资料投影到 15 °S—15 °N 平均的 OLR，850 hPa 和 200 hPa 纬向风的前两个联合 EOF(也称多变量 EOF)模态上，得到两个主成分(PC)时间序列作为 MJO 指数，投影之前所有资料(包括做联合 EOF 资料)都去除了年循环和年际变率，因此，两个主成分时间序列主要在与 MJO 相关的季节内时间尺度上有最大的变率，该投影也充当一个有效的滤波器而不需要进行时间滤波，得到的 PCs 可用来实现对 MJO 的实时监测，组成 MJO 指数序列的两个 PCs 分别被称为 RMM1 和 RMM2。根据 RMM1 和 RMM2 所确定的二维位相空间，将强的 MJO 沿着全球热带地区的纬向传播分为 8 个空间位相(位相 1～8，图 1)，位相 1 和 2 表明 MJO 对流中心位于西印度洋附近，位相 7 和 8 表示 MJO 对流中心位于太平洋日界线附近，位相 1～8 表示了 MJO 对流从印度洋向太平洋的向东传播，在 RMM1 和 RMM2 的逐日二维图上(图 1) MJO 指数表现为逆时针旋转。强的 MJO 位相定义为 MJO 振幅大于或等于 1，即 $\sqrt{RMM1^2+RMM2^2}\geqslant 1$，弱的定义为 MJO 振幅小于 1，即 $\sqrt{RMM1^2+RMM2^2}<1$。

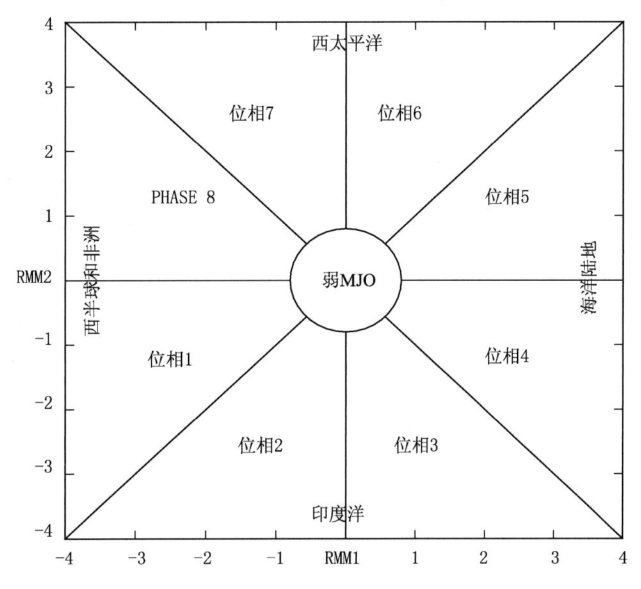

图 1　二纬 MJO 指数(RMM1 和 RMM2)定义的 MJO 空间位相

本文使用的降水、气温资料为国家气象信息中心提供的中国 545 个台站观测的逐日降水量和温度资料，环流资料包括 NCEP/NCAR 发布的水平分辨率为 2.5 °×2.5 °的日平均全球再分析资料，包括位势高度、风场、垂直速度等(Kalney et al., 1996)。逐日北极涛动(AO)资料来自美国气候中心(CPC/NCEP, https://www.cpc.ncep.noaa.gov/products/precip/CWlink/daily_ao_index/monthly.ao.index.b50.current.ascii),文中用于分析的上述资料时段皆为1975年1月1日—2009年12月31日。

3 MJO不同位相下冬季降水和温度异常的系统性变化特征

利用Wheeler和Hendon (2004) MJO指数,通过合成降水距平和降水日数的方法,分析了MJO在全球尺度的演变过程中,不同位相下我国东部冬季降水异常分布的变化特征。表明,北半球冬季MJO在从印度洋到太平洋的传播过程中,我国东部地区降水表现出明显的系统性变化特征。图2给出了MJO 8个位相合成的冬季降水距平。可以看出当MJO从印度洋向西太平洋传播过程中我国东部地区的降水表现出明显的系统性变化特征。当MJO对流位于第2和3位相时(MJO对流位于印度洋),我国东部地区降水偏多,最大异常超过2 mm/d,接近气候平均。随着MJO进入4和5位相,正的降水异常减弱南压;当MJO进入6～8位相,尤其是6和7位相(MJO对流位于西太平洋),东部地区降水偏少,最大负异常超过1.2 mm/d。对降水日数的合成也显示,MJO位相2和3,南方地区降水日数显著增加,而在7和8位相,降水日数明显降低(图略)。

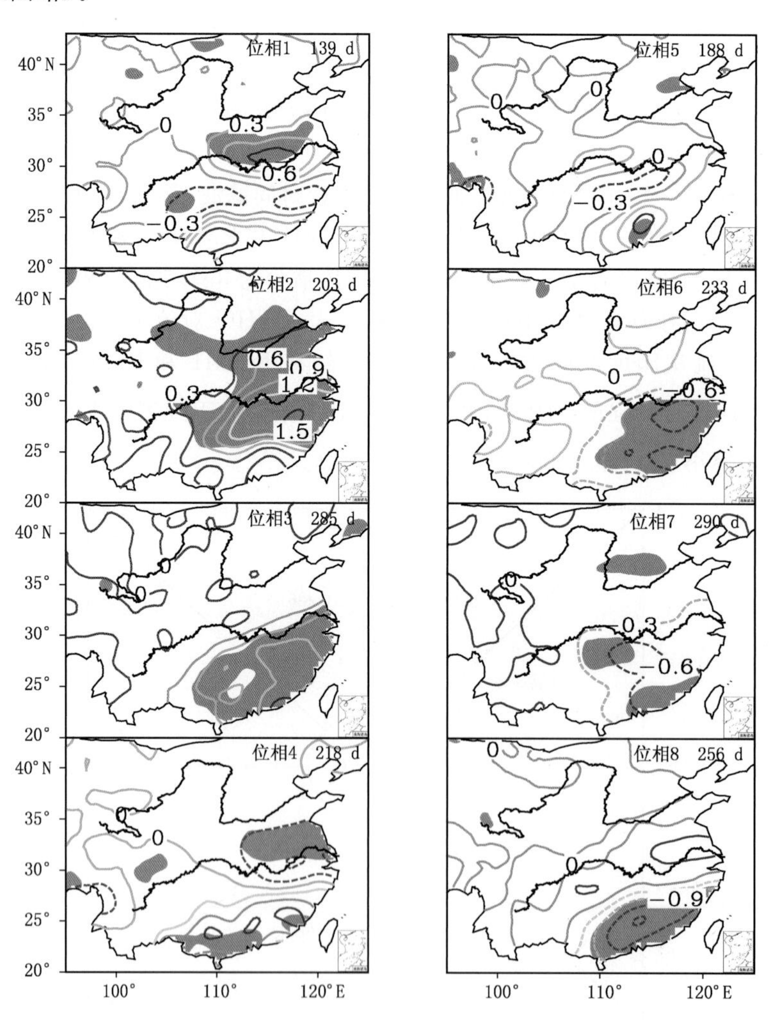

图2 对应MJO 8个位相合成的日降水量距平(mm/d)(等值线)(阴影区为通过95%信度检验)

MJO 8个位相对应的冬季温度距平显示(图略),MJO不同位相下我国冬季温度异常的分布表现出不同的特征。MJO第2和3位相,我国东部地区气温易偏低,第4位相我国西部地区气温易偏低,其他位相下,气温易偏高,尤其是第8和1位相,全国气温偏高显著。

4 MJO 调制东亚冬季气候异常的物理机制——环流分析

MJO 对大尺度大气环流的影响并不仅限于热带地区，其对热带外乃至中高纬地区的大气环流都有显著的影响，其通过对热带—副热带以及东亚冬季风系统的调制作用，进而调制东亚冬季气候异常。

对副热带环流而言，MJO 通过热带—副热带对流与环流的相互作用，调制了东亚副热带地区的环流变化。分析显示，冬季来自低纬度地区向东亚副热带地区的水汽输送明显受到 MJO 的调制，并随着 MJO 的演变而表现出显著的系统性变化。MJO 对水汽输送的调制作用主要通过 MJO 调制冬季两个重要的水汽输送系统—孟加拉湾南支槽和西太平洋副热带高压来实现，进而显著影响我国东部地区的降水变化。随着 MJO 从印度洋向西太平洋传播，受对流与环流的相互作用，孟加拉湾南支槽表现出从强到弱的系统性变化，而西太平洋副热带高压也显示出从偏强偏西到偏弱偏东的变化。当 MJO 位于 2，3 位相（MJO 对流位于印度洋）时，孟加拉湾南支槽显著加深（图 3），西太平洋副热带高压偏强、西伸脊点偏西（图 4），孟加拉湾和南海—西太平洋地区为异常的水汽源区，东亚副热带地区异常的西南气流加强了水汽向东亚地区的输送，我国东部处于异常的水汽辐合区（图 5）；而当 MJO 传播进入 6，7 位相时（MJO 对流位于西太平洋），南支槽显著减弱（图 3），副高也减弱东撤（图 4），孟加拉湾和南海—西太平洋地区为异常的水汽汇区，东亚副热带地区被异常的偏北气流控制，减弱了来自热带—副热带地区的水汽输送，我国东部处于异常的水汽辐散区（图 5）。

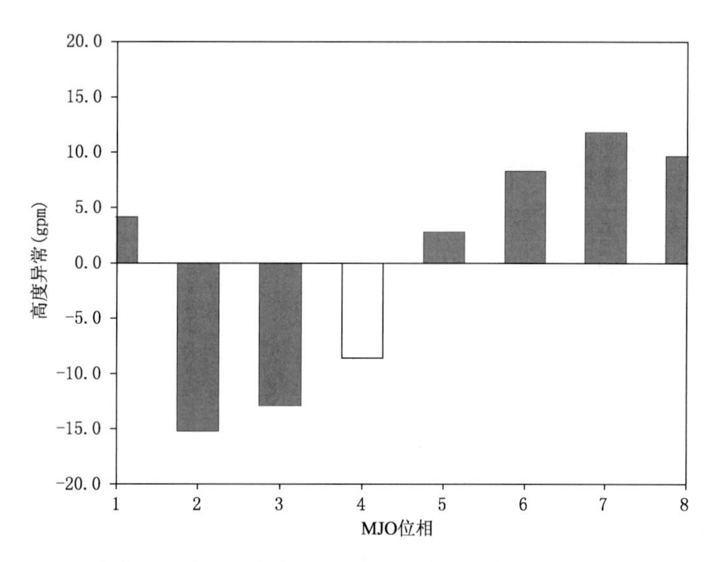

图 3　MJO 8 个位相对应的孟加拉湾南支槽区高度异常（15°—25°N，85°—95°E）
（实框代表通过 95%信度检验）

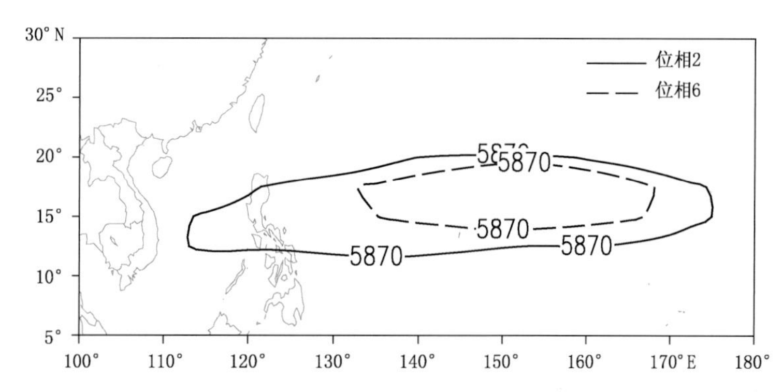

图 4　MJO 第 2 位相（实线）和第 6 位相（虚线）对应的 500 hPa 高度场 5870 gpm 等值线

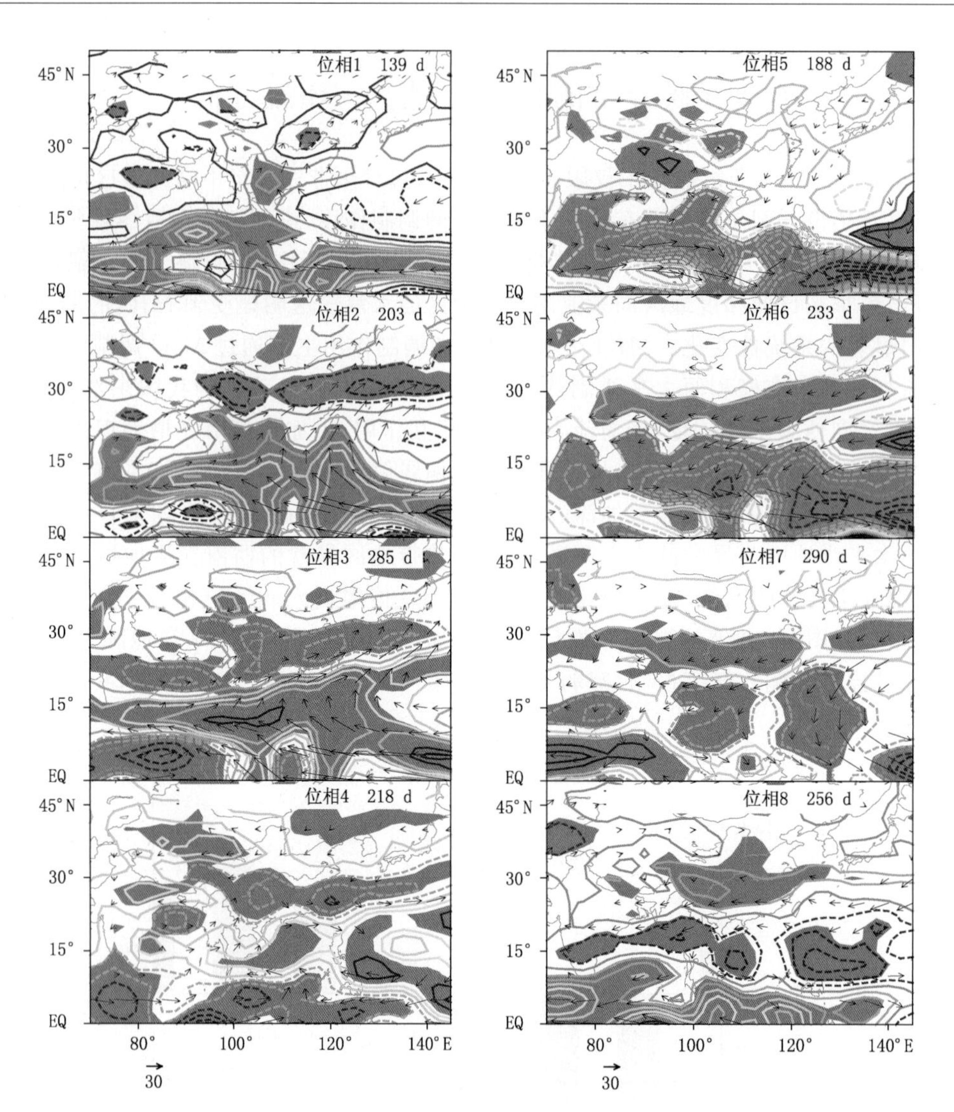

图 5 冬季 MJO 不同位相(1～8 位相)对应的 1000～300 hPa 垂直积分的水汽通量(矢量 kg/(m·s))和水汽通量散度(等值线 10^6 g/(s·m^2))异常分布

对于中高纬度的环流而言,MJO 在热带地区的加热强迫可以在中高纬地区激发出向东传播的类似 Rossby 波的低频扰动,这些低频扰动伴随 MJO 的传播可以显著调制中高纬的大气环流,尤其是东亚冬季风。当 MJO 对流位于印度洋(2,3 位相)时,中高纬的低频扰动在东亚大陆地区对流层中层造成"西低一东高"的异常环流型(图 6),这种异常的环流型可以导致中亚地区低槽的发展,有利于冷空气从亚洲西部和西北部侵入我国;同时这种异常环流型会导致贝加尔湖脊和东亚大槽偏弱,致使东亚冬季风偏弱(图 7),东亚大陆沿岸为南风异常,增强了来自低纬暖湿气流的向北输送。中高纬的冷空气和低纬暖湿气流交汇于我国长江流域。而 MJO 对流位于西太平洋位相时(6,7 位相),受中高纬低频扰动的影响,东亚地区为"西高东低"的环流型(图 6),因此贝加尔湖脊偏强,东亚大槽偏深,东亚冬季风加强(图 7),东亚大陆沿岸受异常干冷的北风气流控制,不利于降水的产生。

从垂直环流的角度看(图略),与热带 MJO 相联系的加热强迫在热带和副热带中纬度之间会导致一个经向次级环流,当 MJO 位于第 2,3 位相时,南海一西太平洋热带地区为异常的上升支气流,东亚 30°N 附近为异常的下沉支,东亚地区低层为异常的南风,高层为异常的北风。这样一个异常的经向次级环流维持了低层水汽的输送,而在第 6,7 位相时,维持了一个相反的经向环流。

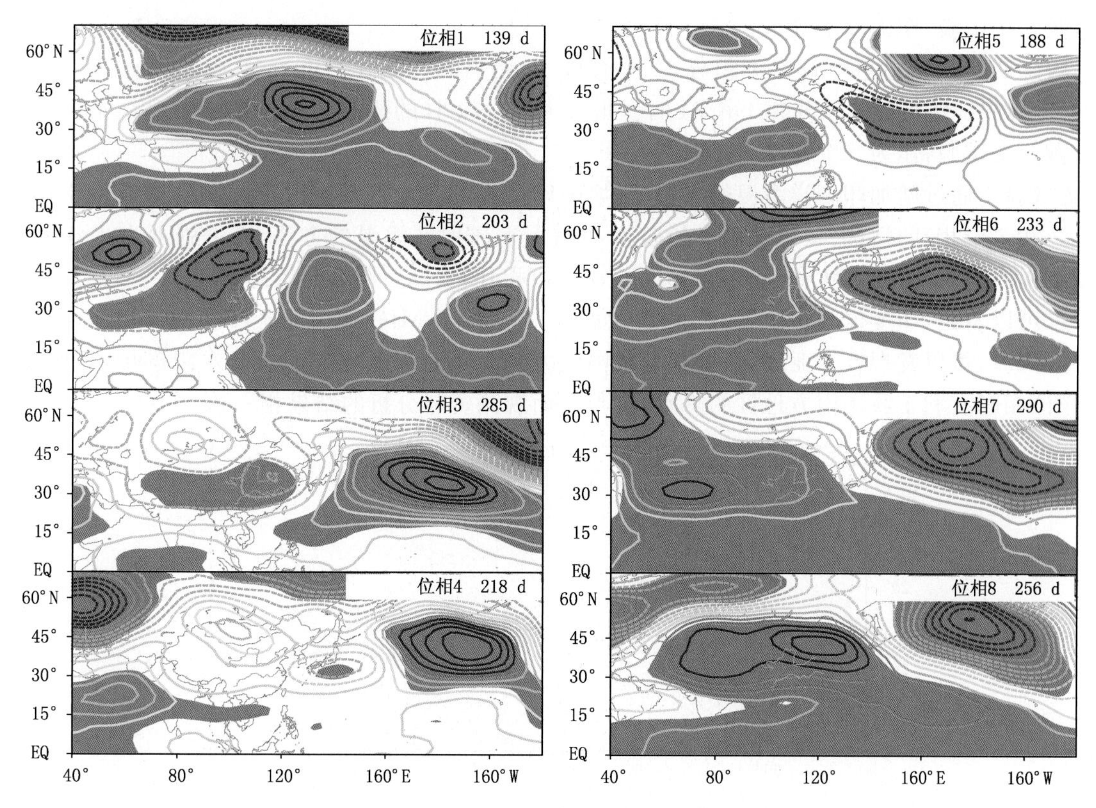

图 6 MJO 8 个位相对应的 500 hPa 位势高度场异常(阴影区代表通过 95%的信度检验)

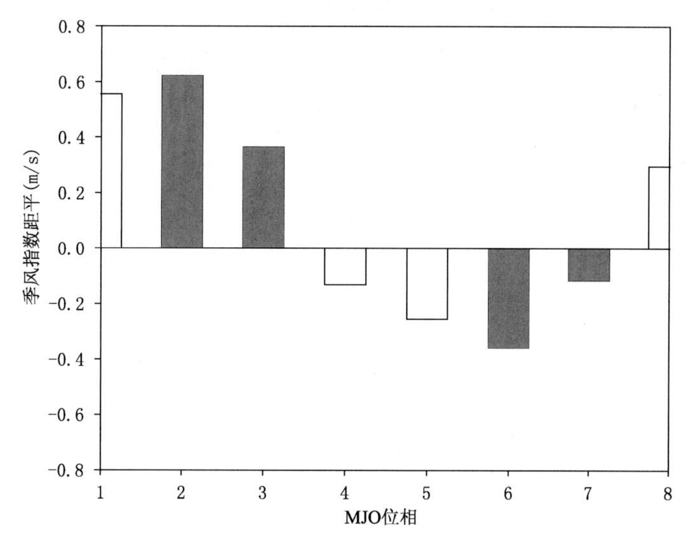

图 7 8 个 MJO 位相对应的东亚冬季风指数距平(m/s),正值代表南风异常(弱冬季风),负值代表北风异常(强冬季风),实框代表通过 95%信度检验

5 MJO 调制东亚冬季气候异常的物理机制——数值试验分析

采用的模式为 NCAR 的通用大气模式 CAM(Community Atmosphere Model),它是 NCAR 的第 5 代大气环流模式 CAM3 (Collins et al.,2006)。分别设计三组实验。

(1)控制试验:模式在气候态下积分 11 年,取后 10 年的 1 月 1—31 日的逐日结果作为控制试验结果。

(2)敏感实验 1:模式在气候态下积分 12 个月以上,然后从 1 月 1 日起在区域为(55°—95°E,10°N—10°S)内加强对流,然后继续积分到 1 月 31 日。取 1 月 1—31 日的逐日结果作敏感试验结果。取 5 个不同初值,做 5 次试验,作为 5 个样本。

(3)敏感试验 2:模式在气候态下积分 12 个月以上,然后从 1 月 1 日起在区域(120°—160°E,10°N—10°S)内加强对流,然后继续积分到 1 月 31 日。取 1 月 1—31 日的逐日结果作敏感试验结果。取 5 个不同初值,做 5 次试验,作为 5 个样本。

敏感试验 1 通过增加印度洋海温的方法,来增强印度洋的对流活动,模拟了 MJO 对流位于印度洋位相(即第 2 和 3 位相)的情况;敏感试验 2 通过增加西太平洋地区海温的方法,来增强西太平洋的对流活动,模拟了 MJO 对流位于西太平洋位相(即第 6 和 7 位相)的情况。图 8 是敏感试验 1 与敏感试验 2 降水距平的差,可以看到,印度洋为正距平,西太平为负距平,反映了 MJO 对流位于印度洋位相和西太平洋位相的差异,同时,可以发现在东亚地区,尤其是我国南方到日本有一条明显的正降水距平带,表明 MJO 位于印度洋位相时有利于我国南方地区的降水,这与前面观测资料分析的结果相一致。

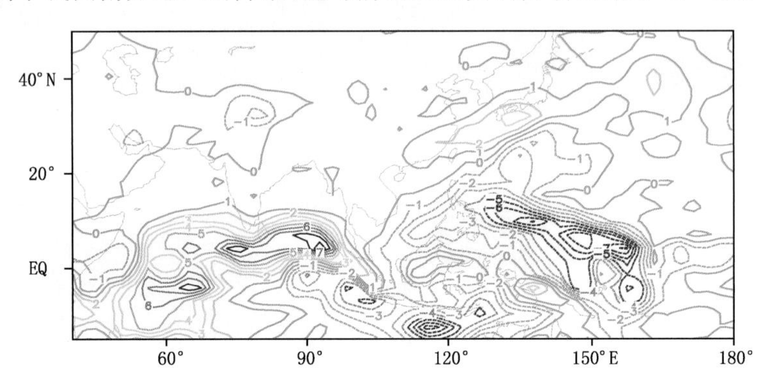

图 8　敏感试验 1 与敏感试验 2 的降水差异(单位:mm/d)

从 500 hPa 高度场的差异来看(图 9),东亚中高纬地区呈西低一东高的分布,有利于冷空气从亚洲西部和西北部侵入我国;同时会导致贝加尔湖脊和东亚大槽偏弱,致使东亚冬季风偏弱。另外,可以看到西太平洋副热带高压偏强,增强了来自低纬暖湿气流的向北输送。图 10 给出了 850 hPa 风场的差,可以看到

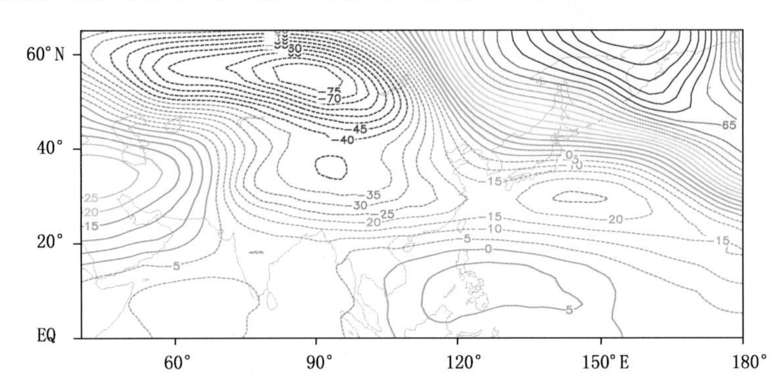

图 9　敏感试验 1 与敏感试验 2 500 hPa 高度场差异(单位:gpm)

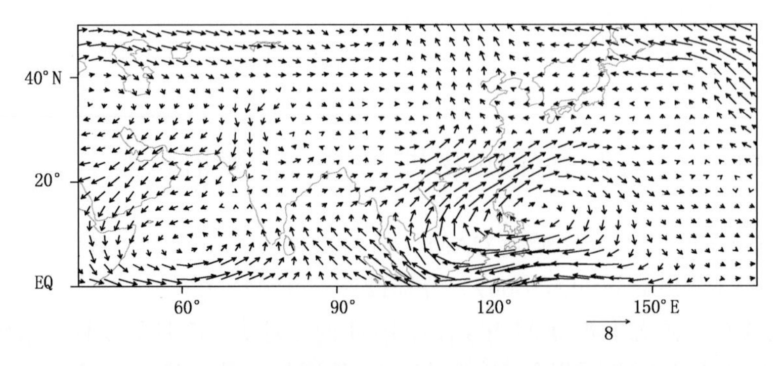

图 10　敏感试验 1 与敏感试验 2 850 hPa 风场差异(单位:m/s)

西太平地区为异常的反气旋性环流，一直延伸至孟加拉湾，而印度洋地区为异常的气旋性环流，东亚大陆东部为异常南风气流控制，来自西太平洋和孟加拉湾的向东亚大陆的水汽输送偏强，有利于降水偏多，这些结果也与观测资料的分析相一致。

6 MJO 和 AO 的可能联系以及不同配置对我国冬季温度的影响

分析显示冬季热带的 MJO 和高纬极区的 AO 模态有着一定的响应关系。当 MJO 对流位于印度洋时，AO 更易于趋于正位相，而当 MJO 对流位于西太平洋地区时，AO 更易于趋于负位相。在相当一些年份里，冬季的 MJO 和 AO 有显著的相关关系（图略）。

不同的 AO 和 MJO 位相组合下，其所造成的东亚冬季温度异常的变化与只考虑单一的 AO 或者 MJO 的影响表现出很大的不同。当 AO 为负位相时，MJO 为印度洋位相（位相 2,3）和西太平洋位相（位相 6,7）下我国冬季温度异常的特征也有明显差异，MJO 在印度洋位相下我国东北、华北地区的温度负异常更为显著。因此，AO 和 MJO 不同的位相联合对冬季温度异常的分布以及极端性特征会有很大的影响。

在不同的 AO 和 MJO 位相组合下，其所造成的东亚冬季环流的变化与只考虑单一的 AO 或者 MJO 的影响表现出很大的不同。比如，如图 11 所示，当 AO 为负位相时，MJO 为印度洋位相（位相 2,3）和西太平洋位相（位相 6,7）下 AO 的形态有明显的差异，MJO 在印度洋位相下与在西太平洋位相下相比，AO 在北大西洋的负异常中心明显减弱，而在北太平洋的负异常中心明显加强，同时乌拉尔山的高压脊也明显增强。

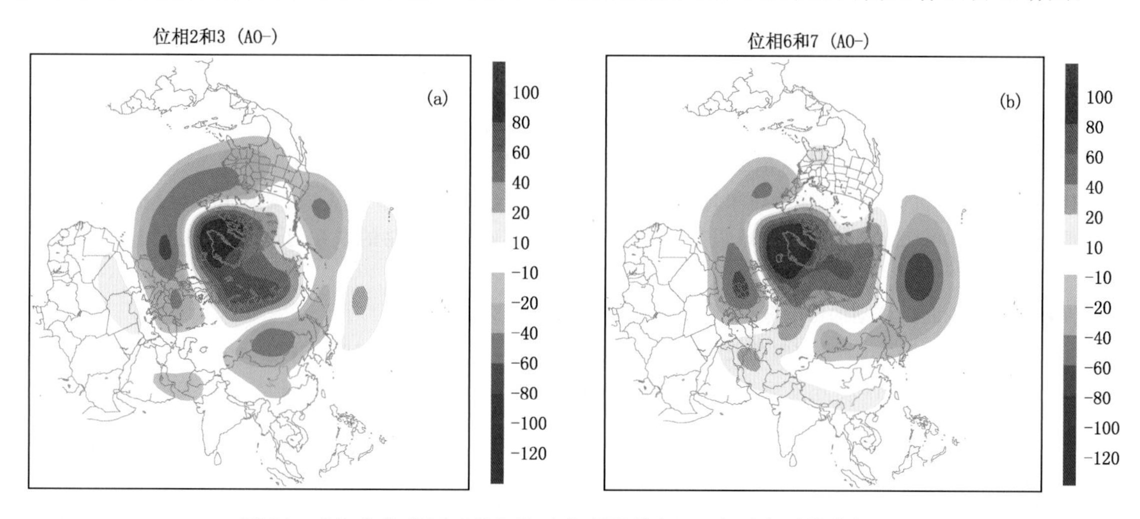

图 11 AO 负位相下，MJO 位于印度洋位相(a)和西太平洋位相(b)
北半球冬季 500 hPa 高度场异常(单位:gpm)

7 结论

通过资料分析和数值模拟的方法，分析了 MJO 对我国冬季气候的调制作用，并初步探讨了 MJO 和 AO 不同配置对冬季气温的影响，结论如下。

1）北半球冬季 MJO 在从印度洋到太平洋的传播过程中，我国东部地区降水表现出明显的系统性变化特征。当 MJO 对流位于第 2 和 3 位相时（MJO 对流位于印度洋），我国东部地区降水偏多，气温易偏低，当 MJO 进入 6～8 位相，尤其是 6 和 7 位相（MJO 对流位于西太平洋），东部地区降水偏少，气温易偏高。

2）MJO 通过对热带一副热带以及东亚冬季风系统的调制作用，进而调制东亚冬季气候异常。对副热带环流而言，MJO 通过热带一副热带对流与环流的相互作用，调制了东亚副热带地区的环流变化。冬季来自低纬度地区向东亚副热带地区的水汽输送可以明显受到 MJO 的调制，MJO 对水汽输送的调制作用主要通过 MJO 调制冬季两个重要的水汽输送系统一孟加拉湾南支槽和西太平洋副热带高压来实现，进而显著影响我国东部地区的降水变化。

3)对于中高纬度的环流而言,MJO在热带地区的加热强迫可以在中高纬地区激发出向东传播的类似Rossby波的低频扰动,这些低频扰动伴随MJO的传播可以显著调制中高纬的大气环流,尤其是东亚冬季风。

4)数值试验结果也表明,印度洋地区的大尺度MJO对流加热可以在东亚中高纬地区激发位势高度场西低东高的分布,有利于冷空气从亚洲西部和西北部侵入我国;同时会导致贝加尔湖脊和东亚大槽偏弱,致使东亚冬季风偏弱。另外,可以在西太平地区为激发异常的反气旋性环流,导致西太平洋副热带高压偏强,增强了来自低纬暖湿气流的向北输送,在东亚地区,尤其是我国南方到日本产生一条明显的降水偏多带。

5)初步分析显示,在不同的AO和MJO位相组合下,其所造成的我国冬季温度异常的特征和环流的变化与只考虑单一的AO或者MJO的影响表现出很大的不同。

参考文献

陈文,康丽华,2006.北极涛动与东亚冬季气候在年际尺度上的联系:准定常行星波的作用[J].大气科学,30(5):863-870.

何金海,Murakami T, Nakazawa T,1984.1979年夏季亚洲季风区域40-50天周期振荡的环流及水汽输送场变化[J].南京气象学院学报,2(2):163-175.

琚建华,钱程,曹杰,2005.东亚夏季风的季节内振荡研究[J].热带气象学报,29(2):187-194.

琚建华,任菊章,吕俊梅,2004.北极涛动年代际变化对东亚北部增暖的影响[J].高原气象,23(4): 429-434.

琚建华,赵尔旭,2005.东亚夏季风区的低频振荡对长江中下游旱涝的影响[J].热带气象学报,21(2):163-171.

李崇银,1992.华北地区汛期降水的一个分析研究[J].气象学报,50(1):41-49.

史学丽,丁一汇,2000.1994年中国华南大范围暴雨过程的形成与夏季风活动的研究[J].气象学报,58(6): 666-678.

武炳义,卞林根,张人禾,2004.冬季北极涛动和北极海冰变化对东亚气候变化的影响[J].极地研究,16(3):211-220.

夏芸,管兆勇,王黎娟,2008.2003年江淮流域强降水过程与30~70 d低频振荡的联系[J].南京气象学院学报,31(1):33-41.

杨辉,李崇银,2008.冬季北极涛动的影响分析[J].气候与环境研究,13(4):395-404.

张庆云,2003.夏季长江流域暴雨洪涝灾害的天气气候条件[J].大气科学,27(6):1018-1030.

张秀丽,郭品文,何金海,2002.1991年夏季长江中下游降水和风场的低频振荡特征分析[J].南京气象学院学报,25(3):388-394.

祝从文,2004.低压热带低压/气旋生成的影响[J].气象学报,62(1):42-50.

祝从文,Tet suo Nakazawa,李建平,2004.大气季节内振荡对印度洋—西太平洋地区热带低压/气旋生成的影响[J].气象学报,62(1):42-50.

Barlow M, Wheeler M, Lyon B,et al,2005. Modulation of daily precipitation over southwest Asia by the Madden—Julian oscillation[J]. Mon Wea Rev, 133:3579-3594.

Bond N A, Vecchi G A,2003. The influence of the Madden-Julian oscillation on precipitation in Oregon and Washington[J]. Weather Forecast, 18:600-613.

Collins W D, Rasch P J, Boville B A, et al, 2006. The formulation and atmospheric simulation of the Community Atmosphere Model Version 3(CAM3)[J]. J Climate, 19(11): 2144-2161.

Gong D Y, Wang S W, Zhu J H, 2001. East Asian winter monsoon and Arctic Oscillation[J]. Geophys Res Lett, 28:2073-2076.

Higgins R W,Shi W,2001. Intercomparison of the principal modes of interannual and intraseasonal variability of the North American Monsoon System[J]. J Climate, 14:403-417.

Jeong J H,et al,2008. Systematic variation in wintertime precipitation in East Asia by MJO-induced extratropical vertical motion[J]. J Climate, 21:788-801.

Jeong J H, Ho C H, Kim B M,et al,2005. Influence of the Madden-Julian oscillation on wintertime surface air temperature and cold surges in East Asia[J]. J Geophys Res, 110:D11104. Doi: 10. 1029/2004JD005408.

Kalney E, Coauthors, 1996. The NCEP/NCAR 40-year reanalysis project[J]. Bull Amer Meteor Soc, 77:437-471.

Lawrence D M, Webster P J, 2002. The boreal summer intraseasonal oscillation: Relationship between northward and eastward movement of convection[J]. J Atmos Sci, 59:1593-1606.

Lin H, Brunet G, Derome J, 2009. An observed connection between the North Atlantic oscillation and the Madden-Julian oscillation[J]. J. Climate, 22:364-380.

Madden R A, Julian P R,1971. Detection of a 40-50 day oscillation in the zonal wind in the tropical Pacific[J]. Atmos Sci, 28:702-708.

Madden R A, Julian P R,1972. Description of global scale circulation cells in the tropics with 40-50 day period[J]. J Atmos Sci, 29:1109-1123.

Matthews A J,2004. Intraseasonal variability over tropical Africa during northern summer[J]. J Climate, 17: 2427-2440.

Paegle J N, Byerle L A, Mo K C,2000. Intraseasonal modulation of South American summer precipitation[J]. Mon Wea Rev, 128:837-850.

Vecchi G A, Bond N A,2004. The Madden-Julian Oscillation (MJO) and northern high latitude wintertime surface air temperatures[J]. Geophys Res Lett, 31:L04104. Doi: 10. 1029/2003GL018645.

Wheeler M C, McBride J L,2005. Australian-Indonesian monsoon[M]. In: Lau W K M, Waliser D E. Intraseasonal variability in the Atmosphere Ocean Climate System. Praxis:Springer Berlin Heidelberg:125-173.

Wu B, J Wang, 2002a. Possible impact of winter Arctic Oscillation on Siberian High, the East Asian winter monsoon and sea-ice extent[J]. Adv Atmos Sci, 19:297-320.

Wu B, J Wang, 2002b. Winter Arctic Oscillation, Siberian High and East Asian winter monsoon[J]. Geophys Res Lett,29: 1897. Doi:10. 1029/2002GL015373.

Zhang L N, Wang B Z, Zeng C Q,2009. Impacts of the Madden-Julian Oscillation on Summer Rainfall in Southeast China [J]. J Climate, 22 (2):201-216.

Zhou s, Miller A J,2005. The interaction of the madden-Julian Oscillation and the Arctic oscillation[J]. J Climate, 18:143-159.

Impacts of the MJO on Winter Climate Anomalies in China

JIA Xiaolong[1,2], XIAO Ziniu[3], YUAN yuan[1], GU wei[1], PEI Shunqiang[4]

(1 National Climate Center, China Meteorological Administration, Beijing 100081;2 Collaborative Innovation Center on Forecast and Evaluation of Meteorological Disasters,Nanjing University of Information Science & Technology, Nanjing 210044;3 State Key Laboratory of Numerical Modeling for Atmospheric Sciences and Geophysical Fluid Dynamics, Institute of Atmospheric Physics, Chinese Academy of Sciences, Beijing 100029; 4 Public Meteorological Service Center, China Meteorological Administration, Beijing 100081)

Abstract:Impacts of the MJO on winter rainfall, temperature and circulation in China are investigated using statistical analysis and numerical modeling methods. Results show that the MJO has considerable influence on winter rainfall in China. Rainfall anomalies show systematic and substantial changes (enhanced/suppressed) in the Yangtze River Basin and South China with the eastward propagation of the MJO convective center from the Indian Ocean to the western Pacific. When the MJO is in phase 2 and 3 (MJO convective center is located over the Indian Ocean), rainfall probability is significantly enhanced. While in phase 6 and 7 (MJO convective center is over the western Pacific), rainfall probability is significantly reduced. MJO in winter influences the rainfall in China mainly through modulating the circulation in the subtropics and mid-high latitudes. For the subtropics, MJO influences the northward moisture transport coming from the Bay of Bengal and the South China Sea by modulating the southern trough of the Bay of Bengal and the western Pacific subtropical high. For the mid-high latitudes, the propagation of the low frequency perturbations associated with the eastward-propagating MJO convection modulate the circulation in the mid-high latitudes, e. g. the East Asian winter monsoon. Numerical modeling also supports above results from statistical analysis. Additionally, different phase coupling of the MJO an AO would lead to different winter temperature and atmospheric circulation anomalies.

Key words: MJO, AO, winter climate, tele-connection, numerical modeling

2010 年 10 月上旬冷暖空气对峙下的海南岛持续性暴雨过程的诊断分析①

李秀珍[1]　张春花[2]　周文[3]

(1 中山大学季风与环境研究中心、大气科学学院、广东省气候变化与自然灾害研究重点实验室，中山大学，广州　510275；2 海南省气象台，海口　570203；3 Guy Carpenter Asia-Pacific Climate Impact Centre, and School of Energy and Environment, City University of Hong Kong, Hong Kong S. A. R., China)

摘　要：本文利用由国家气象信息中心提供的站点逐日降水资料，欧洲中期天气预报中心（ECMWF）提供的ERA-Interim 再分析资料以及联合台风警报中心（JTWC）提供的最佳路径资料，对 2010 年 10 月上旬海南的持续性暴雨过程的特征、影响的天气系统配置以及暴雨的发生和维持所必须具备三个条件进行了详细探讨。结果表明，中高纬度低压槽的东移加深，引导冷空气入侵以及南海气旋环流由南向北移动并发展为热带低压是造成此次暴雨过程的两个关键系统。在暴雨过程的不同阶段，影响的天气系统配置并不相同，主要随着冷空气的活动以及热带低压位置的改变而改变。冷暖空气对峙造成的强烈上升运动，不稳定能量的维持与释放以及源源不断的外部水汽供应是这次暴雨过程得以发生和维持的必要条件。另外，在水汽来源的分析中发现，HYSPLIT 后向轨迹追踪模式可为常用的水汽输送通量分析作补充，有助于更准确地了解降水的水汽源地及路径。

关键词：暴雨，冷空气，热带低压，水汽输送，HYSPLIT

1　引言

暴雨是我国，尤其是南方地区，常见而又重要的灾害性天气现象。它往往在短时间内带来丰富的降水，造成洪涝灾害，严重影响社会经济和人们日常生活的开展，一直是气象界极为关注的研究方向。近几十年，围绕着暴雨研究而开展的国家级研究项目：华南前汛期暴雨的试验与研究，长江中下游梅雨锋暴雨的试验与研究以及研究范围更为广泛的我国南方致洪暴雨的试验与研究，都是为了加深对暴雨现象的结构特征、发生发展机制的认识，从而有望提高暴雨的监测与预报、预警能力，达到防灾减灾的效果（倪允琪等，2006，卢萍等，2009）。

暴雨是各种尺度天气系统相互作用的产物，尤其是大暴雨或持续性暴雨，往往是出现在多个天气系统有明显相互作用的情况下（梁必骐，1995a）。大多数暴雨事件是发生在大尺度环流系统的调整时期，冷暖空气频繁交绥，为暴雨的发生创造有利条件。天气尺度系统，包括各类锋面、热带气旋等可造成低层水汽辐合、位势不稳层结以及大范围的上升运动，为中尺度扰动的生成创造有利环境。暴雨是一种中尺度现象，中尺度对流系统内的强烈上升运动和水汽辐合，是导致暴雨事件发生的直接原因（高守亭等，2003，2008；赵思雄等，2007）。周玉淑等（2010）研究了一次江淮流域暴雨过程，指出中尺度低涡是造成该次暴雨的直接系统，并揭示中尺度系统对水汽的辐合与抬升都具有重要作用。

局地持续性暴雨是海南岛后汛期常常出现的天气灾害。与邻近的广西、广东地区的持续性暴雨多出

① 资助项目：国家自然科学基金项目面上项目 41775043。

现在前汛期不同(徐桂玉等,2002),海南岛的暴雨多出现在后汛期,出现在秋季的频数占全年总数的78.4%(李勇等,2006,冯文等,2011)。尤其在10月,一方面西太平洋副热带高压迅速南撤,东亚夏季风开始撤出我国大陆,另一方面,东北冬季风势力开始建立,我国北方地区受东亚大槽槽后的西北气流控制,冷空气可南下至华南一带,海南岛处于夏、冬季风转换的过渡时期,暖空气在此频繁汇合。吴慧等(2011)研究指出南海季风槽等低值系统与华南沿海弱冷空气共同影响时,可形成偏东低空急流长时间影响海南岛,往往造成长时间的持续性暴雨天气过程。冯文等(2011)亦指出秋季由冷暖系统相互作用形成的偏东低空急流所引发的暴雨过程是海南岛9月下旬至10月中旬常见的暴雨类型,该类暴雨形成条件复杂,降水强度大,造成的危害甚至比热带气旋直接影响造成的危害更大。

2010年10月,海南岛大部分地区遭遇了1961年来强度最大,持续时间最长,影响最严重的暴雨洪涝灾害。此次持续性暴雨的影响范围波及海南岛16个市县,受灾人口约250万,不仅影响了海南黄金周的旅游业,更是造成洪水泛滥、山体滑坡、泥石流等严重自然灾害,严重危害人民群众的生命和财产安全,直接经济损失达30亿元。弄清楚此次暴雨过程的成因,将为海南的天气灾害的预报提供参考性的意义,达到防灾减灾的目的。

本文利用由国家气象信息中心提供的经过较严格的质量控制的逐日降水资料,在了解2010年10月海南岛持续性暴雨过程发生过程的基础上,采用欧洲中期天气预报中心(ECMWF)提供的1.5°×1.5°分辨率的ERA-Interim一天四次再分析资料(Dee et al.,2011),联合台风警报中心(JTWC,http://www.usno.navy.mil/JTWC/)提供的最佳路径资料,分析引发此次暴雨过程的天气系统的配置及相互作用,并从影响大范围暴雨的发生和维持所必须具备三个条件:(1)持久而强盛的上升运动;(2)大气层结处于不稳定状态;(3)源源不断的水汽输送(梁必骐,1995b),对此次暴雨过程的具体成因进行详细探讨。

2 暴雨过程

2010年10月1—18日海南岛经历了两次暴雨到大暴雨过程(图1),过程总降水为1121.2 mm,是常年同期的5倍以上,给海南岛的旅游业,市民的日常生活造成巨大的损失。其中,第一次暴雨过程为10月1—9日,过程总降水6站(海口、东方、三亚、陵水、琼中、琼海)平均为777.5 mm,平均日降水为86.4 mm(表1)。9 d内各站的暴雨日数为:琼海5 d,海口、三亚、琼中6 d,陵水7 d。过程最强降水出现在10月5日琼海站,测得的日降水量为614.7 mm,实属历史罕见。第二次降水过程发生在10月13—18日。过程总降水量为340.3 mm,平均日降水为56.7 mm(表1)。6 d内各站的暴雨日数分别为:海口、三亚2 d,陵水、琼海3 d,琼中4 d。过程最强降水出现在10月16日的陵水站,测得的日降水量为168.3 mm。总的来

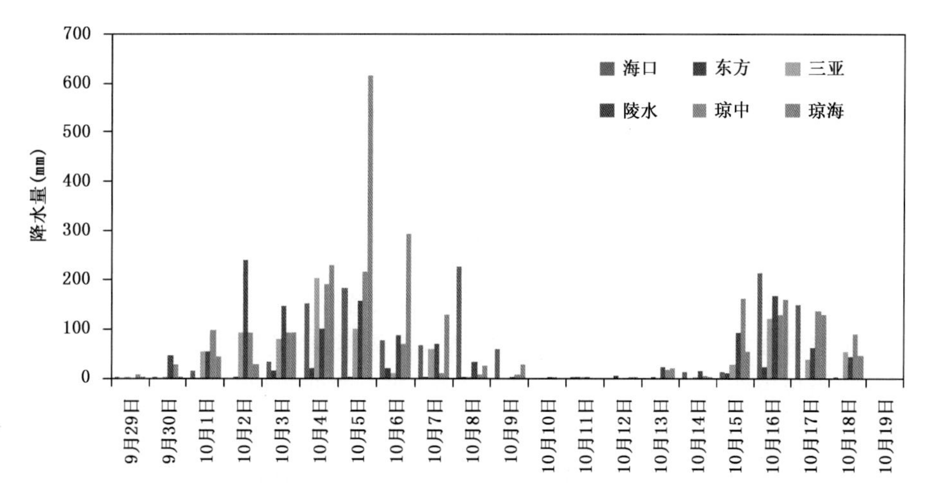

图1 2010年9月29日至10月19日海南岛6站的日降水量分布

说，2010 年 10 月海南岛的强降水呈现出累积降水量大、持续时间长、暴雨日数多、降水强度大等特点①。因此，对此次暴雨过程的成因，环流特点进行分析对以后的防灾减灾工作具有重要的指示意义。由于第一次暴雨过程明显较第二次过程强，本文将重点研究第一次暴雨过程。

表 1　2010 年 10 月 1 日到 18 日的两次暴雨过程的降水总量及降水强度

降水过程	过程总降水(mm)	平均日降水(mm)
10 月 1—9 日	777.5	86.4
10 月 13—18 日	340.3	56.7

3　环流背景分析

此次持续性暴雨过程持续时间达 9 d，是 1961 年以来发生在海南岛最长的大暴雨过程。在暴雨过程的不同阶段，影响的天气系统配置并不相同(代刊，2011)。前期(1－2 日)，中高纬度位于贝尔加湖南侧的低槽开始发展，势力较弱，槽线位于长江流域以北，冷空气尚未影响至我国南部，但一冷性大陆反气旋开始在蒙古西部形成。西太平洋副热带高压势力较强，5880 gpm 线西脊点位于中南半岛北部，海南岛位于副高南侧，受较强的偏东气流(风速>12 m/s)影响，大量水汽输送至海南岛上空，有利于降水的发生。值得注意的是，一气旋环流在南海南部形成，并逐渐加强北移，事实证明，该气旋环流将在此次持续性暴雨过程中起着重要作用(图 2a)。3 日，中高纬的低槽东移加深，控制我国渤海－东部沿岸，槽线南伸至长江以南地区，槽后等高线近乎南北分布，有利于冷空气由北向南输送。此时，低层的大陆反气旋南移至华北中部，中国东部大片地区均受偏北气流控制。南部，南海上的气旋环流不断加深，并移至中南半岛－南海中西部。海南岛位于其东北象限，受来自印度洋、赤道西太平洋和同纬度西太平洋的气流汇合而成的东南气流影响，水汽供应充足，有利于暴雨的发生(图 2b)。5 日，北部低压槽继续东移至日本海附近，中国北部仍有小槽不断发展。西太平洋副热带高压(简称“西太副高”)东撤，5880 gpm 线西脊点撤至海南以东，主体位于洋面上，有利于冷空气进一步影响至更南部的地区。低层，大陆反气旋继续加强，中心南移至长江中游地区。在该反气旋的外围气流控制下，中国南部地区受东北风控制，继续有利于来自北面的冷空气向低纬度输送。南部，南海上的气旋环流在中南半岛分裂成两个气旋单体，一个越过中南半岛，迅速移至孟加拉湾地区，另一个则不断加深成为热带低压，移至海南岛，成为触发此次暴雨过程中最强降水的重要系统。此时，影响海南的主要气流来自热带及同纬度的西太平洋地区(图 2c)。7 日，随着北部低压槽减弱消失，低层大陆反气旋势力减弱，冷空气活动结束，海南岛主要受热带低压控制，降水持续(图 2d)。随着热带低压势力减弱，降水明显减少，暴雨过程结束。由此可见，此次海南岛 10 月上旬的持续性暴雨过程是在北部低压槽，南部热带低压两个系统的共同配置下，冷暖空气对峙的天气背景下发生。西太副高较往年的位置偏东和强度偏弱，使得冷空气的影响能够更偏南，也为此次持续性暴雨过程的发生和维持创造有利条件(代刊，2011)。

3.1　冷空气活动

冷空气活动前沿的锋区内假相当位温线通常特别密集，并与锋面近于平行。为探索此次冷空气的活动情况，图 3 给出了 110°E 垂直剖面的假相当位温分布。10 月 3 日，地面最密集的等假相当位温线位于 23°N 附近，表明此时冷空气前沿位于 23°N 左右，越往高层，密集区越向北倾斜。密集区北侧为低值区，南侧则为高值区。10 月 5 日，地面最密集等假相当位温线南移至 21°N 左右，并明显较 3 日的密集，冷空气已经到达海南，冷暖空气在海南岛上空交绥，有利于造成位势不稳定层结和暴雨区水汽的集中。10 月 7 日，地面最密集等假相当位温线较 5 日的稀疏且明显北撤，北面的低假相当位温区(<320 K)范围明显缩小且仅存在于对流层中层，南面的高假相当位温线(>345 K)则向北推进至 22°N 左右，且中心加强，说明此阶段冷空气活动势力已明显减弱，海南岛主要受南面高温高湿气流控制。

① 2010 年 10 月海南强降雨的环流成因分析，中国气象网。http://www.weather.com.cn/zt/kpzt/1489555.shtml.

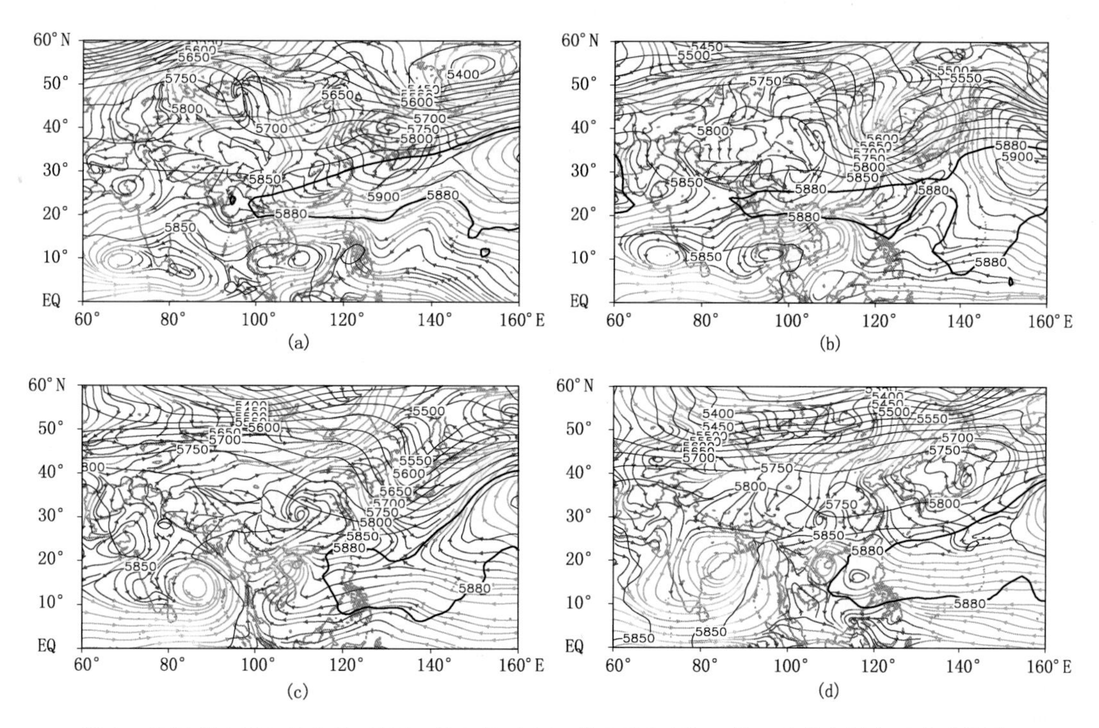

图 2　2010 年(a)10 月 1 日,(b)10 月 3 日,(c)10 月 5 日和(d)10 月 7 日的大尺度环流形势图。等值线为 500 hPa 位势高度(单位:gpm);流线为 850 hPa 流场

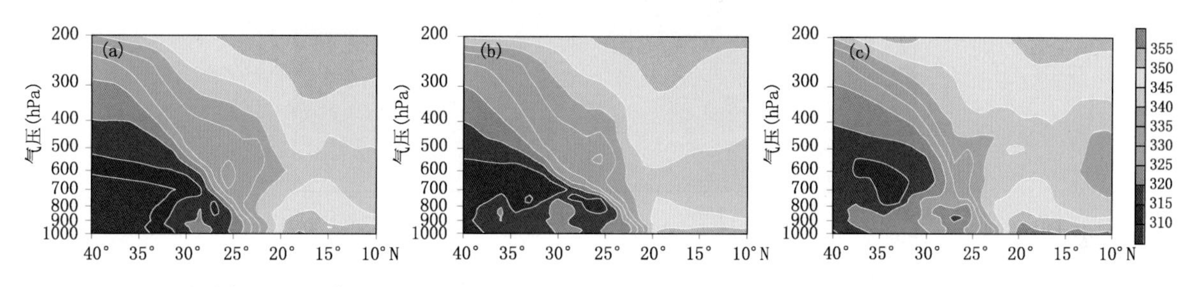

图 3　2010 年(a)10 月 3 日,(b)10 月 5 日,(c)10 月 7 日的 110°E 垂直剖面的假相当位温(单位:K)的垂直分布。等值线的间隔为 5 K

3.2　热带低压活动

在暴雨过程初期(10 月 1 日),低层南海南部为一气旋环流控制,该气旋环流中心大约位于 110°E,10°N,于对流层中层仍清晰可见(图略)。随时间发展(10 月 3 日),气旋环流不断北移,并逐渐分裂成两个中心:一个位于东印度洋(中心约位于 95°E,12°N),另一个位于南海(中心约位于 110°E,15°N)。后者迅速发展,于 4 日加强为热带低压并先沿西北路径移至北部湾,再折向东,掠过海南岛中南部,移向海南岛东北部(图 4)。10 月 7 日,热带低压势力明显减弱,闭合的气旋环流在低层仍清晰可见,但中层开始逐渐消失,减弱为低槽。随后,气旋环流仅出现在低层,并进一步减弱消失(图略)。与此对应,在发展的不同阶段以及不同位置,此气旋对海南岛暴雨的影响亦不一样。初期,气旋位置偏南,海南岛主要受其外围北侧宽广的偏东气流控制,随着气旋北移加强,其外围较强的东南气流开始起控制作用。最后,当低压中心移动至海南岛上空,其内部强烈的上升运动,低层辐合,高层辐散的环流配置,为本次强降水创造了有利的条件。随着低压减弱,它带来的与暴雨发生密切相关的有利条件亦进一步减弱,预示着此次暴雨过程的结束。

为进一步分析热带低压的活动特征,图 5 给出了 110°E 剖面的 850 hPa 相对涡度及整层积分可降水量的变化特征。由图可见,正涡度区在前期(10 月 1 日)主要位于 10°N 以南。随后,正涡度值区迅速北移并加强。5日，海南岛所在纬度的正涡度值达到最大，并维持至10月10日，随后迅速减弱。伴随着气旋环流不断北移，可降水量大值中心（>60 mm）亦不断北移，该气旋环流不仅为此次降水过程提供有利的环流条件，还携带着大量来自海洋上的水汽到降水区域，为持续降水提供源源不断的水汽条件。

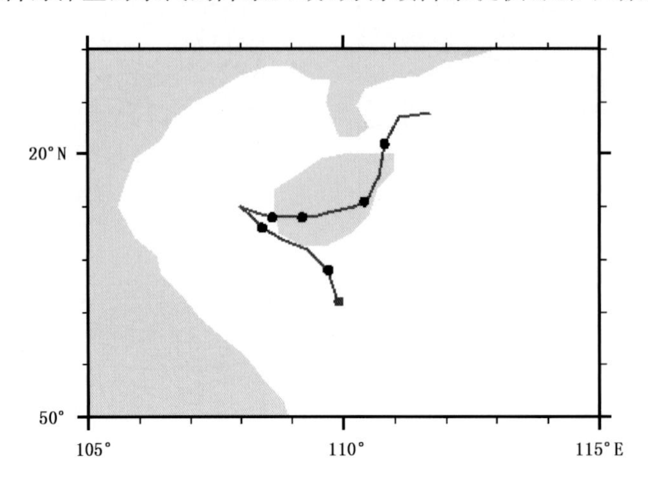

图4　热带低压14的路径。路径的开始时间为2010年10月4日12时，结束时间为2010年10月10日06时。蓝点代表路径开始位置，每个黑点代表每天的00时

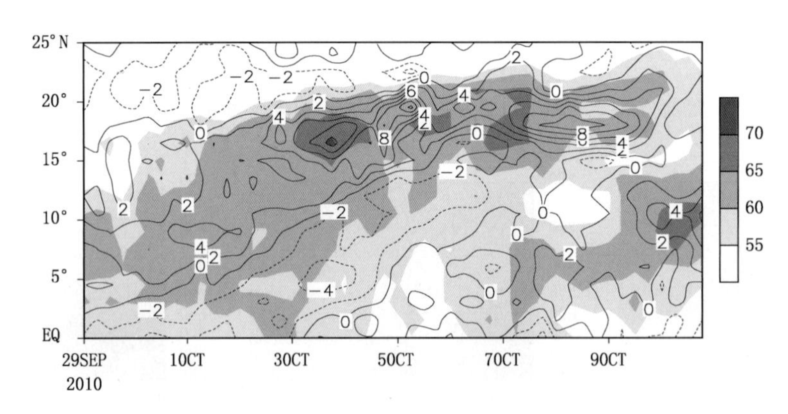

图5　2010年9月29日至10月10日的110°E剖面的850 hPa相对涡度（黑线，单位：$10^{-5}\,s^{-1}$）和整层积分可降水量（阴影，单位：mm）

4　暴雨形成条件

4.1　上升运动

图6给出了10月3日、5日和7日的110°E纬度—垂直剖面的经圈环流，其中5日是此次暴雨过程最大降水出现的时间。10月3日，在冷空气活动影响下，我国大陆受下沉偏北气流控制，23°N以南在来自南海南部的气旋环流的外围东北气流控制下，仍为偏北气流。此时，主要的上升运动位于20°N以南的宽广纬带。10月5日，北部继续受冷空气活动的影响，维持下沉偏北气流。但随着冷空气前沿南压至21°N，下沉的偏北气流亦往南控制广东沿岸地区。另一方面，随着热带低压北移，位于海南岛的西南侧，其外围强烈的东南气流影响海南。这两支分别来自大陆的干冷气流和来自南部的暖湿气流在海南岛上空发生强烈辐合，产生强烈上升运动（图6b），为强降水的发生创造有利条件。10月7日，随着来自南部的气旋环流及北部冷空气活动减弱，海南岛上空的上升运动亦迅速减弱消失，降水过程趋于结束。

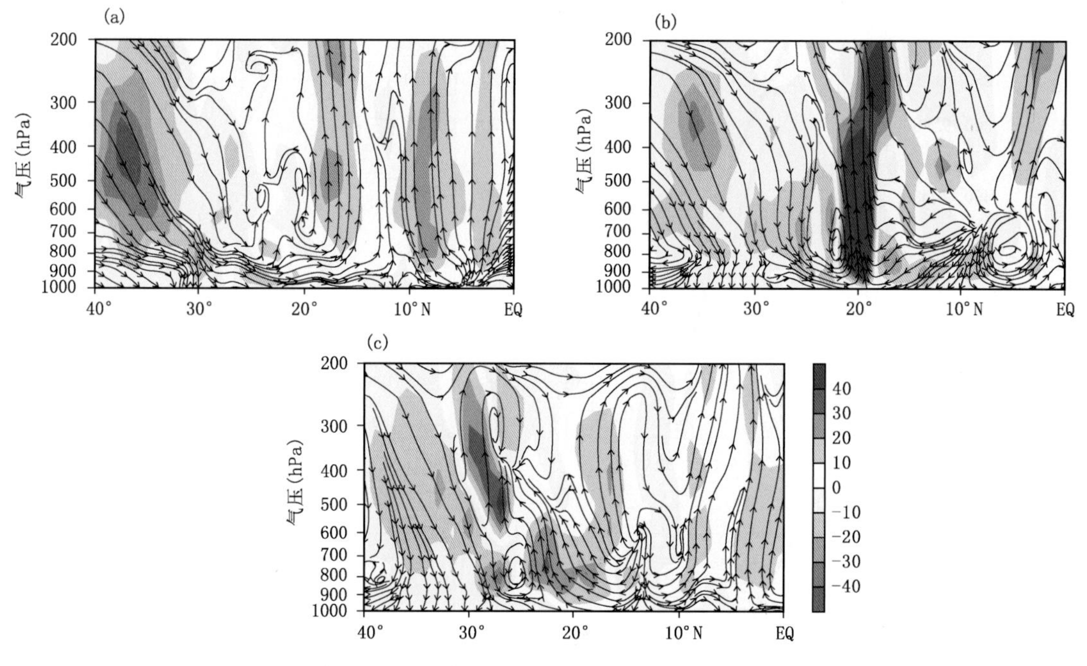

图6 110°E纬度—垂直剖面的经圈环流(流线)及垂直运动速度(阴影,$-\omega$,单位:10^{-2} m/s)。(a)10月3日;(b)10月5日;(c)10月7日

4.2 不稳定层结

除了强烈的垂直上升运动条件外,暴雨的发生还必须有不稳定的层结状态,扰动才能不断发展,空气块上升,水汽凝结。使用温度对数压力图可以方便而清晰地分析大气层结特性及湿空气块在升降过程中状态的变化,从而判断大气静力稳定性及对流不稳定性。目前温度对数压力图仍是气象台站分析预报雷雨、冰雹等强对流天气的一种基本图标(寿绍文,2002,王笑芳等,1994)。图7是此次持续性暴雨过程各个阶段的温度对数压力图。从图上可以发现,3日,由地面到高空,状态曲线始终位于温度层结曲线的右边,即抬升的空气块的温度始终高于环境的温度,正不稳定能量从地面一直维持到高空,有利于对流活动的发生,降水的维持。5日,最强降水发生的时候,状态曲线亦始终位于温度层结曲线的右边,且它们之间的距离明显扩大,正不稳定能量比3日明显增大。7日,正不稳定能量依然维持。9日,状态曲线虽然仍位于温度层结曲线的右边,但它们之间的距离明显缩小,尤其在低层,这表明正不稳定能量明显减弱,降水减弱消失。

为进一步研究大气不稳定能量的分布以及变化特征,图8给出了海南岛区域平均的对流有效位能在此次持续性暴雨过程中随时间的变化。在整个降水过程中,海南岛上空的不稳定能量始终为正,并在4日达到最大值,随后,对流有效位能在5—7日释放明显,在8日,略微上升,但随后即减弱,并保持在800 J/kg以下。因此,在此次暴雨过程中,海南始终位于一个不稳定能量大值区,在冷空气活动、热带低压等触发机制的综合影响下,降水强度大且能够维持较长时间。

4.3 水汽条件

充足的水汽条件是暴雨,尤其是持续性暴雨形成与维持的必要条件,这就要求降水区域上空空气柱的含水量高,饱和层厚,并且有源源不断的水汽输入降水区域(张洁等,2009)。从图7的温度对数压力图上可以发现,从3日至5日,海南上空气层中的水汽含量明显增加,露点曲线明显向温度层结曲线靠拢,两者从地面到高空(200 hPa)都几乎重叠,这说明在降水过程中,大气中的水汽不但没有减少,反而增加,这跟外部水汽源源不断地输送至降水区域有关。7日,高空的饱和状态开始消失,但低层仍然维持着接近饱和的层结。9日,随着降水过程的结束,大气的水汽饱和状态开始消失,仅在低层维持。

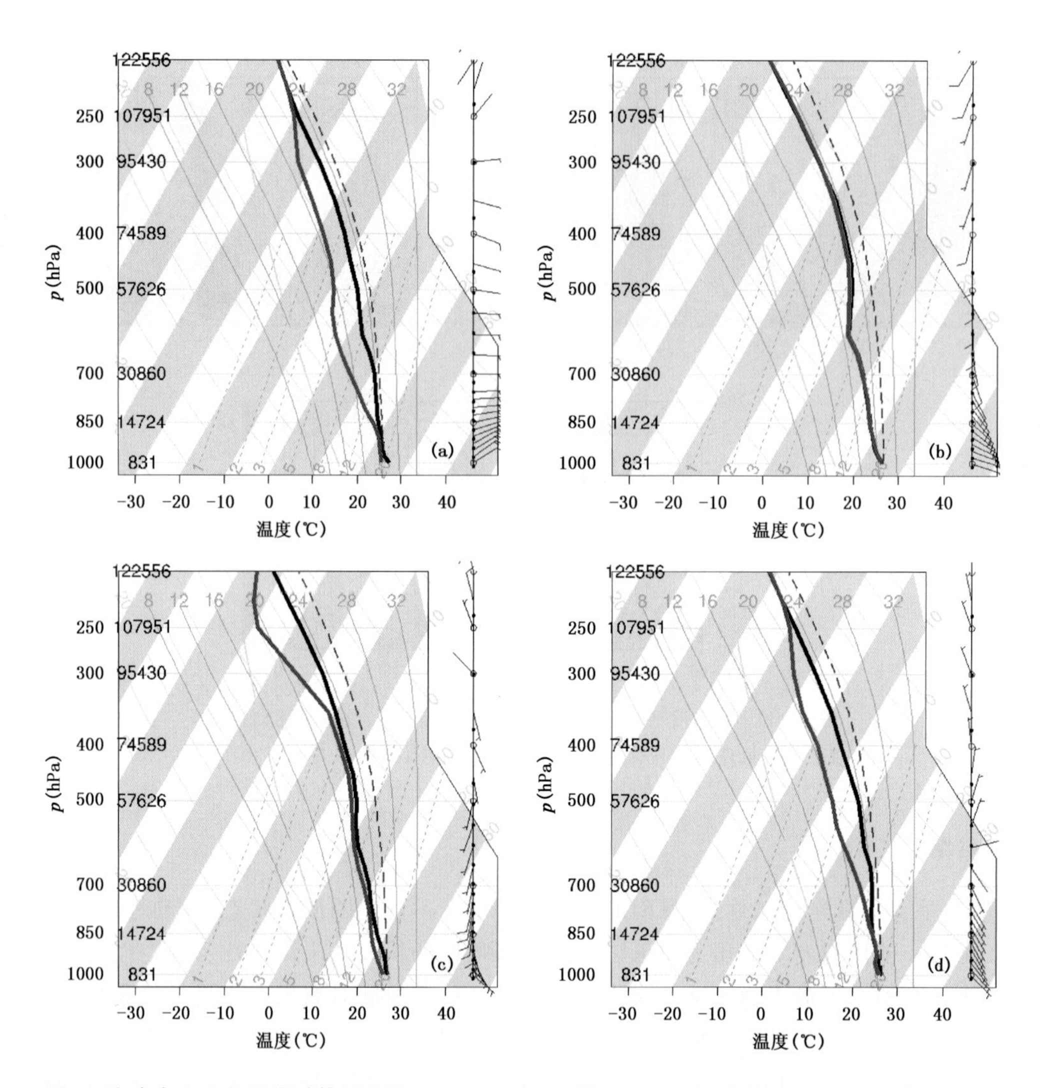

图 7　海南岛上空的温度对数压力图。(a)2010 年 10 月 3 日 00 时(世界时),(b)2010 年 10 月 5 日 00 时,(c)2010 年 10 月 7 日 00 时和(d)2010 年 10 月 5 日 00 时。蓝线为露点曲线,黑线为温度层结曲线,红色虚线为状态曲线。数据来源于 ERA-Interim 再分析资料

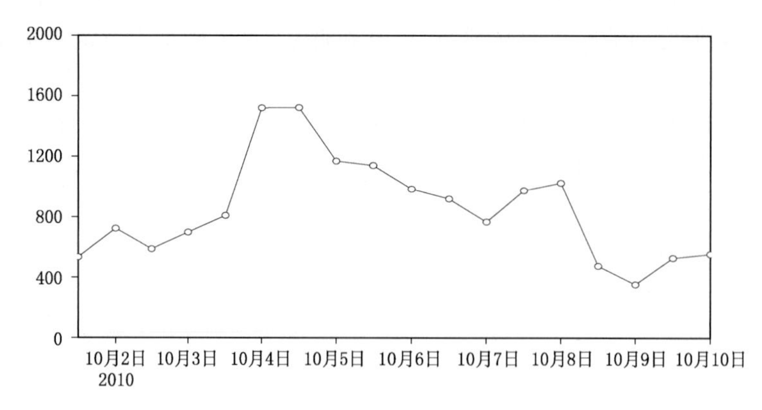

图 8　2010 年 10 月 1 日 12 时至 10 日 00 时海南岛区域平均的对流有效位能(单位:J/kg)变化曲线。海南岛区域平均的区域范围设置为 108°－113°E,17°－21°N

一次暴雨过程的维持,除了要有高水汽含量的气层外,还必须有水汽源源不断地由外部输入至降水区域(Li et al.,2011, Li et al.,2012),如这次降水事件中琼海站的极端降水为一天降了 614.7 mm 的雨量,远远超出大气层的可降水量。为分析此次降水过程的水汽输送情况,图 9 给出了逐日整层积分的水汽输

送通量及其散度的分布。对比水汽输送通量及低层环流场的分布可发现,水汽输送通量的空间分布及随时间演变与低层流场的分布非常一致,这是与水汽多集中在对流层低层有关。此次降水过程初期(10月1日),海南岛区域主要受偏东气流水汽输送的影响,主要的水汽来源于同纬度的西北太平洋海区。随着气旋环流的不断加强及北移(10月3日),主要的水汽输送通道开始转换为由气旋南侧进入气旋环流的来自赤道印度洋、100°E的越赤道气流,以及来自赤道西太平洋的水汽输送。当气旋环流分裂成分别位于南海和东印度洋上的两个中心时(10月5日),水汽输送通量场亦呈现出类似的特征。此时,来自印度洋的水汽输送对海南降水的影响减弱,主要的水汽通道为来自赤道西太平洋的水汽输送至气旋环流,再而输送至降水区域。同时,在气旋环流北侧的偏东气流作用下,来自同纬度的东侧海域的水汽输送也起着一定的作用。随着气旋环流的减弱(10月8日),气旋性水汽输送环流范围迅速减弱消失,导致其伴随的外部水汽输入亦迅速减弱消失。外部的水汽输入被切断,预示着此次降水过程即将结束。在水汽输送通量的散度场上,可发现海南岛上空的水汽辐合与降水强度的变化一致,由最初的弱辐合演变为10月5日的强辐合,随后不断减弱。由此可见,此次暴雨过程与外部的水汽输入密切相关,且在降水过程的不同阶段,由于影响的环流的改变,主要水汽输送通道也存在明显差异。

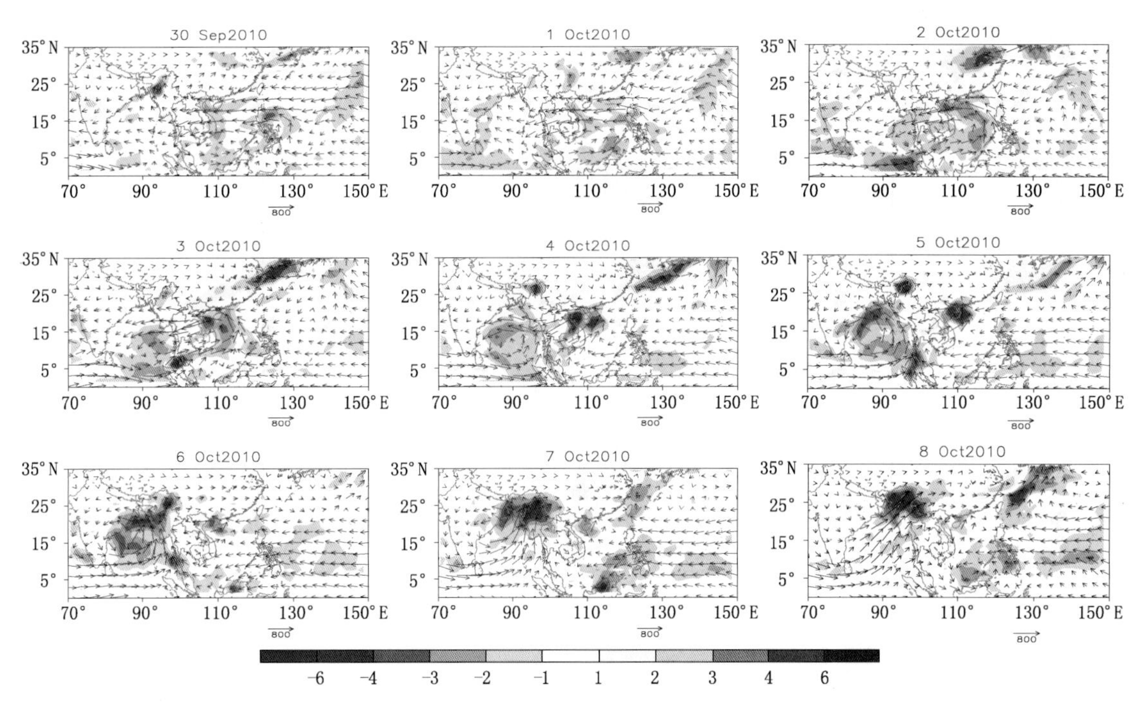

图9 2010年9月30日至10月8日逐日的整层积分水汽输送通量(箭头,单位:kg/(m·s))及其散度(阴影,单位:10^{-4} kg/(m^2·s))

水汽输送通量能够反映某一时刻空间上的水汽输送情况,但由于影响水汽输送的环流系统随时间演变而不断变化,空气块的实际运动轨迹并不完全按照水汽输送通量场的路径从源地输送至降水区域。为了探讨影响此次海南岛暴雨过程的水汽输送路径及来源,本工作利用了美国NOAA的空气资源实验室开发的轨迹追踪模式(HYSPLI)(Draxler et al.,1997, 1998;Draxler,1999),对降水强度最大的10月5日的水汽来源进行分析。HYSPLIT是具有处理多种气象输入场、多种物理过程和不同类型排放源的较完整的输送、扩散和沉降的综合模式系统。它可以跟踪气流所携带的空气块的移动方向和路径,主要应用于空气污染物的扩散和传输研究,但近年来也逐渐开始应用于诊断水汽源地的研究(Brimelow et al.,2005;江志红等,2011)。本工作模拟区选取海南岛区域(108°—113°E,17°—21°N),水平分辨率为0.5°×0.5°,垂直方向上从500 m至8000 m,分辨率为500 m,共16层,即总共释放1584个空气块,后向追踪10 d的三维轨迹,每小时输出一次轨迹点的位置,并利用ERA-Interim再分析资料插值得到相应位置上的气压,湿度等物理量。图10给出了5日00时至6日00时水汽含量减少最多的前100个空气块的信息。从图10中,我们发现,来自同纬度西太平洋及来自内陆的空气块对此次降水的贡献最大,来自印度洋的水汽输送作用非常有限。其中，来自同纬度西太平洋的空气块在到达降水落区前一直位于由于蒸发强烈而湿度较高的近地面层，因而湿度维持在较高值。另外一类来源于内陆的空气块在冷性反气旋外围的下沉偏东北气流的作用下，由原先的位于较高层下沉至近地面层，同时由于途经我国东部沿海地区或渤海、黄海和东海等湿度较高区域，吸收大量水汽，湿度值由较低值增加到较高值，并输送至南海，与来自同纬度西太平洋的气流汇入热带低压，进而输送至海南岛上空，辐合上升，水汽凝结形成降水。在图 10b 和 c 可见，贡献最大的空气块在降水发生时气压明显降低，湿度显著减少，这说明空气块被抬升至较高层，水汽发生凝结，再次证明 HYSPLIT 模式的结果是合理的。对比 HYSPLIT 模式的结果和水汽输送通量分析的结果发现，两者存在一定的差异，如在水汽输送通量场场主要来自热带西太平洋的水汽路径在 HYSPLIT 中结果中并没有发挥重要作用。这可能与环流场的改变有关。由图 9 可知，前期的水汽输送通量场来自同纬度西太平洋的偏东水汽输送气流起着重要作用，随着热带低压的北移，来自热带西太平洋的水汽输送才开始加强。因此，水汽可能最初来自同纬度太平洋，但在进入南海后，转为受东南气流影响，最后在热带低压的外围环流作用下输入海南岛。这一点在 HYSPLIT 模式的结果中来自同纬度西太平洋的水汽并非直接由东向西，而是沿弯曲路径输入海南岛，得到验证。由此可见，HYSPLIT 后向轨迹追踪模式能够为我们常用的水汽输送通量分析作补充，有助于更准确地分析降水事件的水汽源地及路径。

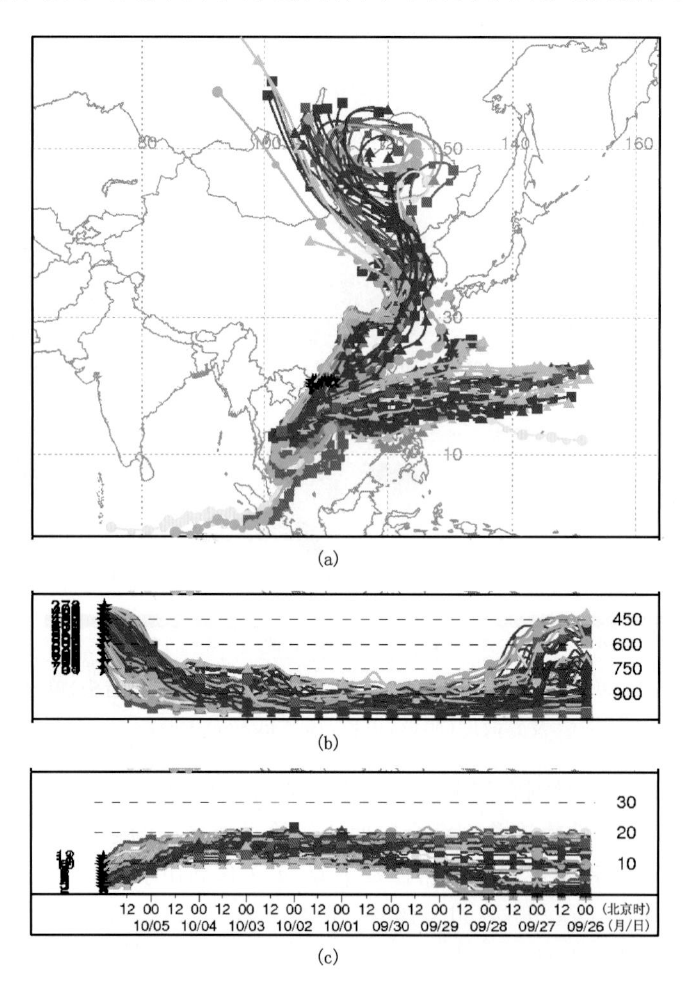

图 10　HYSPLIT 后向轨迹模式对 10 月 5 日降水的基于 ERA-Interim 再分析资料的水汽来源的分析结果。图中仅给出 5 日 00 时至 6 日 00 时水汽含量减少最多的前 100 个空气块的信息。(a)运动轨迹，(b)气压，(c)比湿

5 小结与讨论

本文在了解2010年10月上旬海南岛发生的持续性暴雨事件的降水特征的基础上，分析了造成此次强降水的各个尺度的天气系统的配置及其相互作用，进而从影响大范围暴雨的发生和维持所必须具备的三个条件：持久而强盛的上升运动，大气层结处于不稳定状态和源源不断的水汽输送来对此次暴雨过程的具体成因进行详细探讨。主要结论如下。

(1)2010年10月上旬海南岛的强降水呈现出累积降水量大、持续时间长、暴雨日数多、降水强度大等特点。

(2)北部低压槽的东移加深，引导冷空气入侵以及南部由南向北影响海南的热带低压是造成此次暴雨过程的两个关键系统，它们共同导致冷暖空气在海南岛上空对峙，有利于降水的发生。但在暴雨过程的不同阶段，影响的天气系统配置并不相同，主要随着冷空气活动以及热带低压位置的改变而改变。

(3)冷暖空气对峙造成的强烈上升运动，不稳定能量的维持与释放以及源源不断地外部水汽供应是这次暴雨过程得以发生和维持的必要条件。HYSPLIT后向轨迹追踪模式可为常用的水汽输送通量分析作补充，有助于更准确地分析降水事件的水汽源地及路径。

参考文献

代刊，2011. 2010年10月大气环流和天气分析[J]. 气象，37(1)：122-128.

冯文，符式红，吴俞，等，2011. 海南岛后汛期特大暴雨气候特征及环流背景分析[C]. 第一届南海风云论坛论文集. 海口：海南省气象局：57-71.

高守亭，孙建华，崔晓鹏，2008. 暴雨中尺度系统数值模拟与动力诊断研究[J]. 大气科学，32(4)：854-866.

高守亭，赵思雄，周晓平，等，2003. 次天气尺度及中尺度暴雨系统研究进展[J]. 大气科学，27(4)：618-627.

江志红，梁卓然，刘征宇，等，2011. 2007年淮河流域强降水过程的水汽输送特征分析[J]. 大气科学，35(2)：361-372.

李勇，陆日宇，何金海，2006. 海南岛秋季降水异常对应的热带大尺度环流和海温[J]. 大气科学，30(5)：1034-1042.

梁必骐，1995. 天气学教程[M]. 北京：气象出版社，537，549-554.

卢萍，宇如聪，周天军，2009. 四川盆地西部暴雨对初始水汽条件敏感性的模拟研究[J]. 大气科学，33(2)：241-250.

倪允琪，周秀骥，张人禾，等. 2006. 我国南方暴雨的试验与研究[J]. 应用气象学报，17(6)：690-704.

寿绍文，2002. 天气学分析[M]. 北京：气象出版社：45-55.

王笑芳，丁一汇，1994. 北京地区强对流天气短时预报方法的研究[J]. 大气科学，18(2)：173-183.

吴慧，吴胜安，2011. 海南岛持续性暴雨的气候特征[C]//海南省气象局. 第一届南海风云论坛论文集. 海口：海南省气象局：50-56.

徐桂玉，杨修群，2002. 我国南方暴雨一些气候特征的统计分析[J]. 气候与环境研究，7(4)：447-456.

张洁，周天军，宇如聪，等，2009. 中国春季典型降水异常及相联系的水汽输送[J]. 大气科学，33(1)：121-134.

赵思雄，傅慎明，2007. 2004年9月川渝大暴雨期间西南低涡结构及其环境场的分析[J]. 大气科学，31(6)：1059-1075.

周玉淑，李柏，2010. 2003年7月8—9日江淮流域暴雨过程中涡旋的结构特征分析[J]. 大气科学，34(3)：629-639.

Brimelow J C, Reuter G W, 2005. Transport of atmospheric moisture during three extreme rainfall events over the Mackenzie River basin[J]. Journal of Hydrometeorology, 6(4): 423-440.

Dee D P, Uppala S M, Simmons A J, et al, 2011. The ERA-Interim reanalysis: configuration and performance of the data assimilation system [J]. Quarterly Journal of the Royal Meteorological Society, 137: 553-597.

Draxler R R, 1999. HYSPLIT4 user's guide[C]//NOAA Tech. Memo. ERL ARL-230, NOAA Air Resources Laboratory, Silver Spring, MD.

Draxler R R, Hess G D, 1997. Description of the HYSPLIT_4 modeling system[C]//NOAA Tech. Memo. ERL ARL-224, NOAA Air Resources Laboratory, Silver Spring, MD: 24.

Draxler R R, Hess G D, 1998. An overview of the HYSPLIT_4 modeling system of trajectories, dispersion, and deposition [J]. Australian Meteorological Magazine, 47: 295-308.

Li X Z, Wen Z P, Zhou W, 2011. Long-term change in summer water vapor transport over South China in recent decades [J]. Journal of the Meteorological Society of Japan, 89A: 271-282.

Li X Z, Zhou W, 2012. Quasi-four-year Coupling between El Niño-Southern Oscillation and Water Vapor Transport over East Asia-WNP [J]. Journal of Climate, accepted.

A Diagnostic Analysis of a Persistent Torrential Rainfall Event in Hainan Island on Early October 2010 Associated with the Conflict of Warm and Cold Mass

LI Xiuzhen[1], ZHANG Chunhua[2], ZHOU Wen[3]

(1 Center for Monsoon and Environment and Department of Atmospheric Sciences, Guangdong Province Key Laboratory for Climate Change and Natural Disaster Studies, Sun Yat-sen University, Guangzhou 510275; 2 Hainan Meteorological Observatory, Haikou 570203; 3 Guy Carpenter Asia-Pacific Climate Impact Centre, and School of Energy and Environment, City University of Hong Kong, Hong Kong S. A. R., China)

Abstract: By using Gauge-based daily precipitation data from National Meteorological Information Center, ERA-Interim reanalysis dataset and the best track data from Joint Typhoon Warning Center (JTWC), a persistent torrential rainfall event in Hainan Island on early October 2010 is investigated. The study mainly focuses on the character of this rainfall process, the impact of interactions of synoptic systems on different scales and three necessary conditions for persistent torrential rainfall. Results show that the invasion of cold air associated with the eastward movement and strengthen of the trough in the middle-high latitude and the northward movement of the tropical depression over South China Sea played an important role in this torrential rainfall process. During different phase of the rainfall process, the influence of these two systems varied as their position and interaction changed. Strong ascending motion associated with the conflict of warm and cold mass, release of high positive convective available potential energy, and continuous water vapor input are three necessary conditions for this persistent torrential rainfall event. It is also proved that Hybrid Single Particle Lagrangian Integrated Trajectory (HYSPLIT) model could act as a supplement to the traditional water vapor flux analysis, providing more accurate information on the moisture source and transport routine.

Key words: torrential rain, cold air, tropical depression, transfer of water vapor, HYSPLIT

冬季与北大西洋涛动相关的Rossby波列传播特征及其与海温的关系

李纵横[1] 宋洁[2] 殷明[3] 尹锡帆[1]

(1 国家海洋技术中心漳州基地筹建办公室,北京 100088;2 中国科学院大气物理研究所大气科学和地球流体力学数值模拟国家重点实验室,北京 100029;3 解放军32021部队,北京 100094)

摘 要:利用再分析数据,我们根据与北大西洋涛动(NAO)相关的准静止行星波列在欧洲地区是否发生反射,将NAO下游影响分成高纬度(high latitude,H)和低纬度类型(low latitude,L)两种类型。在H型(L型)冬季,下游Rossby波列主要沿高纬度(低纬度)路径传播,且L类型的比例明显高于H类型。随后,研究了在两种类型冬季,NAO事件分别与同期大气环流、近地面温度(SAT)和降水的关系。结果表明,位势高度异常与NAO的关系在300 hPa的区别最为明显,高层比低层显著,同时经向环流,波活动通量,近地面温度,海表面温度和降水的区别也比较明显。在H型冬季,与NAO相关的300hPa位势高度异常显然出现在西伯利亚东部,与NAO相关的SAT异常在高纬度地区(如北美西部、格陵兰岛和欧亚大陆高纬度地区的东部)相对较强,与NAO相关的降水异常在亚洲的低纬度地区相对较弱。在L型冬季,与NAO相关的300 hPa位势高度异常出现在阿拉伯海,亚洲东海岸(约40°N)和北太平洋,这非常类似于NAO-related波列在副热带地区的路径,与NAO相关的SAT异常在亚洲的高纬度地区相对较弱,但在亚洲东北部(大约在40°N)和中东地区相对较强,与NAO相关的降水异常在欧洲北部,南部美国和中国南方相对较强。在格陵兰岛南部和中国东南部,NAO和降水之间的关系与H型冬季是相反的。海温方面,H型比L型相比,冬季热带中东部太平洋海温偏暖,黑潮和北大西洋中纬度地区海温偏冷。在H型冬季与NAO相关的SST异常在北大西洋地区相对较强,呈现三极子模态,NAO对滞后2~3个月的海温仍有影响。在L型冬季与NAO相关的SST异常在北大西洋中纬度地区相对较弱,且NAO对滞后的海温影响较小。

关键词:NAO,Rossby波列,波反射,海温

1 引言

北大西洋涛动(NAO)被认为是在北半球冬季北大西洋上空大气环流变化的主导模式(Barnston Livezey,1987; Hurrell et al.,2003)。它是海平面气压层(SLP)上的冰岛低压和亚速尔高压之间大气质量的跷跷板式低频振荡。在冬季,NAO对海平面气压的方差贡献率超过36%,对北大西洋和周边地区的温度,降水,风暴轴活动等施加了重要影响(例如, Hurrell, 1995, 1996; Hurrell et al.,1997; Serreze et al., 1997; Pekarova et al.,2007; Wettstein et al.,2010)。NAO正负位相与北大西洋急流和风暴轴的强度和位置的海盆尺度变化有关,并且参与纬向和经向热湿输送正常模式的大尺度调制(Hurrl,1995),这反过来经常导致从美国东部延伸到西欧和中欧的温度和降水模式的变化(Walker et al.,1932, van Loon et al.,1978, Rogers et al.,1979)。除了对大西洋地区和欧洲地区的气候产生重要影响外,NAO异常还可以影响欧亚大陆和东亚地区的气候。NAO对下游遥远地区(如亚洲大陆)表面温度也有很强的影响,表明NAO能够影响北半球(NH)大部分地区的地面空气温度(SAT)(Hurrell,1996)。NAO对我国的气候影响也有大量研究。东亚冬季风的年际及年代际变率以及亚洲大陆北部气温异常变化与冬季北大西洋涛动活动有密切关系(武义炳等,1999;李崇银等,2002)。王永波等(2001)指出NAO异常变化与我国冬、夏

季天气气候关系密切，在强涛动年冬季，我国是偏暖、多雨的气候特征。

许多研究都试图解释 NAO 对远距离下游地区气候的影响的机制。例如，Thompson 和 Wallace (2000)研究表明与 NAO 有关的热平流可以引起低层温度异常变化。许多研究表明与 NAO 有关的准静止 Rossby 波列也是影响下游气候的重要途径。一些研究(Branstator，2002；Watanabe，2004)提出了一种被称为"亚洲急流波导所截限的波列"(Asian jet waveguide-trapped wave train"，也称为"NAO-related 全球遥相关")的机制，认为亚洲急流可以作为波导(Hoskins et al.，1993)，通过捕获向下游传播的准静止 Rossby 波列，扩大 NAO 的影响区域，甚至达到东亚地区。然而，Asian jet waveguide-trapped wave train 主要位于副热带地区。在亚洲高纬度地区，一些研究已经表明，在高纬度地区，存在沿北半球风暴轴分支传播的波列，在欧亚大陆北部的太平洋风暴轴的上游，与 NAO 影响近地面温度有关(Chang et al.，1999；Lee，2000)。此外，Li 等(2008)发现一个沿欧亚大陆高纬度地区从北大西洋延伸至东亚的遥相关型，不过这个遥相关只存在于 3 月。宋洁等(2014)发现，在北半球冬季与 NAO 有关的下游传播的准地转 Rossby 波列通常在暖(冷)厄尔尼诺—南方涛动(ENSO)沿着高(低)纬度途径传播，并且与 NAO 相关的下游传播的 Rossby 波是否发生反射是导致 NAO 下游影响不同的关键因素。如果与 NAO 相关的下游波列主要沿高纬度途径传播，这可以被视为非线性波反射(Song et al.，2014)。

中纬度海气相互作用是个重要而且复杂的课题。NAO 与海温的关系已经有了大量的研究。研究发现 NAO 能够影响北热带大西洋(NTA)地区海温的变化（例如，Wallace et al.，1990；Tourre et al.，1999；Tanimoto et al.，2002；Walter et al.，2002；Czaja et al.，2002）。NAO 通过改变表面风场，进而强烈地影响大西洋海洋表面的热量和淡水交换。大洋表面风场的变化导致了北大西洋海温三极子模态的形成，并通过风蒸发正反馈加强了北热带大西洋海温异常。北大西洋的海温三极子异常模态，反过来有助于 NAO 型大气异常的形成(例如，Peng et al.，2003；Cassou et al.，2004；Pan，2005)。在 ENSO 暖位相年冬季，瞬时扰动影响北大西洋地区，产生负位势高度趋势，有利于负 NAO 事件的发生。鉴于 NAO 与海温的密切关系，两类 NAO 下游传播与海温的关系如何是值得讨论的问题。

本文首先根据与 NAO 相关的 Rossby 波传播路径的不同，将 NAO 分成两类，在分析两类 NAO 的气候影响的异同，最后研究两类 NAO 与海温的关系。据此，本文安排如下，第 2 节介绍本文使用的资料，分析方法和区分两种传播类型的方法，根据关键区域波活动通量(Plumb，1985)的方向，我们将北半球冬季分为高纬度型(H 类型)和低纬度型(L 类型)，H(L)类型表示冬季 NAO-related 下游波列沿着高(低)纬度路径传播。第 3 节分析两类 NAO 对大气环流、温度和降水异常的影响。第 4 节分析两类 NAO 与海表面温度之间的关系，第 5 节总结本文得到的结论，进一步阐释本文研究的意义。

2 资料和方法

2.1 资料

本研究中使用的数据集是欧洲中期天气预报中心(ECMWF)ERA－40 再分析数据(Uppala et al.，2005)F，涵盖了从 1957 年 9 月至 2002 年 8 月这段时期。在这项研究中，我们使用海平面气压(SLP)，近地表空气温度(SAT，0.995σ 层)，纬向风 u，经向风 v，和 300 hPa 层位势高度。数据的水平分辨率为 2.5°×2.5°。降水资料是日本 APHRODITE（Asian Precipitation-Highly Resolved Observational Data Integration Towards Evaluation of Water Resources）研究计划建立的一套高分辨率的逐日亚洲陆地降水数据集（简称 APHRO），时间从 1951 年到 2007 年，空间分辨率为 0.25°×0.25°。海温数据是由隶属于英国气象局(Met Office)的 Hadley 中心制作发布的全球平均海温数据和海冰数据组成的数据集 HadlISST(Hadley Center Sea Ice and Sea Surface Temprature)，为格点数据，分辨率为 1°×1°，时间覆盖 1970 年至今。获取来源为 MetOffice 官方网站 http://www.metoffice.gov.uk/hadobs/hadisst/data/download.html。

2.2 方法

本研究中,我们使用线性回归和合成分析。月(日)NAO指数定义为12月、1月和2月(DJF)在大西洋地区(20°—85°N,90°W—50°E)月(日)SLP距平的经验正交函数(EOF)的第一主成分(PC1)。月(日)距平定义为一个季节性周期值的偏离,季节性周期指同个月(日)长期平均值。在EOF前,数据乘以纬度余弦值的平方根作为加权,用来表示向北极方向逐渐减少的网格面积。回归分析和合成分析使用T检验。

2.3 高纬度和低纬度型

冬季NAO下游影响的两种类型最主要的区别是与NAO相关的下游波列的经向传播方向。在H(L)型冬季,与NAO相关的下游波列在欧洲地区明显地偏北(南)传播。基于Rossby波有无发生反射的观点来看,考虑到更强(弱)位势涡度(PV)经向梯度往往阻碍(促进)波反射的发生(Abatoglou et al.,2004,2006),在亚热带非洲PV梯度变化在调节NAO激发Rossby波列传播方向的过程中发挥作用,从而导致不同的NAO下游影响类型。因此,我们使用欧洲地区平均的波活动通量经向分量表示NAO的类型。具体做法:(1)提取12月至翌年2月标准化的NAO指数绝对值大于1个标准差的天;(2)计算逐日风场与NAO日指数的回归值;(3)使用回归的风场计算准静止波活动通量,进而计算欧洲区域(40°—60°N, 0°—60°E)的波活动通量经向分量的平均值,如果波活动通量经向分量的平均值大于(小于)0,则认为是极向(赤道向)传播的,同时认为NAO相关的下游传播的Rossby波有(没有)经历了反射,NAO下游影响类型就是H(L)型。经过计算,共有10个H型冬天和35个L型冬天。为了挑出下游影响在亚热带传播更明显的L型冬季,我们使用矩形地区(20°—40°N, 40°—120°E)归一化的平均波活动通量纬向分量作为一个指数。如果该指数小于0.5,冬季被称为弱无反射冬季;如果指数大于0.5,则被称为强无反射冬季,在本文中用来代表L型冬季(见表1)。

表1 从1957/1958年到2001/2002年的H和L型冬季

类型	特征(数)	年份
H冬季	反射(10)	1965/1966,1967/1968,1968/1969,1971/1972,1976/1977,1979/1980,1983/1984,1985/1986,1993/1994,1995/1996
L冬季	强无反射(10)	1966/1967,1972/1973,1973/1974,1974/1975,1982/1983,1988/1989,1992/1993,1994/1995,1996/1997,1998/1999

图1表示H型和L型冬季300 hPa高度场距平合成分布。从图1a中可以看到,H型时,格陵兰岛,高纬度地区为正距平,欧洲西部,北美东部,欧亚大陆为负距平。这说明H型时北美大槽和欧洲浅槽加强,冰岛低压减弱,类似于NAO负位相。从图1b可以看到,L型时,格陵兰岛,高纬度地区为负距平,欧洲西部,北美东部,欧亚大陆和东亚为正距平。这说明L型时北美大槽和欧洲浅槽减弱,冰岛低压加强,类似于NAO正位相。从图1c可以看出,两种类型的位势高度异常主要区别在冰岛低压减弱、北美东部、欧洲西部地区负异常。另外,在近地面温度场也可以看到相应的温度异常(图略)。H型与L型相比,欧洲中北部位涡梯度变得更强,非洲北部位涡梯度变得更弱,副热带急流的波导效应减弱,不利于Rossby波能量沿副热带急流向下游传播,从而更容易发生反射,沿高纬度路径传播。

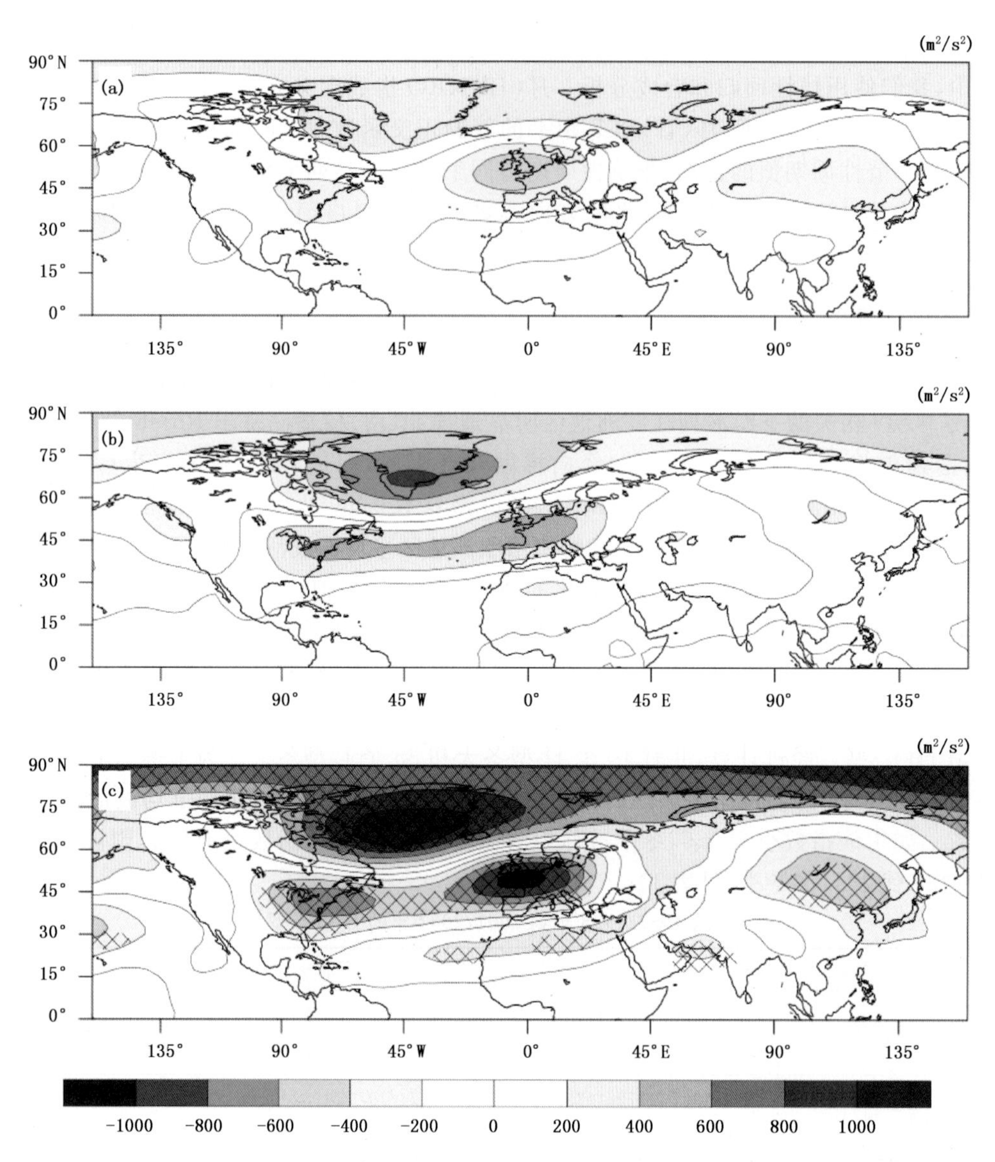

图 1　在 H 型冬季(a)和 L 型冬季(b)，12、1、2 月(DJF)的 300 hPa 位势高度距平和差值(c)(Z300 hPa，间隔 200 m^2/s^2)。阴影地区代表显著性水平超过 90%

3　两类 NAO 的气候影响

3.1　大气环流

为比较两种类型冬季 NAO 下游影响的异同，我们首先利用 NAO 月指数分析 NAO 与位势高度的关系。图 2 表明，300 hPa 与 500 hPa 位势高度和 NAO 的关系基本一致，对流层高层比对流层低层的变化更加明显。300 hPa 位势高度(以下简称 Z300 hPa)异常分布在 H 和 L 型冬季与 NAO 的关系是不同的。在 L 型冬季，与 H 型冬季相比，正负相关的异常中心位置偏东，程度偏弱。在 H 型冬季，如图 2a 所示，与 NAO 相关的波列可以深入欧亚大陆，在亚洲大陆高纬度地区对流层上部与位势高度/反气旋 PV 异常正相关(在贝加尔湖上空的脊/槽)。在 L 型冬季，如图 2b 所示，与 NAO 相关的波列同样可以深入欧亚大陆，与 NAO 相关的 Z300 hPa 异常沿着亚洲急流波导延伸到亚洲东海岸(约 40°N)。同时，在欧亚大陆高纬度地区，L 型冬季的脊/槽变化比 H 型冬季要弱。

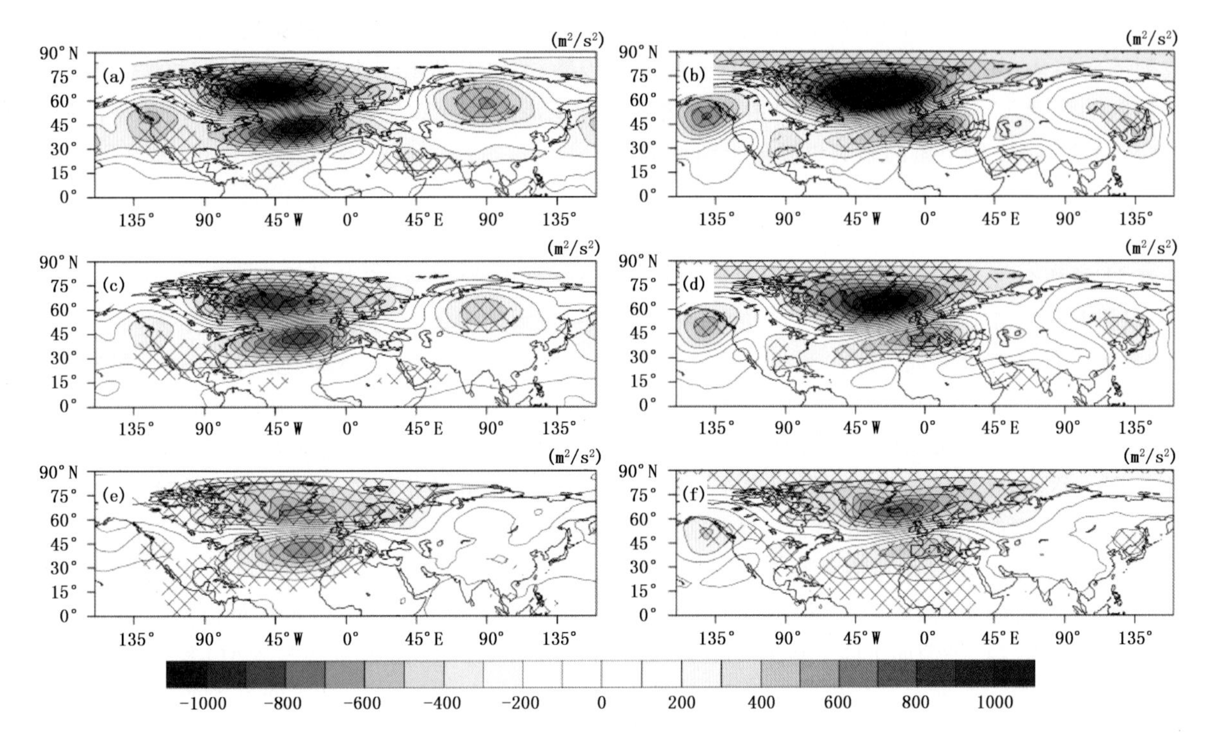

图 2　在 H 型冬季(a,c,e)和 L 型冬季(b,d,f),300 hPa、500 hPa、850 hPa 位势高度异常(间隔 100 m^2/s^2)与 NAO 月指数的回归系数分布图。阴影地区代表超过 95%置信水平

为了更加直观地显示冬季 H 和 L 型的传播特征,图 3 表示与 NAO 月指数相关的 300 hPa 经向风(V)异常和相应的波活动通量分布示。在 H 型冬季(图 3a),观察到的 300 hPa V 异常在欧亚大陆高纬度地区形成下游延伸的纬向波列。在 L 类型冬季(图 3b),高纬度波列则不明显,而有一个与 NAO 相关的

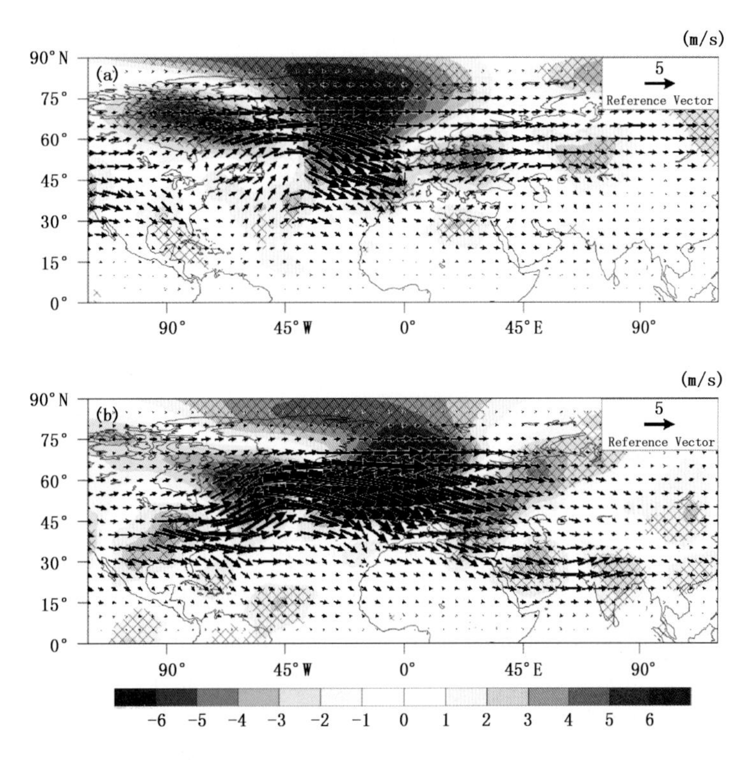

图 3　在 H 型冬天(a)和 L 型冬季(b),300 hPa 经向风异常(V 300 hPa,间隔 1 m/s)与月 NAO 指数的回归系数分布和相应的波活动通量(向量,单位为 m^2/s^2)。阴影区表示达到了 95%置信水平

波列明显地从北大西洋传播到非洲东部亚热带地区，再沿副热带地区向东和向赤道传播。与 NAO 相关的波列纬向传播，并倾向于沿副热带亚洲急流向下游传播，类似于 Watanabe(2004)讨论过的“亚洲急流波导所截限的波列”。这种机制的形成是由于亚热带亚洲急流的波导效应，限制了准静止 rossby 波的传播路径，从而使 NAO 对下游的影响更倾向于副热带地区。

3.2 近地面温度

在 H 型和 L 型冬季，北半球近地面温度异常对 NAO 月指数的回归系数分布分别如图 4a 和 4b 所示。在 H 型和 L 型冬季，NAO 和 SAT 之间的关系表现在欧亚大陆中部和高纬度地区为正相关，而在格陵兰岛、加拿大东部和整个非洲大陆北部地区呈现负相关。在 H 类型冬季，与 NAO 相关的 SAT 异常在北美西部和格陵兰岛东部比较明显。同时，NAO 可以显著影响在高纬度地区欧亚大陆的 SAT 异常。在 L 型冬季，NAO 和 SAT 异常之间的相关性在亚洲东北部(大约在 40°N)和中东超过了 95%显著水平，这点与 H 型不同。然而，在北美西部和格陵兰岛东部，NAO 和 SAT 之间的正相关关系变弱。虽然与 NAO 相关的 SAT 异常范围向东扩展，但是在欧亚大陆高纬度地区和西伯利亚西部影响变弱。总的来看，在高纬度地区，H 型冬季比 L 型冬季相关关系变得更强。Branstator(2002)和 Watanabe(2004)提出了“亚洲急流波导限制波列”机制来解释 NAO 的远距离下游影响，对流层上层正(负)PV 异常可以产生地面上的热(冷)温度异常推(拉)等熵面下降 (上升)(Hoskins et al.，1985)。图 4b 所示的与 NAO 相关的 SAT 异常与 Z300 hPa 异常在亚洲东部的位置几乎相同，符合上层大气位势涡度异常对温度异常的影响，从而进一步印证了 NAO 通过“亚洲急流波导限制波列”影响下游气候的正确性。

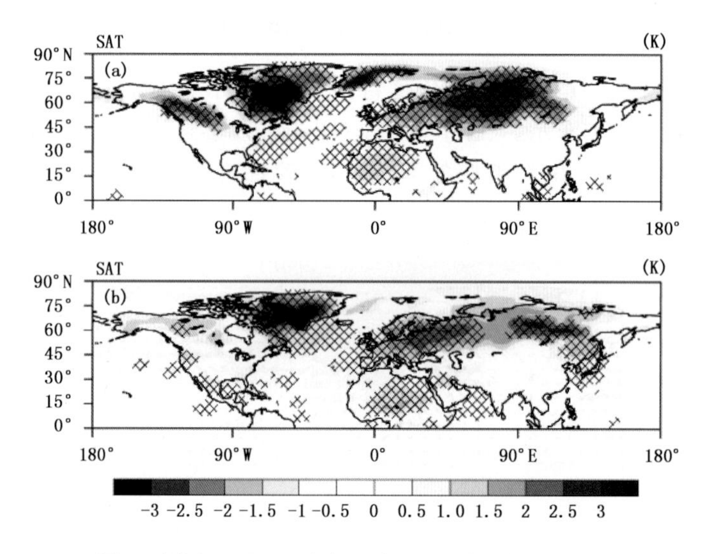

图 4 同图 3，近地面空气温度(SAT，间隔 0.5 K)

3.3 降水

图 5 显示了在 H 型和 L 型冬季降水异常和 NAO 之间的关系。与位势高度和近地面温度相比，NAO 与降水的关系更加复杂。在 H 型冬季，如图 5a 所示，在地中海北岸和美国西海岸，NAO 与降水呈正相关，而在欧洲北部和东部格陵兰岛与降水负相关。在 L 型冬季，如图 5b 所示，在地中海北岸，美国西/东海岸和格陵兰岛南部，NAO 与降水呈正相关，而在北欧、美国南部和中国西南方与降水负相关。然而，在低纬度地区，NAO 与降水的相关关系在 L 型冬季比 H 型冬季强。此外，在北美东海岸约 50°N 和格陵兰岛南部。降水和 NAO 之间的联系在不同类型冬季是相反的。徐寒列等(2012)指出冬季北大西洋涛动与中国西南地区降水存在不对称关系。从图 5 也可以看出，在 L 型冬季，NAO 变化与中国西南地区降水异常的关系更加显著。

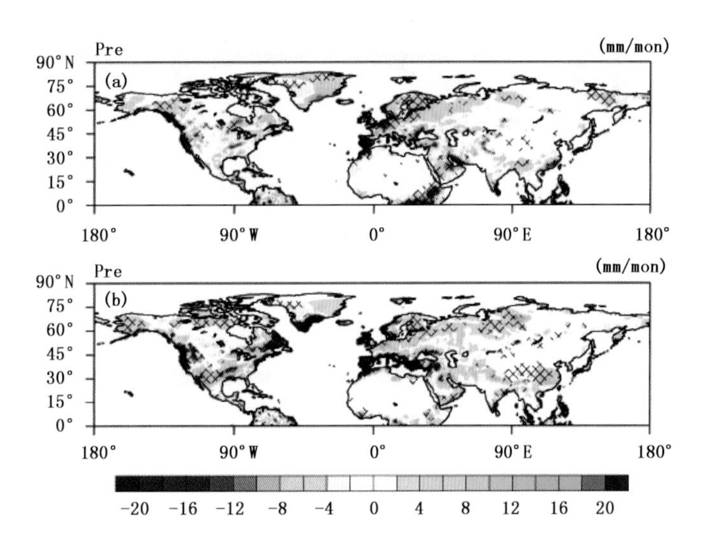

图 5 同图 3，降水(Pre，间隔 2 mm/mon)

4 两类 NAO 和海温的关系

图 6 表示 H 型和 L 型冬季海表面温度距平合成分布。从图 6a 中可以看到，H 型时，北大西洋海表面温度偏低，太平洋中东部地区温度偏高，黑潮及黑潮延伸体温度偏低，与位势高度距平分布结果相对应。从图 6b 可以看到，L 型时，北大西洋海表面温度偏高，太平洋中东部地区温度偏低，黑潮和北太平洋海流区温度偏高，与位势高度距平分布结果相对应。从图 6c 可以看出，两种类型的位势高度异常主要区别在北大西洋海表面温度偏低、黑潮表面温度偏低、太平洋中东部地区海表面温度偏高。与宋洁等(2014)发现的在北半球冬季与 NAO 有关的下游传播的准地转 Rossby 波列通常在暖(冷)厄尔尼诺一南方涛动(ENSO)沿着高(低)纬度途径传播的结论基本一致。在 ENSO 暖位相年，激发的太平洋/北美遥相关(Pacific/North American Pattern，简称 PNA)会使美国东南部地区出现位势高度负异常。位势高度负异常将降低其下方的海表面温度。

图 7 表示 12 月、1 月、2 月的 NAO 指数与北大西洋 SST 的超前滞后回归，说明 NAO 与海温的关系非常密切。从图 7a 可以看出，海温超前 NAO 指数 1 个月时，两者的关系并不明显，说明 SST 对其 1 个月后大气影响较弱。从图 7b 可以看出，同期海温与 NAO 指数的关系主要呈现三极子型，副热带和高纬度地区与 NAO 指数呈现负相关，而中纬度地区与 NAO 指数呈现正相关。从图 7c 可以看出，海温滞后 NAO 指数 1 个月时，两者的关系最为显著，可见，NAO 对海温的影响大于海温对 NAO 的影响，同时海温对 NAO 起到一定的维持作用。

图 8 表示两种类型年份的 NAO 月指数与北大西洋海表面温度异常的超前滞后回归系数分布图。从图 8 可见，海表面温度异常和近地面温度异常与 NAO 的关系具有一致性。在 H 型冬季(图 8a)同期北大西洋地区海表面温度与 NAO 具有显著的三极子型相关关系。NAO 正位相时，海表面上空位势高度偏高，出现正涡度异常，海表面温度偏高；NAO 负位相时，海表面上空位势高度偏低，出现负涡度异常，海表面温度偏低。在 L 型冬季(图 8b)尽管副热带和高纬度地区 NAO 与海温的负相关关系比较明显，但是 NAO 与中纬度海温的关系较弱，而欧洲沿海地区的正相关关系较强。从图 8c，d 可以看出，NAO 与海温的关系仍然是海温滞后大气 1 个月的相关性最好。从图 8e，g 可以看出，在 H 型冬季，海温滞后 NAO 2～3 个月时仍然保持比较显著的三极子型关系。但是从图 8f，h 可以看出，在 L 型冬季，海温滞后 NAO 2～3 个月时关系变弱。这说明 H 型冬季 NAO 变化的中心位置主要是在北大西洋地区，而 L 型冬季 NAO 变化的中心位置在北大西洋高纬度地区和欧洲大陆，这也是两类 NAO 的主要区别。

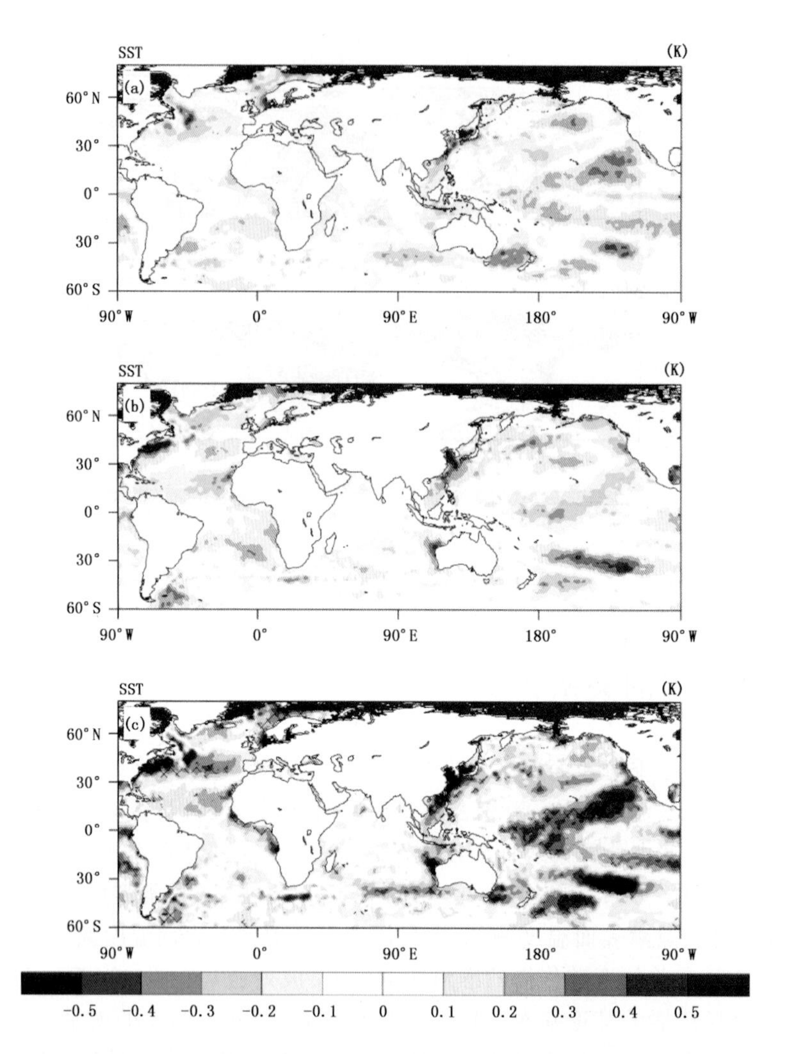

图 6　在 H 型冬季(a)和 L 型冬季(b)，12 月、1 月、2 月(DJF)的海表面温度距平和差值(c)(SST，间隔 0.1 K)。阴影地区代表显著性水平超过 90%

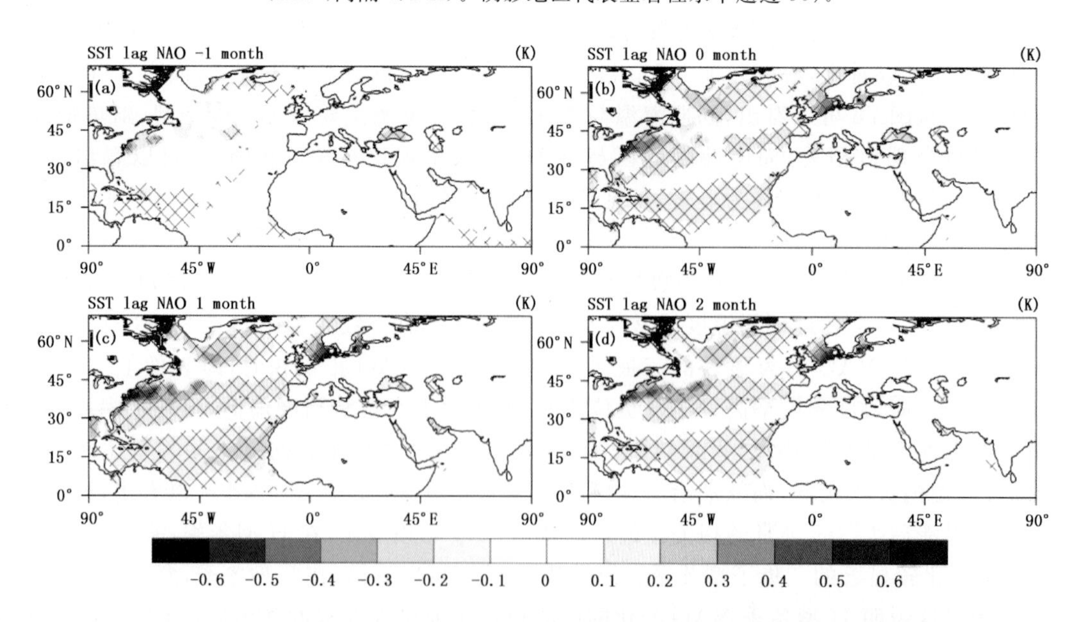

图 7　12 月、1 月、2 月(DJF)的 NAO 月指数与月平均海温异常的超前滞后回归(SST，间隔 0.1 K)。阴影地区代表显著性水平超过 90%

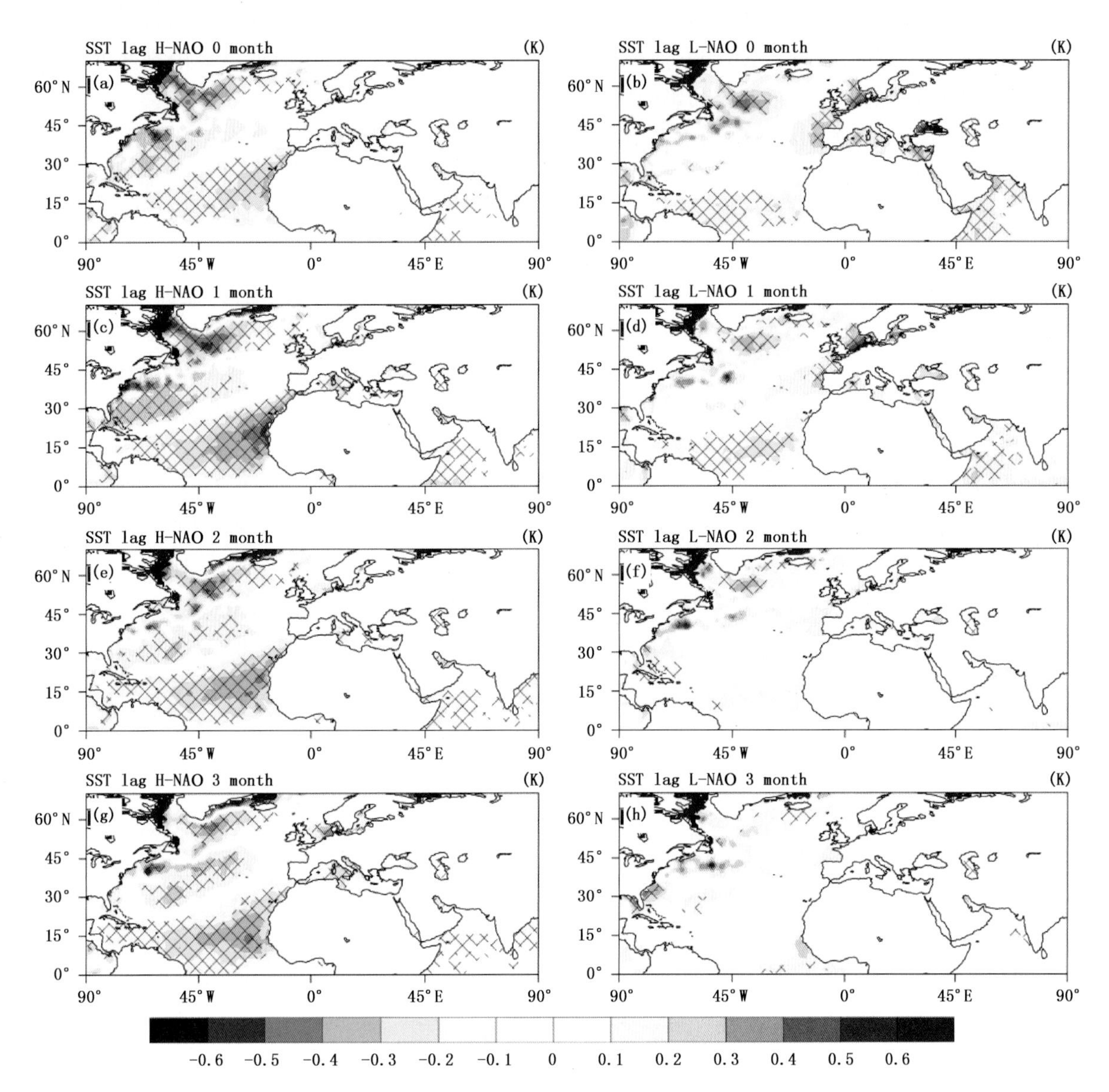

图8　在H型冬天(a)和L型冬季(b),月平均海平面温度异常(SST,间隔0.1 K)与月NAO指数的超前滞后回归系数分布。阴影区表示达到了90%置信水平

5　小结与讨论

本文研究主要指出了北半球冬季与NAO相关的Rossby传播路径及其下游影响的两种不同类型,利用ECMWF再分析资料,根据欧洲地区行星波通量经向分量平均值来判断Rossby波列是否发生反射,将北半球冬季NAO下游影响分成H(高纬度地区)型冬季和L(低纬度)型冬季两种类型,进一步根据行星波通量纬向分量平均值,挑选出沿副热带地区传播比较明显的L型,进而,研究在H和L型冬季NAO对下游大气环流、近地面温度和降水等气候要素的影响,证明在不同类型的冬季NAO-related波列的传播方向和下游影响是明显不同的。

(1)与NAO相关的Rossby波列在传播过程中是否发生非线性反射是区别H和L型冬季与NAO相关的Rossby波列传播特征的关键因素。通过比较波活动通量,大气环流,温度和降水,对比了冬季两种类型的不同特点,由于H(高纬度地区)型和L(低纬度)型冬天NAO的下游影响明显不同,我们认为年尺度NAO下游的影响有两种不同的类型,且L型的比例明显高于H类型。可见,NAO激发的准静止

Rossby 波列在向下游传播过程中，由于亚洲急流的波导作用通常沿亚热带急流传播，但是由于非洲北部位势涡度经向梯度的变化，引起了 Rossby 波列的非线性反射强度的不同，反射波一般沿高纬度传播，从而影响了 Rossby 波列的下游传播路径和影响区域。

(2)在 H 型冬季，NAO-related 波列主要沿高纬度地区途径向下游传播。与 NAO 相关的 300 hPa 位势高度异常在西伯利亚东部相对明显，与 NAO 相关的 SAT 异常在高纬度地区（如北美西部、格陵兰岛和欧亚大陆高纬度地区的东部）相对较强，与 NAO 相关的降水异常在亚洲的低纬度地区相对较弱。

(3)在 L 型冬季，NAO-related 波列主要沿着低纬度路径下游传播，类似于"亚洲急流波导所截限的波列"(Watanabe,2004)。在 L 型冬季，与 NAO 相关的 Z300 hPa 异常出现在阿拉伯海，亚洲东海岸（约 40°N）和北太平洋，这非常类似于 NAO-related 波列在副热带地区的路径。与 NAO 相关的 SAT 异常在亚洲的高纬度地区相对较弱，但在亚洲东北部大约在 40°N 和中东地区相对较强。与 NAO 相关的降水异常在欧洲北部，南部美国和中国南方相对较强。在格陵兰岛南部和中国东南部，NAO 和降水之间的关系与 H 型冬季是相反的。

(4)在海温方面，H 型比 L 型相比，冬季热带中东部太平洋海温偏暖，黑潮和北大西洋中纬度地区海温偏冷。在 H 型冬季与 NAO 相关的 SST 异常在北大西洋地区相对较强，呈现三极子模态，NAO 对滞后 2～3 个月的海温仍有影响。在 L 型冬季与 NAO 相关的 SST 异常在北大西洋中纬度地区相对较弱，且 NAO 对滞后的海温影响较小。NAO 与海温的关系与其活动中心位置的变化关系密切，当活动中心位于大西洋上空时则两者关系明显，而当活动中心位于欧洲大陆上空时，则两者关系不明显。

参考文献

李崇银，朱锦红，孙照渤，2002. 年代际气候变化研究[J]. 气候与环境研究，7(2):209-219.

王永波，施能，2001. 近 45a 冬季北大西洋涛动异常与我国气候的关系[J]. 大气科学学报，24(3):315-322.

武炳义，黄荣辉，1999. 冬季北大西洋涛动极端异常变化与东亚冬季风[J]. 大气科学，23(6):641-651.

徐寒列，李建平，冯娟，等，2012. 冬季北大西洋涛动与中国西南地区降水的不对称关系[J]. 气象学报，70(6):1276-1291.

Abatoglou J T, Magnusdottir G, 2004. Nonlinear planetary wave reflection in the troposphere [J]. Geophys Res Lett31:L9101.

Abatoglou J T, Magnusdottir G, 2006. Opposing effects of reflective and nonreflective planetary wave breaking on the NAO [J]. J Atmos Sci, 63:3448-3457.

Barnston A G, Livezey R E, 1987. Classification, seasonality and persistence of low-frequency atmospheric circulation patterns [J]. Mon Wea Rev, 115:1083-1126.

Branstator G, 2002. Circumglobal teleconnections, the jet stream waveguide, and the North Atlantic Oscillation[J]. J Clim, 15:1893-1910.

Cassou C, Deser C, Terray L, et al, 2004. Summer Sea Surface Temperature Conditions in the North Atlantic and Their Impact upon the Atmospheric Circulation in Early Winter. [J]. Journal of Climate, 17(17):3349-3363.

Chang E K M, Yu D B, 1999. Characteristics of wave packets in the upper troposphere. Part I: northern Hemisphere winter [J]. J Atmos Sci, 56:1708-1728.

Czaja A, Frankignoul C, 2002. Observed Impact of Atlantic SST Anomalies on the North Atlantic Oscillation. [J]. Journal of Climate, 15(6):606-623.

Hoskins B J, Ambrizzi T, 1993. Rossby wave propagation on a realistic longitudinally varying flow[J]. J Atmos Sci 50:1661-1671.

Hoskins B J, McIntyre M E, Robertson A W, 1985. On the use and significance of isentropic potential vorticity maps[J]. Q J Roy Meterol Soc, 111:877-946.

Hurrell J W, 1995. Decadal trends in the North Atlantic Oscillation: Regional temperatures and precipitation[J]. Science, 269:676-679.

Hurrell J W, 1996. Influence of variations in extratropical wintertime teleconnections on Northern Hemisphere temperature

[J]. Geophys Res Lett,23:665-668.

Hurrell J W,Kushnir Y,Ottersen G,et al,2003. The North Atlantic Oscillation: Climatic significance and environmental impact[J]. Geophys Monogr Ser, 134:1-35.

Hurrell J W,van Loon H,1997. Decadal variations associated with the North Atlantic Oscillation[J]. Climatic Change, 36: 301-326.

Lee S,2000. Barotropic effects on atmospheric storm tracks[J]. J Atmos Sci,57:1420-1435.

Li J,Yu R,Zhou T,2008. Teleconnection between NAO and climate downstream of the Tibetan Plateau[J]. J Clim,21:4680-4690.

Pan L L, 2005. Observed positive feedback between the NAO and the North Atlantic SSTA tripole[J]. Geophysical Research Letters, 32(6):83-100.

Pekarova P,Pekar J,2007. Teleconnection of interannual streamflow fluctuation in Slovakia with Arctic Oscillation,North Atlantic Oscillation,Southern Oscillation,and Quasi-biennial Oscillation phenomena[J]. Adv. Amos Sci, 24: 655-663.

Peng S, Robinson W A, Li S, 2003. Mechanisms for the NAO Responses to the North Atlantic SST Tripole. [J]. Journal of Climate, 16(12):1987-2004.

Plumb R A,1985. On the three-dimensional propagation of stationary waves[J]. J Atmos Sci,42:217-229.

Serreze M C,Carse F,Barry R G,et al,1997. Icelandic low cyclone activity: Climatological features, linkages with the NAO, and relationships with recent changes in the Northern Hemi-sphere circulation[J]. J Climate,10:453-464.

Tanimoto Y, Xie S P, 2002. Inter-hemispheric Decadal Variations in SST, Surface Wind, Heat Flux and Cloud Cover over the Atlantic Ocean :[J]. Journal of the Meteorological Society of Japan. ser. ii, 80(5):1199-1219.

Tourre Y M, Rajagopalan B, Kushnir Y, 1999. Dominant patterns of climate variability in the Atlantic Ocean during the last 136 years[J]. J Climate, 12:2285-2299. Doi:10. 1175/ 1520-0442(1999)012,2285:DPOCVI. 2. 0. CO;2.

Uppala S M et al, The ERA-40 reanalysis[J]. Q J Roy Meterorol Soc 131:2961-3012, 2005.

Wallace J M, 1905. Spatial patterns of atmosphere-ocean interaction in the Northern winter. [J]. Journal of Climate, 3(3): 990-998.

Walter K, Graf H F, 2002. On the changing nature of the regional connection between the North Atlantic Oscillation and sea surface temperature[J]. Journal of Geophysical Research Atmospheres, 107(D17):ACL-1-ACL 7-13.

Watanabe M,2004. Asian jet waveguide and a downstream of the North Atlantic Oscillation[J]. J Clim,17:4674-4691.

Wettstein J,Wallace J M,2010. Observed patterns of month -to-month storm-track variability and their relationship to the background flow[J]. J Atmos Sci,67:1420-1437.

Propagation Characteristics of Rossby Wave Trains Associated with North Atlantic Oscillation in Winter and Their Relation with Surface Sea Temperature

LI Zongheng[1] ,SONG Jie[2] , YIN Ming[3] , YIN xifan[1]

(1 Zhangzhou Base Construction Office of National Ocean Technology Center, Beijing 10088;2 LASG, Institude of Atmospheric Physics (IAP), Chinese Academy of Sciences, Beijing 100029;3 PLA 32021 troops, Beijing 100094)

Abstract: Using the reanalysis data, we can divide the downstream impact of NAO into two types of high latitudes (high latitude, H) and low latitudes (low latitude, L) based on the reflection of the quasi-stationary planetary wave trains related to the North Atlantic Oscillation (NAO). In the winter of type H (L), the downstream Rossby wave trains mainly propagate along the high latitude (low latitude) path, and the proportion of L type is obviously higher than that of H type. Subsequently, the relationship between the NAO events and the atmospheric circulation, the near ground air temperature (SAT) and the precipitation in the two types of winter, respectively, was studied. The results show that the difference of the relationship between the geopotential height anomaly and the NAO is most obvious in the 300hPa, and the upper layer is more significant than the lower layer. At the same time, the difference of the meridional circulation, the wave flux, the near ground temperature and the precipitation is also obvious. In the H winter , the abnormal 300 hPa potential anomaly associated with NAO obviously appears in eastern Siberia，and NAO-related SAT anomalies are relatively strong in high latitudes (such as western North America，Greenland and high latitudes Eurasia). Precipitation anomalies are relatively weak in the low latitudes of Asia. In the L winter，the abnormal 300hPa geopotential height associated with NAO occurs in the Arabia sea，the eastern coast of Asia (about 40°N) and the North Pacific，which is very similar to the path of the NAO-related wave trains in the subtropical region，and the NAO-related SAT anomalies are relatively weak in the high latitudes of Asia，but in the northeast of Asia (about 40 degrees N) and in the middle and east of Asia is relatively strong and the precipitation anomaly related to NAO is relatively strong in northern Europe，in the south of the United States and in the south of China. In southern Greenland and southeastern China，the relationship between NAO and precipitation is opposite to that of H type winter. In the aspect of SST，SST in H-type winter in the tropical east-central Pacific is warmer，while that in the Kuroshio and the mid-latitude region of the North Atlantic is colder than that in L-type winter. In H-type winter，the SST anomalies associated with NAO in winter are relatively strong in the North Atlantic，showing a tripole mode. NAO still has an effect on the SST lagging 2－3 months. In L-type winter，the SST anomalies associated with NAO are relatively weak in the mid-latitudes of the North Atlantic，and NAO has little effect on the lagging SST.

Key words：NAO，Rossby wave train，wave reflection，SST

湿涡度和湿散度对复杂地形下四川暴雨落区的诊断分析①

李刚

(61741部队,北京 100047)

摘 要:利用四川145个台站的逐小时降水资料和每6 h一次的NCEP FNL再分析资料,运用湿涡度($m\zeta$)和湿散度($m\delta$)对2015年9月发生在四川的一次暴雨天气过程进行了诊断分析。结果表明,当地形影响作用偏弱时,随着暴雨的发生发展,$m\zeta$对降水落区位置的指示效果越来越好,特别是当降水发展到盛期时,$m\zeta$的指示效果最好,此外,在降水中心位置,$m\zeta$强度与降水强度随时间变化呈现出明显的同步性;对$m\delta$来说,虽然其指示降水落区位置的虚假区域较$m\zeta$偏多,但它在降水过程的不同阶段对降水落区的指示效果差异不大,而且在降水中心位置,$m\delta$达到最大强度的时刻要超前降水达到最大强度的时刻,表明$m\delta$对降水中心强度具有一定的预报能力。但是,当地形影响作用偏强时,两个诊断量在整个降水过程中对降水落区位置的指示效果均不好,说明地形能够显著影响它们对降水落区位置的指示效果。

关键词:湿涡度,湿散度,暴雨,四川

1 引言

四川位于我国西南地区,处于青藏高原东部,地形复杂多变(图1a,阴影区),夏季暴雨频发[1]。在复杂地形影响下,夏季暴雨极易导致该地区出现山洪、滑坡和泥石流等次生自然灾害[2],这给社会经济发展和人民生命财产带来重大损失。因此,提高四川夏季暴雨落区的预报准确率具有十分重要的社会和经济意义。

为了提高对四川夏季暴雨落区的预报准确率,科学家对该地区暴雨的发生发展特征及其影响因子进行了大量研究,包括暴雨的日、季节和年际变化特征[3],以及与之相关的大尺度大气环流[4]、天气系统和地形[5]等。这些研究表明,四川夏季暴雨主要出现在7—8月,而且夜雨居多[6],西南涡[7]和高原涡[8]等对暴雨的发生发展影响显著。以上研究在一定程度上提高了对四川夏季暴雨落区位置的预报准确率。但是,总体上看,在复杂地形影响下,人们对四川夏季暴雨落区位置的预报准确率仍然偏低[9]。

近些年,科学家定义了多种动力参数来预报暴雨落区位置,这些动力参数包括:螺旋度[10]、$\boldsymbol{Q}$矢量[11]和广义位温[12]等,它们对暴雨落区位置具有一定的指示作用。然而,单一的动力参数并不能准确刻画暴雨落区位置,因为暴雨的产生不仅需要合适的动力条件,还需要充足的水汽条件。事实上,早在20世纪90年代,科学家指出将动力和水汽结合在一起的预报方法能够明显提高暴雨预报准确率[13]。Gao等[14]据此定义了广义湿位涡,该参数能够很好指示暴雨落区位置。在此基础上,科学家又相继定义了湿热力平流参数[15]、热力波作用密度[16]、热力位涡波作用密度[17]和湿斜压位涡[18]等参数,这些参数均能较好指示暴雨落区位置。

最近,Qian等[19]将水汽参数分别引入到涡度和散度中,定义了湿涡度和湿散度。通过对1998年夏季

---

① 此文已发表于《大气科学进展》英文版,2017 34(1):88-100。

的 21 次暴雨过程进行诊断分析，发现它们能够很好指示暴雨落区位置，而且计算简单易行，具有很高的业务应用价值。但是，他们选取的诊断区域内的地形相对简单，而四川地区地形复杂，这可能会在一定程度上影响它们对四川暴雨落区位置的指示效果。因此，我们需要研究它们对四川暴雨落区位置的指示效果。本文采用湿涡度和湿散度对 2015 年 9 月 8—9 日发生在四川地区的一次暴雨过程进行诊断分析，研究这 2 个诊断量在四川地区的适应性，为它们在该地区的业务应用发展积累经验和依据。

2 动力因子

根据前人的工作，Qian 等[19]分别在涡度方程(1)和散度方程(2)中引入一个权重函数 $\left(\frac{q}{q_s}\right)^k$，得到了湿涡度方程(3)和湿散度方程(4)。

$$\zeta = \frac{\partial v}{\partial x} - \frac{\partial u}{\partial y} \tag{1}$$

$$\delta = \frac{\partial u}{\partial x} + \frac{\partial v}{\partial y} \tag{2}$$

$$m\zeta = \left(\frac{\partial v}{\partial x} - \frac{\partial u}{\partial y}\right)\left(\frac{q}{q_s}\right)^k \tag{3}$$

$$m\delta = \left(\frac{\partial u}{\partial x} + \frac{\partial v}{\partial y}\right)\left(\frac{q}{q_s}\right)^k \tag{4}$$

其中，u 和 v 分别表示纬向风和经向风，q 表示比湿，q_s 表示饱和比湿，k 表示经验常数，k 越大，表示水汽比重越大，本文取值为 10。

由于水汽主要集中在对流层低层，为了更加直观分析 2 个诊断量与降水落区位置的关系，我们对它们从地面到 600 hPa 垂直积分，得到本文使用的两个诊断量：

$$m\zeta_{\text{int}} = -\int_{sfc}^{600\text{hPa}} m\zeta \, \mathrm{d}p \tag{5}$$

$$m\delta_{\text{int}} = -\int_{sfc}^{600\text{hPa}} m\delta \, \mathrm{d}p \tag{6}$$

3 暴雨概况及环流形势分析

3.1 暴雨概况

2015 年 9 月 8 日 12 时—9 日 12 时(协调世界时，下同)，四川自西向东出现了一次明显的区域性暴雨天气过程。图 1b 给出了此次降水过程四川 145 个站点的 24 h 累积降水量。从图中可看出，降水大值区主要位于四川盆地西部、中北部和凉山州北部地区，呈“东北—西南”向带状分布，累积降水中心主要位于德阳附近。截至 9 日 10 时，德阳市累计雨量 200 mm 以上站点 1 个，100～200 mm 站点 72 个，50～100 mm 站点 89 个。最大雨量为旌阳区黄许宏山，达 215.8 mm。此次降水过程短时降水强度大、强降水持续时间短、局地性强、极端性强，空间和时间上都具有明显的中尺度特征。这次降水过程引发了山洪、滑坡和泥石流等地质灾害，影响了红苕、再生稻为主的晚秋作物田间管理工作，同时造成四川省内多个城市出现内涝灾害。

3.2 环流形势分析

2015 年 9 月 8 日 00 时(图 2a)，在 500 hPa 上，中高纬度地区出现了“两槽一脊”的环流形势，一个低压槽位于巴尔喀什湖以东，另一低压槽位于贝加尔湖以东区域，两槽之间为一弱脊，主要位于中国新疆—蒙古区域，此外，贝加尔湖以东区域存在一个闭合的低值中心。在低纬度地区，副热带高压位于中国东南地区上空，这种环流配置构成了“东高西低”的形势，有利于降水在四川地区发生。到 9 月 8 日 12 时(图

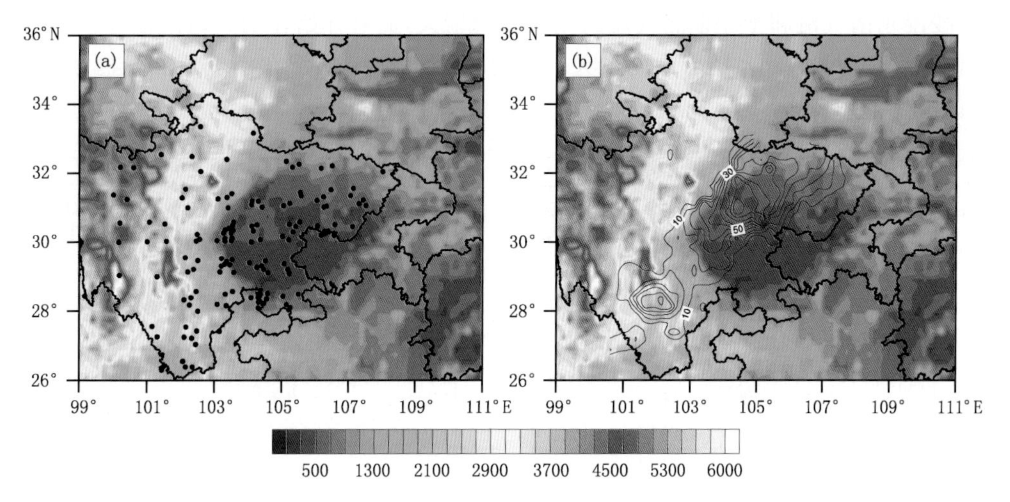

图 1 (a)四川省 145 站点分布(黑色圆点);(b)2015 年 9 月 8 日 12 时—9 日 12 时(UTC)24 h 累积降水量(单位:mm),等值线从 10 到 100,间隔 10 mm。两幅图中的彩色填色图表示地形高度分布(单位:m)

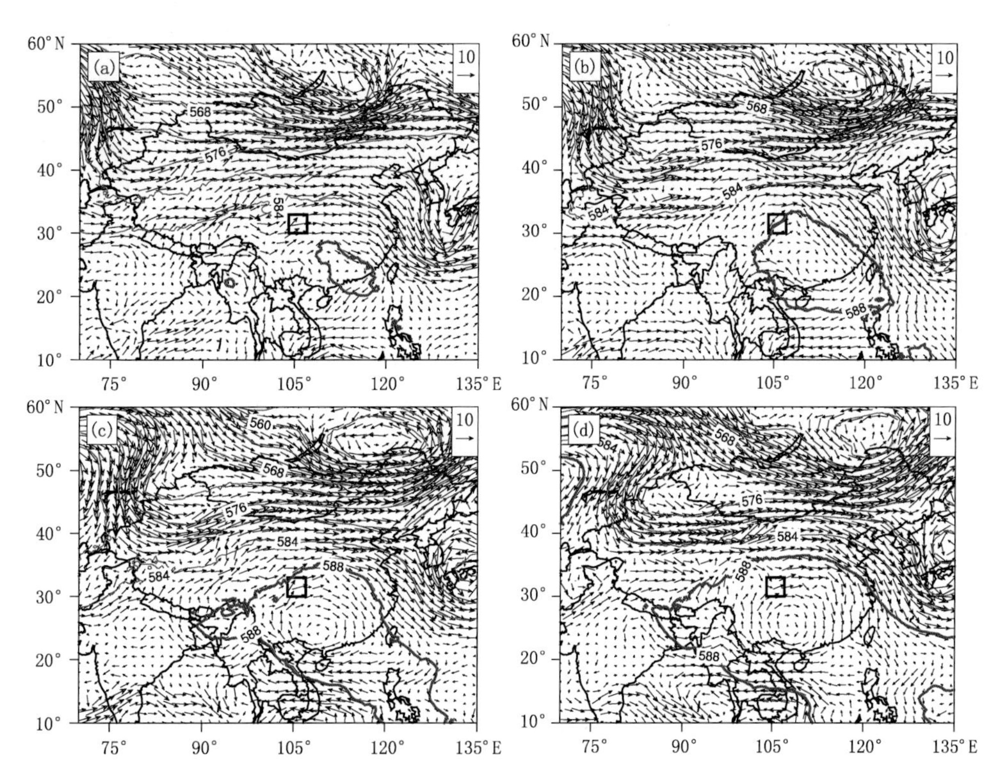

图 2 此次暴雨过程中 500 hPa 高度场(蓝色线,单位:dagpm)和风场(矢量,单位:m/s)随时间演变图
(a)9 月 8 日 00 时;(b)9 月 8 日 12 时;(c)9 月 9 日 00 时;(d)9 月 9 日 12 时。粗蓝线表示 588 线,用来表示副热带高压

2b),巴尔喀什湖以东的槽和中国新疆—蒙古脊的强度均有一定程度的增大,而贝加尔湖以东的闭合低值系统稳定少动,该环流形势有利于干冷空气从贝加尔湖以西区域向中国北方输送;而低纬度地区的副热带高压明显增强,有利于引导来自中国南海的水汽向四川地区输送,来自北方的干冷空气和来自南方的暖湿气流在四川地区交汇,导致该地区降水发生。9 月 9 日 00 时(图 2c),以上天气系统的强度继续增大,有利于四川地区降水的增大。到 9 月 9 日 12 时(图 2d),中高纬度的天气系统开始减弱而且向东移动,与此同时,整个中国南方被副热带高压控制,该环流配置导致位于四川地区的气流辐合减弱,从而使得降水减弱。

在 850 hPa 上,9 月 8 日 00 时(图 3a),在副热带高压影响之下,从中国南海至四川地区存在明显的暖湿东南气流,而在蒙古中部存在一个反气旋性环流,引导干冷偏北气流南下,需要说明的是,以上气流强度偏弱,四川地区不存在气流的辐合。随着 500 hPa 天气系统强度的增大,从 9 月 8 日 12 时(图 3b)到 9 日

00 时(图 3c),暖湿东南气流和干冷偏北气流的强度同时增大,而且开始在四川地区辐合,导致降水的发生发展。到 9 月 9 日 12 时(图 3d),随着中高层天气系统强度的减小,暖湿东南气流和干冷偏北气流的强度同时减小,引起降水的减弱。

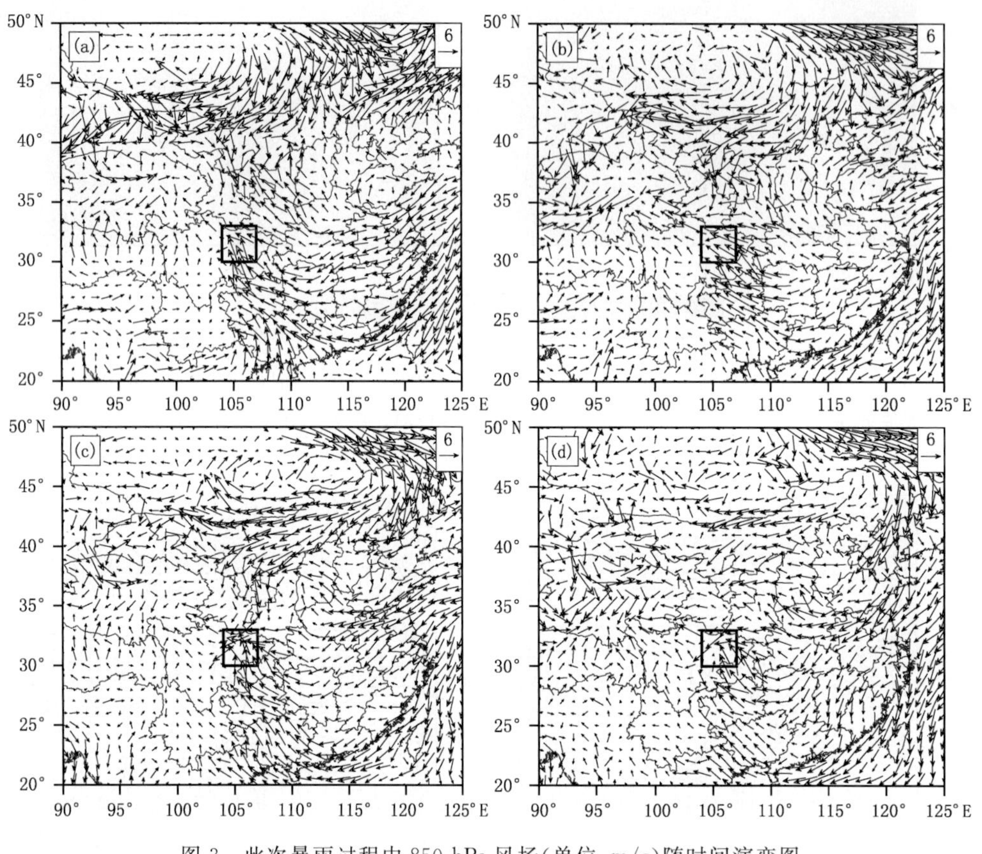

图 3 此次暴雨过程中 850 hPa 风场(单位:m/s)随时间演变图

(a)9 月 8 日 00 时,(b)9 月 8 日 12 时,(c)9 月 9 日 00 时,(d)9 月 9 日 12 时

4 湿涡度和湿散度的诊断分析

4.1 湿涡度

图 5 给出的是 2015 年 9 月 8 日 12 时至 9 日 12 时每 6 h 累积降水量及相应的 $m\zeta_{\text{int}}$。需要说明的是,6 h 累积 $m\zeta_{\text{int}}$ 是两个相邻时刻 $m\zeta_{\text{int}}$ 的平均值,例如,在 06 时的 6 h 累积 $m\zeta_{\text{int}}$ 是 00 时和 06 时 $m\zeta_{\text{int}}$ 的平均值。

9 月 8 日 12—18 时(图 4a),6 h 累积降水量偏弱,降水落区呈东北一西南走向,两个降水中心分别位于四川南部和东北部。$m\zeta_{\text{int}}$ 的强度也偏小,其中心位于四川东北部(31°N, 105°E),而且它基本呈南一北走向,这与降水落区的走向明显不一致。总体上看,除了四川东北部和盆地西部以外,$m\zeta_{\text{int}}$ 与降水落区的对应关系并不是很好。此外,$m\zeta_{\text{int}}$ 并没有出现在四川南部地形复杂的地区,这表明地形对 $m\zeta_{\text{int}}$ 分布具有明显影响。从 9 月 8 日 18 时至 9 日 00 时(图 4b),降水落区呈现出向东移动的趋势,而且位于四川南部和东北部的降水中心强度明显增大,尤其是四川南部的降水中心达到最大强度,与此同时,虽然 $m\zeta_{\text{int}}$ 的中心位于降水中心的东部,并没有完全与降水中心重合,但是其强度明显增大,而且有向南移动的趋势。另一方面,$m\zeta_{\text{int}}$ 的走向开始从前一个时刻的南一北走向转变为东北一西南走向,它与降水的对应关系明显好于前一个时刻的。此外,$m\zeta_{\text{int}}$ 依然没有出现在四川南部地区,表明地形对 $m\zeta_{\text{int}}$ 分布的影响依然十分显著。9 月 9 日 00—06 时(图 4c),降水落区继续向东移动,四川东北部的降水强度达到最大,但是四川南部的降水中心强度明显减小。与之相应的是,四川东北部地区的 $m\zeta_{\text{int}}$ 强度也达到最大,而且呈明显的东北一西南走向，$m\zeta_{int}$ 与降水落区存在很好的对应关系，尤其是两者的中心几乎完全重合。从 9 月 9 日 06—12 时(图 4d)，降水和 $m\zeta_{int}$ 的强度同时减弱，但是总体上看，它们依然存在很好的对应关系，然而它们的中心并不完全重合，$m\zeta_{int}$ 的中心位于降水中心的西侧。

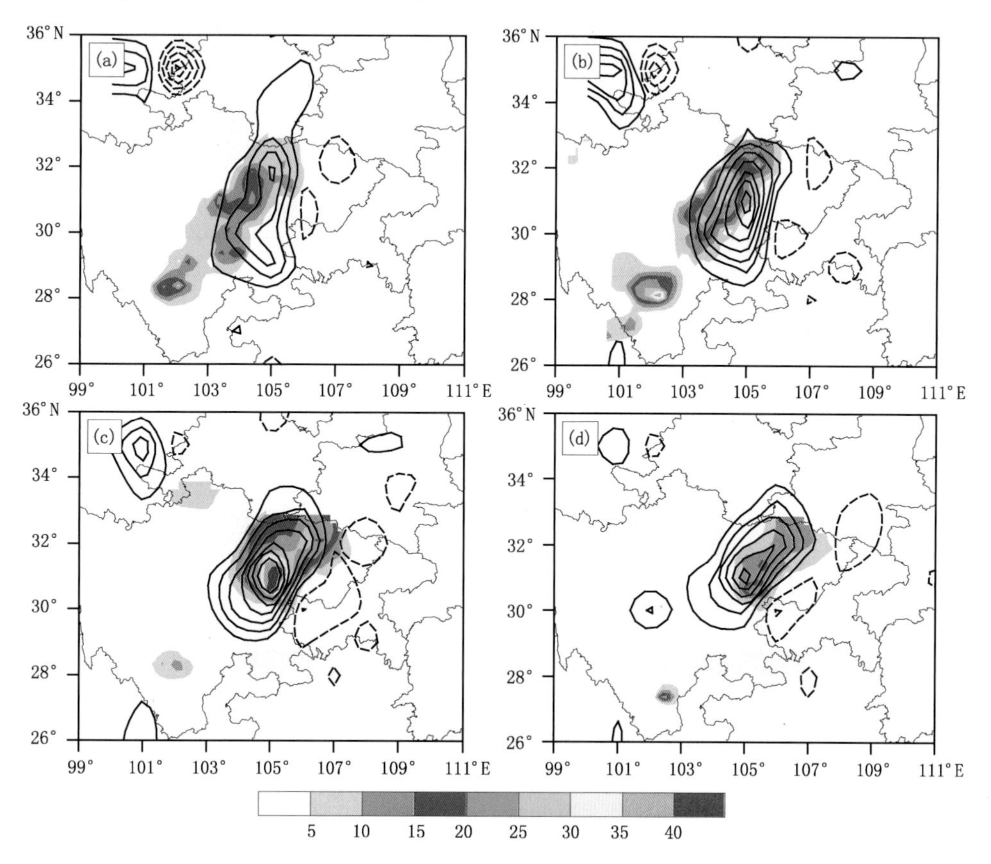

图 4 6 h 累积降水量(阴影，单位：mm)和 $m\zeta_{int}$（等值线，单位：10^{-3} kg/(m·s^3))随时间演变图
(a)9 月 8 日 18 时；(b)9 月 9 日 00 时；(c)9 月 9 日 06 时；(d)9 月 9 日 12 时

图 5 给出的是此次降水过程中每 6 h 累积降水量及相应的 $m\zeta$ 在 104°－106°E 之间的平均经向-垂直剖面。需要指出的是 $m\zeta$ 的正值主要位于 600 hPa 高度以下的区域。在降水的初始时刻(图 5a)，虽然 $m\zeta$ 几乎能够覆盖所有降水落区，但其分布范围过于宽广，存在很多虚假区域，而且与降水中心的对应关系不好。随着时间的推移(图 5b)，$m\zeta$ 和降水的强度同时明显增大，而且它们的对应关系要明显好于前一个时刻的，但是中心没有完全重合，$m\zeta$ 的中心位于降水中心的南侧。当降水达到盛期时(图 5c)，$m\zeta$ 和降水的对应关系最好，而且两者的中心也完全重合。随着降水的衰弱(图 5d)，$m\zeta$ 和降水的强度均明显减弱，但是它们的对应关系依然良好。

从以上分析可看出，当地形影响作用偏弱时，除降水发生的初始时刻以外，$m\zeta$ 能够很好描述降水落区的位置。特别是当降水达到盛期时，$m\zeta$ 与降水的对应关系最好。但是，当地形影响作用偏强时，在整个降水发生发展过程中，$m\zeta$ 并不能很好的描述降水落区位置及中心强度。

4.2 湿散度

图 6 给出的是 2015 年 9 月 8 日 12 时至 9 日 12 时每 6 h 累积降水量及相应的 $m\delta_{int}$ 。在降水发生的初始时刻(图 6a)，$m\delta_{int}$ 负值与四川东北部降水落区的对应关系良好，但是两者的中心并不重合，$m\delta_{int}$ 的中心位于降水中心的东北侧。四川南部地区的 $m\delta_{int}$ 是正值，这表明在地形影响作用偏强时，$m\delta_{int}$ 不能描述降水落区的位置。随着降水的发展(图 6b)，四川东北部的 $m\delta_{int}$ 负值的强度显著增大，达到了此次降水过程中的最大值，但是其中心与降水中心没有重合，虽然它对该地区的降水落区有很好的描述能力，但是在陕西南部也存在一定程度的虚假区域，这与前一个时刻一致。此外，$m\delta_{int}$ 依然不能描述四川南部的降

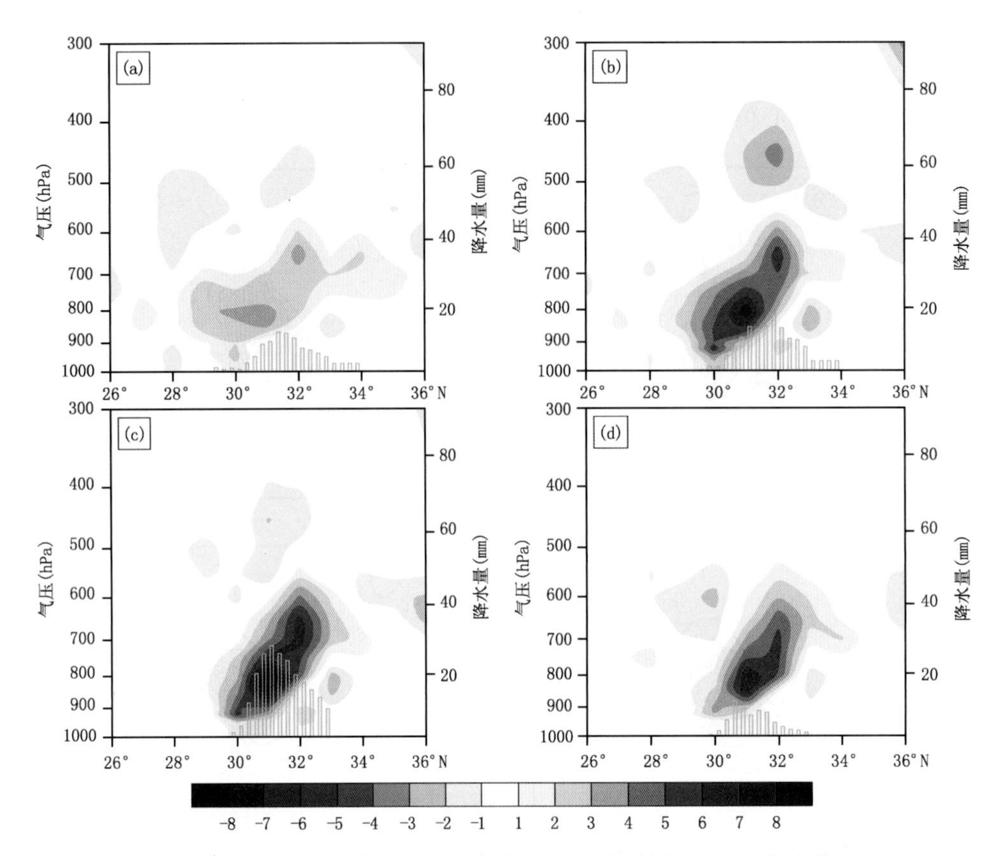

图 5　此次降水过程中每 6 h 累积降水量(绿色柱,单位:mm)及相应的 $m\zeta$ (阴影,单位:$10^{-5}s^{-1}$)在 104°—106°E 之间的平均经向-垂直剖面

(a)9 月 8 日 18 时;(b)9 月 9 日 00 时;(c)9 月 9 日 06 时;(d)9 月 9 日 12 时

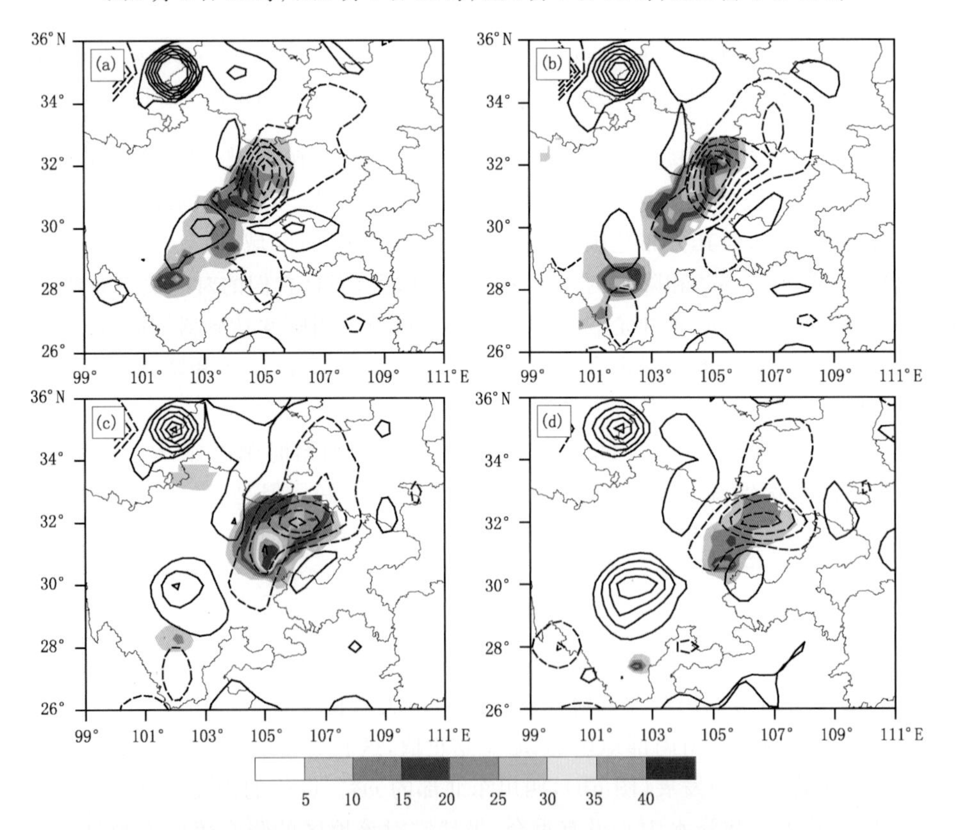

图 6　6 h 累积降水量(阴影,单位:mm)和 $m\delta_{int}$ (等值线,单位:10^{-3} kg/(m · s^3))随时间演变图

(a)9 月 8 日 18 时;(b)9 月 9 日 00 时;(c)9 月 9 日 06 时;(d)9 月 9 日 12 时

水落区位置。9 月 9 日 00—06 时(图 6c)，$m\delta_{int}$ 的负值几乎覆盖了四川东北部的所有降水落区，但是其虚假区域仍然存在，此外，虽然降水强度在该时刻达到最大，但是 $m\delta_{int}$ 的强度较前一个时刻开始减小。从 9 月 9 日 06—12 时(图 6d)，降水和 $m\delta_{int}$ 的强度同时明显减小，两者的对应关系依然很好，但是它们的中心不再重合，$m\delta_{int}$ 的中心位于降水中心的东北部，而且在陕西南部依然存在虚假区域。

图 7 给出的是此次降水过程中每 6 h 累积降水量及相应的 $m\delta$ 在 104°－106°E 之间的平均经向一垂直剖面。从图中可看出，$m\delta$ 的负值主要集中在 700 hPa 以下区域。在降水初始时刻(图 7a)，$m\delta$ 的负值几乎覆盖了整个降水区域，但是也存在一些虚假区域。$m\delta$ 的中心值主要位于降水中心的北部(32°N，800 hPa)。随着降水的发展(图 7b)，$m\delta$ 负值的强度开始增大，而且在地形影响下开始向北倾斜，除了与降水的对应关系变化之外，其虚假区域也有一定程度的减小。当降水达到盛期时(图 7c)，$m\delta$ 的负值强度有一定程度的减小，但是依然向北倾斜，除了其中心不与降水中心匹配之外，它与降水落区的对应关系良好。在降水的衰弱阶段(图 7d)，$m\delta$ 与降水落区的大部分位置对应良好，但是两者的中心不再重合，而且虚假区域依然存在。

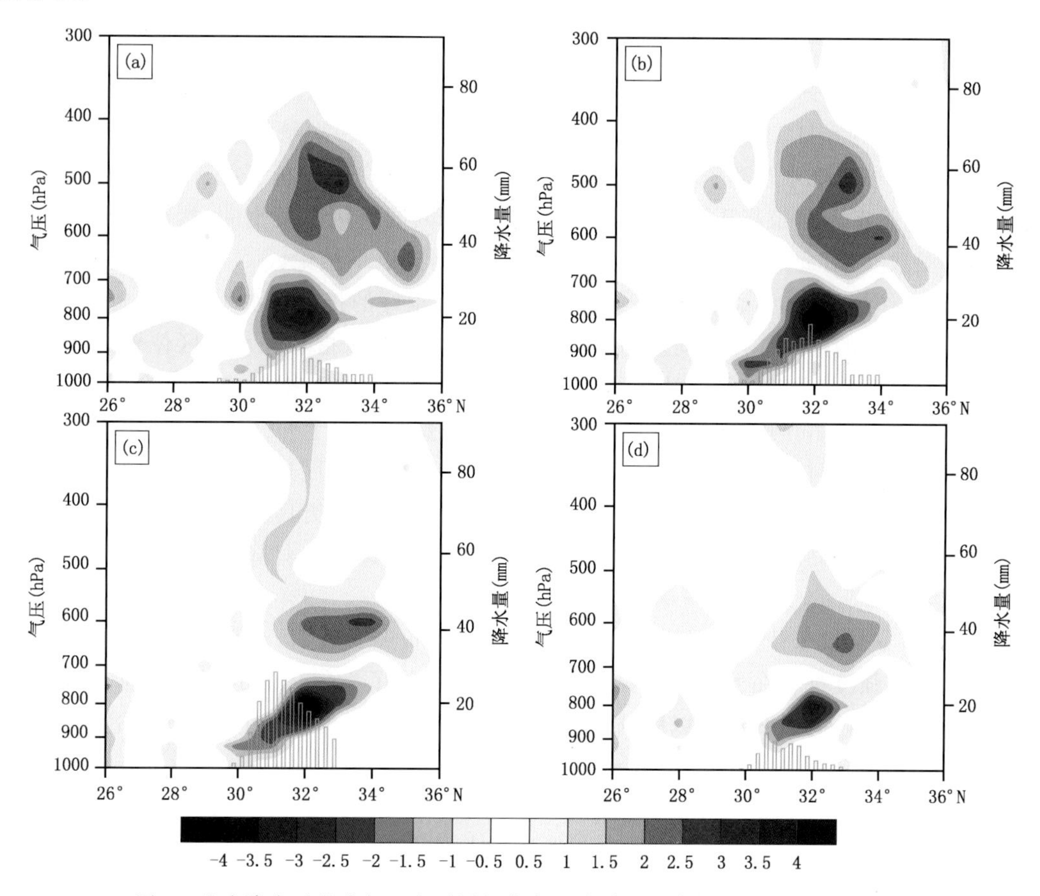

图 7 此次降水过程中每 6 小时累积降水量(绿色柱，单位：mm)及相应的 $m\delta$（阴影，单位：$10^{-5}\,s^{-1}$）在 104°－106°E 之间的平均经向-垂直剖面
(a)9 月 8 日 18 时，(b)9 月 9 日 00 时，(c)9 月 9 日 06 时，(d)9 月 9 日 12 时

以上分析表明，当地形影响作用偏弱时，$m\delta$ 和 $m\zeta$ 一样能够很好的描述降水落区的位置，但是 $m\delta$ 指示降水落区的虚假区域要比 $m\zeta$ 的偏大。此外，与 $m\zeta$ 不同的是，$m\delta$ 中心强度的变化与降水中心强度的变化并不一致，$m\delta$ 强度达到最大的时刻在一定程度上要超前降水强度达到最大的时刻。

为了进一步分析 $m\zeta$ 和 $m\delta$ 的中心强度与降水中心强度的时间演变关系，我们以降水中心点(31°N，105°E)为计算点，图 8 给出了在该点上的 $m\zeta$ 、$m\delta$ 及降水随时间演变情况。从图中可看出，降水和 $m\zeta_{int}$ 随时间推移表现出明显的一致性(图 8a)，两者的强度同时在 9 月 9 日 06 时达到最大，这种一致性说明 $m\zeta$ 对降水落区位置具有很好的指示作用；然而，降水和 $m\delta$ 随时间推移表现明显的不一致性(图 8b)，$m\delta$ 的强度在 9 月 9 日 00 时达到最大，超前降水中心 6 个，这表明 $m\delta$ 在预报降水强度方面的优势要大于 $m\zeta$ 的。

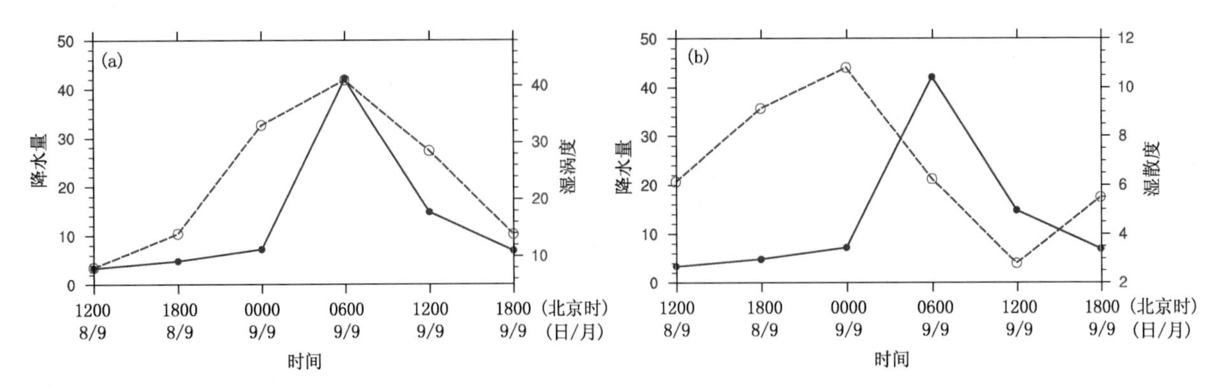

图 8　降水中心位置(31°N, 105°E)的 6 h 累积降水量(蓝色线,单位:mm)和(a) $m\zeta_{\mathrm{int}}$ (单位:10^{-3} kg/(m · s^3))及(b) $m\delta_{\mathrm{int}}$ (单位:10^{-3} kg/(m · s^3))在此次降水过程中的时间演变情况。

5　结论

本文以 2015 年 9 月 8 日 12 时至 9 日 12 时发生在四川地区的一次暴雨过程为研究个例,首先利用四川省 145 个站点的逐小时降水观测资料和 NCEP 的 FNL 再分析资料分析了此次暴雨过程的大尺度环流背景,指出此次暴雨是在副热带高压和中高纬度天气系统的共同作用下发生的,然后运用 Qian 等(2015)定义的湿涡度和湿散度,对此次暴雨过程进行了诊断分析,得到以下结论。

(1)当地形影响作用偏弱时,总体上看,$m\zeta$ 和 $m\delta$ 均能够很好的指示降水落区的位置。对 $m\zeta$ 来说,它对降水初期的落区位置的指示作用偏弱。但是,随着降水的发展,它指示降水落区位置的能力显著增强,特别是当降水达到盛期时,它能够很好地指示降水中心的位置。对 $m\delta$ 来说,它在整个降水过程中对降水落区的位置均有很好的指示作用,但是它展示出的虚假区域要明显大于 $m\zeta$ 的;此外,$m\delta$ 中心强度的变化与降水中心强度的变化随时间推移表现出明显的不一致性,其中心强度达到最大的时刻超前降水中心强度达到最大的时刻 6 h,这表明 $m\delta$ 在预报降水中心强度方面要比 $m\zeta$ 更具优势。

(2)当地形影响作用偏强时,$m\zeta$ 和 $m\delta$ 在整个降水发生发展过程中对降水落区位置的指示作用明显偏弱。

需要指出的是,本文仅仅使用了一个研究个例,但实际预报经验表明,对于不同的暴雨过程,某一个物理量的分布特征及其强度都存在着显著差异[20],$m\zeta$ 和 $m\delta$ 表征了大气环流的不同方面,它们对降水落区的指示作用也存在不同,因此,我们在以后的工作中需要利用更多四川暴雨个例来研究这两个湿动力参数对降水落区的指示意义。

参考文献

[1]　王佳津,陈朝平,龙柯吉,等. 四川区域暴雨过程中短时强降水时空分布特征[J]. 高原山地气象研究,2015,35(1):16-20.

[2]　胡德强,陆日宇,苏秦,等. 盛夏四川盆地西部地区降水年际变化及其对应的环流异常[J]. 大气科学,2014,38(1):13-20.

[3]　李超,李跃清,蒋兴文. 四川盆地低涡的月际变化及其日降水分布统计特征[J]. 大气科学,2015,39(6):1191-1203.

[4]　朱艳峰,宇如聪. 川西地区夏季降水的年际变化特征及与大尺度环流的联系[J]. 大气科学,2003,27(6):1045-1056.

[5]　李川,陈静,何光碧. 青藏高原东侧陡峭地形对一次强降水天气过程的影响[J]. 高原气象,2006,25(3):442-450.

[6]　胡迪,李跃清. 青藏高原东侧四川地区夜雨时空变化特征[J]. 大气科学,2015,39(1):161-179.

[7]　李跃清,赵兴炳,张利红,等. 2012 年夏季西南涡加密观测科学试验[J]. 高原山地气象研究,2012,32(4):1-8.

[8]　赵玉春,王叶红. 高原涡诱生西南涡特大暴雨成因的个例研究[J]. 高原气象,2010,29(4):819-831.

[9]　周长艳,岑思弦,李跃清,等. 四川省近 50 年降水的变化特征及影响[J]. 地理学报,2011,66(5):619-630.

[10] 冉令坤，楚艳丽. 强降水过程中垂直螺旋度和散度通量及其拓展形式的诊断分析[J]. 物理学报，2009，58(11)：8094-8106.

[11] 刘运成. 一次连续暴雨的非地转湿 Q 矢量分解分析[J]. 气象科技，2011，39(6)：796-802.

[12] 周玉淑，朱科峰. 湿大气的广义位温与干大气位温及饱和湿大气相当位温的比较[J]. 气象学报，2008，68(5)：612-616.

[13] Doswell C A，Brooks H E，Maddox R A. Flash flood forecasting：An ingredients-based methodology[J]. Wea Forecasting，1996，11：560-581.

[14] Gao S T，Wang X R，Zhou Y S. Generation of generalized moist potential vorticity in a frictionless and moist adiabatic flow[J]. Geophys Res Lett，2004，31(12)：L12113.

[15] Wu X D，Ran L K，Chu Y L. Diagnosis of a moist thermodynamic advection parameter in heavy-rainfall events[J]. Adv Atmos Sci，2011，28(4)：957-972.

[16] Gao S T，Ran L K. Diagnosis of wave activity in a heavy-rainfall event[J]. J Geophys Res，2004，114 (D8)：D08119.

[17] Ran L K，Abdul R，Ramanathan A. Diagnosis of wave activity over rainband of landfall typhoon [J]. Journal of Tropical Meteorology，2009，15(2)：121-129.

[18] Ran L K，Li N，Gao S T. PV-based diagnostic quantities of heavy precipitation：Solenoidal vorticity and potential solenoidal vorticity [J]. J Geophys Res，2013，118(11)：5710-5723.

[19] Qian W H，Du J，Shan X L，et al. Incorporating the effects of moisture into a dynamical parameter：Moist vorticity and moist divergence[J]. Wea Forecasting，2015，30：1411-1428.

[20] 蔡义勇，刘爱鸣，陈雪钦，等. 福建省热带气旋暴雨落区完全预报方法[J]. 气象科技，2006，34(2)：132-137.

Diagnosis of Moist Vorticity and Moist Divergence for a Heavy Precipitation Event in Southwestern China

LI Gang

(PLA61741，Beijing 100047)

Abstract：A regional heavy precipitation event that occurred over the Sichuan Province on 8—9 September 2015 is analyzed based on the hourly observed precipitation data obtained from weather stations and NCEP FNL data. Two moist dynamic parameters，i. e.，moist vorticity ($m\zeta$) and moist divergence ($m\delta$)，are used to diagnose this heavy precipitation. Results show that topography over the southwestern China has a significant impact on the ability of these two parameters to diagnose precipitation. When the impact of topography is weak (i. e.，low altitude)，$m\zeta$ cannot exactly depict precipitation location only for the initial stage of precipitation. With the development of precipitation，its ability to depict precipitation location is improved significantly. Especially，$m\zeta$ coincides best with precipitation location during the peaking of precipitation. Besides，the evolution of $m\zeta$ center shows high consistency with the evolution of precipitation center. For $m\delta$，although it exhibits some false alarm regions，it can cover almost all part of precipitation location during this precipitation process. However，$m\delta$ center shows inconsistency with precipitation center. These results suggest that both $m\zeta$ and $m\delta$ have significant ability to predict precipitation location. Moreover，$m\zeta$ has a stronger ability than $m\delta$ in terms of predicting variability of precipitation center. However，when the impact of topography is strong (i. e.，high altitude)，both of these two moist dynamic parameters cannot depict the precipitation location and center during the whole precipitation process，suggesting their weak ability to predict precipitation over the complex topography.

Key words：moist vorticity，moist divergence，heavy precipitation，southwestern China

一种新型对流可分辨尺度集合预报的扰动特征分析①

陈超辉[1,2]*　马申佳[1,2]　何宏让[1,2]

(1 国防科技大学气象海洋学院,南京 211101;2 南京大气科学联合研究中心,南京　210009)

摘　要:本文基于对流尺度天气系统的强局地性构建了一种新型的局地增长模培育法集合预报系统,针对一次强对流天气过程进行高分辨集合预报试验,并结合传统增长模培育法的结果重点开展初始扰动演变特征的对比分析,以提高对这种新型初始扰动生成方法的理解与应用。试验结果表明,新型的局地增长模培育法使得扰动分布呈现出更显著的大气流依赖特征,得到具有更明确动力学意义的初始扰动。引入的信息熵理论能够较好地衡量扰动分布的信息量,表明新型的初始扰动生成方法能够增加初始扰动的局地信息量。对于各扰动物理量而言,局地增长模培育法能够提高集合预报系统的离散度,解决了传统增长模培育法得到的预报系统离散度不够高的问题。局地增长模培育法较传统方法更具优势,为进一步发展对流尺度集合预报的初始扰动技术提供新的理论依据。

关键词:局地增长模培育法,对流尺度集合预报,扰动分布,信息熵,集合离散度

1　引言

经过半个多世纪的发展,集合预报已从全球大尺度数值模式扩展到区域中尺度数值模式并取得了长足进步(张涵斌等,2017),世界各预报中心也已基本建立了区域集合预报系统(Wang et al.,2012,2015;Zhang et al.,2015;Weidle et al.,2016)。随着人们对灾害性极端天气预报需求的不断提高,同时计算水平的显著提升能够满足高分辨率预报模式的运算要求,对流尺度集合预报已成为当前的研究热点。同时,集合预报扰动方法作为集合预报研究的核心问题,也得到国内外学者的广泛关注。具有代表性的扰动方法有 Monte Carlo 法(Leith, 1974),滞后平均预报法(Lagged Average Forecasting, LAF; Hoffman et al.,1983),增长模培育法(Breeding Growth Mode, BGM; Toth et al.,1993;1997),奇异向量法(Singular Vectors,SVs; Buizza et al.,1995),观测扰动法(Perturbed Observation, PO; Houtekamer et al.,1995),集合变换卡尔曼滤波法(Ensemble Transformation Kalman Filter, ETKF; Bishop et al.,2001; Wang et al.,2003),集合变换法(Ensemble Transformation, ET; Wei et al.,2008),条件非线性最优扰动法(Conditional Nonlinear Optimal Perturbation, CNOP; 穆穆等, 2007;姜智娜等, 2008),集合卡尔曼滤波法(Ensemble Kalman Filter,EnKF; Jones et al.,2012)以及非线性局部 Lyapunov 向量法(Nonlinear Local Lyapunov Vectors, NLLV; Ding et al.,2017)等。近年来,美国国家大气研究中心(National Center for Atmospheric Research, NCAR)以降水和极端天气的指示作用作为评估重点,基于 EnKF 开展了连续的对流尺度集合预报业务试验以及个例研究,并对试验结果进行了初步的分析(Schwartz 等,2014;2015a;2015b),结果表明,对流尺度集合预报能够提高一定区域范围的降水强度识别能力,对高影响对流天气事件有指导意义。庄潇然等(2016)基于 ETKF 和动力降尺度的初始扰动与侧边界扰动相互作用构造对流

① 国家重大基础研究计划项目(2017YFC1501803)、南京大气科学联合研究中心项目(NJCAR2016MS02)和国家自然科学基金项目(41205073、41275012)共同资助。

尺度集合预报,并对北京"7 · 21"暴雨进行对流尺度集合预报试验(庄潇然等,2017)。作为经典的 BGM 扰动方法,高峰等(2010)针对美国超级单体风暴构造对流尺度集合预报试验,初步检验了 BGM 法应用于对流尺度集合预报的合理性与价值。Li 等(2017)、Ma 等(2018)和马申佳等(2018)针对飑线系统开展对流尺度集合预报试验,从确定性预报、概率预报和评分检验结果均能够表明 BGM 法应用于对流尺度集合预报是行之有效的。

然而,BGM 扰动方法的主要缺陷在于集合预报系统的离散度不够高,这是制约 BGM 法在高分辨率集合预报中进一步发展的重要因素。基于此,Chen 等(2018)提出了一种局地增长模培育(Local Breeding Growth Mode, LBGM)的新型扰动方法,能够一定程度上提高对流尺度集合预报系统的离散度。作为一种扰动方法的提出,扰动演变与发展的研究是开展集合预报的基础工作,也是制作集合预报的关键环节。传统 BGM 法应用之初,Toth 等(1993)对培育周期内的扰动进行分析,证明 BGM 法能够利用模式本身对初始扰动进行选择,使得快速增长扰动在总扰动中占主要地位。于永锋等(2005)、张立凤等(2009)基于 BGM 法构造初始扰动,并对扰动增长率和形态进行了饱和分析,结果表明扰动演变特征与环流背景场结构联系密切。Magnusson 等(2008)将正交性与非正交性的培育向量法(Breeding Vector, BV;类似于 BGM)应用于低阶动力系统 Lorenz-63 模型中研究初始扰动,结果表明,正交的扰动方法具有选择局地快速增长扰动的优点,并在欧洲中期数值预报中心集合预报系统对该结论进行了验证。Kay 等(2014)分析了基于 ETKF 的初始扰动的全球特征和每个 ETKF 分量在初始扰动产生中的作用,并考察了初始扰动代表大气初始状态不确定性的能力,结果表明 ETKF 得到的初始扰动合理地描述了与大气特征相关的不确定性。因此,对于提出的新型 LBGM 扰动方法,有必要开展初始扰动演变与发展的分析研究。

本文基于传统 BGM 和新型 LBGM 集合预报系统,针对江淮地区强对流天气过程开展对流尺度集合预报试验,并引入信息理论的信息熵来度量扰动变量的信息量。重点从形态分布、信息熵和集合离散度的角度对培育阶段的扰动演变特征进行对比分析,以期提高对 LBGM 法的深入理解,同时为进一步发展适用于对流尺度集合预报系统的初始扰动技术提供理论依据。

2 方法介绍

在传统 BGM 法中,每 6 h 培育周期后均采用动态调整的方式对当前扰动场进行尺度调整,使其在均方根误差(Root Mean Square Error, RMSE)意义上与初始扰动保持同一量级。动态调整的方式为:

$$\mathrm{d}f'_t(k) = \frac{e_0(k)}{e_t(k)}\mathrm{d}f_t(k) \tag{1}$$

其中,$\mathrm{d}f_t(k)$ 为经过一个培育周期后的扰动,$e_t(k)$ 为对应时刻的 RMSE,$e_0(k)$ 为初始时刻的 RMSE,$\mathrm{d}f'_t(k)$ 为动态调整后输入下一培育时刻的扰动,详细计算步骤见文献(马申佳等,2018)。能够看出,经典的 BGM 方法得到的扰动仅是 k 的函数,即只考虑了扰动物理量在垂直方向上的不均一性,而同一层次的扰动相等,属于全局调整。

由于对流尺度天气系统的强局地性和非线性特征,模式格点之间的相互作用不容忽视,因此传统 BGM 法的全局调整限制了对流尺度集合预报的进一步发展,也是集合离散度不够高的重要原因。基于此,提出的 LBGM 扰动方法考虑到对流尺度集合预报扰动物理量的空间局地性和独立性,采用局地调整方式取代传统 BGM 法的全局调整。局地调整的方式为:

$$\mathrm{d}f'_t(i,j,k) = \frac{e_0(k)}{e_t(i,j,k)}\mathrm{d}f_t(i,j,k) \tag{2}$$

符号同公式(1),区别在于 LBGM 法得到的扰动不只是 k 的函数,而是 (i,j,k) 的函数,即同时考虑了扰动物理量在水平和垂直三维方向上的不均一性。这种局地调整不仅在均方根误差意义上与初始扰动保持一致,还体现出了对流尺度天气系统的局地性特征。

而 LBGM 法实现的核心在于 6 h 预报 RMSE 将该局地性特征考虑其中,计算公式如下:

$$RMSE(i,j,k) = \frac{1}{(2r+1)^2}\sqrt{\sum_{i-r}^{i+r}\sum_{j-r}^{j+r}(X_r(i,j,k) - X_{al}(i,j,k))^2} \tag{3}$$

其中，r 表示局地影响半径，用来确定局地空间格点数，$X_r(i,j,k)$ 和 $X_{ctl}(i,j,k)$ 分别表示扰动变量的扰动预报场和控制预报场。图 1 给出传统 BGM 法和 LBGM 法求解 RMSE 的对比示意图。传统 BGM 法某一垂直层次的 RMSE 由研究区域的所有格点计算得到(如图 1 左侧所示)。而在 LBGM 法中，图中深色格点 (i,j) 的 RMSE 由其周围 $(2r+1)^2-1$ 个阴影格点共同决定(图 1 右侧示例为 $r=2$)。因此，在同一层次上，传统 BGM 法所有格点的 RMSE 均相等，而 LBGM 法所有格点的 RMSE 各不相同，具有局地性特征。

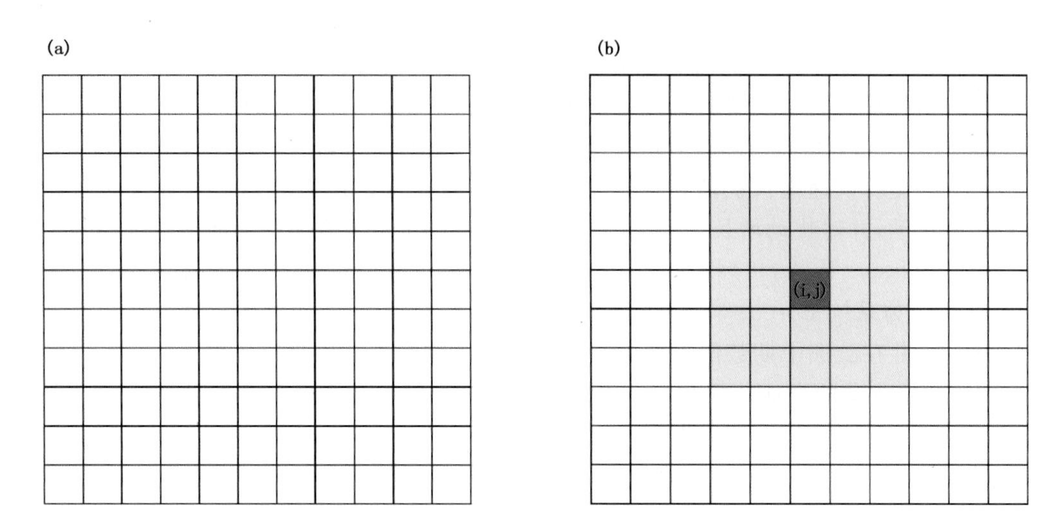

图 1　传统 BGM 法(a)和 LBGM 法(b)求解 RMSE 的对比示意图

LBGM 法得到各格点的扰动由其在局地影响半径内的 RMSE 决定，使得局地调整后的扰动具有对流尺度天气系统的局地信息。这种考虑局地特性的扰动生成方法与 Ebert(2008)，Roberts 和 Lean(2008)，Weuthoff 等(2010)和 Ma 等(2018)考虑降水落区误差的邻域评估方法有着相似的思想，因此基于邻域的后处理方法得到的结论可以借鉴。故本文参考 Ma 等(2018)针对对流尺度集合预报的降水空间尺度评估相关结论，取局地影响半径 $r=6$ 。

3　个例与方案设计

2014 年 7 月 30 日下午至 31 日凌晨，我国江淮地区经历了一次大范围强对流天气过程。受此次天气过程影响，河南、安徽、江苏等地遭受到雷雨、大风等强对流天气袭击，导致大量房屋受损和倒塌，局地出现严重内涝，受灾严重。其中，30 日 06:00—11:00(世界时，下同)，一条东西向的强飑线由南至北扫过苏皖两省中北部，明光市出现 7 级以上大风，长丰庄局部地区出现暴雨，1 h 降水量达到 75 mm。

试验采用中尺度非静力模式 WRFV3.6 版本，模式设置为双向三重嵌套方案，区域设置如图 2 所示。嵌套网格分辨率分别为 18 km、6 km、2 km，母网格中心位于(35°N，115°E)，格点数为 175×175，第二重网格 d02 格点数为 271×271，第三重网格 d03 格点数为 451×451，垂直层数 42 层。扰动培育阶段分别采用传统 BGM 法和新型的 LBGM 法共循环培育 3 d，从 2014 年 7 月 27 日 00:00 至 30 日 00:00，以 6 h 为培育周期，均设置 10 个集合成员，扰动变量为水平纬向风速 U、水平经向风速 V、扰动位温 T、扰动位势高度 PH 和水汽混合比 Q。预报阶段从 7 月 30 日 00:00 至 31 日 00:00，共 24 h。同时，两套集合预报系统采用相同的物理参数化方案(表 1 所示)。因此，扰动发展与预报结果的差异仅由两种培育方法的扰动调整方式不同而带来，能够合理地讨论新型的 LBGM 法用于对流尺度集合预报的效果与价值。

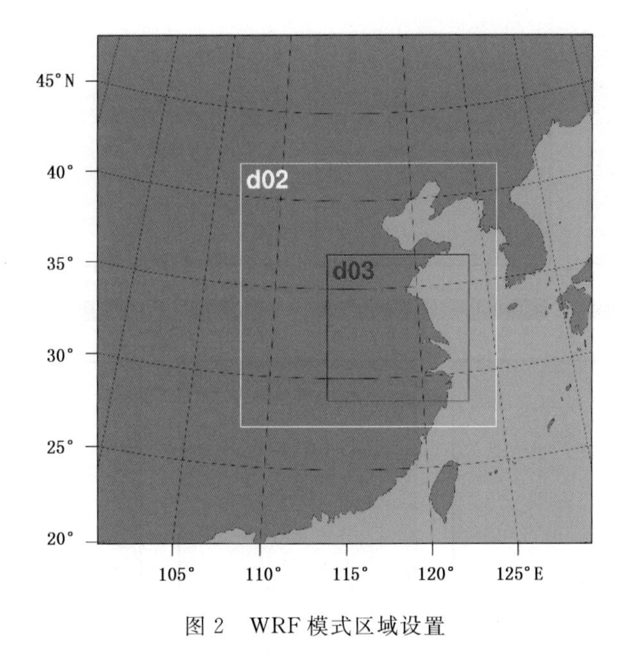

图 2 WRF 模式区域设置

表 1 基本物理参数化方案设置

参数化方案	预报区域
积云参数化方案	Betts-Miller-Janjic scheme(d03 区域不采用)
微物理过程方案	Morrison double-moment scheme
长波辐射方案	RRTM scheme
短波辐射方案	Dudhia scheme
近地表层方案	Monin-Obukhov scheme
陆面过程方案	Noah Land Surface Model
边界层方案	Yonsei University scheme

4 结果分析

4.1 扰动形态分布

图 3 为扰动培育阶段的水平纬向风场 U 在 850 hPa 层次上的扰动形态分布演变情况。对比局地调整前后的扰动形态分布能够看出，经过调整后输入到下一培育周期的扰动分布提供了更多的局地信息。从图 3a、c 和 e 可以看出，调整前的扰动场较为均匀，正负扰动中心空间尺度较大，对于对流尺度天气系统的强局地特征描述不足。而经过调整后的图 3b、d 和 f 中，各扰动中心空间尺度减小，得到更加明显的局地分布特征。以图 3e 和 f 标记出的椭圆形区域为例，调整前为一个东西走向的西风扰动中心，而调整后出现了 7 个尺度较小的西风扰动中心。同时，经过调整后得到的扰动分布不仅提供更多的局地信息，而且保持了调整前扰动分布的基本结构。对于其余扰动变量的形态演变分布，能够观察到类似的现象(图略)。从扰动数值大小能够看出，调整后的扰动大小稳定(图 3b、d 和 f)，能够保证扰动量级的合理性。这一点延续了传统 BGM 法在每次培育循环时进行尺度调整的优点。但 BGM 法调整前后仅仅是数值大小的全局缩放，而扰动分布的结构不发生任何变化。因此，基于上述分析能够得出，LBGM 法进行的局地调整不仅保证了扰动分布的整体结构，同时也得到了更多的局地扰动，增加了对流尺度天气系统的局地信息。使得最终的扰动分布场(图 3g)既反映大尺度环流背景特征，又包含对流尺度天气系统的局地相互作用特征。

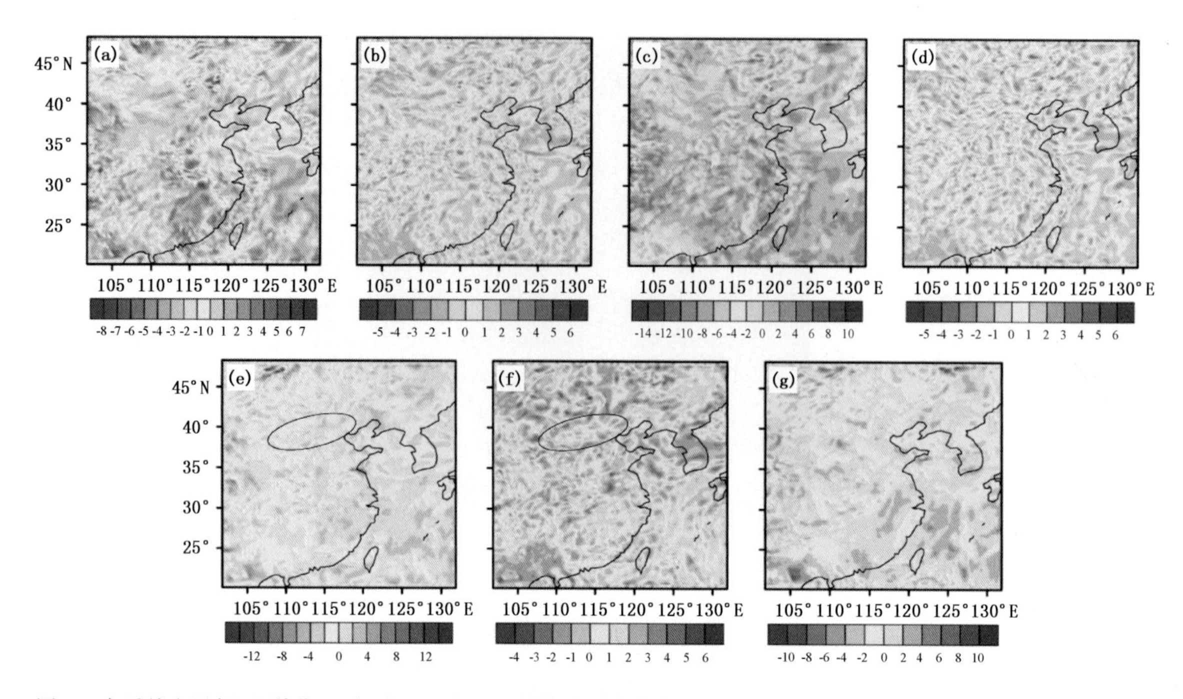

图 3　水平纬向风场 U(单位:m/s)在 850 hPa 上的扰动形态分布。(a)和(b)为 29 日 06 时局地调整前后的扰动分布,(c)和(d)为 29 日 12 局地调整前后的扰动分布,(e)和(f)为 29 日 18 时局地调整前后的扰动分布,(g)为 30 日 00 时得到的最终扰动分布场

图 4 给出 29 日 06 时和 12 时 BGM 法和 LBGM 法得到的 200 hPa 水平纬向风场 U 调整后的扰动分布和对应的再分析资料风场。能够看出,高层的调整相对于低层而言,基本不受近地面因素影响,得到的

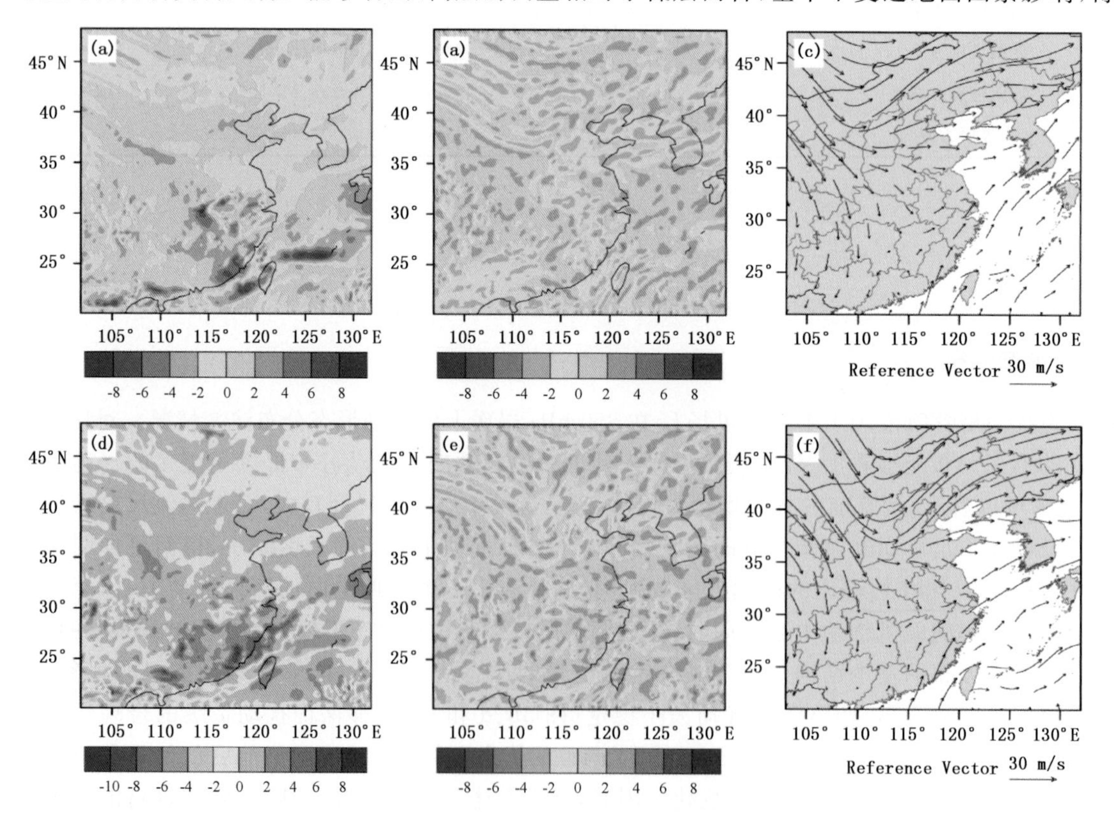

图 4　200 hPa 水平风场(单位:m/s)分布。(a)29 日 06 时 BGM 法调整后扰动分布,(b)29 日 06 时 LBGM 法调整后扰动分布,(c)29 日 06 时分析场,(d)29 日 12 时 BGM 法调整后扰动分布,(e)29 日 12 时 LBGM 法调整后扰动分布,(f)29 日 12 时分析场

扰动分布尺度更大些。而 LBGM 法通过局地调整得到的扰动分布(图 4b 和 e),不仅保持了传统 BGM 法通过全局调整得到的扰动基本结构(图 4a 和 d),同时增加了更多的扰动信息,使得 LBGM 法得到的扰动分布基本流型与对应时刻的风场分布一致(图 4c 和 f)。对比表明,LBGM 法较传统 BGM 法得到的扰动分布呈现出更明显的大气流依赖特征。因此,LBGM 法的局地调整比传统 BGM 法的全局调整具有更明确的动力学意义。

4.2 信息熵对比分析

Shannon(1948)将热力学熵的概念引入到信息理论中,通过概率分布来度量随机变量的不确定性或信息量,即信息熵,从而奠定了现代信息理论的科学基础。随着信息理论的发展,信息熵已被应用到气象领域的可预报性理论研究中(Abramov et al.,2005; DelSole,2005),但目前大多局限于对预报系统的可预报性作定性研究(黎爱兵等, 2013)。

本文基于信息理论的信息熵,对传统 BGM 和新型 LBGM 预报系统的扰动信息量作定量分析。计算公式如下:

$$E(t)=-\int_{R^n}P(X(t))\times\log_2[P(X(t))]\mathrm{d}X \tag{3}$$

其中,$X(t)=(x_1(t),x_2(t),...,x_n(t))^{\mathrm{T}}$ 为 t 时刻预报系统的扰动变量,$P(X(t))$ 为 t 时刻该扰动变量的概率密度函数。$E(t)$ 为此时的信息熵(对数以 2 为底,单位为比特),度量该扰动变量分布场的不均一性,即量化对流尺度天气系统的局地信息特征。

图 5 为扰动培育阶段的水平纬向风场 U 在 850 hPa 层次上扰动形态的信息熵演变情况。由图中虚线可知,传统 BGM 法每一时刻对扰动场进行全局调整前后的信息熵值保持不变,进一步表明 BGM 法的全局调整仅能保证扰动量级的合理性,不改变扰动分布的结构。从扰动分布的信息熵演变来看,BGM 法并未有效增加扰动的局地信息特征。由图中实线可知,LBGM 法每一时刻扰动场局地调整前后的信息熵值存在"跃升"现象,表明 LBGM 法的局地调整能够显著增加扰动的局地信息特征。对比两种方法的信息熵

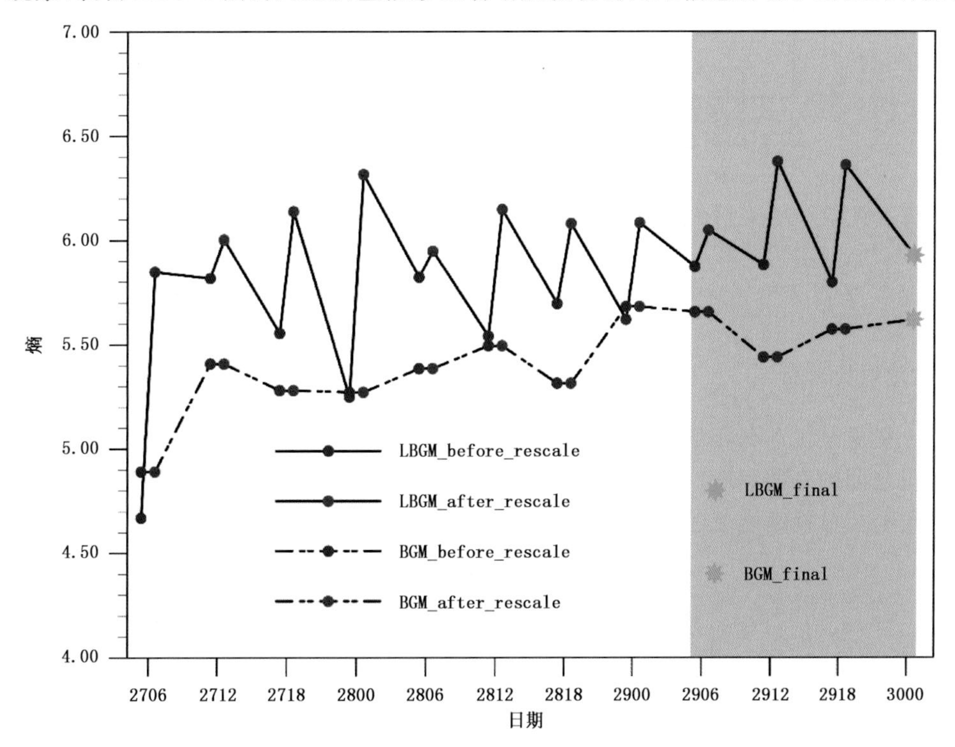

图 5 水平纬向风场 U 在 850 hPa 上扰动形态的信息熵演变情况,实线为 LBGM 法得到的结果,虚线为 BGM 法得到的结果,蓝点表示调整前扰动的信息熵,红点表示调整后扰动的信息熵,绿点和黄点分别表示 LBGM 法和 BGM 法得到的最终扰动的信息熵,阴影部分对应图 3 扰动形态分布的信息熵

值演变情况可知，LBGM 法的信息熵高于 BGM 法。同时阴影部分对应于图 3 的扰动形态分布，分别从直观图像和量化数据上反映出了 LBGM 法比 BGM 法能够更有效地捕获对流尺度天气系统的局地信息。

图 6 为各扰动变量调整后（输入到预报系统中）的扰动分布的信息熵演变情况。能够看到，两种方法的各扰动变量在培育初始时刻的信息熵值均相等，这是因为初始时刻的扰动分布场是首次输入系统中，并未进行全局调整或局地调整，两种方法得到的扰动分布场结构相同。特别说明地，调整后的扰动场即为扰动输入场，因此初始时刻的扰动输入场不进行调整。而图 5 为了对比调整前后扰动分布的信息熵演变情况，因此未给出初始时刻扰动输入场的信息熵，即未出现初始时刻两种方法扰动变量 U 的信息熵相等的情形。同时，无论是在低层还是高层，LBGM 法得到各扰动变量的信息熵均大于传统 BGM 法（红线位于蓝线之上）。因此，LBGM 法较传统 BGM 法能够显著提升初始扰动的信息量，有效增加对流尺度天气系统的局地特征，有利于得到更合理的初始集合成员。

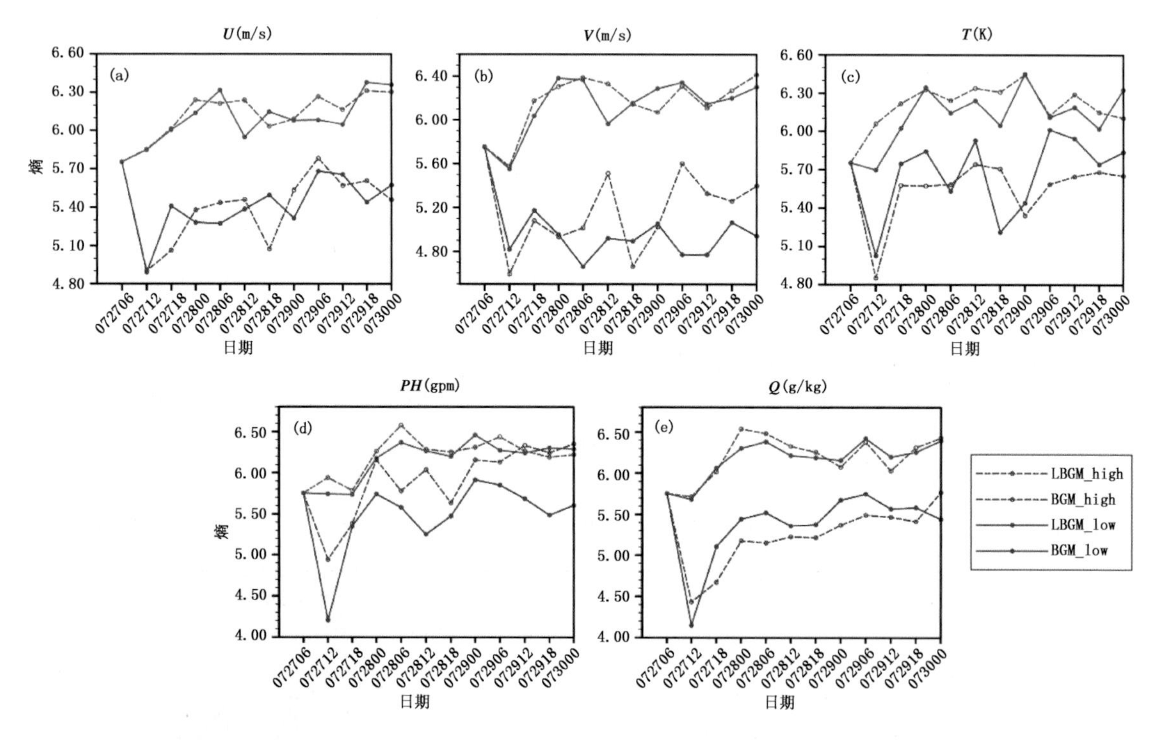

图 6　扰动变量调整后的信息熵在培育阶段的演变情况，(a)～(e)分别为水平纬向风场 U(单位：m/s)、水平经向风场 V(单位：m/s)、扰动位温 T(单位：K)、扰动位势 PH(单位：gpm)和水汽混合比 Q(单位：g/kg)。蓝线和红线分别为传统 BGM 法和 LBGM 法的结果，实线表示 850 hPa 层次，虚线表示 500 hPa 层次

4.3　集合离散度对比分析

信息熵用于衡量某扰动分布场的不确定性，而集合离散度用于衡量集合预报系统的不确定性。离散度表征集合成员之间的发散程度，是考察集合预报系统性能的重要指标之一。本文研究的集合离散度是指培育阶段各集合成员扰动之间的离散度，即各集合成员扰动与扰动集合平均之间的标准离差，计算公式如下：

$$Sp(k,t)=\frac{1}{m\times n}\sqrt{\sum_{i=1}^{m}\sum_{j=1}^{n}\left[\frac{1}{N}\sum_{r=1}^{N}(X_r(i,j,k,t)-\overline{X}(i,j,k,t))^2\right]} \tag{4}$$

式中，$\overline{X}(i,j,k,t)=\frac{1}{N}\sum_{r=1}^{N}X_r(i,j,k,t)$ 为某扰动变量的集合平均值，N 为集合预报系统的成员个数，m 和 n 分别为研究区域的经向和纬向格点数。即先计算各集合成员扰动与集合平均之间的标准差，再对位于同一层次的所有格点进行区域平均。

图 7 为各扰动变量的离散度在培育阶段的演变情况。在初始时刻，传统 BGM 和 LBGM 系统的离散

度相等，这是因为两种方法生成初值扰动的方式相同。而扰动经过 WRF 模式的循环培育后，离散度增加并基本稳定。能够看出，无论是在低层还是高层，LBGM 法得到各扰动变量的离散度均大于传统 BGM 法（红线位于对应层次的蓝线之上）。对于不同层次离散度的分布情况，结合图 8 进行分析。

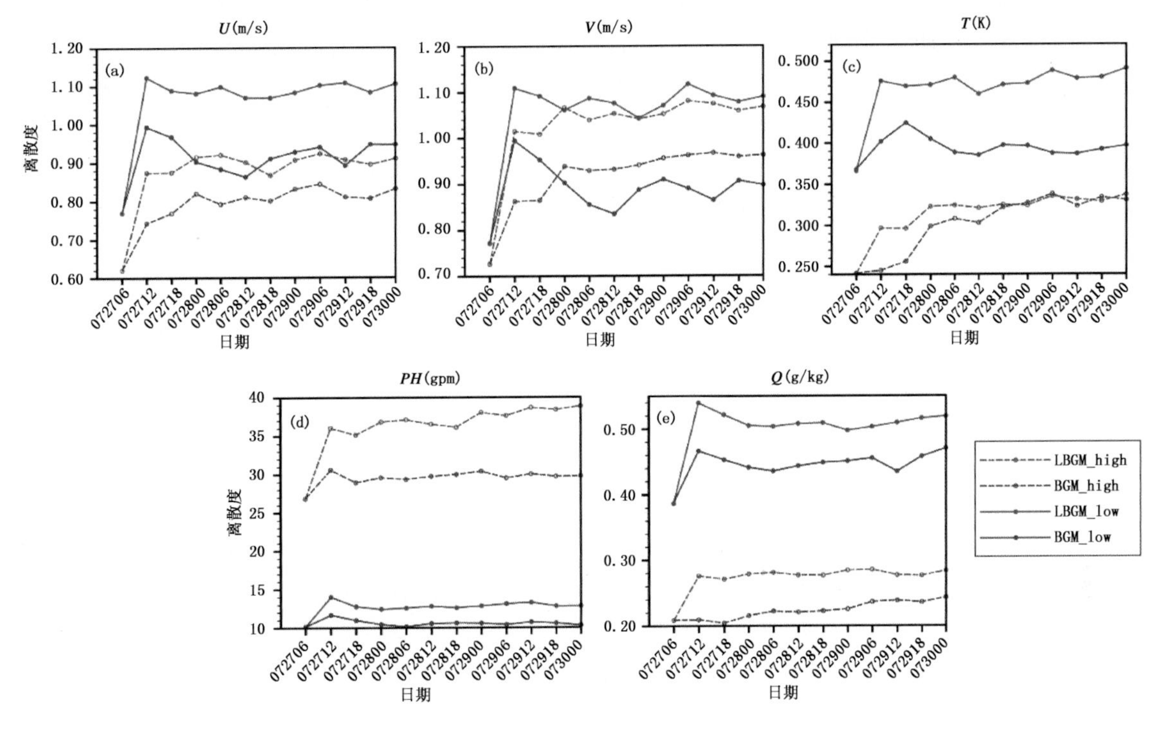

图 7　扰动变量的离散度在培育阶段的演变情况，其余同图 6

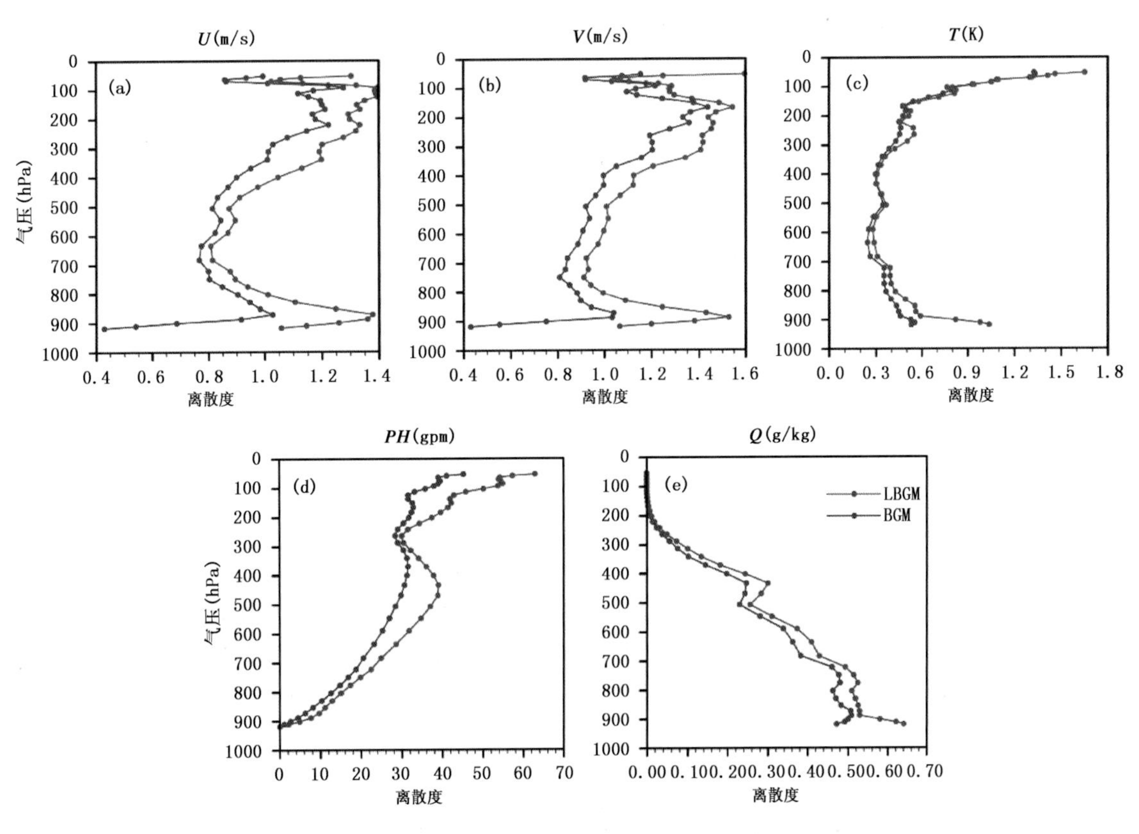

图 8　30 日 00 时最终扰动变量的离散度垂直廓线，其余同图 6

图 8 给出 30 日 00 时最终扰动变量的离散度垂直廓线情况，其余扰动培育时刻的离散度垂直廓线类似（图略）。能够看出，水平扰动风场（图 8a 和 b）的离散度存在“双峰”现象，即 850 hPa 和 200 hPa 附近出现极大值，低值位于中层。这可能是由于低层风场受近地面因素影响较大，而高层风场的量级较大所导致。对于扰动位温的离散度（图 8c），BGM 法的结果在中低层并未有明显变化，而 LBGM 法在模式低层能够显著提高系统的离散度。扰动位势（图 8d）的离散度随高度的升高而增大，而水汽混合比（图 8e）的离散度随高度的升高而减小，这是由于两者在大气中量级的垂直分布所决定的。这说明两套集合预报系统经过循环培育后得到的扰动结果是具有热力学和动力学意义的。而对比两套系统的结果，LBGM 法的各扰动变量在所有层次的离散度均大于传统 BGM 法，表明 LBGM 法能够较为显著地提高预报系统的离散度，解决了传统 BGM 法得到的预报系统离散度不高的问题。因此，LBGM 法较 BGM 法得到的各集合成员扰动更利于捕获到大气的真实状态。

5 总结与结论

本文采用传统 BGM 和新型 LBGM 两种扰动生成方法，结合一次强对流天气过程进行对流尺度集合预报试验。从扰动形态分布、信息熵和集合离散度对初始扰动的演变特征进行对比分析，对 Chen 等（2018）提出的 LBGM 法进行评估与验证，主要结论如下。

（1）LBGM 法不仅能够保证扰动分布场的整体结构，同时增加了对流尺度天气系统的局地相互作用特征，并且得到的扰动分布较传统 BGM 法呈现出更显著的大气流依赖特征。

（2）引入的信息熵理论能够较好地衡量扰动场内部的局地信息量，将直观的扰动形态分布的局地信息特征量化，进一步表明 LBGM 法较传统 BGM 法能够提升初始扰动的信息量，有利于得到更合理的初始集合成员。

（3）LBGM 法得到的各扰动变量的离散度均大于传统 BGM 法，能够显著提高集合预报系统的离散度，解决了传统 BGM 法得到的预报系统离散度不高的问题。

LBGM 这种初始扰动生成方法能够增加扰动变量的局地信息，并提高预报系统的离散度，使得初始扰动具有更明确的动力学意义，更利于捕获到大气的真实状态，表明 LBGM 法应用于对流尺度集合预报比传统 BGM 法更具优势。今后还需采用实际观测资料对预报效果进行验证，同时需要结合不同天气系统背景下的强对流天气个例对 LBGM 法进行适用性检验。

参考文献

高峰，闵锦忠，孔凡铀，2010. 基于增长模繁殖法的风暴尺度集合预报试验[J]. 高原气象，29(2)：429-436.

姜智娜，穆穆，王东海，2008. 基于条件非线性最优扰动方法的集合预报试验[J]. 中国科学 D 辑：地球科学，38：1444-1451.

黎爱兵，张立凤，王秋良，等，2013. 非线性误差的信息熵理论及其在可预报性中的应用——以 Lorenz 系统为例[J]. 中国科学：地球科学，43(9)：1518-1526.

穆穆，姜智娜，2007. 集合预报初始扰动产生的一个新方法：条件非线性最优扰动[J]. 科学通报，52：1457-1462.

马申佳，陈超辉，何宏让，等，2018. 基于 BGM 的对流尺度集合预报及其检验[J]. 高原气象，37(2)：待刊.

于永锋，张立凤，2005. 基于增长模繁殖法的集合预报初始扰动饱和分析[J]. 大气科学，29(6)：955-964.

张涵斌，智协飞，陈静，等，2017. 区域集合预报扰动方法研究进展综述[J]. 大气科学学报，40(2)：145-157.

张立凤，罗雨，2009. 基于 BGM 的暴雨集合预报初始扰动发展分析[J]. 热带气象学报，25(5)：571-575.

庄潇然，闵锦忠，蔡沅辰，等，2016. 不同大尺度强迫条件下考虑初始场与侧边界条件不确定性的对流尺度集合预报试验[J]. 气象学报，74(2)：244-258.

庄潇然，闵锦忠，王世璋，等，2017. 风暴尺度集合预报中的混合初始扰动方法及其在北京 2012 年“7.21”暴雨预报中的应用[J]. 大气科学，41(1)：30-42.

Abramov R，Majda A，Kleeman R，2005. Information Theory and Predictability for Low-Frequency Variability[J]. J Atmos Sci，62：65-87.

Buizza R, Palmer T N,1995. The singular vector structure of the atmospheric global circulation[J]. J Atmos Sci, 52: 1434-1456.

Bishop C H, Etherton B J, Majumdar S J,2001. Adaptive Sampling with the Ensemble Transform Kalman Filter. Part I: Theoretical aspects[J]. Mon Wea Rev, 129: 420-436.

Chen C H, Li X, He H R,et al,2018. Algorithm based on local breeding of growing modes for convection-allowing ensemble forecasting[J]. Sci China Earth Sci, 61: 1-11.

Delsole T,2005. Predictability and Information Theory. Part II: Imperfect Forecasts[J]. J Atmos Sci, 62:3368-3381.

Ding R Q, Li J P,Li B S,2017. Determining the spectrum of the nonlinear local Lyapunov exponents in a multidimensional chaotic system[J]. Adv Atmos Sci, 34: 1027-1034.

Ebert E E,2008. Fuzzy verification of high-resolution gridded forecasts:A review and proposed framework[J]. Meteor Appli, 15(1): 51-64.

Hoffman R N, Kalnay E,1983. Lagged average forecasting, an alternative to Monte Carlo Forecasting[J]. Tellus Series A, 35A: 100-118.

Houtekamer P L, Derome J,1995. Methods for ensemble prediction[J]. Mon Wea Rev, 123(7): 2181-8196.

Jones T A, Stensrud D J,2012. Assimilating AIRS temperature and mixing ratio profiles using an ensemble Kalman Filter approach for convective-scale forecasts[J]. Wea Forecasting, 27(3): 541-564.

Kay J K, Kim H M,2014. Characteristics of initial perturbations in the ensemble prediction system of the Korea Meteorological Administration[J]. Wea Forecasting, 29(3): 563-581.

Leith C E,1974. Theoretical skill of Monte Carlo forecasts[J]. Mon Wea Rev, 102: 409-418.

Li X, He H R, Chen C H,et al,2017. Convection-allowing ensemble forecast based on the breeding growth method and associated optimization of precipitation forecast[J]. J Meteor Res,31(5): 955-964.

Magnusson L, Llén E K, Nycander J,2008. Initial state perturbations in ensemble forecasting[J]. Nonlinear Processes in Geophysics, 15(5): 751-759.

Ma S J, Chen C H, He H R,et al,2018. Assessing the skill of convection-allowing ensemble forecasts of precipitation by optimization of spatial-temporal neighborhoods[J]. Atmosphere, 9(2): 43.

Roberts N M, Lean H W,2008. Scale-selective verification of rainfall accumulations from high-resolution forecasts of convective events[J]. Mon Wea Rev, 136(1): 78-97.

Shannon C E,1948. A mathematical theory of communication[J]. Bell System Technical Journal, 27(4): 379-423.

Schwartz C S, Romine G S, Smith K R,et al,2014. Characterizing and optimizing precipitation forecasts from a convection-permitting ensemble initialized by a Mesoscale Ensemble Kalman Filter[J]. Wea Forecasting, 29(6): 1295-1318.

Schwartz C S, Romine G S, Sobash R A,et al,2015. NCAR's experimental real-time convection-allowing ensemble prediction system[J]. Wea Forecasting, 30(5): 1645-1654.

Schwartz C S, Romine G S, Weisman M L, et al,2015. A real-time convection-allowing ensemble prediction system initialized by mesoscale ensemble Kalman Filter analyses[J]. Wea Forecasting, 30(5): 1158-1181.

Toth Z, Kalnay E,1993. Ensemble forecasting at NMC: The generation of perturbations[J]. Bull Amer Meteor Soc, 74: 2317-2330.

Toth Z, Kalnay E,1997. Ensemble forecasting at NCEP and the breeding method[J]. Mon Wea Rev, 125: 3297-3319.

Wang X, Bishop C H,2003. A comparison of breeding and ensemble transform Kalman Filter ensemble forecast schemes [J]. J Atmos Sci, 60: 1140-1158.

Wang Y, Tascu S, Weidle F, et al,2012. Evaluation of the Added Value of Regional Ensemble Forecasts on Global Ensemble Forecasts[J]. Wea Forecasting, 27(4): 972-987.

Wang Y, Bellus M, Wittmann C,et al,2015. The Central European limited—area ensemble forecasting system: ALADIN-LAEF[J]. Quart J Roy Meteor Soc, 137(655): 483-502.

Wei M, Toth Z, Wobus R,et al,2008. Initial perturbations based on the Ensemble Transform (ET) technique in the NCEP global operational forecast system[J]. Tellus Series A, 60: 62-79.

Weidle F, Wang Y, Smet G,2016. On the impact of the choice of global ensemble in forcing a regional ensemble system[J]. Wea Forecasting, 31(2): 515-530.

Weusthoff T, Ament F, Arpagaus M, et al,2010. Assessing the benefits of convection-permitting models by neighborhood

verification: Examples from MAP D-PHASE[J]. Mon Wea Rev,138(9): 3418-3433.
Zhang H B, Chen J, Zhi X F,et al,2015. A comparison of ETKF and downscaling in a regional ensemble prediction system [J]. Atmosphere, 6(3): 341-360.

Perturbation Features Analysis of a New Type of Convection-Allowing Ensemble Prediction System

CHEN Chaohui[1,2], MA Shenjia[1,2], HE Hongrang[1,2]
(1 College of Meteorology and Oceanography, National University of Defense Technology, Nanjing 211101;
2 The office of Nanjing Joint Center of Atmospheric Research, Nanjing 210009)

Abstract: In this study, a convection-allowing ensemble prediction experiment was conducted on a strong convective weather process, based on the local breeding growth mode (LBGM) method proposed according to the strongly local nature of the convective-scale weather system. A comparative analysis of the evolution characteristics of the initial perturbation was also performed, considering the results from traditional breeding growth mode (BGM) method, to enhance understanding and application of this new initial perturbation generation method. The experimental results showed that the LBGM results in the perturbation distribution exhibiting characteristics more evident of flow dependence, and an initial perturbation with greater definite kinetic significance was derived. Information entropy theory could well measure the amount of information contained in the perturbation distribution, indicating that the innovative initial perturbation generation method can increase the amount of local information associated with the initial perturbation. With regard to the physical perturbation quantities, the LBGM method can improve the dispersion of the ensemble prediction system, thereby solving the problem of insufficient ensemble spread of prediction systems obtained by traditional BGM method. The LBGM method has advantages compared to the traditional method, and provides a new theoretical basis for further development of initial perturbation technologies for convection-allowing ensemble prediction.

Key words: Local breeding growth mode, Convective-scale ensemble prediction, Perturbation distribution, Information entropy, Ensemble dispersion

六、应用气象与海上资源充分利用

Design and Development of a Community Benchmarking System for Land Surface Models

MU Mingquan, ILAMB Team

(Department of Earth System Science, University of California, Irvine, CA)

Abstract: Benchmarking has been widely used to assess the ability of climate models to capture the spatial and temporal variability of observations during the historical period. For the carbon cycle and terrestrial ecosystems, the design and development of an open—source community platform has been an important goal as part of the International Land Model Benchmarking (ILAMB) project. Here we design and develop a diagnostic system that enables the user to specify the models, benchmarks, and scoring metrics so that results can be tailored to specific model intercomparison projects. Our scoring system uses information from three different aspects of climate, including the climatological mean spatial pattern, seasonal cycle dynamics and the amplitude of interannual variability. Besides these scores, the scoring system also includes the ability to estimate variable to variable relationship. This is a unique feature in our system. Our system let users not only to evaluate model broad performance but also to check small regions even individual sites in detail. Due to module structures, it is easy for users to modify codes, such as adding new variables, diagnostic metrics, benchmarking datasets or other model simulations. Diagnostic results are automatically organized to HTML files, thus users can conveniently compare models with benchmarking datasets and share with other colleagues. Besides carbon cycle, users can also use it to evaluate model performance in hydrology cycle and radiation and energy cycle. We expected the diagnostic results provided useful information for model developers as well as common users like normal scientists and researchers. As an example here, we used this system to evaluate CO_2, global biomass stocks, gross primary production, ecosystem respiration, soil carbon, terrestrial water storage, ET, surface radiations and many other variables from CMIP5 esmHistorical simulations during the historical period of 1850 till 2005. Results indicated that the multi—model mean often performed better than many of the individual models for most of the observational constraints. Obviously above ground biomass and GPP bias existed in broad tropical forest regions, like Amazon, Indonesia and tropical Africa. This GPP bias was probably generated by over—estimated precipitation in these regions.

Key words: benchmarking system, model evaluation, terrestrial ecosystem, land surface process

1 Introduction

CO_2 has been experiencing sharply increase from 280 ppm in the preindustrial time to over 400 ppm in the current period (IPCC, 2007), which has been widely thought to attribute to human activity since industrialization. CO_2 increase causes many changes on the globe. One of the most remarkable changes is global air temperature rising up nearly 0.85°C from 1906 till 2005 and is continuing rising (IPCC, 2013). Extreme events like El Nino (Cai et al., 2014), flooding (Groisman et al., 2005; Alexander et al., 2006), drought (Dai, 2011), heat waves (Barriopedro et al., 2011), and many more others (IPCC 2013), keep on increasing following global warming. CO_2 and global temperature rising also change global carbon cycle (Carvalhais et al., 2014; Zscheischler et al., 2014) and hydrology cycle (Held et al.,

2006). For example, following global carbon uptake increase, negative GPP extremes are losing their importance in the future due to droughts and heat waves caused by global CO_2 rising (Zscheischler et al. ,2014). Carbon turnover time may also experience significant change in response to climate change due to CO_2 increase (Carvalhais et al. ,2014). In order to better understand the sensitivity of the processes in the atmosphere, ocean and land to the CO_2 increase, the historical or similar simulations from climate model intercomparison project (CMIP) were designed for this purpose (Taylor et al. ,2012). Global coupled atmospheric, oceanic and land surface model, i. e. earth system model, have successfully simulated these changes (IPCC, 2007;2013), but the large differences from one model to another have widely existed due to many reasons (Anav et al. ,2013; Arora et al. ,2013; Hoffman et al. ,2014). Arora et al. (2013) noted uncertainty from the land surface processes might contribute more bias than other components from atmosphere and ocean in the earth system models. Thus, how to systematically estimate land model performance becomes very important and an urgent task for climate change study.

To qualify or quantify climate models' performance to simulate the "true" variability in the observations, benchmarking systems are constructed to perform this task (Taylor, 2001; Gleckler et al. , 2008; Reichler et al. ,2008; Eyring et al. , 2016). For example, Taylor (2001) devised a simple diagram to show differences of model simulations for spatial patterns qualitatively matching each other in terms of their correlation, root mean square difference and the ratio of variance. Taylor's concept has been widely used even now (Gleckler et al. , 2008). Reichler and Kim (2008) constructed another simple metric which quantitatively estimated climate mean fields from model simulations against observations. Their model performance index was based on the global mean of the model errors normalized by observed interannual variance. Applying their method to CMIP3 and its ancestors (CMIP2 and CMIP1), they found CMIP3 simulations generated better results during the historical period in comparison with its previous versions, CMIP2 and CMIP1.

For the carbon cycle and terrestrial ecosystems, the design and development of an open-source community platform has been an important goal as part of the International Land Model Benchmarking (ILAMB) project (http://www. ilamb. org). One of the most important elements in the benchmarking system is the scoring metrics for how to quantify the model performance. The previous works (Taylor, 2001; Gleckler et al. , 2008; Reichler et al. ,2008) have demonstrated the importance of scoring metrics, however their scoring metrics were only applicable to climate mean fields. An original idea we propose here is to estimate not only overall performance for each model and each variable but also each component from different aspects such as annual mean spatial patterns, seasonal cycle phase and even interannual variability. We also included and estimated variable to variable relationship in our package. Meanwhile, considering the difficulty to manually view outputs for tons of plots and tables generated from the package diagnostics, all of the diagnostic results will be organized into html files, thus users may easily view the results, conveniently compare to other sources and share with colleagues.

We arrange our paper here. The models, data, method and scoring metrics are described in the following section. We also describe weighting functions for how to combine scores from different components in the next section. We present some results through testing our package using CMIP5 esmHistorical simulations in the third section. We conclude and summarize broad results in the last section.

2 Methodology and Datasets

To easily organize ILAMB diagnostic package, four major directories are created and named as CODES, DATA, MODELS and OUTPUT under the ILAMB ROOT. These names already clearly show their respective functions in the ILAMB package. NCL (NCAR Community Language) is chosen for creating codes, because it is a open source and free to the public. Meanwhile NCL has been widely used in the scientific community (www. ncl. ucar. edu), and scientific fellows are already familiar to it. Considering convenience for users to make any change, such as revising codes, inserting new variables or models, or adding new metrics, we design this package in module structures, which means any change in one part doesn't impact the others. High quality output files (encapsulated postscript files) can be used directly for publications or proposals. Output tables and files are written in HTML to facilitate viewing over the web (Fig. 1c).

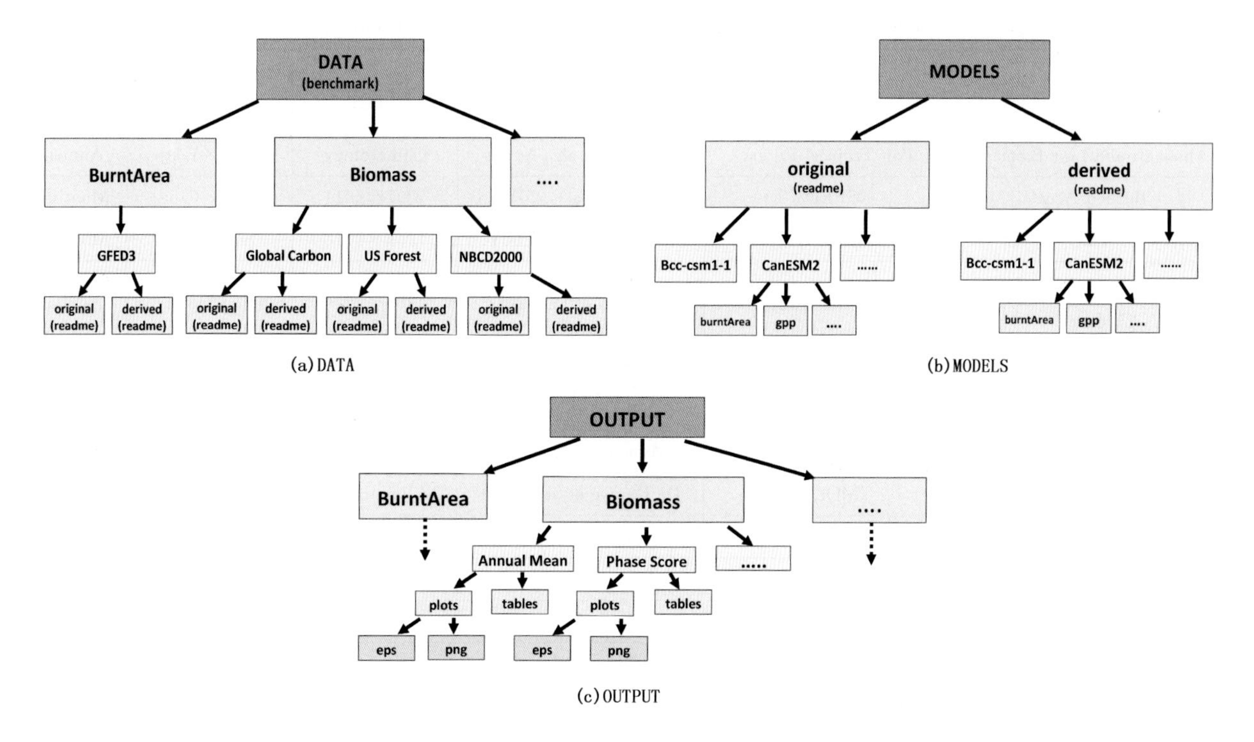

Fig. 1 ILAMB structures, (a) DATA, (b) MODELS and (c) OUTPUT

2.1 Benchmark datasets

Data directory structure is shown in Fig. 1a. There are 23 variables involved in total 49 different benchmark sources included in this diagnostic package now. We divided these datasets into 4 different categories, carbon cycle and ecosystem, hydrology, radiation and energy cycle and forcing. In the category of carbon cycle and ecosystem, there are 9 variables including aboveground live biomass (biomass), gross primary production (GPP), burned area (BA), carbon dioxide (CO_2), leaf area index (LAI), global net ecosystem carbon balance (NBP), net ecosystem exchange (NEE), ecosystem respiration (reco) and soil carbon (SC). 3 variables, evaportranspiration (ET), latent heat (LE) and terrestrial water storage anomaly (TWSA), are included in the category of hydrological cycle. In the category of radiation and energy cycle, sensible heat (SH), albedo, surface net radiation (RNS), surface net shortwave (RSNS) and longwave radiation (RLNS) are included. Surface air temperature (TAS), precipitation (PR), surface downward shortwave (RSDS) and longwave radiation (RLDS) are grouped into the category of forcing because they are energy and water sources to the carbon field. All benchmark data have been pre-interpolated into 0.5×0.5 resolution and saved in netCDF files. The unit for each variable is based on international standard, the same as CMIP5 convention (CF-1.4). For conveniently tracing any change to each dataset, two README files are included with each benchmark source, which shows where the original data is from, how to convert the original data, and etc .

We tested this diagnostic package for biomass, BA, GPP, LAI, SC, PR, ET, LH, TAS and RSDS. The data sources, references, data period and original spatial and temporal resolution for these variables in this study are listed in Table 1. These datasets are all global products and have been widely used. We choose to show the results for these variables because they are more closely related to carbon cycle that is our interesting point in this study. We use a different window of the time period for each dataset depending on availability of observations, but all data are cut off at 2005, the last year of CMIP5 simulations.

Table 1　Information for benchmark datasets used for this study

Variables	Data Names	References	Data Period	Spatial Resolution	Temporal Resolution
Aboveground Live Biomass	Pan Tropical Forest	Saatchi et al. , 2011	Climatology	1 km×1 km	Annual
Burned Area	GFED3	Giglio et al. , 2010	1997—2011	0. 5×0. 5	Monthly
CO_2	Mauna Loa	Keeling et al. , 2005	1959—2013	Single Site	Monthly
Global Net Ecosystem Carbon Balance	Khatiwala/Hoffman	Hoffman et al. , 2013	1850—2010	Single time series	Annual
Gross Primary Production	Fluxnet-Sites	Lasslop et al. , 2010	1996—2006	Sites	Monthly
	Fluxnet-Global MTE	Jung et al. , 2010	1982—2008	0. 5×0. 5	Monthly
Leaf Area Index	AVHRR BU	Myneni et al. , 1997	1981—2011	0. 0833×0. 0833	Bi-monthly
	MODIS	De Kauwe et al. , 2011	Climatology	0. 5×0. 5	Monthly
Soil Carbon	HWSD	Todd-Brown et al. , 2013	Climatology	0. 5×0. 5	Annual
Precipitation	GPCP v2. 3	Adler et al. , 2012	1979—2012	2. 5×2. 5	Monthly
Evapotranspiration	MODIS (MOD16A2)	Mu et al. , 2011	2000—2013	0. 5×0. 5	Monthly
	GLEAM	Miralles et al. , 2011	1980—2011	0. 25×0. 25	Monthly
Latent Heat	Fluxnet-Sites	Lasslop et al. , 2010	1996—2006	Sites	Monthly
	Fluxnet-Global MTE	Jung et al. , 2010	1982—2008	0. 5×0. 5	Monthly
Surface Air Temperature	CRU v3. 21	Harris et al. , 2013	1901—2012	0. 5×0. 5	Monthly
Surface Donwward SW Radiation	GEWEX-SRB	Stackhouse et al. , 2011	1983—2007	1×1	Monthly
	WRMC-BSRN	Kong-Langl et al. , 2013	1982—2012	Sites	Monthly

2. 2　CMIP5 models

The structure for model simulation module in the diagnostic package is shown in Fig. 1b. This diagnostic system is not specifically designed for CMIP5 simulations only, and it can be potentially used for any model simulations, but its naming, file structure and units are based on CMIP5 convention (CF-1. 4) for easy management. If you use this package for your own model simulation diagnostics, we strongly recommend using CMIP5 convention (CF-1. 4). Model data are first automatically converted to benchmark grid, i. e. , 0. 5×0. 5, then compare with benchmarks. 12 earth system models (ESMs), fully coupled climate models between atmosphere, ocean and land, from esmHistorical simulations were selected to test this system. The esmHistorical simulations are designed for ESM driven by emissions in which atmospheric CO_2 levels are computed prognostically in the historical period from 1850 till 2005 (Taylor et al. , 2012). We list 12 models in Table 2. You may note that model component and processes are variably different from one model to another. For example, bcc-csm1-1-m and MRI-ESM1 have the finest horizontal resolution in 1. 125°×1. 125°(longitude×latitude), but IPSL-CM5A-LR has the coarsest resolution in 3.75°×1.875°. There are 5 among 12 models with dynamic vegetation, and these include BNU-ESM, GFDL-ESM2G, HadGEM2-ES, MIROC-ESM and MPI-ESM-LR. Nitrogen cycle is only included in BNU-ESM, CESM1-BGC and NorESM1-ME. All models include land use change. The fire process is only included in CESM1-BGC, MPI-ESM-LR and NorESM1-ME. All these differences may produce some impacts on the final simulation results, but these impacts are not probably linearly related to the results. To demonstrate the performance for most models, we only show the results from mean model.

2.3 Evaluation system

This diagnostic package evaluates model simulations from two aspects, qualitatively and quantitatively. For this purpose, two major parts are included in this system, general analyses (qualitatively) and scoring metrics (quantitatively). For general analyses, the system calculates both "Global Patterns" and "Regional Patterns" for each dataset. Global patterns include analyses for annual mean, bias and root mean square error (RMSE). For regional pattern analyses, the system uses pre-set land types to calculate time series for each region mean. In the scoring metric system, we evaluate model performance from four aspects, annual mean spatial pattern, mean seasonal cycle, interannual variability and root mean square error metrics.

2.3.1 General analyses

For the default configuration, this package automatically calculates and plots global distributions of annual mean, bias and RMSE if the benchmark data are grid or multi-site observations. The time period for this analysis is based on the time of the benchmark (in default) or user specification in the input control file (ILAMB_PARA_SETUP). If the benchmark data is only a single site or global total or annual time series, the global pattern for this benchmark is to show the whole time series and long-term detrended mean seasonal cycle only. To be consistent with benchmark observations, the global distribution plots only show where both the benchmark and model data are available. For the site data, model simulations are sampled at the observation sites and then are dealt with the same way as the observations.

For detailed checking specific regions (i.e. pre-set land types), the package can generate time series and specific region means based on different characteristic land types. The pre-set land types are 14 GFED regions, and these land types can be changed by users. To show overall pattern for each region, mean seasonal cycle is generated as well. The annual mean, bias and RMSE are also shown with plots which help users to check out in detail for that region. If users don't want to include regional analyses in their package, they can simply exclude this analysis in the control file.

2.3.2 Scoring system for global variables

Scoring metrics are used to quantify model's performances in this package. We use a single metric to quantify model performance from each of these 4 aspects, annual mean spatial pattern, mean seasonal cycle, interannual variability and RMSE. We estimate model performances for each aspect separately, then we combine them by using weighting function to obtain overall score for each variable.

2.3.2.1 Global Bias Metric

$$AM_{\text{obs}} = \frac{\sum_{i=1}^{ncells} AM_{\text{obs},i} \times A_i}{TotalArea} \tag{1}$$

$$M_i = 1 - \left| \frac{AM_{\text{mod},i} - AM_{\text{obs},i}}{AM_{\text{obs}}} \right| \tag{2}$$

$$M'_i = \mathrm{e}^{M_i} / \mathrm{e} \tag{3}$$

$$M = \frac{\sum_{i=1}^{ncells} M_i \times A_i}{TotalArea} \tag{4}$$

We use Eqs. (1)—(4) to calculate global bias metric score M_i at grid cell i and its global mean M, respectively. $AM_{obs,i}$ and $AM_{mod,i}$ are annual mean of the observation and the model at grid cell i, separately. AM_{obs} is the global mean of observation annual mean over land where data are available. A_i is the area for grid cell or site i. TotalArea is sum of the area A_i for all land grid cells or sites ($ncells$) where observation data is available. If the observation is site data, we set A_i equal to 1.

2.3.2.2 Spatial distribution metric

To estimate similarity of 2 spatial patterns, we defined a spatial Taylor score (Eq. (5)) to compare magnitude and spatial pattern of annual mean of model with benchmark.

$$S = \frac{4(1+R)}{(\sigma_f + 1/\sigma_f)^2 (1+R_0)} \tag{5}$$

where R is the spatial correlation coefficient of the annual mean between model and observation (benchmark). R_0 is their ideal maximum correlation. Here, we set R_0 equal to 1 for all models. σ_f is ratio for root mean square of model to that of observation (Taylor, 2001).

2.3.2.3 Seasonal cycle phase metric

$$M_i = (1 + \cos\vartheta_i)/2 \tag{6}$$

$$M = \frac{\sum_{i=1}^{ncells} M_i \times A_i}{TotalArea} \tag{7}$$

To compare phase difference of the monthly mean annual cycle between the model and the observation, we use Eqs. (6) and (7) to calculate seasonal cycle phase metric score M_i at grid cell or site i and its global mean M, respectively. θ_i is the difference of the angle between the month of the maximum value for the model and that for the observation at grid cell i (for the grid data) or site i (for the site data). A_i is the area for grid cell or site i. TotalArea is sum of the area A_i for all land grid cells or sites ($ncells$) where observation data is available. If the observation is site data, we set A_i equal to 1 (Prentice et al., 2011).

2.3.2.4 Interannual Variability Metric

We estimate multi-year variation yearly observation data, then we compute a standard deviation at each grid cell or site. We compare this with the model interannual standard deviations using the following approach:

$$\sigma_{obs} = \frac{\sum_{i=1}^{ncells} \sigma_{obs,i} \times A_i}{TotalArea} \tag{8}$$

$$M_i = 1 - \frac{\sigma_{mod,i} - \sigma_{obs,i}}{\sigma_{obs}} \tag{9}$$

$$M'_i = e^{M_i}/e \tag{10}$$

$$M = \frac{\sum_{i=1}^{ncells} M'_i \times A_i}{TotalArea} \tag{11}$$

We use Eqs. (8)—(11) to calculate interannual variability metric score M_i at grid cell or site i and its global mean M, respectively. Where $\sigma_{obs,i}$ and $\sigma_{mod,i}$ is standard deviation at grid cell i (for grid data) or site i (for site data) for observation and model simulations. σ_{obs} is the global mean of observation standard deviation over land where data are available. A_i is the area for grid cell or site i. TotalArea is sum of the area A_i for all land grid cells or sites (*ncells*) where observation data is available. If the observation is site data, we set A_i equal to 1 (Randerson et al., 2009).

2.3.2.5 Root Mean Square Error Metric

$$\Phi_{obs} = \frac{\sum_{i=1}^{ncells} \Phi_{obs,i} \times A_i}{TotalArea} \tag{12}$$

$$M_i = 1 - \frac{RMSE_i}{\Phi_{obs}} \tag{13}$$

$$M'_i = e^{M_i}/e \tag{14}$$

$$M = \frac{\sum_{i=1}^{ncells} M'_i \times A_i}{TotalArea} \tag{15}$$

We use Eqs. (12)—(15) to calculate root mean square error metric score M_i at grid cell or site i and its global mean M, respectively. Where $\Phi_{obs,i}$ is the root mean square for monthly mean annual cycle of the observation at grid cell i (for grid data) or site i (for site observation), and $RMSE_i$ is the root mean square error between model and observation. Φ_{obs} is the global mean of observation root mean square over land where data are available. A_i is the area for grid cell or site i. TotalArea is sum of the area A_i for all land grid cells or sites (*ncells*) where observation data is available. If the observation is site data, we set A_i equal to 1. This metric is used to compare magnitude and phase difference of the monthly mean annual cycle between the model and the observation.

2.3.3 Variable to variable relationship

Besides to evaluate individual variables, we also estimate the performance of relationship for a pair of variables (variable to variable relationship) against the benchmarks (observations) for each model. This relationship is based on the annual mean of each variable at each grid cell. Currently it only works for global grid data. The method for this score metric is shown below.

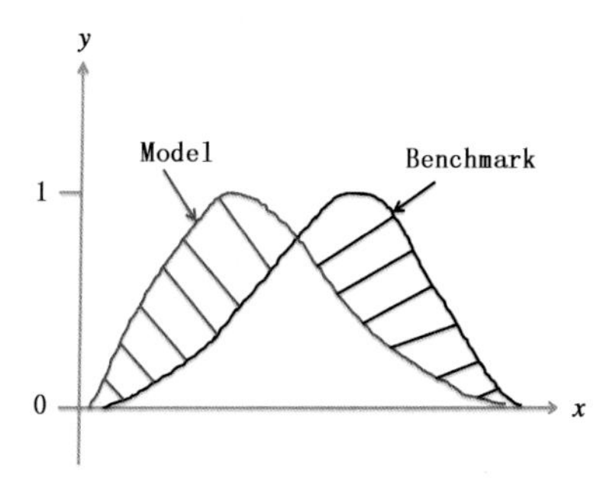

$$M = 1 - \frac{RMSE}{\sigma_{obs}} \tag{16}$$

We use Eqs. (16) to variable to variable relationship score M. Where RMSE is the root mean square error between model (the red curve in the above figure) and benchmark (the black curve in the above figure), and σ_{obs} is the root mean square of variable to variable relationship for benchmark. This metric measures the similarity of variable to variable relationships between model and benchmark.

2.3.4 Overall Score and weightings

To calculate overall score for each variable or each model, we combined scores from different components (global bias, spatial Taylor diagram, RMSE, seasonal cycle phase and interannual variability scores) using different contributions from them due to quality and numbers of valid observations. The current rule system included 3 aspects, certainty of data, scale appropriateness and coverage and overall importance of constraint or process, and the score for each aspect is given from 1 (worst) to 5 (best) depending on each dataset. Detail information is described in Table 3. For example, aboveground live biomass, one from Pan Tropical Carbon product and another from 48-state US continent and Alaska product, has 2 different products, the former (Pan Tropical Carbon biomass) covered the whole tropical region, much larger than the later one. Even though both data has the similar quality, but the former should contribute more to the overall score than the later one. For overall score for each variable, we use sum of weights for certainty of data and scale appropriateness and coverage as weighting coefficients for each data source. For overall score for each model, we only use the overall importance of constraint or process from each variable as weighting coefficient.

3 Diagnostic Results

To test the ILAMB diagnostic package, we ran this package by using 12 CMIP5 esmHistorical simulations (Table 2). To demonstrate the overall performance for most CMIP5 models here we show results from mean model defined as multi-model means only.

3.1 Carbon cycle

3.1.1 CO_2 and Global Net Ecosystem Carbon Balance (NBP)

Fig. 2 shows 12 CMIP5 ESM simulations against Mauna Loa observations. All models show CO_2 experiencing strongly linear increase in the step of observation (Fig. 2a), however we may note that the increase rate for the model MRI-ESM1 is slower than observation and other models. CO_2 is estimated in CMIP5 models in the range from 360 ppm* (MRI-ESM1) to 400 ppm (CESM1-BGC) in the range of 5% in the observation (380 ppm), and the mean model shows almost the same as observation by the end of the year 2005. Estimated CO_2 seasonal cycles are also consistent with observation (Fig. 2b), however differences in models are obvious as well, for example peak months in most models (except MPI-ESM-LR) are later than the observation. The magnitude of CO_2 in the model MPI-ESM-LR is too large in contrast with observation and other models. The magnitude of CO_2 in the mean model (4 ppm) is slightly smaller than that in observation (5 ppm). Here, the magnitude of CO_2 is defined by the difference between the maximum and minimum of CO_2 in the monthly climatology.

To more detail demonstrate CO_2 simulations in 12 CMIP5 ESMs, Fig. 3 shows NBP, the net CO_2 flux from the land to the atmosphere. Overall, most models show accumulative NBP consistence with that of the observation (Hoffman et al., 2013), net carbon increases in the atmosphere before 1950, and then gradually decreases, especially in the mean model and MPI-ESM-LR (Fig. 3a). However some differences may also be noted, the stronger interannual variability and faster increase of NBP in the GFDL-ESM2G model, carbon sinks always stay in CanESM2, inmcm4 and MRI-ESM1in the whole observational period, and carbon source is always shown in the model of CESM1-BGC and NorESM1-ME. The same story as CO_2 in Fig. 2 tells that the mean model displays the best performance in comparison with individual models (Table 4). As we know, NBP directly impacts atmospheric CO_2, aboveground live biomass, leaf area index (LAI) and soil carbon, meanwhile it is directly impacted by gross primary production (GPP). We will show more detail analyses for these variables below.

---

* 1 ppm=10^{-6}.

Table 2 Information for 12 CMIP5 Earth System Models for this study

Models	Institution/Country	Atmosphere Model	Land Model	Resolution	Dynamic Vegetation	Nitrogen Cycle	Land Use Change	Fire
bcc-csm1-1-m	Beijingl Climate Center/China	BCC_AGCM2. 2	BCC_AVIM1. 1	320×160	NO	NO	YES	NO
BNU-ESM	Beijing Normal University/China	CAM3. 5	CoLM3+BNUDGVM	128×64	YES	YES	YES	NO
CanESM2	Canadian Center for Climate Modelling and Analysis/Canada	CanAM4	CLASS2. 7	128×64	NO	NO	YES	NO
CESM1-BGC	National Center for Atmospheric Research (NCAR)	CAM4	CLM4	288×192	NO	YES	YES	YES
GFDL-ESM2G	Geosphysical Fluid Dynamics Laboratory	AM2	LM3	144×90	YES	NO	YES	NO
HadGEM2-ES	Met Office Hadley Centre/UK	HadGAM2	MOSES2+TRIFFID	192×145	YES	NO	YES	NO
Inmcm4	Insitute for Numerical Mathematics/Russia	INMCM4. 0	Simplified land model	180×120	NO	NO	YES	NO
IPSL-CM5A-LR	Institut Pierre Simon Laplace/France	LMDZ4	ORCHIDEE	96×96	NO	NO	YES	NO
MIROC-ESM	Japan Agency for Marine-Earth Science and Technology/Japan	MIROC-AGCM 2010	MATSIRO	128×64	YES	NO	YES	NO
MPI-ESM-LR	Max Planck Institute for Meteorology, Germany	ECHAM6	JSBACH	192×96	YES	NO	YES	YES
MRI-ESM1	Meteorological Research Institute/Japan	GSMUV	HAL	320×160	NO	NO	YES	NO
NorESM1-ME	Norwegian Climate Centre/Norway	CAM-Oslo	CLM4	144×96	NO	YES	YES	YES

Table 3　Rules for scoring system

Score	Certainty of data	Scale appropriateness and coverage	Overall importance of constraint or process
1	Uncertainty estimates not available; significant methodological issues may influence data quality	Site level observations with limited regional coverage and/or short temporal duration	Observations that have limited influence on carbon cycle processes; includes some driver datasets and land surface measurements (e. g. , Lin)
2	Uncertainty estimates not available; some methodological issues may influence data quality	Partial regional coverage; data sets providing up to 1 year of coverage	Driver observations or land surface measurements that have direct influence on carbon cycle processes (e. g. , PPT, Tair and Sin)
3	Uncertainty estimates not available; some peer-review evaluation of quality; minor methodological issues may remain	Regional coverage for at least 1 year; mismatches may exist between site-level and model grid cells	Biosphere process that contributes to carbon cycle dynamics; data are a useful constraint for this specific process
4	Qualitative uncertainty information available from peer-review evaluations; methodology is well accepted	Important regional coverage; at least 1 year or more of observations	Important biosphere process regulating carbon cycle dynamics; data are moderately well-suited for constraining this process
5	Well defined and traceable uncertainty estimates; relatively low uncertainty estimates relative to range of model estimates; uncertainties less than ± 20% at regional scales	Global scale in coverage; time series spanning multiple years; data products appropriate in scale for comparing directly with model grid cells	Critical process or constraint regulating climate-carbon or carbon-concentration feedbacks; data are well suited for discriminating among different model estimates

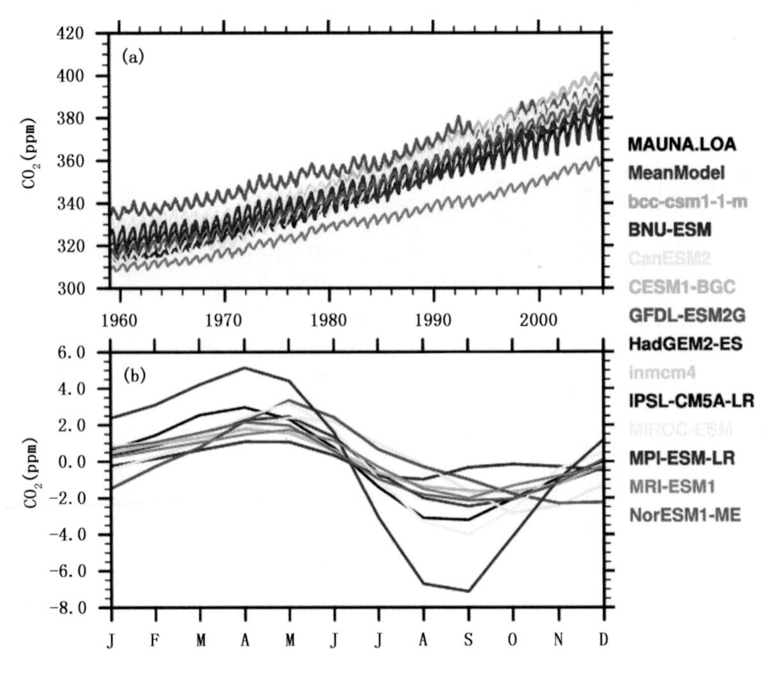

Fig. 2　(a) Time series of CO_2 (ppm) and (b) CO_2 Seasonal cycle at Mauna Loa

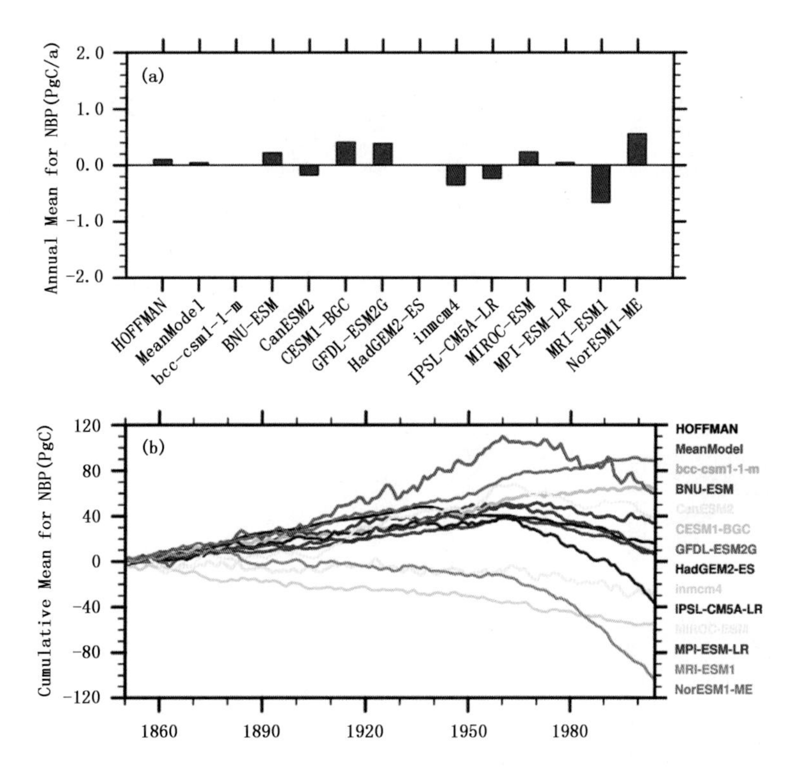

Fig. 3 NBP simulations from CMIP5 esmHistorical runs against benchmark data (Hoffman et al. ,2013), (a) annual mean (Pg C/a),and (b) accumulative NBP (Pg C)

3.1.2 Biomass, soil carbon, LAI, GPP and burned area

Aboveground live biomass, soil carbon, LAI and GPP take an important role in the global carbon cycle. Their values reflect the global plant ability to assimilate CO_2 from atmosphere and save carbon in the plants. As an important land process to disturb carbon on the land, burned area measures how much of carbon will be lost and be further sent back to the atmosphere through fires. The observational study shows that the total carbon loss from fires on the global is about 30% in the total carbon sources to the atmosphere (van der Werf et al. , 2009). Only 3 models (CESM1-BGC, MPI-ESM-LR and NorESM1-ME) contain the fire process among 12 ESM models (Table 2), but as its important role in the carbon cycle, we still estimate area burned from these models.

Fig. 4 shows annual means and bias for carbon variables from benchmarks and mean models. In general, the annual mean patterns from mean models are consistent with those from benchmarks, especially in aboveground live biomass, LAI and GPP, showing large values in the tropical forest region of Southern America (Amazon), Africa and Asia, and low values over the desert regions located in Africa (Sahel), West Asia, Australia, the western USA, the southern part of South America and South Africa. But differences are also obvious, for example GPP and biomass over the most areas are over-estimated in models, especially over the tropical forests, however GPP in Amazon and Europe is underestimated. LAI is overestimated everywhere by models, and the tropical areas are overestimated most. Soil carbon is overestimated in most mid and high latitude and tropical South Africa, but underestimated in Amazon, tropical North Africa and most area of Australia. Oppositely, the burned area is underestimated in the tropics and overestimated in the middle and high latitude. The differences between individual models and benchmarks should be much larger than with mean model (Table 4).

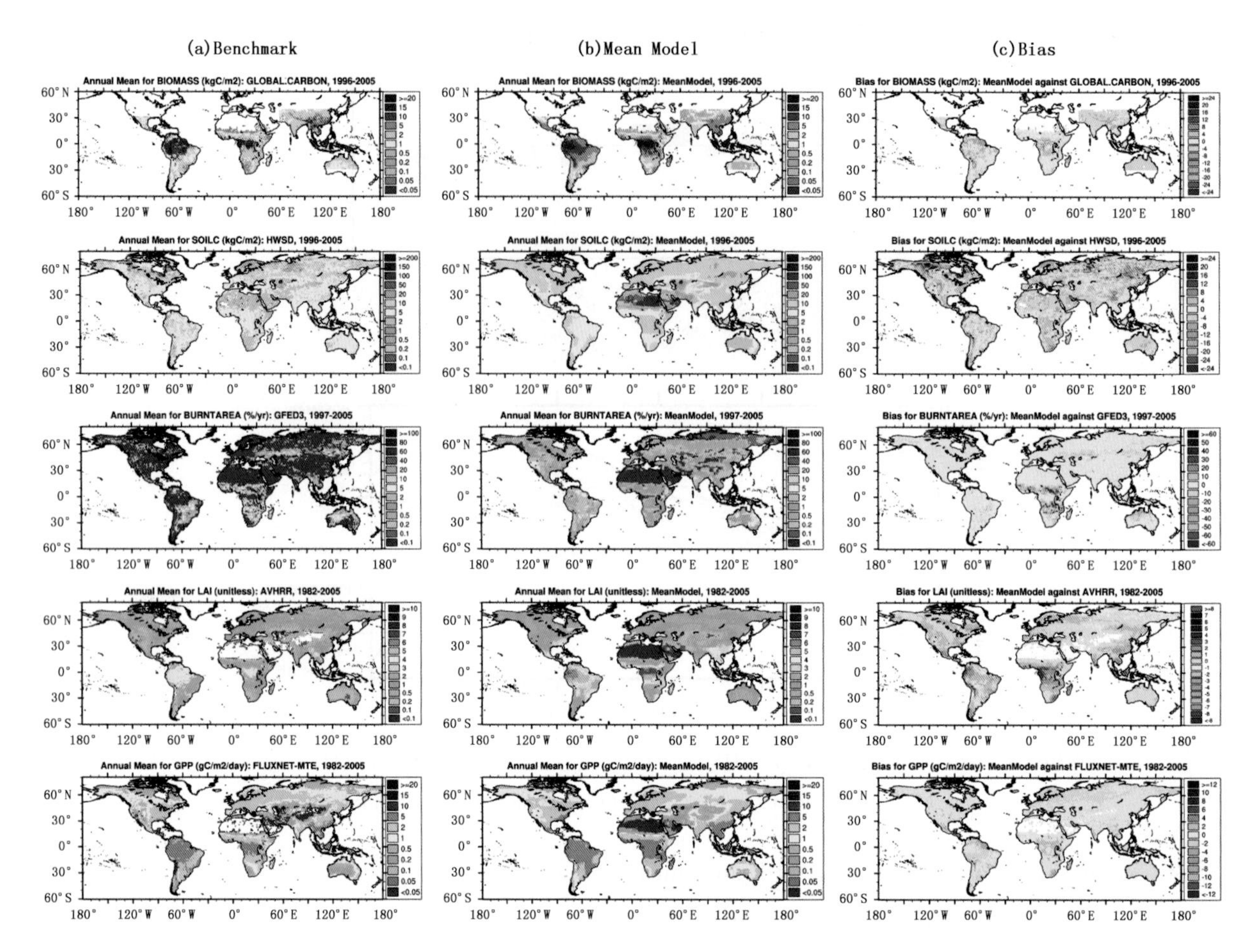

Fig. 4　Annual mean of aboveground live biomass (kg C/m^2), soil carbon (kg C/m^2), burned area (%/a), leaf area index and gross primary production (g C/m^2/d) for (a) benchmark, (b) mean model, and (c) bias

3.2　Carbon forcing

To better understand the "big" bias in the carbon fields (Fig. 4), it is necessary to check how well CMIP5 models simulate the carbon forcing fields, especially in water and energy sources. Fig. 5 shows latent heat (LE), evapotranspiration (ET), precipitation, surface air temperature (TAS) and surface downward shortwave radiation (RSDS). Overall, mean model captures observational annual mean patterns very well, large values in the tropical regions and low values in the mid and high latitude. These are consistent with carbon variables shown in Fig. 4. However, in a regional scale, differences with observations are very obvious and even very large in some areas. These can be seen more clearly from their bias shown in Fig. 5c. For LE and ET, except where east coasts of South America, India, Alaska and some parts of the northern Eurasia are slightly underestimated in the mean model, most other regions are overestimated, especially in the western parts of North and South America, East and Southeast Asia, tropical Africa and Australia. For precipitation, the mean model underestimates precipitation in most parts of the southern hemisphere, especially in Amazon. Overestimated precipitation can also be found in the western coast areas of the northern and southern hemispheres, Alaska, Tibet Plateau, Australia and the eastern Siberia. In comparison with bias of GPP shown in Fig. 4c, it is interesting to note that positive and negative biases of GPP are corresponding to those of precipitation and ET very well. It looks like that precipitation drives the "big" bias of GPP in the tropics, then more GPP pushes up LAI, and then more transpiration comes from plants, so that more ET is generated in the tropics.

Table 4 Summary of annual mean and bias for selected variables and models

Model	CO_2 (ppm)		Biomass (Pg C)		Top 1m Soil Carbon (Pg C)		Gross Primary Production (Pg C/a)		Global Net Ecosystem Carbon Balance (Pg C)		Evapotranspiration (mm/d)		Latent Heat (W/m^2)		Precipitation (mm/d)		Shortwave Radiation (W/m^2)	
	Annual	Bias	Annual	Bias	Annual	Bias	Annual	Bias	Annual	Bias	Annual	Bias	Annual	Bias	Annual	Bias	Annual	Bias
Benchmark	343		351		1373		118		0.10		1.27		36		2.32		189	
Mean Model	348	5	370	19	1269	−104	145	27	0.04	−0.06	1.63	0.36	47	11	2.34	0.02	201	12
bcc-csm1-1-m			270	−82	775	−598	114	−4			1.42	0.14	41	5	2.10	−0.23	192	4
BNU-ESM	343	0	695	343	533	−840	102	−16	0.22	0.12	1.69	0.43	49	14	2.66	0.35	192	3
CanESM2	345	2	326	−25	1426	−54	129	11	−0.17	−0.28	1.31	0.05	38	3	1.94	−0.40	202	13
CESM1-BGC	356	13	447	96	505	−868	130	12	0.41	0.31	1.77	0.49	51	15	2.57	0.24	197	8
GFDL-ESM2G	360	17	414	63	1438	65	175	57	0.38	0.28	1.65	0.38	48	12	2.45	0.12	193	3
HadGEM2-ES			366	15	1165	−208	146	28			1.68	0.40	49	13	2.33	0.02	205	16
Inmcm4			296	−55	1579	206	111	−7	−0.35	−0.45	1.72	0.44	50	14	2.52	0.19	207	18
IPSL-CM5A-LR			299	−53	1141	−232	167	48	−0.24	−0.34	1.40	0.14	41	6	2.01	−0.29	218	29
MIROC-ESM	355	12	222	−130	2091	719	132	13	0.23	0.13	1.74	0.47	50	14	2.47	0.16	209	20
MPI-ESM-LR	347	4	257	−95	2794	1421	170	52	0.05	−0.06	1.52	0.25	44	8	2.13	−0.17	191	2
MRI-ESM1	331	−12	403	52	1237	−136	236	118	−0.67	−0.77	1.49	0.22	43	7	2.33	0.01	207	18
NorESM1-ME	348	5	444	93	542	−831	130	12	0.56	0.46	1.73	0.46	50	14	2.45	0.13	194	4

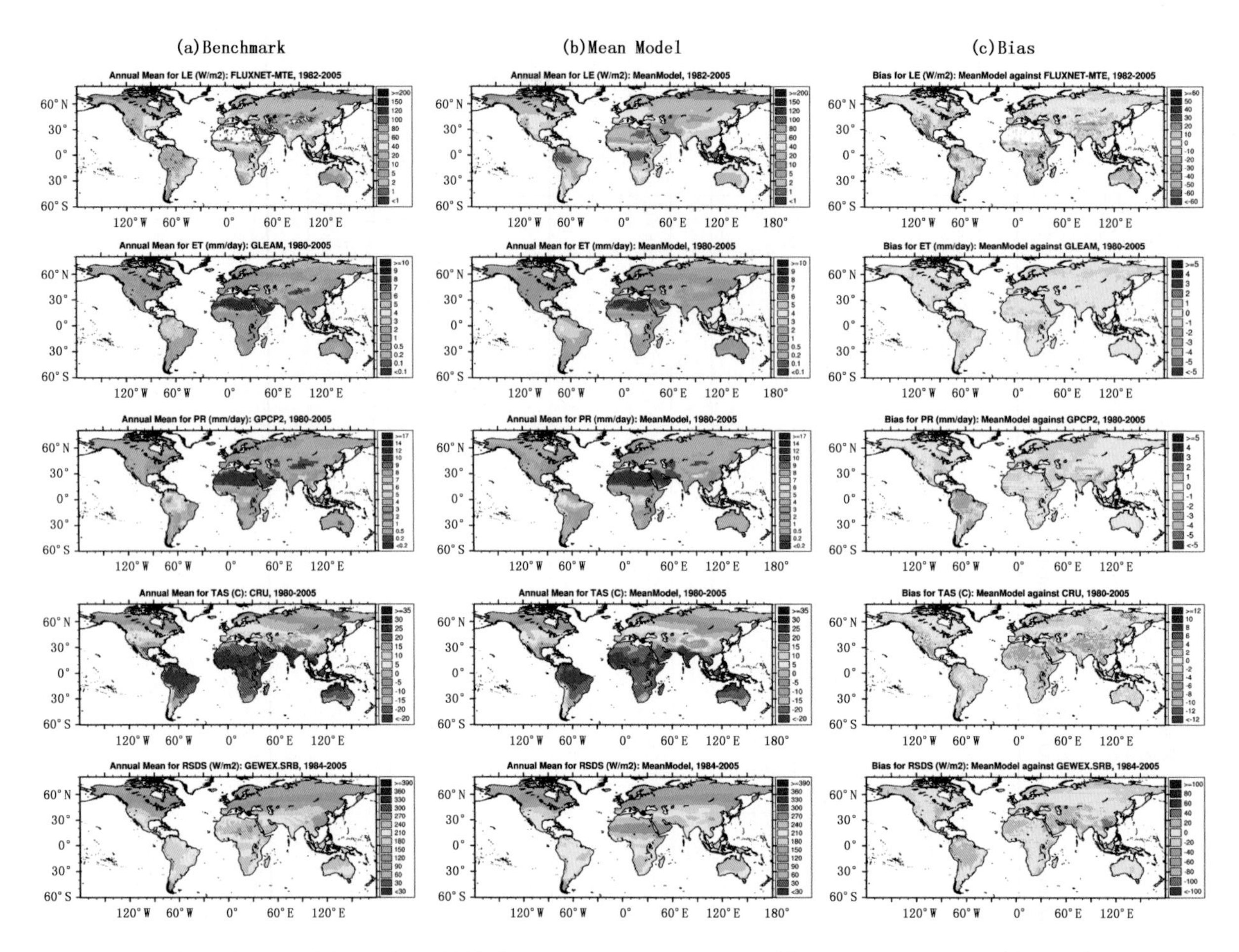

Fig. 5　Annual mean of latent heat (W/m^2), evapotranspiration (mm/d), precipitation (mm/d), surface air temperature (℃) and surface downward shortwave radiation (W/m^2) for (a) benchmark, (b) mean model, and (c) bias

3.3　Seasonal cycle

Besides annual mean, seasonal cycle is another important element in climate model simulations, thus evaluating seasonal cycle is another important part in our ILAMB system. Previous studies found "bias" in seasonal cycles systematically existing in CMIP5 historical simulations (Anav et al., 2013). This "bias" is probably caused by uncertainty in observational data, thus here we want to compare model simulations with different observational sources for each variable, and further systematically check if this inconsistence uniformly exists in other variables. As an example here, we show mean annual cycles of GPP, LAI, ET, LE and RSDS averaged in the temperate North America (TENA) region, where the big bias was found (Anav et al., 2013). To confirm that the biases from model simulations are not due to observation data issues, we show 2 different benchmark sources for each variable. The results are shown in Fig. 6. In general, all models displayed consistence with both benchmark sources in all variables, i.e., maximum in summer from May to September and minimum in winter from November to February, and results from both different benchmark sources are consistent with each other. However, apparent differences may be noted between models and benchmarks, and most CMIP5 models have peaks in 1—2 months earlier than benchmarks, and also models generated faster increases than benchmarks in the growing seasons from March to June. To further display regional differences of seasonal cycles between models and benchmarks, Fig. 7 shows peak months of benchmarks (Fig. 7a) and differences of peak months from mean models with benchmarks (Fig. 7b). We may note the most differences locating in the tropics. That is because there is no obvious season change in the tropical regions. Besides the tropics, large differences locate in the mid—latitude in both hemispheres. Obviously seasonal cycles in the high latitude of the northern hemisphere generated by mean models best match benchmarks, and the differences with benchmarks are in the ranges of +1 to −1 month (Fig. 7 for GPP, LE and surface radiation). Differences are also apparent, for example, the mean model has an earlier peak for LAI than benchmark (Fig. 7 for LAI). In consistence with plant growth (Fig. 7 for LAI), earlier peak months for ET also occur in the mid and high latitudes in the northern hemisphere.

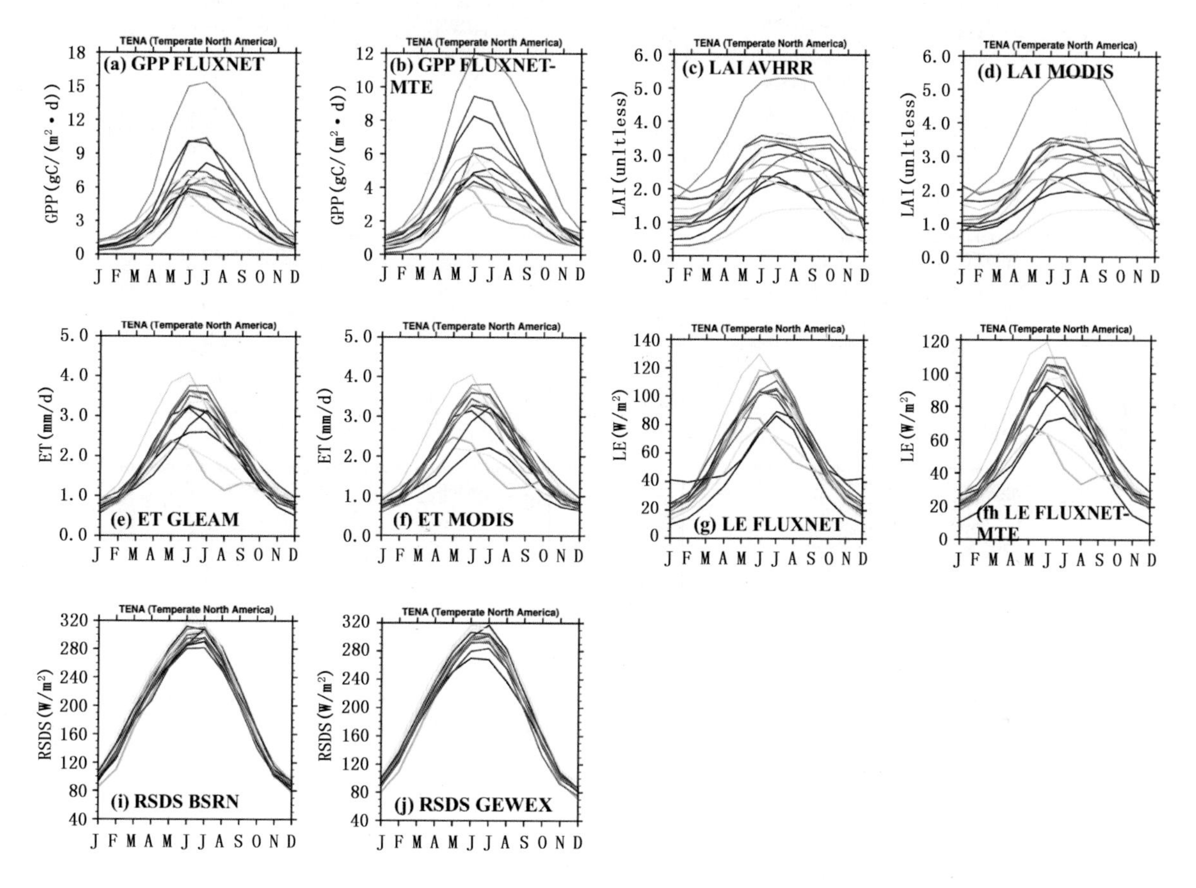

Fig. 6 Seasonal cycles averaged over the temperate North American (TENA) region

3.4 Variable to Variable Relationship

Another feature in this package is to perform variable to variable relationship comparison. This is the first time to estimate this kind of comparisons between models and benchmarks in benchmark systems. Following the method in section 2, we will estimate relationships of precipitation to GPP, precipitation to LAI, surface air temperature to GPP and temperature to ET here. The results are shown in Fig. 8. For the relationship between precipitation and GPP, both mean model and benchmark are nearly the same, and small differences are found in the domain for precipitation at 4—5 mm/d, and mean model is slightly higher than benchmark. Referring to annual means of precipitation and GPP shown in Figs. 4 and 5, mean model generates too much GPP and precipitation in the tropical forest regions than benchmarks. For the relationship between precipitation and LAI, apparently mean model generates higher LAI than benchmark at almost every domain of precipitation. Probably it generally reflects LAI in mean model (most CMIP5 models) is more sensitive to precipitation in comparison with benchmark observations. It is consistent with too high LAI in mean model shown in Fig. 4. For relationship between sur-

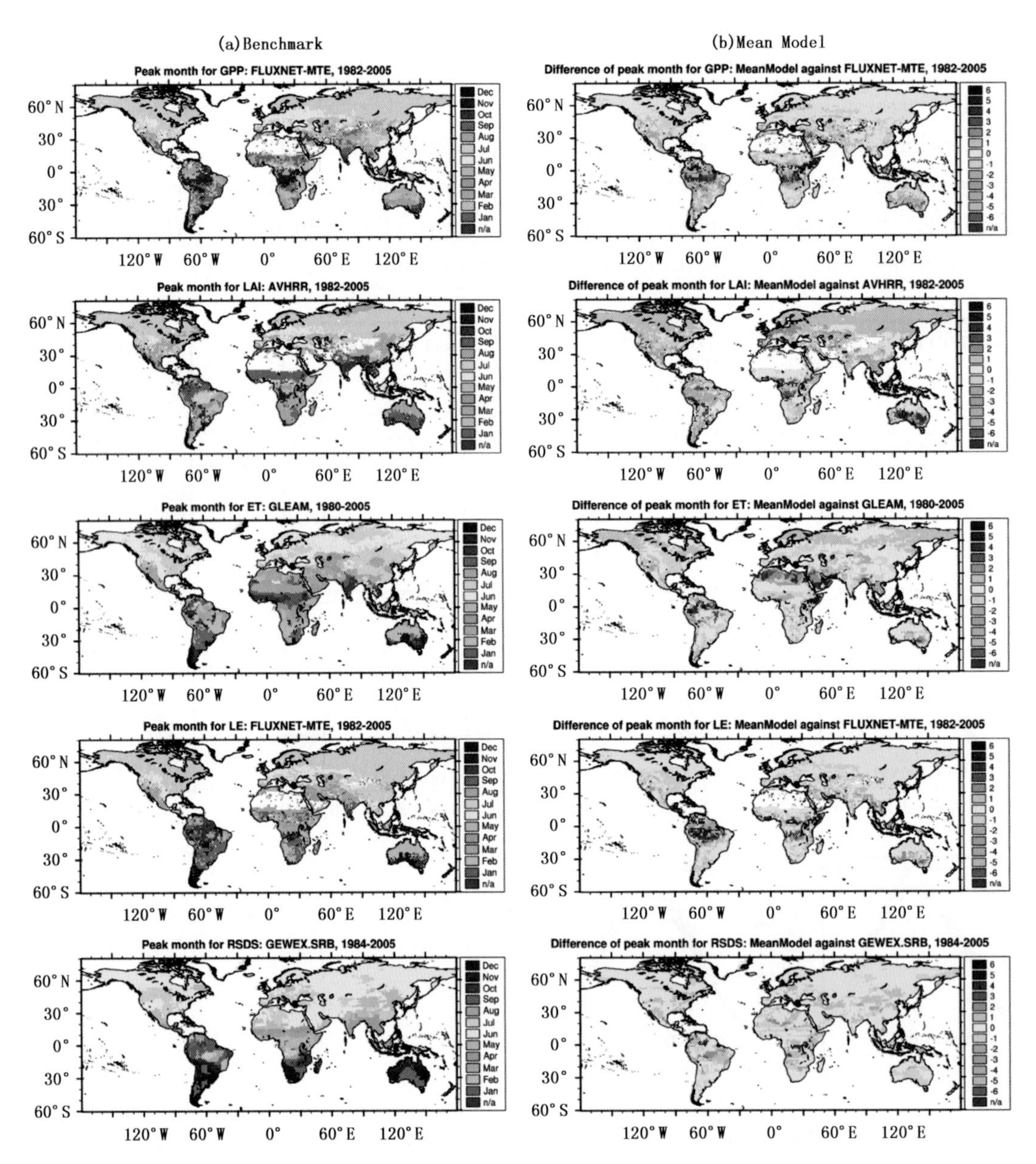

Fig. 7　Peak months for mean annual cycle of gross primary production, leaf area index, evapotranspiration, latent heat and surface downward shortwave radiation for (a) benchmark and (b) difference of mean model with benchmark

face air temperature and GPP, both mean model and benchmark are generally in agreement, but differences are also apparent. In the high temperature domains ($T>24$℃), mean model generates lower GPP than benchmark, however in the domain of the medium range of air temperature (8－18℃), GPP in mean model is higher than benchmark. Referring to annual mean of air temperature in Fig. 5, this domain is mainly located in the mid-latitude where crops and grass are dominated. It is more interesting to note that ET in mean model is more sensitive to surface air temperature than benchmark (relationship between temperature and ET in Fig. 8). This sheds light on shortage of water in the model due to high temperature and ET. Probably this can explains why GPP and biomass have big bias over Amazon. Too high downward shortwave radiation generates anomalously higher GPP/LAI in mean model. This is probably the reason for the big bias of GPP and biomass in the tropical Africa and Southeast Asia.

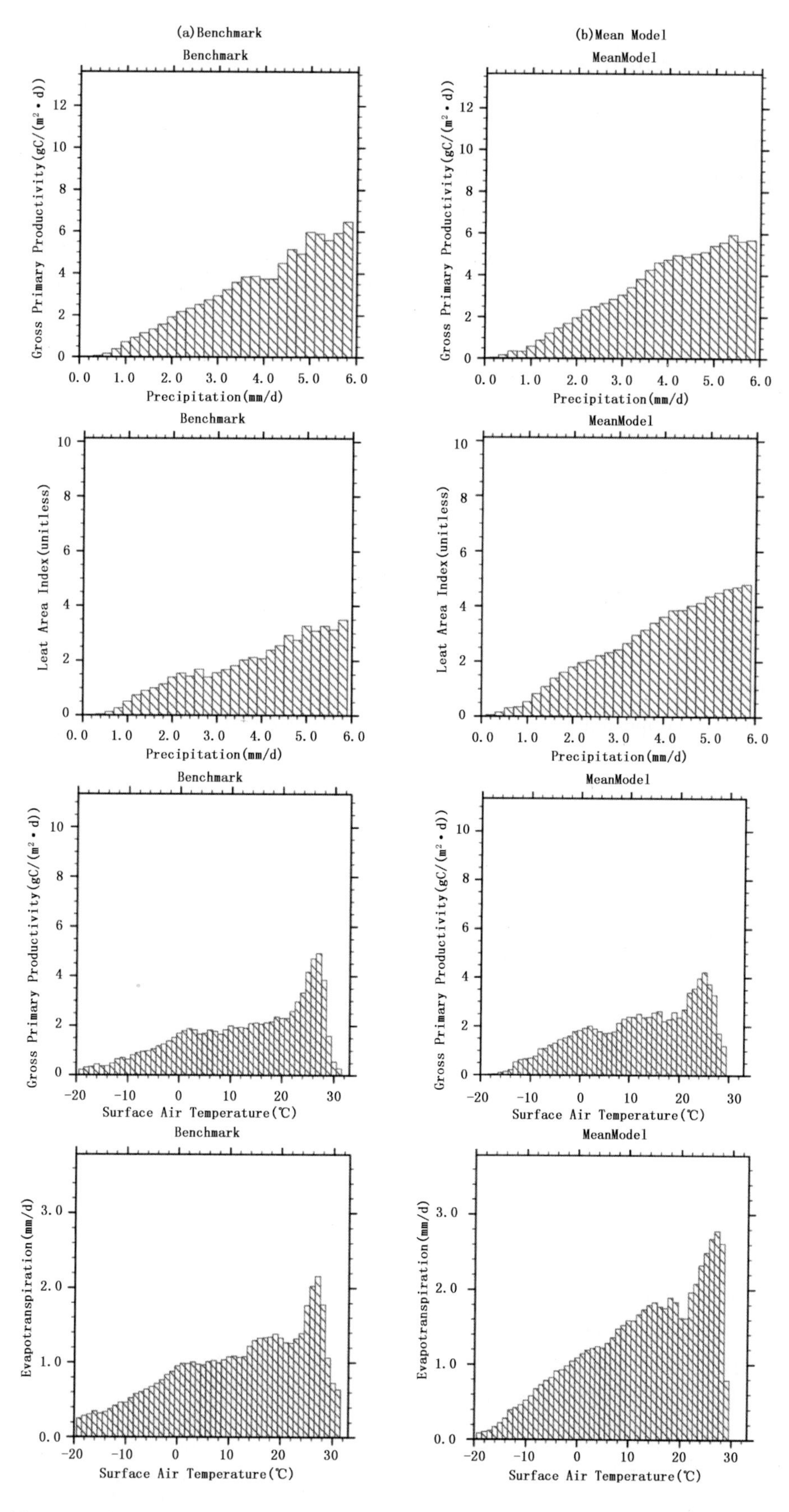

Fig. 8 Variable to variable relationships for precipitation (mm/d) vs. GPP (gC/(m^2 • d)), precipitation (mm/d) vs. leaf area index, surface air temperature (℃) vs. GPP (gC/(m^2 • d)) and surface air temperature (℃) vs. evapotranspiration (mm/d) for (a) benchmark and (b) mean model

4　Conclusion and Summary

Here we developed a new benchmarking software system that enables the user to specify the models, benchmarks, and scoring metrics, so that results can be tailored to specific model intercomparison projects. Evaluation data sets included soil and aboveground carbon stocks, fluxes of energy, carbon and water, burned area, leaf area, and climate forcing and response variables. We used this system to evaluate simulations from CMIP5 with prognostic atmospheric carbon dioxide levels over the period from 1850 to 2005. We found that the multi-model ensemble had a high bias in incoming solar radiation across Asia, likely as a consequence of incomplete representation of aerosol effects in these regions, and in South America, primarily as a consequence of a low bias in mean annual precipitation. The reduced precipitation in South America had a larger influence on gross primary production than the high bias in incoming light, and as a consequence gross primary production had a low bias relative to the observations. Although model to model variations were large (Table 4), the multi-model mean had a positive bias in atmospheric carbon dioxide that has been attributed in past work to weak ocean uptake of fossil emissions. In mid latitudes of the northern hemisphere, most models overestimate latent heat fluxes in the early part of the growing season, and underestimate these fluxes in mid—summer and early fall, whereas sensible heat fluxes show the opposite trend.

Acknowledgments

This research was supported through the Reducing Uncertainties in Biogeochemical Interactions through Synthesis and Computation Scientific Focus Area (RUBISCO SFA), which is sponsored by the Regional and Global Climate Modeling (RGCM) Program in the Climate and Environmental Sciences Division (CESD) of the Office of Biological and Environmental Research (BER) in the U. S. Department of Energy Office of Science. We acknowledge all the authors listed in Table 1 who generated the excellent and best climate datasets used for this study. We also would like to thank the World Climate Research Program's Working Group on Coupled Modeling, which is responsible for CMIP, and we thank the climate modeling groups (listed in Table 2 of this paper) for producing and making available their model output.

References

Adler R F, Gu G, Huffman G J, 2012. Estimating climatological bias errors for the Global Precipitation Climatology Project (GPCP)[J]. J Appl Meteor and Climatol, 51(1) :84-99. Doi:10. 1175/JAMC-D-11-052. 1.

Alexander ,et al. , 2006. Global observed changes in daily climate extremes of temperature and precipitation[J]. J Geophys Res Atmos, 111, D05109.

Anav A, Friedlingstein P, Kidston M, et al, 2013. Evaluating the land and ocean components of the global carbon cycle in the CMIP5 Earth System Models[J]. J Clim, 26(18):6801-6843. Doi:10. 1175/JCLI-D-12-00417. 1.

Arora V K, et al, 2013. Carbon-concentration and carbon-climate feedbacks in CMIP5 Earth System Models[J]. J Clim, 26 (15):5289-5314. Doi:10. 1175/JCLI-D-12-00494. 1.

Barriopedro D, Fischer E M, Luterbacher J, et al, 2011. The hot summer of 2010. redrawing the temperature record map of Europe[J]. Science,332:220-224.

Cail, et al, 2014. Increasing frequency of extreme El Niño events due to greenhouse warming[J]. Nature Climate Change. Doi: 10. 1038/NCLIMATE2100.

Carvalhais, et al, 2014. Global covariation of carbon turnover times with climate in terrestrial ecosystems[J]. Nature,514: 213-217. Doi: 10. 1038/nature13731.

Dai A, 2011. Drought under global warming: A review[J]. WIREs Clim Change,2:45-65.

De Kauwe M G, Disney M I, Quaife T, et al, 2011. An assessment of the MODIS collection 5 leaf area index product for a region of mixed coniferous forest[J]. Remote Sensing of Environment, 115:767-780.

Eyring, et al, 2016. ESMValTool (v1. 0) a community diagnostic and performance metrics tool for routine evaluation of earth system models in CMIP[J]. Geoscientific Model Development, 9(5):1747-1802. Doi:10. 5194/gmd-9-1747-2016.

Giglio L, Randerson J T, van der Werf, et al, 2010. Assessing variability and long-term trends in burned area by merging multiple satellite fire products[J]. Biogeosciences, 7:1171-1186. Doi:10. 5194/bg-7-1171-2010.

Gleckler P J, Taylor K E, Doutriaux C, 2008. Performance metrics for climate models[J]. J Geophys Res, 113, D06104. Doi:10. 1029/2007JD008972.

Groisman P Y, Knight R W, Easterling D R, et al, 2005: Trends in intense precipitation in the climate record[J]. J Clim, 18:1326-1350.

Harris I, Jones P D, Osborn T J,et al, 2013. Updated high-resolution grids of monthly climatic observations[J]. Int J Climatol. Doi: 10. 1002/joc. 3711.

Held I M,Soden B J , 2006. Robust responses of the hydrological cycle to global warming[J]. J Clim, 19:5686-5699.

Hoffman, et al, 2014. Causes and implications of persistent atmospheric carbon dioxide biases in Earth System Models[J]. J Geophys Res Biogeosci, 119(2):141-162. Doi:10. 1002/2013JG002381.

IPCC, 2007. Summary for policymakers, in Climate Change 2007: The Physical Science Basis[M]. Contribution of Working Group I to the Fourth Assessment Report of the Intergovernmental Panel on Climate Change, edited by Solomon S et al, Cambridge Univ Press, Cambridge, United Kingdom and New York, NY, USA.

IPCC, 2013. Summary for policymakers[C]//Stocker T F, Qin D, Plattner G K, et al. Climate change 2013. the physical science basis. Contribution of working group I to the fifth assessment report of the intergovernmental panel on climate change. Cambridge University Press, Cambridge.

Jung Martin,et al, 2009. Towards global empirical upscaling of FLUXNET eddy covariance observations: validation of a model tree ensemble approach using a biosphere model[J]. Biogeosciences, 6:2001-2013.

Keeling C D, Piper S C, Bacastow R B, et al, 2005. Atmospheric CO_2 and $13CO_2$ exchange with the terrestrial biosphere and oceans from 1978 to 2000: observations and carbon cycle implications [C]// Ehleringer J R, Cerling T E, Dearing M D. A History of Atmospheric CO_2 and its effects on Plants, Animals, and Ecosystems. Springer Verlag, New York:83-113.

Konig-Langlo G, Sieger R, Schmith Ã1/4 sen H,et al,2013. The Baseline Surface Radiation Network and its World Radiation Monitoring Centre at the Alfred Wegener Institute. http://www. wmo. int/pages/prog/gcos/Publications/gcos-174. pdf.

Lasslop G, Reichstein M, Papale D,et al, 2010. Separation of net ecosystem exchange into assimilation and respiration using a light response curve approach: critical issues and global evaluation[J]. Global Change Biology, 16:187-208.

Miralles D G, Holmes T R H, De Jeu R A M,et al, 2011. Global land-surface evaporation estimated from satellite-based observations[J]. Hydrol Earth Syst Sci, 15:453-469.

Mu Qiaozhen, Zhao Maosheng, Steven W Running, 2011. Improvements to a MODIS global terrestrial evapotranspiration algorithm[J]. Remote Sensing of Environment, 115:1781-1800.

Myneni R B, Nemani R R,Running S W, 1997. Algorithm for the estimation of global land cover, LAI and FPAR based on radiative transfer models[J]. IEEE Trans Geosc Remote Sens, 35: 1380-1393.

O'Gormanl, Paul A, 2015. Precipitation extremes under climate change[J]. Curr Clim Change Rep, 1:49-59. DOI:10. 1007/s40641-015-0009-3.

Prentice I C, et al, 2011. Modeling fire and the terrestrial carbon balance[J]. Global Biogeochemical Cycles, 25. Doi. 10. 1029/2010GB003906.

Randerson J T, et al, 2009. Systematic assessment of terrestrial biogeochemistry in coupled climate-carbon models[J]. Global Change Biology,15: 2462-2484. Doi: 10. 1111/j. 1365-2486. 2009. 01912. x.

Randerson J T, et al, 2012. Global burned area and biomass burning emissions from small fires[J]. J Geophys Res, 106. Doi: 10. 1029/2012JG002128.

Reichler T, Kim J , 2008. How well do coupled models simulate today's climate? [J]. Bull Am Meteorol Soc, 89 (3) :303-

311.

Saatchi Sassan S, et al, 2011. Benchmark map of forest carbon stocks in tropical regions across three continents[J]. Proc Natl Acad Sci, 108 (24):9899-9904.

Stackhouse Jr, Paul W, Shashi K Gupta, et al, 2011. The NASA/GEWEX Surface Radiation Budget Release 3. 0: 24. 5-Year Dataset[J]. GEWEX News, 21(1): 10-12.

Taylor K E, 2001. Summarizing multiple aspects of model performance in a single diagram[J]. J Geophys Res, 106, D7: 7183-7192.

Taylor K E, Stouffer R J, Meehl G A , 2012. An overview of CMIP5 and the experiment design [J]. Bull Am Meteorol Soc, 93(4):485-498. Doi:10. 1175/BAMS-D-11-00094. 1.

Todd-Brown, et al, 2013. Causes of variation in soil carbon simulations from CMIP5 Earth system models and comparison with observations[J]. Biogeosciences, 10(3):1717-1736. Doi:10. 5194/bg-10-1717-2013.

Van der Werf G R, et al, 2009. CO_2 Emissions from Forest Loss[J]. Nature Geoscience, 2:737-738. http://dx. doi. org/10. 1038/ngeo671.

Zscheischler, et al, 2014. A few extreme events dominate global interannual variability in gross primary production[J]. Environ Res Lett. Doi:10. 1088/1748-9326/9/3/035001.

Zscheischler J, Reichstein M, von Buttlar J, et al, 2014. Carbon-cycle extremes during the 21st century in CMIP5 models: future evolution and attribution to climatic drivers [J]. Geophysical Research Letters. 41: 8853-8861. Doi: 10. 1002/2014GL062409.

CHAMP卫星2003年的TLE轨道误差特性分析

满海钧　漆亚龙

（北京航天飞行控制中心，北京　100094）

摘　要：本文分析了CHAMP卫星在2003年的TLE轨道误差。研究结果表明，在利用SGP4软件从历元时刻向前推时，TLE轨道误差最小。此外，本文还分析了地磁暴期间轨道误差变化情况，特别是轨道的短周期变化。结果表明磁暴期间的TLE轨道短周期误差相比地磁活动平静期有显著变化，其中物理机制有待进一步研究更多磁暴事件。

关键词：卫星轨道，误差分析，磁暴事件

1　引言

北美防空司令部（NORAD）发布的两行根数资料（TLE），是利用简化摄动模型拟合美国全球观测网数据而得到的平均轨道根数资料，其每一组轨道根数和星历参数数据占用两行文本格式，故称之为两行根数。基于引力场模型的Brouwer解[1]和Lane等（1962）提出的球对称幂律函数大气模型，Lane等（1969）开发出了完备的轨道解析理论，Ken Cranford（1970）对该理论进行了简化，发展出简化普适摄动模型（SGP4），通过该模型可以与TLE资料配合实现近地卫星（轨道周期小于225 min）轨道解算[2]。

TLE数据库因时间跨度长且全球覆盖等优点，被广泛用于沿轨道的高层大气密度、阻尼系数等空间环境参数反演研究。在大气密度反演研究中，Emmert等利用TLE数据反演出了大气密度，对热层大气密度的长期变化趋势进行了分析[3]。Picone等进一步完善了该方法，提出了利用TLE反演大气密度的有效方法（以下称TLE方法），发现它与利用精轨数据反演密度的SP（Special Perturbations）方法相比反演精度相当[4]。精轨数据多有军事用途，不对公众发布，而TLE数据是完全公开的，并且基于TLE数据和SGP4模型的反演方法避免了复杂的计算过程、减少了计算代价，因此TLE方法被更多地应用于热层大气密度的研究中。Emmert等利用历时40年（1967—2007年）约5000个近地目标的TLE资料，对热层全球平均密度进行了研究，并发展出GAMDM模式以描述太阳活动周期、季节及地磁活动因子对固定高度上的全球平均大气密度的影响，证实了与理论预期相符的全球平均密度衰减趋势[5]。在此基础上，Emmert等对TLE数据库所含盖的4个太阳活动周进行了分析，发现23/24太阳活动周极小时期400 km处的全球平均密度低于气候学预测水平10%～30%[6]。Doornbos等利用时空分辨率充分高的TLE数据对经验密度模式在全球范围内进行修订，声称可将经验密度模式CIRA-72的精度提高到15%以内[7]。

在大气阻尼反演应用研究中，Pardini等开发了阻尼拟合软件CDFIT对短弧段（30 d）阻尼系数进行拟合，CDFIT根据定轨软件SATRAP中的摄动模型，以TLE作为观测资料，采用最小二乘方法对轨道半长轴衰减进行拟合，由此求出拟合阻尼系数[8]，并利用傅里叶分析对其进行了周期性分析，发现了拟合阻尼系数超过60 d的周期性变化[9]；漆亚龙等在TLE方法的基础上，结合经验密度模式JB2008将弹道系数从阻尼加速度中分离，计算出了密度模式依赖的拟合阻尼系数，并利用Lomb-Scargle周期图对拟合阻尼系数和太阳风、极紫外辐射、地磁活动指数进行了分析，从周期变化角度分析了大气阻尼与空间环境指数的相关关系[10]。

在实际应用 TLE 数据反演空间环境参数的过程中，还需要注意 TLE 数据筛选和 TLE 轨道精度评估等问题，比如：文献[11]指出由于目标追踪错误、轨道机动和目标截面属性变化会导致所选目标及部分 TLE 数据不满足研究要求，需要从轨道周期、平均运动单调性以及阻尼噪声比等方面对大量的低轨目标 TLE 数据进行筛选；Doornbos 在文献[12]中对 CHAMP 和 GRACE 卫星的 TLE 轨道的精度进行了评估，指出 TLE 轨道高度误差引起的 NRLMSISE-00 模式密度变化在 1%以内。对于 TLE 轨道误差特性的分析，文献[13]基于模拟的观测数据拟合出平均轨道根数，并利用其对 SGP4/SDP4 模型误差进行了分析，指出在处理近地目标时，定轨误差随高度增加而减小，定轨精度在百米量级，预报误差随时间增加而增大，预报 3 d 的位置误差小于 40 km；文献[14]利用实际发布的 TLE 数据得出了与文献[13]相似的结论，并指出低轨目标预报误差无显著放大的圈数为 40 圈，预报误差小于 5 km。然而这些误差分析多是针对长期轨道给出定量的结果，而对短时间尺度 TLE 轨道误差特性分析以及空间环境对 TLE 轨道误差影响的研究并不多见。

2 TLE 轨道精度分析

CHAMP 卫星于 2000 年 7 月 15 日发射升空，2010 年 9 月 19 日进入再入大气，卫星平台上装载了星载 GPS 接收机，利用星载 GPS 数据可以实现厘米级的精密定轨。快速科学轨道(RSO)数据(从 http://isdc.gfz-potsdam.de 获得)是德国地球科学研究中心(GFZ)提供的 CHAMP 卫星精密轨道资料，主要包含卫星的位置参量和速度参量，数据采样间隔为 30 s，位置精度达到 10 cm 量级，速度精度达到 0.1 mm/s 量级。GFZ 在每天的 10:00 和 22:00 各生成一个 RSO 文件，每个文件的时间跨度为 14 h，开始和结束各有 1 h 与其他文件重叠[15]。在每个 RSO 文件的开始和结束时段的轨道解算约束较弱，导致这段时间内的轨道精度较低，因此去掉首尾重叠部分对 RSO 数据文件进行拼接，拼接后的数据既提高了利用数据的精度，也保证了数据的连续性[16]。

美国的空间编目数据库提供的 CHAMP 卫星星历为 TLE 数据(从 http://www.celestrak.com 获得)，主要包含目标的平均轨道根数和拟合参数等信息，数据采样不均匀，历元间隔少则几小时多则十几二十多个小时(每天至少有一个 TLE 数据)。在使用 TLE 数据前，需采用文献[11]的方法对数据进行检验筛选，避免轨道机动等因素的影响。然后利用 SGP4 模型对 TLE 进行解算，可以得到卫星在任意解算时刻的状态向量。

在作轨道比较前，需将 TLE 轨道与精密轨道在时间和空间上进行匹配。这里为了充分利用精轨数据，统一将 TLE 解算到精轨数据的历元时刻。CHAMP 卫星的精轨资料 RSO 给出的位置和速度参量是在地心地适坐标系(ECEF)下的，原始的 SPG4 程序给出的卫星位置、速度坐标在真赤道平春分点坐标系(TEME)。描述空间大气环境的参量多采用局地直角坐标系(ENU)，为了反映轨道误差对环境参量反演的影响，这里选取每个时刻卫星 RSO 的位置坐标为原点建立 ENU 坐标系，在该坐标系下计算 TLE 轨道的误差。Guarnieri 在 MATLAB 下修改了原始程序的接口，并提供了常用的坐标系的转化程序。本文使用 Guarnieri 编写的 SGP4 模型程序包，利用坐标转化程序将两种轨道位置矢量转化到到 ENU 坐标系下，并计算 TLE 轨道的误差：

$$\varepsilon(t) = \boldsymbol{R}_{TLE}(t) - \boldsymbol{R}_{RSO}(t) \tag{1}$$

式中，t 表示轨道解算时刻到 TLE 历元时刻的时间，$\boldsymbol{R}_{TLE}(t)$ 和 $\boldsymbol{R}_{RSO}(t)$ 分别表示对应时刻 TLE 轨道和精密轨道的位置矢量，采样率为 1/min，采样范围 $|t| \leqslant 3$ d。向量 $\varepsilon(t)$ 的三个分量 ε_1 、ε_2 、ε_3 分别表示轨道在东、北、天方向上的误差。

由于 TLE 轨道误差函数 $\varepsilon_x(t)(x = 1,2,3)$ 的自变量 t 取值离散，每个 TLE 轨道包含一个时间序列 $\{t\}$ 及其对应的轨道误差序列 $\{\varepsilon_x\}$，且对于不同 TLE 轨道 $\{t\}$ 取值一般不同。为实现不同 TLE 数据对应 $\{\varepsilon_x\}$ 的运算，统一将每个 $\{\varepsilon_x\}$ 插值到与 TLE 历元时刻相隔整数分钟的时间点上。所有经过插值的轨道误差序列组成矩阵 $(\alpha_{ij})_{m\times n}$，其中 α_{ij} 表示第 i TLE 数据对应轨道误差序列中第 j 个时间点上的误差值，m 分别表示一年之中 TLE 数据的个数，n 表示采样范围内与历元时刻相隔整数分钟时间点的个数。利用

RMS 公式对 α_{ij} 的每一列元素求平均，得到多个 TLE 轨道上对应时刻误差的年平均值：

$$\beta_j = \sqrt{\frac{1}{m}\sum_{i=1}^{m}\alpha_{ij}^2} \tag{2}$$

再利用二次函数对年平均轨道误差序列 $\{\beta_j, j = 1, ..., n\}$ 进行曲线拟合，得到的拟合曲线表示经过多个 TLE 轨道平均后轨道长期误差变化的总体趋势。

3 轨道误差短周期变化特征分析

选取第 i 个 TLE 的轨道误差序列 $\{\alpha_{ij}, j = 1, ..., n\}$ 进行分析，对其按照轨道周期进行划分，划分后的周期轨道误差序列组成新的矩阵 $(\chi_{ij})_{k\times l}$，其中 χ_{ij} 表示第 i 个轨道周期中第 j 个时间点上的误差值，k、l 分别表示划分的轨道周期个数和轨道周期中采样点的个数。为提取多个轨道周期内误差变化的共同特征，避免由于不同轨道周期内误差振荡的幅度不同（见 4.2 节）而带来的影响，首先对每个轨道周期内的误差进行归一化处理，即每个轨道周期内的误差都除以该轨道周期内误差曲线的最大振幅：

$$M_j = \max_j(|\chi_{ij}|) \tag{3}$$

$$\chi'_{ij} = \frac{\chi_{ij}}{M_j} \tag{4}$$

同样，根据 RMS 公式，对各个轨道周期中相同相位的归一化误差进行平均：

$$\eta_j = \sqrt{\frac{1}{k}\sum_{i=1}^{k}\chi'^2_{ij}} \tag{5}$$

得到的 η_j 称之为同相位平均误差，误差序列 $\{\eta_j\}$ 就表示经过多个轨道周期平均后轨道短周期误差变化的总体特征。

4 结果分析

4.1 轨道误差长期变化趋势

图 1 分别给出了 TLE 轨道误差 RMS 在三个方向上的分布及其拟合曲线，拟合曲线为二次曲线，极小值点出现在 −1 d 附近。从历元时刻向后推算，误差随着时间增大；从历元时刻向前推算，误差随着时间先减小再增大。在采样范围内，向前推算的误差总体小于向后推算的。产生这种结果的原因与 TLE 生成有关：一方面，TLE 是利用最小二乘差分修订技术，通过调整平均根数和阻尼拟合参数，使 SGP4 模型计算的轨道与观测资料的偏差最小而得到的[17]。因此，在利用 SGP4 模型对 TLE 进行解算时，轨道误差在拟合区间内是最小的。另一方面，TLE 历元时刻定义为卫星在拟合区间内最后一次越过升交点的时刻[4,12]，因此拟合区间通常出现在历元时刻之前。

在 NORAD 发布 TLE 的参数中，并没有给出拟合区间长度的信息。Doornbos 在文献[12]指出，在拟合区间中，如果某一点两侧的观测数据相等，那么这一点的轨道约束是最强的，相应地拟合的 TLE 轨道也最精确。假设观测资料在拟合区间内是均匀分布的，将图 1 中拟合曲线的顶点视为拟合区间的中点，可以估计出拟合区间的长度约为 2～3 d。

4.2 轨道误差短周期变化特征

选取 2003 年 1 月 1 日 16 时的 TLE 数据进行个例分析，图 2a 给出了 TLE 轨道误差的时间序列，可以看出轨道误差基本上以 0 为中心振荡，N 方向和 U 方向的振荡曲线是对称的，而 E 方向振荡曲线则出现了异常峰值。这些异常的峰值或正或负，并且随着向两侧的推移异常峰值的数量越来越多，峰值大小越来越大。这种振荡是短周期的，周期振荡的时间尺度与卫星轨道的周期相当。利用 3.2 节方法对 TLE 轨道误差短周期变化特征进行分析，如图 3a 所示，实线表示利用式(5)计算的同相位平均误差，三个方向误

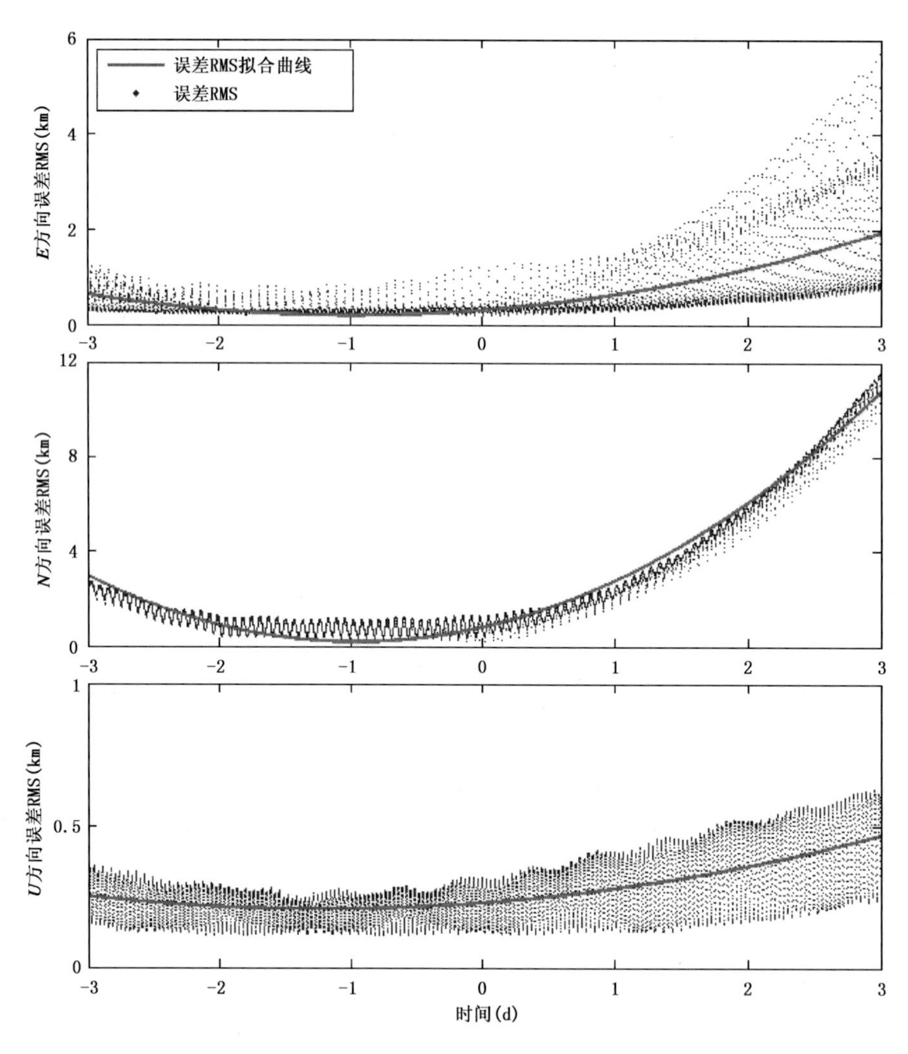

图 1　TLE 轨道误差长期变化趋势

差分量用不同的颜色表示，虚线表示多个轨道周期中对应时刻轨道高度的 RMS。在轨道周期尺度内，同相位平均误差的 E 分量(绿色线)在远地点和近地点之间平缓变化，在远地点和近地点附近发生突变产生两个极大峰值；N 分量(蓝色线)变化与 E 分量相反，在远地点和近地点附近突然产生两个极小峰值；U 分量(红色线)在整个周期内缓慢地变化，波动曲线出现两个峰值和两个谷值，分别对应轨道高度的两个极小值和两个极大值，与轨道高度 RMS 有明显的反相关关系。轨道高度 RMS 在一个轨道周期内会出现两个波峰和波谷，是由于 CHAMP 卫星的轨道特性以及地球的椭球效应，卫星到地球表面的轨道高度并非在远地点最高近地点最低，轨道高度的两个极小值点出现在赤道附近(靠近升交点和降交点)，两个极大值点则分别出现在远地点的和近地点附近。

图 2a、图 3a 中的个例处在地磁活动平静期，类似的分析表明：在地磁活动平静期，不同 TLE 轨道误差的短周期变化曲线具有相似位形，且这种相似位形不随不同 TLE 轨道的高度 RMS 曲线变化而改变。这反映出平静期 TLE 轨道误差的一般特性，同时也说明基于 TLE 和 SGP4 解算的轨道误差具有系统性。对于低轨目标影响其轨道的摄动力主要为地球非球形引力和大气阻力，而 SPG4 模型是在对地球引力场模型和大气密度模型进行简化的基础上，给出了目标位置和速度的解析解，因此会产这种普遍性的、系统性的误差。

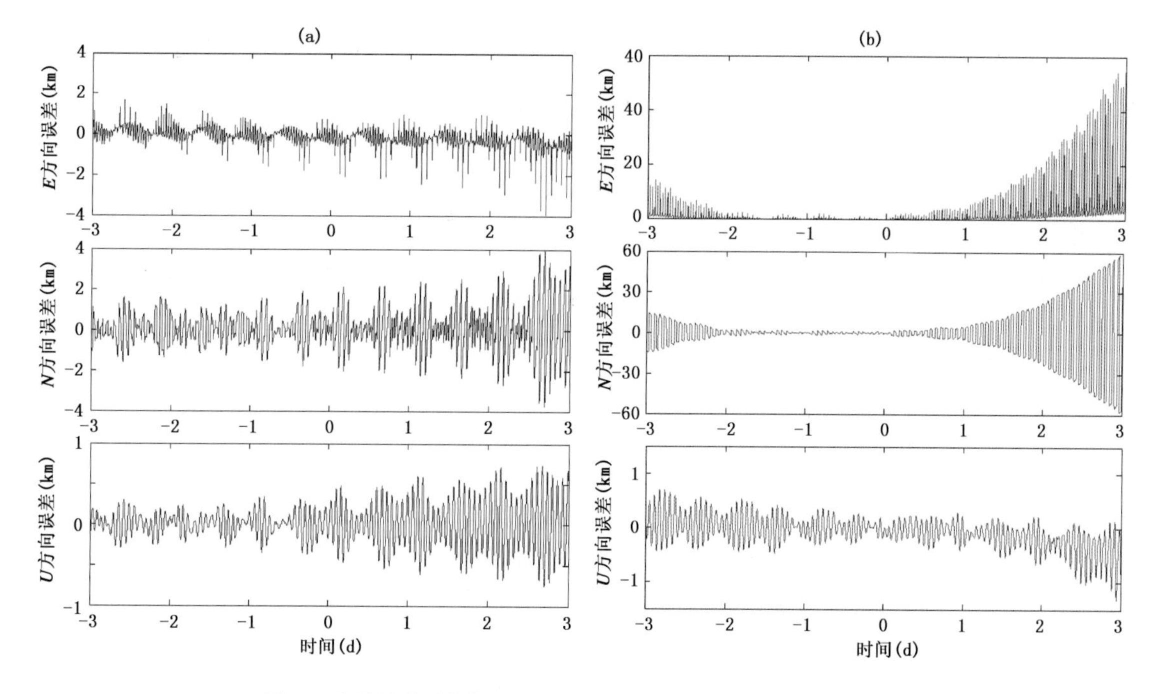

图 2　地磁活动平静期(a)和扰动期(b)TLE 轨道误差的时间序列

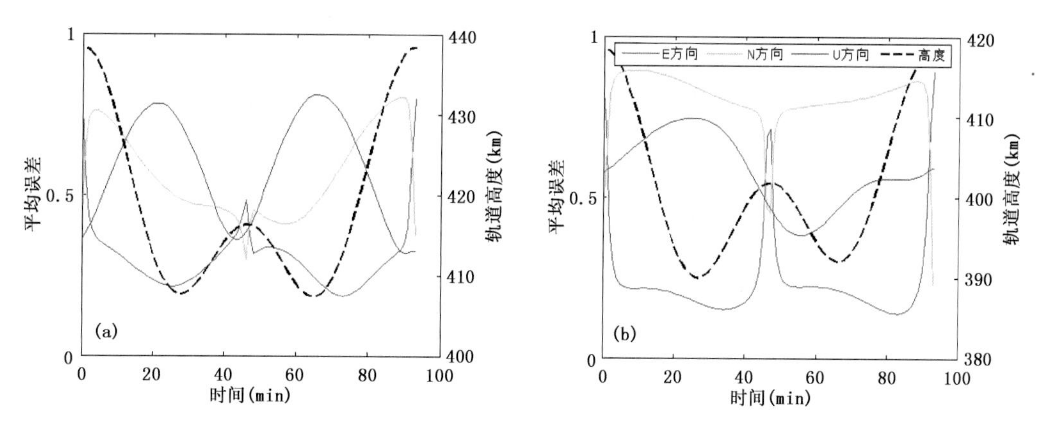

图 3　地磁活动平静期(a)和扰动期(b) TLE 轨道短周期误差变化

4.3　磁暴事件对轨道误差的影响

2003 年 10 月 29 日到 11 月 1 日期间 CHAMP 卫星经历了两次太阳活动爆发事件，与之相应的日冕物质抛射(CME)在随后的十几个小时到达地球，引起了两次强烈的地磁场扰动。此次磁暴事件期间共发布了 4 个 TLE 数据，这里选取 2003 年 10 月 30 日 18 时轨道误差变化最显著的 TLE 数据进行分析。如图 2b 所示，TLE 轨道在三个方向上的误差水平都有不同程度的增加：E、N 方向上表现为在 TLE 拟合区间段外，误差分量变化的幅度急剧地增长，最大增长幅度约为年平均水平的 5～10 倍；U 方向表现为向后解算时段的误差分量向下偏移。如图 3b 所示，在短周期内的 TLE 轨道同相位平均误差曲线的位形发生改变：E、N 方向误差分量曲线变化更加平直，在远、近地点附近的峰值变化幅度更大；U 方向误差分量曲线向右偏移，第二个峰值点消失。

在地磁扰动发生期间，大量的太阳风能量从极区注入磁层，其中一部能量通过焦耳加热和粒子沉降进入到热层。这些能量通过一系列的能量和动量传递过程在整个热层大气中耗散掉，引起热层大气密度强烈扰动。加热后的大气温度升高膨胀，低层大气上涌，导致了热层大气密度显著地增加，阻尼效应也明显增强。

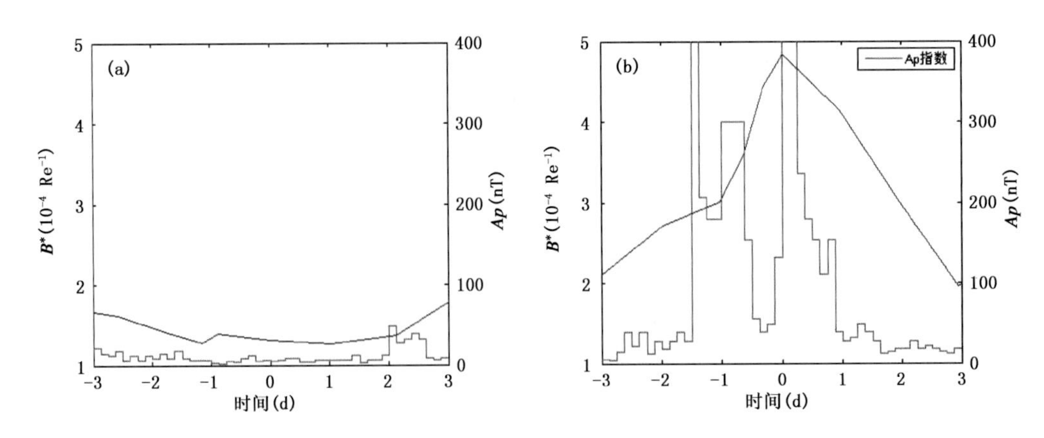

图 4 地磁活动平静期(a)和扰动期(b)TLE 参数 B^* 和 Ap 指数变化

阻尼效应的增强导致沿卫星运动方向轨道误差增加，投影到 E、N 平面就表现为 E、N 分量的显著增加(如图 2b 上、中图)。如图 4 所示，地磁扰动期间阻尼效应的增强也反映在 TLE 拟合参数 B^* 的增强，然而利用暴时的拟合参数预报扰动过后的卫星轨道，必然会导致预报轨道高度低于实际轨道高度，因此 u 方向轨道误差在预报时段会向下偏移(如图 3b 下图)。

进一步分析发现：TLE 轨道 U 方向误差分量的向下偏移，可能是导致地磁扰动期间该方向上短周期误差异常的原因。误差分量的向下偏移会导致每个轨道周期内正误差绝对值减小、负误差绝对值增大，反映在短周期误差曲线的变化为一个误差峰值增大、另一个误差峰值减小(图 3b)，由此可以推测 TLE 轨道短周期变化异常也与阻尼效应的增强有关。

Picone 等利用 TLE 轨道的长期变化信息从中反演出了长期平均的热层大气密度[4]，这种长期平均无法描述热层大气密度的短时间尺度扰动，比如磁暴事件引起的扰动。而本文研究结果表明：地磁扰动期间随着阻尼效应的增强 TLE 轨道误差发生复杂的变化，这些变化为利用 TLE 轨道的短周期误差变化提取地磁扰动信息提供了可能。在长时间跨度、高空间覆盖的 TLE 资料中提取地磁扰动信息，为研究高层大气对地磁扰动的全球响应打开了新局面，为揭示地磁扰动在电离层、热层中的传播机制提供了新手段。

5 结论

本文在 ENU 坐标系下通过对 TLE 轨道误差的分析，从宏观和微观两个角度反映轨道误差随时间变化的规律。在宏观角度，通过计算多个 TLE 轨道上对应时刻误差的年平均值描述了 TLE 轨道误差长期变化趋势。NORAD 发布了 TLE 和 SGP4 模型，但是 TLE 的生成算法至今仍被保留，拟合观测资料的区间长度也未公开。在长期趋势分析基础上，对 TLE 数据拟合区间长度的估计，为反演空间环境参数过程中选取合适的积分间隔提供必要的参考。在微观角度，通过对短周期误差变化总体特征的分析，发现了基于 TLE 数据和 SGP4 模型解算的轨道具有普遍的、系统性误差。在地磁扰动期间，TLE 轨道误差出现明显的异常，异常在长期变化和短周期特性的分析中均有所表现。初步分析表明：地磁扰动期间 TLE 轨道误差异常与阻尼效应增强密切相关，其详细物理机制还有待更加深入的分析。在接下来的研究中，我们将利用可获取的精轨资料，研究不同轨道高度的目标在更多地磁扰动事件中的误差变化规律，力图找出 TLE 轨道误差异常与地磁活动指数间的物理联系，通过这种途径研究高层大气对地磁活动的响应，揭示地磁扰动在电离层、热层中的传播机制。

参考文献

[1] Nicholas A C, Picone J M, Emmert J, et al. Preliminary results from the atmopheric neutral density experiment risk reduction mission, Naval Res. Laboratory, AAS 07-265[Z],2007.

[2] Nicholas A C, Finne T, Davis M A, et al. Atmospheric Neutral Density Experiment (ANDE-2) Flight Hardware Details[Z],2009.

[3] Michalak G,Baustert G,König R. CHAMP rapid science orbit determination-status and future prospects[C]//First CHAMP Mission Results for Gravity, Magnetic and Atmospheric Studies, Berlin: Springer,2003:98-103.

[4] 徐天河,杨元喜. CHAMP 卫星快速科学轨道数据的使用及精度评定[J]. 大地测量与地球动力学,2004,24(1):81-84.

[5] Emmert J T. A long-term data set of globally averaged thermospheric totalmass density[J]. J Geophys Res,2009,114: A06315.

[6] Vallado D A, Paul C. SGP4 Orbit Determination[C]//Proceedings of the 2008 AIAA/AAS Astrodynamics Specialists Conference,San Diego: American Institute of Aeronautics and Astronautics,AIAA, 2008:2008-6670.

[7] Picone J M, Emmert J T, Lean J L. Thermospheric densities from spacecraft orbits: Accurate processing of two-line element sets[J]. J Geophys Res,2005,110,A03301.

[8] Doornbos E N. Thermospheric Density and Wind Determination from Satellite Dynamics[M]. Springer,2012.

[9] 刘林. 人造地球卫星轨道力学[M]. 北京:高等教育出版社,1992.

[10] King-Hele D. Satellite orbits in an atmosphere:Theory and applications[M]. Blackie, Glasgow,1987.

[11] Picone J M, Emmert J T, Lean J L. Thermospheric densities from spacecraft orbits: Accurate processing of two-line element sets[J]. J Geophys Res,2005,110,A03301.

[12] Doornbos E N. Thermospheric density and wind determination from satellite dynamics[D]. PhD thesis, Delft University of Technology, the Netherlands,2012.

[13] Bruinsma S L,Forbes J M. Properties of traveling atmospheric disturbances (TADs) inferred from CHAMP accelerometer observations[J]. Adv Space Res,2009,43:369-376.

[14] Guo J, Feng X, Forbes J M, et al. On the relationship between thermosphere density and solar wind parameters during intense geomagnetic storms[J]. J Geophys Res,2010,115,A12335.

[15] Nicholas A C, Budzien S A, Healy L, et al. Results from the atmospheric neutral density experiment risk reduction mission[C]//AIAA/AAS Astrodynamics Specialist Conference and Exhibit, Honolulu, Hawaii, AIAA, 2008: 2008-6950.

[16] Qi Y L, Li H J, Xiang J, et al. Periodic variation of drag coefficient for the ANDE spherical satellites during its lifetime[J]. Chin J of Space Sci,2013,33(5):525-531.

[17] Lomb N R. Least-squares frequency analysis of unequally spaced data[J]. Astrophys Space Sci,1976,39:447-462.

Characters of TLE Orbit Errors for CHAMP Satellite in 2003

MAN Haijun, QI Yalong

(Beijing Aerospace Control Center,Beijing 100094)

Abstract:In this paper, the bias of TLE orbit was analyzed for CHAMP satellite in 2003. The RMS of RTN errors show that the TLE orbit is more accurate when propagating it before the TLE epoch using SPG4. In addition, the TLE orbit error is larger during the magnetic storm events. And the profile of errors in short period is changed comparing with that of magnetic quiet time. Deeply analyzing for more magnetic storm events will be done in the future studies.

Key words: satellite orbit, error feature analysis, geomagnetic storm events

基于闪烁功率谱反演电离层不规则体漂移速度

杨升高

（宇航动力学国家重点实验室，西安　710043）

摘　要：本文针对电离层不规则体漂移特性问题，介绍了一种基于功率谱估计的反演电离层不规则体漂移速度的方法，并结合实际观测数据，验证了该方法的合理性和可靠性。分析了在实际反演中随机噪声信号对反演结果的影响，发现随机信号的标准差是影响反演误差的主要因素之一，其影响程度与不规则体漂移速度有关：在速度相同情况下，标准差越大，相对误差越大；在相同标准差的随机噪声下，速度越大，造成的反演误差越大。当随机噪声的标准差超过一定范围时，需要对时间序列进行低通去噪处理，以减小反演误差。随机噪声的均值对反演基本上不影响。利用南京实测数据，运用傅里叶变换方法计算功率谱，反演得到南京上空不规则体平均漂移速度为 37.8 m/s，这与同在中纬度的新乡地区的结论相一致。

关键词：电离层不规则体漂移速度，反演，功率谱估计

1　引言

电离层作为卫星信号传播的特殊媒介，对卫星通信、导航等空间活动有着十分重要的意义。由于电离层不均匀介质的存在，当无线电波穿过电离层传播时，电波幅度和相位会发生剧烈起伏，即电离层闪烁现象，使得信噪比降低，信号捕获跟踪困难，影响通信、导航质量，严重时甚至导致接收机失锁、信号中断[1-3]。因此，无线电波在电离层中传播的规律及其应用，一直以来备受通信和空间天气领域关注。早在1946 年，Hey，Parsons 和 Phillips 就已经观测到了电离层闪烁现象[4]。随后的观测实验和研究证实，这种信号的随即起伏是电离层中电子密度不规则结构作用的结果。对于电离层闪烁，本质上可归于电磁波在不均匀电离层介质传播问题的研究[1]

由于电离层电子密度不规则结构是产生电离层闪烁的根本原因，电离层闪烁的发生与发展同电子密度不规则结构的尺度、速度等特性有着天然的相关性。随着卫星信标应用于电离层闪烁监测技术的发展，利用电离层闪烁观测数据反演电离层不规则体特性成为可能[2,4-8]，并涌现出大量成果。Basu[9]用甚高频闪烁信号分析，发现赤道地区电离层闪烁功率谱指数在－3～－4.5，不规则体的尺度小于 1 km。Kerslcy 等[10]分析了高纬度地区甚高频接收信号，得到电离层闪烁功率谱指数分布于－2.5～－4.5，而不规则体的尺度在 150 m 到 1 km。新乡甚高频电离层闪烁信号分析表明[3]，功率谱中有突然折断现象，功率谱指数与闪烁指数呈正相关。

本文介绍了谱分析方法在电离层不规则体漂移速度反演中的应用，从理论上对反演结果的误差进行估计，并利用南京实测数据反演了该地区电离层不规则体结构漂移速度。

2　电离层闪烁理论

在过去的几十年里，电离层闪烁理论取得长足发展，许多理论被提出用来描述电离层闪烁发生的原理。在弱扰动条件下，相位屏理论和 Rytov 近似应用最为广泛。本文利用采用相位屏理论作为正演模

式。在弱散射理论中,假定不规则体是各向同性的区域。相位屏理论中闪烁信号的空间光谱波束表达形式如下:

$$\Phi_I(f) = \frac{\lambda^2 \sigma_\xi^2 L k_p^4 R_0^3 \Gamma(p/2)}{\pi v \cdot \pi^{3/2} \Gamma(\frac{p-3}{2})} \int_0^\infty \frac{\sin^2[\frac{\lambda z}{4\pi}(\kappa_x^2+\kappa_y^2)]}{[1+R_0^2(\kappa_x^2+\kappa_y^2)]^{p/2}} \mathrm{d}\kappa_y$$

$$\kappa_x = 2\pi f / v \tag{1}$$

式中,λ 代表波长,σ_ξ 代表电子密度标准偏差的变化,p 代表光谱指数,z 是散射层的平均厚度,κ_x ,κ_y 是在 x,y 方向上的空间波数,v 是不规则体的漂移速度,L 是不规则体的等效厚度,f 是频率,R_0 代表外尺度,Γ 是伽马函数。大量的研究表明,电离层闪烁功率谱表明了低功率和高频率之间的一个关系,即 Φ_I 与 $f^{-n}(n=-p-1)$ 是 有成比例的关系。

在式(1)中,与不规则体有关的参数有:z,R_0 ,L ,p ,v ,其中,不规则体所在高度一般认为是 400 km

要通过闪烁功率谱反演得到不规则体特性,须搞清不规则体各特征参数对功率谱的影响。下面简单分析不规则体特性对 GPS 闪烁强度功率谱的影响,所有的不规则体高度都假定为 400 km,电子密度相对背景场地标准偏差、背景等离子体频率均认为是恒量,即 σ_ξ 、k_p 为常数。

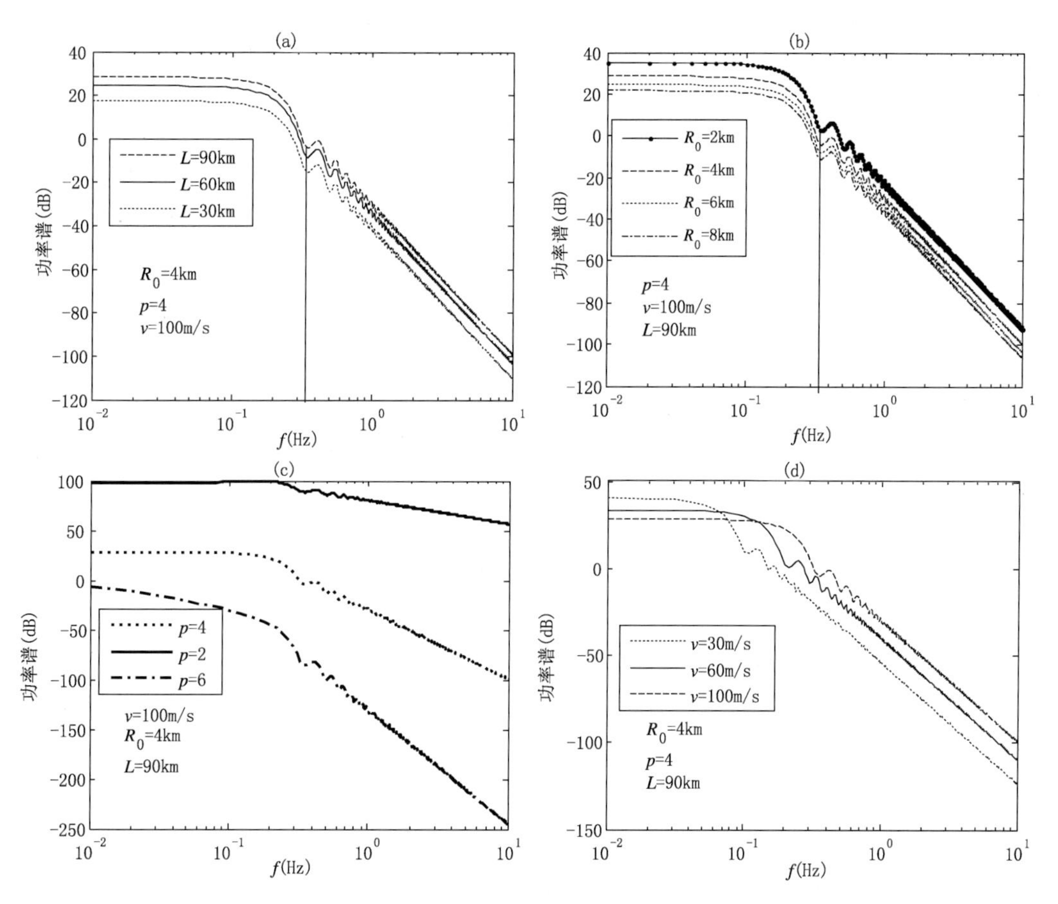

图 1 400 km 高度不规则体不同厚度(a)、外尺度(b)、强度(c)、速度(d)对理论功率谱的影响

图 1b 是假定不规则体厚度、谱指数、漂移速度一定的情况下,外尺度分别取 2 km,4 km,6 km,8 km 时的功率谱曲线,从图中可以看出,外尺度只会影响谱曲线的位置,即上下平移,不会影响曲线的下降趋势和震荡情况,几条曲线的形状几乎没有改变。

图 1c 是在外尺度、厚度、漂移速度一定的情况下,谱指数对功率谱曲线的影响,可以看出,功率谱曲线对谱指数比较敏感,它不仅影响位置,而且影响谱曲线的下降趋势,谱指数越大,曲线高频段下降越快,即高频段拟合的直线的斜率越大,这说明不规则体谱指数参数能很好地反映信号的涨落情况,与幅度闪烁指

数 S4 有较强的相关性。

同外尺度相似，不规则体厚度仅影响功率谱曲线的上下平移特性，对其高频段几乎没有产生影响。如图 1a 所示。

图 1d 是理论功率谱曲线随不规则体漂移速度变化情况，从图中明显看出，不同曲线高频段下降的起始频率存在明显差异，也就是说，不同漂移速度的功率谱曲线第一个极小值对应的频率不同。而其他参数如厚度、谱指数以及外尺度等都不会影响菲涅尔频率，如图 1a、b、c 所示。这为不规则体漂移速度的反演奠定了理论根据。

由于式(1)对 f 求导很难得到解析表达式，在求导过程中发现，功率谱曲线的震荡主要是由于菲涅尔震荡函数引起，记为：

$$F(f)=-\cos(2\pi\lambda z/v^2\cdot f^2) \tag{2}$$

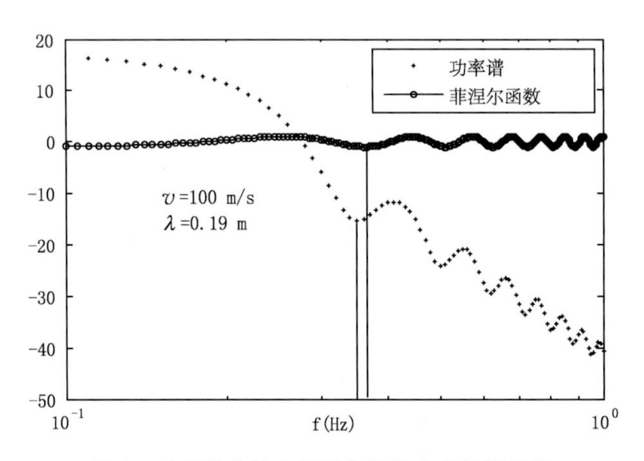

图 2　功率谱曲线和菲涅尔函数出现极值情况

图 2 是相同速度、相同波长条件下功率谱曲线和菲涅尔函数随频率分布情况，可以看出，功率谱曲线和菲涅尔函数的极值有很好的同步性，且极值对应频率相近。用菲涅尔函数极值对应频率代替功率谱曲线极值对应的频率可用来估算漂移速度的大小。菲涅尔函数的极值频率为：

$$f=\sqrt{n}\cdot v/\sqrt{\lambda z},n=1,2,3,\cdots \tag{3}$$

式中，v 是不规则体的漂移速度，λ 是无线电波长，z 是不规则体的高度。所有的频率计算是用式(3)，图 2 显示，当 $n=1$ 时，f 接近菲涅耳频率。从式(3)可知，如果已知菲涅耳频率，那么不规则体的漂移速度可以利用式(4)得到：

$$v\approx\sqrt{\lambda z}f_{\min} \tag{3}$$

若已知第一极小值对应的频率 $f_{\min}$ (菲涅尔频率)，利用式(4)可估计电离层不规则体漂移速度。

3　结果

3.1　功率谱估计反演不规则体漂移速度的步骤及误差分析

不规则体漂移速度反演流程如图 3 所示。

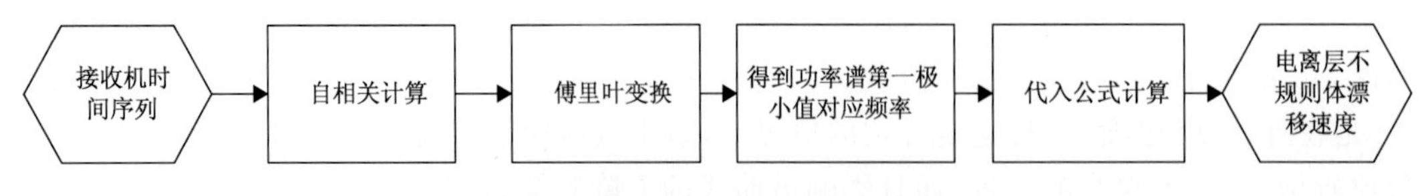

图 3　不规则体漂移速度反演流程

由于电离层不均匀随机介质的作用，经过电离层传播的信号到达接收机时，会产生随机起伏。接收机信号不能像确定性信号那样用数学表达式来精确描述，是以时间为参数的无限长非确定信号，是能量无限信号，不能满足傅里叶变换的绝对可积条件，不存在傅里叶变换。尽管随机信号是时间的非确定函数，但是其自相关函数却是以时间为参数的确定性函数，能较为完整地描述它的特定统计平均量值。随机信号的自相关函数与其功率谱密度是一对傅里叶变换对，可以用功率谱密度来表征随机信号的平均谱特性[11]。随机信号 $X(n)$ 的自相关函数 $\hat{R}(m)$ 如下式所示，

$$\hat{R}(m) = \frac{1}{N}\sum_{n=0}^{N-1} X(n)X_N^*(n+m)$$

对上式进行傅里叶变换，可得：

$$\sum_{m=-(N-1)}^{N-1} \hat{R}(m)\mathrm{e}^{-jwm} = \frac{1}{N}\left|X_{2N}(\mathrm{e}^{-jwm})\right|^2$$

$$X_{2N}(\mathrm{e}^{-jwm}) = \sum_{n=0}^{2N-1} X_{2N}(n)\mathrm{e}^{-jwm}$$

$$X_{2N}(n) = \begin{cases} X_N(n), n = 0,1,\cdots,N-1 \\ 0, N < n < 2N-1 \end{cases}$$

在实际观测中，接收机接收到的是信号的强度信息，这些信号中不仅包括电离层不规则体引起的信号的涨落，其中还存在接收机等其他因素引入的随机噪声，对接收到的强度信号进行傅里叶变换就可得到功率谱估计。由于在进行功率谱计算时，得到的是功率谱的值，设想如果先对得到的功率谱进行傅里叶逆变换，然后再加均值和标准差为定值的随机噪声，进行傅里叶变换，找出第一极小值对应的频率，计算得到漂移速度，与理论值进行对比。

图 4、图 5 分别是平均值为 0、标准差为 0.0001 和 0.01 的噪声信号对应的功率谱同理论谱对比图，可以看出，加噪声后的功率谱在低频端与理论谱基本重合，而在高频端出现谱折断现象，且随着标准差的增大，折断现象越明显。表 1 是不同噪声信号对应的反演速度同理论速度的对照情况。从中看出，随机信号的标准差是影响反演误差的主要因素之一，且影响程度与理论速度有关，在理论速度相同情况下，标准差越大，相对误差越大；在相同标准差的随机噪声下，理论速度越大，造成的反演误差越大。而随机噪声的均值对反演基本上不影响。

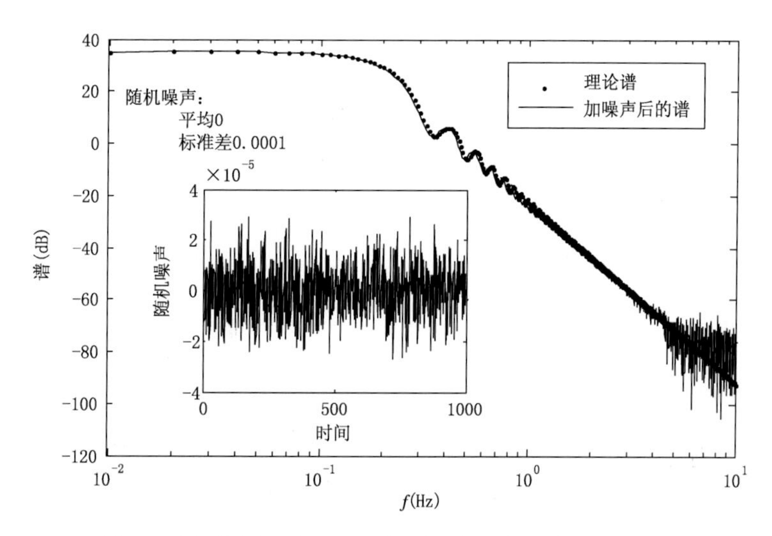

图 4　理论谱和加噪声后的谱(噪声信号标准差为 0.0001)

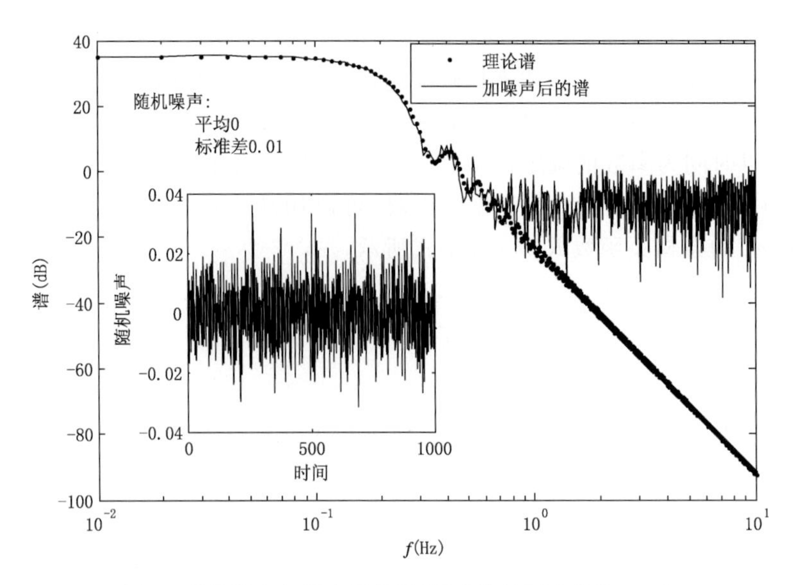

图 5 理论谱和加噪声后的谱(噪声信号标准差为 0.01)

表 1 不同噪声信号对应的反演速度误差

随机噪声信号均值	随机噪声信号标准差	反演速度(m/s)	理论速度(m/s)	相对误差(%)
0	0.1	59.3	100	40.7
0	0.01	88.9	100	11.2
0	0.001	94.3	100	5.7
2	0.1	43.1	100	56.9
2	0.01	91.6	100	8.4
2	0.001	96.7	100	3.3
0	0.1	53.9	75	28.1
0	0.01	72.3	75	3.6
0	0.001	70.0	75	6.7
2	0.5	35.0	50	30
2	0.1	51.2	50	2.4
2	0.01	48.5	50	3.0

因此,在实际反演过程中,需要对实测接收机数据进行高频去噪处理,然后再做傅里叶变换,得到功率谱,这样反演得到的速度更接近实际的速度。

3.2 实测数据反演漂移速度

利用傅里叶变换技术对南京接收到的原始的信噪比数据进行强度功率谱估计。在用傅里叶变换计算谱时要求数据个数最好为 2^n(n 为正整数),参照文献[2],选取 2048 个数据点进行功率谱计算。由于原始数据序列中不仅包含有用的扰动信息,还包含背景趋势和高频噪声,因此,在处理数据时先对时间序列去噪,然后采用 Welth 法[8](即修正后的周期图平均法),这种方法先把时间序列分为等长度的段,对每个数据段加窗函数处理,求出每一段的周期图,形成修正的周期图,再对修正周期图求平均,最后把修正周期图间近似看成互不相关,求平均得到效果较为明显的闪烁功率谱。从图 6 中得出,谱的第一极小值对应的频率 0.137 Hz,带入式(4)得到不规则体漂移速度为 37.8 m/s。

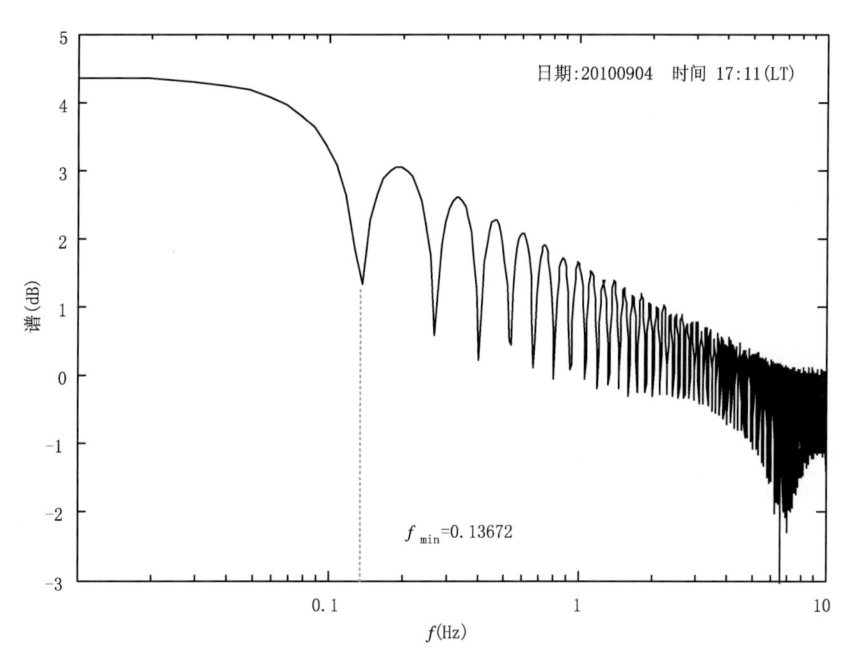

图 6 南京实测数据计算的功率谱

4 结论

本文介绍了一种基于功率谱估计反演电离层不规则体漂移速度的方法,分析了在实际反演中随机噪声信号对反演结果的影响。分析结果表明,随机信号的标准差是影响反演误差的主要因素之一,其影响程度与不规则体漂移速度有关:在速度相同情况下,标准差越大,相对误差越大;在相同标准差的随机噪声下,速度越大,造成的反演误差越大。当随机噪声的标准差超过一定范围时,需要对时间序列进行低通去噪处理,以减小反演误差。随机噪声的均值对反演基本上不影响。利用南京实测数据,运用傅里叶变换方法计算功率谱,反演得到南京上空不规则体平均漂移速度为 37.8 m/s,这与同在中纬度的新乡地区的结论相一致。

参考文献

[1] Wernik A W. Fremouw E J, et al. Ionospheric irregularities and scintillation[J]. Adv Space Res ,2003,31(4): 971-981.

[2] Clifford L Rufenach. Power-law wavenumbe spectrum deduced from ionospheric scintillation on observations[J]. J Geophy Res ,1972,77(25): 4761-4771.

[3] Long Q L. The Spectra of Ionospheric Scintillation at Xinxiang[J]. Chin J Radio Sci,1994,9(2): 60-65.

[4] Hey J S, Parsons S J, Phillips J W. Fluctuations in cosmic radiation at radio-frequencies[J]. Nature, 1946, 158 (4007):234.

[5] Basu S,et al. 250 MHz/GHz scintillation parametersin the equatorial,polar,and auroral environments[J]. IEEE SAC, 1987,5(2): 102-115.

[6] Terence J. Elkins. Measuremen tand interpretation of power spectrums of ionospheric scintillation at a Sub-auroral Location[J]. J Geophy Res, 1969, 74(16): 4105-5115.

[7] Bramley E N,et al. Mid-latitude ionospheric scintillation of geostationary satellite signals at 137 MHZ[J]. Journal of Atmospheric and Terrestrial Physics,1978,40: 1247-1255.

[8] Ma B K,Guo L X. Power spectra of ionospheric scintillation[J]. Chin J Radio Sci,2010.

[9] Basu S. Equatorial scintillation—A review[J]. Atmos Terr Phys,1981, 43(5): 473-489.

[10] Kersly L,et al. Power spectra of VHF intensity scintillations from F2 and E region ionospheric irregularities[J]. J At-

mos Terr Phys,1984 ,46: 667-672.
[11] 李正周. Matlab数值信号处理与应用[M]. 北京:清华大学出版社,2008.

The Ionospheric Irregularities Drift Velocity Inversion Based on the Ionospheric Power Spectra

YANG Shenggao
(State Key Laboratory of Astronautic Dynamics, Xi'an 710043)

Abstract: In order to understand the drift characteristics of the ionospheric irregularities, an inversion method of the ionospheric irregularities drift velocity based on the power spectrum estimation is introduced in this paper, and the rationality and reliability of the method was verified using the observed data. Through analyzing the influence of the random noise signal on the inversion results, we found that that the standard deviation of random signal is one of the main factors affecting the inversion errors. The larger the standard deviation of the noise, the greater the inversion error caused by the noise signal. Using the observed data in Nanjing, the drift velocity over Nanjing is calculated with the inversion method. It is consistent with the conclusions of the Xinxiang in the mid-latitude.

Key words: ionospheric irregularity drift velocity, inversion, power spectra estimation

"21 世纪海上丝绸之路"关键节点的海上风能评价体系构建[①]

郑崇伟[1,2]

(1 海军大连舰艇学院,大连 116018; 2 中国科学院大气物理研究所 LASG 实验室,北京 100029)

摘 要:"21 世纪海上丝绸之路"(简称"海上丝路")开启了人类合作共赢、平等互助的新篇章。然而挑战与机遇往往并存,建设过程中面临着灾害频发、资料稀缺、基础设施薄弱等诸多难题。海上关键节点(学界也称战略支点)是人类迈向深蓝的重要依托,有利于上述难题的解决。海上关键节点通常以边远海岛为依托,远离大陆,电力和淡水困境一直是世界性难题。本文紧紧围绕"海上丝路"关键节点对电力和淡水的迫切需求,首先论述关键节点的能源困境、海上风能在关键节点建设中的优势与前景。进而梳理关键节点的海上风能研究难点,并提供应对措施。着力构建一套广泛适用的岛礁海上风能评价体系,主要包括:(1)风能气候特征详查;(2)创建能够全面考虑资源特征、成本效益、风险因子的风能等级区划方案;(3)风能的短期预报、长期变化特征和中长期预测。全面保障海上风电、海水淡化等工程的选址、业务化运行和中长期规划,为参与风能开发的决策人员、科研人员、工程人员提供数据支撑、决策支持,助力"海上丝路"建设的安全、高效展开。

关键词:21 世纪海上丝绸之路,关键节点,海上风能,评价体系

1 引言

"一带一路"已成为人类命运共同体的新纽带,将给中华民族的伟大复兴和人类社会的共同繁荣进步带来重要机遇。目前,"陆上丝路"(全称"丝绸之路经济带")开展得如火如荼,"海上丝路"(全称"21 世纪海上丝绸之路")进展则相对迟缓。"海上丝路"以南海—北印度洋为纽带,涉及国家多、范围广、路线长,面临着海洋灾害频发、海洋资料稀缺、基础研究薄弱、基础设施落后等诸多难题,不能很好地应对海洋灾害预警、关键节点的电力和淡水困境、海洋新能源开发、海上搜救、防灾减灾等一系列核心科技难题,迟滞着"海上丝路"建设的安全、高效展开。

关键节点(也有专家称战略支点)是人类迈向深蓝的重要依托,有利于上述难题的解决。以美国为例,夏威夷群岛:位于北太平洋中部,是美国北太平洋战略的重要中继站;迪戈加西亚:位于印度洋的中心,是美国在整个印度洋的关键节点。同理,在"海上丝路"建设一系列关键节点,赋予其远洋补给、船舶维修、海洋监测、环境观测、人道救援等功能,将显著增强我国的海洋建设能力、远洋能力、对海洋的管控能力;同时增强我国承担和履行海上搜救、防灾减灾等国际责任与义务的能力(郑崇伟等,2015a;Zheng et al.,2018a;郑崇伟,2018)。良好发展的关键节点还可以成为人道救援、海权维护等多样化重大任务的有力支撑。打造一系列关键节点,还可显著提高海军的护航能力、远洋能力,增强为"海上丝路"保驾护航的能力。"海上丝路"的健康发展更能彰显人民海军的重要性,有效促进"海上丝路"与人民海军的良性循环。最终有助于将"海上丝路"建设为国际经济、能源大动脉,对沿线国家和地区的海洋建设、经济发展、基础设施建

① 基金项目:河口海岸学国家重点实验室开放基金(SKLEC-KF201707)。
致谢:值此恩师李崇银院士 80 寿辰,撰写此文,愿恩师身体康健、福寿延绵!
恩师的悉心培育、再造之恩无以为报,唯有牢记恩师教诲、为强军兴海尽绵薄之力。

设等做出积极贡献。

关键节点通常以关键边远海岛为依托，远离大陆，导致电力淡水等基础设施落后、科学数据和基础研究薄弱、生存和医疗条件相对恶劣，加之复杂的海权纠纷和国际关系问题，大大增加了将边远海岛打造为关键节点的难度。目前美国在关键节点建设的经验、数据、基础研究等方面走在全球的前列。我国关于海上关键节点的科学研究起步较晚，前人在参考经验稀少、资料极度缺乏的情况下，对此展开了一些开创性的研究。但目前为止，这方面的研究仍然极度稀缺，且深度有限，真正落实到关键节点的合理选取、风险评估、功能发掘、水和电基础设施建设等方面的研究更是凤毛麟角，不能很好地应对建设过程中面临的核心科技问题，尤其电力和淡水困境一直是世界性难题。本文紧紧围绕“海上丝路”关键节点建设对电力和淡水的迫切需求，首先论述关键节点的能源困境、海上风能在关键节点建设中的优势和前景。进而梳理关键节点的海上风能研究难点、应对。最后着力构建一套广泛适用的岛礁海上风能评价体系，为关键节点建设提供科学依据、辅助决策。力争在关键节点海上风能评价领域为国家赢得国际话语权，助力我国引领海洋开发建设，促进人类社会的共同繁荣进步。

2　关键节点的能源困境及海上风能前景

2.1　关键节点的能源困境

电力、淡水困境严重制约着边远海岛的军事/经济活动，长久以来一直是世界性难题。在高度电气化的当今时代，没有电，很多设备无法运转，甚至瘫痪；没有淡水，人员难以生存。通常的做法：船舶补给淡水和船舶运补的柴油进行发电。存在三个显著不足：(1)恶劣海况会影响船舶补给，当海况大于5级时基本无法补给。以南中国海为例，冬季冷空气频发，带来的冷涌极易造成5级以上海况，岛礁会面临断水断电的风险。此外，频繁的南海上台风同样也会严重影响岛礁的淡水和柴油补给；(2)存在海权争端时，漫长的补给线容易被切断；(3)柴油发电会释放出有害气体，容易破坏岛礁脆弱的生态，一旦破坏很难修复(Zheng et al.，2018b)。

目前来看，“海上丝路”沿线国家和地区的基础设施整体落后，菲律宾政府预计2030年的电力缺口为810万kW，孟加拉国农村电力普及率仅为40%，斯里兰卡的城市农村用电普及率分别为80%和40%，印度目前有3亿人口无电可用，巴布亚新几内亚仅10%的家庭有电力供应，仅新加坡等极少数国家的基础设施相对完善。居民生活用电尚且存在巨大缺口，更是无力顾及边远海岛，使得“海上丝路”关键节点的电力、淡水困境尤为突出，不利于“海上丝路”建设。如何打破这一困境？成为“海上丝路”高效展开的核心所在。

正如上文所述，边远海岛的电力和淡水困境一直是世界性难题，传统利用船舶运补的柴油进行发电容易破坏岛礁生态、遭到恶劣海况的威胁。因地制宜开发利用岛礁周边的海洋新能源(如海上风能、波浪能、潮汐能等)，实施海上风电、海浪发电、风-浪联合发电等，有利于帮助关键节点实现电力自给自足，海水淡化也随即解决，有利于帮助边远海岛打破能源困境，进而增强其生存能力。发电是海上风能主要的开发利用方式，此外还可以广泛应用于海水淡化、提水、制氢等，可以为海上孤岛、海水养殖场、海上气象浮标、灯塔等提供能源。显然，海上风能开发有益于增强边远海岛的生存能力和可持续发展能力、缓解资源危机、保护海洋生态、提高“海上丝路”沿线居民的生活质量、促进海岛旅游观光和深远海开发等，前景广阔，前提是必须充分掌握资源特征。

2.2　海上风能的优势与不足

随着资源危机、环境危机愈演愈烈，各国将目光聚焦新能源。与传统能源相比，海洋新能源在生态保护、可利用率、岛礁适应能力等方面的优势更为显著。目前，太阳能技术成熟、布置简便，已经实现了家用，由于受到白昼、鸟粪、盐雾等多种因素影响，可利用率通常低于50%。尤其在海上，高温高湿高盐的自然环境更是会大大影响太阳能的开发。核能能量巨大，但对人类的潜在威胁很大，如苏联切尔诺贝利核泄漏、日本福岛核泄漏，都对人类造成了严重影响。陆上风电技术已较成熟，但转化效率较低，且陆上风能没有海上丰富，尤其近年来陆上弃风愈发明显。海上风能储量比陆地丰富，且下垫面光滑，不需要很高的塔架，有利于降低成本。海上风能具有安全、无污染、储量大、分布广、可再生、全天候等优点，其不足是成本偏高、并网困难，而边远海岛通常采用离网式发电，即发即用，可规避并网这个难题。海上风能的优势主要体现在以下几方面。

(1)海上风电可帮助边远海岛实现电力、淡水自给自足，将显著增强关键节点的生存能力、可持续发展能力。此外，还可为灯塔、浮标等提供电力，前景广阔。

(2)完善的基础设施是岛礁旅游观光等经济建设的前提条件。因地制宜，展开海浪发电、海上风电，不仅可以解决边远海岛的电力困境，风电设备、海浪发电设备自身也是一道亮丽的风景，可促进地方经济发展。此外，还能提高"海上丝路"沿线居民的生活质量，有利于吸引沿线国家以更加积极主动的姿态参与"海上丝路"建设。

(3)与陆上风能相比，海上风力资源丰富，比陆地风力发电量大。通常离岸10 km的海表风速比沿岸陆地大25%左右，且受环境影响小，可利用风力资源为陆上3倍(Tambke et al.，2005)，更有利于风能资源的采集与转换。

(4)海上风能开发节约土地资源，不需要移民，降低了投资成本，减少噪声及公众视觉冲击，对人类活动没有大的干扰。海上有大片连续的区域，发展空间比陆上更有优势。

(5)海水表面粗糙度低，下垫面光滑，风速随高度变化小，不需要很高的塔架，可降低风电机组成本。海上风的湍流强度低，海平面摩擦力小，风作用在风电机组上的疲劳载荷减少，从而延长风电机组使用寿命，基础可重复利用，设计寿命可达50 a。

(6)风电技术已经较为成熟，最具大规模开发和商业化发展，部分欧洲国家的海上风电在2001年以后进入了商业化阶段，技术将逐渐完善。

(7)全球大部分海域的风能可利用率高，有效风速频率基本都在60%以上(Zheng et al.，2016)，而太阳能受昼夜的限制，可用时间不会超过50%。

(8)海上风机的基础部分可以起到人工鱼礁的作用，变相丰富了鱼类的食物来源。此外，海上风电开发区域往往限制划船或者钓鱼，拖网作业将被排除，给鱼类和海洋哺乳动物提供了一个休息区，甚至是避难所。

同时海上风能也存在一定的不足。对海洋生态的影响：大多数海上风电场都建在浅水区，但这些区域的海洋生产力往往较高，是各种海洋生物近岸海域的栖息地。海上风机运行过程中会影响海洋生物的繁殖、生活和生存。因此，需要充分考虑大型风力涡轮机的运行对海洋生态环境的影响(Saidur et al.，2011；Leung et al.，2012；Mann et al.，2013；Bergström et al.，2014；Tabassum-Abbasi et al.，2014；袁征等，2014)。并网难：海上风电并网面临两大技术难题，一是海上风电的输送，二是风电场动态稳定性对电网的影响。风电的可控性以及风电机组的控制技术(主动变桨控制、自动控制、自动停机等)等领域亟待突破。同时，风电的短期气象预报和风电场的集中控制策略(以均衡负荷)也面临技术困境。成本高：为适应海上恶劣的环境，海上风电机组必须采取气密、干燥、换热和防腐等各项技术措施，且机组的单机容量较大，需配备安装维修的专用设施(登机平台、起吊机等)，这些都增加了海上风电机组的成本。有资料显示，我国陆上风电工程造价为8000元/kW左右，而海上风电则为1.6～2.0万元/kW。工程建设和维护成本占据了海上风电开发中的大部分投资。

3 关键节点的海上风能研究难点及评价体系构建

充分掌握资源特征是实现风能有序、高效开发利用的前提。得益于相对丰富的观测资料，前人对陆上风能评估做了很多工作。由于海洋观测难度大，资料稀缺，在一定程度上迟滞了海上风能的规模化、产业化。目前，重点针对"海上丝路"及其关键节点的风能研究工作凤毛麟角。近年来，随着观测手段的日益丰富、数值模式的迅猛发展、同化技术的不断进步，可用于风能评估的数据愈发丰富。如何从数据体量大、信息密度低的风场原始数据中提取风能评估所关注的有用信息，并建立风能资源数据库，成为合理、高效展开资源开发的关键。预先研究工作可大大缩短风能工程的建设周期。

根据资料来源可将风能评估划分为如下四个主要阶段：(1)观测资料阶段；(2)卫星资料阶段；(3)数值模拟阶段；(4)再分析资料阶段。前人对全球多个海域的海上风能研究做出了很大贡献，但目前为止，国内外关于“海上丝路”的研究仍极为稀少。且现有研究的空间分辨率整体偏低，尚不能很好地聚焦关键节点的风能评估与开发，也尚未形成广泛适用的关键节点风能评价体系，而这又是迈向深蓝所迫切需求的。郑崇伟和李崇银(2015b)、Zheng 等(2018a)、Zheng(2018)率先构建了一套广泛适用的海上关键节点风能评价体系(见图 1)，并以瓜达尔港、南海关键岛礁的风能评估展开实例研究。该评价体系主要包括：(1)风能气候特征详查，保障风能选址；(2)风能等级区划，将风能各要素按照权重有机融合到一起，形成合理的等级区划，为风力发电、海水淡化等工程的宏观/微观选址提供决策支持；(3)风能的短期预报、长期变化特征分析和中长期预测，有效保障风能工程的业务化运行、中长期规划。

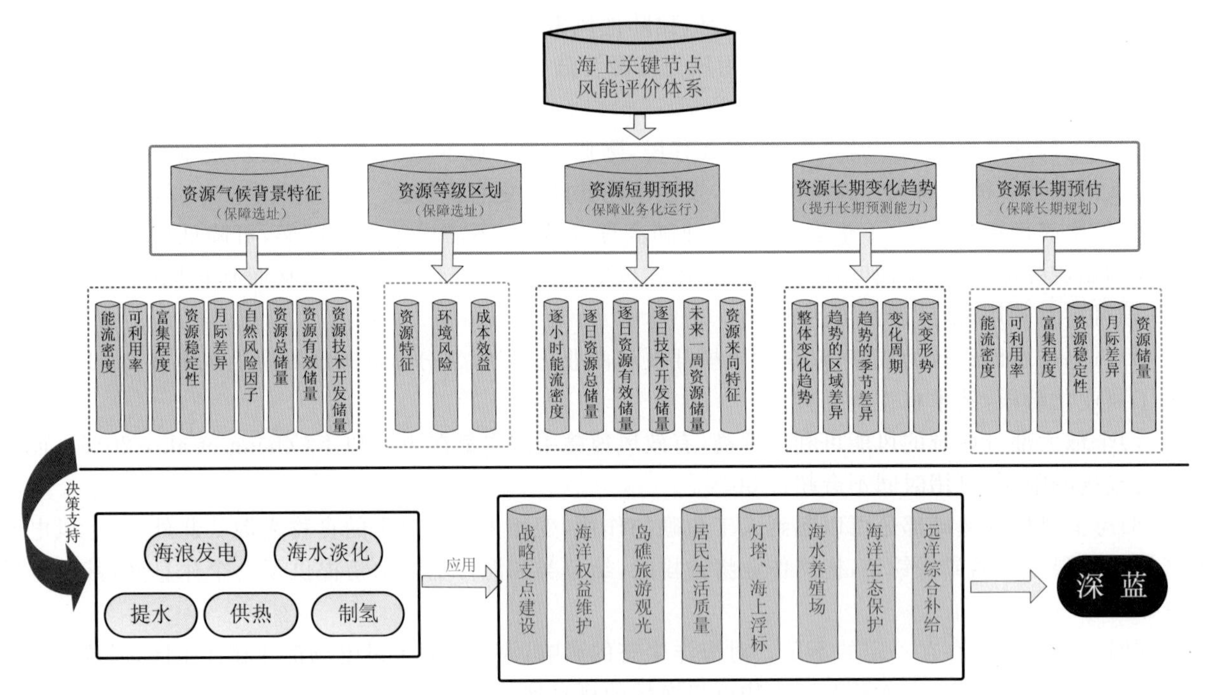

图 1　海上关键节点的风能评价体系(Zheng，2018))

3.1　原始数据的积累

目前，“海上丝路”的海洋资料整体稀缺，未来有必要加强该海域的海表风场数据积累。Luo 等(2018)在北印度洋的气象和海洋观测资料方面做了很多工作，并向全球共享，对于提升我国在该领域的影响力起到了推动作用。常用的网格点海表风场资料包括 ERA-40 海表 10 m 风场、NCEP 风场、QN(QuikSCAT/NCEP)混合风场、CCMP(Cross-Calibrated, Multi-Platform)风场、ERA-Interim 风场等，几种资料的介绍见表 1。整体来看，上述几种风场的空间分辨率可以满足一定范围的小区域风能特征分析，所覆盖的空间范围也可以实现全球海域的风能宏观特征分析。但在涉及无观测资料的关键岛礁风能评估时，上述资料的空间分辨率尚不能很好地满足需求。以下途径有益于解决关键节点的资料稀缺难题。(1)加大对船舶观测数据的采集与处理。在更多的远洋船舶上广泛安装船舶气象仪，定点发送气象观测资料，这是单一船舶或多只船舶走航测量所无法达到的效果。在获取资料的同时，也便于掌握海洋实况，为海洋环境监测预警提供支持。相关部门可以给参与这项工作的船舶提供补贴，这相对于走航测量来讲，是以最小的成本，达到最优的效果。(2)采用数值模拟的方法，对关键节点采用模式区域嵌套，模拟得到关键节点长时间序列、高时空分辨率的风场数据。(3)资料同化。Xu 等(2013)在三维变分方面做了很多工作和贡献，并应用于西南亚的天气预报，取得了很好的效果。未来可利用三维变分，将浮标资料、船舶报、卫星资料、模拟资料进行同化,为关键节点的海上风能评估提供丰富的数据保障。

表1 各种风场资料对比简介(郑崇伟等,2014;郑崇伟等,2015)

风场	分辨率		时间序列	空间范围	优势/不足
	空间	时间(h)			
ERA-40	2.5°×2.5°	6	1957年09月—2002年8月	87.5°S—87.5°N,0°—357.5°E	优势:时间序列长 不足:空间分辨率低
NCEP	1°×1°	6	1999年07月	90°S—90°N,0°—359°E	优势:空间分辨率较ERA-40风场有所提高 不足:时间序列短
QN	0.5°×0.5°	6	1999年08月—2009年07月	88°S—88°N,0°—360°E	优势:空间分辨率较高 不足:时间序列短
CCMP	0.25°×0.25°	6	1987年07月	78.375°S—78.375°N,179.875°W—179.875°E	优势:时间序列长、空间分辨率较高
ERA-Interim	0.125°×0.125°,…,2.5°×2.5°;	6	1979年01月	78.375°S—78.375°N,179.875°W—179.875°E	优势:时间序列长、多种分辨率可选择

3.2 资源的气候特征详查

有了丰富的数据积累后,如何从数据体量大、信息密度低的风场原始数据中提取风能评估所关注的有用信息,并建立风能资源数据库,成为合理、高效展开资源开发的关键。

早期的风能评估主要是重点关注风能密度的大小。随着海洋数据日趋丰富、研究手段不断进步,逐渐开启从风能密度、资源稳定性、资源储量等多个方面描述风能的气候特征,为风能选址提供依据。但整体来看,分析的要素仍然不够全面。在风能气候特征评估中,除了传统考虑的能流密度大小、稳定性、资源储量,还需要关注资源的可利用率、富集程度、风能来向等资源开发中密切关注的要素。风能密度是风能最直接的体现,因此,这是风能评估的首要关注对象。此外,在风能开发过程中,通常认为风速在5~25 m/s之间有利于风能的采集与转换(Miao et al.,2012),并将这个区间的风速定义为有效风速,显然有效风速频率反映了资源的可利用率;通常认为风能密度在200 W/m^{2}以上为资源丰富,显然,200 W/m^{2}以上能级频率体现了资源的富集程度。风能资源的稳定性、资源储量也是风能评估的重点,通常通过计算变异系数(Cv),月变化指数(Mv),季节变化指数(Sv)对风能的稳定性进行分析。资源储量密切关系到风能的产出,可通过计算风能资源总储量、有效储量和技术开发量来体现资源的产出。稳定的风能来向有利于资源的采集与转换,相反,来向混乱的风能不仅会降低风能的开发效率,甚至影响风机寿命。因此,在风能的气候特征分析中,有必要系统分析上述要素的时空分布特征、年际和年代际变化特征等。

前人对全球多个海域的风能气候特征分析做出了很大贡献。但目前为止,重点针对"海上丝路"的研究极为稀少,关于"海上丝路"关键节点的风能研究更是凤毛麟角。郑崇伟等(2016)在国内外率先详查了"一带一路"关键节点之一的瓜达尔港的风能气候特征,在此代表性地给出风能密度、资源可利用率的月际变化特征,风能的来向特征,见图2~图4。

3.3 风能微观等级区划

合理的等级区划是资源开发的前提(郑崇伟等,2018;Zheng et al.,2018c),可以为风能开发的选址、提高采集和转换效率提供科学依据。传统的风能等级区划方案只是单一地考虑风能密度的大小,或者考虑风速大小、风能密度的大小、有效风速出现的频率三个风能要素(见表2)。而在实际的风能开发过程中,不仅关注风能特征,同时也要考虑一系列与海洋工程密切相关的要素。

Zheng等(2018c)综合考虑风能密度大小、有效风速频率、200 W/m^{2}以上能级频率、变异系数、月变化

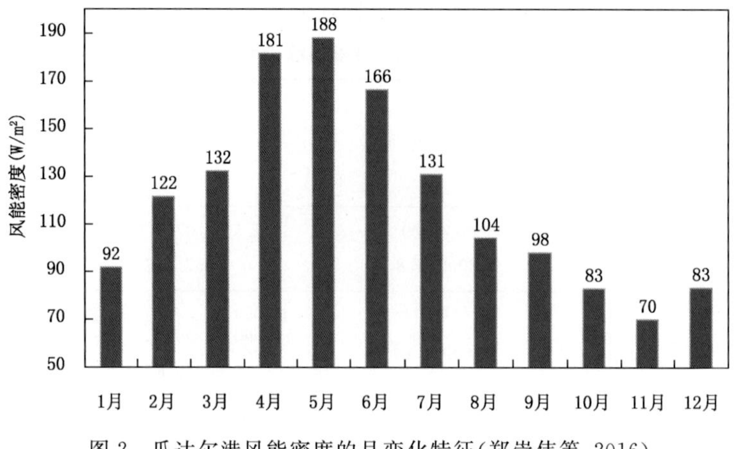

图 2　瓜达尔港风能密度的月变化特征(郑崇伟等,2016)

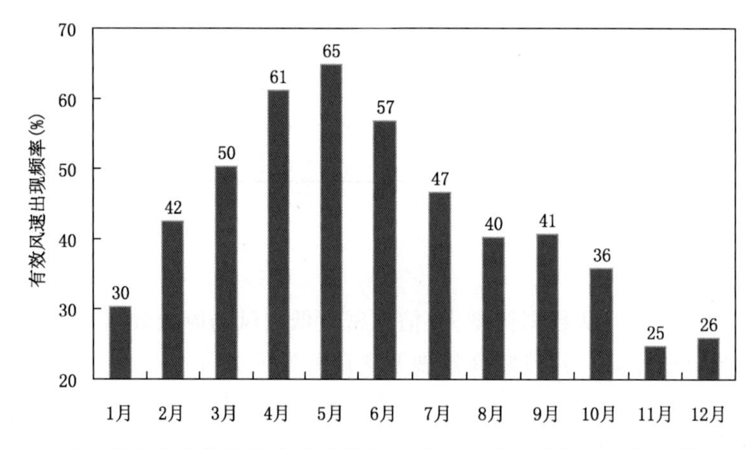

图 3　瓜达尔港各个月份的风能可利用率(有效风速出现的频率)(郑崇伟等,2016)

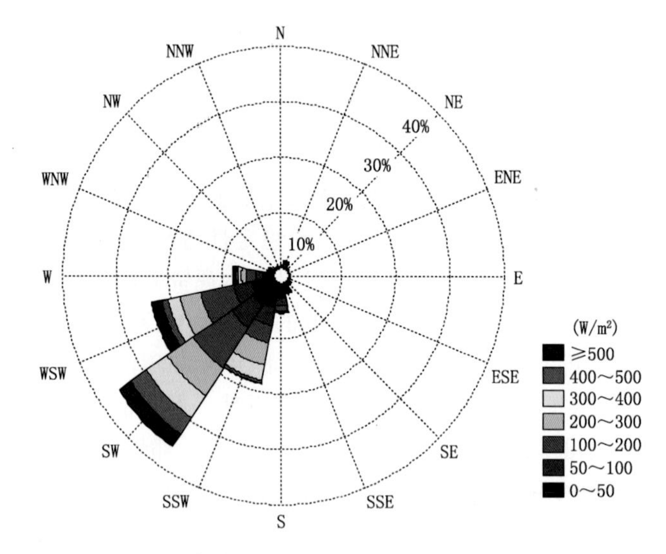

图 4　瓜达尔港 5 月的风能玫瑰图(郑崇伟等,2016)

指数、极值风速、水深和离岸距离,利用专家咨询权数法(Delphi 法),构建一套贴近实际需求,能够综合考虑风能特征、风险因子、成本效益的新风能等级区划方案,并对全球海域的风能资源重新展开等级区划。风能特征考虑的要素主要包括风能密度大小、有效风速频率、200 W/m² 以上能级频率、变异系数、月变化指数;风险因子主要考虑极值风速;成本效益主要考虑水深和离岸距离。首先利用风场、风能密度的计算方法,计算得到风能密度。基于风速、风能密度数据,计算得到多年平均的风能密度、有效风速频率、200

W/m^2 以上能级频率、变异系数、月变化指数、极值风速、水深和离岸距离。邀请风能开发领域的知名专家对上述8个要素进行评估，得到各个要素在风能开发中的权重，利用专家咨询权数法（特尔斐法，Delphi法），计算全球各个海域风能资源的期望值，将风能期望值划分为7个等级（见表3），最终实现对全球风能的等级区划（见图5）。结果表明 Zheng 等（2018c）构建的新风能等级区划方案能够更好地展现风能等级的区域性差异，比传统的方案有明显改进。将新方案与传统方案的风能等级区划相比较，发现在南半球西风带海域、北大西洋西风带海域、阿拉斯加半岛周边海域、加勒比海、夏威夷群岛南部一个东西向的椭圆形海域、索马里附近海域，秘鲁以西海域等具有较好的一致性，而北太平洋西风带大部分海域、全球30°S和30°N的风能资源在传统的方案中存在被高估的可能。

此外，该方案还具有较强的灵活性：根据需求对相关要素的权重进行调整、添加，或删除相关要素，可广泛运用于多种海洋新能源的等级区划、宏观和微观选址。未来有必要参照 Zheng 等构建的新等级区划方案，对关键节点海域的风能资源展开微观等级区划，为海上风电、海水淡化等风能工程的微观选址提供决策支持。

表2 风能等级区划标准（美国国家能源部可再生能源实验室，1986；国家发展和改革委员会，2004）

等级	年平均风速 (m/s)	年平均风能密度 (W/m^2)		有效时间 (h)	风能等级
		方法1	方法2		
1	0～4.4	＜100	＜50	＜2000	贫乏区
2	4.4～5.1	100～150	50～150	2000～3000	可用区
3	5.1～5.6	150～200	150～200	3000～5000	较富集区
4	5.6～6	200～250	200～250	＞5000	较富集区
5	6～6.4	250～300	250～300		
6	6.4～7	300～400	300～400		
7	7～9.4	400～1000	400～1000		

表3 一种新的风能等级区划方案

等级	风能期望值(y)	资源潜力	风能等级
1	$y \leq 0.4$	贫乏	贫乏区
2	$0.4 < y \leq 0.5$	临界	可用区
3	$0.5 < y \leq 0.6$	普通	较富集区
4	$0.6 < y \leq 0.7$	好	富集区
5	$0.7 < y \leq 0.8$	卓越	
6	$0.8 < y \leq 0.9$	杰出	
7	$y > 0.9$	极好	

3.4 风能的长期变化特征

目前，关于海洋和气象要素长期变化特征的研究较多，但关于风能的研究凤毛麟角，而这又密切关系到资源开发的中长期规划，也是全球气候变化的重要关注点。因此，有必要全面统计分析"海上丝路"关键节点风能各要素的长期变化特征，包括变化趋势、周期、突变等特征。作者曾分析北大西洋风能密度的长期变化趋势，而实际的风能开发还关注资源的稳定性、可利用率、富集程度等。因此，需要全面分析上述关键风能要素的变化趋势、周期、突变等特征。郑崇伟等（2016）曾率先详查了瓜达尔港风能的长期变化趋势，如风能密度和资源可利用率的长期变化趋势，见图6。

此外，还有必要积极探寻风能与重要天文地球因子的关系。目前关于重要因子与气象海洋要素关系的研究较为丰富，但极少有研究风能与重要因子的关系，针对"海上丝路"及其关键节点的研究更为稀少。

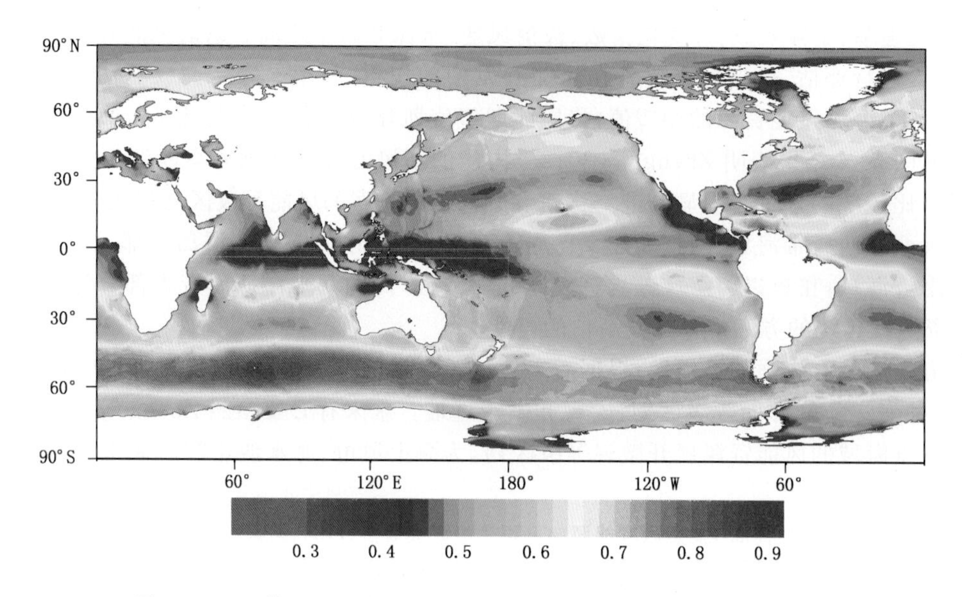

图 5　Zheng 等(2018c)利用新等级区划方案绘制的全球风能等级区划

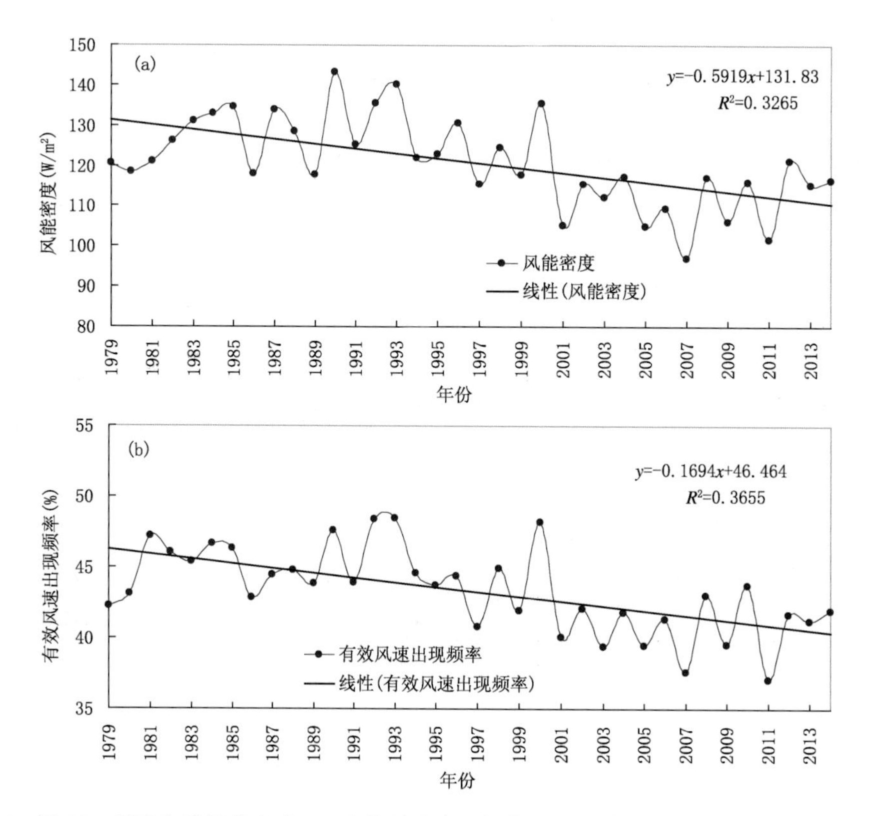

图 6　近 36 a 瓜达尔港风能密度(a)、有效风速出现频率(b)的长期变化趋势(郑崇伟等,2016)

探寻风能与重要因子(如 Nino3、IOD 指数等)的关系,分析其内在物理机制,可为提高风能的中长期预测能力提供理论基础,也是一大难点。

3.5　风能短期预报、中长期预测

风能的短期数值预报可以为风机的日常工作提供业务化保障,提高对风能的采集、转换效率,也可以为短期的电力调配提供准确的依据。目前,关于气象和海洋要素短期预报的研究较为丰富,但是关于风能的预报仍然稀少,而这又是海上风电、海水淡化等工程在业务化运行过程中所迫切需求的。

20 世纪 90 年代初期,欧洲一些国家就已经开始研制开发风能预报系统并用于预报服务(Lars et al.,

1994)。预报技术多采用中期天气预报模式嵌套高分辨率有限区域模式(或嵌套更高分辨率的局地区域模式)和发电量模式对风电场发电量进行预报,如丹麦的 Predictor 预报系统目前已用于丹麦、西班牙,爱尔兰和德国的短期风能预报业务,同时 WPPT(Wind Power Prediction Tool)也用于欧洲一些地区的风能预报业务。20 世纪 90 年代中期以后,美国 True Wind Solutions 公司也开始商业化的风能预报服务,他们研发的风能预报软件 eWind 是由高分辨率的中尺度气象数值模式和统计学模式构成的用于风场和发电量的预报系统。eWind 和 Predictor 目前在美国加利福尼亚同时用于两个大型风电场的预报服务(Lars,1999;Bailey et al. ,1999;Milligan et al. ,2003;EPRI,2003)。2002 年 10 月,欧盟委员会资助启动了"为陆地和离岸大规模风电场建设发展下一代风资源预报系统"(ANEMOS)计划,目标是发展优于现有方法的、先进的预报模式,重点强调复杂地形和极端气象条件下的预报,同时也发展近海风能预报(Focken et al. ,2001;Kariniotakis et al. ,2003)。加拿大的风能资源数值评估预报软件 WEST 是将中尺度气象模式 MC2 与 WAsP 相结合制作分辨率为 100~200 m 的风能图谱并进行预报(Pinard et al. ,2005;Nielsen et al. ,2006)。目前用于风能业务预报的系统还有德国的 Previento、西班牙的 LocalPred 和 RegioPred、爱尔兰与丹麦的 HIRPOM 等(Focken et al. ,2001;Yu et al. ,2006)。郑崇伟等(2014)曾将 NCEP 预报风场解释应用于中国海域的海上风能预报,为"海上丝路"及其关键节点的风能短期预报提供了技术途径。未来可以从单纯的气象预报,向气象预报和风能预报相结合的转变,预报内容需要包括:未来几天逐 3 h 的风能密度预报、发电量预报、不同风向对风能的贡献等。

目前气象和海洋要素的中长期预测产品较为丰富,但风能的中长期预测产品极为稀少,而这又密切关系到风能开发的长期规划。郑崇伟等(2017)在国内外率先对瓜达尔港的风能资源展开了中长期预测,并指出资源的中长期预测不仅包括能流密度大小的预测,还应对资源稳定性、资源可利用率、资源富集程度、资源储量等关键要素展开中长期预测。通常有以下三种方法可用于海洋新能源的中长期预测:(1)统计分析海洋气象要素、新能源与重要天文地球因子(如 MJO、ENSO 等)之间的关系(李崇银,1985;李崇银,1988;李崇银,1991;李崇银,2000;李崇银等,1994),辅助风能的中长期预估。(2)利用最小二乘法支持向量机、人工神经网络、Hilbert 等方法,对风能展开中长期预测。(3)结合 CMIP5 数据和海洋模式,对风能展开中长期预测。

4 展望

海上风能资源在关键节点建设中扮演着重要角色。本文首先梳理关键节点的能源困境、海上风能前景,进而探析关键节点风能研究的难点和应对,着力构建广泛适用的关键节点风能评价体系,期望可以助力关键节点风能开发,提升其生存能力、可持续发展能力。本文规划的风能评价体系主要包括:(1)风能气候特征详查;(2)创建能够全面考虑资源特征、成本效益、风险因子的风能等级区划,将风能各要素按照权重有机融合到一起,形成合理的等级区划;(3)风能的短期预报、长期变化特征分析和中长期预测。该体系可为风力发电、海水淡化等风能工程的宏观/微观选址提供决策支持,有效保障风能工程的业务化运行、中长期规划。

未来也有必要将本文设计的海上关键节点风能评价体系应用于"海上丝路"一系列关键节点,并将研究结果按照三维网格、时间序列,实现关键节点风能资源信息的全面数字化存储,并对数据进行质量控制,构建"海上丝路"关键节点新能源数据库(郑崇伟等,2017),并实现其四维可视化,数据定期更新,如遇重要情况,即时更新。为参与"海上丝路"建设的国家和地区提供数据支撑,提升我国的国际影响力。进一步以海洋大数据为支撑,构建贴近实际需求、查询使用便捷、理论体系完善的"海上丝路"关键节点风能应用平台,为各国参与"海上丝路"建设的决策人员、科研人员、工程人员提供决策支持。将国家方略实质化、深层化,切实呼应党中央提出的加强"一带一路"学术研究、理论支撑、话语体系的建设要求,为迈向深蓝提供科技支撑、辅助决策,助力人类社会的繁荣进步。

参考文献

李崇银，1991. 大气低频振荡[M]. 北京：气象出版社：1-4.

李崇银，2000. 气候动力学引论[M]. 北京：气象出版社：1-5.

李崇银，1985. 南亚夏季风槽脊和热带气旋活动与移动性 CISK 波[J]. 中国科学(B辑)，28(7)：668-675.

李崇银，1988. 频繁的强东亚大槽活动与 El Niño 的发生[J]. 中国科学(B辑)，6：667-674.

李崇银，周亚萍，1994. 热带大气季节内振荡和 ENSO 的相互关系[J]. 地球物理学报，37(1)：17-26.

袁征，马丽，王金坑，2014. 海上风机噪声对海洋生物的影响研究[J]. 海洋开发与管理，31(10)：62-66.

郑崇伟，李崇银，2015a. 中国南海岛礁建设：重点岛礁的风候、波候特征分析[J]. 中国海洋大学学报：自然科学版，45(9)：1-6.

郑崇伟，李崇银，2015b. 中国南海岛礁建设：风力发电、海浪发电[J]. 中国海洋大学学报：自然科学版，45(9)：7-14.

郑崇伟，李崇银，2018. 关于海洋新能源选址的难点及对策建议——以波浪能为例[J]. 哈尔滨工程大学学报，39(2)：200-206.

郑崇伟，高悦，陈璇，2017. 巴基斯坦瓜达尔港风能资源的历史变化趋势及预测[J]. 北京大学学报(自然科学版)，53(4)：617-626.

郑崇伟，邵龙潭，林刚，等，2014. 台风浪对中国海击水概率的影响[J]. 哈尔滨工程大学学报，35(3)：301-306.

郑崇伟，游小宝，周广庆，等，2015. 中国近海海洋环境特征概况及波浪能资源详查[M]. 北京：海洋出版社.

郑崇伟，周林，宋帅，等，2014. 中国海风能密度预报[J]. 广东海洋大学学报，31(1)：71-77.

郑崇伟，2018. 21 世纪海上丝绸之路：关键节点的能源困境及应对[J]. 太平洋学报，26(7)：71-78.

郑崇伟，李崇银，杨艳，等，2016. 巴基斯坦瓜达尔港的风能资源评估[J]. 厦门大学学报(自然科学版)，55(2)：210-215.

郑崇伟，李崇银，2017. 21 世纪海上丝绸之路：海洋新能源大数据建设研究——以波浪能为例[J]. 海洋开发与管理，34(12)：61-65.

Bailey B, Brower M C, Zack J, 1999. Short-term wind forecasting(ISBN l902916X) [C]// Proceedings of the European Wind Energy Conference, Nice, Frace, March 1-5: 1062-1065.

Bergström L, Kautsky L, Malm T, et al, 2014. Effects of offshore wind farms on marine wildlife—A generalized impact assessment[J]. Environmental Research Letters, 9, 03401212. Doi: 10.1088/1748-9326/9/3/034012.

EPRI, 2003. California Wind Energy Forecasting System Development and Testing, Phase 1: Initial Testing[C]// EPRI Final Report 1007338.

Focken U, Lange M, Waldl H P, 2001. Previento—A wind power prediction system with an innovative upscaling alogrithm [C]// Proceedings of the European Wind Energy Conference, Copenhagen, Denmark, June 2-6: 826-829.

Kariniotakis G, Moassafir J, Usaola J, 2003. ANEMOS: Development of a Next Generation Wind Resource Forecasting System for the Large-Scale Integration of Onshore & Offshore Wind Farms[C]// European Wind Energy Conference & Exhibition EWEC 2003. Madrid. Spain.

Lars L, Watson S J, l994. Short-term prediction of local wind conditions[J]. Boundary-Layer Meteorology, 70: 171.

Lars L, 1999. Short-term prediction ofthe power production from wind farms[J]. J Wind Eng Ind Aerodyn, 90: 207-220.

Leung D Y C, Yang Y, 2012. Wind energy development and its environmental impact: A review[J]. Renewable and Sustainable Energy Reviews, 16: 1031-1039.

Luo Y, Wang D X, Gamage T P, et al, 2018. Wind and wave dataset for Matara, Sri Lanka[J]. Earth Syst Sci Data, 10: 131-138.

Milligan M, Schwartz M, Wan Y, 2003. Statistical Wind Power Forecasting for U. S. Wind Farms[C]// Preprint of the conference "WINDPOWER 2003", Austin, May 18-21.

Mann J, Teilmann J, 2013. Environmental impact of wind energy[J]. Environmental Research Letters, 8, 035001 :3. Doi: 10.1088/1748-9326/8/3/035001.

Miao W W, Jia H J, Wang D, 2012. Active power regulation of wind power systems through demand response [J]. Science China Technology Science, 55: 1667-1676.

National Development and Reform Commission (NDRC), 2004. Technical requirements for wind energy resource assessment: GB/T 18710—2002[S]. Beijing: Chinese Standard Press.

Nielsen T S, Madsen H, Nielsen H A, 2006. Short-tem Wind Power Forecasting Using Advanced Statistical Models[C]// European Wind Energy Conference.

National Renewable Energy Laboratory (NREL) , 2018. Wind Energy Resource Atlas of the United States. DOE/CH 10093-4, October 1986. http://rredc. nrel. gov/wind/pubs/atlas〉.

Pinard J P, Benoit R, Yu W A, 2005. West wind climate simulation of the mountainous Yukon[J]Atmosphere-Ocean, 43 (3): 259-282.

Saidur R, Rahim N A, Islam M R, et al, 2011. Environmental impact of wind energy[J]. Renewable and Sustainable Energy Reviews, 15: 2423-2430.

Tabassum-Abbasi, Premalatha M, Abbasi T, et al, 2014. Wind energy: Increasing deployment, rising environmental concerns[J]. Renewable and Sustainable Energy Reviews, 31: 270-288.

Tambke J, Lange M, Focken U, 2005. Forecasting offshore wind speeds above the North Sea[J]. Wind Energy, 8: 3-16.

Xu J J, Powell A M, 2013. GSI/WRF regional data assimilation system and its application in the weather forecasts over Southwest Asia. Doi: 10. 1007/978-3-642-35088-7.

Yu W, Benoit R, Girard C, 2006. Wind Energy Simulation Toolkit (WEST): a wind mapping system for use by the wind-energy industry[J]. Wind Engineering, 30(1): 15-33.

Zheng C W, 2018. 21st Century Maritime Silk Road: Wind Energy Resource Evaluation [M]. Springer.

Zheng C W, Li C Y, Pan J, et al, 2016. An overview of global ocean wind energy resources evaluation [J]. Renewable and Sustainable Energy Reviews, 53: 1240-1251.

Zheng C W, Li C Y, Wu H L, et al, 2018a. 21st Century Maritime Silk Road: Construction of Remote Islands and Reefs [M]. Springer.

Zheng C W, Xiao Z N, Peng Y H, et al, 2018c. Rezoning global offshore wind energy resources[J]. Renewable Energy, 129: 1-11.

Zheng C W, Xiao Z N, Zhou W, et al, 2018b. 21st Century Maritime Silk Road: A Peaceful Way Forward [M]. Springer.

21st Century Maritime Road: Construction of Offshore Wind Energy Evaluation System for Key Nodes

ZHENG Chongwei[1,2*]

(1 Dalian Naval Academy, Dalian 116018; 2 State Key Laboratory of Numerical Modeling for Atmospheric Sciences and Geophysical Fluid Dynamics, Institute of Atmospheric Physics, the Chinese Academy of Sciences, Beijing 100029)

Abstract: The 21st Century Maritime Silk Road (shorten as Maritime Silk Road) opens a new chapter of cooperation and win-win scenarios of human society. However, challenges and opportunities often coexist. In the process of construction, there are many problems such as frequent disasters, scarce data, weak infrastructure, etc. The offshore key node is an important support for mankind to step into deep sea, which is conducive to the solution of the above problems. For far away from the mainland, the power and freshwater dilemmas of the offshore key node have always been a worldwide difficulty. This paper focuses on the urgent needs of power and fresh water at the key nodes of the Marine Silk Road. Firstly, the energy dilemma of key nodes, and the advantages and prospects of offshore wind energy in key node construction are discussed. Then we explore the difficulties of offshore wind energy research at key nodes and provide countermeasures. We aim to construct a widely used offshore wind energy evaluation system for key nodes, systematically including (1) climatic characteristics of wind energy, (2) construction of a wind energy classification scheme that can comprehensively consider resource characteristics, cost and risk factors, (3) long-term climatic variation of wind energy, (4) short-term forecasting and long-term prediction of wind energy resources, in hope of fully servicing for the site selection, daily operation and long-term planning of offshore wind energy utilization, and providing data support and decision support for decision-makers, researchers and engineers involved in wind energy development, thus to contribute to the safe and efficient development of the Maritime Silk Road.

Key words: 21st Century Maritime Silk Road, key nodes, offshore wind energy, evaluation system

附录

李崇银院士正式发表的主要著作和论文

一、科学著作(1966－2018 年)

到 2018 年底已单独及合作出版中、英文论著 21 部，其中 11 部为第一作者.

[1] 中国科学院地球物理所(朱抱真，李崇银，等). 东南亚和南亚的大气环流和天气. 北京：科学出版社，1966，p268.
[2] 中国科学院大气物理所(曾庆存，李崇银，等). 气象卫星的红外遥测及反演(二). 北京：科学出版社，1979，p105.
[3] 李崇银，等. 动力气象学概论. 北京：气象出版社，1985，p264.
[4] 叶笃正，李崇银，王必魁. 动力气象学. 北京：科学出版社，1988， p340；文明文书局，台湾，1996， p392.
[5] 李崇银. 大气低频振荡. 北京：气象出版社，1991； 1993(修定本)，p310.
[6] 李崇银. 气候变化若干问题研究. 北京：科学出版社，1992，p247.
[7] 李崇银. 气候动力学引论. 北京：气象出版社，1995，p461.
[8] 丁一汇，李崇银. 南海季风爆发和演变及其与海洋的相互作用. 北京：气象出版社，1999，P423
[9] 李崇银. 气候动力学引论（第二版）. 北京：气象出版社，2000，p503.
[10] 黄荣辉，李崇银，王绍武. 我国旱涝重大气候灾害及其形成机理研究. 北京：气象出版社，2003，p483
[11] 巢纪平，李崇银，陈英仪，等. ENSO 循环机理和预测研究. 北京：气象出版社，2003，p386
[12] 李崇银，刘式适，陈嘉宾，等. 现代动力气象学导论. 北京：气象出版社，2005，p361.
[13] 李崇银，李琳，谭言科，等. 平流层气候. 北京：气象出版社，2008，p396
[14] 李崇银，等. 大气科学若干前沿研究. 合肥：中国科学技术大学出版社，2009，p426
[15] 李崇银，等. 我国重大高影响天气气候灾害及对策研究. 北京：气象出版社，2009，p187.
[16] 贾小龙，李崇银. 热带大气季节内振荡及其数值模拟. 北京：气象出版社，2009，p236.
[17] Zheng Chongwei， Li Chongyin， Pan Jing. Global Oceanic Wind Speed and Wind Energy Climate Features and Trends [M]. Lambert Academic Publishing，2016. ISBN：978-3-659-96981-2.
[18] 李崇银，刘宇迪. 高等动力气象学. 北京：气象出版社，2017，p207.
[19] 李崇银. 气候动力学引论（第三版）. 北京：气象出版社，2018， p548.
[20] Zheng Chongwei， Li Chongyin， Wu Hailang， et al. 21st Century Maritime Silk Road：Construction of Remote Islands and Reefs. Springer， 2018. ISBN：978-981-10-8113-2.

二、正式发表的主要科学论文(1976—2018 年)

到 2018 年底，已在国内外核心刊物上发表学术论文 450 多篇(同时有中、英文的只算一篇).

20 世纪 70 年代

[1] 李崇银，张道民，曾庆存. 关于大气湿度垂直分布的红外遥测. 大气科学，创刊号，1976，(1)：21-26.
[2] 李崇银. 全球气象观测系统的数值模拟试验. 大气科学， 1977， 1(4)：306-311.
[3] 李崇银，袁重光：四维资料同化的试验研究. 大气科学， 1978， 2(3)：238-245.
[4] 李崇银，朱抱真. 偏心绕极涡旋的形成及其动力特征. 气象学报，1979， 37(2)：29-39.
[5] 李崇银，袁重光. 红外地平仪的通道选择. 激光与红外，1976(2).

1981－1982 年

[6] 李崇银. 红外单通道遥测大气湿度垂直分布. 气象学报， 1981， 39(2)：118-122.

[7] 麦文建,李崇银.论振荡型对流.中国科学,1982,25(8):758-768.

Mai Wenjian and Li Chongyin. On the overstability convection,Scientia Sinica (series B), 1982, 25(8):1326-1340.

[8] 李崇银.江淮气旋生成的一种机制.大气科学,1982, 6(3),258-283.

[9] 李崇银.大气长波的混合型不稳定.科学探索,1982(2):61-70.

[10] 李崇银. 热带大气运动的尺度.科学探索,1982(3):115-122.

[11] 李崇银.大气中的臭氧.气象,1982(10).

1983 年

[12] 李崇银.第二类条件不稳定-振荡型对流.中国科学 (B), 1983(9):857-865.

Li Chongyin. The CISK-overstability convection. Scientia Sinica (series B),1984, 27,501-510.

[13] 李崇银.振荡型对流的尺度选择.科学通报,1983(10):607-609.

Li Chongyin. The scale selectivity of oscillation convection. Kexue Tongbao, 1984, 27 (5): 505-507.

[14] 李崇银.对流凝结加热与不稳定波.大气科学,1983, 7(3):260-268.

[15] 李崇银.垂直风切变中的 CISK.大气科学,1983, 7(4):217-231.

[16] 李崇银.环境流场对台风发生发展影响的研究.气象学报, 1983, 41(3),275-283.

[17] 李崇银.一种台风生成的数值模拟研究,5—12//台风会议文集.上海:上海科学技术出版社,1986.

[18] 李崇银.大气运动的一些基本动力过程的研究.气象科技, 1983(3).

[19] 李崇银.动力气象与天气分析预报实践.气象,1983(3).

[20] 李崇银.自由大气中的平衡运动.气象,1983(6).

[21] 李崇银.长波和超长波动力学.气象,1983(9).

[22] 李崇银.大尺度运动的不稳定理论.气象,1983(10).

1984 年

[23] 李崇银.热带大气动力学研究.大气科学,1984, 8(1):106-116.

[24] 李崇银.非纬向基本气流的斜压不稳定.气象学报,1984, 42(2):148-156.

[25] 李崇银,张铭.台风的数值模拟研究-积云动量输送的作用.气象学报,1984, 42 (4): 466-474.

[26] 李崇银.积云摩擦作用对 ITCZ 形成和维持的影响.热带海洋,1984, 1(2):22-31.

[27] 李崇银.台风低压发展的数值模拟—对流凝结加热廓线的影响.热带气象,1984,创刊号.

[28] 李崇银.第二类条件不稳定理论及其进一步研究.气象科技,1984(4).

[29] 李崇银.热带大气动力学.气象,1984(2).

[30] Li Chongyin. On the CISK with shearing basic current. Advances in Atmospheric Science,1984, 1:256-262.

1985 年

[31] 李崇银.南亚夏季风槽脊和热带气旋活动与移动性 CISK 波.中国科学 (B),1985(6):668-675.

Li Chongyin. Actions of summer monsoon troughs (ridges) and tropical cyclone over South Asia and the moving CISK mode. Scientia Sinica, (B),1985, 28:1197-1206.

[32] 李崇银.El Nino 与西太平洋台风活动.科学通报,1985, 14:1087-1089.

Li Chongyin. El Nino and typhoon action over the western Pacific, Chinese Science Bulletin , 1986, 31: 538-542

[33] 李崇银.热带大气运动的特征.大气科学,1985, 9:366-376.

[34] 李崇银.台风发生发展的一个理论研究.科学探索, 1985(2):17-26.

[35] 李崇银.热带大气中的低频波.热带气象,1985, 1:177-185.

[36] 李崇银.近年国外有关大气环流及动力学理论的研究.气象科技,1985(1).

[37] Li Chongyin. A Numerical Simulation of the Typhoon Genesis. Advan Atmos Sci,1985, 2(1):72-80.

[38] Li Chongyin. An investigation on forecasting typhoon actions over South China Sea based upon El Nino events//南海石油开发环境国际研讨会论文集,1985:32-38.

1986 年

[39] 李崇银.大气大尺度水平运动的稳定性.大气科学,1986, 10:240-249.

[40] 张铭,李崇银.台风眼的数值模拟试验.大气科学,1986, 10;225-231.

[41] 李崇银.厄尼诺与南海台风活动.热带气象,1986, 2(2):117-124.

[42] 李崇银.TUTT 对台风形成作用的动力学研究.气象科学研究院院刊,1986(2):158-164.

[43] 李崇银.大气环流的遥相关问题.气象科技,1986(4).

[44] Li Chongyin. Nonlinear influences of horizontal distribution of zonal wind on the large-scale meridional motion in the atmosphere//Proceeding of International Summer Colloquium on Nonlinear Dynamics of the Atmosphere . Science Press,1986 .

1987 年

[45] 李崇银,胡季. 东亚大气环流与厄尼诺相互影响的一个分析研究. 大气科学,1987, 11(4):359-364.
Li Chongyin, Hu Ji: A analysis of interaction between the atmospheric circulation over East Asia/Northwest Pacific and El Nino. Chinese J Atmos Sci, 1987,11: 411-420.
[46] 李崇银. 当代大气科学的几个重大研究课题. 大气科学,1987, 11(4):430-440.
[47] 李崇银. 厄尼诺影响西太平洋台风活动的研究. 气象学报,1987, 45(2):229-236 .
[48] 李崇银. 凝结加热和垂直风切变对行星波垂直传播的影响. 热带气象,1987, 3(3):191-196.

1988 年

[49] Li Chongyin. Actions of typhoon over the western Pacific (including the South China Sea) and El Nino. Advan Atmos Sci,1988, 5(1):107-116.
[50] 李崇银. 频繁的强东亚大槽活动与 El Nino 的发生. 中国科学(B),1988(6):667-674.
Li Chongyin. Frequent activities of stronger aerotroughs in East Asia in wintertime and the occurrence of the El Nino event. Science in China (B), 1989, 32 (8): 976-985.
[51] 李崇银,钮学新. 台风自身动力学过程(CISK)对其移动的影响. 气象学报,1988, 46:497-501.
[52] 李崇银. 亚洲季风气候研究的近期进展. 热带气象,1988, 4,3,203-215.
[53] 李崇银,陈于湘,袁重光. El Nino 事件发生的一个重要原因-东亚寒潮的频繁活动. 大气科学,1988,特刊:125-132.
[54] Li Chongyin. On the feedback role of tropical convection//Tropical Rainfall Measurements. A. Deepak Pubishing, USA, 1988:141-146.

1989 年

[55] 李崇银. 中国东部地区的暖冬与 El Nino. 科学通报,1989(4):283-286.
Li Chongyin. Warmer winter in eastern China and El Nino. Chinese Science Bulletin,1989,34:1801-1805.
[56] 李崇银. El Nino 事件与中国东部气温异常. 热带气象,1989,5(3):210-219.
[57] Li Chongyin. An important mechanism producing 30—50 day oscillation in the tropical atmosphere-Feedback of the cumulus convection. Annual Report, Institute of Atmospheric Physics, 1989, 8:33-47,Science Press.
[58] Li Chongyin,Chen Yuxiang, Yuan Chongguang. Important factor cause of El Niño——the frequent activities of stronger cold waves in East Asia//Fronters in Atmospheric Sciences. Allenton Press INC, New York, 1989:156-165.

1990 年

[59] 李崇银. 大气中的季节内振荡. 大气科学,1990,14:32-45.
Li Chongyin. Intraseasonal oscillation in the atmosphere. Chinese J Atmos Sci, 1990, 14:35-52.
[60] 李崇银. 赤道以外热带大气中 30—50 天振荡的一个动力学研究. 大气科学,1990,14:83-93.
Li Chongyin. A dynamical study on the 30—50 day oscillation in the tropical atmosphere outside the equator. Chinese J Atmos Sci, 1990,14:101-112.
[61] 李崇银. 感热加热和垂直风切变对温带 CISK 扰动的影响. 大气科学,1990,14:356-367.
Li Chongyin. The influences of sensible heating and vertical wind shear on extratropical CISK disturbance . Chinese J Atmos Sci, 1990,14 (2): 191-2002.
[62] Li Chongyin. Interaction between anomalous winter monsoon in East Asia and El Nino events. Advances in Atmos Sci, 1990,7:36-46.
[63] 李崇银,肖子牛. 从 500 hPa 环流变化看 30—50 天大气低频振荡的活动//大气科学文集. 北京:科学出版社,1990:1-10.
[64] 武培立,李崇银. 大气中 10—20 天准周期振荡//大气科学文集. 北京:科学出版社,1990:149-159.
[65] 李崇银. 北半球大气运动的 30—50 天振荡//长期天气预报论文集. 北京:气象出版社,1990:63-73.
[66] Li Chongyin, Wu Peili. An observational study of the 30—50 day atmospheric oscillations. Part I: structure and Propagation. Advances in Atmos Sciences, 1990,7:294-304.
[67] Li Chongyin, Wu Peili. A further inquiry on 30—60 day oscillation in the trpical atmosphere. Acta Meteor Sinica, 1990,4 (5): 525-535.

[68] Li Chongyin. On interaction between anomalous circulation / climate in East Asia and El Nino event//Climate Change, Dynamics and Modelling. China Meteorological Press, 1990:101-126.

[69] 李崇银,武培立,张勤. 北半球大气环流 30－60 天振荡的一些特征. 中国科学,1990(7):764-774.

Li Chongyin, Wu Peili,Zhong Qin. Characteristics of 30－60 day oscillation of general circulation in northern hemisphere. Science in China (B), 1991, 34:457-468.

[70] 李崇银,龙振夏. QBO 的演变及 ENSO 的影响. 科学通报,1990, 35:1313-1316.

Li Chongyin,Long Zhenxia. Evolution of QBO and the influence of ENSO. Chinese Science Bulletin, 1991, 36 (12): 1016-1020.

[71] 李崇银. 大气环流低频振荡与天气气候异常//旱涝气候研究进展. 北京:气象出版社,1990:78-87.

[72] 吴正贤,李崇银,吴国雄. 1982-83 年冬季厄尔尼诺期间大气环流异常的诊断分析. 热带气象,1990,6:253-264.

1991 年

[73] Li Chongyin, Zhou Yaping. An observational study of the 30-50 day atmospheric oscillations, Part II: Temporal evolution and hemispheric interaction across the equator. Advan. Atmos Sci, 1991, 8 (4): 399-406.

[74] 李崇银. 30—60 天大气振荡的全球特征. 大气科学,1991,15,66-76.

Li Chongyin. The Global Characteristics of 30-60 day atmospheric oscillation. Chinese J Atmos Sci, 1991, 15 (2): 130-140.

[75] 李崇银,肖子牛. 赤道太平洋增暖对全球大气 30—60 天振荡的激发. 科学通报,1991, 36:1157-1160.

Li Chongyin, Xiao Ziniu. The 30－60 day oscillations in the global atmosphere excited by warming in the equatorial eastern Pacific. Chinese Science Bulletin,1992, 37 (6): 484-489.

[76] 李崇银,张勤. 全球大气低频遥相关. 自然科学进展,1991, 1:330-334.

Li Chongyin, Zhang Qin. Global atmospheric low-frequency teleconnection. Progress in Natural Science,1991, 1: 447-452.

[77] 李崇银. 大气低频振荡//当代气候研究. 北京:气象出版社,1991:137-151.

[78] 李崇银. 热带大气动力学研究进展. 热带气象,1991, 7:195-199.

[79] 阎敬华,李崇银. 温湿结构对南海低压发展影响的数值模拟研究. 热带气象,1991, 7:39-47.

1992 年

[80] 李崇银. 华北地区汛期降水的一个分析研究. 气象学报, 1992, 50:41-49.

[81] 李崇银,闫敬华. 发展与不发展南海气旋的数值模式研究. 气象学报,1992, 50:129-139.

[82] Li Chongyin,Yan Jinghua. A study of numerical simulation on the development of depressions in the South China Sea. Acta Meteor Sin, 1992, 6 (3): 265-274.

[83] 李崇银,龙振夏. 准两年振荡及其对东亚大气环流和气候的影响. 大气科学,1992,16:167-176.

Li Chongyin,Long Zhenxia. Quasi-biennial oscillation and its influence on general atmospheric circulation and climate in East Asia. Chinese J Atmos Sci, 1992, 16: 70-79.

[84] 肖子牛,李崇银. 大气对外源强迫低频响应的数值模拟(I)—赤道东太平洋海温异常. 大气科学,1992, 16:708-717.

Xiao Ziniu, Li Chongyin. Numerical simulation of the atmospheric low-frequency teleresponse to external forcing, Part I: Anomalous sea surface temperature in the equatorial eastern Pacific ocean. Chinese J Atmos Sci, 1992, 16 (4): 372-382.

1993 年

[85] 李崇银,肖子牛. 大气对外源强迫低频遥响应的数值模拟(II)—欧亚中高纬度"寒潮"异常. 大气科学,1993, 17: 523-531.

Li Chongyin, Xiao Ziniu. Numerical simulation of atmospheric low frequency teleresponse to the external forcing, Part II: Response to anomalous "cold wave" over middle-high latitudes in Eurasian Area. Chinese J Atmos Sci,1993, 17 (3): 287-296.

[86] Li Chongyin. A further inquiry on the mechanism of 30-60 day oscillation in the tropical atmosphere. Adv Atmos Sci, 1993, 10:41-53.

[87] Li Chongyin, Long Zhenxia, Xiao Ziniu. On low-frequency remote responses in the atmosphere to external forcings and their influences on climate//Climate Variability. Beijing: China Meteorologial Press, 1993:177-190.

[88] Li Chongyin. Some differences of the 30-60 day atmospheric oscillation between mid-high latitudes and tropics//Cli-

mate, Environment and Geophysical Fluid Dynamics Beijing: China Meteorologial Press, 1993:99-110.

[89] Luo Dehai, Li Chongyin. The resonant interaction of periodic external forced Rossby waves and low- frequency oscillations in the mid-hig latitudes//Climate, Environment and Geophysical Fluid Dynamics Beijing: China Meteorologial Press, 1993:111-122.

1994 年

[90] 李崇银,周亚萍.热带大气季节内振荡和 ENSO 的相互关系.地球物理学报,1994,37:17-26.
Li Chongyin, Zhou Yaping. Relationship between Intraseasonal oscillation in the tropical atmosphere and ENSO. Chinese J Geophysics, 1994, 37 (2): 213-223.

[91] Li Chongyin, Yan Jinghua. Numerical simulation study of the occurrence and development of a mid-tropospheric cyclone over the South China Sea. Acta Meteor Sin, 1994, 8:150-160.

[92] 曾庆存,李崇银,黄荣辉,吴国雄,张邦林.大气环流季节和低频变化的动力学问题.自然科学进展, 1994, 4:126-138.

1995 年

[93] 李崇银,周亚萍.热带大气的准双周(10-20 天)振荡.大气科学,1995, 19:435-444.

[94] Li Chongyin, Ian Smith. Numerical simulation of the tropical intraseasonal oscillation and the effect of warm SSTs. Acta Meteor Sin, 1995, 9 (1): 1-12.

[95] 李崇银,曹文忠,李桂龙. 基本气流对中高纬度大气季节内振荡的影响.中国科学(B),1995, 25:979-985.
Li Chongyin, Cao Wenzhong, Li Guilong. Influences of basic flow on unstable excitation of intraseasonal oscillation in mid-high latitudes. Science in China (Series B), 1995, 38 (9):1135-1145.

[96] Liao Qinghai, Li Chongyin. CISK-Rossby wave and the 30-60 day oscillation in the tropics. Adv Atmos Sci, 1995, 12: 1-12.

[97] 李崇银,李桂龙. 同 El Niño 发生相联系的热带大气动能的变化.科学通报,1995, 40:1866-1869 .

[98] 李崇银.热带大气季节内振荡的一些基本问题.热带气象学报,1995, 11:276-288.

[99] Li Chongyin. The further studies of intraseasonal oscillation in the tropical atmosphere//Proceedings of the International Scientific Conference on the TOGA Programme, 1995:260-264, WCRP-91- WMO/TD. No. 717.

[100] Li Chongyin. Westerly anomalies over the equatorial western Pacific and Asian winter monsoon//Proceedings of the International Scientific Conference on the TOGA Programme, 1995:557-561, WCRP-91-WMO/TP. No. 717.

[101] Li Chongyin. Kinetic energy transfer of tropical atmospheric system associated with the occurrence of El Nino event// Proceedings of the Second International Study Conference on GEWEX in Asia, 1995 :87-90, Pattaya, Thailand, 6-10 March.

[102] 李崇银,黄荣辉,杨大升,等.近几年中国大气动力学的主要进展.气象学报, 1995,53:260-270.

[103] Li Chongyin, Huang Ronghui, Yang Dasheng, Ni Yunqi. Atmospheric dynamics in recent four years in China//China National Report on Meteorology and Atmospheric Sciences. Beijing: China Meteorologial Press, 1995: 69-81.

1996 年

[104] 李崇银,Ian Smith. 热带大气 10-20 day 振荡的 GCM 数值模拟.大气科学,1996, 20:63-70.

[105] 李崇银.厄尔尼诺对热带大气季节内振荡的影响.自然科学进展,1996, 6:27-33.

[106] 李崇银,李桂龙. El Nino 影响热带大气季节内振荡的动力学研究.大气科学,1996, 20:159-168.
Li Chongyin, Li Guilong. A dynamical study of influence of El Nino on intraseasonal oscillation in the tropical atmosphere. Chinese J Atmos Sci, 1996, 20:148-159.

[107] 李崇银.江淮流域汛期降水与热带大气季节内振荡的活动//灾害性气候的过程及诊断.北京:气象出版社,1996: 72-76.

[108] 李崇银,周亚萍. 热带大气季节内振荡与 ENSO 的相互作用//灾害性气候的过程及诊断.北京:气象出版社,1996: 67-71.

[109] 龙振夏,李崇银.热带积云对流加热在全球大气遥响应中的重要作用-数值试验结果.气象学报,1996, 54:521-535.

[110] Li Chongyin, Liao Qinghai. Behaviour of coupled modes in a simple nonlinear air-sea interaction model. Adv Atmos Sci, 1996,13 (2): 183-195.

[111] 李崇银.气候变化及其可预报性——个国际气候研究新计划.气候与环境研究,1996, 1:87-95.

[112] 李崇银.蒸发-风反馈机制的进一步研究.热带气象学报,1996, 12:193-199.
Li Chongyin. Further studies on evaporation-wind feedback. J Tropical Meteorology,1996, 3 (1): 11-17.

[113]Li Chongyin. Dynamic mechanism of intraseasonal oscillation in the tropical atmosphere//From Atmospheric Circulation to Global Change. Beijing: China Meteorologial Press, 1996: 351-364.

[114]Li Chongyin. Quasi-two weeks Oscillation in the tropical atmosphere. Theoretical and Applied Climatology, 1996, 55: 121-128.

[115]Li Chongyin. A further study on the interaction between anomalous winter monsoon in East Asia and El Nino. Acta Meteor Sin, 1996, 10 (3): 309-320.

[116]Li Chongyin. ENSO cycle and anomalous East-Asian winter monsoon, Workshop on El Nino/Southern Oscillation and Monsoon. SMR/930 -18, ICTP, Trieste.

[117]李崇银,廖清海.东亚及西北太平洋地区气候的准10年尺度振荡及其可能机制.气候与环境研究,1996, 2:124-133.

[118]李崇银,等.南海热带大气低频振荡与华南初夏降水异常//1994年华南特大暴雨洪涝学术研讨会论文集.北京:气象出版社,1996:17-23.

[119]李崇银.气候系统的低频和甚低频变化研究//现代大气科学前沿与展望.北京:气象出版社, 1996:83-86.

1997 年

[120]李崇银,龙振夏. 西太平洋副高活动与平流层QBO关系的一个分析研究.大气科学, 1997, 21:670-678.

Li Chongyin, Long Zhenxia. Relationship between subtropical high activities over the western Pacific and Quasi Biennial Oscillation in the stratosphere. Chinese J Atmos Sci, 1997, 21 (4): 343-352.

[121]李崇银.强东亚冬季风对El Nino激发作用的进一步研究//中国的气候变化与气候影响研究.北京:气象出版社, 1997:207-218.

[122]Li Chongyin, Li Guilong. Evolution of intraseasonal oscillation over the tropical western Pacific/South China Sea and its effect to the summer precipitation in Southern China. Advances Atmos Sci, 1997, 14: 246-254.

[123]李崇银,龙振夏. 东亚夏季大气环流和气候对冬季海温异常的邻响应和遥响应.气候与环境研究,1997, 2:39-47.

[124]孙柏民,李崇银.冬季东亚大槽的扰动与热带对流活动的关系.科学通报,1997, 42:500-503.

1998 年

[125]李崇银,李桂龙.热带大气季节内振荡的进一步分析.气候与环境研究,1998, 3:27-37.

[126]李桂龙,李崇银.大气季节内振荡的活动与El Nino.热带气象学报, 1998, 14:54-62.

[127]李崇银.强东亚冬季风对激发作用的进一步研究//中国气候变化与气候影响研究.北京:气象出版社,1998:207-218.

[128]李崇银,李桂龙.热带大气准定常行星波的活动与ENSO.自然科学进展,1998, 8:97-105.

Li Chongyin, Li Guilong. Activities of quasi-stationary waves in the tropical atmosphere an El Nino/Southern Oscillation. Progress in Natural Science, 1998, 8:321-325.

[129]李崇银,廖清海.热带大气季节内振荡激发El Nino的机制.热带气象学报,1998, 14:97-105.

Li Chongyin, Liao Qinghai. The exciting mechanism of tropical intraseasonal oscillation to El Nino event. J Tropical Meteor, 1998, 4:113-121.

[130]Li Chongyin, Mu Mingquan. ENSO cycle and anomalies of winter monsoon in east Asia// Chang C P, Chan J C L, Wang J T. East Asia and Western Pacific Meteorology and Climate. Word Scientific, Singapore, 1998:60-73.

[131]Li Chongyin. The quasi-decadal oscillation of air-sea system in the northwestern Pacific region. Adv Atmos Sci, 1998, 15 (1): 31-40.

[132]Li Chongyin, Li Guilong. Activities of low-frequency waves in the tropical atmosphere and ENSO. Adv Atmos Sci, 1998, 15:1993-203.

[133]李崇银,穆明权.异常东亚冬季风激发ENSO的数值模拟研究.大气科学,1998, 22:481-490.

Li Chongyin, Mu Mingquan. Numerical simulations of anomalous winter monsoon in east Asia Exciting ENSO. Chinese J Atmos Sci, 1998, 22:393-403.

[134]李崇银,龙振夏.关于大气“记忆”的GCM模拟研究.气候与环境研究, 1998, 3:193-200.

[135]穆明权,李崇银.异常东亚冬季风对ENSO的激发——一个数值模拟研究//东亚季风和中国暴雨.北京:气象出版社, 1998:210-219.

1999 年

[136]李崇银,李桂龙.赤道太平洋大气低频振荡与海表水温的关系.科学通报, 1999, 44:78-81.

Li Chongyin, Li Guilong. The relationship between low-frequency atmospheric oscillation and SST in the equatorial Pacific. Chinese Science Bulletin, 1999, 44:1126-1129.

[137]李桂龙,李崇银.江淮流域夏季旱涝与不同时间尺度大气扰动的关系.大气科学,1999, 23:39-50.

[138]龙振夏,李崇银.赤道东太平洋不同时间尺度海温正异常对东亚夏季气候影响的数值模拟研究.大气科学,1999,23:161-176.

Long Zhenxia,Li Chongyin. Numerical simulations on the sensitivity of summer climate over east Asia to the duration of sea surface temperature anomalies over eastern equatorial Pacific. Chinese J Atmos Sci, 1999, 23:88-103.

[139]龙振夏,李崇银.ENSO对其后东亚季风活动影响的GCM摸拟研究.气象学报, 1999, 57:651-661.

[140]穆明权,李崇银.东亚冬季风年际变化的ENSO信息-(I).观测资料分析.大气科学,1999, 23:276-286.

Mu Mingquan,Li Chongyin. ENSO signals in interannual variability of East Asian winter monsoon, Part I: Obeserved data analyses. Chinese J Atmos Sci,1999, 23:139-149.

[141]李崇银,张利平.南海夏季风特征及其指数.自然科学进展, 1999, 9:536-541.

[142]李崇银,张利平.南海夏季风活动及其影响.大气科学, 1999, 23:257-266.

Li Chongyin ,Zhang Liping. Summer monsoon activities in South China Sea and Its impacts. Chinese J Atmos Sci, 1999, 23:111-120.

[143]穆明权,李崇银.东亚冬季风年际变化的ENSO信息-(II).模拟资料分析.气候与环境研究,1999, 4:176-185.

[144]Li Chongyin, Mu Mingquan,Zhou Guangqin. The variation of warm pool in the equatorial western Pacific and Its impacts to Climate. Advance Atmos Sci, 1999, 16:378-394.

[145]Li Chongyin, Huang Ronghui. On interaction between ENSO and East-Asian monsoon//1995-1998 China National Report on Meteorology and Atmospheric Sciences. Beijing: China Meteorologial Press , 1999:68-78.

[146]Li Chongyin, Mu Mingquan,Zhou Guangqing. Subsurface ocean temperature anomalies in the Pacific Warm pool and ENSO occurrence//Programme on Weather Prediction Research Report,Series No. 13:232-240, WMO/TD No. 979, 1999, Geneve.

[147]李崇银,李桂龙,龙振夏. 中国气候年代际变化的大气环流形势对比分析.应用气象学报, 1999, 10 (增刊):1-8.

[148]李崇银,李桂龙.北大西洋涛动和北太平洋涛动的演变与20世纪60年代的气候突变.科学通报, 1999, 44:1765-69.

Li Chongyin, Li Guilong. Variation of the NAO and NPO associated with climate jump in the 1960s. Chinese Science Bulletin, 1999, 44:1983-1986.

[149]李崇银,穆明权. 厄尔尼诺的发生与赤道西太平洋暖池次表层海温异常.大气科学, 1999, 23:513-521.

Li Chongyin, Mu Mingquan. ENSO occurrence and sub-surface ocean temperature anomalies in the equatorial warm pool. Chinese J Atmos Sci,1999,23: 217-225.

[150]李崇银.21世纪的气候变化及其可预报性研究——国际CLIVAR计划及科学大会介绍.应用气象学报, 1999, 10 (增刊):158-160.

[151]周广庆,李崇银.西太平洋暖池次表层海温异常与ENSO关系的CGCM模拟结果.气候与环境研究,1999,4:346-352.

[152]李跃清,李崇银.近40多年四川盆地降温与热带西太平洋海温异常的关系.气候与环境研究,1999, 4:388- 395.

[153]Mu Mingquan, Li Chongyin. Numerical simulations on the relationship between Indian summer monsoon and El Nino. Chinese J Atmos Sci,1999, 23:377-386.

[154]Cho H R, Li Chongyin. Equatorial Kelvin waves and intraseasonal oscillation in the equatorial troposphere. Chinese J Atmos Sci, 1999, 23 (3): 237-244.

2000 年

[155]Li Chongyin, Wu Jingbo. On the onset of the South China Sea summer monsoon in 1998 . Advance Atmos Sci, 2000, 17:193-204.

[156]Li Chongyin, Li Guilong. The NAO/NPO and interdecadal climate variation in China. Advance Atmos Sci, 2000, 17: 555-561.

[157]李崇银,屈昕.伴随南海夏季风爆发大大尺度大气环流演变.大气科学,2000, 24:1-14.

Li Chongyin, Qu Xin. Atmospheric circulation evolutions associated with summer monsoon onset in the South China Sea. Chinese J Atmos Sci,1999, 23:311-325.

[158]穆明权,李崇银.西太平洋暖池次表层海温异常与ENSO循环的相互作用.大气科学, 2000, 24:447-460.

Mu Mingquan, Li Chongyin. Interaction between subsurface ocean temperature anomalies in the western Pacific warm pool and ENSO cycle. Chinese J Atmos Sci, 2000, 24:107-121

[159]吴静波,李崇银.南海中层气旋大结构和演变特征分析及数值试验.气候与环境研究,2000, 5:417-433.

[160]李崇银，穆明权，毕训强. 大气环流大年代际变化-II. GCM数值模拟研究. 大气科学，2000，24:739-748.
Li Chongyin, Mu Mingquan, Bi Xunqiang. Interdecadal variation of atmospheric circulation Part II:A numerical simulations with GCM. Chinese J Atmos Sci,2000, 24:333-343.
[161]穆明权，李崇银. 大气环流的年代际变化-I. 观测资料分析. 气候与环境研究，2000，5:233-241.
[162]李崇银，穆明权. 论东亚冬季风-暖池状况-ENSO循环相互作用. 科学通报，2000，45:678-685.
Li Chongyin, Mu Mingquan. Relationship between East-Asian winter monsoon, warm pool situation and EVSO cycle. Chinese Science Bulletin, 2000, 45:1448-1455.
[163]罗德海，李崇银. 缓慢移动性Rossby波与大尺度地形的近共振相互作用. 大气科学，2000，24:271-283.
[164]肖子牛，孙绩华，李崇银. El Nino期间印度洋海温异常对亚洲气候的影响. 大气科学，2000，24:461-469.
[165]穆明权，李崇银. 1998年南海夏季风的爆发与大气季节内振荡的活动. 气候与环境研究，2000，5:375-387.
[166]李崇银. 年代际气候变化研究//21世纪初大气科学回顾与展望. 北京：气象出版社，2000:68-72.
[167]Li Chongyin, Long Zhenxia. El Nino occurrence in 1997 and intraseasonal oscillation anomalies in the Tropical atmosphere//Proceedings of the Second international Symposium on Asian Monsoon System. Cheju, Korea,2000:106-111.
[168]Mu Mingquan, Li Chongyin. Interdecadal variations of atmoapheric sciculation, Part I: Obsrevational data analyses. Chinese J Atmos Sci, 2000, 24 (3): 270-278.

2001年

[169]Li Chongyin, Mu Mingquan. Influence of the Indian Ocean dipole on Asian monsoon circulation. Exchanges , 2001, 6: 11-14.
[170]Li Chongyin, Sun Shuqing, Mu Mingquan. Origin of the TBO—Interaction between anomalous East-Asian winter monsoon and ENSO cycle. Advance Atmos Sci , 2001, 18:554-566.
[171]龙振夏，李崇银. 赤道东太平洋海温正异常对西太平洋副高影响的数值模拟研究. 大气科学，2001,25:145- 159.
Long Zhenxia, Li Chongyin. Simulating influences of positive sea surface temperature anomalies over the eastern equatorial Pacific on subtropical high over the western Pacific. Chinese J Atmos Sci, 2001, 25:1-16.
[172]李崇银，穆明权. 赤道印度洋海温偶极子型振荡及其气候影响. 大气科学，2001,25:433- 442.
[173]李崇银. 南海夏季风活动及其异常和影响//南海环境与资源基础研究前瞻. 北京：海洋出版社，2001:73-80.
[174]李崇银，穆明权. 论东亚冬季风-暖池状况-ENSO循环的关系//中国科技发展精典文库. 北京：中国言实出版社，2001:442-444.
[175]李崇银. ENSO与东亚季风//现代气候学研究进展. 北京：气象出版社，2001:161-182.
[176]咸鹏，李崇银. 国际上年代际到世纪时间尺度气候变化的研究. 气候与环境研究，2001，6:337-353.
[177]李崇银，龙振夏. 热带大气季节内振荡的异常与1997年El Nino事件的发生. 大气科学，2001,25:589-595.
Li Chongyin, Long Zhenxia. Intraseasonal oscillation anomalies in the Tropical atmosphere and the 1997 El Nino occurrence. Chinese J Atmos Sci, 25 (4): 337-345.
[178]Li Chongyin, Mu Mingquan. The influence of the Indian Ocean dipole on atmospheric circulation and climate. Advance Atmos Sci, 2001,18:831-843.
[179]Long Zhenxia, Li Chongyin. Numerical simulation of lag influence of ENSO on East-Asian Monsoon. Acta Meteor Sin, 2001,15 (1): 59-70.
[180]龙振夏，李崇银. 热带低层大气30-60天低频振荡的年际变化与ENSO循环. 大气科学，2001,25:798-808.
Long Zhenxia, Li Chongyin. Interannual variation of tropical atmospheric 30-60 day low-frequency oscillation and ENSO cycle. Chinese J Atmos Sci, 2002, 26 (1): 51-62.
[181]Li Chongyin,Long Zhenxia, Zhang Qingyun. Strong/weak summer monsoon activity over the South China Sea and atmospheric intraseasonal oscillation. Advance Atmos Sci , 2001, 18:1146-1160.
[182]Li Chongyin,Mu Mingquan, Zhou Guangqing. Sub-surface ocean temperature anomalies in the Pacific warm pool and ENSO occurrence//Dynamics of Atmospheric and Oceanic Circulations and Climate. Beijing: China Meteorological Press, 2001:601-620.
[183]李崇银，穆明权，潘静. 印度洋海温偶极子和太平洋海温异常. 科学通报，2001,46:1747-1751.
Li Chongyin, Mu Mingquan, Pan Jing. Indian Ocean temperature dipole and SSTA in the equatorial Pacific Ocean. Chinese Science Bulletin, 2002, 47 (3): 236-239.
[184]李崇银. 异常东亚冬季风和ENSO循环//海洋和气候的变化及其对环境和资源的影响(论文集). 北京：海洋出版社，

2001:6-15.

2002 年

[185]李崇银，吴静波.索马里跨赤道气流对南海夏季风爆发的重要作用.大气科学，2002，26:185-192.

[186]Li Chongyin, Cho H R, Wang J T. CISK Kelvin wave with evaporation wind feedback and air-sea interaction - A further study of tropical intraseasonal oscillation mechanism. Adv Atmos Sci, 2002, 19:379-390.

[187]李崇银.关于 ENSO 本质的进一步研究.气候与环境研究，2002，12:160-174.

[188]李崇银，朱锦红，孙照勃.年代际气候变化研究.气候与环境研究，2002，12:209-219.

[189]丁一汇，李崇银，柳艳菊，等.南海季风试验研究.气候与环境研究，2002，12:202-208

[190]李崇银，穆明权.ENSO—赤道西太平洋异常纬向风所驱动的热带太平洋次表层海温距平的循环.地球科学进展，2002，17:631-638.

[191]Li Chongyin, Long Zhenxia. Intraseasonal oscillation anomalies in the tropical atmosphere and El Nino events. Exchanges, 2002, 7(2):12-15.

[192]李崇银，穆明权.ENSO 本质的进一步研究//大气科学发展战略.北京：气象出版社，2002:71-75.

[193]Mu Mingquan, Li Chongyin. Indian Ocean dipole and its relationship with ENSO mode. Acta Meteor Sinica, 2002, 16(4): 489-497.

[194]Li Chongyin, Mu Mingquan. A further study of the essence of ENSO. Chinese J Atmos Sci, 2002, 26:309-328.

[195]肖子牛，晏红明，李崇银.印度洋地区异常海温的偶极振荡与中国降水及温度的关系.热带气象学报，2002，18:335-344.

2003 年

[196]Li Chongyin, Mu Mingquan, Long Zhenxia. Influence of intraseasonal oscillation on East-Asian summer monsoon. Acta Meteor Sin, 2003, 17:130-142.

[197]Long Zhenxia, Pan Jing, Li Chongyin. Influences of anomalous summer monsoon over the South China Sea on climate variation. Acta Meteor Sin, 2003, 17:118-129.

[198]咸鹏，李崇银.北太平洋海温变化的年代际模及其演变特征.大气科学，2003，27:861-869.

Xian Peng, Li Chongyin. Interdecadal modes of sea surface temperature in the North Pacific Ocean and its evolution. Chinese J Atmos Sci, 2003, 27 (2): 118-126.

[199]李崇银，龙振夏，穆明权.大气季节内振荡及其重要作用.大气科学，2003，27:518-535.

[200]曾庆存，王会军，林朝辉，李崇银，等.气候动力学与气候预测理论研究.大气科学，2003，27:468-483.

Zeng Qinhcun, Wang Huijun, Zhaohui Lin, Li Chongyin, et al. A study of the climate dynamics and climate prediction theory.

[201]黄荣辉，陈 文，丁一汇，李崇银.关于季风动力学以及季风与 ENSO 循环相互作用的研究.大气科学，2003，27:484-502 .

Huang Ronghui , Chen Wen , Ding Yihui , Li Chongyin. Studies on the monsoon dynamics and the interaction between monsoon and ENSO cycle.

[202]Yang Hui, Li Chongyin. The relation between atmospheric intraseasonal oscillation and summer severe flood and drought in the Changjiang-Huaihe basin. Adv Atmos Sci, 2003, 20:540-553.

[203]李崇银，咸鹏.北太平洋海温年代际变化与大气环流和气候异常.气候与环境研究，2003，8:258-273.

[204]李崇银，翁衡毅，高晓清，钟敏.全球增暖的另一可能原因初探.大气科学，2003，27:789-797.

[205]Li Chongyin, Xian Peng. Atmospheric Anomalies related to Interdecadal Variability of SST in the North Pacific. Adv Atmos Sci, 2003, 20:859-874.

[206]李崇银，龙振夏，张庆云.大气季节内振荡的异常与南海夏季风的强弱变化//我国旱涝重大气候灾害及其形成机理研究.北京：气象出版社，2003:51-59.

[207]李跃清，黄荣辉，李崇银.热带太平洋海温与东亚冬季风的关系研究//我国旱涝重大气候灾害及其形成机理研究.北京：气象出版社，2003:207-217.

[208]杨辉，李崇银.江淮流域夏季严重旱涝与大气季节内振荡//我国旱涝重大气候灾害及其形成机理研究.北京：气象出版社，2003:276-285.

[209]李崇银，穆明权.论 ENSO 循环的本质// ENSO 循环机理和预测研究.北京：气象出版社，2003:120-134.

[210]李跃清，李崇银，黄荣辉.东亚东季风变化与 ENSO 循环的耦合关系研究// ENSO 循环机理和预测研究.北京：气象

出版社,2003:189-197.

[211]李崇银,杨辉.大气季节内振荡的活动与江淮流域夏季旱涝.湖泊科学,2003,15(增刊):16-22.

Li Chongyin, Yang Hui. Atmospheric Intraseasonal Oscillation and Summer Drougt/Flood over the Yangtze-Huaihe River Basin.

2004 年

[212]Weng H, Sumi A, Takayabu Y N, Kimoto M, Li Chongyin. Interannual-Interdecadal variation in large-scale atmospheric circulation and extremely wet and dry summers in China/Japan during 1951-2000, Part I: Spatial patterns. J Meteor Soc Japan, 2004, 82:775-788.

[213]Weng H, Sumi A, Takayabu Y N, Kimoto M, Li Chongyin. Interannual-Interdecadal variation in large-scale atmospheric circulation and extremely wet and dry summers in China/Japan during 1951-2000, Part II: Dominant timescales. J Meteor Soc Japan, 2004, 82:789-804.

[214]Li Chongyin, He Jinhai, Zhu Jinhong. A review of decadal/interdecadal climate variation studies in China. Adv Atmos Sci, 2004, 21:425-436.

[215]Ding Yihui, Li Chongyin, Liu Yanju. Overview of the South China Sea Monsoon Experiment. Adv Atmos Sci, 2004, 21:343-360.

[216]Chan J C L, Li C Y, 2004. The East Asian winter monsoon// Chang C P. East Asian Monsoon. World Scientific Publisher, Singapore:54-106.

[217]李崇银.大气季节内振荡研究的新进展.自然科学进展, 2004, 14:734-741.

[218]李崇银,王作台,林仕哲,祚汉如.东亚夏季风活动与高空西风急流位置北跳关系的研究.大气科学,2004,28:641-658.

Li Chongyin, Wang Jough-Tai, Lin Shizhe, Cho Han-Ru. The relationship between East Asian summer monsoon activity and northward jumps of the upper air westerly jet location. Chinese J Atmos Sci, 2005, 29 (1): 1-20 .

[219]骆美霞,李崇银. 南海夏季风建立的模式诊断研究.气候与环境研究 ,2004,9:494-509

[220]丁一汇,李崇银,何金海,等.南海季风试验与东亚夏季风.气象学报,2004,62:561-586.

[221]琚建华,陈琳玲,李崇银.太平洋-印度洋海温异常模态及其指数定义的初步研究.热带气象学报,2004,20:617-624.

[222]贾小龙,李崇银.热带大气季度内振荡的一个数值模拟研究.气象学报,2004,62:725-739.

[223]Li Chongyin, Yang Hui. Atmospheric intraseasonal oscillation and summer rainfall over the Yangtze-Huai river valley// Jiang et al. Climate Chang and Yangtze Floods. Beijing:Science Press, 2004:46-62.

2005 年

[224]李崇银.太阳活动如何影响天气气候变化//21 世纪 100 个交叉科学难题.北京:科学出版社,2005:97-102.

[225]杨辉,李崇银.热带太平洋-印度洋海温异常综合模对南亚高压的影响.大气科学,2005,29:99-110.

[226]杨辉,李崇银.2003 年夏季中国江南异常高温的分析研究.气候与环境研究,2005,10:80-85.

[227]冉令坤,高守亭,李崇银.辐散风作用下低频波的能量传播.气象学报,2005,63:13-20.

[228]李崇银,杨辉.ENSO 和印度洋偶极子//海-气相互作用对我国气候变化的影响. 北京:气象出版社,2005:1-8.

[229]李崇银,裴顺强,普业.异常东亚冬季风对赤道西太平洋纬向风的动力作用.科学通报, 2005,50:1136-1141.

Li Chongyin, Pei Shunqiang, Pu Ye. Dynamical impact of anomalous East-Asian winter monsoon on zonal wind over the equatorial western Pacific. Chinese Science Bulletin, 2005, 50 (14):1520-1526.

[230]杨辉,李崇银.热带大气季节内振荡的传播及其影响因子研究.气候与环境研究,2005,10:145-156.

[231]杨辉,李崇银.厄尔尼诺持续时间与大气环流异常形势.地球物理学报,2005,48(4):780-788.

Hui Yang, Li Chongyin. Lasting Time of El Niño and Circulation Anomaly,Chinese J Geophysics, 2005,48:821-830.

[232]Li Chongyin, Hu Ruijin, Yang Hui. Intraseasonal oscillation in the tropical Indian Ocean. Adv Atmos Sci, 2005, 22: 617-624.

[233]Zhou Wen, Chan J C L, Li Chongyin. South China Sea summer monsoon onset in relation to the off-equatorial ITCZ. Adv Atmos Sci, 2005, 22:605-676.

[234]顾薇,李崇银,杨辉.中国东部夏季主要降水型的年代际变化及趋势分析.气象学报,2005,63(5):728-739.

Gu Wei,Li Chongyin,Yang Hui. An analysis on interdecadal variation and trend of summer rainfall over East China. Acta Meteor Sin, 2005, 63 (5): 728-739.

[235]李崇银,杨辉.我国旱涝灾害的特征及预测研究//我国气象灾害的预测预警与科学防灾减灾对策.北京:气象出版社,2005:100-108,148.

[236]贾小龙,李崇银.南印度洋海温偶极子型振荡及其气候影响.地球物理学报,2005,48:1238-1249.
Jia Xiaolong, Li Chongyin. Dipole Oscillation in the Southern Indian Ocean and Its Impacts on Climate. Chinese J Geophysics, 2005, 48:1348-1356.

[237]Hu Ruijin, Liu Qinyu, Li Chongyin. A heat budget study on the mechanism of SST variation in the Indian Ocean Dipole region. Journal of Ocean University of China, 2005, 4 (4): 334-342.

2006 年

[238]普业,裴顺强,李崇银,陈月娟.异常东亚冬季风对赤道西太平洋纬向风异常的影响.大气科学,2006,30(1):69-79.

[239]Wang Xin, Li Chongyin, Zhou Wen. Interdecadal variation of the relationship between Indian rainfall and SSTA modes in the Indian Ocean. Inter J Climate, 2006, 26: 595-606.

[240]Zhou Wen, Li Chongyin, Chan J C L. The interdecadal variations of the summer monsoon rainfall over South China. Meterol Atmos Phys, 2006. DOI 10. 1007/s00703-006-0184-9.

[241]潘静,李崇银.夏季南海季风槽与印度季风槽的气候特征之比较.大气科学,2006,30(3):377-390.

[242]程胜,李崇银.北半球冬半年平流层大气低频振荡特征的研究.大气科学,2006,30(4):660-670.

[243]Ding Yihui, Li Chongyin, He Jinhai, et al. South China Sea monsoon experiment (SCSMEX) and East Asian Monsoon. Acta Meteor Sin, 2006, 20 (2): 159-190.

[244]李崇银,贾小龙,董敏.大气季节内振荡的数值模拟比较研究.气象学报,2006,64: 412-419.

[245]李崇银,程胜,潘静.冬季北半球平流层季节内振荡与对流层季节内振荡的关系.大气科学,2006,30(5):744-752.

[246]陈哲,李崇银.亚洲夏季风爆发与热源强迫下的热带大气波.大气科学,2006,30(6):1227-1235.

[247]Song Jie, Zhou Wen, Pan Jing, Li Chongyin. The global influence of the Northern hemisphere second mode of the zonal average of the zonal wind. Geophys Res Lett, 2006,33, L18703. DOI: 10. 1029/2006 GL026380.

[248]Li Chongyin, Pan Jing. The atmospheric circulation characteristics accompanied with the Asian summer monsoon onset. Adv Atmos Sci, 2006, 23 (6): 925-939.

[249]Li Chongyin, Zhou Wen, Jia Xiaolong, Wang Xin. Decadal/interdecadal variations of the Ocean temperature and its impacts on the climate. Adv Atmos Sci, 2006, 23 (6): 964-981.

[250]杨辉,贾小龙,李崇银.热带太平洋-印度洋海温异常综合模及其影响.科学通报,2006,51(17):2085-2090.
Yang Hui , Jia Xiaolong ,Li Chongyin. The tropical Pacific-Indian Ocean temperature anomaly mode and its effect. Chinese Science Bulletin, 2006, 51 (23): 2876-2884.

[251]Wang Xin, Li Chongyin, Zhou Wen. Interdecadal Mode and Its Propagating characteristics of SSTA in the South Pacific. Meteorol Atmos Phys, 2006. DOI:10. 1007/S00703-006-0235-2.

[252]Zhou Wen, Li Chongyin, Wang Xin. Possible connection between Pacific Oceanic Interdecadal Pathway and East Asian Winter Monsoon. Geophys Res Lett,2006. DOI:10. 1029/2006GL027809.

[253]Jia Xiaolong, Li Chongyin, Zhou Zingfang. A GCM atudy on the tropical intraseasonal oscillation. Acta Meteor Sin, 20:352-366.

2007 年

[254]晏红明,李崇银.赤道印度洋纬向海温梯度模及其气候影响.大气科学,2007,31(1):64-76.

[255]Chen Zhe, Li Chongyin, Fu Zuntao. Periodic structures of Rossby wave under influence of dissipation. Commun Theor Phys, 2007, 47 (1): 35-40.

[256]贾小龙,李崇银.热带大气季节内振荡的季节性特征及其在 SAMIL-$R_{42}L_9$ 中的表现.热带气象学报,2007,23(3):217-228.

[257]顾薇,李崇银,潘静.太平洋-印度洋海温与我国东部旱涝型年代际变化的关系.气候与环境研究 ,2007,12(2):113-123.

[258]裴顺强,李崇银.东亚冬季风及其影响的进一步研究 I—东亚冬季风变化和异常的特征.气候与环境研究,2007,12(2):124-136.

[259]李崇银,潘静.南海夏季风槽的年际变化和影响研究.大气科学,2007,31 (6):1049-1058.

[260]Li Chongyin, Ling Jian, Jia Xiaolong, Dong Min. Numerical simulation and comparison study of the atmospheric intraseasonal oscillation. Acta Meteorological Sinica, 2007, 21: 1-8.

[261]Zhou Wen, Wang Xin, Zhou Tianjun, Li Chongyin, Chan J C L. Interdecadal variability of the relationship between the East Asian winter monsoon and ENSO. Meteorol Atmos Phys, 2007. DOI: 10. 1007/s00703-007-0263-6.

[262]晏红明,杨辉,李崇银. 赤道印度洋海温偶极子的气候影响及数值模拟研究. 海洋学报,2007, 29(5).

[263]董敏,李崇银. 热带季节内振荡模拟研究的若干进展. 大气科学,2007,31:1113-1122.

[264]贾小龙,李崇银. 热带大气季节内振荡数值模拟对积云对流参数化方案的敏感性. 气象学报, 2007,65(6):837-854.

Jia Xiaolong, Li Chongyin. Sensitivity of simulated tropical intraseasonal oscillation to cumulus parameterizations. Acta Meteor Sin, 2008, 22 (3): 257-276.

[265]贾小龙,李崇银. 热带大气季节内振荡的季节性特征及其在 SAMIL-R42L9 中的表现. 热带气象学报, 2007, 23(3): 217-228.

Jia Xiaolong, Li Chongyin. Seasonal variations of the tropical intraseasonal oscillation and its reproduction in SAMIL-R42L9. Journal of Tropical Meteorology, 2007, 13(2): 173-176.

2008 年

[266]Jia Xiaolong,Li Chongyin, Ling Jian, Zhang Chidong. Impacts of the GCM's resolution on the MJO Simulation. Adv in Atmos Sci,2008, 25 (1), 139-156.

[267]Yuan Yuan, Wen Zhou, Hui Yang, Li Chongyin. Warming in the Northwestern Indian Ocean Associated with the El Niño event. Adv Atmos Sci,2008, 25 (2), 246-252.

[268]Yuan Yuan, Zhou Wen, Johnny C L Chan, Li Chongyin. Impacts of the basin-wide Indian Ocean SSTA on the South China Sea summer monsoon onset. International Journal of Climatology,2008, DOI: 10. 1002/JOC. 1671.

[269]Yuan Yuan, Yang Hui, Zhou Wen, Li Chongyin. Influnces of the Indian Ocean dipole on the Asian summer monsoon in the following year. International Journal of Climatology,2008, 28:1849-1859. DOI: 10. 1002/JOC. 1678.

[270]Yuan Yuan, Johnny C L Chan, Zhou Wen, Li Chongyin. Decadal and interannual variability of the Indian Ocean dipole. Adv Atmos Sci,2008, 25: 856-866.

[271]袁媛,李崇银. 热带印度洋偶极子与 ENSO 事件关系的年代际变化. 科学通报,2008, 53:1429-1436.

Yuan Yuan, Li Chongyin. Decadal variability of the IOD-ENSO relationship. Chinese Science Bulletin,2008, 53 (11): 1745-1752.

[272]谭言科,刘会荣,李崇银,李东辉. 热带印度洋偶极子的季节性位相锁定可能原因. 大气科学,2008, 32(2):197-205.

[273]李崇银,杨辉,顾薇. 中国南方雨雪冰冻异常天气原因的分析. 气候与环境研究,2008,13(2):113-122.

[274]黄勇,李崇银,王颖,宋彬. 近百年西北太洋热带气旋频数变化特征及其与 ENSO 的关系. 海洋预报,2008,25(1): 80-87.

[275]黄勇,李崇银,王颖. 西北太平洋热带气旋生成频数和源地异常的成因分析. 热带气象学报,2008,24 (6):590-598.

[276]贾小龙,李崇银,凌健. 谱模式 SAMIL 对南亚季风区大气季节内振荡向北传播的模拟. 大气科学,2008,32: 1037-1050.

[277]李崇银,穆穆,周广庆,杨辉. ENSO 机理及其预测研究. 大气科学,2008,32:761-781.

[278]吴海燕,张铭,李崇银,易欣. 一个海洋环流模式对风应力响应的敏感性试验. 解放军理工大学学报(自然科学版), 2008,9(4):457-464.

[279]黄勇,李崇银,王颖. 西北太平洋生成热带气旋的年代际变化. 解放军理工大学学报(自然科学版),2008,9(5): 557-564.

[280]李崇银,顾薇,潘静. 梅雨与北极涛动及平流层环流异常的关联. 地球物理学报,2008,51(6):1632-1641.

Li Chongyin, Gu Wei, Pan Jing. Mei-Yu, Arctic oscilation and statospheric circulation anomalies. Chinese J. Geophysics, 2008, 51 (6): 1127-1135.

[281]Li Chongyin, Huang Ronghui. El Nino and the Southern Oscillation-monsoon interaction and interannual climate// Congbin Fu, et al. Changes in the Human-Monsoon System of East Asia in the Context of Global Change. World Scientific,2008:75-88.

[282]杨辉,李崇银. 冬季北极涛动的影响分析. 气候与环境研究,2008,13(4):395-404.

[283]李琳,李崇银,谭言科. ENSO 年冬季北半球平流层大气环流异常特征分析. 气象科学,2008,28(4):355-362.

[284]许园春,谭言科,李崇银,陈超辉. 太平洋海表面温度季节内震荡特征. 解放军理工大学学报,2008(02):194-200.

[285]Zhang Liang, Zhang Lifeng, Li Chongyin, et al. Some new exact solutions of Jacobian elliptic function about the generalized Boussinesq equation and Boussinesq-Burgers equation. Chinese Physics B, 2008, 17(2): 403-410.

2009 年

[286]Li Chongyin, Jia X, Ling J, Zhou W, Zhang C. Sensitivity of MJO simulations to diabatic heating profiles. Climate

Dynamics, 2009, 32: 167-187. DOI: 10.1007/s00382-008-0455.x.

[287]贾小龙,李崇银,凌健.积云参数化和分辨率对 MJO 数值模拟的影响.热带气象学报,2009,35(1):1-12.
Jia Xiaolong, Li Chongyin, Ling Jian. Impacts of cumulus parameterization and resolution on the MJO simulation. Journal of Tropical Meteorology,2009,15 (1): 106-110.

[288]Gu Wei, Li Chongyin, Wang Xin, Zhou Wen, Li Weijing. Linkage between Mei-yu precipitation and North Atlantic SST on the decadal timescale. Adv Atmos Sci, 2009,26 (1): 101-108 .

[289]Song Jie,Li Chongyin,Zhou Wen, Pan Jing. The Linkage between the Pacific-North American teleconnection pattern and the North Atlantic Oscillation. Adv Atmos Sci, 2009,26 (2): 229-239.

[290]肖子牛,梁红丽,李崇银.夏季西北太平洋和南中国海台风生成与前期冬春主要环流条件的关系.气象学报,2009,67(1):90-100.

[291]袁媛,李崇银.热带印度洋海温异常不同模态对南海夏季风爆发的可能影响.大气科学,2009,33(2):325-336.

[292]黄勇,李崇银,王颖.太平洋海气耦合经向模态和西北太平洋热带气旋生成频数的关系.热带气象学报,2009,35(2):169-174.

[293]吴海燕,李崇银.赤道太平洋-印度洋海温异常综合模与次表层海温异常.海洋学报,2009,31(2):24-34.

[294]吴海燕,张铭,李崇银.热带太平洋对风应力拖曳系数响应的敏感性试验.海洋预报,2009,26(2):34-43.

[295]黄勇,李崇银,王颖.西北太平洋热带气旋频数变化特征及其与海表温度关系的进一步研究.热带气象学报, 2009,25(3):273-280 .

[296]Gu W, Li C, Li W, Zhou W, Chan J C L. Interdecadal unstationary relationship between NAO and East China's summer precipitation patterns. Geophys Res Lett, 2009, 36, L13702. DOI: 10.1029/2009GL038843.

[297]宋洁,李崇银.南极涛动和北半球大气环流异常的联系.大气科学,2009,33(4):847-858.

[298]Ling Jian, Li Chongyin, Jia Xiaolong. Impacts of cumulus momentum transport on MJO simulation. Adv Atmos Sci, 2009, 26 (5): 864-876.

[299]陈超辉,王铁,谭言科,李崇银,许圆春.多模式短期集合降水预报试验.南京气象学院学报,2009,32(2):206-214.

[300]陈超辉,王铁,谭言科,李崇银,许圆春.2003 年江淮汛期多模式短期集合预报方法研究.热带气象学报,2009,25(4):447-457.

[301]Song Jie, Zhou Wen, Li Chongyin, Qi Lixin. Signature of the Antarctic Oscillation in the Northern Hemisphere. Meteorol Atmos Phys, 2009, 105: 55-67. DOI:10. 1007/s00703-009-0036-5.

[302]韦道明,李崇银.东亚冬季风的区域差异和突变特征.高原气象,2009,28(5):1149-1157.

[303]Li Chongyin, Ling Jian. Physical essence of the "predictability barrier". Atmos Oce Sci Let, 2009, 2 (5): 290-294.

[304]晏红明,李崇银,周文.南印度洋副热带偶极模在 ENSO 事件中的作用.地球物理学报,2009,52(10):2436-2449.
Yan Hongming, Li Chongyin,Zhou Wen. Influence of subtropical dipole pattern in Southern Indian Ocean on ENSO event, Oct 2009 Chinese J of Geophy Sic.

[305]吴海燕,李崇银.热带太平洋-印度洋海温异常综合模的数值模拟.气候与环境研究,2009,14(6):567-586.

2010 年

[306]刘会荣,李崇银.干侵入对济南"7.18"暴雨的作用.大气科学,2010,34(2):374-386.

[307]黄勇,李崇银.温室气体浓度增加情景下西北太平洋热带气旋变化的模拟研究.气候与环境研究,2010,15(1):1-10.

[308]田华,李崇银,杨辉.大气季节内振荡对西北太平洋台风路径的影响研究.大气科学,2010,34(3):559-580.

[309]陈哲,李崇银.海陆地形对阻塞活动的影响.气候与环境研究,2010,15(2):113-119.

[310]田华,李崇银,杨辉.热带大气季节内振荡对西北太平洋台风生成数的影响研究.热带气象学报,2010,26(3):283-292.
Tian Hua, Li Chongyin, Yang Hui. Modulation of TC Genesis over the Northwestern Pacific by Atmospheric Intraseasonal Oscillation. Journal of Tropical Meteorology, 2012, 18 (1) : 9-16.

[311]李琳,李崇银,谭言科,陈超辉.平流层爆发性增温对中国天气气候的影响及其在 ENSO 影响中的作用.地球物理学报,2010,53(7):1529-1542.

[312]Xiao Ziniu, Liang Hongli, Li Chongyin. Relationship between the number of summer typhoons engendered over the northwest Pacific and South China Sea and main climate conditions in the preceding winter and spring. Acta Meteor Sin, 2010, 24 (4): 441-451.

[313]顾薇,李崇银.IPCC AR4 中海气耦合模式对中国东部夏季降水及 PDO、NAO 年代际变化的模拟能力分析.大气科学学报,2010,33(4):395-400.

[314]李崇银,顾薇.2008年1月乌拉尔阻塞高压异常活动的分析研究.大气科学,2010,34(5):865-874.

[315]李崇银,晏红明.印度洋海温变化的主要模态及其时空特征.军事气象水文,2010,4:7-16.

[316]吴海燕,李崇银,张铭.印尼贯穿流对热带太平洋-印度洋海温异常综合模影响的初步模拟研究.热带气象学报,2010,26(5):513-520.

[317]李崇银,阙志萍,潘静.东亚季风演变与对流层准两年振荡.科学通报,2010,55(29):2863-2868.

Li Chongyin, Pan Jing, Que Zhiping. Variation of the East Asian monsoon and the Tropospheric biennial oscillation. Chinese Science Bulletin, 2011,56 (1):70-75.

[318]Jia X L, Li C Y, Zhou N F, Ling J. The MJO in an AGCM with three different cumulus parameterization schemes. Dyn. Atmos Oceans, 2010, 49 : 141-163.

[319]潘静,李崇银,宋洁.热带大气季节内振荡对西北太平洋台风的调制作用.大气科学,2010,34(6):1059-1070.

[320]潘静,李崇银,顾薇.太阳活动对中国东部夏季降水异常的可能影响.气象科学,2010,30(5):566-578.

[321]陈超辉,李崇银,谭言科,王铁.基于交叉验证的多模式超级集合预报方法研究.气象学报,2010,68(4):464-476.

2011年

[322]杨辉,李崇银,潘静.一次引发华南大暴雨的南海季风槽异常特征及其原因分析.气候与环境研究,2011,16(1):1-14.

[323]Jia Xiaolong, Chen Lijuan, Ren Fumin, Li Chongyin. Impacts of the MJO on winter rainfall and Circulation in China. Adv Atmos Sci, 2011, 28 (3): 521-533.

[324]李崇银,王力群,顾薇.冬季蒙古高压与北太平洋海温异常的年际尺度关系.大气科学,2011,35(2):193-2000.

[325]韦道明,李崇银,谭言科.夏季西太平洋副热带高压南北位置变动特征及其影响.气候与环境研究,2011,16(3):255-272.

[326]陈光泽,张铭,李崇银.表层洋流对外强迫响应敏感度的数值研究.大气科学学报,2011,34(2):199-208.

[327]刘会荣,李崇银,周育锋.山东地区一次台风降水事件的干侵入特征分析.气候与环境研究,2011,16(3):289-300.

[328]李崇银,李琳,谭言科.南亚高压在平流层的特征及ENSO影响的研究.热带气象学报,2011,27(3):289-298.

Li Chongyin, Li Lin, Tan Yanke. Structure of South Asia High in the stratosphere and influence of ENSO. J Trop Meteor ,2011, 27 (3):193-201.

[329]Song J, Zhou W, Wang X, Li C. Zonal asymmetry of the annular mode and its downstream subtropical jet: an idealized model study. J Atoms Sci, 2011, 68: 1946-1973. Doi: 10. 1175/2011 JAS3656. 1.

[330]黄勇,李崇银,王颖.太平洋经向模态对西北太平洋热带气旋影响的数值模拟研究.热带气象学报,2011,27 (4):432-441.

Huang Yong, Li Chongyin, Wang Yin. Numerical simulations of the pacific meridional mode impacts on tropical cyclones activity over the western north pacific. J Tropical Meteorology,2012, 18 (4): 428-442.

[331]阙志萍,李崇银.亚洲两个季风区大气季节内振荡的比较分析.大气科学,2011,35(5):791-800.

[332]宋洁,杨辉,李崇银.2009/2010年冬季云南严重干旱原因的进一步分析.大气科学,2011,35(6):1009-1019.

[333]赵巧莲,李崇银,谭言科.亚太地区冬季海平面气压异常的偶极型结构及其与海温的关系.气候与环境研究,2011,16(5):551-564.

[334]黄勇,李崇银,王颖.东亚-北太平洋副热带海气耦合模态及其对降水的影响.热带气象学报, 2011,27 (6):805-813.

Huang Yong, Li Chongyin,Wang Ying. Numerical simulations of the pacific meridional mode impacts on tropical cyclones activity over the western north pacific. Journal of Tropical Meteorology, 2012, 18 (4): 512-520.

[335]白旭旭,李崇银,谭言科.MJO对我国东部春季降水影响的分析.热带气象学报, 2011,27 (6):814-822.

The impacts of Madden-Julian oscillation on spring rainfall in East China. Journal of Tropical Meteorology, 2013, 19 (3).

[336]李琳,李崇银,宋洁.2009/2010年冬季北极涛动异常及其影响分析.中国科学,2011,41(12):1771-1785.

Li Lin, Li Chongyin, Song Jie. Arctic oscillation anomaly in winter 2009/2010 and its impacts on weather and climate. Science China—Earth Sciences, 2012, 55 (4): 567-579.

[337]Yan Hongming, Yang Hui, Yuan Yuan, Li Chongyin. Relationship between East Asian winter monsoon and summer monsoon. Adv Atmos Sci, 2011, 28 (6):1345-1356.

[338]Pan Jing, Li Chongyin. Low-Frequency Vortex Pair over the Tropical Eastern Indian Ocean and the South China Sea Summer Monsoon Onset. Atmospheric and Oceanic Science Letters, 2011, 4(6): 304-308.

[339]Zhang L F, Zhang L, Li Chongyin. The evolution Characteristic of nonlinear Rossby wave in the real basic flow I: Nu-

merical model design. Chinese Journal of Geophysics- Chinese Edition. Mar. 2011.

[340]Zhang L F, Zhang L, Li Chongyin. The evolution characteristic of nonlinear Rossby wave in the real basic flow II: The energy and structure evolution of Rossby wave and the effect of the initial field on it. Chinese Journal of Geophysics-Chinese Edition, 2011.

[341]李崇银,周文,潘静,等.印度洋偶极子与ENSO关系的研究//亚印太交汇区海气相互作用及其对我国短期气候的影响.北京:气象出版社,2011:436-457.

[342]李崇银,周文,潘静,等.印度洋-西太平洋海温异常对东亚季风异常的影响及数值模拟//亚印太交汇区海气相互作用及其对我国短期气候的影响.北京:气象出版社,2011:468-485.

[343]李崇银,周文,潘静,等.东印度洋-西太平洋暖池区季节内振荡结构特征和动力学机制//亚印太交汇区海气相互作用及其对我国短期气候的影响. 北京:气象出版社,2011.

2012 年

[344]Wang X, Wang D X, Zhou W, Li C Y. Interdecadal modulation of the influence of La Niña events on mei-yu rainfall over the Yangtze River Valley. Adv Atmos Sci, 2012, 29 (1):1-12. DOI: 10. 1007/s00376-011-1021-8.

[345]Wang X, Zhou W, Li C Y, Wang D. Effects of the East Asian summer monsoon on tropical cyclones genesis over the South China Sea on an interdecadal timescales. Adv Atmos Sci, 2012, 29:249-262. DOI: 10. 1007/s00376-011-1080-x.

[346]李崇银,潘静,田华,杨辉.西北太平洋台风活动与大气季节内振荡.气象,2012,38(1):1-16.

[347]李刚,李崇银,谭言科,白涛.北半球冬季南太平洋海表温度异常的主要模态及其与ENSO的关系.海洋学报,2012,34(2):48-56.

[348]杨辉,宋洁,晏红明,李崇银.2009/2010年冬季云南严重干旱的原因分析.气候与环境研究,2012,17(3):315-326.

[349]杨光,李崇银,李琳.平流层爆发性增温及其影响研究进展.气象科学, 2012,32(6):694-708.

[350]袁媛,杨辉,李崇银.不同分布型厄尔尼诺事件对中国次年夏季降水的可能影响.气象学报,2012,70(3):467-478.
Yuan Yuan,Yang Hui,Li Chongyin. Study of El Nino events of different types and their potential impact on the following summer precipitation in China. Acta Meteor Sin, 2012.

[351]Li Lin, Li Chongyin, Pan Jing, Tan Yanke. On the different and climate impacts of early and late stratospheric polar vortex breakup. Adv Atmos Sci, 2012,29(5):119-128.

[352]Li G, Li C Y, Tan Y K, Bai T. Seasonal Evolution of Dominant Modes in South Pacific SST and Relationship with ENSO. Adv Atmos Sci, 2012, 29: 1238-1248. DOI: 10. 1007/s00376-012-1191-z.

[353]刘鹏,李崇银,王雨,傅云飞.基于TRMM-PR探测的热带及副热带对流和层云降水气候特征分析.中国科学,2012,42(9):1358-1369.
Liu Peng, Li Chongyin, Wang Yu, Fu Yunfei . Climatic characteristics of convective and stratiform precipitation over the Tropical and Subtropical areas as derived from TRMM PR. Science China Earth Science, 2013, 56 (3): 375-385.

[354]白旭旭,李崇银,谭言科.MJO对中国春季降水影响的数值模拟研究.气象学报,2012, 70(5):656.

[355]袁媛,杨辉,李崇银.印度洋偶极型海温模态对热带大气季节内振荡传播的影响.热带气象学报,2012,28(6):823-830.

2013 年

[356]李崇银,潘静,宋洁.MJO研究新进展.大气科学,2013,37(2):229-252.

[357]李崇银,李琳,潘静.夏季北半球平流层环流的模态特征及变化.科学通报,2013, 58(4): 365-371.
Li Chongyin, Li Lin, Pan Jing. Spatial and temporal variations of stratospheric atmospheric circulation in the Northern Hemisphere during the boreal summer. China Science Bulletin, 2012, 57(24). DOI: 10. 1007/s11434-012-5606-0.

[358]李琳,李崇银,阙志萍.南亚季风区TBO机制的进一步研究.热带气象学报,2013,29(1):1-6.
Li Chongyin,Li Lin, Que Zhiping. Further research on mechanism of TBO in south Asian monsoon region. J Tro Meteor, 2014, 20 (3): 202-207.

[359]Li G, Li C Y, Tan Y K, Bai T. Impacts of central Pacific and eastern Pacific types of ENSO on sea surface temperature variability over the South Pacific. Theor Appl Climatol, 2013, 111. DOI: 10. 1007/s00704-013-0840-1.

[360]Ling J, Li C Y, Zhou W, Jia X L. To begin or not to begin? A case study on the MJO initiation problem. Theor Appl Climatol, 2013, 112. DOI: 10. 1007/s00704-013-0889-x.

[361]Ling J, Li C Y, Zhou W, Jia X L, Zhang Chidong. Effect of boundary layer latent heating on MJO simulations. Adv Atoms. Sci, 2013, 30 (30): 101-115.

[362]白涛,李崇银,王铁,谭言科,李刚.干侵入对陕西"2008. 07. 21"暴雨过程的影响分析.高原气象,2013,32(2):

345-356.

[363]李刚,李崇银,谭言科,白涛.南太平洋海温异常及其气候影响的研究进展.气候与环境研究,2013,18 (4) ;539-550.

[364]晏红明,李清泉,袁媛,李崇银.夏季西北太平洋大气环流异常及其与热带印度洋-太平洋海温变化的关系.地球物理学报,2013,56(8):2542-2557.

Yan Hongming, Li Qingquan, Yuan Yuan, Li Chongyin. Circulation variation over western North Pacific and its association with tropical SSTA over Indian Ocean and the Pacific. Chinese J Geophys,2013, 56 (8): 2542-2557. DOI: 10.6038/cjg20130805

[365]陈超辉,李崇银,谭言科,曾新民,周祖刚.随机强迫对集合预报效果的影响研究.气象学报,2013,71(3):505-516.

[366]李崇银,黄红艳,陈超辉,桂发银.联合资料同化理论及其研究进展.测绘科学技术学报,2013,30(4):343-348.

[367]黎鑫,李崇银,谭言科.热带太平洋—印度洋温跃层海温异常联合模及其演变.地球物理学报,2013,56(10):3270-3284.

[368]Song Jie, Li Chongyin, Zhou Wen. High and low latitude types of the downstream influences of the North Atlantic Oscillation. Clim Dyn, 2013(12). DOI: 10.1007/s 00382-013-1844-3.

[369]Li Xiuzhen, Zhou Wen,Li Chongyin,Song Jie. Comparison of the annual cycles of moisture supply over southwest and southeast China. Journal of Climate, 2013, 26 (13). DOI: 10.1175/JCLI-D-13-00057.1.

[370]李崇银,刘会荣,宋洁.2009/2010 年冬季云南干旱的进一步研究——前期土壤湿度影响的数值模拟.气候与环境研究,2013,18(5):551-561.

[371]李琳,李崇银,潘静.南半球极涡崩溃早晚年环流特征分析.地球物理学报,2013,56(6):1825-1834.

[372]王兴智,李崇银.春季东海黑潮海表温度与风场的年代际变化特征.海洋学研究,2013(4):10-16.

[373]杨光,李崇银,谭言科.南亚高压强度的年代际变化及可能原因分析.热带气象学报,2013, 29 (4):322-331.

Yang Guang, Li Chongyin, Tan Yanke. The interdecadal variation of the intensity of South Asian High and its possible causes. Journal of Tropical Meteorology, 2016, 22 (1): 66-76. DOI: 10.16555/j.1006-8775.2016.01.003.

2014 年

[374]袁媛,李崇银,杨崧.与厄尔尼诺和拉尼娜相联系的中国南方冬季降水的年代际异常特征.气象学报,2014,72(2):237-255.

Yuan Yuan, Li Chongyin, Yang Song. Decadal anomalies of winter precipitation over Southern China in association with El Nifio and La Nina. J Meteor Res, 2014, 29(1): 91-110.

[375]黎鑫,李崇银.两类 El Niño 的发生与赤道太平洋次表层海温异常.科学通报,2014,59(21):2098-2107.

Li Xin, Li Chongyin. Occurrence of two types of El Nino events and the subsureface ocean temperature anomalies in the equatorial Pacific. Chin Sci Bull, 2014, 59 (27): 3471-3483. DOI:10. 1007/s 11434-014-0365-8.

[376]阙志萍,李崇银.南海和南亚大气季节内振荡月异常对夏季风活动及中国东部夏季降水的影响.热带气象学报,2014,30(5):465-478.

[377]Li Gang, Li Chongyin, Tan Yanke, Wang Xin. Observed relationship of boreal winter South Pacific tripole SSTA with eastern China rainfall during the following spring. Journal of Climate, 2014, 27: 8094-8106. DOI:10. 1175/JCLI-D-14-00074.1.

[378]Li Gang, Li Chongyin, Tan Yanke. The interdecadal changes of the South Pacific sea surface temperature in the mid-1990s and their connections with ENSO. Adv Atoms Sci, 2014, 31 (1): 66-84. DOI:10.1007/s00376-013-2280-3.

[379]李崇银,凌健,宋洁,潘静,田华,陈雄.中国热带大气季节内振荡研究进展.气象学报,2014,72(5):817-834.

Li Chongyin, Ling Jian, Song Jie, Pan Jing, Tian Hua, Chen Xiong. Studying progresses in China on tropical atmospheric intraseasonal oscillation. J Meteor Res, 2014, 28 (5): 671-692.

[380]Wang Dongxiao, Wang Xin, Zhou Wen, Li Chongyin. Comparisons of two types of El Nino impacts on TC genesis over the South China Sea, Chapter 17 in Typhoon Impact and Crisis Management, 2014. DOI: 10.1007/978-3-642-40695-9_17. Springer Verlag Berlin Heidelberg.

[381]Neil J, Li J P, Collins M, Lorenzo E D, Jin F F, Knutson T, Latif M, Li C Y, Power S B, Huang R H, Wu G X. Decadal climate variability and cross-scale interactions. Bull Amer Meteor Soc, 2014. DOI: 10.1175/BAMS-D-13-00201.1.

[382]Ling J, Li C Y. Impact of convective momentum transport by deep convection on simulation of tropical intraseasonal oscillation. Journal of Ocean University of China, 2014, 13 (5). DOI:10.1007/s11802-014-2295-0.

[383]Wang X, Zhou W, Li C Y, Wang D. Comparison of the impact of two types of El Niño on tropical cyclone genesis over the South China Sea. Int J Climatol, 2014, 34:2651-2660. DOI: 10.1002/joc.3865.

[384]陈雄,李崇银,谭言科,郭文华. 2012 年初欧洲严寒天气成因的分析. 气象科学,2014,34 (2): 213-221.

[385]王兴智,李崇银,王桂华. 东海黑潮活跃区表层流场的半年内时间尺度变化研究. 海洋学报,2014,36(11).

[386]Zheng Chongwei, Pan Jing, Li Chongyin. Prospect and suggestions on the development of wave energy resource in the South China Sea. Applied Mechanics and Materials, 2014, 672-674:459-466.

[387]Yang S G, Zhang B C, Fang H X, Liu J M, Zhang Q H, Hu H Q, Liu R Y, Li C Y. F-lacuna at cusp latitude and its associated TEC variation. J Geophys Res Space Physics, 2014, 119. DOI:10.1002/2014JA020607.

[388]Song Jie, Li Chongyin. Contrasting Relationship between Tropical Western North Pacific Convection and Rainfall over East Asia during Indian Ocean Warm and Cold Summers. J Climate, 2014, 27: 2562-2576. DOI: 10.1175/JCLI-D-13-00207.1.

2015 年

[389]Chen Xiong, Li Chongyin, Tan Yanke. The influence of El Niño on atmospheric MJO over the equatorial Pacific. Journal of Ocean University of China, 2015, 14 (1): 1-8. DOI: 10.107/s11082-015-2381_.

[390]Zheng Chongwei, Li Chongyin. Variation of the wave energy and significant wave height in the China Sea and adjacent waters. Renewable and Sustainable Energy Reviews (RSER), 2015, 43(3): 381-387.

[391]Xue Feng, Zeng Qingcun, Huang Ronghui, Li Chongyin, Lu Riyu, Zhou Tianjun. Recent advances in monsoon studies in China. Adv Atoms Sci, 2015, 32(2):206-229.

[392]袁媛,李崇银,凌建. 不同分型 El Nino 期间 MJO 活动的差异, 中国科学:地球科学,2015,45(3):318-334.

[393]王丽琼,左瑞亭,李崇银,于坤. 大气环流模式 PIAP3 物理过程对温度的调整关系分析. 气象科学,2015, 35 (3): 279-288.

[394]陈雄,李崇银,谭言科,郭文华. 冬季热带西太平洋 MJO 活动强弱年环境场特征. 热带气象学报,2015,31(1).
Chen Xiong, Li Chongyin, Tan Yanke, Guo Wenhua. The contrasts between strong and weak MJO activity over the equatorial western Pacific in winter. Journal of Tropical Meteorology, 2017, 23 (2): 133-145.

[395]李纵横,李崇银,宋洁,谭言科,黎鑫. 1960-2011 年江淮地区夏季极端高温日数的特征及成因分析. 气候与环境研究, 2015,20(5):511-522.

[396]郑崇伟,李崇银. 经略海疆,迈向深蓝:海洋在现代社会发展中的重要作用. 海洋开发与管理,2015,32(9):4-12.

[397]郑崇伟,李崇银. 中国南海岛礁建设:重点岛礁的风候、波候特征分析. 中国海洋大学学报(自然科学版),2015,45(9):1-6.

[398]郑崇伟,李崇银. 中国南海岛礁建设:风力发电、海浪发电. 中国海洋大学学报(自然科学版),2015,45(9):7-14.

[399]郑崇伟,陈璇,李崇银. 朝鲜半岛周边海域波候观测分析. 中国海洋大学学报(自然科学版),2015,45(9):21-27.

[400]Chen X, Li C Y, Ling J, Tan Y. Impact of East Asian winter monsoon on MJO over the equatorial western Pacific. Theor Appl Climatol., 2015, 127 (3): 551-561. DOI: 10.1007/s00704-015-1649-x.

[401]Li X, Li C Y, Ling J, Tan Y. The Relationship between Contiguous El Niño and La Niña Revealed by Self-Organizing Maps. J Climate, 2015, 28:8118-8134. DOI:10.1175/JCLI-D-15-0123.1.

[402]Li G, Tan Y K, Li C Y, et al. The distribution characteristics of total ozone and its relationship with stratospheric temperature during boreal winter in the recent 30 years. Chinese J Geo, 2015, 58 (5): 1475-1491. DOI: 10.6038/cjg20150502.

2016 年

[403]杨升高,张北辰,方涵先,刘俊明,刘建军,李崇银,胡红桥,潘叶森,周小珂. 南极中山站 F-lacuna 特征分析. 地球物理学报,2016, 59(1):8-16.

[404]Yang S G, Zhang B C, Fang H X, Kamide Y, Li C Y, Liu J M, Zhang S R, Liu R Y, Zhang Q H, Hu H Q. New evidence of dayside plasmatransportation over the polar cap to theprevailing dawn sector in the polarupper atmosphere for solar-maximumwinter. J Geophys Res Space Physics, 2016, 121. DOI:10.1002/2015JA022171.

[405]Zheng Chongwei, Pan Jing, Li Chongyin. Global oceanic wind speed trends. Ocean & Coastal Management, 2016, 129: 15-24. SCI 检索:000379371800003.

[406]Zheng Chongwei, Li Chongyin, Pan Jing, Liu Mingyang, Xia Linlin. An overview of global ocean wind energy resources evaluation . Renewable and Sustainable Energy Reviews, 2016, 53: 1240-1251. SCI 检索:000367758100087

[407]ZhengChongWe, Li Chongyin, Chen Xuan, Pan Jing. Numerical Forecasting Experiment of the Wave Energy Resource in the China Sea. Advances of Meteorology, 2016, Article ID 5692431,12 pages.

[408]Xia Linlin, Tan Yanke, Li Chongyin, Cheng Cheng. The Classification of Synoptic-Scale Eddies at 850hPa over the North Pacific in Wintertime. Advances of Meteorology, 2016, Article ID 4797103, 8 pages. DOI: 10. 1155/2016/4797103.

[409]Jue Zhiping, Wu Fan, Bi Cheng, Li Chongyin. Impacts of monthly anomalies of intraseasonal oscillation over south China sea and south Asia on the activity of summer monsoon and rainfall in eastern China. Journal of Tropical Meteorology, 2016,22(2):145-158.

[410]Gui Fayin, Li Chongyin, Tan Yanke, et al. The warming mechanism in the southern Arabian sea during the development of Indian Ocean dipole events. Journal of Tropical Meteorology, 2016, 22 (2): 159-171.

[411]Xiao Ziniu, Liao Yunchen, Li Chongyin. Possible impact of solar activity on the convection dipole over the tropical pacific ocean. Journal of Atmospheric and Solar-Terrestrial Physics, 02/2016; 140. DOI:10. 1016/j. jastp. 2016. 02. 0.

[412]殷明,肖子牛,黎鑫,李崇银. 东海黑潮暖舌的演变及其对我国气温的影响. 气候与环境研究,2016,21(3):331-345. DOI:10. 3878/j. issn. 1006-9585. 2016. 15245.

[413]陈艳丽,宋洁,李崇银. 梅雨雨带北跳过程研究. 大气科学, 2016,40(4):703-718. DOI:10. 3878/j. issn. 1006-9895. 1601. 15258.

[414]殷明,肖子牛,李崇银,葛耀明,贾亦君. 2015 年西北太平洋热带气旋活动特征及强 El Nino 现象对其影响的初步分析. 气象, 2016,42(9):1069-1078.

[415]郑崇伟,李崇银. 全球海域波浪能资源评估的研究进展. 海洋预报,2016,33(3):76-88.

[416]郑崇伟,李崇银,李训强. 印度洋的风浪、涌浪和混合浪的时空特征. 解放军理工大学学报(自然科学版),2016,17(4):379-385.

[417]郑崇伟,陈璇,李崇银. 台湾岛周边海域的波候观测分析. 解放军理工大学学报(自然科学版),2016,17(5):473-479.

[418]郑崇伟,李崇银,杨艳,等. 巴基斯坦瓜达尔港的风能资源评估. 厦门大学学报(自然科学版),2016,55(2):210-215.

[419]李崇银,郑崇伟,谭言科,等. 海洋气象水文对军事行动的影响及对策建议. 解放军理工大学学报(军事科学版),2016,17(1):1-6.

[420]李崇银,凌键,袁媛,潘静, 贾小龙, 陈雄. 大气 MJO 研究的几个前沿问题. 热带气象学报,2016,32(6). DOI: 10. 16032/j. issn. 1004-4965. 2016. 06. 000.

[421]Chen Xiong, Ling Jian, Li Chongyin. Evolution of Madden-Julian Oscillation in two types of El Niño. Journal of Climate, 2016, 29:1919-1934.

[422]夏林林,谭言科,李崇银. 基于中心轴线的北太平洋冬季风暴轴分类及其机理研究. 大气科学,2016,40(6):1284-1296.

[423]桂发银,谭言科,李崇银,黎鑫,陈雄. 初夏孟加拉湾东部降水异常对印度洋海温偶极子的触发作用. 大气科学学报,2016,39(5):589-599.

[424]郑崇伟,李训强,李崇银. 琉球群岛海域的波候观测分析. 解放军理工大学学报(自然科学版),2017,18(1):50-55. 核心.

[425]刘明洋, 谭言科, 李崇银, 余沛龙, 殷明. 黑潮延伸体区域海表温度锋的时空变化特征分析,热带气旋学报,2017,33(6):903-911.

2017 年

[426]Ling Jian, Li Chongyin, Li Tiam, Jia Xiaolong, Boualem Khouides, Eric Maloney, Frederic Vitart, Xian Ziniu, Zhang Chidong. Challenges and Opportunities in MJO Studies. Bulletin of Amer. Meteor Soc, 2017. DOI:10. 1175/BAMS-D-16-0238. 1.

[427]Zheng Chongwei, Li Chongyin, Li Xin. Recent decadal trend in the North Atlantic wind energy resources. Advances in Meteorology, 2017, Article ID 7257492, 8, 2017. DOI: 10. 1155/2017/7257492.

[428]袁媛,周宁芳,李崇银. 中国华北雾霾天气与超强 El Nino 事件的相关性研究. 地球物理学报,2017,60(1):11-21. DOI: 10. 6038/cjg 20170102.

[429]Zheng Chongwei, Li Chongyin, Gao Chengzhi, Liu Mingyang. A seasonal grade division of the global offshore wind energy resource. Acta Ocean. Sinica, 2017, 36 (3): 109-114.

[430]Ling Jian, Li Chongyin. A New Interpretation of the Ability of Global Models to Simulate the MJO. Geophysical Re-

search Letters, 2017, DOI: 10.1002/2017GL073891.

[431]Chen Xiong, Li Chongyin, Ling Jian. Further inqurry into characteristics of MJO in boreal winter. International Journal of Climatology, 2017,37:4451-4462. DOI: 10.1002/joc.5098.

[432]Wang Gongjie, Cheng Lijing, Timothy Boyer, Li Chongyin. Halosteric Sea Level Changes during the Argo Era. Water, 2017, 9 (7):1-13. DOI:10.3390/w9070484.

[433]Chen Xiong, Li Chongyin, Tan Yanke, Guo Wenhua. The contrasts between strong and weak MJO zctivity over the quatorial western Pacific in winter. Journal of Tropical Meteorology,2017, 23 (2): 133-145.

[434]Zheng C W, Li C Y. Propagation characteristic and intraseasonal oscillation of the swell energy of the Indian Ocean. Applied Energy, 2017, 197:342-353. DOI10.1016/j.apenergy.2017.04.052 .

[435]Zheng Chongwei, Li Chongyin. Analysis of temporal and spatial characteristics of waves in the Indian Ocean based on ERA-40 wave reanalysis. Applied Ocean Research, 2017, 63: 217-228.

[436]Zheng Chongwei, Wang Qing, Li Chongyin. An overview of medium- to long-term predictions of global wave energy resources. Renewable and Sustainable Energy Reviews, 2017, 79: 1492-1502.

[437]刘明洋,李崇银,陈雄,谭言科.冬季黑潮延伸体海表温度锋对北太平洋风暴轴的影响.气象学报, 2017, 75(1):98-110. DOI:10.11676/qxxb2017.006.

[438]Huang Y Y, Zhang S D, Li C Y, Li H J, Huang K M, Huang C M. Annual and interannual variations in global 6.5DWs from 20 to 110 km during 2002-2016 observed by TIMED/SABER. J Geophys Res Space Physics, 2017, 122: 8985-9002. DOI:10.1002/2017JA023886.

[439]Li H J, Li C Y, Feng X S, Xiang J, Huang Y Y, Zhou S D. Data completion with Hilbert transform over plane rectangle: technique renovation for the Grad-Shafranov reconstruction. J Geophys Res Space Physics, 2017, 122 (4): 3949-3960.

[440]Li X, Li C Y. The tropical Pacific-Indian Ocean associated mode simulated by LICOM2.0. AdvAtmos Sci, 2017, 34 (12): 1426-1436.

[441]Li G, Li C Y, et al. Remote influence of the Southern Hemisphere Pacific Decadal Oscillation on East Asian summer rainfall on the interdecadal time scale. International Journal of Climatology, 2017. Doi: 10.1002/joc.5363.

[442]钱景,李崇银,谭言科,桂发银,黎鑫.两类 El Nino 对应的印度洋偶极子事件的比较研究.热带气象学报,2017.4:467-477. DOI:10.16032/j.issn.1004-4965.2017.04.004.

[443]Wang G, Cheng L, Abraham J, Li C. Consensuses and discrepancies of basin-scale ocean heat content changes in different ocean analyses. Climate Dynamics, 2017:1-17. Doi: 10.1007/s00382-017-3751-5.

[444]Li Huijun, Li Chongyin, Fang Xueshang, et al. Corner Singularity and Its Application in Regular Parameters Optimization: Technique Renovation Enovation for Grad-Shafranov Reconstraction, AASTX Technique Renovation for the GS-Reconstruction, 2017,8,arXv:1712.02479v1.

[445]Li Gang, Chen Jiepeng, Wang Xin, Li Chongyin, et al. Remote impacts of North Atlantic sea surface temperature on rainfall in southwestern China. Climate Dynamics, 2017. DOI: 0.1007/s00382-017-3625-x.

[446]郑崇伟,李崇银. 21 世纪海上丝绸之路:海洋新能源大数据建设研究——以波浪能为例. 海洋开发与管理,2017,34 (12):61-65.

[447]刘明洋, 李崇银, 谭言科, 俞兆文.黑潮延伸体海表温度锋的季节变化对北太平洋风暴轴的影响. 气象,2017,43(4): 443-449.

2018 年

[448]Zheng Chongwei, Li Chongyin, Pan Jing. Propagation route and speed of swell in the Indian Ocean. Journal of Geophysical Research: Oceans, 2018, 123. DOI:10.1002/2016JC012585.

[449]Chen Xiong, Li Chongyin, Li Xin, Liu Mingyang. The Northern and Southern Modes of East Asian Winter Monsoon and their Relationships with ENSO. International Journal of Climatology, 2018. DOI: 10.1002/joc.5683.

[450]Zheng Chongwei, Xiao Ziniu, Peng Yuehua, Li Chongyin, Du Zhibo. Rezoning global offshore wind energy resources. Renewable Energy. 2018, 129: 1-11. WOS: 000439745700001.

[451]李崇银,黎鑫,杨辉,潘静,李刚.热带太平洋-印度洋海温联合模及其气候影响.大气科学,2018,42(3):505-523. Doi: 10.3878/j.issn.1006-9895.1712.17253.

[452]Yin M, Li X, Li C Y, Tan Y K. Relationships between intensity of the Kuroshio current in the East China Sea and the

East Asian winter monsoon. Acta Oceanologica Sinica，2018，37(7)：8-19. DOI：10.1007/s13131-018-1240-2.

[453]桂发银，李崇银，黎鑫，等. 有无 El Nino 情况下印度洋偶极子演变特征及其机理研究. 热带气象学报，2018，34(4)：433-450.

[454]郑崇伟，李崇银. 关于海洋新能源选址的难点及对策建议—以波浪能为例. 哈尔滨工程大学学报，2018，39(2)：200-206.

[455]石文静，肖子牛，李崇银. 地球自转与北半球中纬度地面温度的年代际关系及其可能物理过程分析. 地球物理学报，2018，61(07)：2641-2653.